D1722202

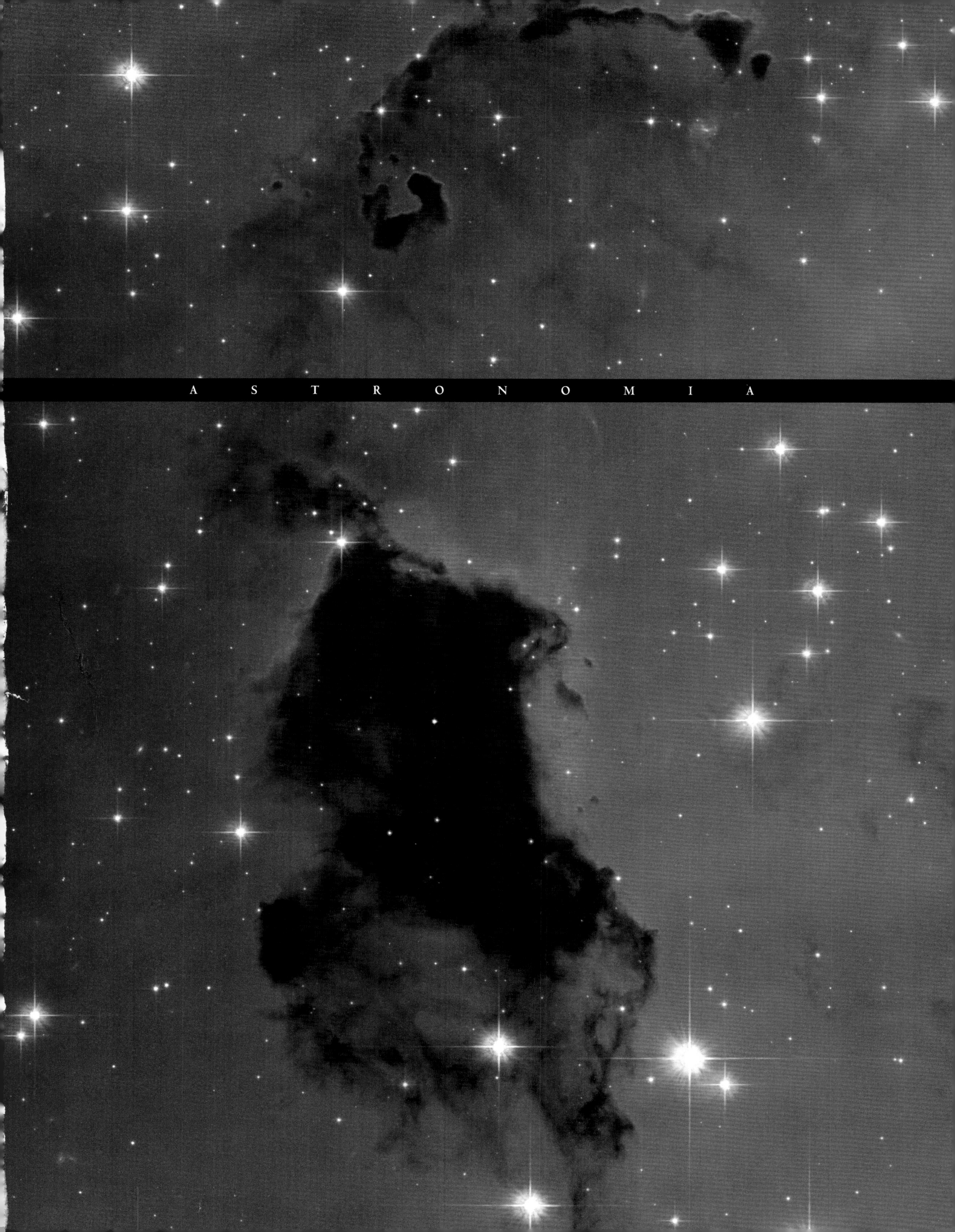
A S T R O N O M I A

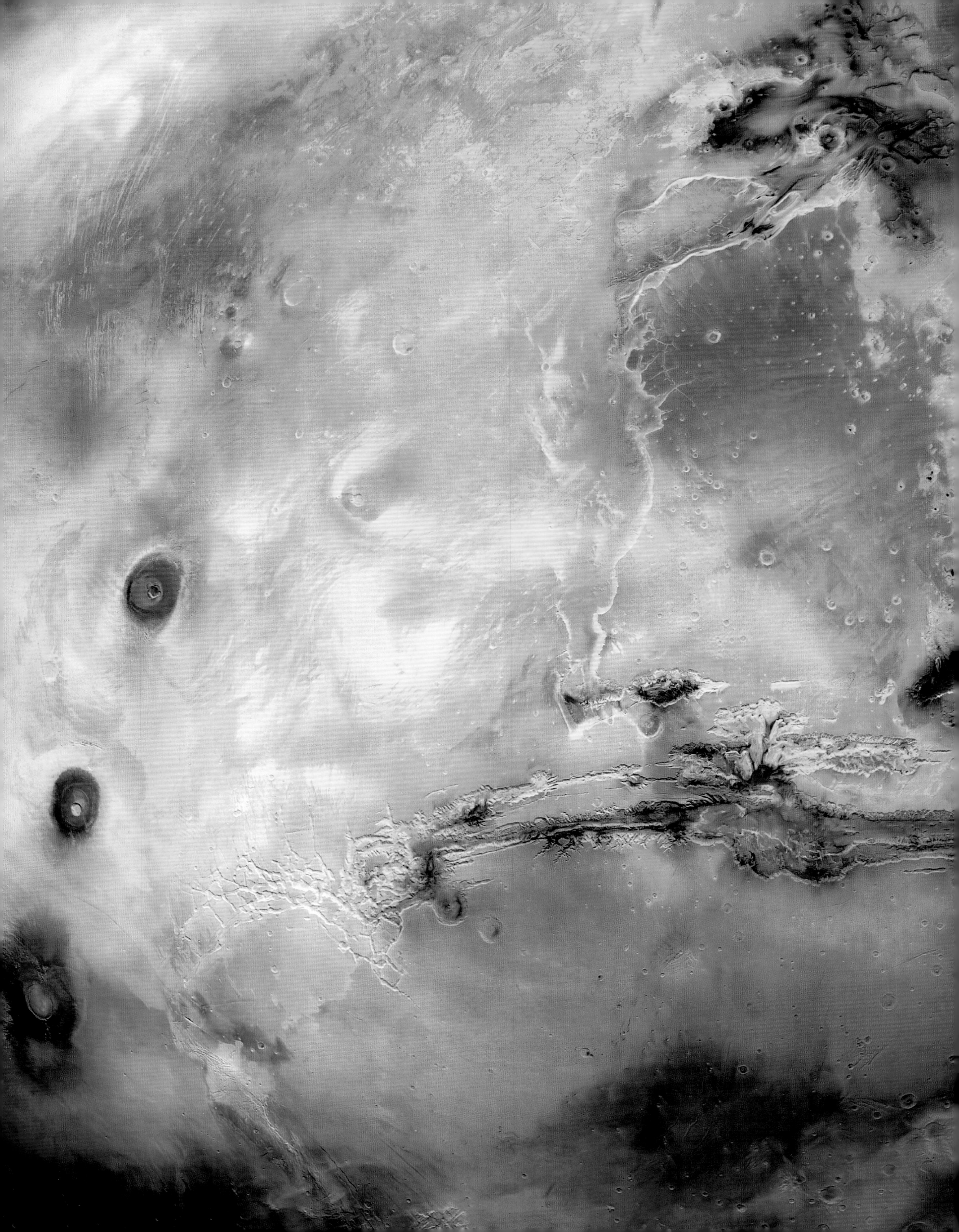

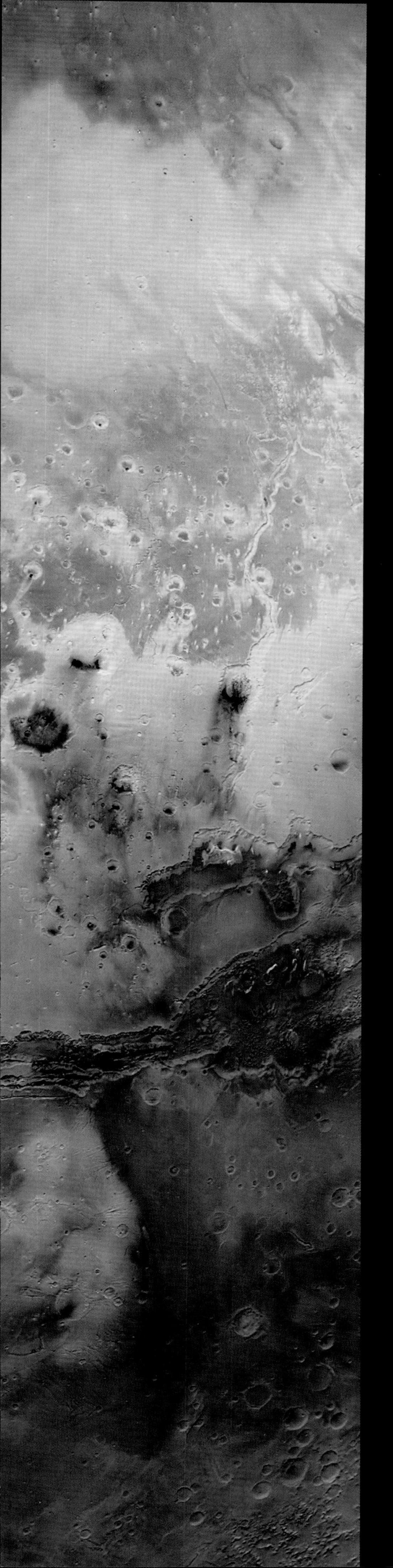

ASTRONOMIA

Vorwort
Sir PATRICK MOORE

Beratung
Professor FRED WATSON

GALAXIEN • PLANETEN • STERNE
STERNKARTEN • RAUMFORSCHUNG

h.f.ullmann

Für unseren „Star" Margaret Olds (1950–2007), eine Sternendame, deren Vision eines schönen, informativen und leserfreundlichen Buchs über die Astronomie auf diesen Seiten verwirklicht wurde.

Titel der Originalausgabe: Astronomica
ISBN: 978-0-7333-2117-7

Herausgeberin: Margaret Olds

Projektmanagement: Janet Parker

Art Direction: Stan Lamond

Redaktionsleitung: Janet Healey, Carol Jacobson

Redaktion: Loretta Barnard, Helen Cooney, Heather Jackson, Melody Lord, Anne Savage, Marie-Louise Taylor

Gestaltung: Warwick Jacobson, Lena Lowe, Avril Makula, Ingo Voss

Bildredaktion: Jane Cozens, Carol Jacobson, Oliver Laing, Melody Lord, Debi Wager

Illustrationen: Susan Cadzow, Andrew Davies, Paula Kelly, Stephen Pollitt, Glen Vause

Kartografie: Andrew Davies, David Hosking, Samantha Hosking, Alan Smith

Herstellung: Bernard Roberts

Redaktionsassistenz: Wasila Richards, Liam Wilcox

Gesamtherstellung: h.f.ullmann publishing GmbH, Potsdam

Übersetzung: Frank Auerbach, Peter Klöss, Thomas Ritsche, Scriptorium Köln (Brigitte Rüßmann & Wolfgang Beuchelt)

Fachlektorat: Dieter Küspert, Beobachtergruppe der Sternwarte Deutsches Museum, München

Satz und Lektorat: bookwise Medienproduktion GmbH, München

Koordination: Daniel Fischer

Coverdesign: Simone Sticker
Coverfoto: © Getty Images/Digital Vision

Printed in China, 2013

ISBN 978-3-8480-0484-3

10 9 8 7 6 5 4 3 2 1
X IX VIII VII V IV III II I

www.ullmann-publishing.com
newsletter@ullmann-publishing.com

Fotos auf dem Umschlag und den einführenden Seiten:

Umschlag Erde und Sternennebel.

Seite 1 Die hier sichtbaren dunklen Regionen in NGC 281 sind als Bok-Globulen bekannt. Im Innern dieser molekularen Wolken, die Gas und Staub anziehen, kann es zur Sternentstehung kommen.

Seiten 2–3 Auf dieser montierten Aufnahme der Valles Marineris auf dem Mars ist ein Grabensystem zu sehen, das sich über eine Länge von mehr als 3000 km erstreckt.

Seiten 4–5 Alan Bean, Crewmitglied der *Apollo-12*-Mission, steigt die Leiter der Mondfähre *Intrepid* hinunter und betritt als einer der wenigen Auserwählten die Mondoberfläche.

Seite 7 Der spektakuläre Helix-Nebel (NGC 7293) im Sternbild Wassermann gehört zu den am leichtesten zu beobachtenden planetaren Nebeln am Nachthimmel.

Seiten 10–11 Die im Oktober 1997 gestartete Raumsonde *Cassini* lieferte umfangreiches Bildmaterial vom Saturn. Diese *Cassini*-Aufnahme zeigt den Planeten in einer Draufsicht.

WARNHINWEIS: Um Sehschäden vorzubeugen, schauen Sie niemals direkt in die Sonne, auch nicht bei einer Sonnenfinsternis. Autoren und Verlag weisen jegliche Verantwortung für Schäden oder Verletzungen zurück, die durch die Missachtung dieses Hinweises verursacht werden.

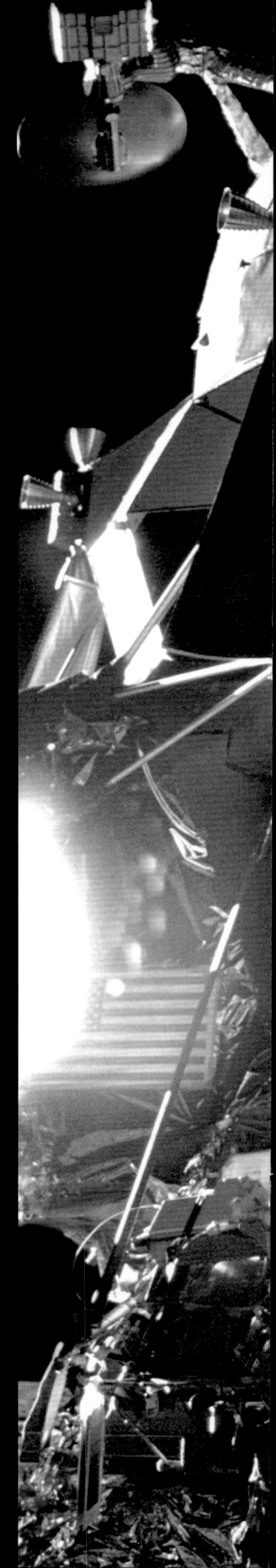

Mitwirkende

CHEFBERATER

Professor Fred Watson
Er habe so viele Jahre in Großteleskopanlagen gearbeitet, sagt Fred Watson, dass er inzwischen selbst wie ein Teleskop aussehe. Er ist Leitender Astronom des Anglo-Australian Observatory in Coonabarabran, darüber hinaus Assistenzprofessor an der Queensland University of Technology und der University of Southern Queensland. Professor Watson ist Autor des Buches *Stargazer—the life and times of the telescope* und regelmäßig auf ABC Radio zu hören. 2003 erhielt er den David-Allen-Preis für die populäre Vermittlung von Astronomie, 2006 gewann er den Eureka Prize der australischen Regierung für die Förderung des Wissenschaftsverständnisses. Ein Asteroid trägt seinen Namen (5691 Fredwatson); falls dieser jedoch dereinst auf der Erde einschlagen solle, so Watson, sei es nicht seine Schuld.

AUTOREN

Dr. Martin Anderson
Martin Anderson ist Astrophysiker mit Schwerpunkt Vermittlung und Geschichte der Astronomie. Als Experte für Radio- und Röntgenstrahlung arbeitet er an der Entwicklung von 3-D-Stereo-Multimediashows zur besseren Darstellung astronomischer Konzepte. Neben Lehrtätigkeiten an der University of Western Sydney und der Flinders University hat er mehr als 15 Jahre Erfahrung als Vermittler astronomischer Themen gesammelt, zuerst am Nepean Observatory und gegenwärtig am Sydney Observatory, wo er sich seit einem Jahrzehnt aktiv für den Bau einer Großsternwarte einsetzt.

Colin Burgess
Der in Sydney geborene Raumfahrthistoriker Colin Burgess hat mehrere Sachbücher über militärische und Raumflugthemen sowie Kinderbücher und eine nicht ganz ernst gemeinte Geschichte der australischen Luftfahrtgesellschaft Qantas geschrieben, bei der er 32 Jahre lang als Flugbegleiter und Crewmanager gearbeitet hat, bevor er 2002 in Ruhestand trat. Sein Interesse an der bemannten Raumfahrt erwuchs 1962 mit dem erfolgreichen Start des Mercury-Astronauten John Glenn. Heute ist Burgess als Autor mehrerer erfolgreicher Raumfahrerbiografien anerkannt, darunter *Teacher in Space: Christa McAuliffe and the Challenger Legacy, Oceans to Orbit* (eine autorisierte Biografie des Ozeanografen und Astronauten Paul Scully-Power), *Fallen Astronauts*, sein Tribut an die acht NASA-Astronauten, die ihr Leben ließen, bis der erste Mensch den Mond betrat, sowie *Animals in Space*. Gegenwärtig arbeitet er für einen amerikanischen Universitätsverlag als Autor und Herausgeber einer zehnbändigen Buchreihe über die Geschichte der Raumforschung.

Les Dalrymple
Les Dalrymple beobachtet den Nachthimmel seit nunmehr 36 Jahren und gehört zu den erfahrensten Amateurastronomen Australiens. Er ist stolz darauf, niemals ein fertiges Teleskop gekauft, sondern lieber aus erworbenen und selbstgebauten Komponenten sein eigenes gebaut zu haben. Zurzeit benutzt er für seine Beobachtungen 30- und 46-cm-Newtonteleskope. Sein Hauptinteresse gilt der Beobachtung des Deep sky, insbesondere der Galaxien, Planetaren Nebel und Kugelsternhaufen. Er war Präsident der Sutherland Astronomical Society in Sydney und arbeitet zurzeit als Führer und Dozent am Sydney Observatory, wo er auch Kurse in angewandter Astronomie gibt. Dalrymple wird häufig als Redner zu Tagungen von Amateurastronomen eingeladen, er schreibt für die Fachzeitschriften *Sky & Telescope* sowie *Australian Sky & Telescope*, war früher Berater der Zeitschrift *Sky & Space* und hat Beiträge für verschiedene andere astronomische Publikationen verfasst.

Paul Deans
Über viele Jahre konzipierte, produzierte und leitete Paul Deans Multimediashows für die Planetarien in Edmonton, Toronto und Vancouver (Kanada). Bis vor kurzem arbeitete er als Lektor beim Buchverlag Sky Publishing (Cambridge, Massachusetts), wo er auch Redakteur der Zeitschrift *SkyWatch* sowie Mitherausgeber der Zeitschriften *Sky & Telescope* und *Night Sky* war. Von seinem jetzigen Wohnort Edmonton aus arbeitet Deans freiberuflich als Wissenschaftsautor und Lektor und setzt sich gerne mit dem Thema Weltraumreisen auseinander.

Stefan Dieters
Stefan Dieters interessiert sich für Astronomie, seit er mit acht Jahren die *Apollo-8*-Umrundung des Mondes verfolgte und durch ein altes 20-cm-Teleskop in Nelson, Neuseeland, einen Blick auf den Saturn warf. Als Amateur konzentrierte er sich auf die Beobachtung veränderlicher Sterne. Als Student war Dieters Herausgeber von Australiens erstem Raumfahrtmagazin. 1983 machte er an der Monash University sein Physikdiplom mit Auszeichnung, für das er Fleckensterne untersucht hatte, und promovierte bei der Röntgen- und optischen Astronomiegruppe an der University of Tasmania mit einer Arbeit über Neutronensterne und die Supernova 1987A. Es folgten Rufe an die Universität Amsterdam, ans deutsche Max-Planck-Institut für Astrophysik sowie an die University of Alabama in Huntsville bzw. ans Marshall Space Flight Center der NASA, wo er zeitliche und spektrale Veränderlichkeit bestimmter Doppelsterne erforschte. Dabei kam es zur Entdeckung des ersten Magnetars – ein Neutronenstern mit extrem starkem Magnetfeld. Gegenwärtig ist Dieters wissenschaftlicher Mitarbeiter an der University of Tasmania, wo das internationale PLANET-Konsortium nach außersolaren Planeten sucht. 2006 verkündete die Gruppe die Existenz von zwei neuen Planeten – einer ähnelt dem Jupiter, der andere gleicht einer eisigen Super-Erde.

Kerrie Dougherty
Kerrie Dougherty ist Kuratorin für Raumtechnologie am Powerhouse Museum in Sydney, wo sie die Ausstellung *Space – Beyond This World* entwickelte. Außerdem ist sie Mitverfasserin von *Space Australia*, der ersten Gesamtdarstellung der australischen Raumforschung. An der International Space University bei Straßburg hält sie Vorlesungen in Raum- und Gesellschaftsstudien, und arbeitet in verschiedenen internationalen Ausschüssen zur Geschichte der Raumforschung mit. Sie hat eine Reihe von Fach- und populärwissenschaftlichen Artikeln zur Geschichte der Raumforschung verfasst und vermittelt ihr Wissen durch Bildungs- und Gesellschaftsprogramme für Erwachsene. Als alter SF-Fan hat Kerrie auch an zwei offiziellen Hintergrundbüchern zu *Krieg der Sterne (Star Wars: Complete Locations* und *Star Wars: Complete Cross-Sections)* sowie an dem Nachschlagewerk *Dr. Who: the Visual Dictionary* mitgearbeitet.

Professor Anthony Fairall
Anthony Fairall ist Astronomieprofessor an der University of Cape Town, Südafrika, und Astronom des Planetariums der dortigen Iziko-Museen. Nach seinem Studium in Kapstadt promovierte er an der University of Texas. Fairall blickt auf eine 40-jährige Forscherkarriere zurück, seine bekannteste Entdeckung ist die Seyfert-Galaxie „Fairall 9". Er hat mehr als 200 Forschungsberichte, 25 Planetariumsschriften, zahllose populärwissenschaftliche Artikel sowie vier Bücher veröffentlicht. Fairall ist Mitglied der britischen Royal Astronomical Society und Fellow der University of Cape Town sowie der International Planetarium Society.

Francis French
Francis French stammt aus Manchester (England), lebt und arbeitet aber in Südkalifornien. Mehr als zehn Jahre lang hat er auf dem Gebiet der Wissenschaftsvermittlung gearbeitet und insbesondere Familien Wissenschaft und Technik in Museen nahegebracht. Er war tätig im Museum of Science and Industry in Manchester, dem San Bernardino County Museum sowie dem Reuben H. Fleet Science Center in San Diego, Kalifornien, wo er den Medien als Ansprechpartner rund um das Thema Weltall diente. Regelmäßig arbeitete er mit der NASA, ehemaligen Astronauten, bekannten Astronomen und astronomischen Observatorien auf der ganzen Welt zusammen; eine von ihm entworfene Fahne flog auf der letzten erfolgreichen Mission des Space Shuttle *Columbia* mit. Gegenwärtig arbeitet er mit Sally Ride, der ersten Amerikanerin im All, zusammen. Außerdem ist French Mitautor von zwei Büchern über die Geschichte der Raumfahrt.

James Inglis
James Inglis ist Spezialist für Buchbesprechungen, Interviews und Kommentare und hat in verschiedenen australischen Zeitungen und Zeitschriften veröffentlicht. Seine Schwerpunkte sind Erwachsenenbildung , Arbeitsplatztraining, Design- und Präsentationkonzepte sowie Sprachanalyse.

Nick Lomb
Nick Lomb hat an der Sydney University studiert und wurde dort auch promoviert. Am Sydney Observatory befasst er sich mit der Planung und Umsetzung von Ausstellungen wie der seit langem dort zu sehenden *By the Light of the Southern Stars*. Sobald am Himmel etwas Interessantes passiert, wenden sich die Medien mit der Bitte um Hintergrundinformationen an ihn. Jedes Jahr gibt Lomb den *Australian Sky Guide* heraus, der inzwischen im ganzen Land erhältlich ist. Darüber hinaus ist er Autor des Werkes *Transit of Venus: the scientific event that led Captain Cook to Australia* (Powerhouse Publishing 2004) und Mitautor des Kinderbuchs *Astronomy for the Southern Sky* (Nelson, 1986). 2001 schrieb er *Observer and Observed* (Powerhouse Publishing), eine bebilderte Geschichte des Observatory Hill und des Sydney Observatory.

Sir Patrick Moore
Patrick Moore, Commander of the British Empire und Fellow of the Royal Society, besitzt im südenglischen Selsey ein Privatobservatorium und beschäftigt sich hauptsächlich mit dem Mond. Er hat eine Reihe astronomischer Bücher verfasst und führt seit 1957 durch die monatliche BBC-Fernsehsendung *The Sky at Night*. Er ist Mitglied der International Astronomical Union und Ehrenmitglied der neuseeländischen Royal Astronomical Society.

Jonathan Nally
Jonathan Nelly ist ein preisgekrönter australischer Autor mit Schwerpunkt Astronomie und Raumforschung. 1987 gehörte er zu den Begründern der ersten australischen Astronomiezeitschrift *Southern Astronomy* (die spätere *Sky & Space*), die er 16 Jahre lang leitete und zu einer der weltweit führenden Fachpublikationen machte. 2004 wurde er Gründungsherausgeber der Zeitschrift *Australian Sky & Telescope*. Seit den 1990er-Jahren ist Nelly regelmäßig im australischen Radio und Fernsehen zu hören und zu sehen. Im Jahr 2000 wurde er mit dem ersten David Allen Prize der Astronomical Society of Australia (der Vereinigung der professionellen Astronomen) ausgezeichnet. Er war in vielen Beratergremien tätig und ist heute als Autor für Radio-, Druck- und Multimediaproduktionen tätig.

Christophe Rothmund
Der in Offenburg geborene Christophe Rothmund studierte Maschinenbau und Raumfahrttechnik und arbeitet seither in der französischen Raumfahrtindustrie. Er gehörte zum Projektteam der europäischen Raumfähre *Hermes* und arbeitete an der Ariane 4 und an der Entwicklung der Ariane 5 mit. Hierauf wurde er mit zukunftsweisenden Projekten wie dem französischen Hyperschallforschungsprogramm PREPHA sowie Forschungen für die ESA betraut. Daneben ist er ein anerkannter Raumfahrthistoriker. Seit 1991 ist er aktiv an den Tagungen zur Raumfahrtgeschichte der International Academy of Astronautics beteiligt. Er hat mehr als 20 Abhandlungen zur Geschichte der französischen Raketensysteme verfasst. Zudem gehörte er zu den Verfassern des Buchs *Spaceflight*, das auch ins Deutsche und Italienische übersetzt wurde.

Alan Whitman
Nach seiner Pensionierung als Mitarbeiter des Kanadischen Wetterdienstes wurde Alan Whitman mit Herz und Seele Amateurastronom. Seine Heimat British Columbia ist so dunkel, dass man manchmal das Zodiakallicht sehen kann. Er verwendet 40- und 20-cm-Newton-Teleskope, einen 80-mm-Refraktor sowie Ferngläser. Das Observatorium seines Clubs besitzt ein 60-cm-Cassegrain-Teleskop. Seine Artikel wurden in vier Zeitschriften veröffentlicht, einschließlich der 13 Artikel für *Sky & Telescope*, und viele Astronomieclubs und Astronomietreffen engagierten ihn schon als Redner. 1984 gründete er die Mount Kobau Star Party, die sich zum wichtigsten Beobachter-Event Westkanadas entwickelt hat. Whitman kann auf Notizen zu jedem wichtigen Deep-sky-Objekt verweisen, und er hat 26 Nächte mit Dobson-Großteleskopen an dunklen australischen Orten verbracht. Ein Jahr lang war er ehrenamtlicher Leiter des Chaco Observatory, New Mexico, und nutzte dessen 60-cm-Obsession. Darüber hinaus beobachtet er Planeten, Asteroiden- und Mondfinsternisse. Auf seinen Reisen um die Welt hat er fünf totale und eine ringförmige Sonnenfinsternis beobachtet.

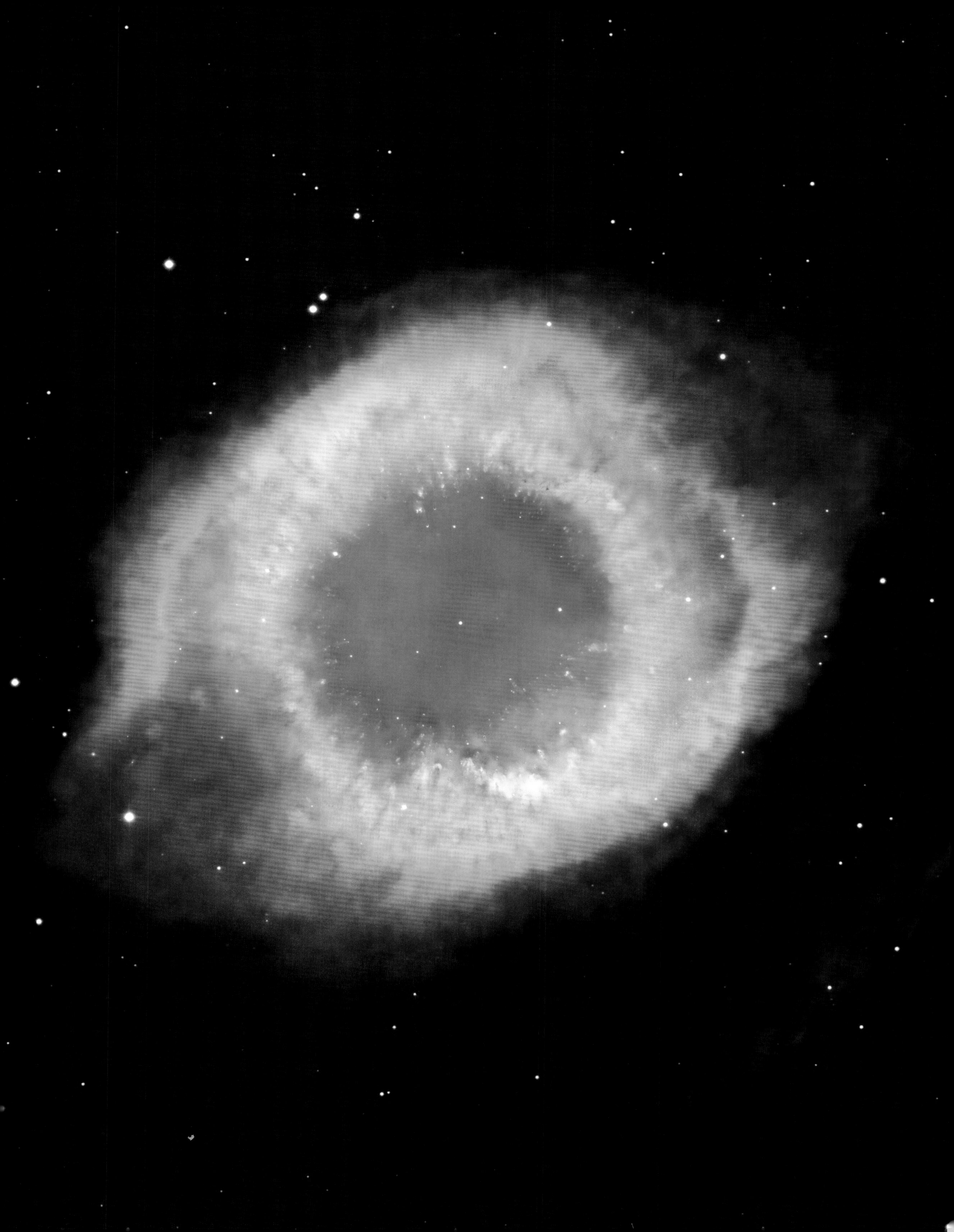

I n h

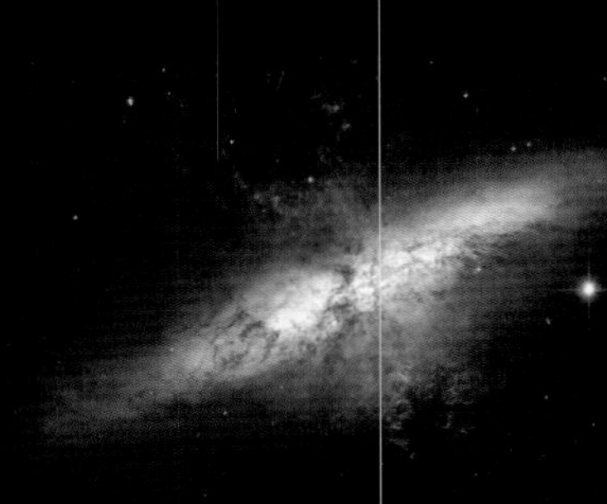

a l t

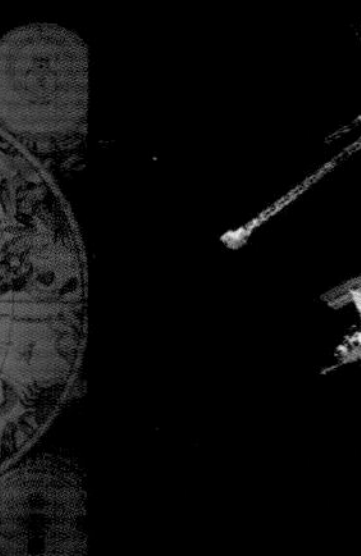

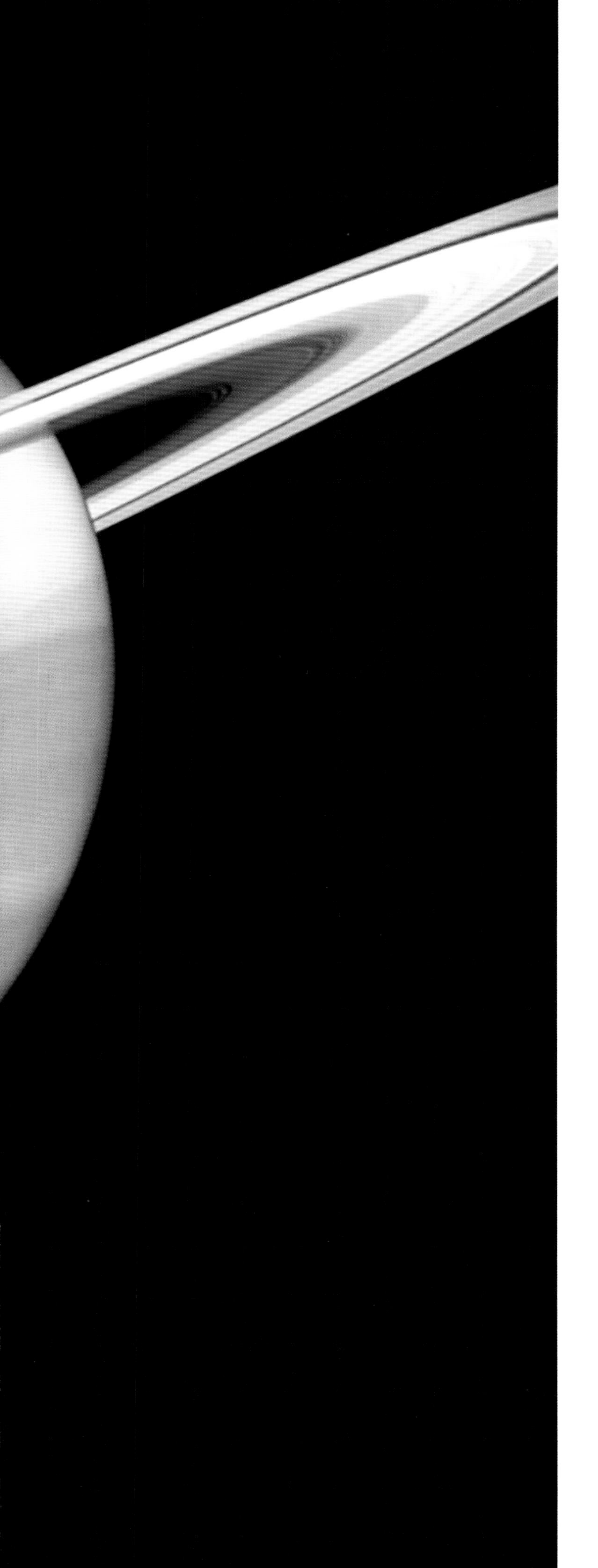

Vorwort

Jedes Jahr erscheint eine Fülle neuer Bücher über Astronomie, was nicht weiter verwundert, denn heutzutage sollte sich jeder zumindest oberflächlich für den Himmel interessieren. Manche dieser Bücher werden für Fachleute geschrieben und sind deshalb für Leser ohne Vorkenntnisse ungeeignet; andere richten sich an vollkommene Neulinge und erläutern nur die Grundbegriffe. Das vorliegende Buch geht den Mittelweg. Dank der Beiträge führender Autoren aus aller Welt ist es so verfasst, dass selbst absolute Laien den Text verstehen können, und enthält zudem eine Menge Informationen, die auch dem Leser mit Vorkenntnissen nützlich sein werden.

Astronomie ist eines der tollsten Hobbys überhaupt. Jeder kann mitmachen, große und teure Teleskope sind ebenso wenig Voraussetzung wie sonstige fortschrittliche Technik. Amateure können wichtige Beiträge leisten und sind daher bei professionellen Astronomen hoch angesehen – man denke nur an den australischen Kleriker Reverend Robert Evans, der sich einen internationalen Ruf als Beobachter verdient hat und auf der ganzen Welt bekannt und respektiert ist. Und schließlich hat auch der berühmteste Forscher einmal klein angefangen.

Wer sich dafür entscheidet, Astronom zu werden – ob hobbymäßig oder professionell –, wird es nicht bereuen. Er wird viele neue Freunde finden, und am Himmel gibt es immer etwas Neues zu sehen. Welchen Weg man auch einschlägt, dieses Buch wird dabei von größtem Wert sein.

Sir Patrick Moore

Die großen Fragen stellen

Wörtlich bedeutet Astronomie „Himmelskunde", doch schon das oberflächliche Durchblättern dieses Buches offenbart, dass Astronomie heutzutage weit mehr ist als bloßes Sternegucken. Akribische Forschungsarbeit, die sich auf Informationen aus jedem noch so entlegenen Winkel des Universums stützt, hat uns in die Lage versetzt, ein Bild der Dinge „dort draußen" zu entwerfen, das außerordentlich überzeugend und vollständig ist.

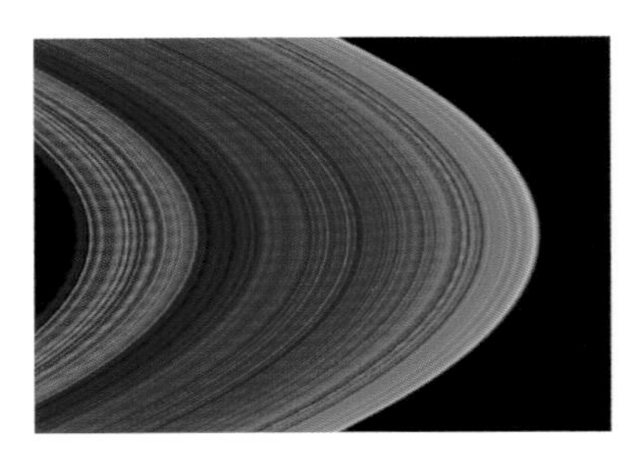

Rechts Die Raumsonde *Cassini* machte diese UV-Aufnahme des A-Rings des Saturns. Türkise Ringe sind eisiger als die „schmutzigen" roten Ringe, die mehr Staub und kleinere Partikel enthalten.

Unser Wissen umfasst inzwischen das gesamte Spektrum von Raum und Zeit, von der Erde bis zum Rand des Universums und vom Urknall bis zum großen Finale – wie immer es auch aussehen wird. Definiert man Astronomie als die Wissenschaft vom Universum und dem, was darin enthalten ist, so ist sie wahrhaftig die Wissenschaft von allem.

Auch die landläufige Vorstellung vom Astronomen ist irreführend. Fast jedermann stellt sich eine etwas verschrobene Gestalt vor, die auf der erwartungsvollen Suche nach neuen Himmelswundern durch ein altmodisches Fernrohr guckt. Die Wirklichkeit sieht vollkommen anders aus, und viele sind enttäuscht, wenn sie erfahren, dass professionelle Astronomen bereits vor über einem Jahrhundert ihre Entdeckungen durch ein Okular machten. Heutzutage starren sie unvermeidlich auf einen Computerbildschirm.

Oben Erde und Mond auf zwei 1973 beim Start ins innere Sonnensystem entstandenen Aufnahmen von *Mariner 10*. Die Aufnahmen wurden nebeneinandermontiert, um die relative Größe der beiden Himmelskörper zu veranschaulichen.

Wer meint, der Astronomie sei darüber die Romantik abhanden gekommen, möge bedenken, auf welche Art von Fragen Astronomen eine Antwort suchen: Woher kommen wir? Welches Schicksal erwartet uns? Und – vielleicht am wichtigsten: Sind wir allein in diesem schrecklichen und zugleich wunderbaren Universum? Diese „großen Fragen" berühren unser tiefstes Verständnis davon, wer und was wir sind. Um es deutlich zu sagen: Für Romantik ist bei den großen Zielen der Astronomie kein Platz.

Die Herangehensweise der Astronomen an diese „großen Fragen" ist nicht anders als in anderen Wissenschaften: Eine Abfolge relativ kleiner Entdeckungen wird Stück für Stück zu einem größeren Bild zusammengesetzt. Gewöhnlich geschieht dies in einem schrittweisen Prozess der Verfeinerung, bei dem theoretische Annahmen durch vorausgesagte Beobachtungen bestätigt werden, woraufhin die Theorie konkretisiert wird. Auf diese Weise entsteht irgendwann ein stimmiges Bild, das Beobachtungsergebnisse und Theorie gut vereinbart und innerhalb der Wissenschaftlergemeinde konsensfähig ist.

Im Unterschied zu anderen Wissenschaftlern können sich Astronomen keine Versuchsanordnungen ausdenken, sondern sind fast immer auf die direkte Beobachtung angewiesen. Ihr wichtigstes Werkzeug ist daher das Teleskop. Bis 1932, als Karl Jansky von den Bell Telephone Laboratories Radiowellen aus dem All entdeckte, gab es lediglich den einen Typ von Fernrohr, der sichtbares Licht bündelt und die Informationen auf optischem Weg sammelt – ursprünglich ausschließlich über das menschliche Auge, seit den 1880er-Jahren mithilfe von Fotoplatten.

Heute hingegen gibt es so viele verschiedene Arten von Teleskopen, wie es natürliche Strahlungsarten im Universum gibt. Eine Fülle von Namen bezeichnet diese geisterhaften Emissionen: Gammastrahlen, Röntgenstrahlen, UV-Strahlen, Infrarot-Strahlen, Millimeter- und Radiowellen – und natürlich das sichtbare Licht. Zusammengenommen bilden diese Strahlungen das sogenannte elektromagnetische Spektrum.

Um sich die Reihenfolge der Regenbogenfarben einzuprägen, paukten Generationen englischer Schüler den Satz „Richard of York gained battles in vain": rot, orange, gelb, grün, blau, indigo und lila. Leider hat noch niemand eine Eselsbrücke ersonnen, um sich die verschiedenen Strahlungen des elektromagnetischen Spektrums in der korrekten Reihenfolge einzuprägen. Doch Gamma-, Röntgen- und UV-Strahlen, sichtbares Licht und infrarote Strahlen, Millimeter- und Radiowellen lassen sich nicht so einfach in ein derartiges Schema pressen.

Heutzutage erkennen wir diese verschiedenen Strahlungen als Variationen ein und derselben Sache: Schwingungen des elektromagnetischen Feldes, besser bekannt als elektromagnetische Wellen. Man kann sie sich als Kräuselung auf der Oberfläche eines Teichs vorstellen, nur dass sie nicht über eine zweidimensionale Wasseroberfläche übertragen werden, sondern durch den dreidimensionalen Raum. Grundsätzlich unterscheiden sich alle Arten elektromagnetischer Strahlung lediglich durch die Wellenlänge, d.h. die charakteristische Entfernung zwischen einem „Wellenberg" und dem nächsten.

Das elektromagnetische Spektrum reicht von den Gammastrahlen – mit einer Wellenlänge, die in Milliardstelmillimetern gemessen wird – bis zu den Radiowellen, die ganze Meter überspannen. Im mittleren Bereich liegt das sichtbare Licht, dessen Wellenlänge von Violett zu Rot zunimmt. Die Physik hat herausgefunden, dass diese Wellen auch als Energiepakete oder „Strahlungspartikel" gedacht werden können, sogenannte Photonen. Anders als vielleicht zu erwarten wäre, nimmt der Energiegehalt der Photonen mit zunehmender Wellenlänge ab.

Zu den wenig angenehmen Kenntnissen, die wir der Astronomie verdanken, gehört, dass die Erde unablässig Strahlung ausgesetzt ist, die das gesamte elektromagnetische Spektrum abdeckt und aus allen Winkeln des Weltalls kommt. Ein Teil stammt noch vom Urknall selbst, ein fernes Echo aus einer Zeit vor 13,7 Milliarden Jahren, als das Universum noch mit den Feuern seiner Erschaffung angefüllt war. Sichtbar wird diese besondere Strahlung übrigens, wenn der Fernseher kein Signal empfängt: Jeder zehnte der dann sichtbaren weißen Flimmerpunkte stammt aus dem Urknall.

Jede Strahlung birgt Informationen über ihre Quelle und den Raum, den sie durchreist hat. Die eingehende Analyse eines Signals zur Enthüllung der darin verborgenen Information ist denn auch das Hauptziel der beobachtenden Astronomie. Allerdings erreicht der Großteil der Strahlung nie die Erdoberfläche – sie wird von unserer Atmosphäre absorbiert.

Den Erdboden erreicht natürlich das sichtbare Licht, desgleichen manche Radio- und Infrarotstrahlung. Daher können Teleskope, die diese Art der Strahlung einfangen, um das Weltall zu erforschen, auf der Erde selbst errichtet werden. Unter Fachleuten werden sie ebenso korrekt wie nüchtern als erdbasierte Teleskope bezeichnet. Forschungen, die sich auf die übrigen Strahlungsarten stützen, müssen außerhalb der Atmosphäre stattfinden. Sie erfordert gewöhnlich den Einsatz von Raumschiffen, wenngleich gelegentlich auch Spezialflugzeuge oder Ballons eingesetzt werden können. In jedem Fall gerät die Beobachtung dadurch zu einem finanziellen und technischen Kraftakt, und der physischen Größe der dabei eingesetzten Teleskope sind Grenzen gesetzt.

Astronomie, die auf der Beobachtung sichtbaren Lichts beruht, wird als optische Astronomie bezeichnet, und entsprechend werden Lichtteleskope optische Teleskope genannt. Sie bestehen stets aus einem großen konkaven Spiegel, mit dem das Licht eingefangen wird. Der Durchmesser des Spiegels bestimmt die Leistung des Teleskops, und anders als sonst in der modernen Technologie üblich ist Größe hier alles: je größer, desto besser. Zurzeit haben die größten Teleskope Spiegel mit einem Durchmesser von acht bis zehn Metern, doch das Zeitalter der 20-, 30- oder gar 40-Meter-Riesen ist nicht mehr fern.

Unten Viele erdbasierte Teleskope liefern Bilder vom Nachthimmel. Diese Aufnahme des Sternentstehungsgebiets NGC 281 im Sternbild Cassiopeia entstand mit dem WIYN-0,9-m-Teleskop im Kitt Peak National Observatory (Arizona, USA).

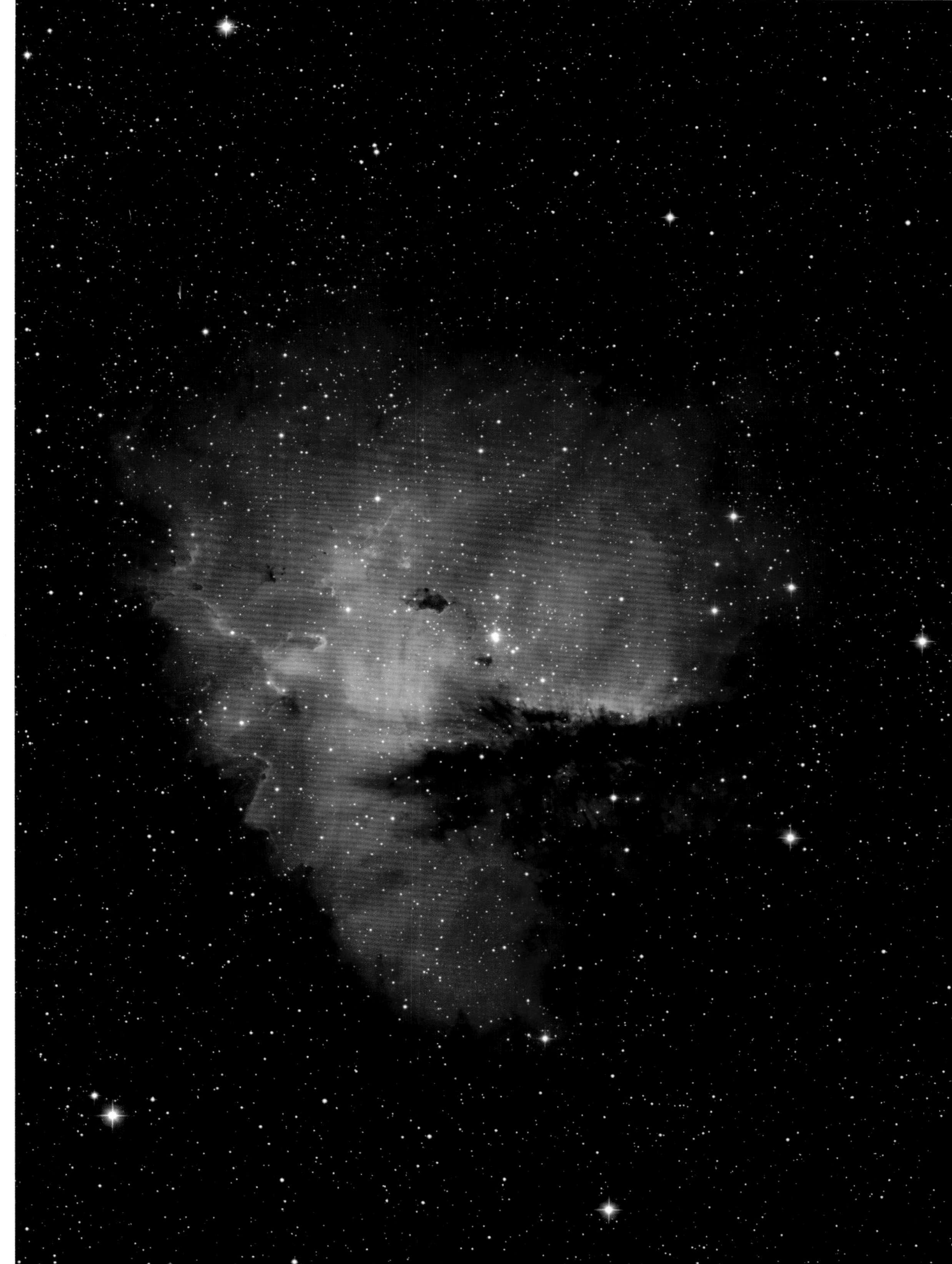

Unten Der Supernova-Überrest E0102-72 auf Aufnahmen im Röntgen- (blau), optischen (grün) und Radiobereich (rot). Der Stern explodierte mit einer Geschwindigkeit von 20 Mio. km/h und kollidierte mit dem umgebenden Gas. Diese Kollision erzeugte zwei Schockwellen bzw. kosmische Überschallknalle, von denen sich eine nach außen bewegte, während die andere in die bei der Explosion ausgeworfene Materie zurückprallte.

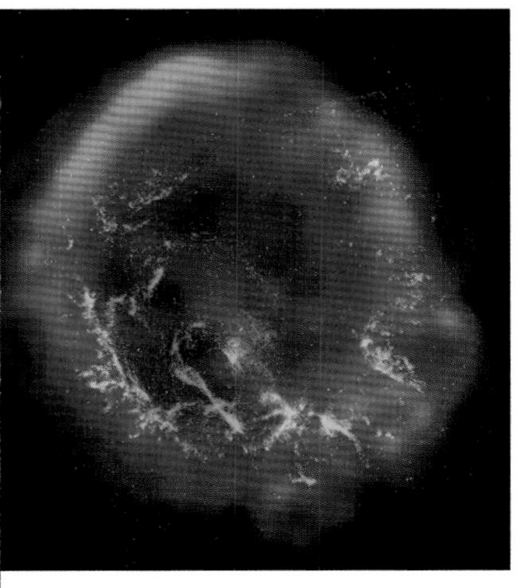

Oben Das Arecibo Observatory im Norden Puerto Ricos gehört zu den stärksten Radioteleskopen der Welt. Die Reflektoren sind so konfiguriert, dass es beim Empfang von Radiowellen aus dem All nur zu minimaler Interferenz mit künstlicher Strahlung kommt.

Anders als ihre exotischeren Verwandten, die mit anderen Wellenlängen operieren, funktionieren optische Teleskope ausschließlich bei Dunkelheit, weshalb die Arbeit mit ihnen stets Nachtarbeit ist. Auch muss der Himmel klar sein. Doch egal, ob Gamma-, optische, Millimeter- oder sonstige Teleskope eingesetzt werden, die Beobachtungsergebnisse ergänzen einander. Sie gestatten den Astronomen, Himmelskörper aus unterschiedlichen Perspektiven zu „betrachten".

Es gibt noch eine andere Form von Strahlung, die das Universum durchdringt, nämlich jener Strom subatomarer Partikel, der als kosmische Strahlung bezeichnet wird. Dabei handelt es sich um Emissionen aus hochenergetischen Prozessen wie z. B. Sternexplosionen, die tief im Universum stattfinden, und ihre Entdeckung erfordert Teleskope mit ganz anderen Eigenschaften als bei konventionellen elektromagnetischen Instrumenten. Eine weitere „nicht elektromagnetische" Technik wird wahrscheinlich in den nächsten Jahren an Bedeutung gewinnen, wenn nämlich Gravitationswellen eingehender untersucht werden. Diese schwer fassbaren Oszillationen aus dem Gefüge der Raumzeit selbst werden von Objekten ausgesandt, die Schwerkraftstörungen erzeugen: massereiche Sterne, die am Ende ihres kurzen Lebens zu schwarzen Löchern kollabieren, oder superdichte Neutronensterne, die einander umkreisen.

Zurzeit wird an mehreren Orten auf der Erde versucht mittels Laserinterferometrie, also Überlagerung von Lasersignalen Gravitationswellen zu messen (siehe LIGO, Seite 225). Wegen der ungeheuren Empfindlichkeit die hierfür erforderlich ist, ist es bislang noch nicht gelungen, Gravitationswellen zu erfassen. Sollte dies gelingen, können wir Raumregionen erforschen, aus denen niemals elektromagnetische Strahlung zu uns gelangen kann. Vielleicht werden sogar die Schwarzen Löcher die Geheimnisse ihres wundersamen Innenlebens preisgeben.

Aber was stellen die Astronomen des jungen 21. Jahrhunderts mit all diesen raffinierten Instrumenten eigentlich an? Es gibt viele heiße Themen – das heißeste ist aber wohl die Suche nach außerirdischem Leben. Noch immer kennen wir keinen anderen Ort im Universum, wo lebende Organismen existieren. Und die Menschheit ist zweifellos fasziniert von der Möglichkeit, dass wir das Weltall mit anderen Lebensformen teilen könnten.

Diese Neugier war es, die vor einem Vierteljahrhundert eine neue wissenschaftliche Disziplin hat entstehen lassen. Ihre Ursprünge gehen auf eine Tagung der Internationalen Astronomischen Union zurück, die 1982 im griechischen Patras stattfand. Eine neu gebildete Kommission sollte die Möglichkeiten ausloten, außerirdisches Leben zu finden. Das Thema der „Bioastronomischen Kommission" wird heute als Astrobiologie bezeichnet.

Die Astrobiologie vereinigt ein breites Spektrum von Wissenschaften, die alle etwas zur Suche nach extraterrestrischem Leben besteuern. Zwar sind Biologie, Astronomie und Planetenkunde das astrobiologische Fundament, doch auch andere Wissensgebiete wie Chemie, Geophysik, Paläontologie und Klimatologie liefern wichtige Beiträge. Unter dem Dach der Astrobiologie wird die Suche nach Leben jenseits der Erde an vielen unterschiedlichen Fronten weiterbetrieben.

Am spektakulärsten ist vielleicht die direkte Beobachtung des Sonnensystems durch Raumfahrtmissionen wie den beiden NASA-Roboterfahrzeugen, die gegenwärtig den Mars erkunden, und der NASA/ESA/ASI-Mission *Cassini* zur Erforschung des Saturns und seiner Monde. In erster Linie dienten derartige Unternehmungen der allgemeinen Erforschung und insbesondere der Suche nach Orten, an denen Leben möglich sein könnte. Manche Missionen jedoch (wie die beiden *Viking*-Sonden, die 1976 auf dem Mars landeten) haben auch biologische Experimente durchgeführt, um den Nachweis für die Existenz lebender Organismen zu führen. Obwohl die *Viking*-Ergebnisse noch immer diskutiert werden, konnte bislang noch kein schlüssiger Beweis erbracht werden.

Gut möglich, dass in den nächsten Jahren durch direkte Erforschung rudimentäre Lebensformen im Sonnensystem entdeckt werden. Dieser Optimismus beruht auf der Entdeckung, dass – gebunden im Permafrostboden des Mars oder in mutmaßlichen Ozeanen unter der Eisoberfläche mancher Monde von Jupiter und Saturn – ausreichend Wasser vorhanden zu sein scheint. Wasser gilt nach wie vor als Voraussetzung für die Entstehung von Leben, wie wir es kennen. Hoffnung macht auch die Entdeckung, dass viele irdische Bakterien in extrem feindlichen Bedingungen überleben. Selbst der luftleere Weltraum mit seiner tödlichen Strahlung ist für manche hartgesottene Mikroben keine unüberwindbare Hürde.

Es ist sehr unwahrscheinlich, dass wir innerhalb des Sonnensystems auf höhere Lebensformen stoßen werden. Um E.T. zu finden, müssen wir weiter draußen Ausschau halten – mit dem ganzen Arsenal astronomischer Hardware. Um in der Nachbarschaft unserer Sonne nach intelligentem Leben zu suchen, müssen wir Planeten untersuchen, die um andere Sterne kreisen. Dass solche Trabanten recht häufig sind, wurde seit deren Erstentdeckung 1995 deutlich. Weit über 200 „extrasolare Planeten", die ihre Existenz durch die Taumelbewegungen verraten, die sie bei ihrem Fixstern bewirken, sind inzwischen bekannt. Anders als bei den Planeten unseres Sonnensystems wird ihre Entfernung eher in Lichtjahren denn in Kilometern angegeben, weshalb es auch unmöglich ist, Raummissionen auszusenden, um sie direkt zu beobachten.

Links Die Raumsonde *Stardust* sollte während eines kurzen Rendezvous mit dem Kometen Wild 2 interstellaren Staub und kohlenstoffhaltige Proben einsammeln. Im Januar 2006 trat die Rückkehrkapsel der *Stardust* auf spektakuläre Weise wieder in die Erdatmosphäre ein. Die Analyse des gesammelten Staubs gestattete wichtige Einblicke in die Evolution des Sonnensystems und möglicherweise sogar in die Entstehung von Leben selbst.

Seite 14 Große Radioteleskope sammeln Informationen, die in Form von Radiowellen zu uns gelangen, und erweitern unser Wissen. Bedeutende Entdeckungen beruhen auf Daten, die von diesen riesigen Instrumenten gewonnen wurden.

DIE GRÖSSE DES UNIVERSUMS

Das Universum ist so riesig, dass es schwierig ist, die enormen Entfernungen und Größen der Strukturen darin darzustellen. Um die tatsächliche Größe aufzuzeigen, verwendet die Grafik eine logische Größenprogression. Angefangen bei der Erde oben in der Mitte und im Uhrzeigersinn fortfahrend, stellt jeder Würfel ein jeweils einhundert Mal oder zwei Größenklassen größeres Raumareal dar. Der Durchmesser der Erde zum Beispiel beträgt rund 12 750 Kilometer, so dass der Planet virtuell das ganze Volumen eines Raumwürfels mit 10 000 (10^4) Kilometer Seitenlänge ausfüllt. In den nächsten Würfel mit einer Seitenlänge von einer Million (10^6) Kilometern passt problemlos die gesamte Mondumlaufbahn mit einem Durchmesser von 768 800 Kilometern.

Erde

10^4 km

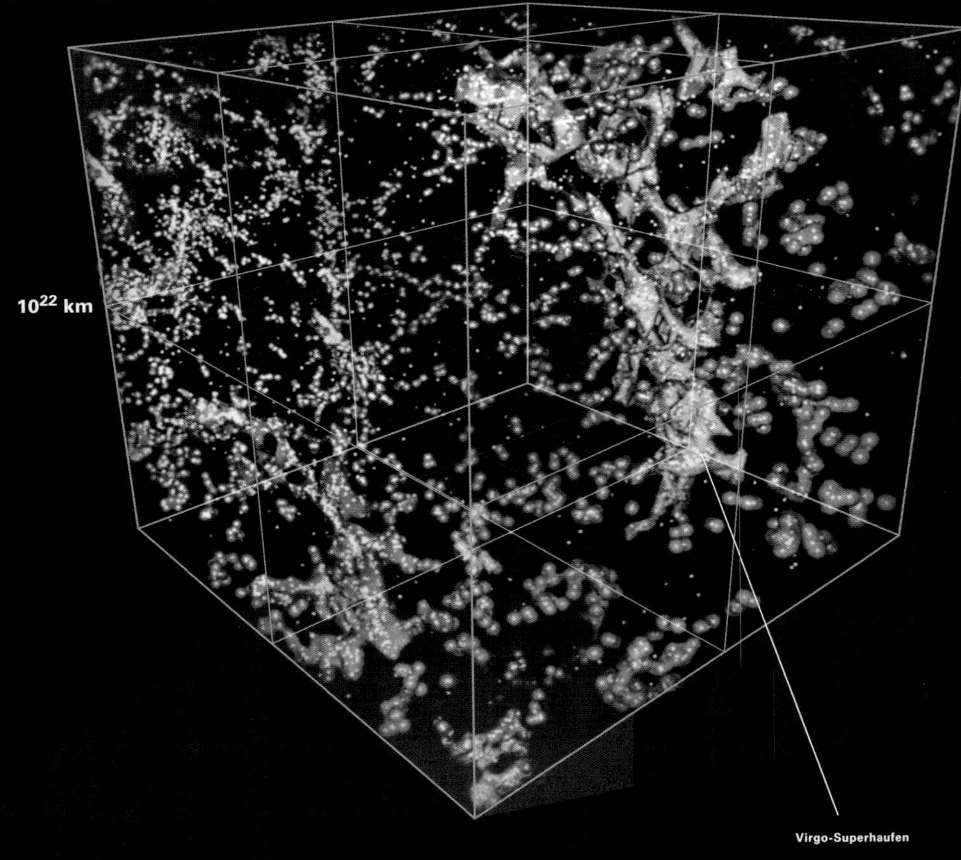

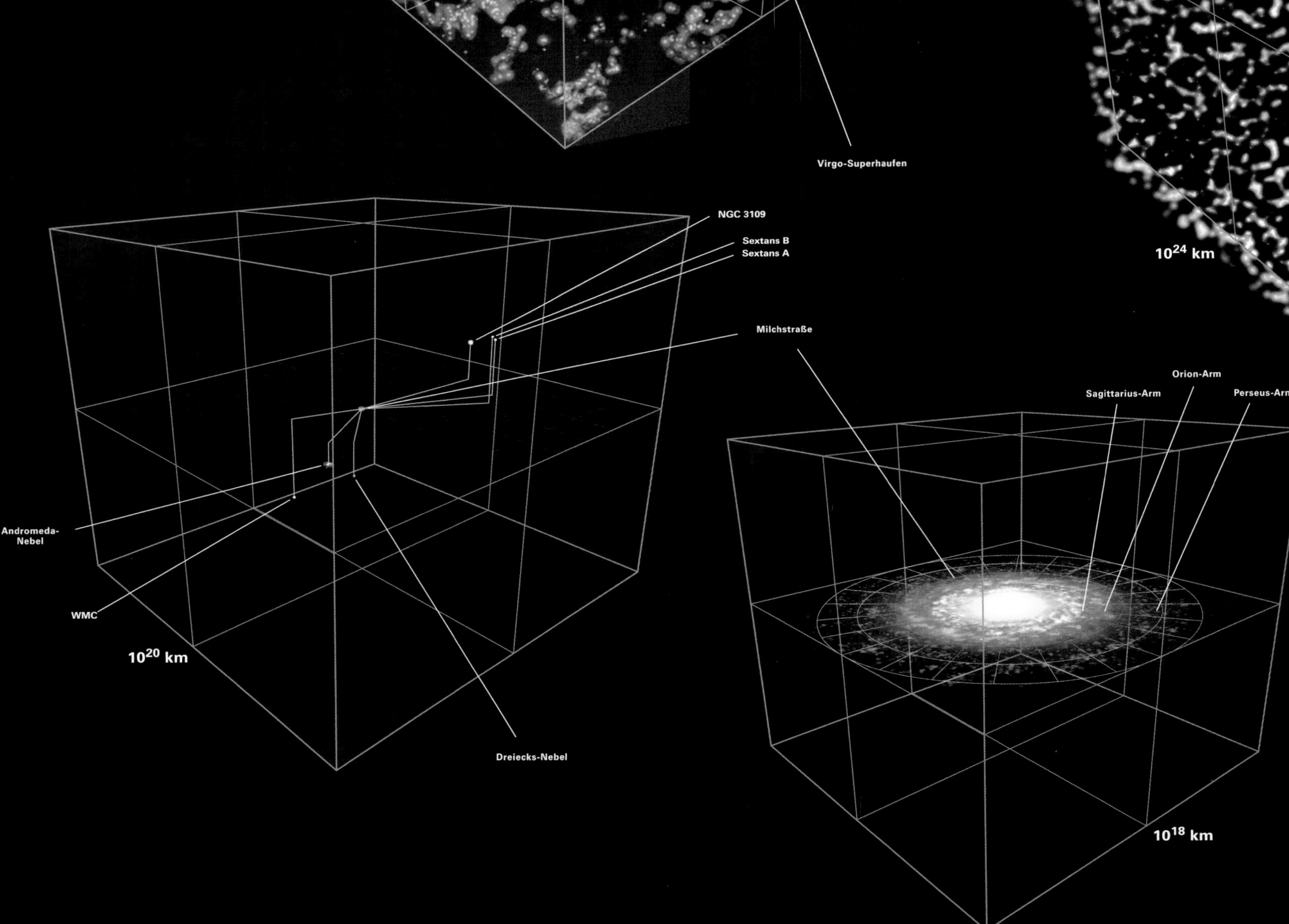

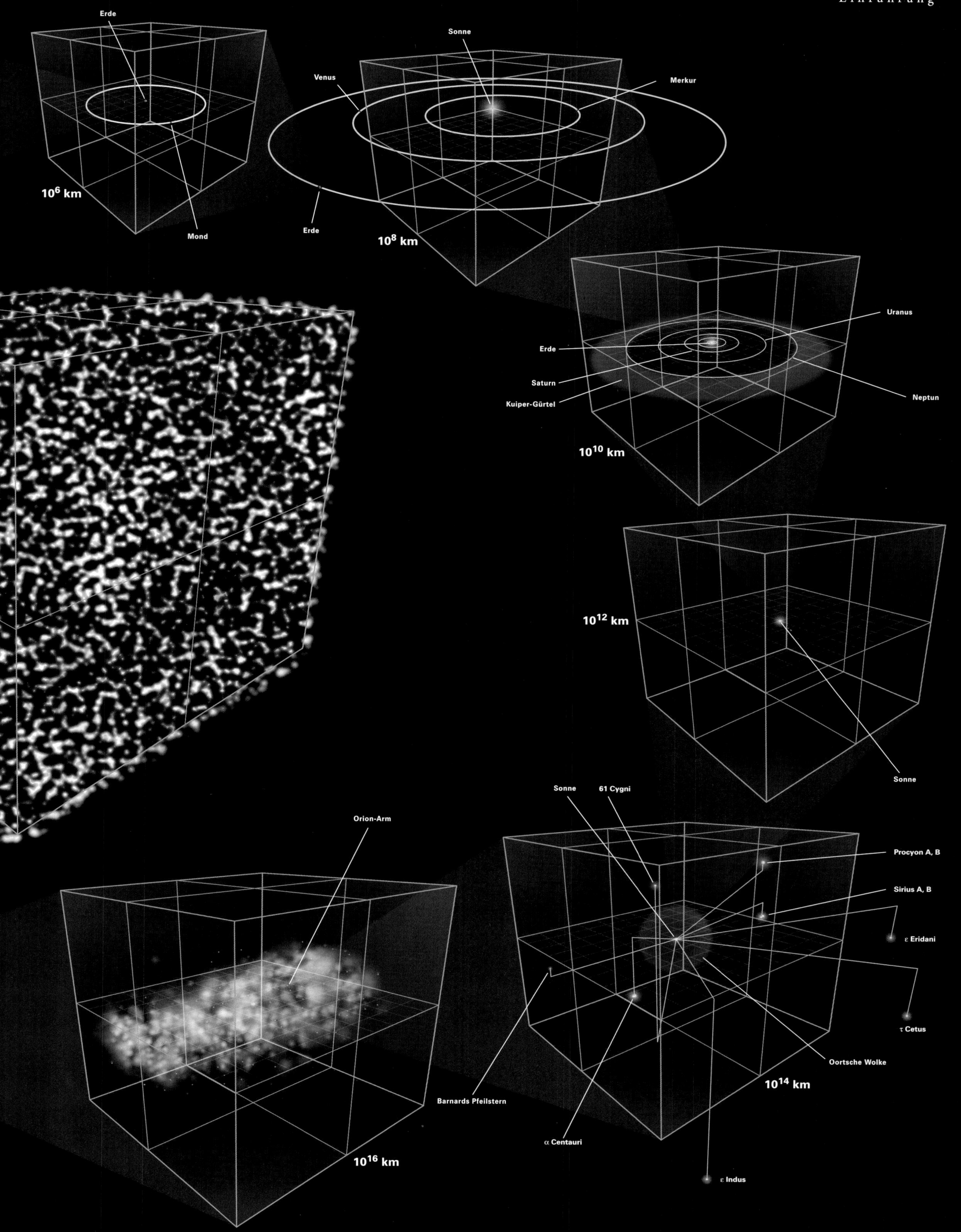
Erde
Mond
10^6 km
Sonne
Venus
Merkur
Erde
10^8 km
Uranus
Erde
Saturn
Kuiper-Gürtel
Neptun
10^{10} km
10^{12} km
Sonne
Sonne
61 Cygni
Procyon A, B
Sirius A, B
ε Eridani
τ Cetus
Oortsche Wolke
10^{14} km
Barnards Pfeilstern
α Centauri
ε Indus
Orion-Arm
10^{16} km

Zur Erkundung außersolarer Planeten sind wir daher auf große Teleskope angewiesen. Es ist eine Sache, durch sorgfältige Beobachtung eines Sterns auf die Existenz eines Planeten zu schließen, aber eine ganz andere, ihn tatsächlich zu sehen und seine Atmosphäre zu analysieren. Die gegenwärtige Generation optischer Teleskope war sehr erfolgreich, wenn es darum ging, außersolare Planeten aufzuspüren. Eine atmosphärische Analyse dieser Planeten hingegen erfordert die direkte Beobachtung der Planeten selbst, und dies ist nur mit der kommenden Generation der 20-Meter-Teleskope möglich.

Diese Instrumente werden das matte Bild eines Planeten vom milliardenfach helleren Schein seines Fixsterns abheben. Mithilfe eines wahren Wunderinstruments namens Spektrograf kann dann das Planetenlicht in seine Spektralfarben zerlegt und der verborgene „Strichcode" nach verräterischen Signaturen untersucht werden. Astrobiologen werden nach Biomarkern suchen, die auf die Existenz lebender Organismen hindeuten: Sauerstoff und das sogenannte „vegetation red edge". Es ist nicht einmal ausgeschlossen, dass Spuren industrieller Verschmutzung entdeckt werden, die einen Hinweis auf intelligentes Leben erbringen würden. Die Feststellung, dass solche Lebensformen ihren Planeten mit ähnlicher Rücksichtslosigkeit verschmutzen wie wir, würde die Aufregung über eine solche Entdeckung jenseits des Abgrunds des Weltalls gewiss kaum mindern.

Unten Seit seiner Entdeckung durch Art Hoag im Jahr 1950, nach dem diese ungewöhnliche Galaxie benannt ist, hat Hoags Objekt die Astronomen fasziniert. Bilder von Weltraumteleskopen können vielleicht dabei helfen, die offenen Fragen im Zusammenhang mit dieser Galaxie zu klären.

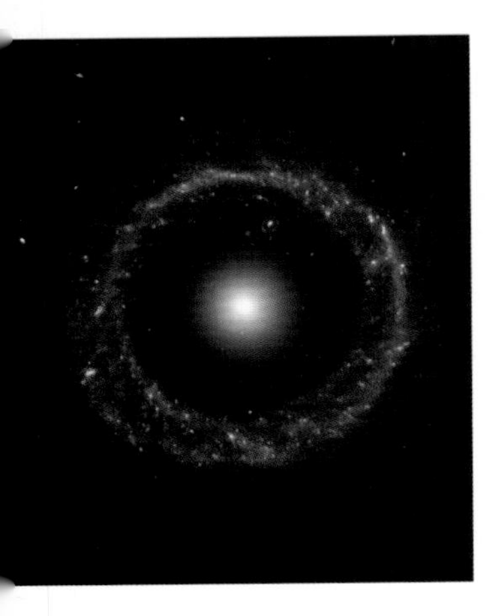

Oben Dunkle Materie lässt sich nur durch die Beobachtung von Schwerkraftanomalien entdecken. Durch den Vergleich dieses Röntgenbilds mit optischen Aufnahmen wurde festgestellt, dass sich die hier blau sichtbaren Galaxienhaufen in der Nähe von dunkler Materie befinden.

Andere Bereiche der modernen Astronomie werfen noch größere Fragen auf, die vielleicht größten überhaupt: Die Astronomen mussten eingestehen, dass sie gar nicht wissen, woraus der Großteil des Weltalls besteht. Stellvertretend für diese Unwissenheit stehen zwei voneinander unabhängige Phänomene: dunkle Materie und dunkle Energie. Diese auf den ersten Blick einfachen Konzepte bergen zwei der kniffligsten Probleme der heutigen Astrophysik – und die Probleme werden noch durch die Tatsache vergrößert, dass diese beiden unsichtbaren Komponenten zusammen sage und schreibe 95 Prozent des Masse-Energie-Volumens des Universums ausmachen.

Um die Natur von dunkler Materie und dunkler Energie zu entdecken, bedarf es allen Einfallsreichtums der Astronomen und Physiker. Und es bedarf eines formidablen Arsenals wissenschaftlicher Hardware, insbesondere großer erdbasierter optischer und Infrarot-Teleskope.

Um mit der dunklen Materie zu beginnen: Woher wissen wir überhaupt von ihrer Existenz? Nur durch einen einzigen Umstand: die Auswirkung ihrer Anziehungskraft auf die sichtbare Materie. Viele Menschen glauben, die Erforschung der dunklen Materie sei ein neuer Forschungszweig mit kurzer Geschichte, doch bereits 1933 fiel dem schweizerisch-amerikanischen Astronomen Fritz Zwicky (1898–1974) im Rahmen seiner Forschungen an Galaxienhaufen – den größten Materieansammlungen im Universum – auf, dass etwas nicht zusammenpasste.

Die meisten Menschen wissen, dass Galaxien Ansammlungen von vielen hundert Milliarden Sternen sind und dass sie oftmals die Gestalt einer abgeflachten Scheibe mit spektakulären Spiralarmen haben. Auch wir leben in einer solchen Galaxie – der Milchstraße, die wir so nennen, weil wir ihre Scheibe als blassweißes Band am Nachthimmel sehen. Solche Spiralgalaxien enthalten unter anderem große Mengen Gas (meist Wasserstoff) und Staub. Es gibt aber auch andere Arten von Galaxien, einschließlich der eiförmigen Objekte, die als elliptische Galaxien bezeichnet werden.

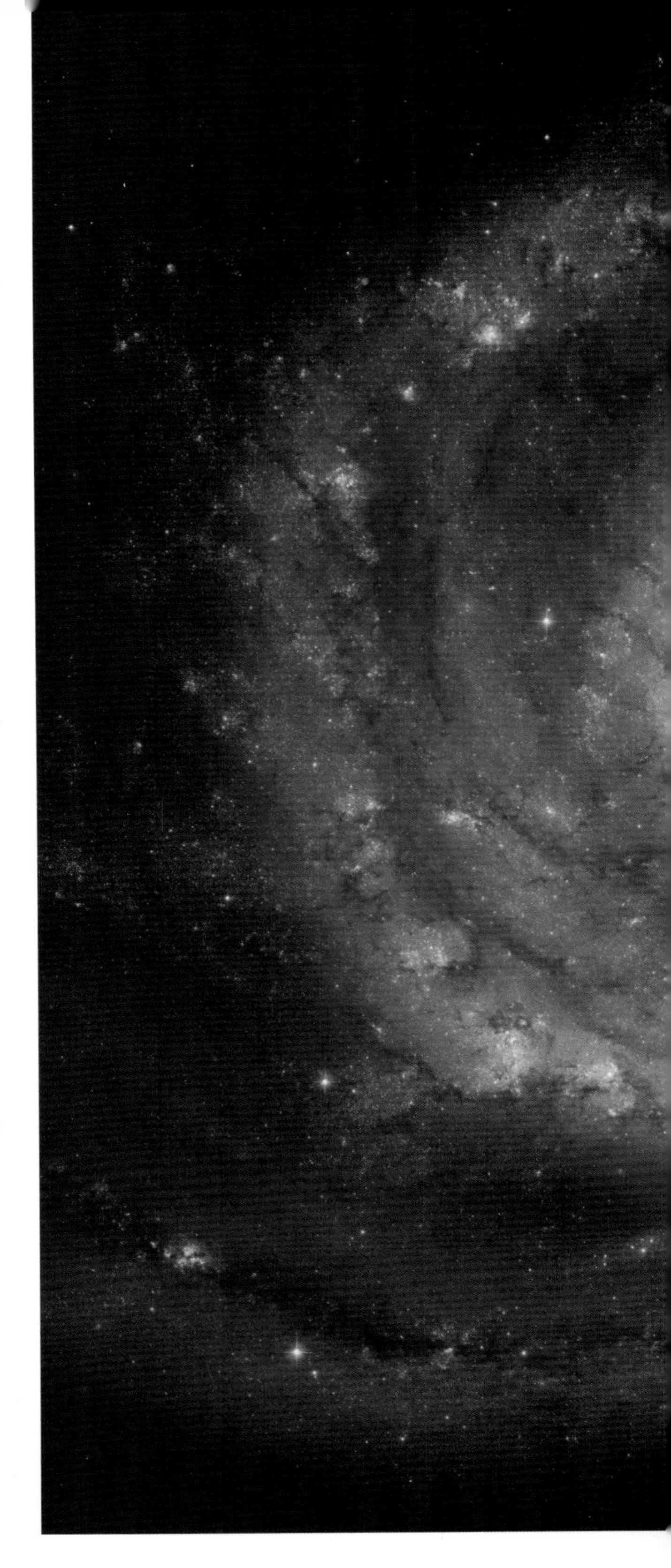

Zwicky interessierte sich besonders für einen sehr üppigen Galaxienhaufen im Sternbild Coma Berenices am Nordhimmel. Mithilfe eines Spektrografen konnte er die Geschwindigkeiten verschiedener Mitglieder des Haufens messen. Zu seiner Überraschung stellte er fest, dass diese Galaxien sich so schnell bewegten, dass der Haufen sie eigentlich nicht hätte halten können. Die Gesamtanziehungskraft der sichtbaren Materie in dem Haufen (Sterne, Gas und Staub) allein war nicht ausreichend, um das Ganze zusammenzuhalten. Aufgrund ihrer Geschwindigkeit hätten die Galaxien schon vor langer Zeit den Haufen verlassen müssen. Daraus schloss er, dass noch etwas anderes da sein musste – eine unsichtbare Komponente, die weder Licht aussandte noch die sichtbare

Strahlung dahinterliegender Objekte absorbierte. Was immer es war, es wirkte mit seiner Schwerkraft auf die Mitglieder des Haufens ein. Mit dieser Schlussfolgerung lag Zwicky goldrichtig, doch damals wurde dem kaum Beachtung geschenkt.

45 Jahre später erforschte die amerikanische Astronomin Vera Rubin die Rotation von Galaxien und entdeckte neue Belege für die Existenz der dunklen Materie. Es ist bekannt, dass Galaxien rotieren, und bei Spiralgalaxien, die für uns hochkant stehen, kann man messen, wie sich die Rotationsgeschwindigkeit mit zunehmender Entfernung vom Zentrum verändert. Rubin stellte nun fest, dass die Rotationsgeschwindigkeit an den Extremitäten der Galaxie anders als erwartet keineswegs abnahm, sondern nahezu konstant blieb. Es gab keine andere Erklärung: Die Galaxien mussten von dunkler Materie umgeben sein. Diese Entdeckung leitete eine Ära der Erforschung dunkler Materie ein, die vorläufig in Durchmusterungen des Himmels gipfelt, welche die Eigenschaften der dunklen Materie detailliert erforschen sollen.

Die besten Hinweise auf dunkle Materie liefern bewegliche Objekte wie Sterne. Indem wir diese in großer Zahl vermessen, werden wir hoffentlich genügend Informationen sammeln, um hinter die wahre Natur dieser geheimnisvollen Substanz zu kommen. Großflächige Programme zur Messung der Sternengeschwindigkeiten werden zurzeit in der Milchstraße durchgeführt, wodurch bereits viel Wissen über die dunkle Materie gewonnen werden konnte – einschließlich der Erkenntnis,

Oben Diese Aufnahme des Hubble-Weltraumteleskops zeigt die eindrucksvolle Struktur der beiden – aus Sternen und Staub bestehenden – Spiralarme der Whirlpool-Galaxie (M51).

dass sie sich mit Vorliebe dort konzentriert, wo dies auch die sichtbare Materie tut. Dies stützt die Annahme, dass es Konzentrationen dunkler Materie waren, die in der Frühzeit des Universums zur Bildung von Galaxien geführt haben.

Die Erforschung der dunklen Energie hat eine ähnlich lange Vorgeschichte. Zuerst tauchte die Idee in Einsteins kosmologischer Konstante auf, die dieser nachträglich in seine 1917 veröffentlichten Gleichungen zur allgemeinen Relativität eingefügt hatte. Die allgemeine Relativitätstheorie beschreibt, wie Schwerkraft den Raum krümmt. Unzählige Male wurde sie überprüft, doch die Beobachtungen bestätigen die Theorie mit einer Abweichung von lediglich eins zu hunderttausend.

1917 glaubte Einstein allerdings, seine Theorie halte nicht stand. Wandte man seine Gleichungen auf das Universum als Ganzes an, beschrieben sie ein Universum, das sich entweder hätte ausdehnen oder zusammenziehen müssen, während es dem damaligen Wissensstand nach statisch sein sollte. Also tat Einstein etwas sehr Schlaues. Er führte eine mathematische Größe ein, die er die kosmologische Konstante nannte und die eine dem Weltall innewohnende abstoßende (oder anziehende) Kraft darstellen sollte, die jeglicher Neigung zur Expansion oder Kontraktion entgegenwirkte. Als zwölf Jahre später die Expansion des Universums feststand, bezeichnete der verlegene Einstein seine Idee angeblich als „größte Eselei meines Lebens" und zog sie rasch zurück.

Unten Aus Untersuchungen von durch Gravitationslinsen abgelenktem Licht folgern die Astronomen, dass der Galaxienhaufen Cl 0024 + 17 von einem Ring aus dunkler Materie umgeben ist. Gravitationslinsen sind massereiche Objekte, die aufgrund ihrer enormen Schwerkraft das Licht dahinterliegender Objekte ablenken.

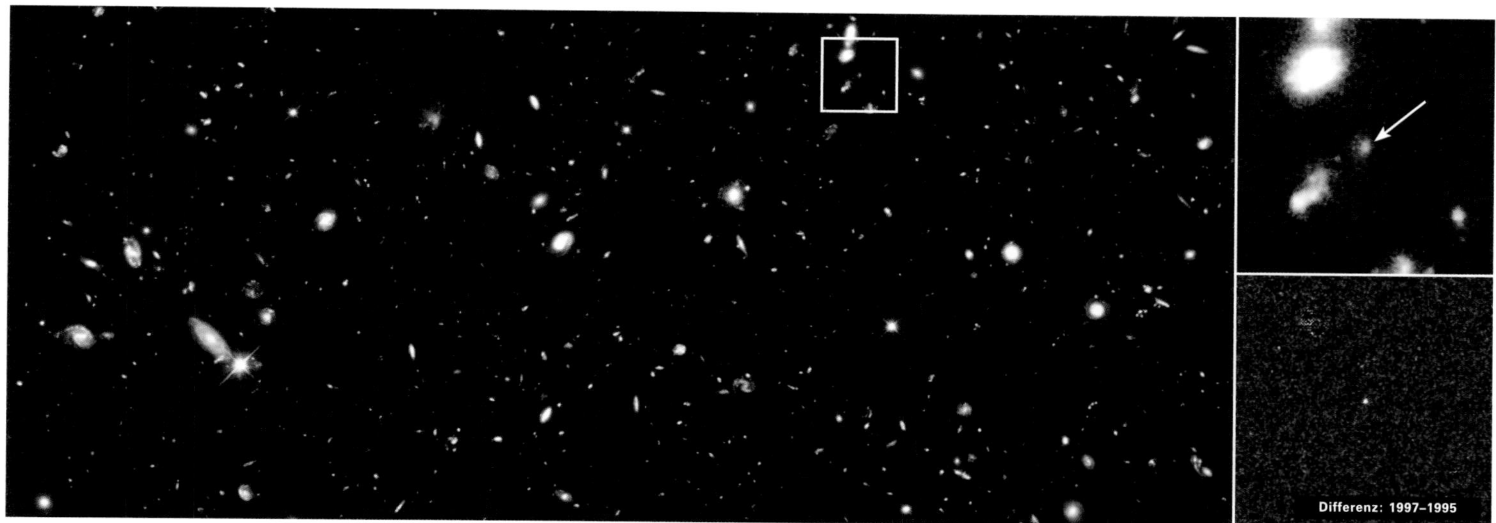

Oben Mithilfe des Hubble-Weltraumteleskops der NASA untersuchten Astronomen einen Lichtpunkt aus der fernsten bisher entdeckten Supernova, einem Stern, der von zehn Milliarden Jahren explodiert ist. Die Entdeckung ist ein indirekter Beweis für die Existenz dunkler Materie im Kosmos. Die Aufnahmen zeigen die Umgebung der Supernova, ihre Heimatgalaxie sowie den sterbenden Stern selbst.

Bis auf sehr wenige Ausnahmen nahmen die Wissenschaftler damals an, die kosmologische Konstante sei gleich null, und der Raum besitze kein immanentes Kraftfeld. Doch 1998 lieferten zwei Astronomengruppen unabhängig voneinander stichhaltige Beweise dafür, dass das Universum in seiner Expansion keineswegs langsamer wird, sondern sich heute schneller ausdehnt als vor sieben oder acht Milliarden Jahren.

Diese Beschleunigung wird einer inhärenten Elastizität des Raums – der dunklen Energie – zugeschrieben, welche aufgrund der gegenseitigen Anziehung aller Arten von Materie im Universum dessen Tendenz zur Verlangsamung überwindet. Lag Einstein mit seiner kosmologischen Konstante also doch richtig? Eine Reihe unterschiedlicher Hypothesen könnte ein Universum entstehen lassen, das sich immer schneller ausdehnt, weshalb in bester wissenschaftlicher Tradition Untersuchungen erforderlich sind, um zwischen ihnen zu differenzieren. Die Erforschung der dunklen Energie gehört zusammen mit der Frage nach der dunklen Materie zu den drängendsten Problemen, die Astrophysiker heute bewegen.

Entsprechend ambitioniert sind die Strategien für diese Forschung, deren Experimente völlig neue astronomische Instrumente erfordern würden. Wieder wären groß angelegte Durchmusterungen nötig, nur dass es diesmal um die Durchmusterung von Millionen von Galaxien in Entfernungen ginge, die in Milliarden Lichtjahren gemessen werden. Höchstwahrscheinlich werden diese Forschungsansätze innerhalb des nächsten Jahrzehnts zu einem besseren Verständnis der wahren Natur der dunklen Energie geführt haben.

Neue große Teleskope, die Suche nach außerirdischem Leben, die Jagd nach der dunklen Materie und dunklen Energie – das sind Herausforderungen der modernen Astronomie. Sie werfen ein Licht auf die Art und Weise, wie diese weitreichendste aller Wissenschaften die ihr zur Verfügung stehenden Ressourcen nutzt, um die existenziellen Fragen der Menschheit zu beantworten.

Dabei sei jedoch daran erinnert, dass auch Astronomen nur Menschen sind und folglich menschliche Fehler und Schwächen haben. Es wäre falsch, sie sich als sternensüchtige Romantiker vorzustellen, als mystische Geister, die eine Intimität mit dem Universum um seiner selbst willen suchen. Der eine oder andere Astronom mag ja Inspiration durch den Nachthimmel als Motiv für seine Berufswahl angeben, doch die meisten fassen ihre Wissenschaft als aufwändiges intellektuelles Abenteuer auf, als Mittel, der Menschheit zu einem besseren Verständnis ihrer weiteren Umgebung zu verhelfen.

Astronomen gehören einer kleinen, privilegierten Gruppe an. Auf der ganzen Welt gibt es nur ein paar Tausend davon. Überwiegend bei Universitäten und Regierungsinstitutionen angestellt, bilden sie eine kleine, emsige Schar, die eine Ernte der Erkenntnis einfährt. Es gibt viele Gründe, weshalb sich Staaten dafür entscheiden, einen Teil des hart verdienten Bruttoinlandsprodukts in reine Wissenschaften wie die Astronomie zu investieren. Dazu gehören Bildung, Nationalstolz, Industrieförderung oder auch politisches Kalkül. Vielleicht sogar das Wohlbefinden ihrer Völker, denn Wissen erfüllt tiefsitzende Bedürfnisse und besitzt durchaus Eigenwert. Schließlich ist eine herausragende Eigenschaft des Homo sapiens seine Neugier. Eine Kultur, die Wissen und Lernen belohnt, hat gute Chancen, zu den zivilisierten Nationen gezählt zu werden.

Die Astronomie ist höchster Ausdruck der menschlichen Entwicklung und vermag den Geist in ähnlicher Weise zu befriedigen wie Kunst und Musik. Vielleicht als einzige unter den Wissenschaften bewertet sie Wissen hauptsächlich danach, welche Inspiration es den Rezipienten bringt. Und deshalb versteht sich dieses Buch als ein Schlüssel, der ein ganzes Universum der Einsicht und des Verständnisses öffnet. Blättern Sie weiter, und Sie werden an dem größtmöglichen Lernabenteuer überhaupt teilhaben!

Fred Watson

Links Der Beitrag Albert Einsteins zur Astronomie ist unermesslich. Das Foto entstand 1930 bei einem Besuch des Observatoriums auf dem Mount Wilson in den Vereinigten Staaten, dem damals größten Teleskop der Welt.

Das Sonnensystem

Auf einer Bahn um die Sonne

Der Planet Erde ist unser Zuhause, das Sonnensystem ist unsere nächste Nachbarschaft.

Rechts Dieses wunderbar erhaltene Manuskript, das einer astronomischen Abhandlung aus dem 15. Jahrhundert entstammt, zeigt die Erde mit den damals bekannten Planeten.

Unten Diese erhabene, aus dem Space Shuttle *Discovery* gemachte Aufnahme zeigt den Erdhorizont bei Sonnenaufgang mit den aufgehenden Planeten Mars und Venus. Die Venus ist gewöhnlich mit bloßem Auge zu erkennen und kann von geübten Beobachtern bei klarem Himmel sogar tagsüber entdeckt werden.

UNSERE HIMMLISCHEN NACHBARN

Schon immer haben die Menschen voller Staunen zum Nachthimmel aufgeschaut. Seit Jahrtausenden ist er mit seinen unendlich vielen funkelnden Lichtern eine Quelle der Inspiration und Neugier.

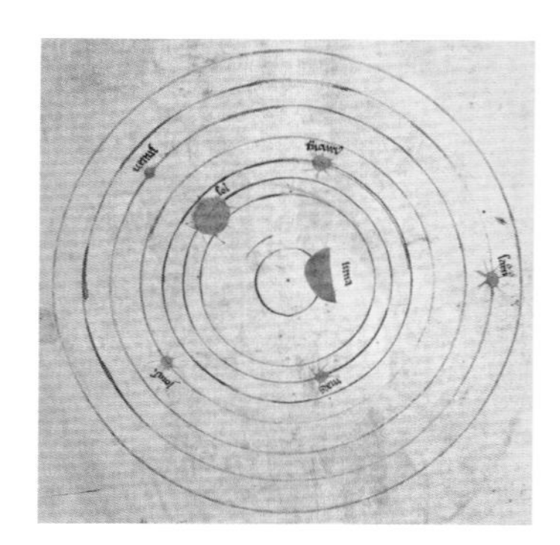

Den Großteil dieser Zeit über hatten die Menschen keine rechte Vorstellung davon, was diese Lichter wirklich waren. Wie immer, wenn sie etwas nicht erklären konnten, banden sie sie in Mythologie und Aberglauben ein. Obwohl die Sterne ihre Position über die Jahrzehntausende leicht verändern und zudem die Schwankungen der Erdachse unsere Perspektive verändern, vollziehen sich die Veränderungen so langsam, dass die Sterne fest an ihrem Platz erscheinen. Doch schon in der Antike war bekannt, dass einige sich bewegen – manche sogar recht auffällig. Stetig wandern sie von einem Sternhaufen zum nächsten, verändern manchmal die Richtung oder verschwinden plötzlich für Wochen ganz. Warum sind diese Sterne „anders", und wie passen sie in unser doch so geregeltes Himmelsschema?

Die beweglichen Sterne, von denen hier die Rede ist, sind natürlich die Planeten. Das Wort „Planet" stammt aus dem Griechischen; es bedeutet „Wanderer" und ist insofern äußerst treffend.

Lange nahm man an, diese Sterne würden um die Erde kreisen, zumal diese Meinung zu vielen religiösen und abergläubischen Vorstellungen unserer Vorfahren sehr gut passte. Doch mit der Zeit wurde der Aberglaube von Fakten verdrängt, und wir begannen die Wanderer als das zu sehen, was sie sind – andere Welten, die gleich der Erde die Sonne umkreisen. Ihre Position im Sonnensystem hat viel damit zu tun, wie groß oder klein sie sind und aus welcher Materie sie bestehen, ob aus Gestein, Gas oder Eis oder allem zusammen.

Im Folgenden widmen wir jedem Planeten ein Kapitel, und wir zeigen auf, was wir über seine Geschichte, Struktur und Atmosphäre, über seine Monde, Ringe und vieles mehr wissen. Wir werden sehen, wie einzigartig jede dieser Welten ist, und wir werden es umso mehr zu schätzen lernen, dass die Erde so besonders ist.

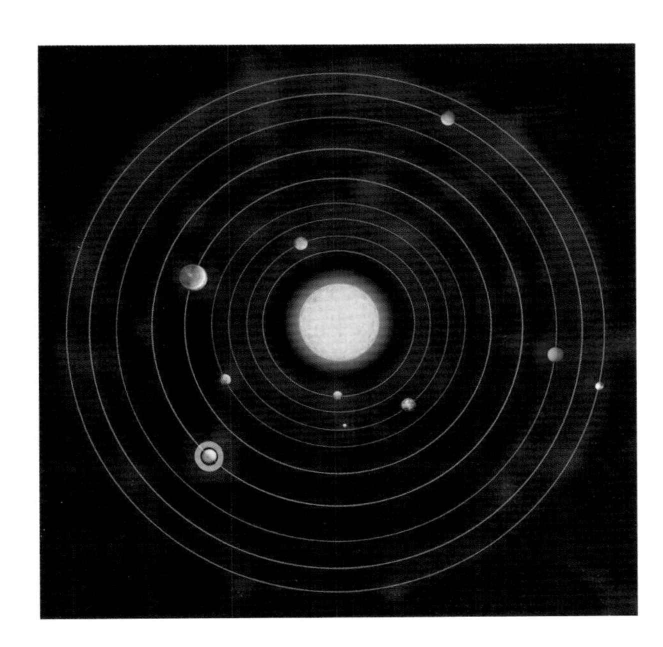

Links Das Sonnensystem mit den Umlaufbahnen der Planeten. Die inneren Planeten Merkur, Mars, Venus und Erde werden als terrestrische Planeten bezeichnet. Die äußeren Planeten Jupiter, Saturn, Uranus und Neptun sind Gasplaneten. Pluto wird neuerdings als Zwergplanet klassifiziert.

Oben Uranus mit fünf seiner Monde im nahen Infrarot: Titania, Umbriel, Miranda, Ariel und Oberon (von oben nach unten). Das kleine runde Objekt links ist ein Hintergrundstern.

Daneben werden wir auch die anderen Objekte unter die Lupe nehmen, die das Sonnensystem bevölkern: Kometen, Asteroiden und die neue und recht umstrittene Kategorie der Zwergplaneten.

Planeten und ihre kleineren Geschwister sind besonders. Sie sind die einzigen Orte, die wir mit Raumschiffen erreichen können – die Sterne sind zu weit entfernt. Sie sind für uns wie Laboratorien zur Erforschung unterschiedlicher geologischer und klimatologischer Prozesse. Können andere Planeten uns dabei helfen, die Probleme auf der Erde zu meistern? In welchem Maß können sie zum Verständnis der Tatsache beitragen, weshalb die Erde so besonders ist und von Leben wimmelt und auf unseren Nachbarn allem Anschein nach nicht?

Die Suche nach Leben auf anderen Planeten – sofern es überhaupt existiert – ist heute eine der primären Antriebskräfte der Raumforschung. Je mehr wir wissen, desto deutlicher wird, dass in manchen Ecken des Sonnensystems die Bedingungen für einfache Lebensformen durchaus vorhanden sein könnten. Ob in unterirdischen Wasserspeichern auf dem Mars oder in einem Ozean unter der Oberfläche des Jupitermonds Europa – die Möglichkeit außerirdischen Lebens ist mehr als pure Fantasie, und wenn nicht in unserem Sonnensystem, dann vielleicht in einem anderen.

Wir haben erst ein kleines Stück auf dem Weg der Entdeckung in unserem Sonnensystem zurückgelegt, und im Grunde wissen wir noch immer sehr wenig. Warum sind Venus und Mars so anders als die Erde? Welche Rolle spielten Kometen bei der Entstehung des Lebens auf unserem Planeten? Wie ist der Saturn zu seinen Ringen gekommen? Die Liste der Fragen ist endlos.

Das Sonnensystem ist unsere unmittelbare Nachbarschaft, und wir sollten uns Zeit dafür nehmen, es kennenzulernen und uns ein Bild von ihm zu machen. Auf den folgenden Seiten werden wir die einzelnen Mitglieder des Sonnensystems näher betrachten und versuchen, ihre Geheimnisse zu lüften.

Unten Künstlerische Impression des Raumschiffs *New Horizons* im Vorbeiflug am Jupiter. Die matte Sichel zwischen Jupiter und Sonne ist Kallisto, einer der vier großen Jupitermonde.

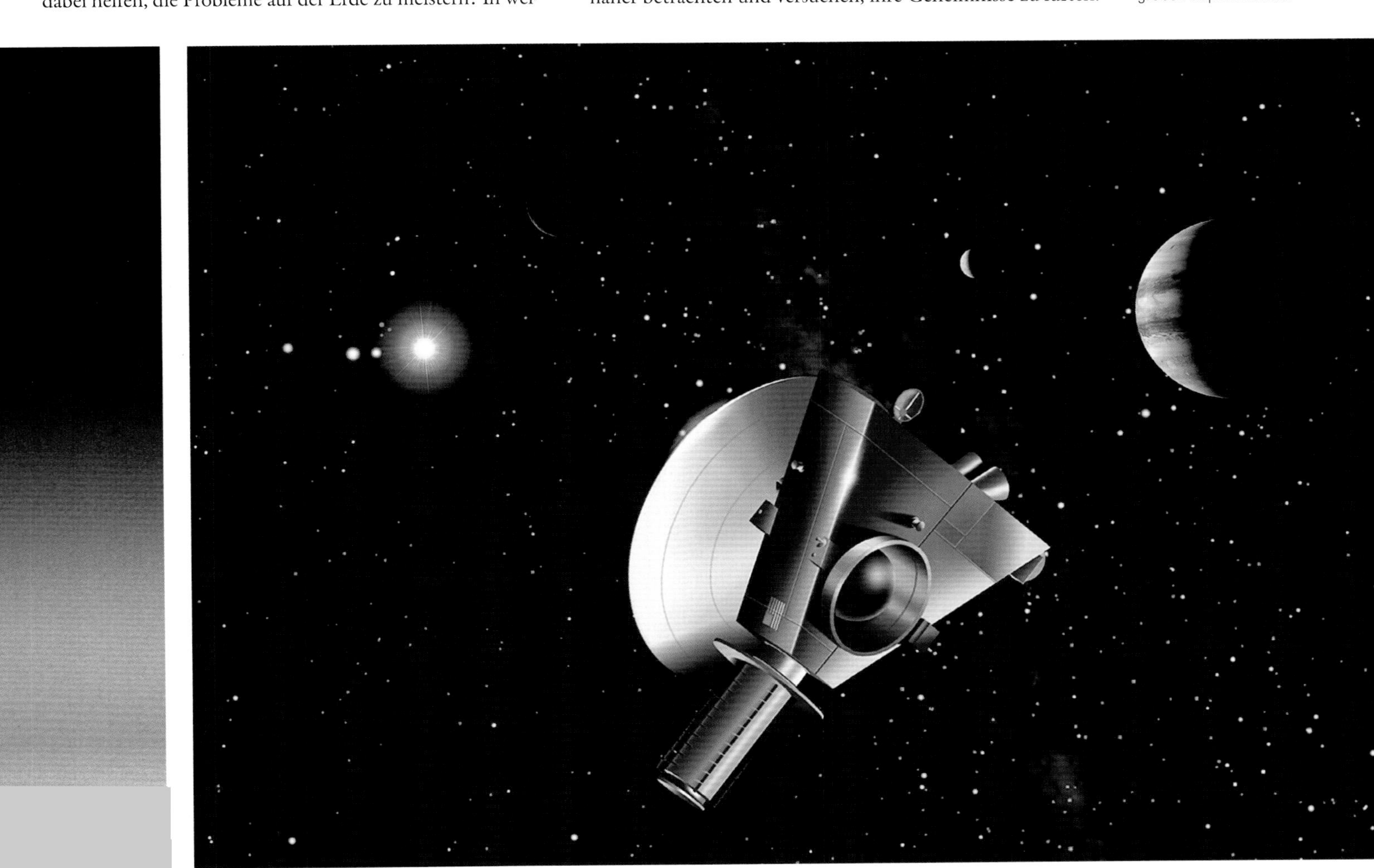

Sonne und Planeten

Das Sonnensystem umfasst die Sonne (unseren nächsten Stern), ihr Gefolge aus großen und kleinen Planeten sowie eine Vielzahl kleinerer Körper, die alle im Klammergriff der solaren Schwerkraft gehalten werden. Bekannt sind acht größere Planeten, drei Zwergplaneten sowie zahllose Kleinkörper wie Asteroiden und Kometen, die man unter der Bezeichnung Small Solar System Bodies (SSSB) zusammenfasst.

Unten Diese üppige Allegorie auf die *Erschaffung des Weltalls* belegt den Einfluss der Religion auf die frühen Vorstellungen vom Kosmos. Das Ölgemälde hängt im Palastmuseum Pawlowsk, St. Peterburg, Russland.

NICHT PERFEKTE UMLAUFBAHNEN

Die Planeten laufen mehr oder weniger in einer Ebene um die Sonne, der sogenannten Ekliptik, einer imaginären Ebene von Sonne und Erdumlaufbahn. Keine Planetenbahn ist kreisrund, alle sind mehr oder weniger elliptisch. Einige Bahnen, wie die von Erde und Venus, sind nicht allzu weit von einer Kreisform entfernt, während Merkur sich ebenso wie der Zwergplanet Pluto auf einer stark elliptischen Bahn bewegt.

Der sonnenfernste Punkt einer Planetenbahn wird als Aphelion oder Apoapsis bezeichnet; der sonnennächste Punkt heißt Perihelion oder Periapsis. Viele Asteroiden und Kometen haben extrem elliptische Bahnen, die in signifikanten Winkeln gegen die Ekliptik geneigt sind. Alle Planeten und die meisten der übrigen Körper umkreisen die Sonne in Richtung der Sonnenrotation, d. h. für einen Beobachter, der von oberhalb des Sonnennordpols auf das Sonnensystem „hinabblickt", gegen den Uhrzeigersinn. Diese fast allgemeingültige Umlaufrichtung ist direkte Folge der ursprünglichen Rotationsrichtung des präsolaren Nebels, aus dem sich das Sonnensystem einst gebildet hat.

Die Sonne sitzt im Zentrum des Systems und wird in unterschiedlicher Entfernung von den Planeten umkreist. Der

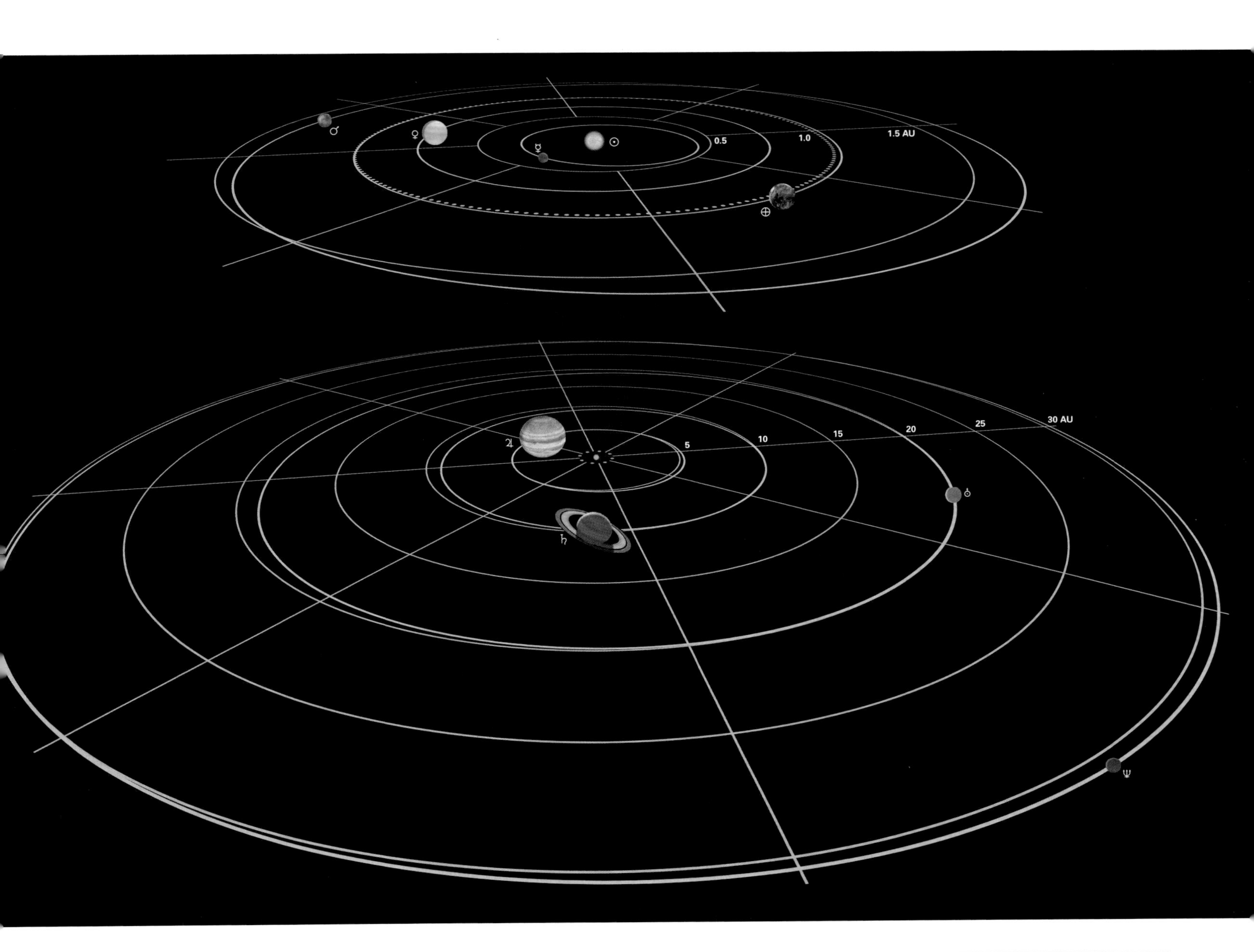

Oben Die obere Grafik zeigt die Umlaufbahnen der erdähnlichen Planeten Merkur, Venus, Erde und Mars um die Sonne. Die untere Grafik ist in kleinerem Maßstab gehalten und zeigt die Umlaufbahnen der sonnenferneren Gasplaneten Jupiter, Saturn, Uranus und Neptun auf der sonnenfernsten Bahn. (nicht maßstäblich)

Großteil der Kleinkörper (Asteroiden) und Kometen des Sonnensystems lässt sich in mehrere Gruppen zusammenfassen.

Die Sonne hat einen Anteil von über 99 Prozent an der gesamten Masse des Sonnensystems; Jupiter und Saturn teilen das übrige Prozent weitgehend unter sich auf, und für die anderen Planeten und Körper bleibt nur ein winziger Rest.

DIE ENTSTEHUNG DES SONNENSYSTEMS

In der langen Geschichte der Astronomie wurden viele Theorien über den Ursprung des Sonnensystems entwickelt. Allgemein anerkannt, weil mit der besten Beweisgrundlage ausgestattet, ist gegenwärtig die „Nebularhypothese", die unabhängig voneinander von zwei Wissenschaftlern des 18. Jahrhunderts, Immanuel Kant und Pierre-Simon Laplace, formuliert wurde. In diesem Szenario stammt sämtliche Materie im Sonnensystem aus einer riesigen interstellaren Gaswolke (bzw. einem Gasnebel), der sogenannten molekularen Wolke.

Diese Wolke bestand aus Materie, die beim Tod früherer Sternengenerationen in den Raum ausgestoßen worden war. Sie enthielt nicht nur große Mengen Wasserstoff und Helium – die häufigsten Elemente im Weltall –, sondern auch schwerere Elemente. Irgendwann begannen bestimmte Regionen innerhalb der Wolke in sich zusammenzufallen – möglicherweise ausgelöst durch eine nahe Supernova (ein explodierender Stern) – und dabei um sich selbst zu rotieren. Aus einer dieser Regionen, dem präsolaren Nebel, entstand schließlich unser Sonnensystem. Je mehr dieser Nebel – zusammengehalten von der eigenen Schwerkraft und dem eigenen Magnetfeld – sich zusammenzog und je schneller er sich drehte, desto mehr nahm er die Gestalt einer riesigen rotierenden flachen Gasscheibe an, die tausendmal größer war als unser heutiges Sonnensystem. Je mehr die

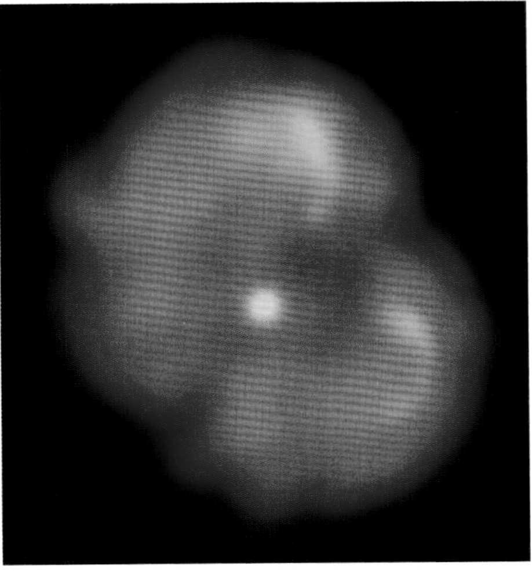

Rechts Digitalisierte Darstellung von Plasma, das sich zu einem planetaren Körper formiert und als Protostern bezeichnet wird. Unsere Sonne ist eigentlich ein riesiger Plasmaball.

Rechts Entstehung eines Sonnensystems. Nach der Bildung der Protosonne verbinden sich die Gasmoleküle zu immer größeren Partikeln, die über einen Zeitraum von Millionen von Jahren immer mehr zusammenklumpen und schließlich irgendwann zu Planeten werden.

Scheibe kollabierte, desto mehr Materie wurde vom Zentrum des Nebels angezogen, wo sie immer größerer Hitze und höherem Druck ausgesetzt war – die Keimzelle der Protosonne.

Während die übrige Materie in der Scheibe umherwirbelte, verbanden sich die Gasmoleküle zu größeren Partikeln, Staubkörnern, und diese wiederum verbanden sich zu immer größeren Körpern.

Mit den Jahrmillionen wurde die rotierende Materiescheibe immer „klumpiger". Kleine Klumpen verbanden sich zu immer größeren Klumpen, bis einige von ihnen irgendwann groß genug geworden waren, um Planeten zu bilden.

Die zentrumsnahen Teile der Scheibe wurden so heiß, dass sich kein Eis bilden oder Gas verflüssigen konnte und nur Elemente mit einem hohen Schmelzpunkt stabil blieben, wie Gesteine und Metalle. Aus diesem Grund sind die inneren Planeten Merkur, Venus, Erde und Mars Gesteinswelten.

Weiter draußen waren die Temperaturen niedriger, sodass sich Eis bildete. Die Gasplaneten Jupiter und Saturn wurden zu den beherrschenden Körpern im mittleren Bereich des Sonnensystems, noch weiter draußen sind es die etwas kleineren Uranus und Neptun.

Mit seiner enormen Masse und seiner daraus resultierenden großen Schwerkraft verhinderte Jupiter, dass weitere Gesteinsplaneten aus der heute als Asteroidengürtel bekannten Region sich verbinden und der Sonne nähern konnten.

Zu dieser Zeit hatte im Innern des Zentralgestirns bereits der Prozess der Kernfusion eingesetzt, und die junge Sonne begann, große Mengen Energie freizusetzen. Starker Sonnenwind begann durch das Sonnensystem zu wehen, riss verbliebenes Gas mit sich und verhinderte, dass sich weitere Großplaneten bilden konnten.

Obwohl dieses Szenario gänzlich auf einem theoretischen Modell beruht, ist es heute nicht mehr nur spekulativ, denn inzwischen wurden Beweise gefunden, die darauf hindeuten, dass sich ebendieser Prozess gegenwärtig im Umfeld vieler anderer, noch junger Sterne in unserer Galaxie ereignet.

Oben Mikroskopisch kleine Kristalle in einer Staubscheibe, die einen Braunen Zwerg oder „verhinderten Stern" umgibt. Diese Kristalle, die von einem grünen, auf der Erde gefundenen Mineral namens Olivin stammen, spielen vermutlich eine Rolle beim Prozess der Planetenentstehung.

Links Die Existenz von Staubscheiben bewirkt bei sich herausbildenden Sternen vermutlich einen Bremseffekt, sodass deren Rotation nicht außer Kontrolle gerät. Wahrscheinlich spielen Staubscheiben auch eine Rolle bei der Planetenbildung.

VOYAGERS BLICKFELD

Wo endet unser Sonnensystem? Vielleicht mit der Umlaufbahn des letzten Planeten, Neptun? Oder mit dem Kuiper-Gürtel, jener Gruppe eisiger Körper jenseits des Neptuns, die auch den Pluto einschließt? Oder doch erst mit einer hypothetischen Kometenwolke, die in großer Entfernung von der Sonne unser Sonnensystem umgibt?

Eine Möglichkeit, den „Rand" zu definieren, ist der Ort, an dem der Sonnenwind abebbt und die Fastleere des interstellaren Raums beginnt. Der Sonnenwind erzeugt im Raum eine „Blase", die Heliosphäre. Dahinter schließt sich der sogenannte „termination shock" an, wo sich der Sonnenwind mit den dünnen interstellaren Gasen vermischt („heliosheath"). In der Heliopause, die noch einmal etwa die halbe Strecke entfernt ist, ebbt der Sonnenwind schließlich ganz ab, und der eigentliche interstellare Raum beginnt.

Die NASA-Sonden *Voyager 1* und *Voyager 2* steuern in unterschiedlichen Richtungen auf diese Zone zu. Sie werden von ihren Atomantrieben mit einem Rest Strom vesorgt, und man hofft, eine oder gar beide werden lang genug funktionieren, um den interstellaren Raum zu erreichen. Die Signale, die sie zur Erde senden, deuten bereits an, dass sie in dessen Nähe kommen.

Rechts Die Regionen des Sonnenwinds mit den beiden *Voyager*-Sonden, die kurz vor dem beim Eintritt in das „heliosheath" stehen.

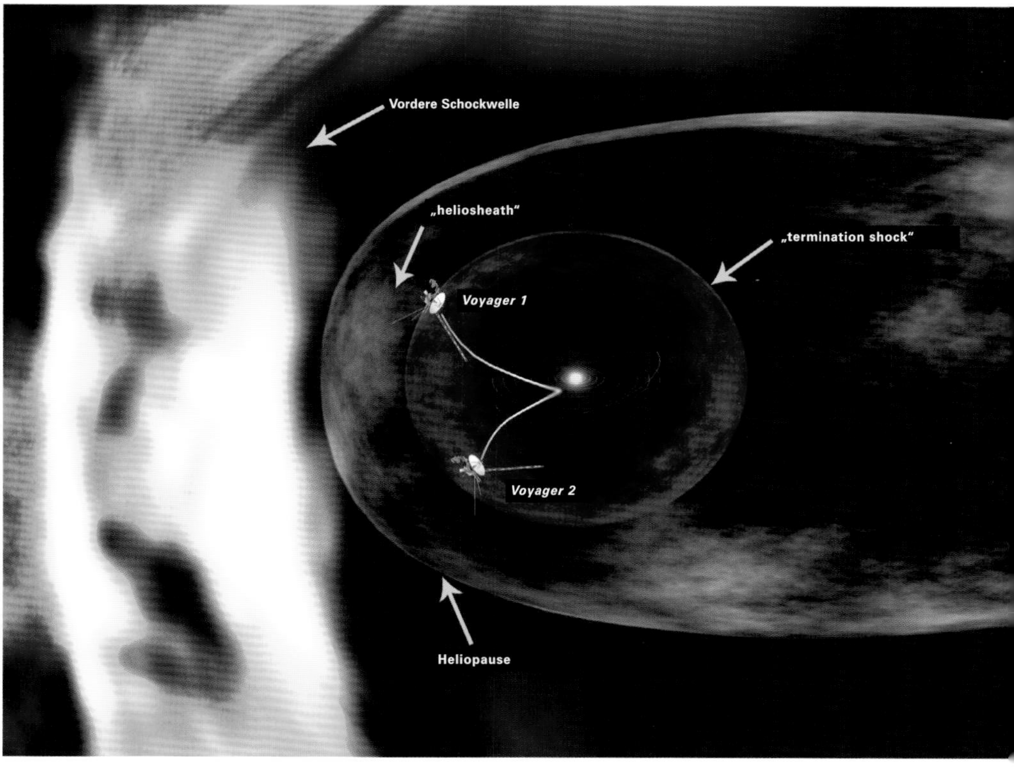

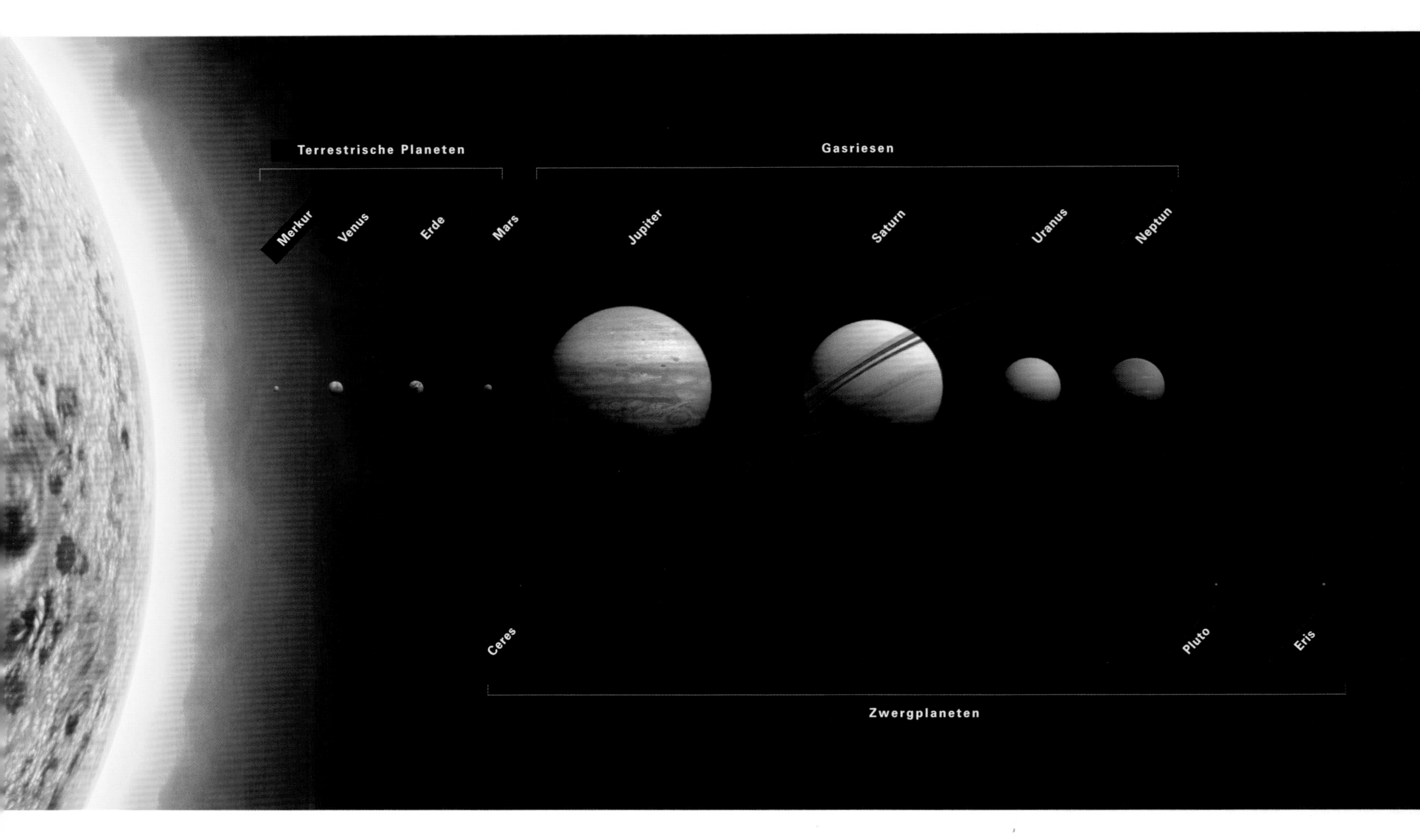

Oben Das Sonnensystem in seiner heutigen Gestalt mit den acht Planeten, die von der IAU als solche anerkannt sind: Merkur, Venus, Erde, Mars, Jupiter, Saturn, Uranus, Neptun. Pluto wird neuerdings gemeinsam mit Ceres und Eris der Gruppe der Zwergplaneten zugeordnet.

PLANETENPARADE

Wie lautet die astronomische Definition für einen Planeten? Bis vor Kurzem schien die Antwort klar: Ein Planet ist jeder große Körper, der um die Sonne kreist. Generationen von Schulkindern haben Abzählreime gepaukt, um sich die Reihenfolge der neun Planeten zu merken: Merkur, Venus, Erde, Mars, Jupiter, Saturn, Uranus, Neptun und Pluto.

Doch mit Pluto war das immer so eine Sache. Seit seiner Entdeckung 1930 wussten die Astronomen, dass mit ihm etwas nicht stimmte. Zunächst einmal war er sehr viel kleiner als die anderen Planeten; dann bestand er aus Eis statt aus Gestein oder Gas; und seine Bahn war stark elliptisch und neigte sich signifikant gegen die der anderen Planeten. In mancher Hinsicht ähnelte er stark einem Kometen, nur dass er viel zu groß dafür schien. Eine Anomalität.

Zur Jahrtausendwende entdeckten die Astronomen dann eine Reihe weiterer plutoähnlicher Objekte jenseits der Neptunbahn, von denen einer (namens Eris) sogar ein kleines bisschen größer als Pluto war. Augenscheinlich war Pluto nicht allein, und so stellte sich die Frage: Wenn Pluto als Planet eingestuft wird, müssten dann diese neu entdeckten Objekte nicht auch Planeten genannt werden? Und umgekehrt: Wenn sie die Kriterien einer Klassifizierung als Planet nicht erfüllten, was machte dann Pluto dazu?

Eine Entscheidung musste gefällt werden, und im Jahr 2006 kamen Astronomen aus aller Welt zu einer Tagung der International Astronomical Union (IAU) zusammen, um die Frage ein für alle Mal zu klären. Sie präsentierten – zum ersten Mal überhaupt – eine Definition der Eigenschaften, die einen Planeten ausmachen, sowie eine ganz neue Kategorie für Objekte, die nicht in dieses Schema passten. Die Diskussion verlief sehr kontrovers, und das Interesse der Öffentlichkeit an Astronomie war groß wie lange nicht mehr.

Ein Planet ist nach neuer Definition jeder Körper, der auf einer unabhängigen Bahn um die Sonne kreist; der groß genug ist, um eine Kugelform herausgebildet zu haben; und der jeglichen konkurrierenden Körper in seiner Orbitalzone aufgenommen, eingefangen oder mit sich gerissen hat. Gemäß dieser neuen offiziellen Definition hat das Sonnensystem nur noch acht Planeten, von Merkur bis Neptun.

Pluto wurde der neu geschaffenen Kategorie der Zwergplaneten zugeordnet. Die Definition dieser Kategorie unterscheidet sich in zweierlei Hinsicht von der richtiger Planeten: Das Objekt hat seine Umlaufbahn nicht von anderen konkurrierenden Körpern „gesäubert", und es ist selbst kein Satellit oder Mond eines anderen Körpers. Nach dieser Definition gibt es nun drei Zwergplaneten: Pluto, Ceres und Eris.

Parallel zu ihrer Entscheidung im Fall Pluto hat die IAU auch versucht, den Status der kleineren Körper im Sonnensystem – Asteroiden und Kometen – zu klären, und sie zu der neuen Kategorie der Kleinkörper (Small Solar System Bodies, SSSB) zusammengefasst.

DIE INNEREN PLANETEN

Lange vor der Tagung der IAU im Jahr 2006 hatten die Astronomen erkannt, dass die vier innersten Planeten sich von den anderen erheblich unterscheiden. Merkur, Venus, Erde und Mars sind sogenannte terrestrische Planeten. Da sie sich in der Nähe der sehr heißen jungen Sonne bildeten, bestehen sie aus Materialien, die sich trotz der hohen Temperaturen verfestigen konnten, also Gestein und Metalle. Anders als die riesigen Gasplaneten besitzen sie kein vielköpfiges Gefolge von Monden und auch kein Ringsystem. Nur zwei von ihnen, Erde und Mars, haben natürliche Satelliten (Monde). Die Erde hat den Mond, einen im Vergleich zu seinem Mutterplaneten ungewöhnlich großen Körper, der Mars zwei sehr kleine Trabanten, Phobos und Deimos. Venus und Erde weisen eine dichte Atmosphäre auf, Mars eine dünne und Merkur eine kaum nachweisbare.

Die Erde befindet sich an einer ganz besonderen Stelle im Sonnensystem, nämlich genau in der Mitte der sogenannten habitablen Zone oder, anders ausgedrückt, genau so weit von der Sonne entfernt, dass es weder zu heiß noch zu kalt ist, damit flüssiges Wasser vorhanden ist und wasserbasiertes Leben entstehen und erblühen kann. Das ist unser Glück.

An die inneren Planeten schließt sich der Asteroidengürtel an. Es gibt Astronomen, die Asteroiden der Zone der terrestrischen Planeten zuordnen, weil sie ebenfalls Gesteinswelten sind – wenn auch kleine. In populären Darstellungen, etwa in Filmen, wird diese Region gerne als wimmelndes, taumelndes Minenfeld aus Abermillionen berggroßer Felsen dargestellt. In Wirklichkeit sind die Asteroiden weit verstreut – unsere Raumsonden haben die Region völlig problemlos durchquert.

DIE RIESEN

Es folgen vier ungleich größere Körper mit ganz anderer Zusammensetzung als die terrestrischen Planeten. Jupiter, Saturn, Uranus und Neptun werden oft als „Gasriesen“ bezeichnet, obwohl Uranus und Neptun zunehmend als „Eisriesen“ tituliert werden. Diese vier Objekte bestehen fast ausschließlich aus Gas. Sie weisen komplexe Wettersysteme auf, und einige sind Schauplatz enorm langlebiger Stürme. Ein jeder von ihnen hat ein Ringsystem – das spektakulärste besitzt sicherlich Saturn – und mehrere Monde. Einige dieser Monde sind größer als der Planet Merkur, manche weisen vulkanische Aktivität auf – und zwei oder drei könnten womöglich simple Lebensformen beherbergen. Alle Riesen wurden von Raumsonden besucht, weitere Missionen sind in Planung.

DIE ÄUSSEREN GRENZEN

Noch weiter draußen schließlich existieren diverse Formationen kleinerer Körper. Da wäre zunächst der Kuiper-Gürtel jenseits der Neptunbahn. Sein wichtigster Vertreter ist Pluto, wobei es dort Dutzende weitere plutoähnliche Körper gibt. Hieran schließt sich die Region der sogenannten „scattered disk objects“ an – Eiskörper, die vermutlich einst näher am Neptun entstanden sind, dann aber durch die Schwerkraft des Planeten in fernere Umlaufbahnen gestreut wurden. Zu dieser Gruppe gehört Eris. Viel weiter draußen befindet sich ein theoretisch postulierter Schwarm kometenähnlicher Körper, der das gesamte Sonnensystem umgibt: die Oortsche Wolke. Sie ist zu weit entfernt, um direkt entdeckt zu werden; ihre Existenz kann nur indirekt vom Bahnverlauf einiger langperiodischer Kometen abgeleitet werden.

UNSER PLATZ IN DER GALAXIE

Unser Sonnensystem befindet sich im Orion-Arm der von uns „Milchstraße“ genannten Spiralgalaxie. Auf einer Kreisbahn bewegt sich das Sonnensystem in einem Zeitraum von 220 bis 250 Millionen Jahren um das rund 25 000 bis 28 000 Lichtjahre entfernte Zentrum der Galaxie. Unsere Sonne und ihre Familie bewegen sich auf das Sternbild Herkules zu.

Die unmittelbare Nachbarschaft des Sonnensystems ist eine Region namens „local interstellar cloud“, die ihrerseits Teil der „Lokalen Blase“ ist, einem weitgehend leeren Raum mit einem Durchmesser von 300 Lichtjahren.

Lange Zeit glaubte man, unser Sonnensystem sei das einzige planetare System im Universum. Inzwischen wissen wir, dass dem nicht so ist. Astronomen haben Dutzende planetarer Systeme in unserer Galaxie entdeckt, und jeden Monat kommen neue „Exoplaneten“ hinzu. Bedingt durch unsere beschränkte Technologie waren fast alle neu entdeckten Planeten „sehr groß“, mindestens so groß wie Neptun. Im April 2007 jedoch gaben europäische Astronomen die Entdeckung eines Planeten bekannt, der nicht größer ist als die Erde und einen nahen Roten Zwerg in der bewohnbaren Zone dieses Sterns umkreist. Er gilt als erster erdähnlicher Planet außerhalb unseres Sonnensystems. Zweifellos werden viele weitere folgen.

Unten Die Milchstraße in der Draufsicht. Die Existenz des Kerns (der ein erdnussförmiges Zentrum aufweist und aus alten Sternen besteht) wurde durch Infrarotaufnahmen nachgewiesen. Die Sonne sitzt an der Innenseite des Orion-Arms, der häufig auch als „local arm“ bezeichnet wird.

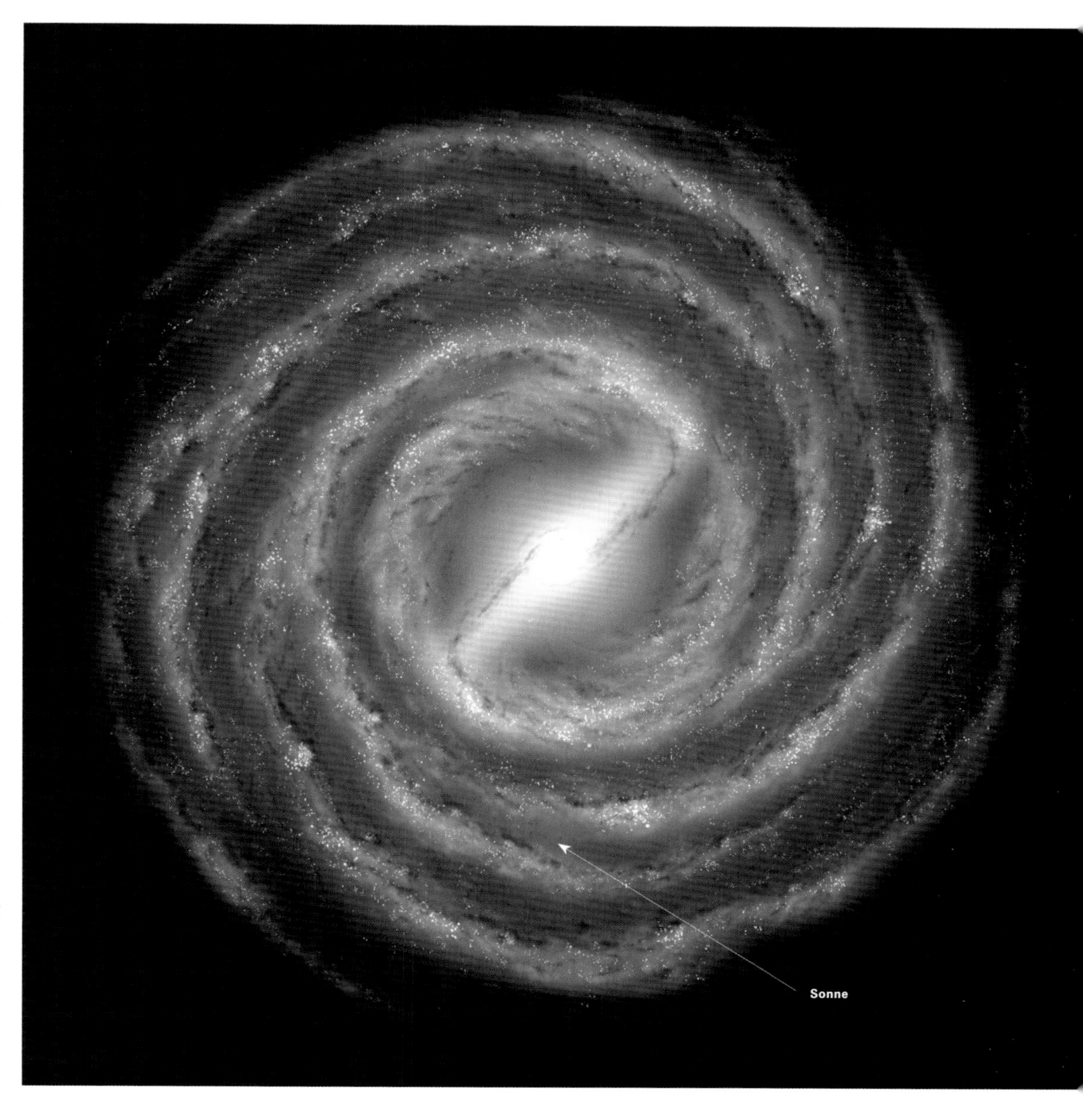

Sonne

STECKBRIEF

Mittlere Entfernung zur Erde
1 AE/149 597 870 km

Alter
4,6 Milliarden Jahre

Länge eines Tages
25,38 Erdentage

Äquatorialer Radius
695 500 km
(das 109-Fache des Erdäquators)

Masse
1,98892 x 10^{30} kg
(das 332 900-Fache der Erdmasse)

Mittlere Oberflächentemperatur
5500 °C

Zusammensetzung nach Masse
74 % Wasserstoff,
25 % Helium

Besonderheiten
Die Sonne ist ein G2-Stern. Die im Sonnenkern erzeugte Energie benötigt Millionen Jahre, um die Oberfläche zu erreichen.

Die Sonne ist das Zentrum unseres kleinen Universums: Sie hält die Planeten in ihrer Umlaufbahn, liefert Leben spendende Energie und dominiert unseren Himmel.

Oben rechts Diese alte römische Steinmetzarbeit aus Tyros zeigt den Sonnengott Helios. Er trägt eine Krone aus Sonnenstrahlen und fährt in einem Wagen über den Himmel.

Die Sonne ist das Zentrum des Sonnensystems. Die Umlaufbahnen aller Planeten, Kleinplaneten (Asteroiden), transneptunischen Objekte und der meisten Kometen werden von ihrer Schwerkraft bestimmt. Die alten Griechen nannten sie Helios, die Römer Sol; für die Ägypter war sie mit Ra verbunden, einem ihrer Hauptgötter.

Die Sonne hat einen Anteil von 99,8 Prozent an der Masse des Sonnensystems. In ihrer Weltraumregion ist die Sonne das alles dominierende Objekt. Sie hat einen Durchmesser von 1,392 Millionen Kilometer (Erde: 12 746 Kilometer). Die Sonne ist so groß, dass die Erde 1,3 Millionen Mal hineinpassen würde, und sie besitzt 333 000-mal mehr Masse!

Anders als ein terrestrischer Planet ist die Sonne kein Festkörper, sondern eine riesige Kugel aus extrem heißem Gas, und deshalb rotiert sie auch nicht wie eine feste Masse. Am Äquator ist die Rotation schneller (hier benötigt sie 25 Tage für eine Umdrehung) als an den Polarregionen (wo sie 35 Tage braucht). Gemeinsam mit ihrem Gefolge aus Planeten und anderen Körpern rotiert die Sonne um das Zentrum der Galaxie, wobei sie bei einer Durchschnittsgeschwindigkeit von 217 Kilometern pro Sekunde etwa 220 bis 260 Millionen Jahre für eine Umkreisung benötigt. Wie alle Körper des Sonnensystems besteht auch die Sonne aus dem Material, das bei der Explosion früherer Sternengenerationen ausgestoßen wurde. Man nimmt an, dass unser Stern zur dritten Sternengeneration nach dem Urknall gehört. Obwohl sie an unserem Taghimmel groß und hell erscheint, ist sie eigentlich ein recht gewöhnlicher Stern. Dem menschlichen Auge erscheint sie zwar gelb, doch ihre Oberflächentemperatur beträgt weißglühende 5500 Grad Celsius; Grund hierfür ist, dass die Erdatmosphäre einen Teil des blauen Sonnenlichts streut.

Die Sonne ist ein sogenannter Stern der Hauptreihe, d. h., sie befindet sich in der Hauptphase ihrer Entwicklung; sie ist etwa 4,6 Milliarden Jahre alt. Man schätzt, dass sie noch weitere fünf Milliarden Jahre vor sich hat, bevor sie langsam erlischt und ein Weißer Zwerg wird – sterbende Sternenglut.

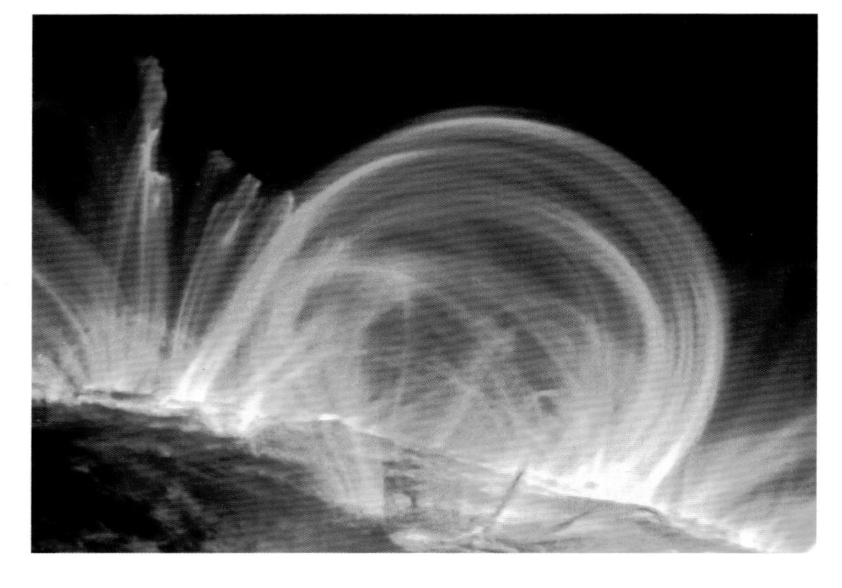

Rechts Eruptionen an der Sonnenoberfläche. In dieser Region entsteht der Sonnenwind.

GROSSE FEUERBÄLLE

Die Sonne besteht hauptsächlich aus Wasserstoff (74 Prozent ihrer Masse) und Helium (25 Prozent); der Rest sind andere Elemente. Ihr Inneres teilt sich in drei Zonen: Kern, Strahlungszone und Konvektionszone. Im Kern ist der Druck so groß, dass Wasserstoffatome zusammengequetscht werden (fusionieren) und zu Helium verschmelzen, wobei gewaltige Energiemengen freigesetzt werden. Die Temperatur im Kern liegt bei unfassbaren

Seite 33 Die Sonnenkorona, aufgenommen von *SOHO* (Solar and Heliospheric Observatory). Die Korona ist ein Plasma und kann Temperaturen über 1 000 000 °K erreichen. Nord- und Südpol sind deutlich als „kühlere" Regionen erkennbar.

vor 4,567 Milliarden Jahren
Die Sonne, ein Stern, wird geboren (es können auch ein paar Millionen Jahre mehr oder weniger sein).

5000–3500 v. Chr.
Die erste Sonnenuhr zur Ermittlung der Tageszeit wird konstruiert. Sie besteht aus einem Stab, der bei Sonnenschein seinen Schatten auf den Boden wirft. Die Länge des Schattens zeigt die Tageszeit an.

3000 v. Chr.
Im irischen Newgrange wird die „Höhle der Sonne" erbaut. Zur Wintersonnenwende dringt ein Lichtstrahl durch eine Öffnung und erleuchtet die innere Kammer.

um 2700 v. Chr.
Stonehenge in England wird erbaut. Die riesigen, kreisförmig aufgestellten Steine sind nach der Sonnenstellung ausgerichtet.

1223 v. Chr.
Älteste Aufzeichnung einer Sonnenfinsternis auf einer in der antiken Stadt Ugarit (heute Syrien) entdeckten Lehmtafel.

um 200 v. Chr.
Der griechische Mathematiker und Astronom Aristarchos von Samos entwickelt die Theorie eines heliozentrischen Universums. Er versucht, die Größen und Entfernungen von Sonne und Mond mathematisch zu berechnen.

965–1039 n. Chr.
Der islamische Gelehrte Alhazen erfindet die Camera obscura und benutzt als Erster ein optisches Gerät zur Sonnenbeobachtung.

1543
Kopernikus veröffentlicht seine Theorie, wonach die Erde um die Sonne kreist. Dies widerspricht den Lehren der Kirche.

1610
Galileo Galilei beschreibt Flecken auf der Sonne, die er durch sein primitives Teleskop entdeckt hat.

um 1660
Isaac Newton weist nach, dass Sonnenlicht durch Brechung in einem Prisma in verschiedene Farbkomponenten zerlegt werden kann.

1687
Isaac Newton veröffentlicht *Principia Mathematica*, in dem er seine Theorie der Gravitation und die Bewegungsgesetze darlegt – der Schlüssel zum Verständnis des Zusammenspiels von Sonne, Planeten und Monden.

1800
Wilhelm Herschel entwickelt Newtons Experiment weiter und demonstriert, dass jenseits des roten Endes des Sonnenspektrums unsichtbare „Strahlen" existieren.

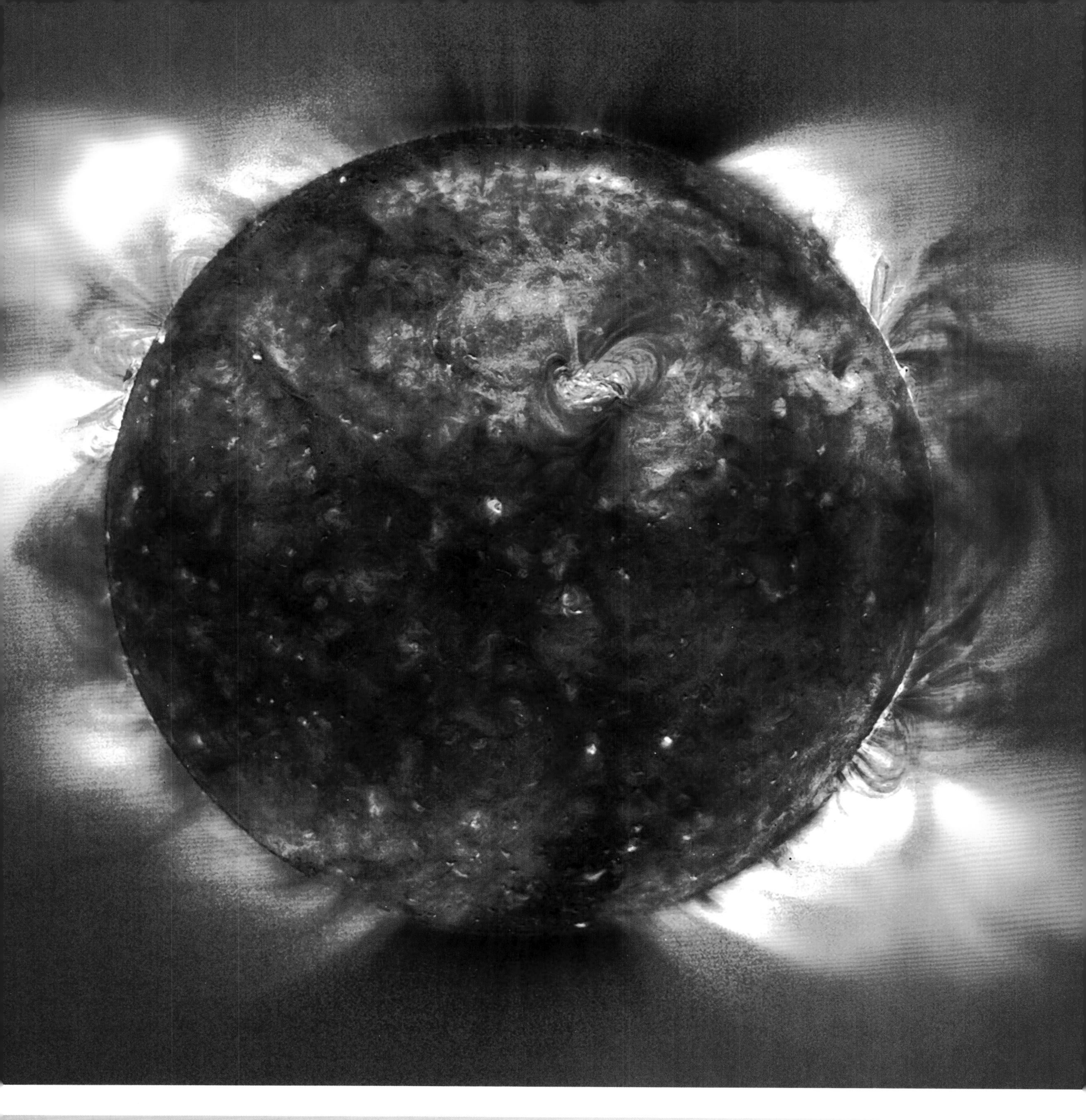

1814
Joseph von Fraunhofer konstruiert das erste exakte Spektroskop, mit dem er das Spektrum des Sonnenlichts untersucht.

1843
Der deutsche Amateurastronom Heinrich Schwabe verkündet nach 17-jährigem Studium der Sonne, dass Anzahl und Positionen der Sonnenflecken in einem elfjährigen Zyklus schwanken.

1845
Am 2. April entsteht die erste Fotografie der Sonne.

1860
Die totale Sonnenfinsternis am 18. Juli 1860 ist mit großer Wahrscheinlichkeit die bis dahin meistbeobachtete Finsternis.

1868
Während einer Sonnenfinsternis entdeckt der britische Astronom Norman Lockyer eine neue helle Linie im Spektrum der Sonnenatmosphäre; das neue Element wird Helium genannt.

1908
Der amerikanische Astronom George Ellery Hale weist nach, dass die Sonnenflecken Orte mit starkem Magnetfeld sind, die das Magnetfeld der Erde um viele tausend Mal übertreffen.

1938
Der deutsche Physiker Hans A. Bethe und der Amerikaner Charles L. Critchfield weisen nach, wie eine Folge von Fusionsreaktionen, die sogenannte Proton-Proton-Reaktion, in der Sonne Energie erzeugt.

1982
Helios 1, eine deutsch-amerikanische Weltraummission, funkt letztes Datenmaterial zur Erde, das darauf schließen lässt, dass in der Nähe der Sonne fünfzehnmal mehr Mikrometeoriten vorhanden sind als in Erdnähe.

1990
Start der interplanetaren Raumsonde *Ulysses*, die den Sonnenwind und das Magnetfeld über den Sonnenpolen in Perioden sowohl hoher als auch niedriger Sonnenaktivität messen soll.

1991
Start des Satelliten *YOHKOH*, der über einen vollen Sonnenzyklus (elf Jahre) hinweg Röntgenbilder der Sonne machen soll.

1995
Das Sonnen- und Heliosphären-Observatorium *(SOHO)* erreicht einen Punkt, wo sich die Anziehungskräfte von Sonne und Erde ausgleichen. Es umkreist mit der Erde die Sonne und erforscht die Sonne von ihrem Kern bis zur äußeren Korona.

2006
Die beiden Sonden des NASA-Projekts *STEREO* (Solar TErrestrial RElations Observatory) liefern die ersten dreidimensionalen Aufnahmen der Sonne.

13,5 Millionen Grad Celsius, und jede Sekunde werden 4,4 Millionen Tonnen Materie in Energie umgewandelt.

Die Strahlungszone erstreckt sich über etwa zwei Drittel des Sonnenradius. Die Energie aus den Fusionsprozessen im Sonnenkern kämpft sich durch diese zähflüssige Zone und wird dabei beständig absorbiert und wieder abgestrahlt. Hat die Energie den Rand der Strahlungszone erreicht, heizt sie die Gase am Grund der Konvektionszone auf. Diese Gase bilden gewaltige Ströme, die an die Sonnenoberfläche steigen, wo die Energie schließlich als elektromagnetische Strahlung bzw. sichtbares Infrarot- und UV-Licht in den Weltraum abgegeben wird; anschließend sinkt der Strom wieder ab, um neue Energie von der angrenzenden Strahlungszone aufzunehmen, sodass der Prozess wieder von Neuem beginnt. Die Reise der Energie von der Fusion im Kern bis zur Abgabe an der Oberfläche kann Jahrmillionen in Anspruch nehmen.

Die sichtbare Oberfläche der Sonne wird als Photosphäre bezeichnet. Eine nähere Erforschung mit professionellen Teleskopen zeigt, dass die Oberfläche gesprenkelt ist (Granulation). Die Granulen oder „Körner" sind eigentlich die Ausläufer der Konvektionsströme.

Jenseits der Photosphäre erstreckt sich die Sonnenatmosphäre, die ebenfalls in verschiedene Regionen unterteilt ist. Die erste Region wird als Chromosphäre bezeichnet. Sie ist etwa 2000 Kilometer hoch, und die Gastemperaturen können hier bis auf 100 000 Grad Celsius steigen. Darüber erstreckt sich eine Übergangsregion, in der die Temperaturen stetig bis auf etwa eine Million Grad Celsius steigen. In der anschließenden äußeren Region, der Korona, schließlich erreichen die Temperaturen Spitzen von mehreren Millionen Grad Celsius. Die Korona ragt weit ins All hinaus und kann bei totalen Sonnenfinsternissen von der Erde aus beobachtet werden.

Unten Diese *SOHO*-EIT-Aufnahme im extremen Ultraviolett zeigt die Sonnenkorona bei einer Temperatur von etwa 1 000 000 °K. Zwei große aktive Regionen mit zahlreichen schleifenförmigen Magnetfeldlinien zeichnen sich ab.

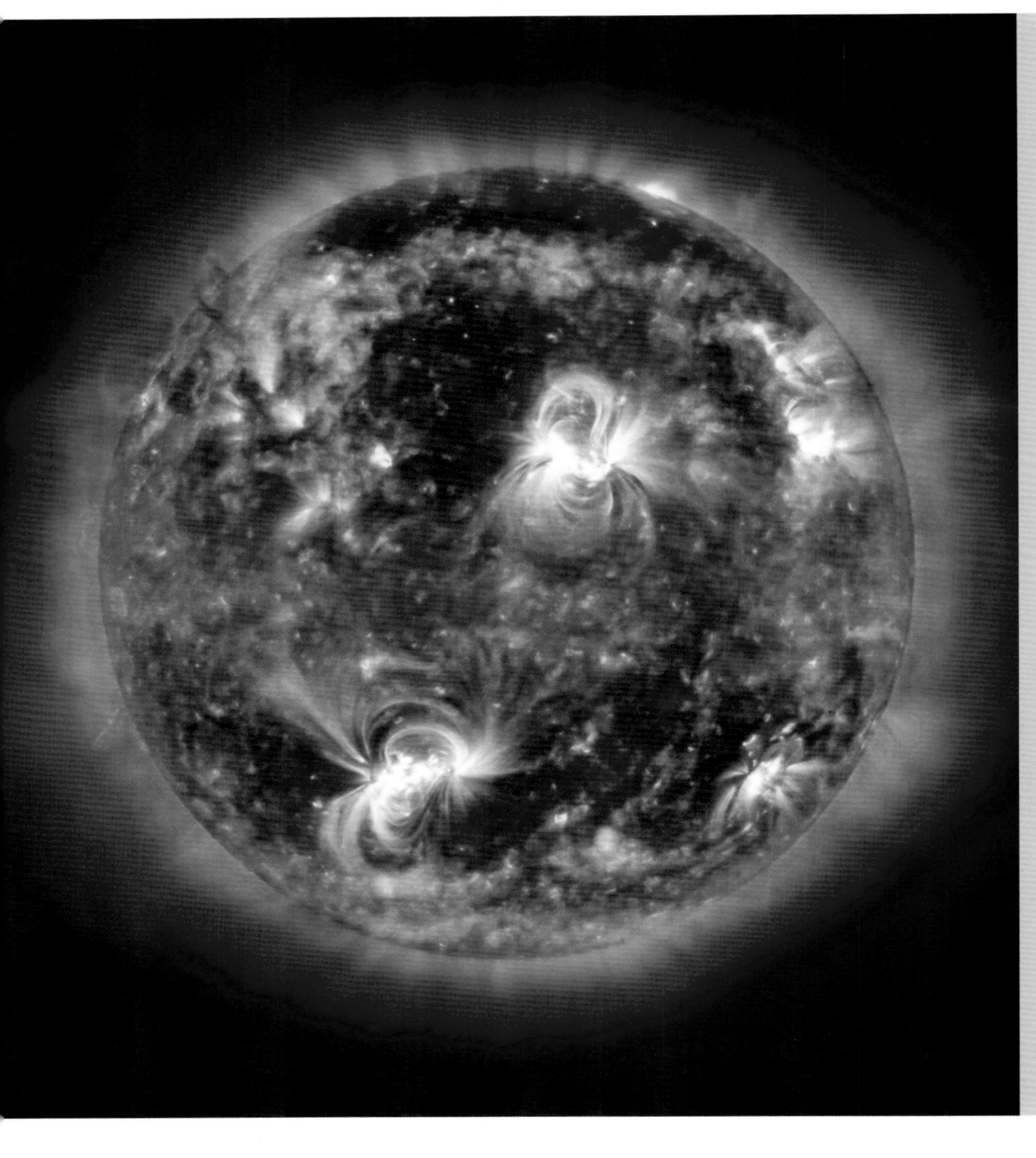

SONNENSCANNER

Das menschliche Auge ist zu empfindlich, um die Sonne direkt zu erforschen. Teleskope bzw. Film- oder elektronische Detektoren sind ein guter Ersatz, doch diese erdbasierten Instrumente haben den Nachteil, dass sie den Launen des Wetters ausgesetzt sind – ganz abgesehen von den Phasen der Dunkelheit, die wir Nacht nennen. Observatorien im Weltall hingegen können die Sonne weitgehend ohne Unterbrechung über Jahre beobachten, weshalb auch eine ganze Flotte wissenschaftlicher Raumsonden dafür eingesetzt wird.

Das wohl bekannteste und erfolgreichste ist die europäisch-amerikanische Sonde *SOHO* (Sonnen- und Heliosphärenobservatorium). Sie wurde 1995 ins All geschossen und sollte nur wenige Jahre arbeiten, doch entpuppte sie sich als robuster, als von ihren Erbauern erhofft, und sendet auch im Jahr 2008 noch. Von ihrem Blickpunkt 1 500 000 km sonnenwärts der Erde, wo sich die Anziehungskraft von Sonne und Erde neutralisieren, hat sie ihre Kameraaugen fast ununterbrochen auf die Sonnenscheibe gerichtet.

Die ebenfalls der Sonnenbeobachtung dienende Sonde *Ulysses* wurde durch ein Fly-by-Manöver vom Jupiter in eine polare Sonnenumlaufbahn gelenkt. 2006 wurden die *STEREO*-Zwillingssonden gestartet, die die Sonne innerhalb und außerhalb der Erdumlaufbahn umkreisen. Die kombinierten Ansichten beider Sonden werden ein einmaliges Stereobild der Sonnenaktivität liefern.

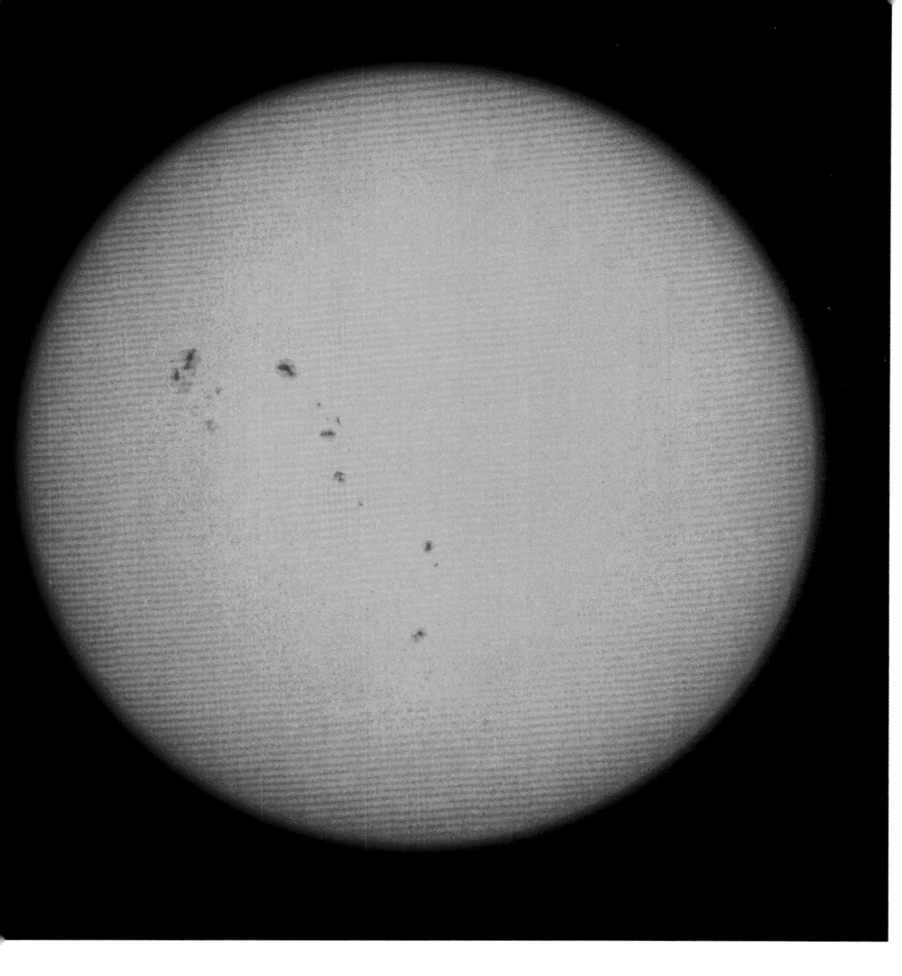

Links Sonnenflecken. Verursacht von intensiven Magnetfeldern im Sonneninnern, erscheinen Sonnenflecken nur im Vergleich mit der übrigen Sonnenoberfläche als dunkler, da sie etwas kühler sind als die umliegenden Regionen.

Warum die Temperatur von der Sonnenoberfläche zur Korona hin stark ansteigt, ist noch nicht ganz geklärt, doch ist die Ursache im Magnetfeld der Sonne zu suchen. Neben elektromagnetischer Strahlung gibt die Sonnenoberfläche auch Partikel ab. Das meiste davon „bläst" als Sonnenwind durch das Sonnensystem bis jenseits des Pluto. Dabei bildet die Sonne eine riesige „Blase" im Raum, die sogenannte Heliosphäre.

STÜRMISCHES WETTER

Die Sonne besitzt ein extrem starkes Magnetfeld, das bis weit über Pluto hinaus reicht und mit der Entfernung schwächer wird. Die überwiegend aus Plasma bestehende Sonne schafft ihr Magnetfeld selbst. Ihre Rotation bewirkt, dass das Magnetfeld verdreht und verdrillt wird. Die Folge sind Phänomene wie Sonnenflecken und Protuberanzen. Sonnenflecken sind kleinere Flächen kälterer Gase auf der Sonnenoberfläche. Sie erreichen Temperaturen um die 4000 bis 4500 Grad Celsius und scheinen nur im direkten Vergleich mit der heißeren Umgebung dunkler. Sonnenflecken beruhen auf komplexen Prozessen des solaren Magnetfelds: Vermutlich vermindert das Magnetfeld die Konvektion aus der Konvektionszone, weshalb in der Folge weniger Energie die Sonnenoberfläche erreicht. Sichtbares Resultat dieses Prozesses ist ein Sonnenfleck.

Seit Langem ist bekannt, dass die Zahl der Sonnenflecken in einem Elf-Jahres-Zyklus mit fest umrissenem Minimum und Maximum zu- und abnimmt. Während des Minimums sind nur sehr wenige Flecken zu sehen und diese wiederum eher in höheren Breiten, also nahe den Sonnenpolen. Strebt der Zyklus dem Maximum zu, wächst die Zahl der Flecken, und sie erscheinen auch zunehmend in der Nähe des Sonnenäquators. Innerhalb eines Zyklus verändert sich die magnetische Polarität, sodass das Magnetfeld erst nach 22 Jahren in seine ursprüngliche Ausrichtung zurückkehrt.

Von Zeit zu Zeit ereignen sich auf der Sonne gewaltige Explosionen, sogenannte Flares und Koronale Massenauswürfe (KMA). Bei beiden werden riesige Mengen Energie freigesetzt, und Partikelströme können ins Sonnensystem abgegeben werden.

Wird die Erde oder ein Raumschiff davon getroffen, kann dies schwerwiegende Folgen haben. Die Bordelektronik des Raumschiffs kann beschädigt werden, und auf der Erde kommt es zu Störungen von Rundfunkübertragungen und zur Bildung der herrlichen Polarlichter.

SONNENFINSTERNISSE

Jeder weiß, dass es äußerst unvorsichtig ist, direkt in die Sonne zu schauen, da dies zu schweren Augenschädigungen bis hin zur Erblindung führen kann. Doch während einer totalen Sonnenfinsternis kann man– vorausgesetzt, man ist umsichtig – die Sonnenkorona mit bloßem Auge sehen.

Dies hat seine Ursache darin, dass der Mond zwar vierhundertmal kleiner als die Sonne ist, aber auch vierhundertmal näher. Auf seiner Bahn um die Erde gerät er manchmal vor die Sonne und verdeckt ihr Licht, was zu einer Sonnenfinsternis führt.

Die Photosphäre ist dann nicht mehr sichtbar, und die schöne, zarte Korona hebt sich ab. Finsternisfans reisen in die entlegensten Gebiete der Welt, nur um einige kostbare Sekunden lang diesem unglaublichen Schauspiel beizuwohnen.

Oben Illustration einer Sonnenfinsternis. Totale Sonnenfinsternisse sind für Astronomen von besonderem Interesse, weil es nur dann möglich ist, die Sonnenkorona von der Erde aus zu beobachten. Wenn das Sonnenlicht vom Mond völlig abgedeckt wird, lassen sich Eigenschaften der äußeren Sonnenatmosphäre wie Temperatur, Dichte und chemische Zusammensetzung erforschen und messen.

FAKTEN ZUM SONNENKERN

Die Sonne ist ein Ball aus heißem Gas und besteht aus drei Zonen: Kern, Strahlungszone und Konvektionszone. Im Kern verschmelzen Wasserstoffatome und bilden Heliumatome, wobei Energie freigesetzt wird. Energie aus dem Kern bewegt sich durch die Strahlungszone und benötigt ca. 170 000 Jahre bis in die Konvektionszone, wo die Temperatur fällt und riesige Plasmablasen aufwärts strömen. Die Sonnenoberfläche ist eine 500 km dicke Region, aus der die meiste Sonnenstrahlung entweicht – das Sonnenlicht, das acht Minuten später die Erde erreicht.

Merkur

STECKBRIEF

Planetare Reihenfolge
Erster Planet von der Sonne aus

Durchschnittliche Entfernung von der Sonne
0,39AE/57 909 175 km

1 Merkurtag
59 Erdentage

1 Merkurjahr
0,241 Erdenjahre

Äquatororialer Radius (Erde = 1)
0,383

Masse (Erde = 1)
0,055

Mittlere Oberflächentemperatur
178,9 °C

Atmosphäre
31,7 % Kalium
24,9 % Natrium
9,5 % atomarer Sauerstoff
7,0 % Argon
5,9 % Helium
5,6 % molekularer Sauerstoff
5,2 % Stickstoff
3,6 % Kohlendioxid
3,4 % Wasser
3,2 % Wasserstoff

Monde/Trabanten
keine Monde, keine Ringe

Besonderheiten
Krater Caloris Planitia mit einem Durchmesser von 1300 km.

Oben rechts Eine Marmorstatue des Merkurs aus der Hand des dänischen Bildhauers Berthel (Albert) Thorwaldsen. Merkur war der Gott des Handels, Gewinns und Kommerzes und ein Sohn Jupiters. Sein Name findet sich als Wurzel in vielen heutigen Begriffen wie Markt, Merkantilismus und Marketing.

Merkur ist der sonnennächste Planet, und doch ist er nicht der heißeste. Er sieht aus wie unser Mond, ist aber kleiner als andere Monde des Sonnensystems. Merkur ist ein Mysterium.

Merkur ist der innerste Planet des Sonnensystems. Seine Umlaufbahn ist im Gegensatz zu den eher kreisförmigen Bahnen der meisten anderen Planeten ziemlich elliptisch. Er kommt der Sonne bis auf 46 Millionen Kilometer nah, während der sonnenfernste Punkt seines Orbits in 69,8 Millionen Kilometer Abstand liegt.

Einzelne Kulturen und Sprachen haben ihm viele verschiedene Namen gegeben. Merkur war der römische Gott des Handels und auch ein Götterbote. Dessen Schnelligkeit meinten die Alten im raschen Auf- und Untergang des Planeten am Morgen- bzw. Abendhimmel wiederzuerkennen.

In der germanischen Mythologie wurde Merkur mit Wodin in Verbindung gebracht, in nordischen Legenden mit Odin. Sein griechischer Name lässt sich mit „der Schimmernde“ übersetzen, und sein hebräischer Name bedeutet „Der Stern der Heißen“ – womit die Sonne gemeint war, da der Planet sich ja nie weit von ihr entfernt.

EXTREME BEDINGUNGEN

Früher glaubte man, Merkur besitze eine „gebundene Rotation“, wende also – ähnlich wie der Mond der Erde – der Sonne immer dieselbe Seite zu. In den 1960er-Jahren dann wurde seine Oberfläche Radaruntersuchungen unterzogen, und die Analyse der reflektierten Wellen brachte die überraschende Erkenntnis, dass der Planet doch rotiert: Im Verlauf von zwei Umläufen um die Sonne dreht er sich dreimal um sich selbst. Die Rotation um die eigene Achse – ein „Merkurtag“ – vollzieht sich extrem langsam und dauert 58,7 Erdentage, ein Merkurumlauf – das „Merkurjahr“ – hingegen dauert 88 Erdentage. Als „Tag“ wird in der Astronomie die Zeit bezeichnet, die vergeht, bis die Sonne wieder an derselben Stelle am Himmel steht. Aufgrund des langen Merkurtags und des kurzen Merkurjahrs dauert ein Sonnentag auf dem Merkur daher 176 Erdentage – zweimal so lang wie ein Merkurjahr.

Die Umlaufbahn des Merkurs ist um 7 Grad gegen die Ekliptik (die Erdbahnebene) geneigt, die Planetenachse selbst ist praktisch gar nicht geneigt. Die Nähe zur Sonne führt dazu, dass Teile seiner Oberfläche sehr heiß sind, am Äquator bis zu 290 Grad Celsius. Im Gegensatz dazu beträgt die Temperatur im ewigen Schatten der Polkrater eisige –180 Grad Celsius. Diese Unterschiede sind in erster Linie im Fehlen einer Atmosphäre begründet, die die Wärmeabgabe dämpfen könnte: Wegen des unkontrollierbaren Treibhauseffekts in ihrer Atmosphäre ist es z. B. auf der Venus noch heißer als auf dem Merkur, obwohl sie weiter von der Sonne entfernt ist.

EINE FELSIGE WELT

Zusammen mit Venus, Erde und Mars gehört Merkur zu den „terrestrischen“ Planeten des Sonnensystems. Er besteht vermutlich zu 30 Prozent aus Gestein in Kruste und Mantel sowie zu rund 70 Prozent aus Metall in Form eines riesigen Eisenkerns. Er weist die nach der Erde zweithöchste Dichte im Sonnensystem auf – und würde man die durch ihre Schwerkraft erfolgte Kompression der Erdmasse abziehen, hätte der Merkur sogar die höhere Dichte. Der Kern macht vermutlich rund 40 Prozent des Merkurvolumens aus (im Vergleich dazu der Erdkern nur 17 Prozent). Der Mantel ist rund 600 Kilometer dick, daran schließt sich die etwa 100 bis 200 Kilometer dicke Kruste an. Man geht davon aus, dass der Merkur vor Milliarden Jahren mit einem anderen kleinen Planeten zusammenstieß, wodurch große Teile des Mantel- und Krustengesteins fortgerissen wurden und nur der kleine Rest übrig blieb, den wir heute sehen.

Auch nach neuer Definition gilt der Merkur immer noch als Planet, dabei ist er so klein, dass zwei planetare Monde, der Saturnmond Titan und der Jupitermond Ganymed, ihn übertreffen. Tatsächlich ähnelt Merkur mit seinen sanften Ebenen und unzähligen Kratern sehr dem Erdmond. Die große Anzahl Krater zeigt an, dass der Merkur sehr alt und geologisch seit langer Zeit inaktiv ist .

Wie unser Mond ist der Merkur beredter Zeuge für eine Periode intensiven Bombardements durch Asteroiden und Kometen vor etwa 3,8 Milliarden Jahren. Die damalige vulkanische Aktivität führte zur Flutung tiefergelegener Regionen durch Lava und zur Bildung ausgedehnter Ebenen.

Der größte Merkurkrater heißt Caloris Planitia. Es handelt sich um eine riesige Tiefebene mit 1300 Kilometer Durchmesser. Der Aufprall, dem er seine Entstehung verdankt, war so

vor 4,5 Milliarden Jahren
Ein Asteroid kollidiert mit dem noch in der Bildung begriffenen Merkur, wodurch große Brocken Merkurgestein ins Weltall geschleudert werden.

3. Jahrtausend v. Chr.
Den Sumerern ist der Merkur bekannt; sie nennen ihn Ubu-idim-gud-ud.

bis zum 6. Jahrhundert v. Chr.
Der Planet Merkur hat zwei Namen, weil nicht bekannt ist, dass er alternativ auf beiden Seiten der Sonne erscheinen kann. Am Abendhimmel wird er Hermes genannt, am Morgenhimmel zu Ehren des Römergottes Apoll.

6. Jahrhundert v. Chr.
Pythagoras wird die Entdeckung zugeschrieben, dass Hermes und Apoll ein und derselbe Planet sind.

5./4. Jahrhundert v. Chr.
Heraklit von Ephesus (ca. 535–475 v. Chr.) glaubt, dass Merkur und Venus um die Sonne kreisen – im Gegensatz zur Erde.

265 v. Chr.
Griechische Wissenschaftler beginnen mit der Erforschung des Merkurs am Morgen- und Abendhimmel.

12. Jahrhundert n. Chr.
Im Zusammenhang mit einem erwarteten, aber nicht beobachteten Transit kommt der marokkanische Astronom Alpetragius zu dem Schluss, dass der Merkur eigenes Licht aussendet.

807
Zur Zeit Karls des Großen heißt es in den *Annales Loiselianos*: „Der Stern Merkur war in der Sonne wie ein kleiner schwarzer Punkt sichtbar […], und wir haben ihn acht Tage lang gesehen.“ (Aufgrund seiner Größe muss es sich jedoch um einen Sonnenfleck gehandelt haben.)

1610
Der italienische Astronom Galileo Galilei beobachtet den Merkur erstmals durch ein Teleskop.

1644
Johannes Hevelius entdeckt die Merkurphasen.

FAKTEN ZUM MERKURKERN

Der flüssige Kern des Merkurs, der vermutlich zum größten Teil aus Eisen besteht, nimmt rund 70 % des Planetenradius ein. Es folgt der bis zu 600 km dicke Mantel, an den sich eine Kruste anschließt, die der von Erde und Mond ähnelt. Die Kruste ist mit Kratern übersät, die vom Zusammenprall mit Asteroiden und Kometen herrühren. Die äußere Kruste hat sich in den letzten 500 Millionen Jahren zusammengezogen und ist so kompakt, dass kein Magma austritt, wodurch die geologische Aktivität des Planeten zum Stillstand kam. Nach der Erde weist Merkur die höchste Dichte aller Planeten auf.

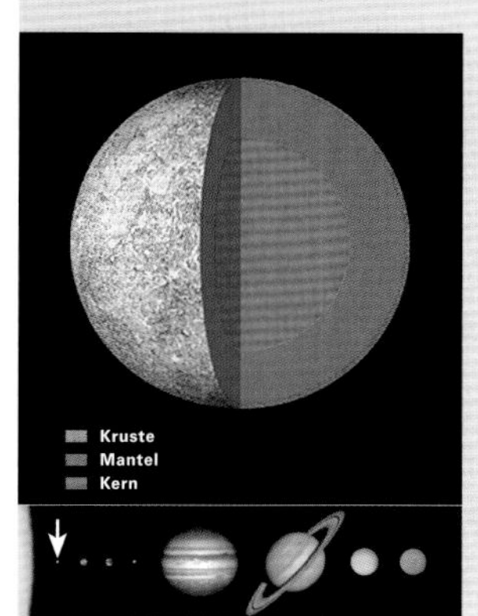

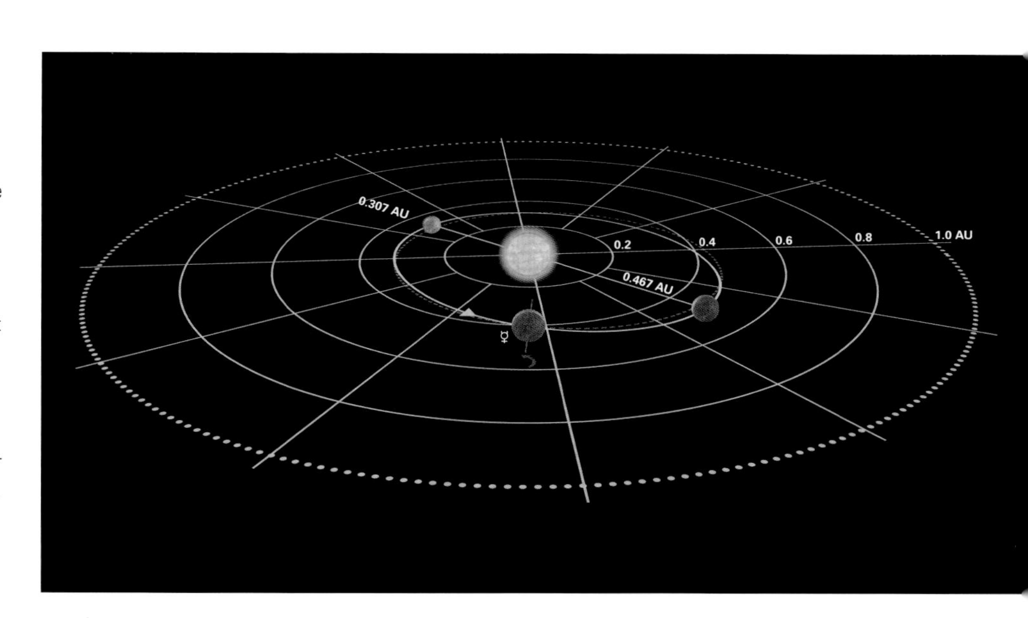

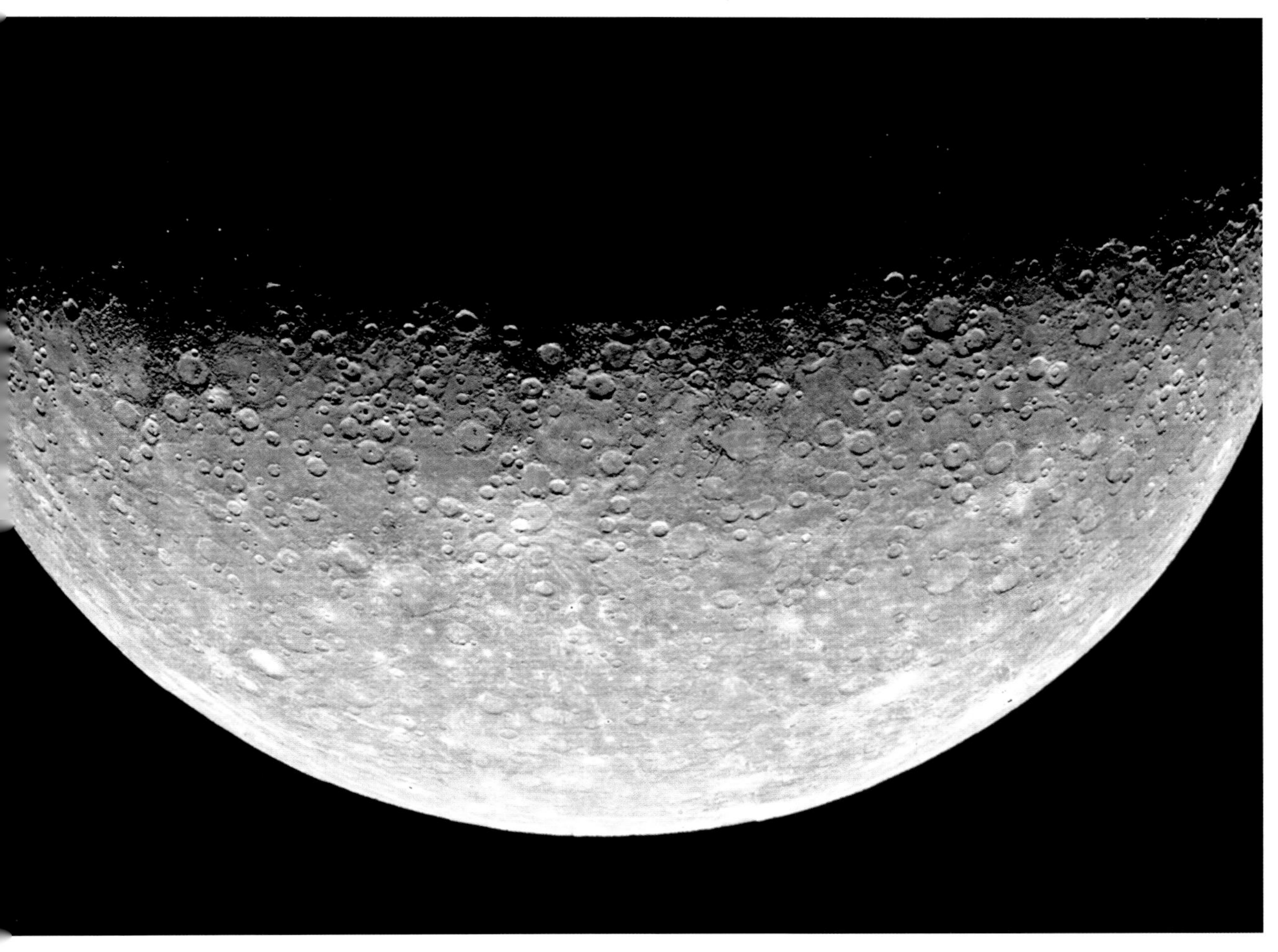

Oben Merkur benötigt 88 Erdentage für eine Sonnenumrundung bei einer Neigung von 7° gegen die Ekliptik. Die Neigung der Rotationsachse beträgt nur 0,01°, weshalb es auf dem Merkur keine Jahreszeiten gibt. Merkur umkreist die Sonne prograd bzw. von oben gesehen entgegen dem Uhrzeigersinn. Die geschwungene Linie zeigt die Neigung der Merkurbahn gegenüber der Ebene des Sonnensystems (nicht maßstäblich).

Links Detailansicht der Merkuroberfläche. Merkur besitzt eine dünne Exosphäre aus Atomen, die durch den Sonnenwind und aufprallende Mikrometeoriten herausgelöst wurden. Aufgrund der dünnen Exosphäre kommt es auf der Oberfläche zu keiner Winderosion, und Meteoriten verbrennen nicht durch Reibungshitze.

1676
Sir Edmund Halley reist auf eine Insel im Südatlantik, um einen Atlas des südlichen Sternenhimmels anzufertigen. Dort versucht er 1677 den Merkurtransit zu beobachten, doch schlechtes Wetter vereitelt das Vorhaben.

19. Jahrhundert
Den Astronomen ist bewusst, dass ihre physikalischen Kenntnisse nicht ausreichen, um die Umlaufbahn des Merkur korrekt vorauszusagen.

1915
Albert Einstein sagt mithilfe seiner Relativitätstheorie die korrekte Merkurbahn voraus und erklärt auch die Ursache für frühere Irrtümer: Der Merkur ist der Sonne so nahe, dass seine Bahn von der „Krümmung" des Raums beeinflusst ist, die durch das mächtige Gravitationsfeld der Sonne verursacht wird.

1965
Nachdem man jahrhundertelang geglaubt hatte, der Merkur wende der Sonne immer dieselbe Seite zu, wird entdeckt, dass der Planet sich während zweier Umläufe dreimal um die eigene Achse dreht.

1974/1975
Die NASA-Sonde *Mariner 10* fotografiert bei drei Vorbeiflügen knapp die Hälfte der Merkuroberfläche. Am 29. März macht *Mariner 10* die erste Detailaufnahme des Merkurs.

1991
Bei erdbasierten Radarmessungen werden Anzeichen für Eis in den ewigen Schattenregionen der Polkrater gefunden.

2003
Transit des Merkurs vor der Sonnenkugel – ein seltenes Ereignis, das im Durchschnitt dreizehnmal pro Jahrhundert auftritt.

2004
Start der NASA-Sonde *MESSENGER* auf eine lange und komplizierte Route zum Merkur. 2011 soll die Sonde in eine Umlaufbahn schwenken und diesen am wenigsten erforschten inneren Planeten ein Jahr lang umkreisen.

Die Zukunft – 2011
BepiColumbo ist eine Gemeinschaftsmission zwischen Japan und der Europäischen Raumfahrtorganisation (ESA). Sie umfasst zwei Sonden, die die Oberfläche bzw. das Magnetfeld des Merkurs erforschen sollen. Der Start ist für 2013 geplant.

Oben Eine Simulation des Anflugs der *Mariner*-Sonde auf den Merkur. Auf ihrem Weg zum Merkur passierte die Sonde die Venus, die sie ebenfalls beobachtete und erkundete.

Rechts Detailansicht der von Kratern übersäten Merkuroberfläche auf einer Aufnahme von *Mariner 10*. Die Krater auf der Merkuroberfläche, die der unseres Mondes ähnelt, wurden durch den Einschlag von Kometen und Meteoriten verursacht.

EINSTEINS TRIUMPH

Die Berechnung der Umlaufbahn eines Planeten stellt für Mathematiker eigentlich kein Problem dar, doch mit dem Orbit des Merkurs verhielt es sich lange Zeit anders. Das Perihel – der sonnennächste Punkt – drehte sich jedes Jahr mehr als erwartet. Mit der Newtonschen Himmelsmechanik war diese geringe, gleichwohl nicht unbedeutende Abweichung nicht zu erklären. Einige Astronomen vermuteten, es gebe einen weiteren Planeten – von ihnen Vulkan getauft –, der die Sonne noch weiter innen umkreiste und den Merkur mitzerrte.

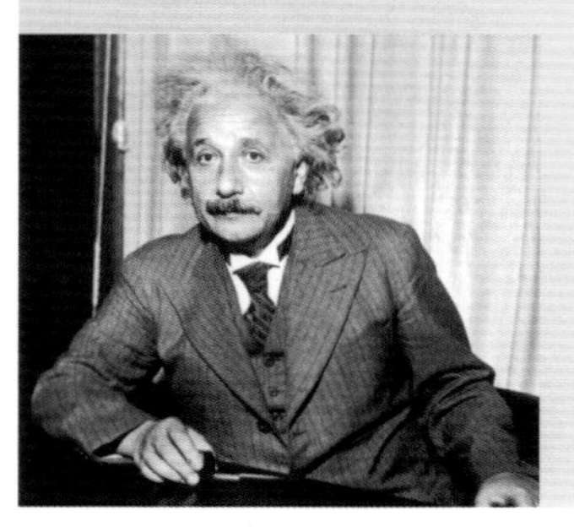

Erst Albert Einsteins Relativitätstheorie brachte die richtige Lösung.

Die Umlaufgeschwindigkeit des Merkurs wird am Perihel durch einen Relativitätseffekt leicht beschleunigt, wodurch das Perihel jedes Mal ein wenig verschoben wird.

Seite 39 Digitale Ansicht des Merkurs. Neben sanftem Gelände sind auch gelappte Böschungen erkennbar, die zum Teil Hunderte Kilometer lang sind und bis zu 2 km hoch aufragen. Sie haben sich zweifellos durch frühe Kontraktionen der Kruste gebildet.

heftig, dass die Auswirkungen noch heute auf der anderen Seite des Planeten bemerkbar sind, wo sich eine Region namens „Weird Terrain“ bildete, entweder durch Schockwellen, die um den Planeten liefen und dort zusammentrafen, oder durch Geröll, das durch den Aufprall aufgeworfen wurde und an dieser Stelle wieder niederkam. Darüber hinaus weist der Merkur eine Reihe von Verwerfungen oder Faltungen auf, die sich vermutlich bildeten, als der Planet abkühlte.

Merkur besitzt keine signifikante Atmosphäre. Spuren von Gas – Wasserstoff, Helium, Sauerstoff, Kalzium, Kalium, Natrium und sogar Wasserdampf – sind vorhanden und stammen möglicherweise aus dem Planeteninnern oder wurden durch Einwirken des Sonnenwindes freigesetzt. Der Sonnenwind hat wahrscheinlich über die Zeitalter auch eine allmähliche Verdunkelung der gesamten Oberfläche bewirkt.

Der Planet besitzt ein Magnetfeld, das aber lediglich ein Prozent der Stärke des Erdmagnetfelds erreicht. Es ist unbekannt, ob das Magnetfeld aufgrund von Strömen innerhalb des noch immer flüssigen Eisenkerns entsteht oder ob es schlicht als Überbleibsel aus einer früheren Periode der Planetengeschichte im Gestein „erstarrt“ ist.

Interessanterweise scheint es, als könnte es auf dem Merkur sogar Eisflächen geben! Tief im ewigen Schatten der Polkrater könnte sich entweder durch Verdampfung aus dem Planeteninnern oder durch Kometeneinschläge, bei denen Wasser auf den Planeten gelangte, eine dünne Eisschicht gebildet haben.

ZUKÜNFTIGE RAUMMISSIONEN

Bisher wurde der Merkur erst einmal angeflogen, nämlich durch die US-Sonde *Mariner 10*, die 1974 und 1975 dreimal an ihm vorbeiflog. Jedes Mal war dabei dieselbe Merkurseite der Sonne zugewandt, sodass nur 45 Prozent der Gesamtoberfläche fotografiert werden konnten. Diese Bilder gehören noch immer zu den besten Ansichten der Merkuroberfläche.

Es ist schwierig, ein Raumschiff zum Merkur auszusenden, weil es in Sonnennähe stark beschleunigen würde und eine große Menge Treibstoff mitgeführt werden müsste, um es abzubremsen. Durch Schwerkraftmanöver um Venus und Erde können die Planer solcher Missionen jedoch Orbit und Geschwindigkeit eines Raumschiffs so verändern, dass es sich eher an den Merkur heranschleichen würde, als daran vorbeizuschießen. Dieses Verfahren wurde bei *Mariner 10* ebenso angewandt wie bei den zwei in naher Zukunft anstehenden Merkurmissionen. Eine neue US-Raumsonde namens *MESSENGER* (MErcury Surface, Space ENvironment, GEochemistry, and Ranging) wurde 2004 gestartet soll 2011 in eine Umlaufbahn um den Merkur einschwenken. Sie hat zahlreiche Instrumente zur Abbildung und Analyse der Planetengeologie an Bord. Die europäisch-japanische Gemeinschaftssonde *BepiColombo* soll 2013 starten und den Merkur 2019 erreichen. Sie trägt zwei getrennte Orbiter; der Plan eines Landers wurde zurückgestellt.

IMMER IN SONNENNÄHE

Merkur umkreist die Sonne in viel geringerer Entfernung als die Erde, weshalb der Beobachter in Sonnennähe suchen muss.

Am Tag ist das Sonnenlicht zu intensiv und der Merkur mit bloßem Auge nicht zu erkennen. Nach Sonnenuntergang jedoch kann der Merkur häufig in Horizontnähe beobachtet werden. Er sieht aus wie ein heller Stern. Aufgrund seiner hohen Umlaufgeschwindigkeit bleibt er nicht lange an einer Stelle, sondern steigt gewöhnlich innerhalb weniger Wochen im Himmel auf und dann wieder zum Horizont hinab.

Als innerer Planet weist der Merkur ähnlich wie Venus und Erdmond Phasen auf. Teleskope ermöglichen die Beobachtung der Phasen sowie die Veränderung der scheinbaren Größe des Planeten, wenn er sich auf seiner Bahn um die Sonne uns nähert und sich dann wieder entfernt.

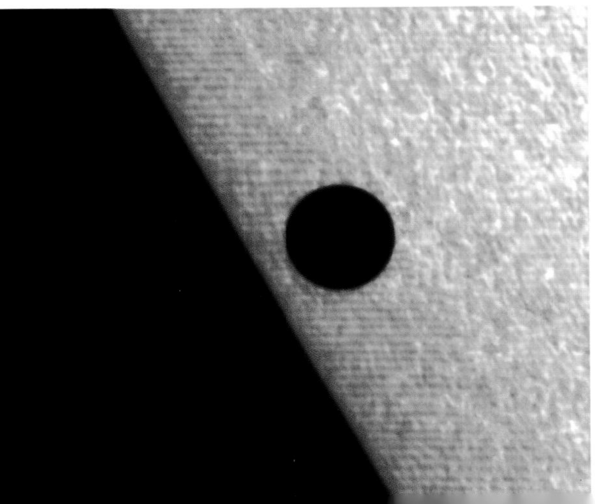

Links Merkur passiert die Sonne, aufgenommen vom Solar Optical Telescope an Bord der *Hinode*, einem Gemeinschaftsprojekt der japanischen, amerikanischen, britischen und europäischen Raumfahrtbehörden zur Erforschung der Wechselwirkungen zwischen dem Magnetfeld der Sonne und der Sonnenkorona.

Venus

Die Venus ist in mancher Hinsicht fast ein Zwilling der Erde, in anderer Hinsicht aber könnten beide kaum unterschiedlicher sein. Sie ist der hellste Planet am Himmel, doch birgt auch sie Geheimnisse.

STECKBRIEF

Planetare Reihenfolge
Zweiter Planet von der Sonne aus

Durchschnittliche Entfernung von der Sonne
0,72AE/108 208 930 km

1 Venustag
–243 Erdentage (retrograd)

1 Venusjahr
0,615 Erdenjahre

Äquatorialer Radius (Erde = 1)
0,95

Masse (Erde = 1)
0,815

Mittlere Oberflächentemperatur
462 °C

Atmosphäre
96,5 % Kohlendioxid
3,5 % Stickstoff
Spuren von Schwefeldioxid, Argon, Wasserdampf, Kohlenmonoxid, Helium, Neon

Monde/Trabanten
Keine Monde, keine Ringe

Besonderheiten
Über 1000 Vulkane sowie ein extremer Atmosphärendruck, der 90-mal so hoch ist wie auf der Erde.

EINE SCHWESTERWELT

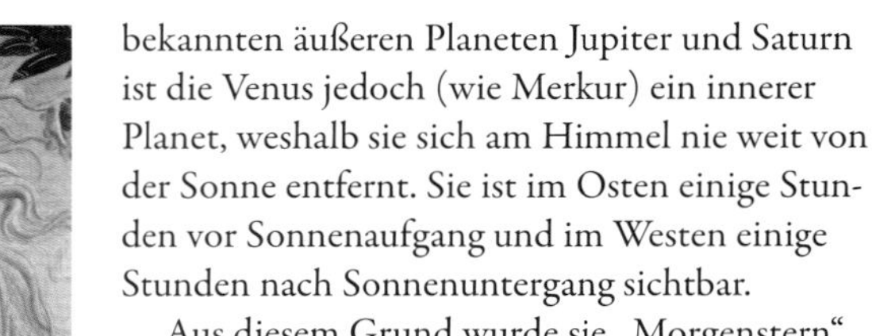

Oben rechts Detail der *Geburt der Venus* (um 1485) des italienischen Malers Sandro Botticelli. Das Original befindet sich in der berühmten Galleria degli Uffizi in Florenz. Die Venus war die römische Göttin der Liebe, Schönheit und Fruchtbarkeit. Sie war die Gefährtin des Vulkan und spielte bei zahlreichen religiösen Festen und Mythen eine wichtige Rolle.

Die Venus ist ein faszinierender Planet. Jahrtausendelang war sie nur als helles Licht am Nachthimmel bekannt – tatsächlich ist sie die dritthellste Lichtquelle nach Sonne und Mond. Auch mit Aufkommen des Teleskops gab es kaum neue Erkenntnisse, denn schnell wurde deutlich, dass die Venus vollständig von Wolken umhüllt ist, die die Oberfläche den Blicken entziehen. Erst durch die Raumsonden, die am Ende des 20. Jahrhunderts zur Venus geschickt wurden, bekamen wir eine Vorstellung davon, was auf und in diesem Planeten vorgeht. Venus ist nach der römischen Göttin der Liebe benannt, und entsprechend der astronomischen Tradition, die Objekte im Sonnensystem thematisch zu benennen, ist fast alles auf der Venus nach realen oder mythischen Frauen benannt.

SICHTBARKEIT DES MORGEN- UND ABENDSTERNS

Als hellster Stern am Himmel ist die Venus den Menschen natürlich schon seit Urzeiten bekannt. Im Unterschied zu den bekannten äußeren Planeten Jupiter und Saturn ist die Venus jedoch (wie Merkur) ein innerer Planet, weshalb sie sich am Himmel nie weit von der Sonne entfernt. Sie ist im Osten einige Stunden vor Sonnenaufgang und im Westen einige Stunden nach Sonnenuntergang sichtbar.

Aus diesem Grund wurde sie „Morgenstern" bzw. „Abendstern" genannt, wobei den Menschen anfangs nicht klar war, dass es sich um ein und denselben Planeten handelte. Als Erster vertrat Pythagoras die Ansicht, die beiden „Sterne" seien eins. Die Venus ist so hell, dass sie sogar bei Tag sichtbar ist – vorausgesetzt, man weiß genau, wo man suchen muss.

Oft steht sie in der Nähe des Mondes, was ihre Identifikation noch einfacher macht. Sie ist so hell, dass sie immer wieder mit einem UFO verwechselt wird.

Manchmal schiebt sich die Venus zwischen Erde und Sonne, ein Ereignis, das als Transit bezeichnet wird und alle 121,5 Jahre paarweise im Abstand von acht Jahren auftritt. Der letzte Venustransit ereignete sich im Juni 2004, der nächste folgt im Juni 2012.

COOKS REISE

Eine der berühmtesten Seereisen aller Zeiten wurde unter anderem unternommen, um die Venus zu beobachten. Die erste Reise James Cooks im Jahr 1769 galt vorrangig der Beobachtung eines Venustransits, bei der die Venus sich zwischen Erde und Sonne schiebt.

Die Wissenschaftler wollten das seltene Ereignis unter keinen Umständen verpassen, denn es sollte ihnen dabei helfen, eine der schwierigsten astronomischen Fragen zu klären: Wie groß ist das Sonnensystem?

1769 segelte Cook nach Tahiti und errichtete dort im Vorfeld des auf den 3. Juni berechneten Transits ein kleines Observatorium. Der Transit war zu sehen, doch leider war die Genauigkeit der Beobachtungen nicht so gut wie erhofft, obwohl Cook und seine Mannschaft das Beste aus den damaligen Mitteln machten. Ihre Ergebnisse wurden dann mit anderen Daten kombiniert und halfen zu neuen Erkenntnissen über die Entfernung der Venus zur Sonne. Damit konnten auch die Entfernungen der anderen Planeten berechnet und die Größe des Sonnensystems besser eingeschätzt werden.

Cook kartierte später die Küstenlinien von Neuseeland und Australien. Der US-Space-Shuttle *Endeavour* wurde nach Cooks Schiff benannt.

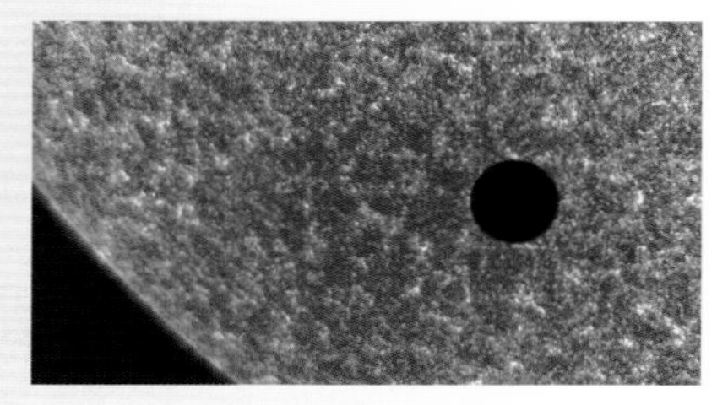

Aufnahme der Venus vor der Sonnenscheibe. Das Bild stammt vom NASA-Satelliten *TRACE*. Der nächste beobachtbare Venustransit findet 2012 statt.

Vorgeschichte
Die Venus ist als hellstes Objekt am Himmel nach Sonne und Mond bekannt.

3. Jahrhundert v. Chr.
Die Menschen glauben, bei der Venus handele es sich um zwei verschiedene Körper: Den Morgenstern nennen sie Eosphorus, den Abendstern Hesperus. Die morgendliche Erscheinung der Venus wird auch Lucifer genannt.

1610 n. Chr.
Galileo Galilei ist der erste Mensch, der in der Venus mehr als nur einen hellen Lichtpunkt am Himmel sieht. Er beobachtet verschiedene Venusphasen.

1631
Johannes Kepler sagt anhand mühsamer Berechnungen einen Venustransit für den 6. Dezember 1631 voraus, der jedoch von Europa aus nicht sichtbar ist.

1663
Der Mathematiker Rev. James Gregory schlägt vor, den Venustransit zur genaueren Bestimmung der Entfernung Erde-Sonne zu nutzen.

1677
Sir Edmund Halley (1656–1742) greift diesen Vorschlag 14 Jahre später auf und veröffentlicht 1716 eine Abhandlung über die Details dieses Verfahrens.

1680
Halley schlägt vor, mithilfe der Venustransits die Astronomische Einheit zu messen (eine Astronomische Einheit ist ungefähr die Entfernung zwischen Erde und Sonne).

1761
Während des Transits vom 5. Juni 1761, der von 176 Wissenschaftlern auf der ganzen Welt beobachtet wird, entdeckt der russische Astronom Michail W. Lomonossow (1711–1765) einen Lichthof um den dunklen Rand der Venus, was darauf hinweist, dass sie eine Atmosphäre besitzt.

1768
Am 2. August 1768 verlässt die Barke *Endeavour* unter dem Kommando von Kapitän James Cook England mit Kurs auf Tahiti, um am 3. Juni 1769 einen Venustransit zu beobachten.

1874
Vom nächsten Transit, am 8. Dezember 1874, werden Hunderte Fotoaufnahmen gemacht – der erste Einsatz der neuen Technologie für derartige Zwecke. Nur wenige der Fotoplatten waren von wissenschaftlichem Wert, und nur wenige haben sich bis heute erhalten.

FAKTEN ZUM VENUSKERN

Es wird angenommen, dass der innere Aufbau der Venus dem der Erde sehr ähnlich ist und aus Kern, Mantel und Kruste besteht. Obwohl der Kern aus flüssigem Eisen groß genug wäre, erzeugt er im Unterschied zur Erde kein Magnetfeld – wahrscheinlich ist er zu heiß, sodass keine Konvektionsströme entstehen und Magnetismus erzeugen. Der Mantel ist etwa 3000 km stark, an ihn schließt sich eine etwa 10–30 km dicke Kruste an. Rund 90 % der Venusoberfläche bestehen offenbar aus erstarrter Basaltlava, zweifellos das Überbleibsel einer Vulkanaktivität vor 300–500 Millionen Jahren.

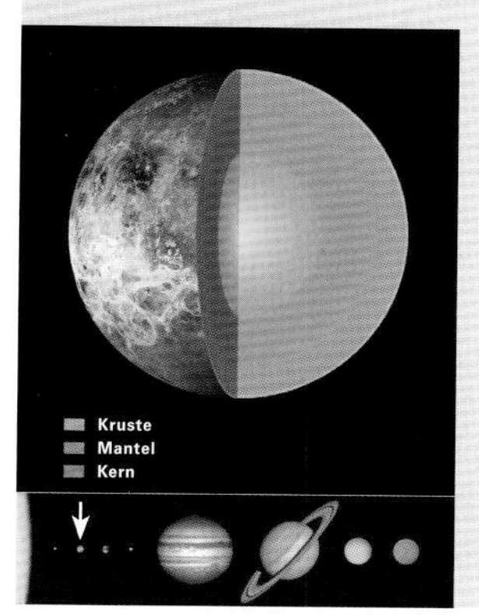

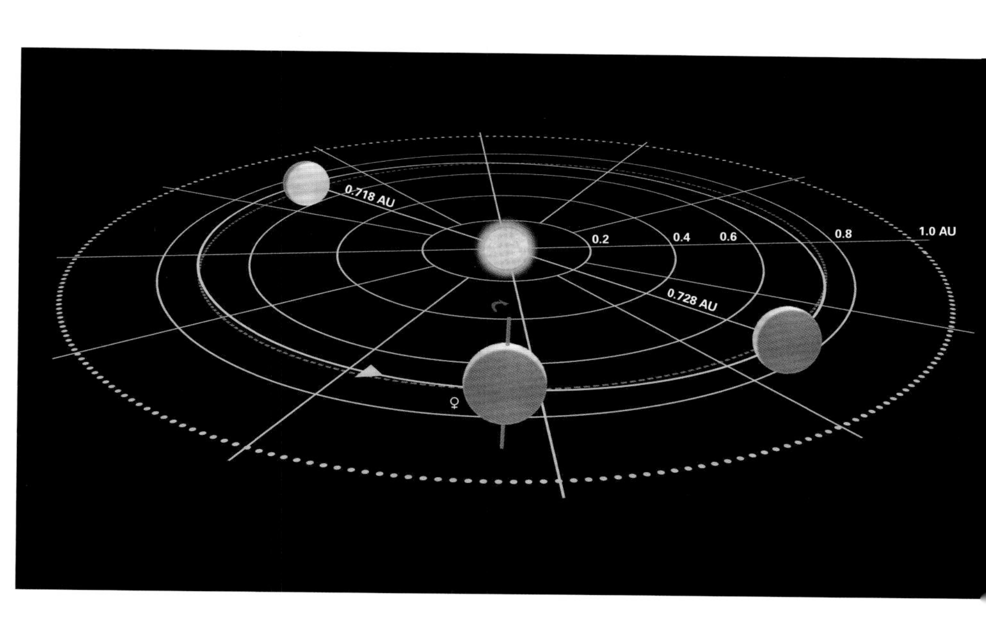

Oben Die Venus benötigt 224 Erdentage für ihre Bahn um die Sonne, die nur 1 % von der Kreisbahn abweicht und damit die am wenigsten exzentrische aller Planeten ist. Die Bahn der Venus ist um 3,39° gegen die Ekliptik geneigt. Ihre Rotationsachse ist um 2,64° geneigt. Die Umlaufbahn ist prograd, verläuft also von oben betrachtet gegen den Uhrzeigersinn. Im Unterschied dazu ist ihre Eigenrotation retrograd – im Uhrzeigersinn. Die gestrichelte Linie zeigt den Grad der Neigung der Venusbahn gegen die Ebene des Sonnensystems. (nicht maßstäblich)

Links Mond und Venus gehen am 22. April 2004 über Deutschland auf. Diese Aufnahme wurde, wie so oft, von einem Amateurastronomen gemacht.

1882
Der nächste Transit, am 6. Dezember 1882, löst in der Öffentlichkeit großes Interesse aus. Er ist die Titelstory der damaligen Tageszeitungen, die ausführliche Artikel über mehrere Seiten veröffentlichen.

1891
Simon Newcomb, der Leiter der US Venus Transit Commission, veröffentlicht seine Schätzung der Sonnenparallaxe, die auf Daten von verschiedenen Transits basiert.

1932
Die Astronomen Walter Adams und Theodore Dunham entdecken mithilfe verbesserter Spektrografen Kohlendioxid in der Atmosphäre der Venus.

1961
Die russische Venussonde *Sputnik 7* kann wegen Problemen die Erdumlaufbahn nicht verlassen.

1962
Nach der gescheiterten *Mariner-1*-Mission passiert *Mariner 2* als erstes Raumschiff die Venus. Der amerikanische Astronom Carl Sagan berechnet die Wirkung der Atmosphäre auf die Temperatur der Venus.

1967
Mariner 5 passiert die Venus und funkt neue Daten über ihre Atmosphäre einschließlich der Information, dass sie zu fast 97 % aus Kohlendioxid besteht.

1970
Am 15. Dezember 1970 tritt *Venera 7* in die Atmosphäre der Venus ein. Eine Landekapsel wird ausgeklinkt und funkt Bildsignale von der Oberfläche zur Erde. Sie ist das erste von Menschen geschaffene Objekt, das Daten von einem anderen Planeten sendet.

1978
Pioneer 13 bzw. *Pioneer-Venus 2* hat vier kleine Sonden an Bord, die in die Venusatmosphäre eindringen.

1989
Start der interplanetaren Raumsonde *Magellan*, die am 10. August 1990 in eine Venusumlaufbahn einschwenkt. Sie funkt spektakuläre Radarbilder und ermöglicht eine detailliertere Kartierung unseres von Wolken verhüllten Schwesterplaneten.

2005
Die Europäische Raumfahrtagentur ESA startet die Sonde *Venus Express*. Sie soll herausfinden, was die heftigen Winde in der Venusatmosphäre verursacht.

Oben Die Oberfläche der Venus auf einer Aufnahme des Landers der *Venera 10*, der im Oktober 1975 auf dem Planeten landete und 65 Minuten lang Daten zur Erde funkte, darunter dieses Bild.

Rechts Digitale Montage von Bildern der *Venus Express* vom 12. April 2006. Der Südpol der Venus ist in einer Falschfarbenansicht zu sehen und zeigt links die Tag- und rechts die Nachtseite des Planeten.

UNGEWÖHNLICHE ROTATION

Die Venus hat die kreisförmigste Umlaufbahn aller Planeten: Ihre Exzentrizität beträgt nur knapp ein Prozent. Zum Vergleich: Bei der Erde beträgt sie 1,7 Prozent, beim Jupiter 4,8 Prozent und beim Merkur gewaltige 20,5 Prozent.

Die Venus umkreist die Sonne in durchschnittlich 108 Millionen Kilometer Entfernung und ist damit der Planet, der uns am nächsten kommt, nämlich rund 40 Millionen Kilometer. Zum Mars sind es für uns schon mindestens 56 Millionen Kilometer.

Bereits Galileos frühe Beobachtungen der Venus erbrachten, dass sie manchmal in ihrem Orbit eine Sichelgestalt annimmt. Mathematisch ließ sich das nur dadurch erklären, dass die Venus um die Sonne kreiste – und nicht um die Erde. Diese Entdeckung war miteintscheidend für den Übergang vom geozentrischen zum heliozentrischen Weltbild. Beobachtungen im späten 18. Jahrhundert gaben erste Hinweise darauf, dass die Venus eine dichte Atmosphäre besitzt. Die Länge eines Venusjahrs beträgt weniger als 225 Erdentage, doch lange Zeit waren die Wissenschaftler nicht in der Lage, die Länge eines Venustags zu bestimmen.

Bei vielen anderen Planeten fällt das leicht; man blickt durch ein Teleskop, sucht sich ein prominentes Merkmal auf dessen Oberfläche und misst die Zeit, die vergeht, bis dieses einmal rotiert hat. Doch bei der Venus und ihrer dichten Wolkendecke konnte dieses Verfahren nicht angewandt werden. Wenn ein Planet (oder auch jeder andere Himmelskörper) rotiert, bewegt sich der eine Rand auf den Beobachter zu und der andere von ihm fort. Mithilfe des Dopplereffekts kann man den Unterschied messen und die Rotationsgeschwindigkeit bestimmen. Mit der Venus klappte das aber nicht. Es blieb nur die Schlussfolgerung, dass die Rotation des Planeten zu langsam ist, um durch dieses Verfahren erfasst zu werden.

Die Beobachtung der Wolken gab Mitte des 20. Jahrhunderts Hinweise darauf, dass die Venus im Vergleich mit den anderen Planeten rückwärts rotierte.

Erst als man die Venus mit starken Radarwellen beschoss, die die Wolkenschicht durchdrangen und vom darunterliegenden Venusboden reflektiert wurden, konnte die Rotation präzise gemessen werden – und sie war tatsächlich rückläufig bzw. retrograd. Der Venustag erwies sich als unglaublich lang: Die Venus benötigt 243 Erdentage, um einmal um die eigene Achse zu rotieren.

Zwei Theorien versuchen die ungewöhnliche Rotation zu erklären. Der einen zufolge wurde die Venus irgendwann von einem kleinen Wanderplaneten getroffen, wodurch die normale prograde Rotation aufgehalten und umgekehrt wurde. Nach der anderen Theorie könnten Gezeitenkräfte auf die dichte Atmosphäre der Venus wie eine Reibungsbremse gewirkt und die Rotation langsam umgekehrt haben.

Die frühen Radarbeobachtungen verrieten wenig über die Oberfläche, zeigten aber zwei große Regionen, die sich von ihrer Umgebung unterschieden. Man nannte sie schlicht Alpha Regio und Beta Regio. Ein kleineres, aber prominenteres Gebiet wurde nach James Clerk Maxwell, einem schottischen Physiker, Maxwell Montes benannt. Diese drei geologischen Einheiten sind die einzigen auf der Venus, die nicht nach Frauengestalten benannt wurden.

ZWILLINGE

Venus und Erde ähneln sich in vielem. Sie sind ähnlich groß – der Äquatordurchmesser beträgt bei der Venus 12 100 Kilometer, bei der Erde 12 756 Kilometer, und die Venus besitzt 82 Prozent der Erdmasse. Dies sowie die Tatsache, dass die Venus von Wolken bedeckt ist – frühe Beobachter nahmen an, dass sie wie auf der Erde aus Wasserdampf bestünden – und der Sonne näher ist und daher wärmer sein musste,

Links Herrliche Detailansicht des Vulkans Sapas Mons, aufgenommen von der Raumsonde *Magellan*. Die Flanken des Vulkans sind von zahllosen sich überlappenden Lavaströmen überzogen. Viele scheinen an den Bergflanken entsprungen. Diese Art der Flankeneruption findet sich auch bei den großen Vulkanen auf der Erde wieder.

verleitete manchen zu der Schlussfolgerung, es gebe dort eine Art Dschungelwelt: Wie in den Tropenregionen der Erde sollte es demnach auch auf der Venus üppiges Pflanzen- und Tierleben geben, ja sogar Dinosaurier, die durchs Gelände stampften. Falscher konnte man nicht liegen.

Der innere Aufbau der Venus mit Kern, Mantel und Kruste ähnelt vermutlich dem der Erde. Der Kern ist interessant, da er vermutlich groß genug ist, um ein der Erde vergleichbares Magnetfeld zu erzeugen, jedoch existiert ein solches Magnetfeld allem Anschein nach nicht. Dazu müsste der Kern Konvektionsströme vom heißeren Inneren zum kühleren Äußeren aufweisen. Doch bei der Venus scheint diese Konvektion zu fehlen. Entweder hat sich der Kern verfestigt, oder es herrscht überall die gleiche Temperatur. Letzteres könnte seine Ursache darin haben, dass die Venus anders als die Erde ihre innere Hitze nicht loswird, weil der Planet keine Plattentektonik als „Auslassventil" für die Energie kennt.

Zwar besitzt der Planet trotzdem ein schwaches Magnetfeld, doch dieses wird durch Einwirkung des Sonnenwinds auf die oberen Schichten der Venusatmosphäre verursacht.

Oben Globale Ansicht der Venusoberfläche auf 180° östl. Länge. Die Oberflächenkarte entstand durch den Einsatz von Radar, das die dichten Wolken durchdringt. Diese Wolken reflektieren das Sonnenlicht, was die Venus zum hellsten Planeten am Himmel macht.

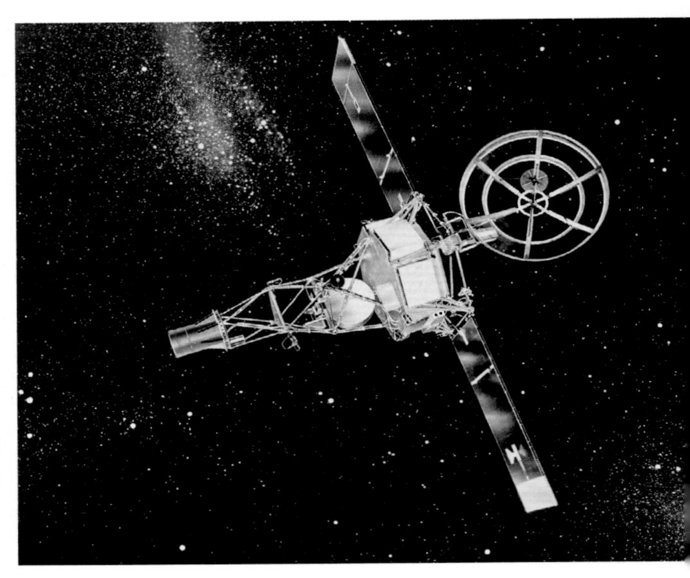

Oben *Mariner 2* war die erste erfolgreiche interplanetare Raummission. Die Sonde wurde am 27. August 1962 gestartet und passierte die Venus in 34 800 km Abstand, wobei sie wichtige neue Erkenntnisse über den interplanetaren Raum und die Venusatmosphäre zur Erde funkte.

Oben Nachkolorierte Ansicht der Venus, aufgenommen sechs Tage nach der größten Annäherung der Sonde *Galileo*. Das Bild zeigt Wolkenbänder infolge von Winden, die mit einer Geschwindigkeit von rund 370 km/h von Ost nach West wehen.

Rechts *Venera 1* war die erste Raumsonde, die zur Venus geschickt wurde. Am 19. Februar 1961, sieben Tage nach dem Start, brach jedoch der Kontakt ab.

RAUMMISSIONEN

Der Anbruch des Raumfahrtzeitalters zu Beginn des 1960er-Jahre ermöglichte es auch, durch Raumsonden mehr über die Venus in Erfahrung zu bringen. Fast alles, was wir über den Planeten wissen, ist ein Ergebnis dieser Forschungsmissionen.

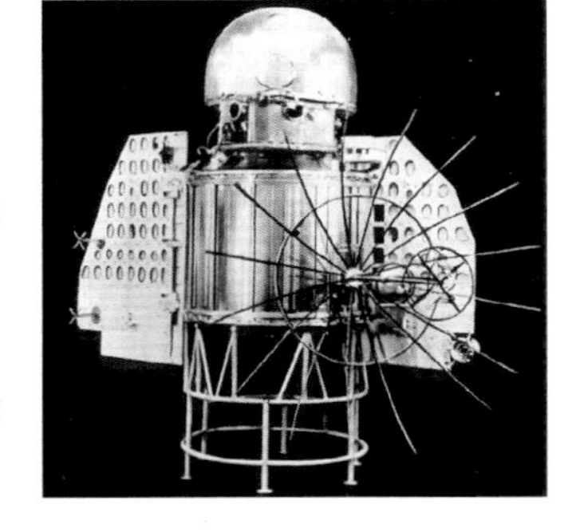

Die ersten Versuche – die *Venera 1* der UdSSR und die amerikanische *Mariner 1* – schlugen fehl. Die erste erfolgreiche Mission war *Mariner 2*, die am 22. Juli 1962 gestartet wurde und die Venus am 14. Dezember 1962 in einem Abstand von 34 800 Kilometer passierte. Die Instrumente von *Mariner 2* offenbarten, dass die Wolken des Planeten kalt waren, die Oberfläche hingegen sehr heiß, nämlich über 400 Grad Celsius. Es folgten weitere, mehr oder weniger erfolgreiche sowjetische und amerikanische Venusmissionen. Im Oktober 1967 trat *Venera 4* in die Venusatmosphäre ein und stellte fest, dass sie zu 90 Prozent aus Kohlendioxid besteht und viel dicker war als gedacht. Der Fallschirm bremste die Sonde stärker ab als erwartet, weshalb sie die Oberfläche erst erreichte, als die Batterien erschöpft waren. Die Fallschirme der folgenden Missionen waren kleiner dimensioniert, um die Fallgeschwindigkeit zu erhöhen.

Venera 5 und *6* folgten 1969. Beide waren stabiler konstruiert als *Venera 4:* Man hatte den Druck an der Venusoberfläche auf das bis zu Hundertfache der Erde berechnet, dennoch wurden beide Sonden in etwa 20 Kilometer Höhe vom steigenden Atmosphärendruck zerquetscht.

Nur einen Tag nach der Abtrennung des *Venera-4*-Landers im Oktober 1967 passierte die US-Sonde *Mariner 5* den Planeten, die auch Instrumente zur Erforschung der Venusatmosphäre an Bord hatte.

In den Jahren 1970 bis 1975 entsandten die Sowjets mit *Venera 7, 8, 9* und *10* weitere Sonden, die gegen den Oberflächendruck noch einmal verstärkt waren und Lander trugen. Der *Venera-7*-Lander schaffte es durch die Atmosphäre und traf wohl wegen eines gerissenen Fallschirms hart auf. Rund 20 Minuten lang funkte er Daten zurück zur Erde – die ersten Daten, die je von einem anderen Planeten empfangen wurden (abgesehen vom Mond). *Venera 8* ähnelte *Venera 7* und schaffte es, knapp eine Stunde lang Daten zu übertragen.

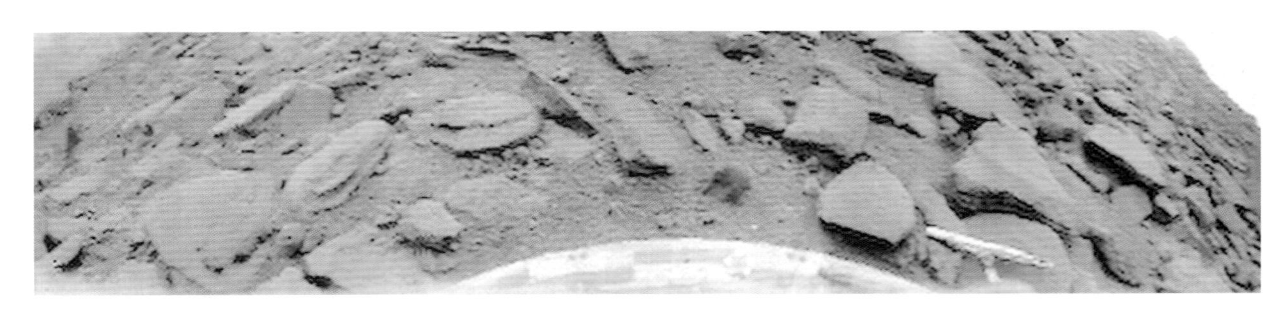

Rechts Die Venus-Oberfläche in einer Aufnahme des *Venera-9*-Landers, der am 22. Oktober 1975 aufkam, als die Sonne fast im Zenit stand, und 53 Minuten Daten funkte, darunter dieses einmalige Bild.

Es folgten *Venera 9* und *10*, beide zusätzlich mit Kameras ausgerüstet, sodass erstmals Bilder der Oberfläche zurückgefunkt werden konnten. Die Sonden wurden im Juni 1975 in einem Abstand von sechs Tagen gestartet und landeten drei Tage nacheinander im Oktober 1975, rund 2000 Kilometer voneinander entfernt in der nördlichen Hemisphäre. Die gesendeten Bilder zeigten eine öde, verlassene Felslandschaft.

Von diesem Erfolg bestärkt, schickten die Sowjets zwischen 1978 und 1981 vier weitere Lander zur Venus: *Venera 11, 12, 13* und *14* glückte die Landung, auch wenn diverse Instrumente nicht einwandfrei oder gar nicht funktionierten: Bei den Kameras an Bord von *Venera 11* und *12* trennten sich die Verkleidungen nicht ab, bei Venera 11 funktionierte das Gerät zur Bodenanalyse nicht, und der Lander von *Venera 14* konnte nicht arbeiten, weil eine ausgeworfene Kamerakappe klemmte. Dennoch waren die Missionen ein voller Erfolg. Sie sendeten Daten über die Atmosphäre und deren Gase, analysierten die Oberfläche des Planeten und entdeckten Blitze. *Venera 13* registrierte sogar lauten Donner – zum ersten Mal überhaupt auf einem anderen Planeten.

Auch die USA führten ihre Forschungsprogramme fort, wenn auch nicht in dem Maß wie die Sowjets. Die amerikanische Raumfahrt konzentrierte sich auf die bemannten Mondmissionen des Apollo-Programms sowie auf eine ganze Flotte von Marssonden. Die USA landeten nicht auf der Venus; sie beschränkten sich auf Vorbeiflüge und Orbiter.

Die Raumsonde *Mariner 10* wurde auf eine Bahn geschossen, die sie auf ihrem Weg zum Merkur, ihrem eigentlichen Ziel, an der Venus vorbeiführte. Während des Vorbeiflugs in einer Entfernung von 6000 Kilometer zeigte die UV-Kamera Details in den Wolken, die bei gewöhnlichem Licht nicht sichtbar waren.

Der *Pioneer-Venus-Orbiter* und die Multiprobe-Mission der NASA wurden im August 1978 gestartet und erreichten im Dezember desselben Jahres ihr Ziel. Der *Orbiter* schwenkte auf eine Umlaufbahn um den Planeten ein und arbeitete 14 Jahre lang. Er verfügte über zahlreiche Instrumente zur Erforschung von Atmosphäre, Wolken, Oberfläche (mithilfe eines bildgebenden Radars), Magnetfeld und Gravitationsfeld des Planeten. Diese Mission war in hohem Maße erfolgreich und endete erst 1992, als der Treibstoff aufgebraucht war.

Die Multiprobe-Mission umfasste eine große und drei kleine Sonden, die direkt in die Atmosphäre eindrangen (nur die große Sonde hatte einen Fallschirm).

Jede der Sonden sendete Daten über die Atmosphäre und die enthaltenen Gase und führte Wind- und Druckmessungen durch.

Die Sonden wurden auf unterschiedliche Eintrittsbahnen gesteuert, sodass sie über verschiedenen Regionen niedergingen. Es war nicht vorgesehen, dass die Sonden den Aufprall überstehen; einer kleinen gelang es dennoch, und sie funkte über eine Stunde lang Daten.

Auch die Sowjets interessierten sich weiterhin für die Venus. Im Juni 1983 starteten sie die Orbiter *Venera 15* und *16*, die im Abstand weniger Tage die Venus erreichten. Von ihrer Umlaufbahn aus sollten sie mithilfe von Radar die Oberfläche erforschen. Mit Erfolg kartierten sie die Venusoberfläche von etwa 30 Grad nördlicher Breite bis zum Nordpol des Planeten. An Bord befanden sich auch Höhenmesser und Instrumente zur Entdeckung von Strahlung im Raum.

Unten Digital bearbeitete dreidimensionale Ansicht der Venusoberfläche mit Vulkanen und Lavaströmen.

Rechts Der *Venus In-situ Explorer (VISE)* ist Teil der New-Frontiers-Mission, die Zusammensetzung und Oberflächeneigenschaften der Venus erkunden soll. Der Start ist für 2013 vorgesehen.

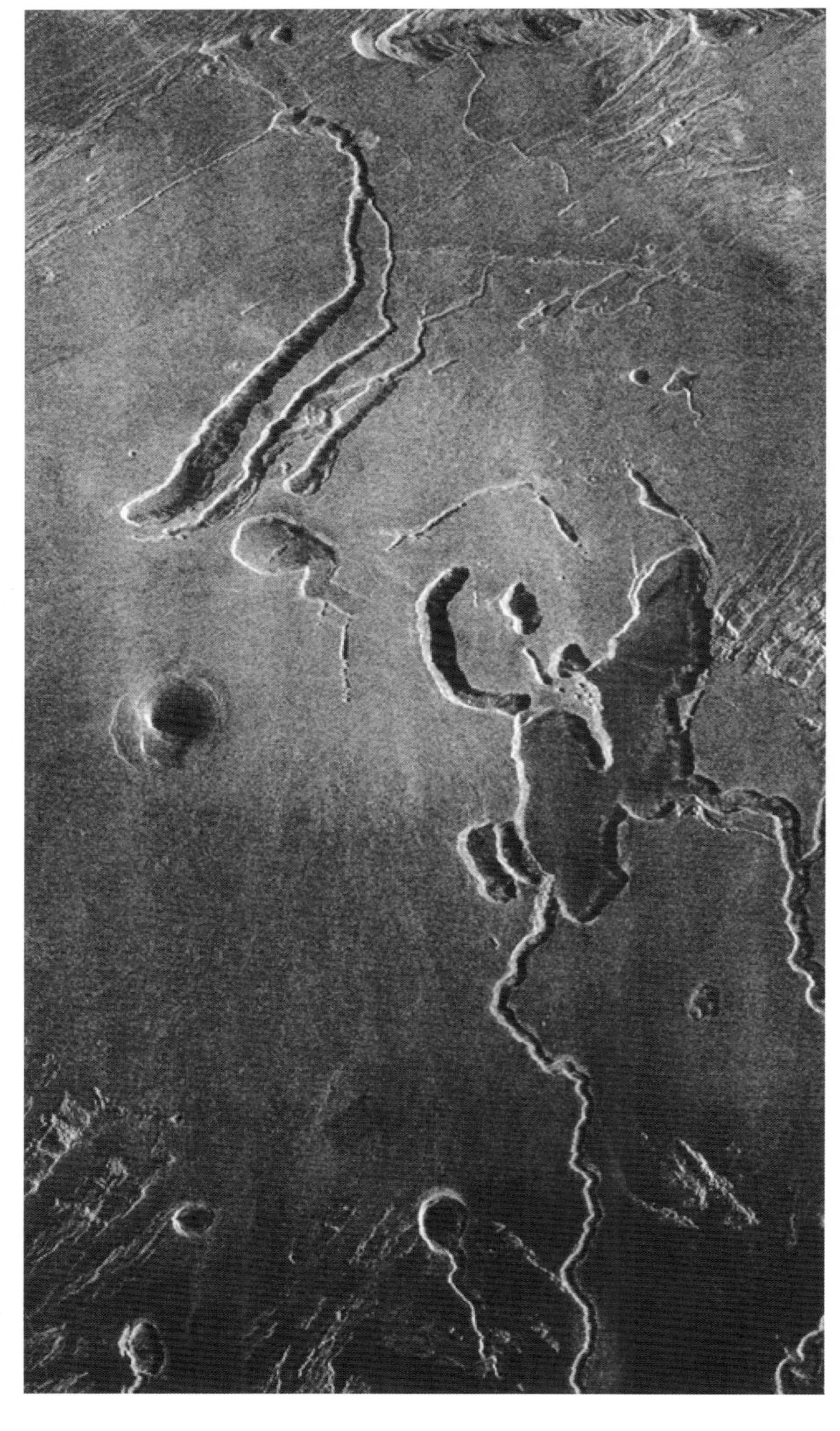

1986 wurde eine kleine Flottille von Raumsonden ausgeschickt, um den Halleyschen Kometen auf seiner Reise durchs innere Sonnensystem zu erforschen. Die Sowjets nutzten die Gelegenheit und schossen im Dezember 1984 die beiden Mehrzweck-Raumsonden *Vega 1* und *Vega 2* ins All, die erst an der Venus vorbeifliegen sollten, bevor sie ihre Reise zum Kometen fortsetzten. Die beiden Sonden hatten Ballons und Lander an Bord, die in der Venusatmosphäre ausgesetzt werden und auf die Oberfläche sinken sollten. Die im Dezember 1984 gestarteten Sonden erreichten die Venus im Juni 1985 und setzten Ballons und Lander erfolgreich aus.

Links Ein Radarbild der Lavakanäle nördlich der Ovda Regio auf der Venusoberfläche, aufgenommen von der Sonde *Magellan*. Dieses Bild zeigt die Lo Shen Valles, ein System aus tiefen Gräben und großflächigen Einbruchkratern, die von Vulkanausbrüchen verursacht wurden.

Links Im Zentrum dieser dreidimensionalen Computergrafik erhebt sich der Vulkan Sapas Mons, von dessen Flanken sich Lavaströme über die rissigen Ebenen im Vordergrund ergießen.

Unten Diese kolorierte, dreidimensionale Ansicht (auf der Grundlage eines als Radar-Clinometrie bezeichneten Verfahrens) des Ostteils der in einem Hügelgebiet gelegenen Alpha Regio entstand unter Verwendung einer Aufnahme der Raumsonde *Magellan*. An verschiedenen Stellen sind die Höhenkämme von im Radar dunklen (= weichen) Lavaströmen bedeckt, was beweist, dass die vulkanische Tätigkeit zeitlich später erfolgte als die Bildung der Gebirgszüge.

Der Lander von *Vega 1* startete seine Experimente zu früh: Ein Windstoß führte dazu, dass der Lander dachte, er sei bereits gelandet, und funkte daher keine Daten. Der Lander von *Vega 2* hingegen erreichte die Oberfläche und funkte eine knappe Stunde lang Daten zur Erde.

Die mit Helium gefüllten, im Durchmesser 3,5 Meter großen Ballons, die in der Atmosphäre ausgesetzt worden waren, trugen ein 13 Meter langes, mit Messinstrumenten gespicktes Seil. Die Ballons sanken bis auf eine Höhe von etwa 50 Kilometer, wo der Druck sie schweben ließ. Die Instrumente analysierten die atmosphärischen Gase und maßen Windgeschwindigkeit, Temperatur und Druck.

Die Energie ihrer Batterien reichte aus, um fast zwei Tage lang Daten zur Erde zu funken, wo sie von einem Netz von Satellitenschüsseln empfangen wurden. Damit war das Zeitalter der sowjetischen Erkundung der Venus an sein Ende gelangt, doch die Amerikaner legten nach.

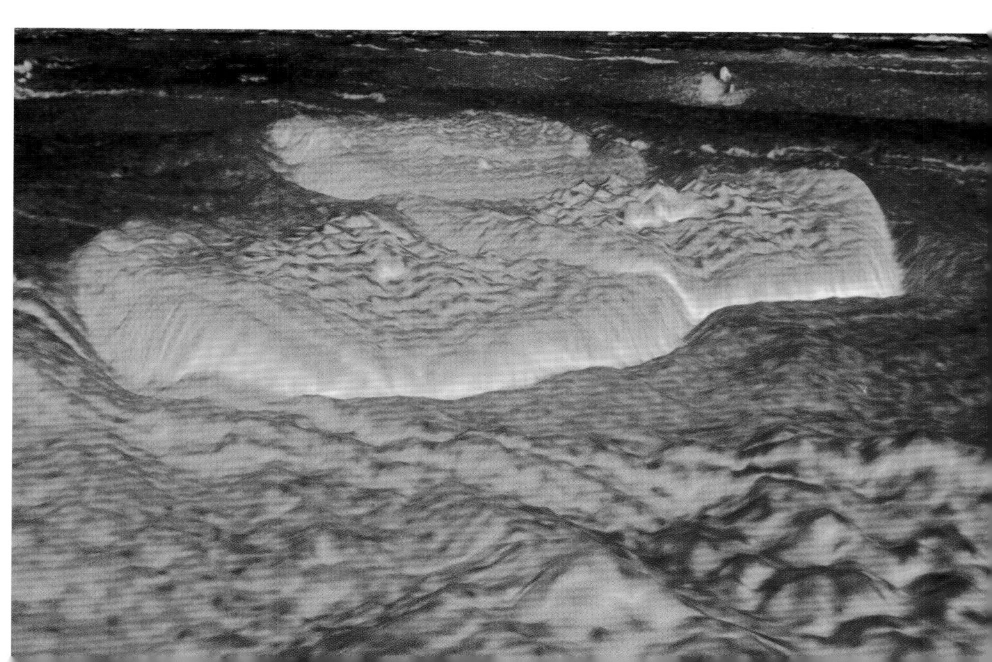

Oben Künstlerische Darstellung der *Venus Express* in einer Umlaufbahn um den Planeten. Die Simulation zeigt wellenartige Wolkenstrukturen, die von Winden über die Oberfläche getrieben werden.

Im Mai 1989 starteten die USA vom Space Shuttle *Atlantis* aus die Sonde *Magellan* – die erste Sonde, die von Bord einer Raumfähre aus einer Erdumlaufbahn gestartet wurde. *Magellan* war im Wesentlichen ein gigantisches Radarsystem, das mit seinen mächtigen Radarstrahlen die Wolkendecke der Venus durchdringen und den Planeten detailliert kartieren sollte.

Im August 1990 erreichte die Sonde ihr Ziel und trat in eine Kreisbahn ein, die sie in den folgenden vier Jahren über fast die gesamte Venusoberfläche führte, die dabei streifenweise mit einer Auflösung von rund 100 Meter gescannt wurde. Daneben kartierte *Magellan* auch das Gravitationsfeld des Planeten. Abhängig von der Masse des Gebiets, das sie überflog, wurde die Sonde leicht beschleunigt oder abgebremst.

Durch Messung der Doppler-Verschiebung in ihren Radiowellen, die durch diese Geschwindigkeitsschwankungen verursacht wurden, konnten die Wissenschaftler auf der Erde ihr Bild von der Geologie der Venus verfeinern.

EXPRESS ZUR VENUS

Am 11. April 2006 schwenkte die neue Venus-Mission der Europäischen Raumfahrtagentur ESA, die Sonde *Venus Express*, in eine Umlaufbahn um unseren Schwesterplaneten ein. Dort soll sie mindestens zwei Jahre lang Daten sammeln. Ihre Treibstoffvorräte sind aber so bemessen, dass die Mission auch länger dauern kann.

Venus Express soll den Planeten umfassend erforschen und unter anderem Atmosphäre, Magnetfeld, Wolken und Oberflächentemperaturen analysieren. In den zwei Jahren seit ihrer Ankunft hat die Sonde bereits faszinierende Bilder einer eigentümlichen doppelten Wirbelsturmformation am Südpol sowie eine Temperaturkarte von Teilen der südlichen Hemisphäre zur Erde gefunkt.

Die europäischen Wissenschaftler hoffen, dass *Venus Express* Antworten darauf geben wird, wie die chemischen Prozesse in Atmosphäre und Wolken ablaufen und ob es auf der Venus noch aktiven Vulkanismus gibt.

KONSEQUENT WEIBLICH

Mit Ausnahme von drei Landmarken, die bereits sehr früh entdeckt und benannt wurden, sind sämtliche geologischen Merkmale und Strukturen auf der Venus gemäß den Vorgaben der Internationalen Astronomischen Union nach realen oder mythischen Frauengestalten benannt. Runde Gebilde (Coronae) sind nach Göttinnen der Fruchtbarkeit benannt, lineare Strukturen (Lineae) nach Kriegsgöttinnen, Höhenrücken nach Himmelsgöttinnen, Hochebenen nach Liebes- und Kriegsgöttinnen. Hochlagen mit Kontinentalcharakter tragen die Namen von Gigantinnen und Titaninnen.

Aber nicht nur mythologische Gestalten erfahren diese Ehrung, auch reale Frauen kommen nicht zu kurz. Krater mit einem Durchmesser unter 20 km erhalten gemeinhin weibliche Vornamen, solche mit größerem Durchmesser werden nach verstorbenen Frauen benannt, die auf ihrem Gebiet bedeutende Beiträge geleistet haben.

Links Marmorstatue der griechischen Göttin Athene. Athena Tessera, ein ausgedehntes Areal in der nördlichen Hemisphäre der Venus, ist nach ihr benannt.

Magellan eröffnete faszinierende Einblicke in die Venusgeologie. Zwar fanden sich keine Hinweise auf eine Plattentektonik, wie wir sie von der Erde kennen. Doch die Radarkarten zeigten, dass die Planetenoberfläche von Vulkangebilden und deren Folgeerscheinungen dominiert wird – große flache Vulkane, Tausende Kilometer lange alte Lavaströme, Lavadome sowie riesige Ebenen aus erstarrter Lava. Es gab relativ wenige Einschlagkrater, was ein Hinweis darauf ist, dass die Oberfläche des Planeten in geologischem Sinne „jung" ist, der Vulkanismus also die Zeichen älterer Einschläge ausgelöscht hat. Auf der Erde haben Wind- und Wassererosion sowie die tektonische Plattenverschiebung den gleichen Effekt. Vermutlich hat vor 500 bis 800 Millionen Jahren ein massives, planetenweites „Umgestaltungsereignis" auf der Venus stattgefunden.

Zu beiden Seiten des Äquators befinden sich zwei Hochlandregionen kontinentalen Ausmaßes, die als Ishtar Terra und Aphrodite Terra bekannt sind. Ishtar Terra birgt die höchsten Gipfel der Venus einschließlich des monströsen Maxwell Montes, der sich elf Kilometer über die Oberfläche erhebt.

Bis zum Ende ihrer Mission lieferte *Magellan* nützliche Daten. Die Wissenschaftler nutzten die Technik der Atmosphärenbremsung, bei der die Sonde in die oberen Schichten einer Planetenatmosphäre eintaucht und abgebremst wird, um ihre Bahn immer weiter zu senken. Irgendwann flog sie so niedrig über der Venus, dass sie ihre Umlaufbahn nicht aufrechterhalten konnte und in der Atmosphäre verglühte. Noch bis zum endgültigen Ausfall funkte *Magellan* Daten, die weiteren Aufschluss über die Venusatmosphäre gaben.

Nach einer längeren Pause erforscht nun eine neue Sonde die Venus. Die Mission der europäischen Sonde *Venus Express* ist auf mehrere Jahre angelegt und hat schon erste Teile einer Temperaturkarte der südlichen Hemisphäre angelegt. Mithilfe dieser Karte können die Wissenschaftler mögliche „hot spots" lokalisieren, deren Existenz wiederum auf aktiven Vulkanismus hindeuten könnten, so es ihn gibt.

WOLKEN UND ATMOSPHÄRE

Die Venus besitzt eine Atmosphäre, die überwiegend aus Kohlendioxid und Spuren anderer Gase besteht und weitaus dichter ist als die der Erde. Der Druck an der Venusoberfläche ist erdrückende 90-mal höher als auf der Erde, weshalb die ersten sowjetischen Sonden von der Atmosphäre zerdrückt wurden, lange bevor sie den Boden erreichten. Wie wir inzwischen auch auf der Erde wissen, ist Kohlendioxid ein sehr wirksames „Treibhausgas". Die Venus besitzt so viel davon, dass es zu einem unkontrollierten Treibhauseffekt kommt, der zu Oberflächentemperaturen über 400 Grad Celsius führt. Damit ist die Oberfläche der Venus auch heißer als die des Merkurs, obwohl dieser viel näher an der Sonne ist und bedeutend mehr Sonnenenergie abbekommt.

Manche Wissenschaftler glauben, dass die Venus einst erdähnlichere Atmosphären- und Oberflächenverhältnisse und große Mengen Wasser besessen haben könnte. Falls dieses Wasser verdampft sein sollte, könnte es die tödliche Spirale steigender Temperaturen in Gang gesetzt haben, die zu den heutigen Verhältnissen auf der Venus geführt haben. Die Wolken der Venus mögen im Bereich des sichtbaren Lichts farblos und uninteressant wirken, doch verbergen sie ein komplexes Klimasystem, das für die Wissenschaft von großem Interesse ist. Die Wolken selbst bestehen aus Schwefelsäuretröpfchen und Schwefeldioxid. Sie reflektieren das Sonnenlicht zu einem Gutteil zurück ins Weltall, weshalb relativ wenig davon auf die Oberfläche gelangt – ein weiterer Beleg dafür, dass der Treibhauseffekt für die extremen Oberflächentemperaturen verantwortlich ist.

Die Winde auf Bodenniveau sind langsam, doch die Dichte der Atmosphäre bewirkt, dass sie viel Masse bewegen. Ganz anders auf dem Mars, wo die Oberflächenwinde schnell sind, die Luft jedoch so dünn ist, dass man Stürme als leichte Brisen empfinden würde. In den oberen Wolkenschichten der Venus hingegen sind die Winde bis zu 300 Stundenkilometer schnell – so schnell, dass die Wolken in nur vier bis fünf Erdentagen den ganzen Planeten umrunden.

Beobachtungen der *Venus Express* haben gezeigt, dass die Wolken in der Nähe des Äquators unregelmäßiger geformt sind als in den gemäßigten Breiten. An den Polen bilden sich spiralförmige Wirbelstrukturen. Aufnahmen von *Venus Express* zeigten einen südpolaren Wirbel als riesigen Zyklon mit zwei „Augen".

Analysen an Bord der Sonde zeigten, dass der Schwefeldioxidanteil in der Atmosphäre zwischen Ende der 1970er- und Mitte der 1980er-Jahre signifikant gefallen war. Dies nährte die Spekulation, ein früherer großer Vulkanausbruch könne den Abfall verursacht haben. Messungen wie diese sind indirekte Hinweise darauf, dass das Antlitz der Venus noch immer von Vulkanismus geformt wird.

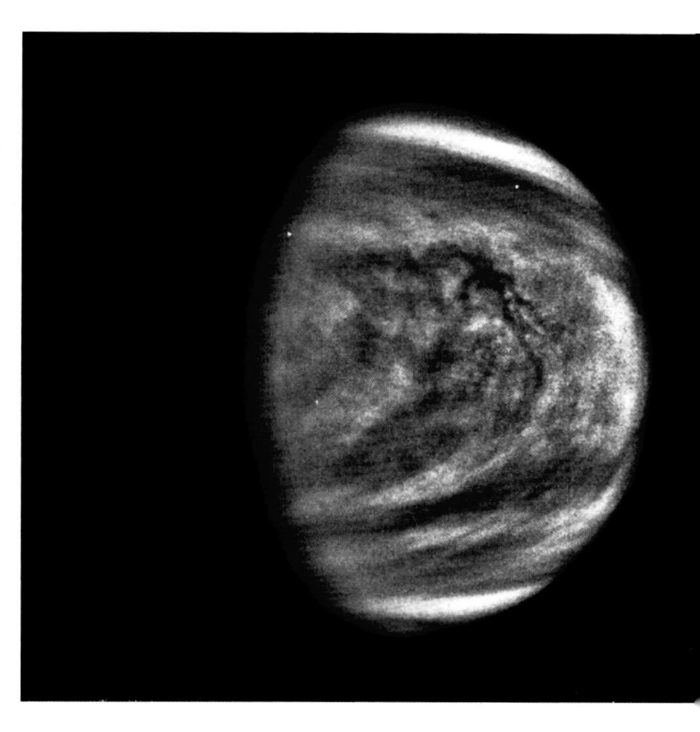

Oben Dieses Foto der Venus, das von der Raumsonde *Galileo* aufgenommen wurde, wurde blau eingefärbt, um die feinen Unterschiede in der Wolkenzeichnung hervorzuheben. Die Schwefelsäurewolken zeigen beträchtliche Konvektion in der Äquatorregion des Planeten zur Linken sowie unterhalb des subsolaren Punkts (Nachmittag auf der Venus). Sie entsprechen den „Schönwetterwolken" auf der Erde.

Erde und Mond

STECKBRIEF

ERDE

Planetare Reihenfolge
Dritter Planet von der Sonne aus

Durchschnittliche Entfernung von der Sonne
1 AE/149 597 870 km

Äquatorialer Radius
6 378,137 km

Masse
$5{,}879 \times 10^{21}$ t/$5{,}9737 \times 10^{24}$ kg

Mittlere Oberflächentemperatur
–88 bis 58°C

Atmosphäre
78,08 % Stickstoff, 20,95 % Sauerstoff, 0,93 % Argon, 0,038 % Kohlendioxid, Spuren von Wasserdampf (variiert je nach Klima))

Monde/Trabanten
Ein Mond

Besonderheiten
Einziger bekannter bewohnter Planet des Sonnensystems. Ozeane mit einer Tiefe von mindestens 4 km bedecken fast 70 % der Erdoberfläche. Durch tektonische Platten sind die Festlandflächen ständig in Bewegung.

MOND

Durchschnittliche Entfernung von der Erde
384 400 km

1 Mondtag
27,32 Erdentage

1 Mondjahr
0,075 Erdenjahre

Äquatorialer Radius (Erde = 1)
0,2724 x Erde

Masse (Erde = 1)
0,0123

Durchschnittliche Oberflächentemperatur
–233 bis 123°C

Atmosphäre
Die Atmosphäre ist so dünn, dass sie fast nicht nachweisbar ist.

Besonderheiten
Einziger Trabant der Erde.

Oben rechts Alte sumerische Lehm- und Kalktafel der Erdgöttin, um 2000 v. Chr. (Archäologisches Museum Aleppo, Syrien).

Die Erde ist einmalig. Soweit wir wissen, ist sie der einzige Planet im ganzen Universum, der Leben ermöglicht. Dieses Leben hat in jüngster Zeit begonnen, seine Fühler auszustrecken und das Universum um sich herum zu erkunden – angefangen mit seinem nächsten Nachbarn, dem Mond.

ERDE

Fast die gesamte Geschichte unserer Spezies hindurch waren wir Menschen auf dem Holzweg. Wir dachten, unser Planet, die Erde, sei das Zentrum des Weltalls und alles andere würde um uns kreisen. Es ist leicht nachvollziehbar, wie es zu dieser Weltsicht kam. Die schlichte Beobachtung der sich verändernden Jahreszeiten und das allnächtliche Spektakel der Sterne und Planeten geben uns das Gefühl, wir befänden uns im Zentrum eines kosmischen Orchesters – die Erde als Bandleader sozusagen. Heute wissen wir, dass dem nicht so ist. Zusammen mit sieben anderen Planeten (und unzähligen kleineren Körpern) kreist die Erde um die Sonne und ist Teil des Sonnensystems. Und unser Sonnensystem ist nur eins von wahrscheinlich unendlich vielen Planetensystemen im weiteren All.

Erde ist natürlich nur ein Name für unseren Planeten. Jede Sprache und Kultur kennt ihren eigenen, der häufig in Mythen und Schöpfungslegenden eingewoben ist. Die alten Griechen nannten sie *Gaia*, Irdische Göttin, die Römer *Terra Mater* oder *Tellus Mater* (was beides Mutter Erde bedeutet). Viele Science-fiction-Autoren haben Tellus und Terra als Synonym für das profanere Erde benutzt oder auch Sol 3, weil die Erde der dritte Planet unseres Sonnensystems ist.

Auch wenn die Erde nur einer von vielen Planeten ist, so ist sie doch außergewöhnlich. Sie ist der einzige Planet, auf dem Leben existiert. Und dieses Leben ist mittlerweile so hoch entwickelt, dass es sich selbst und den Kosmos in seiner Umgebung erforschen kann. All das ist nur möglich wegen des Zusammentreffens ganz bestimmter Bedingungen auf der Erde.

GENAU RICHTIG

Die Erde ist etwa 4,57 Milliarden Jahre alt und hat sich wie die anderen Körper des Sonnensystems aus dem präsolaren Nebel gebildet. Sie ist der dritte der terrestrischen Planeten und befindet sich gerade noch diesseits der habitablen Zone der Sonne: jener Region, in der die Temperatur weder zu hoch noch zu niedrig ist, sodass Wasser im flüssigen Zustand vorhanden ist. Dass die Erde derart riesige Wassermengen besitzt, ist ein Beleg für die wärmespeichernden Eigenschaften der Atmosphäre und Ozeane einerseits sowie der schützenden Funktion des irdischen Magnetfelds und des Beitrags von Wärmequellen wie dem Vulkanismus andererseits. Ohne diese Eigenschaften wäre sie eine eisige Welt mit jeder Menge gefrorenem Wasser – dabei ist Wasser in flüssiger Form eine wesentliche Voraussetzung für Leben auf unserem Planeten.

Die Erde umkreist die Sonne auf einer nahezu kreisförmigen Bahn in einer durchschnittlichen Entfernung von rund 150 Millionen Kilometer. Eine volle Umrundung nennt man Jahr. Eine Rotation der Erde um die eigene Achse – bis die

Links Die aufgehende Erde grüßt die Astronauten der *Apollo-8*-Mission, als sie wieder hinter dem Mond hervorkommen. Das Foto ist hier in seiner ursprünglichen Ausrichtung dargestellt.

vor 4,57 Milliarden Jahren
Zusammen mit den anderen Planeten des Sonnensystems bildet sich die Erde aus dem präsolaren Nebel. Bald darauf bildet sich auch der Mond.

vor 5 Millionen Jahren
Infolge von Vulkanausbrüchen bildet sich eine Landbrücke zwischen Nord- und Südamerika. Säugetiere aus dem Norden wandern in den Süden ein. Die Vorfahren des Menschen spalten sich von denen der Schimpansen ab.

vor 1,8 Millionen Jahren
In Afrika entwickelt sich der *Homo erectus* und besiedelt die anderen Kontinente.

um 400 v. Chr.
Aus dem Schatten, den die Erde während einer Mondfinsternis auf dem Mond hinterlässt, schließt Aristoteles, dass die Erde rund ist.

um 350 v. Chr.
Heraklit vertritt die Theorie, dass die augenscheinliche tägliche Wanderung der Sterne auf die einen Tag dauernde Rotation der Erde um die eigene Achse zurückzuführen ist.

3. Jahrhundert v. Chr.
Der griechische Mathematiker, Astronom und Geograf Eratosthenes entwirft eine Weltkarte. Er berechnet den Umfang der Erde sowie die Entfernung zu Mond und Sonne und entwickelt eine Methode, um Primzahlen zu finden.

um 200 v. Chr.
Hipparch berechnet die Dimensionen des Systems Erde-Mond.

um Christi Geburt
Die Erde beherbergt etwa 150 Millionen Menschen.

1543
Kopernikus vertritt die Ansicht, dass sich die Erde um die Sonne dreht.

1610
Galileo Galilei wird für seine Theorie, dass die Sonne ortsfest ist, ins Gefängnis geworfen und später unter Hausarrest gestellt. Seine spätere Erblindung rührt angeblich daher, dass er die Sonne direkt beobachtet hat.

1835
Die Zahl der Menschen beträgt etwa 1 Milliarde.

1915
Albert Einstein veröffentlicht die Allgemeine Relativitätstheorie.

FAKTEN ZUM KERN VON ERDE UND MOND

Der Erdkern besteht überwiegend aus Nickel und Eisen. Daran schließt sich ein Mantel aus Silizium, Eisen, Magnesium, Aluminium, Sauerstoff und anderen Mineralen an. Die Kruste besteht zum Großteil aus Sauerstoff, Silizium, Aluminium, Eisen, Kalzium, Kalium, Natrium und Magnesium.

Der Mond besitzt einen Eisenkern, dessen äußerer Teil vermutlich flüssig ist. Der Mantel ist dick, die Kruste dünn. Die mit Kratern übersäte Oberfläche ist von einer dünnen Schicht einer Regolith genannten staubigen Substanz bedeckt.

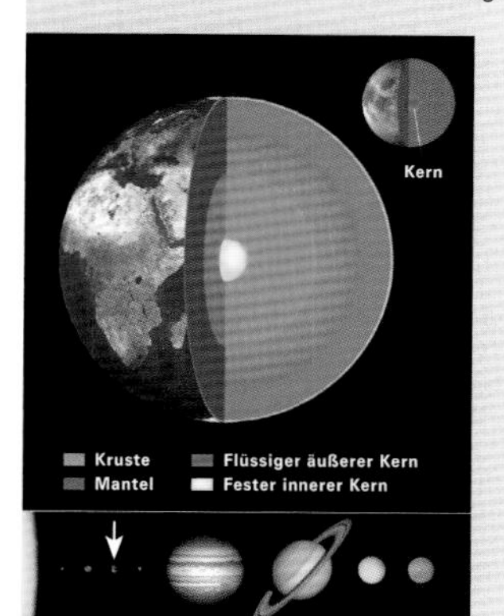

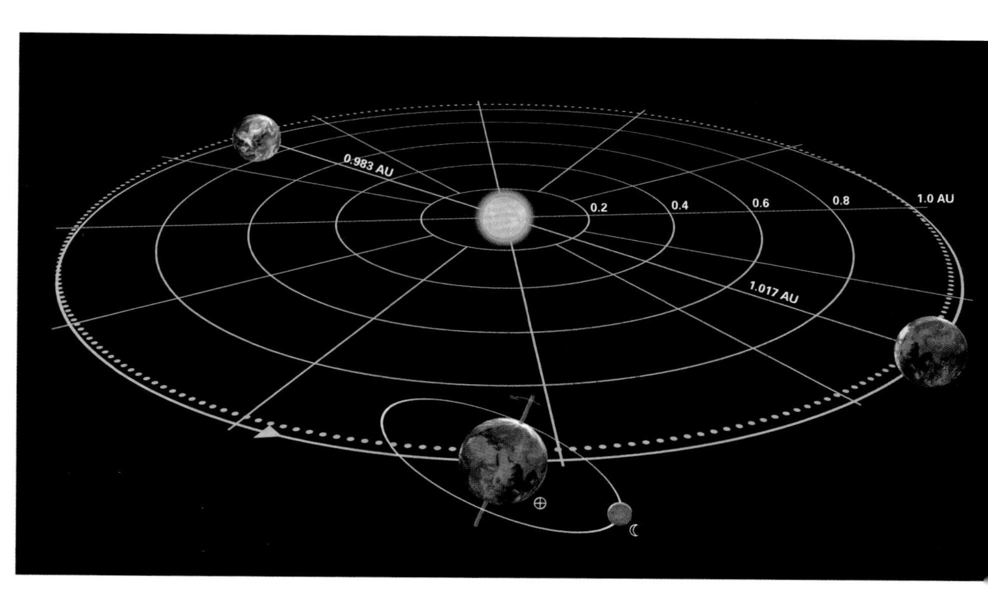

Oben Die Erde benötigt 365,25 Tage, um die Sonne bei einer Neigung von 7,25° gegen die Ekliptik zu umrunden. Die Neigung der Erdachse beträgt 23,5° und bringt die jahreszeitlichen Veränderungen mit sich. Die Erdbahn um die Sonne ist prograd – verläuft, von oben betrachtet, entgegen dem Uhrzeigersinn. Die gestrichelte Linie zeigt den Neigungsgrad der Erdbahn gegen die Ebene des Sonnensystems an. Der Mond umkreist die Erde auf einer elliptischen Bahn alle 29,53 Tage. Die Bahnneigung des Mondes gegen die Erdbahn beträgt etwa 5°. Die Mondbahn ist ebenfalls prograd. (nicht maßstäblich)

Links Satellitenbild der Erde in Echtfarben. Afrika befindet sich links, Asien oben, und im Zentrum liegt unter Wolken verborgen Indien. Die Wasserfläche ist der Indische Ozean.

1927 Georges Lemaître präsentiert seine Theorie vom „Urknall", die er 1931 auch in der Zeitschrift *Nature* veröffentlicht. Einstein, der an ein ewiges Universum glaubt, gibt sich skeptisch.

1957 Die Sowjetunion schießt *Sputnik* ins All. Er umkreist die Erde und sendet 23 Tage lang ein Piepsignal.

1958 In den USA wird die National Aeronautics and Space Administration (NASA) gegründet.

1959 Der unbemannten sowjetischen Raumsonde *Luna 1* gelingt der erste Vorbeiflug am Mond.

1960 Das bisher schwerste Erdbeben mit einer Stärke von 9,5 ereignet sich am am 22. Mai in Chile und fordert ca. 1655 Menschenleben und Tausende Verletzte.

1961 Am 12. April verlässt Juri Gagarin als erster Mensch in einem Raumschiff die Erdatmosphäre.

1969 *Apollo 11* landet als erste bemannte Raummission auf dem Mond. Am 20. Juli unternehmen Neil Armstrong und Buzz Aldrin die ersten Schritte auf einem anderen planetaren Körper.

1981 Am frühen Morgen des 12. April startet der Space Shuttle *Columbia*, das erste wiederverwendbare Raumschiff, ins All. Er trägt zwei Astronauten und umrundet die Erde 36-mal, bevor er auf der Edwards Air Force Base (Kalifornien, USA) sicher landet.

1990 Am 24. April startet der Space Shuttle *Discovery* mit dem Hubble-Weltraumteleskop an Bord. Am folgenden Tag wird Hubble ins All ausgesetzt und beschert der Menschheit seither einmalige Ansichten unseres Sonnensystems.

1995 *Discovery* nähert sich bis auf 11 m der russischen Raumstation *Mir*. Das Manöver dient der Vorbereitung des ersten Andockens eines Shuttles (STS-63). Zum ersten Mal wird ein Shuttle von einer Frau geflogen.

2004 Am 26. Dezember löst vor der Küste Sumatras ein Erdbeben der Stärke 9,3 auf der Richter-Skala einen verheerenden Tsunami aus, der mehr als 275 000 Menschen tötet – das folgenschwerste Erdbeben der Geschichte.

2007 Die Zahl der Menschen erreicht die Marke von 6,6 Milliarden; das bevölkerungsreichste Land ist China mit fast 1,5 Milliarden Einwohnern.

Oben Satellitenbild des Himalaya, auf dem sich der Mt. Everest erhebt, der höchste Berg der Welt. Dieses Gebirge bildete sich, nachdem eine große Landmasse von Afrika abbrach und gen Asien driftete. Der dabei entstandene kleine Ozean fiel trocken, als die Region in die Höhe gestemmt wurde und das Himalayagebirge bildete. Noch heute finden sich auf den höchsten Himalayagipfeln marine Fossilien.

Seite 53 Für diese beeindruckende Ansicht von Erde und Mond wurden zwei Aufnahmen der Raumsonde *Galileo* zuammenmontiert. Der große Kontinent auf der Erde ist Südamerika, darüber Panama. Die Mondoberfläche ist mit Kratern übersät.

Sonne wieder auf demselben Meridian steht – ist ein Tag, den unsere Zeitmessung in 24 Stunden unterteilt. (Eigentlich sind dies vier Minuten mehr, als die Erde für eine Umdrehung benötigt. Der Unterschied entsteht dadurch, dass die Erde sich im Raum bewegt und es daher ein klein wenig länger als eine volle Rotation dauert, bis die Sonne wieder auf dem ursprünglichen Meridian steht.) Eine volle Bahn um die Sonne dauert 365,26 Tage, weshalb wir alle vier Jahre einen Schalttag einfügen müssen, damit unser Kalender wieder „richtig geht".

Die Rotationsachse der Erde ist um 23,4° gegen die Ekliptik geneigt, eine Tatsache, der wir die Existenz von Jahreszeiten verdanken. Die sich drehende Erdmasse wirkt wie ein riesiger Kreisel, der die Achse stabil im Raum ausrichtet. Wenn die Erde sich auf der einen Seite der Sonne befindet, dann ist die nördliche Hemisphäre der Sonne zugewandt und die südliche Hemisphäre nicht; im Norden ist dann Sommer, im Süden Winter. Sechs Monate später ist die nördliche Hemisphäre der Sonne abgewandt und die südliche Hemisphäre ihr zugewandt – Winter im Norden und Sommer im Süden. Herbst und Frühling sind Jahreszeiten zwischen diesen Extremen. Die Neigung der Achse variiert ein wenig, doch das wirkt sich kaum auf unsere Jahreszeiten aus. Stünde die Erdachse lotrecht zur Sonne, gäbe es keine Jahreszeiten. Die Äquatorgegenden wären der Sonne stets voll zugewandt, und die Polarregionen bekämen nur sehr wenig Wärme ab.

DRITTER FELSEN HINTER DER SONNE

Der Durchmesser der Erde am Äquator beträgt 12 756 Kilometer. Die Entfernung zwischen Nord- und Südpol ist etwas geringer, nämlich 12 713 Kilometer, sodass unser Planet nur fast eine perfekte Kugel ist. Die Erde ist größer als die übrigen terrestrischen Planeten, die Zwergplaneten und die Kleinkörper (SSSB). Nur die vier Gasriesen und die Sonne sind noch größer.

Von innen nach außen ist die Erde aus Kern, Mantel und Kruste aufgebaut. Der Kern ist zweigeteilt: Die zentrale Region mit einem Durchmesser von ca. 2440 Kilometer besteht aus festem Eisen, die sich anschließende 2200 Kilometer messende Zone besteht aus flüssigem Eisen. Wahrscheinlich enthält der Kern auch kleine Mengen Nickel und Schwefel. Der Kern erzeugt ein starkes Magnetfeld, das den Planeten mit einer Magnetosphäre – einer magnetischen „Blase" – umgibt, die ihn vor einem Gutteil der Strahlung solarer und interstellarer Herkunft schützt. Nord- und Südpol dieses Felds befinden sich in der Nähe des geografischen Nord- bzw. Südpols.

Der Mantel besteht aus halbfestem Gestein und reicht vom Kern bis fast ganz an die Oberfläche. Der obere, festere Teil des Kerns und die feste Kruste darüber „schwimmen" auf dem darunterliegenden Mantel. Die Dicke der Kruste ist am Grund der Ozeane am geringsten (etwa sechs Kilometer) und dort am größten, wo die Kontinente liegen (bis zu 50 Kilometer).

Die feste Oberfläche der Erde ist in Wirklichkeit in eine Vielzahl von Teilflächen aufgebrochen, die als „Platten" bezeichnet werden und die harte obere Schicht des Mantels sowie das Krustengestein umfassen. Diese Platten befinden sich in ständiger Bewegung; wo sie aufeinandertreffen, taucht manchmal eine unter die andere, oder sie krachen frontal gegeneinander. Die Bewegung der Platten und die Kollisionen zwischen ihnen erzeugen vulkanische Aktivität und Erdbeben und werfen Gebirge auf.

Mit einer Höhe von 8850 Meter über dem Meeresspiegel ist der Gipfel des Mount Everest an der chinesisch-nepalesischen Grenze der höchste Punkt der Erde. Die tiefste Stelle an Land ist das Tote Meer im Jordantal, dessen Spiegel sich auf –418 Meter befindet. In den Ozeanen ist die tiefste Stelle der Marianengraben im Pazifischen Ozean nahe der Insel Guam, ein tiefer Spalt, der sich 11 034 Meter tief öffnet.

Rund 70 Prozent der Erde sind mit Salzwassermeeren und -ozeanen bedeckt. Die Landfläche besteht aus mehreren Kontinentalmassen und zahllosen Inseln. Die südliche Polarregion kennt immerwährendes Eis, das die antarktische Kontinentalmasse in einer dicken Schicht überzieht. In dieser Eisschicht ist ein Großteil des irdischen Süßwassers gespeichert.

PLANET DES LEBENS

Der Planet Erde hat Leben hervorgebracht und wurde von diesem Leben über die Zeiten massiv geprägt. Die auf der Erde vorhandene Kombination von geeigneter Temperatur (aufgrund der Entfernung zur Sonne), Neigung der Erdachse (Voraussetzung für Jahreszeiten), Mond (Voraussetzung für Gezeiten), großen Mengen flüssigen Wassers, passender Atmosphäre und schützendem Magnetfeld schufen die Bedingungen, um selbst-replizierende Moleküle hervorzubringen. Diese Moleküle wurden über die Jahrmilliarden immer komplexer und brachten jene Fülle von Lebensformen hervor, die wir heute vorfinden.

Gleichzeitig hat dieses Leben durch Wechselwirkungen mit Land, Ozeanen und Atmosphäre die Bedingungen auf der Welt verändert. Sauerstoff z. B. ist eine hochreaktive Substanz und verbindet sich rasch mit anderen Elementen. Würden die Vorräte nicht ständig durch den Stoffwechsel irdischer Lebewesen wieder aufgefüllt, wiese die Erdatmosphäre nicht den gegenwärtigen hohen Sauerstoffanteil auf.

Unten Der in der Startphase abgeworfene externe Treibstofftank des Space Shuttles *Atlantis* fällt Richtung Erdatmosphäre, wo er verglühen wird.

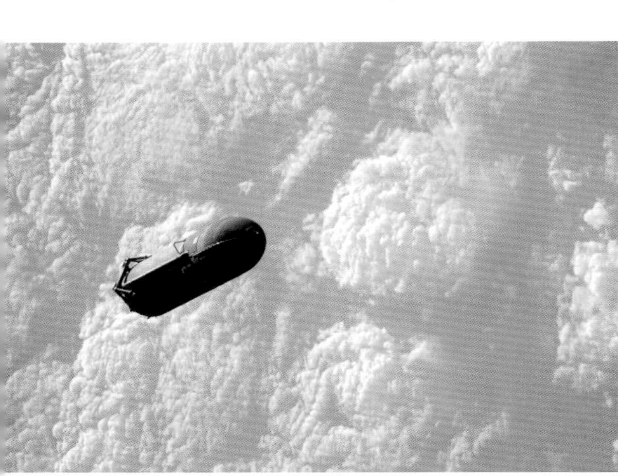

ATMOSPHÄRE UND KLIMA

Die Erde besitzt ein dynamisches Atmosphären- und Klimasystem, das überwiegend durch die von der Sonne empfangene Energie sowie durch den Zyklus der Verdunstung und Verflüssigung von Wasser angetrieben wird.

Heutzutage besteht die irdische Atmosphäre aus rund 78 Prozent Stickstoff und 21 Prozent Sauerstoff sowie kleinen Mengen anderer Gase wie Kohlendioxid und Wasserdampf. Die Gasmischung war nicht immer gleich. In der geologischen Vergangenheit hat der Sauerstoffanteil immer wieder zu- und abgenommen: Im Lauf der letzten halben Milliarde Jahre schwankte er wohl zwischen wenigen und bis zu 35 Prozent.

Manche der Gase (allen voran Wasserdampf, Kohlendioxid und Methan) halten einen Teil der abgestrahlten Oberflächenwärme zurück – der sogenannte Treibhauseffekt. Zudem existiert in den höheren Regionen unserer Atmosphäre eine dünne Ozonschicht (Ozon ist ein Molekül mit drei Sauerstoffatomen), die dabei hilft, den Planeten vor der schädlichen UV-Strahlung der Sonne zu bewahren.

Die Luftdichte nimmt mit der Höhe ab, sodass sich der Großteil der Atmosphäre in den ersten zehn bis elf Kilometern über dem Meeresspiegel ballt. Die Atmosphäre ist locker in verschiedene Schichten unterteilt. Auf die Troposphäre, in der fast sich das gesamte Wettergeschehen abspielt, folgen Stratosphäre, Mesosphäre, Thermosphäre und schließlich Exosphäre. Die Temperaturen schwanken in unterschiedlichem Maße in den verschiedenen Schichten und erreichen ihr Maximum erstaunlicherweise hoch über dem Erdboden in der Thermosphäre. Denn obwohl es in der dünnen Luft dort oben nur sehr wenige Atome und Moleküle gibt, ist deren Bewegungsenergie sehr hoch, und daran bemisst sich ihre Temperatur.

Die Wetterphänomene rund um den Globus sind grob in Zonen unterteilt. Die tropische oder äquatoriale Zone umfasst die Äquatorregionen, an die sich die subtropische Zone anschließt. Es folgen die gemäßigte Zone und schließlich die Polarregion. Diese Zonen verlaufen sowohl nördlich als auch südlich des Äquators.

Unten Hohe Wolken über dem Indischen Ozean, die durch Sonnenlichtreflexion erleuchtet werden (Aufnahme des Space Shuttles *Discovery*). Über dem Horizont sieht man den blauen Schleier der Erdatmosphäre.

Rechts Satellitenaufnahme des Hurrikans Lili aus dem Jahr 2002, der auf der Simpson-Hurrikan-Skala die Kategorie 3 erreichte. Auf seinem Weg nahm er an Stärke zu und steuerte mit einer Geschwindigkeit von 24 km/h und Böen bis zu 193 km/h nordwestwärts auf die nordamerikanische Golfküste zu.

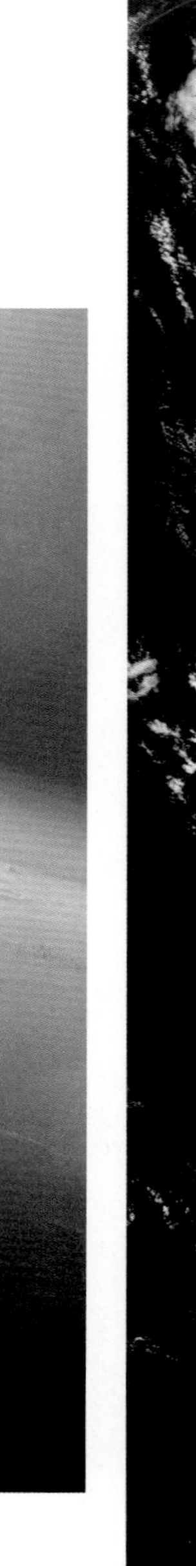

DIE OZEANE

Die Ozeane bedecken den Großteil der Oberfläche unseres Planeten. Sie füllen riesige Depressionen oder Becken, wo die Erdkruste dünn ist. Die Ozeane sind über weite Teile tiefer als drei Kilometer und speichern eine riesige Wassermenge (mehr als 1,3 Milliarden Kubikkilometer).

Würde die Erdoberfläche geglättet und nivelliert, würde das Wasser der Ozeane den Globus mit einer 2,5 Kilometer mächtigen Schicht bedecken.

Die Ozeane sind Heimat einer enormen Vielfalt pflanzlichen und tierischen Lebens. Indem sie Sonnenwärme absorbieren, wirken sie auch wie ein riesiger Wärmespeicher; Strömungen transportieren wärmere und kältere Wassermassen in alle Teile der Welt.

AUGEN IM HIMMEL

Die Sicht der Menschen auf ihren Heimatplaneten wurde in den späten 1950er-Jahren für immer verändert. Für die Periode von Juli 1957 bis Dezember 1958 wurde das Internationale Geophysikalische Jahr ausgerufen, und sowohl die USA als auch die UdSSR konkurrierten vor allem in der Konstruktion eines erdumkreisenden Satelliten, um mehr über die höheren Schichten der Erdatmosphäre herauszufinden, den erdnahen Weltraum zu erkunden und eine Perspektive der Erde von oben zu bieten.

Seit jenen frühen Tagen sind unzählige Satelliten zur Erdbeobachtung in eine Umlaufbahn geschossen worden, wo sie Wetter und Klima, Meeresströmungen, atmosphärische Veränderungen und Umweltverschmutzung, Bodennutzungsschemata, die Einhaltung internationaler Verträge und anderes überwachen. Diese Augen im Himmel sind nicht nur für unser modernes Leben von grundlegender Bedeutung, sondern auch für Verständnis und Umgang mit den Veränderungen, die auf unserem Planeten stattfinden und die häufig eine direkte Folge menschlichen Handelns sind.

MOND

Der Mond ist der einzige permanente natürliche Satellit der Erde (Satellit ist die Bezeichnung für einen Körper, der einen anderen umkreist). Da auch andere Planeten derartige Satelliten haben, sollte eigentlich nicht von Monden gesprochen werden, doch über die Jahre hat sich dieser Begriff allgemein eingebürgert.

Der Durchmesser des Mondes ist mit 3474 Kilometer etwas über ein Viertel so groß wie jener die Erde. Der Mond hat nur ein Zehntel ihrer Masse und nur ein Sechstel ihrer Oberflächenschwerkraft. Auch wenn diese Zahlen unseren Nachbarn klein erscheinen lassen, ist er für einen natürlichen Trabanten eher groß. Die Monde der anderen Planeten unseres Sonnensystems sind – abgesehen von Pluto und seinem Mond Charon – viel kleiner als ihre Mutterplaneten. Dies gipfelte in der Forderung, Erde und Mond (und auch Pluto und Charon) müssten als Doppelplanetensystem betrachtet werden.

Lange Zeit gab es eine Reihe konkurrierender Hypothesen über den Ursprung des Mondes. Er könne ein Wanderstern gewesen sein, der von der Erde eingefangen wurde. Oder er habe sich zusammen mit der Erde schon als deren Satellit gebildet. Oder er sei aus einem gigantischen Materieklumpen entstanden, der aus der Erdkruste herausgebrochen sei und das Becken des Pazifischen Ozeans hinterlassen habe. Jede dieser Hypothesen war jedoch anfechtbar, vor allem weil sie den enormen Drehimpuls des Erde-Mond-Systems nicht zu erklären vermochten.

Unten Die Landefähre von *Apollo 12*, aufgenommen von dem Astronauten Richard Gordon kurz nach der Trennung vom Kommandomodul. Die Landefähre befindet sich noch 110 km über der hügeligen Mondoberfläche.

Oben Diese Aufnahme von *Ranger 7* entstand am 31. Juli 1964, 17 Minuten vor dem Aufschlag der Sonde auf der Mondoberfläche. Der große Krater rechts ist Alphonsus mit einem Durchmesser von 108 km.

Oben Der Mond auf einer Aufnahme der Sonde *Galileo* aus dem Jahr 1992. Der deutlich erkennbare helle Krater ganz unten ist der Strahlenkrater Tycho; die dunklen Regionen sind lavagefüllte Einschlagbecken.

Das heute allgemein akzeptierte Modell nennt sich Kollisionstheorie. Ihr zufolge schlug ein Körper von der Größe des Mars in die rund 50 Millionen Jahre junge Erde ein. Der Zusammenstoß habe den einschlagenden Körper gesprengt, ein Großteil seines Eisenkerns sei mit der Erde verschmolzen. Die Trümmer des Impaktors und abgesprengte Teile der Erde wurden ins All hinausgeschleudert. Ein Teil des Materials begann in einer Bahn um die junge Erde zu kreisen und ballte sich irgendwann zu dem Gebilde, das wir als Mond kennen. Doch auch diese Hypothese wirft Fragen auf, an deren Lösung die Wissenschaftler arbeiten.

OBERFLÄCHENMERKMALE

Der Mond ist der Trabant mit der zweithöchsten Dichte im Sonnensystem, obwohl er vermutlich nur einen Eisenkern von weniger als 400 Kilometer Durchmesser hat, dessen äußerer Teil wohl flüssig ist. Wie die Erde besitzt er einen dicken Mantel und eine dünne Kruste, es gibt aber keine Anzeichen für gegenwärtige oder frühere Plattentektonik wie bei uns.

Der Mond besitzt ein Magnetfeld, das hundertmal schwächer ist als das der Erde. Es stammt eher aus dem Krustengestein als aus dem Kern. Möglicherweise handelt es sich um den Restmagnetismus, den der noch junge Kern einst vor seiner Erstarrung erzeugte.

Die der Erde zu- bzw. abgewandte Seite unterscheiden sich stark. Die uns zugewandte Seite weist große, Maria genannte Regionen auf, die von der Erde aus dunkel und flach erscheinen. Es handelt sich um riesige Becken, die bei Zusammenstößen mit Asteroiden oder Kometen aus dem Mond gestemmt und später mit Lava gefüllt wurden, die inzwischen seit langem erstarrt ist. Die helleren Regionen, die wir sehen, sind großenteils Hochländer – Berge und Hochebenen. Die erdabgewandte Seite besitzt praktisch keine Maria.

Die dominanten Merkmale der Mondoberfläche sind natürlich die Krater, von denen es zahllose große und kleine gibt. Fast alle sind das Resultat von Asteroiden-, Meteoriten- oder Kometeneinschlägen. Nur sehr wenige sind vulkanischen Ursprungs; viele tragen Namen. Die Oberfläche ist von einer dünnen Schicht einer staubigen Substanz namens Regolith bedeckt, die oft irrtümlich als „Mondboden" bezeichnet wird. Doch „Boden" findet sich ausschließlich auf der Erde, und er ist durch den Einschluss lebender Organismen gekennzeichnet. Regolith ist nichts anderes als zu Staub pulverisiertes Oberflächengestein, das über die Äonen vom unaufhörlichen Mikrometeoritenregen aus dem All zermahlen wurde.

MONDGESTEIN

Mondgestein gehört zu den wertvollsten Substanzen auf der Erde. Einige Exemplare wurden von den Apollo-Astronauten bzw. unbemannten sowjetischen Sonden mitgebracht, und auch eine kleine Anzahl Meteoriten stammt vermutlich vom Mond. Besonders die etwa 400 kg Gesteinsmaterial von den Apollo-Missionen haben unser Verständnis von der Entstehung des Mondes entscheidend vorangebracht.

Da sie so wertvoll sind, wurden die Apollo-Steine Wissenschaftlern nur in kleinen Mengen ausgehändigt, meist nur Bruchteile eines Gramms. Rund 330 kg des Gesteins lagern immer noch unberührt in den Kellern der NASA. Kleine Proben wurden jenen Ländern geschenkt, die den USA bei ihrem Mondprogramm geholfen haben. Einige Mondproben wurden auch gestohlen, doch beim Versuch, sie zu verkaufen, wurden die Diebe allesamt gestellt.

Rechts *Apollo-16*-Mondprobe Nr. 60017, schwarze Brekzie (verbackenes Gestein) mit extrem feiner Körnung.

Rechts Der *Apollo-16*-Astronaut John Young springt über die Mondoberfläche und grüßt in die Kamera. Der Sprung dauerte 1,45 Sekunden, was unter den Bedingungen der lunaren Schwerkraft bedeutet, dass er mit einer Geschwindigkeit von 1,17 m/s absprang und eine maximale Höhe von 42 cm erreichte.

DIE MONDTÄUSCHUNG

Der Vollmond ist ein erstaunlicher Anblick. Er hat Songschreiber und Dichter, Maler und Geistliche inspiriert. Der Mond ist voll, wenn er sich, von der Erde aus gesehen, auf der der Sonne gegenüberliegenden Seite befindet. Immer dann geht er im Osten zu der Zeit auf, wenn die Sonne im Westen untergeht – ein großartiges Schauspiel am östlichen Himmel. Dann tritt auch das seltsame Phänomen auf, dass er vielen Menschen nahe dem Horizont viel größer erscheint, als wenn er hoch oben am Himmel steht.

Es gibt viele Erklärungsversuche für dieses Wachstum, doch die Wahrheit ist eine optische Täuschung. Wenn der Mond nahe am Horizont steht, kann das Auge ihn mühelos mit anderen Gegenständen wie Bäumen oder Gebäuden vergleichen. Steht er jedoch hoch am Himmel, kann man keine Größenvergleiche anstellen, und er wirkt kleiner. Überprüfen Sie es: Nehmen Sie eine Münze oder etwas Ähnliches, und strecken Sie den Arm aus, dann halten Sie sie neben den Mond, wenn er am Horizont steht, und merken sich den Größenunterschied. Wiederholen Sie dies etwas später, wenn der Mond hoch über Ihnen steht. Sie werden keinen Unterschied feststellen.

MONDUMLAUFBAHN UND MONDPHASEN

Der Mond umkreist die Erde in einer elliptischen Bahn in einer Entfernung zwischen 363 104 und 405 696 Kilometer. Anders als die meisten Monde der anderen Planeten umkreist er uns nicht auf Äquatorhöhe, sondern auf einer Bahn, die um fünf Grad gegen die Erdbahn um die Sonne geneigt ist. Für eine siderale Rotation (eine Bahn berechnet nach den Hintergrundsternen) benötigt er 27,3 Erdentage. Da sich die Erde während dieser Zeitspanne selbst um die Sonne fortbewegt, dauert der Zyklus der Mondphasen (der vom veränderlichen Sonne-Erde-Mond-Winkel abhängt) eigentlich 29,5 Tage.

Der Mond ist rotationsgebunden – in der Zeit, die er für eine Erdumkreisung benötigt, rotiert er genau einmal um die eigene Achse und wendet der Erde daher immer dieselbe Seite zu, während die andere Seite immer erdabgewandt ist. Aus diesem Grund sehen wir immer nur eine Seite des Mondes; lediglich einige Raumsonden sowie 18 Astronauten des *Apollo*-Programms haben je die abgewandte Seite gesehen.

Genau genommen sehen wir von der Erde aus aber trotzdem etwas mehr als die Hälfte der Mondoberfläche. Zwei Phänomene – die Libration, die auf der schwankenen Umlaufgeschwindigkeit des Mondes beruht, und die Parallaxe – gestatten uns, „um die Ecke zu gucken" und zusätzliche neun Prozent der Mondoberfläche zu sehen.

Der Mond und in weit geringerem Maße die Sonne sind für die Gezeiten auf der Erde verantwortlich. Die Gezeiten machen sich bei großen Wassermassen am deutlichsten bemerkbar, sie wirken aber auch auf die Landmassen, was z. B. dazu führt, dass sich das Festland am Äquator um einen halben Kilometer hebt und senkt. Diese Gezeiteneinwirkung bremst die Erdrotation so geringfügig ab, dass wir alle ein bis zwei Jahre eine Schaltsekunde einschieben müssen. Die Abnahme des Drehimpulses der Erde kommt dem Mond zugute; seine Umlaufgeschwindigkeit steigt geringfügig, und er entfernt sich mit jedem Jahr rund 4 cm von der Erde. Die Existenz des Mondes stabilisiert auch die Rotationsachse der Erde in ihrer gegenwärtigen Lage, was die Existenz von Jahreszeiten auf Dauer sichert.

Aufgrund des variierenden Winkels zwischen Sonne, Erde und Mond weist Letzterer sogenannte Phasen auf. Wenn der Mond, von der Erde aus gesehen, auf derselben Seite steht wie die Sonne, ist seine beschienene Seite von uns abgewandt, und wir sehen nur eine sehr dünne Sichel oder gar keine Sichel – es ist Neumond. Befindet sich der Mond, von uns aus gesehen, auf der entgegengesetzten Seite der Sonne, können wir die beschienene Seite ganz sehen – es ist Vollmond. Dazwischen gibt es verschiedene Stadien einer zu- oder abnehmenden Sichel einschließlich erstem Viertel und letztem Viertel.

FINSTERNISSE

Der Mond ist 400-mal kleiner als die Sonne – und zufälligerweise 400-mal näher an der Erde. Wenn der Mond auf seiner Bahn die Linie zwischen Sonne und Erde kreuzt, deckt er daher die Sonnenscheibe ab, und es kommt zu einer totalen Sonnenfinsternis. Ist die Ausrichtung nicht exakt, erleben wir eine partielle Finsternis. Ereignet sich die Finsternis, wenn der Mond sich auf dem erdfernsten Punkt seiner Bahn befindet, verdeckt er die Sonne nicht vollständig; ein schmaler Reif aus Sonnenlicht bleibt sichtbar, es kommt zu einer Ringfinsternis. Liegt der Kreuzungspunkt in der Linie Sonne-Erde jedoch auf der sonnenabgewandten Seite der Erde, bewegt sich der Mond durch den Erdschatten, und es kommt zu einer Mondfinsternis. Bewegt sich der Mond nur durch den dunkelsten Teil des Schattens, sehen wir eine partielle Mondfinsternis.

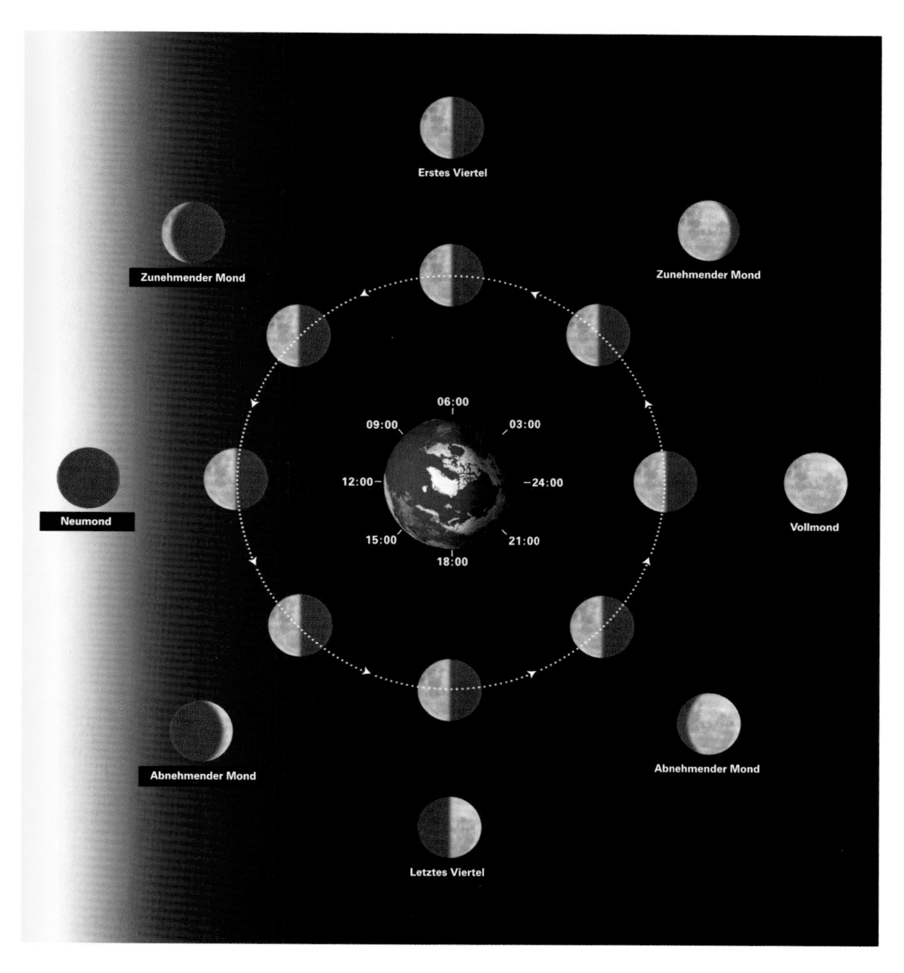

Oben Der innere Ring zeigt den Mond in der Draufsicht. Von der Erde aus sehen wir nur die Seite, die uns zugewandt ist. Dies ist der helle Teil des Mondes innerhalb des inneren weißen Kreises. Das, was außerhalb des Kreises liegt, bleibt uns auf der Erde verborgen. Der äußere Ring zeigt die Mondphasen, wie sie von der nördlichen Hemisphäre aus zu sehen sind: Ist die linke Seite dunkel, nimmt der helle Teil zu. Für einen Betrachter auf der Südhalbkugel verhält es sich genau umgekehrt: Ist die linke Seite dunkel, nimmt der helle Teil ab.

Oben links Ansicht einer Mondfinsternis. Der Erdschatten wandert bereits weiter, und das Licht der Sonne trifft wieder auf die Mondoberfläche.

ATMOSPHÄRE

Die Mondatmosphäre ist so dünn, dass sie praktisch nicht existiert. Geringe Mengen Gas wie z. B. Radon entweichen aus den Schichten unter der Oberfläche. Andere Gaspartikel werden dank eines konstanten „Regens" aus Mikrometeoriten sowie durch Einwirkung von Sonnenlicht direkt von der Oberfläche freigesetzt. Ein Großteil der Atmosphäre wird vom Sonnenwind ins All geblasen.

Mars

STECKBRIEF

Planetare Reihenfolge
Vierter Planet von der Sonne aus

Durchschnittliche Entfernung von der Sonne
1,52 AE/227 936 640 km

1 Marstag
1,026 Erdentage

1 Marsjahr
1,8807 Erdenjahre

Äquatorialer Radius (Erde = 1)
0,5326

Masse (Erde = 1)
0,10744

Durchschnittstemperatur
–87 bis –5 °C

Atmosphäre
95,72 % Kohlendioxid
2,7 % Stickstoff
1,6 % Argon
Spuren von Sauerstoff, Kohlenmonoxid und Wasserdampf

Monde/Trabanten
Zwei Monde – Phobos und Deimos

Besonderheiten
Größter Vulkan des Sonnensystems – Olympus Mons, 24 km über der umgebenden Ebene und dreimal höher als der Mt. Everest.

Oben rechts Marmorbüste des Mars aus dem Tempel im Augustusforum in Rom. Der Name des Mars findet sich noch heute in Wörtern wie martialisch.

Rechts Diese Ansicht des Mars wurde am letzten Tag des Marsfrühlings in der nördlichen Hemisphäre aufgenommen. Die sich jedes Jahr am Nordpol bildende Kappe aus gefrorenem Kohlendioxid (Trockeneis) verdampft rasch und legt die kleinere, permanente Wassereiskappe sowie einige nahe gelegene separate Regionen mit Oberflächenfrost frei.

Schon immer waren die Menschen vom Roten Planeten fasziniert, den sie mit dem alten römischen Kriegsgott gleichsetzten. Große Aufregung löste der Mars aus, als einige Astronomen behaupteten, sie könnten auf seiner Oberfläche Kanäle erkennen, die von intelligenten Wesen angelegt worden seien. Heute wird der Planet von einer ganzen Flotte von Raumsonden unter die Lupe genommen.

DER KRIEGSGOTT

Mars war zunächst der Gott der Fruchtbarkeit und Landwirtschaft, wurde später aber auch zum Gott des Krieges. Da Schlachten und Krieg in Roms expansiver Phase eine wichtige Rolle spielten, wurde Mars sehr verehrt. Wahrscheinlich sahen die Menschen aufgrund seiner roten Färbung eine Verbindung zu ihrem Kriegsgott – schließlich ist Rot die Farbe des Blutes.

Bevor sie in den Krieg zogen, huldigten die Feldherren dem Mars, und die Soldaten glaubten, der Gott erscheine zusammen mit einer weiblichen Gefährtin auf den Schlachtfeldern. Die Bedeutung des Gottes wurde zusätzlich durch die Legende befördert, wonach er Vater der Zwillinge Romulus und Remus gewesen sei, der mythischen Gründer Roms.

DIE MARSKANÄLE

Gewöhnlich ist der Mars so weit von der Erde entfernt, dass er selbst durch ein großes Teleskop nur als kleiner, konturloser

roter Punkt erscheint. Nur etwa alle zwei Jahre ergibt sich die Gelegenheit, den Planeten aus der Nähe zu beobachten, wenn er, von der Erde aus gesehen, in Opposition zur Sonne steht und uns relativ nahe kommt. Dies ist immer dann der Fall, wenn die Erde den langsamer umlaufenden Mars einholt und genau zwischen Sonne und Mars steht. Da die Umlaufbahn des Mars nicht kreisrund, sondern etwas elliptisch ist, schwankt die Entfernung zwischen Erde und Mars. Bei einer Perihelopposition ist die Entfernung gering; eine derartige Opposition ereignete sich im August 2003, die nächste wird im Juli 2018 stattfinden.

Zahlreiche Astronomen beobachteten den Mars während der Perihelopposition von 1877, darunter auch der italienische Astronom Giovanni Schiaparelli, der dunkle Linien kreuz und quer über der Planetenoberfläche zu erkennen meinte. Schiaparelli bezeichnete die Linien als „canali", womit er eigentlich Gräben meinte. Aber das Wort wurde mit „Kanäle" übersetzt, was zwangsläufig das Bild von Bauwerken heraufbeschwor, die von intelligenten Geschöpfen erbaut worden waren.

PERCIVAL LOWELL

Inspiriert von Schiaparellis Forschungen errichtete der amerikanische Astronom Percival Lowell in Flagstaff, Arizona, 1894 ein Observatorium, mit dem er explizit nach Leben auf dem Mars suchen wollte. Lowell nahm an, dass die Marsianer zur Bewässerung ihrer Felder große Kanalsysteme erbaut hätten. Da ein derartiges Projekt nur in Zusammenarbeit aller Geschöpfe des ganzen Planeten vollbracht werden konnte, sah Lowell darin ein löbliches Vorbild für die Nationen der Erde.

Das Lowell-Observatorium veröffentlichte immer komplexere Landkarten des Mars mit einer Vielzahl von Kanälen, die manchmal sogar paarweise verliefen wie Eisenbahnschienen. An der Kreuzung zweier Kanäle sah man kleine, runde Punkte, die als „Oasen" gekennzeichnet waren. Die Beobachter in Flagstaff waren nicht die Einzigen, die die Kanäle sahen – Astronomen auf der ganzen Welt berichteten von ähnlichen

um 1570–1293 v. Chr. Die Ägypter beobachten den Mars und sagen über ihn, er wandere rückwärts, was sich daraus ergibt, dass er sich während seiner Oppositionsschleifen zeitweise rückläufig zu bewegen scheint.

um 300 v. Chr. Aristoteles kommt zu der Erkenntnis, der Mars stehe höher im Himmel als der Mond.

um 1600 n. Chr. Tycho Brahe misst die Positionen des Mars am Firmament. 1604 berechnet Johannes Kepler die elliptische Umlaufbahn des Planeten.

1609 Galileo Galilei beobachtet den Mars erstmals durch ein Teleskop und macht Notizen über die verschiedenen Phasen des Planeten. Seine Teleskope mit einer fast 32-fachen Vergrößerung konstruiert er selbst.

1619 Kepler formuliert das dritte Planetengesetz, worin er auch die Wanderung des Mars durchs All beschreibt.

1659 Huygens schätzt die Größe des Mars und berechnet eine fast 24-stündige Rotationsperiode.

1666 Der berühmte italienischstämmige Astronom Giovanni Domenico Cassini beschreibt die Polkappe des Mars. Seine Berechnungen und Messungen der Länge des Marstages ergeben 24 Stunden und 40 Minuten.

1671 Cassini ermittelt die Entfernung von der Erde zum Mars.

1672 Huygens beobachtet am Südpol des Mars einen weißen Fleck.

1698 Huygens veröffentlicht das Werk *Cosmotheoros*, eine Erörterung, ob es auf dem Mars Leben gibt.

1704 Giacomo Filippo Maraldi, ein Neffe Cassinis, beobachtet weiße Flecken am Nord- und Südpol des Mars. 1719 vermutet er, bei den weißen Flecken könne es sich um Eiskappen auf den Polarregionen handeln.

FAKTEN ZUM MARSKERN

Der Kern des Mars reicht bis etwa zum halben Radius des Planeten. Er ist teilweise flüssig und besteht größtenteils aus Eisen sowie etwa 15 % Schwefel, der dazu beiträgt, den geschmolzenen Zustand aufrechtzuerhalten. Der einst aktive, nun erstarrte Mantel besteht aus eisenoxidreichen Silikaten, an die sich eine Kruste anschließt, die proportional dicker ist als die der Erde. Die Oberfläche ist geprägt von gigantischen erloschenen Vulkanen und gewaltigen Grabensystemen sowie vielfältigen Indizien für eine wasserreiche Vergangenheit. Dieses Wasser ist inzwischen weitgehend verschwunden.

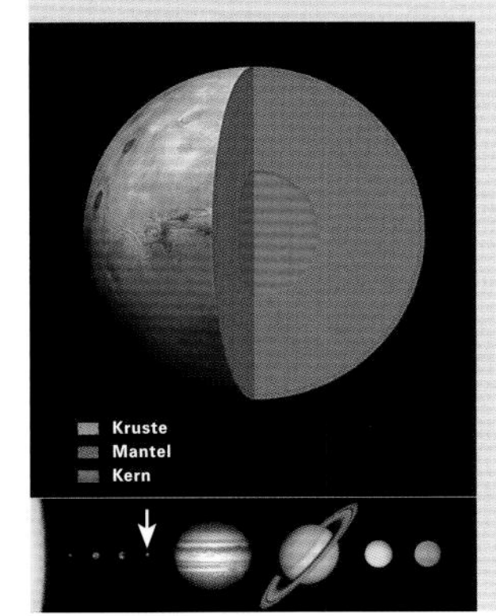

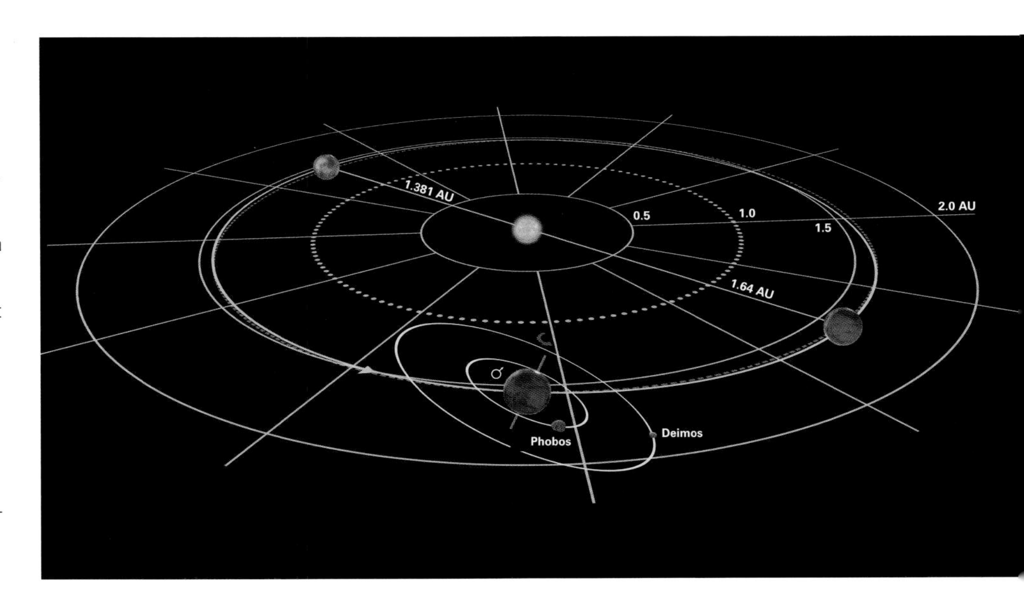

Beobachtungen. Leider wurde mittlerweile nachgewiesen, dass es diese Kanäle nicht gibt. Offenbar sind die Beobachter in dem Versuch, nicht feststellbare Details auf der Planetenscheibe auszumachen, an die Grenzen des menschlichen Sehvermögens gestoßen und haben schlicht mehr gesehen, als da war.

DIE ATMOSPHÄRE

Die Marsatmosphäre ist so dünn, dass der durchschnittliche atmosphärische Druck an der Oberfläche weniger als ein Hundertstel des Erddrucks beträgt. Sie besteht hauptsächlich aus Kohlendioxid mit kleinen Mengen Stickstoff und Argon sowie Spuren von Sauerstoff und Wasserdampf und ist daher für Menschen nicht geeignet. Trotz der dünnen Atmosphäre können starke Winde wehen, die gelegentlich so viel Staub aufwirbeln, dass der ganze Planet davon eingehüllt wird.

Der Mars ist auch wesentlich kälter als die Erde, da seine Umlaufbahn noch einmal die halbe Wegstrecke weiter von der Sonne entfernt verläuft und der Planet deshalb nur die Hälfte der Sonnenenergie abbekommt. Da der Weg des Planeten um die Sonne leicht elliptisch verläuft, unterliegt die Sonneneinstrahlung starken Schwankungen. Die Oberflächentemperaturen können von −133 Grad Celsius an den Polen im Winter bis zu +27 Grad Celsius an einem Sommertag variieren.

Bei Oppositionen sind die Polkappen von der Erde aus mit Teleskopen leicht erkennbar. Diese Polkappen bestehen größtenteils aus festem Kohlendioxid oder Trockeneis. Wenn es an einem der Pole Sommer ist, verwandelt sich das Trockeneis in Gas und schießt als Strahl mit 160 Stundenkilometern in die Atmosphäre, wobei es eine Schicht Wassereis zurücklässt. Im Winter kehrt sich der Prozess um, und eine Schicht aus gefrorenem Kohlendioxid bedeckt die Pole.

Oben Der Mars benötigt 687 Erdentage für seine um 5,65° gegen die Ekliptik geneigte Bahn um die Sonne. Die Neigung der Rotationsachse beträgt ähnlich wie bei der Erde 25,19° und ist Ursache für das Auftreten von Jahreszeiten. Die Marsbahn ist prograd, verläuft also, von oben betrachtet, gegen den Uhrzeigersinn. Die gestrichelte Linie zeigt die Neigung der Marsbahn gegen die Ebene des Sonnensystems. (nicht maßstäblich)

Links Dieses Computermodell zeigt Erde, Sonne und einen roten Planeten, wie es der Mars sein könnte. In Wirklichkeit ist der Mars, von der Erde aus gesehen, nur ein kleiner Punkt.

1781
Wilhelm Herschel entdeckt, dass die Neigung der Rotationsachse des Mars etwa 24° beträgt.

1784
Wilhelm Herschel beobachtet jahreszeitliche Veränderungen der Polkappen des Mars und erwägt die Möglichkeit, sie könnten aus Schnee und Eis bestehen – so wie Maraldi schon 80 Jahre zuvor vermutete.

1894
In den USA wird das Lowell-Observatorium erbaut; sein einziger Zweck ist die Beobachtung des Mars.

1905
C. O. Lampland vom Lowell-Observatorium macht eine Fotoaufnahme vom Mars, auf der 38 Kanäle zu sehen sind.

1953
Auf Initiative des Lowell-Observatoriums wird ein Internationales Marskomitee ins Leben gerufen, das die kontinuierliche Beobachtung des Mars während der Periheleopposition von 1954 koordinieren soll.

1962
Die NASA baut eine Reihe von Raumsonden zur Erforschung des inneren Sonnensystems einschließlich der Planeten Mars, Venus und Merkur. *Mariner 4* sendet während des Vorbeiflugs die ersten Nahaufnahmen vom Mars.

1971
Mariner 9 umkreist rund ein Jahr lang als erster Satellit den Mars.

1976
Vor ihrer Landung fotografieren *Viking 1* und *2* die Marsoberfläche auf der Suche nach möglichen Landeplätzen. Es sind die ersten Landungen von Raumsonden auf einem fremden Planeten. Beide Sonden funken Bilder des Planeten in damaliger Bestqualität.

1997
Der *Mars Global Surveyor* umkreist den Mars. Der Lander *Mars Pathfinder* landet auf dem Mars und sendet exzellentes Datenmaterial zur Erde.

2004
Die erfolgreiche Landung der NASA-Rover *Spirit* und *Opportunity* auf dem Mars wird live von Millionen Fernsehzuschauern auf der Erde verfolgt, die zusehen können, wie die Roboterfahrzeuge aus ihren Landekapseln rollen und mit der Erforschung beginnen.

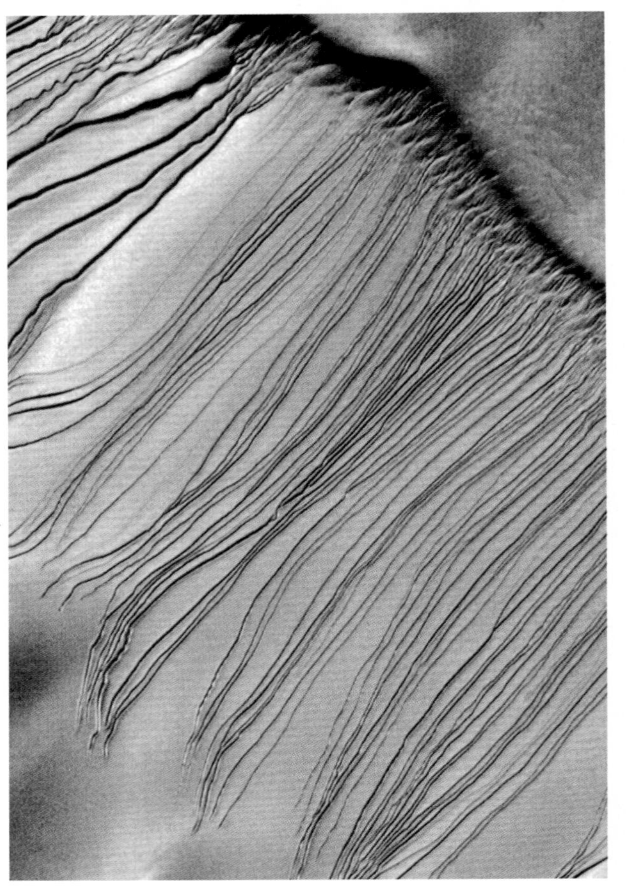

Oben Einschlagkrater in Meridiani Planum auf einer Aufnahme des *Mars Reconnaissance Orbiter* der NASA. Der Kraterrand weist eine deutlich ausgekehlte Form auf, die auf Erosion und Abrutschen der Kraterwand zurückzuführen ist.

Rechts Die mysteriösen Dünenrillen im Russell Crater sind unbekannten Ursprungs; allerdings ist bekannt, dass sie gewöhnlich nur an Südhängen auftreten. Einige Wissenschaftler haben auf die Ähnlichkeit mit Schlammströmen hingewiesen, was wiederum die Existenz flüssigen Wassers voraussetzen würde.

Oben rechts Was auf dieser Abbildung vom Innern des Gusev-Kraters wie ein Fußabdruck aussieht, ist in Wirklichkeit Marsboden, der die Spur des Vorderrades des Rovers *Spirit* trägt.

DIE OBERFLÄCHE

Die Marsoberfläche ist über weite Strecken wüstenartig und mit rotem Staub bedeckt. Zahlreiche Einschlagkrater unterschiedlicher Größe sprenkeln die Oberfläche. Was überrascht, sind die größeren Unterschiede zwischen der nördlichen und der südlichen Hemisphäre. Der Süden ist deutlich verkraterter als der Norden und liegt auch ungefähr fünf Kilometer höher. Vermutlich ist dieses stark verkraterte südliche Hochland sehr alt. Noch sind die Unterschiede zwischen den beiden Hemisphären nicht geklärt, doch wahrscheinlich hat im Norden jüngeres Material die einstige, dem Süden ähnelnde Oberfläche unter sich begraben.

DER GRÖSSTE KRATER

Hellas Planitia ist ein riesiger Einschlagkrater in der südlichen Hemisphäre. Er hat einen Durchmesser von rund 2000 Kilometer und ist, vom Rand gemessen, neun Kilometer tief. Vermutlich geht er auf einen Zusammenstoß in der Frühzeit des Sonnensystems zurück, als sich noch unzählige große Brocken durchs Sonnensystem bewegten und mit Erde, Mond und anderen Körpern zusammenstießen. Bei derartigen Zusammenstößen wurde viel Material aufgeworfen, das sich im Umkreis als erhöhter Rand rings um den Krater ablagerte.

Dieser Krater ist so groß, dass er bei Oppositionen von der Erde aus gesehen werden kann. Der bereits erwähnte Giovanni Schiaparelli nannte ihn auf seiner 1877 veröffentlichten Marskarte Hellas (Griechenland). Durchs Teleskop kann der Beobachter Hellas Planitia leicht für den Südpol des Planeten halten, da er im Kontrast mit seiner Umgebung weiß erscheint und sehr hell leuchten kann.

WAS WIR WISSEN

Der Mars ist ein kleiner Planet mit dem halben Durchmesser der Erde. Dementsprechend geringer ist die Schwerkraft auf der Oberfläche: Ein Mensch, der auf dem Mars auf seine Badezimmerwaage steigt, würde nur ein Drittel so viel wiegen wie auf der Erde. Und jedermann könnte mit Leichtigkeit höher als jeder Olympionike springen. Allerdings wäre man wegen der dünnen Marsatmosphäre insofern behindert, als man einen Raumanzug und einen Atemapparat tragen müsste.

Seite 63 Eine Darstellung der Hellas Planitia auf dem Mars, zusammengesetzt aus 50 *Viking-Orbiter*-Aufnahmen aus dem Jahr 1980. Hellas Planitia ist ein Einschlagkrater mit einem Durchmesser von mehr als 2000 km.

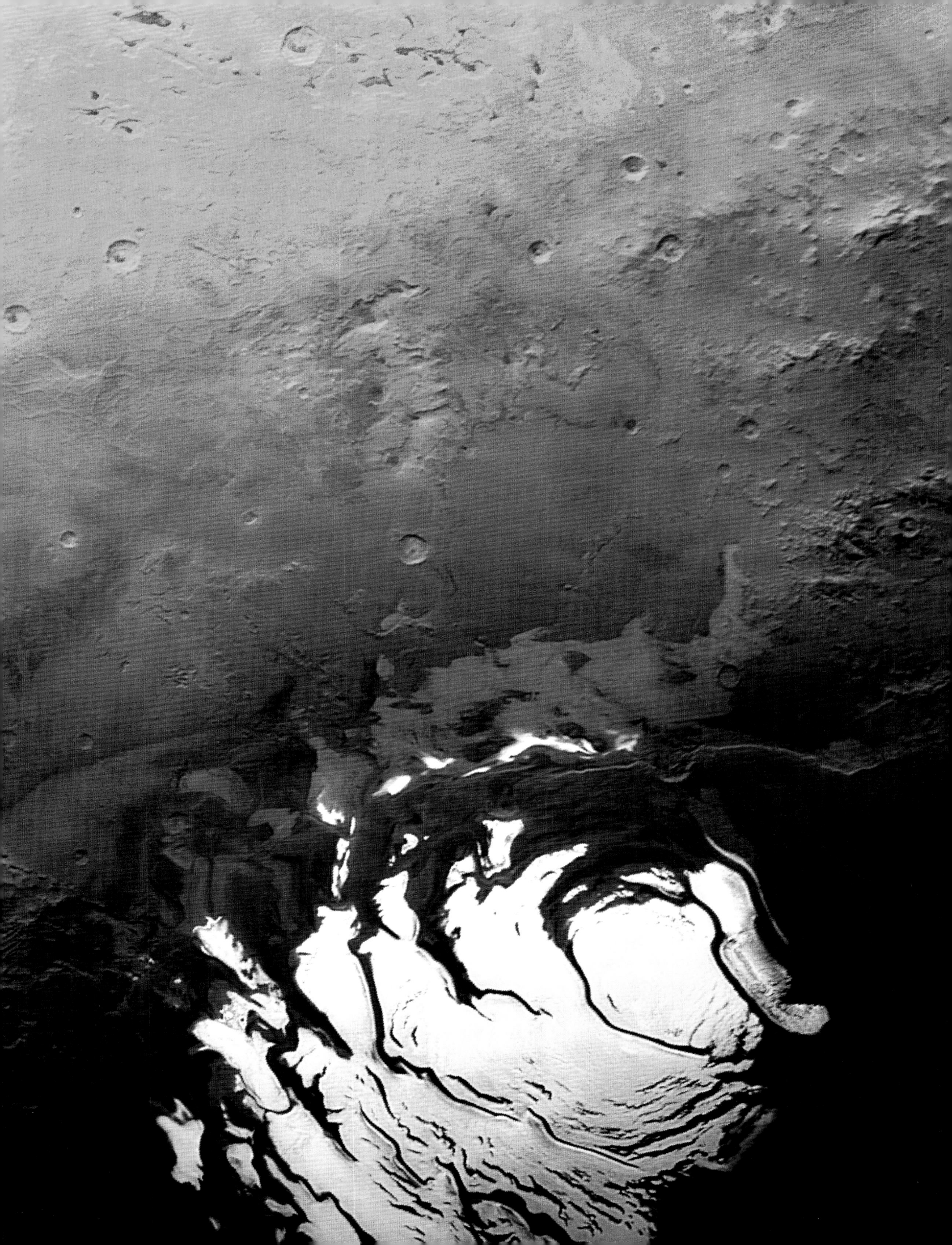

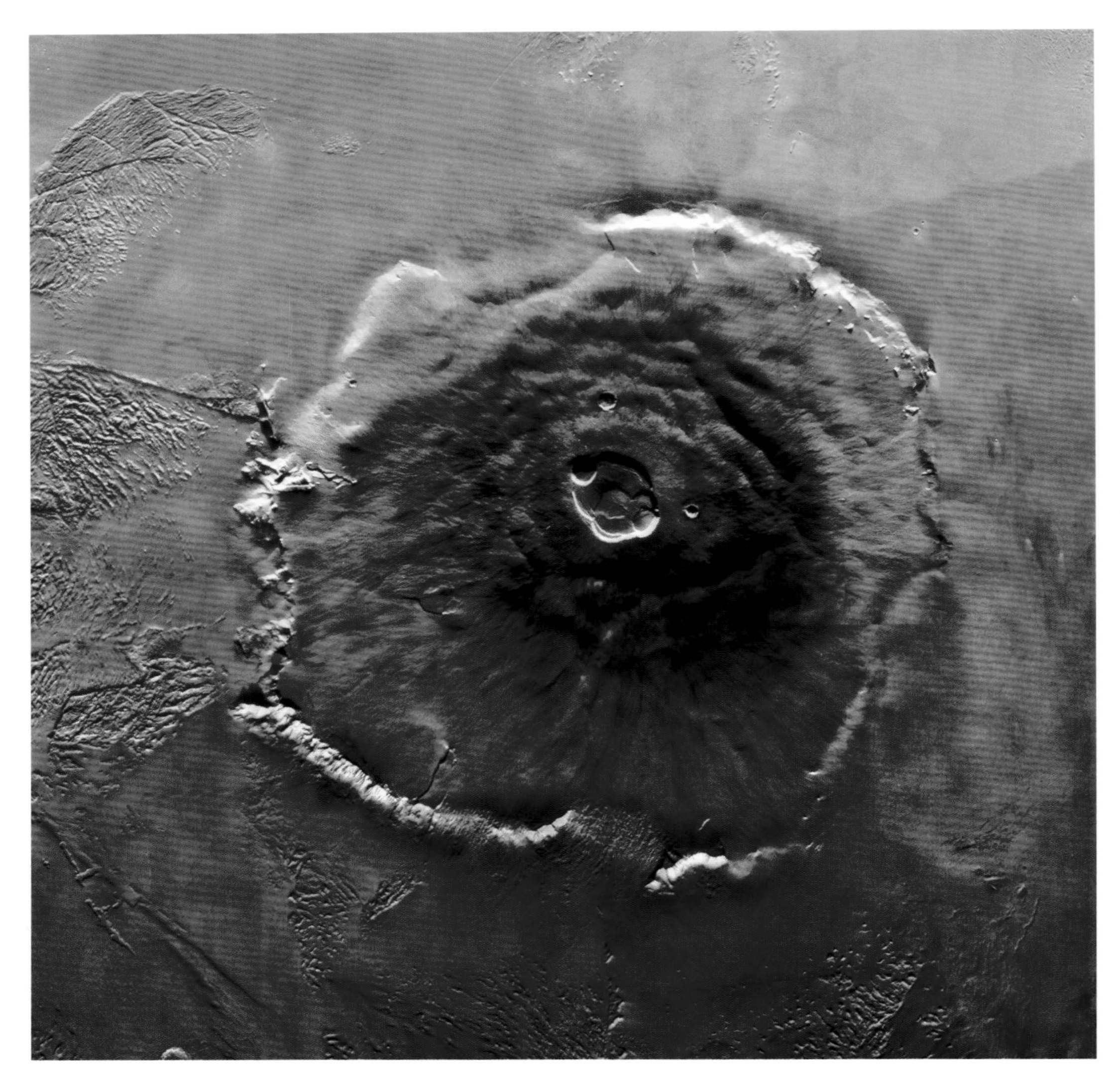

Oben Satellitenaufnahme des Marsvulkans Olympus Mons, des größten Vulkans im Sonnensystem. Er misst 500 km im Durchmesser und weist am Gipfel mehrere Einsturzkrater auf.

VULKANE AUF DEM MARS

Die Marsoberfläche weist eine ganze Palette faszinierender Merkmale auf; dazu gehören auch der größte Vulkan im Sonnensystem und ein gigantisches System von Gräben, Tälern und Wüsten sowie polare Eiskappen.

Olympus Mons, der Berg Olymp, ist der größte Vulkan des Sonnensystems. Er erhebt sich 24 Kilometer über die Umgebung und ist damit fast dreimal höher als der höchste Berg der Erde. In dieser Höhe beträgt der atmosphärische Druck lediglich ein Zehntel des Oberflächendrucks; dennoch kann er von Wolken aus Kohlendioxideis bedeckt sein. Der Vulkan erhebt sich auf einer Basis mit einem Durchmesser von 550 Kilometer, deren Abhänge an den Rändern bis zu 6 Kilometer hoch aufragen. Die Fläche der Basis entspricht etwa der Italiens. Abgesehen von den Rändern steigen die Hänge sanft gen Gipfel an.

Wie kommt es, dass ein relativ kleiner Planet wie der Mars einen so viel größeren Vulkan hat als die Erde? Die Antwort liegt offenbar in der unterschiedlichen Krustenstruktur der beiden Planeten. Die Erdkruste besteht aus langsam driftenden tektonischen Platten, die sich über „hot spots" schieben, an denen die Vulkane entstehen. Da es auf dem Mars kein derartiges tektonisches Plattensystem gibt, blieb die Kruste an Ort und Stelle, während Lava aus einem darunter liegenden „hot spot" strömte. Als die unteren Lavaschichten abkühlten und erstarrten, schichtete die frische Lava den Vulkan immer weiter bis zu seiner heutigen gigantischen Größe auf.

Ist der Olympus Mons noch immer aktiv? Strömt Lava von seinen Gipfeln? Mithilfe der den Planeten umkreisenden Sonde *Mars Express* haben Wissenschaftler jüngst das Alter erstarrter Lavaströme an den Flanken des Bergs untersucht und festgestellt, dass ihr Alter zwischen 115 und zwei Millionen Jahren variiert. Dies ist geologisch gesehen eine so kurze Zeitspanne, dass die Wissenschaftler es für durchaus möglich halten, dass der Vulkan noch immer aktiv sein könnte.

Tharsis ist ein Lavadom kontinentalen Ausmaßes – fast 4000 Kilometer im Durchmesser – und erhebt sich zehn Kilometer über das umgebende Gelände. Es beherbergt die vier größten Vulkane des Mars einschließlich des Olympus Mons in Randlage.

Die anderen drei heißen Ascraeus Mons, Pavonis Mons und Arsia Mons. Obwohl selbst nur etwa doppelt so hoch wie der Mt. Everest, reichen ihre Gipfel an den des Olympus Mons heran, weil sie sich auf dem Plateau der hochgelegenen Tharsis-Region erheben. Welcher Prozess genau zur Bildung dieser Region führte, ist noch umstritten, doch wahrscheinlich verdankt sie ihre Entstehung heißer Lava, die aus dem Planeteninnern aufstieg. Dabei wölbte die Lava die Oberfläche auf, während an den Rändern erstarrtes Gestein absank. Diese Art der Materialströme, die Mantelkonvektion, ist übrigens auch für die Geologie der Erde von großer Bedeutung.

Die Valles Marineris oder Mariner-Täler sind nach der Raumsonde *Mariner 9* benannt, die ab Ende 1971 ein Jahr

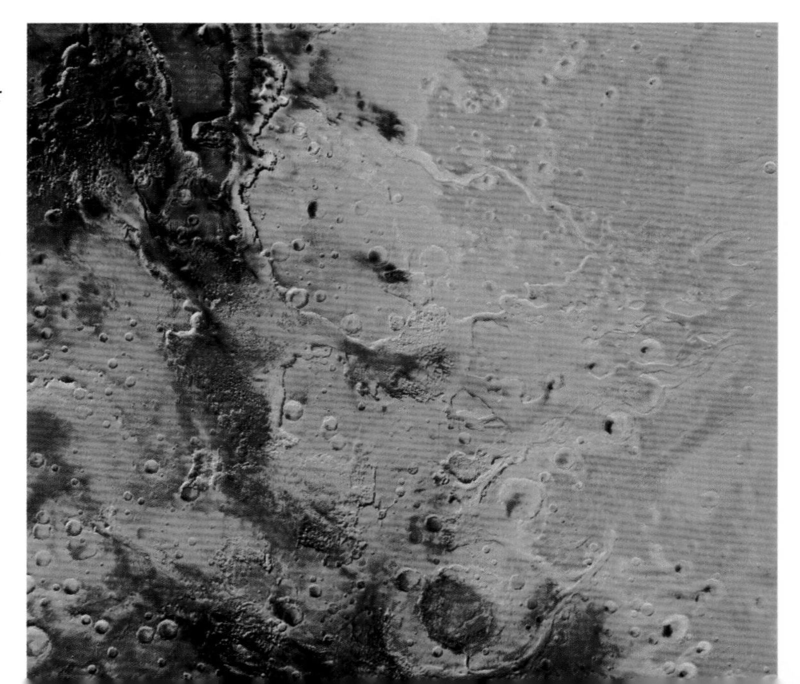

Rechts Satellitenaufnahme der Valles Marineris, die zum riesigen äquatorialen Grabensystem auf dem Mars gehören. Ringsum münden Kanäle, die zu einer Zeit eingeschnitten wurden, als es auf der Marsoberfläche beträchtliche Wassermengen gab, nun aber schon seit langem ausgetrocknet sind.

lang den Planeten umkreiste und dabei jenes ausgedehnte Grabensystem entdeckte, das sich über 4000 Kilometer entlang dem Marsäquator erstreckt. Die größte Struktur dieser Art im Sonnensystem ist bis zu acht Kilometer tief und 200 Kilometer breit. Auf die Erde versetzt, würde sie sich quer durch die Vereinigten Staaten ziehen. Im Vergleich dazu erscheint der Grand Canyon mit einer Länge von 440 Kilometer, einer maximalen Tiefe von 1,6 Kilometer und einer maximalen Breite von 24 Kilometer geradezu als winzig. Zurzeit gehen die Wissenschaftler davon aus, dass die Valles Marineris sich während der Abkühlungsphase des Planeten als Riss in der Kruste gebildet haben. Über die langen geologischen Zeiträume seither haben Erosion durch Wasser, Kohlendioxid oder Wind das Tal ebenso erweitert wie Erdrutsche an den Grabenwänden.

Oben Computermontage einer Satellitenansicht des Mars, die die Eiswolken über den Vulkanen und die Störungen in der Nordpolregion zeigt.

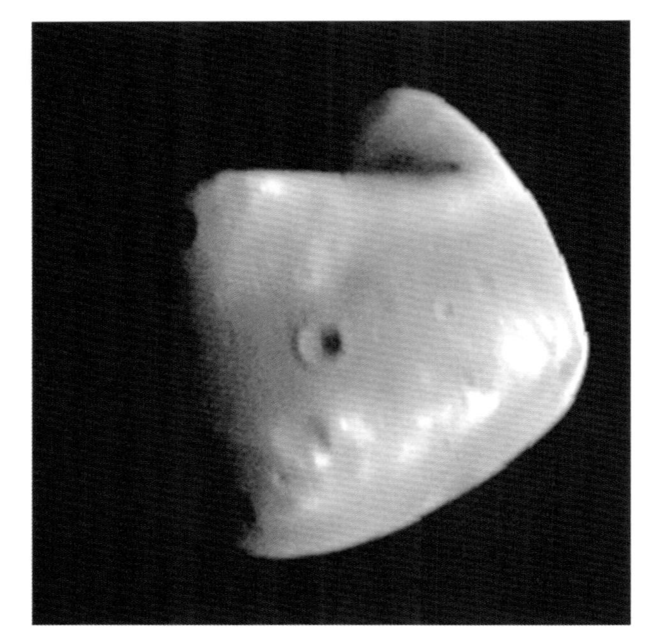

Rechts Der Marsmond Deimos auf einer Aufnahme des *Viking Orbiter* aus dem Jahr 1977.

Unten Der Marsmond Phobos, aufgenommen von der ESA-Sonde *Mars Express*. Zu sehen ist die dem Mars zugewandte Seite des Mondes aus einer Entfernung von unter 200 km.

DIE MARSMONDE

Der Mars besitzt zwei kleine Monde: Phobos und Deimos, die nach zwei Begleitern des Kriegsgottes Ares benannt sind und deren Namen sich mit Furcht und Schrecken übersetzen lassen. Der amerikanische Astronom Asaph Hall entdeckte sie im August 1877 während derselben Opposition, als Giovanni Schiaparelli seine „canali" auf der Planetenscheibe sah. Hall benutzte das damals größte Linsenfernrohr, das 66-cm-Linsenteleskop des US Naval Observatory in Washington, D. C. Beide Monde sind so klein und matt, dass sie heute nur schwer mit erdbasierten Teleskopen zu entdecken sind.

Phobos, der größere von beiden, hat eine zerklüftete, unregelmäßige Form mit einem durchschnittlichen Durchmesser von 22 Kilometer. Er ist dem Mars auch näher und umkreist diesen in einer Entfernung von nur 6000 Kilometer, was in etwa der Entfernung zwischen New York und London entspricht. Um nicht auf den Planeten zu stürzen, muss er sich so schnell bewegen, dass er von der Marsoberfläche aus gesehen zweimal täglich auf- und untergeht. Ungewöhnlich ist auch, dass er im Westen auf- und im Osten untergeht.

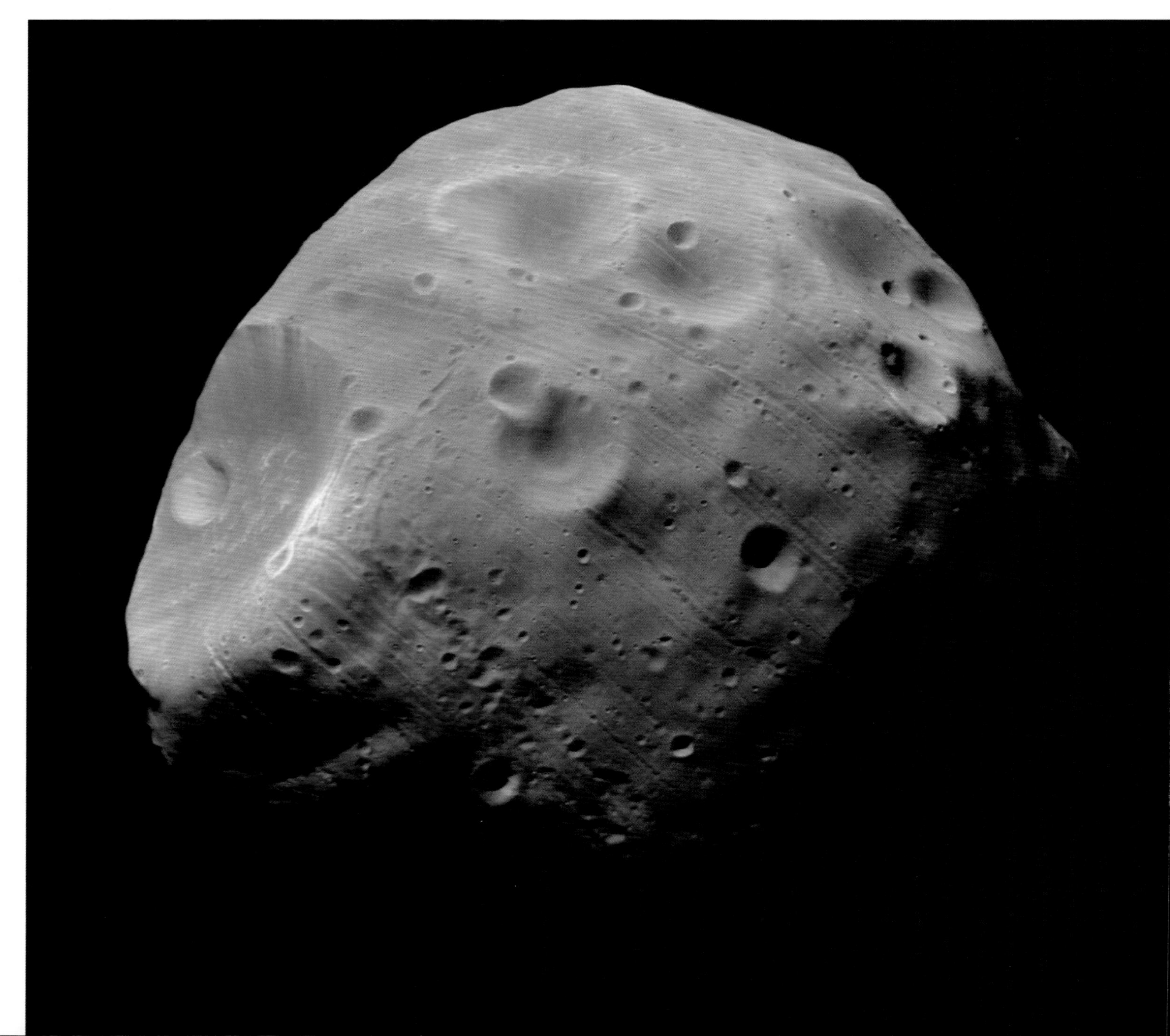

Rechts Digitale Darstellung des Mars und seiner Monde Phobos und Deimos. Die Monde sind klein und ähneln irdischen Felsen. Phobos umläuft den Mars so schnell, dass er für einen Betrachter auf der Marsoberfläche zweimal täglich auf- und untergeht.

Bilder von Raumsonden zeigen, dass Phobos von Kratern übersät ist, die von Einschlägen kleinerer und größerer Felsbrocken herrühren. Hauptmerkmal ist ein großer Krater namens Stickney, der nach dem Mädchennamen von Asaph Halls Ehefrau benannt ist.

Deimos ist kleiner als Phobos und weiter vom Mars entfernt. Seine durchschnittliche Breite beträgt 13 Kilometer, und er umkreist den Mars in einer Höhe von 20 000 Kilometer. Wie Phobos ist er von Kratern übersät. Vermutlich sind beide Monde eingefangene Asteroiden.

METEORITEN VOM MARS

Am 28. Juni 1911 um 9 Uhr morgens fiel ein Steinregen vom Himmel auf das kleine Dorf El Nakhla el Bahariya in Ägypten. Augenzeugenberichten zufolge tötete einer der Steine einen Hund, doch diese Geschichte wurde niemals bestätigt oder widerlegt. Falls die Geschichte stimmt, dann war der Hund der unglücklichste Hund der Weltgeschichte: Er wäre nicht nur das einzige bekannte Geschöpf, das je von einem Meteoriten getötet wurde, sondern er wäre auch noch von einem der sehr seltenen Meteoriten vom Mars getötet worden.

Von den 24 000 Meteoriten, die auf der Erde gefunden wurden, wurden bisher 34 als vom Mars stammend klassifiziert. Sie erreichten die Erde, weil sie irgendwann in der Vergangenheit bei Impaktereignissen auf der Marsoberfläche in den Weltraum geschleudert wurden. Über Jahrmillionen kreisten sie dann um die Sonne, bis sie die Erdatmosphäre durchquerten und auf unserer Oberfläche auftrafen.

Die Marsmeteoriten sind allesamt vulkanisch, also Gestein, das aus erstarrter Lava entstand. Zwar gibt es auch andere Arten von Gestein auf dem Planeten, doch vermutlich waren sie nicht widerstandsfähig und überlebten den Einschlag und die Reise durch den Weltraum nicht. Die meisten Meteoriten stammen wahrscheinlich von den flachen vulkanischen Ebenen der nördlichen Hemisphäre. Diese Vermutung passt gut zu ihrem geschätzten Alter von 1,3 Milliarden Jahren.

Den Beweis, dass diese Meteoriten vom Mars stammen, lieferte die Untersuchung des Meteoriten EETA79001, der 1979 im Elephant Moraine Icefield in der Antarktis gefunden wurde. Dieser Meteorit weist kleine dunkle Klumpen einer glasigen Substanz auf, die eingeschlossenes Gas enthielten. Der Einschlag auf dem Mars, der den Felsbrocken auf seinen langen Weg zur Erde schleuderte, heizte ihn auch auf, und die Glasklumpen bildeten sich durch Schmelzen. Als die Wissenschaftler das eingeschlossene Gas analysierten, passte es perfekt zu der einzigartigen Marsatmosphäre, wie sie die beiden *Voyager*-Lander 1976 gemessen hatten. In der Folge wurden mindestens vier weitere Meteoriten gefunden, die dieselben Spuren enthielten.

Oben Detailaufnahme eines Pallasit-Fragments, das im Haviland Crater (Kansas, USA) gefunden wurde. Es wird vermutet, dass der Meteorit vom Mars stammt.

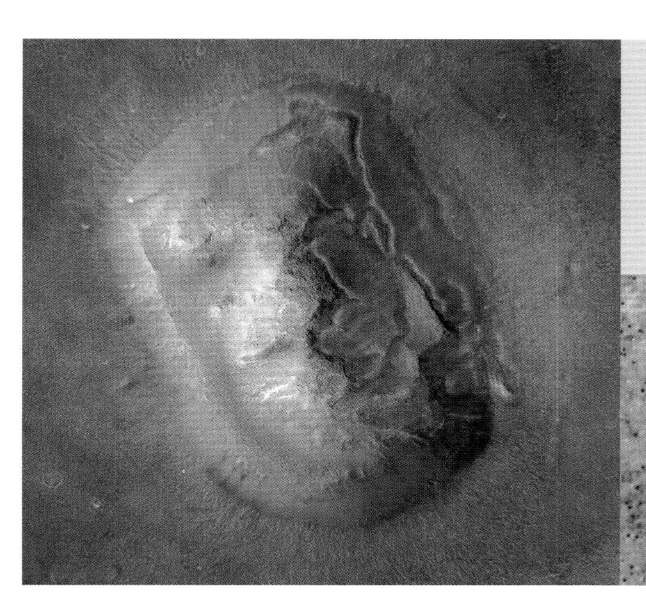

DAS MARSGESICHT

Im Juli 1976 errang eine von *Viking 1* fotografierte Erhebung in der Cydonia-Region des Mars zeitweise Berühmtheit. Auf der Suche nach potenziellen Landeplätzen sahen die NASA-Wissenschaftler auf einem der *Viking*-Bilder einen Hügel, der durch Schattenbildung starke Ähnlichkeit mit einem menschlichen Gesicht hatte. Amüsiert präsentierten sie das Bild der Öffentlichkeit und wiesen auf die rein zufällige Ähnlichkeit hin. Das Echo in der Öffentlichkeit war lauter als erwartet: Sensationslüsterne Artikel und Bücher erschienen, in denen behauptet wurde, der Hügel sei durch nichtnatürliche Kräfte geformt worden.

Zu ihrer Enttäuschung produzierte eine spätere Raumsonde, *Mars Global Surveyor*, hochauflösende Bilder des Tafelbergs, die keinerlei Ähnlichkeit mehr aufwiesen und den Spekulationen ein Ende setzten.

Das Original-Pressefoto der *Viking 1* von 1976 (rechts) sowie derselbe Berg in einer Aufnahme des *Mars Global Surveyor* von 2001 (links). Das zweite Bild widerlegte die Theorie vom „Marsgesicht".

LEBEN AUF DEM MARS

Falls es Leben auf dem Mars gibt, dann in Form von Mikroben und keineswegs in Gestalt intelligenter Wesen, wie sie vom Science-Fiction-Schriftsteller H. G. Wells entworfen wurden. Die Mikroben müssten unterirdisch leben, da die dünne Atmosphäre zu wenig Schutz vor den geladenen Partikeln des Sonnenwinds oder vor der UV-Strahlung der Sonne böte. Es ist auch nicht ausgeschlossen, dass es früher Lebensformen gab, die durch eine Veränderung der Lebensbedingungen auf dem Planeten ausgelöscht wurden.

MIKROBEN IN EINEM METEORITEN?

Der berühmteste Marsmeteorit, ALH84001, ist mit einem Alter von schätzungsweise 4,5 Milliarden Jahren wesentlich älter als die anderen Fundstücke und stammt vermutlich aus den Bergregionen der südlichen Hemisphäre.

Der Codename des Meteoriten bedeutet schlicht, dass er der erste Meteorit war, der 1984 in den Allan Hills in der Antarktis gefunden wurde. Der Meteorit ist deshalb berühmt, weil im August 1986 ein Team von NASA-Experten bekannt gab, er trage den Beweis für mikroskopische Lebensformen in sich.

Mithilfe von Elektronenmikroskopen fanden die Forscher in dem Meteoriten kleine Körner des Minerals Magnetit in ähnlicher Form, wie es Bakterien auf der Erde ablagern. Sie fanden auch Strukturen, die irdischen Bakterien ähnelten, obgleich sie wesentlich kleiner waren. Falls sie sich bewahrheiten, wären diese Funde die ersten seriösen Hinweise auf Leben fern der Erde. Doch die meisten Wissenschaftler bleiben skeptisch und vertreten die Ansicht, die im Meteoriten gefundenen Strukturen könnten entweder durch nichtbiologische Ereignisse oder durch Kontamination während des Erdaufenthalts des Meteoriten erklärt werden.

WASSER

Mariner 9, die erste Raumsonde, die den Mars umkreiste, revolutionierte unser Wissen über den Roten Planeten. Die Bilder, die sie zur Erde funkte, zeigten keine Kanäle, sondern alte Flussbetten, die nahelegten, dass einst Wasser auf dem Planeten floss. Diese Bilder sorgten für Aufregung, denn die Existenz von Wasser irgendwann in der Geschichte des Mars hätte theoretisch zur Entwicklung simpler mikroskopischer Lebensformen führen können. Auch wenn die Marsoberfläche heute, abgesehen vom Wassereis an den Polkappen, ausgedörrt ist, scheint in ferner Vergangenheit doch Wasser auf dem Mars geflossen zu sein. Die Wissenschaftler nahmen sich vor herauszufinden, was mit diesem Wasser geschehen ist.

Seit Januar 2004 haben die beiden Roboterfahrzeuge *Spirit* und *Opportunity* vor Ort Beweise für einstige Wasservorkom-

Unten rechts Nahaufnahme des „Yogi-Felsens", der vom US-Marsroboter *Sojourner* erkundet wurde. Der Name stammt von der Ähnlichkeit mit Steinen, die in dem einstigen Steinbruch auf dem Gelände der Montclair State University (New Jersey, USA) gefunden wurden, wo das heutige „Yogi"-Berra-Baseballstadion entstand.

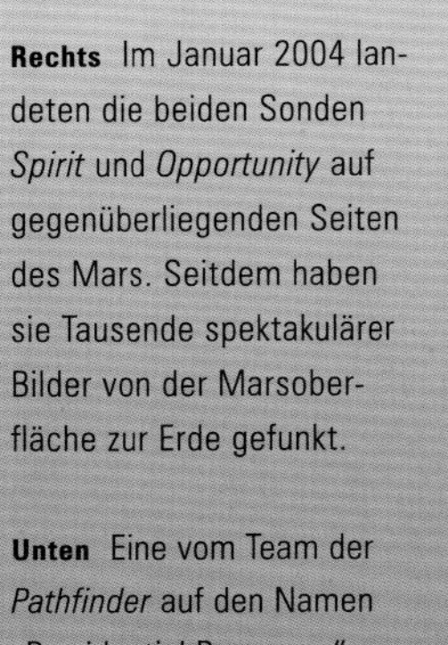

Rechts Im Januar 2004 landeten die beiden Sonden *Spirit* und *Opportunity* auf gegenüberliegenden Seiten des Mars. Seitdem haben sie Tausende spektakulärer Bilder von der Marsoberfläche zur Erde gefunkt.

Unten Eine vom Team der *Pathfinder* auf den Namen „Presidential Panorama" getaufte farbenprächtige Ansicht, die die Umgebung der Sagan Memorial Station zeigt. Der große Felsen etwa in der Bildmitte ist der „Yogi-Felsen".

SCIENCE FICTION

Zahlreiche Schriftsteller griffen das öffentliche Interesse am Mars auf, das von Percival Lowells Entdeckungen ausgelöst wurde, darunter der britische Autor H. G. Wells, dessen *Der Krieg der Welten* von 1898 das weitaus berühmteste fiktionale Werk über den Mars ist. Darin erzählt Wells die Geschichte eines Angriffs von Marsianern, bei dem England verwüstet wird. Erst als die Marsianer irdischen Bakterien zum Opfer fallen, ziehen sich die Invasoren zurück. 40 Jahre später produzierte Orson Welles eine Radiobearbeitung des Stoffs, die so realistisch war, dass sie in den USA zu einer Massenpanik führte.

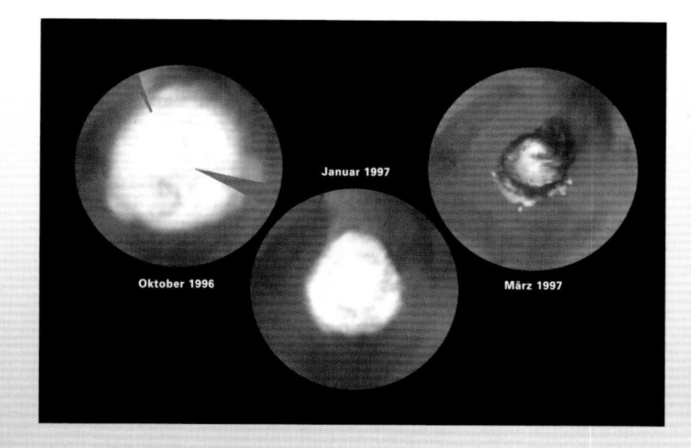

men gesammelt. *Opportunity* fand große Mengen kleiner Hämatitkügelchen, eines Eisenminerals, das sich unter Einwirkung von Wasser abgelagert haben könnte. Der Rover untersuchte auch Gesteinsschichten in Kraterwänden und fand Hinweise, dass diese einst von Wasser getränkt waren, das Minerale wie Chlor und Brom enthielt. *Spirit*, der auf der anderen Seite des Planeten im großen Gusev-Krater operiert, stieß auf Gestein, das Minerale enthält, die darauf hindeuteten, dass es irgendwann einmal in einer feuchten Umgebung lagerte.

Aber es gibt nicht nur Indizien dafür, dass es früher einmal Wasser auf dem Mars gegeben hat – allem Anschein nach tritt an einigen Orten und zu bestimmten Zeiten noch heute flüssiges Wasser aus dem Marsboden aus. Diese grundlegende Entdeckung machte die Raumsonde *Mars Global Surveyor*, die den Planeten neun Jahre lang umkreiste, bevor Ende 2006 der Kontakt abbrach. Zuvor hatten die Wissenschaftler in der Bodenstation mehrere Strukturen an Kraterwänden bemerkt, die aussahen wie von fließendem Wasser gegrabene Rinnen auf der Erde. Sie überwachten diese Rinnen auf Veränderungen hin und registrierten zwei, bei denen sich über einen Zeitraum von wenigen Jahren neue, vermutlich durch Wasser angeschwemmte Ablagerungen bildeten.

Die Oberfläche des Mars ist gegenwärtig völlig trocken. Die Aussicht eines unterirdischen Wasserreservoirs gibt der aufregenden Hypothese Nahrung, unter der Marsoberfläche könne es einfache bakterielle Lebensformen geben. Vorläufig wissen wir nichts über Ausdehnung und Tiefe dieses Untergrundwassers und auch nicht, ob es gefroren oder flüssig ist. Zukünftige Marsmissionen stehen vor der Aufgabe, Wasser zu finden und zu analysieren. Selbstverständlich darf es dabei nicht zu Kontaminationen mit irdischen Bakterien kommen, sonst werden wir nie erfahren, ob es je Leben auf dem Mars gegeben hat.

Oben Eingefärbte Ansicht eines Kraters in der Terra-Sirenum-Region auf dem Mars. Durch die Rinnen in der Kraterwand floss womöglich einst Wasser.

Oben links Diese Bilder des Mars-Nordpols wurden zwischen Ende 1996 und Anfang 1997 vom Hubble-Weltraumteleskop aufgenommen. Sie zeigen den jahreszeitlich bedingten Rückgang der Polarkappe am Mars-Nordpol.

Jupiter

STECKBRIEF

Planetare Reihenfolge
Fünfter Planet von der Sonne aus

Entfernung von der Sonne
5,2 AE/778 412 000 km

1 Jupitertag
9,92 Erdenstunden

1 Jupiterjahr
11,9 Erdenjahre

Äquatorialer Radius (Erde = 1)
11,2

Masse (Erde = 1)
318

Effektive Temperatur
ca. –148 °C

Atmosphäre
90 % Wasserstoff
10 % Helium
Spuren anderer Gase

Monde/Trabanten
Galileische Monde – Kallisto, Europa, Ganymed, Io – plus 59 weitere

Besonderheiten
Mindestens 2000 Trojaner (Asteroiden, die einem Planeten auf dessen Bahn um die Sonne vorauseilen bzw. nachfolgen)

Oben rechts *Jupiter und Semele* von Gustave Moreau. Jupiter, oberste Gottheit der römischen Mythologie, wurde als mächtiger, häufig rücksichtsloser Charakter dargestellt.

Nach der Sonne ist der Jupiter der beherrschende Himmelskörper in unserem Sonnensystem. Und wie jeder König hat er sein eigenes Gefolge von Dienern, die um den Planeten kreisen.

KÖNIG DER PLANETEN

Der Jupiter ist der größte Planet des Sonnensystems. Er ist wahrhaftig riesig: Sein Äquatordurchmesser beträgt 142 984 Kilometer – das Elffache der Erde.

Aufgrund seiner Helligkeit und Prominenz ist Jupiter für Sterngucker und Amateurastronomen auch eines der bekanntesten Objekte am Himmel. Nur Sonne, Mond und Venus (und manchmal der Mars) scheinen heller. Durch ein Teleskop können mindestens vier seiner Monde als kleine leuchtende Stecknadelköpfe beobachtet werden, und sogar die Maserung seiner Wolkenmuster ist leicht erkennbar. Seiner Prominenz am Nachthimmel wegen war der Jupiter auch schon den Menschen des Altertums bekannt, und in den Mythen und Legenden vieler Völker spielt er eine wichtige Rolle. Benannt ist er nach dem Hauptgott der römischen Mythologie.

Wie die anderen Riesenplaneten des Sonnensystems – Saturn, Uranus und Neptun – sehen wir beim Blick durchs Teleskop nicht etwa eine feste Oberfläche wie bei den vier inneren Planeten. Was wir sehen, sind die oberen Wolkenschichten.

Als „Gasriese" besteht seine Masse zu etwa 75 Prozent aus Wasserstoff und zu 25 Prozent aus Helium mit Spuren anderer Gase. Vermutlich besitzt der Planet im Zentrum einen Kern aus Gestein. Daran schließen sich Schichten aus Wasserstoff an, der immensem Druck ausgesetzt ist, sodass er flüssig wird und in eine metallische Form übergeht. Es folgt eine Schicht aus flüssigem Wasserstoff und Helium, die in der Nähe der sichtbaren „Oberfläche" zunehmend gasförmigem Wasserstoff und Helium weichen. Die äußersten Schichten beinhalten Kristalle aus gefrorenem Ammoniak sowie möglicherweise etwas Ammoniumsulfid und Wasser bzw. Wassereis. Man hatte gehofft, die Tochtersonde der Raumsonde *Galileo* würde während ihres Sinkflugs durch die Jupiteratmosphäre in einer der Wolkenschichten signifikante Mengen Wasser entdecken, doch die Hoffnung wurde enttäuscht. Vermutlich hat die Sonde zufällig eine „trockene" Region durchquert.

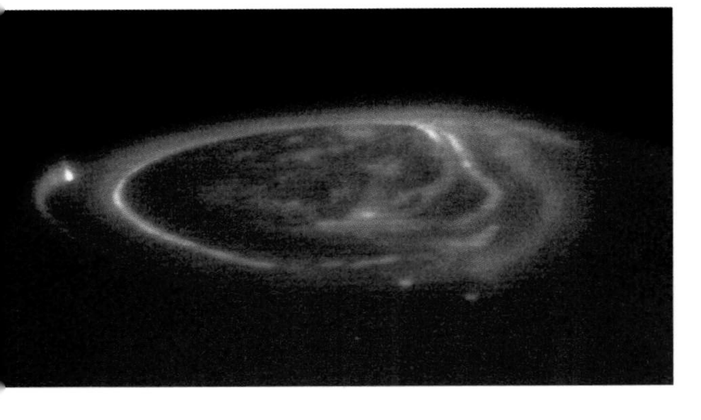

Links Spektakuläre Hubble-Detailaufnahme eines metallisch-blauen Polarlichts auf dem Gasriesen Jupiter.

BIG BROTHER

Der Jupiter rotiert schneller als jeder andere Körper des Sonnensystems: Eine Umdrehung dauert nur neun Stunden und 55 Minuten. Die Rotation bewirkte, dass der Planet zu einem abgeplatteten Spheroid mit einer Ausbuchtung in Äquatorhöhe wurde. Da er kein fester Planet ist, dreht sich die Atmosphäre je nach Breite variabel: Die Pole rotieren fünf Minuten langsamer als der Äquator.

Der Jupiter läuft in einer annähernd kreisrunden Bahn um die Sonne, die am sonnennächsten Punkt weniger als fünfmal weiter von der Sonne entfernt ist als die Erde (740,5 Millionen Kilometer), an ihrem sonnenfernsten Punkt weniger als fünfeinhalbmal weiter (816,6 Millionen Kilometer). Die Bahn ist mit 1,3 Grad nur leicht gegen die Ekliptik geneigt. Ein Jupiterjahr, also die Zeit, die der Planet für eine vollständige Reise um die Sonne benötigt, dauert 11,9 Erdenjahre.

Jupiters Position in der Mitte des Sonnensystems und seine enorme Anziehungskraft machen ihn zum Dominator über kleinere Körper wie Asteroiden und Kometen. Er ist verantwortlich dafür, dass die einen auf ihrer Bahn bleiben, und andere, die ihm zu nahe kommen, umgelenkt werden.

Der Jupiter wurde häufig als „verhinderter Stern" bezeichnet. Er besitzt weniger als ein Prozent der Sonnenmasse; wäre er nur zwölfmal massereicher, wäre er zum Braunen Zwerg geworden, ein kraftloser Typ Stern, der nur wenig Hitze abstrahlt. Wäre er jedoch achtzigmal massereicher gewesen, wäre er ein echter (wenn auch kleiner) Stern geworden.

Faszinierenderweise gibt der Jupiter genauso viel Hitze ab, wie er von der Sonne empfängt. All diese Energie wird langsam wieder freigesetzt, weil der Planet sich noch immer zusammenzieht, weshalb er heute nur noch halb so groß ist wie zur Zeit seiner Entstehung.

um 3300 v. Chr. Die Babylonier wissen um die Existenz des Jupiters.

um 3000 v. Chr. Auch im antiken Griechenland ist der Planet Jupiter bekannt.

um 2000 v. Chr. Chinesische Astronomen beobachten die Jupiterbahn.

1200 v. Chr.–476 n. Chr. Römische Quellen belegen die Kenntnis des Jupiters. Im Jahr 476 n. Chr. beobachtet der chinesische Astronom Gan De einen Körper, von man heute annimmt, dass es sich um den Jupitermond Ganymed handelte.

1610 Galileo entdeckt die vier größten Jupitermonde: Kallisto, Europa, Ganymed und Io. Sie werden seitdem als Galileische Monde bezeichnet.

1664 Der britische Chemiker und Physiker Robert Hooke entdeckt den Großen Roten Fleck.

1892 Edward Barnard entdeckt den Jupitermond Amalthea.

1904 Der US-Astronom Charles Perrine entdeckt Himalia, einen weiteren großen Jupitermond. Er hat einen Durchmesser von 170 km und ist der größte in der heute nach ihm benannten Gruppe. Im Jahr darauf entdeckt Perrine auch Elara.

1908 Der Astronom Philibert Melotte entdeckt den Jupitermond Pasiphae.

1914 Seth Barnes Nicholson entdeckt den irregulären, retrograden Jupitermond Sinope, der nach einer griechischen Sagengestalt benannt wird.

1938 Seth Barnes Nicholson entdeckt auch Lysithea und Carme.

1951 Nicholson entdeckt den Jupitermond Ananke.

FAKTEN ZUM JUPITERKERN

Der Jupiter ist ein Gasriese und der größte Planet des Sonnensystems. Es ist unklar, ob er einen festen Kern besitzt oder ob das Gas zur Mitte hin immer dichter wird. Es gibt auch Mutmaßungen über einen Gesteinskern mit zehnfacher Erdmasse. Die Temperatur im Kern wird auf über 35 000 °C geschätzt. An den Kern schließt sich eine 20 000 km tiefe Schicht aus flüssigem Wasserstoff und daran wiederum eine dicke, größtenteils aus Wasserstoff bestehende Atmosphäre an, die von bunten, nach verschiedenen Wettermustern strukturierten Wolkenbändern abgeschlossen wird.

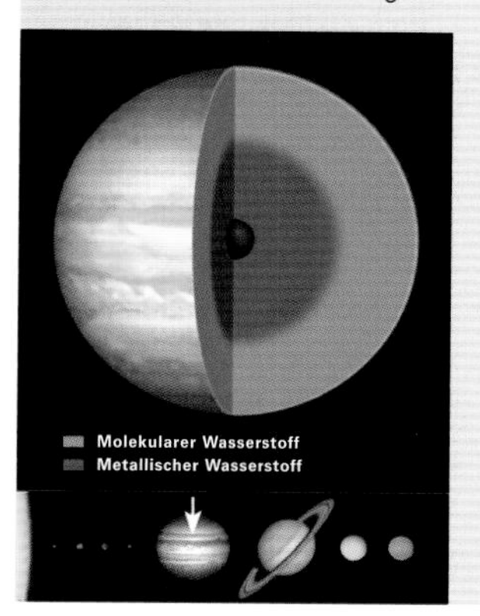

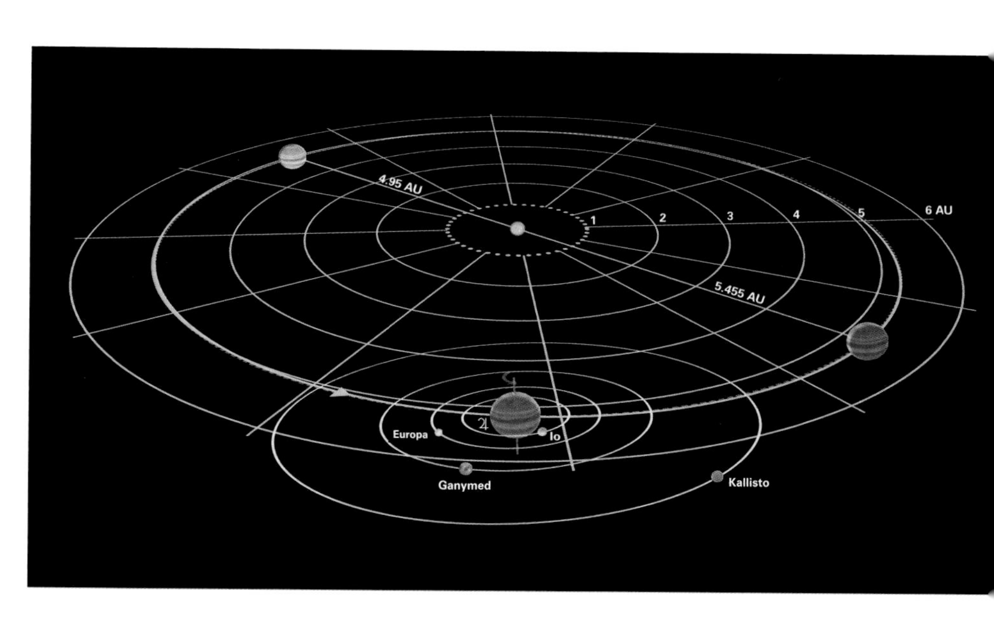

Oben Der Jupiter benötigt fast zwölf Erdenjahre für eine Umrundung der Sonne, wobei seine Bahn um 1,3° gegen die Ekliptik geneigt ist. Die Achsneigung beträgt 3,13°. Die Jupiterbahn ist prograd, verläuft also, von oben gesehen, entgegen dem Uhrzeigersinn. Die gestrichelte Linie gibt die Neigung der Jupiterbahn gegen die Ebene des Sonnensystems an. (nicht maßstäblich)

Links Diese Hubble-Aufnahme zeigt erstmals den neu entstandenen zweiten Roten Fleck auf dem Riesenplaneten, bei dem es sich um einen Sturm mit etwa dem halben Durchmesser des altbekannten Großen Roten Flecks handelt.

1955 Der US-Astronom Kenneth Franklin misst die Radiostrahlung des Jupiters.

1973 Jupiter erhält Besuch von *Pioneer 10*, der ersten Raumsonde, die den Asteroidengürtel durchquert und das äußere Sonnensystem erreicht.

1974 Charles Kowal entdeckt den Jupitermond Leda. *Pioneer 11* erreicht den Jupiter und nutzt die Anziehungskraft des Planeten, um sich am Saturn vorbei in die äußeren Zonen des Sonnensystems zu katapultieren.

1975 Die Astronomen Elizabeth Roemer und Charles Kowal entdecken den Jupitermond Themisto.

1979 Stephen Synnott entdeckt Thebe und Metis. *Voyager 1* entdeckt die Ringe des Jupiters. Auch *Voyager 2* besucht den Jupiter.

1991 Das Hubble-Teleskop sendet die ersten Bilder vom Jupiter in einem Detailreichtum, den man sich nicht hat träumen lassen. Diese Daten tragen in erheblichem Maß zum Verständnis von Jupiter und des Sonnensystems bei.

1992 Die Raumsonde *Ulysses* passiert den Jupiter und nutzt seine Anziehungskraft, um auf eine Flugbahn einzuschwenken, von der aus sie die Sonne erforschen soll. Dabei sammelt die Sonde auch Daten über den Jupiter.

1994 Fragmente des Kometen Shoemaker-Levy 9 schlagen auf dem Jupiter ein und hinterlassen auf der südlichen Oberfläche „Narben". Das Ereignis wird von Wissenschaftlern auf der ganzen Welt beobachtet.

1999 Der Jupitermond S/1999 J1 wird entdeckt.

2000 Die Raumsonde *Cassini-Huygens* passiert den Jupiter, um ein Fly-by-Manöver auszuführen. Ihr eigentliches Ziel ist der Saturn. Rings um den Jupiter entdeckt sie eine riesige wirbelnde Blase aus geladenen Partikeln.

2001 Dank technologischer Fortschritte werden elf neue Jupitermonde entdeckt.

2003 Die *Galileo*-Eintrittskapsel taucht in die Jupiteratmosphäre ein und wird zerstört.

Rechts Der Komet Shoemaker-Levy 9 auf Kollisionskurs mit dem Jupiter. Die „Perlenschnur" zeigt den Weg des Kometen.

DICHTE WOLKENDECKE

Selbst durch kleine Teleskope wird deutlich, dass die sichtbare Oberfläche des Jupiters in verschiedene Bänder oder Streifen getrennt ist. Es handelt sich um Wolkenmuster, die um den Planeten kreisen; dunkle Bänder werden als Gürtel bezeichnet, heller gefärbte als Zonen.

Beide Hemisphären sind in drei Hauptgürtel und drei Hauptzonen unterteilt; eine weitere Zone überspannt den Äquator. Daneben gibt es zwei Polarregionen und verschiedene andere Gürtel und Zonen, die auftreten und wieder verschwinden. Der Große Rote Fleck befindet sich zwischen südlichem äquatorialem Gürtel und südlicher Tropenzone.

Die unterschiedlichen Färbungen der Zonen und Gürtel rühren von den Gasen in den Wolken her, die ihrerseits aus drei Schichten bestehen. Die obere, weiße Schicht besteht aus Ammoniak, die mittlere aus Ammoniumsulfid, was ihr eine rötlichbraune Farbe verleiht. Darunter befindet sich eine Schicht aus Wasserwolken, die aber gewöhnlich unter den beiden oberen Schichten nicht sichtbar ist.

Wie die Erde besitzt der Jupiter ein komplexes Klimasystem. Wärmere Luft in Äquatornähe bewegt sich in Richtung Pole, und kalte Luft bewegt sich von den Polen fort, was in Kombination mit dem aufgrund der Rotation starken Coriolis-Effekt zu heftigen atmosphärischen Strömungen führt.

SHOEMAKER-LEVY 9

1994 kam es zu einem einmaligen Ereignis: Fragmente des Kometen Shoemaker-Levy 9 steuerten einen Kollisionskurs mit dem Jupiter, und etwa 24 Stücke des auseinandergebrochenen Kometen schlugen mit einer solchen Geschwindigkeit in die Jupiteratmosphäre ein, dass sie beim Aufprall explodierten und dunkle Narben hinterließen. Es war das erste Mal überhaupt, dass ein Kometeneinschlag auf einem Planeten beobachtet werden konnte, und die Aufmerksamkeit war entsprechend: Unzählige Teleskope wurden auf die Einschlagstellen gerichtet. Die Auswertung der gesammelten Daten erbrachte neue Erkenntnisse sowohl über die Jupiteratmosphäre als auch über die Zusammensetzung der Kometen.

DIE GALILEISCHEN MONDE

Mit 63 bekannten Trabanten besitzt der Jupiter das größte Mondsystem im Sonnensystem. Einige wurden schon vor rund 400 Jahren im Zuge der Erfindung des Fernrohrs gesichtet, andere wurden erst von Raumsonden entdeckt, die die lange Reise zu dem Planeten unternahmen.

Das Trabantensystem des Jupiters umfasst vier große Monde (die Galileischen Monde) sowie viele kleinere Körper in unterschiedlichen Entfernungen. Die meisten von ihnen sind

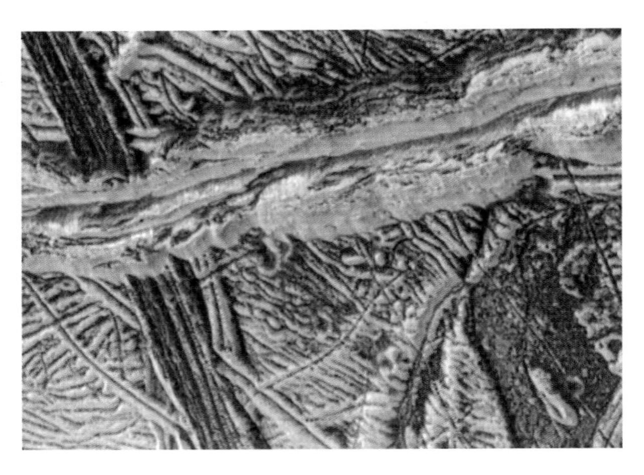

Oben *Galileo*-Nahaufnahme der Jupiteroberfläche. Die gefrorene Oberfläche weist ein Kreuz und Quer alter Brüche (dunkel) auf, während die helleren Brüche vermutlich sehr viel jüngeren Datums sind.

Links Auf ihrem Weg zum Saturn machte *Cassini* auch einige bemerkenswerte Aufnahmen vom Südpol des Jupiters. Sie zeigen bunte Wolkengebilde aus rot-braunen und weißen Bändern sowie den Großen Roten Fleck.

Seite 73 Eine aus *Cassini*-Aufnahmen zusammengesetzte Echtfarbenansicht des Jupiters. Die kleinen hellen Wolken links vom Großen Roten Fleck sowie in der Nordhälfte des Planeten entstehen und verschwinden innerhalb weniger Tage. Die Wolkenstreifen werden von den starken Jetstreams, die parallel zu den farbigen Bändern verlaufen, mitgerissen.

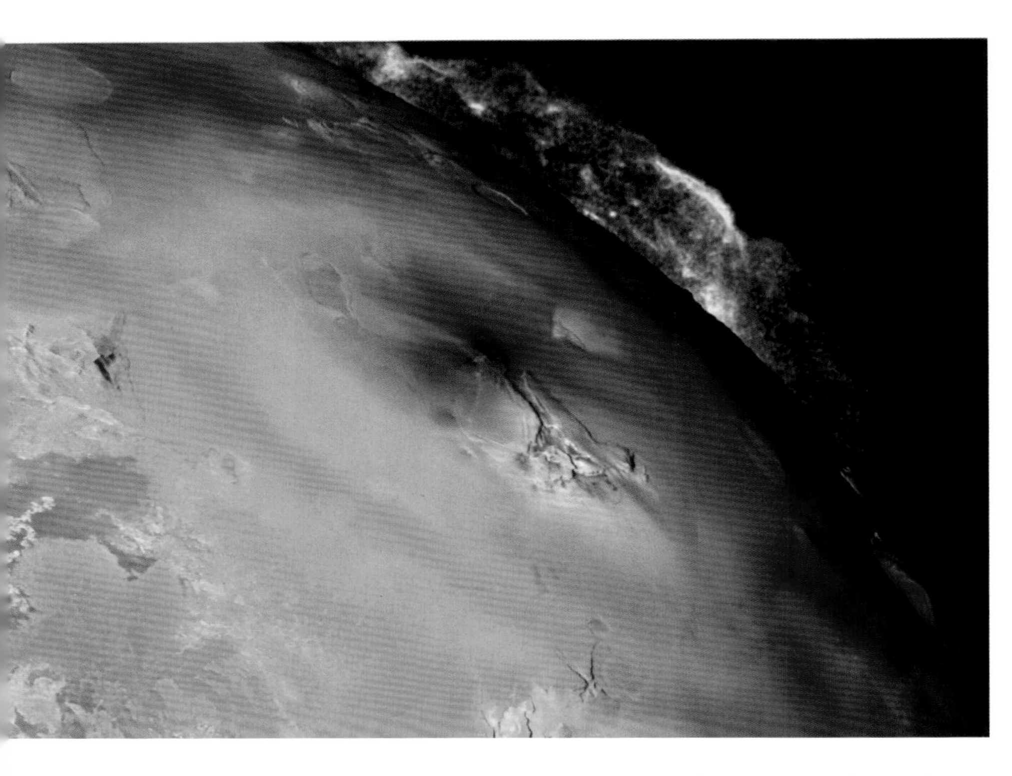

Oben Schwefeleruption aus dem Vulkan Pele auf dem Jupitermond Io, aufgenommen von *Voyager 2*.

vermutlich zeitgleich mit dem Planeten entstanden. Andere sind wohl unabhängige Körper, die von der enormen Schwerkraft des Jupiters auf eine Umlaufbahn gezwungen wurden.

Die ersten vier Monde wurden im Januar 1610 von Galileo Galilei entdeckt. Mit dem von ihm konstruierten Teleskop, einem der ersten der Welt, erblickte er vier kleine Punkte in der Nähe des Planeten. Nachdem er sie mehrere Nächte hindurch beobachtet hatte, gewann er die Überzeugung, dass sie den Planeten umkreisten.

Diese Beobachtung hatte weitreichende Konsequenzen, bewies sie doch, dass es zumindest einige Himmelskörper gab, die sich nicht um die Erde drehten. Damals herrschte die weitgehend auf religiösen Vorstellungen beruhende Ansicht vor, die Erde sei der Mittelpunkt des Universums und alles andere kreise um sie. Galileos Entdeckung führte dazu, dass diese Sichtweise zugunsten einer Theorie aufgegeben wurde, die auf Vernunft und Fakten beruhte.

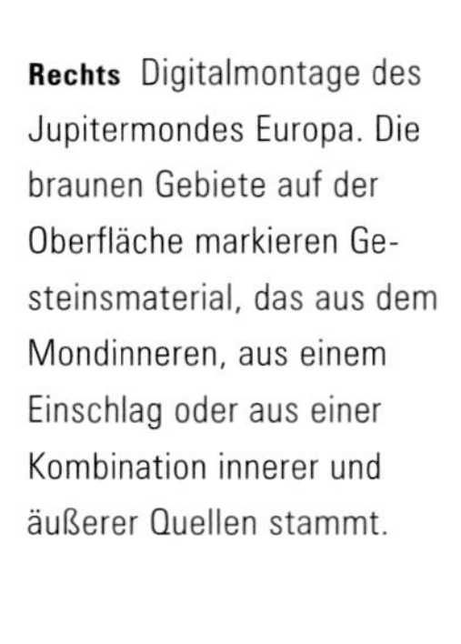

Rechts Digitalmontage des Jupitermondes Europa. Die braunen Gebiete auf der Oberfläche markieren Gesteinsmaterial, das aus dem Mondinneren, aus einem Einschlag oder aus einer Kombination innerer und äußerer Quellen stammt.

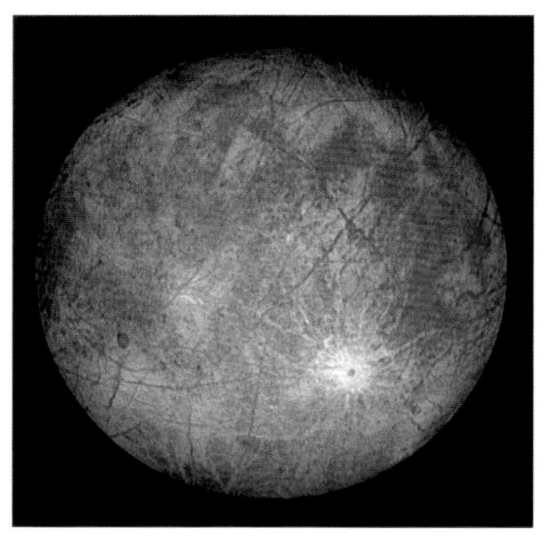

Nach ihrer Entdeckung wurden die Monde zunächst als Jupiter I, II, III und IV bezeichnet, erst in der Mitte des letzten Jahrhunderts wurden sie offiziell benannt. Gemäß einem Vorschlag von Simon Marius, einem Zeitgenossen Galileos, der stets behauptet hatte, er habe sie als Erster entdeckt, erhielten die Galileischen Monde die Namen Io, Europa, Ganymed und Kallisto. Jeder von ihnen hat seine speziellen Eigenschaften und Besonderheiten.

VULKANWELT

Io ist der innerste der Galileischen Monde des Jupiters und einer der faszinierendsten Körper im Sonnensystem überhaupt. Er ist ein großer Mond mit einem Durchmesser von 3600 Kilometer – im ganzen Sonnensystem gibt es nur drei Monde, die größer sind. Io ist auch der dichteste Mond und derjenige Körper im Sonnensystem mit der größten vulkanischen Aktivität.

Die erste Eruption auf der Io-Oberfläche wurde von der Raumsonde *Voyager 1* beobachtet; im Lauf der Zeit folgten acht weitere. Anders als auf der Erde spucken die Vulkane keine Lava, sondern sie schleudern Schwefelverbindungen ins All. Ein Teil dieses Schwefels bleibt in der Bahn des Mondes gefangen und bildet einen beständigen Torus (einen Ring in Form eines Schwimmreifens), der sich um den ganzen Jupiter zieht.

Der Vulkanismus auf Io ist für das geologisch junge, praktisch kraterlose Erscheinungsbild der Mondoberfläche verantwortlich; Einschlagkrater werden durch die vulkanische Aktivität rasch überdeckt. Seine Energie bezieht Io aus den Gezeitenkräften, die der Jupiter einerseits und die anderen Galileischen Monde andererseits auf ihn ausüben. Ein jeder dieser Körper zerrt in unterschiedlicher Richtung an Io und bringt ihn dazu, sich zusammenzuziehen und wieder zu dehnen. Dabei entsteht die innere Hitze, die den Vulkanismus antreibt. Io besitzt zudem Seen aus flüssigem Schwefel, Berge und Lavaströme. Die Tatsache, dass Schwefelverbindungen mit der Temperatur ihre Farbe verändern, verleiht Io sein wunderbar abwechslungsreiches Farbschema. Anders als seine Geschwister weiter draußen besitzt Io so gut wie kein Wasser.

Schwefel und seine Verbindungen spielen auf dem Mond deutlich die Hauptrolle, weshalb anfangs vermutet wurde, bei den Lavaströmen handele es sich um flüssigen Schwefel. Temperaturmessungen dieser Ströme zeigten jedoch, dass Schwefel bei dieser Hitze einfach verkocht wäre; möglicherweise handelt es sich daher um geschmolzenes Gestein. Die Raumsonde *Galileo* fand heraus, dass Io einen Eisenkern mit einem Durchmesser von mindestens 900 Kilometer besitzt.

LEBEN UNTER DEM EIS?

Der nächstfolgende Galileische Mond ist Europa – ein Körper, der für die Wissenschaft von größtem Interesse ist. In den vergangenen zehn Jahren wurde zunehmend über die Möglichkeit spekuliert, ob es anderswo im Sonnensystem simple Lebensformen geben könne. Diese Spekulation entsprang neuen Erkenntnissen über die Zähigkeit irdischer Lebensformen sowie neuem Wissen über die Bedingungen auf manchen anderen solaren Körpern.

Einer dieser Körper ist Europa, der möglicherweise einen 100 Kilometer tiefen Ozean zwischen dem Gesteinsmantel und seiner Eiskruste besitzt. Europas Oberfläche ist sehr glatt, was darauf hindeutet, dass er geologisch „jung" ist. Außerdem ist er von faszinierend gefärbten Mustern bedeckt, deren Ursprung unbekannt ist. Es gibt Vermutungen, wonach er das Resultat eines Prozesses ist, bei dem flüssiges Material von unten durchs Eis bricht, möglicherweise in Gestalt von Geysiren (wie auf dem Neptunmond Triton). Andere spekulieren, dass Mikroorganismen die rötlichbraune Färbung verursachen könnten. Der mögliche unterirdische Ozean auf Europa könnte einfaches Leben beherbergen, doch die Frage, wie Leben in einer solchen Eiswelt entstehen konnte, muss fürs Erste unbeantwortet bleiben. Vielleicht werden sich einst Roboter durchs Eis zu dem darunterliegenden Ozean bohren bzw. schmelzen. Mithilfe empfindlicher Instrumente könnten sie das Wasser analysieren und Tests auf Anzeichen für Leben durchführen.

Die Oberfläche Europas ist mit Linien und Strukturen überzogen. Satellitenaufnahmen enthüllen sie als Regionen, wo die Eisfläche aufgebrochen und beiseite geschoben wurde. Die meisten sind vermutlich durch Gezeitenkräfte des Jupiters entstanden, manche könnten aber auch von Geysiren herrühren. Die Oberfläche weist auch kleinere Strukturen auf, wo möglicherweise Material von unten hervorgequollen ist.

Daten der *Galileo*-Mission haben gezeigt, dass Europa durch Interaktion mit dem Magnetfeld des Jupiters ein eigenes erzeugt – vielleicht ein indirekter Beweis für die Existenz eines salzigen Ozeans unter der Oberfläche. Die zähe Europa-Atmosphäre besteht aus Sauerstoff, der durch Einwirkung von Sonnenlicht aus Wassermolekülen freigesetzt wurde.

Unten Nicht maßstäbliche Fotomontage des Jupiters mit den Galileischen Monden in ihrer relativen Position. Io, Europa, Ganymed und Kallisto werden zu Ehren ihres Entdeckers als Galileische Monde bezeichnet.

Oben Ganymed, der größte Jupitermond, auf einer Aufnahme der Raumsonde *Voyager 1*. Ganymed ist der größte Mond im Sonnensystem und der drittnächste Jupitermond.

DER GRÖSSTE MOND

Mit einem Durchmesser von 5260 Kilometer ist Ganymed nicht nur der größte Jupitermond, sondern auch der größte Mond des Sonnensystems überhaupt. Zum Vergleich: Der Erdmond ist mit 3475 Kilometer viel kleiner. Ganymed ist der drittnächste Jupitermond.

Man nimmt an, dass Ganymed aus drei Schichten besteht: einem kleinen Eisenkern (vielleicht mit Schwefelbeimischung), gefolgt von einer dicken Gesteinsschicht und einer Eiskruste. Die Oberfläche weist drei unterschiedliche Geländeformen auf. Die ersten sind jüngere, hellgefärbte Regionen mit Höhenzügen und Linienmustern, die vermutlich entstanden, als tektonische Kräfte die Kruste dehnten. Die zweiten, dunkleren Gebiete sind mit Einschlagkratern übersät, was darauf hinweist, dass diese Gebiete geologisch weit älter sind als die helleren Regionen. Die dritten, ebenfalls dunklen Gebiete sind vermutlich sehr alt, nämlich rund vier Milliarden Jahre.

Ganymed ist der einzige Mond mit eigenem Magnetfeld, das wahrscheinlich durch Ströme im Kern erzeugt wird. Die Atmosphäre Ganymeds ist sehr dünn und besteht aus Sauerstoff; wie bei Europa entsteht sie dadurch, dass Sonnenlicht die Wassermoleküle der eisigen Oberfläche in ihre Bestandteile Wasserstoff und Sauerstoff aufspaltet.

KALLISTO

Der vierte Galileische Mond ist Kallisto, der mit ungefähr Merkurgröße ebenfalls größer ist als unser Erdmond. Wie die anderen Galileischen Monde besteht vermutlich auch Kallisto aus Eis und Gestein. Die eisige Oberfläche ist wohl bis zu 100 Kilometer dick und dicht mit Kratern übersät. Unter der Kruste könnte sich ein Ozean aus Salzwasser erstrecken, der abhängig von seiner chemischen Zusammensetzung zwischen 10 und 300 Kilometer tief sein könnte. Der Rest des Mondinneren besteht wahrscheinlich aus Gestein, das zum Mittelpunkt hin zunehmend dichter wird.

Die Oberfläche ist eigentlich eine Mischung aus Gestein und Eis und weist verschiedene Geländeformen auf. Weitaus am häufigsten sind kraterübersäte Ebenen, es gibt jedoch auch kleine Regionen aus glatterem Untergrund, die wahrscheinlich Hinterlassenschaften von Vulkanausbrüchen sind. Die auffälligsten Strukturen sind die Einschlagbecken Valhalla und Asgard, die von konzentrischen Ringwällen umgeben sind. Kallistos Atmosphäre ist extrem dünn und besteht hauptsächlich aus Kohlendioxid.

Unten Kallisto, einer der vier großen Jupitermonde, wurde nach einer der zahlreichen Geliebten des Zeus benannt. Auf der *Voyager*-Aufnahme gleicht der Mond einem vernarbten Hagelkorn.

WEITERE MONDE

Die Galileischen Monde beanspruchen sicherlich die größte Aufmerksamkeit für sich, doch gibt es außer diesen vieren noch viel mehr Jupitermonde. Nach ihren Umlaufeigenschaften werden sie in mehrere Gruppen eingeteilt.

Die erste Gruppe umfasst vier kleine Monde, die näher am Jupiter kreisen als ihre Galileischen Verwandten: Metis, Adrastea, Amalthea und Thebe. Mit einem Durchmesser von rund 200 Kilometer sind sie allesamt klein. Vermutlich bildeten sie sich zeitgleich mit den Galileischen Monden. Eine Sonderrolle spielt Themisto, der zwischen den Galileischen Monden und der nächstäußeren Himalia-Gruppe kreist und nur acht Kilometer misst.

Es folgt die Himalia-Gruppe mit Leda, Himalia, Lysithea und Elara, wobei es hier noch ein fünftes Mitglied geben könnte, das aber noch nachgewiesen werden muss. All diese Monde umkreisen den Jupiter in einem Winkel von 27 Grad; dies plus die Tatsache, dass sie chemisch ähnlich aufgebaut sind, legt nahe, dass sie einst zu einem einzigen Körper gehörten, der irgendwann auseinanderbrach.

Es folgt Carpo, wieder ein sehr kleiner Einzelgänger (drei Kilometer); auch hier könnte ein kürzlich entdeckter kleiner Mond zugehören.

Die genannten Monde sind alle prograd, sie umkreisen den Jupiter also in dessen Rotations-

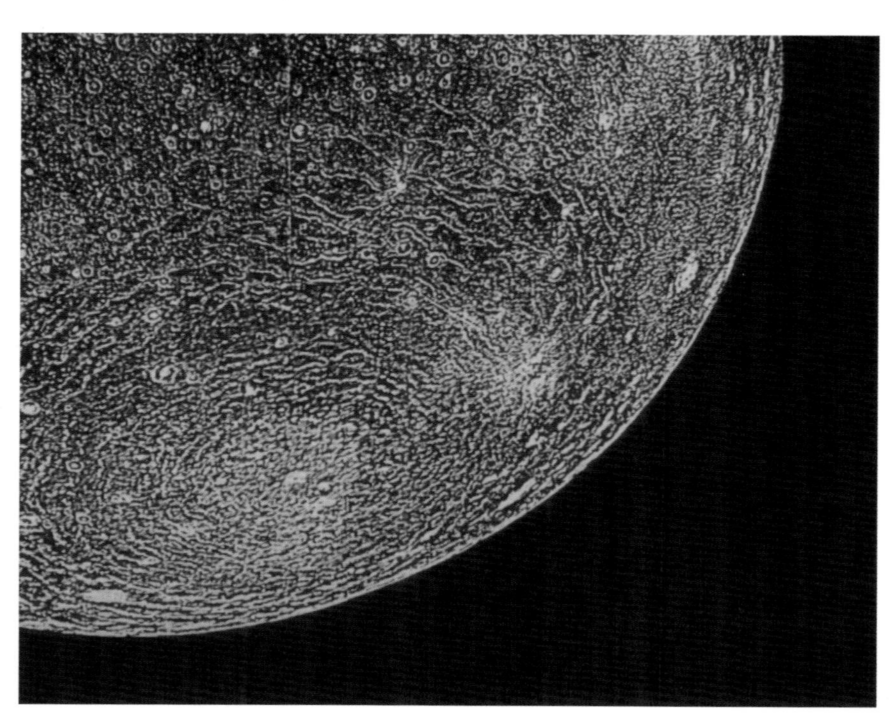

DER GROSSE ROTE FLECK

Stellen Sie sich einen planetaren Sturm vor, der so groß ist, dass die Erde dreimal hineinpassen würde. Weltraumforscher brauchen sich einen solchen Sturm nicht vorzustellen, sie müssen nur auf das hervorstechendste Merkmal des Jupiters schauen. Der Große Rote Fleck ist ein gigantischer Antizyklon, der seit mehr als 175 Jahren existiert und wahrscheinlich auch identisch ist mit dem Fleck, den Cassini 1665 sah.

Mit Dimensionen von rund 12 000–14 000 km mal 24 000–40 000 km ist er der bei weitem größte Sturm im Sonnensystem. Auf anderen Planeten wie Saturn und Neptun gibt es kleinere Ausgaben.

Der Fleck befindet sich in der südlichen Jupiterhemisphäre etwa um den 22. Breitengrad. Der ovale Sturm rotiert entgegen dem Uhrzeigersinn im Grenzbereich zwischen zwei äquatorialen Wolkenbändern.

Mit der Zeit hat er seine Farbe von Blassrosa in ein dunkleres Rot verändert. Messungen zeigen, dass der Fleck höher ist als die umliegenden Wolkengipfel.

richtung. Alle übrigen Monde sind retrograd, d. h., sie umkreisen den Planeten entgegen seiner Rotationsrichtung. Das genügt fast schon als Bewei dafür, dass es sich bei ihnen um wandernde Körper handelte, die vom Jupiter auf ihre heutigen Umlaufbahnen gezwungen wurden.

Die erste Gruppe dieser Monde hat sieben Mitglieder: Ananke, Praxidike, Iocaste, Harpalyke, Thyone, Euanthe und Euporie. Ananke ist mit einem Durchmesser von 30 Kilometer der mit Abstand größte dieser Monde, während der Rest zwischen zwei und sieben Kilometer misst. Die nächste Gruppe besteht aus 13 Mitgliedern einschließlich Carme, dessen Durchmesser 45 Kilometer beträgt. Die äußerste Gruppe umfasst sieben Hauptmitglieder einschließlich Pasiphae mit einem Durchmesser von 60 Kilometer. Viele der Körper in diesen letzten Gruppen stammen wahrscheinlich von größeren Einzelkörpern, die durch Einwirkung der Schwerkraft des Jupiters auseinanderbrachen.

In den ersten Jahren dieses Jahrhunderts wurden weitere Monde entdeckt, doch ist über sie noch zu wenig bekannt, um sie einer Gruppe zuzuordnen.

Unten Das wohl bekannteste Merkmal des Jupiters ist der beeindruckende Große Rote Fleck, der sich durch ein 20-cm-Teleskop problemlos beobachten lässt und eine Sturmregion bezeichnet, die vom Äquator bis in südpolare Breiten reicht.

Oben Das Ringsystem des Jupiters auf Aufnahmen der Raumsonde *Galileo*, die aus dem Jupiterschatten heraus mit Blickrichtung Sonne entstanden. Das Ringsystem ist dreigeteilt: ein äußerer Gossamer-Ring, ein flacher Hauptring sowie ein torusförmiger Halo. Die Ringe bestehen aus staubkorngroßen Partikeln, die in Folge kleinerer Einschläge von den nahen inneren Monden gesprengt wurden.

RINGE

Wie der Saturn, so hat auch der Jupiter ein Ringsystem, das allerdings nicht annähernd so spektakulär ist. Das Ringsystem des Jupiters besteht wahrscheinlich aus Staubpartikeln, während das des Saturns aus Eisbrocken besteht.

Kaum jemand hätte damit gerechnet, dass auch der Jupiter Ringe haben könnte, doch einige Forscher der *Voyager-1*-Mission setzten durch, dass die Sonde während ihres Vorbeiflugs im März 1979 auch danach suchte. Sie fand drei Ringe. Der innere Halo, ein wie ein Schwimmreifen geformter Ring (Torus), ein hellerer Hauptring sowie ein schwächerer, aus drei Teilen bestehender sogenannter Gossamer-Ring.

Da die Ringe kleine Monde im Schlepptau haben, wird vermutet, dass sie aus Material bestehen, das durch Meteoriten aus der Oberfläche dieser Monde gesprengt wurde. Metis und Adrastea sind für den Hauptring verantwortlich, während das Material der Gossamer-Ringe wahrscheinlich von Amalthea und Thebe stammt.

Der Halo erstreckt sich in einer Entfernung von etwa 89 000 bis 123 000 Kilometer vom Jupiterzentrum; der Hauptring ist 123 00 bis 129 000 Kilometer und der Gossamer-Ring 129 000 bis 280 000 Kilometer entfernt.

MAGNETOSPHÄRE

Das Magnetfeld des Jupiters ist sehr kräftig und erstreckt sich weit in den Weltraum hinaus. Es ist so groß, dass die Sonne mitsamt ihrer Korona mühelos darin Platz fände. Könnten wir es von der Erde aus sehen, wäre es mehrfach größer als der Mond, denn die Magnetosphäre des Jupiters ist das größte Objekt im Sonnensystem. Wahrscheinlich wird sie durch elektrische Ströme in seinem Kern aus metallischem Wasserstoff erzeugt. Die Magnetosphäre reicht auf der sonnenzugewandten Seite rund fünf Millionen Kilometer und auf der sonnenabgewandten Seite unglaubliche 650 Millionen Kilometer weit und kommt damit sogar der Saturnbahn nahe!

Das Magnetfeld fängt geladene Teilchen wie Wasserstoff-, Helium-, Sauerstoff- und Schwefelionen ein. Der Schwefel stammt vom Mond Io, dessen Vulkane große Mengen dieses Elements in den Weltraum speien. Ein Teil dieses Schwefels wird vom Magnetfeld des Jupiters in einen Torus gezwungen, der den Jupiter in der Bahnentfernung von Io umkreist.

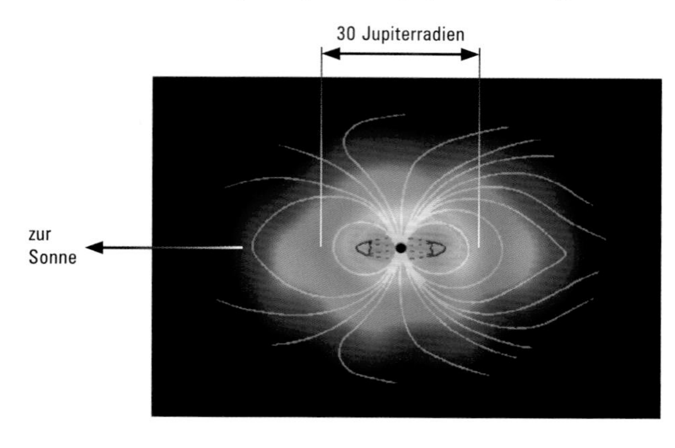

Rechts Eine riesige Magnetosphäre aus geladenen Teilchen wirbelt um den Jupiter. Der schwarze Kreis zeigt die Größe des Jupiters, die Linien zeigen das Magnetfeld des Planeten sowie einen Querschnitt durch den Io-Torus, der sich in Folge von Vulkanausbrüchen auf diesem Jupitermond gebildet hat und den Jupiter im Zuge der Io-Bahn umkreist. Einem Beobachter auf der Erde würde die Magnetosphäre des Jupiters, die größte Region im Sonnensystem, dreimal so groß erscheinen wie Sonne oder Mond.

RAUMMISSIONEN

Acht Raumsonden haben bisher den weiten Weg zum Jupiter zurückgelegt, doch nur eine von ihnen hat längere Zeit dort zugebracht. Die erste Begegnung gelang den Zwillingssonden *Pioneer 10* und *Pioneer 11* der NASA, die den Jupiter im Dezember 1973 bzw. Dezember 1974 erreichten. Im März und Juli 1979 folgte ihnen das Sondenpaar *Voyager 1* und *Voyager 2*.

Diese Missionen erlaubten einen ersten Blick auf den Gasriesen aus der Nähe und entdeckten neue Monde, die Ringe, Details der Atmosphäre und das riesige Magnetfeld.

Alle Sonden führten ein sogenanntes Swing-by-Manöver aus, bei dem eine Raumsonde nahe an einem Planeten vorbeifliegt und dabei Geschwindigkeit aufnimmt.

In diesem Fall ermöglichte die höhere Geschwindigkeit die Weiterreise zum Saturn und im Fall von *Voyager 2* sogar einen Besuch bei Uranus und Neptun.

Drei weitere Raumsonden nutzten den Jupiter für ein Swing-by: die Sonnensonde *Ulysses*, die 1992 um den Jupiter flog, um auf eine Bahn über den Sonnenpolen einzuschwenken; *Cassini* kam 2000 auf dem Weg zum Saturn vorbei; und *New Horizons* schließlich, eine Sonde mit Ziel Pluto, passierte den Jupiter

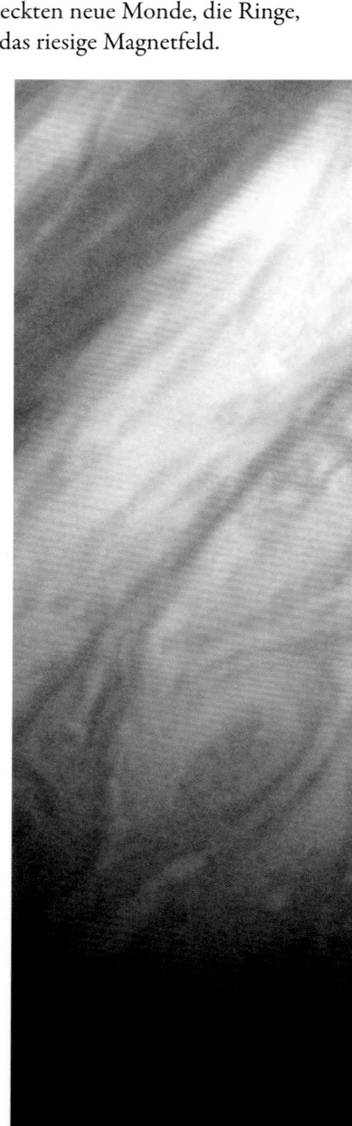

Rechts Fragmente des Kometen Shoemaker-Levy 9 haben acht Einschlagstellen verursacht, die auf dieser Aufnahme der Planetenkamera von Hubble als dunkelrote Flecken erkennbar sind. Während manche Merkmale wie der Große Rote Fleck von Dauer sind, verändern sich viele der hier sichtbaren Merkmale in der turbulenten Atmosphäre rasch.

im Februar 2007. Während *Ulysses* keine Kameras an Bord hatte, die ihre Reise durch das Jupitersystem festhalten konnten, funkten *Cassini* und *New Horizons* wertvolle Bilder vom Jupiter und seinen Monden. Die wichtigste Jupitersonde war jedoch *Galileo*, die im Oktober 1989 ins All geschossen wurde und den Planeten im Dezember 1995 erreichte. In den folgenden acht Jahren umkreiste sie den Planeten und dokumentierte auch die faszinierenden Jupitermonde fotografisch.

Eine Tochtersonde drang in die Jupiteratmosphäre ein und unternahm dort die ersten direkten Messungen von deren chemischer Zusammensetzung, der Windgeschwindigkeiten, des Drucks etc. Während die Sonde 152 Kilometer durch die oberen Schichten der Atmosphäre sank, übertrug sie 58 Minuten lang Daten. Ein weiterer Schwerpunkt der *Galileo*-Mission war die Beobachtung der Jupitermonde, über die vorher zum Teil nur sehr wenig bekannt war.

Unten links Digitale Montage der Raumsonde *Pioneer 11* im Orbit über dem Jupiter. *Pioneer 11* war die zweite Raumfahrtmission zur Erforschung des Jupiters und des äußeren Sonnensystems.

STURZ INS UNGEWISSE

Sieben Missionen wurden bisher zum Jupiter entsandt, aber lediglich die Raumsonde *Galileo* war für einen dauerhaften Aufenthalt vorgesehen. Kurz vor ihrer Ankunft im Dezember 1995 setzte *Galileo* eine Tochtersonde aus, die in die Atmosphäre des Gasriesen eintauchte. Durch einen Hitzeschild vor der Reibungshitze geschützt und von einem Bremsfallschirm gehalten, funkte die Tochtersonde während ihres Sinkflugs durch die Wolken etwa eine Stunde lang Daten, bis sie der stetig anwachsende Druck zerstörte.

Nach acht Jahren in der Umlaufbahn des Jupiters hatte *Galileo* ihr Lebensende erreicht. Um zu verhindern, dass sie unkontrolliert durchs Jupitersystem torkelte und bei einem Aufprall womöglich den Mond Europa mit irdischen Bakterien verseuchte, wurde sie ebenfalls in die Atmosphäre gelenkt und verglühte dort.

Unten Künstlerische Impression von *Galileos* Tochtersonde, die, von einem Hitzeschild geschützt, in die Jupiteratmosphäre eintauchte und von dort etwa eine Stunde lang Daten sendete, bevor sie zerdrückt wurde.

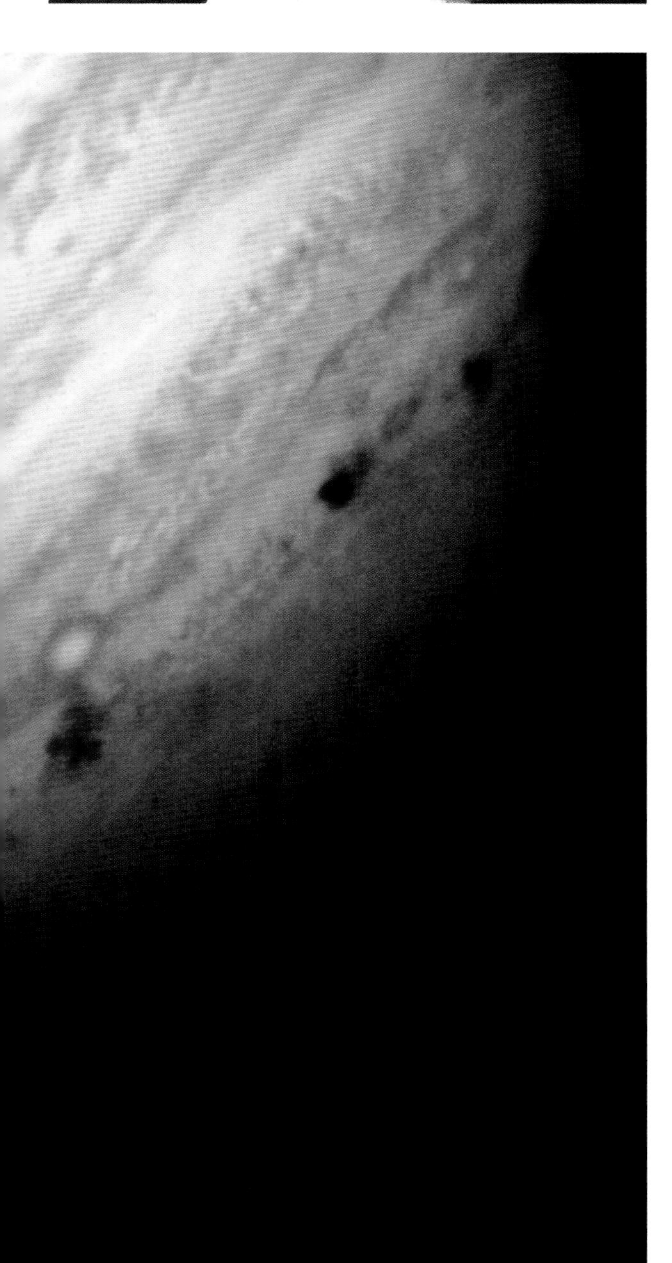

Saturn

STECKBRIEF

Planetare Reihenfolge
Sechster Planet von der Sonne aus

Durchschnittliche Entfernung von der Sonne
9,53 AE/1 426 725 400 km

1 Saturntag
10,656 Erdenstunden

1 Saturnjahr
29,4 Erdenjahre

Äquatorialer Radius (Erde = 1)
9,449

Masse (Erde = 1)
95,16

Effektive Temperatur
–178°C

Atmosphäre
93 % Wasserstoff, 5 % Helium, Spuren von Methan, Wasserdampf, Ammoniak, Ethan, Phosphorwasserstoff

Monde/Trabanten
Titan und 55 weitere Monde.

Besonderheiten
Tausende von Ringen aus Eis- und Gesteinspartikeln, die vermutlich Bruchstücke von Kometen, Asteroiden oder Monden sind.

Oben rechts Detail eines Freskos mit Saturn, dem Vater des Jupiter, an der Hallendecke im Collegio del Cambio (Perugia, Italien).

Der Saturn ist derjenige Planet, der von Laien wie erfahrenen Astronomen sofort erkannt wird. Sein spektakuläres Ringsystem macht ihn zum Juwel des Sonnensystems.

Der Saturn ist der sechste Planet von der Sonne aus – und wohl der schönste und am leichtesten zu identifizierende aller Planeten. Seinen Namen hat er von Saturnus, dem römischen Gott des Ackerbaus; von den Griechen wurde er mit Kronos in Verbindung gebracht.

Der Saturn ist problemlos mit bloßem Auge beobachtbar Er umkreist die Sonne auf einer leicht elliptischen Bahn, die neun- bis zehnmal sonnenferner verläuft als die Erdbahn. Ein vollständiger Orbit dauert 30 Erdenjahre.

Der Saturntag, also die Zeit, die der Planet benötigt, um einmal um seine Achse zu rotieren, beträgt vermutlich 10 Stunden und 45 Minuten, was für einen Planeten sehr schnell und ein Grund dafür ist, weshalb der Saturn am Äquator eine leichte Beule aufweist. Er ist ein abgeflachtes Spheroid mit einem Äquatordurchmesser von 120 530 Kilometer, die Entfernung zwischen den Polen beträgt 108 730 Kilometer.

Der Saturn besitzt rund das 95-Fache der Erdmasse, doch würde die Erde sogar 760-mal in sein Volumen passen. Diese Zahlen sind ein Beleg für die geringe Dichte des Saturns, die tatsächlich zu den geringsten aller Planeten gehört und nur rund 70 Prozent der Dichte von Wasser entspricht. Gäbe es einen Ozean, der groß und tief genug wäre, dann könnte man den Saturn darin schwimmen lassen!

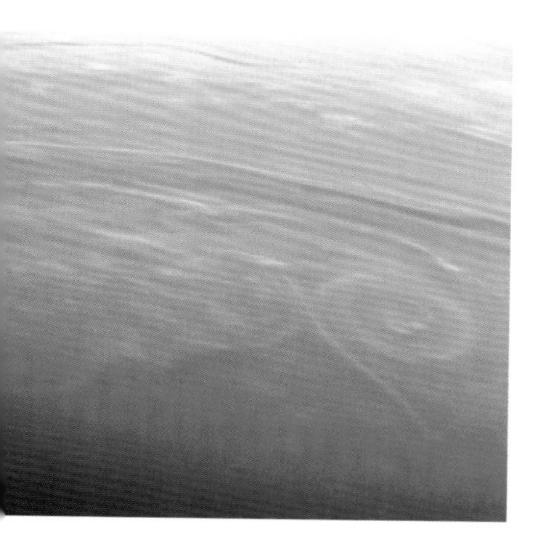

Links Auf dieser *Cassini*-Aufnahme sind helle Wolken zu erkennen, die in gigantischen Schwärmen in der traumhaften Atmosphäre des Saturn schwimmen. Die Wolkenstreifen sind höher und werfen daher Schatten auf ihre Umgebung.

INNERER AUFBAU UND ZUSAMMENSETZUNG

Wie die anderen Gasriesen besitzt der Saturn keine sichtbare feste Oberfläche. Was wir sehen, sind lediglich die oberen Schichten seiner Wolken. Wie der Jupiter besteht auch der Saturn hauptsächlich aus Wasserstoff (rund 93 Prozent) und Helium (etwas unter sieben Prozent) sowie Spuren anderer Gase wie Methan, Ethan und Ammoniak. Die oberen Wolken bestehen aus gefrorenen Ammoniakkristallen, die unteren Schichten wahrscheinlich aus Ammoniumsulfid und/oder Wasser.

Saturn und Jupiter sind in vieler Hinsicht wie Zwillinge. Wie der Jupiter birgt auch der Saturn tief unter seinem Äußeren vermutlich einen festen Gesteinskern. Die Temperaturen dort dürften sehr hoch sein, um die 12 000 Grad Celsius. Tatsächlich gibt der Saturn mehr Energie ab, als er von der Sonne empfängt. Ursache hierfür ist wahrscheinlich jene Hitze, die entsteht, weil der Planet sich unter seiner eigenen Anziehungskraft langsam zusammenzieht. Möglicherweise stammt sie auch von Tröpfchen aus flüssigem Helium, die sich tief im Planeteninnern bilden und abregnen.

Um den Kern schließt sich eine dicke Schicht aus metallischem Wasserstoff an (Wasserstoff, der unter enormem Druck steht). Die äußere Schicht besteht aus Wasserstoffgas mit den Wolkenschichten, die um den Planeten wirbeln.

BEWÖLKTER HIMMEL

Wie den Jupiter umkreisen auch den Saturn Wolkenbänder, wobei diese nicht so farbenfroh sind wie beim größeren Bruder. Eine weitere Parallele ist das stürmische Wetter; häufig werden ovale Stürme gesichtet. In den Jahren zwischen den Besuchen der *Voyager*-Sonden (1981) und den Beobachtungen durch das Hubble-Weltraumteleskop (1990) hatte sich eine ausgedehnte weiße Wolkenformation gebildet, und einige Jahre später wurde ein anderer, kleinerer Sturm beobachtet.

Beim Saturn scheinen sich bevorzugt Große Weiße Flecken in der Nordhemisphäre zu entwickeln, die dem Großen Roten Fleck des Jupiters ähneln. Doch im Unterschied zu diesem ist der Große Weiße Fleck wohl ein kurzlebiges Phänomen, das in einem Turnus von rund 30 Jahren (ein Saturnjahr) kommt und geht – nämlich immer dann, wenn die nördliche Hemisphäre der Sonne zugewandt ist. Er wurde schon in den Jahren 1876, 1903, 1933 und 1960 beobachtet. Wir müssen uns noch bis 2020 gedulden, bis wir wissen, ob er wiederkehrt.

700 v.Chr.
Die ältesten schriftlichen Aufzeichnungen über den Saturn stammen von den Assyrern. Sie beschrieben den beringten Planeten als Funkeln in der Nacht und nannten ihn „Stern von Ninib“.

400 v.Chr.
Die alten Griechen benennen den Saturn, den sie für einen Wanderstern halten, zu Ehren des griechischen Gottes des Ackerbaus, Kronos.

ca. 150 v.Chr.
Die Römer, die vieles von der griechischen Kultur übernommen haben, benennen den Ringplaneten in Saturnus um.

1610
Galileo Galilei erblickt als Erster das Ringsystem des Saturns, interpretiert es aber irrtümlich als Monde, wie er sie bereits in der Nähe des Jupiters entdeckt hatte.

1655
Der holländische Astronom Christiaan Huygens entdeckt den Saturnmond Titan. Mit den Mitteln seiner Zeit erforscht er die Ringe des Saturns und kommt zu dem Schluss, dass es sich um einen einzigen breiten, flachen und festen Ring handelt.

1659
Huygens erkennt, dass die Saturnringe von dem Planeten getrennt sind.

1660
Jean Chapelain stellt die Theorie auf, die Saturnringe könnten aus kleinen Monden bestehen, die den Planeten umkreisen.

1671
Cassini entdeckt den zweiten Saturnmond, Iapetus. Durch Beobachtung der Lücken zwischen den Ringen findet er auch heraus, dass der Saturn mehr als einen Ring besitzt. Die größte dieser Lücken ist heute als Cassini-Teilung bekannt.

1789
Wilhelm Herschel entdeckt zwei weitere Saturnmonde, die Tethys und Dione genannt werden. Er berechnet die Rotationsdauer des Saturns auf zehn Stunden und 32 Minuten.

FAKTEN ZUM SATURNKERN

Der Saturn gehört zu den Gasriesen und ist der zweitgrößte Planet des Sonnensystems. Vermutlich besitzt er einen kleinen Gesteinskern, in dem Temperaturen bis zu 12 000 °C herrschen könnten. Der Saturn gibt mehr Hitze ab, als er von der Sonne empfängt, wobei die Eigenhitze wahrscheinlich durch gravitationsbedingte Kompression entsteht. An den Kern schließt sich eine Schicht aus metallischem Wasserstoff an. Die Atmosphäre besteht aus Wasserstoffgas sowie Wolkenschichten, die den Planeten einhüllen. Er ist der einzige Planet, dessen Dichte geringer ist als die von Wasser.

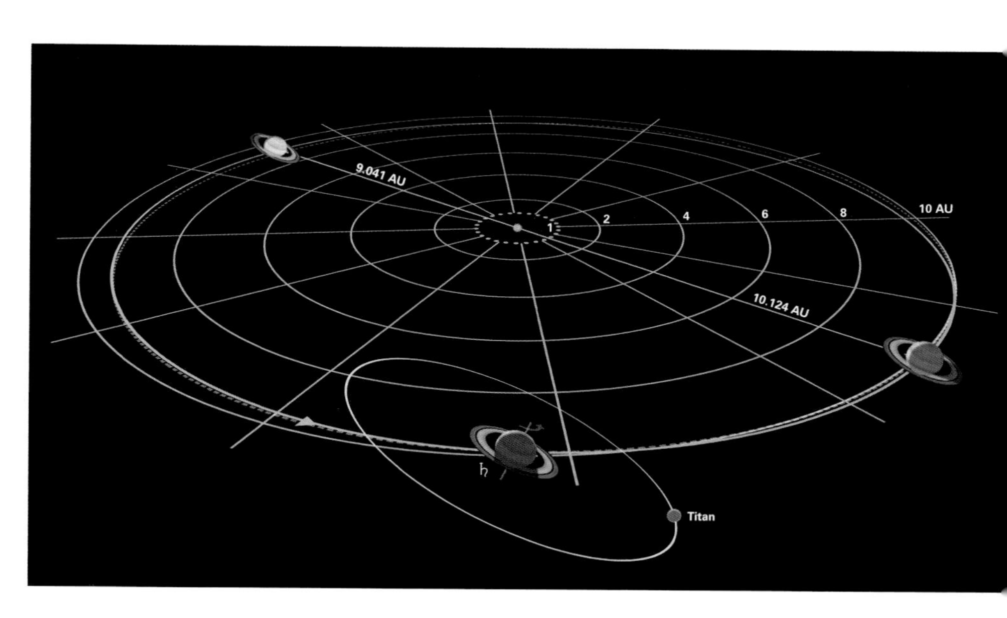

Oben Für einen Umlauf auf seiner um 2,484° gegen die Ekliptik geneigten Bahn benötigt der Saturn fast 30 Erdenjahre, wobei die Umlaufgeschwindigkeit variiert. Die Neigung der Rotationsachse beträgt 26,73°. Die Umlaufbahn des Saturns ist prograd – verläuft also, von oben betrachtet, entgegen dem Uhrzeigersinn. Die gestrichelte Linie gibt die Neigung der Saturnbahn gegen die Ebene des Sonnensystems an. (nicht maßstäblich)

Links Der Saturn und seine beiden Monde Tethys (oben) und Dione, aufgenommen im Jahr 1980 von *Voyager 1* aus einer Entfernung von 13 Millionen Kilometer. Die Schatten der drei hellen Saturnringe und von Tethys fallen auf die oberen Wolkenschichten.

1837
Der deutsche Astronom Johann Encke beobachtet ein dunkles Band in der Mitte des A-Rings, das später als Teilung zwischen zwei Ringen erkannt wird und heute als Enckesche Teilung bekannt ist.

1883
Britische Astronomen machen die ersten Fotoaufnahmen der Saturnringe.

1967
Walter Feibelman entdeckt den E-Ring des Saturns.

1979
Im September fliegt *Pioneer 11* auf ihrem Weg ins äußere Sonnensystem am Saturn vorbei. Die Sonde macht Fotos aus der Nahdistanz und wird in einem höchst riskanten Manöver durch die Ebene der Ringe gesteuert, von denen sie neue Bilder und Daten zur Erde sendet.

1981
Voyager 1 fliegt am Saturn vorbei. Auf spektakulären Fotoaufnahmen vom Saturn und seinen Ringen ist zu sehen, dass diese zum großen Teil aus Wassereis bestehen. Auch „geflochtene" Ringe, Locken und „Speichen" werden entdeckt.

1995
Das Hubble-Weltraumteleskop entdeckt vier neue Saturnmonde.

1997
Die NASA startet die Sonde *Cassini*, die eine Umlaufbahn um den Saturn einschlagen soll. An ihrer Seite trägt sie den Lander *Huygens*, der den Mond Titan untersuchen soll.

2005
Cassini setzt den Lander *Huygens* aus, der auf Titan landet. Titan ist damit der einzige Mond neben dem Erdmond, auf dem je eine Raumsonde gelandet ist.

2008
Cassini umkreist noch immer den Saturn und sendet Daten und Bilder vom Planeten ebenso wie Daten und Bilder, die Huygens vom Titan macht.

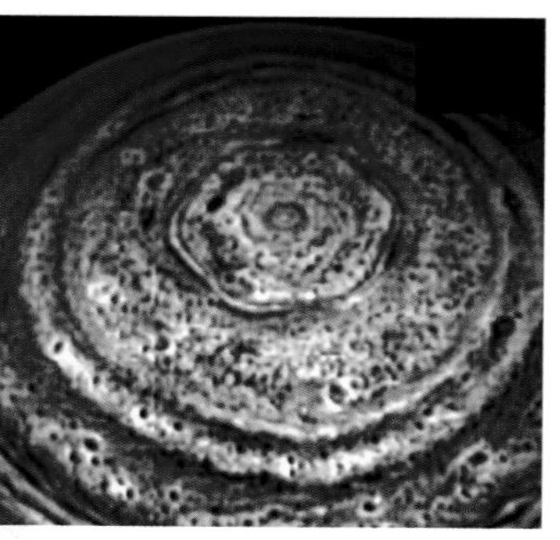

Oben Diese bizarre sechseckige Struktur, die den Saturn-Nordpol auf 78° nördlicher Breite umkreist, wurde sowohl vom optischen als auch vom Infrarot-Spektrometer von *Cassini* erfasst.

Ganz oben Dramatische Nahaufnahme eines hurrikanartigen Wirbels am Saturn-Südpol. Die gesamte Polarregion ist mit hellen Wolkenpunkten gespickt, und eine Wolke befindet sich sogar innerhalb des zentralen Rings des Polarsturms.

Rechts Diese Aufnahme der Raumsonde *Cassini* von 2004 zeigt die Magnetosphäre des Saturns. Magnetosphären sind magnetische Hüllen aus geladenen Partikeln, die einige Planeten umgeben, so auch die Erde.

Die Polarregionen des Saturns sind besonders interessant, da Nord- und Südpol unterschiedliche atmosphärische Merkmale aufweisen. Am Nordpol gibt es eine faszinierende sechseckige Wolkenformation, deren Seitenlängen rund 13 500 Kilometer messen – und damit größer ist als der Erddurchmesser! Diese sechseckigen Wolken reichen etwa 100 Kilometer tief in die Atmosphäre.

Das Hexagon wurde erstmals vor fast 30 Jahren von den *Voyager*-Sonden entdeckt, doch noch immer ist nicht bekannt, weshalb es sich gebildet hat. Viele Planetologen meinen, es könnte das Resultat „stehender Wellen" sein, bei denen es sich um eine Art Wellenstrom handelt, der auf der Stelle verharrt. Interessanterweise variiert die Radiostrahlung, die der Saturn ausstrahlt, in derselben Periode, in der das Hexagon rotiert. Möglicherweise gibt es zwischen Emission und Hexagon irgendeinen Zusammenhang, doch gilt das zurzeit als nicht sehr wahrscheinlich.

Ganz anders sieht es am Südpol aus. Sturmwinde und Wolken dort haben die traditionelle Rundform. Beobachtungen der Raumsonde *Cassini* haben erbracht, dass diese Region wie ein Zyklon oder Hurrikan auf Erden ein „Auge" besitzt.

Die Winde auf dem Saturn erreichen Geschwindigkeiten um 1800 Stundenkilometer und gehören damit zu den schnellsten Winden im ganzen Sonnensystem.

MAGNETOSPHÄRE

Saturns Magnetfeld ähnelt dem der anderen Gasriesen, ist allerdings kleiner und einfacher als das des Jupiters und mehr zentriert und an der Rotationsachse ausgerichtet.

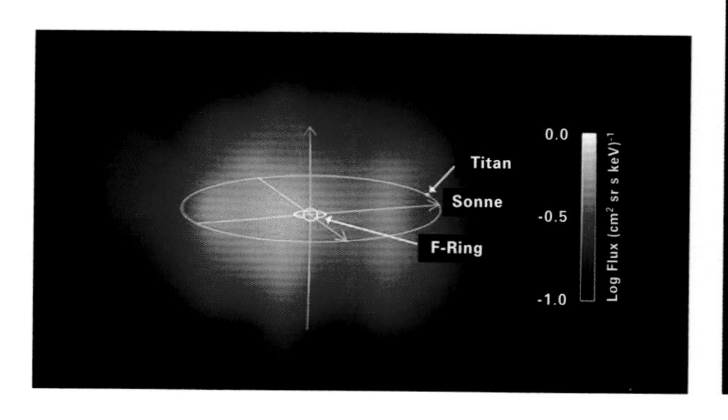

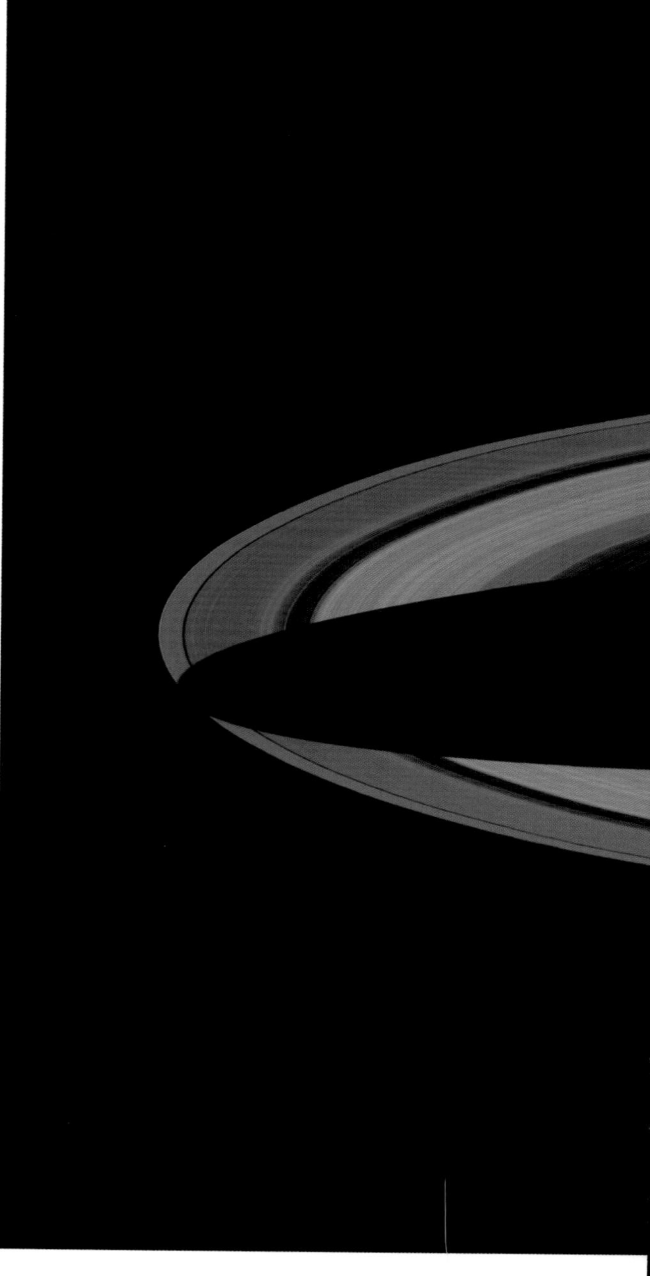

Tatsächlich ähnelt es dem Magnetfeld der Erde. Es bildet eine riesige Magnetosphäre um den Planeten, die Ringe, den Mond Titan und viele weitere Saturnmonde. Die Magnetosphäre fängt Gasmoleküle und Partikel ein, die teilweise aus der oberen Titanatmosphäre, teilweise aber auch von den Saturnringen und den anderen Monden stammen. Die Interaktion zwischen diesen Molekülen und Partikeln und dem Sonnenlicht ähnelt den Vorgängen bei Kometen.

IMMER IM KREIS

Da der Planet keine sichtbare feste Oberfläche besitzt, war es für die Wissenschaft schwierig, die genaue Rotationsgeschwindigkeit des Saturns zu bestimmen. Wie beim Jupiter umkreisen verschiedene Wolkenbänder den Planeten mit unterschiedlichen Geschwindigkeiten, sodass sie nicht als Messpunkte benutzt werden konnten, um die physische Rotation des Saturns um seine Achse zu messen. Die Äquatorregion vollführt eine Rotation in etwa 10 Stunden und 14 Minuten, während die übrige Atmosphäre dafür 10 Stunden und 39 Minuten benötigt.

Interessanterweise entspricht letztere Zeitspanne der Variation der natürlichen Radiostrahlung des Saturns. Lange bestand die Vermutung, die Periode der Radiostrahlung hänge mit der physikalischen Rotation des Saturnkerns zusammen.

Jüngste Forschungen ergaben, dass die Radiostrahlung durch die Menge des im Magnetfeld eingefangenen Gases beeinflusst wird, die die Rotation des Feldes abbremst. Man muss also eine neue Messmethode entwickeln.

Links Auf dieser Darstellung, die aus Bildern des Infrarotspektrometers von *Cassini* zusammengesetzt wurde, kann man die Hitze erahnen, die im Innern des Saturns lodert. Bei den hellen „Perlen" handelt es sich um Auflockerungen im sehr dichten Wolkensystem des Planeten.

Unten Auf dieser aus *Cassini*-Bildern zusammengesetzten Ansicht sind die Farbnuancen der Ringe zu erkennen. Sie werfen ihren Schatten auf die Nordhalbkugel des Planeten, dessen Schatten wiederum einen Teil der Ringe verdunkelt.

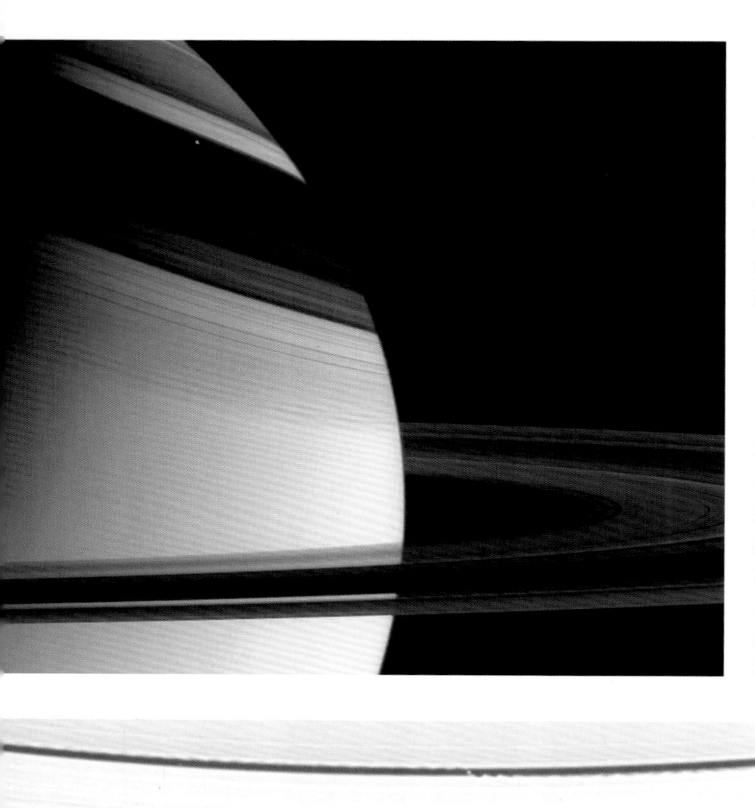

Links Der berückend schöne Saturn in schattiger Umarmung seiner prächtigen Ringe. Die *Cassini*-Aufnahme zeigt die subtile farbliche Abstufung Richtung Norden, die womöglich durch jahreszeitlich bedingte Einflüsse entsteht.

Unten Die Ausbuchtungen verraten, dass in der schmalen Keelerschen Teilung der kleine Saturnmond S/2005 S1 seine Bahn zieht. Die Keelersche Teilung befindet sich etwa 250 km vor dem äußeren Rand des A-Rings.

RINGE

Das bei weitem beeindruckendste und schönste Merkmal des Saturns ist sein ausgedehntes, komplexes Ringsystem, dessentwegen er auch so leicht erkennbar ist.

Als Galileo 1610 sein Teleskop auf den Planeten richtete, waren die Ringe für einen Beobachter auf der Erde leicht geneigt. Da die Optik seines Teleskops nicht sehr gut war, konnte er ihre wahre Natur nicht erkennen; was er sah, glich eher zwei Tupfen oder „Ohren“ auf jeder Seite des Planeten, die diesen fast berührten. Galileo berichtete, er habe drei Planeten gesehen, einen großen in der Mitte und je einen kleinen an den Seiten, die sich gegeneinander nicht verschoben.

Da die Rotationsachse des Saturns gegen die Ebene seiner Umlaufbahn geneigt und diese zusätzlich gegen die Ekliptik geneigt ist, wirken die Ringe (die oberhalb des Saturnäquators liegen) für einen Beobachter auf der Erde manchmal mehr und manchmal weniger gegen die Sichtachse geneigt; bisweilen scheinen sie beim Blick auf die Kante ganz zu verschwinden! Als Galileo 1612 erneut den Saturn beobachtete, standen die Ringe in Kantenlage und waren daher unsichtbar, was Galileo in tiefe Verwirrung stürzte. Im darauffolgenden Jahr, als die Neigung wieder zunahm, waren sie erneut zu sehen, und Galileo war noch verwirrter.

Erst Christiaan Huygens, der ein besseres Teleskop benutzte, vermochte 1655 die wahre Natur der „Ohren“ zu bestimmen. Er sah, dass es sich in Wirklichkeit um einen breiten, aber flachen Ring handelte, der den Planeten umgab, ohne ihn zu berühren. 20 Jahre später erkannte Giovanni Cassini Lücken in dem Ring und erbrachte damit den Beweis, dass es sich um eine ganze Reihe von Ringen handeln musste. Die größte dieser Lücken ist heute nach ihm benannt.

Etwas mehr als 180 Jahre später, 1859, berechnete der berühmte Wissenschaftler James Clerk Maxwell, dass die Ringe unmöglich fest und unveränderlich sein konnten und somit aus Partikeln oder Fragmenten bestehen mussten, die den Saturn im Einklang umkreisten. Später zeigten spektroskopische Untersuchungen, dass seine Annahmen korrekt waren.

Die wahre Natur der Ringe wurde in den folgenden Jahren immer weiter entschlüsselt, und heute hat die Wissenschaft dank der von Raumsonden gesammelten Daten eine präzise Vorstellung von ihrer Größe und Zusammensetzung. Sie bestehen hauptsächlich aus Eisbrocken, deren Größe von winzigen Partikeln bis zu PKW-Größe reicht. Hinzu kommen vermutlich auch Gesteinsblöcke und zahlreiche Staubpartikel.

Die Ringe beginnen rund 7000 Kilometer über der oberen Wolkenschicht des Saturns und dehnen sich über 400 000 Kilometer aus. Trotz dieser Dimension sind sie sehr dünn – zwischen einigen Metern und einem Kilometer.

Es gibt mehrere Hauptringe und verschiedene kleinere, zwischen denen Lücken liegen. Die Ringe werden nach ihrer Entdeckung mit Buchstaben benannt. Die Hauptringe vom Saturn aus gesehen sind D-Ring, C-Ring, B-Ring, A-Ring, F-Ring, G-Ring und E-Ring. Daneben gibt es auch einige kleinere Ringe. Die größten Lücken zwischen den Ringen sind die Cassini-Teilung zwischen B- und A-Ring sowie die Encke-Teilung zwischen A- und F-Ring. Manche der Lücken in den Ringen werden von kleineren Monden verursacht, die Material aus dem Weg fegen. Andere entstehen durch die

Unten Computergrafik des Saturnsystems mit Ringen, Teilungen sowie den größten Monden. Das Ringsystem ist so groß, dass es vom inneren zum äußerem Rand nicht zwischen Erde und Mond passen würde.

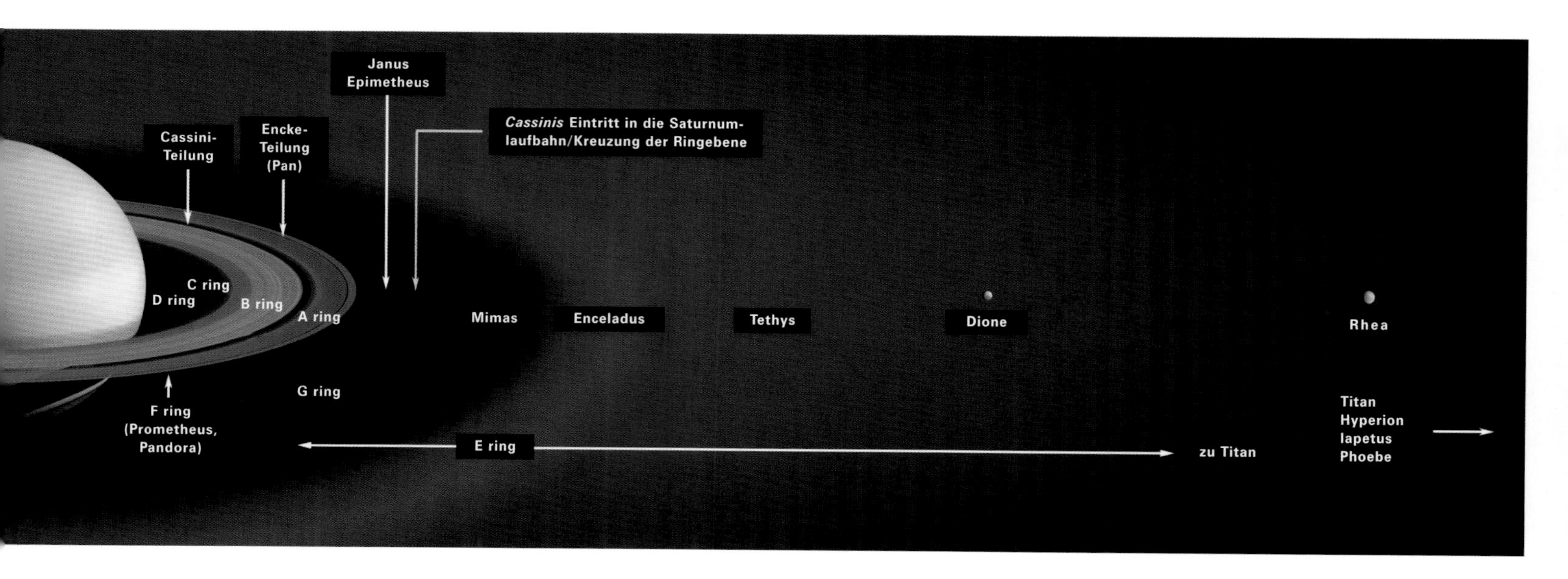

Oben Digitale Impression des Saturns, betrachtet durch einen seiner Ringe, die aus Eisbrocken und Staubpartikeln bestehen. Sie erstrecken sich Hunderttausende Kilometer ins All hinaus und werden durch die Umlaufbahnen der Saturnmonde in Bänder geteilt.

Gezeitenkräfte der sogenannten Schäfer- oder Hirtenmonde, die die Partikel und Brocken in Schach halten. Der Einfluss der Schwerkraft des Mondes Mimas beispielsweise ist dafür verantwortlich, dass die Cassini-Teilung frei bleibt.

Der F-Ring ist besonders faszinierend. Bilder von Raumsonden offenbarten eine Art „geflochtene" Struktur, als wären drei dünne Ringe ineinander verflochten. Die kleinen Monde Pan und Prometheus umlaufen den Saturn genau inner- und außerhalb dieser Ringe, so dass anfangs vermutet wurde, sie seien für die eigenartige Struktur des F-Rings verantwortlich. Die neuesten Bilder der *Cassini*-Raummission haben jedoch bewiesen, dass der F-Ring aus einem zentralen Ring und einem diesen umgebenden gewellten Ring besteht. Da er zudem Klumpen und Dellen aufweist, erklärt sich der anfängliche Eindruck eines geflochtenen Rings.

Seit ihrer Entdeckung, hatten die Astronomen sich gefragt, was die Ringe wohl hat entstehen lassen. Es gab zwei Haupttheorien: Sie stammten von einem Mond, der dem Saturn zu nahe kam und zertrümmert wurde; oder sie beständen aus Schutt, der übrig blieb, als der Saturn entstand, und der sich nicht zu einem Mond formte. Jüngste Computersimulationen zeigen, dass die letzte Option nicht zutreffen kann, da die Ringe über einen Zeitraum von mehreren Hundert Millionen Jahren instabil werden. Die Ringe, die wir heute sehen, könnten vor mehreren Hundert Millionen Jahren nicht die gleichen gewesen sein. Rätselhaft sind auch Natur und Ursprung der dunklen Strukturen auf dem B-Ring. Die als „Speichen" bezeichneten dunklen Regionen scheinen ihre Form zu verändern und zu kommen und zu gehen.

Diese augenscheinlichen Veränderungen können durch die physikalische Bewegung von Partikeln innerhalb des Rings nicht erklärt werden. Man vermutet deshalb, dass sie in irgendeiner Verbindung zum Magnetfeld des Saturns stehen, da sie sich offenbar mit diesem verändern.

RINGWELT

Die Ringe des Saturns sind breit und flach und bestehen aus unzähligen Millionen Eisbrocken, deren Dimensionen von Partikel- bis PKW-Größe reichen. Teilweise handelt es sich auch um Gesteinstrümmer.

Noch mit dem kleinsten Amateurteleskop sind die Ringe des Saturns zu erkennen. Die Ausrichtung der Ringe scheint sich von Jahr zu Jahr zu verändern, da die Ausrichtung der Erdbahn, der Saturnbahn sowie der Achsneigung des Saturns immer neue Konstellationen ergibt. Ab und zu führt die Ausrichtung dazu, dass die Ringe von der Erde aus in Kantenlage erscheinen.

Lange Zeit dachte man, nur der Saturn besitze Ringe. Inzwischen ist bekannt, dass auch Jupiter, Uranus und Neptun Ringsysteme besitzen, aber Saturns Ringe sind unbestritten die eindrucksvollsten.

TITAN

Titan wurde 1655 vom holländischen Astronomen Christiaan Huygens entdeckt, nach dem auch der Lander benannt wurde, der im Januar 2005 auf diesem Saturnmond aufsetzte.

Titan ist ein einzigartiger Mond. Er ist größer als der Erdenmond und der einzige Mond im Sonnensystem, der eine dichte Atmosphäre besitzt (der Oberflächendruck beträgt das Anderthalbfache des Drucks auf der Erdoberfläche). Da seine Atmosphäre so dick ist und die Anziehungskraft so gering, könnte ein Mensch im Raumanzug mit Flügeln an den Armen auf Titan „durch die Luft" fliegen.

Die Atmosphäre besteht weitgehend aus Stickstoff (98,4 %), den Rest teilen sich Methan und einige Spurengase. Auf seiner Oberfläche gibt es kohlenwasserstoffhaltige Methan- und/oder Ethanseen, womit Titan der einzige Körper neben der Erde ist, auf dem es dauerhafte große Oberflächengewässer gibt.

Manche Wissenschaftler glauben, die Atmosphäre von Titan ähnele sehr jener der frühen Erde, was das große Interesse an einer Erforschung dieser fernen Welt erklärt. Der Mond ist von einer Dunstschicht umhüllt, die nicht nur die direkte Beobachtung der Oberfläche verhindert, sondern auch viel Sonnenlicht und -wärme zurück ins All reflektiert. Die Oberflächentemperatur beträgt deshalb frostige –179 °C, und es gilt als wenig wahrscheinlich, dass dort Leben existieren könnte.

Unten Hubble-Aufnahme von Titan, der seinem eigenen Schatten hinterherjagt. Da der Saturn für seine Bahn um die Sonne 30 Erdenjahre benötigt, kommt es alle 15 Jahre zu dieser Kantenlage der Ringe.

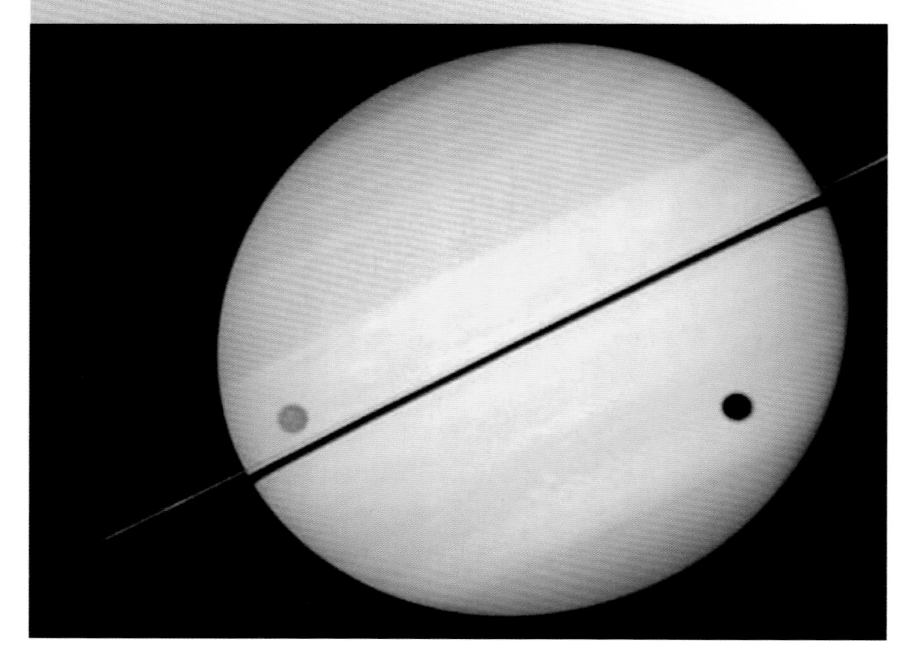

MONDE

Der Saturn besitzt 57 bekannte und einige vermutete Monde. Hinzu kommen all die Einzelpartikel und -brocken in den Ringen, die durchaus als Satelliten des beringten Planeten gelten können.

Der mit Abstand größte Mond ist Titan, der zweitgrößte Mond überhaupt im Sonnensystem (nur der Jupitermond Ganymed ist noch größer). Der 1655 von Christiaan Huygens entdeckte Titan ist der einzige Mond des Sonnensystems, der eine substanzielle Atmosphäre besitzt. Sie ist sehr viel dicker als die Erdatmosphäre, besteht weitgehend aus Stickstoff und weist dichte Wolken auf. Lange Zeit vermochten die Astronomen nicht durch diese Wolken auf die Oberfläche zu sehen.

Erst seit Kurzem gelingt es auch erdbasierten Teleskopen, mithilfe von Spezialfiltern die Wolkendecke zu durchdringen; es konnten jedoch nur die größten Merkmale ausfindig gemacht werden. Erst die Raumsonde *Cassini* bzw. ihr Lander *Huygens* vermochten den Schleier zu lüften. Im Januar 2005 schwebte *Huygens* an einem Fallschirm auf die Oberfläche, von wo er Hunderte Bilder und zahlreiche Messdaten zurückfunkte. Die Muttersonde *Cassini* verblieb im Orbit und hat Instrumente an Bord, die die Wolken des Modes zu durchdringen vermögen (einschließlich eines Radarystems). Titan wirkt relativ flach. Seine Berge sind nicht sehr hoch, und die Einschlagkrater sind offenbar aufgefüllt worden, wahrscheinlich durch einen Regen aus Kohlenwasserstoffen.

Die lang vermutete Existenz von Seen auf Titan wurde von Daten der Raumsonde *Cassini* bestätigt. Es handelt sich um ausgedehnte flache Gebiete ähnlich einer Wasserfläche. Bei der Flüssigkeit allerdings handelt es sich wahrscheinlich um Methan oder Ethan (oder beides), die bei den auf Titan herrschenden niedrigen Temperaturen flüssig werden.

Der Lander *Huygens* landete auf festem Untergrund, der zunächst als lehm- oder tonartig beschrieben wurde. Inzwischen sprechen die NASA-Experten von einer sandigen Oberfläche – allerdings einem Sand aus Eispartikeln.

Die anderen Monde sind viel kleiner als Titan, obwohl die größten unter ihnen immer noch beachtliche Maße aufweisen. Vom Saturn aus gesehen finden wir Mimas (ca. 400 km Durchmesser), Enceladus (500 km), Tethys (1000 km), Dione (1100 km), Rhea (1500 km), Hyperion (280 km) und Iapetus (1400 km). Zum Vergleich: Titan, dessen Bahn zwischen der von Rhea und Hyperion verläuft, misst 5150 Kilometer.

Von besonderem Interesse ist Enceladus. Bilder der Raumsonde *Cassini* zeigten Geysire, die in der Südpolarregion des Mondes aus der Oberfläche schossen. Eruptionen waren zuvor lediglich auf dem Jupitermond Io und dem Neptunmond Triton beobachtet worden. Enceladus besitzt sowohl Kraterregionen als auch flache Gebiete, was darauf hindeutet, dass eine aktive Geologie die Spuren der Krater auslöscht.

Mimas und Tethys sind bemerkenswert wegen ihrer großen Einschlagkrater, die einen substanziellen Teil ihrer Oberfläche einnehmen. Beide Monde bestehen hauptsächlich aus Eis, ebenso wie Dione und Rhea. Iapetus ist ein Rätsel. Eine Seite ist hell, die andere dunkel. Cassini schrieb, er könne den Mond nur sehen, wenn er auf einer bestimmten Seite des Saturns stehe, wenn also, wie wir heute wissen, die helle Seite von der Sonne beschienen wurde.

Iapetus besitzt auch einen hohen Gebirgszug, der um den ganzen Mond läuft, und verschiedene große Einschlagkrater, von denen der größte 500 Kilometer Durchmesser hat.

Die anderen Monde sind eher klein: der größte ist Phoebe (Durchmesser ca. 250 Kilometer), während die meisten anderen Durchmesser von weniger als 20 Kilometer aufweisen.

Eine große Schar kleiner Monde wurde 2004 und 2006 in die Liste aufgenommen. Viele von ihnen haben retrograde Bahnen, umlaufen den Planeten also entgegen dessen Drehrichtung, und wurden mit großer Wahrscheinlichkeit von der Anziehungskraft des Saturns eingefangen.

Lediglich 35 der entdeckten 57 Monde um den Saturn sind bisher benannt worden; traditionell werden sie nach Gestalten der griechischen Sagenwelt benannt.

Rechts Rhea, ein stiller Himmelskörper aus Eis, passiert den Saturn. Rhea ist der zweitgrößte Saturnmond. Rechts oben ist die unbeleuchtete Seite der Ringe zu sehen.

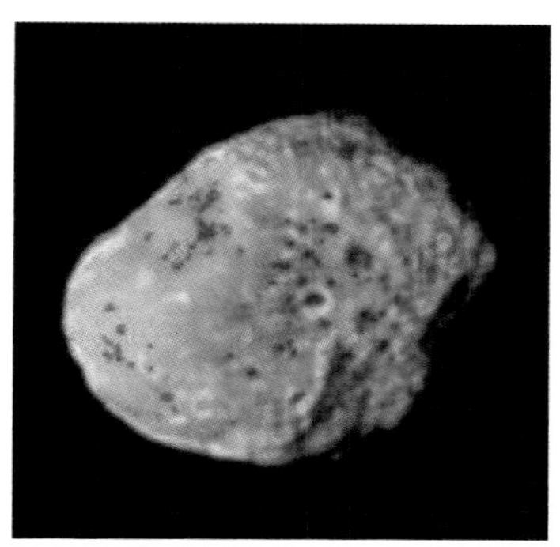

Links Von der Sonne von hinten angestrahlt, sind die Eisfontänen über der Südpolarregion des Saturnmonds Enceladus gut zu erkennen.

Mitte links Auf diesem Bild, das Farbvariationen auf der Mondoberfläche hervorhebt, scheint der Saturnmond Hyperion auf die Raumsonde *Cassini* zuzutaumeln. Die dunklen Gebiete am Grund der Krater finden sich überall auf Hyperion.

Unten links Diese Ansicht des Saturnmonds Iapetus zeigt den Südteil der dunklen, größeren Hemisphäre – jene Seite, die mit dunklem Material bedeckt ist. Gut zu erkennen ist der helle Südpol. Das dunkle Gelände ist als Cassini Regio bekannt.

Rechts *Cassini*-Aufnahme des Eismondes Dione. In der Ferne sind die goldenen und blauen Farbtöne des Saturns zu erkennen. Die waagerechten Streifen am unteren Bildrand sind die Saturnringe – hier in Kantenlage zu sehen.

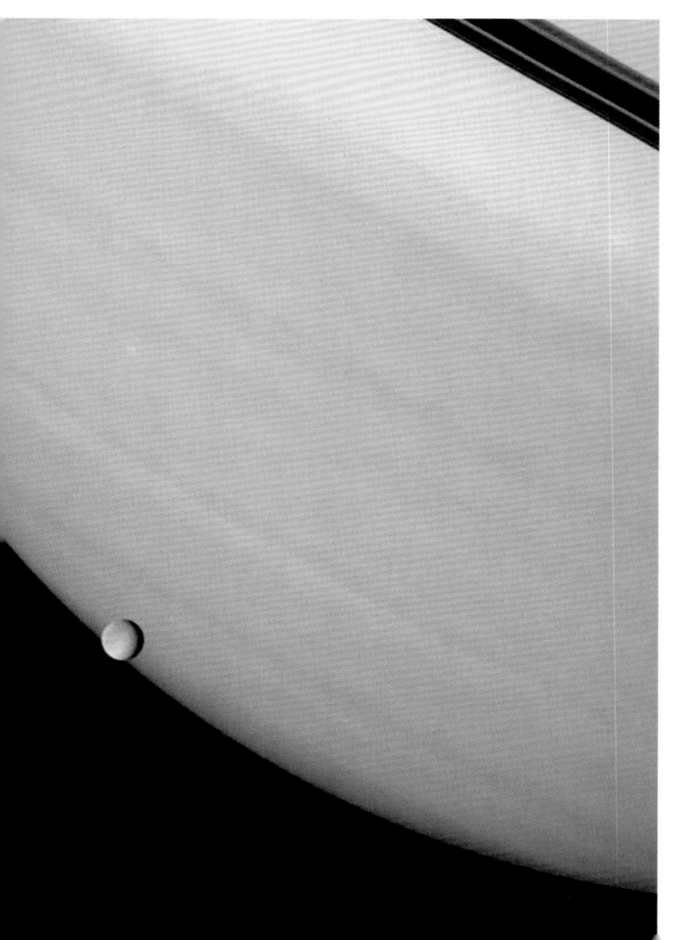

DER LANDER *HUYGENS*

Als die *Huygens*, der Lander der Europäischen Raumfahrtagentur, durch die trüben Wolken Titans schwebte und auf der eisigen „Sandoberfläche" aufsetzte, war dies erst der zweite Mond, auf dem eine irdische Raumsonde landete. Bisher hatte nur unser Erdenmond Besuch von der Erde erhalten.

Der von der Muttersonde *Cassini* ausgesetzte Lander wurde beim Eintritt in die obere Titanatmosphäre durch einen Hitzeschild geschützt. Nach dem Abbremsen öffnete sich ein Fallschirm, *Huygens* sank langsam und erreichte nach zweieinhalb Stunden die Oberfläche. Da sie nicht wussten, was sie dort erwartete, hatten die Ingenieure die Sonde so konstruiert, dass sie einen Aufprall auf Festland ebenso überleben konnte wie die Landung in einem Ozean.

Unterwegs führte *Huygens* Messungen der Atmosphäre und der Wolken, der Windgeschwindigkeit und des Drucks durch und machte Aufnahmen von der Mondoberfläche. Aufgrund eines Programmierfehlers gingen einige Daten verloren, doch das Material, das zur Erde gelangte, eröffnete einen detaillierten Blick auf diese faszinierende Welt. Zu sehen waren Gebirgszüge und Strukturen, die Flüssen und Seen und sogar Ozeanen glichen. Inzwischen wurde die Vermutung bestätigt, dass Titan Seen aus flüssigen Kohlenwasserstoffen besitzt.

Links Diese *Huygens*-Aufnahme entstand während des 147-minütigen Sinkflugs durch die dicke orange-braune Titan-Atmosphäre.

RAUMMISSIONEN

Bisher haben vier Raumsonden den Saturn besucht. Die erste war die NASA-Sonde *Pioneer 11*, die 1979 am Saturn vorbeiflog. Sie lieferte die ersten Nahaufnahmen des Planeten (größte Annäherung rund 21 000 Kilometer), entdeckte den F-Ring, fand zwei kleine Monde und erforschte das Magnetfeld des Planeten. Mit Blick auf die Zukunft beschlossen die NASA-Experten, *Pioneer 11* durch die Ringebene zu steuern, was nicht ohne Risiko war, jedoch den Weg für die folgenden *Voyager*-Sonden erkundete. *Pioneer 11* überlebte das Manöver und machte sich weiter auf den Weg ins Weltall. Sie ist heute eine der vier Raumsonden, die die Grenzen des Sonnensystems hinter sich gelassen haben.

Die Raumsonden *Voyager 1* und *2* begegneten dem Saturn im November 1980 bzw. im August 1981. Da sie technisch viel reifer waren, fanden sie mehr über den Planeten heraus als ihre Vorgängerin. *Voyager 1* sendete detaillierte Aufnahmen des Saturns, seiner Monde und Ringe zur Erde. Zum ersten Mal waren auf vielen der Monde Details auszumachen. Die Sonde stattete auch Titan einen Besuch ab, vermochte aber nicht durch die Wolkendecke zu sehen. Nach Übermittlung der Daten schlug *Voyager 1* eine Flugbahn ein, die sie wie *Pioneer 11* über die Grenzen des Sonnensystems in den interstellaren Raum führen sollte.

Die Zwillingssonde *Voyager 2* machte ebenfalls hochauflösende Aufnahmen, mit deren Hilfe Veränderungen in den Wolken und Ringen des Saturns seit dem Vorbeiflug von *Voyager 1* untersucht werden konnten. Dabei wurden neue Monde und neue Details in den Ringen entdeckt. *Voyager 2* machte sich anschließend auf den Weg zu Uranus und Neptun, die sie 1986 bzw. 1989 erreichte.

Anders als *Pioneer 11* und *Voyager 1* und *2* stattete *Cassini* dem Saturn nicht nur einen Kurzbesuch ab. Nach einem Flug durch die Lücke zwischen F- und G-Ring schwenkte sie 2004

Unten Computermontage des Saturnsystems mit Dione im Vordergrund, dem aufgehenden Saturn dahinter, den verblassenden Tethys und Mimas rechts unten, Enceladus und Rhea links jenseits der Saturnringe sowie Titan auf seiner fernen Umlaufbahn oben rechts.

in eine Umlaufbahn ein. Seitdem hat sie viele lang gezogene Schleifen um den Planeten und seine Monde gedreht. *Cassini* ist mit einem großen Forschungsinstrumentarium ausgestattet. Wie erwähnt trug sie auch den Lander *Huygens*, der auf dem Titan landete.

Zu den Highlights der *Cassini*-Mission zählen: Aufnahmen der Speichen in den Ringen; Entdeckung vier kleiner Monde; Nahaufnahme des Mondes Phoebe, der eine Mischung aus Eis und Gestein zu sein scheint; mehrere Fly-bys am Titan (insgesamt sind 45 vorgesehen) sowie die Entdeckung von Fontänen aus Wassereiskristallen auf der Oberfläche des Mondes Enceladus.

Die *Cassini*-Mission wird noch mehrere Jahre fortgeführt werden. Wenn sie wie viele ihrer Vorgänger die ursprüngliche Dauer der Mission überlebt, wird sie wohl noch darüber hinaus den Saturn und seine Monde umkreisen und wertvolle Informationen über diese Welt der Ring zur Erde senden.

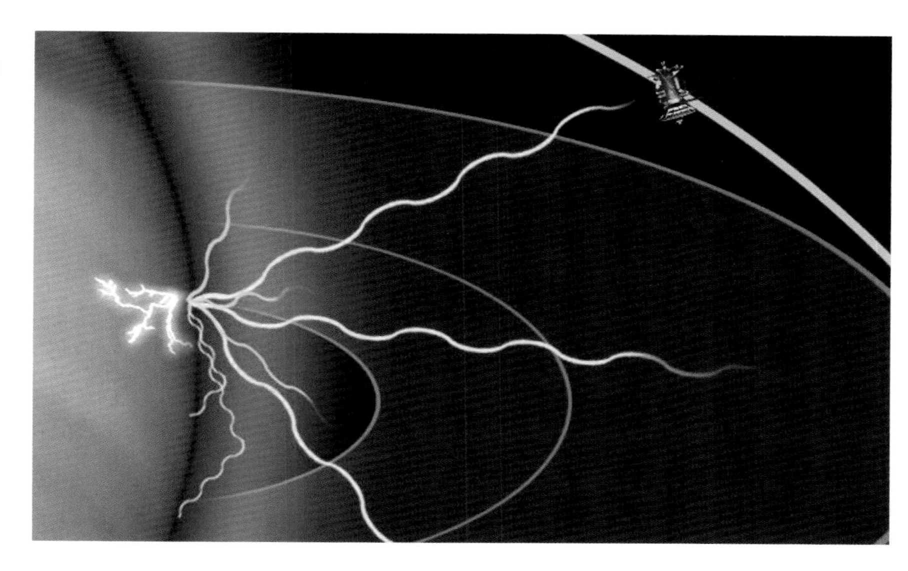

Oben Die Grafik illustriert, wie *Cassini* Radiosignale von Blitzen auf dem Saturn erfasst. Blitzschläge emittieren elektromagnetische Energie über eine große Bandbreite von Wellenlängen, von denen einige sich zum All hin ausbreiten und von den Instrumenten an Bord von *Cassini* erfasst werden.

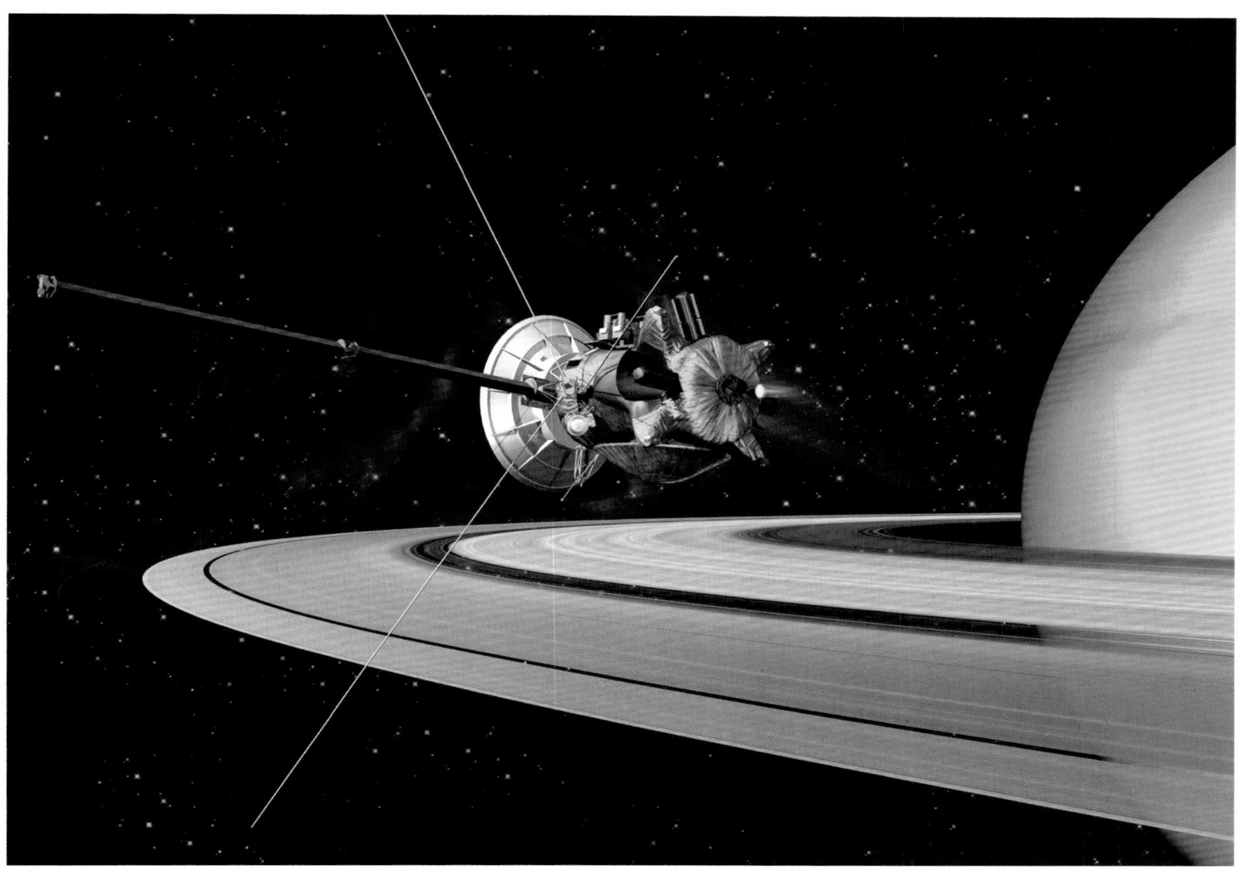

Links Künstlerische Impression der Raumsonde *Cassini* während des Eintritts in die Saturnumlaufbahn. Sie hat die Ringebene gekreuzt und soeben den Hauptantrieb gezündet. Die Sonde bewegt sich auf den rechten Bildrand zu, wobei der Gegenschub sie in Relation zum Saturn abbremst.

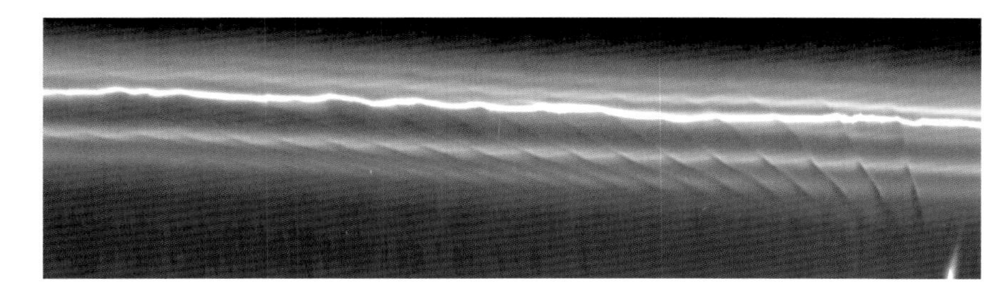

Oben Dieses Montage von 15 *Cassini*-Aufnahmen des F-Rings zeigt, wie der Mond Prometheus alle 14,7 Stunden, wenn er sich auf seiner exzentrischen Bahn dem F-Ring nähert, Dellen im Ring hinterlässt. Die Furchen rechts im Bild sind die jüngsten und verlaufen fast senkrecht.

Rechts Künstlerische Impression des Gebiets rund um den Landeplatz der *Huygens* auf Titan im Januar 2005. Der *Huygens*-Lander wurde von *Cassini* ausgesetzt und erreichte nach einem 2 Stunden und 28 Minuten dauernden Sinkflug am Fallschirm die Oberfläche Titans.

Uranus

Auch wenn es auf den ersten Blick nicht so scheint – der siebte Planet besitzt verborgene Tiefen und Besonderheiten, die ihn zu einem der faszinierendsten Mitglieder des Sonnensystems machen.

STECKBRIEF

Planetare Reihenfolge
Siebter Planet von der Sonne aus

Durchschnittliche Entfernung von der Sonne
19,191 AE/2 870 972 200 km

1 Uranustag
–17,24 Erdenstunden (retrograd)

1 Uranusjahr
84,02 Erdenjahre

Äquatorialer Radius (Erde = 1)
4,007

Masse (Erde = 1)
14,371

Effektive Temperatur
–216 °C

Atmosphäre
83 % Wasserstoff
15 % Helium, 1,9 % Methan
Spuren von Ammoniak, Ethan, Acetylen, Kohlenmonoxid, Schwefelwasserstoff

Monde/Trabanten
5 große Monde (Miranda, Ariel, Umbriel, Titania, Oberon) sowie 22 weitere.
2 Ringe

Besonderheiten
Die Rotationsachse ist so stark geneigt (98°), dass der Planet auf der Seite liegt.

Oben rechts *Uranos und der Tanz der Gestirne* von Karl Friedrich Schinkel (1781–1841). Staatliche Museen zu Berlin, Kupferstichkabinett.

DER MODERNE PLANET

Im Unterschied zu den fünf Planeten Merkur, Venus, Mars, Jupiter und Saturn, die allesamt bereits seit dem Altertum bekannt waren, wurde der Uranus erst im modernen Zeitalter entdeckt.

Wilhelm Herschel erkannte als Erster, dass der Körper, den er am 13. März 1781 beobachtete, kein Stern war. Der Uranus war zwar schon seit dem späten 17. Jahrhundert von zahlreichen Astronomen entdeckt worden, doch hielten ihn alle für einen Stern. Erst Herschels scharfes Auge erkannte, dass es sich nicht um einen Lichtpunkt handelte, sondern um eine Scheibe.

Wegen seiner runden Form hielt Herschel den Uranus anfangs für einen neuen Kometen und meldete ihn am 26. April 1781 als solchen. Doch schon bald zeigten Beobachtungen Herschels und des französischen Astronomen Pierre-Simon Laplace, dass seine Bahn um die Sonne kreisförmig war und nicht elliptisch oder parabolisch und er daher kein Komet sein konnte: Es musste sich um einen neuen Planeten handeln.

Zu Ehren König Georgs III. von England nannte Herschel ihn „Georgium Sidus" (Georgs Stern). Viele andere Namen wurden vorgeschlagen, auch „Herschel" zu Ehren seines Entdeckers und sogar Neptun, doch dieser Name blieb dann dem nächsten Planeten vorbehalten, der entdeckt wurde.

Der Name „Uranus" kam im späten 18. Jahrhundert in Gebrauch und hatte sich zu Beginn des 19. Jahrhunderts schon durchgesetzt. Offiziell wurde er jedoch erst mit der Aufnahme in den würdigen *Nautical Almanac* des Jahres 1850.

Uranus ist die latinisierte Form des griechischen Himmelsgottes Ouranos. In der griechischen Mythologie galt Ouranos als Sohn der Erdgöttin Gäa, die er später heiratete. Von diesem Paar stammen zahlreiche andere griechische Götter ab.

HEISS UND KALT

Uranus ist vom Durchmesser her der drittgrößte Planet des Sonnensystems. Er ist größer als Neptun, obwohl dieser mehr Masse hat. Im Unterschied zu den inneren Planeten gehört Uranus (wie Jupiter, Saturn und Neptun) zu den Gasriesen: Er besteht zu 83 Prozent aus Wasserstoff, zu 15 Prozent aus Helium und zu rund zwei Prozent aus Methan. Seine blaue Färbung erhält er durch das Methan in der Atmosphäre, das die roten Wellenlängen des Sonnenlichts absorbiert und nur die blauen Wellenlängen reflektiert. Aufgrund der großen Entfernung von der Sonne ist die Atmosphäre naturgemäß sehr kalt: Die Temperatur der oberen Wolkenschichten beträgt frostige –220 Grad Celsius.

In seinem Innern birgt der Uranus weit weniger Hitze als Jupiter and Saturn. Die Temperatur des Uranuskerns beträgt rund 6700 Grad Celsius (Jupiterkern: 39 000 °C, Saturnkern: 18 000 °C), weshalb die in der Atmosphäre erzeugten Konvektionsströme nicht so stark sind wie bei den größeren Schwesterplaneten. Daher weist der Uranus auch nicht derart stark ausgeprägte Wolkenbänder und -muster auf wie Jupiter und Saturn. Im richtigen Wellenbereich allerdings sind doch Wolkenbänder zu erkennen, wie die Aufnahmen der *Voyager-2*-Sonde und des Hubble-Teleskops belegen.

AUS DER BALANCE

Während die Rotationsachse der meisten anderen Planeten mehr oder weniger im rechten Winkel zur Bahnebene steht, weist der Uranus eine Besonderheit auf: Seine Rotationsachse ist so stark geneigt (98°), dass er praktisch auf der Seite liegt und in seiner Bahn „voranrollt".

Die Ursache dafür ist unbekannt. Möglicherweise erhielt der Planet einen massiven Stoß bei einer Kollision mit einem anderen planetaren Körper. Als Folge wendet der Uranus einen Großteil seiner 84 Erdenjahre dauernden Umlaufbahn entweder den einen oder den anderen Pol der Sonne zu, weshalb die jeweilige Polarregion sehr viel mehr Sonnenwärme empfängt als die Äquatorialregion des Planeten.

Dennoch liegt die Uranus-Temperatur am Äquator höher als an den Polen. Bisher hat sich in den Astronomenkreisen kein Erklärungsmodell für diesen Umstand durchsetzen können. Wegen der seltsamen Achsneigung ist auch umstritten, ob die Eigenrotation des Uranus der Richtung seiner Umlauf-

1690
John Flamsteed gelingt die erste belegte Beobachtung des Uranus, den er für einen Stern hält und 34 Tauri nennt.

1750–1769
Mindestens zwölfmal sichtet der französische Astronom Pierre Lemonnier den Planeten, den er allerdings ebenfalls für einen Stern hält.

1781
Wilhelm Herschel erkennt im Uranus einen Planeten, nachdem er dessen fast kreisrunde Bahn festgestellt hat. Herschel tauft den Uranus zunächst nach dem britischen König Georgium Sidus (Georgs Stern), benennt ihn auf massiven Druck hin aber bald in Georgs Planet um.

1781–1787
Pierre Simon-Laplace versucht zu beweisen, dass Planetenbewegungen um die Sonne stabil sind. Zusammen mit Herschels Beobachtungen bestätigt dies, dass es sich beim Uranus um einen Planeten handelt. Der Name Uranus wird in verschiedenen Publikationen vorgeschlagen.

1787
Herschel entdeckt die beiden ersten Uranusmonde Titania und Oberon.

1821
Alexis Bouvard, der Direktor der Pariser Sternwarte, veröffentlicht Tabellen zur Lösung des Problems der Uranusbahn.

1845
Gestützt auf ihre Studien zur Bahnbewegung des Uranus, sagen der britische bzw. französische Mathematiker John Adams und Jean Leverrier die Existenz des Neptuns voraus.

1850-1851
Im *Nautical Almanac* von 1850 taucht erstmals der Name „Uranus" auf, wodurch er offiziell wird. 1851 entdeckt der britische Astronom William Lassell zwei weitere Uranusmonde, die er nach Figuren in Alexander Popes Spottgedicht „Rape of the Lock" Ariel und Umbriel nennt.

1948
Als der bekannte amerikanische Astronom Gerard Kuiper durch sein Teleskop das blasse Licht des Uranus sucht, entdeckt er den fünften Uranusmond. Er wird nach einer Figur in Shakespeares *Der Sturm* Miranda genannt.

FAKTEN ZUM URANUSKERN

Anders als Jupiter und Saturn besitzt der kleinere Uranus keine riesige Wasserstoffatmosphäre. Sein etwa erdgroßer Kern besteht vermutlich aus Gestein und ist umgeben von flüssigem oder gefrorenem, möglicherweise von Gesteinsbrocken durchsetztem Wasser. Die relativ dünne Planetenatmosphäre endet in einer farblosen Wolkendecke. Neben dem überwiegenden Bestandteil Wasserstoff enthält die Atmosphäre außerdem noch Helium und Methan. Die mattblaue Färbung wird durch die Methanmoleküle verursacht, die die roten Lichtwellen absorbieren und nur die blauen reflektieren.

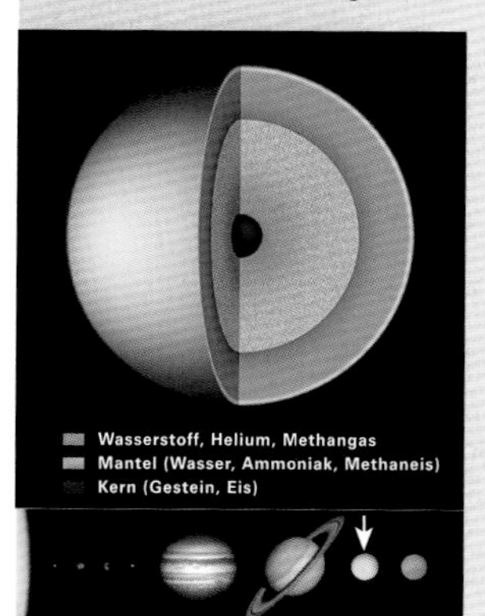

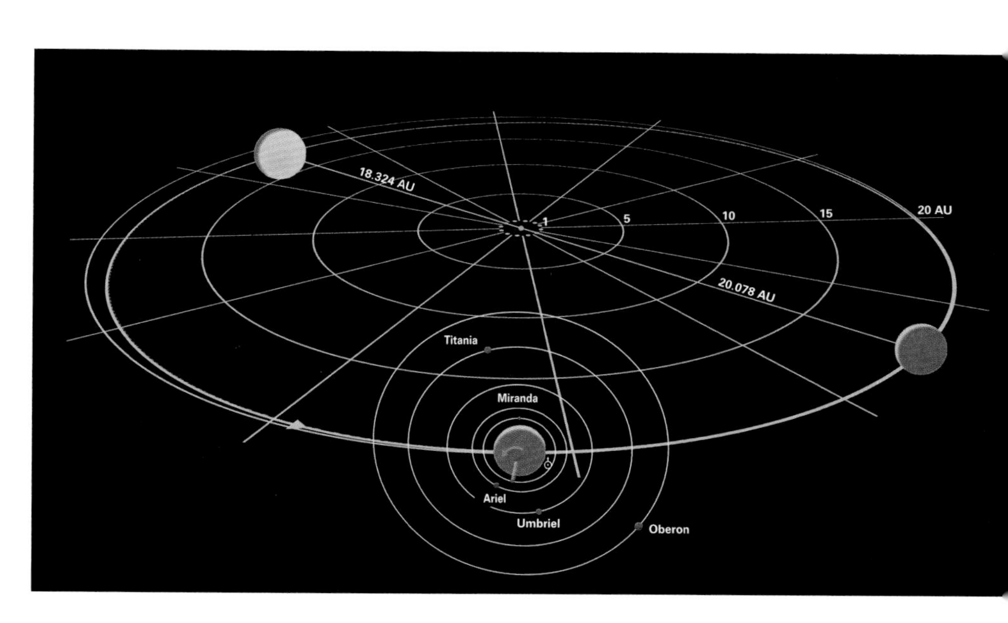

Oben Der Uranus benötigt 84 Erdenjahre für seine Bahn um die Sonne. Die Bahnneigung beträgt 0,77°, die Neigung der Rotationsachse 97,77°, weshalb der Planet praktisch „auf der Seite" vorwärtsrollt. Die Rotation des Uranus um die Sonne ist prograd – von oben gesehen entgegen dem Uhrzeigersinn. Die gestrichelte Linie zeigt die Neigung der Uranusbahn gegen die Ebene des Sonnensystems. (nicht maßstäblich)

Oben Digitale Aufnahme- und Bearbeitungsverfahren ermöglichen diese Ansicht der Uranusatmosphäre. Während das absorbierte Sonnenlicht zurückgeworfen wird, absorbiert eine Schicht aus Methangas die sichtbare rote Strahlung und lässt lediglich die blaue Strahlung durch.

Rechts 153°-Weitwinkelaufnahme des erleuchteten Uranusrands, aufgenommen von *Voyager 2* auf ihrem Weg zum Neptun. Die blassgrüne Farbe, die von Sonnenlicht stammt, das durch das Methan in der Atmosphäre reflektiert wird, ist selbst aus diesem Winkel sichtbar.

1977
Während der Uranus einen Stern verdunkelt (sich zwischen ihn und die Erde schiebt), stellt man auf der Erde vor und nach dem Transit ein Abfallen der Helligkeit fest – die Ringe des Uranus sind entdeckt.

1977
Start der beiden Sonden *Voyager 1* und *Voyager 2*, die alle Riesenplaneten des äußeren Sonnensystems einschließlich des Uranus erforschen sollen.

1986
Am 24. Januar 1986 nähert sich *Voyager 2* den oberen Wolkenschichten des Uranus bis auf 81 800 km. Zu dieser Zeit zeigt der Südpol des Uranus entsprechend den Definitionen der Internationalen Astronomischen Union fast direkt zur Sonne.

1986
Voyager 2 funkt Aufnahmen von zehn neuen Uranusmonden zur Erde.

1986
Die Instrumente von *Voyager 2* erforschen das Ringsystem detailliert und entdecken über die bisher bekannten Ringe hinaus zwei neue. Ein weiteres Ergebnis ist, dass die Wolkenbänder des Uranus extrem blass und schwach sind.

1986
Die Auswertung der Messdaten der *Voyager 2* ergeben, dass der Uranus für eine Rotation um die eigene Achse 17 Stunden und 14 Minuten benötigt.

1986
Voyager 2 entdeckt, dass das Magnetfeld des Uranus sehr groß und ungewöhnlich ist.

1990
Das Hubble-Weltraumteleskop wird in eine Erdumlaufbahn gebracht, von der aus es auch Aufnahmen der Planeten und des Uranus machen soll. Auf den Hubble-Aufnahmen sind die Streifenbänder des Uranus sehr viel deutlicher sichtbar als zuvor.

2004
Mithilfe fortgeschrittener Optik macht das Keck Observatory auf Hawaii hochdetaillierte Aufnahmen des Uranus, während sich die südliche Hemispäre des Planeten ihrer Tagundnachtgleiche nähert.

Unten Digitale Darstellung des Planeten Uranus mit seinen blassen Ringen, die erst während des Vorbeiflugs der *Voyager 2* und später durch das Hubble-Teleskop sichtbar gemacht wurden. Die Ringe scheinen zu schwingen, was vermutlich durch Schwankungen in der Anziehungskraft des Uranus verursacht wird.

bahn entspricht (prograd) oder entgegengesetzt ist (retrograd wie die Venus). Gemäß der von der IAU festgelegten Definition ist der Uranus retrograd.

Zur Zeit des *Voyager-2*-Vorbeiflugs 1986 wandte der Uranus der Sonne den Südpol zu. Im Jahr 2007 lag der Planet „auf der Seite", was bedeutet, dass die Äquatorialregionen der Sonne zugewandt waren.

Die ungewöhnliche Neigung und die damit verbundenen langen Jahreszeiten des Planeten könnten die Veränderungen seines Klimas erklären, die zwischen dem *Voyager-2*-Vorbeiflug und den Hubble-Beobachtungen in den späten 1990er-Jahren festgestellt wurden. Wolkenformationen auf den *Voyager*-Bildern, die während des Sommers auf der südlichen Hemisphäre aufgenommen wurden, zeigen sich auf den Hubble-Aufnahmen sehr viel deutlicher – bei einsetzendem Herbst.

Rechts Digitale Darstellung des Uranus und seiner Monde. Bisher wurden 27 Uranusmonde entdeckt, die allesamt nach Figuren aus den Werken William Shakespeares und Alexander Popes benannt wurden. Das Mondsystem des Uranus gehört zu den massеärmsten des Sonnensystems.

Rätselhaft ist auch, weshalb das Zentrum des riesigen Magnetfelds des Uranus nicht mit dessen geografischem Zentrum zusammenfällt; es ist in signifikanter Weise verschoben, weshalb die Magnetosphäre aussieht, als hätte sie Schlagseite, würde man sie mit „magnetischen" Augen betrachten. Niemand weiß eine Erklärung dafür.

MONDE

Bisher sind 27 Uranusmonde bekannt, aber es ist sehr wahrscheinlich, dass weitere gefunden werden. Lange Zeit wusste man sicher nur von fünf Monden. Als Erste wurden Titania und Oberon 1787 von Wilhelm Herschel entdeckt, gefolgt von Ariel und Umbriel, die 1851 von William Lassell gefunden wurden. 1948 schließlich entdeckte Gerard Kuiper den Mond Miranda.

Mehr Monde wurden erst gefunden, als die NASA-Sonde *Voyager 2* (die Einzige, die je den Uranus besucht hat) auf ihrer großen Reise zu den Gasriesen 1986 an dem Planeten vorbeiflog. Von Ende 1985 bis zur größten Annäherung an den Uranus im Januar 1986 fand *Voyager 2* zehn weitere Monde, die allesamt sehr klein sind. Zwischen 1997 und 2003 kamen zwölf weitere hinzu – einer durch erneute Auswertung alter *Voyager*-Bilder, die anderen durch Hubble-Aufnahmen.

Die fünf großen Uranusmonde bestehen vermutlich aus Wassereis und Gestein sowie einem Gemisch aus methanbasierten organischen Bestandteilen. Die einzigen Nahaufnahmen dieser Monde, über die wir verfügen, stammen von *Voyager 2*, die aufgrund ihrer Flugbahn zwar eine gute Sicht auf deren südliche Hemisphäre hatte, dafür aber die nördliche überhaupt nicht aufnehmen konnte.

Der innerste der großen Monde ist Miranda mit einem Durchmesser von 470 Kilometer; er gilt als der geologisch aktivste Mond des Sonnensystems. Die aufgebrochene, von Verwerfungen und Bergzügen überzogene Oberfläche weist darauf hin, dass es sich um eine „junge" Oberfläche handelt, die erhebliche Turbulenzen erlebt hat.

Wie Miranda besitzt auch Ariel, 1157 Kilometer Durchmesser, eine stark gegliederte Oberfläche. Die Bilder der *Voyager 2* zeigen außerdem eine riesige Ebene mit Einschlagkratern.

Im Gegensatz zu Miranda und Ariel gibt es auf Umbriel, Durchmesser 1170 Kilometer, kaum Bruchlinien und Gebirge, anscheinend aber eine Menge Krater. Daher gilt er als geologisch weniger aktiv, denn jede derartige Aktivität hätte jene

Krater erodiert oder zerstört und die Oberfläche sichtbar geprägt. Die Oberfläche ist wesentlich dunkler als die der meisten seiner Verwandten.

Titania mit einem Durchmesser von 1577 Kilometer besitzt ebenfalls eine eher dunkle Oberfläche mit Kratergebieten und einem ausgedehnten Canyonsystem, gegen das der Grand Canyon auf der Erde winzig erscheint.

Oberon schließlich, Durchmesser 1522 Kilometer, gilt als geologisch alt; seine Oberfläche weist zahlreiche Krater auf und kaum Hinweise auf geologische Prozesse im Innern.

Von den kleineren Monden bewegen sich 13 auf Bahnen, die näher am Uranus liegen als die der fünf großen Monde. Zu ihnen gehören der winzige Cupid mit 12 Kilometer Durchmesser sowie Puck, 160 Kilometer Durchmesser.

Die anderen neun Uranusmonde sind „irregluär", d. h., sie umkreisen den Planeten in großer Entfernung auf Bahnen, die stark gegen seinen Äquator geneigt sind. Bis auf einen sind sie retrograd, kreisen also entgegen der Rotationsrichtung des Uranus.

Es wird angenommen, dass die irregulären Monde nicht zusammen mit dem Uranus entstanden sind, sondern irgendwann von dessen Schwerkraft eingefangen wurden.

Anders als die meisten anderen Monde im Sonnensystem, die ausnahmslos nach Göttern und anderen Sagengestalten der griechischen und römischen Mythologie benannt wurden, sind die Uranusmonde allesamt nach Gestalten aus den Werken William Shakespeares und Alexander Popes benannt.

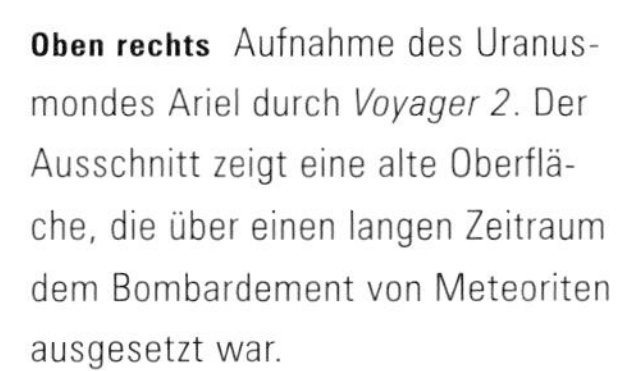

Oben rechts Aufnahme des Uranusmondes Ariel durch *Voyager 2*. Der Ausschnitt zeigt eine alte Oberfläche, die über einen langen Zeitraum dem Bombardement von Meteoriten ausgesetzt war.

Rechts *Voyager-2*-Aufnahme des Mondes Miranda, auf der zahlreiche Verwerfungen und Höhenzüge erkennbar sind, die parallel zu der dunkel- und hellgestreiften Region verlaufen.

SCHWINGUNGEN

Hinweise auf die Existenz eines Ringsystems lagen bereits 1977 vor, den Beweis erbrachte jedoch erst die Auswertung von Daten des *Voyager-2*-Vorbeiflugs von 1986. 2005 konnte von einem Astronomenteam mithilfe von Hubble-Aufnahmen ein zweites Ringsystem nachgewiesen werden.

Ein 1999 veröffentlichter Zeitrafferfilm aus Hubble-Aufnahmen zeigte, dass die Ringe leicht schwingen, während der Planet sich um die eigene Achse dreht. Der Uranus ist keine perfekte Kugel, sondern leicht abgeplattet. Vermutlich kommt das Schwingen der Ringe von Schwerkraftunregelmäßigkeiten in Zusammenhang mit dieser Form-Anomalie sowie der Anziehungskraft der Uranusmonde.

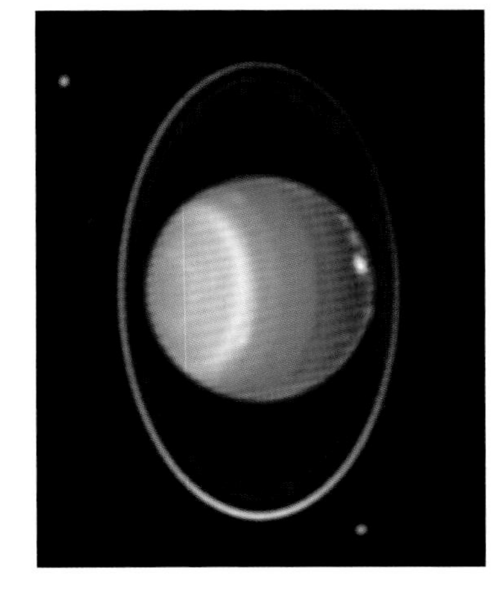

Links Hubble-Aufnahme des Uranus, seiner vier Hauptringe sowie zehn seiner 27 bekannten Monde bzw. Trabanten. Das Hubble-Teleskop fand auch etwa 20 Wolken.

Neptun

STECKBRIEF

Planetare Reihenfolge
Achter Planet von der Sonne aus

Durchschnittliche Entfernung von der Sonne
30,069 AE/4 498 252 900 km

1 Neptuntag
16,11 Erdenstunden

1 Neptunjahr
164,79 Erdenjahre

Äquatorialer Radius (Erde = 1)
3,883

Masse (Erde = 1)
17,147

Effektive Temperatur
−214 °C

Atmosphäre
Annähernd 80 % Wasserstoff, 19 % Helium, Spuren von Methan, Hydrogendeuteriden (HD), Ethan

Monde/Trabanten
13 Monde, von denen Triton der größte ist.
2 Ringe

Besonderheiten
Strahlt mehr Energie ab, als er von der Sonne empfängt.

Oben rechts Statue des römischen Meeresgottes Neptun. Sein griechisches Pendant Poseidon war nicht nur Meeresgott, sondern auch der Gott der Pferde und mit dem Beinamen „Erdschüttler" auch Gott der Erdbeben.

Als sich die NASA-Sonde *Voyager 2* 1989 dem Neptun näherte, ging die Missionsleitung nicht von aufregenden Ergebnissen aus. Sie sollte sich gewaltig irren.

Die Geschichte der Entdeckung des Neptuns beginnt eigentlich mit dem Uranus, da die Bahnbewegung dieses Planeten nicht den Berechnungen entsprach. Dies nährte den Verdacht, die Anziehungskraft eines weiteren, ferneren Planeten könne auf Uranus wirken und dessen Bahn beeinflussen – und schließlich fand man diesen Planeten auch. Neptun wurde der erste Planet, der auf mathematische Weise vorhergesagt und entdeckt wurde.

Mitte des 19. Jahrhunderts sagten die englischen bzw. französischen Mathematiker und Astronomen John Couch Adams und Urbain Le Verrier unabhängig voneinander voraus, wo der vermutete achte Planet lokalisiert werden könnte. Zunächst schlug ihnen die Skepsis der astronomischen Welt entgegen, doch am 23. September 1846 fanden Johann Gottfried Galle und Heinrich d'Arrest den Planeten ganz in der Nähe des vorausberechneten Orts. Später stellte sich heraus, dass der Planet sogar schon von Galileo gesichtet, jedoch in seiner wahren Natur nicht erkannt worden war. Der neue Planet wurde nach Neptun benannt, dem römischen Meeresgott.

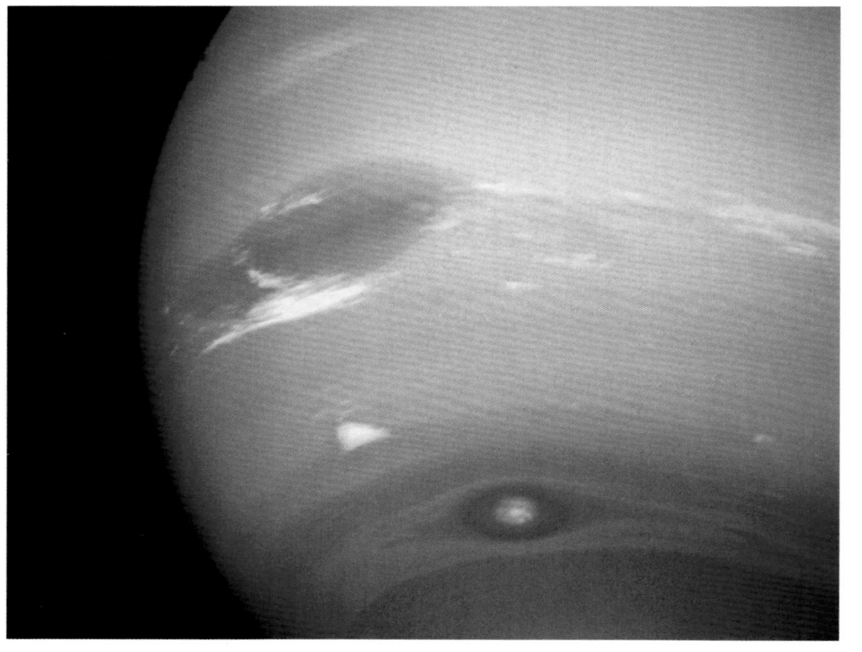

Rechts Eine Aufnahme des Neptuns, die aus zwei *Voyager-2*-Bildern zusammengesetzt wurde. Im Norden befindet sich der Große Dunkle Fleck, umgeben von hellen weißen Wolken, südlich davon die weiße Struktur, die die Experten der *Voyager*-Mission „Scooter" tauften. Noch weiter im Süden ist der sogenannte „Kleine Dunkle Fleck" mit seinem hellen Zentrum zu sehen.

EINE BLAUE WELT

Da er so weit von der Sonne entfernt ist – 30-mal weiter als die Erde –, gestaltet sich die Beobachtung des Neptuns schwierig. Durch erdbasierte Beobachtungen ließen sich seine Umlaufbahn und Größe sowie die grobe Zusammensetzung seiner Atmosphäre bestimmen – aber nicht viel mehr. 17 Tage nach der Entdeckung des Planeten wurde auch Triton, sein erster Mond gefunden, doch bis zur Entdeckung des zweiten sollte fast ein Jahrhundert vergehen.

Erst als die NASA-Sonde *Voyager 2* 1989 den Neptun erreichte, begannen die Wissenschaftler, weitere Geheimnisse zu enthüllen – und was für welche! Der Neptun war keineswegs nur ein Ball aus langweiligem, inaktivem Gas, sondern er besaß ein sehr dynamisches Klimasystem mit den schnellsten Winden des ganzen Sonnensystems – bis zu 2100 Stundenkilometer.

Seine blaue Farbe stammt von kleinen Mengen Methan in seiner Wasserstoff- und Heliumatmosphäre: Methan absorbiert die roten Wellenlängen des Sonnenlichts und reflektier nur die blauen. Noch immer ungeklärt ist die Ursache des dunkleren Blaus der großen Wolkensysteme; in diesen Gegenden scheint ein anderer Prozess die Ursache für die Blaufärbung zu sein.

Wie bei den anderen Gasriesen, so sehen wir auch beim Neptun keine feste Oberfläche, sondern die oberen Schichten einer permanenten Wolkendecke. Die Temperatur in den oberen Wolkenschichten ist extrem niedrig, −210 Grad Celsius. Über den oberen Bereichen der Neptun-

1612
Aus Galileos astronomischen Aufzeichnungen geht hervor, dass er den Neptun zweimal beobachtet hat, ihn aber beide Male für einen Fixstern hielt, da der Planet erst am Anfang seines jährlichen retrograden Zyklus stand.

1613
Wie seine Zeichnungen belegen, beobachtete Galileo den Neptun im Januar 1613 erneut – und hielt ihn wieder für einen Fixstern.

1821
Alexis Bouvard veröffentlicht astronomische Tabellen über die Uranusbahn. Da diese erheblich von den Beobachtungen abwichen, formulierte Bouvard die Hypothese, ein anderer Körper oder Planet könne den Uranus stören.

1843
John Couch Adams berechnet die Bahn eines achten Planeten und schickt seine Berechnungen dem englischen Hofastronomen Sir George Airy, der um Erläuterung bittet. Adams entwirft eine Antwort, schickt sie aber nie ab.

1846
John Herschel setzt sich für den mathematischen Ansatz ein und kann James Challis davon überzeugen, den neuen Planeten zu suchen.

1846
Nach längerem Aufschub beginnt Challis im Juli widerwillig mit der Suche.

1846
Urbain Le Verrier stellt eigene Berechnungen auf, dass es jenseits des Uranus einen weiteren Planeten geben muss, der für dessen ungewöhnliches Verhalten verantwortlich ist.

1846
Auf der Grundlage von Le Verriers Berechnungen entdecken die deutschen Astronomen Johann Gottfried Galle und Heinrich Louis d'Arrest am 23. September den Neptun. Adams und Le Verrier wird die Entdeckung gemeinschaftlich zuerkannt.

1846
Im Nachhinein erkennt Challis, dass er im August dieses Jahres den Neptun zweimal beobachtet hat, ohne ihn zu identifizieren, was seiner saloppen Arbeitseinstellung geschuldet ist.

FAKTEN ZUM NEPTUNKERN

Der Neptun ist der kleinste der Gasriesen, weist aber, relativ gesehen, den größten Kern auf, der vermutlich aus Gestein und Eis besteht. Darüber schließt sich eine Schicht aus flüssigen Wasserstoffverbindungen, Sauerstoff und Stickstoff an, auf die wiederum eine Schicht aus flüssigem Wasserstoff mit Spuren von Helium und Methan folgt. Seine Atmosphäre besteht hauptsächlich aus Wasserstoff, Methan und Helium. Die blau-grüne Färbung ist heller als beim Uranus, weshalb die Existenz einer anderen Komponente neben Methan vermutet wird, die die Färbung verstärkt.

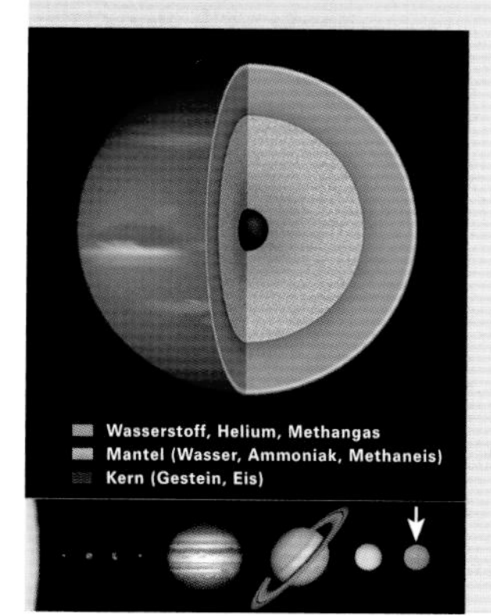

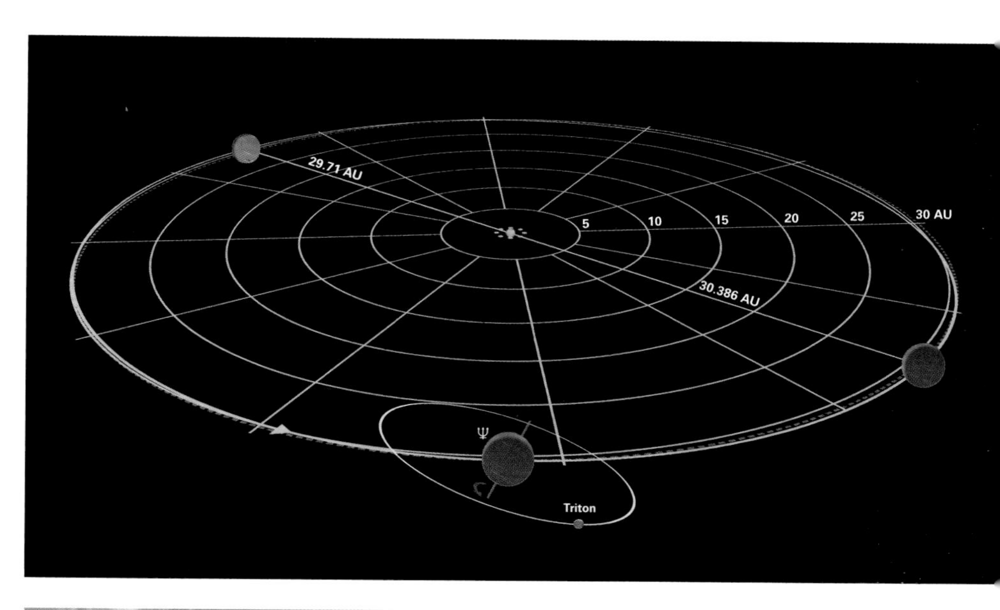

atmosphäre fand *Voyager 2* vereinzelte Bänder und Tupfen aus weißen Wolken, ferner ein sich rasch bewegendes weißes Wolkenband, das auf den Spitznamen „Scooter" getauft wurde. Der spektakulärste und unerwartetste Fund aber war der Große Dunkle Fleck in der südlichen Hemisphäre, ein riesiger Zyklon, der dem Großen Roten Fleck des Jupiters ähnelt.

15 Jahre später ergaben Beobachtungen mit dem Hubble-Teleskop, dass der Große Dunkle Fleck komplett verschwunden war. Seinen Platz hatte ein neuer, kleinerer dunkler Fleck auf der Nordhalbkugel eingenommen. Es ist ungewiss, ob der Große Dunkle Fleck tatsächlich verschwunden ist oder ob er lediglich vorübergehend verdeckt wird.

Der Neptun ist 57-mal größer als die Erde und hat mehr als die 17-fache Erdmasse. Vermutlich besitzt er einen Kern aus Eis und Gestein, der etwa einer Erdmasse entspricht. Die mittlere Region bzw. der Mantel besteht vermutlich aus Methan, Ammoniak und Wasser. Die äußere Region setzt sich aus Wasserstoff, Helium und Methan zusammen. Im Gegensatz zu den eisigen Wolkenschichten bewirkt der hohe Druck im Planeteninnern Temperaturen um die 7000 Grad Celsius.

Wie Jupiter, Saturn und Uranus gibt der Neptun mehr Energie ab, als er von der Sonne empfängt. Obwohl er bereits vor 4,5 Milliarden Jahren entstand, zieht sich der Neptun noch immer zusammen. Diese Kontraktion liefert die Energie für das wilde Klima des Planeten.

Eine ungewöhnliche und faszinierende Möglichkeit wäre, dass der hohe Druck im Innern des Neptuns die Kohlenstoffatome dazu veranlassen könnte, sich aus den Methanmolekülen zu lösen – und Diamanten zu bilden. In den Tiefen der dichten Neptunatmosphäre könnte es dann tatsächlich Diamanten regnen!

Oben Der Neptun benötigt 165 Erdenjahre für seine um 1,769° gegen die Ekliptik geneigte Bahn um die Sonne. Die Neigung seiner Rotationsachse beträgt 28,32°. Die Neptunrotation ist prograd, verläuft also, von oben gesehen, entgegen dem Uhrzeigersinn. Die gestrichelte Linie zeigt die Neigung der Neptunbahn gegen die Ebene des Sonnensystems. (nicht maßstäblich)

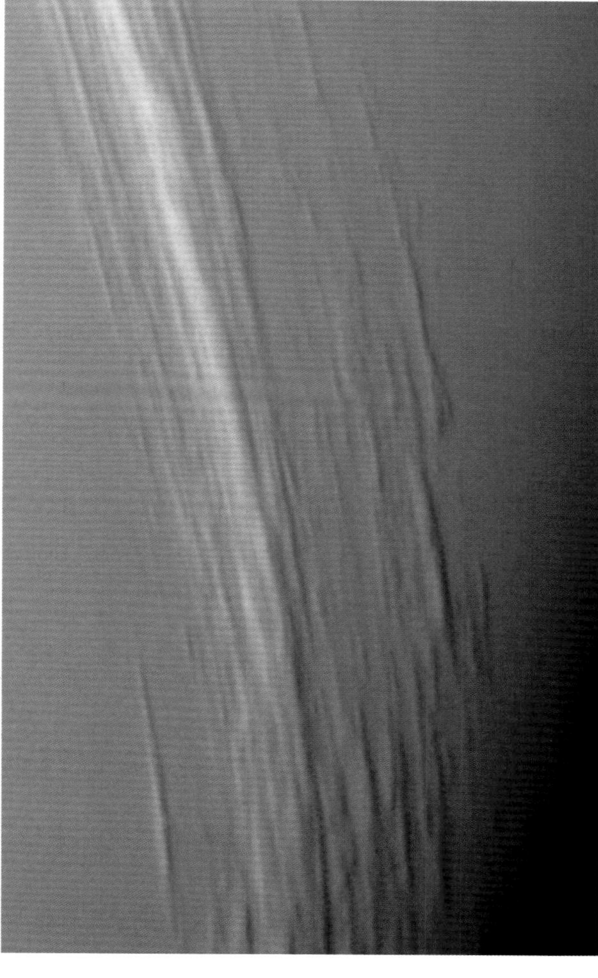

Links *Voyager-2*-Aufnahme der hellen Wolkenstreifen des Neptuns. Die linearen Wolkenformationen erstrecken sich ungefähr entlang konstanten Breitengraden, und die Seiten der Wolken, die der Sonne zugewandt sind, erscheinen heller.

1846
Le Verrier schlägt der Längenkommission des britischen Parlaments den Namen Neptun vor. Otto Struve setzt sich vor der Russischen Akademie der Wissenschaften in St. Petersburg ebenfalls für diesen Namen ein. Danach setzt sich Neptun international durch.

1846
Nur wenige Tage nach Neptuns Entdeckung meint der Amateurastronom William Lassell einen Ring um den Planeten zu erkennen, was sich jedoch als eine durch sein Teleskop verursachte Verzerrung herausstellt. (Die Ringe, die wir kennen, wurden erst 1989 von *Voyager 2* entdeckt.)

1846
Siebzehn Tage später entdeckt William Lassell Triton, den größten Neptunmond.

1949
Der niederländisch-amerikanische Astronom Gerard Kuiper (nach dem der Kuiper-Gürtel benannt ist) entdeckt den drittgrößten Neptunmond, Nereid.

1977
Start der *Voyager-2*-Mission, die auf ihrem Weg in den interstellaren Raum auch am Neptun und weiteren Planeten vorbeifliegen soll.

Mitte der 1980er-Jahre
Die Beobachtung von Sternbedeckungen ergibt ein zusätzliches Aufblinken kurz vor und kurz nach der Verdunkelung eines Hintergrundsterns durch Neptun und liefert damit erste Beweise für nicht komplette Ringe.

1989
Am 24. und 25. August passiert *Voyager 2* den Neptun in einer Entfernung von nur 4800 km oberhalb des Nordpols.

1989
Voyager 2 findet sechs neue Neptunmonde und drei neue Ringe sowie eine breite Fläche aus Ringmaterial.

2002–2003
Mithilfe verbesserter erdbasierter Teleskope werden fünf neue Neptunmonde gefunden, sodass heute insgesamt 13 Neptunmonde bekannt sind.

KALTE MONDE

Der Neptun besitzt 13 Monde, deren größter Triton ist. Dieser ist aus mehreren Gründen bemerkenswert: Seine eisige Oberfläche ist sehr kalt und sehr reflektierend, und er bewegt sich auf einer retrograden Bahn, umkreist den Neptun also in der „falschen" Richtung.

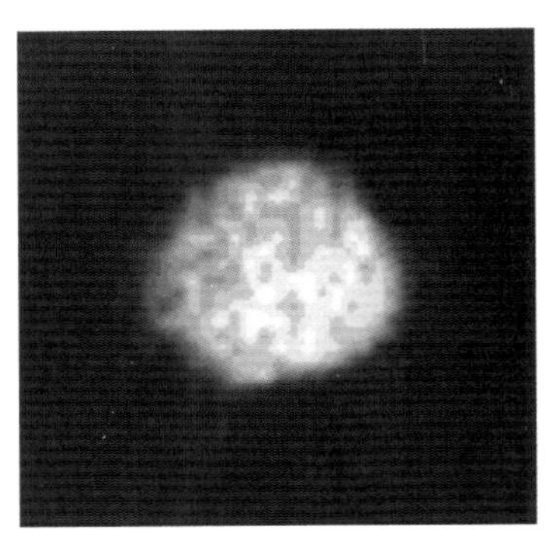

Rechts Erste Filteraufnahmen des größten Neptunmondes, Triton, aufgenommen von *Voyager 2* im Jahr 1989. Die verschiedenen Farbstufen enthüllen Details der Oberflächentopografie.

Vor dem Besuch von *Voyager 2* war über Triton wenig bekannt. Den Durchmesser des Mondes berechneten die Astronomen auf der Grundlage eines angenommenen Reflexionsvermögens seiner Oberfläche und seiner entsprechenden Helligkeit für einen Betrachter auf der Erde.

Doch als *Voyager 2* sich Triton näherte, wurde deutlich, dass er sehr viel stärker reflektierte als angenommen. Eine neue Berechnung ergab einen kleineren Durchmesser. Tatsächlich ist Triton eines der hellsten Objekte im Sonnensystem – und mit –235 Grad Celsius eines der kältesten. Dank *Voyager 2* wissen wir, dass Triton eine geologisch junge Oberfläche mit nur wenigen sichtbaren Kratern besitzt. Wahrscheinlich enthält sie 25 Prozent Wassereis, der Rest ist hauptsächlich Gesteinsmaterial. Zudem hat der Mond eine sehr dünne Stickstoffatmosphäre. Am verblüffendsten sind jedoch die aktiven Vulkane oder vielleicht auch Geysire, die vermutlich flüssigen Stickstoff hoch ins All speien. Die Energie für diese heftige vulkanische Aktivität stammt vermutlich aus jahreszeitlich bedingten Erwärmungen durch die Sonne.

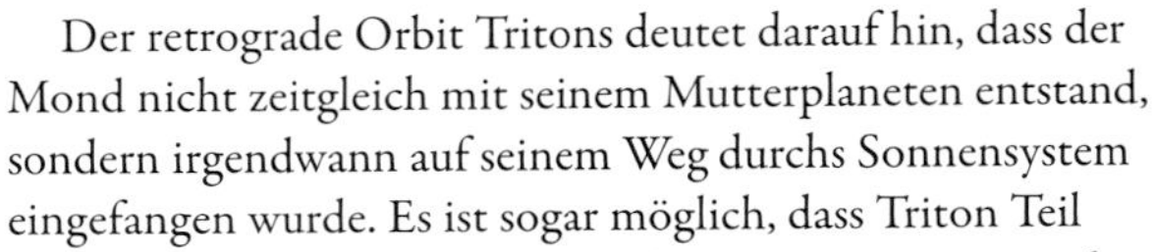

Der retrograde Orbit Tritons deutet darauf hin, dass der Mond nicht zeitgleich mit seinem Mutterplaneten entstand, sondern irgendwann auf seinem Weg durchs Sonnensystem eingefangen wurde. Es ist sogar möglich, dass Triton Teil eines Doppelplanetensystems war und sein Gefährte zur gleichen Zeit, als Triton eingefangen wurde, ins All hinausgeschleudert wurde. Erst 1949 wurde mit Nereid, dem drittgrößten Neptunmond, ein weiterer Mond entdeckt. Und erst mit dem Besuch von *Voyager 2* 1989 wurden sechs weitere Monde gefunden. Weitere fünf kamen 2003 durch Beobachtungen mit erdbasierten Teleskopen hinzu, von denen drei wie Triton retrograde Umlaufbahnen haben. Über diese kleinen Monde ist nur wenig bekannt. Einige von ihnen sind „irregulär", d. h., sie wurden vermutlich eingefangen und sind nicht zusammen mit dem Neptun entstanden.

RINGE AUS DUNKELHEIT

Wie die anderen Riesenplaneten des Sonnensystems besitzt auch Neptun Ringe, wenngleich wenig spektakuläre. Den ersten Hinweis auf ihre Existenz lieferten erdbasierte Beobachtungen in den 1980er-Jahren, als Astronomen beobachteten, wie ein Hintergrundstern beim Transit des Neptuns aufblinkte.

So wie das Sternenlicht abgeblockt wurde, als die große Masse des Planeten sich davorschob, verblassten die Hintergrundsterne auch mehrmals, als der Neptun nicht direkt vor ihnen stand. Es wurde vermutet, dass die Sterne durch bis dato unbekannte Ringe verdeckt wurden.

Erst mit der Ankunft von *Voyager 2* 1989 wurde diese Theorie bestätigt. Die Bilder der *Voyager* zeigten eine ganze Reihe von Ringen. Einer davon, der dünne Adams-Ring, weist verschiedene Bögen auf, denen die französischen Namen Liberté, Egalité und Fraternité gegeben wurden (Freiheit, Gleichheit, Brüderlichkeit).

Jüngste Beobachtungen deuten darauf hin, dass das Ringsystem des Neptuns nicht stabil ist und einer oder mehrere Ringe im Lauf des nächsten Jahrhunderts aufbrechen könnten. Die Bögen im Adams-Ring werden vermutlich von den Gezeitenkräften des Mondes Galatea verursacht.

Die Ringe des Neptuns bestehen aus einem dunklen Material und weisen eine sehr viel höhere Konzentration kleiner Staubpartikel auf als z. B. die Saturnringe.

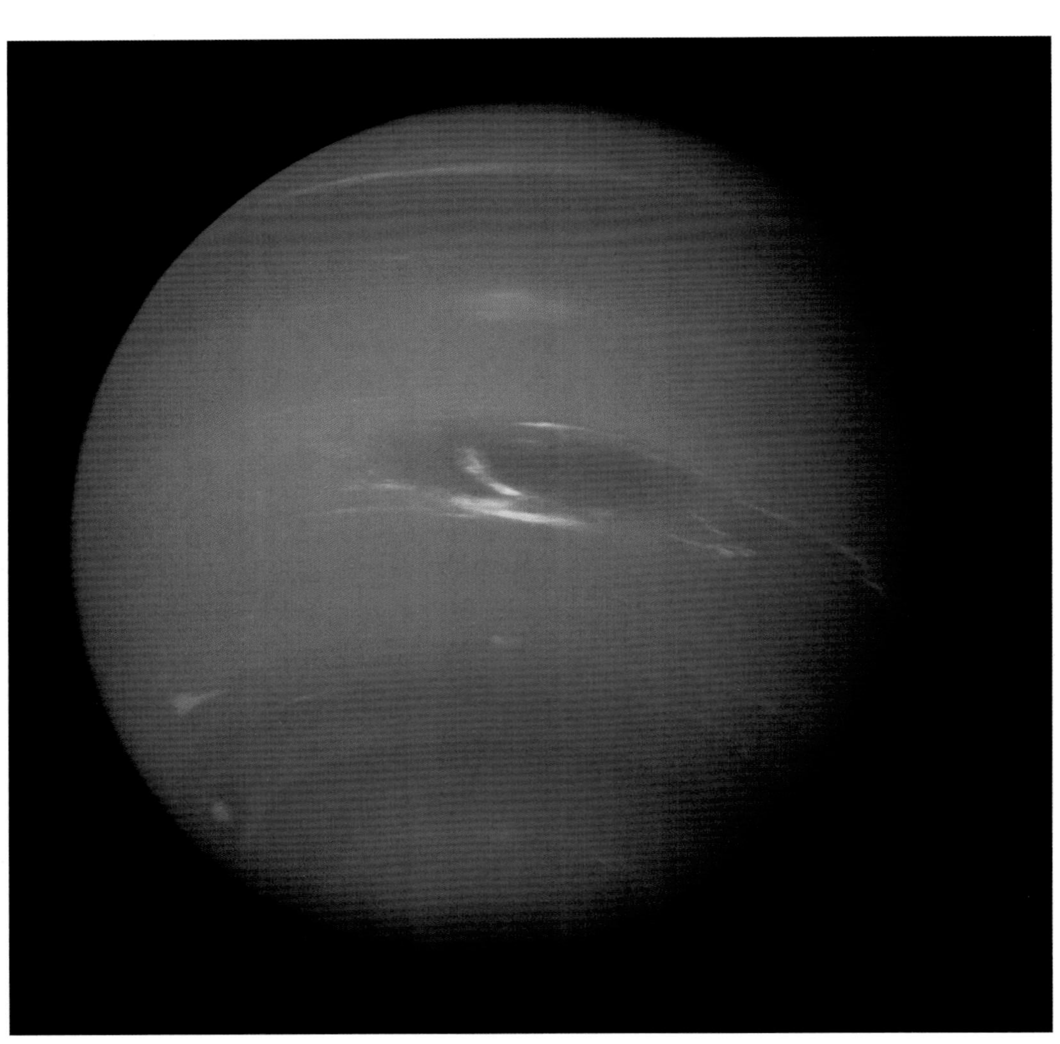

Unten Diese *Voyager-2*-Aufnahme zeigt den Großen Dunklen Fleck sowie die umgebenden Wolkenformationen, die konstant blieben, solange die Kameras der *Voyager 2* sie auflösen konnten. Nördlich davon ist ein helles Wolkenband zu sehen, das dem südpolaren Streifen ähnelt.

MAGNETFELD

Das Magnetfeld des Neptuns ist um 47 Grad gegen seine Rotationsachse geneigt und sein Mittelpunkt um etwa den halben Radius vom Planetenzentrum verschoben. Der Neptun besitzt keinen Eisenkern wie die Erde, sein Magnetfeld entsteht vermutlich durch elektrische Ströme in einer Wasserschicht irgendwo in der mittleren Schicht der Atmosphäre.

Der Neptun ist zu matt, als dass man ihn von der Erde aus mit bloßem Auge erkennen könnte. Es bedarf eines starken Fernglases oder eines Teleskops sowie einer Karte mit der genauen Planetenposition, um seine kleine, bläulich-grüne Scheibe auszumachen.

Wegen der großen Entfernung umkreist der Neptun die Sonne sehr langsam – für eine Umrundung benötigt er 165 Erdenjahre – und bewegt sich daher sehr langsam über den Nachthimmel.

Der Neptun ist so weit von der Sonne entfernt, dass das Sonnenlicht 900-mal matter ist als auf der Erde.

Seitdem der Pluto zum „Zwergplaneten" degradiert wurde, ist der Neptun der fernste „echte" Planet des Sonnensystems. Da er jedoch eine annähernd kreisförmige, der Pluto aber eine elliptische Umlaufbahn hat, kommt der Pluto – ungeachtet seiner jüngsten Degradierung – auf einer kleinen Strecke seiner Bahn der Sonne näher als der Neptun, der dann der sonnenfernste Planet überhaupt ist.

Oben Digitalmontage des Neptuns und seines Mondes Triton. Der eisige Triton ist kälter als Neptun und außerdem der einzige große Satellit im Sonnensystem, der einen Planeten in retrograder Richtung umläuft, d. h. entgegen der Drehrichtung des Mutterplaneten.

Links Weitwinkelaufnahme der beiden bekannten Neptunringe, aufgenommen von *Voyager 2* mit einem Clearfilter.

Zwergplaneten

STECKBRIEF

Pluto

Entdeckung
Anfang 1930 durch Clyde Tombaugh

Durchschnittliche Entfernung von der Sonne
39,482 AE/5 906 380 000 km

1 Plutotag
–153,3 Erdenstunden (retrograd)

1 Plutojahr
247,92 Erdenjahre

Äquatorialer Radius (Erde = 1)
0,180

Masse (Erde = 1)
0,0022

Mittlere Oberflächentemperatur
–233 °C

Atmosphäre
Stickstoff, Methan, Kohlendioxid

Monde/Trabanten
Drei Monde – Charon, Hydra, Nix.

Besonderheiten
Weitgehend aus Eis bestehend, möglicherweise mit Gesteinskern.

Ceres

Entdeckung
Januar 1801 durch Giuseppe Piazzi

Durchschnittliche Entfernung von der Sonne
2,77 AE/414 Millionen km

Äquatorialer Durchmesser
950 km

Besonderheiten
Größter und massereichster Körper im Asteroidengürtel.

Eris

Entdeckung
Juli 2005 durch Mike Brown

Durchschnittliche Entfernung von der Sonne
67,7 AE/10 Milliarden km

Äquatorialer Durchmesser
2400 km

Besonderheiten
Fernstes je beobachtetes Objekt mit Umlaufbahn um die Sonne.

Wann ist ein Planet kein echter Planet? Dieses Problem hat die Astronomen über Jahre beschäftigt. Als man die Frage im Jahr 2006 ein und für alle Mal klären wollte, führte dies zu weltweiter Verblüffung.

WAS IST EIN PLANET?

Noch vor wenigen Jahren hätte sich niemand diese Frage gestellt. Jeder wusste, was ein Planet war: ein großer Körper, der die Sonne umkreist. Derartige Körper gab es in unserem Sonnensystem neun: die vier terrestrischen Planeten Merkur, Venus, Erde und Mars, die vier Gasriesen Jupiter, Saturn, Uranus und Neptun sowie den 1930 entdeckten kleinen Pluto. Darüber hinaus gab es noch einen Asteroidengürtel zwischen Mars und Jupiter sowie eine riesige Kometenwolke weit, weit von der Sonne entfernt in einer Region namens Oortsche Wolke. Ganz einfach.

Pluto jedoch war schon immer ein Problem, das hässliche Entlein des Sonnensystems: viel kleiner als die anderen Planeten, aus Eis statt aus Gestein oder Gas und mit einer Umlaufbahn, die sowohl stark elliptisch als auch stark gegen die Bahnen aller anderen Planeten geneigt ist. Wenn er zusammen mit den anderen Planeten entstanden war, wieso bewegte er sich dann auf einer solchen Bahn? Oder umgekehrt: Wenn er nicht mit den anderen entstanden war, woher kam er dann? War er ein wandernder Himmelskörper, oder war er in seine seltsame Bahn gezwungen worden? Und wenn ja, gab es da draußen etwa noch mehr davon? Pluto warf Fragen über Fragen auf.

Etwas Licht in die Sache brachte die Entdeckung weiterer großer Eiskörper, die jenseits des Neptuns die Sonne umkreisen. Einer von ihnen war sogar größer als Pluto. Wenn Pluto als Planet galt, musste das dann nicht auch für die anderen gelten? Dann hätte unser Sonnensystem eben nicht neun, sondern zehn, 15 oder 40 Planeten. Und falls das zu viele waren: Musste dann nicht für Pluto und seine neu entdeckten Vettern eine neue Kategorie gefunden werden?

2006 konnten die Astronomen die Entscheidung nicht länger vor sich herschieben. Pluto war nur eine von vielen vergleichbar großen Eiswelten, die in der Region jenseits des Neptuns eine eigene Gruppe bilden. Waren alle diese Körper nun Planeten, oder waren sie es nicht? Es musste eine Entscheidung her.

Auf einer Generalversammlung der Internationalen Astronomischen Union, dem weltweiten Zusammenschluss der Astronomen, sollte die Frage ein für allemal geklärt werden. Nach langer Debatte und unerwartetem weltweiten Interesse wurde schließlich eine Resolution verabschiedet. Und nachdem sich der Staub gelegt hatte, erkannten die meisten an, dass es sich um einen vernünftigen Kompromiss handelte. Dieser lautete folgendermaßen: Das Sonnensystem hat acht „Planeten" (von Merkur bis Neptun) sowie eine unbekannte Anzahl von „Zwergplaneten"; in diese neue Kategorie sollten Pluto und verschiedene andere Körper fallen. Darüber hinaus umfasst das

Links Nach einer Reparatur durch Astronauten der *Columbia* im Jahr 2002 schwebt das Hubble-Weltraumteleskop vor dem Hintergrund der Erde. Es war die vierte Hubble-Instandhaltungsmission.

Oben rechts Bronzestatue des Dis Pater oder Pluto, Gott der Unterwelt, aus dem 2. Jahrhundert n. Chr., der Hammer und Kelch hält.

P l u t o

1930
Der amerikanische Astronom Clyde Tombaugh entdeckt Pluto.

1978
Am 22. Juni entdeckt der Astronom James Christy beim Studium aktueller stark vergrößerter Aufnahmen Plutos eine kleine Ausbuchtung. Auf Fotoplatten vom 29. April 1965 sind diese ebenfalls zu sehen: Der Mond Charon ist entdeckt.

1979–1999
Die stark elliptische Bahn Plutos führt ihn zwei Jahrzehnte lang näher an die Sonne als den Neptun und bietet die seltene Gelegenheit, diesen fernen Körper und seinen Mond Charon eingehender zu beobachten.

1985–1989
Pluto erreicht den sonnennächsten Punkt seiner Bahn; in dieser Phase kommt es zu einer Reihe von Eklipsen zwischen Pluto und Charon.

1992
Die Zusammensetzung der Plutoatmosphäre aus Stickstoff und Kohlendioxid wird entschlüsselt. Pluto gilt nun als prominentester Vertreter des Kuiper-Gürtels in den äußeren Regionen des Sonnensystems, wo Eis- und Felsobjekte sowie Zwergplaneten die ferne Sonne umkreisen.

2006
Auf Aufnahmen des Hubble-Weltraumteleskops werden zwei weitere Plutomonde entdeckt, Hydra und Nix. Hubble macht auch Aufnahmen von Pluto und Charon.

2006
Am 19. Januar 2006 wird die Raumsonde *New Horizons* gestartet, die 2015 Pluto und Charon erreichen soll. Da sie ihre Reise dort nicht unterbrechen kann, wird der Besuch ein Vorbeiflug werden.

2006
Am 24. August 2006 stuft die International Astronomische Union (IAU) Pluto formell von einem offiziellen Planeten in den Rang eines Zwergplaneten herab.

FAKTEN ZUM PLUTOKERN

Über den inneren Aufbau des Pluto ist relativ wenig bekannt. Spektroskopische Untersuchungen zeigen, dass er einen Gesteinskern besitzt, der von einem Mantel aus gefrorenem Stickstoff mit Anteilen von Methan und Kohlendioxid umgeben ist. Es ist bekannt, dass kleine Mengen Stickstoff, Methan und Kohlendioxid in der dünnen Atmosphäre vom festen ohne Umweg über den flüssigen direkt in den gasförmigen Zustand übergehen, wenn der Pluto sich der Sonne nähert. Auf seiner langen Bahn weg von der Sonne fällt diese dünne Atmosphäre zurück auf die Pluto-Oberfläche und gefriert.

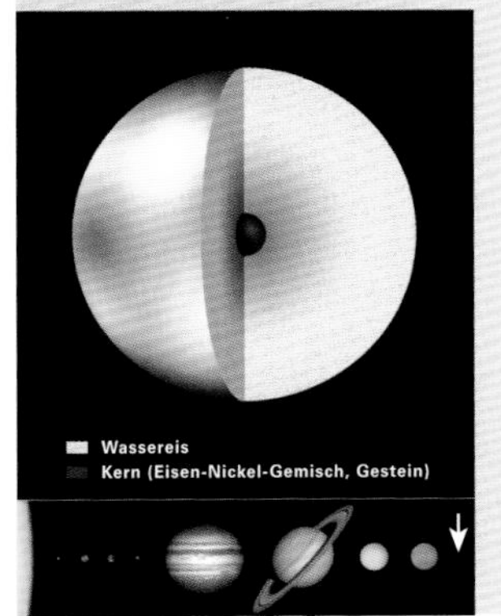

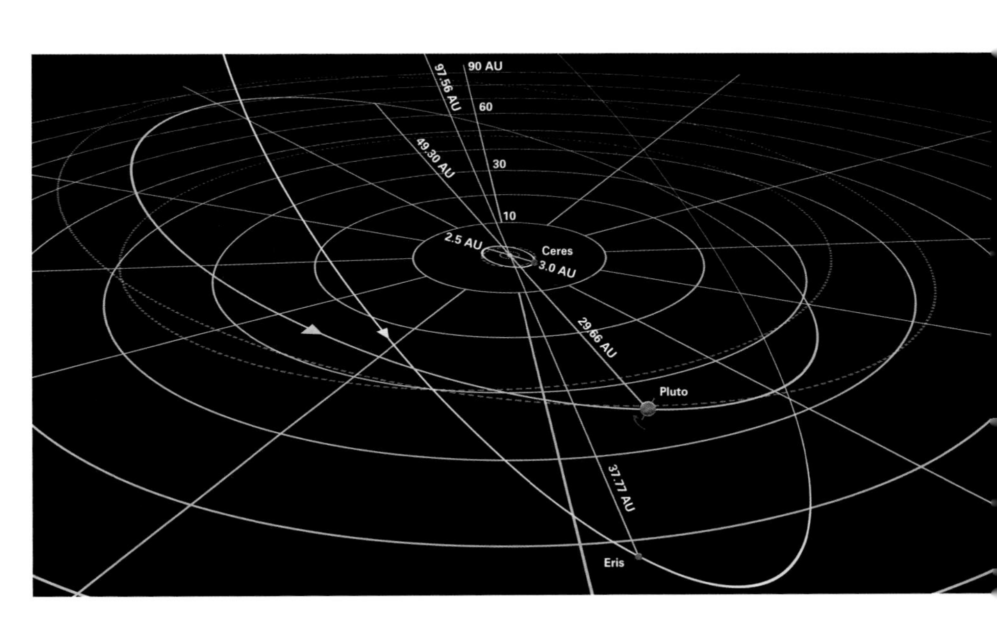

Oben Der Pluto benötigt fast 249 Erdenjahre für seine um 17,15° gegen die Ekliptik geneigte Bahn. Die Achsneigung beträgt rund 120°. Pluto rotiert prograd, also, von oben betrachtet, entgegen dem Uhrzeigersinn. (nicht maßstäblich)

Links Computergenerierte Darstellung eines geplanten schnellen Vorbeiflugs an Pluto und seinem Mond Charon im Jahr 1991. Allerdings wurde diese Mission aufgrund der hohen Kosten und der zu großen Entfernung nie verwirklicht. Inzwischen wurde jedoch die Sonde *New Horizons* gestartet, die insbesondere Pluto erforschen soll.

Ceres

1801
Am 1. Januar entdeckt Giuseppe Piazzi Ceres und bezeichnet ihn als Planeten.

1900er-Jahre
Nachdem ähnliche Objekte in der Region entdeckt wurden, wird Ceres für mehr als 150 Jahre als Asteroid eingestuft. Da er der erste derartige Körper war, der entdeckt wurde, bekam er im modernen System der Asteroidenbenennung die Bezeichnung 1 Ceres.

2005
Hubble-Aufnahmen belegen, dass Ceres eher ein Planet denn ein Asteroid ist.

2006
Nach der Entdeckung des transneptunischen Objekts Eris schlägt die Internationale Astronomische Union vor, Ceres gemeinsam mit Eris und dem Plutomond Charon den Planetenstatus zu verleihen.

2006
Die IAU besinnt sich am 24. August auf einen Alternativvorschlag, wonach Ceres als „Zwergplanet" eingestuft wird. Ungeklärt bleibt bis heute, ob Zwergplaneten wie die Planeten eine eigene Kategorie bilden oder ob sie noch ihre frühere Klassifizierung als Kleinplaneten bzw. Asteroiden behalten sollen.

Eris (UB313)

2005
Ein CalTech-Team um den Astronomen Mike Brown gibt die Entdeckung eines weiteren Kuiper-Gürtel-Objekts bekannt, das größer ist als Pluto. Zunächst provisorisch UB313 oder Xena getauft, gibt ihm die IAU den offiziellen Namen Eris.

2006
Der Vorschlag, Eris zusammen mit Pluto und seinen Monden als Planet anzuerkennen, führt zur Klassifizierung Eris' als Zwergplanet entsprechend der neuen Definition der IAU. Der Ende 2005 von Mike Brown und seinem Team entdeckte Erismond wird von der IAU Dysnomia getauft.

Sonnensystem eine unbekannte Zahl von Kleinkörpern (Small Solar System Bodies) wie Kometen und Asteroiden.

Die Definition für einen Planeten lautet nun: ein Körper, der die Sonne auf seiner eigenen Bahn umkreist, der groß genug ist, dass er von seiner eigenen Schwerkraft in eine Kugelgestalt gezogen wurde und der alle anderen konkurrierenden Körper aus seiner Bahnregion entfernt hat. Da er seine Region nicht von ähnlichen Körpern gesäubert hat, fällt Pluto nicht mehr unter diese Kategorie.

Die Definition eines Zwergplaneten lautet: ein Körper, der die Sonne umkreist und sich selbst in eine Kugelgestalt gezogen, aber seine Umgebung nicht von konkurrierenden Körpern bereinigt hat. Dies trifft auf Pluto ebenso zu wie auf die größten Asteroiden, Ceres und den jüngst entdeckten, plutoähnlichen Körper Eris. Auch sie wurden deshalb neu klassifiziert.

Unten Digitale Darstellung Plutos im Raum. Der Zwergplanet besteht aus Eis und Gestein und ist der zehntgrößte bekannte Körper, der die Sonne direkt umkreist.

Rechts Diese Aufnahme des Hubble-Weltraumteleskops beweist die Existenz zweier unbekannter Plutomonde. Die Monde wurden im Mai 2005 erstmals von Hubble entdeckt, doch das Wissenschaftlerteam forschte zunächst noch tiefer im Plutosystem, um weitere Monde zu suchen und deren Umlaufbahnen zu lokalisieren.

DAS HÄSSLICHE ENTLEIN

Wie bei Neptun so war auch Plutos Entc einer mathematischen Vorhersage – obw sage im Nachhinein als falsch erwies. Es der Uranus auch nach der Entdeckung d ne vorausberechnete Bahn einhielt. Der dass er zusätzlich den Gezeitenkräften ei unentdeckten Körpers fern der Sonne ur Körper gab, musste es möglich sein, sein nen. Die Suche begann von neuem.

Im Lowell Observatory in den USA v nom Clyde Tombaugh in der Hoffnung, neten auszuspüren, lange Stunden damit, region zu belichten und auszuwerten. Du zweier Platten, die mit einem gewissen ze lichtet worden waren, hätte die Bewegung etwaiger Planeten vor den fixen Hintergrundsternen ersichtlich sein müssen. Am 18. Februar 1930 entdeckte er einen kleinen Punkt, der sich in der Zeit zwischen den Aufnahmen – eine Woche – weiterbewegt hatte. Er hatte ihn gefunden!

Bald jedoch wurde klar, dass Pluto viel zu klein war, um den vorhergesagten Effekt auf die Uranusbahn auszuüben. Dass er auf der vorhergesagten Position gefunden worden war, stellte sich nur als unglaublicher Zufall heraus. Später wurde deutlich, dass es an Ungenauigkeiten im Verständnis der Neptunmasse lag, dass die Vorhersagen für die Uranusbahn abwichen, und es daher keine Notwendigkeit für einen weiteren Planeten im dunklen Jenseits gab.

Pluto besteht hauptsächlich aus Eis und hat möglicherweise einen Gesteinskern. Die Oberfläche ist größtenteils mit gefrorenem Stickstoff sowie etwas Methan und Kohlendioxid bedeckt. Die Oberflächentemperatur ist mit −230 Grad Celsius sehr niedrig. Angesichts seiner geringen Größe, der eisigen Temperaturen und der großen Entfernung von der Sonne verwundert es nicht, dass Pluto keine dichte Atmosphäre aufweist; lediglich wenn er auf seiner elliptischen Bahn der Sonne etwas näher kommt, sublimieren kleine Mengen Stickstoff, Methan und Kohlendioxid, d. h., sie gehen direkt und ohne ein flüssiges Zwischenstadium vom festen in einen gasförmigen Zustand über. In den langen sonnenfernen Phasen Plutos fällt diese dünne Atmosphäre zurück auf die Oberfläche und gefriert. Es besteht die Hoffnung, dass die Raumsonde *New Horizons* Pluto vorher erreicht.

Seit langem ist bekannt, dass Pluto mit Charon einen verhältnismäßig großen Mond hat. Das Größenverhältnis zwischen ihnen führte dazu, dass die beiden häufig als „Doppelplanet" angesehen wurden und nicht als gewöhnlicher Planet mit Satellit. Dafür spricht auch die Tatsache, dass das Baryzentrum (der gemeinsame Schwerpunkt, um den sich die Körper bewegen) zwischen beiden Körpern liegt – und nicht etwa wie im Fall von Erde und Mond im Radius der Erde.

Charon wurde schon 1978 entdeckt; erst 2005 kamen mithilfe des scharfsichtigen Hubble-Weltraumteleskops die beiden sehr kleinen Plutomonde Nyx und Hydra hinzu. Nyx ist nach der griechischen Göttin der Nacht benannt, die den Charon gebar; Hydra war das vielköpfige Monster, das über die von Pluto regierte Unterwelt wachte. Beider Durchmesser wird auf 100 bis 160 Kilometer geschätzt, wobei Hydra vermutlich der größere der Monde ist.

Links Hubble-Aufnahme von Ceres, dem größten Objekt im Asteroidengürtel. Ceres' runde Form legt nahe, dass sein Inneres ähnlich den terrestrischen Planeten geschichtet ist. Ceres misst etwa 950 km im Durchmesser und wurde 1801 entdeckt.

Unten Diese digitale Darstellung zeigt das Plutosystem von der Oberfläche eines möglichen Mondes aus. Pluto ist die große Scheibe im Zentrum, die kleinere Scheibe rechts daneben ist Charon. Ein weiterer möglicher Mond ist der helle Punkt links außen.

Rechts Größenvergleich zwischen Ceres, Vesta sowie drei anderen Asteroiden und dem Mars, der als Halbkugel am unteren Bildrand zu sehen ist. Ceres und Vesta gehören zum Asteroidengürtel zwischen Mars und Jupiter.

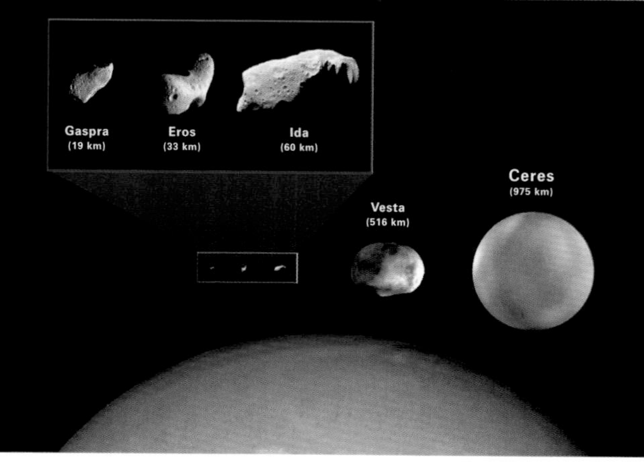

PRIMUS INTER PARES

Ceres war 1801 der erste Asteroid, der entdeckt wurde, und zwar in der „Planetenlücke" zwischen Mars und Jupiter. Über diese Lücke hatten sich viele Astronomen den Kopf zerbrochen und einen bislang unentdeckten Planeten dort vermutet. Ceres wurde denn auch zunächst als eben dieser lange verlorene Planet begrüßt. Sein Entdecker Giuseppe Piazzi dachte zunächst, er habe einen Kometen gefunden, doch weitere Beobachtungen bestätigten bald, dass ihre Bahn nicht der eines Kometen glich. Daher wurde Ceres bald als der „fehlende" Planet begrüßt. Allerdings nur, bis gut ein Jahr später in der gleichen Lücke ein weiterer Körper, Pallas, gefunden wurde, dem 1804 und 1807 noch zwei folgten, die Juno und Vesta genannt wurden.

NEW HORIZONS

Das Haupthindernis bei der Beobachtung der Zwergplaneten ist ihre große Entfernung von der Erde. Selbst durch die größten und modernsten Teleskope sind sie nur als winzige Lichtscheiben zu erkennen. Umso dringlicher ist ein Blick aus der Nähe wie bei den großen Planeten.

Bei zweien der Zwerge sind die Wissenschaftler schon kurz vor dem Ziel und werden mithilfe von Raumsonden in Bälde diesen Blick aus der Nähe werfen können. Aber entspannen Sie sich – es wird noch ein paar Jahre dauern, bis diese Sonden ihr Ziel erreicht haben.

Als Erster wird Pluto Besuch von der NASA-Sonde *New Horizons* bekommen. Die am 19. Januar 2006 gestartete Sonde hat auf ihrem Weg bereits den Jupiter passiert und sich von seiner Schwerkraft auf die Bahn zum Pluto schleudern lassen, den sie im Juli 2015 erreichen wird. Sie kann bei ihm nicht anhalten, wird aber im Lauf einiger weniger Tage den Pluto und seine Monde detailliert beobachten. Anschließend gibt es die Option, die Sonde zu einem oder mehreren Objekten im Kuiper-Gürtel zu schicken.

Ceres ist Ziel der NASA-Mission *Dawn*. Diese Sonde wird erst den Asteroiden Vesta besuchen und sich dann auf den Weg zu Ceres machen. Anders als *New Horizons*, die nicht anhalten kann, wird *Dawn* sowohl Vesta als auch Ceres umkeisen und detaillierte Blicke auf diese Vertreter des felsigen Trümmerrests aus der Entstehungszeit des Sonnensystems ermöglichen.

Künstlerische Darstellung der Raumsonde *New Horizons* während der geplanten Begegnung mit Pluto und seinem Mond Charon. Auffälligstes Merkmal der Sonde ist der fast 2,1 m große Antennenspiegel, mit dessen Hilfe sie mit der 7,5 Milliarden km entfernten Erde kommunizieren wird.

…eutlich, dass es dort eine ganze Gruppe …, die in etwa gleichem Abstand um die …02 hatte der berühmte englische Astronom … den Begriff „Asteroid" geprägt, was so viel …h" bedeutet, da sie, selbst durch die stärks…achtet, wie Sterne aussahen. So erhielt die …n Asteroidengürtel, und Ceres, eben noch … Asteroiden degradiert. Heute weiß man, …umregion Tausende Asteroiden gibt. …urzem als Zwergplanet gilt, besitzt eine na…mit einem Durchmesser von etwa 950 Kilo…e führte dazu, dass er Kugelgestalt annahm, …n die neue Kategorie der Zwerge passt. Tat…größte aller Körper im Asteroidengürtel und umfasst allein ein Drittel der Masse aller Asteroiden. Einigen Wissenschaftlern zufolge besitzt Ceres ein „differenziertes" Innenleben aus mehreren Schichten, angefangen beim Gesteinskern, der von Mantel und Kruste aus Eis umgeben ist. Die Oberflächentemperatur beträgt etwa –40° Grad Celsius. Der Eismantel könnte 120 Kilometer dick sein und damit mehr Wasser enthalten als sämtliche Ozeane der Erde.

DER NEUE PLUTO

Der dritte und bisher größte Zwergplanet des Sonnensystems ist Eris, der mit einem Durchmesser von 2400 Kilometer etwas größer ist als Pluto. Zunächst als zehnter Planet des Sonnensystems bejubelt, entpuppte sich Eris' Entdeckung als der Sprengsatz für die Definition eines Planeten und markierte den Anfang einer Entwicklung, die 2006 zu der Einführung der Zwergplaneten führte.

Eris wurde im Januar 2005 auf Bildern vom Oktober 2003 entdeckt; der Fund wurde im Juli 2005 bekannt gegeben. Zum Zeitpunkt der Entdeckung war Eris das sonnenfernste bekannte Objekt des Sonnensystems, 97-mal ferner als die Erde, obwohl einige andere transneptunische Objekte (TNO) sich auf Bahnen bewegen, die sie noch weiter von der Sonne fort führen. Eris benötigt 556 Erdenjahre für seine stark elliptische und stark geneigte Umlaufbahn.

Wie andere transneptunische Objekte gehört Eris zur Unterkategorie der „scattered disk objects". Die Bahnen dieser Körper wurden vermutlich durch Begegnungen mit dem Neptun gestört, der sie aus der inneren Region des Kuiper-Gürtels auf ihre elliptischen Bahnen schleuderte. Die Erisbahn ist um 44 Grad gegen die Ekliptik geneigt, weshalb sie den Körper weit aus der Nachbarschaft der meisten anderen Körper im Sonnensystem an eine Position platziert, die bisher wenig erforscht ist. Deshalb blieb Eris auch so lange unentdeckt, obwohl er größer ist als Pluto.

Bei der Entdeckung erhielt er die Bezeichnung UB313, wurde aber schnell unter dem Namen „Xena" bekannt. Da der Name nicht offiziell war, taufte ihn die Internationale Astronomische Union auf den Namen Eris. Eris ist die griechische Göttin der Zwietracht und des Streits. Eris hat auch einen kleinen Mond namens Dysnomia, der im September 2005 auf Aufnahmen des Keck-Observatoriums auf Hawaii entdeckt wurde.

Gegenwärtig gibt es elf weitere Körper, die aufgrund ihrer Größe und Masse für eine Klassifizierung als Zwergplanet in Frage kommen. Und es gibt Dutzende weitere Kandidaten, über die jedoch noch mehr Daten gesammelt werden müssen.

Gut möglich, dass in naher Zukunft Körper entdeckt werden, die größer sind als Pluto und Eris. Die Teleskope entwickeln sich immer weiter, und Raumsonden dürften bald in der Lage sein, derart weite Reisen zu unternehmen, sodass die Astronomen immer besseren Einblick in die Tiefen des Weltalls jenseits der großen solaren Planeten bekommen werden.

Oben Start der Sonde *New Horizons* an Bord einer Atlas-V-Rakete. Der Lift-off erfolgte am 19. Januar 2006 von Cape Canaveral (Florida, USA) aus. Wegen schlechten Wetters hatte der Start zweimal abgesagt werden müssen.

Oben Künstlerische Impression des früher als 2003 UB313 bekannten Zwergplaneten Eris, der nach der griechischen Göttin der Zwietracht und des Streits benannt wurde.

Andere Objekte im Sonnensystem

STECKBRIEF

Kuiper-Gürtel

Durchschnittliche Entfernung von der Sonne
Etwa 50 AE/7,4 Milliarden km

Besonderheiten
Enthält Tausende kleiner Eiskörper einschließlich Quaoar

Oortsche Wolke

Durchschnittliche Entfernung von der Sonne
Zwischen 5000 und 10 000 AE/ 748 Milliarden km

Besonderheiten
Enthält Milliarden von Eiskörpern in einer solaren Umlaufbahn, darunter Sedna.

Rechts Sedna in Relation zu anderen Körpern des Sonnensystems: Erde und Erdmond, Pluto und Quaoar

Weit jenseits des Neptuns gibt es eine Unmenge kleiner Eiswelten, die größtenteils unentdeckt sind – und ein Beleg dafür, dass unser Sonnensystem längst nicht mit dem Pluto endet.

DIE ÄUSSEREN GRENZEN

Das Sonnensystem wird immer größer. Längst haben wir nicht mehr nur neun vertraute Planeten, ein paar Asteroiden und eine unbekannte Anzahl Kometen. Heute haben wir acht Planeten, drei Zwergplaneten und Tausende Kleinkörper.

Viele dieser Kleinkörper existieren in dem dunklen, kalten und fernen Reich jenseits der Neptunbahn. Als transneptunischen Objekte (TNO) werden sie entsprechend ihrer Entfernung zu verschiedenen Kategorien zusammengefasst.

Die erste ist der Kuiper-Gürtel, eine Ansammlung von Eiskörpern, die die Sonne unweit der Neptunbahn umkreisen. Pluto und Eris, die beide der neu geschaffenen Kategorie der Zwergplaneten angehören, werden aufgrund ihrer Position im Raum ebenfalls zu den TNO gezählt. Die zurzeit allgemein anerkannte Grenze des Kuiper-Gürtels verläuft in einer Entfernung von rund 50 Astronomischen Einheiten (AE) von der Sonne. Daran schließt sich die „scattered disk" an, eine Region, die viel weiter ins All hinausreicht. Die Körper in dieser Region wurden typischerweise durch Kontakt mit der Schwerkraft der äußeren Planeten, zumeist des Neptuns, auf stark elliptische und geneigte Umlaufbahnen geschleudert.

Oben Illustration von Quaoar, der weit jenseits Plutos um die Sonne kreist. Quaoar ist einer der größten Körper des Sonnensystems, die seit Pluto 1930 entdeckt wurden.

Noch viel weiter draußen folgt schließlich die Oortsche Wolke, der vermutlich die meisten Kometen entstammen. Man nimmt an, dass sie das Sonnensystem in allen Richtungen umgibt und Milliarden Kometen umfasst.

Einige Körper in Kuiper-Gürtel und „scattered disk" sind potenzielle Kandidaten für den Zwergplanetenstatus. Zu ihnen gehört der 2002 entdeckte Quaoar, ein im Durchmesser 1000 bis 1400 Kilometer großer Körper. Seine Bahn ist 43-mal weiter von der Sonne entfernt als die der Erde. Wie viele andere TNO besteht vermutlich auch Quaoar aus Gestein und Eis. Untersuchungen seiner Oberfläche deuten darauf hin, dass er in der Vergangenheit eine gewisse Erwärmung erlebt hat, und es wird gemutmaßt, ob die Wärme im Innern durch radioaktive Zerfallsprozesse im Gestein entstehen könnte. Faszinierenderweise wurde im Februar 2007 ein kleiner Trabant von Quaoar gefunden. Er besitzt wahrscheinlich einen Durchmesser von lediglich rund 100 Kilometer.

Ein weiterer Kandidat für den Zwergplanetenstatus ist Sedna, der 2003 entdeckt wurde und 1200 bis 1800 Kilometer Durchmesser aufweist. Sednas Entdeckung war insofern überraschend, als er sich auf einer stark elliptischen Bahn bewegt, die ihn bis auf 975 AE von der Sonne fortträgt. Zur Zeit seiner Entdeckung befand er sich aber nur etwa 90 AE von der Sonne entfernt; der ein Jahr später entdeckte Eris war zum Zeitpunkt seiner Entdeckung etwa 97 AE entfernt.

Bis Quaoar, Sedna und anderen Körpern der Status eines Zwergplaneten zuerkannt werden kann, sind weitere Beobachtungen erforderlich. In jedem Fall erfüllen sie zwei Kriterien: Sie bewegen sich auf unabhängigen Bahnen um die Sonne und sie haben ihre Umgebung nicht von anderen Körpern gesäubert. Nun muss noch bestimmt werden, ob sie in puncto Masse und Durchmesser groß genug sind, um sich selbst in eine Kugelform gezogen zu haben.

Weitere große TNO sind Varuna, Orcus und Ixion. Varuna ist ein „klassisches" Kuiper-Gürtel-Objekt mit einer fast kreisförmigen Umlaufbahn, die sich stets innerhalb des Zentralbereichs des Gürtels bewegt. Mit einem geschätzten Durchmesser von 950 Kilometer besitzt Varuna potenziell den Status eines Zwergplaneten. Orcus könnte sogar 1600 Kilometer

1932
Der estnische Astronom Ernst Öpik äußert die Theorie, wonach Kometen aus einer umlaufenden Wolke am äußersten Rand des Sonnensystems stammen.

1950
Der holländische Astronom Jan Oort stellt die Hypothese auf, Kometen kämen aus einer riesigen Hülle von Eiskörpern, die rund 50 000-mal weiter von der Sonne entfernt ist als die Erde. Dieser gigantische Schwarm aus Eiskörpern wird heute als Oortsche Wolke bezeichnet.

1951
Gerard Kuiper geht mit der Theorie eines „Kometengürtels" in einer Region jenseits des Neptuns an die Öffentlichkeit.

1980er-Jahre
Kuipers Hypothese bekommt Unterstützung durch Computersimulationen der Entstehung des Sonnensystems, die die Bildung einer Trümmerschicht am Rand des Sonnensystems nahelegen. Dieser Trümmergürtel wird inzwischen nach Kuiper benannt.

1980
Quaoar wird erstmals fotografiert, aber nicht als Kuiper-Gürtel-Objekt erkannnt.

1992
In einer Entfernung von rund 42 AE von der Sonne entdecken Astronomen einen rötlichen Fleck – das erste Kuiper-Gürtel-Objekt (KBO).

1992
In einer Region, in der der Kuiper-Gürtel vermutet wird, wird ein 241 km großer Körper entdeckt und erhält die Bezeichnung 1992QB1. Als weitere ähnlich große Objekte gefunden werden, ist die Existenz des Kuipergürtels bestätigt.

2002
Michael E. Brown und Chad Trujillo erkennen Quaoar, einen eisigen Körper jenseits Plutos, als Objekt innerhalb des Kuiper-Gürtels.

2003
Michael E. Brown, Chad Trujillo und D. Rabinowitz entdecken Sedna, einen Körper weit jenseits Plutos, aber innerhalb des Kuiper-Gürtels.

2005
Ein von Mike Brown geleitetes CalTech-Team entdeckt FY9 (inoffizieller Codename „Osterhase"), ein sehr großes Kuiper-Gürtel-Objekt. Am selben Tag wird auch die Entdeckung von Eris bekanntgegeben.

Oben Sedna, das fernste Objekt unseres Sonnensystems: ein planetenähnlicher Körper, der dreimal weiter von der Erde entfernt ist als Pluto.

Rechts Die Position Sednas in den fernsten Regionen unseres Sonnensystems. Von oben links im Uhrzeigersinn zeigt jedes Feld einen größeren Ausschnitt, um Sedna im Kontext des Sonnensystems zu platzieren.

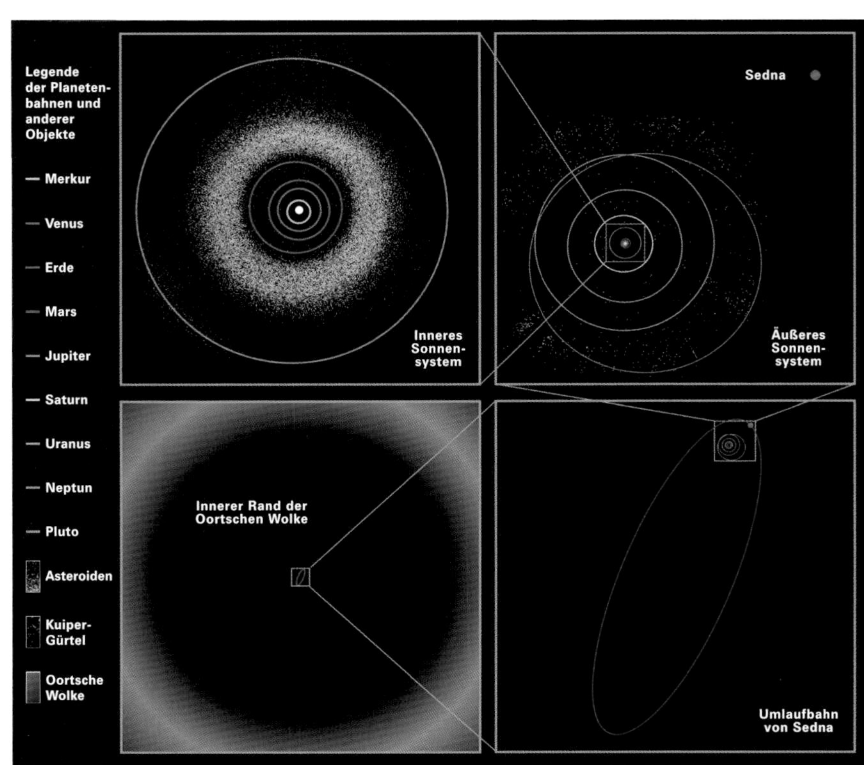

messen und damit ebenfalls ein Zwergplanet sein. Ixion hingegen ist nur 500 Kilometer groß. Orcus und Ixion sind Vertreter einer Klasse von Körpern, die als „Plutinos" bezeichnet werden und Pluto sowie seine drei Monde einschließen. Plutinos sind Objekte, deren Bahnelemente mit denen von Pluto vergleichbar sind, die also durch eine 3:2-Resonanz zur Umlaufbahn des Neptun stabilisiert werden, d. h., während dreier Neptunumläufe umrunden sie die Sonne zweimal. Den Neptunmond Triton halten viele Wissenschaftler für ein einstiges Kuiper-Gürtel-Objekt, das vom Neptun eingefangen wurde. Der ähnliche Aufbau Tritons, Plutos und anderer TNO sowie seine retrograde Bahn um den Neptun stützen diese Theorie. Auch der Plutomond Charon wird eher als echtes Kuiper-Gürtel-Objekt betrachtet, worauf sich wiederum die Ansicht stützt, Pluto und Charon bildeten eher ein Doppelplanetensystem denn einen Planeten mit zugehörigem Mond.

Asteroiden

STECKBRIEF

Spektrale Klassifizierung

C-ASTEROIDEN (KOHLENSTOFF)
Über 75 % aller Asteroiden.

S-ASTEROIDEN (SILIKAT)
Ca. 17 % der bekannten Asteroiden.

M-ASTEROIDEN
Metallische Objekte im Mittleren Hauptgürtel, die relativ hell erscheinen.

Orbitale Klassifizierung

HAUPTGÜRTEL
Die meisten Kleinplaneten umkreisen die Sonne im Asteroiden-Hauptgürtel.

ERDNAHE ASTEROIDEN (NEAR-EARTH ASTEROIDS, NEA)
Umlaufbahn maximal 1,3 AE von der Sonne entfernt.

TROJANER
Position in der Nähe der Lagrange-Punkte des Jupiters (60° vor und hinter Jupiter auf seiner Umlaufbahn).

ZENTAUREN
Umlaufbahn im äußeren Sonnensystem.

Asteroiden sind aller Wahrscheinlichkeit nach Überbleibsel aus der Frühzeit des Sonnensystems. Wenn das zutrifft, können sie uns einiges über die interplanetare Geschichte erzählen.

STEINIGE STERNCHEN

Asteroiden bestehen aus Gestein und/oder Metall, ihre Größe reicht von wenigen Metern bis zu Hunderten von Kilometern. Die meisten von ihnen umkreisen die Sonne zwischen Mars und Jupiter in einer Region, die als Asteroidengürtel bekannt ist. Manche Bahnen kreuzen auch die Bahn der Erde, weshalb diese Asteroiden potenzielle Erdkollidierer sind.

Gegen Ende des 18. Jahrhunderts waren zahlreiche Astronomen auf der Jagd nach einem vermuteten „fehlenden" Planeten in der „Lücke" zwischen Mars und Jupiter. Doch trotz der großen Aufmerksamkeit für diese Region wurde der erste Asteroid erst 1801 von dem italienischen Astronomen Giuseppe Piazzi entdeckt, und auch das nur zufällig.

Den auf den Namen „Ceres" getauften Körper hielt man zunächst für den fehlenden Planeten. Doch mit der Entdeckung von Pallas, Juno und Vesta in den Jahren 1802 bis 1807 wurde deutlich, dass diese Körper zu einer Klasse kleinerer Objekte gehörten, die in der Folge als „Asteroiden" klassifiziert wurden. Das Wort stammt aus dem Griechischen und bedeutet „sternähnlich". Über viele Jahre hinweg war der wissenschaftlich akzeptierte Name „kleiner Planet", doch seit dem Beschluss der Internationalen Astronomischen Union von 2006 fallen Asteroiden in die Gruppe der „Kleinkörper" oder „Small Solar System Bodies".

Ceres, die mit einem Durchmesser von rund 900 Kilometer groß genug war, um sich zu einer annähernden Kugelgestalt zusammenzuziehen, gilt inzwischen entsprechend der neuen IAU-Konvention als Zwergplanet.

Heute sind fast 400 000 Asteroiden verzeichnet, von denen an die 14 000 einen Namen erhalten haben. Im Unterschied zu den Kometen werden Asteroiden nicht nach ihren Entdeckern benannt. Ein Asteroid erhält zunächst eine Katalognummer. Wenn seine Bahn durch weitergehende Beobachtungen bestätigt ist, darf der Entdecker einen Namensvorschlag machen. Dieser wird einem Ausschuss der IAU vorgelegt, der den Namen bestätigt oder ablehnt. Asteroidennamen müssen bestimmten Regeln und Standards entsprechen: Sie dürfen nicht beleidigend sein und keinerlei Anklänge an politische oder militärische Führer aufweisen.

WO KOMMEN SIE HER?

Lange Zeit wurde die Frage erörtert, ob die Körper im Asteroidengürtel Fragmente eines auseinandergebrochenen Planeten seien oder ob es sich um Bruchstücke handelte, die nie die Chance hatten, sich zu einem echten Planeten zu verbinden. Heute herrscht Konsens, dass Letzteres zutrifft. Als das Sonnensystem aus einer rotierenden, kontrahierenden Gaswolke entstand, kollidierten kleine Körper miteinander und ver-

Links Digitale Impression eines Asteroiden mit der aufgehenden Sonne im Hintergrund. Der Begriff „Asteroid" bezeichnet eine vielgestaltige Gruppe kleiner Gesteinskörper, die um die Sonne driften. Ihre Zahl geht vermutlich in die Millionen.

vor 4,6 Milliarden Jahren	1801	1802	1802	1804	1807	1891	1930er-Jahre	1991
Übriggebliebene Gesteinsbrocken aus der Entstehungszeit des Sonnensystems bilden Asteroiden.	Giuseppe Piazzi, Direktor der Sternwarte in Palermo, entdeckt den ersten Asteroiden und benennt ihn nach der römischen Göttin des Ackerbaus, Ceres.	Wilhelm Herschel verwendet als erster den Begriff „Asteroid" zur Beschreibung derartiger Himmelskörper. Das Wort ist griechischen Ursprungs und bedeutet „sternähnlich".	H. Olbers entdeckt 2 Pallas, den größten Asteroiden.	K. Harding entdeckt den dritten Asteroiden und nennt ihn 3 Juno.	Der Asteroid 4 Vesta wird entdeckt. Nach weiteren acht Jahren gelangen die meisten Astronomen zu dem Schluss, dass keine weiteren Asteroiden mehr gefunden werden können, und geben die Suche auf.	Max Wolf begründet die Methode der Astrofotografie zur Entdeckung von Asteroiden. Auf lange belichteten Platten erscheinen sie als kurze Lichtstriche.	Dank verbesserter Technologien werden zahlreiche neue Asteroiden entdeckt, unter anderem 1221 Amor, 1862 Apollo, 2101 Adonis und 69230 Hermes.	Mit dem Vorbeiflug an dem Hauptgürtelasteroiden Gaspra am 29. Oktober gelingt der Raumsonde *Galileo* die erstmailge Beobachtung eines Asteroiden aus der Nähe. Der kartoffelförmige Körper ist mit Kratern und Gräben übersät.

schmolzen, sodass sie immer größere Körper bildeten und irgendwann in den Planeten aufgingen. In bestimmten Regionen des Sonnensystems jedoch bewegten sich die Körper zu schnell, um sich zu vereinigen, und prallten stattdessen zusammen, wodurch sie in immer kleinere Stücke zerfielen. Asteroiden sind mit anderen Worten der Trümmerschutt aus der Entstehungszeit des Sonnensystems. Nähme man sämtliche Asteroiden des Gürtels zusammen, ergäbe das eine dem Erdmond vergleichbare Masse. Vermutlich gab es noch mehr Asteroiden im Gürtel, doch viele wurden durch die Schwerkraft des Jupiters aus ihrer ursprünglichen Bahn geschleudert.

VERSCHIEDENE KLASSEN

Asteroiden werden nach Art ihrer Umlaufbahn bzw. nach Art ihrer chemischen Zusammensetzung in Gruppen und „Familien" eingeteilt. Die meisten Asteroiden bestehen überwiegend aus Kohlenstoff und gehören daher zu den C-Asteroiden (das C steht für Kohlenstoff). Sie weisen meist eine dunklere Färbung mit einem rötlichen Schimmer auf und ähneln in mancher Hinsicht den kohligen Chondriten (eine Gruppe von Steinmeteoriten).

Der zweite Asteroiden-Typ sind die S-Asteroiden (S für Silikat), zu dem rund 17 Prozent der Asteroiden gezählt

Oben Künstlerische Impression (basierend auf Aufnahmen des Spitzer-Teleskops) des Asteroidengürtels, der um einen sonnenähnlichen Stern kreist. Rechts stoßen zwei Asteroiden zusammen. Derartige Kollisionen reichern den Gürtel mit Staub an, wodurch er für Infrarot-Teleskope auffindbar wird.

1993
Die Sonde *Galileo* beobachtet den Hauptgürtelasteroiden Ida und entdeckt, dass er von einem eigenen Mond (Dactyl) umkreist wird. Der kleine Körper könnte ein Fragment früherer Kollisionen sein.

1995
Das Hubble-Weltraumteleskop liefert eine detaillierte Kartierung der Basaltkruste von Vesta, einem der größten Asteroiden, und findet einen riesigen, Milliarden Jahre alten Krater.

1996
Der Asteroid Chiron bzw. Komet 95P, der sich auf einer chaotischen und exzentrischen Bahn zwischen Saturn und Uranus bewegt, wird beobachtet.

1997
Am 25. Juni fliegt die NASA-Sonde *Near-Earth Asteroid Rendezvous (NEAR)* auf dem Weg zu ihrem Hauptziel Eros 25 Minuten lang am Asteroiden 253 Mathilde vorbei und fotografiert den größten Teil dieses Kleinplaneten.

1998
Die Raumsonde *NEAR* passiert zum erstenmal Eros und beobachtet rund 60 % des Asteroiden, der sich als kleiner erweist als erwartet. *NEAR* findet auch heraus, dass der Asteroid zwei mittelgroße Krater, einen langen Oberflächengraben sowie eine Dichte ähnlich der Erdkruste aufweist.

1999
Die Sonde *Deep Space 1* passiert den erdnahen Asteroiden 9669 Braille in einer Entfernung von lediglich 26 km – bis heute das engste Vorbeiflug-Manöver an einem Asteroiden.

2000
NEAR steuert erneut Eros an und umkreist ihn ein Jahr lang.

2000
Am 14. März, einen Monat nach dem Einschwenken in die Asteroidenumlaufbahn, benennt die NASA die Sonde *NEAR* zu Ehren des renommierten Geologen Eugene Shoemaker, der 1997 bei einem Autounfall ums Leben gekommen war, in *NEAR Shoemaker* um.

2001
NEAR Shoemaker landet auf Eros – die erste Landung eines Raumschiffs auf einem Asteroiden überhaupt. Zwei Wochen lang sendet die Sonde Daten und Bilder von der steinigen Oberfläche.

Oben Aufnahme von *NEAR Shoemaker* von einem Teil der Oberfläche des Asteroiden Eros. Der große, längliche Felsen, der den großen Schatten wirft, hat einen Durchmesser von 7,4 m

Oben rechts Ort der Landung von *NEAR Shoemaker* auf Eros. Der Landepunkt befindet sich an der Grenze zweier deutlich unterschiedlicher Regionen, die beide während des Landeanflugs fotografiert wurden.

werden. Vermutlich haben diese Asteroiden einen Erhitzungs- und Schmelzprozess hinter sich. Die Silikat-Asteroiden besitzen eine hellere Oberfläche.

Die metallischen M-Asteroiden, die vermutlich weitgehend aus einer Eisen-Nickel-Verbindung bestehen, bilden die dritte Kategorie. Wahrscheinlich handelt es sich bei diesen Asteroiden um die Kerne einstiger größerer Körper, deren äußere Gesteinsschichten bei Kollisionen weggesprengt wurden.

Manche Asteroiden bilden Doppelsysteme, weil ihre Schwerkraft sie aneinander bindet. Andere weisen kleine Monde auf.

Es gibt eine Anzahl anerkannter Asteroidenfamilien, und wahrscheinlich werden weitere hinzukommen. Sie umfassen Körper, die sich auf ähnlichen Bahnen um die Sonne bewegen und die Schlussfolgerung nahelegen, dass es sich bei ihnen um Fragmente größerer Asteroiden handelt, die in der Vergangenheit auseinandergebrochen sind. Beispiele sind die „Erdbahnkreuzer" vom Aten- bzw. Apollo-Typ, deren Umlaufbahnen jene der Erde kreuzen und deshalb eine potenzielle Gefahr für unseren Planeten darstellen. Daneben gibt es noch die Trojaner – Körper, die einem Planeten in seiner Bahn entweder vorauseilen oder folgen. Die Erde hat keine bekannten Trojaner, der Mars vermutlich einen, Neptun fünf. „Trojanerkönig" ist der Jupiter mit fast 2000 bekannten und wahrscheinlich viel mehr noch zu entdeckenden Trojanern.

In den letzten Jahren ist die Trennlinie zwischen Asteroiden und Kometen aufgeweicht – seit bekannt wurde, dass manche Asteroiden außerhalb des Hauptgürtels möglicherweise „ausgebrannte" Kometen sind. Es gibt sogar Objekte, die sowohl Asteroiden- als auch Kometen-Benennungen erhalten haben, was das Durcheinander noch vergrößert.

Ein eigenartiger Asteroidentyp folgt einer „Hufeisenbahn", wobei sie große Nähe zu einem Planeten einhalten. Kurzzeitig kommen sie dem Planeten nahe genug, um als Fast-Satelliten angesehen zu werden; allerdings bewegen sie sich nicht auf einer gebundenen Bahn wie z. B. der Erdmond.

MISSIONEN ZU ASTEROIDEN

Anders als in Science-fiction-Filmen dargestellt, wo furchtlose Sternenkapitäne ihre Raumschiffe durch wild umhersausende Gesteinsbrocken steuern, besteht der Asteroidengürtel in Wirklichkeit hauptsächlich aus – Leere. Trotz der enormen Anzahl von Asteroiden ist die Gürtelregion so riesig, dass zwischen den einzelnen Asteroiden viele Tausend Kilometer liegen dürften. Viele Raumsonden haben die Reise durch den Hauptgürtel schon gewagt, ohne auf Probleme zu stoßen.

Mehrere Missionen haben uns Blicke auf Asteroiden eröffnet. Zunächst besuchte die Sonde *Galileo* 1991 Gaspra und 1993 dann Ida. *Galileo* befand sich auf dem Weg zum Jupiter,

Rechts Künstlerische Impression des Rendezvous zwischen *NEAR Shoemaker* und Eros. 2001 vollführte die Sonde die erste kontrollierte Landung auf einem Asteroiden, wobei sie 69 faszinierende Nahaufnahmen der felsigen Oberfläche machte. Nach der Landung funkte die Sonde zwei Wochen lang Daten von der Erosoberfläche.

Links Künstlerische Impression der NASA-Sonde *Dawn* im Asteroidenhauptgürtel. Die 2007 gestartete Sonde wird Ceres und Vesta, zwei Körper im Asteroidengürtel zwischen Mars und Jupiter, erforschen und dabei Kenntnisse über die Ursprünge unseres Sonnensystems sammeln.

Oben Künstlerische Impression der japanischen Sonde *Hayabusa* beim Aussetzen eines „target markers", der bei der Landung der Sonde auf dem Asteroiden Itokawa half.

und die Missionsplaner nutzten die Gelegenheit zur Stippvisite bei den beiden Kleinplaneten. Dabei wurde bei Ida ein kleiner Mond entdeckt, den man auf den Namen Dactyl taufte.

Die Asteroiden Mathilde und Eros bekamen 1997 bzw. 2001 Besuch von der Sonde *NEAR Shoemaker*, die kontrolliert auf Eros landete. *Deep Space 1* besuchte 1999 den Asteroiden Braille, und *Stardust* flog 2002 an Annefrank vorbei.

Die japanische Raumsonde *Hayabusa* erreichte Ende 2005 den Asteroiden Itokawa und versuchte eine Probe von der Oberfläche zu nehmen. Aufgrund mehrerer Systemausfälle blieb die Sonde nur eingeschränkt funktionstüchtig, und es ist ungewiss, ob sie in der Lage war, die Proben zu nehmen. Inzwischen sind die meisten Funktionen wieder in Betrieb, und die Verantwortlichen sind zuversichtlich, die Sonde zurück zur Erde steuern zu können.

Weitere ambitioniertere Missionen befinden sich im Planungsstadium. Dazu gehören die *Dawn*-Mission der NASA, die im Lauf des nächsten Jahrzehnts in eine Umlaufbahn um die Asteroiden Vesta und Ceres einschwenken wird, und die *Rosetta*-Mission der ESA, die bereits unterwegs ist, um 2008 und 2010 zwei Asteroiden zu begegnen.

Möglicherweise werden Asteroiden eines Tages Fundorte für Metalle und andere wertvolle Substanzen sein, die der Errichtung von Bauten im Weltraum dienen. Die Kosten für ihre Förderung könnten beträchtlich niedriger sein als der Transport von der Erde mit Raketen.

Asteroiden werfen nach wie vor Fragen auf. Bestehen sie aus festem Gestein, oder sind sie nur lose miteinander verbunde Brocken? Wie viele von ihnen harren noch der Entdeckung? Sind es Tausende – oder eher Millionen?

AUF KOLLISIONSKURS

In den letzten Jahren wurde immer deutlicher, dass Asteroiden eine Gefahr für das Leben auf der Erde darstellen. Die Erde wurde schon früher getroffen, und irgendwann in der Zukunft wird sie wieder getroffen werden. Das kann Jahre, Jahrzehnte oder Jahrmillionen dauern, doch die Wissenschaft nimmt die Bedrohung sehr ernst.

Man versucht zurzeit, jene Asteroiden zu finden und zu beschreiben, die in Zukunft zur Gefahr werden könnten. Diese großen Asteroiden sollen innerhalb der nächsten zehn Jahre allesamt katalogisiert werden. Um die Bedrohung abzuwenden, wurden mehrere Szenarien entwickelt einschließlich des Einsatzes von Atombomben, Impaktoren oder „Schwerkraftschleppern", die einen derartigen Asteroiden ablenken, solange er noch weit von der Erde entfernt ist. Je früher er entdeckt wird, desto weniger muss er abgelenkt werden.

Kometen

STECKBRIEF

Kurzperiodische Kometen
Umkreisen die Sonne alle 20 Jahre oder häufiger.

Langperiodische Kometen
Umkreisen die Sonne alle 200 Jahre oder mehr.

Kometen mit Umlaufperioden zwischen 20 und 200 Jahren werden als Halley-Typ bezeichnet.

Besonderheiten
Der Sonnenwind bewirkt, dass der Schweif stets von der Sonne weg zeigt; ein sich entfernender Komet folgt also seinem Schweif.

Sie sind eine Zierde am Nachthimmel, haben möglicherweise das Wasser auf die Erde gebracht und die Entwicklung von Leben ausgelöst – und könnten langfristig eine ernste Bedrohung für unsere Zukunft sein. Kein Wunder, dass die Wissenschaft mehr über Kometen herausfinden möchte.

Oben rechts Dieses Blatt aus *Historia de los Indios* des Fray Diego Duran zeigt den letzten Aztekenherrscher Montezuma im Jahr 1519 bei der Beobachtung eines Kometen. Der Komet wurde als Ankündigung der Erscheinung des Gottes Quetzalcoatl gesehen – kein Wunder, dass Cortés bei seiner Ankunft kurze Zeit später als Gott begrüßt wurde.

STREIFEN AM HIMMEL

Kometen bestehen aus einer Mischung aus Eis, Gestein und Staub und werden daher oft mit „schmutzigen Schneebällen" verglichen. Vermutlich haben sie sich zur selben Zeit, als im Zentrum die Planeten entstanden, in den fernen Bereichen des Sonnensystems gebildet. Da sie aus Eis bestehen und während ihrer langen, dunklen Jahre nicht sonderlich aufgeheizt wurden, enthalten sie möglicherweise die „Zutaten", aus denen sich das Sonnensystem bildete, in relativ reiner Form. Dies ist der Grund, weshalb die Wissenschaft sich so für Kometen interessiert: Sie könnten uns Hinweise darauf geben, woher wir kommen und woraus wir gemacht sind.

Der feste Teil eines Kometen wird als *Kern* bezeichnet, und seine Dimensionen reichen von einigen Dutzend Metern bis zu mehreren Kilometern. Wenn seine Bahn ihn näher an die Sonne führt, bringt das Sonnenlicht einen Teil der Eisoberfläche dazu, zu sublimieren – sich also vom festen in einen gasförmigen Zustand zu verwandeln, ohne dass dazwischen eine flüssige Phase läge; dabei lässt der Komet eine riesige Wolke hinter sich – die *Koma*. Die freigesetzten Gase und Partikel werden durch den Druck des Sonnenlichts und des Sonnenwinds nach außen „weggeblasen" und bilden die mitunter spektakulären *Schweife*.

Die Koma eines großen Kometen kann größer als die Sonne werden! In Extremfällen kann der Kometenschweif so lang werden, dass er der Entfernung Erde-Sonne entspricht – 150 Millionen Kilometer! Die zarte Erscheinung ihrer Schweife gab den Kometen auch ihren Namen (Lateinisch *kome* bedeutet „Haar", und Griechisch *kometes* Haarstern).

Die Astronomie teilt die Kometen entsprechend den Merkmalen ihrer Umlaufbahn in verschiedene Gruppen ein. Langperiodische Kometen stammen vermutlich aus der Oortschen Wolke, einem hypothetischen Kometenschwarm, der unser Sonnensystem in gewaltigen Entfernungen umgibt (50 000- bis 100 000-mal weiter von der Sonne entfernt als die Erde). Ab und zu werden manche dieser Kometen – möglicherweise durch die Gezeitenkräfte eines nahen Sterns – aus ihren Positionen gestoßen und beginnen einen langen und einsamen, viele tausend Jahre währenden Zug ins Zentrum des Sonnensystems, wo sie schließlich eine weitläufige elliptische Bahn um die Sonne einschlagen.

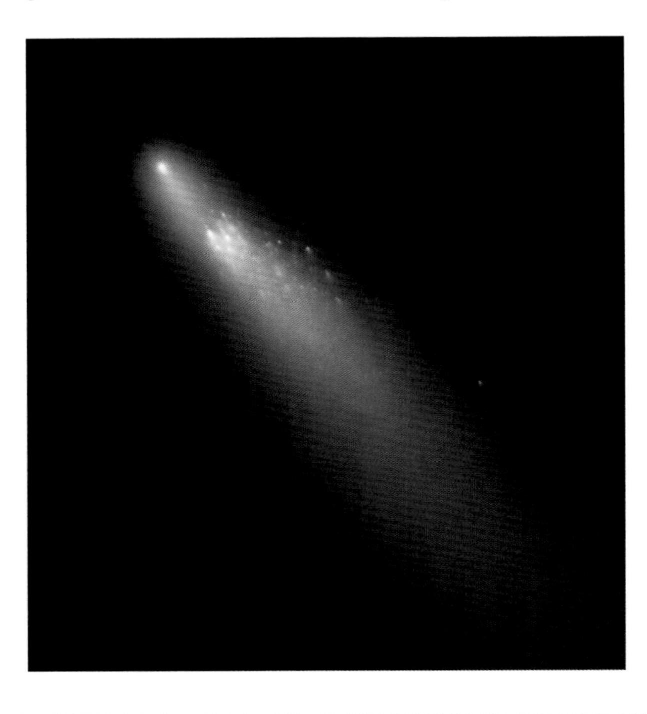

Rechts Außergewöhnliche Hubble-Aufnahme des Kometen 73P/Schwassmann-Wachmann 3. Der fragile Komet löst sich auf seinem Weg in Richtung Sonne rasch auf.

Seite 111 Diese Weitwinkel-Aufnahme des Kometen C/2001 Q4 (NEAT) entstand 2004 mit dem WIYN-Teleskop des Kitt Peak National Observatory (USA). Die Koma und der innere Teil des Schweifs sind gut sichtbar.

Vor 4,5 Milliarden Jahren Aus dem solaren Nebel entstehen die Planeten, Monde, Asteroiden und Kometen unseres Sonnensystems. Die Schwerkraft der Planeten treibt Kometen nach außen, wo sie die ferne Oortsche Wolke bilden, und bindet die meisten Asteroiden in einen Gürtel zwischen Mars und Jupiter.

613 v.Chr. In einer chinesischen Chronik ist ein riesiger Komet verzeichnet – wahrscheinlich der erste Bericht über einen Kometen überhaupt, in diesem Fall wohl den Halleyschen Kometen.

350 v.Chr. Aristoteles äußert die Vermutung, Kometen seien Phänomene in den oberen Schichten der Atmosphäre. Diese Ansicht wird für die nächsten Jahrhunderte maßgeblich.

1066 Auf dem Teppich von Bayeux ist ein heller Komet dargestellt, von dem man heute annimmt, dass es sich um den Halleyschen Kometen gehandelt hat.

1577 Tycho Brahe vergleicht seine Positionsberechnungen eines großen Kometen mit Sichtungen an anderen Orten auf der Erde und führt den Beweis, dass er mindestens viermal weiter entfernt ist als der Mond.

1609 Johannes Kepler hat zwar bewiesen, dass die Planeten auf elliptischen Bahnen um die Sonne kreisen, glaubt aber immer noch, dass Kometen auf geraden Bahnen durch die Planeten kreuzen.

1681 Der sächsiche Pastor Georg Samuel Dörffel veröffentlicht seine Beweisführung, wonach Kometen sich auf parabolischen Bahnen um die Sonne bewegen.

1705 Mittels historischer Berichte stellt Edmond Halley seine Kometentheorie auf und beweist deren Periodizität. Aufgrund der Sichtungen der Jahre 1456, 1531, 1607 und 1682 sagt er die Wiederkehr des Kometen für 1758 voraus. Als der Komet tatsächlich erscheint, wird er nach ihm benannt.

1867 Ernst Tempel entdeckt den Kometen Tempel 1, der auf seiner Reise durch das innere Sonnensystem alle 5,5 Jahre die Sonne umkreist.

1950 Der Niederländer Jan Hendrik Oort löst das Problem, dass die Kometen nach einer gewissen Anzahl Reisen durchs Sonnensystem zerstört werden, durch Postulierung der Oortschen Wolke, die 1000-mal sonnenferner ist als die Erde. Aus ihr sollen die langperiodischen Kometen stammen.

1973
Am 7. März entdeckt der tschechische Astronom Luboš Kohoutek den nach ihm benannten Kometen.

1975
Richard M. West von der Europäischen Südsternwarte entdeckt am 10. August den Kometen West.

1993
Die Astronomen Carolyn und Eugene Shoemaker sowie David Levy entdecken den Kometen Shoemaker-Levy 9, den ersten Kometen, der auf einer Bahn um einen Planeten (Jupiter) beobachtet wurde.

1994
Die Fragmente des Kometen Shoemaker-Levy 9 rasen unter den Augen der astronomischen Welt auf den Jupiter zu. Die Einschläge der Fragmente sind deutlicher als der Große Rote Fleck und noch viele Monate später als „Narben" in der Atmosphäre des Jupiters zu erkennen.

1995
Unabhängig voneinander entdecken die US-Astronomen Alan Hale und Thomas Bopp den nach ihnen benannten Kometen.

1996
Am 30. Januar entdeckt der japanische Amateurastronom Yuji Hyakutake den Kometen, der heute seinen Namen trägt.

2004
Die NASA-Sonde *Stardust* fliegt am Kometen Wild 2 vorbei. Sie nimmt Kometenstaub auf und macht zahlreiche Detailaufnahmen.

2005
An Bord einer Delta-II-Rakete wird die Sonde *Deep Impact* gestartet. Sie nimmt Kurs auf den Kometen Tempel 1 und macht von ihm Bilder vor und während des Einschlags eines Impaktors.

2006
Die NASA-Sonde *Stardust* kehrt am 15. Januar mit einer Ladung Kometenstaub zur Erde zurück. *Stardust* ist die erste US-Raummission, die automatisch Proben im Weltall sammelt und zur Erde zurückbringt.

2007
Der britisch-australische Astronom Robert H. McNaught entdeckt den nach ihm benannten Kometen, den hellsten Kometen seit mehr als 40 Jahren. Der auch als Großer Komet von 2007 bezeichnete Himmelskörper war sogar mit bloßem Auge am Taghimmel zu beobachten.

Rechts Die Grafik zeigt die Position des Gas- bzw. Staubschweifs eines Kometen. Wegen des Sonnenwinds weisen die Schweife unabhängig von der Bewegungsrichtung des Kometen stets von der Sonne weg.

Kurzperiodische Kometen haben Umlaufzeiten von maximal 200 Jahren. Viele von ihnen stammen aus dem Kuiper-Gürtel, einer Region von Eiskörpern jenseits des Neptuns. Ein berühmter Vertreter dieser Gruppe ist der Halleysche Komet mit einer Umlaufzeit von 76 Jahren.

Die dritte Gruppe besteht aus einer Handvoll Kometen, die die Sonne im Asteroiden-Hauptgürtel umkreisen und manchmal zur Zeit der größten Annäherung an die Sonne eine kleine Koma aufweisen.

Die letzte Gruppe schließlich besteht aus solitären Objekten aus dem interstellaren Raum, die das Sonnensystem durchqueren und auf der anderen Seite auf Nimmerwiedersehen verlassen. Nur wenige derartige Objekte wurden bisher beobachtet.

Kometen können sich als sehr unkooperativ erweisen, wenn es darum geht, Vorhersagen darüber zu machen, wie hell sie während einer *Erscheinung* sein werden. Die Bestimmung ihrer Bahnen ist relativ einfach, aber es fällt wesentlich schwerer vorherzusagen, ob ein neu entdeckter Komet hell und spektakulär oder blass und matt sein wird. Von dem amerikanischen Kometenentdecker David Levy stammt das Bonmot, Kometen seien wie Katzen: Beide haben Schwänze, und beide machen, was sie wollen.

Die Ursache für das Problem liegt in der Ungewissheit über Menge und Typus des „flüchtigen" Eises auf ihren Oberflächen. Ein Komet mit vielen flüchtigen Elementen bildet eine große Koma und einen langen Schweif aus, während einer mit wenigen flüchtigen Anteilen dezenter ausfällt. Menge und Beschaffenheit des sublimierten und abgegebenen Materials bestimmen die Größe und Dichte seiner Koma bzw. seines Schweifs. Kometen, die ihre ersten Schritte durchs innere Sonnensystem unternehmen, bieten mit zahlreichen flüchtigen Anteilen häufig eine gute Show. Kometen auf kurzperiodischen Bahnen hingegen, die bereits vielfach von der Sonne aufgeheizt wurden, haben dabei so viele flüchtige Elemente verloren, dass sie weit weniger glanzvoll ausfallen. Das heißt aber nicht, dass es sich nicht genau umgekehrt verhalten kann – und warum das so ist, kann niemand mit Gewissheit sagen.

KOMETEN ALS LEBENSBRINGER?

Woher stammt das Wasser auf der Erde? Unser Planet entstand in der heißen inneren Region des jungen Sonnensystems, wo Wasser kaum „überlebt" haben dürfte. Woher kommt es dann? Einige wenige Wissenschaftler vertreten die Ansicht, das H_2O sei in Form von Kometen auf die Erde gekommen, die zur Zeit ihrer Entstehung reihenweise einschlugen. Isotopenanalysen deuten darauf hin, dass zumindest einige Kometen dieselbe Art Wasser besitzen wie die Erde. Andere Studien kommen allerdings zum gegenteiligen Ergebnis – wer hat nun recht? Faszinierend ist auch die Theorie, wonach Kometen organische Verbindungen auf die Erde brachten, die irgendwann die Entstehung des Lebens auslösten – eine Vorstellung, die nicht so abwegig ist, wie sie im ersten Moment klingt. Die Kometen, von denen man früher dachte, sie bestünden aus hochreflektierendem, relativ reinem Eis, sind mit einer extrem dunklen Schicht aus verfestigtem organischem Schlamm bedeckt. Gut möglich, dass wir unsere Existenz diesen kosmischen Wanderern verdanken.

Rechts Satellitenaufnahme des Kometen Hale-Bopp beim Vorbeiflug an der Erde 1997. Die Hubble-Bilder bestimmten den Durchmesser des Kometenkerns auf 40 km.

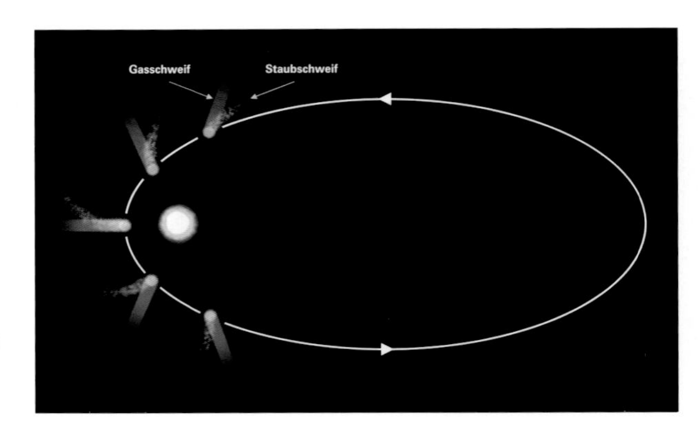

KOMETENSCHWEIFE

Nicht alle Kometen bilden Schweife aus, doch wenn, dann sind sie spektakulär. Der Schweif besteht aus zwei Teilen: dem Plasmaschweif und dem Staubschweif, beruhend auf den unterschiedlichen physikalischen Eigenschaften von Gasmolekülen und größeren Molekül-Klumpen bzw. Staubpartikeln, die ein Komet bei der Erwärmung durch die Sonne freisetzt.

Gasschweife bilden sich, wenn das Gas in der Koma durch den Druck des Sonnenwinds weggeblasen wird. Das Gas in diesen Schweifen ist ionisiert und strahlt bläuliches Licht ab. Die Schweife der größten und aktivsten Kometen können enorme Größen erreichen.

Staubschweife bilden sich auf ähnliche Weise, nur dass hier der Druck des Sonnenlichts der Auslöser ist. Der Staub im Schweif strahlt kein eigenes Licht ab, sondern er reflektiert das Sonnenlicht, weshalb Staubschweife gelblich wirken. Außerdem weisen sie eine leichte Krümmung auf.

Da jeder Schweif durch Sonnenwind oder -licht vom Zentrum weggedrückt wird, zeigen Kometenschweife stets von der Sonne weg – wenn ein Komet dem sonnenfernsten Punkt seiner Bahn entgegenläuft, eilt sein Schweif ihm voraus.

GESCHICHTE

Sternenbeobachtern sind Kometen schon seit der Antike bekannt. Zu jenen Zeiten, als Mystizismus und Aberglaube vorherrschten, wurden Kometen im Allgemeinen als Boten von Schreckensereignissen und Katastrophen angesehen. Zweifellos ist dies auf ihr plötzliches Erscheinen zurückzuführen, das ohne Vorwarnung die göttliche Ordnung am Himmel störte. Ihre bisweilen langen und hellen Schweife taten ein Übriges, um Angst und Schrecken zu verbreiten. Einige Kometen haben in den letzten Jahrtausenden die Erde wahrscheinlich in recht geringer Entfernung passiert, weshalb sie sehr groß und hell erschienen. Ihr Anblick (selbst am helllichten Tag) konnte auch den aufrechtesten Menschen auf den Gedanken bringen, irgendeine Art himmlisches Verhängnis sei im Anzug.

Vor der Erfindung des Fernrohrs ließ sich das Erscheinen eines Kometen nicht vorhersagen, weshalb sie „wie aus heiterem Himmel" auftauchten. Die meisten Kometen kommen uns nie so nahe, dass man sie mit bloßem Auge beobachten könnte, und jene wenigen, die in die Nähe der Erde kommen, werden schon Jahre vorher als winzige Lichtpunkte identifiziert. Nur noch die kleinsten und unbedeutendsten Kometen erreichen heute unentdeckt das innere Sonnensystem.

Während viele antike Sternbeobachter glaubten, Kometen seien eine Art Planet, hielt Aristoteles Kometen (und Meteore) für ein seltsames Wolkenphänomen in der Erdatmosphäre. Diese Meinung herrschte bis ins 16. Jahrhundert vor, als der Astronom Tycho Brahe eigene Messungen mit

Links *Anbetung der heiligen drei Könige* (1304–1306) des italienischen Künstlers Giotto di Bondone. Das Fresko aus der Scrovegni-Kapelle in Padua zeigt den Stern von Bethlehem, bei dem es sich aber nicht – wie lange angenommen – um den Halleyschen Kometen, sondern vermutlich um eine Planetenkonstellation handelte.

denen anderer Astronomen verglich und so den Beweis erbrachte, dass Kometen sehr weit entfernt sein mussten – viele Male weiter als der Mond.

DIE WIEDERKEHR DES KOMETEN

Aus heutiger Sicht mag es seltsam erscheinen, dass manche Gelehrte früher glaubten, Kometen bewegten sich nicht auf kreisförmigen Bahnen wie die Planeten, sondern entlang gerader Linien. Erst im frühen 17. Jahrhundert regte sich ausgehend von den Berechnungen Johannes Keplers über die Planetenbewegung der Verdacht, Kometen umkreisten die Sonne auf elliptischen oder parabolischen Bahnen. Die Bestätigung kam 1680, als ein heller Komet erschien, der detaillierte Positionsbestimmungen erlaubte; es zeigte sich, dass er tatsächlich einer parabolischen Bahn folgte. Nur sieben Jahre später bewies Isaac Newton, dass Kometen auch seinen Gravitationsgesetzen gehorchten.

1705 untersuchte Edmond Halley – dessen Name für alle Zeiten als Synonym für Kometen stehen wird – mithilfe der Newtonschen Gesetze die Bahnen von 24 Kometen aus der Vergangenheit. Dabei fielen ihm Ähnlichkeiten bei der Bahn von dreien dieser Kometen auf, und er äußerte die Hypothese, bei diesen könne es sich um ein und denselben Kometen handeln. Er machte die kühne Vorhersage, dass dieser Komet 1758 oder 1759 wiederkehren würde. Die französischen Mathematiker Joseph Lalande, Alexis Clairaut und Nicole-Reine Lepaute präzisierten seine Vorhersage und grenzten sie auf eine einmonatige Zeitspanne im Jahr 1759 ein. Wie Halley prophezeit hatte, erschien der Komet zum vorhergesagten Zeitpunkt. Er erhielt den Namen Halleyscher Komet und heißt heute gemäß der gültigen Kometenbenennung 1P/Halley, wobei das P für periodisch steht (d. h., er gehört zu den Kometen mit Perioden unter 200 Jahren) und die 1 für die Tatsache, dass er der erste derart identifizierte Komet war.

In den folgenden 200 Jahren wurden viele Kometen mit kurzen Perioden aufgespürt und bei mehreren Umläufen verfolgt – manche mit Perioden von nur wenigen Jahren

Oben Der Halleysche Komet am 19. Mai 1910, aufgenommen vom Lowell Observatory (USA). Der Komet hatte einen Monat zuvor das Perihel passiert und befand sich nun 0,9 AE von der Sonne und 0,3 AE von der Erde entfernt.

Oben Langzeitbelichtete Aufnahme des Kometen Hale-Bopp aus dem Jahr 1997. Hale-Bopp ist der fernste je von Amateurastronomen entdeckte Komet, und er leuchtete 1000-mal heller als der Halleysche Komet in gleicher Entfernung.

(z. B. der Enckesche Komet, 3,3 Jahre) und andere mit Jahrzehnte währenden Perioden. Die Periode des Halleyschen Kometen dauert von Perihel zu Perihel 75 bis 76 Jahre. Über die Jahrhunderte erschien er immer wieder zu bedeutenden Ereignissen, z. B. kurz vor der Schlacht bei Hastings 1066 während der Eroberung Englands durch die Normannen; der Komet ist auf dem berühmten 70 Meter langen Teppich von Bayeux abgebildet, auf dem die Schlacht dargestellt ist.

Im April 1910 erschien der Halleysche Komet wieder am Himmel und wurde ausgiebig beobachtet. Das folgende Erscheinen 1986 verlief für viele enttäuschend, weil er nicht so gut sichtbar war wie offenbar noch 1910. Damals jedoch wurde der Halleysche Komet in vielen Berichten mit dem Großen Johannesburger Kometen verwechselt, der im Januar desselben Jahres ein großes Spektakel geliefert hatte. Dieser Komet war so groß und hell gewesen, dass er sogar am Tag sichtbar war und den guten alten Halley bei Weitem übertraf. Diese Verwechslung sowie ungünstige Winkel und Entfernungen und die gestiegene Lichtverschmutzung in den Städten, die eine Beobachtung erschwert, führten 1986 zu einer großen Enttäuschung unter den Beobachtern.

Für die professionellen Kometenforscher hingegen bot sich 1986 die einmalige Gelegenheit, einem Kometen nahezukommen. Eine kleine Armada von Sonden machte sich auf, um Halley zu beobachten. Die Europäer steuerten die Sonde *Giotto* bei, die Sowjets *Vega 1* und *2*, und Japan schickte die beiden Sonden *Suisei* und *Sakigake*. Zur Bestürzung vieler Wissenschaftler verzichteten die USA auf eine eigene Mission. *Giotto*, die weitestentwickelte Sonde, führte einen sehr engen Vorbeiflug aus, machte fantastische Bilder vom Kometenkern

DER JAHRHUNDERT-CRASH

Am 24. März 1993 entdeckten die Astronomen Eugene und Carolyn Shoemaker zusammen mit David Levy eine merkwürdige „Perlenschnur" am Nachthimmel. Der Komet, der in mehrere Bruchstücke zerfallen war, wurde auf den Namen Shoemaker-Levy 9 getauft. Was noch mehr für Aufregung sorgte, war die Tatsache, dass sich die Bruchstücke auf Kollisionskurs mit dem Jupiter befanden.

Der Crash ereignete sich im Juli 1994, und bei jedem Einschlag hinterließ die Aufschlagsexplosion eine dunkle Narbe in den oberen Wolkenschichten des Jupiters. Wenn ein Objekt mit einer Geschwindigkeit von 60 km/s eine Wolke trifft, ist dies dem Zusammenstoß mit einer Ziegelmauer vergleichbar. Über einen Zeitraum von sechs Tagen hinweg wurde der Jupiter von 21 Fragmenten getroffen, die zwischen 50 und 1000 m groß waren.

Dieses Ereignis illustriert anschaulich die Rolle des Jupiters im Sonnensystem. Seine Anziehungskraft verändert die Bahnen vieler Kometen: Entweder werden sie angezogen und auf kurzperiodische innersolare Bahnen gezwungen, oder sie werden aus dem Sonnensystem geschleudert.

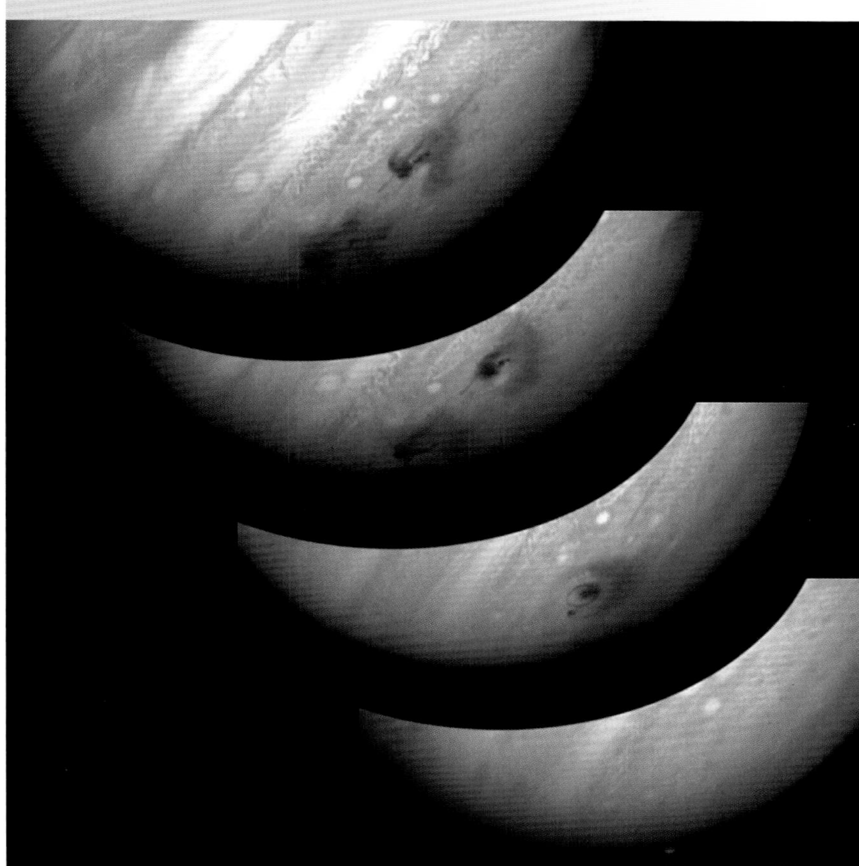

Im Juli 1994 schlugen 21 Fragmente des Kometen Shoemaker-Levy 9 auf dem Jupiter ein. Das Ereignis wurde von Hubble in einer Sequenz (von unten nach oben) festgehalten; das oberste Bild zeigt drei Einschlagstellen.

und maß die Staubdichte seiner Koma. Der 15 Kilometer lange und 8 Kilometer breite Kern entpuppte sich als leicht erdnussförmig. Entgegen den Erwartungen war er das genaue Gegenteil eines hellen, eisbedeckten Objekts: In Wirklichkeit ist er pechschwarz. Offenbar ist die Oberfläche mit dunklen Staubpartikeln aus verschiedenen organischen, mit Eis vermischten chemischen Substanzen bedeckt. Das Eis ist zu vier Fünfteln Wassereis, der Rest besteht hauptsächlich aus gefrorenem Kohlenmonoxid und Kohlendioxid sowie Spuren anderer Substanzen. Die sonnenbeschienene Seite des Kometen war aufgrund der Erwärmung sehr aktiv. Riesige Materie-„Jets" schossen aus der Oberfläche wie Geysire. Im Gegensatz dazu war die unbeschienene Seite weit weniger aktiv. Bei einer Rotationszeit von 52 Stunden unterliegen alle Teile des Kometen einem langsamen Zyklus der Erwärmung und Abkühlung.

Links Digitale Montage der Raumsonde *Giotto* auf dem Weg zum Halleyschen Kometen. Der Komet ist einem Gemälde entnommen, das nach einem Foto des Mount-Wilson-Observatoriums vom 8. Mai 1910 entstand. *Giotto*, die erste Deep-Space-Mission der ESA, sollte so nah wie möglich am Kometenkern vorbeifliegen (was am 13. März 1986 geschah).

KOMETENMISSIONEN

Vergleichbare Zusammensetzungen und Bedingungen wurden auch bei anderen Kometen beobachtet, die im zurückliegenden Jahrzehnt von verschiedenen Sonden Besuch erhielten.

Die US-Sonde *Deep Space 1* flog im September 2001 in geringer Entfernung am Kometen Borrelly vorbei und stellte fest, dass dieser sogar noch dunkler ist als Halley.

Die US-Mission *Stardust* sollte Material von einem Kometen zur Erde mitbringen. Die Sonde flog Anfang 2004 nahe am Kometen Wild 2 vorbei, sammelte Proben der Koma ein und brachte sie im Januar 2006 in einer versiegelten Kapsel zurück zur Erde. Zudem machte sie hochauflösende Aufnahmen seines Kerns, die ihn als kartoffelförmiges Objekt mit einer krater- und furchengespickten Oberfläche zeigten.

Ebenfalls sehr ambitioniert war die US-Mission *Deep Impact,* die den Kometen Tempel 1 besuchte und einen Impaktor auf den Kern abschoss. Der Impaktor grub sich durch die Oberfläche und verursachte eine gewaltige Explosion, bei der ein Gemisch aus Eis und anderen Partikeln weggesprengt wurde. Die Muttersonde *Deep Impact* beobachtete die Explosion und verzeichnete die Arten von Eis, die aus dem Kometeninneren ausgeworfen wurden. Auch die ESA-Sonde *Rosetta,* die sich auf der Reise zu einer Kometenbegegnung im Jahr 2014 befindet, beobachtete die Explosion.

Unten Künstlerische Impression von der Oberfläche des Kometen Wild 2 aus der Perspektive der NASA-Sonde *Stardust* während des Fly-bys am 2. Januar 2004, bei der die Sonde Kometenstaubpartikel aufnahm.

Über das rein wissenschaftliche Interesse hinaus erforschen die Astronomen die Kometen, weil sie eine potenzielle Gefahr für die Erde darstellen. Wie Asteroiden können auch Kometen mit Planeten kollidieren – also auch mit der Erde. Deshalb ist es vernünftig, so viel wie möglich über sie in Erfahrung zu bringen, um Informationen über ihre Größe, Form und Zusammensetzung zu erhalten.

ENTDECKUNGEN

Früher war die Entdeckung von Kometen eine Domäne der Amateurastronomie. Amateure verschiedener Nationalitäten können sich beeindruckender Rekorde rühmen. Tempi passati – dafür werden Kometen heutzutage über das Internet gefunden! So entdeckt das Weltraumteleskop SOHO (Solar and Heliospheric Observatory), das eigentlich der Sonnenbeobachtung dient, häufig kleine Kometen, die in Sonnennähe aufflammen.

Diese Arten von Kometen können auf herkömmliche Weise nicht gefunden werden. Alleine durch häufige Besuche auf der Homepage des SOHO und die genaue Untersuchung der gesendeten Bilder vermochten Amateurastronomen Kometen zu entdecken, ohne einen Fuß vor die Tür zu setzen!

Unten Künstlerische Impression der Begegnung von *Deep Impact* mit dem Kometen Tempel 1 am 4. Juli 2005. Das Bild hält den Augenblick des Einschlags eines Impaktors auf der Kometenoberfläche fest. Das schwarze Loch in der Mitte ist ein großer Krater auf der Kometenoberfläche.

Oben Die Aufnahme des Kometen C/2002 T7 (LINEAR) durch die Sonde *Rosetta* im blauen Spektrum zeigt einen Kern in einer Entfernung von etwa 95 Millionen km.

RENDEZVOUS MIT EINEM KOMETEN

Seit 1985 sind Kometen von eine Reihe von Raumsonden besucht worden, aber bisher ist noch keine auf einem Kometen gelandet. Dies wird sich hoffentlich im November 2014 ändern, wenn die *Rosetta*-Mission der ESA den Kometen 67P/Tschurjumow-Gerasimenko erreicht.

Die Bahn der am 2. März 2004 gestarteten Sonde führte sie bereits zu Vorbeiflügen an Mars und Erde, um Geschwindigkeit zuzulegen, denen zwei weitere Erdvorbeiflüge folgen werden. Auf ihrer Reise wird *Rosetta* auch zwei Asteroiden einen Besuch abstatten.

Nach Erreichen des Kometen wird *Rosetta* in eine langsame Umlaufbahn einschwenken und den Lander *Philae* aussetzen, der vorsichtig auf der Oberfläche aufsetzen soll. Mithilfe von zwei Harpunen wird der Lander sich im Kometen verankern und die chemische Zusammensetzung der Oberfläche und andere Eigenschaften des Eiskörpers erforschen. Der Energievorrat des Landers ist auf mindesten eine Woche ausgelegt, wird aber hoffentlich sehr viel länger ausreichen.

Unten Digitale Darstellung von *Rosetta* im Landeanflug auf den Kometen. Bevor sie den Lander aussetzt, wird die Sonde in einen Parkorbit einschwenken. Nach der Landung eskortiert die Sonde den Kometen auf seinem Weg um die Sonne.

Meteore, Meteorschauer und Meteorite

STECKBRIEF

Sag mir deinen Namen ...

METEORE
Leuchtspuren am Nachthimmel – Sternschnuppen

METEOROIDE
Brocken, die durchs Weltall rasen

METEORITE
Jene Teile, die nicht verglühen, sondern den Erdboden erreichen

Besonderheiten
Bis zu 10 000 t Meteoritenmaterie in mikroskopisch kleinen Teilen fallen tagtäglich auf die Erde

Rechts Der Meteorit ALH84001. Dieser 4,5 Milliarden Jahre alte Felsbrocken wurde 1984 in der Antarktis gefunden. Vermutlich stammt er vom Mars. Manche Wissenschaftler glauben, er könne fossile Beweise für die Existenz primitiver Lebensformen auf dem Mars vor über 3,6 Milliarden Jahren enthalten.

Oben Diese Aufnahme aus dem Jahr 1951 zeigt einen Museumsangestellten beim Säubern des riesigen Willamette-Meteoriten, der 1902 in Oregon (USA) gefunden wurde.

Meteore bringen Freude: uns allen durch ihr kurzes Aufleuchten am Nachthimmel – und der Wissenschaft, weil sie Spuren anderer Welten zu uns bringen.

STERNSCHNUPPEN UND FALLENDE STEINE

Die meisten Menschen haben schon einmal eine „Sternschnuppe" gesehen, einen kurzen hellen Lichtblitz, der über den Nachthimmel schwirrt. Doch was sind Sternschnuppen eigentlich, und woher kommen sie?

Die korrekte Bezeichnung lautet „Meteor", ein aus dem griechischen *meteoros* gebildetes Wort, das „schwebend, hoch in der Luft" bedeutet und von dem auch unser Wort „Meteorologie" abgeleitet wurde. Die Wortbildung rührt daher, dass Sternschnuppen früher als atmosphärische Erscheinung gedeutet wurden. Heute wissen wir, dass Meteore nur das sichtbare Resultat des Eintritts eines Meteoroiden in die Erdatmosphäre darstellt.

Ein Meteoroid ist ein kleines Stück Materie im interplanetaren Raum, dessen Größe vom Staubkorn bis zum kleinen Felsbrocken reicht. Das Sonnensystem ist mit Meteoroiden buchstäblich zugemüllt; häufig sind es Gesteins- oder Eisensplitter, die aus Asteroiden herausgebrochen wurden, andere sind winzige Partikel aus Kometenschweifen. Sie alle befinden sich auf einer langen, einsamen Reise um die Sonne.

Manchmal kreuzen die Bahnen dieser Meteoroiden die Erdbahn. Wenn sich die Erde dann just an dieser Stelle befindet, trifft der Meteoroid auf ihre äußere Atmosphäre und verursacht ein kleines Leuchten; dieser Lichtblitz wird als Meteor bezeichnet. Das physische Objekt ist also ein Meteoroid, der Lichtblitz, der seine Existenz verrät, heißt Meteor.

Manche Meteoroiden sind groß und stabil genug, um den Eintritt in die Atmosphäre zumindest teilweise zu überstehen, und fallen dann in Bruchstücken auf den Erdboden. Diese Bruchstücke, heißen Meteorite.

FEUERKUGELN UND BOLIDEN

Manche Meteoroiden sind größer als andere und bieten daher ein größeres Schauspiel, wenn sie in die Atmosphäre eintreten. Sehr helle Meteore werden als Feuerkugeln bezeichnet. Sie können so hell sein, dass sie die nächtliche Umgebung des Betrachters wie bei Vollmond aufhellen. Selbst bei abgewandtem Blick ist der Blitz so hell, dass der Beobachter sich erstaunt nach der Quelle des Lichtscheins umdreht. Ein gewöhnlicher Meteor vermag das nicht.

Eine andere Bezeichnung für sehr helle Meteore lautet Bolide. Auch wenn die Begriffe Feuerkugel und Bolide häufig synonym verwendet werden, so gibt es auch Definitionen, wonach der Bolide nur solche hellen Meteore bezeichnet, die explodieren oder auseinanderbrechen. Ein Bolide kann spektakulär sein wie ein Feuerwerk. Feuerkugeln und Boliden fallen häufig als Meteorite zu Boden.

METEORSCHAUER

Manche Meteore stammen, wie gesagt, von Kometen. Führt seine Bahn einen Kometen in Sonnennähe, sublimiert ein Teil seiner Eisoberfläche, und es werden winzige Partikel freigesetzt, die dem Kometen folgen und sich entlang seiner Bahn ausbreiten. Irgendwann tummelt sich ein ganzer Strom von Partikeln in der Kometenbahn, wobei die dichtesten, „frischen" Abschnitte dem Kometen näher sind.

Wenn die Erde auf einen solchen Strom trifft, sieht es manchmal so aus, als hätte jemand in der oberen Erdatmosphäre einen „Meteorschlauch" aufgedreht: Tausende winziger Partikel treten in die Atmosphäre ein, von denen die meisten zu klein sind, um bemerkbare visuelle Effekte zu erzeugen. Die wenigen größeren jedoch können ein Meteorspektakel erzeugen, das in etwa vom selben Punkt am Himmel ausgeht (dem sogenannten Radianten) – ein Meteorschauer. Besonders heftige Schauer mit einer Vielzahl heller Meteore werden Meteorstürme genannt. Sie sind allerdings recht selten.

Viele Meteorschauer kehren jährlich etwa zur selben Zeit wieder. Je nachdem, an welcher Position am Himmel sich der Radiant befindet, können manche von beiden Hemisphären aus gesehen werden, während andere besser oder ausschließlich von einer Hemisphäre aus beobachtet werden können.

Meteorschauer werden häufig nach dem Sternbild benannt, in dem sich der Radiant befindet. Beispiele für verlässliche und hochinteressante Schauer sind die Leoniden (November), die Geminiden (Dezember), die Eta-Aquariden (Mai) sowie die Perseiden (August).

Von vielen Schauern ist der Ursprungskomet bekannt: Die Eta-Aquariden z. B. stammen vom Halleyschen Kometen, während die Leoniden zum Kometen Tempel-Tuttle gehören.

Allerdings bedeutet die Verbindung mit einem bestimmten Kometen nicht, dass dieser Komet auch in jedem Jahr zu jener Jahreszeit sichtbar ist. Schauer sind meist am intensivsten in den Jahren zu beobachten, nachdem der Komet an der Erde vorbeigezogen ist.

Länder mit den meisten verzeichneten Meteoriteneinschlägen

Land	Anzahl
Ägypten	24
Algerien	452
Antarktis	19 884
Argentinien	71
Australien	578
Brasilien	60
Chile	53
China	92
Deutschland	68
England	29
Frankreich	77
Indien	132
Indonesien	18
Italien	55
Japan	64
Kanada	57
Kasachstan	14
Libyen	1302
Marokko	21
Mexiko	99
Namibia	18
Nordwestafrika	407
Oman	511
Polen	26
Russland	119
Saudi-Arabien	30
Schweden	19
Schweiz	11
Spanien	34
Südafrika	48
Tschech. Republik	21
Türkei	14
Ukraine	42
USA	1346
West-Sahara	22

Links Spektakuläre Aufnahme des Leonidenschwarms am Nachthimmel. Die Leoniden, ein üppiger Meteorschauer, der von dem Kometen Tempel-Tuttle stammt, erhielten ihren Namen aufgrund der Position ihres Radianten im Sternbild Löwe (Leo).

1492
Fall des Meteoriten von Ensisheim im Elsass. Wahrscheinlich ist er der erste Meteorit, dessen Fall genau datierbar ist: 7. November 1492

Mitte des 19. Jahrhunderts
Seit dem 19. Jahrhundert werden im Umkreis des Barringer-Kraters (Arizona, USA) die Canyon-Diablo-Meteorite gefunden; sie stammen von einem vor etwa 50 000 Jahren niedergegangenen Meteoriten, der wahrscheinlich schon den Ureinwohnern Amerikas bekannt war.

1894
Der berühmte Arktisforscher Robert Peary entdeckt in Grönland den Kap-York-Meteoriten, dessen Existenz schon seit einigen Jahren vermutet worden war. Er ist einer der größten Meteorite der Welt und fiel vermutlich vor rund 10 000 Jahren auf die Erde.

1920
In der Nähe der Hoba-Farm westlich von Grootfontein (Namibia) wird der Hoba-Meteorit gefunden. Er ist der schwerste Meteorit weltweit und das größte natürliche Eisenvorkommen auf der Erdoberfläche. Vermutlich landete er vor rund 80 000 Jahren.

1959
Der Niedergang des Pribram-Meteoriten in der Tschechoslowakei (heute Tschechische Republik) ist der erste durch eine automatische Kamera beobachtete Meteoritenfall.

1984
US-amerikanische Meteoritenjäger finden in den antarktischen Allan Hills den Meteoriten ALH 84001 (Allan Hills 84001), der vermutlich vom Mars stammt.

2002
Im Januar wird im Sultanat Oman der Mondmeteorit Sayh al Uhaymir 169 (SaU 169) entdeckt.

2004
An der ägyptisch-libyschen Grenze wird ein riesiges Meteoritenfeld entdeckt. Es umfasst mehr als 100 Spuren von Meteoritenlandungen, die vor etwa 50 Millionen Jahren auf die Erde fielen.

Oben Sternschnuppe vor der Milchstraße. Derartige Ereignisse lassen sich am besten frühmorgens oder spätabends beobachten, wenn nicht so viele störende Lichtquellen eingeschaltet sind.

Rechts Spektakuläre Bildmontage eines Meteorschauers am nächtlichen Himmel.

EINTEILUNG DER METEORITE

Meteorite kommen in sehr unterschiedlichen Formen, Größen und Zusammensetzungen vor. Grob gesagt gibt es drei Arten: Stein-Meteorite, Eisen-Meteorite (meist aus einer Eisen-Nickel-Legierung) sowie Stein-Eisen-Meteorite (eine Mischung aus beidem). Des Weiteren werden sie nach ihrer chemischen Zusammensetzung klassifiziert. Einige Meteorite passen zu den Spektralanalysen von Asteroiden – ein deutliches Indiz dafür, dass es sich um Splitter handelt, die vor langer Zeit aus diesen Asteroiden gesprengt wurden.

Über die Zeiten wurden Zehntausende Meteorite gefunden. Manche Hochkulturen benutzten sie als Rohstoffquelle oder Talismane.

Manche Meteorite wurden gefunden, nachdem der Ort ihres Niedergangs beobachtet worden war, doch über die meisten ist einfach irgendwann einmal irgendwer buchstäblich gestolpert, oder sie wurden von Wissenschaftlern in Regionen mit gehäuftem Vorkommen aufgespürt.

Werden sie nicht gefunden und konserviert, sind Meteorite der Erosion ausgesetzt. Daher sind Wüsten wie die Sahara, die Nullarbor-Ebene in Australien oder Teile der Antarktis – die trotz der ungeheuren Mengen gefrorenen Wassers in puncto Niederschläge eigentlich eine Wüste ist – die idealen Fundorte. Die meisten Meteorite sind klein und unscheinbar, doch es gibt auch wahrhaft imposante Exemplare. Der größte bekannte Meteorit, der Hoba-Meteorit, wurde in Namibia gefunden und wiegt rund 55 Tonnen. Der 1902 in Oregon (USA) gefundene Willamette-Meteorit ist über 15 Tonnen schwer.

Meteorite sind für die Wissenschaft sehr nützlich. Abgesehen von dem Gestein, das die Apollo-Astronauten und die sowjetischen Missionen vom Mond mitgebracht haben, sind Meteorite gegenwärtig unsere einzige Quelle für Materie von Asteroiden, Kometen und sogar anderen Planeten.

Vereinzelt finden sich auch auf der Erde große Krater, die die Gewalt eines Zusammenstoßes mit extrem großen Körpern bezeugen. Der wohl berühmteste ist der Barringer-Krater in Arizona (USA), auch schlicht als Meteor Crater bekannt. Er misst 1,2 Kilometer im Durchmesser und ist etwa 170 Meter tief; Ursache war vermutlich ein vor etwa 50 000 Jahren eingeschlagener, ca. 50 Meter großer Eisenmeteorit. Die Explosion dürfte etwa 150-mal stärker gewesen sein als die Hiroshima-Bombe.

Der größte bekannte Einschlagkrater ist der 300 Kilometer große Vredefort-Krater in Südafrika, der vermutlich vor rund zwei Milliarden Jahren bei der Kollision mit einem zehn Kilometer großen Asteroiden entstand. Über die Jahrtausende erodierte er – wie viele andere seinesgleichen – und weist heute keine Ähnlichkeit mit einem traditionellen Krater mehr auf; nur sorgfältige geologische Studien konnten seine Existenz nachweisen.

METEORBEOBACHTUNG

Da die meisten Meteore blass sind, kann man sie am besten in mondlosen Nächten und fernab der Lichtermeere großer Städte beobachten. Kunst- und Mondlicht verursachen einen Schimmer am Himmel, der nur die hellsten Meteore (und übrigens auch Sterne) nicht überdeckt.

Meteorschauer sind häufig in den frühen Morgenstunden zu sehen – man muss also früh aufstehen. Dann heißt es, einen dunklen, lichtfernen Platz zu finden. Am besten, man hat einen Liegestuhl dabei und kann einfach nur nach oben schauen. Denken Sie daran, dass die Augen 20 bis 30 Minuten brauchen, bis sie sich an die Dunkelheit gewöhnt haben!

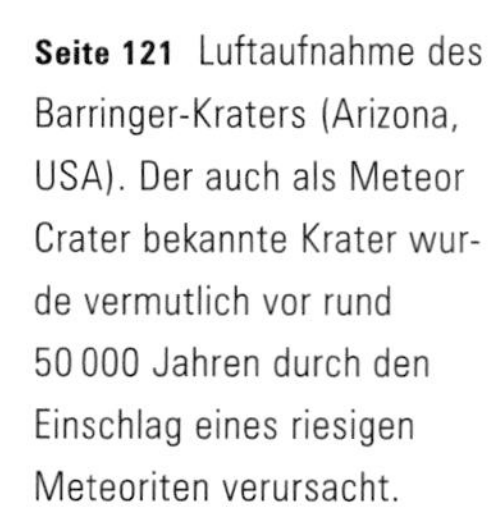

Seite 121 Luftaufnahme des Barringer-Kraters (Arizona, USA). Der auch als Meteor Crater bekannte Krater wurde vermutlich vor rund 50 000 Jahren durch den Einschlag eines riesigen Meteoriten verursacht.

MOND- UND MARSMETEORITE

Die Erde wird von Tausenden Meteoriten getroffen, die von wandernden Meteoroiden im interplanetaren Raum stammen. Von Zeit zu Zeit stellt sich aber auch ein seltener Besucher von Mond und Mars ein.

Wenn ein sehr großer Meteoroid, z. B. ein kleiner Asteroid, mit dem Mond oder dem Mars kollidiert, können Stücke dieser Körper mit solcher Geschwindigkeit weggesprengt werden, dass sie der Anziehungskraft des Körpers entfliehen. Nachdem sie viele einsame Jahre durchs All trudelten, kreuzen sie irgendwann die Erdbahn und fallen zu Boden wie alle anderen Meteoriten. Mehrere Dutzend Mond- sowie einige wenige mutmaßliche Marsmeteoriten wurden bisher gefunden.

Meteorite gibt es auch auf anderen Planeten! Im Januar 2005 entdeckte der Marsrover *Opportunity* einen ungewöhnlichen Fels unweit des Hitzeschildes der Sonde. Eine Untersuchung ergab, dass es sich um einen recht großen Eisenmeteoriten handelte. Er wurde treffend auf den Namen Heat Shield Rock getauft.

Unten Aufnahme des Fram-Kraters im Meridiani Planum auf dem Mars.

Rechts Der „Heat Shield Rock", der von *Opportunity* im Meridiani Planum auf dem Mars entdeckte Eisenmeteorit.

Sterne

Das Licht des Universums

Sterne sind die Bausteine des Kosmos und erstrecken sich in buchstäblich astronomischer Zahl so weit, wie unsere Teleskope reichen. Sie haben Sänger und Wissenschaftler gleichermaßen inspiriert, und sie sind unser Ausgangspunkt, um das Universum kennenzulernen.

Unten Der Sternhaufen Pismis 24 im Emissionsnebel NGC 6357 im Sternbild Skorpion; im Zentrum ein Doppelstern.

Wer je das Glück hatte, von einem wirklich dunklen Ort aus den Nachthimmel zu betrachten, ist zweifellos vom Funkeln der zahllosen Sterne über sich verzaubert worden. Was glauben Sie, wie viele Sterne können Sie sehen? Tausende? Millionen? Noch mehr? Die Antwort ist oft ernüchternd.

STELLARE HOCHÖFEN

Theoretisch sind am ganzen Firmament nicht einmal 6000 Sterne so hell, dass man sie mit bloßem Auge erkennen kann – und das auch nur unter idealen Bedingungen und fernab der Großstadtlichter. Doch natürlich können wir immer nur den halben Himmel auf einmal sehen, und Staub und andere Verschmutzungen einschließlich des Lichts verringern die Zahl noch weiter. Auch wenn wir manchmal den Eindruck haben, es gebe Millionen Sterne über uns, können wir in Wirklichkeit nur 1000 bis 2500 auf einmal sehen. Wer in einer lichtverschmutzten Großstadt lebt, kann sich glücklich schätzen, wenn er 100 auf einmal sieht.

Doch natürlich gibt es draußen im Weltall noch viel mehr Sterne. Sie sind nur zu weit entfernt, um mit bloßem Auge erkannt zu werden. Die Sterne, die wir am Nachthimmel sehen, scheinen alle mit unterschiedlicher Stärke zu leuchten. Der Gedanke liegt nahe, dass die helleren einfach heller als die anderen sind, doch dieser Eindruck täuscht. Tatsächlich sind manche heller als andere, aber manche sind auch näher als andere. Ein sehr heller, ferner Stern kann sehr viel blasser wirken als ein matter, naher.

Die einzelnen Sterne befinden sich in unterschiedlichen Phasen ihres Lebens. Manche sind heiß und riesig, sie verheizen ihren Brennstoffvorrat in aberwitzigen Mengen und müssen wahrscheinlich jung sterben. Andere sind eher klein und kühl, aber dafür langlebig, und zweifellos werden sie mehrere Generationen der heißen Protze überleben.

Sterne sind die Grundbausteine des Universums. Sie sind zu riesigen Gruppen zusammengefasst, die wir Galaxien nennen, und werden zum Teil von Planeten umkreist – Planeten wie die Erde und ihre zahlreichen Gefährten im Sonnensystem.

Unsere Galaxie, die Milchstraße, umfasst 100 bis 400 Milliarden Sterne. Und im beobachtbaren Universum gibt es mindestens genauso viele Galaxien.

Sterne erzeugen das Licht und die Hitze, die das Universum erleuchten und mit Energie versorgen. Im Lauf ihres Lebens produzieren sie die ganze Palette der chemischen Elemente – einschließlich der wichtigen schweren Elemente –, die das Leben auf der Erde ermöglicht haben. Das Metall unserer Maschinen, das Eisen in unserem Blut, das Gold in unserem Schmuck – alles, was wir für selbstverständlich halten, wurde in stellaren Hochöfen geformt. Über lange Zeit konnten die Menschen nur unsere Sonne im Detail beobachten, und im großen Ganzen auch nur in ihrer heutigen Gestalt, die nicht mehr als eine Momentaufnahme aus ihrem bisher knapp fünf Milliarden Jahre währenden Leben darstellt. Dank der Fortschritte in der

Theorie, der Beobachtungstechnik und der Teleskoptechnologie haben wir jedoch riesige Fortschritte in der Erforschung und im Verständnis der Sterne gemacht und können sie in verschiedenen Phasen ihres Lebens studieren. Darauf aufbauend haben die Wissenschaftler ein tieferes Verständnis davon entwickelt, wie die ersten Sterne entstanden sind und welche Bedeutung sie für die kosmische Evolution haben.

In diesem Kapitel werden wir den faszinierenden Lebenszyklus der Sterne näher betrachten – beginnend bei ihrer Geburt aus dunklen Gaswolken, über ihre hellen, grandiosen mittleren Jahre bis ins Alter und – ganz wichtig – dem Prozess ihres Todes und ihrer Wiedergeburt. Dabei werden wir viele exotische Sternentypen kennenlernen und näher darauf eingehen, auf welch seltsame Art manche ihr Leben beenden – als Schwarze Löcher, Supernovae, Weiße Zwerge und so fort. Wir werden auch die uralte Frage erörtern, ob einige der Sterne, die wir am Nachthimmel sehen, Planeten haben, auf denen vielleicht in diesem Moment intelligente Wesen den Blick zum Himmel heben und sich fragen, ob dort draußen noch irgendjemand anders ist.

Oben Hubble-Aufnahme von N 90, einer Sternentstehungsregion in der Kleinen Magellanschen Wolke. Die hochenergetische Strahlung, die die heißen jungen Sterne abgeben, erodiert die äußeren Bereiche des Nebels von innen her.

Was ist ein Stern?

Ein Stern ist eine rotierende Plasmakugel – heißes, ionisiertes Gas. Hat sich der Kern eines neugeborenen Sterns durch Kontraktion auf zehn Millionen Kelvin erhitzt, wächst die Kernfusion von Wasserstoff zu Helium auf ein signifikantes Niveau an. Die dabei erzeugte thermale Energie erzeugt irgendwann genug Druck, um der erdrückenden Kraft der Gravitation entgegenzuwirken; für normale Sterne wie die Sonne beginnt damit die längste stabile Phase ihrer Existenz. Am Ende eines Sternenlebens, wenn der Vorrat an Wasserstoff in seinem Kern aufgebraucht ist und der Stern über eine ausreichende Masse verfügt, beginnt die Fusion schwererer Elemente.

Oben Henry Russell auf einer Aufnahme aus dem Jahr 1946. Russell und Ejnar Hertzsprung entwickelten unabhängig voneinander ein Schaubild zur Darstellung der Sternenentwicklung: das Hertzsprung-Russell-Diagramm.

Masse ist die wichtigste Eigenschaft eines Sterns. Je mehr Masse ein Stern hat, umso größer ist der Druck, den die äußeren Schichten auf den Kern ausüben – und desto höher steigt die Temperatur. Der Kern eines Sterns mit mindestens 0,08 Sonnenmassen wird durch Kontraktion langsam auf den Schwellenwert für eine effiziente Kernfusion aufgeheizt (zehn Millionen Kelvin). Die Fusionsaktivität in einem derart massearmen Stern ist jedoch so gering, dass sein Wasserstoffvorrat mehrere hundert Milliarden Jahre reicht. Diese Sterne, Rote Zwerge genannt, sind der bei weitem häufigste Typ in der Nachbarschaft der Sonne. Und weil sie zu matt sind, um auf große Entfernung entdeckt zu werden, können wir nur vermuten, dass sie auch anderswo die häufigsten Sterne sind.

Braune Zwerge haben weniger als 0,08 Sonnenmassen, weshalb in ihrem Kern die kritische Temperatur für eine stabile Wasserstoffschmelze nicht erreicht wird und sie sich nur eine Zeitlang durch Kontraktion aufheizen. Obwohl gewissermaßen „verhinderte" Sterne, werden Braune Zwerge den Sternen zugerechnet, da es für sie schlicht keine andere Kategorie gibt. Braune Zwerge senden hauptsächlich Infrarotstrahlung aus und sind so matt, dass wir keinerlei Vorstellung haben, wie viele von ihnen es gibt.

DAS HERTZSPRUNG-RUSSELL-DIAGRAMM

Vor rund hundert Jahren entwickelten der Däne Ejnar Hertzsprung und der Amerikaner Henry Norris Russell unabhängig voneinander eine Methode zur Darstellung der Farben-Helligkeitsverteilung der Sterne. Das Hertzsprung-Russell-Diagramm ist eines der nützlichsten Hilfsmittel der Astrophysik.

Das Diagramm gibt auf einer vertikalen Achse die Leuchtkraft – in Sonneneinheiten – und auf einer horizontalen Achse die Oberflächentemperatur bzw. die Spektralklasse des Sterns ab; beides auf dieser Achse darzustellen ist deshalb möglich, weil die Spektralklasse direkt mit der Oberflächentemperatur zusammenhängt. Eine Besonderheit des Diagramms ist, dass die Temperatur nach links zunimmt. Dieses Kuriosum hat sich über ein Jahrhundert im alltäglichen Gebrauch eingebürgert.

Im Hertzsprung-Russell-Diagramm werden die Roten Zwerge der Spektralklasse M zugeordnet; sie weisen eine niedrige Oberflächentemperatur und eine geringe Helligkeit auf und finden sich daher in der unteren rechten Ecke des als „Hauptreihe" bezeichneten Sternenasts.

Der Kern eines Protosterns mit einer Sonnenmasse wird schneller aufgeheizt als der eines Roten Zwergs, und die Kerntemperatur stabilisiert sich bei 15 Millionen Kelvin. Bei derartigen Temperaturen kommt es sehr viel leichter zur Fusion, weshalb Sonnenmassensterne viel schneller ausbrennen als Rote Zwerge, nämlich in schätzungsweise zehn Milliarden Jahren, obwohl sie über sehr viel mehr Wasserstoff verfügen. Unsere Sonne ist ein Hauptreihenstern und befindet sich an der Schnittstelle von Spektralklasse G2 und Helligkeit 1.

Rechts Das Hertzsprung-Russell-Diagramm (HRD) zeigt das Verhältnis zwischen Helligkeit, Spektralklasse und Oberflächentemperatur von Sternen.

Die hellsten Sterne der Hauptreihe vom Spektraltyp O erreichen bis zu 100 Sonnen-

massen und finden sich in der oberen linken Ecke des Diagramms. Die früheste Spektralklasse aller mit bloßem Auge sichtbaren hellen O-Sterne besitzt Naos (Zeta [ζ] Puppis), der der Spektralklasse O5 angehört.

Deneb (Alpha [α] Cygni) hat die 60 000-fache Leuchtkraft der Sonne und eine scheinbare Helligkeit von $1^{\mathrm{m}},2$, obwohl er 1500 Lichtjahre entfernt ist. Auf dem Hertzsprung-Russell-Diagramm befindet er sich am Schnittpunkt dieser verschwenderischen Leuchtkraft mit dem Spektraltyp A2 in der Gruppe der seltenen Überriesen. Aufgrund seiner extremen Kerntemperatur vollzieht sich die Fusion derart schnell, dass seine Lebensspanne höchstens einige Millionen Jahre betragen wird.

Die schrumpfenden Kerne Roter Riesen können irgendwann so heiß werden – 100 Millionen Kelvin –, dass sich Helium zu Kohlenstoff verbindet. Nachdem sie den Kampf mit der Schwerkraft verloren haben, liegen ihre zusammengedrückten und abgekühlten Kerne frei; sie gelten noch immer als Sterne: Weiße Zwerge und Neutronensterne.

Oben Hubble-Aufnahme des Kugelsternhaufens NGC 6397 im Sternbild Altar, der wie eine Schatzkiste voll glitzernder Juwelen wirkt. Mit einer Entfernung von 8200 Lichtjahren gehört er zu den erdnächsten Sternenhaufen.

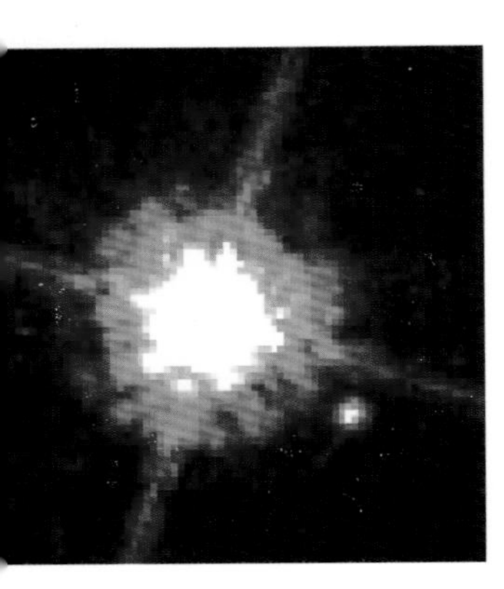

Oben Hubble-Aufnahme von CHXR 73 B, bei dem es sich wahrscheinlich um einen Braunen Zwerg handelt (heller Punkt unten rechts). Er umkreist den Roten Zwerg CHXR 73, der ein Drittel weniger Masse besitzt als die Sonne und erst zwei Millionen Jahre alt ist.

KERNFUSION

Das Plasma im Kern eines Sterns besteht aus freien positiv geladenen Protonen und negativ geladenen Elektronen, die sich mit großer Geschwindigkeit bewegen. Je mehr Masse ein Stern hat, desto heißer ist es in seinem Kern, und desto schneller bewegen sich die atomaren Partikel. Normalerweise sorgt die abstoßende Kraft ihrer Ladungen dafür, dass positiv geladene Teilchen voneinander abgestoßen werden. Prallen sie jedoch mit ausreichender kinetischer Energie frontal zusammen, können sie durch die starke Kernkraft verschmelzen. Im Innern der Sonne kommt es lediglich bei jedem zehnbillionbillionsten Zusammenstoß zweier Protonen zur Fusion.

Oben Infrarotaufnahme eines Sternentstehungsgebiets im Sternbild Schlange. Die rosa-rötlichen Punkte sind die jüngsten dieser Sterne.

Die bei einer Fusion entstehenden Gammastrahlenphotonen liefern einem Stern die Energie, obwohl es bei einem Stern mit einer Sonnenmasse etwa eine Million Jahre dauert, bis diese Energie die Photosphäre des Sterns erreicht und abgestrahlt wird. In jeder Sekunde verbraucht unser Stern, die Sonne, 600 Millionen Tonnen Wasserstoff und erzeugt 596 Millionen Tonnen Helium. Die Differenz von vier Millionen Tonnen wird gemäß der Einsteinschen Gleichung $E=mc^2$ in Energie umgewandelt.

1938 entdeckten der deutsche Physiker Hans Bethe und seine Kollegen eine zweite Energiequelle für Sterne, den „CNO-Zyklus“: Demnach fungieren Kohlenstoff-, Stickstoff- und Sauerstoffatome als Katalysatoren für die Fusion von Sauerstoff zu Helium. Dieser Prozess ist effizienter als die Proton-Proton-Reaktion, setzt jedoch die heißen Kerne sehr viel massereicherer Sterne als unserer Sonne voraus. 1967 erhielt Bethe dafür den Nobelpreis für Physik.

EINTEILUNG DER STERNE

Ein Stern kann durch die Ähnlichkeit seines Spektrums mit dem anderer Sterne, deren Masse und Leuchtkraft bekannt sind, klassifiziert werden. Dazu müssen zunächst die Eigenschaften einiger typischer Sterne direkt gemessen werden. Wenn wir einen Doppelstern über einen signifikanten Teil seiner Umlaufbahn beobachten, erlauben uns die Grundgesetze der Physik, die Massen beider Sterne zu berechnen.

Unten Diese Panoramaaufnahme des Projekts Galactic Legacy Infrared Mid-Plane Survey Extraordinaire zeigt eine konzentrierte Sternenaktivität auf der galaktischen Ebene der Milchstraße.

Bedeckungsveränderliche Sterne lassen sich besonders gut berechnen, weil die Bahnen, von der Erde aus gesehen, auf einer Ebene verlaufen und die spektroskopisch gemessenen Geschwindigkeiten im Orbit daher die tatsächlichen Geschwindigkeiten sind. Wenn wir die scheinbare Helligkeit eines Sterns messen, können wir aus der gemessenen Entfernung seine echte Leuchtkraft bestimmen.

Die Entfernungen der nächsten Sterne können durch einfache Trigonometrie bestimmt werden, indem wir ihre jährliche Parallaxe messen, d. h. ihre scheinbare Positionsveränderung gegenüber weit entfernten Hintergrundsternen. Der bekannte Durchmesser der Erdumlaufbahn ist die Basislinie für diese Berechnung, allerdings ist die Messung der jährlichen Parallaxe schwierig, da die betreffenden Winkel sehr klein sind und selbst bei den nächsten Sternen weniger als eine Bogensekunde betragen. Die erforderlichen präzisen Positionsbestimmungen erhält man am besten durch Satelliten, die oberhalb der Atmosphäre um die Erde kreisen.

Die am leichtesten messbare Eigenschaft auf dem Hertzsprung-Russell-Diagramm ist die Oberflächentemperatur, da sie sich direkt auf die Farbe des Sterns auswirkt, zumindest solange kein verdunkelnder Staub den Stern rötlich färbt.

Die Farbe kann genau bestimmt werden, indem die Helligkeit durch verschiedene Filter gemessen wird. Die Spektralklasse hängt direkt mit der Oberflächentemperatur zusammen, da die Temperatur den Grad der Ionisation der Elemente in der Photosphäre des Sterns bestimmt.

In diesem Zusammenhang sei darauf hingewiesen, dass die Oberflächentemperatur eines Sterns keinerlei Hinweis auf die Temperatur in seinem Innern liefert. Aufgeblähte Rote Riesensterne wie Betelgeuse und Antares, deren Orangefärbung wir mit bloßem Auge erkennen können, weisen Oberflächentemperaturen von rund 3000 Kelvin auf, während die Weißen Sterne Sirius and Wega an der Oberfläche rund 10 000 Kelvin heiß sind. Gleichwohl sind die Kerne von Betelgeuse und Antares, in denen irgendwann das Wasserstoffbrennen in die Schale verlagert werden wird bzw. schon dorthin verlagert wurde, wesentlich heißer als die Kerne gewöhnlicher Hauptreihensterne wie Sirius und Wega.

FUSION VON WASSERSTOFF IN HELIUM

In Sternen mit Sonnenmasse vollzieht sich die Kernfusion gewöhnlich durch die Proton-Proton-Reaktion. Zwei Protonen stoßen zusammen und verschmelzen, wobei ein Neutrino frei wird. Ein Proton verliert seine Ladung, wodurch ein Positron frei wird. Das Antimaterie-Positron und das erste Elektron (Materie), dem es begegnet, vernichten einander, wobei zwei Gammaquanten frei werden.

Der neue Atomkern wird als Deuterium bezeichnet und ist ein deutlich selteneres Wasserstoff-Isotop. In weniger als einer Sekunde kollidiert und verschmilzt der Deuteriumkern mit einem anderen Proton und bildet das sehr seltene Helium-3-Isotop, wobei Gammastrahlung frei wird. Kommt ein weiteres Neutron hinzu, entsteht normales Helium-4. Dies geschieht auf verschiedenen Wegen.

Gemeinhin stoßen nach einem durchschnittlichen Helium-3-Leben von ungefähr einer Million Jahren zwei Helium-3-Kerne zusammen und bilden einen Helium-4-Kern, wobei zwei Protonen frei werden.

Am Ende sind vier Wasserstoffkerne zu einem Heliumkern verschmolzen, wobei Energie und zwei Neutrinos frei wurden.

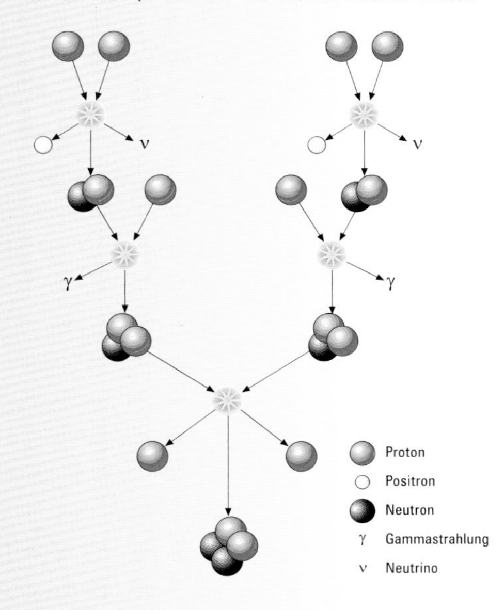

Oben Kettenreaktion von zwei kollidierenden Protonen, die einen Deuteriumkern bilden, ein Positron, Gammastrahlung und ein Neutrino. Der Prozess setzt sich fort, bis zwei Protonen freigesetzt werden und der ganze Prozess von vorne beginnt.

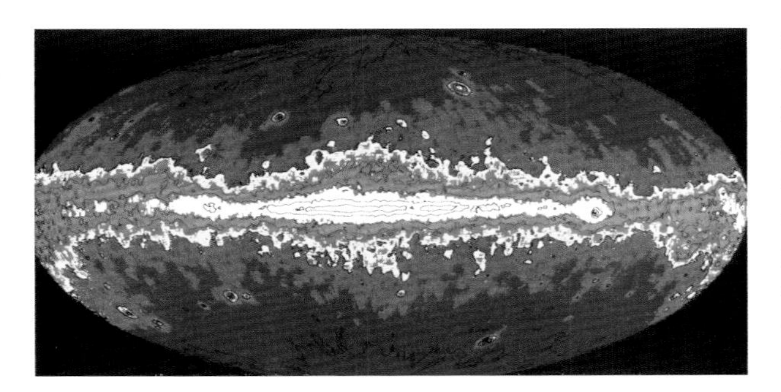

Links Computerdarstellung des Himmels nach Photonenenergie über 100 Millionen Elektronenvolt. Diese Gammastrahlenphotonen werden durch die Erdatmosphäre abgefangen. In der Mitte ist der diffuse Gammastrahlenschimmer der Milchstraße sichtbar.

Sternenleben und Sternentod

Groß und klein, heiß und kalt, hell und matt – Sterne kommen in vielerlei Gestalt daher. Sie werden alle auf mehr oder weniger gleiche Art geboren – aus Wolken von Staub und Gas, aber ihr Tod verläuft recht unterschiedlich.

Rechts Hubble-Aufnahme einer riesigen Gaswolke, die durch die Geburt eines Sterns aufgeheizt wird. Diese als Herbig-Haro-Objekt Nr. 2 (HH2) bezeichnete Wolke wird durch Stoßwellen von Gas aus einem jungen Stern aufgeheizt.

Unten Aufnahme des Hubble-Weltraumteleskops von der Zentralregion des Carina-Nebels, in der Sterne geboren werden. Eine etwa ein Lichtjahr große Säule aus kaltem Wasserstoff erhebt sich über der Mauer der dunklen Molekülwolke. Rechts im Bild der 2,5 Millionen Jahre alte Sternhaufen Trumpler 14.

Wir alle kennen Sterne als Objekte, die still über unseren Köpfen funkeln. Sie scheinen unveränderlich, Nacht für Nacht, Jahr für Jahr, Jahrhundert für Jahrhundert. Gibt es sie also schon seit Anbeginn der Zeit? Und werden sie ewig da sein? In beiden Fällen lautet die Antwort nein.

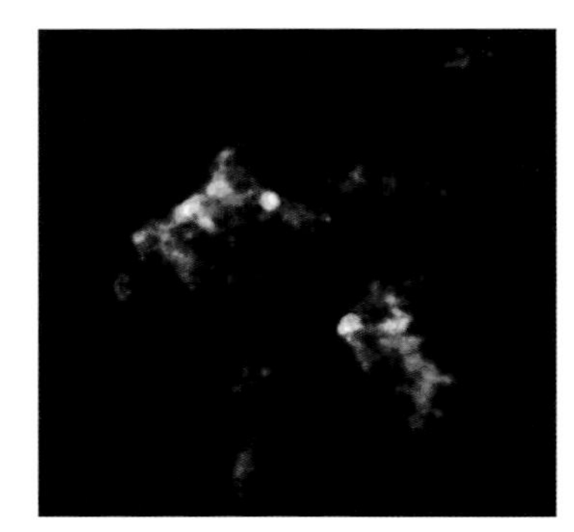

Sterne sind riesige Kugeln aus Gas, die viele Milliarden Mal mehr Masse haben als die Erde. Unsere Sonne ist ein Stern, und zwar ein recht durchschnittlicher. Manche Sterne sind viel größer, und viele sind viel kleiner. Manche scheinen heller und manche matter. Sterne unterscheiden sich erheblich in Größe, Temperatur und Farbe.

Die Geschichte der Sterne beginnt kurz nach dem Urknall, dem Anfang des Universums. Nach der enormen Hitze des Urknalls begann sich die darin gebildete Materie abzukühlen und in riesigen Gaswolken zu sammeln. Teile dieser Gaswolken verdichteten sich mit der Zeit, und in diesen Regionen bewirkte die schwache Gravitationswirkung des Gases auf sich selbst, dass die verdichteten Regionen zu riesigen, heißen Bällen kollabierten, die viel, viel größer waren als unser Sonnensystem. Irgendwann war so viel Gas kollabiert, dass es zur Kernfusion kam. Rund 100 Millionen Jahre nach dem Urknall wurden die ersten Sterne geboren und begannen zu leuchten.

Diese ersten Sterne waren wahrscheinlich sehr groß und sehr heiß und kurzlebig. Denn je größer und heißer ein Stern ist, desto schneller verbraucht er seinen Brennstoff.

Diese ersten Sterne bestanden nur aus den leichtesten Elementen, die im Urknall erzeugt worden waren. Doch in ihrem Innern begannen sie bald mit der Produktion schwererer Elemente. Als die erste Sternengeneration in riesigen Supernova-Explosionen starb, wurden all diese Elemente in den Weltraum hinausgeschleudert – und zum Rohmaterial für die nächste Sternengeneration.

EIN STERN WIRD GEBOREN

Unsere Sonne eignet sich sehr gut als Beispiel für den Prozess der Sternentstehung. Die Wissenschaft glaubt, dass Sterne wie unsere Sonne sich aus einer gigantischen Molekülwolke gebildet haben – einer riesigen Region aus Staub und Gas, wie sie sich häufig in Galaxien finden. Die Materie darin ist nicht gleichmäßig verteilt; manche Regionen sind dichter als andere. Analog zum Prozess der oben beschriebenen Entstehung der ersten Sternengeneration beginnen die dichteren Regionen, unter ihrer eigenen Schwerkraft zu kollabieren und dabei im-

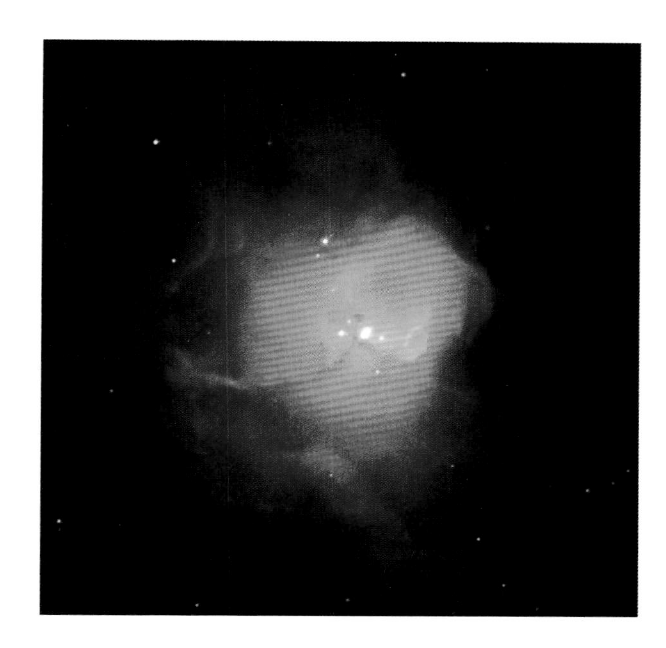

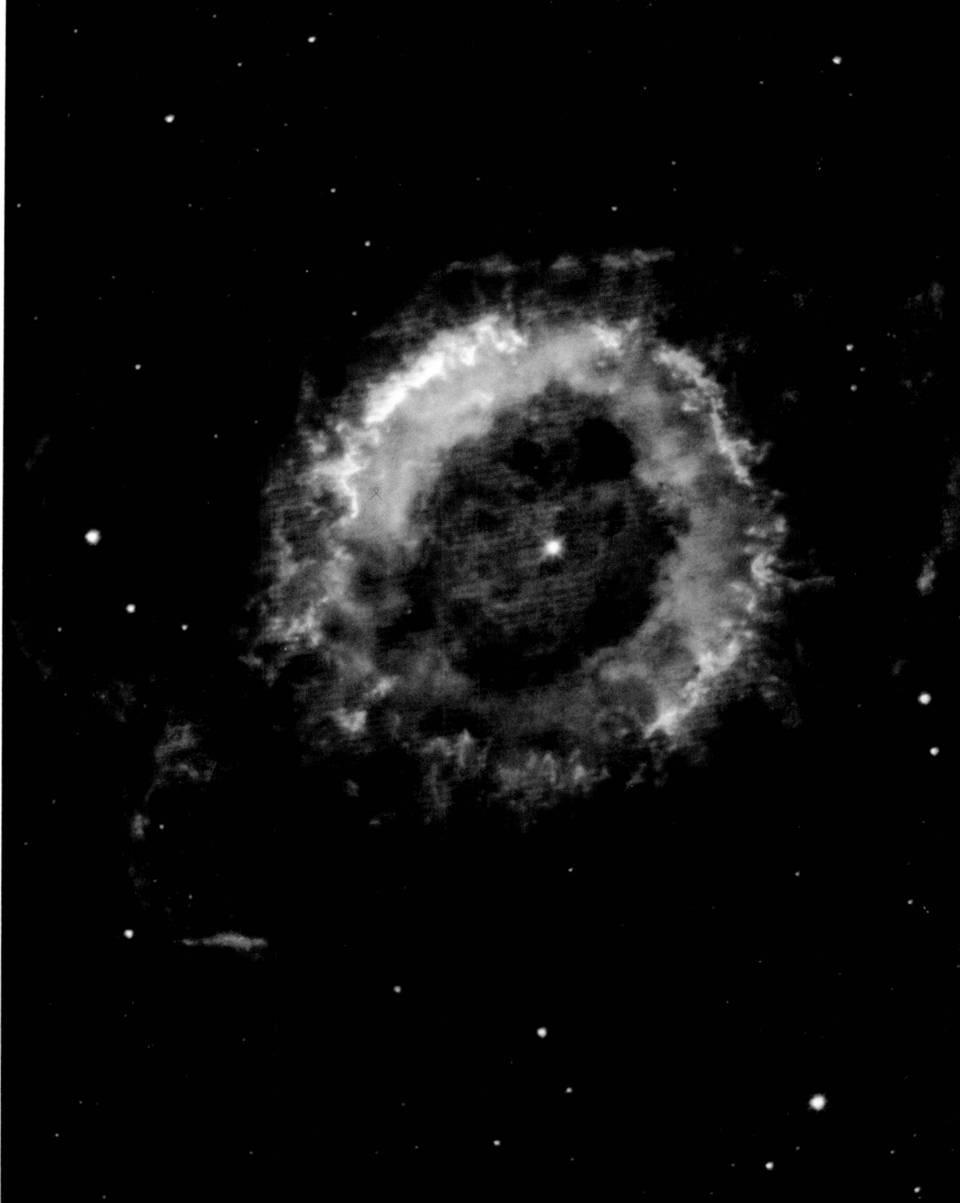

mer mehr Materie mit sich zu reißen. Die Temperatur nimmt zu, bis sich irgendwann ein riesiger Ball aus Plasma – elektrisch geladenes Gas – gebildet hat. Überschreitet der Druck im Innern einen bestimmten Schwellenwert, verschmelzen leichte Elemente zu schweren, und ein Stern ist geboren.

Vermutlich entstehen aus einer Molekülwolke mehrere Sterne, so dass unsere Sonne womöglich irgendwo da draußen Geschwister hat. Doch seitdem ist so viel Zeit vergangen – rund fünf Milliarden Jahre, rund ein Drittel des Alters des Universums –, dass wir sie nicht mehr identifizieren können.

Die Sonne hat entsprechend den Theorien zur Sternentwicklung die Hälfte ihres Lebens hinter sich. Da sie zur späteren Sternengeneration gehört, enthält sie manche jener schweren Elemente, die von den früheren Generationen gebildet wurden. Auch sämtliche schweren Elemente, die im Planetengefolge der Sonne einschließlich der Erde vorhanden sind, stammen von diesen frühen Sternen. Es stimmt, was häufig gesagt wird: Wir sind aus Sternenstaub gemacht.

Die Menge des Materials, das sich in den einzelnen Sternentstehungsregionen mit den Molekülwolken sammeln konnte, entscheidet darüber, wie groß die Sterne werden. Lange grübelten die Wissenschaftler über der Frage, wie es zur Entstehung von Riesensternen kommen konnte. Da die Temperatur im Innern der jungen Sterne stieg, während sie noch Material aufnahmen, hätte der auswärts gerichtete Druck der freigesetzten Energie eigentlich verhindern müssen, dass immer weiter Materie angezogen worden und der Stern immer weiter gewachsen wäre. Heute glaubt man, dass Löcher in der Materie, die dem wachsenden Stern zuströmt, es ermöglichen, dass die Energie entweichen kann, ohne den Zustrom an Materie zu unterbrechen.

Sehr massereiche Sterne verbrennen ihren Brennstoff in rasender Geschwindigkeit und haben deshalb Lebensspannen von nur wenigen Millionen Jahren. Die kleinsten Sterne mit schwacher Kernfusion im Innern hingegen können Hunderte von Milliarden Jahren alt werden– dabei ist das Universum erst 13,7 Milliarden Jahre alt! Diese kleinen Sterne kommen weitaus häufiger vor als ihrer riesigen Verwandten.

Die Astronomen haben viele Sternentstehungsregionen in unserer und anderen Galaxien gefunden; eine von ihnen ist der spektakuläre Orion-Nebel. Durch die Erforschung dieser Regionen bekamen sie einen guten Einblick in die verschiedenen Abschnitte der Geburt eines Sterns.

STERNENTOD

Das Ende kann einen Stern auf verschiedene Art ereilen – auf welche, hängt hauptsächlich davon ab, wie viel Masse er am Anfang besaß.

Die Sonne beispielsweise wird zu einem Weißen Zwerg werden, ein sterbender Ascheklumpen von der Größe der Erde, aber mit immerhin noch 60 Prozent der Sonnenmasse. Zwar wird dieser Prozess erst in fünf Milliarden Jahren einsetzen, doch spätestens dann können wir der Erde Lebewohl sagen: Zunächst nämlich schwillt die Sonne zu einem Roten

Oben Hubble-Aufnahme des planetaren Nebels NGC 6369, der auch als „Kleiner Gespensternebel" bekannt ist. Eine kleine Wolke umgibt den blassen sterbenden Zentralstern. NGC 6369 liegt etwa 5000 Lichtjahre entfernt in Richtung des Sternbilds Schlangenträger.

Oben links Hubble-Aufnahme junger ultraheller Sterne, die in eine Keimwolke aus glimmenden Gasen eingebettet sind. Der himmlische Mutterschoß N81 befindet sich 200 000 Lichtjahre entfernt in der Kleinen Magellanschen Wolke.

Rechts Diese Aufnahme der Sonne zeigt einen koronalen Massenauswurf (KMA), bei dem mehr als eine Milliarde Tonnen Materie mit einer Geschwindigkeit von vielen Millionen Stundenkilometern in den Raum geschleudert werden. Die Sonne ist ein recht gewöhnlicher Stern, der mit 4,5 Milliarden Jahren die Mitte seines Lebens erreicht hat. Wenn ihr Ende naht, wird sie erst anschwellen und zum Roten Riesen werden, bevor sie dann zu einem erlöschenden Weißen Zwergstern wird.

Riesen an und umhüllt die inneren Planeten. Dann stößt sie ihre äußeren Gasschichten ab; dieses Gas wird sich verteilen und irgendwann einen schönen planetarischen Nebel bilden. Der Weiße Zwerg in der Mitte des Nebels wird nicht mehr in der Lage sein, Energie durch Kernfusion zu erzeugen. Seine Resthitze wird er über die Jahrmilliarden verlieren, bis er so weit abgekühlt ist, dass er zum „Schwarzen Zwerg" wird. Dieser Prozess währt allerdings so lange, dass seit Beginn des Universums noch nicht ausreichend Zeit vergangen ist, um solche Sterne hervorzubringen.

Ein Weißer Zwerg, der Teil eines Doppelsternsystems ist, kann aufgrund seiner Schwerkraft Materie von seinem Begleitstern abziehen. Über die Jahre wird dabei so viel Materie auf dem Weißen Zwerg aufgebaut, dass er instabil wird und als Supernova explodiert. Oder es kommt zu einer „Nova", wenn Gas eines Begleitsterns vom Weißen Zwerg akkretiert wird und es in dessen Oberfläche zu einer Explosion kommt, wobei diese allerdings nicht heftig genug ist, um den Stern zu zerstören.

Der wohl berühmteste Weiße Zwerg ist Sirius B, ein Begleitstern des großen, weißen Sirius, des hellsten Sterns am Nachthimmel. Bevor er sich auf die oben beschriebene Weise in einen Weißen Zwerg verwandelte, war Sirius B einmal ein Stern mit der fünffachen Masse unserer Sonne. Gegenwärtig ist er so groß wie die Erde, verfügt dabei aber immer noch über eine Sonnenmasse. Auch Sirius selbst wird sich irgendwann in einen Weißen Zwerg verwandeln.

WOLKEN AM HIMMEL

Sterne entstehen in gigantischen Molekülwolken, bei denen es sich um riesige vereinzelte Regionen aus Gas und Staub innerhalb einer Galaxie handelt.

Auch unsere Sonne wurde in einer Wolke geboren, die den hier abgebildeten sehr ähnlich war. Globulen verdichteten Gases bilden sich heraus und beginnen zu kollabieren. Irgendwann ist der Druck so groß geworden, dass die Kernfusion einsetzt – ein Stern ist geboren. Die Wolken selbst sind ein Abfallprodukt früherer Sterngenerationen, die am Ende ihres Lebens explodiert sind und Gas und Schwerelemente in den Weltraum gestreut haben.

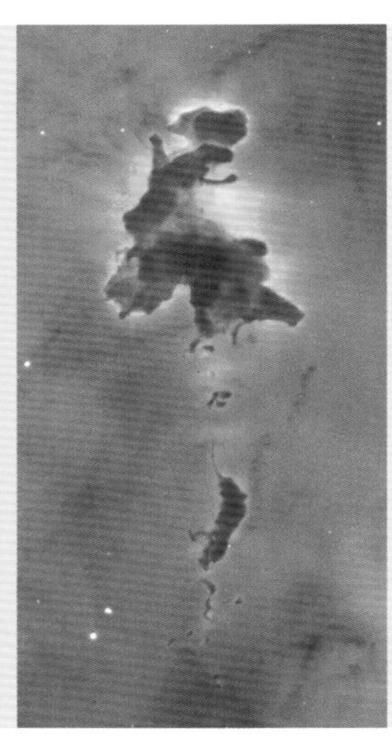

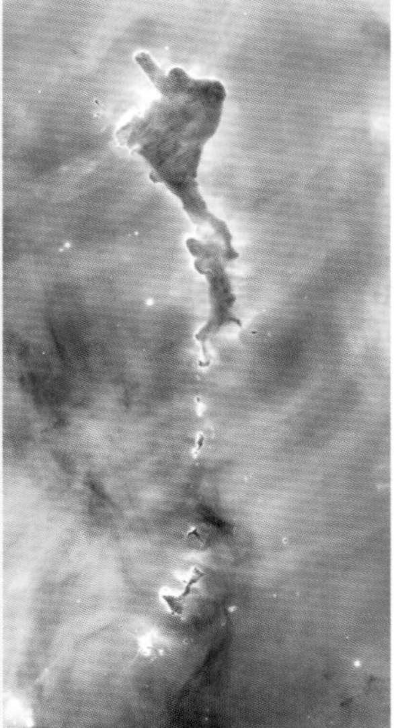

Rechts **Diese Aufnahmen von kalten Wasserstoffwolken im Carina-Nebel zeigen Phasen einer Sternengeburt. Die leuchtenden Ränder wurden durch die heißesten Sterne in dem Haufen photoionisiert. Es wird angenommen, dass Sterne in solchen „Staubkokons" entstehen.**

DIE KINDERSTUBE DER STERNE

Der große Orion-Nebel ist mit lediglich 1500 Lichtjahren Entfernung von der Erde das wohl bekannteste Beispiel für eine Sternentstehungsregion. An dunklen Orten ist er mit bloßem Auge als kleiner Lichtfleck erkennbar, doch der Blick durchs Teleskop offenbart ihn als berückend schöne Wolke aus Gas und Staub. Tief in seinem Innern, in Regionen mit höherer Dichte, werden neue Sternensysteme geboren. Flüchtige Anzeichen dieses Prozesses haben Astronomen in Form von protoplanetaren Scheiben eingefangen. Die Erforschung des Orion-Nebels ermöglicht der Wissenschaft fantastische Einblicke in die Entstehung von Sternen.

Rechts Diese Hubble-Aufnahme enthüllt faszinierende Details in der erdnahen, als Großer Orion-Nebel bekannten Sternentstehungsregion.

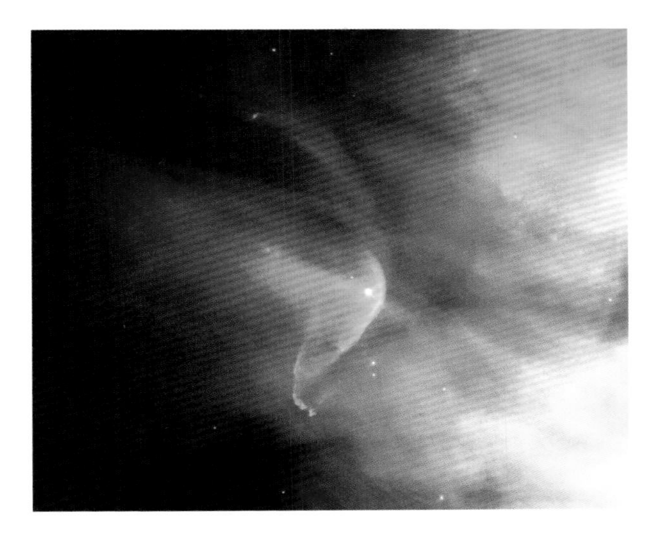

Den heftigsten Tod erleiden Sterne mit einem Vielfachen der Sonnenmasse. Solche Riesensterne enden in gewaltigen Explosionen, die als Supernovae bezeichnet werden.

Ein Folgeprodukt einer Supernova ist ein Neutronenstern. Bei einer Supernova kollabiert der Sternenkern unter seiner eigenen Schwerkraft. Die Materie im Stern wird derart zusammengedrückt, dass Protonen und Elektronen vieler Atome zu Neutronen verschmelzen, und zurück bleibt ein toter Stern, der nunmehr weitgehend aus Neutronen besteht. Neutronensterne sind unglaublich dicht. Bei mehr als anderthalbfacher Sonnenmasse haben sie zehn bis 20 Kilometer Durchmesser. Zudem verfügen sie über die stärksten Magnetfelder des Universums.

Ein gut erforschtes Beispiel für einen Neutronenstern befindet sich im Zentrum des Krebs-Nebels; es handelt sich um einen elf Lichtjahre entfernten Überrest einer Supernova im Sternbild Stier. Die Supernova, die 1987 in der Großen Magellanschen Wolke entdeckt wurde, hat vermutlich ebenfalls einen Neutronenstern geschaffen, auch wenn er bisher noch nicht direkt beobachtet worden ist.

Unten Diese Aufnahme des Hubble-Weltraumteleskops zeigt die zerfetzten Überreste einer als Cassiopeia A (Cas A) bekannten Supernova-Explosion. Es sind die jüngsten bekannten Überreste einer Supernova in der Milchstraße.

Unten Künstlerische Impression des Luchs-Bogens, eines unlängst entdeckten fernen Supersternhaufens, der eine Million blau-weißer Sterne umfasst, die doppelt so heiß sind wie vergleichbare Sterne in unserer Milchstraße. Der Luchs-Bogen ist eine Million Mal heller als der gut erforschte Orion-Nebel, eine erdnahe prototypische Sternentstehungsregion. Der Superhaufen ist zwölf Millionen Lichtjahre entfernt und erscheint als roter Bogen hinter einem fernen Galaxienhaufen im nördlichen Sternbild Luchs.

DAS SCHICKSAL DER SONNE

Welches Schicksal wird unsere Sonne ereilen? Wird auch sie in einer gewaltigen Supernova explodieren oder als Schwarzes Loch enden? Leider nein. Unsere Sonne ist ein ganz gewöhnlicher Stern, und ihr Ende wird ebenso gewöhnlich sein. In etwa fünf Milliarden Jahren wird sie um bis das Hundertfache anschwellen und zu einem Roten Riesen werden. Die Erde wird dann wahrscheinlich von ihren äußeren Gasschichten umschlossen, eine Weile noch weitgehend intakt, wenn auch versengt, weiterleben. Irgendwann wird die Sonne ihre äußeren Schichten abstoßen, während ihr Kern als langsam abkühlender, matter Weißer Zwerg zurückbleibt.

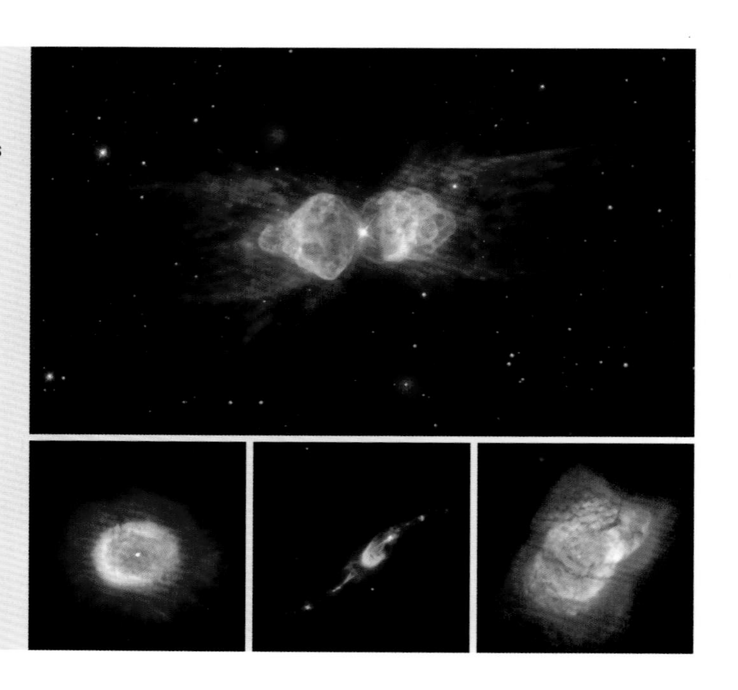

Rechts Bildfolge mit den letzten Etappen in der Evolution sonnenähnlicher Sterne. Dynamische längliche Wolken umschließen Blasen von viele Millionen Grad heißem Gas, das von einem sterbenden Stern ausgestoßen wird. In den letzten Lebensstadien eines sonnenähnlichen Sterns entstehen planetarische Nebel.

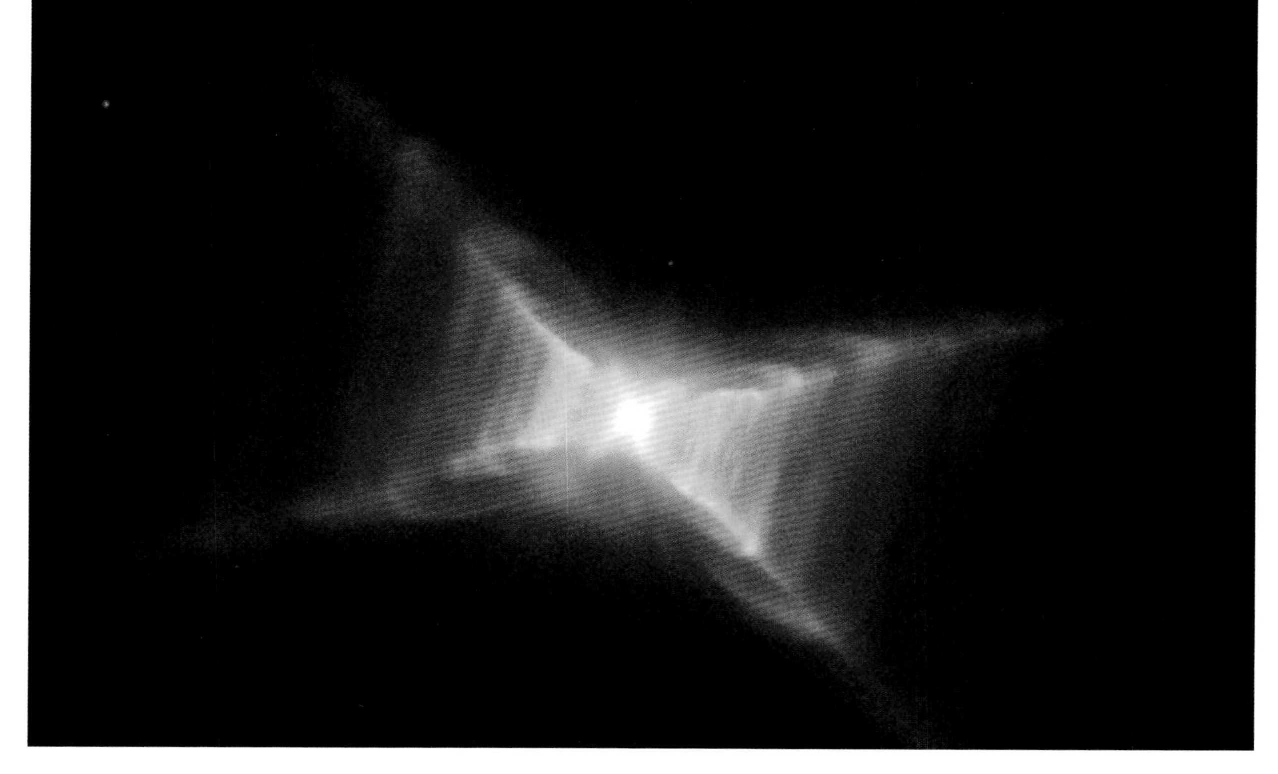

Links Diese Hubble-Aufnahme zeigt die leiterartigen Strukturen des sterbenden Sterns HD 44179, der zu den ungewöhnlichsten Nebeln unserer Milchstraße gehört. Mit erdgebundenen Teleskopen ist er als „Rotes Rechteck" erkennbar, und so lautet auch sein populärer Name.

Wie eine Eisläuferin, die sich schneller dreht, wenn sie die Arme anzieht, übernimmt ein Neutronenstern die Rotation seines Vorfahren und beschleunigt auf ein Vielfaches. Manche Neutronensterne drehen sich in Sekundenbruchteilen um die eigene Achse – schier unglaublich angesichts ihrer Masse.

Manche Neutronensterne sind auch Pulsare. Ein Pulsar entsteht, wenn ein sich schnell drehender Neutronenstern mit einem riesigen Magnetfeld große Mengen an Radiowellen in bestimmte Richtungen aussendet. Diese Strahlen erinnern an einen Leuchtturm: Sie rotieren und vermitteln den Eindruck, als würde der Pulsar jedes Mal an- und ausgeschaltet, wenn sich der Beobachter in der Sichtlinie befindet. Die Zahl der entdeckten Pulsare geht in die Hunderte.

Das unentrinnbare Schicksal eines jeden Sterns mit mehr als der achtfachen Sonnenmasse ist ein Schwarzes Loch. Wie bei der Bildung eines Neutronensterns kollabiert das Innere des Sterns. In diesem Fall jedoch vollzieht sich der Kollaps so schnell und gewaltsam, dass die Materie schier unendlich zusammengedrückt wird, zu einem erstaunlichen Objekt von der Größe eines Stecknadelkopfes – einem Schwarzen Loch.

Die enorme Anziehungskraft des Schwarzen Lochs führt dazu, dass es alles, was ihm zu nahe kommt, einfängt. Der Punkt, an dem es kein Zurück gibt, wird als Ereignishorizont bezeichnet. Nichts, was diesen einmal überschritten hat, kann einem Schwarzen Loch entkommen.

Viele Jahre lang waren Schwarze Löcher nur ein Gedankenspiel der theoretischen Physik. Ihre Existenz wurde von Einsteins allgemeiner Relativitätstheorie vorhergesagt, doch nur wenige Wissenschaftler glaubten ernsthaft daran, dass sie tatsächlich existierten!

Doch mit den Jahren wurde die Theorie weiterentwickelt, und die Entdeckung immer neuer ungewöhnlicher Objekte im Weltraum verlangte nach ungewöhnlichen Erklärungen. Es gab astronomische Prozesse, bei denen derart hohe Energien im Spiel waren, dass nur ein Schwarzes Loch als Verursacher in Frage kam.

Heutzutage ist die Existenz Schwarzer Löcher weitgehend bestätigt. Verstreut in unserer Galaxie sind Dutzende Kandidaten für ein Schwarzes Loch entdeckt worden.

Das erdnächste ist ein Sternensystem namens V 4641 in rund 1600 Lichtjahren Entfernung. Dieses System umfasst einen normalen Stern und einen unsichtbaren Begleiter. Viele Jahre lang sah man in dem Hauptstern einen veränderlichen Stern, dessen Helligkeit nach einem wiedererkennbaren Muster variiert. Doch ein plötzlicher Röntgenstrahlenausbruch im September 1999 nährte den Verdacht, dass es sich um etwas anderes handeln musste.

Ein Röntgenstrahlenausbruch ist ein verräterisches Zeichen dafür, dass der Stern wahrscheinlich ein Schwarzes Loch als Begleiter hat. Materie vom Hauptstern, die sich in einer Akkretionsscheibe um das Schwarze Loch sammelte, gab, als sie dem Schwarzen Loch immer näher kam, Röntgenimpulse ab.

EIN SELTSAMES PAAR

SS 433 ist ein sehr eigentümliches Sternsystem. Es umfasst einen massereichen Hauptreihenstern, der in engem Orbit mit einem kompakten Stern verbunden ist – entweder ein Neutronenstern oder ein Schwarzes Loch. SS 433 befindet sich etwa 16 000 Lichtjahre entfernt im Zentrum des Supernova-Überrests W50. Gas des Hauptreihensterns wird von dem kompakten Stern angezogen, wobei ein Teil dieser Materie beschleunigt und in zwei „Strömen" ausgestoßen wird. Die Materie in den Strömen schießt mit über 25 % der Lichtgeschwindigkeit in den Raum.

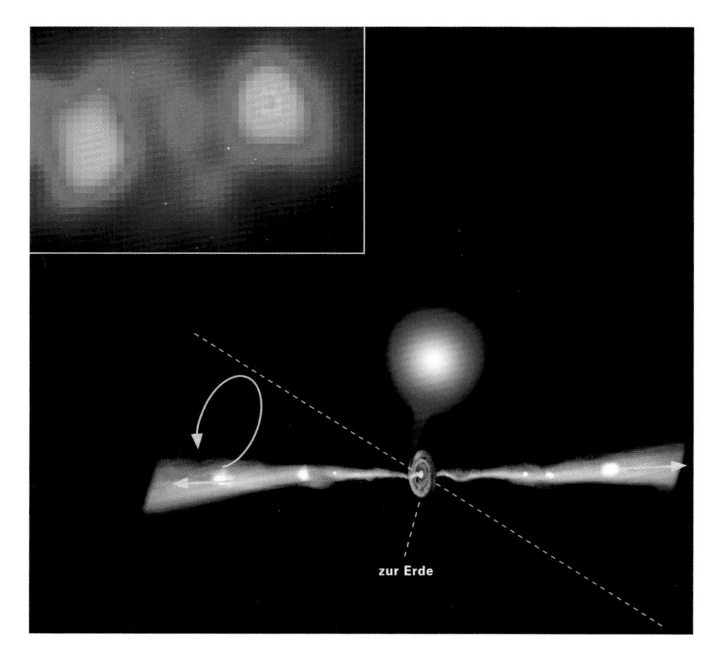

Rechts Chandra-Aufnahme von SS 433 (oben links). Die Illustration zeigt zwei fünf Trillionen Kilometer voneinander entfernte Gasblasen, die aus einem Doppelsternsystem mit Schwarzem Loch stammen.

Doppelsterne

Mehr als die Hälfte der Sterne in unserer Galaxie sind Doppel- oder Mehrfachsterne. Nur die nächstgelegenen und am weitesten voneinander getrennten Paare können mit Teleskopen aufgelöst werden – die visuellen Doppelsterne. Die ferneren und/oder enger verbundenen Paare werden indirekt entdeckt, entweder durch ihr Spektrum (spektroskopische Doppelsterne) oder durch Schwankungen in der Helligkeit, wenn ein Stern auf seiner Umlaufbahn den anderen verdeckt (bedeckungsveränderliche Doppelsterne).

Rechts Die schematische Darstellung der Umlaufbahnen eines Doppelsternsystems verdeutlicht, wie jeder Stern das gemeinsame Massezentrum umkreist.

Unten Künstlerische Darstellung einer Materiescheibe um eine ungewöhnliche Klasse von interaktiven Doppelsternen (in diesem Fall ein Paar aus Weißem Zwerg und Braunem Zwerg.

Durch nahezu jedes Teleskop lässt sich erkenne, dass es sich bei Alpha (α) Centauri um ein Paar gelblicher, fast gleich heller Sterne handelt.

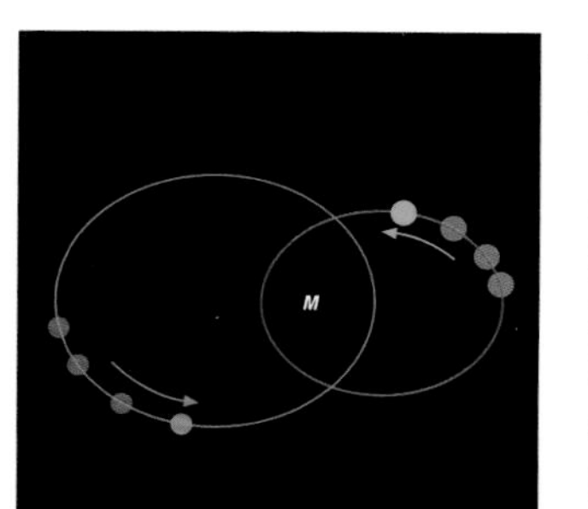

VISUELLE DOPPELSTERNE

Bereits 1752 haben Messungen des Winkelabstands und des Positionswinkels zwischen diesen beiden Sternen gezeigt, dass der weniger helle Stern alle 80 Jahre auf einer nur um 11 Grad gegen die Sichtebene geneigten Umlaufbahn den helleren umkreist. Beide Sterne kreisen um ihr gemeinsames Massezentrum. Ist die Entfernung des Doppelsterns bekannt, kann man durch Darstellung der Umlaufbahnen die Masse der einzelnen Sterne berechnen. Im Fall von Alpha (α) Centauri ähneln beide Sterne der Sonne: Einer ist etwas massereicher und deshalb heißer und heller, der andere weniger massereich und somit matter und kühler.

SPEKTROSKOPISCHE DOPPELSTERNE

Die meisten Doppelsterne werden nicht auf Fotos gefunden, sondern durch Messung ihres Spektrums. Jeder Stern in einem Doppelsystem erzeugt sein eigenes Spektrum. Während des Umlaufs verschieben sich die Spektrallinien und damit die Wellenlängen periodisch (Doppler-Effekt). Kommt uns der eine Stern näher, verschieben sich seine Spektrallinien zum blauen Ende des Spektrums hin. Der andere Stern des Systems müsste sich dann von uns entfernen, weshalb sich seine Spektrallinien zum roten Ende hin verschieben. Durch Messen der Dauer

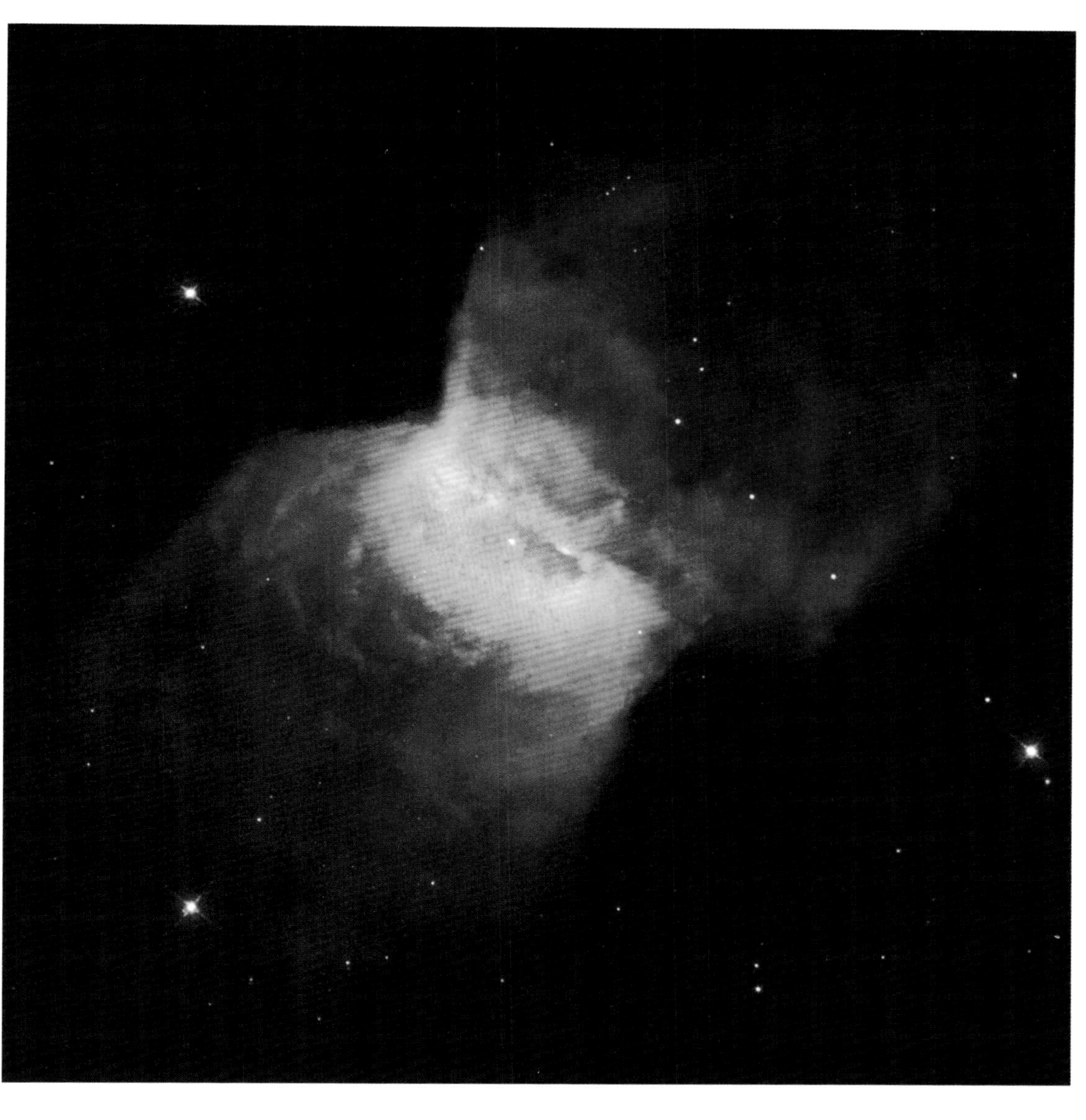

Rechts Hubble-Aufnahme von NGC 2346 im Sternbild Einhorn. Dieser planetarische Nebel ist deshalb bemerkenswert, weil es sich bei seinem Zentralgestirn eigentlich um ein nah zusammenliegendes Sternenpaar handelt, das sich alle 16 Tage umkreist. Vermutlich waren die beiden Sterne einander ursprünglich viel ferner. Als sich jedoch der eine ausdehnte und zum Roten Riesen wurde, schluckte er buchstäblich seinen Begleitstern.

einer solchen Verschiebung kann man die Umlaufperiode errechnen. Das Ausmaß der Verschiebung verrät die Umlaufgeschwindigkeiten und daraus folgend die Gesamtmasse der Sterne. Die Dopplerverschiebung gibt allerdings keinen Hinweis auf die Neigung der Umlaufbahn. Sehen wir auf die Bahnen, zeigt sich keine Verschiebung, seitlich betrachtet können wir die echte Umlaufgeschwindigkeit messen.

BEDECKUNGSVERÄNDERLICHE DOPPELSTERNE

Ist die Umlaufbahn seitlich (Neigungswinkel 90 Grad), läuft jeder Stern abwechselnd vor dem anderen vorbei, wodurch sich die Gesamthelligkeit des Systems verringert. Sind beide Sterne gleich hell, reduziert sich die Gesamthelligkeit bei jeder Bedeckung um die Hälfte. Ist ein Stern sehr viel matter und größer als der andere, ist der Effekt ausgeprägter: Die eine Bedeckung ist tief und lang anhaltend, die zweite hingegen deutlich weniger offensichtlich. Je größer der kühle Stern, desto länger dauert die Finsternis an. In der schwankenden Lichtkurve – dem Graphen, der die Abhängigkeit der Leuchtkraft von der Zeit darstellt – sind zahlreiche Informationen enthalten, die es ermöglichen, die Masse beider Sterne sowie ihre absolute Größe zu messen.

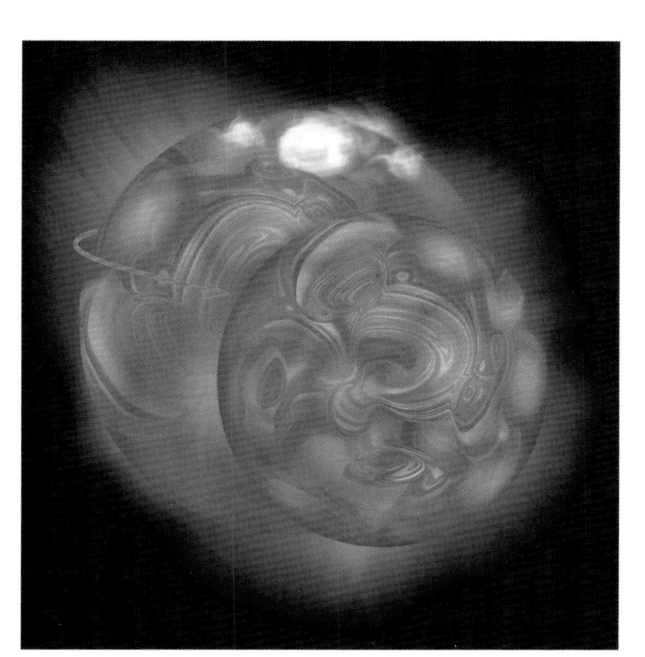

INTERAKTIVE DOPPELSTERNE

Sind die Sterne einander nahe genug, kann der eine Stern Materie an den anderen abgeben. Bei normalen Sternen sind die beobachtbaren Effekte gering. Die spektakulärsten interaktiven Doppelsterne bestehen aus einem Hauptreihenstern bzw. einem Riesen und einem kompakten Objekt wie einem Weißen Zwerg, einem Neutronenstern oder einem Schwarzen Loch. Wenn die Materie den normalen Stern verlässt, fällt sie nicht direkt auf das kompakte Objekt, sondern bildet um dieses eine spiralförmige Scheibe, weil das Gas bei zwei einander umkreisenden Objekten abgelenkt wird.

Beim Aufprall setzt das Gas Energie frei, die die Scheibe aufheizt. Bei Weißen Zwergen wird die Scheibe heiß genug, um im infraroten, optischen und ultravioletten Spektrum zu scheinen. Bei Neutronensternen und Schwarzen Löchern wird noch mehr Energie in der Scheibe frei, die dadurch sehr viel heißer wird und meist im Röntgenbereich strahlt. Veränderungen in der Materiemenge, die auf das kompakte Objekt prallt, oder Veränderungen in der Struktur der Scheibe bewirken, dass diese Systeme allesamt veränderlich sind.

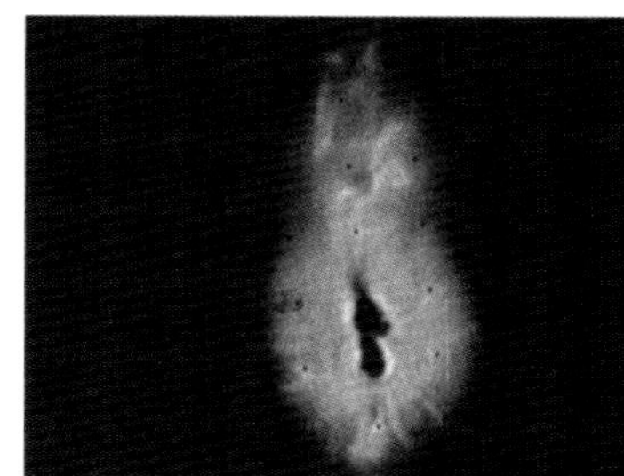

Oben Abbildung des Sternsystems R-Aquarii. Die beiden dunklen Knoten im Zentrum bergen wahrscheinlich ein Doppelsternsystem aus einem Roten Riesen und einem Weißen Zwerg.

Links Künstlerische Darstellung des engen Doppelsternsystems 44i Bootis, bei dem die Sterne sich alle drei Stunden bedecken. Der rote Pfeil zeigt die Umlaufrichtung an.

Veränderliche Sterne

Veränderliche Sterne sind wertvolle astrophysikalische Laboratorien. Je nach zugrunde liegendem Prozess kann die Lichtkurve eines veränderlichen Sterns Eigenschaften wie Masse, Helligkeit, Entfernung und sogar Durchmesser anzeigen. Während die Interpretation des Datenmaterials den professionellen Astronomen obliegt, können bei diesem Sternentyp Amateure einen wichtigen Beitrag zur Datensammlung leisten.

Seite 139 Diese spektakuläre Spiralgalaxie im Eridanus-Galaxienhaufen wurde vom Hubble-Weltraumteleskop aufgenommen und erhielt die Katalogbezeichnung NGC 1309. Die Astronomen suchen dort nach veränderlichen Sternen, insbesondere nach pulsationsveränderlichen Cepheiden, sowie nach bedeckungsveränderlichen Doppelsternsystemen.

Unten Der Supergiant Shell LMC-4 in der Großen Magellanschen Wolke, aufgenommen mit dem Curtis-Schmidt-Teleskop im Rahmen des Magellanic Clouds Emission Line Survey.

Helligkeitsveränderungen stellen die häufigste Art der Veränderung dar, doch gibt es auch andere Varianten, insbesondere Veränderungen im Spektrum, das der Stern aussendet.

ERUPTIVE VERÄNDERLICHE

T-Tauri-Sterne haben noch nicht das stabile Hauptreihenstadium erreicht. Diese jungen Sterne rotieren sehr schnell und erzeugen dabei ein starkes Magnetfeld, das helle Eruptionen („flares") und kühle Flecken bewirkt. Ihre Helligkeit variiert unregelmäßig um mehrere Größenklassen, was möglicherweise auch durch den Stern umgebende Scheiben verursacht wird.

Die ebenfalls sehr jungen FU-Orionis-Sterne befinden sich noch an ihrem Geburtsort. Bei ihnen kann es innerhalb weniger Jahre zu großen Helligkeitsveränderungen kommen.

UVCeti-Sterne sind Rote Zwergsterne der Klasse M mit Strahlungsausbrüchen. Masse und Helligkeit dieser Zwergsterne liegen zwar weit unter denen der Sonne, doch verfügen sie über sehr viel tiefer reichende Konvektionszonen. Die zudem schnell rotierenden Sterne verdrehen ihre Magnetfeldlinien viel weiter als unsere Sonne, und daher kommt es auch zu deutlich heftigeren Ausbrüchen. Da die Helligkeit dieser Sterne niedrig, die Eruptionen jedoch sehr heftig sind, können sie kurzzeitig Helligkeitsspitzen von mehreren Größenklassen erreichen. Derart unvorhersagbare Veränderliche zu erfassen ist eine ideale Aufgabe für Amateurastronomen.

R-Coronae-Borealis-Sterne sind kühle Rote Überriesen mit einem hohen Anteil an Kohlenstoff in ihren äußeren Schichten. In ihrer Atmosphäre bildet sich gelegentlich Ruß, der sie über Monate oder Jahre um bis zu neun Größenklassen abdunkelt. Der Prototyp dieser Klasse, R Coronae Borealis, ist ein Liebling der Amateure. Normalerweise beträgt seine Helligkeit $5^{\mathrm{m}}{,}8$, doch fällt R CrB alle paar Jahre in unregelmäßigen Abständen innerhalb weniger Wochen auf die neunte bis 15. Größenklasse ab.

KATAKLYSMISCHE VERÄNDERLICHE

Es gibt enge Doppelsterne, bei denen es zum Austausch von Materie kommt. Dazu gehören die sogenannten Novae und Zwergnovae. Novae sind binäre Sternsysteme, bei denen Gas aus den äußeren, wasserstoffreichen Schichten eines Sterns in eine Akkretionsscheibe um einen Weißen Zwerg strömt und irgendwann auf dessen Oberfläche trifft. Da sich der Wasserstoff in einer Schicht um den kompakten Weißen Zwerg legt und er sowohl durch neues Material von außen als auch durch die Anziehungskraft des Weißen Zwergs komprimiert wird, ist an der Basis der Wasserstoffschale irgendwann die kritische Temperatur von zehn Millionen Kelvin erreicht: Das Wasserstoffbrennen setzt ein, und es kommt zur thermonuklearen Kettenreaktion. Novae werden bisweilen in nur einem Tag um sieben bis 16 Größenklassen heller, und der Stern braucht Jahre, um wieder die Helligkeit vor dem Ausbruch zu erreichen.

UGeminorum-Zwergnovae zeichnen sich durch einen plötzlichen Anstieg der Helligkeit um zwei bis sechs Größenklassen aus, während sie zwischen den Ausbrüchen über Zehntausende von Tagen auf ihrem normalen Helligkeitsminimum verharren. Die ähnlichen ZCamelopardalis-Sterne weisen gelegentliche „Stillstände" auf – Perioden konstanter Helligkeit, die um ein Drittel unter dem normalen Maximum liegen.

BEDECKUNGSVERÄNDERLICHE DOPPELSTERNSYSTEME

Bedeckungsveränderliche Doppelsterne stehen seitlich, weshalb die mithilfe des Doppler-Effekts gemessenen Umlaufgeschwindigkeiten die wahren Geschwindigkeiten sind. Aus der Dauer der Bedeckung und der berechneten Größe der Umlaufbahn lässt sich ihr Durchmesser ermitteln.

Algol, Beta (β) Persei, verringert seine Helligkeit alle 2,867321 Tage für zehn Stunden von $2^{\mathrm{m}}{,}1$ auf $3^{\mathrm{m}}{,}3$. Beim Höhepunkt der Bedeckung werden rund 79 Prozent des leuchtkräftigeren Sterns von seinem Begleiter verdeckt. An Abenden, an denen eine Bedeckung vorhergesagt ist, kann man schon mit bloßem Auge auf sehr vergnügliche Weise die Entwicklung beobachten, indem man alle 15 Minuten die Helligkeit Algols mit der seiner Nachbarsterne vergleicht.

Noch mehr Freude bereitet es, wenn man eine Bedeckung dieses Sterns unvermutet bemerkt – erfahrene Himmelsgucker werfen deshalb immer, wenn sie nachts draußen sind, einen schnellen Blick in den Himmel. Wer das routinemäßig tut, wird bemerken, dass Algol durchschnittlich zweimal im Jahr im Vergleich zu Gamma (γ) Andromedae recht blass wirkt. Ein Blick in den Almanach wird den Befund bestätigen, denn der Helligkeitsabfall ist unverwechselbar.

Die sogenannte Roche-Grenze eines Sterns definiert die maximale Größe, bis zu der ein Stern in einem Doppelsternsystem anwachsen kann, ohne Masse zu verlieren. Wenn ein expandierender Stern – gewöhnlich ein Roter Riese – seine Roche-Grenze überschreitet, bewirkt die Schwerkraft des

Akkretionsscheibe
Begleitstern
Weißer Zwerg

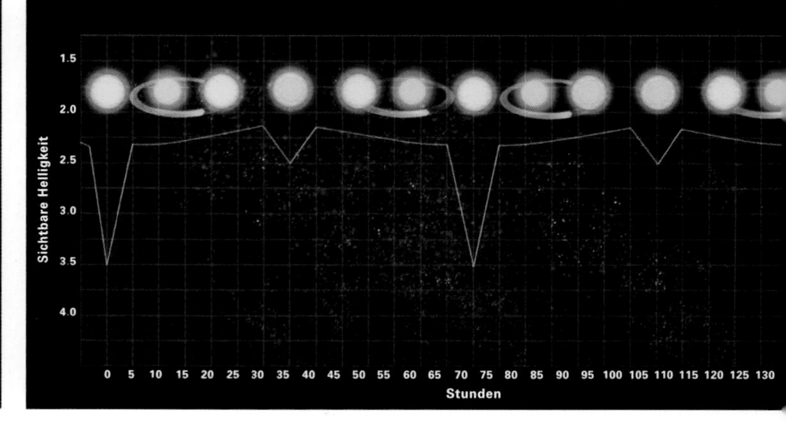
1.5
2.0
2.5
3.0
3.5
4.0
Sichtbare Helligkeit
0 5 10 15 20 25 30 35 40 45 50 55 60 65 70 75 80 85 90 95 100 105 110 115 120 125 130
Stunden

Begleiters, dass Gas vom expandierenden Stern zu seinem Begleiter strömt. Obwohl Algol inzwischen als getrenntes System betrachtet wird, muss es sich irgendwann in der Vergangenheit um ein halbgetrenntes System gehandelt haben, in dem Gas von einem Stern an den anderen abgegeben wurde. Der Großteil der Helligkeit des Systems stammt von einem Hauptreihenstern mit 3,7-facher Sonnenmasse, der in regelmäßigen Abständen von einem weniger leuchtstarken, aber größeren mit der 0,8-fachen Sonnenmasse verdunkelt wird. Wenn zwei Sterne zur selben Zeit geboren werden, wird sich der massereichere Stern schneller entwickeln und zuerst das Stadium des Roten Riesen erreichen. Beim sogenannten „Algol-Paradox" stellte sich einst die Frage, weshalb der größere, weiter entwickelte Stern so viel masseärmer ist als der Hauptreihenstern. Inzwischen kennen wir die Antwort: Der größere Stern entwickelte sich zum Roten Riesen, überschritt seine Roche-Grenze und transferierte Masse zu seinem ursprünglich masseärmeren Begleiter. Dabei wurde so viel Masse transferiert, dass der Rote Riese zum Unterriesen schrumpfte.

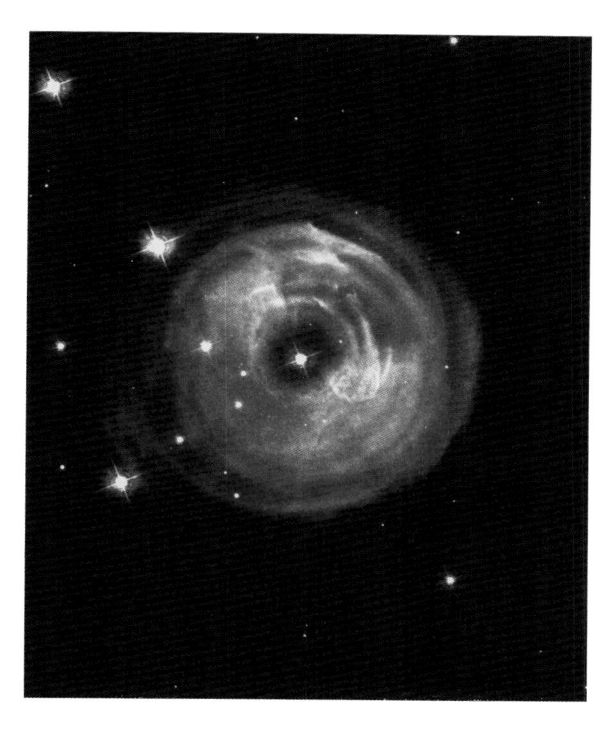

Zugleich wird sich der Hauptreihenstern, dessen Masse durch das Gas seines Begleiters stark zugenommen hat, schneller entwickeln als unter normalen Umständen. Sollte er ebenfalls zum Roten Riesen werden, steht zu erwarten, dass er seinerseits Gas an den ursprünglichen Besitzer zurückgibt.

Die faszinierendsten bedeckungsveränderlichen Doppelsterne sind die Beta-Lyrae-Sterne, deren Komponenten so eng beieinander stehen, dass sie sich durch ihre gegenseitige Gravitation elliptisch verformen. Die Lichtkurven schwanken ständig, da die Sterne sich nicht nur gegenseitig ganz oder teilweise bedecken, sondern auch, weil die Seiten, die sie uns zuwenden, ständig wechseln.

ROTATIONSVERÄNDERLICHE STERNE

Gamma-Cassiopeiae-Sterne sind schnell rotierende Sterne der Klasse B mit einem starken Verlust von Masse, die Ring- oder Scheibenstrukturen bildet. Diese können den Stern teilweise verdunkeln und einen zeitweisen Helligkeitsabfall verursachen. RSCanum-Venaticorum-Sterne weisen geringe Helligkeitsschwankungen auf, die möglicherweise von dunklen oder hellen Flecken herrühren, die über die Sternenscheibe rotieren.

PULSATIONSVERÄNDERLICHE STERNE

Langperiodische Veränderliche sind Rote Riesen oder Überriesen der Klasse M oder Kohlenstoffsterne mit Perioden zwischen 80 und 1000 Tagen und Helligkeitsschwankungen zwischen $2^{m}_{,}5$ und 11^{m}. Der berühmteste Vertreter dieser Klasse, Mira, Omicron (ο) Ceti, erreicht sein Maximum alle elf Monate. Minimal hat er eine Helligkeit von durchschnittlich $9^{m}_{,}3$, maximal von durchschnittlich $3^{m}_{,}4$, wobei er auch sehr viel heller werden kann. Mitte Februar 2007 erreichte die orangefarbene Mira eine Spitze von 2^{m} und dominierte damit ihren Himmelsabschnitt. Im November 1779 hatte Herschel bemerkt, dass Mira heller schien als der Stern Hamal mit 2^{m}, „sodass sie sich fast mit Aldebaran messen konnte". Bis 2010 wird Mira zum Entzücken aller Beobachter deutlich sichtbar sein.

Bei halbregelmäßigen Veränderlichen handelt es sich um Riesen und Überriesen, deren Helligkeit über Monate oder Jahre um ein bis zwei Größenklassen schwankt. Betelgeuse erreicht gelegentlich $0^{m}_{,}2$ und beeindruckt dann selbst erfahrene Himmelsbeobachter, die ihn eher als Stern kennen, der Aldebaran an Helligkeit nahekommt.

RR-Lyrae-Sterne sind gewöhnlich Riesensterne der Klasse A, die in Phasen von 0,2 bis 1,2 Tagen und einer Bandbreite von $0^{m}_{,}5$ bis 2^{m} pulsieren. Obwohl es sich häufig um Halosterne handelt, werden sie aufgrund ihres Vorkommens in Kugelsternhaufen gemeinhin als „Haufenveränderliche" bezeichnet und sind entscheidend für die Bestimmung der Entfernungen von Kugelsternhaufen. RR-Lyrae-Sterne weisen fast die gleiche Leuchtkraft auf; ihre scheinbare Helligkeit hängt daher von der Entfernung ab, wenn der Verdunklungseffekt durch Staub eindeutig bestimmt werden kann.

Der Überriese Delta (δ) Cephei ist der Prototyp der pulsierenden Delta-Cephei-Sterne. 1912 entdeckte Henrietta Leavitt die Beziehung zwischen der Periode eines Cepheiden und seiner spezifischen Leuchtkraft und gab den Astronomen damit ein Hilfsmittel zur Bestimmung von galaktischen Entfernungen an die Hand. Größere und hellere Cepheiden benötigen mehr Zeit, um sich auszudehnen und zusammenzuziehen. Dies wird als Perioden-Leuchtkraft-Beziehung bezeichnet. Sind die Periode und die beobachtbare Helligkeit bestimmt, erlaubt die bekannte wahre Leuchtkraft eines Cepheiden die Berechnung seiner Entfernung. Da Cepheiden zu den hellsten Sternen gehören, können moderne Teleskope sie selbst noch in so weit entfernten Galaxien wie dem Virgo-Galaxienhaufen ausmachen. Cepheiden waren entscheidend für die Bestimmung der Dimension des Universums.

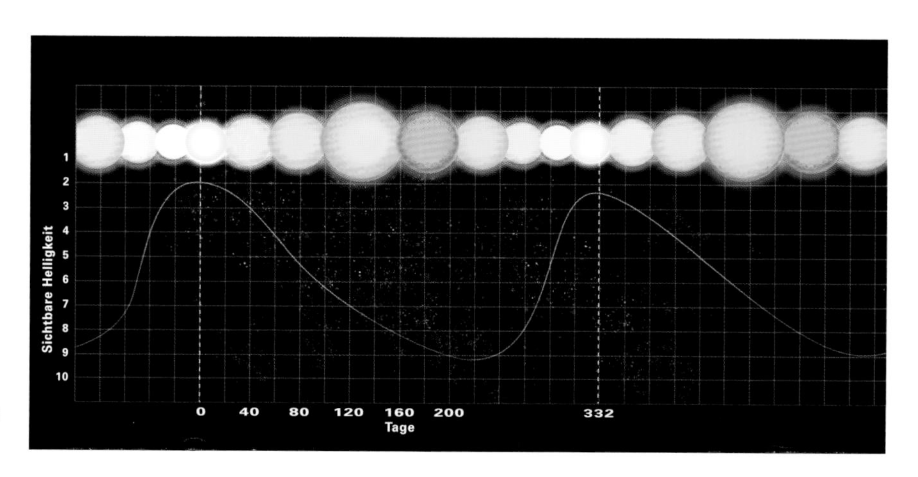

Links Lichtecho von V838 Monocerotis. Wahrscheinlich hat der Stern die helle Staubschale bei früheren Ausbrüchen abgestoßen. Der Staub reflektierte dieses Licht dann Monate später zur Erde.

Seite 140 Hubble-Aufnahme des Sterns V838 Monocerotis. Die Erleuchtung des interstellaren Staubs erzeugte einen Lichtimpuls ähnlich einem Fotoblitz in einem abgedunkelten Raum.

Seite 140 links unten Abbildung eines Weißen Zwergs, der Materie von einem Begleitstern ansaugt. Stürzt die eingefangene Materie auf die Oberfläche des Weißen Zwergs, wird dieser schneller und gewinnt an Energie.

Seite 140 rechts unten Die Darstellung des Doppelsternsystems Algol zeigt, dass ein großer Teil des jeweiligen Sterns bei primären und sekundären Bedeckungen verdeckt ist. Die Lichtkurve zeigt, dass die Helligkeitsveränderungen mehr als eine Größenklasse ausmachen und daher mit bloßem Auge sichtbar sind.

Unten Lichtkurve von Mira, deren Oberflächenschichten sich in wiederkehrenden Zyklen ausdehnen und zusammenziehen und Leuchtkraftveränderungen um bis zu sieben Größenklassen bewirken.

Das gewaltsame Universum

Dem friedlichen Anschein zum Trotz ist das Weltall ein brutaler und unsteter Ort voller gigantischer Explosionen und sternzerstörender Kollisionen. Das Resultat sind Supernovae, Schwarze Löcher und Gammastrahlenausbrüche, die das Universum in wilder Pracht beständig umformen.

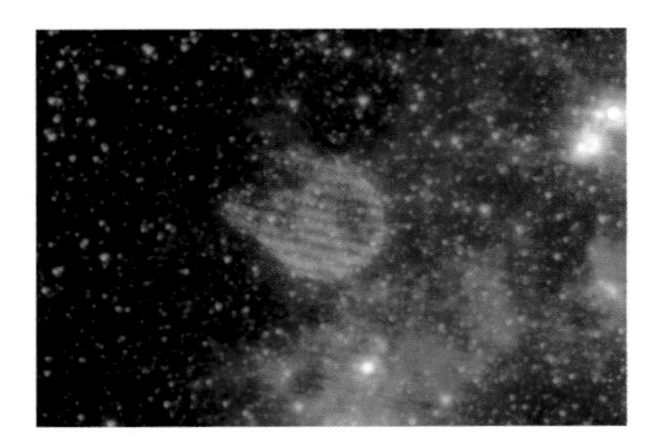

Oben Diese zusammengesetzte Aufnahme des Spitzer- und des Chandra-Teleskops zeigt die Reste einer als N132D bezeichneten Explosion. Der Überrest selbst ist als zartrosa Gasschale zu sehen.

Unten Darstellung der Akkretionsscheibe um ein Schwarzes Loch. Der Ausschnitt zeigt den zentralen Bereich. Innerhalb des Ereignishorizonts des Schwarzen Lochs (schwarz) lenkt die extreme Raumkrümmung die Lichtstrahlen zurück ins Schwarze Loch, sodass kein Licht entweicht.

Mit bloßem Auge betrachtet, wirkt der Nachthimmel zunächst wie eine sehr ruhige, unveränderliche Umgebung. Wenn jedoch Astronomen mit ihren Riesenteleskopen tiefer und weiter schauen, offenbaren sich ihnen Ereignisse und Prozesse, die mit Energien und Geschwindigkeiten ablaufen, die die Grenzen der Theorie ausweiten und schlicht jede Vorstellungskraft sprengen.

SUPERNOVAE

Eines dieser hochenergetischen Ereignisse ist eine Supernova. Das Wort *nova* stammt aus dem Lateinischen und bedeutet „neu". Eine Nova ist ein Stern, der periodisch heller und matter scheint. Eine Supernova wird dramatisch heller, bevor sie in ewige Dunkelheit fällt. Die zugrunde liegenden physikalischen Prozesse sind recht unterschiedlich: Anders als eine Supernova wird eine Nova nicht zerstört.

Lange Zeit war nicht klar, worum es sich bei einer Supernova handelte. Inzwischen weiß man, dass Supernovae ihrem Namen zum Trotz nicht am Anfang eines Sternenlebens stehen, sondern an dessen Ende. Es gibt zwei Hauptformen von Supernovae: die Explosion eines sehr massereichen Sterns oder die eines dichten, kompakten Sterns.

Das erste Szenario vollzieht sich gewöhnlich, wenn ein Stern mit mehreren Sonnenmassen das Ende seines Fusionszyklus erreicht. Mit dem Ausbleiben der Kernfusion entfällt der nach außen gerichtete Hitzedruck, sodass er den nach innen gerichteten Druck seiner eigenen Schwerkraft nicht länger ausgleichen kann. Diese gewinnt die Oberhand, und

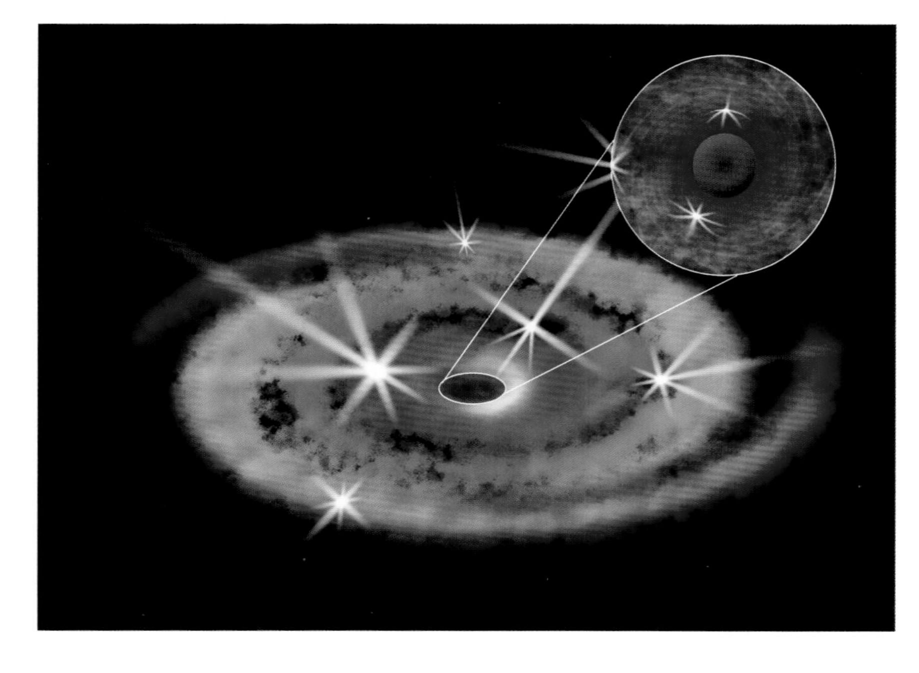

Rechts Künstlerische Darstellung der Überreste der Supernova-Explosion, die den Krebs-Nebel erzeugte – einen sechs Lichtjahre großen Supernova-Überrest. Im Jahr 1054 waren japanische und chinesische Astronomen Zeugen dieses gewaltigen Ereignisses. Der Krebs-Nebel (M1, NGC 1952) ist vermutlich das meisterforschte Objekt der Astronomie. Der Nebel hat einen Durchmesser von elf Lichtjahren und dehnt sich mit etwa 1500 km/h aus. Er befindet sich etwa 6300 Lichtjahre entfernt im Sternbild Stier.

der Stern fällt in sich selbst zusammen – er implodiert und explodiert zugleich. Die äußeren Schichten des Sterns werden abgestoßen und bilden irgendwann einen wunderschönen Nebel. Die inneren Regionen hingegen werden zu einem winzigen, ungeheuer dichten Objekt zusammengedrückt. Abhängig von der ursprünglichen Sternenmasse wird dieses Objekt zum Neutronenstern oder zum Schwarzen Loch. Ein Neutronenstern entsteht, wenn die Elektronen in die Atomkerne gepresst werden und Protonen und Elektronen sich zu Neutronen verbinden. Übrig bleibt eine Masse von Neutronen, die so unglaublich dicht ist, dass ein Teelöffel davon etwa 100 Millionen Tonnen Materie enthielte!

Häufig ist der Protagonist einer Supernova – und damit zu Szenario zwei – auch ein Weißer Zwerg, der kleine, verblassende Rest eines n[illegible] einer Sonnenmasse, der das Ende sei[illegible] Auch unsere Sonne wird irgendwann[illegible] werden. Doch um zur Supernova zu[illegible] solche Sterne der Anwesenheit eines[illegible] gleitsterns in einem engen System. ([illegible] Begleitstern hat, wird sie nicht als Su[illegible] Weiße Zwerg zieht kontinuierlich G[illegible] und lagert es langsam an, bis seine M[illegible] Punkt erreicht, nämlich etwa das 1,4[illegible] serer Sonne. An diesem Punkt kann [illegible]

Druck der zusätzlichen Masse buchstäblich nicht mehr standhalten: Er wird instabil, und es kommt zu einer gewaltigen Kernreaktion, die ihn zerstört.

In jedem der beiden Supernova-Szenarios kann die abgegebene Energie über eine kurze Zeitspanne bewirken, dass die Supernova sehr viel heller erscheint all alle anderen Sterne in ihrer Heimatgalaxie zusammen.

Früher, als Astronomen sich nur auf ihre Sehkraft stützen konnten, hielt man Supernovae für selten. Mit dem Aufkommen der Fotografie wurden mehr Supernovae in fernen Galaxien entdeckt – meist jedoch, nachdem sie bereits explodiert und wieder verblasst waren. Viele Supernovae wurden von Amateurastronomen entdeckt; es gab hingebungsvolle Jäger, die das Erscheinungsbild schwacher Galaxien auswendig gelernt hatten und sofort zu beurteilen vermochten, ob ein neuer Stern erschienen war. Sie gaben ihre Entdeckung dann an die Gemeinschaft der Astronomen weiter, und professionelle Kollegen setzten ihre Teleskope darauf an.

Heutzutage gibt es automatische Teleskope, die nach Supernovae suchen und auch fündig werden. Die Kleinarbeit wird inzwischen von Computern und automatischen Systemen erledigt, obwohl auch immer noch Amateure mitmischen.

IN DEN ABGRUND

Was würde mit einem Menschen passieren, der in ein Schwarzes Loch fällt? Kommt ganz auf den Standpunkt an! Für einen äußeren Beobachter würde der Mensch scheinbar langsamer und völlig zum Stillstand kommen – erstarrt in der Zeit und langsam verlöschend. Ursache hierfür ist der Effekt, dass große Anziehungskräfte die Zeit verlangsamen. Der fallende Mensch selbst würde es ganz anders erleben: Sein Zeitgefühl wäre normal, nur dass ihm alles um ihn herum immer schneller vorkommen würde. Die Zukunft des Universums würde an ihm vorbeischießen. Und natürlich würde der Mensch von der stetig wachsenden Anziehungskraft immer weiter in die Länge gezogen – ein Prozess, der als „Spaghettisierung" bekannt ist.

Rechts Grafische Darstellung eines Schwarzen Lochs im Zentrum einer fernen Galaxie, die sich die Überreste eines Sterns einverleibt. Die Region um das Schwarze Loch scheint gekrümmt, da die Schwerkraft des Schwarzen Lochs wie eine Linse wirkt, die das Licht biegt und ablenkt.

Unten Künstlerische Darstellung einer Supernova. Eine solche Sternexplosion schafft ein extrem helles Objekt, das anfangs aus einer Form ionisierter Materie besteht, dem Plasma. Das von einer Supernova erzeugte Licht kann kurzzeitig ihre gesamte Heimatgalaxie überstrahlen.

DUNKLE STERNE

Das wohl geheimnisvollste Objekt im astronomischen Pantheon, und dasjenige, das die öffentliche Fantasie am meisten anregt, ist das Schwarze Loch. Sie kommen in zwei Haupttypen vor: Stellare Schwarze Löcher mit unter acht Sonnenmassen und Supermassereiche Schwarze Löcher.

Stellare Schwarze Löcher entstehen bei einer Supernova, wenn der Kern eines massereichen Sterns in sich zusammenfällt. Um ein Schwarzes Loch zu werden, muss ein Stern im Augenblick des Kollapses ein Mehrfaches der Sonnenmasse aufweisen; ist er kleiner, wird er zum Neutronenstern.

Der Kollaps presst die verbliebene Sternenmasse auf einen kleinen Punkt zusammen, die Singularität. Die Masse dieses Körpers ist derart hochkonzentriert, dass sich ein unglaublich starkes Schwerefeld bildet, das alles anzieht, was ihm zu nahe kommt. Der Punkt, an dem es kein Zurück mehr gibt, wird Ereignishorizont genannt und bezeichnet eine unsichtbare kugelförmige Grenze um das Schwarze Loch. Je massereicher ein Schwarzes Loch, desto größer der Ereignishorizont.

Die Schwierigkeit bei der Suche nach Schwarzen Löchern ist die Tatsache, dass nichts, nicht einmal Licht, daraus entfliehen kann Die Astronomen können lediglich die Effekte

erforschen, die ein Schwarzes Loch auf seine Umgebung ausübt. Es gibt sehr deutliche Beweise dafür, dass sich Schwarze Löcher große Mengen der umgebenden Materie, ja sogar ganze Sterne einverleiben. Diese Materie wird vom Schwarzen Loch in einer Spirale angezogen und bildet einen wirbelnden Gasring, die sogenannte Akkretionsscheibe. Die Materie in dieser Scheibe bewegt sich immer schneller, wobei sie immer heißer wird und eine verräterische Strahlung emittiert. Diese Strahlung wurde von den Astronomen aufgespürt und gemessen.

Das berühmteste Beispiel für derartige Objekte ist das erste je gefundene Schwarze Loch, Cygnus X-1. Es ist etwa 8000 Lichtjahre von der Erde entfernt und wird von einem Begleitstern umkreist. Materie dieses Sterns wird in eine Akkretionsscheibe gesogen und dabei Röntgenstrahlung freigesetzt. Deren Messung führte zur Entdeckung des Schwarzen Lochs.

Ein Stellares Schwarzes Loch kann aber auch entstehen, wenn zwei Neutronensterne zusammenstoßen und verschmelzen. Allerdings sind solche Kollisionen vermutlich selten.

Mittlerweile gibt es auch überzeugende Beweise für die Existenz Supermassereicher Schwarzer Löcher im Kern vieler großen Galaxien einschließlich unserer Milchstraße. Man nimmt an, dass das Schwarze Loch im Zentrum der Milchstraße etwa drei Millionen Mal massereicher ist als die Sonne. Das ist aber noch gar nichts im Vergleich zu den Schwarzen Löchern im Zentrum mancher anderer Galaxien, deren Masse möglicherweise ein Milliardenfaches der Sonne beträgt.

Manche Supermassereichen Schwarzen Löcher verraten sich, weil sie riesige „Energieströme" produzieren, die aus dem Zentrum dieser Galaxie emittiert werden. Eine Erklärung für die Natur dieser Ströme ergab sich erst durch die Bestätigung der Existenz solcher Supermassereicher Schwarzer Löcher.

Noch immer fehlt es an einer anerkannten gefestigten Theorie, die erklären könnte, wie diese gigantischen Schwarzen Löcher einst entstanden und so groß werden konnten und in welchem Stadium der Evolution dieser Galaxien es dazu kam. Gab es zuerst das Schwarze Loch, um das sich die Galaxie bildete wie um einen Keim? Oder entstand zuerst die Galaxie, und ein bestimmtes Schwarzes Loch wurde immer größer, indem es andere Schwarze Löcher und Sterne verschlang? Die Antwort darauf steht noch aus.

Erwiesen ist hingegen, dass in den Kernen von Kugelsternhaufen Mittelschwere Schwarze Löcher existieren.

Ein Szenario ist auch, dass sich beim Urknall zahllose Primordiale Schwarze Löcher gebildet haben könnten, doch gegenwärtig ist diese Überlegung noch reine Spekulation.

DER ZWEITGRÖSSTE URKNALL

Gammablitze oder Gammastrahlenausbrüche („gamma-ray bursts", GRBs) sind die heftigsten Ausbrüche im Universum seit dem Urknall. Diese gigantischen Explosionen werden mehrmals wöchentlich durch Satelliten aufgezeichnet und zwar überall im Universum und weit, weit von der Erde entfernt. Obwohl GRBs seit Jahrzehnten bekannt sind, haben die Astronomen erst in den letzten Jahren verstanden, was sie verursachen könnte und wo sie sich ereignen.

In den frühen 1970ern enthüllte freigegebenes Datenmaterial von US-Spionagesatelliten kurze, aber heftige Ausbrüche von Gammastrahlen, die aus ganz unterschiedlichen Richtungen aus dem All kamen. Worum es sich dabei handelte, lag vollkommen im Dunkeln. Da man nicht wusste, wie weit sie entfernt waren, war es nicht möglich, präzise abzuschätzen,

Links Die Bilderfolge des Swift-Weltraumteleskops zeigt den Verlauf eines Gammablitzes mit der Nummer GRB 050509B. Der Ausbruch dauerte lediglich 50 Millisekunden und markierte die Geburt eines Schwarzen Lochs. Ursache war wahrscheinlich der Zusammenstoß zweier älterer Schwarzer Löcher oder zweier Neutronensterne. Das Swift-Röntgenteleskop zeichnete ein schwaches Nachleuchten auf, das nach etwa fünf Minuten verlosch. Sein UV-/optisches Teleskop vermochte dieses Nachleuchten ebenso wenig zu verzeichnen wie erdgebundene Teleskope. Offenbar ereignete sich der Ausbruch in der Nähe einer Galaxie mit alten Sternen, die 2,7 Milliarden Lichtjahre von der Erde entfernt ist.

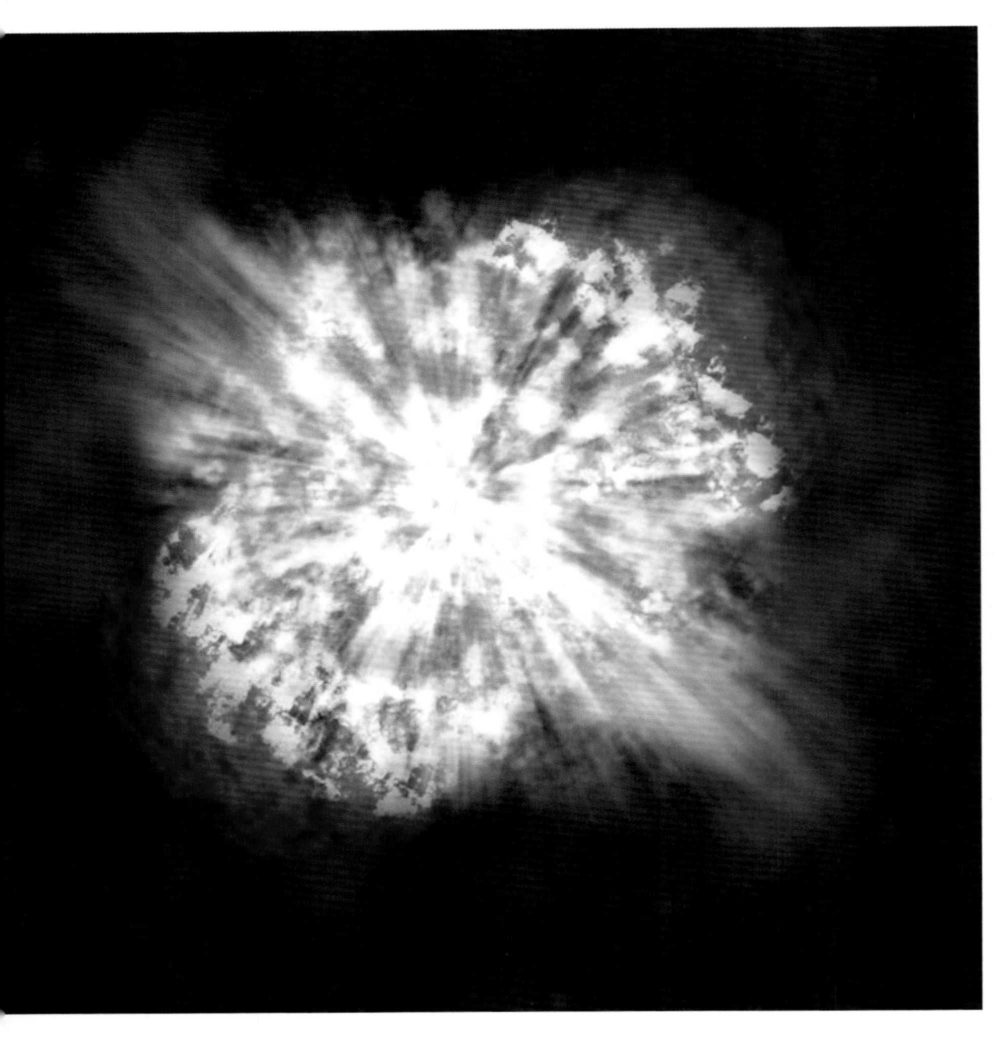

Oben Diese Grafik zeigt SN 2006gy, die Explosion eines massereichen Sterns und eine der hellsten Supernovae, die je aufgezeichnet wurden. Gewöhnlich ereignen sich Supernovae, wenn massereiche Sterne ihren Brennstoffvorrat aufgebraucht haben und unter ihrer eigenen Schwerkraft kollabieren; in diesem Fall übertraf die Masse des Sterns die der Sonne um das 150-Fache.

SUPERNOVA 1987A

Am 23. Februar 1987 wurde am Nachthimmel etwas Einmaliges seit der Erfindung des Teleskops im 17. Jahrhundert entdeckt: ein explodierender Stern, eine Supernova. Obwohl zuvor schon andere, sehr schwache und weit entfernte Supernovae beobachtet worden waren, dauerte es fast 400 Jahre, bis eine hell genug war, um mit bloßem Auge beobachtet zu werden. Sie ereignete sich in der Großen Magellanschen Wolke, einer nahen Begleitgalaxie unserer Milchstraße, und wurde Supernova 1987A genannt. Erstmals konnte eine Supernova mit modernen Instrumenten erforscht werden, und die Astronomen bekamen wichtige Einblicke in die Prozesse des Sternensterbens.

Links Hubble-Aufnahme der mit bloßem Auge sichtbaren Supernova 1987A. Die Explosion war die hellste bekannte Supernova der letzten 400 Jahre und erlaubte der modernen Astronomie erstmalig, eine Supernova im Detail zu studieren.

wie viel Energie freigesetzt wurde bzw. was zu ihrer Entstehung führte. Spätere wissenschaftliche Satelliten lieferten jedoch die Bestätigung, dass es diese Gammastrahlenausbrüche tatsächlich gab und sie nicht etwa auf einer Fehlfunktion der Militärsatelliten beruhten.

Die meisten Experten nahmen an, GRBs würden von unbekannten Ereignissen in unserer Galaxie ausgelöst. Erst ein Instrument namens BATSE, das sich an Bord des im April 1991 gestarteten und inzwischen ausgemusterten Compton Gamma-Ray Observatory der NASA befand, erbrachte entscheidende Hinweise auf Ursprung und Natur der GRBs.

Zunächst fand BATSE heraus, dass GRBs aus allen möglichen Richtungen aufblitzten; wären sie nur ein Phänomen unserer Galaxie gewesen, hätten sie nur in bestimmten Himmelsregionen aufgezeichnet werden dürfen. BATSE bestätigte auch, dass GRBs in zwei Grundformen vorkommen: kurze, mit einer Dauer von weniger als zwei Sekunden, und lange, die bis zu mehreren Minuten andauern.

Als ausgesprochen schwierig erwies sich jedoch, die exakte Richtung der GRBs im Himmel zu ermitteln. Erst der italienisch-niederländische Forschungssatellit BeppoSAX brachte hier Fortschritte. Ihm gelang es, das Röntgen-Nachleuchten eines GRBs aufzuspüren. Damit konnten die Astronomen die Richtung genau bestimmen und andere Teleskope darauf ausrichten. Sie sahen, dass der GRB aus einer sehr schwachen, sehr fernen Galaxie kam. Damit war die Frage entschieden, ob GRBs ein Phänomen unserer Milchstraße waren oder aus großer Entfernung stammten. Letzteres war der Fall.

Was blieb, war das Rätsel, wodurch diese riesigen Ausbrüche von Energie verursacht wurden.

Rechts Grafik des Satelliten Swift bei der Beobachtung eines Gammablitzes. Swift ist ein neuartiges Multi-Wellenlängen-teleskop zur Erforschung von Gammastrahlenausbrüchen (GRB). Dabei arbeiten seine drei Instrumente zusammen und beobachten GRBs und ihr Nachleuchten im Wellenbereich der Gamma-, Röntgen- und UV-/optischen Strahlung.

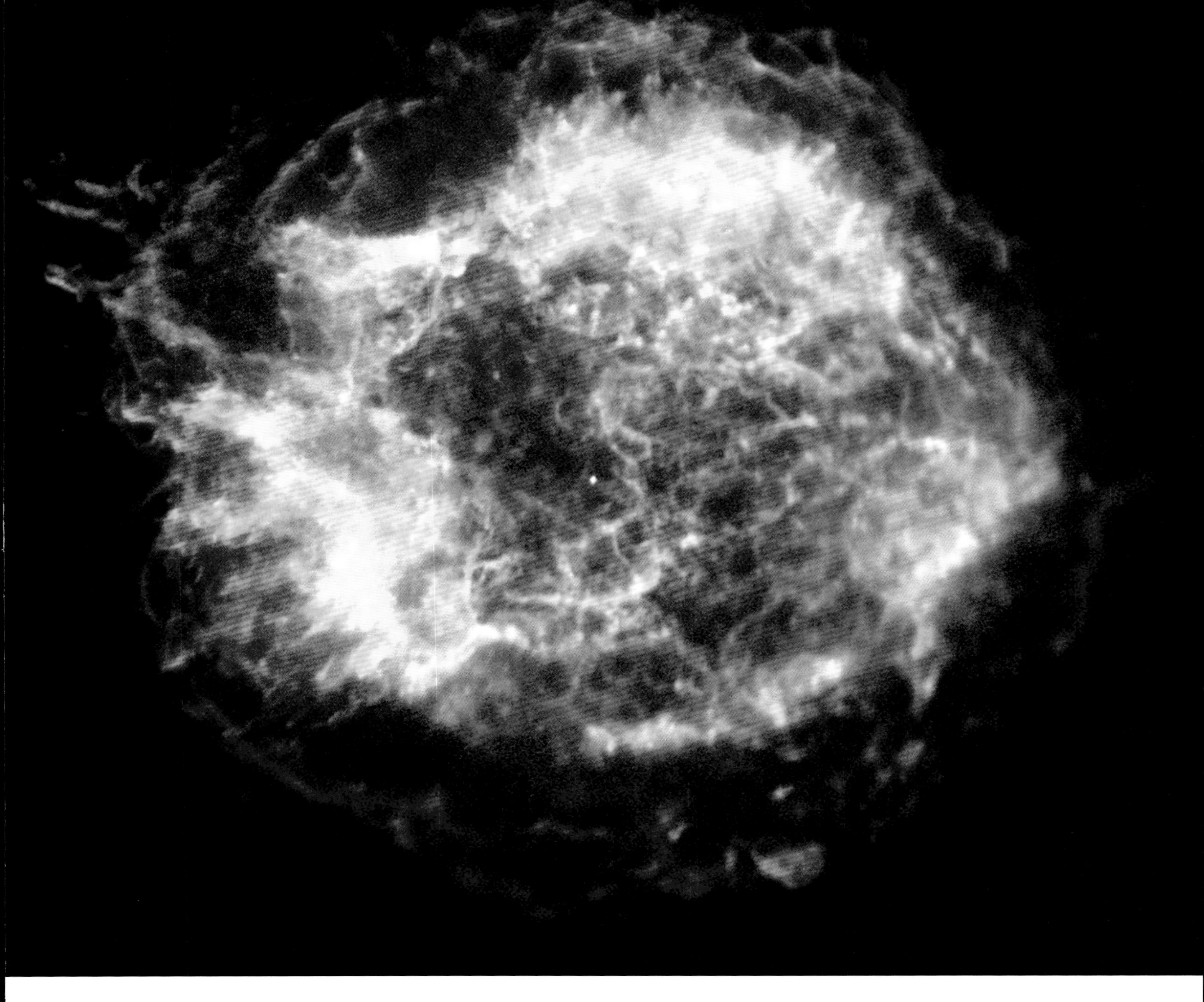

Die im November 2004 gestartete Swift-Mission der NASA ist ein Multi-Wellenlängenobservatorium zur Erforschung von Gammablitzen (GRB). Es vermag Gammastrahlenausbrüche rasch zu erfassen und sie nicht nur im Bereich der Gammastrahlung zu untersuchen, sondern auch im Röntgen- und optischen Wellenbereich. Die von Swift gesammelten Daten haben dazu beigetragen, das Geheimnis der Gammastrahlenausbrüche zu lüften.

Zwei mögliche Mechanismen, die zum Entstehen eines GRBs führen, stehen zur Auswahl.

Im ersten Fall stirbt ein extrem großer Stern in einer Supernova, kollabiert und wird zum Schwarzen Loch. Dabei spuckt er jede Menge Energie aus, die in einem engen Strahl konzentriert ist, weshalb die GRBs so überaus hell wirken. Dieser Prozess ruft die langen GRBs hervor.

Kurze GRBs, die im allgemeinen kürzer als zwei Sekunden sind, entstehen zwar wahrscheinlich auch bei einer Supernova, doch ist diese kleiner, und die Energie wird gleichmäßig freigesetzt und ist nicht in einem schmalen Strahl gebündelt.

RÄTSEL DES KALTEN KRIEGES

Gammastrahlenausbrüche wurden nicht von Forschungsstationen entdeckt, sondern von US-Spionagesatelliten. Das Vela-Satellitensystem sollte Gammablitze von Nuklearwaffen auffangen, die im Weltall explodierten, und richtete sich gegen Atomwaffenversuche der Sowjets. Solche Tests wurden nie nachgewiesen, doch fingen die Satelliten Gammablitze aus dem Weltall auf.

Die Information wurde bis 1973 geheimgehalten. Von da an wurde die Spur von Astronomen weiterverfolgt; die Jagd nach den Gammastrahlenausbrüchen hatte gegonnen.

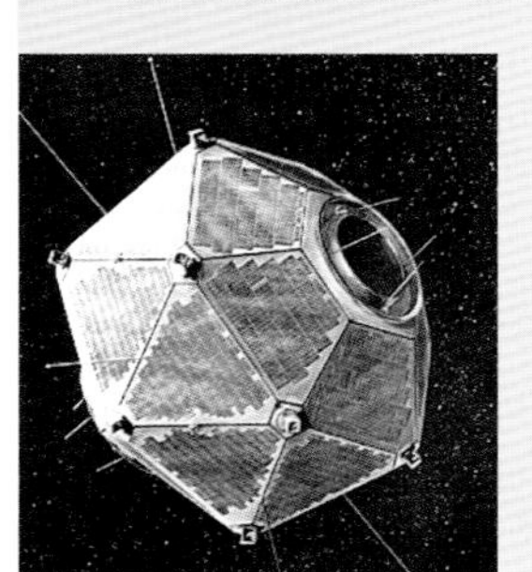

Links Der Spionagesatellit Vela-5B, der eigentlich sowjetische Nukleartests aufdecken sollte, gehörte zu dem Satellitenprogramm, das die ersten Gammastrahlenausbrüche registrierte.

Oben Diese außergewöhnlich scharfe Chandra-Aufnahme zeigt Cassiopeia A, den jüngsten Überrest einer Supernova in der Milchstraße. Dieser Supernova-Überrest beschleunigt Elektronen auf enorme Energiezustände. Die zartblauen Bögen zeigen an, wo die Beschleunigungen in der sich ausdehnenden Schockwelle der Explosion erfolgen. Bei den roten und grünen Regionen handelt es sich um Material des zerstörten Sterns, das durch die Explosion auf mehrere Millionen Grad erhitzt wurde.

Sternhaufen

Es gibt zwei Arten von Sternhaufen: Kugelsternhaufen und offene Haufen. Alle Sterne in einem Haufen sind aus derselben kollabierenden Molekülwolke entstanden. Massereiche entwickeln sich schneller als massearme, doch entstanden sind alle Sterne eines Haufens innerhalb weniger Millionen Jahre, und sie weisen auch dieselbe chemische Zusammensetzung auf. Diese beiden Tatsachen machen Sternhaufen zu nützlichen astrophysikalischen Forchungsgegenständen.

Rechts Der griechische Gott Perseus mit Andromeda auf einem Fresko (um 79–50 v. Chr.). Perseus war der Held, der Medusa tötete. Dem Mythos nach verliebte sich Perseus in Andromeda. Bei ihrem Tod wurden Perseus und Andromeda in Sternbilder verwandelt.

Die Unterschiede zwischen den Sternen eines Haufens liegen entweder in ihren unterschiedlichen Massen, die entscheidend sind für die Geschwindigkeit des Lebenszyklus, oder weil manche Einzelsterne, andere hingegen Doppel- oder Mehrfachsterne sind.

Ein Beobachter am Anfang seiner Karriere hat an Sternhaufen die größte Freude und kann mit ihnen seine Reise zu den Wundern unserer Galaxie beginnen.

OFFENE STERNHAUFEN

Offene Sternhaufen enthalten mehrere Dutzend bis mehrere Hundert, in sehr seltenen Fällen auch mehr als tausend Sterne. Die ungewöhnlich zahlenstarken offenen Haufen Messier 37 im Sternbild Fuhrmann und NGC 2477 im Achterdeck umfassen jeweils fast 2000 Sterne. Noch heute entstehen in der Milchstraße viele Sternhaufen neu.

KUGELSTERNHAUFEN

Kugelsternhaufen sind große, kugelförmige Ansammlungen von mehreren Hunderttausend Sternen, die sich in einem Gebiet von 60 bis 150 Lichtjahren Durchmesser drängen. In vielen Kugelsternhaufen unserer Galaxie sind aus den meisten Sternen, die dieselbe Masse hatten wie unsere Sonne, bereits ausgebrannte Weiße Zwerge geworden, was das hohe Alter dieser Haufen belegt. Die meisten Kugelsternhaufen in der Milchstraße sind zwölf Milliarden oder mehr Jahre alt, manche auch einige Milliarden Jahre jünger. Die Magellanschen Wolken beherbergen eine Population jüngerer Kugelsternhaufen. Aufnahmen des Hubble-Teleskops zeigen, dass Kugelsternhaufen auch in einigen kollidierenden Galaxien entstanden. Interessanterweise legen jüngste Infrarotstudien der möglicherweise falsch benannten Cygnus-OB2-Assoziation nahe, dass es sich bei ihr eigentlich um einen sehr jungen Kugelsternhaufen der Milchstraße handelt.

Einige wenige Haufen wie Omega (ω) Centauri enthalten Millionen Sterne, wobei es auch Hinweise gibt, dass einige der massereicheren Kugelsternhaufen einst Kerne einer der vielen Zwerggalaxien waren, die sich die Milchstraße im Lauf ihrer Entwicklung einverleibt hat. Wenn die Milchstraße eine solche Zwerggalaxie schluckt, werden die durch die Schwerkraft nicht so fest verbundeneren äußeren Sterne von der großen Schwerkraft unserer Galaxie fortgerissen und gesellen sich zu den Halosternen der Milchstraße. Wie andere Kugelsternhaufen sind die meisten der Sterne in Omega (ω) Centauri alt und haben im Vergleich zur Sonne nur einen Anteil von 2,5 Prozent an Elementen, die schwerer sind als Helium. Allerdings gibt es in diesem Kugelsternhaufen noch zwei andere Gruppen von Sternen mit einem erhöhten Anteil von schweren Elementen. Das bedeutet, dass sie einer deutlich jüngeren Sterngeneration angehören, was wiederum nahelegt, dass Omega (ω) Centauri der Rest einer Zwerggalaxie ist.

Die meisten, wenn nicht alle Kugelsternhaufen verlieren jedes Mal, wenn ihre Bahn sie durch den Kern der Milchstraße oder zu nahe an eine riesige Molekülwolke führt, einige Sterne. Manche sind schon so „gerupft", dass nur noch ein paar Tausend Sterne übrig sind. Dazu gehört der sehr blasse Haufen NGC 5053, der sich nur ein Grad südöstlich des normalen Kugelsternhaufens M53 befindet. Auch die Schwerkraft kann dazu führen, dass Kugelsternhaufen nach und nach Sterne verlieren. Wenn zwei Sterne einander im Gewirr des Haufens zu nahe kommen, wird einer gelegentlich aus dem Haufen herausgeschleudert, während der andere ins Zentrum des Haufens hinabsinkt.

Unten Hubble-Aufnahme des offenen Sternhaufens NGC 290 in der Kleinen Magellanschen Wolke. Der funkelnde Sternhaufen ist etwa 200 000 Lichtjahre entfernt und misst rund 65 Lichtjahre im Durchmesser.

Seite 149 Das Hubble-Weltraumteleskop entdeckte im Nebel NGC 346 eine Population junger Sterne, die sich noch immer aus kollabierenden Gaswolken bilden. Der kleinste weist nur die halbe Masse der Sonne auf.

ZWÖLF AUSSERGEWÖHNLICHE OFFENE STERNHAUFEN

- NGC 3532 im Sternbild Carina ist ein riesiger abgeflachter Schwarm von Sternen etwa gleicher Größenklasse. Er gehört zu den drei mit bloßem Auge sichtbaren offenen Haufen, die den Eta-Carinae-Nebel einrahmen.
- Viele halten die Plejaden für den schönsten offenen Haufen. Die sehr helle Gruppe ist schon mit bloßem Auge eindrucksvoll zu beobachten. Ihre einzige Schwäche ist, dass sich die Größenklassen der Sterne deutlich voneinander unterscheiden.
- M11 im Sternbild Schild ist ein dichter Schwarm von Sternen mit ähnlicher Größenklasse. Dieses Schmuckstück gilt bei vielen Beobachtern als am besten beobachtbarer offener Haufen.
- Wirklich bezaubernd ist der kleine, aber helle Haufen NGC 3293 im Schiffskiel.
- Die Hyaden, der Kopf des Sternbilds Stier, können mit Fernglas oder mit bloßem Auge beobachtet werden.
- Coma Berenice ist ein großer Sternhaufen, den man am besten mit bloßem Auge oder mit Fernglas beobachtet, und zudem der einzige Sternhaufen am Firmament, der ein eigenes Sternbild formt.
- Ein großartiger Anblick ist der Doppelhaufen NGC 869 und 884 im Sternbild Perseus. Dieser von unseren Vorfahren als eine der „kleinen Wolken" am Himmel erkannte Haufen bildet den erhobenen Säbel des Perseus.
- Ein Anziehungspunkt für das bloße Auge ist M7 im Skorpion, weil es der dritthellste Fleck der ganzen Milchstraße ist.
- NGC 2516, ebenfalls im Sternbild Schiffskiel, ähnelt dem Sternhaufen Krippe, umfasst aber viel mehr und zum Teil auch bunte Sterne, die dieses prachtvolle Objekt hervorheben.
- Die 95 Bogenminuten messende Krippe (M44) im Sternbild Krebs trumpft mit diversen Dreifachsternen auf. Auch dieser Haufen gehörte zu den „kleinen Wolken", die schon in der Antike bekannt waren.
- M37 ist ein weiterer mitgliederstarker Sternenschwarm mit ähnlicher Größenklasse. Ein orangefarbener Stern im Zentrum hebt diesen schönsten Haufen im Fuhrmann besonders heraus.
- Und schließlich NGC 457 im Sternbild Cassiopea, auch als ET- oder Eulen-Haufen bekannt.

Oben NGC 1850 in der Großen Magellanschen Wolke besteht aus einem großen Kugelsternhaufen im Zentrum und einem jüngeren und kleineren äußeren aus extrem heißen blauen Sternen und blasseren roten T-Tauri-Sternen.

Unten Mittels Hubble-Aufnahmen wurde die Entfernung zu den Plejaden auf 440 Lichtjahre neu festgelegt. Um Hubbles enges Blickfeld zu verdeutlichen, ist unten links ein Monddurchmesser von 25,5′ eingezeichnet.

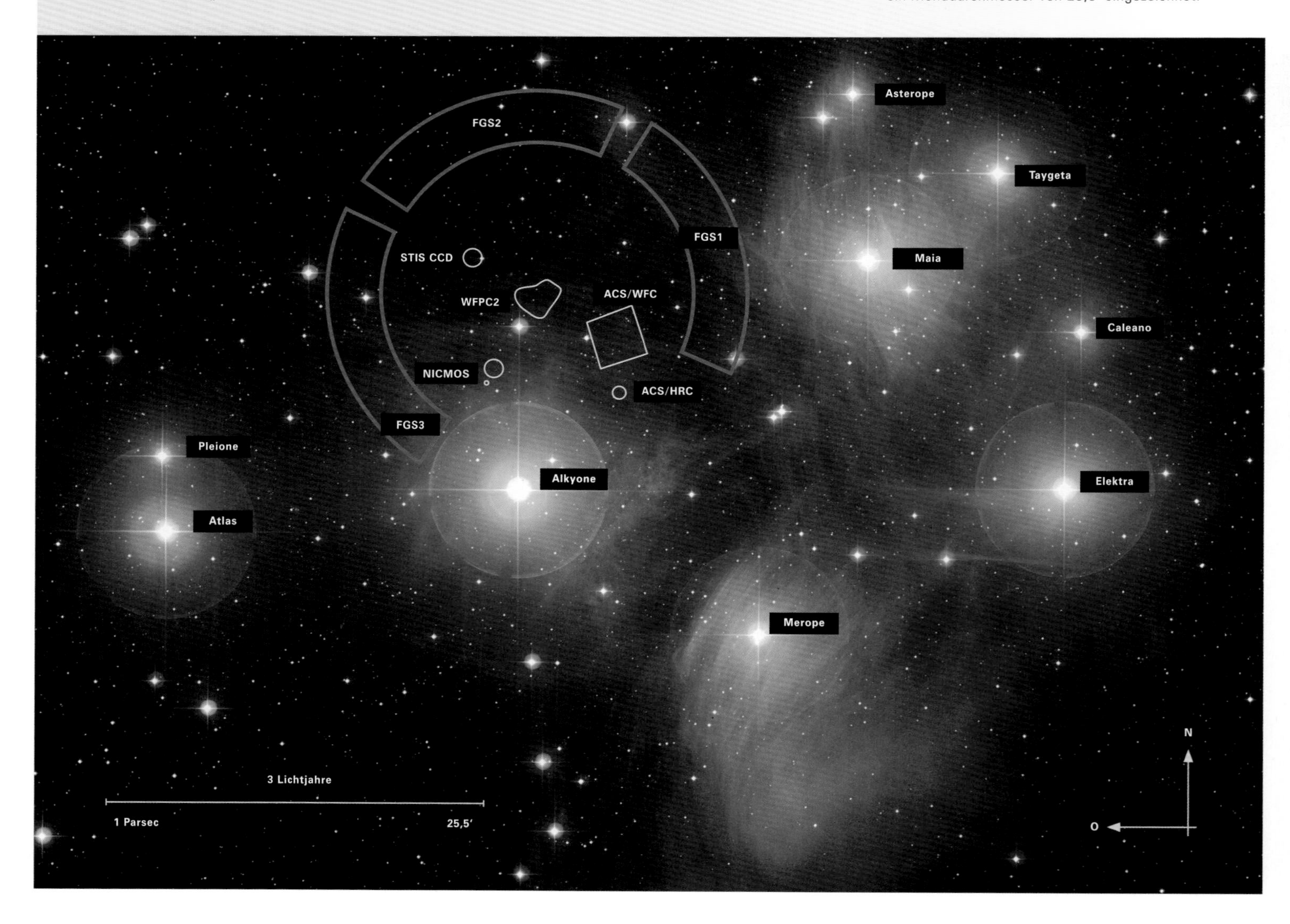

Hertzsprung-Russell-Diagramme helfen auch dabei, das Alter eines Sternhaufens zu bestimmen, und zwar mittels des Abknickpunkts der Hauptreihe. Wir wissen, dass die sehr hellen Sterne am oberen linken Ende der Hauptreihe kurzlebig sind. Werden die Sterne eines bestimmten Haufens auf einem Hertzsprung-Russell-Diaggramm verzeichnet, erscheinen Riesensterne bei einer bestimmten Spektralklasse oberhalb und rechts von der Hauptreihe. Links von diesem Abknickpunkt werden keine wasserstoffverbrennenden Hauptreihensterne erscheinen.

Weil bekannt ist, wie alt ein Stern dieser besonderen Spektralklasse ist, wenn er sich erst kürzlich in einen Riesenstern verwandelt hat, gestattet es die Spektralklasse des Abknickpunkts der Hauptreihe, das Alter des Haufens zu bestimmen. In den dichten Kernen von Kugelsternhaufen finden sich in geringer Zahl sogenannte „Blaue Nachzügler", die eine kuriose Ausnahme von den oben genannten Regeln darstellen.

In einem Kugelsternhaufen, der allen Anzeichen nach mehrere Milliarden Jahre zu alt sein müsste, als dass noch helle blau-weiße Sterne dort sein könnten, finden sich manchmal einige dieser Nachzügler. Vermutlich stammen sie aus kurz zurückliegenden Verschmelzungen von Doppelsternen im Schwarm-Kern, wodurch sich massive Sterne bildeten, wo zuvor keine waren. Die „Blauen Nachzügler" beginnen, intensiv Wasserstoff zu verbrennen, und verhalten sich damit wie die ursprünglichen massiven Sterne des Haufens, die sämtlich bereits Milliarden Jahre zuvor erloschen sind.

Links Die Illustration zeigt den Arches-Sternhaufen, wie er sich vom Zentrum unserer Milchstraße darbieten würde. 25 000 Lichtjahre entfernt und dem direkten Blick verborgen, ist dieser massive Haufen die dichteste Zusammenballung junger Sterne in unserer Galaxie.

Oben Hubble-Aufnahme eines als G1 bezeichneten Kugelsternhaufens: ein großer, heller Ball, der aus mindestens 300 000 alten Sternen besteht. Der auch unter der Bezeichnung Mayall II bekannte Haufen umkreist Andromeda (M31), die uns nächste große Spiralgalaxie.

ENTFERNUNG UND ALTER

Ein Hertzsprung-Russell-Diagramm kann die Entfernung eines Haufens angeben. Werden statt der Leuchtkraft die Magnituden der Sterne eines Haufens auf der senkrechten Diagrammachse angegeben und wird die Form der Hauptreihe des Haufens mit der Form einer Standard-Referenzhauptreihe verglichen, kann man durch Anpassung beider die wahre Leuchtkraft der Haufensterne bestimmen.

DIE ZEHN SCHÖNSTEN KUGELSTERNHAUFEN

Die im Folgenden genannten Haufen sind allesamt Prachtstücke und werden in der Reihenfolge ihrer Augenfälligkeit im Okular vorgestellt.

Zum Leidwesen der Beobachter der nördlichen Hemisphäre stehen die meisten Kugelsternhaufen – einschließlich der meisten Haufen auf dieser Liste – in der südlichen Himmelshälfte.

- 47 Tucanae ist zwar nur der zweithellste und zweitgrößte Kugelsternhaufen, doch für den Betrachter ist er der spektakulärste. Sein dichter Kern erscheint durch größere Teleskope deutlich gelb, was auf einer Konzentration von Roten Riesen beruht.
- Omega Centauri ist der hellste und größte Sternhaufen, doch mangelt es ihm an Individualität. Er ist ein riesiges Oval aus unzähligen Sternen, allerdings möglicherweise ohne Verdichtung im Zentrum.
- NGC 6752 im Sternbild Pfau ist der viertgrößte Kugelsternhaufen. Geschwungene Sternenketten laufen auf den kleinen Kern im Zentrum zu.
- M13 ist nur der achthellste Kugelsternhaufen, doch mit seinen langen Sternenketten und den propellerähnlichen dunklen Spuren besitzt das auch als Großer Herkuleshaufen bekannte Objekt die vielleicht auffälligste Erscheinung. Unter Sternenguckern gilt er als schönster Kugelsternhaufen der nördlichen Himmelshälfte.
- M4 im Sternbild Skorpion ist der fünfthellste und drittgrößte Haufen. Aufgrund seines zentralen Balkens und seiner lockeren Struktur ist dieser Haufen der Favorit für den Titel „markantester" Kugelsternhaufen. M4 gilt zurzeit als erdnächster Sternhaufen, weshalb er auch einfach mit dem Teleskop aufzulösen ist.
- M22 im Sternbild Schütze ist der dritthellste Kugelsternhaufen. Mit einem 50-mm-Refraktor lassen sich Einzelsterne ausmachen.
- M15 im Sternbild Pegasus erhebt sich zu einem bemerkenswert spitzen Kegel, wie bei einem klassischen Vulkan.
- NGC 1851 im Sternbild Taube ähnelt M15, ist aber blasser.
- Der lockere Haufen NGC 6397 im Sternbild Altar ist der zweitnächste und am leichtesten zu beobachtende Sternhaufen.
- Als Nächster folgt M55 im Schützen, doch auch NGC 2808, M3, M5 und NGC 6541 hätten Anrecht auf einen Platz unter den Top Ten.

Nebel

Nebel und Sterne sind untrennbar miteinander verbunden. Sterne werden aus kollabierenden Wolken geboren. Im Alter, als Rote Riesen, reichern sie ihre Umgebung mit Kohlenstoff an, den sie durch die Fusion von Helium gewonnen haben. Schwerere Elemente wie Eisen, Silizium und Gold werden von Überriesen freigesetzt: Wenn sie irgendwann als Supernovae explodieren, speien sie diese Elemente in den Weltraum, woraus sich später vielleicht Planeten bilden.

Unten Der Konus-Nebel, ein kleiner, dunkler Nebel in NGC 2264, ist eine riesige Säule in einem turbulenten Sternentstehungsgebiet. Er befindet sich 2500 Lichtjahre entfernt im Sternbild Einhorn.

Die großen Molekülwolken in unserer Galaxie lassen sich gewöhnlich nur als verdunkelnde Massen aufspüren, die entweder durch die Abwesenheit von Sternen im Vergleich mit angrenzenden Gebieten der Milchstraße oder als Silhouetten vor hellen Nebeln sichtbar sind, weshalb sie auch als Dunkelnebel bezeichnet werden. Molekülwolken bestehen in erster Linie aus molekularem Wasserstoff und Helium sowie Spuren anderer Gase. Die enthaltenen mikroskopisch kleinen Staubkörner machen typischerweise deutlich weniger als ein Prozent ihrer Masse aus und setzen sich aus Ruß oder Oxiden von Silizium, Titan und Kalzium zusammen. Auf den Staubkörnern können sich Moleküle bilden.

DUNKELNEBEL

Viele Dunkelnebel lassen sich durchs Fernrohr betrachten, einige wenige jedoch auch mit bloßem Auge, beispielsweise der Kohlensack neben dem Kreuz des Südens. Er bildet den Kopf eines sehr viel größeren Objekts, in dem die australischen Ureinwohner ein schwarzes Emu sahen. Das südliche Ende des Great Rift von Alpha (α) Centauri bis zum Skorpion formt einen Vogelkörper. Der zweitbeste Nebel nach dem Kohlensack ist der große, dunkle Funnel-Cloud-Nebel, Le Gentil 2, der bei einer Rektaszension von 21 Stunden von Kepheus in den Schwan hinab verläuft. Der Nebel lässt sich auch noch bei zunehmendem Mond am Himmel leicht beobachten.

Der drittbeste ist der Pipe-Nebel bei Theta (τ) Ophiuchi. Er bildet die Hinterläufe eines noch größeren Komplexes, des Prancing-Horse-Dunkelnebels. Teleskope und Ferngläser offenbaren viele kleinere dunkle Flächen, besonders in den Sternbildern Schwan und Schütze. Zu den schönsten gehören der ovale Barnard 92 und der längliche Barnard 93 im Nordwesten des kleinen Sternhaufens M24 im Sternbild Schütze. Durch die meisten Teleskope ist ein Einzelstern zwölfter Größenklasse der einzige Lichtpunkt in B92. Ein anderer bevorzugter Dunkelnebel ist das sogenannte „Barnard's E“, der aus Barnard 142 und 143 besteht. Das dunkle „E“ kann durch ein Fernglas gleich westlich von Gamma (γ) Aquilae erspäht werden. In einem mit Dunkelnebeln gespickten Gebiet im Sternbild Schwan schlängelt sich der verästelte Barnard 168 auf den Kokon-Nebel IC 5146 zu.

REFLEXIONSNEBEL

Manchmal wird Staub sichtbar, weil er Sternenlicht reflektiert. Bei Sternen, die von Staub umgeben sind, ist der Reflexionsnebel gewöhnlich ein amorphes Leuchten rund um einen oder mehrere Sterne (wie M78). Eine Ausnahme, die viele Details bietet, ist der 15 Bogensekunden lange,

Oben Dieses Farbmosaik des Orion-Nebels (M42) offenbart zahlreiche Schätze in der nahe gelegenen Sternentstehungsregion. Der helle Stern unten links ist als LP Orionis bekannt und wird von einem prominenten Reflexionsnebel umgeben. Es wird vermutet, dass der Stern sich in einem anderen Materialschleier vor M42 bewegt.

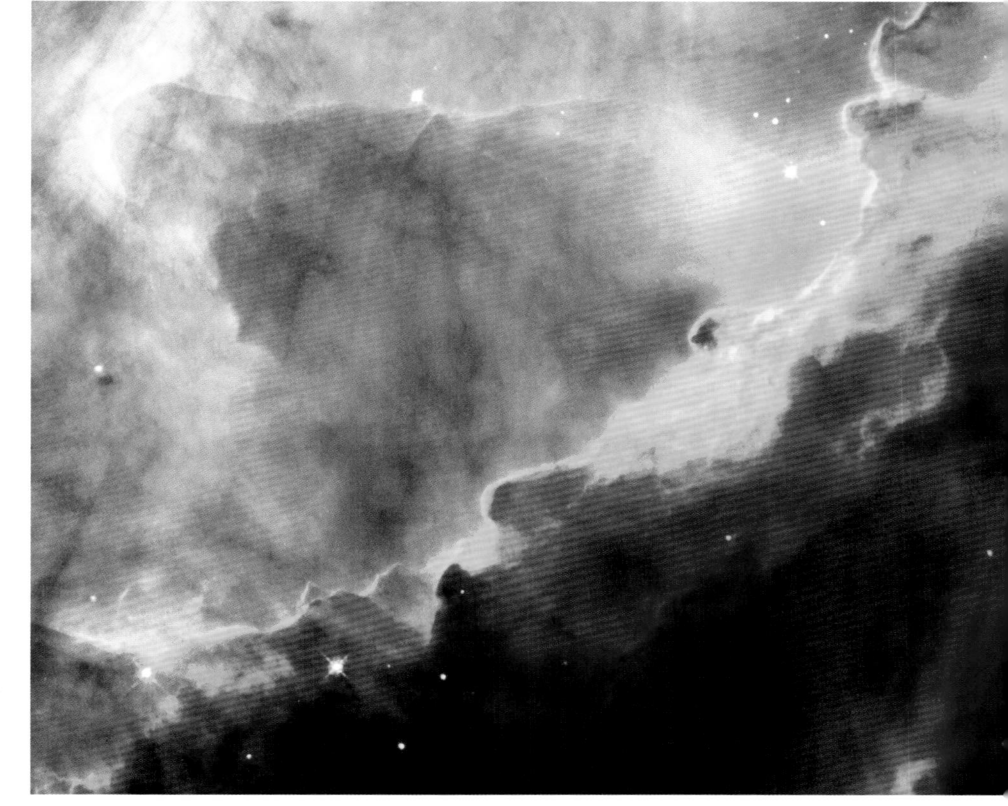

Rechts Diese Hubble-Aufnahme zeigt einen kleinen Ausschnitt aus Messier 17 (M17). Die Brutstätte der Sternentstehung ähnelt einem Sturm aus turbulenten Gasen. M17, auch als Omega- oder Schwanen-Nebel bekannt, liegt etwa 5000 Lichtjahre entfernt im Sternbild Schütze.

hellorangefarbene Homunkulus-Nebel, ein 8-förmiger Reflexionsnebel. Mit veränderlicher Dichte umgibt und verdunkelt er den massereichen Stern Eta (η) Carinae im Zentrum von NGC 3372, einem prächtigen Komplex von Emissions- und Dunkelnebeln.

Ein Beispiel für eine separate Staubwolke, die einem Stern physisch nahe ist, ihn aber nicht umhüllt und damit einen eindrucksvollen Reflexionsnebel bilden kann, ist IC 2118, der Hexenkopf-Nebel im Sternbild Eridanus. Er reflektiert das Licht des Überriesen Rigel und bildet ein eindrucksvolles Objekt für Astrofotografen. Da Staub kurzwellige Strahlung besser streut als langwellige, ist der Hexenkopf-Nebel blauer als Rigel, von dem er erleuchtet wird. Diese selektive Streuung bewirkt übrigens auch, dass der Himmel über der Erde blau erscheint.

EMISSIONSNEBEL

Wenn in einer Molekülwolke die Sternentstehung begonnen hat, ionisiert ultraviolette Strahlung das umgebende Wasserstoffgas, lässt es fluoreszieren und zerstört den flüchtigen Staub in der Nähe. Dies bezeichnen wir als Emissionsnebel oder HII-Region. Energetische Sternwinde und UV-Strahlung der massereichen jungen Sterne bilden Aushöhlungen in der Molekülwolke. Befindet sich eine solche Aushöhlung auf unserer Seite der Wolke, sehen wir ein Prachtobjekt wie den Orion-Nebel, in dem die strahlenden Sterne des Trapezes die „Wände" der Aushöhlung zum Leuchten bringen. Viele Teile im Tarantel- (NGC 2070), Orion- (M42), Schwanen- (M17) und Eta- (η) Carinae- (NGC 3372) Nebel sind auch mit bloßem Auge sichtbar, jedoch ohne die hellen Farben, wie sie auf Fotoaufnahmen zu sehen sind – mit Ausnahme des Orion-Nebels. Insbesondere jüngere Beobachter vermögen in der helleren Zentralregion des Orion-Nebels ein grünliches Grau zu erken-

Links Was wie eine geflügelte Märchenfigur auf einem Sockel aussieht, ist in Wirklichkeit ein aufgebauschter Turm aus kaltem Gas und Staub, der sich aus einer Sternenwiege namens Adler-Nebel (NGC 6611) erhebt. Er ist 9,5 Lichtjahre hoch, was etwa der doppelten Entfernung von der Sonne zu unserem nächsten Nachbarstern entspricht.

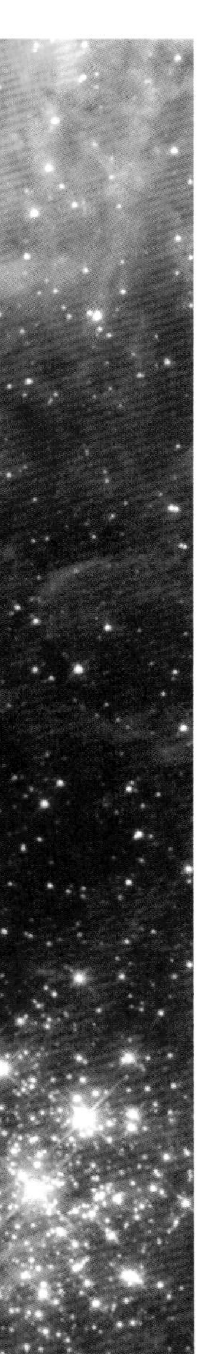

nen und in seltenen Fällen einen Hauch von Rosa im „Fledermausflügel". Der Tarantel-Nebel in der Großen Magellanschen Wolke gehört zu den größten bekannten Nebeln. Er ist mit bloßem Auge erkennbar, obwohl er einer anderen Galaxie angehört.

NGC 604 in der Galaxie M33 ist ein weiterer riesiger Emissionsnebel mit etwa 1000 Lichtjahren Durchmesser; er kann mit einem 10-cm-Teleskop beobachtet werden.

PLANETARISCHE NEBEL

Planetarische Nebel wurden von Wilhelm Herschel so genannt, weil manche von ihnen dem Ring eines Planeten ähneln, besonders dem eher blassen Ring des von ihm entdeckten Uranus.

Bei diesen Nebeln handelt es sich um Gashüllen, die von den äußeren Schichten Roter Riesensterne am Ende ihres Lebens ausgestoßen werden. Der freigelegte sehr heiße Kern des Sterns strahlt stark ultraviolett und regt diese Hülle an, relativ kurz – einige Zehntausend bis höchstens eine Million Jahre – zu fluoreszieren, bevor sie sich vollständig im All verliert.

Planetarische Nebel kommen in vielerlei Gestalt vor, die helleren unter ihnen jedoch am häufigsten als leuchtende Scheiben oder Ringe. Beispiele hierfür sind NGC 3918, der blaue planetarische Nebel im Zentaur, sowie NGC 7662, der Blaue Schneeball im Sternbild Andromeda. Wie ihre Namen andeuten, sind diese kleinen planetarischen Nebel hell genug, um Farbe zu zeigen. Viele andere kleine Nebel dieser Art sind blaugrün oder grünlich. IC 418 im Sternbild Hase ist sehr ungewöhnlich. Er zeigt in einem großen Teleskop einen kupferfarbenen Rand, der die weniger ungewöhnliche bläuliche Scheibe im Kern umgibt.

Größere planetarische Nebel sind weniger hell und erscheinen im Okular farblos. Beispiele sind M57, der berühmte Ring-Nebel in der Leier, und NGC 7293, der riesige, 13 Bogensekunden weite Helix-Nebel im Sternbild Wassermann. Von vielen ringförmigen planetarischen Nebeln wird vermutet, dass ihre eigentliche Gestalt eher einem kurzen Abschnitt eines Rohrs mit ausgefransten Enden ähnelt. 8-förmige Strukturen sind ebenfalls verbreitet. Ein grandioses Beispiel ist der Hantel-Nebel M27 im Sternbild Füchslein, wohl der schönste planetarische Nebel überhaupt. Der vielleicht ungewöhnlichste ist der spiralförmige Nebel NGC 5189 im Sternbild Fliege, der Ähnlichkeit mit einer Galaxie aufweist.

AUSSTRÖMENDE WOLF-RAYET-STERNE

Massereiche Wolf-Rayet-Sterne produzieren so viel Energie, dass ihr starker Sternwind beträchtliche Mengen Gas von ihren äußeren Schichten fortträgt. Diese sehr hellen Sterne erzeugen umfangreiche ultraviolette Strahlung, weshalb sie manchmal einen Emissionsnebel hervorbringen, der einem planetarischen Nebel ähnelt. NGC 6888, der Mondsichel-Nebel im Schwan, und NGC 3199 im Schiffskiel sind einander sehr ähnlich. NGC 2359 im Sternbild Großer Hund bekam von Astrofotografen den Spitznamen Thors Helm verpasst, weil er einem Wikingerhelm mit Hörnern ähnelt. Diese drei Nebel werden mit OIII-Filtern gut sichtbar.

SUPERNOVA-ÜBERRESTE

Eine Supernova befördert einen Großteil eines Sterns ins All. Die anfängliche Expansionsgeschwindigkeit liegt typischerweise bei 5000 bis 12 000 Kilometer pro Sekunde. Die starke Schockwelle komprimiert das interstellare Medium und verursacht Röntgenstrahlung aus einer Million Kelvin heißem Plasma, Radiowellen und manchmal einen Emissionsnebel im Bereich des sichtbaren Lichts.

Der Schleier-Nebel im Sternbild Schwan, ein Supernova-Überrest, weist eine sehr komplexe Verästelung auf. Ein mit einem OIII-Filter ausgerüstetes Teleskop enthüllt dieses wunderbare Detail sehr gut und macht aus dem Nebel ein Schmuckstück des Sternbilds Schwan.

Der schöne Supernova-Überrest im Sternbild Segel sieht dem Schleier-Nebel ähnlich, ist aber für den Beobachter eine weitaus größere Herausforderung.

Seite 154 In der aktivsten Sternentstehungsregion im näheren Universum liegt der als Hodge 301 bekannte Haufen aus funkelnden massereichen Sternen (unten rechts). Hodge 301 befindet sich im Tarantel-Nebel, der wiederum in der Zwerggalaxie Große Magellansche Wolke liegt.

DIE BEOBACHTUNG VON SYNCHROTRONSTRAHLUNG

Der Krebs-Nebel M1 im Sternbild Stier ist der Überrest der hellen Supernova des Jahres 1054. Die breite S-Form stammt von der Synchrotronstrahlung von Elektronen, die sich mit relativistischer Geschwindigkeit im gigantischen Magnetfeld des 30-mal in der Sekunde rotierenden Pulsars (dem Kern des explodierten Sterns) im Zentrum bewegen. Nur hier kann der Amateurastronom Licht sehen, das durch diesen Mechanismus erzeugt wird, denn Synchrotronstrahlung in anderen Supernova-Überresten ist weitgehend auf den Radiowellenbereich begrenzt. Die rötlichen Fetzen des Sterns, die auf Fotos so dramatisch wirken und deren Ausdehnungsgeschwindigkeit anhand von jahrzehntealten Bildern gemessen werden kann, sind leider mit einer Amateurausrüstung nicht zu sehen.

Oben Der Krebs-Nebel, ein sechs Lichtjahre großer Überrest einer Supernova, die sich vor fast 1000 Jahren ereignete und von japanischen und chinesischen Astronomen ebenso beobachtet wurde wie von amerikanischen Ureinwohnern. Das blaue Leuchten des Zentrums ist durch Synchrotronstrahlung zu erklären.

Planeten anderer Sterne

Unsere Sonne ist einer von rund hundert Milliarden Sternen in unserer Galaxie. Sie ist ein äußerst durchschnittlicher Stern und besitzt doch ein Planetensystem – weshalb also sollten ähnliche Sterne nicht ähnliche Planeten besitzen?

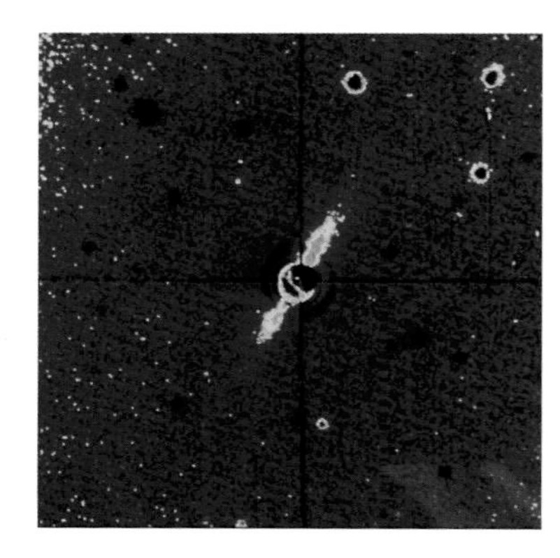

Oben Digitale Fotoaufnahme von Beta (β) Pictoris, 50 Lichtjahre von der Erde entfernt, der einen Halo aus Staub und Gas zu besitzen scheint.

Wäre das Sonnensystem infolge eines Beinahezusammenstoßes zwischen der Sonne und einem anderen Stern entstanden, könnte die Existenz von Planeten durchaus einzigartig oder zumindest eine Rarität sein, doch diese Theorie wurde schon vor langer Zeit verworfen. Die Sonne ist ein normaler Stern des Typs G und wird offiziell als Gelber Zwerg eingestuft.

SCHRITTWEISE ENTDECKUNG

Die ersten Schritte zur Entdeckung extrasolarer Planeten wurden 1983 mit dem kurzlebigen, aber ertragreichen Projekt IRAS (Infra-Red Astronomical Satellite) gemacht. Testbeobachtungen hatten ergeben, dass der Stern Wega (Alpha [α] Lyrae) erhöhte Infrarotstrahlung aufweist, was bedeutete, dass er von einer riesigen Wolke aus kaltem, möglicherweise planetenbildendem Material umgeben ist. Ähnliche Sterne wurden entdeckt, und kurz darauf wurde sogar eine riesige Staubscheibe um den Stern Beta (β) Pictoris fotografiert. Und es gab Hinweise auf massive umlaufende Körper, bei denen es sich vermeintlich um Planeten handelte. Doch es fehlten die Beweise, und Planeten können leicht mit Braunen Zwergen verwechselt werden – massearme Sterne, deren Innentemperatur nie hoch genug wird, um Kernreaktionen wie in der Sonne auszulösen.

Es ist wahrhaft schwierig, einen extrasolaren Planeten direkt zu beobachten. Ein Planet ist sehr viel kleiner als ein normaler Stern, er leuchtet nur durch Reflexion, und er ist so nah an seinem Muttergestirn, dass er in dessen Lichtschein untergeht – wie eine Taschenlampe, die neben einen Scheinwerfer gehalten wird. Doch es gibt eine Reihe indirekter Methoden, beispielsweise die astrometrische Methode. Ein umlaufender Planet zieht an seinem Fixstern, und der Stern beschreibt einen kleinen Kreis oder eine Ellipse um das gemeinsame Gravitationszentrum des Systems. Dies beeinflusst die Radialgeschwindigkeit, wie sie von der Erde aus gesehen wird – also die Bewegung auf uns zu und von uns fort –, und durch spektroskopische Beobachtungen des Doppler-Effekts lassen sich dann die Dimensionen des Systems und die Masse des einwirkenden Planeten bestimmen.

Die ersten Ergebnisse dieser sogenannten „Wobble"-Technik kamen völlig unerwartet. 1992 verkündeten die Astronomen A. Wolszczan und D. Frail, sie hätten einen Planeten entdeckt, der um einen Pulsar kreist. Da ein Pulsar das Ergebnis eines kolossalen Ausbruchs ist, bei dem ein massereicher Stern kollabiert, war die Existenz eines Planeten tatsächlich schwer erklärbar. Seither gab es bestätigende Beobachtungen, doch es ist kaum begreiflich, wie ein Planet die Entstehung des Pulsars hätte überleben können. Vermutlich wäre er eingefangen worden, nachdem der Ausbruch vorüber war.

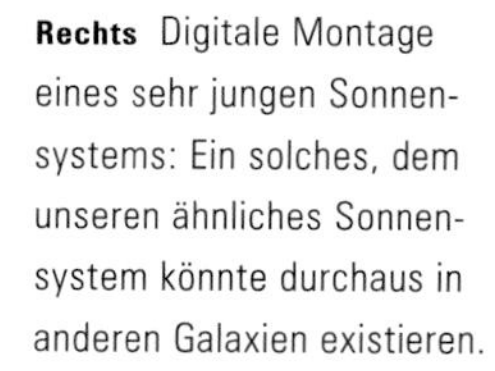

Rechts Digitale Montage eines sehr jungen Sonnensystems: Ein solches, dem unseren ähnliches Sonnensystem könnte durchaus in anderen Galaxien existieren.

1995 dann entdeckten die Schweizer Astronomen Michel Mayor und Didier Queloz am Observatoire de Haute-Provence einen Planeten, der 51 Pegasi, einen sonnenähnlichen Stern in 54 Lichtjahren Entfernung, umkreist. Seine Helligkeit beträgt $5^{m}_{,}5$, also ist er mit bloßem Auge sichtbar. Das Instrumentarium von Mayor und Queloz war empfindlich genug, um Geschwindigkeitsveränderungen bis auf zwölf Meter pro Sekunde zu entdecken, doch die Natur des Planeten war überraschend: Seine Masse entsprach der halben Jupitermasse, dem Giganten unseres Sonnensystems, doch die Entfernung vom Fixstern betrug lediglich sieben Millionen Kilometer, etwa ein Achtel der Entfernung von Sonne zu Merkur. Die Umlaufperiode wurde mit 4,3 Tagen angegeben und die Oberflächentemperatur mit etwa 1300 Grad Celius. Der Planet musste ein Gasgigant sein, mehr wie Jupiter denn wie die Erde. Als weitere derartige Planeten bei anderen Sternen gefunden wurden, bürgerte sich für sie daher die Bezeichnung „Heiße Jupiter" ein. Andere waren nicht so extrem und eher mit Uranus und Neptun vergleichbar, manche hatten sogar noch weniger Masse. Sehr viel schwerer zu entdecken sind

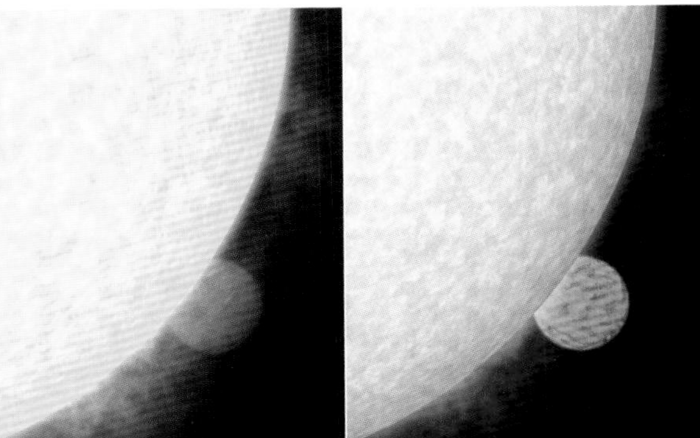

Planeten mit der Masse der Erde, schlicht weil ihre Einwirkung auf das Muttergestirn so gering wäre. Aber die Astronomen kommen ihnen näher. Es gibt keinen Grund, zu bezweifeln, dass Planeten mit Erdmasse existieren, im Gegenteil.

Eine Methode der Entdeckung ist der Transit eines umkreisenden Planeten vor seinem Fixstern. Die Folge ist eine geringe temporäre Reduzierung der Helligkeit des Sterns, weil

Oben Grafische Darstellung des Pulsar-Planetensystems, das die Astronomen Wolszczan und Frail 1992 entdeckten.

Links Diese Detailansicht zeigt, wie ein feuriger heißer Stern und sein enger planetarer Begleiter aussehen könnten: Im sichtbaren Licht (links) überstrahlt der Stern seinen Planeten, im Infrarotbereich (rechts) leuchtet der Planet.

Seite 159 Künstlerische Darstellung eines Planeten von der Größe des Jupiters, der unseren Nachbarstern Epsilon (ε) Eridani umkreist. Die IAU hat Anweisungen für die Astronomen herausgegeben, diesen Stern auf die Existenz eines solchen Planeten hin zu „belauschen".

ein Teil seines Lichts blockiert wird. Der erste Erfolg dieser Methode stellte sich 1999 ein, als die Beobachter D. Charbonneaux und M. Brown einen Planeten aufspürten, der in 150 Lichtjahren Entfernung um den Stern HD 20645 im Sternbild Pegasus kreist und bei dem die Helligkeit um 1,7 Prozent abnahm – was nicht sehr viel ist. Auch hier haben wir es mit einem „Heißen Jupiter" zu tun, der sieben Millionen Kilometer vom Fixstern entfernt ist und 3,5 Tage für einen Umlauf benötigt. Seine Temperatur beträgt etwa 750 Grad Celsius. 2001 untersuchte das Hubble-Teleskop die Atmosphäre des Planeten. Spektroskopische Untersuchungen wurden zunächst während des Transits und dann ohne den Planten gemacht, sodass das Spektrum des Sterns einfach abgezogen wurde. Hinweise auf Wasserdampf fanden sich keine, allerdings solche auf eine Wolke aus Silikatstaub – doch man sollte nicht zu viel hineininterpretieren, denn die Forschungen befinden sich noch in einem sehr frühen Stadium.

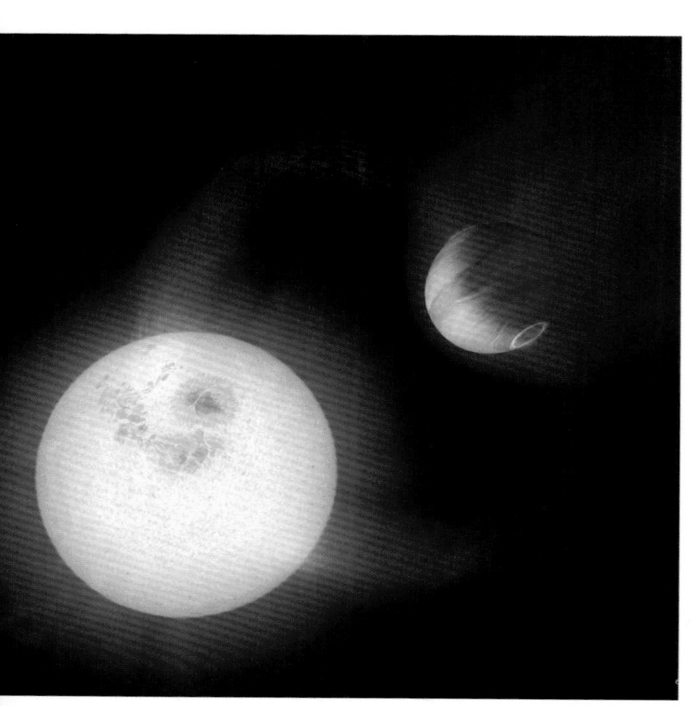

Oben Künstlerische Darstellung eines neuen Typs von Exoplanet, wie ihn das Hubble-Weltraumteleskop entdeckt hat. Planeten dieses Typs werden als „Heiße Jupiter" bezeichnet, weil sie nahe bei ihrem Fixstern bleiben und kurze Umlaufzeiten haben. Diese neue Planetenklasse harrt noch ihrer Erforschung.

DIE SUCHE GEHT WEITER

Bis 2007 wurden mehr als 200 extrasolare Planeten lokalisiert – überwiegend mit der astrometrischen, einige aber auch mit der Transitmethode. Diese Planeten ähneln einander wenig; manche sind massereich wie Jupiter, bei weniger Dichte als Wasser. Es gibt regelrechte Systeme wie bei dem 44 Lichtjahre entfernten, mit bloßem Auge sichtbaren Ypsilon (υ) Andromedae, der mit Sicherheit von mindestens drei Planeten umkreist wird. Der matte Rote Zwerg Gliese 876 im Sternbild Wassermann (15,2 Lichtjahre entfernt) hat ebenfalls drei Planeten, von denen einer nur achtmal so massereich ist wie die Erde. Der helle Fomalhaut im Südlichen Fisch besitzt eine Staubscheibe, die von einem Planeten gekrümmt zu werden scheint, und so weiter: Die Vielfalt ist groß.

Die Suche nach erdähnlichen Planeten geht weiter. Im April 2007 gaben europäische Astronomen die Entdeckung eines Planeten mit fünffacher Erdmasse bekannt, der um den nur 20,4 Lichtjahre entfernten Roten Zwerg Gliese 581 kreist. Die Umlaufbahn des Planeten mit wahrscheinlich anderthalbfachem Erddurchmesser befindet sich in der habitablen Zone des Sterns, wo Wasser in flüssiger Form vorhanden sein kann. Seither gilt er als erdähnlichster Planet überhaupt. Er wird wohl nicht lange alleine bleiben.

Entdeckungen wie diese werfen unvermeidlich die Frage nach Leben jenseits der Erde auf. Verschiedene Programme zur Suche nach extraterrestrischem intelligentem Leben wurden bereits aufgelegt. Radiotechniken sind augenscheinlich die vielversprechendsten, und 1990 gab die Internationale Astronomische Union sogar Anweisungen über die Prozedur heraus, welcher derjenige zu folgen hatte, der eine Botschaft aus dem Weltall auffangen sollte. „Belauscht" wurden auch zwei zwölf Lichtjahre entfernte Sterne, die Planetensysteme beherbergen könnten. Einer der beiden, Tau (τ) Ceti, war eine Enttäuschung, doch der andere, Epsilon (ε) Eridani, hat unzweifelhaft Planeten, auch wenn wir bisher nur wenig über sie wissen. Sollte dort eine fortgeschrittene Zivilisation existieren, wäre Radiokontakt möglich, obwohl es über 20 Jahre dauern würde, bis eine Antwort einträfe. Verbale Schlagabtausche wären ein bisschen schwierig.

Vielleicht ist eines Tages die Kontaktaufnahme möglich. Immerhin haben wir in den letzten Jahren sehr viel gelernt, und es besteht kein Zweifel mehr daran, dass es in unserer Galaxie zahlreiche Planetensysteme gibt – und in anderen Galaxien mit Sicherheit auch.

Rechts Digitale Montage des Planetensystems (im Vordergrund) des Roten Zwergs Gliese 581. Gliese 581c ist der erste entdeckte Planet, der in der bewohnbaren Zone kreist, wo die Temperatur Wasser in flüssiger Form zulässt.

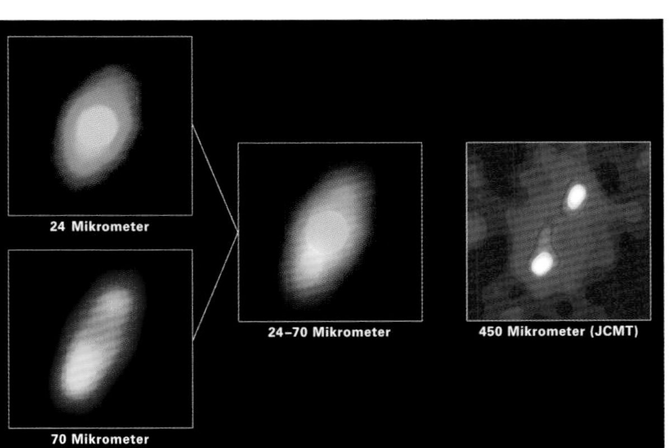

Links Die ersten Infrarotbilder der Staubscheibe um Fomalhaut, den achtzehnthellsten Stern am Himmel. Vermutlich bilden sich Planeten aus derartigen abgeflachten, scheibenförmigen Gas- und Staubwolken, die junge Sterne umkreisen.

Astrobiologie

Gibt es im Weltall andere Lebensformen, oder sind wir ganz allein? Wie sollen wir das je herausfinden? Einst als frivole Zeitverschwendung angesehen, beschäftigen diese Fragen inzwischen führende Wissenschaftler auf der ganzen Welt.

Die Suche nach Leben jenseits der Erde teilt sich notwendigerweise in zwei Kategorien, die auf sehr einfachen Beschränkungen beruhen: Manche Orte können wir mit unseren Sonden erreichen, die anderen nicht. Zu den Ersteren gehören die Planeten und Monde des Sonnensystems sowie die Kometen und Asteroiden. Zu Letzteren gehören Objekte im interstellaren Raum und im Umfeld anderer Sterne. Diese vermögen wir nur aus der Ferne zu erforschen, indem wir sämtliche Signale auffangen, die von mutmaßlichen extraterrestrischen Zivilisationen ausgesandt wurden, oder extrasolare Planeten daraufhin analysieren, ob sie die für Leben – wie wir es kennen – notwendigen Bedingungen erfüllen.

IST DA DRAUSSEN JEMAND?

Die Einstellung der Menschen zur Möglichkeit außerirdischen Lebens hat sich über die Zeitalter stark gewandelt. Einst war der Himmel die Heimat von Göttern, Engeln und anderen mythologischen Wesen. Viele Religionen verwarfen den Glauben, dass es anderswo im Weltall Leben geben könnte – schließlich hatte Gott die Erde für seine Schöpfung auserkoren. Im Lauf der Jahrhunderte jedoch bildeten sich die Menschen ihre Meinung zunehmend auf der Grundlage von Beweis und Logik – auch wenn sich einige Gedanken als falsch erwiesen!

Unten Diese Grafik zeigt die Raumsonde *Cassini* beim Überfliegen Titans, während der Lander *Huygens* sich der Oberfläche nähert. Im Hintergrund scheint der Saturn matt durch die dicke Stickstoff- und Methanatmosphäre Titans. Titan gilt als mögliche Heimat mikrobischer Lebensformen.

Man muss nur 100 Jahre zurückgehen, um auf die weitverbreitete Meinung zu stoßen, Mars und Venus wären von fremden Lebensformen bewohnt. Manche Wissenschaftler dachten, sie könnten auf dem Mars Beweise für jahreszeitliche Wechsel der Vegetation und riesige Kanalsysteme erkennen, die Wasser von den polaren Eiskappen zu den trockenen Tropen leiteten. Die Venus, die näher an der Sonne liegt und wolkenverhangen ist, stellte man sich als Dschungelwelt vor, wahrscheinlich mit Dinosauriern und anderen exotischen Geschöpfen.

All diese Ideen stellten sich als Irrtum heraus, als bessere Teleskope und Instrumente sowie die frühen Raummissionen die wahre Natur dieser Welten offenbarten – kalt und öde im Fall des Mars, sehr heiß und trocken im Fall der Venus. Trotzdem versuchten es die Wissenschaftler weiter.

1976 landeten die *Viking*-Sonden der NASA auf dem Mars, um dessen Oberfläche direkt auf Lebenszeichen zu untersuchen. Ausgeklügelte biologische Module sollten Proben von Oberflächenstaub analysieren. Zwar wurden chemische Indizien für mikrobakterielles Leben gefunden, doch gab es dafür nichtbiologische Erklärungen, und die Aufregung ließ bald nach. Danach kam die Idee extraterrestrischen Lebens im Sonnensystem außer Mode.

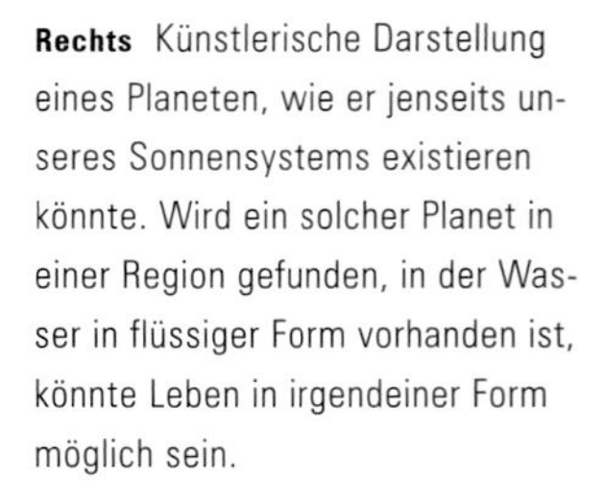

Rechts Künstlerische Darstellung eines Planeten, wie er jenseits unseres Sonnensystems existieren könnte. Wird ein solcher Planet in einer Region gefunden, in der Wasser in flüssiger Form vorhanden ist, könnte Leben in irgendeiner Form möglich sein.

LEBENSZEICHEN

Ist damit besiegelt, dass wir niemals Leben auf anderen Planeten des Sonnensystems finden werden? Seit der *Viking*-Mission haben sich die Hinweise verdichtet, dass geeignete Bedingungen für die Entstehung oder gar Blüte einfacher Lebensformen in verschiedenen Nischen unseres Sonnensystems vorhanden sind. Zudem haben Erkenntnisse über irdische Mikroorganismen gezeigt, wie zäh Leben sein kann und dass es an Orten überlebt, die man sich nie hätte träumen lassen: in Kernreaktoren zum Beispiel!

Der Mars ist immer noch der heißeste Kandidat. Die Bedingungen dort sind denen der Erde am ähnlichsten. Daher ist es gut möglich, dass unter seiner Oberfläche, geschützt vor Sonnenstrahlung und extremer Kälte, Mikroorganismen gedeihen. Von Bedeutung in diesem Zusammenhang ist die Existenz kleiner Mengen Methan in der Marsatmosphäre. Methan ist ein Gas, das nur kurze Zeit stabil ist; es muss ständig ergänzt werden. Das könnten Vulkane erledigen, doch auf dem Mars gibt es unseres Wissens keinen aktiven Vulkanismus. Oder Mikroben: Manche irdische Mikroben geben im Zuge ihres Stoffwechsels Methan ab – ein faszinierender Gedanke. Die Venus hingegen ist kein aussichtsreicher Kandidat mehr. Temperaturen und Druckverhältnisse an der Oberfläche sind viel zu rau, als dass dort Leben, wie wir es kennen, existieren könnte.

Die anderen großen Planeten sind ebenso wenig geeignet, während das bei manchen ihrer Monde schon anders aussieht. Die Jupitermonde Europa und Ganymed beispielsweise besitzen möglicherweise unterirdische Ozeane, die einen günstigen Lebensraum für Mikroorganismen bieten könnten.

Links Das Very Large Array (VLA) ist ein Radioteleskop bei San Augustin (New Mexico, USA). Es besteht aus 27 unabhängigen Radioantennen mit je 25 m Durchmesser. Mit derartigen Radioschüsseln lauschen die Astronomen auf mögliche Signale von außerirdischem Leben – bislang erfolglos.

Oben Illustration des *Terrestrial Planet Finder*, dessen Start für 2014 geplant ist. Er soll im Umfeld von Sternen erdähnliche Planeten aufspüren, die Leben beherbergen könnten.

SETI AT HOME

Die Suche nach außerirdischem Leben beschränkt sich nicht auf wissenschaftliche Institutionen und abgelegene Observatorien. Dank eines bahnbrechenden Projekts namens *SETI@home* können auch gewöhnliche Sterbliche mitmachen: Über das Internet kann ein kleines Programm heruntergeladen werden, das auf dem Computer läuft, wenn er nicht anderweitig gebraucht wird. Das Programm lädt kleine Datenmengen herunter, die von Radioteleskopen aufgefangen werden, und durchsucht sie nach Signalen aus dem Weltall. Es ist sicher, macht Spaß und könnte just den ersten Beweis für Leben außerhalb der Erde erbringen! Weitere Informationen unter *http://setiathome.berkeley.edu/*

Oben Das Radioteleskop von Arecibo in Puerto Rico ist das derzeit größte Radioteleskop der Welt. Es lauscht auf Signale aus Regionen unserer Galaxie, die intelligentes Leben bergen könnten..

Der Saturnmond Titan ist zwar eiskalt und in sehr unirdische Chemikalien eingehüllt (Ethan und Methan), könnte aber trotzdem ein potenzieller Rückzugsort für ungewöhnliche Mikroben sein.

Kometen gelten nicht als ernsthafte Bewerber für Leben an sich, doch es gibt Hinweise, dass Kometen – die von komplexen organischen Chemikalien bedeckt sind – Planeten mit für die Entstehung von Leben notwendigen Stoffen sowie beträchtlichen Mengen Wasser ausstatten könnten.

Leben zu finden ist eine Sache, intelligentes Leben zu finden eine ganz andere. Niemand würde ernsthaft behaupten, in unserem Sonnensystem gebe es, abgesehen von der Erde, intelligentes Leben. Für diese Suche müssen die Wissenschaftler weiter draußen Ausschau halten und ganz andere Technologien anwenden.

DIE SUCHE NACH RADIOSTRAHLUNG

Die Sterne und ihre etwaigen Planeten sind so weit entfernt, dass wir nicht hoffen können, jemals dorthin zu gelangen. Dennoch kann man sie aus der Ferne beobachten und versuchen, etwas über ihre Natur herauszufinden – und ob es auf ihnen intelligentes Leben gibt.

Die Unterscheidung zwischen einfachem und intelligentem Leben ist wichtig. Das Universum könnte von einfachem Leben nur so wimmeln, doch es zu finden fiele uns schwer. Einfaches Leben verrät sich nicht über astronomische Entfernungen. Intelligentes Leben hingegen unternähme Handlungen, deren Anzeichen leicht aufzuspüren wären – Radiosignale, gigantische Bauwerke in planetarem Maßstab und so weiter. Starke Radiosignale von der Erde wie Fernsehen, Radar und

DIE DRAKE-GLEICHUNG

Auf wie vielen Planeten mag es Leben geben? Der SETI- (Search for Extraterrestrial Intelligence-) Pionier Frank Drake entwickelte eine Gleichung, um diese Zahl zu bestimmen. Die Gleichung lautet:

$$N = R_* \times f_p \times n_e \times f_l \times f_i \times f_c \times L$$

R_* ist die mittlere Rate der Sternentstehung in unserer Galaxie; f_p ist der Anteil der Sterne, die Planeten haben; für diese Sterne ist n_e die Zahl derjenigen Planeten, auf denen Leben möglich ist; f_l ist die Zahl der Planeten, wo Leben tatsächlich existiert; f_i ist der Anteil dieser Planeten, auf denen das Leben etwas hervorbringt, das wir Intelligenz nennen; f_c ist die Zahl derjenigen intelligenten Wesen, die die Technologie entwickeln, über interstellare Entfernungen miteinander zu kommunizieren (z. B. durch Radiosender); L schließlich beschreibt die Dauer, wie lange derartige Zivilisationen existieren, bevor sie aussterben oder sich selbst zerstören. Je nach den Zahlen, die in die Gleichung eingesetzt werden, ist das Universum entweder sehr arm an Leben oder es wimmelt davon. Mit den Jahren sieht es immer mehr so aus, als hätte die zweite Option gute Chancen.

Links Der amerikanische Astronom und Astrophysiker Frank Drake stellte 1960 die Drake-Gleichung auf. Sie erlaubt Wissenschaftlern die Quantifizierung der Unsicherheit von Faktoren zur Bestimmung der Anzahl möglicher außerirdischer Zivilisationen. 1999 rief Drake *SETI@home* ins Leben, eine Methode, die PCs nutzt, um Informationen von möglichen Radiosignalen zu verarbeiten.

Ähnliches werden seit ungefähr 70 Jahren in den Weltraum ausgestrahlt. Jedes Lebewesen im Umkreis von 70 Lichtjahren, das über einen geeigneten Radioempfänger verfügt, weiß also bereits, dass es uns gibt. Können wir es ihm gleichtun? Können wir Signale einer außerirdischen Zivilisation auffangen?

1967 glaubten die Wissenschaftler, sie hätten es geschafft. Die britischen Astronomen Jocelyn Bell und Antony Hewish, die mit einem Radioteleskop den Himmel erforschten, fingen ein starkes, regelmäßiges, pulsierendes Signal auf – zu regelmäßig, um eine natürliche Ursache zu haben. Zunächst dachten sie, irgendeine örtliche, von Menschen verursachte Interferenz müsse die Ursache sein, doch konnten sie diese Möglichkeit bald ausschließen. Da sie keine andere Ursache wussten, kamen sie zu dem Schluss, dass es unter Umständen ein Signal von einer außerirdischen Intelligenz sein könnte. Sie nannten das Signal LGM-1 – Little Green Men 1.

Die Aufregung währte nur kurz. Es gab nämlich doch einen natürlichen Prozess, der ein derart regelmäßiges Signal verursachen konnte: LGM-1 war der erste entdeckte Pulsar. Pulsare sind rotierende Neutronensterne, die unglaublich regelmäßige Radiowellenimpulse aussenden – präziser noch als die meisten Uhren auf der Erde.

Seit damals sind viele zielgerichtete Forschungen mit Radioteleskopen durchgeführt worden. Es wurden aber keine heißen Kandidaten gefunden. Wahrscheinlich hat diese Suche bisher schlicht nur an der Oberfläche gekratzt. Es gibt so viele Richtungen, in die wir schauen und horchen können, und so viele verschiedene Radiofrequenzen, dass es viele Jahrzehnte dauern wird, ehe die Wissenschaftler behaupten können, sie hätten den ganzen Himmel abgesucht.

PLANETENFINDER

Die größte Hoffnung, Leben zu entdecken, stützt sich auf neue Weltraumteleskope wie den *Terrestrial Planet Finder* der NASA. Zusammen mit seinen Geschwistern soll dieser Satellit Planeten anderer Sterne aufspüren und das von ihren Atmosphären reflektierte Licht analysieren. Damit ließe sich feststellen, ob bestimmte Gase wie Ozon oder Methan vorhanden sind, die Anhaltspunkte dafür sein könnten, ob es auf diesen Planeten wie auch immer geartete Lebensformen gibt.

Unten Grafische Darstellung komplexer organischer Moleküle aus Kohlenstoff und Wasserstoff, die zu den Grundbausteinen des Lebens gezählt werden. Das Spitzer-Weltraumtelskop hat diese Moleküle in Galaxien entdeckt, die bereits existierten, als das Universum erst ein Viertel seiner gegenwärtig knapp 14 Milliarden Jahre alt war.

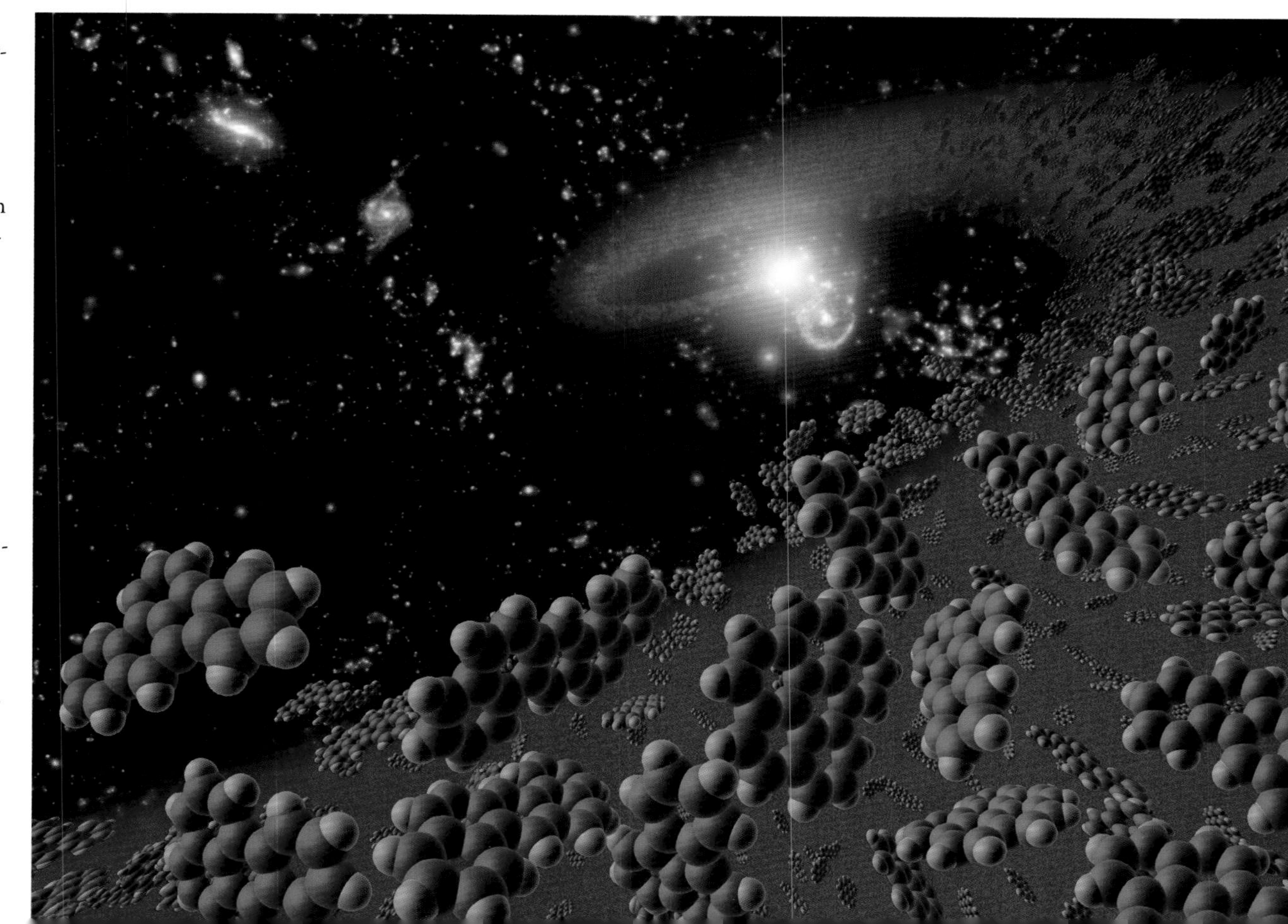

Galaxien

Städte im Kosmos

Als die Astronomen des 18. Jahrhunderts den Nachthimmel mit ihren Teleskopen absuchten, stießen sie auf Farbflecken, die kleinen Wolken ähnelten. Sie bezeichneten die Objekte als *nebulae* (Lateinisch für Wolke) und glaubten, sie wären Teil der Milchstraße, die damals als Synonym für das ganze Universum stand. Sie irrten.

1845 konstruierte der Amateurastronom William Parsons, dritter Earl of Rosse, ein riesiges Teleskop mit einem 183-cm-Spiegel, das „Leviathan von Parsonstown" (Irland) genannt wurde. Durch dieses Teleskop war zu erkennen, dass manche *nebulae* spiralförmig waren. Die „Spiralnebel" galten als besonders interessant, da man darin in der Entstehung begriffene Sonnensysteme sah. Die Einführung der Spektroskopie in die Astronomie in den 1860er-Jahren zeigte, dass einige *nebulae* wie der Große Orion-Nebel aus Gas bestanden, weshalb diese Objekte auch heute noch als Nebel bezeichnet werden. Das Spektroskop zeigte aber auch, dass die Spiralnebel ähnliche Spektren aufwiesen wie viele Sterne. Das verleitete die Astronomen zu der kühnen Theorie, die „Spiralnebel" seien ferne Inseluniversen, ein jedes vergleichbar unserer Milchstraße.

In den 1920er-Jahren erforschte Edwin Hubble, der Namensgeber des berühmten Weltraumteleskops, mit Hilfe des neuen 254-cm-Reflektors auf dem Mount Wilson (Kalifornien, USA) intensiv den „Großen Andromeda-Nebel". Dessen Bilder lösten den Nebel in Einzelsterne auf, und in den 1960er-Jahren wurde das Wort „nebula" durch das heute geläufige „Galaxie" ersetzt. Der „Große Andromeda-Nebel" wurde so zur „Andromeda-Galaxie". Hubble ersann auch das erste, auf ihrem Erscheinungsbild basierende Klassifizierungsschema für Galaxien. Das heute gebräuchliche System ist eine Weiterentwicklung, die auf Modifizierungen und Differenzierungen Gérard de Vaucouleurs' beruht.

Unten Hubble-Aufnahme der Scheibengalaxie NGC 5866 im nördlichen Sternbild Drache. Die fast senkrecht stehende Galaxie weist eine rötliche Ausbuchtung um einen hellen Kern, eine blaue Scheibe aus Sternen parallel zu der Staubspur sowie einen transparenten Halo auf.

Auch das im Folgenden beschriebene System folgt de Vaucouleurs, wobei daran erinnert sei, dass eine jede der Abermilliarden von Galaxien sich von den anderen unterscheidet.

Ein Klassifizierungssystem sollte eigentlich alle Galaxien ähnlichen Typengruppen zuordnen. Doch einige aktive Galaxien wie Centaurus A, NGC 5128, lassen sich beim besten Willen nicht in Modelle zwängen.

ELLIPTISCHE GALAXIEN

Elliptische Galaxien wirken auf den ersten Blick unauffällig, doch gehören dazu sowohl die massereichsten Galaxien im Zentrum großer Galaxienhaufen als auch die masseärmsten, die seltenen Sphäroidischen Zwerggalaxien. Elliptische Galaxien bestehen meist aus alten Sternen und verfügen nur über wenig kühles Gas und Staub zur Bildung neuer Sterne.

Elliptische Galaxien werden nach ihrer numerischen Exzentrität eingeteilt: Eine E0-Galaxie erscheint fast rund, während eine E7-Galaxie extrem elliptisch ist. Die meisten elliptischen Galaxien haben einen sternartigen Kern, und ihre Oberflächenhelligkeit nimmt zu den Rändern hin ab. Verschmelzen zwei große Spiralgalaxien miteinander – so wie die Andromeda-Galaxie und die Milchstraße in etwa drei Milliarden Jahren –, entsteht daraus vermutlich eine gigantische elliptische Galaxie. Beispiele für derartige Riesengalaxien sind M87 und M49 im Virgo-Galaxienhaufen. NGC 147 im Sternbild Cassiopeia ist ein Beispiel für eine elliptische Zwe Zwerggalaxien sind sogar noch klei

SPIRALGALAXIEN

Spiralgalaxien haben die attraktivst maler Spiralgalaxien befindet sich e alten Sternen, während in den Spir stehen. Manche, wie die Whirlpool zwei Hauptarme und werden als „G zeichnet. Andere wie die Sonnenbl viele dünne Arme auf, manchmal n

Normale Spiralgalaxien werden gefolgt von einem „a", „b", „c" oder gewunden die Arme sind und wie g Verhältnis zur Scheibe ist. Grenzfäl Kombination wie „cd" bezeichnet. xie vom Typ SAbc. Balkenspiralgal

„SB" bezeichnet werden, sind eine noch schönere Variation. Zwei herausragende Beispiele sind NGC 1365 (SBb) im Sternbild Fornax und NGC 1300 (SBbc) im Eridanus.

LINSENFÖRMIGE GALAXIEN

Linsenförmige Galaxien (der Prototyp ist die Spindel-Galaxie NGC 3115 im Sternbild Sextant) sind eine Zwischenform zwischen elliptischen und Spiralgalaxien und werden als „SA0" oder (wenn mit Balken) „SB0" bezeichnet. Sie haben eine zentrale Ausbuchtung und eine Scheibe, weshalb sie den Spiralgalaxien ähneln; es fehlen jedoch die Spiralarme.

IRREGULÄRE GALAXIEN

Irreguläre Galaxien, die als „IA" oder (wenn mit Balken) „IB" bezeichnet werden, entziehen sich anderer Klassifizierung. Die meisten sind relativ klein und haben aktive Sternentstehungsregionen. Der Prototyp ist die Kleine Magellansche Wolke.

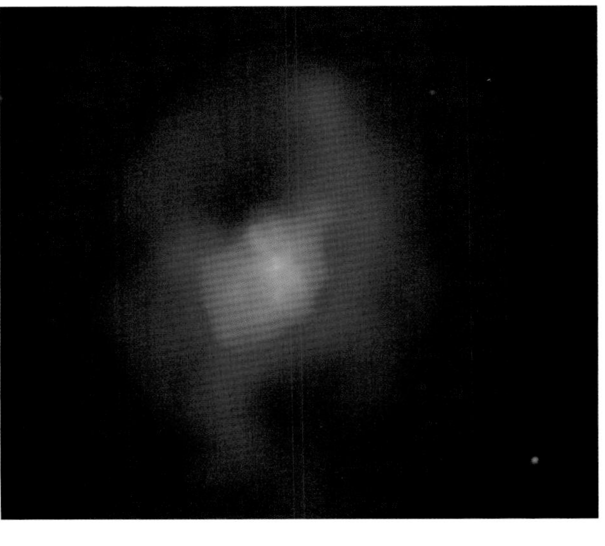

Oben Hubble-Aufnahme der Balkenspiralgalaxie NGC 1300. Diese 69 Millionen Lichtjahre entfernt im Sternbild Eridanus liegende Galaxie gilt als Prototyp für Balkenspiralgalaxien.

Links Röntgenaufnahme des rund 2,6 Milliarden Lichtjahre entfernten Galaxienhaufens MS0735 im Sternbild Giraffe.

Die Milchstraße

Unsere Galaxie heißt Milchstraße, weil ihre Erscheinung am dunklen Nachthimmel die alten Griechen an verschüttete Milch erinnerte. Das Wort „Galaxie" hat seine Wurzeln im griechischen Wort für Milch, *galactos*, weil die Astronomen bis in die 1920er-Jahre überhaupt nur von einer Galaxie wussten. „Milchstraße", „Galaxie" und „Universum" wurden daher synonym benutzt. Auch heute wird die Milchstraße noch als „Galaxis" bezeichnet.

Rechts Das Gemälde *Die Schöpfung der Milchstraße* zeigt Herkules und Juno. Es wurde 1636/37 von Peter Paul Rubens gemalt und hängt heute im Museo del Prado (Madrid, Spanien).

Zwar wissen wir heute, dass unsere Heimatgalaxie nur eine von vielen Milliarden Galaxien ist, doch können wir noch immer stolz auf sie sein. Nicht nur, dass sie eine Spiralgalaxie ist und damit zum schönsten Galaxientyp gehört, sondern sie ist auch eines der beiden dominanten Mitglieder der Lokalen Gruppe.

In ihrem Durchmesser von etwa 100 000 Lichtjahren tummeln sich mehr als 100 Milliarden Sterne. Die Sterne in dem schmalen Zentralbalken, dem riesigen Halo und den Kugelsternhaufen sind überwiegend älteren Datums. Die Sternentstehung vollzieht sich heute meist in den Spiralarmen, die eine schmale, nur 3000 Lichtjahre dicke Scheibe bilden.

Die umgebende Scheibe aus atomarem Wasserstoffgas hat einen Durchmesser von etwa 165 000 Lichtjahren. Die geheimnisvolle dunkle Materie erstreckt sich mindestens bis zu den beiden größten Satellitengalaxien – den Magellanschen Wolken – und möglicherweise weit darüber hinaus.

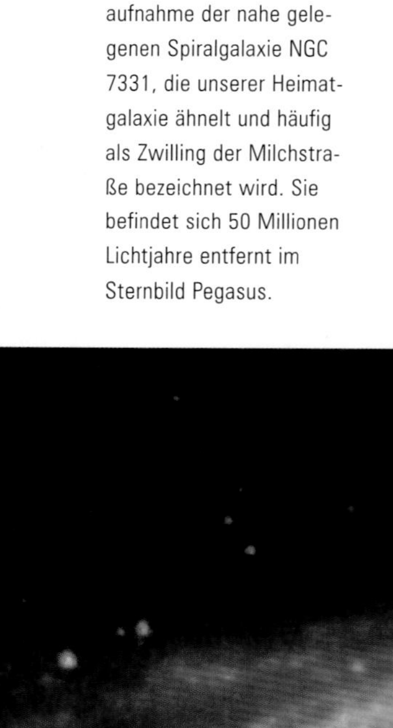

Unten Spitzer-Infrarotaufnahme der nahe gelegenen Spiralgalaxie NGC 7331, die unserer Heimatgalaxie ähnelt und häufig als Zwilling der Milchstraße bezeichnet wird. Sie befindet sich 50 Millionen Lichtjahre entfernt im Sternbild Pegasus.

EINE SCHÖNE SEITLICHE SPIRALGALAXIE

Es war ein weiter Weg bis zum Verständnis der Natur der Milchstraße, der mithilfe geduldiger Beobachtung der anderen Spiralgalaxien, die sich unserem Blick darbieten, zum Ziel führte. Jene Spiralgalaxien, auf die wir draufsehen, besitzen eine hellere Zentralregion mit einem prominenten, fast sternartigen Kern.

Mit wachsendem Teleskopdurchmesser kann die größere, jedoch mattere Scheibe einiger naher Galaxien in gesprenkelte Spiralarme aufgelöst werden. Langzeitbelichtete Fotografien heben die Spiralarme deutlicher hervor und enthüllen Überriesen und kleine Lichtknoten. Spektroskope lösen diese Lichtknoten in Sternhaufen und Nebel auf, wie es sie auch in der Milchstraße gibt. Am Himmel ist die ganze Bandbreite von Spiralgalaxien mit allen Neigungsgraden von fast Aufsicht zu fast Seitensicht beobachtbar.

Seitliche Spiralgalaxien wie NGC 4565 im Sternbild Coma Berenices kamen den Astronomen, die die Milchstraße von Sternwarten auf abgelegenen Berggipfeln aus beobachtet hatten, sehr vertraut vor. Die sehr dünne Scheibe von NGC 4565 zeigt auf ganzer Länge dunkle Staubwolken, und die zentrale Ausbuchtung ist rund und heller. Die äquatoriale Staubspur von NGC 4565 ist dort am prominentesten, wo sie als Silhouette die Ausbuchtung im Kern kreuzt.

Um die Wunder der Milchstraße zu beobachten, bedarf es eines wahrhaft dunklen Ortes, und das Sternbild Schütze muss im Zenit stehen. Am beeindruckendsten ist der Anblick auf der Südhalbkugel, wo der Schütze durch den Zenit geht. Dann kann man das gesprenkelte Band der Milchstraße von Horizont zu Horizont erkennen; und in der Mitte verläuft über die ganze Länge von Deneb bis Alpha (α) Centauri ein Band aus dunklen Staubwolken, das sogenannte Great Rift. In Höhe der Sternbilder Schütze, südlicher Schlangenträger und Skorpion verbreitert sich die Milchstraße beträchtlich. Schon mit bloßem Auge kann man also sehen, dass die Milchstraße eine Spiralgalaxie in Seitenlage ist.

Seite 169 Diese Aufnahme des Hubble-Weltraumteleskops zeigt die irreguläre Sagittarius-Zwerggalaxie. Bei den hellsten Sternen auf dem Bild, die leicht an den Strahlen zu erkennen sind, handelt es sich um Sterne unserer Milchstraße.

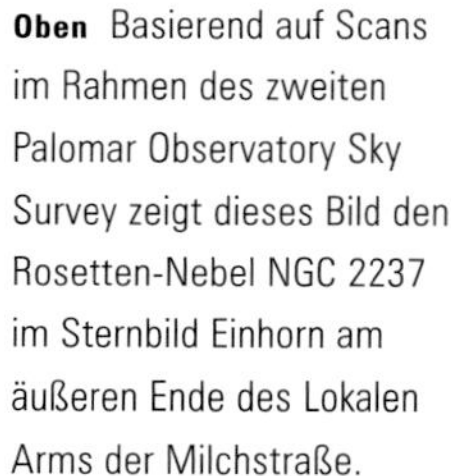

Oben Basierend auf Scans im Rahmen des zweiten Palomar Observatory Sky Survey zeigt dieses Bild den Rosetten-Nebel NGC 2237 im Sternbild Einhorn am äußeren Ende des Lokalen Arms der Milchstraße.

Rechts Zusammengesetzte Radio-Licht-Darstellung der Galaxis im Bereich des sichtbaren Lichts. Hoch über der galaktischen Ebene sind Hochgeschwindigkeitswolken zu sehen, aus denen Gas in die Galaxis regnet und diese mit den Elementen „düngt", die für die Sternentstehung benötigt werden.

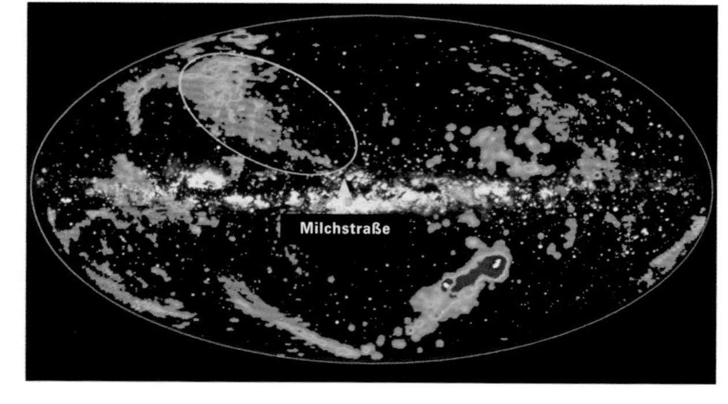

DIE KARTIERUNG DER GALAXIS

Die Staubwolken, die uns diese visuellen Hinweise geben, verbergen auch den Kern unserer Galaxie. Ein 20-cm-Teleskop bildet müheloslos die Kerne Hunderter Galaxien ab, doch selbst mit den größten terrestrischen Teleskopen können wir den Kern der Milchstraße nicht im sichtbaren Licht betrachten.

Den ersten Durchbruch in der Abblidung unserer Galaxie markierten daher Radioteleskope. Die Verteilung des atomaren Wasserstoffs wurde mit Hilfe seines starken Signals bei 21 cm Wellenlänge kartiert. Danach wurden auf der Grundlage der Erkenntnis, dass zusammen mit molekularem Wasserstoff stets Spuren von Kohlenmonoxid auftreten, die molekularen Wasserstoffwolken kartiert. Zwar kann molekularer Wasserstoff bei der Temperatur in Molekülwolken, die typischerweise etwa –263 Grad Celsius beträgt, nicht direkt nachgewiesen werden, doch nutzt man die Tatsache, dass das begleitende Kohlenmonoxid im Millimeterbereich strahlt. Irgendwann hatten die Radioteleskope die Milchstraße kartiert und enthüllten eine Balkenspirale mit mehreren Armen, die möglicherweise der Galaxie NGC 6744 im Sternbild Pfau ähnelt.

Bei der Entfernung der Sonne vom Zentrum der Galaxis (28 000 Lichtjahre) und einer Geschwindigkeit von 220 Kilometer pro Sekunde dauert ein Umlauf der Sonne um den Kern 230 Millionen Jahre. Die Sonne hat keine Verbindung zu den Spiralarmen; auf ihrer Bahn wandert sie einfach hindurch.

DIE SPIRALARME

Die Spiralarme der Milchstraße tragen Namen. Die Sonne befindet sich am inneren Rand des Lokalen Arms, der häufig als Orion-Arm bezeichnet wird. Betrachten wir diesen Arm, dann drehen wir dem Zentrum der Galaxis „den Rücken zu". Drei helle Sternhaufen, M44, die Plejaden und M7, liegen in unserer Nähe. Am äußeren Ende des Lokalen Arms sehen wir den Überriesen Rigel, die drei Sterne des Oriongürtels, den Orion-Nebel und den Rosetten-Nebel. Richtung Zentrum erkennen wir den Überriesen Deneb, den Supernova-Überrest des Schleier-Nebels sowie den Nordamerika-Nebel. Überriesen sind stets mit einem Spiralarm verbunden, da ihr verschwenderisches Leben vorbei ist, bevor ihr Orbit sie aus ihrer Geburtsregion trägt.

Der nächstäußere Arm ist der Perseus-Arm mit dem berühmten Doppelhaufen. Danach kommt der sogenannte Äußere Arm.

Richtung Milchstraßenzentrum sehen wie den Sagittarius-Arm. An ihm liegen die Sternentstehungsregionen M8 sowie der Trifid-, Schwanen- und Adler-Nebel. Zur Spitze hin sehen wir den Carina-Nebel und seine vielen offenen Sternhaufen.

Die Molekülwolken am inneren Rand des Sagittarius-Arms verbergen den Großteil der Zentralregion unserer Galaxis. Doch durch die Staubwolken hindurch erhaschen wir manchmal einen Blick auf die beiden nächstinneren Arme, den Scutum-Crux-Arm und den Norma-Arm.

Der dichte Sternenteppich in M24 ist ein kleiner Abschnitt auf dem Norma-Arm, den wir durch zwei Spiralarme hindurch sehen. Er enthält vermutlich die massereichste Molekülwolke und weist die höchste Rate an massereicher Sternentstehung innerhalb der Scheibe auf.

Obwohl wir sechs Spiralarme genannt haben, gehen die Astronomen davon aus, dass die Milchstraße nur vier Hauptarme besitzt. Erstens wird der Lokale Arm nicht zu den Hauptarmen gezählt. Zweitens weisen viele Galaxien fast kreisrunde Spiralarme auf, und das gilt mutmaßlich auch für den innersten (Norma-) Arm und den Äußeren Arm; sie bilden vermutlich Anfang und Ende desselben Arms.

DER GALAKTISCHE HALO

Die Sternentstehungsscheibe der Milchstraße ist in einen galaktischen Halo eingebettet. Dieser umfasst die Kugelsternhaufen sowie eine spärliche Sternenpopulation. Dennoch ist der Halo keineswegs leer. Seine Masse, die primär aus dunkler Materie besteht, beträgt das Zehnfache der Scheibenmasse.

Bei den Halo-Sternen handelt es sich meist um Rote Zwerge, die sehr viel älter und blasser sind als die Sonne. Eine Ausnahme bildet Arcturus, der vierthellste Stern am Himmel, ein Roter Riese der Klasse K2. Die Ursache hierfür ist, dass Arcturus anders als die Sonne kein Stern der Scheibe ist, sondern ein Halo-Stern, der auf seiner stark geneigten Bahn durch die Scheibe zufällig in unserer Nähe vorbeizieht.

Während alle Scheibensterne in ein und derselben Richtung um das Zentrum rotieren, können Halo-Sterne in allen Richtungen rotieren. Manche Halo-Sterne wie Arcturus besitzen eine chemische Zusammensetzung, die von den meisten Milchstraßen-Sternen etwas abweicht. Es gibt hinreichend Hinweise dafür, dass Arcturus an einem anderen Ort geboren wurde und mit der Zeit von der wachsenden Milchstraße eingefangen worden ist – so wie in naher Zukunft die elliptische Sagittarius-Zwerggalaxie einverleibt wird; der außergewöhnlich helle Kugelsternhaufen M54 war vermutlich einst ihr Kern.

Oben Bemerkenswerte Hubble-Aufnahme der 55 Millionen Lichtjahre entfernt in Richtung Kleiner Bär gelegenen perfekten Kantenlage-Galaxie NGC 4013, die unserer Milchstraße ähnelt. Das Bild bietet hervorragende Details riesiger Staub- und Gaswolken, die sich längs und weit oberhalb der Galaxiescheibe erstrecken.

DER KERN

Heute geht man nicht mehr davon aus, dass die Milchstraße einen elliptischen Kern hat wie die Andromeda-Galaxie. Neueste Kompositbilder, die im Infrarot zwischen 1 und 4 μm aufgenommen wurden, zeigen ein erdnussförmiges Zentrum, was auf einen kleinen Balken im Zentrum der Milchstraße hindeutet. Der weitgehend aus alten Sternen bestehende Balken rotiert langsam in einem Kranz aus ionisiertem und molekularem Gas, kurz 3-5-Kilo-Parsec-Arm genannt.

Infrarotmessungen haben einen dichten Haufen aus Millionen Sternen im Zentrum der Galaxis nachgewiesen. Die ermittelten Umlaufgeschwindigkeiten der zentrumsnächsten Sterne lassen sich nur mit einem Schwarzen Loch von einer Million Sonnenmassen im Zentrum der Milchstraße erklären. Wie bei vielen anderen Geheimnissen, die unsere Galaxis vor uns verborgen hielt, wurden auch Schwarze Löcher in den Zentren anderer Galaxien nachgewiesen, bevor der Beweis für ein solches Objekt im Herzen unserer eigenen erbracht wurde.

Oben Zwei-Mikrometer-Durchmusterung, auf den Kern der Milchstraße gerichtet, Richtung Sternbild Schütze. Die rötlichen Sterne in der Mitte der Scheibe zeichnen die dichtesten Staubwolken in unserer Galaxie nach.

Die Lokale Gruppe

Die Lokale Galaxiengruppe erstreckt sich über zehn Millionen Lichtjahre. Ihre durch Gravitation aneinander gebundenen Einzelgalaxien bilden eine leuchtende Gemeinschaft im riesigen Universum.

Die dominanten Mitglieder der Lokalen Gruppe sind unsere Milchstraße und die Andromeda-Galaxie M31, beides große Spiralgalaxien. Die Andromeda-Galaxie ist die „Königin" der Lokalen Gruppe. Sie besitzt etwa 120 Prozent der Milchstraßenmasse, weshalb beide derselben Helligkeitsklasse angehören. Die nächstgrößte Spiralgalaxie, der Dreiecks-Nebel M33, ist deutlich kleiner.

Die Große und die Kleine Magellansche Wolke sind beide Satelliten der Milchstraße und bilden die viert- bzw. fünftgrößte Galaxie der Gruppe, zu der 21 weitere Galaxien gehören, die allesamt von klein bis belanglos reichen. Sie kreisen mehrheitlich um eine oder beide dominanten Spiralgalaxien.

Bekanntermaßen dehnt sich das Universum aus, doch weil die Galaxien der Lokalen Gruppe durch die Schwerkraft miteinander verbunden sind, entfernen sie sich nicht voneinander. Nur die Entfernung zwischen unserer Gruppe und allen anderen Galaxienhaufen wächst. Lange Zeit war es fraglich, ob die zahlreichen Galaxien in Randlage durch die Schwerkraft gebundene Mitglieder der Lokalen Gruppe sind. Andernorts werden deshalb womöglich mehr als die hier erwähnten, eher konservativ gezählten 26 Galaxien aufgelistet. Jene nahen Galaxien unterliegen mit Sicherheit dem Schwerkrafteinfluss der Lokalen Gruppe, scheinen sich aber nicht auf einer Bahn um deren Massezentrum zu bewegen.

Unten Dieses mit erdgebundenen Teleskopen aufgenommene Bild zeigt die benachbarte Spiralgalaxie M33, die sich in einer Entfernung von 2,2 Millionen Lichtjahren von der Erde im Sternbild Dreieck befindet

DIE ANDROMEDA-GALAXIE

Die Andromeda-Galaxie wird als SAb-Galaxie klassifiziert, wobei „SA" für normale Spiralgalaxie steht und das „b" bedeutet, dass ihr zentraler Kern durchschnittliche Größe aufweist. Die einzige ungewöhnliche Eigenschaft von M31 ist, dass sie zwei Kerne aufweist – ein eindeutiger Beweis dafür, dass sie sich „jüngst", wie wohl alle großen Galaxien, eine kleinere Galaxie einverleibt hat.

Farbaufnahmen von M31 zeigen einen goldenen elliptischen Kern älterer Sterne im Zentrum kräftiger Spiralarme, die mit Assoziationen junger Blauer Überriesen übersät sind. Die Galaxie ist 12,5 Grad gegen unsere Blickachse geneigt. Dies schränkt die Sicht etwas ein, doch schon durch ein 20-cm-Teleskop sind der helle Kern (der so prominent ist, dass er eine eigene NGC-Nummer – 206 – besitzt) sowie zwei lange Staubbahnen auf der uns zugewandten Seite der Galaxie erkennbar.

Per definitionem bedeutet die Existenz zweier Staubbahnen, dass das hellere Band dazwischen einer der kräftigen Spiralarme von M31 ist. Mit einer geeigneten Karte kann man mit einem 20-cm-Teleskop die beiden hellsten Kugelsternhaufen von M31 ausmachen – sie wirken bei starker Vergrößerung etwas verschwommen. Einer von ihnen, bekannt als G1, ist der massereichste Kugelsternhaufen der gesamten Gruppe. Ein 40-cm-Teleskop enthüllt die 18 hellsten Mitglieder des Andromeda-Gefolges aus 300 bis 400 Kugelsternhaufen sowie diversen offenen Haufen. Die für die Jagd auf die M31-Haufen benötigten Karten sind problemlos bei Universitäten über das Internet erhältlich.

SATELLITEN DER ANDROMEDA-GALAXIE

Die Andromeda-Galaxie besitzt vier große Satellitengalaxien. M32 und M110 befinden sich im selben Sichtfeld wie M31 und sind so hell, dass sie mit 7 × 50-Feldstechern beobachtet werden können. Die einzigen Details, die ein Teleskop auflöst, sind je ein Kern sowie der Grad der Elongation. M32 ist eine Galaxie vom Typ E2, d. h., sie ist elliptisch, aber nahe an der Kreisform. Sie weist eine sehr hohe Oberflächenhelligkeit auf. Überraschenderweise besitzt die kleine M32 ein größeres Schwarzes Loch im Zentrum als das unserer Milchstraße.

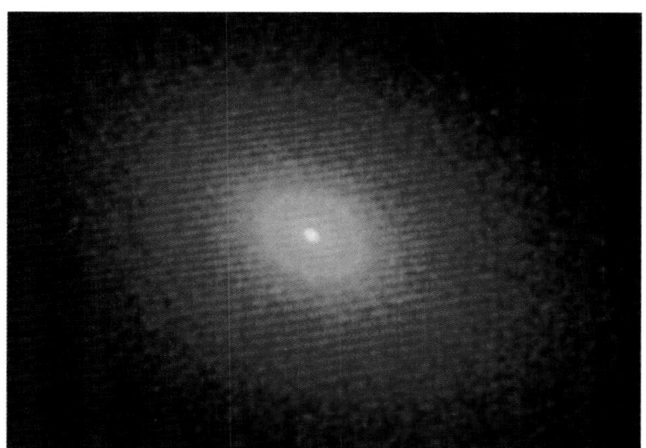

Oben Hubble-Aufnahme des Zentralkerns der elliptischen Galaxie M32. Theoretische Modelle legen nahe, dass die Struktur von M32 auf ein zentrales Schwarzes Loch mit dreimillionenfacher Sonnenmasse hindeutet.

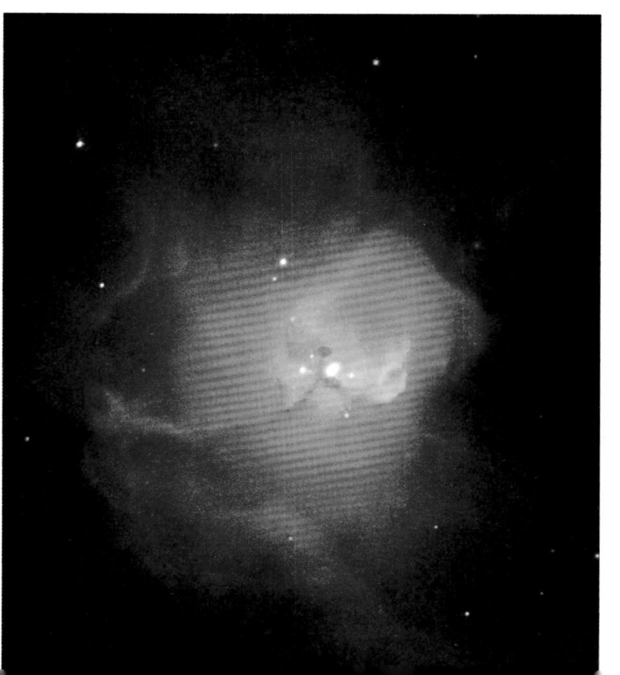

Oben Künstlerische Ansicht einer geheimnisvollen Scheibe aus jungen blauen Sternen um ein supermassereiches Schwarzes Loch im Zentrum der Andromeda-Galaxie (M31).

Links Hubble-Aufnahme von jungen, ultrahellen Sternen in ihrer Geburtswolke aus leuchtenden Gasen namens N81. Die Wolke befindet sich 200 000 Lichtjahre entfernt in der Kleinen Magellanschen Wolke.

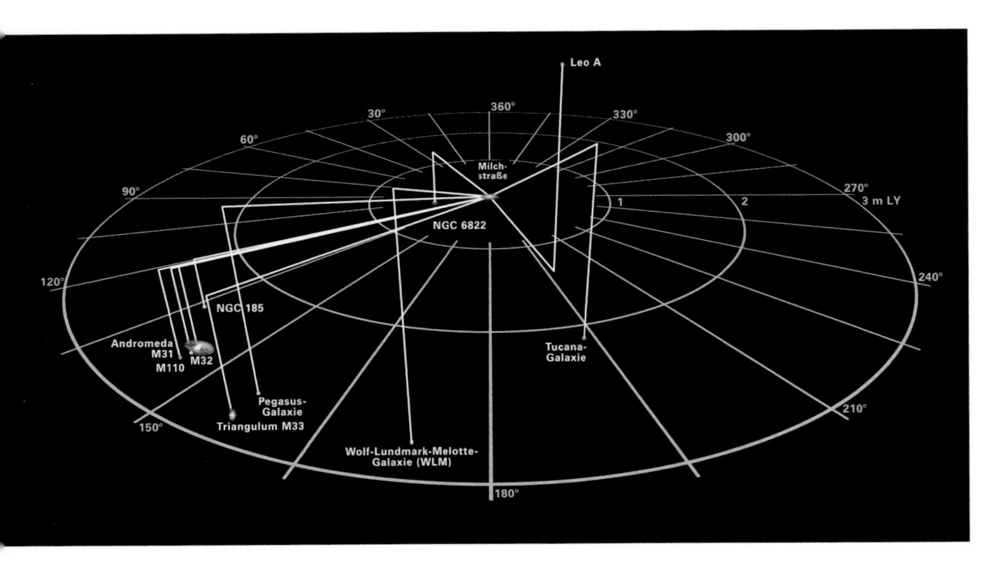

Oben Schematische Darstellung der Lokale Gruppe, zu der unsere Milchstraße gehört. Die Galaxien erstrecken sich über eine Fläche mit einem Durchmesser von 10 Millionen Lichtjahren und haben die Gestalt einer Hantel.

M110 ist sehr viel größer als M32, besitzt aber eine entsprechend geringere Oberflächenhelligkeit, sodass sie bei lichtverschmutztem Himmel nicht erkennbar ist. M110 ist klassifiziert als „S0/E5 pec". „E5" bedeutet, dass sie sehr in die Länge gezogen ist, während „S0" aussagt, dass sie auch gewisse Eigenschaften einer linsenförmigen Galaxie aufweist. Der Zusatz „pec" steht für „peculiar" (besonders) und bezieht sich auf den Umstand, dass Fotografien von M110 zwei schmale Staubbahnen zeigen, wie sie elliptische Galaxien eigentlich nicht haben sollten.

Mit einem 20-cm-Teleskop lassen sich noch zwei kleinere Satellitengalaxien entdecken: NGC 185 sowie die längliche, sehr matte NGC 147. Beide sind elliptische Zwerggalaxien. Obwohl sie im Sternbild Cassiopeia und damit sieben Grad nördlich von M31 beheimatet sind, sind sie deren Begleiter. NGC 185 besitzt den Zusatz „pec", weil sie ebenfalls Staubbahnen aufweist. Jüngst wurden drei weitere Begleiter der Andromeda-Galaxie entdeckt – And I, II und III –, alle drei sehr kleine kugelförmige Zwerggalaxien.

Der Dreiecks-Nebel M33, die drittgrößte Spiralgalaxie der Lokalen Gruppe, ist etwa 2,2 Millionen Lichtjahre von uns, aber nur rund 700 000 Lichtjahre von M31 entfernt. Die Galaxie umfasst im Vergleich zur Milchstraße nur etwa ein Fünftel der Sterne. Sie wird als „SAcd" klassifiziert: „SA" für normale Spiralgalaxie und der Zusatz "cd", weil sie einen sehr kleinen Kern besitzt. Sie gehört zu den Galaxien, bei denen man am leichtesten Spiralarme unterscheiden kann, und der sorgfältige Beobachter entdeckt viele kleine Knoten, bei denen es sich um Sternassoziationen und Nebel handelt.

UNSERE NACHBARN

Mindestens elf Satellitengalaxien kreisen um die massereiche Milchstraße. Meist sind es kleine, kugelförmige Zwerggalaxien, die nach dem Sternbild benannt sind, in dem sie beheimatet sind: Ursa-Minor-Zwerg, Draco-Zwerg oder Sculptor-Zwerg. Die meisten wurden fotografisch entdeckt, indem vereinzelt ein Übermaß an Sternen über einem großen Himmelsgebiet bemerkt wurde. Die Sculptor-Zwerggalaxie beispielsweise ist rund 300 000 Lichtjahre entfernt, misst nur 8000 Lichtjahre im Durchmesser, besitzt nur etwa zwei Millionen Sonnenmassen und weist keine Konzentration im Zentrum auf. Nur die erfahrensten Amateurastronomen haben ihr mattes Leuchten je beobachtet.

Der am leichtesten zu beobachtende kleine Begleiter ist wohl Leo I. In klaren Nächten erscheint die Zwerggalaxie als Lichtfleck nur ein Drittel Grad nördlich von Regulus.

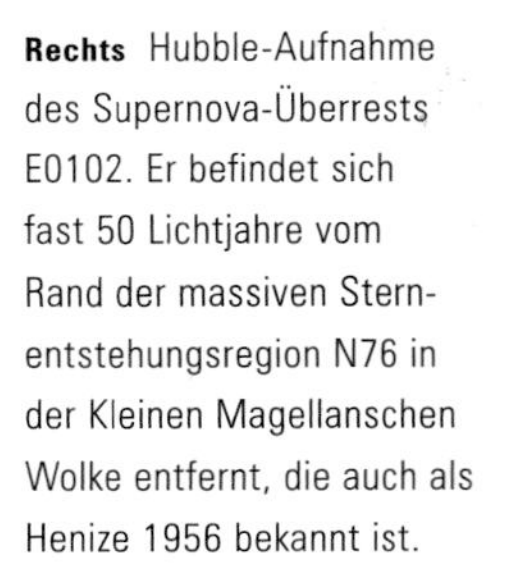

Rechts Hubble-Aufnahme des Supernova-Überrests E0102. Er befindet sich fast 50 Lichtjahre vom Rand der massiven Sternentstehungsregion N76 in der Kleinen Magellanschen Wolke entfernt, die auch als Henize 1956 bekannt ist.

Links Digitale Impression einer Satellitenansicht der Kleinen Magellanschen Wolke (KMW), einer Zwerggalaxie, die rund fünf Milliarden Sterne umfasst und die Milchstraße umkreist.

Die Fornax-Zwerggalaxie besitzt sechs Kugelsternhaufen, die viel deutlicher sind als die Galaxie selbst; vier davon sind mit 20-cm-Teleskopen sichtbar.

Neben den kugelförmigen Zwerggalaxien besitzt die Milchstraße auch zwei große Satelliten, die Große und Kleine Magellansche Wolke (GMW und KMW). Beide sind prominente Prachtstücke am Südhimmel. Die nur 150 000 Lichtjahre entfernte GMW umfasst etwa 15 Milliarden Sterne, die KMW etwa ein Drittel so viel. Beide lassen sich durch Amateurteleskope detailreich beobachten und bieten zahlreiche Nebel und Kugelsternhaufen sowie unzählige offene Sternhaufen, von denen einige leicht als extragalaktische Sterne aufgelöst werden können. Der berühmte Tarantel-Nebel der GMW ist einer der größten bekannten Nebel überhaupt. Die Kleine Magellansche Wolke gilt als irreguläre Galaxie. Die Große wird als Balkenspirale klassifiziert, wobei sie bis auf den sehr prominenten Balken die meisten Eigenschaften derartiger Galaxien nicht besitzt. Zwar wurden Hinweise auf blasse spiralähnliche Strukturen fotografiert, doch ähneln sie mehr Schweifen, die durch die Gravitation der nahen KMW und der Milchstraße herausgezogen wurden.

Vervollständigt wird die Lokale Gruppe durch einige unabhängige Einzelgänger. Dazu gehören diverse elliptische Zwerggalaxien sowie vier etwas größere irreguläre Galaxien: NGC 6822, IC 10, IC 1613 und LGS 3.

Die interessanteste dieser Irregulären ist NGC 6822, die nach ihrem Entdecker, dem amerikanischen Kometenjäger E. E. Barnard, auch Barnards Galaxie genannt wird. In einer dunklen Nacht kann man die matte, längliche Galaxie schon mit einem 10-cm-Teleskop beobachten. Große Dobson-Teleskope enthüllen an ihrem nördlichen Ende zwei Nebel.

STERNENPARTY

Die rund 2,4 Millionen Lichtjahre entfernte Andromeda-Galaxie (M31) ist das fernste Objekt, das mit bloßem Auge gesehen werden kann, weshalb sie schon von den Astronomen der Antike als „kleine Wolke" verzeichnet wurde.

Amateurastronomen pflegen dem Publikum gern die „Stars" der Nacht zu zeigen, und dies ist ein echtes Prachtstück. Bei Beobachtungstreffen fernab der Lichter der Städte vermögen die meisten Beobachter den unscharfen Fleck M31 ohne Schwierigkeit zu erkennen, wenn sie beim Starhopping sorgfältig angeleitet werden.

Kaum etwas beeindruckt den Beobachter so wie der Anblick einer mit bloßem Auge erkennbaren Spiralgalaxie. Im Grunde blickt man in der Zeit zurück, denn man sieht das Licht, das die Galaxie aussandte, als auf der Erde die ersten Hominiden auftauchten. Eine derartige „Sternenparty" bleibt ein Leben lang in Erinnerung!

Oben Digitale Ansicht des Sternenfelds, das die 2,4 Millionen Lichtjahre entfernte Andromeda-Galaxie (M31) umgibt – die bei guten Bedingungen mit bloßem Auge sichtbare und unserer Milchstraße nächstgelegene große Spiralgalaxie.

Ferne Galaxien

Galaxien rasen nicht in neue Bereiche des Universums davon; nur der Raum zwischen den Galaxien dehnt sich aus – und zwar allem Anschein nach immer schneller.

Oben Diese Hubble-Aufnahme von M64 zeigt ein spektakuläres dunkles Band aus lichtabsorbierendem Staub vor dem hellen Kern der Galaxie. Diese Besonderheit führte zu ihrem Spitznamen Black-Eye- oder Evil-Eye-Galaxie. M64 befindet sich 17 Millionen Lichtjahre von der Erde entfernt im nördlichen Teil des Sternbilds Haar der Berenike.

1913 machte V. M. Slipher vom Lowell Observatorium (Arizona, USA) spektroskopische Aufnahmen zahlreicher „Spiralnebel" – das Wort „Galaxien" war noch nicht allgemein verbreitet – und fand heraus, dass gut bekannte Spektrallinien in den meisten Fällen weiter am roten Ende des Spektrums zu finden waren als in den Laborspektren.

Diese Art des Doppler-Effekts wird als Rotverschiebung bezeichnet, d. h., die Spektrallinien sind in den längerwelligen Bereich verschoben. Wenn Linien, die gewöhnlich im UV-Bereich gefunden werden, in den blauen Bereich bzw. wenn Linien im Infrarotbereich des Spektrums zu den Radiowellen hin verschoben sind, werden diese Verschiebungen in den längerwelligen Bereich per definitionem ebenfalls als Rotverschiebung bezeichnet.

Zwar wurde sofort der richtige Schluss gezogen, dass „Spiralnebel" mit Rotverschiebungen sich von uns fortbewegen, doch die ganze Tragweite dieser Beobachtung blieb zunächst unverstanden.

1924 löste Edwin Hubble mithilfe des 2,5-m-Reflektors auf dem Mount Wilson (Kalifornien, USA) den „Großen Andromeda-Nebel" in Riesensterne auf; einige der Überriesen konnte er als Cepheiden bzw. variable Sterne identifizieren. Damit war der Nachweis erbracht, dass sich die Andromeda-Galaxie weit jenseits der Milchstraße befindet – die Existenz weiterer Galaxien neben der unseren war anerkannt.

Anschließend wandte sich Hubble den galaktischen Rotverschiebungen zu. Während die Blauverschiebung der Andromeda-Galaxie verriet, dass diese sich auf uns zu bewegt, wiesen die meisten anderen Galaxien Rotverschiebungen auf, was auf Entfernen hindeutet. Um die Spektren der ferneren Galaxien fotografieren zu können, musste Hubble die Aufnahmen mehrere aufeinanderfolgende Nächte lang belichten.

1929 hatte Hubble die Rotverschiebungen einer Vielzahl von Galaxien nachgewiesen und konnte verkünden, dass mit dem Abstand einer Galaxie deren Rotverschiebung zunimmt – und damit die Geschwindigkeit, mit der sie sich entfernt.

Seine Theorie, dass das All sich ausdehne, war vielleicht eines der aufsehenerregendsten Konzepte, das je von einem beobachtenden Astronomen geäußert wurde. Sein Beitrag zur Astronomie ist immens und wurde damit belohnt, dass der vielleicht erfolgreichste Satellit aller Zeiten, das Hubble-Weltraumteleskop, nach ihm benannt wurde.

Um das Konzept des expandierenden Universums zu begreifen, muss man sich Galaxienhaufen als Punkte auf einem Luftballon vorstellen. Wird der Ballon aufgeblasen, entfernen sich alle Punkte gleichmäßig voneinander. Sind die Punkte A, B und C anfangs entlang einer Linie je 10 cm voneinander entfernt und wächst die Entfernung zwischen A und B um 1 cm, dann wächst die Entfernung zwischen B und C ebenfalls um 1 cm. Die Entfernung zwischen A und C vergrößert sich in derselben Zeitspanne um 2 cm. Aus der Sicht von A entfernt sich daher C doppelt so schnell wie der nähere Punkt B.

UNZÄHLIGE GALAXIEN

Das berühmte Hubble Deep Field Image, eine über zehn Tage belichtete Aufnahme, sowie das später angefertigte Hubble Deep Field South Image zeigen, dass die Zahl der Galaxien im Weltall in etwa der Zahl der Hunderte von Milliarden Sterne in unserer eigenen Galaxie vergleichbar ist.

DIE NÄCHSTEN GALAXIENGRUPPEN

Die unserer Lokalen Gruppe nächstgelegene Ansammlung von Galaxien ist die Sculptor-Gruppe. Ihre nächste bedeutende Galaxie, die amorphe Aufsicht-Spiralgalaxie NGC 300 des Typs SAd, ist acht Millionen Lichtjahre entfernt. Die hellsten und größten Mitglieder sind die Vorzeige-Spiralgalaxie NGC 253 vom Mischtyp SABc sowie die „seitliche Galaxie NGC 55 vom Typ SBm, die der Großen Magellanschen Wolke ähnelt. Durch ein kleines Teleskop wirkt NGC 55 wie ein diffuser Splitter. Länger belichtete Aufnahmen enthüllen verschiedene Knoten. Die sehr lang gezogene NGC 253 oder Silberdollar-Galaxie ist eine Aktive Galaxie, die im Okular Marmorierungen und Staubspuren aufweist.

Die kleine, amorphe Aufsicht-Spiralgalaxie NGC 7793 vom Typ SAd erscheint im Teleskop wie ein Komet. NGC 7793 und NGC 253 liegen auf der entfernten Seite der Sculptor-Gruppe und sind fast doppelt so weit von uns entfernt wie NGC 300. Die Gruppe erstreckt sich nach Norden mit der

Rechts Erdgebundene Aufnahme der fantastischen Spiralgalaxie NGC 253, die sich in einer Entfernung von 14 Millionen Lichtjahren im Sternbild Bildhauer befindet.

sehr lang gestreckten und marmorierten SABd-Spiralgalaxie NGC 247 über das Sternbild Sculptor hinaus ins Sternbild Walfisch. Darüber hinaus gehören zur Sculptor-Gruppe natürlich auch noch zahlreiche weitere matte Galaxien.

Die Messier-81-Galaxiengruppe in den Sternbildern Großer Bär und Giraffe ist etwa zwölf Millionen Lichtjahre entfernt. Die Spiralgalaxie M81 vom Typ SAab und die irreguläre Galaxie M82 sind ein wechselwirkendes Paar. Sie lassen sich gut mit dem Fernglas beobachten. Nahe M 81 zeigt ein 20-cm-Teleskop zwei kleinere Mitglieder der Gruppe, nämlich die Spiralgalaxie NGC 2976 (vom Typ SAc pec) sowie die irreguläre NGC 3077 (ebenfalls eine besondere Galaxie).

Die letzte Spiralgalaxie in der M 81-Gruppe, NGC 2403 im Sternbild Giraffe, ist weit genug von den Schwerkrafteinflüssen rund um M81 entfernt, sodass sie recht normal wirkt. Sie ist vom Typ SABcd und mit dem Fernglas erkennbar.

Unten Hubble-Aufnahme des verschmelzenden Paars der Antennen-Galaxien. Als Folge ihrer Verschmelzung entstehen Milliarden von Sternen. Die orangefarbenen Klumpen sind die Kerne der ursprünglichen Galaxien.

Rechts Hubble-Aufnahme der so treffend getauften Wagenrad-Galaxie, deren Kern durch Materiebrücken mit dem äußeren Ring aus jungen Sternen verbunden ist. Die ungewöhnliche Gestalt rührt von einem Beinahe-Frontalzusammenstoß mit einer kleineren Galaxie vor rund 200 Millionen Jahren her. Die Wagenrad-Galaxie befindet sich 500 Millionen Lichtjahre entfernt im Sternbild Bildhauer.

AKTIVE ODER STERNENTSTEHUNGSGALAXIEN

M82 hat eine ungewöhnliche Sternentstehungsaktivität hinter sich, deren Ursache eine nahe Begegnung mit der massereichen Nachbargalaxie M81 war. Durch ein 20-cm-Spiegelteleskop erkennt man eine diagonale Staubspur, die die Längsachse der irregulären seitlichen Galaxie M82 kreuzt. Bilder von M82 zeigen heißes rosafarbenes Wasserstoffgas, das in einem heftigen Ausbruch zu beiden Seiten des Zentrums der Scheibe 10 000 Lichtjahre weit ausgestoßen wurde. Gezeitenkräfte von einer nahen Begegnung mit M81 ließen so viele Molekülwolken kollabieren, dass M82 zeitweise zu einer Aktiven Galaxie wurde. Die Entstehung ungewöhnlicher Mengen von Riesensternen mündete bald in zahlreiche Supernova-Explosionen im selben Gebiet. Supernova-Schockwellen erzeugen eine Blase aus heißem Gas, und wenn derart viele Riesensterne in einem kurzen Zeitraum explodieren, entsteht eine Superblase. Da M82 keine besonders massereiche Galaxie ist, vermochten die Superblasen die Galaxiescheibe zu durchdringen und sich weit ins All auszudehnen. Allerdings ist M82 massereich genug, um dieses Gas irgendwann wieder einzufangen.

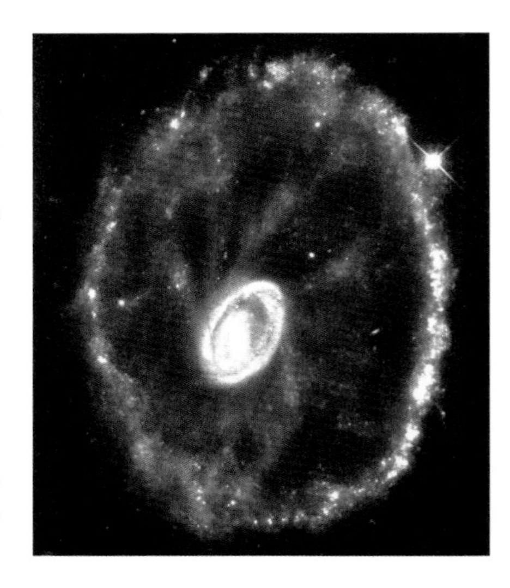

Kleinere Aktive Galaxien entwickeln möglicherweise nicht genug Schwerkraft, um ihr Gas wieder einzufangen. Dann werden die unvermeidlich auftretenden Supernovae wahrscheinlich das gesamte interstellare Gas ins All ausstoßen. Paradoxerweise könnte eine Aktive Galaxie daher eine kleine Galaxie in eine „sterile“ Galaxie verwandeln, in der die Sternentstehung völlig zum Erliegen gekommen ist.

Beide der uns nächsten Galaxiengruppen besitzen Aktive Galaxien. Da aber NGC 253 in der Sculptor-Gruppe mehr

Oben Hubble-Aufnahme von NGC 300. Die leuchtendblauen Punkte sind junge, massereiche Sterne – Blaue Überriesen –, die zu den hellsten Sternen gehören, die in Spiralgalaxien entdeckt wurden.

Links Ein aus Aufnahmen der Weltraumteleskope Hubble, Chandra und Spitzer zusammengesetztes Bild der aktiven Galaxie M82. Der Anteil von Hubble ist Orange für die Wasserstoff-Emissionen, der höchstfrequente Anteil im Sichtbaren wird in Gelb-Grün dargestellt; die von Chandra aufgezeichnete Röntgenstrahlung ist hier blau, und von Spitzer wahrgenommenes Infrarotlicht erscheint rot.

Masse besitzt als M82, lässt sich dort nichts ähnlich Dramatisches beobachten. Die Sterngeburt hat große Mengen Staub produziert, was zu der recht seltsamen Erscheinung von NGC 253 führt – sie hat die wohl staubigste Fassade aller Spiralgalaxien in unserer Nähe. Infrarotbilder offenbaren, dass hinter dem Staub eine Vielzahl von Sternen entsteht. Röntgenteleskope zeigen extrem heißes Gas zu beiden Seiten der Scheibe, das wahrscheinlich von Supernovae stammt.

Die spektakulärsten Sterngeburten ereignen sich, wenn zwei Spiralgalaxien kollidieren oder verschmelzen. Das Hubble-Teleskop hat eine unvergessliche Aufnahme der Wagenrad-Galaxie gemacht, die als ESO 350-G40 katalogisiert ist. Eine der beiden kleineren Galaxien auf dem Bild hat die ursprünglich vermutlich normale Spiralgalaxie regelrecht umgepflügt. Der Frontalzusammenstoß ließ einen hellen Entstehungsring (das Rad) entstehen, der durch blasse „Speichen" mit dem Zentrum der Galaxie (der Nabe) verbunden ist. Die Wagenrad-Galaxie befindet sich 500 Millionen Lichtjahre entfernt, und ihre spektakulären Details enthüllen sich eigentlich nur auf Fotos.

REKORDENTFERNUNG MIT BLOSSEM AUGE

Die Andromeda-Galaxie mit einer Entfernung von rund 2,4 Millionen Lichtjahren von der Erde gilt zwar als fernstes Objekt, das problemlos mit bloßem Auge beobachtet werden kann – und das trifft selbst für völlig unerfahrene Beobachter zu. Erfahrene Amateurastronomen jedoch haben ohne technische Hilfsmittel Objekte beobachtet, die bis zu fünfmal weiter entfernt sind! Über ein Dutzend talentierte und scharfsichtige Beobachter in Nordamerika haben an entlegenen Beobachtungsposten in der Wildnis – und nach langer Gewöhnung an die Dunkelheit – mit bloßem Auge Messier 81 mit einer scheinbaren Helligkeit von $6\overset{m}{,}9$ erkannt.

Oben Hubble-Aufnahme von M81 hoch am Nordhimmel im Sternbild Großer Bär. Mit einer scheinbaren Helligkeit von $6\overset{m}{,}9$ ist sie gerade noch mit bloßem Auge sichtbar und eine der hellsten Galaxien, die von der Erde aus gesehen werden können. Die Winkelgröße der Galaxie entspricht etwa einem Monddurchmesser.

Die Hubble-Aufnahme der Antennen-Galaxie NGC 4038/9 im Sternbild Rabe zeigt spektakuläre Sternentstehungsaktivität in zwei verschmelzenden Spiralgalaxien. Durch ein 60-cm-Teleskop sieht das Paar wie ein gebrochenes Herz aus, und acht der Supersternhaufen sind sichtbar. Weitwinkelaufnahmen zeigen zwei lange Gezeitenschweife aus Sternen, die aus den Galaxien hinausgezogen wurden. (Die Schweife befinden sich außerhalb des kleinen Ausschnitts der Hubble-Aufnahme.) Computersimulationen sagen voraus, dass die beiden Spiralgalaxien in einem Prozess, der etwa eine Milliarde Jahre dauern wird, zu einer gigantischen elliptischen Galaxie verschmelzen werden.

Galaxienhaufen

Fast alle Galaxien finden sich in Haufen, die typischerweise durch heißes, im Röntgenbereich strahlendes Gas und große Mengen „dunkler Materie" miteinander verbunden sind.

Oben Illustration aus dem *Organum Uranicum*, einer Erklärung der Theorie des Universums des Sebastian Munster (1489–1559).

Galaxienhaufen reichen von kleinen Gruppen mit wenigen Galaxien wie der Lokalen Gruppe, der Sculptor-Gruppe und der M81-Gruppe bis hin zu großen irregulären Haufen wie dem Virgo-Galaxienhaufen und noch größeren kugelsymmetrischen Haufen wie dem Coma-Galaxienhaufen.

VIRGO-GALAXIENHAUFEN

Das Zentrum des Virgo-Galaxienhaufens ist etwa 65 Millionen Lichtjahre entfernt. Eines der wissenschaftlichen Hauptanliegen des Hubble-Teleskops war es, diese Entfernung und damit die Größe des Weltalls zu bestimmen. Doch die ersten Bilder aus dem Orbit zeigten, dass der Spiegel des Teleskops nicht korrekt geschliffen worden war. Ein optisches Korrektursystem wurde mit der ersten Wartungsmission des Space Shuttles installiert.

Diese Verzögerung bot den Astronomen die Gelegenheit, mithilfe des exzellenten Spiegels des kanadisch-französisch-amerikanischen Teleskops auf dem Mauna Kea (Hawaii, USA) die veränderlichen Cepheiden-Sterne in Galaxien des Virgo-Galaxienhaufens abzulichten.

Der Virgo-Galaxienhaufen besteht aus mindestens 2000 Galaxien. In diesem Gebiet des Himmels gibt es relativ wenige Sterne, weshalb Beobachter oft das Starhopping zugunsten des „Galaxienhopping" aufgeben, da dieses weit effektiver ist!

Doch aufgrund der Entfernung sind durchs Okular nur bei wenigen Galaxien Details auszumachen. Die meisten besitzen einen Kern, und die Verteilung des Lichts über die Galaxie gestattet es dem Beobachter gewöhnlich zu erraten, ob es sich um eine Spiral- oder eine elliptische Galaxie handelt. Meist wird die Entscheidung durch einen Blick in den Katalog bestätigt. Im Virgo-Galaxienhaufen sind große elliptische Galaxien keine Seltenheit, und Beobachter lernen rasch, elliptische Galaxien am Grad ihrer Elongation zu erkennen.

Unten UV-Aufnahme einer kleinen Region im Virgo-Galaxienhaufen. Dieser Galaxienhaufen erstreckt sich über 12° des Himmels und ist so massiv, dass er unsere Galaxie merklich anzieht.

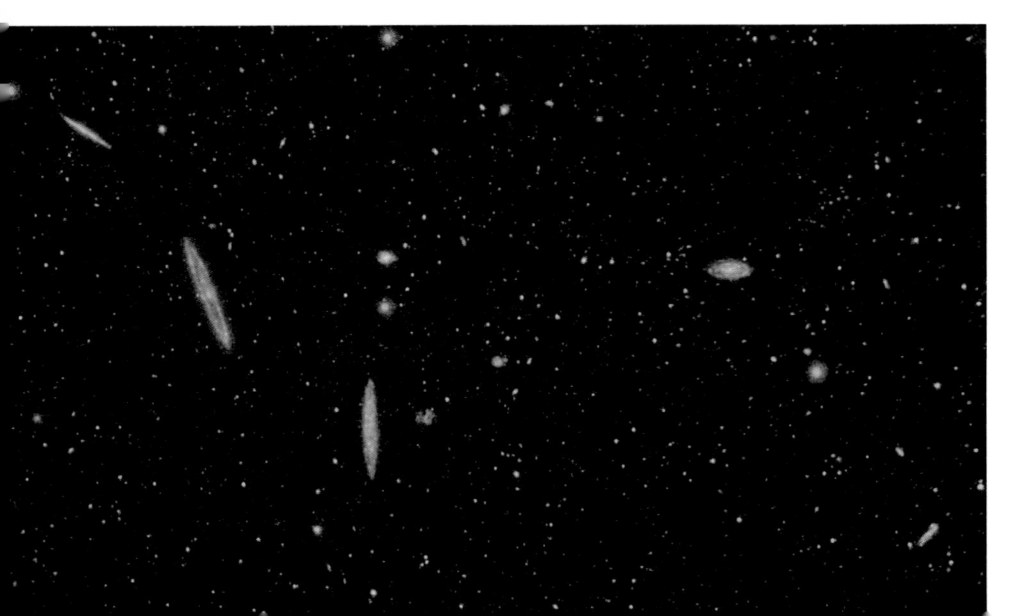

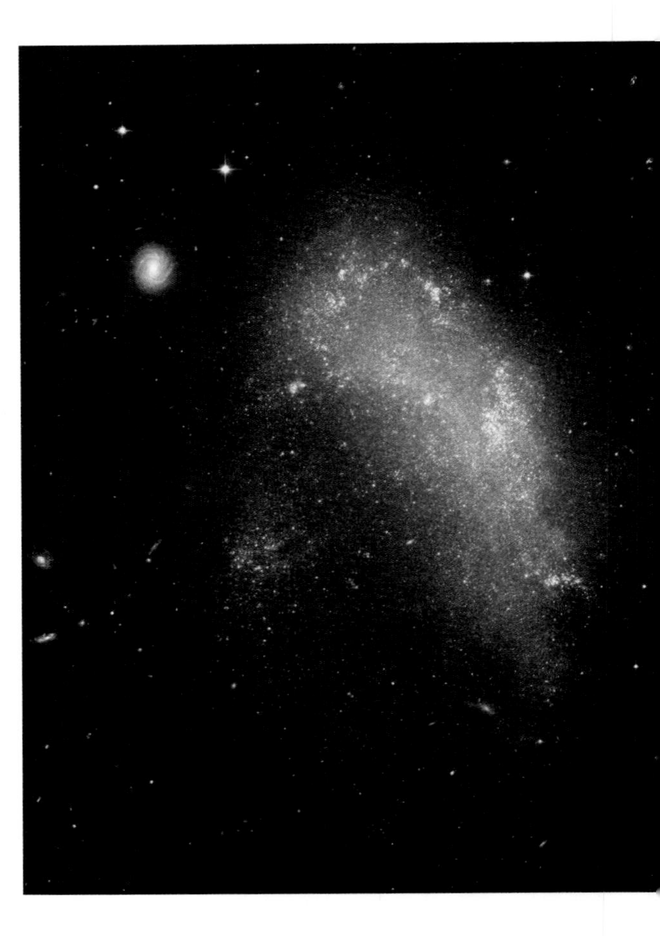

Oben Die etwa 62 Millionen Lichtjahre von der Erde entfernte NGC 1427A im Sternbild Fornax. Unter der Anziehungskraft des Fornax-Haufens stürzt die kleine bläuliche Galaxie mit 600 km/s kopfüber in die Gruppe.

Die einzigen Galaxien im Virgo-Galaxienhaufen, die signifikante Details aufweisen, sind zwei Aufsicht-Spiralgalaxien: die SAc-Galaxie M99, deren Spiralarme zu erkennen sind, sowie die SABbc-Galaxie M100, deren Knoten durch Vergleich mit einem Foto als Emissionsnebel identifizierbar sind.

Eine Herausforderung ist die Beobachtung des Jets aus dem zentralen Schwarzen Loch der gigantischen elliptischen Galaxie M87, weil er mit starker Vergrößerung gerade noch erkennbar ist. Anders als der selten beobachtete Jet wirkt M87 durchs Okular ansonsten unansehnlich. Doch wie so oft in der Astronomie liegt das Interessante auch hier darin, zu verstehen, was man beobachtet, und M87 ist eine Galaxie der Superlative. Durch Einfangen und Assimilieren vieler kleinerer Galaxien ist dieses „Monster" auf das Dreibillionenfache der Sonnenmasse angewachsen. Mehr als 10 000 Kugelsternhaufen umkreisen sie. Die Beobachtung des Gases, das um den Kern kreist, legt nahe, dass das Schwarze Loch im Zentrum eine Masse von zwei bis drei Milliarden Sonnen hat.

Die in der Nachbarschaft gelegene Markarjansche Kette, die von M84 und M86 bis zu den NGCs 4458 und 4461 reicht, ist der interessanteste Teil des Virgo-Galaxienhaufens. Mit einem 20-cm-Teleskop lassen sich in einem Weitwinkel-Okular zehn Galaxien gleichzeitig beobachten: zwei große elliptische Galaxien (M84 und M86), drei Spiralgalaxien, drei linsenförmige sowie zwei kleine elliptische Galaxien.

Als irregulärer Galaxienhaufen weist Virgo verschiedene Untergruppen auf, die jeweils um eine große elliptische Galaxie gruppiert sind. Derartige Untergruppen bilden z. B. M60, M49 und die nahe NGC 4365.

Oben Hubble-Aufnahme des Zentrums von Abell 1689, einem der massereichsten bekannten Galaxienhaufen. Die Schwerkraft der Billionen Sterne in dem Haufen sowie der dunklen Materie wirkt als zwei Millionen Lichtjahre breite „Linse" im Raum. Die blassesten Objekte sind wahrscheinlich über 13 Milliarden Lichtjahre entfernt.

FORNAX-GALAXIENHAUFEN

Der Fornax-Haufen weist ebenfalls üppige Galaxien auf. Das hellste Mitglied, NGC 1316 bzw. Fornax A, erreicht eine Helligkeit von $8^{m}_{,}8$, und diverse andere Mitglieder erreichen die Größenklasse 10, sodass dieser Haufen leicht beobachtbar ist.

CORONA-BOREALIS-GALAXIENHAUFEN

Abell 2065, der 1,5 Milliarden Lichtjahre entfernte Galaxienhaufen im Sternbild Nördliche Krone, ist eine wirkliche Herausforderung. Ein 40-cm-Teleskop enthüllt acht der über 400 Galaxien – die fernsten normalen Galaxien, die mit Amateurteleskopen zu erkennen sind.

COMA-GALAXIENHAUFEN

Der große Coma-Galaxienhaufen Abell 1656 mit mindesten 10 000 Mitgliedern liegt rund 400 Millionen Lichtjahre entfernt im Sternbild Haar der Berenike. In seinem Zentrum befinden sich die beiden riesigen elliptischen cD-Galaxien NGC 4874 und NGC 4889; sie sind zwei der nur fünf Galaxien, die mit einem 15-cm-Teleskop sichtbar sind. Mit größeren Teleskopen ist die Ansicht fantastisch, und viele der kleinen Galaxien, die die beiden Riesen umkreisen, werden sichtbar. Schon mit einem 30-cm-Teleskop lassen sich etwa 30 Mitglieder des Haufens ausmachen.

Für eine Spiralgalaxie ist es sehr schwierig, in den zentralen Regionen eines derartigen Riesenhaufens zu überleben, da ihre Scheibe höchstwahrscheinlich ihres interstellaren Gases beraubt und zur linsenförmigen Galaxie werden wird.

Oben Der rund 400 Millionen Lichtjahre entfernte Coma-Galaxienhaufen Abell 1656 umfasst die beiden Galaxien NGC 4874 (rechts) und NGC 4889 (links).

Aktive galaktische Kerne

Wenn eine Masse in einen genügend kleinen Raum zusammengedrückt wird, so einer der Grundsätze der Einsteinschen Allgemeinen Relativitätstheorie, wird die Raumzeit so stark gekrümmt, dass nichts – nicht einmal Licht – entfliehen kann. Es ist da, aber man kann es nicht sehen! Daher der Begriff „Schwarzes Loch".

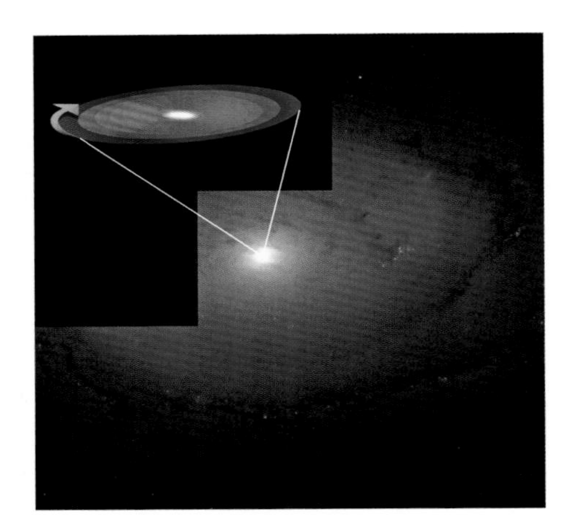

Oben Hubble-Aufnahme des planetarischen Nebels Henize 3-1475 und seines bizarren Jets, der ihm den Spitznamen „Rasensprenger-Nebel" eingebracht hat.

Es ist hinreichend bewiesen, dass Schwarze Löcher mit mehreren Sonnenmassen als Endstadium sehr massereicher Sterne existieren. Es gibt auch Belege dafür, dass im Zentrum von Galaxien supermassive Schwarze Löcher mit millionenfacher Sonnenmasse existieren.

Im Zentrum unserer Galaxis sitzt offenbar eines mit etwa viermillionenfacher Sonnenmasse. Das Hubble-Teleskop hat die Bahnen der Sterne verfolgt, die es umkreisen, und aus deren Geschwindigkeiten können wir seine Masse schätzen. Analog dazu wurden durch Messung allgemeiner Sterngeschwindigkeiten in den Kernen anderer Galaxien viele andere Schwarze Löcher entdeckt, von denen einige rund eine Milliarde Sonnenmassen besitzen.

Allgemein gilt: Je größer der Kern aus Sternen im Zentrum einer Galaxie, desto massiver das Schwarze Loch darin. Nicht alle Schwarzen Löcher in den Zentren von Galaxien sind so friedfertig wie unseres. Bei einigen wenigen Riesengalaxien ermöglichen Wechselwirkungen oder Störungen, dass Materie vom Schwarzen Loch angesaugt wird wie Badewasser, das in den Abfluss wirbelt. Zwar sendet ein Schwarzes Loch selbst keinerlei Licht oder Strahlung aus, doch es erzeugt gewaltige Anziehungskräfte in seiner unmittelbaren Umgebung – genug, um ein kosmisches Feuerwerk zu unterhalten. Daher die Bezeichnung „aktiver galaktischer Kern."

Materie strömt ebenso wenig auf direktem Weg in ein Schwarzes Loch wie Wasser in den Badewannenausguss; wie das Wasser bewegt sie sich in einer immer schnelleren Kreisbewegung. Wechselwirkungen zwingen die Materie in eine Scheibenform. Je näher die Materie ihrem Schicksal kommt, desto schneller und energetischer dreht sich die Scheibe. Das Ende ist für uns nicht mehr wahrnehmbar. Selbst der Ereignishorizont eines Schwarzen Lochs mit einer Milliarde Sonnenmassen ist nicht größer als die Umlaufbahn des Uranus und damit viel zu klein, als dass unsere Teleskope Details erkennen könnten. Ebenso ist der aktive Kern selbst viel zu klein, um erkannt zu werden; was wir daher von aktiven Kernen sehen, gleicht zunächst einer großen Vielfalt.

Es gibt zwei Typen aktiver galaktischer Kerne. Der erste Typ verspritzt Materie, doch die dafür verantwortlichen aktiven Kerne sind relativ unscheinbar – dies sind die Radiogalaxien. Der andere Typ hat leuchtstarke Kerne, deren Leuchtkraft von kaum unterscheidbaren bis zu den hellsten Objekten im Universum reichen – dies sind die Quasare, Seyfert-Galaxien, BL Lacertae-Objekte und LINER-Galaxien.

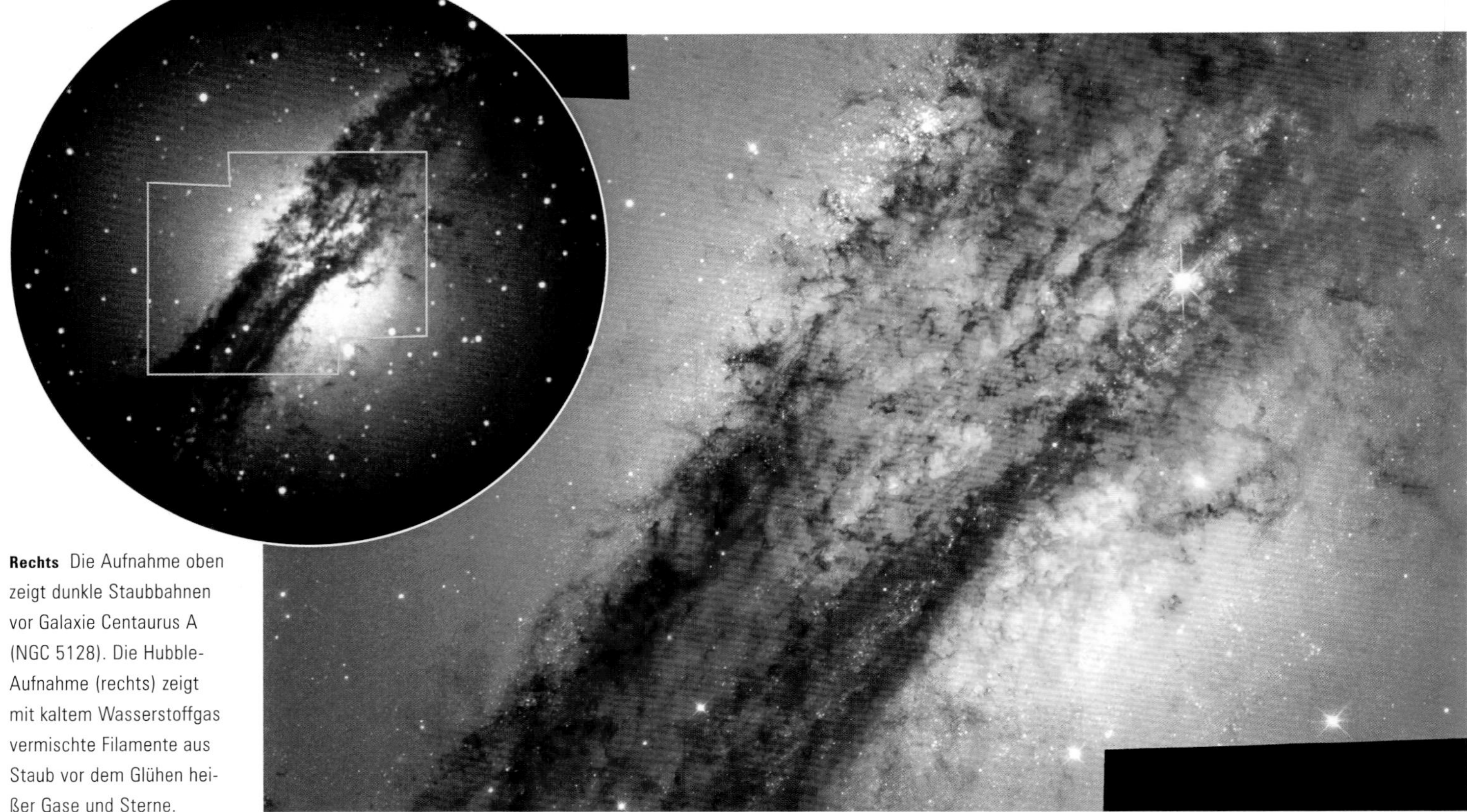

Rechts Die Aufnahme oben zeigt dunkle Staubbahnen vor Galaxie Centaurus A (NGC 5128). Die Hubble-Aufnahme (rechts) zeigt mit kaltem Wasserstoffgas vermischte Filamente aus Staub vor dem Glühen heißer Gase und Sterne.

DÜSENANTRIEB

Nicht alle Materie fällt in das Schwarze Loch hinein. Aktive Kerne stoßen auch Materie aus, und zwar fast immer in zwei entgegengesetzten Jets. Die Materie in diesen Jets stammt nicht etwa aus dem Schwarzen Loch. Ein Teil der Materie muss die Richtung geändert haben und extrem beschleunigt worden sein. Wir verstehen noch nicht ganz, wie dies funktioniert, doch gibt es einige objektive Erkenntnisse: Materie, die sich dem Schwarzen Loch nähert, wird ionisiert bzw. elektrisch aufgeladen. Ionisierte Materie, die entlang einer Umlaufbahn rast, stellt einen riesigen elektrischen Generator dar. Wahrscheinlich bewirkt die enorme Spannung, die dabei erzeugt wird, dass ein Teil der Materie ins All ausgestoßen wird, doch es ist unklar, warum sie sich zu zwei entgegengesetzten Jets formt. Eine Vorstellung geht davon aus, dass die Akkretionsscheibe dick genug ist, um das Schwarze Loch fast ganz zu umschließen, und nur oben und unten zwei kleine Öffnungen freilässt. Diese „Düsen" formen die ausgestoßene Materie dann zu zwei Jets.

Unten Künstlerische Impression der Energiequelle in der Galaxie PKS 0521-36. Die in der Nähe des Schwarzen Lochs herrschenden Druck- und Temperaturverhältnisse könnten einen Teil des Gases entlang der Rotationsachse des Schwarzen Lochs ausstoßen und den optischen Jet bilden.

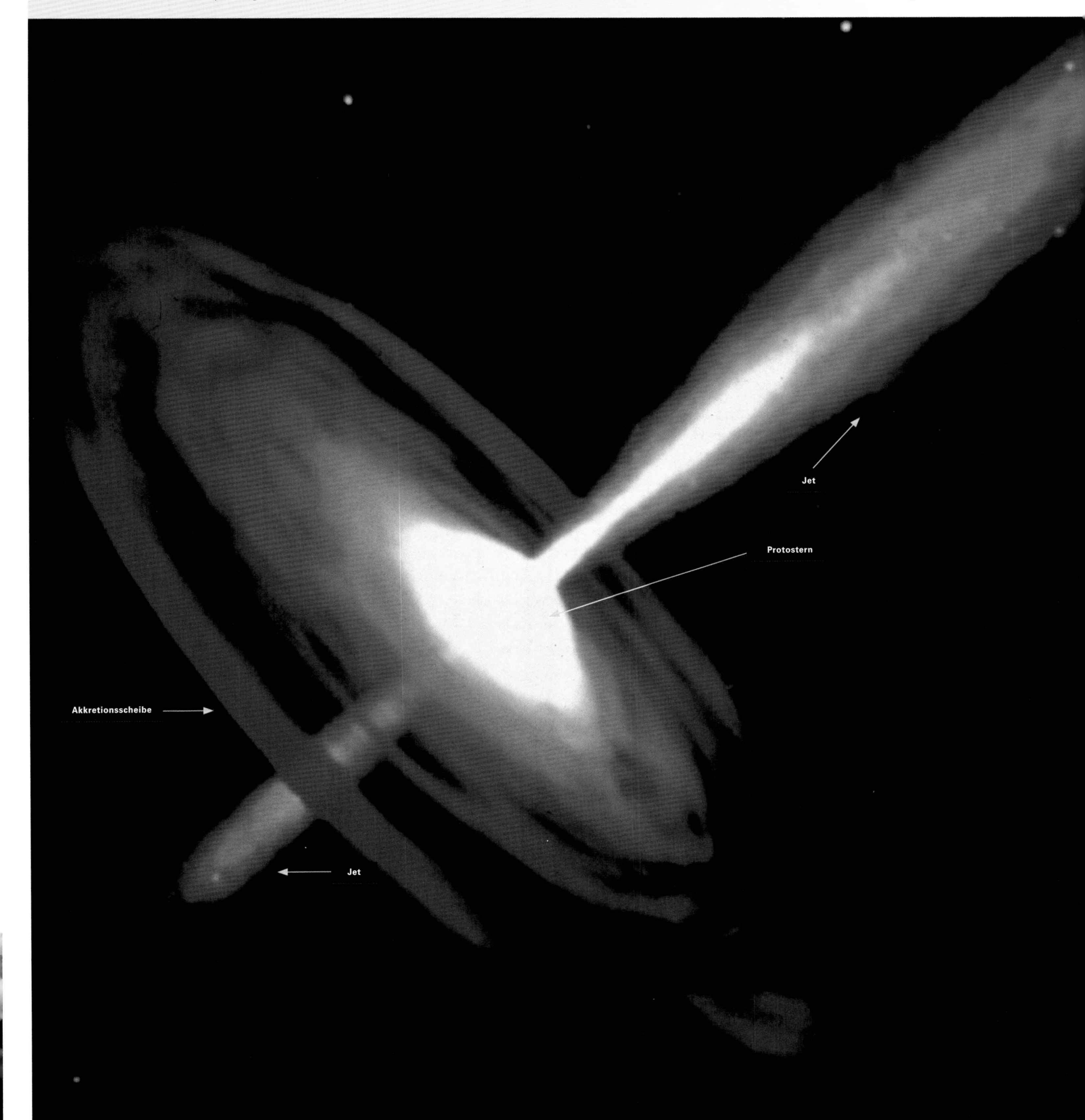

Radiogalaxien

Die meisten elliptischen Riesengalaxien – die Schwergewichte des Kosmos – sehen täuschend harmlos aus. Im sichtbaren Licht sehen wir sie als gigantische Zusammenballungen alter Sterne, die aufgrund ihrer Masse eindeutig dominieren, aber scheinbar einen sanften Charakter haben. Dem ist aber nicht so.

Seite 185 Zusammengesetztes Bild von MS0735.6+7421, einem 2,6 Milliarden Lichtjahre entfernten Galaxienhaufen. Der rote Schimmer ist Radiostrahlung, die von der zentralen Galaxie des Haufens ausgestoßen wird.

Rechts Dieses Falschfarben-Radiobild der Galaxie M87 zeigt die Intensität der Radioenergie, die von dem einzigen Jet aus subatomaren Partikeln emittiert wird. M87 befindet sich 50 Millionen Lichtjahre entfernt im Sternbild Jungfrau.

Unten Zusammengesetztes Bild der Galaxie Centaurus A. Radiostrahlung ist grün, sehr heißes Gas (Röntgenstrahlung) dunkelblau dargestellt. Der Rest ist optische Strahlung.

Beobachtungen im Bereich der Radiostrahlung ergeben ein ganz anderes Bild. Von dem kleinen Kern im Zentrum werden Jets in unterschiedliche Richtungen abgeschossen, und zwar mit so viel Energie, dass sie weit über die Galaxie hinausgetragen werden, bis sie sich schließlich in gigantischen Keulen aus Radiostrahlung auflösen.

DOPPELTE RADIOKEULEN

Doppelte Radiokeulen, die mehr oder weniger symmetrisch zur Galaxie auftreten, sind daher die Markenzeichen für Radiogalaxien. Gegenüber der Radiostruktur, die sich manchmal über Millionen Lichtjahre verteilt, erscheint die physikalische Größe der Galaxie winzig – und der aktive galaktische Kern, der für den Jet verantwortlich ist, erst recht. Das wissen wir, weil Radioteleskope mit Interferometrie in großem Abstand messen, was sie in die Lage versetzt, sehr viel mehr Details zu zeigen als optische Teleskope. Daher wissen wir heute, dass der aktive Kern nur wenige Lichtjahre misst und dass die einzige plausible Erklärung für so viel Energie ein Schwarzes Loch ist.

MASSENAUSSTOSS

Es ist unklar, wie sich das Material in den Jets zusammensetzt, doch der Charakter der Radiostrahlung von Jets und Keulen – ein sogenanntes „Potenzgesetz" – deutet auf Synchrotronstrahlung hin, bei der Elektronen mit hohen Geschwindigkeiten in Magnetfeldern wirbeln.

Wir wissen, dass die von den Keulen emittierte Energie normalerweise gewaltig ist, und vermutlich verlieren die verantwortlichen Elektronen sofort an Tempo und Strahlungsenergie. Offenbar füllen die Jets die Energie in den Keulen ständig wieder auf, wobei allerdings noch unklar ist, wie das genau vor sich geht. Die Geschwindigkeit der Materie in den Jets kann auch variieren. Manche Jets weisen Krümmungen und Keulen auf, die in ihren Zentren am hellsten sind. Diese allgemein als Fanaroff-Riley Typ I klassifizierten Objekte haben langsamen Massenausstoß, der andere Typ, Fanaroff-Riley Typ II, zeigt schnellen Massenausstoß mit kerzengeraden Jets und Keulen, die an den Rändern am hellsten sind.

Es gibt auch den Fall einseitiger Jets, der höchstwahrscheinlich durch sehr schnelle (relativistische) Geschwindigkeit verursacht wird, bei der ein auf uns gerichteter Jet sehr hell strahlt, ein uns abgewandter Jet hingegen wesentlich dunkler ist. Einige wenige Radiogalaxien weisen eine komplexe Radiostruktur auf.

RADIOQUELLEN

Die uns nächstgelegene Radiogalaxie ist Centaurus A (NGC 5128). Im sichtbaren Licht erkennen wir eine elliptische Galaxie, die allerdings auf Höhe ihrer „Taille" von Staubbahnen und Sternentstehungsgebieten umhüllt ist, bei denen es sich mit großer Sicherheit um die Überreste einer kleineren Spiralgalaxie handelt, die durch die große Anziehungskraft von Cas A auseinandergerissen wurde. Radiobeobachtungen zeigen ein Paar innerer und dazu ein extrem ausgedehntes Paar äußerer Keulen.

Könnten wir Radiostrahlung sehen, würde die Galaxie uns wie ein auffälliges Doppelobjekt am Südhimmel erscheinen. Es ist offensichtlich, dass die Aktivität in Centaurus A irgendwie mit dem „Kannibalismus" an einer Nachbargalaxie zusammenhängt.

Das gleiche gilt sicherlich auch in anderen Fällen. Obwohl sie weit ferner ist, besitzt die Heimatgalaxie von Cygnus A, eine der hellsten Radioquellen am Himmel, eine ähnliche Erscheinungsform. Eine weitere gut erforschte elliptische Riesengalaxie am Südhimmel, NGC 1316, zeigt Schleifen und verräterische Hinweise auf „kürzlich einverleibte" kleinere Galaxien und ist eine Dipol-Radioquelle.

Einige ferne Quasare zeigen ebenfalls die klassische Doppelstruktur, obwohl nicht leicht zu erkennen ist, welche Art Galaxie sie beherbergt. Manchmal hat Interferometrie auch die Entwicklung von Blasen von Radiostrahlung nachverfolgen können, wenn sie ausgestoßen werden.

Warum entgegen der Relativitätstheorie die Geschwindigkeit dieser Blasen höher als die des Lichts zu sein scheint, wird gegenwärtig erforscht.

Quasare

Quasare sind aktive Galaxien mit stark leuchtenden Kernen. Ihre phänomenale Leuchtkraft hat ihre Ursache in der unmittelbaren Nachbarschaft der supermassiven Schwarzen Löcher in ihrem Zentrum. Sie sind die Leuchttürme des Universums.

Rechts Diese Aufnahme des Hubble-Weltraumteleskops zeigt das Schwarze Loch im Zentrum der Circinus-Galaxie, die einem wirbelnden Hexenkessel mit schimmernden Dämpfen ähnelt. Diese Galaxie ist eine Seyfert-2-Galaxie, eine Klasse, die überwiegend Spiralgalaxien mit kompakten Zentren und vermutlich massiven Schwarzen Löchern umfasst. Die Galaxie befindet sich 13 Millionen Lichtjahre entfernt im südlichen Sternbild Zirkel.

Unten Eine aus Aufnahmen von erdgebundenen und Röntgenteleskopen zusammengesetzte Darstellung von NGC 4258 (M106). Zwei prominente Arme entspringen dem hellen Seyfert-2-Kern und winden sich nach außen. Diese Arme werden von hellen jungen Sternen dominiert, die das Gas in den Armen zum Leuchten bringen.

Quasare geben ihre Energie nicht nur im Bereich des sichtbaren Lichts ab, sondern in Form hochenergetischer Röntgenstrahlung, die sich durch das elektromagnetische Spektrum hindurch fortsetzt, sodass die Kerne im Röntgen-, UV-, sichtbaren, infraroten und auch Radiobereich leuchten. Auch wenn sie wie Radiogalaxien häufig Jets bilden, wird die meiste Energie eindeutig in Leuchtkraft umgesetzt.

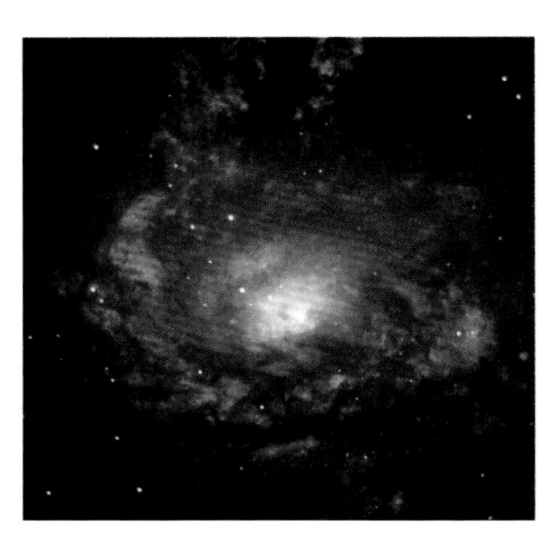

AUSGANGSLEISTUNG

Die Strahlung weist im Verlauf von Wochen Veränderungen auf. Um eine solche kohärente Veränderung zu zeigen, darf die verantwortliche Region nicht größer sein als einige Lichtwochen – ein weiteres Indiz dafür, dass ein Schwarzes Loch beteiligt sein muss. Physikalisch gesehen muss der Kern im Verhältnis zur Galaxie winzig sein.

Dennoch vermag die Leuchtkraft des Kerns sämtliche Sterne der Galaxie um ein Vielfaches zu übertreffen, sodass die Galaxie selbst häufig überstrahlt und daher unsichtbar wird. Als 1960 die Quasare entdeckt wurden, hielt man sie daher zunächst für Vordergrundsterne innerhalb unserer Galaxis.

„Quasar" ist ein Akronym für „Quasi-Stellar Radio Source", was darauf hinweist, dass die ersten Quasare aufgrund ihrer Radiostrahlung gefunden wurden. Heute wissen wir, dass die meisten Quasare paradoxerweise im Radiobereich schweigen.

ARTEN VON QUASAREN

Nicht alle Quasare sind „superhell". Seyfert-Galaxien – die 1943 von Carl Seyfert identifiziert wurden – sind als normale Galaxien, und zwar vorwiegend Spiralgalaxien, erkennbar, besitzen aber sehr helle Kerne. Die sogenannten Seyfert-1-Kerne sind mit Ausnahme ihrer geringeren Leuchtkraft mit Quasaren völlig identisch.

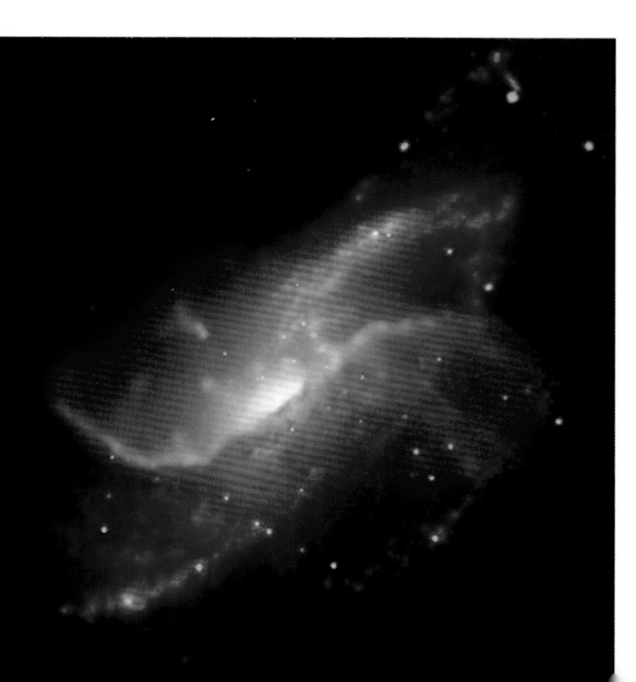

Heute erkennen wir, dass dasselbe Phänomen sich bis hinunter zu geringer Leuchtkraft erstreckt; sehr schwache Quasarkerne sind in nahe gelegenen Spiralgalaxien bisweilen kaum auszumachen. Es gibt auch verwandte Galaxien mit schwach leuchtenden Kernen, die als Seyfert-2-Galaxien bekannt sind, sowie gering angeregte LINER.

Den besten Einblick in die physikalischen Verhältnisse in der unmittelbaren Nachbarschaft des Kerns bietet die Spektroskopie, die die Menge des emittierten Lichts und die Wellenlänge anzeigt – sprich: Farbe. Aktive galaktische Kerne unterscheiden sich durch ihre auffälligen Spektrallinien von Wasserstoff, Sauerstoff und Stickstoff. Breite Linien von Wasserstoff stammen aus der dichtesten Umgebung und verraten uns, dass die betreffenden Gaswolken sich mit Tausenden Kilometern pro Sekunde – viel schneller als an jedem anderen Ort in der Galaxie – in einer lichtwochengroßen Region des Kerns selbst bewegen. Derart hohe Geschwindigkeiten verraten die Anwesenheit einer riesigen verdichteten Masse, bei der es sich nur um ein supermassereiches Schwarzes Loch handeln kann. Schmalere Spektrallinien zeigen geringere Geschwindigkeiten in einer sehr viel ausgedehnteren Region an, die Hunderte Lichtjahre umfassen kann.

Quasare und Seyfert-1-Galaxien weisen breite und schmale Spektrallinien auf, Seyfert-2- und LINER-Galaxien hingegen nur schmale. Sogenannte BL Lacertae-Galaxien weisen überhaupt keine Emissionslinien auf, dafür Variationen, die im Größenbereich von Stunden liegen können.

VEREINHEITLICHUNG

In den letzten Jahren wurde ein Modell entwickelt, das die genannten Typen vereint. Es besagt, dass eine Akkretionsscheibe nah am Kern einen verdunkelnden Torus bildet – einen schwimmreifenartigen Ring. Sieht man den Torus von der Seite, verdeckt er den Kern und seine Umgebung. Damit man einen Quasar oder eine Seyfert-1-Galaxie sehen kann, muss der Torus in Aufsicht liegen, sodass die Kernregionen nicht verdeckt werden.

Je weiter der Torus sich von Aufsicht zu Seitenlage bewegt, desto größer ist die Abdeckung, und desto mehr gleicht das Objekt einer Seyfert-1-oder einer LINER-Galaxie.

Emittiert der aktive Kern Jets, die von uns weglaufen, handelt es sich um ein BL Lac-Objekt.

Es gibt nicht mehr besonders viele Quasare. Wenn wir tief ins All blicken, also weit in die Zeit zurück, sehen wir eine viel größere Dichte an hellen Quasaren. Doch die damaligen Galaxien waren einander viel näher und beeinflussten sich daher mehr als heute. Wie bei den riesigen elliptischen Radiogalaxien scheinen Wechselwirkungen die Schwarzen Löcher mit Materie zu füttern, sodass sie zum Quasar werden. Möglicherweise haben daher alle großen Spiralgalaxien das Potenzial zu periodischer Quasar-Aktivität.

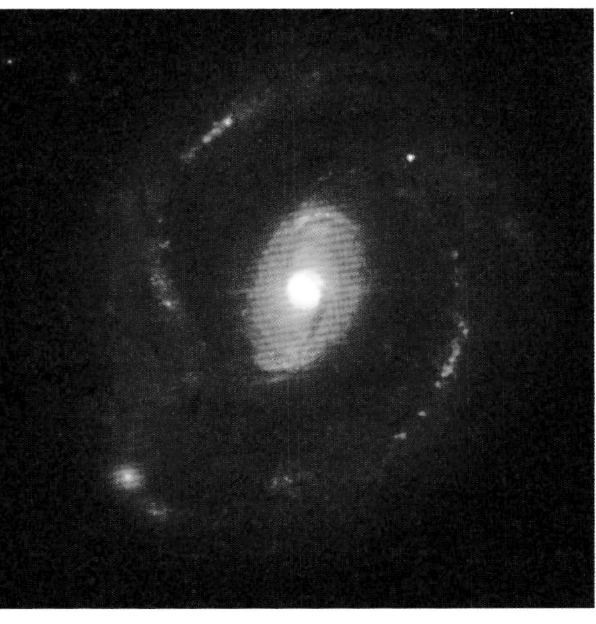

Oben Künstlerische Impression eines Quasars in einer Protogalaxie wenige hundert Millionen Jahre nach dem Urknall. Man glaubt, dass die ersten Sterne vor den supermassereichen Schwarzen Löchern entstanden, die die Quasar-Motoren in den Galaxiekernen antreiben.

Links Hubble-Aufnahme von zwei Quasaren. Der linke (HE0450-2958, rund 5 Milliarden Lichtjahre entfernt) besitzt keine massive Wirtsgalaxie. HE1239-2426 (rechts, rund 1,5 Milliarden Lichtjahre entfernt) besitzt eine normale Wirtsgalaxie.

Kosmische Strukturen

In sehr großem Maßstab – im Bereich von mehreren hundert Millionen Lichtjahren – ist das Weltall von recht eigenartiger Beschaffenheit. Wie Löcher in einem Badeschwamm durchdringen kosmische Hohlräume das Netz der Galaxien.

Oben Ausschnitt aus dem *Himmel von Salamanca* genannten Fresko in der Kuppel der alten Bibliothek der Universität Salamanca (Spanien). Jungfrau und Merkurs Wagen zeigen in Richtung des Lokalen Superhaufens.

Seite 189 Dieses Diagramm, die sogenannte Millennium-Simulation, zeigt, wie sich Galaxien und kosmische Strukturen nach dem Urknall vor 13,7 Milliarden Jahren entwickelt haben. Das Bild zeigt das Dichtefeld in einem 15 Mpc/h dicken Schnitt bei Rotverschiebung z=0. Die überlagerten Bilder sind Vergrößerungen der markierten Regionen jeweils um den Faktor 4.

Fast alle Galaxien sammeln sich rings um die Leerräume, nur einige wenige finden sich darin. Wie in einem Schwamm sind die Galaxienanhäufungen irgendwie miteinander verbunden. Ähnliche Verbindungen scheint es unter den kosmischen Leerräumen zu geben. Allerdings sind die Verbindungen nicht regelmäßig – einige Regionen haben eine hohe Galaxiendichte mit wenigen Leerräumen dazwischen, während andere eine geringere Dichte und größere Leerräume aufweisen. Sehr dichte Regionen sind oft in Filamente oder sogar unregelmäßige „Mauern" auseinandergezogen; sie werden als Superhaufen bezeichnet. Die Entdeckung dieser kosmischen Strukturen im späten 20. Jahrhundert kam völlig unerwartet.

Denn das All schien nicht alt genug zu sein, als dass sich derart gigantische Strukturen hätten ausbilden können – es sei denn, das Universum enthielte weit mehr Masse als angenommen. Die Existenz dieser Strukturen ist daher eines der Indizien dafür, dass es möglicherweise beträchtliche Mengen dunkler Materie gibt. Rätselhaft blieb aber die Frage, was die schwammartige Struktur verursacht hatte. Sollte die Theorie vom Inflationären Universum korrekt sein, dann hätten sich die kleinsten, auf Quantenlevel vorstellbaren, Fluktuationen explosionsartig auf kosmische Dimensionen ausgeweitet.

COMPUTERSIMULATIONEN

Die Dauer eines menschlichen Lebens ist viel zu kurz, als dass wir die Evolution der kosmischen Struktur hätten miterleben können. Bemerkenswerten Erfolg hatten wir aber mit sogenannten Mehrkörpersimulationen in Supercomputern. Die Illustration auf Seite 189 stammt aus der Millennium-Simulation, die ein Team aus Forschern und Wissenschaftlern, das als Virgo-Konsortium bekannt wurde, durchgeführt hat.

Die Ausgangszutaten – Gaußsche Fluktuationen, kalte dunkle Materie sowie der Lambda-Faktor – führten zur Entwicklung eines Netzes aus Filamenten, das „Kosmisches Netz" getauft wurde. Dieses hat große Ähnlichkeit mit der realen Verteilung der Galaxien und macht Hoffnung, zumindest teilweise verstehen zu können, welche Prozesse das Weltall formten. Einige Details sind aber immer noch unklar: Simulierte Riesengalaxien scheinen viel zu viele Satelliten zu haben, die simulierten Leerräume sind nicht so leer wie die wirklichen, und die wirklichen Daten belegen Galaxienzusammenballungen, die sehr viel dichter sind als in den Simulationen.

SCHEMATISCHE VERTEILUNG

Und wie passen wir in dieses Schema? Die nächstgelegene hochverdichtete Region ist der Virgo-Galaxienhaufen. Er ist die dominante Struktur in einer irregulären, etwas abgeflachten kosmischen Struktur, die Lokaler Superhaufen oder Virgo-Superhaufen genannt wird. Unsere Galaxis liegt am Rand dieses Superhaufens in einem Vorsprung, der unsere Lokale Gruppe und benachbarte Gruppen umfasst. In der Nähe liegt auch der Lokale Leerraum, der in einen kosmischen, fast 150 Millionen Lichtjahre messenden Leerraum hineinreicht. Interessanterweise beschrieb schon John Herschel Mitte des 19. Jahrhunderts den lokalen Superhaufen. Mitte des 20. Jahrhunderts wurde er von Gerard de Vaucouleurs wiederentdeckt. Jaan Einasto und Mihkel Joeveer warfen in den späten1970er-Jahren erstmals die Frage auf, ob das Universum eine „zelluläre" Struktur habe. Erst in den 1980er-Jahren wurden diese Entdeckungen von der breiten Forschergemeinde akzeptiert.

KARTIERUNG DES HIMMELS

Die unlängst abgeschlossene 6dF-Galaxiendurchmusterung (6dF steht für Sechs-Grad-Blickfeld) stützte sich auf das englisch-australische Schmidt-Teleskop in Siding Spring bei Coonabarabran (Australien). Man beobachtete fast 140 Galaxien gleichzeitig, und die Durchmusterung deckte den gesamten Südhimmel ab. Entdeckt wurden mehr Details nahe gelegener kosmischer Strukturen und Leerräume als je zuvor.

Die Durchmusterung enthüllte die allgemeine Struktur der Leerräume, die von Galaxien umgeben sind. Sichtbar wurden hochdichte Regionen, die von kleineren Leerräumen durchsetzt sind, und weniger hoch verdichtete Regionen mit großen, blassen Strukturen und größeren Leerräumen.

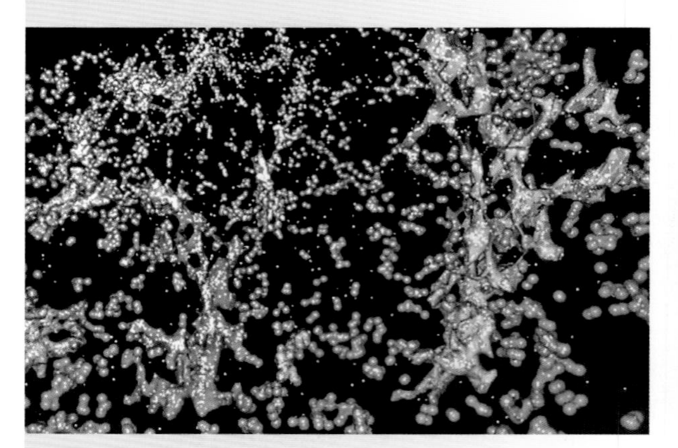

Oben Visualisierung der Daten der 6dF-Durchmusterung, bei der die Leerräume zwischen den Galaxien sichtbar werden. In fünf Jahren wurden mehr als 120 000 Rotverschiebungen am Südhimmel gemessen.

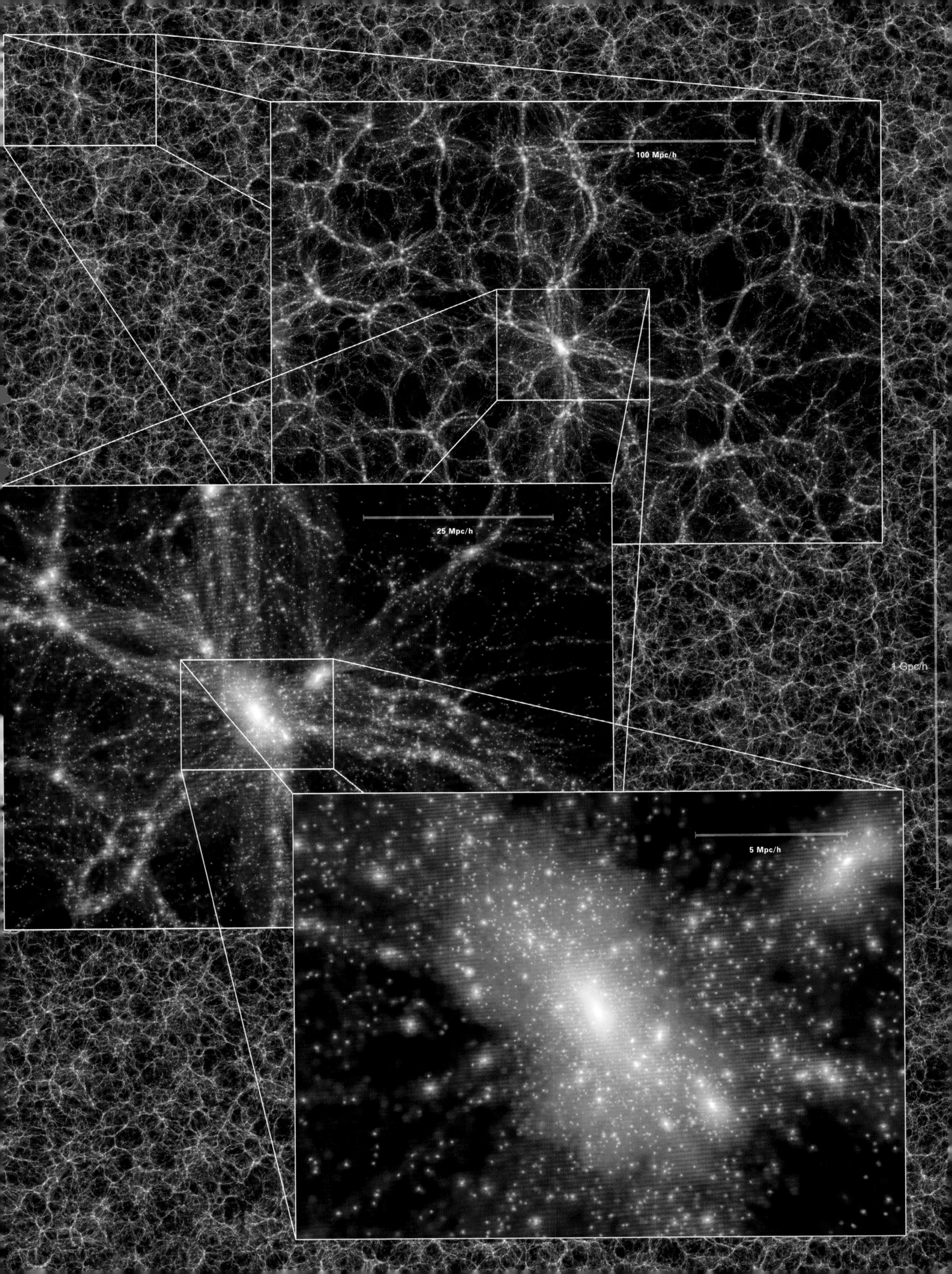
100 Mpc/h
25 Mpc/h
5 Mpc/h
1 Gpc/h

Die heutige Kosmologie

Der Zustand des Universums

Die Kosmologie erforscht Ursprung, Aufbau und Entwicklung des Universums. Sie ist eine Wissenschaft im Wandel – neue Entdeckungen stellen immer wieder alte Theorien infrage. Die Kosmologie versucht, die großen Fragen zu beantworten: Wie und wann wurde das Weltall geboren? Welche Gestalt hat es? Woraus besteht es, und wie wird es enden?

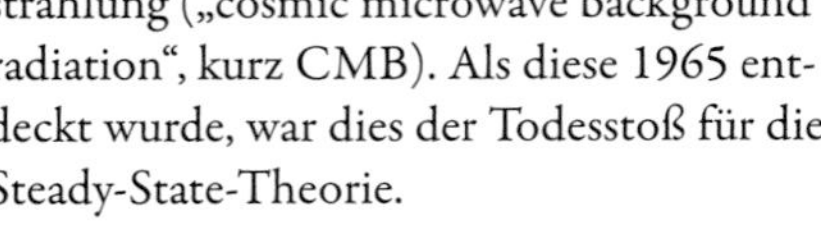

Rechts Der umstrittene britische Astronom Sir Frederick Hoyle (1915–2001) trug mit Ausflügen in die Science-Fiction-Literatur dazu bei, die Astronomie populär zu machen, so mit den Büchern *Die schwarze Wolke* (1957) und *A wie Andromeda* (1962).

Seite 193 Das Hubble-Weltraumteleskop war für dieses Bild, das als „Hubble Ultra Deep Field" bekannt ist, elf Tage lang auf einen bestimmten Himmelsbereich gerichtet. Diese Galaxien sind so weit entfernt, dass wir sie heute so sehen, wie sie aussahen, als das Universum weniger als eine Milliarde Jahre alt war.

Bis 1925 hatten die Astronomen die Erkenntnis gewonnen, dass das Universum aus Hunderten oder gar Tausenden von Galaxien bestehe, von denen sich viele mit unvorstellbarer Geschwindigkeit von uns entfernten. Das Universum schien sich nach allen Richtungen auszudehnen.

WIDERSTREITENDE THEORIEN

Der Erste, der von dieser Erkenntnis ausgehend rückwärts rechnete, war Abbé Georges Eduard Lemaître (1894–1966). 1927 formulierte er die Theorie, dass das Universum einen bestimmten Anfang gehabt habe, einen Moment, da alle Materie und Energie auf einen Punkt konzentriert war. Und als dieser wie ein gigantisches Feuerwerk explodierte, war es der Anfang von Zeit und Raum und der Ausdehnung des Universums.

20 Jahre später kam eine andere Idee auf. Die sogenannte Steady-State-Theorie nahm an, der Kosmos sei statisch: stets gleich zu allen Zeiten, an allen Orten, in allen Richtungen. Das Universum habe keinen Anfang und kein Ende, und die beobachtete Ausdehnung sei lediglich eine Nebenerscheinung. Der britische Astronom Frederick Hoyle, der sich für das Steady-State-Modell stark machte, belegte die andere Theorie mit dem spöttischen Begriff „Big Bang" („Urknall").

In jenem Jahr, in dem die Steady-State-Theorie veröffentlicht wurde, behauptete der Physiker George Gamow, dass einige der Elemente, die wir heute kennen, in den ersten Minuten der Geburt des Universums entstanden seien und dass das Universum in seinem frühesten Zustand sehr heiß war und sich mit seiner Ausdehnung abkühlte. Wenn die Urknall-Theorie zutraf, dann dürfte, so Gamow, im heutigen Kosmos noch etwas von der ursprünglichen Hitze übrig geblieben sein. Die Astronomen bezeichneten die verbliebene Resthitze als Kosmische Mikrowellen-Hintergrundstrahlung („cosmic microwave background radiation", kurz CMB). Als diese 1965 entdeckt wurde, war dies der Todesstoß für die Steady-State-Theorie.

NICHTS IST SO, WIE ES SCHEINT

Obwohl die Urknall-Theorie eine mittlerweile anerkannte Hypothese ist, lässt sie viele Fragen offen. Was genau hat sich während der ersten Millisekunden jener Geburt ereignet, die das Universum hervorbrachte, das wir heute sehen? Woraus besteht es, was wird sein Schicksal sein? Die Kosmologen haben einige Antworten gefunden, doch es gibt noch viele Rätsel.

Anfang der 1980er-Jahre behauptete Alan Guth, dass sich der Kosmos unmittelbar nach der Geburt des Universums um einen Faktor von mindestens 10^{30} ausgedehnt habe – eine gigantische Expansion! Diese Theorie erklärt, warum das Universum so riesig ist, obwohl es „nur" 13,7 Milliarden Jahren alt ist. Zugleich folgerten Astronomen, dass die Hauptmasse des Universums unsichtbar, weil sogenannte dunkle Materie sei. Woraus diese besteht, weiß niemand. Doch wenn es genügend dunkle Materie gibt, kommt die Expansion des Universums zum Stillstand, kehrt sich um und führt in fernster Zukunft zu einem „Big Crunch", dem „Großen Zusammenfall".

Weitere Verwirrung stiftete 1998 die Entdeckung, dass sich die Ausdehnung des Universums beschleunigt; unbekannte Kräfte scheinen es auseinanderzutreiben. Den Kosmologen zufolge macht die Materie, die wir sehen können – Atome, Moleküle, Planeten, Sterne, Galaxien – gerade vier Prozent des Universums aus. Kein Wunder, dass es so schwer ist, unseren Kosmos zu verstehen: Das meiste davon können wir nicht sehen!

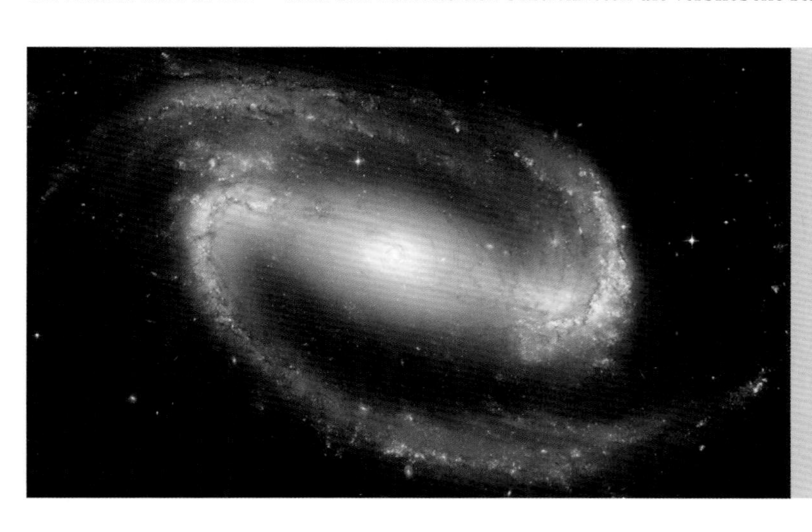

DIE GEBURT DER KOSMOLOGIE

Kaum vorstellbar – aber vor 200 Jahren glaubten die Astronomen noch, das Universum bestehe aus unserem Sonnensystem und den Sternen, die sich in unbestimmter Entfernung befänden. Vor weniger als 100 Jahren hielt man die Milchstraße für das gesamte Universum. Doch man fragte sich, was es mit den vielen verschwommenen Lichtflecken überall am Himmel auf sich habe.

1923 entdeckte Edwin Hubble mit dem 254-cm-Spiegelteleskop auf dem Mount Wilson, dass der Andromedanebel ein riesiges System von Sternen in der Entfernung von einer Million Lichtjahren ist – eine Distanz mehr als dreimal so groß wie der Durchmesser der Milchstraße. Rasch fanden die Astronomen heraus, dass andere verschwommene Flecken ebenfalls ferne Galaxien sind (wie hier im Bild NGC 1300). Woher kamen sie? Wann entstanden sie? Was ist ihr Schicksal? Um diese Fragen zu beantworten, „schufen" Astronomen die moderne Wissenschaft der Kosmologie.

Der Ursprung des Universums

Vieles in der Kosmologie mag uns gefühlsmäßig ganz und gar widerstreben und unserer normalen Denkweise völlig fremd sein. Astronomen haben jetzt erkannt, dass die Erde und unser Sonnensystem nur ein winziges Teilchen eines unermesslichen Universums darstellen, dessen Beschaffenheit sich als so ganz anders als all das erweist, was uns vertraut ist.

2007 drückte es der Theoretiker Lawrence M. Krauss in der *New York Times* so aus: „Wir sind nichts als Schmutzstäubchen. Wenn man uns und all die Sterne, Galaxien und Planeten und die Außerirdischen und alles entfernte, bliebe das Universum doch das Gleiche. Wir sind völlig unbedeutend."

DAS FRÜHE UNIVERSUM

Die Urknall-Theorie beschreibt, wie das Weltall entstand, erklärt aber nicht den Moment der kosmischen Geburt. Jede Beschäftigung damit ist rein spekulativ. Nehmen wir also an, unser Universum ist einfach da – winzig klein, vielleicht ein Millionstelmeter groß –, und sehen wir uns die erste Millisekunde in seinem Leben an.

Wenn das Universum nicht ins Dasein „explodierte", was geschah dann? Denken wir uns die Geburt des Kosmos als die Entfaltung von Materie, Energie und Zeit, die sich überall simultan ereignete! Eines der Probleme der Kosmologen am Ende des 20. Jahrhunderts war, zu erklären, wie sich das Universum so schnell ausdehnen konnte, um derart groß zu werden, wie wir es heute sehen. In den 1980er-Jahren vermuteten Alan Guth und andere, dass in den ersten 10^{-34} Sekunden seiner Existenz eine extrem schnelle Expansion erfolgte. Während dieses explosiven Aufblähens verdoppelte sich die Größe des Universums mindestens 85- oder 90-mal und erzeugte eine enorm heiße, dichte Mischung von Materie und Energie.

Unten Auf dieser Illustration umkreist der Satellit COBE die Erde. 1992 erstellte er die erste Gesamtkarte des Himmels mit Kosmischer Mikrowellen-Hintergrundstrahlung (Abb. gegenüber). Arno Penzias und Robert Wilson hatten sie 1965 per Zufall entdeckt.

Als Triebkraft dieser rasenden Ausdehnung vermutet man die Kraft des Vakuums. Obwohl es unserem Menschenverstand widerspricht, wissen Physiker, dass der leere Raum über Energie verfügt. In einem so kleinen Universum wie dem unseren wäre eine winzige Menge von Vakuumenergie stark genug, den Kosmos um ein Mehrfaches auszudehnen. Mit dem Wachstum des Universums wurde die Vakuumenergie schwächer, die Ausdehnung des Universums verlangsamte sich.

Im Lauf der Expansion kühlte das Universums ab und verlor an Dichte. Eine Sekunde nach seiner Geburt betrug die kosmische Temperatur etwa zehn Milliarden Grad. Zwei Sekunden später war das Universum ein überhitztes Plasma aus Photonen (Strahlung) und subatomaren Teilchen, die ineinanderkrachten und Protonen und Neutronen bildeten.

Astronomen nennen die folgenden Jahrhunderttausende der kosmischen Geschichte die Strahlungs-Ära. Der Kosmos war ein Meer energiegeladener Elektronen und Protonen – zu heiß für die Bildung von Materie. Über diese Ära ist wenig bekannt, denn das Plasma, das das Universum erfüllte, ließ keine Strahlung durch, und der neugeborene Kosmos blieb vor unseren neugierigen Augen verborgen.

DIE KOSMISCHE MIKROWELLEN-HINTERGRUNDSTRAHLUNG

Etwa 380 000 Jahre nach dem Urknall hatte sich das Universum auf unter 4000 Grad Celsius abgekühlt; Wasserstoff- und Heliumkerne fingen Elektronen ein, um mit ihnen elektrisch neutrale Atome zu bilden. Diese stabile Gasform hält die Strahlung nicht so gut zurück wie Plasma, der Kosmos wurde mit der Zunahme von Wasserstoff und Helium transparent, und die Astronomen konnten „sehen", was da vor sich ging.

Mit der Ausdehnung des Universums wurde die ursprüngliche Strahlung gedehnt (Rotverschiebung) und abgekühlt. Heute kann man sie nur noch als kaltes (2,7 Grad Celsius über dem Absoluten Nullpunkt oder –270 Grad Celsius), schwaches Leuchten von Mikrowellen wahrnehmen, als CMB, Kosmische Mikrowellen-Hintergrundstrahlung. Entdeckt wurde sie zufällig: Arno Penzias und Robert Wilson von den Bell Telephone Laboratories in Murray Hill, New Jersey, stießen 1965 darauf, als sie eine spezielle Antenne bauten und ein zischendes Störgeräusch nicht beseitigen konnten. Es war die CMB-Strahlung. 1978 erhielten sie für ihre Entdeckung den Nobelpreis für Physik.

Anfang der 1990er-Jahre nahm der Satellit *Cosmic Background Explorer* (COBE) Messungen von Verteilung und Temperatur der Mikrowellen-Strahlung vor und entdeckte leichte Unregelmäßigkeiten. Die Instrumente des Satelliten waren so empfindlich, dass sie Temperaturunterschiede von nur einem hunderttausendstel Grad zwischen „heißen" und „kalten" Regionen aufzeichneten. Die Leiter des COBE-

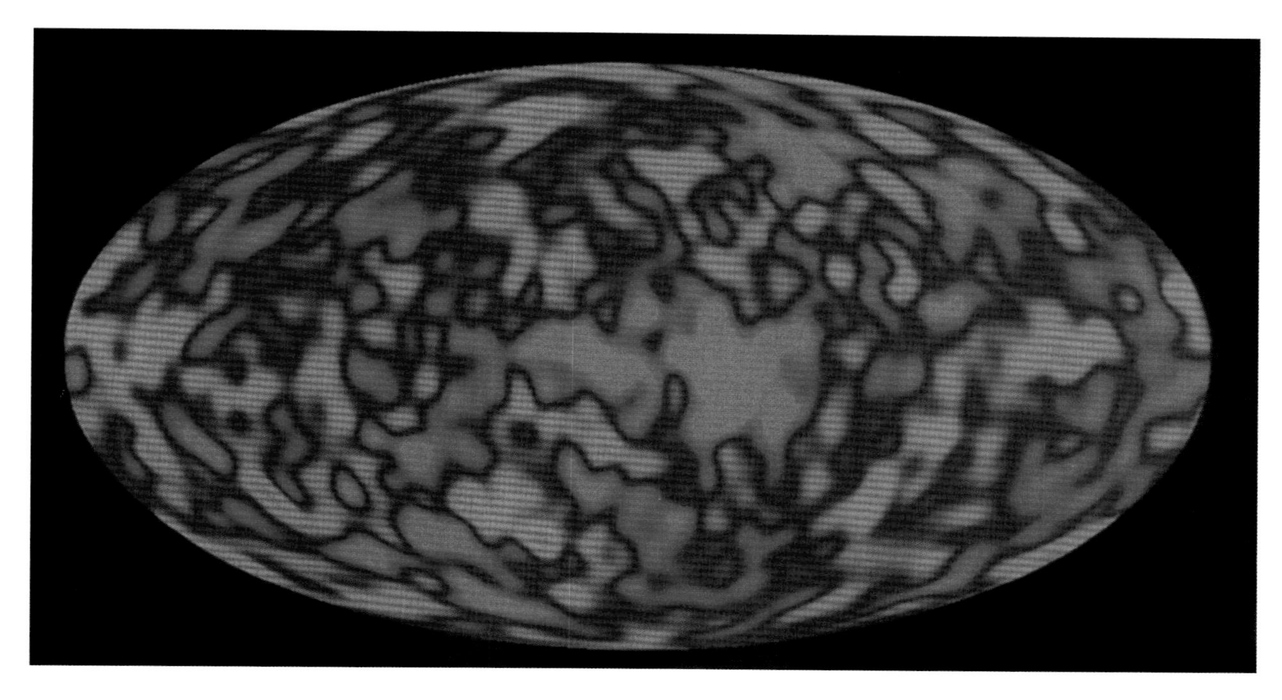

Links Diese Karte der Kosmischen Mikrowellen-Hintergrundstrahlung beruht auf Daten des Satelliten COBE, die dieser in zwei Jahren erfasste. Die blauen und roten Flecken zeigen Regionen höherer oder geringerer Dichte im frühen Universum. Diese Schwankungen führten zur Entstehung der ersten Sterne und Galaxien im jungen Kosmos.

Forschungsteams, John Mather und George Smoot, erhielten ebenfalls den Nobelpreis für Physik, 2006.

Smoot und andere behaupteten, diese Unterschiede seien Schwankungen der Materiedichte im frühen Universum gewesen – Schwankungen, die zur Bildung von Galaxien und galaktischen Haufen führten. Aber was verursachte im homogenen, 400 000 Jahre alten Universum jene Veränderungen? Dazu fehlten noch genauere Daten; deshalb wurde 2001 eine Anschlussmission mit der Sonde WMAP *(Wilkinson Microwave Anisotropy Probe)* unternommen.

DIE DUNKLE MATERIE WIRD ENTDECKT

Gerade als Alan Guth seine Inflationstheorie darlegte, um zu erklären, wie das Universum so schnell wachsen konnte, schlugen sich andere Astronomen mit der Frage herum: Warum können wir denn nicht alles in unserem Universum sehen?

Bereits 1933 hatte der Schweizer Astrophysiker Fritz Zwicky bei der Masse des Coma-Galaxienhaufens auf etwas Merkwürdiges hingewiesen. Zwicky veranschlagte die Gesamtmasse des Haufens mittels der Bewegungen der Galaxien an seinem Rand sowie der Anzahl von Galaxien in dem Haufen und dessen Gesamthelligkeit. Dabei entdeckte er, dass der Galaxienhaufen 400-mal mehr Masse hatte als erwartet. Anders ausgedrückt: Die Gravitation aller sichtbaren Galaxien war zu gering, um den Haufen zusammenzuhalten – und trotzdem gab es diese stabile Gruppe. Zwicky schloss daraus, dass es eine beträchtliche Menge „unsichtbarer" Materie mit genügend großer Masse (und damit Gravitation) geben müsse, die verhinderte, dass der Coma-Haufen auseinander fliegt.

40 Jahre lang fanden Zwickys Feststellungen keine Beachtung. Dann verkündete 1975 die Astronomin Vera Rubin, dass Sterne außerhalb des Kerns vieler Spiralgalaxien diesen mit ungefähr gleicher Geschwindigkeit umkreisen. Vera Rubin errechnete, dass hierzu 50 Prozent der Masse dieser Galaxien in einem dunklen Halo enthalten sein müssten, wie er jede Galaxie umhüllt. Tatsächlich ermittelten bis Ende des Jahrhunderts die Astronomen, dass 85 Prozent der Masse des Universums aus unsichtbarer dunkler Materie bestehen und nur die übrigen 15 Prozent sichtbare Materie aus Baryonen sind: Protonen, Elektronen und Neutronen, die all das „Zeug" ausmachen, das wir im Universum sehen. Aber woraus besteht die dunkle Materie, und woher kommt sie?

Ein Teil davon könnte baryonische Materie sein, die buchstäblich zu dunkel ist, um gesehen zu werden: Mengen Brauner Zwerge, toter Sterne, extrem massereicher Schwarzer Löcher und Gaswolken, die die Astronomen noch nicht entdeckt haben. Diese Objekte erhielten den Spitznamen MACHOs (MAssive Compact Halo Objects). Die nichtbaryonischen Möglichkeiten werden WIMPs genannt (Weakly Interacting Massive Particles). Wimp ist das englische Wort für Schlappschwanz – auch Physiker haben Humor!

Potenzielle Kandidaten für WIMPs sind exotische subatomare Teilchen, die noch nicht entdeckt wurden, sowie massereiche Neutrinos (gegenwärtig hält man ihre Masse für minimal). Wenn es sie gibt, könnten massereiche Neutrinos den Großteil der dunklen Materie im Universum bilden, denn beim Urknall entstanden Unmengen von ihnen.

DUNKLE MATERIE UND DIE GEBURT DES KOSMOS

Ein kleiner Prozentsatz der unsichtbaren Materie scheint also aus MACHOs zu bestehen, und man geht jetzt davon aus, dass dunkle Materie sehr früh im Universum vorhanden war. Obwohl sie nicht sichtbar ist, spielte sie wahrscheinlich bei der Geburt der ersten Galaxien eine Schlüsselrolle.

Der Urknall verteilte die Materie schnell in alle Richtungen. Aber wie konnten in dem jungen, homogenen Universum Klumpen entstehen? Es fehlte an baryonischer Materie,

Unten Der Coma-Haufen wimmelt von Galaxien. Aber er besitzt noch 400-mal mehr Masse, als man aufgrund der sichtbaren Galaxien annehmen könnte. Die unsichtbare Masse besteht aus dunkler Materie, die 85 Prozent der Masse des gesamten Universums ausmacht.

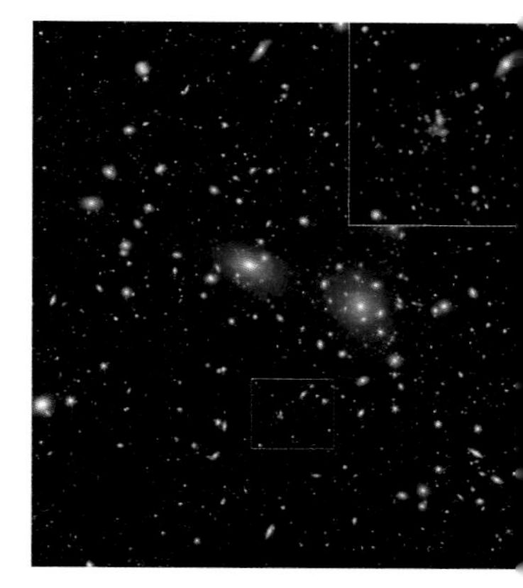

URKNALL-IRRTÜMER

Der „Big Bang", der Urknall, ereignete sich nicht als Explosion irgendwo im All. Die Urknall-Theorie erklärt nicht einmal, wie das Universum tatsächlich begann, sondern nur, wie es sich ausdehnte und unmittelbar nach seiner Geburt abkühlte. Es lässt sich nicht in Worte fassen, was vor dem Urknall war oder was ihn auslöste. Astronomen haben keinerlei Daten über ein Vor-Universum. Da das Universum den gesamten Raum und die gesamte Zeit umfasst, ist die Frage „was ist außerhalb des Universums?" eigentlich sinnlos. Das Universum, das Astronomen beobachten, ist von begrenzter Größe – doch jenseits davon gibt es noch mehr Universum. Dass wir sehen können, wie sich Galaxien von uns wegbewegen, bedeutet ja nicht, dass wir uns im Mittelpunkt des Universums befänden. Jeder Beobachter irgendwo im Kosmos würde Gleiches sehen – ein Artefakt der Ausdehnung des Raumes.

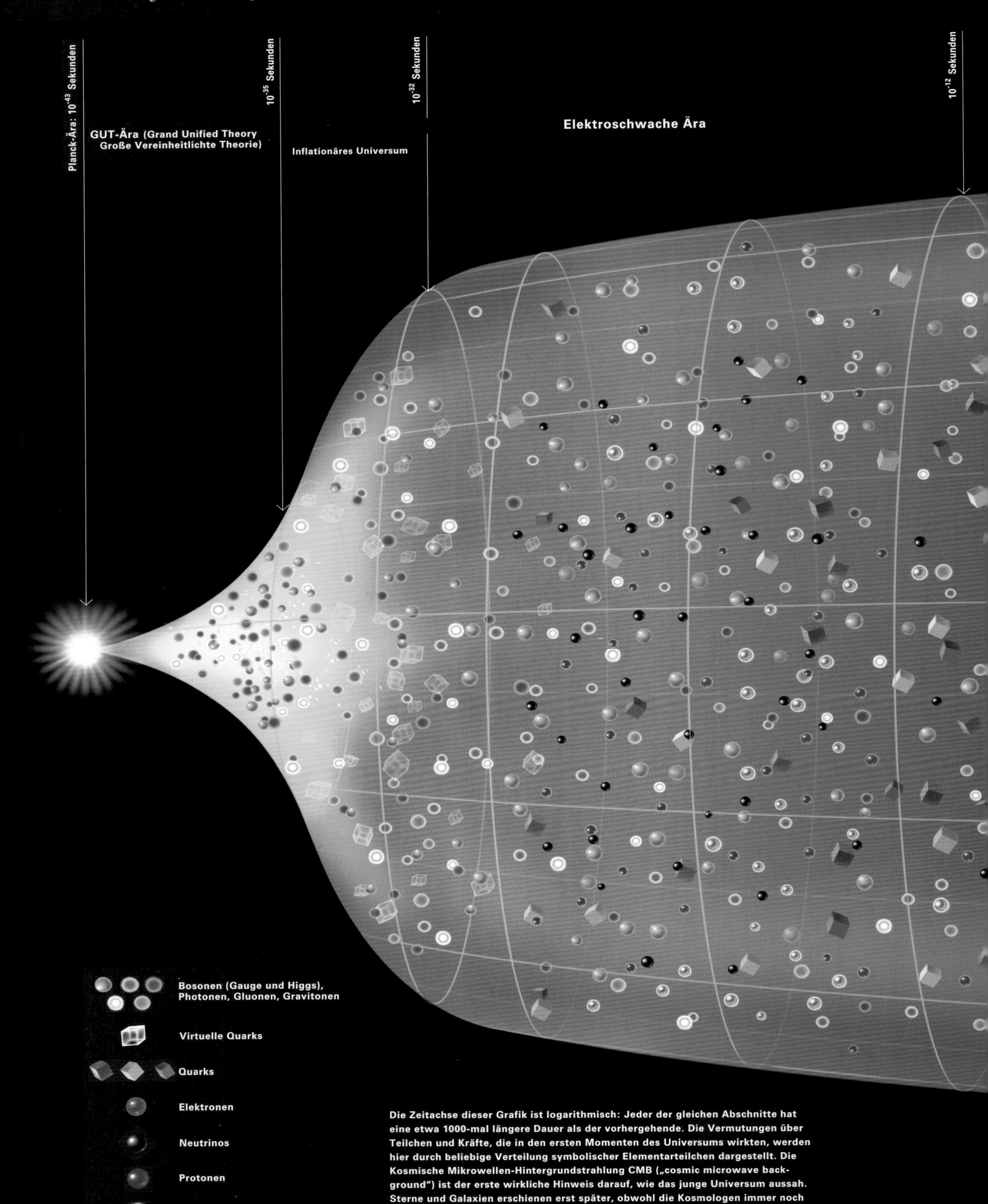

Die Zeitachse dieser Grafik ist logarithmisch: Jeder der gleichen Abschnitte hat eine etwa 1000-mal längere Dauer als der vorhergehende. Die Vermutungen über Teilchen und Kräfte, die in den ersten Momenten des Universums wirkten, werden hier durch beliebige Verteilung symbolischer Elementarteilchen dargestellt. Die Kosmische Mikrowellen-Hintergrundstrahlung CMB („cosmic microwave background") ist der erste wirkliche Hinweis darauf, wie das junge Universum aussah. Sterne und Galaxien erschienen erst später, obwohl die Kosmologen immer noch nach Beweisen suchen, was zuerst da war.

Gegenüber Die ersten Sterne begannen weniger als 400 Millionen Jahre nach der Geburt des Universums zu leuchten. Sie erfüllten den jungen Kosmos mit ihrem Licht.

die eine hinreichende Gravitationswirkung haben konnte. Was bewirkte also, dass sich kleinere kosmische Klumpen bildeten, die sich schließlich in Galaxien verwandelten? Vermutlich dunkle Materie – und es gab jede Menge davon.

Kosmologen hatten die Theorie aufgestellt, dass in der Kosmischen Mikrowellen-Hintergrundstrahlung Anzeichen einer anfänglichen Klumpenbildung lägen. COBE lieferte erste Anzeichen, und man hoffte, die Sonde WMAP könnte weitere Einzelheiten der CMB ans Licht bringen.

WMAP BRINGT ES AUF DEN PUNKT

Unterschiedliche Beobachtungen von Bodenstationen – mit Instrumenten auf Berggipfeln und in der Antarktis – kamen jedoch der WMAP-Mission zuvor. Statt bahnbrechender eigener Entdeckungen erbrachte sie nur die Bestätigung der Feststellungen anderer. Trotzdem hatte dieser Satellit zwei Vorzüge: Er konnte den gesamten Himmel erfassen – und seine Instrumente waren äußerst empfindlich. Deshalb wurden seine Messungen ungeduldig erwartet.

Unter den vielen Erkenntnissen der WMAP-Mission waren die bislang genaueste Schätzung des Alters des Universums (13,7 ± 0,2 Milliarden Jahre), die Gewissheit, dass nur 16 Prozent der Materie im Kosmos aus normalen Baryonen besteht, und die Feststellung, dass die dunkle Materie, die die restlichen 84 Prozent der Masse des Universums ausmacht, kalt ist. Das bedeutet, dass Neutrinos, die sich bei hohen Temperaturen mit großer Geschwindigkeit bewegen, nicht der Hauptbestandteil der dunklen Materie sein können.

Eine der Voraussagen der Inflationstheorie besagte, dass es in dem unmittelbar nach Entstehung des Universums vorhandenen Plasma winzige Schwankungen im subatomaren Quantenniveau gab. Als die Inflation begann, wurden diese winzigen Wellen enorm vergrößert. Die Schwankungen schufen geringfügig dichtere Regionen im neuen Kosmos, die sich schließlich zu den Galaxien und Galaxienhaufen entwickelten, die wir heute sehen. Die von WMAP gesammelten Daten bestätigen diese Voraussage genau.

Unten Das Infrarotbild des Spitzer-Raumteleskops zeigt Hintergrundlicht aus einer Zeit, als das Universum weniger als eine Milliarde Jahre alt war (nahe Sterne und Galaxien sind abgedeckt). Die Experten wissen noch nicht, ob dieses Licht von den ersten Sternen oder ersten Galaxien stammt.

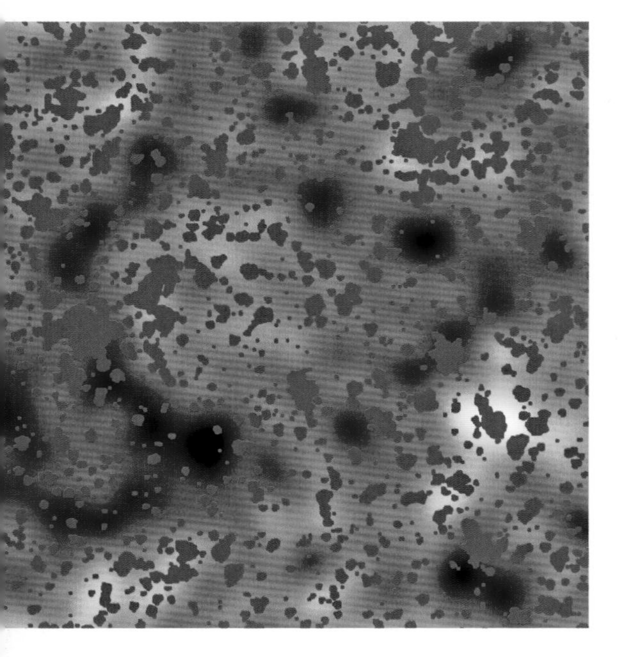

DAS WACHSTUM DES UNIVERSUMS

Irgendwann zwischen 400 000 und 400 Millionen Jahren nach seiner Geburt wurde im Kosmos „der Schalter umgelegt“, und die ersten Sterne badeten das Universum in ihrem Licht. Die Astronomen wissen nicht genau, wie es geschah. Die Kosmologen bezeichneten diese Periode als Dunkles Zeitalter, weil die Astronomen bisher nicht imstande waren, unmittelbar zu beobachten, was da vor sich ging. Tatsächlich ist diese Ära so geheimnisvoll, dass man nicht einmal sagen kann, was zuerst erschien: Sterne oder Galaxien.

Die meisten Menschen stellen sich unter einer Galaxie eine Ansammlung von Sternen vor, Astronomen hingegen betrachten sie als große Masse, in der die Sterne nur die augenfälligsten Teile sind. Fügten sich also in jener Frühzeit Wasserstoff- und Heliumatome zusammen, um die ursprünglichen Sonnen zu bilden? Oder teilten sich riesige Anhäufungen dieser Atome, die unter dem Einfluss dunkler Materie entstanden waren, in Protogalaxien auf, die ihrerseits kollabierten und die ersten Sterne hervorbrachten?

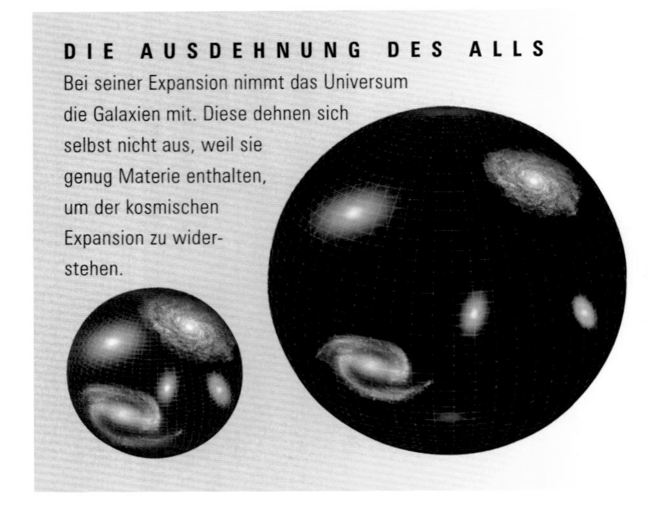

DIE AUSDEHNUNG DES ALLS
Bei seiner Expansion nimmt das Universum die Galaxien mit. Diese dehnen sich selbst nicht aus, weil sie genug Materie enthalten, um der kosmischen Expansion zu widerstehen.

Neuere Untersuchungen weit entfernter Quasare, die ihr Licht aussandten, als das Universum erst etwa 900 Millionen Jahre alt war, ergaben Anzeichen des Vorhandenseins von Eisen – einem Element, das nur im Inneren explodierender Sterne entstehen kann. Aber bevor sie explodieren, müssen Sterne geboren werden und ihr Leben beenden, und das bedeutet, dass das Eisen in den Sternen des Quasars wahrscheinlich von einer früheren, wieder verschwundenen Generation von Sonnen stammt. Dabei handelt es sich vielleicht um jene schwer zu fassenden ersten Sterne, die nur ein paar hundert Millionen Jahre nach dem Urknall geboren wurden.

Diese Vorstellung stimmt mit den Entdeckungen von WMAP überein. Die Sonde nahm Messungen der Polarisationsmuster der Mikrowellen-Hintergrundstrahlung vor und stellte fest, dass die ersten Sterne wahrscheinlich etwa 400 Millionen Jahre nach der Geburt des Kosmos erschienen.

Als das Universum eine Milliarde Jahre alt war, wurde es von Galaxien hell erleuchtet. Das Hubble-Weltraumteleskop hat Hunderte augenscheinlich normal aussehender Zwerggalaxien gefunden, die in unglaublicher Menge und Schnelligkeit Sterne erzeugten – zehnmal schneller, als es heute der Fall ist. Diese frühen Galaxien waren klein; sie hatten etwa 10 000-mal weniger Masse als unsere Milchstraße. Ungefähr zu dieser Zeit begannen massereiche Galaxien zu erscheinen, darunter auch die Milchstraße. Einige der ältesten Sterne unserer Galaxie sind mehr als 12,7 Milliarden Jahre alt. Die Vereinigung von zwei oder mehr Zwerggalaxien schuf wohl einige dieser großen Sternsysteme. Es gibt auch Anhaltspunkte dafür, dass jene ersten kleinen Galaxien die Chemie und die Zusammensetzung des jungen Universums veränderten, was sich auf die Geburt der nächsten Generation von Sternen und Galaxien auswirkte.

AUS HEUTIGER SICHT

Bis zu seinem zweimilliardsten Geburtstag hatte der Kosmos seine Form gefunden. Viele der normalen Galaxien, die die Astronomen heute studieren, hatten sich gebildet. Das Universum dehnte sich weiter aus, aber das Tempo verlangsamte sich. Rund vier Milliarden Jahre nach seiner Geburt erfuhr der Kosmos einen weiteren Wandel, der seine Zukunft bestimmen sollte. Die dunkle Energie begann sich bemerkbar zu machen.

Die Zukunft des Universums

Wir alle möchten wissen, was die Zukunft bringt; vorhersagen aber können wir es kaum. Selbst Wetterprognosen sind ein Wagnis – man habe also Nachsicht mit den Kosmologen, die Milliarden Jahre weit in die Zukunft spähen, um das endgültige Schicksal des Universums zu erkunden. Bis vor Kurzem gab es klar umrissene Möglichkeiten. Dann geriet alles durcheinander – wegen etwas, das wir nicht mal sehen können: die dunkle Energie.

Mitte der 1990er-Jahre nahmen zwei Astronomenteams Helligkeitsmessungen an weit entfernten Supernovae vom Typ 1a vor. Diese stellaren Explosionen gehören zu den hellsten Ereignissen im Universum und sind ideale Hilfsmittel, um die Entfernung ihrer galaktischen Umgebung zu bestimmen.

FERNE LEUCHTFEUER

Das Licht einer Typ-1a-Supernova folgt einem vorhersehbaren Verlauf und hat stets dieselbe maximale Helligkeit. Das ermöglicht es, die tatsächliche Helligkeit der Supernova (die ihr innewohnende Leuchtkraft) mit ihrer scheinbaren Helligkeit im Bild der Explosion zu vergleichen. Daraus lässt sich die Entfernung der Supernova errechnen. Kosmologen können Typ-1a-Supernovae zur Schätzung der Ausdehnungsgeschwindigkeit des Universums in der Vergangenheit nutzen.

Mit Erstaunen entdeckten die Astronomen, dass sehr ferne Typ-1a-Supernovae deutlich schwächer sind, als sie es nach den mithilfe anderer Techniken geschätzten Distanzen sein sollten. Das weist darauf hin, dass sie weiter entfernt sind als angenommen, und dass sich der Kosmos stärker ausdehnt, als die herkömmlichen Modelle der Expansion des Universums angeben. Die Ausdehnung beschleunigt sich also.

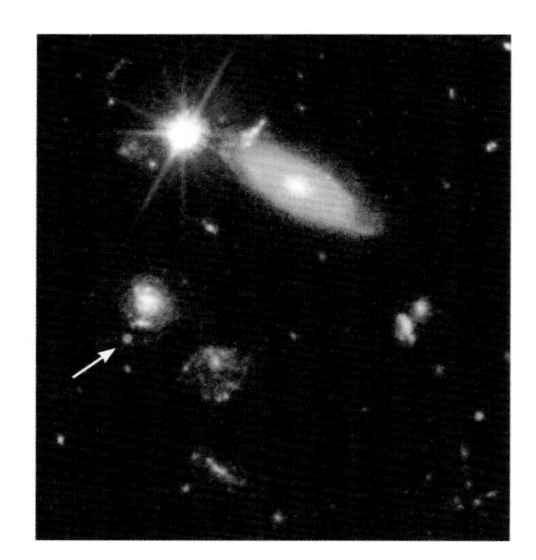

Oben Diese Galaxie und die Supernova (Pfeil) sind acht Milliarden Lichtjahre entfernt. Solch ferne Sternexplosionen helfen Astronomen, den Zeitpunkt zu bestimmen, als die kosmische Expansion infolge der Abstoßungskraft dunkler Energie von Verlangsamung auf Beschleunigung umschaltete.

Seite 201 Jeder Stern, der zu nah an ein Schwarzes Loch kommt, wird in Stücke gerissen und verschlungen. Schwarze Löcher dürften – obwohl sie langsam dahinschwinden – im Dunkel des Universums zum letzten Rest von Materie gehören.

DIE DUNKLE ENERGIE WIRD ERKANNT

Was aber könnte die Expansion des Universums so beschleunigen? Die Astronomen bezeichnen es als dunkle Energie – eine abstoßende Kraft, die nicht aus Materie besteht. WMAP-Daten zeigten, dass 74 Prozent der Masse-Energie-Zusammensetzung des Universums aus dunkler Energie bestehen – 22 Prozent sind dunkle Materie und vier Prozent baryonische Materie.

Neue Studien ergaben, dass Materie und Gravitation den frühen Kosmos beherrschten und seine Ausdehnung bremsten. Aber vor neun Milliarden Jahren machte sich die dunkle Energie bemerkbar, vor fünf oder sechs Millionen Jahren überwand deren abstoßende Kraft die Gravitation, und die Expansion des Universums begann sich zu beschleunigen.

Möglicherweise ist die dunkle Energie nur eine Eigenheit des Raumes, die sich gleichmäßig im Universum verteilt. Eine andere Möglichkeit wäre, dass dunkle Energie mit einem Energiefeld verbunden ist, dessen Dichte sich in Raum und Zeit verändert. In dieser Theorie wird sie Quintessenz genannt; und wenn diese Vorstellung zutrifft, wird sie tiefgreifende Wirkungen auf die Zukunft des Universums ausüben.

DÜSTERE ZUKUNFT

Während sich das Universum ausdehnt, entsteht mehr dunkle Energie, aber noch ist unklar, was das bedeutet. Der Quintessenz zufolge wird das Universum noch schneller expandieren, wenn die Dichte der dunklen Energie zunimmt, bis alles – Galaxien, Sterne und sogar Atome – schließlich in zerstörerischer Raserei auseinandergerissen wird. Dafür wurde der Begriff „Big Rip“ („Der große Riss“, „Endknall“) geprägt. Wenn die Dichte der dunklen Energie abnimmt, dürfte die Gravitation die letzte Schlacht gewinnen, und alles zieht sich in einem „Big Crunch“ wieder zusammen.

WMAP-Daten zeigen jedoch, dass sich die Dichte der dunklen Energie irgendwo im Raum nicht mit der Zeit zu ändern scheint, und das besagt, dass es eine dem Raum-Zeit-Kontinuum innewohnende Eigenheit gibt. Demnach beschleunigt sich die kosmische Expansion allmählich, das Universum dehnt sich auf ewig aus, und unser Kosmos gleitet still in die Nacht. Auch bei der Ausdehnung des Alls altern seine Bestandteile allmählich. Sterne sterben, die Sternbildung nimmt ab, während interstellares Gas verbraucht wird, und sternbildende Nebel verschwinden. Galaxien verblassen, wenn das Licht ihrer Sterne schwächer wird.

Im Verlauf von Jahrmilliarden werden die Entfernungen zwischen Galaxienhaufen und die Geschwindigkeit, mit der sie auseinanderdriften, zunehmen. In zehn Billionen Jahren werden die Bewohner irgendeines Planeten der Milchstraße in einen kosmischen Ozean hinausschauen, der nahezu schwarz ist und nichts mehr enthält als die matt schimmernder Galaxien der Lokalen Gruppe. Billionen Jahre später wird unser Universum aus zerstrahlenden Schwarzen Löchern bestehen, Wracks toter Sterne, verfallenden Teilchen und dunkler Energie ... oder auch nicht.

Am Beginn dieses Kapitels wurde die Kosmologie als „Wissenschaft im Wandel“ beschrieben. Diese Seiten haben unser heutiges Wissen vom Zustand des Universums zusammengefasst. Doch stellen Sie sich auf Aktualisierungen ein!

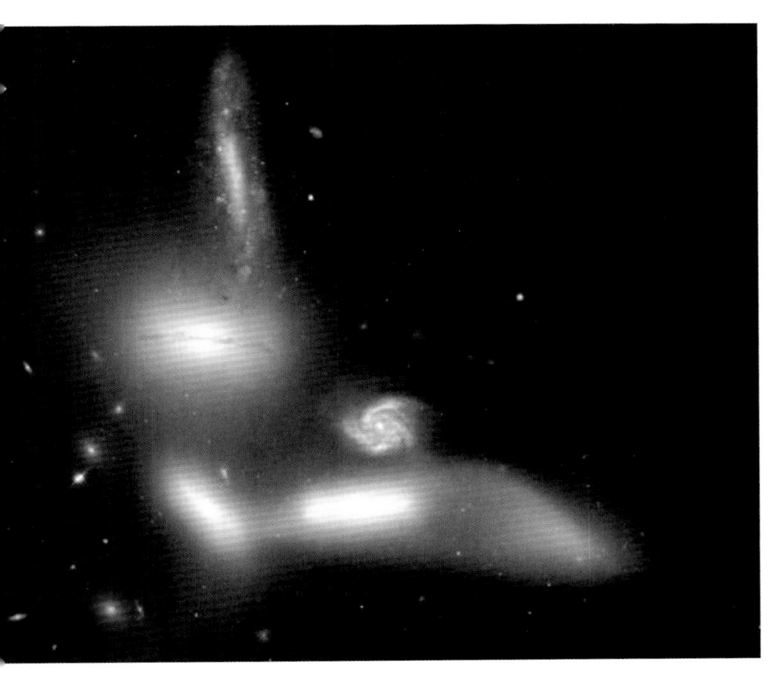

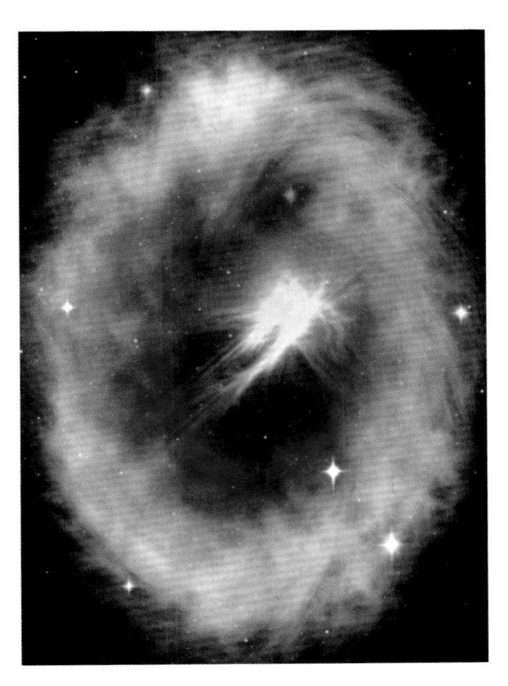

Ganz links Fest zusammengewachsene Galaxien bleiben auch in Zukunft beisammen; dunkle Energie führt aber dazu, dass diese Haufen sich im expandierenden Kosmos immer schneller voneinander und von der Milchstraße entfernen.

Links Typ-1a-Supernovae sind ein vorzügliches Hilfsmittel, um astronomische Entfernungen zu messen. Doch waren die Astronomen überrascht, dass ferne Supernovae schwächer sind als erwartet – so kam es zur Theorie der dunklen Energie.

PLANISPHÆR
AQUARIUS
PISCES
ARIES
Triangulum
TAURUS
Caput Medusæ
Andromeda
Pegasus
Equuleus
Delphinus
CAPRICORNUS
Caßiopea
Cepheus
Cygnus
Perseus
Antinous
Capella
Auriga
Erichtonius
Aquila
SAGITTARIUS
Lira
Colurus Solstitiorum
Polus Arct
Vrsa minor
Engonasi
Hercules
GEMINI
Vrsa maior
Calisto
Castor
Pollux
Draco
Corona Bor
Serpentarius
Ophiuchus
Coma Berenices
Bootes
Serpens
CANCER
Arcturus
SCORPIUS
LEO
Tropicus
VIRGO
LIBRA
HYPOT
PTOLE
HYPOT
COPERN
LUMINATIO LUNÆ
PER SOLEM

Geschichte der Astronomie

Der Blick zum Himmel

Die Astronomie wird oft für die älteste Wissenschaft überhaupt gehalten. Seit dem ersten Auftreten des Homo sapiens vor etwa 200 000 Jahren haben Tausende von Kulturen weltweit die sich wiederholend wandelnden Zyklen der Himmelskörper und der Jahreszeiten auf der Erde wahrgenommen und versucht, Gesetzmäßigkeiten zu erkennen.

Seite 205 Die wuchtigen Megalithe von Stonehenge in England sind genau nach Positionen von Sonne und Mond aufgestellt worden. Das Heiligtum wurde jahrtausendelang von Menschen genutzt, die mit den astronomischen Zyklen vertraut waren.

Unten 1660 veröffentlichte der deutsch-holländische Mathematiker und Kosmograf Andreas Cellarius seine *Harmonia Macrocosmica*, einen Atlas, der darstellte, wie zeitgenössische Astronomen den Himmel sahen. Diese Farbtafel zeigt das ptolemäische Weltbild.

Es liegt auf der Hand, warum der Himmel Neugierde und Forschergeist weckte. Seine Erscheinungen formen die Welt der Natur und bestimmen das Schicksal der Menschen. Der Blitz brachte das Geschenk des Feuers – Fluten hatten die Kraft, es wieder wegzunehmen. Die Jahreszeiten, von denen es abhing, welche Nahrung es gab, waren von vorhersehbaren, sich wiederholenden Bewegungen von Sonne, Mond, Sternen und Planeten begleitet. All dies zu verstehen half den Menschen, ihr Überleben zu sichern.

Dieses Kapitel handelt von astronomischem Glauben und Forschen – von der Vorgeschichte bis ins 21. Jahrhundert. Es verzeichnet Unterschiede und Ähnlichkeiten in den Schlüssen, die verschiedene Kulturen aus der Beobachtung des Himmels zogen, verfolgt die allmähliche Trennung von Astrologie und Astronomie und berichtet über das Schicksal früher Astronomen, die die Kühnheit hatten, dogmatisiertes Wissen in Frage zu stellen. Und wir werden sehen, warum viele alte Kulturen unabhängig voneinander Kalender und Tierkreise mit einem Zwölfmonatszyklus entwickelten.

Die Protagonisten der Astronomie – von Platon bis Stephen Hawking – und die Art und Weise, wie ihre Erkenntnisse unser Weltbild formen, sind ein weiteres zentrales Thema. Außerdem geht es um Observatorien vom Altertum bis in die Gegenwart und die Forschungen der Astronomie und Astrophysik aus jüngster Zeit, die sich mit der Geschichte der Zeit, der Natur des Lichts, der Zukunft des Universums und der subatomaren Beschaffenheit der Materie beschäftigen.

DIE GEFAHREN ASTRONOMISCHEER FORSCHUNG

Lange war die Astronomie ein Schlachtfeld im Kampf zwischen Vernunft und Aberglauben. Während der Renaissance vom 14. bis 17. Jahrhundert war sie eine besonders gefährliche Wissenschaft. Als es offenkundig wurde, dass die Erde nicht der Mittelpunkt des Universums ist, bestand die Reaktion religiöser und politischer Machthaber darin, „den Überbringer der Botschaft zu töten" – entlarvten doch seine Beweise ihr geozentrisches, auf Gott gestütztes Weltbild als unhaltbar und ihre Macht als fragwürdig. Astronomen und andere Vorkämpfer der Naturwissenschaften liefen Gefahr, ihren Lebensunterhalt zu verlieren, von der Kirche exkommuniziert oder gar gefoltert und hingerichtet zu werden. Deshalb lernten sie, ihre Beobachtungen in kryptische Formeln zu kleiden, oder sie hielten deren Veröffentlichung bis zu ihrem Tod zurück. Die „ketzerischen", aber durchaus richtigen Erkenntnisse Galileo Galileis wurden von der katholischen Kirche erst 1993 anerkannt.

DIE GROSSEN FRAGEN

Die Astronomie befähigt uns, viele Geschehnisse zu erklären, die sich seit 10^{-43} Sekunden nach jenem Urknall ereigneten, der vor 13,7 Milliarden Jahren das Universum in Gang setzte. Doch vieles wissen wir immer noch nicht.

Wie konnte der griechische Gelehrte Demokrit – 2000 Jahre bevor die Wissenschaft seine Aussagen bestätigte – wissen, dass sich das Universum aus Atomen aufbaut und die Milchstraße aus Milliarden von Sternen besteht, die zu klein sind, um einzeln gesehen zu werden? Und warum gab es andererseits 1000 Jahre lang nach den (weitgehend unzutreffenden) Beobachtungen und Thesen des Ptolemäus aus dem 2. Jahrhundert keine astronomischen Entdeckungen?

Wo verbirgt sich der Großteil der Materie im Universum? Was war vor dem Urknall – wenn überhaupt? Gibt es noch andere Universen? Was befindet sich jenseits unseres Universums? Das Universum dehnt sich immer schneller aus – wie ist das möglich? Wohin flüchten wir, bevor in etwa 5 Milliarden Jahren unsere Sonne explodiert und die Erde verdampft?

Manche dieser Fragen werden wir beantworten – andere bleiben vielleicht für alle Zeiten unbeantwortet. Es sprechen aber eindeutig praktische Gründe dafür, dass die Menschen weiterhin astronomische Forschungen betreiben – unabhängig von unserer Neigung, Wissen um seiner selbst willen zu erlangen.

WIE HABEN SIE ES NUR GESCHAFFT?

Wir können nur vermuten, was die Menschen vor der Erfindung der Schrift vor etwa 5000 Jahren wussten oder glaubten. Doch von Menschenhand Geschaffenes aus dieser Zeit verrät, wie weit in vielen Kulturen die Wissenschaft der Astronomie bereits war. Stonehenge etwa oder die ägyptischen Pyramiden wurden vor 4500 Jahren erbaut und offenbaren detailliertes astronomisches Wissen. Ihr Bau erforderte Vorrichtungen, die Entfernungen auf der Erde und am Himmel exakt messen konnten, und komplexe Maschinen, mit denen Felsen von enormem Gewicht bewegt wurden. Leider gibt es keine Zeugnisse, wie diese beeindruckenden Leistungen vollbracht wurden.

Die Astronomie der Antike

Alle Völker des Altertums studierten den Himmel und gaben den Sternbildern Namen. Räumlich und zeitlich voneinander getrennt entwickelten viele Kulturen ähnliche Glaubensvorstellungen: Babylonier, Griechen, Chinesen, Ägypter und andere schrieben den Sternen, Planeten und Sternbildern göttliche Kräfte zu. Babylonier und Mongolen betrachteten die Milchstraße als Saum, an dem die beiden Himmelshälften zusammengenäht sind. Wikinger, Sumerer und die Ureinwohner Nordamerikas sahen in ihr eine Brücke zwischen Lebenden und Toten.

Viele frühe Kulturen erstellten Kalender, um bestimmte Ereignisse zu terminieren: Religiöse Feste, Pflanz- und Erntezeiten, sogar Kriege wurden von den Bewegungen der Himmelskörper bestimmt. Astronomisches Verstehen konnte zu einer Frage von Leben oder Tod werden.

In höheren Breiten kündigten die länger werdenden Tage im Frühling die Wiederkehr der Jahreszeit des Wachsens, Gedeihens und Lebens an. Nahe dem Äquator wiesen Veränderungen der Sterne auf den kommenden Monsunregen und den Wechsel der Windrichtung hin, die für Ackerbau und Seehandel von entscheidender Bedeutung waren.

Alle alten Völker verehrten die Sonne als oberste Gottheit. Der babylonische Sonnengott Schamasch gab der menschlichen Gemeinschaft Gesetze. Die Griechen beobachteten, wie Helios (Apollon), der Gott der Sonne, Musik, Dichtkunst, Prophezeiung und Medizin, jeden Tag mit seinem feurigen Gespann über den Himmel fuhr. Re, der ägyptische Sonnengott, beschützte das Reich der Menschen: König Echnaton (Amenophis IV., um 1350 v. Chr.) erhob die Sonnenscheibe Aton zum einzigen Gott und schuf damit die erste monotheistische Religion der Geschichte.

Unten In der griechischen und römischen Mythologie trug der Sonnengott verschiedene Namen: Helios, Phoibos, Apollon. Die Abbildung zeigt Apollo in der deutschen Buchveröffentlichung *Kriegsbräuche der Römer.*

CHINESISCHE ASTRONOMIE

Seit 2100 v. Chr. befassten sich chinesische Astronomen mit den Sternen und benannten 283 Sternbilder. Diese Konstellationen zeigten keine mythologischen Helden und Tiere, sondern Szenen aus dem täglichen und höfischen Leben. Auch gab es die Kategorie der „Gaststerne", die wir heute als Novae, Supernovae und Kometen kennen. Im 3. Jahrhundert v. Chr. wussten sie bereits, dass die Erde sich bewegt und damit die Jahreszeiten verursacht. Die Beziehung zwischen Erde und Himmel war für sie so wie die zwischen den beiden Teilen des Eies: Das Eigelb (die Erde) schwamm auf einem Meer, das Eiweiß (der Himmel) drehte sich um den Nordpol. Im 1. Jahrhundert v. Chr. benutzten sie bereits die Armillarsphäre, eine Kugel mit den verschiedenen Himmelsbahnen, und besaßen eine Anzahl von Planetarien.

ASTRONOMISCHE BEOBACHTUNGEN

Die alten Ägypter wussten, dass das erste Erscheinen von Sirius, dem hellsten Fixstern am Himmel, neben der Morgensonne die jährliche Nilüberschwemmung ankündigte und damit die Rettung ihrer ausgedörrten Felder.

Wo die alten Griechen das Sternbild Orion beobachteten, sahen die alten Japaner in Betelgeuse und Rigel, den beiden hellsten Sternen, zwei Samurai, die sich zum Kampf rüsten; die drei Sterne dazwischen nannten die Griechen Gürtelsterne.

Die ägyptischen Pyramiden und Stonehenge in England (beide entstanden um 2500 v. Chr.) weisen auf umfassende Kenntnisse der Bewegungen am Himmel hin. Die Megalithpfeiler von Stonehenge sind so aufgestellt, dass sie wichtige Ereignisse wie Sonnenwenden und Tagundnachtgleichen anzeigen. Menschen von nah und fern nutzten diese Kultstätte für Bitt- und Dankrituale.

Die Cheopspyramide von Gise offenbart ausgeklügelte Kenntnisse der Vermessung. Die Grundfläche, deren vier Seiten je 227 Meter lang sind, weicht nur um 2,5 cm von der Waagerechten ab, und die Seitenlängen der Pyramide differieren um weniger als 5 cm. Ihre Ausrichtung nach den Kompasspunkten ist mit einer Abweichung von 0,02 Prozent nahezu perfekt. Leider gibt es keine Überlieferungen, wie die Erbauer so genaue Berechnungen anstellen konnten.

KALENDER

Im 1. Jahrhundert n. Chr. besaßen die Maya im Südosten Mexikos den „Langzeitkalender", der dank einer genauen universalen Methode die monatlichen und jährlichen Zyklen verzeichnete, die ihr politisches, landwirtschaftliches und religiöses Lebens bestimmten. Kultbauten, oftmals Pyramiden, wurden genau nach den Himmelsrichtungen angeordnet, häufig auch nach bestimmten Stellungen von Sonne,

Mond und Sternbildern. Zur Tagundnachtgleiche schien die Sonne durch kleine Öffnungen in den Mauern der Monumente und erleuchtete heilige Bereiche im Inneren.

Die Babylonier im alten Zweistromland unterteilten als Erste das Jahr in 360 Tage und den Himmel in 360 Winkelgrade, den Grad in 60 Bogenminuten und den Tag in 24 Stunden, von denen jede ebenfalls in 60 Minuten geteilt wurde. Um 700 v. Chr. stellten sie Tontafeln in Keilschrift her, die Mul-Apin, die jahrtausendelange Beobachtungen der Bewegungen von Sternen und Planeten und Sternbilder wie Skorpion oder Löwe verzeichneten.

Im alten Assyrien, Rom, Südamerika, China und Indien bestand das Jahr ebenfalls aus 360 Tagen und war in zwölf Monate zu 30 Tagen geteilt. Die Kalender der Ägypter und Maya wiesen ein unstrukturiertes 360-Tage-Jahr auf.

Aus der Sicht der Menschen scheinen Sonne, Mond und Planeten große Kreisbahnen zu beschreiben und im Laufe jedes Jahres erneut die gleichen Sternbilder zu durchlaufen. Die Babylonier erfanden die zwölf Tierkreiszeichen auf der Grundlage dieser Konstellationen, wobei die Sonne jeweils eine Konstellation im Monat durchläuft, da die Erde sie umkreist. Dieses System wurde in Ägypten, Griechenland, Indien und China übernommen. Ein ähnliches entwickelten die Azteken unabhängig davon.

DAS ANTIKE GRIECHENLAND

Babylonisches Wissen gelangte um das 6. Jahrhundert v. Chr. nach Griechenland. Während die Babylonier die Beobachtung der Sterne benutzten, um Vorzeichen zu deuten (Astrologie), ging es den Griechen um die physikalischen Gesetze in den Abläufen des Universums (Astronomie). Diese Unterscheidung kann man nicht deutlich genug hervorheben – hier trennte sich naturwissenschaftliche Forschung vom Aberglauben.

Der Philosoph, Mathematiker und Astronom Thales von Milet erntete großen Ruhm, als er die Sonnenfinsternis am 28. Mai 585 v. Chr. genau voraussagte.

Demokrit (460–370 v. Chr.) beschrieb zutreffend die atomare Struktur der Materie und vermutete auch, dass die

Oben In diesen großen Stein ist der Sonnenkalender der Azteken gemeißelt. Präkolumbianische Azteken nutzten für ihren Kalender die im alten Mittelamerika gebräuchliche Zeitrechnung.

Links Ein Buch aus dem 15. Jahrhundert, eine *Bebilderte Abhandlung der Astronomie*, beschreibt und illustriert die Sternbilder. Diese Seite zeigt unten rechts den griechischen Sonnengott Helios, der mit seinem feurigen Wagen über den Himmel fährt.

Milchstraße nicht der Lichtnebel ist, der sie zu sein scheint, sondern aus vielen schwachen Sternen besteht, die für uns ineinander verschwimmen. Wie konnte er sich das vorstellen – Jahrtausende bevor es Beweise dafür gab?

Rechts Das Bild zeigt den großen griechischen Astronomen Hipparchos von Nikaia im Observatorium von Alexandria in Ägypten. Er nutzte das Wissen der Ägypter und Babylonier, aber es ist unbekannt, ob er wirklich in Alexandria war.

Platon, der Vater der abendländischen Philosophie (427–348 v. Chr.), beschäftigte sich ebenfalls mit Astronomie und behauptete, dass die Erde rund sei und dass ihre Bewegung den Wechsel von Tag und Nacht bewirke. Platons empirische Methoden waren ein Schritt zur wissenschaftlichen Astronomie.

Heraklid von Pontus (um 388–310 v. Chr.) hielt als Erster Merkur und Venus für Satelliten der Sonne und erkannte, dass die Erde sich um ihre eigene Achse dreht.

Aristoteles (384–322 v. Chr.) war auf dem Gebiet der Astronomie ebenso genial wie in Philosophie, Psychologie, Geschichte, Physik und Logik. Seine Beobachtungen führten ihn zu der Annahme, die Erde sei kugelförmig wie Sterne und Planeten, sonst würde sich bei Mondfinsternissen nicht der gebogene Rand abzeichnen; auch würden die Sterne ihre Position nicht verändern, wenn man von Norden nach Süden reist. Er vermutete aber auch, dass die Erde den Mittelpunkt des Universums bilden müsse, weil sie fallende Gegenstände anzieht.

Der Astronom und Mathematiker Eudoxos von Knidos entwarf im 4. Jahrhundert v. Chr. ein Modell 27 konzentrischer Kugeln, die sich mit unterschiedlichen Geschwindigkeiten um verschiedene Achsen drehen. Die in diese Sphären eingelagerten Himmelskörper kreisten um die kugelförmige Erde. Spätere griechische Astronomen veränderten sein System, aber Eudoxos' Vorstellung vollkommener Kreisbewegungen und eines geozentrischen Universums blieb im astronomischen Denken des Abendlandes bis ins 17. Jahrhundert erhalten.

Der Gelehrte Aristarchos von Samos (um 310–230 v. Chr.) nahm an, dass die Sonne viel größer sei als bis dahin vermutet. Er beobachtete, dass Merkur und Venus sich nie weit von der Sonne entfernten und dass Mars, Jupiter und Saturn sich manchmal rückwärts über den Himmel zu bewegen schienen. Er erklärte diese Erscheinungen damit, dass die Erde und alle Planeten die Sonne umkreisten. Er folgerte auch, dass die Jahreszeiten durch eine Neigung der Erdachse bedingt seien. Seiner Abhandlung *Über die Größe und Entfernung von Sonne und Mond* liegen auf Beobachtung beruhende erstaunliche geometrische Berechnungen zugrunde, denen zufolge die Sonne 20-mal weiter von der Erde entfernt sei als der Mond und die 20-fache Größe des Mondes habe.

Unten Dieses Detail aus dem Fresko *Die Schule von Athen* des italienischen Künstlers Raffael zeigt die griechischen Philosophen Aristoteles und Platon, die Bedeutendes zum astronomischen Wissen beitrugen.

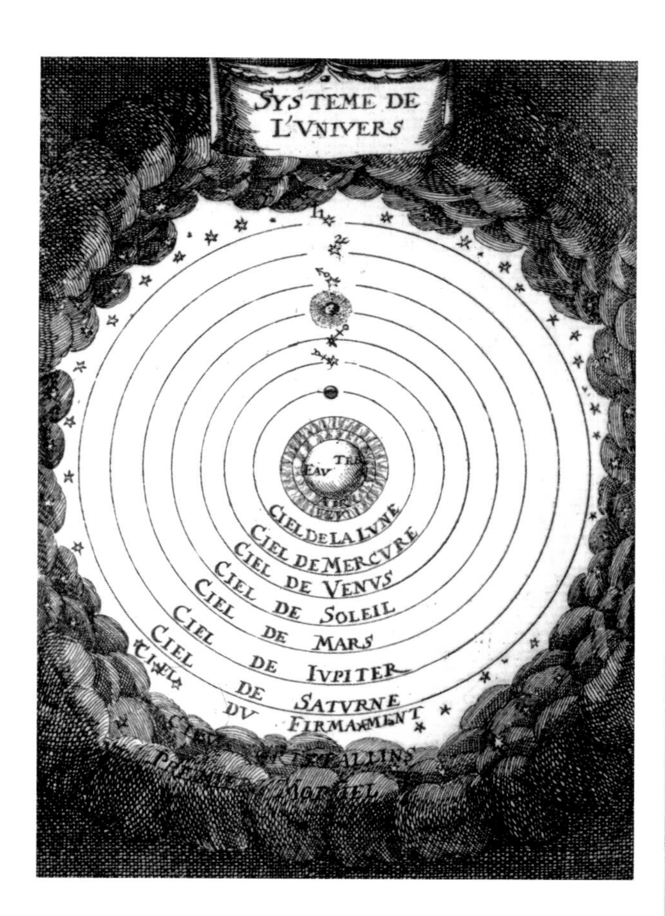

Wenn auch der wahre Multiplikator in beiden Fällen etwa 400 beträgt, war Aristarchos' Überlegung doch richtig; der Irrtum lag nur am Fehlen genauer Instrumente. Seine Ideen, die seither alle bestätigt wurden, waren aber zu umwälzend und wurden etwa 2000 Jahre lang nicht anerkannt.

Hipparchos legte 129 v. Chr. den ersten genauen Fixsternkatalog an. Er enthält 850 mit bloßem Auge wahrnehmbare Sterne und ist in sechs verschiedene Helligkeitsklassen unterteilt – ein Größensystem, das noch heute genutzt wird. Leider gingen die meisten seiner Werke verloren, darunter ein astronomischer Kalender, Schriften über Optik, Astrologie, Arithmetik und Geologie sowie seine Abhandlung *Über das Fallgewicht der Dinge*.

PTOLEMÄUS

Ihren Höhepunkt erreichte die Astronomie der Antike um 150 n. Chr. mit dem astronomischen Handbuch *Almagest*, in dem Claudius Ptolemäus sein Weltsystem darlegte. Er war römischer Bürger griechischer Herkunft und führte seine astronomischen Beobachtungen 127–151 n. Chr. in Alexandria durch. Sein aus 14 Teilen bestehender Text diskutierte mathematische und astronomische Vorstellungen, fasste zeitgenössisches Wissen zusammen, verbesserte es und wandte geometrische Grundsätze an, um zu zeigen, dass die Himmelsbewegungen logischen und voraussehbaren Bahnen folgen. Das Werk enthielt auch eine erweiterte Fassung von Hipparchos' Sternkarte und zählte 48 Konstellationen auf – die Grundlage des heutigen Systems der Sternbilder.

Obwohl Ptolemäus nicht annahm, dass die Erde um die Sonne kreist, erklärte er genau die ungleichmäßige Bewegung der sieben bekannten Planeten, indem er Eudoxos' Theorie der konzentrisch kreisenden Kugeln verbesserte. Ptolemäus stellte den Himmel als eine sich drehende Kugel mit einer festen, aber um die eigene Achse rotierenden Erde als Mittelpunkt dar. Seine Überlegungen waren falsch, seine Beobachtungen aber so genau, dass seine geometrische Sicht des Universums über 1000 Jahre lang als gültig anerkannt wurde.

DER MECHANISMUS VON ANTIKYTHERA

Um 100 v. Chr. hatten die Griechen einen erstaunlichen Bronzeapparat in der Größe eines Ziegelsteins erfunden. Er wurde 1901 aus dem Wrack eines vor der Insel Antikythera gesunkenen Schiffes geborgen. Das Instrument kann mit großer Genauigkeit die Stellungen von Sonne und Mond berechnen. Es arbeitet mit 22 Zahnädern in vier Ebenen und hat ein Ausgleichsgetriebe (angeblich erst 1575 erfunden!).

Oben Diese Seite aus einer illuminierten Handschrift des 15. Jahrhunderts zeigt den Astronomen Ptolemäus mit einem Astrolabium, das die Stellungen von Sonne und Sternen je nach Zeit und Ort bestimmen konnte.

Oben links Darstellung des geozentrischen Weltsystems des Ptolemäus in A. M. Mallets *Beschreibung des Universums* von 1683.

Jahrtausende der Entdeckungen

Nach dem Niedergang der griechisch-römischen Kultur verkam die Astronomie in Europa zur Astrologie und Wahrsagerei. Erst im 9. Jahrhundert, als Ptolemäus' *Almagest* ins Arabische übersetzt wurde, kam neues Leben in die Astronomie. In den folgenden 300 Jahren wurde das Werk ins Spanische und Lateinische übersetzt, und die Astronomie fand über das von den Arabern besetzte Spanien den Weg zurück nach Europa.

Seite 211 Die osmanische Miniatur aus dem 17. Jahrhundert zeigt Astronomen, die Mond und Sterne beobachten. In dieser Zeit wurde das Astrolabium von vielen Astronomen und Kartografen im ausgedehnten Osmanischen Reich verwendet.

Das Astrolabium – ein Vorläufer des Sextanten – ist ein Gerät, das um das Jahr 1000 in der arabischen Welt auftauchte. Es besteht aus einer Scheibe mit einem beweglichen Zeigestab, der die Sonne oder Sterne für genaue Winkelmessungen anvisierte, die in genaue Navigations- und Zeitberechnungen übertragen werden konnten. Um 1070 entwickelte der spanische Astronom Arzachel das Instrument weiter.

Bereits um 1088 hatte das chinesische Kaiserhaus eine Abteilung für Astronomie eingerichtet, die eine Sternwarte, einen vierstöckigen astronomischen Uhrturm und einen ganzen Beamtenapparat umfasste, der den steten Zufluss neuer Informationen durchforschen sollte. Sie besaß auch den ersten Kompass: eine Eisennadel an einem Seidenfaden. Die Gelehrten entdeckten die Magnetpole, erstellten einen sehr genauen Mond-Sonnen-Kalender und schufen Stern- und Planetenkarten von so hoher Qualität, dass sie noch heute von Nutzen sind.

1277 erfand der chinesische Wissenschaftler Guo Shoujing ein neues mathematisches System, das einen Quantensprung der Messgenauigkeit und Entdeckungsfülle bewirkte. Seine Aufzeichnungen sind erhalten und werden im Purple Mountain Observatorium bei Nanking aufbewahrt.

Oben Nikolaus Kopernikus erklärte in seinem berühmten Werk *De revolutionibus orbium coelestium*: „In der Mitte aller Dinge befindet sich die Sonne."

Anfang des 14. Jahrhunderts baute Ulug Beg, der mittelasiatische Herrscher und Astronom, in Samarkand ein dreistöckiges unterirdisches Observatorium mit 50 Meter Durchmesser. Es war mit einem riesigen Astrolabium ausgestattet, das in genauer Nord-Süd-Ausrichtung in den Berghang eingelassen war. Ganze Gruppen von Gelehrten weilten hier zu Gast, erstellten Sternkarten und Kalender und ermittelten eine Fülle von Daten, die den Gelehrten in Europa von großem Nutzen waren – wo die Wissenschaft einen noch nie da gewesenen Aufschwung erleben sollte.

DIE KUGEL, DIE WIR HIMMEL NENNEN

Im 10. Jahrhundert erbaute der Astronom und Mathematiker Al-Khujandi in Persien ein riesiges Observatorium und berechnete aufgrund seiner Sonnenbeobachtungen die Neigung der Erdachse im Verhältnis zur Sonne. Um dieselbe Zeit erstellte der Gelehrte und Dichter Omar-e Chajjam einen Kalender, der genauer als der Julianische und fast so genau wie der Gregorianische war. 365,24219858156 Tage dauerte seiner Brechnung nach ein Jahr, was bis zur sechsten Dezimalstelle zutrifft.

Der indische Astronom Bhaskara (1114–1185) entwarf in seiner Abhandlung *Siddhanta-Shiromani* ein heliozentrisches Modell. Er erwähnte das Gravitationsgesetz und behauptete, dass die Planeten die Sonne nicht mit gleichmäßiger Geschwindigkeit umkreisen. Zudem berechnete er astronomische Konstanten wie Sonnen- und Mondfinsternisse. Lateinische Übersetzungen seines Werkes erschienen im 13. Jahrhundert; sie könnten Kopernikus' Arbeit beeinflusst haben.

DIE PIONIERE DER RENAISSANCE

Als die ernsthafte astronomische Forschung in Europa eine Wiedergeburt erlebte, übte die katholische Kirche enorme Macht aus, und die Behauptung, die Erde sei nicht der Mittelpunkt des Universums, wurde als Ketzerei geahndet. Das aus dem 2. Jahrhundert stammende geozentrische Werk *Almagest* des Ptolemäus galt noch immer als verbindlich.

Nikolaus Kopernikus (1473–1543)

Der erste bedeutende europäische Astronom dieser Epoche war der polnische Kirchenmann Nikolaus Kopernikus, der Kirchenrecht, Mathematik und Medizin in Krakau, Bologna, Rom, Padua und Ferrara studiert und ein leidenschaftliches Interesse an der Astronomie entwickelt hatte. Er selbst nahm keine Beobachtungen vor, veröffentlichte aber 1514 *Commentariolus*, eine Darstellung seines heliozentrischen Weltbildes auf der Grundlage seiner peniblen mathematischen Analyse der ptolemäischen Beobachtungen.

1530 vollendete Kopernikus sein Hauptwerk *De revolutionibus orbium coelestium libri IV* (Sechs Bücher über die Umläufe der Himmelskörper), in dem er bewies, dass die Erde um die Sonne kreist. Kopernikus fürchtete Repressalien der Kirche und beschränkte die Verbreitung seines Werkes auf wenige Vertraute; eine Veröffentlichung untersagte er bis kurz vor seinem Tod 1543.

Kopernikus hielt Ptolemäus' Beobachtungen und Berechnungen für richtig, lehnte aber dessen Schlussfolgerungen ab. Im 16. Jahrhundert wurde Kopernikus' Weltsystem an einigen Universitäten gelehrt, aber erst um 1600 hatte es sich in der akademischen Welt verbreitet. Selbst Dichter wie John Donne und William Shakespeare befürchteten, dass Kopernikus' Theorie die natürliche Weltordnung stören würde.

Obwohl Kopernikus bei der Entwicklung der heliozentrischen Kosmologie eine wichtige Rolle spielte, wäre sein Werk relativ unbekannt geblieben ohne die genauen Beobachtungen von Tycho Brahe, die sorgfältigen Berechnungen von Johannes Kepler und die umfassende Genialität von Isaac Newton. Für sie war die kopernikanische Theorie der Ausgangspunkt, hier fanden sie die grundlegenden Gesetze der Himmelsmechanik.

Tycho Brahe (1546–1601)

Der dänische Astronom Tycho Brahe analysierte als Mathematiker die Beobachtungen des Ptolemäus, um zu entscheiden, ob dessen System oder das kopernikanische richtig sei.

وَيُقْذَفُونَ مِنْ كُلِّ جَانِبٍ دُحُورًا اى يرمون من كل

1576 baute ihm sein Förderer, König Friedrich II. von Dänemark, auf der Insel Ven zwischen Dänemark und Schweden das Schloss Uranienborg: das erste astronomische Observatorium in Europa, das diesen Namen verdiente. Brahe erfand große, genaue Instrumente, beobachtete Sterne und Planeten und erhielt genauere Messergebnisse als frühere Beobachter.

Tycho bildete eine ganze Generation junger Astronomen aus. Frühere Beobachtungen waren bis auf 15 Bogenminuten genau gewesen, Brahe reduzierte die Abweichung auf eine halbe. Der Schweizer Jost Bürgi erfand für ihn 1577 eine Uhr, die minutengenau ging und dazu beitrug, Unstimmigkeiten in vorhandenen astronomischen Tabellen aufzudecken.

Brahe stellte eine umfassende Tabelle der Planetenörter und einen Sternkatalog zusammen und nahm auch mit bloßem Auge die genauesten astronomischen Messungen seiner Zeit vor. Er entwickelte seine eigene „geoheliozentrische Theorie" der Planetenbewegungen und postulierte, dass die Sonne die Erde umlaufe und die anderen Planeten die Sonne – ein Rückschritt gegenüber Kopernikus. Brahe konnte die heliozentrische Vorstellung nicht anerkennen, weil er zu sehr an Aristoteles' Physik hing (der einzigen, die es damals gab), der zufolge Gegenstände ihrem natürlichen Ort entgegenfallen, der Erde – folglich der Mitte des Universums.

Brahe veränderte die Technik der Beobachtung grundlegend. Hatten frühere Astronomen lediglich die Stellung der Planeten, der Sonne und des Mondes an bestimmten Punkten ihrer Bahn, wie Zenit oder Opposition, beobachtet, verfolgte Brahe diese Himmelskörper genau auf ihrem Orbit und stellte einige bislang unbemerkte Unregelmäßigkeiten fest. Ohne diese einzigartig genauen Beobachtungen hätte Brahes Gehilfe, der junge Johannes Kepler, nicht entdecken können, dass sich die Planeten auf elliptischen Bahnen bewegen. Brahe beschäftigte Kepler mit der Auswertung all seiner gesammelten Daten – was dieser auch nach Brahes Tod 1601 fortsetzte. Brahe war der erste Astronom, der die atmosphärische Brechung entdeckte und berücksichtigte. Er soll seinen eigenen Grabspruch formuliert haben: „Er lebte als Weiser und starb als Narr."

Johannes Kepler (1571–1630)

Kepler folgte Brahe in Prag als kaiserlicher Mathematiker und Hofastronom Rudolfs II. nach. Er rang um seine Lieblingstheorie der Planetenbewegung auf der Grundlage kreisförmiger Umlaufbahnen und rein geometrischer Formen. Doch die Beobachtungen von Kopernikus und Brahe widersprachen seinen Vorstellungen, die schließlich 1610 durch Galileo Galileis Entdeckung der vier Jupitermonde zunichte gemacht wurden. So wandte sich Kepler der unregelmäßigen Bewegung des Mars zu und entdeckte, dass dieser und alle anderen bekannten Planeten elliptische Umlaufbahnen haben.

1609 veröffentlichte Kepler sein Hauptwerk *Astronomia nova* (Neue Astronomie), die zwei Erkenntnisse enthielt, mit denen die moderne Astronomie begann. Das 1. Keplersche Gesetz besagt: Die Bahnen der Planeten sind Ellipsen, in deren einem Brennpunkt die Sonne steht. Das 2. Keplersche Gesetz lautet: Die Verbindungslinie von der Sonne zu einem

Unten Der dänische Astronom Tycho Brahe ist hier 1587 in seiner reich ausgestatteten Sternwarte auf Schloss Uranienborg („Himmelsschloss") zu sehen. Mit seinen Gehilfen leistete er einflussreiche Forschungsarbeit.

Unten rechts Johannes Keplers Hauptwerk *Astronomia nova* brach der modernen Astronomie Bahn. Kepler war armer Herkunft, studierte als Stipendiat an der Universität Tübingen und war Mathematiklehrer, bevor er Tycho Brahes Gehilfe wurde.

Oben Dieses Fresko von 1841 zeigt Galileo Galilei, wie er das von ihm erfundene Fernrohr dem Dogen und dem Senat von Venedig vorführt. Die großen Entdeckungen, die Galilei damit und mit späteren Teleskopen machte, galten der Kirche als ketzerisch.

Planeten überstreicht in gleichen Zeiten gleiche Flächen, während der Planet die Sonne umläuft. Folglich nimmt die Geschwindigkeit eines Planeten zu, je mehr er sich der Sonne nähert. Kepler suchte nach einem Grund dafür und wäre Newton mit der Entdeckung der Gravitation fast zuvorgekommen. Während er 1619 den Zusammenhang zwischen der Geschwindigkeit der Planeten und ihrem Abstand von der Sonne untersuchte, stieß er auf das 3. Keplersche Gesetz: Die Quadrate der Umlaufzeiten der Planeten verhalten sich wie die Kuben der großen Halbachsen ihrer Bahnellipsen. Das Verhältnis ist für alle Planeten gleich.

Diese mathematischen Grundlagen führten zur explosionsartigen Vermehrung von Information. Aus den Keplerschen Gesetzen leitete Isaac Newton das Gravitationsgesetz ab. Keplers mathematische Genialität und seine Überzeugung, dass sich die Astronomie auf Mathematik und Physik gründen müsse, machten ihn zu einem der größten Meister der angewandten Mathematik.

Galileo Galilei (1564–1642)

Galileo gilt als der vielleicht größte Astronom aller Zeiten. Er entdeckte und veröffentlichte zahlreiche Beweise dafür, dass die Sonne die Mitte des Sonnensystems ist, und erprobte ein Experimentieren, das wissenschaftliche Beobachtung mit quantitativer Mathematik und theoretischer Begriffsbildung vereint. So entdeckte er, dass im freien Fall der Fallweg im Quadrat der Fallzeit zunimmt und dass die erreichte Geschwindigkeit direkt proportional zur Zeit ist.

Als Galilei 1609 von einem neuen holländischen Handfernrohr hörte, baute er ein viel stärkeres Teleskop und richtete es auf den Himmel. Er entdeckte, dass die Mondoberfläche nicht so glatt ist, wie es die Kirche behauptete, sondern von Bergen, Tälern und Kratern zerfurcht. Galilei entdeckte, dass die Milchstraße aus Millionen von Sternen besteht, und beobachtete vier der Jupitermonde („Galileische Monde"). Und er wies nach, dass die Planeten der Erde näher sind als die Sterne, weil das Teleskop sie zu Scheiben vergrößerte, während die Sterne winzige Punkte blieben. 1610 veröffentlichte er diese ketzerischen Entdeckungen in *Sidereus Nuncius* (Sternenbote) – und da begannen seine Schwierigkeiten mit der Kirche. Die behauptete, in der Heiligen Schrift stehe, die Erde bewege sich nicht.

Galilei baute Fernrohre mit bis zu 30-facher Vergrößerung, wurde aber so vorsichtig, dass er viele seiner Entdeckungen verschwieg. 1632 veröffentlichte er jedoch *Dialogo sopra i due massimi sistemi* (Dialog über die beiden hauptsächlichen Weltsysteme), in dem ein Einfaltspinsel den Glauben des Papstes gegenüber Galileis Ideen vertritt. Er wurde in Rom vor ein Inquisitionstribunal gestellt und für den Rest seines Lebens zu Hausarrest verurteilt, wo er den Planetenumlauf und die Fallgesetze erforschte und – wie Kepler – fast die Gravitation entdeckte.

GALILEIS GESCHENKE

Bis heute wird die Fallbeschleunigung infolge der Gravitation (9,81 Meter pro Sekunde im Quadrat) auch als „Galileo" bezeichnet. 1989 startete die Raumsonde *Galileo* auf eine Reise zu Venus und Jupiter. Die katholische Kirche sprach Galilei erst 1993 vom Vorwurf der „Gotteslästerung" frei – mehr als dreieinhalb Jahrhunderte nach Veröffentlichung des *Dialogs*.

Isaac Newton (1642–1727)

Sir Isaac Newton war ein genialer Astronom, Mathematiker, Optiker und Erfinder, den Materie, kosmische Ordnung, Licht, Farben und Sinneseindrücke faszinierten. Der Einzelgänger erforschte vor dem Hintergrund der Entdeckungen Galileis die Gravitation und soll beim Anblick eines vom Baum fallenden Apfels erkannt haben, dass dieselbe Kraft, die Gegenstände auf die Erde fallen lässt, auch die Planeten auf ihren Bahnen um die Sonne hält.

Unten Isaac Newtons Spiegelteleskop von 1672 besaß im Inneren einen mit 45° Neigung eingesetzten Planspiegel und am Ende einen Hohlspiegel.

Unten Friedrich Wilhelm Herschel baute sein riesiges Zwölf-Meter-Spiegelteleskop in seinem Garten in Slough bei Windsor Castle in England auf. 1789 entdeckte er damit Enceladus und Mimas, den sechsten und siebten Saturn-Mond.

Sein bahnbrechendes Werk *Philosophiae naturalis principia mathematica* (Mathematische Prinzipien der Naturphilosophie, 1687) verbindet auf der Basis des Gesetzes der Massenanziehung (Gravitation) die Mathematik des Himmels und der Erde zu einem System, das auch die Bewegungsgesetze der Mechanik mit dem Gesetz der Trägheit der Masse umfasst.

Newton entdeckte, dass die Gravitationskraft eines Körpers von seiner Masse abhängt und dass diese Massenanziehung im Quadrat der Entfernung von dem Körper abnimmt. Damit schuf er die Grundlagen für ein neues Wissenschaftsgebiet: die klassische oder newtonsche Mechanik. Er verbesserte Keplers Entdeckungen der Planetenbewegung und folgerte, dass sich die Zentripetalkraft in elliptischen Umlaufbahnen im umgekehrten Quadrat des Abstands von der Sonne verändert. Zudem stellte er fest, dass umlaufende Planeten Störungen in den Umlaufbahnen anderer Planeten bedingen können, und erklärte, warum unser Mond die Gezeiten der Ozeane auf der Erde verursacht. Und er erfand das Spiegelteleskop, das das Problem der Lichtbrechung in dem von Galilei eingeführten Linsenfernrohr überwand.

DIE FAMILIE HERSCHEL

Kepler, Galilei und Newton hatten die mechanischen Gesetze entdeckt, die im Universum herrschen. Weitere Entdeckungen wurden dank technischer Verbesserungen möglich.

Sir Friedrich Wilhelm Herschel (1738–1822)

Herschel stammte aus Deutschland und kam 1757 als Musiker nach England. Hier begann er Fernrohre zu bauen, und am 13. März 1781 beobachtete er einen Nebel oder Kometen. Der erwies sich jedoch als der Planet Uranus – dessen Entdeckung Herschel zu Ruhm verhalf: König George III. belohnte ihn mit einer jährlichen Pension, die es ihm ermöglichte, sein Leben der Astronomie zu widmen. 1787 entdeckte er zwei Uranus-Monde und 1789 den sechsten und siebten Saturn-Mond. Außerdem löste er verschwommene Nebel in Sternhaufen auf und entdeckte Hunderte von Doppelsternen.

Herschel war der erste Astronom, der erkannte, dass das Licht der Sterne sehr lange braucht, bis es die Erde erreicht, und dass die Sterngucker deshalb den Blick in eine ferne Vergangenheit richten. 1800 entdeckte er die Infrarotstrahlung, als er die Wellenlängen der Wärmestrahlung der Sonne maß. Seine immer stärkeren Teleskope reichten weiter in den Weltraum, als es je zuvor möglich war, und er begann, den Aufbau der Milchstraße zu umreißen.

Caroline Lucretia Herschel (1750–1848)

Herschels Schwester Caroline zog 1772 nach England und unterstützte ihren Bruder bei seinen Beobachtungen. Sie schliff Teleskopspiegel und setzte ihre großen mathematischen Fähigkeiten beim Berechnen der Beobachtungen ein. Acht Kometen entdeckte sie selbst, und nach Wilhelms Tod erstellte sie einen Katalog der von ihm beobachteten Nebel und Sternhaufen. Sie war die erste bedeutende Astronomin.

Sir John Frederick William Herschel (1792–1871)

Herschels Sohn gab1816 eine glänzende Universitätskarriere auf, um seinem kranken Vater behilflich zu sein. Ihm selbst gelangen preisgekrönte Beobachtungen von Doppelsternen, und nach dem Tod seines Vaters benutzte er dessen Teleskop für die Aktualisierung des Katalogs der Nebel und Sternhaufen. Er selbst erstellte einen Katalog mit 5075 Doppelsternen, von denen er allein 3347 entdeckt hatte. Von 1824 bis 1827 war er Sekretär der Royal Society, danach Präsident der Astronomical Society. 1833 veröffentlichte er eine brillante Abhandlung über die Astronomie für Laien.

Von 1834 bis 1838 beobachtete er mit dem Teleskop seines Vaters vom Kap der Guten Hoffnung in Südafrika aus den südlichen Sternhimmel. Zurück in England, wertete er die Ergebnisse seiner Forschungen aus und veröffentlichte sie.Drei Jahre lang war er Präsident der Royal Astronomical Society. Am Ende seines Lebens galt Herschel als größter Wissenschaftler des Jahrhunderts; er wurde neben Isaac Newton in der Westminster Abbey beigesetzt.

DAS 20. JAHRHUNDERT

1925 bewies der amerikanische Astronom Edwin Hubble, dass die Milchstraße nicht das gesamte Universum darstellt – er entdeckte Cepheiden (Veränderliche in Spiralnebeln) weit jenseits der Grenzen unserer Galaxie.

Edwin Powell Hubble (1889–1953)

Hubble arbeitete mit dem neuen 254-cm-Spiegelteleskop der Mount-Wilson-Sternwarte bei Los Angeles, um die Rotverschiebung (eine Art Doppler-Effekt) zu ermitteln, die Himmelskörper, die sich von uns fort bewegen, rot erscheinen lässt, während diejenigen, die sich uns nähern, eher blau aussehen. Eine ähnliche Wirkung entsteht, wenn der Sirenenton eines Notfallfahrzeugs beim Vorüberfahren plötzlich tiefer zu

Seite 215 Edwin Hubble 1937 bei der Arbeit am 254-cm-Spiegelteleskop des Mount Wilson Observatory. Hubble kam 1919 hierher und untersuchte mithilfe des Teleskops Spiralnebel.

werden scheint. Licht breitet sich ähnlich dem Schall in Wellen aus und wird kurzwelliger, wenn sich seine Quelle dem Beobachter nähert. 1929 beobachtete Hubble 46 Galaxien, deren Abstände von der Erde durch seine Beobachtungen am Mount Wilson gesichert waren, und entdeckte, dass die Rotverschiebung mit größeren Entfernungen zunahm.

Hubbles bedeutende Entdeckung bewies, dass sich das Universum nicht nur ausdehnt, sondern dabei beschleunigt. Das konnte auf ganze Galaxien angewendet werden, deren Sterne zu schwach sind, um einzeln erkennbar zu sein. Damit verzehnfachte sich die Größe des zu beobachtenden Universums. Zu Recht wurde das Hubble-Teleskop nach ihm benannt.

Henry Norris Russell (1877–1957)

Russell galt viele Jahre als der führende Astronomietheoretiker Amerikas. Er führte die Atomphysik in die Analyse der Sterne ein und schuf die Grundlagen der Astrophysik. Er analysierte die physikalische und chemische Beschaffenheit der Atmosphäre von Sternen und berechnete die relative Häufigkeit von Elementen. Seine Behauptung (die er von Cecilia Payne-Gaposchkin übernahm), dass Wasserstoff das vorherrschende Element im Universum sei, gilt als eine der grundlegenden Tatsachen der Kosmologie.

Harlow Shapley (1885–1972)

Dieser amerikanische Astronom studierte bei Henry Norris Russell in Princeton und erkannte als einer der Ersten, dass die Milchstraße viel größer ist als angenommen. Er wandte sich mit Recht gegen die Theorie, dass sich die Sonne im Zentrum unserer Galaxie befinde, und nahm zu Unrecht an, dass es innerhalb der Milchstraße Kugelsternhaufen und Spiralnebel gebe. Zutreffend war seine Behauptung, unsere Milchstraße habe ihre Mitte in der Nähe des Sternbilds Schütze.

1921 bis 1952 war Shapley Direktor des Harvard College Observatory, wo er die Magellanschen Wolken untersuchte und Kataloge von Galaxien erstellte. Er schrieb zahlreiche Bücher, sorgte für die Verbreitung astronomischen Wissens und half beim Aufbau der UNESCO.

Unten Der amerikanische Rundfunktechniker Grote Reber richtet 1937 eine Radiometer-Antennenschüssel ein, um Solarwellen zu messen, die Radioübertragungen stören. Reber nutzte Karl Guthe Janskys Entdeckung der Radiostrahlung der Milchstraße von 1931.

Karl Guthe Jansky (1905–1950)

1931 entdeckte der amerikanische Physiker und Radiotechniker die von der Milchstraße ausgehende Radiostrahlung. Der Begründer der Radioastronomie baute eine Antenne, die Frequenzen von 20,5 MHz und Wellenlängen von 14,6 Meter auffing. Sie bestand aus einer kreisförmigen Anordnung von Masten, hatte einen Durchmesser von 30 Meter und war 6 Meter hoch.

Nachdem er die Radiostrahlung ermittelt hatte, die von der Sonne und Gewittern ausgeht, schloss Jansky, dass die übrige Strahlung von der Milchstraße kommen müsse. Seine weiteren Forschungen scheiterten am Fehlen der nötigen Mittel; so musste die Radioastronomie einige Jahre lang ruhen.

Zwei Männer entwickelten die Radioastronomie weiter. Der amerikanische Rundfunktechniker Grote Reber (1911–2002) baute 1937 im Garten seines Hauses in Illinois ein Radioteleskop und erfasste erstmals systematisch die stellare Radiostrahlung. John Kraus (1910–2004) gründete nach dem Zweiten Weltkrieg ein radioastronomisches Observatorium an der Ohio State University. Sein Lehrbuch der Radioastronomie gilt noch heute als Standardwerk dieses Fachgebiets.

Ralph Asher Alpher (1921–)

Der amerikanische Kosmologe wurde 1948 mit seiner zutreffenden Annahme kosmischer Mikrowellen-Hintergrundstrahlung als Reststrahlung des Urknalls bekannt.

Stephen Hawking (1942–)

Eine kurze Geschichte der Zeit von Stephen Hawking wurde seit dem Erscheinen 1988 millionenfach und in 20 Sprachen verkauft. In den 1960er-Jahren erbrachte Hawking den

Oben links Der britische Mathematiker Stephen Hawking leidet an amyotrophischer Sklerose und benützt seit 1985 einen Computer und Sprachsynthesizer, um der Welt seine genialen Ideen mitzuteilen.

Oben Vera Rubin stellt immer wieder gängige Theorien der Astronomie in Frage. Ihre Forschungsarbeit zeigt, wie wenig wir noch über das Universum wissen.

mathematischen Beweis, dass Raum und Zeit mit einem Urknall beginnen und in Schwarzen Löchern enden müssen.

Einsteins allgemeine Relativitätstheorie hatte Schwarze Löcher vorausgesagt, ebenso extrem dichte Neutronensterne und Punkte mit unendlicher Dichte, die ebenfalls 1960 entdeckt und Pulsare und Quasare genannt wurden. Hawkings Berechnungen sowie astronomische Beobachtungen bestätigten Einsteins erstaunliche Szenarien. Anschließend lieferte Hawking mathematische Erklärungen für Pulsare und Quasare und verknüpfte die Relativitätstheorie mit der Quantenphysik und erweiterte so unsere Kenntnis der Schwarzen Löcher.

Hawking gilt als größter Mathematiker seit Einstein, wenn nicht aller Zeiten. Im Oktober 2005 wurde er im britischen Fernsehen auf seine Aussage angesprochen, die Frage „Was war vor dem Urknall?" sei sinnlos. Er sagte darauf, man könnte ebenso gut fragen: „Was liegt nördlich vom Nordpol?"

ASTRONOMINNEN

Im 18. Jahrhundert hatte Caroline Herschel bewiesen, dass Frauen sehr wohl einen Beitrag zur astronomischen Forschung leisten können. Das 20. Jahrhundert brachte eine ganze Reihe bedeutender Astronominnen hervor.

Henrietta Swan Leavitt (1868–1921)

1908 beobachtete die amerikanische Astronomin, dass sich Cepheiden – über weite Entfernungen sichtbare Riesensterne – in der absoluten Helligkeit und im „Blinktempo", den Perioden größter und geringster Helligkeit, unterschieden. Sie stellte fest, dass die hellsten Cepheiden langsam blinkten und die schwächeren schneller – und dass dies eine beständige, abgestufte Erscheinung ist. So konnte sie die Entfernung eines Cepheiden berechnen: Wenn man aufgrund der Blinkrate seine absolute oder wirkliche Helligkeit kennt, zeigt die relativ geringere Leuchtkraft eine entsprechend größere Entfernung an.

Die etablierte Wissenschaft hielt nach wie vor die Milchstraße für das Ganze des Universums; doch Henrietta Leavitt hatte einen Weg gefunden, darüber hinauszuschauen.

Cecilia Payne-Gaposchkin (1900–1979)

Diese britische Astronomin erhielt an der Harvard University den allerersten Doktortitel in Astronomie. Sie hatte in Cambridge studiert, da aber Frauen dort keinen akademischen Grad erwerben konnten, ging sie nach Amerika. Sie war eine hervorragende Physikerin, aber als Frau durfte sie dort nicht in Physik promovieren. Deshalb wandte sie sich der Astronomie zu. In ihrer Dissertation stellte sie zutreffend fest, dass Wasserstoff der Hauptbestandteil der Sonne, der Sterne und des ganzen Universums ist. Aber ihr Betreuer, Dr. Henry Norris Russell, beharrte darauf, dass ihre Analyse des stellaren Spektrums falsch sei. Die gängige Meinung lautete, alle Sterne bestünden wie die Erde hauptsächlich aus Eisen.

Russell verwehrte Payne-Gaposchkin die Promotion, wenn sie ihrer Doktorarbeit nicht einen Nachsatz anfügte, dass ihr Ergebnisse „eindeutig falsch" seien. Und was noch skandalöser war: Als sich herausstellte, dass sie völlig im Recht war, verschworen sich Russell und seine männlichen Kollegen, Payne-Gaposchkins Karriere zu behindern. Dabei war es gerade ihr gelungen, einen grundlegenden Vorgang in der damals noch geheimnisvollen Sonne zu enthüllen – und damit die Basis für die Erforschung von Kernreaktionen zu schaffen.

Vera Rubin (1928–)

1970 begann Vera Rubin mit der Erforschung des Andromedanebels, der der Milchstraße nächsten Galaxie. Der galaktische Wirbel sollte sich eigentlich im Zentrum schneller als an den äußeren Rändern bewegen – tat es aber nicht. Rubin schloss daraus, dass sich die Galaxie viel weiter ausdehne und großteils aus dunkler Materie bestehe, die kein Licht ausstrahlt. Dieser revolutionäre Gedanke wurde von der etablierten Wissenschaft zuerst belächelt, doch erwies er sich als richtig. Vera Rubin folgerte auch, dass die Galaxien unserer lokalen Gruppe zum Sternbild Pegasus hingezogen würden – auch damit erntete sie Spott. Mehr als 20 Jahre später bestätigten andere Astronomen diese Erkenntnis.

Vera Rubin erkannte als Erste, dass es unsichtbare Materie gibt, die große Wirkung im Universum ausübt. 1996 erhielt sie als zweite Frau die Goldmedaille der Royal Astronomical Society – die erste war 1828 Caroline Herschel gewesen.

Links Caroline Herschel bahnte späteren Astronominnen den Weg. 1787 erhielt sie von Englands König George III. eine Pension von 50 Pfund im Jahr, um die Arbeit ihres Bruders fortzuführen. Erstmals wurde eine Frau offiziell mit einer wissenschaftlichen Funktion beauftragt.

Observatorien der Welt

1730 schrieb Isaac Newton in *Opticks*, man könne Teleskope „nicht so bauen, dass sie das Durcheinander der Strahlen, das vom Zittern der Atmosphäre herrührt, korrigieren". Die adaptive Optik – die Newton noch nicht kannte – ermöglicht es modernen Teleskopen, die von der Atmosphäre verursachten Unschärfen oder Verzerrungen deutlich zu verringern.

Rechts Der englische Wissenschaftler Sir Isaac Newton (1642–1727) ist hier beim Erforschen der Natur des Lichts zu sehen. Was er dabei über das Farbenspektrum herausfand, führte ihn zur Erfindung des Spiegelteleskops.

Newton kannte „als einziges Gegenmittel die klare und ruhige Luft, wie sie auf den höchsten Berggipfeln zu finden ist". Charles Piazzi Smith, Königlicher Astronom von Schottland, folgte dem Hinweis und reiste 1856 auf die Kanarischen Inseln.

Mit einem 18-cm-Teleskop nahm er 65 Tage lang vom Pico de Teide, dem höchsten Berg der Inselgruppe, aus in Höhen von 2700 bis 3200 Metern astronomische Beobachtungen vor. Hier konnte er sogar Sterne der Größenklasse 14 – also vier Stufen unter dem schwächsten Stern der Größenklasse 10, der auf Seehöhe in Schottland zu sehen war – erkennen. Und ihm fiel auf, dass sein Teleskop deutlich schärfere Bilder lieferte.

Die meisten der größten und stärksten Teleskope der Welt konzentrieren sich auf ein paar hoch gelegene Standorte. Hier ist der Himmel frei von Wolkendunst und Staub; eine beständig klare Atmosphäre ermöglicht schärfste Bilder; und der Himmel ist so dunkel, dass in einer Neumondnacht das Licht der Milchstraße auf dem Boden Schatten wirft. Solche Orte gibt es in den Anden in Chile, auf Hawaii, den Kanarischen Inseln und in den Rocky Mountains im Westen der USA.

Unten Johannes Hevelius' selbst gebautes Teleskop in Danzig. Der Stich stammt aus seinem Werk *Machina Coelestis* (1673). Die 45 m lange Vorrichtung wurde 1679 ein Raub der Flammen.

Auch Ulug Beg führte im 15. Jahrhundert in Samarkand Forschungen durch, um das Universum zu verstehen. Er hatte aber kein solch starkes Teleskop, deshalb versuchte er, Beobachtungsfehler mithilfe der damals größten Instrumente zu verringern. Anhand einer Sonnenuhr mit einem 50 Meter hohen Schattenstab maß und berechnete er die Dauer des Sternjahres – die siderische Periode der Erde – und kam mit einer Abweichung von weniger als einer Minute auf 365,2570370 Tage. Außerdem bestimmte er die Position von etwa 1000 hellen Sternen mit durchschnittlichen Fehlerquoten von nur 16 Bogenminuten. Auch heute werden in Observatorien Position und Helligkeit von Himmelsobjekten routinemäßig gemessen.

BILDGEBENDE INTERFEROMETER

Zu den spannendsten Entwicklungen in der Astronomie gehört der Einsatz von Sterninterferometern für sichtbare und annähernd infrarote Wellenlängen. Es gibt zwei spezialisierte Observatorien, das CHARA (Center for High Angular Resolution Astronomy) Array, eine Y-förmige Anordnung von sechs 1-m-Teleskopen auf dem Mount Wilson in Kalifornien, und das Magdalena Ridge Observatory Interferometer, eine Y-förmige Anordnung von zehn 1,4-m-Teleskopen in New Mexico, das gegenwärtig gebaut wird. Bei beiden Anlagen beträgt der maximale Abstand zwischen zwei Teleskopen 340 Meter. Damit ist es möglich, Feinheiten von bis zu einer sechstausendstel Bogensekunde bei einer Wellenlänge von einem Mikrometer (1 µm) zu erkennen – das entspricht dem Winkel, unter dem man ein Auto aus 1,4 Milliarden Kilometer Entfernung sieht.

Bisher brauchten Interferometer viele Stunden, um ein Bild von der Scheibe eines hellen, nahen Sterns aufzubauen. Sowohl CHARA Array als auch das Magdalena-Interferometer können das gleiche Ergebnis innerhalb von Minuten erzielen und schwache Objekte mit komplizierter Detailstruktur abbilden.

2006 gelang es CHARA Array, das Geheimnis zu enträtseln, warum der Stern Spica 50 Prozent mehr Energie aussendet, als theoretisch anzunehmen war. Messungen von Durchmesser und Helligkeit des Sterns zeigen, dass er am Rand schwächer und in der Mitte heller leuchtet. Der Grund: Spica rotiert sehr schnell, und einer der Pole seiner Achse ist direkt auf die Erde gerichtet. Berechnungen ergaben, dass sich Spica so schnell um die eigene Achse dreht, dass er in eine ovale Form gedrückt wird und an den Polen eine Temperatur von 9900 Grad Celsius und am Äquator von 7600 Grad Celsius hat. So erscheint der Stern von der Erde aus gesehen hell.

Eine der äußersten Möglichkeiten eines Interferometers wäre die direkte Wiedergabe eines Planeten von der Größe der Erde, der um einen nahen Stern kreist, wobei ein Bild des Planeten mit einer Auflösung entsteht, die dem entspricht, was das Auge vom Mond am Nachthimmel sieht.

OBSERVATORIEN DER NORDHALBKUGEL

Die Sternwarte mit den besten Standortvoraussetzungen befindet sich auf dem 4200 Meter hohen Vulkan Mauna Kea auf Hawaii. Das Mauna Kea Observatory besitzt vier der zehn größten Teleskope der Welt, die beiden 10-m-Keck-Teleskope, das 8,3-m-Subaru-Teleskop und das 8,1-m-Gemini-North-Teleskop. Den zweitbesten Standort hat das Roche-de-los-Muchachos-Observatorium auf der Kanareninsel La Palma. Es steht auf 2400 Meter Höhe und verfügt über das Gran Telescopio Canarias (10,4 m) und das Swedish Solar Telescope.

Das Swedish Solar Telescope (SST) ist ein 1-Meter-Refraktor zur Sonnenbeobachtung. Theoretisch sollte ein Teleskop mit zunehmend größerer Öffnung immer kleinere Details erkennen können. In der Praxis aber wird das Bild, das das Teleskop liefert, durch die Unruhe kalter und warmer Luft in der Erdatmosphäre verwischt und verzerrt. Das Bild hat dann bestenfalls eine Auflösung, wie man sie mit einer 50-cm-Öffnung erreicht. Damit ein 1-m-Teleskop die theoretisch mögliche Auflösung erzielt, ist die Verwendung einer adaptiven Optik

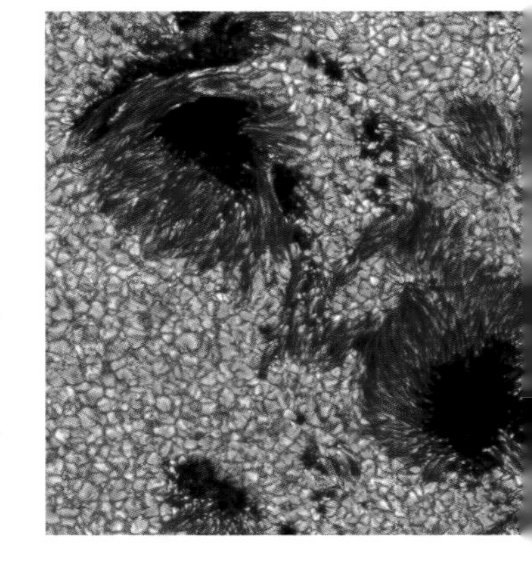

Ganz oben Auf dem Gipfel des Mauna Kea steht die Sternwarte von Hawaii, die über unterschiedlichste Typen von Teleskopen verfügt: für Wellen im Licht-, Infrarot-, Radio- und Submillimeterbereich.

Oben Das Swedish Solar Telescope auf den Kanarischen Inseln liefert Astronomen superscharfe Bilder der Sonne.

DIE GRÖSSTEN TELESKOPE

Teleskop	Durchmesser	Eröffnet	Höhe	Observatorium/Land
Gran Telescopio Canarias	10,4 m	2006	2400 m	Roque-de-los-Muchachos-Observatorium, Kanarische Inseln
Southern African Large Telescope	10,0 m	2005	1800 m	South African Astronomical Observatory, Südafrika
Keck 1 und 2	10,0 m	1993/1996	4200 m	Mauna Kea Observatory, Hawaii
Hobby-Eberly Telescope	9,2 m	1997	2000 m	McDonald Observatory, Texas
Large Binocular Telescope 1 und 2	8,4 m	2007	3200 m	Mount Graham International Observatory, Arizona
Subaru	8,3 m	1999	4200 m	Mauna Kea Observatory, Hawaii
Very Large Telescope 1, 2, 3 und 4	8,2 m	1997–1999	2600 m	Paranal-Observatorium, Chile
Gemini North	8,1 m	1999	4200 m	Mauna Kea Observatory, Hawaii
Gemini South	8,1 m	2001	2700 m	Cerro Pachón, Chile
Magellan 1 und 2	6,5 m	2000–2002	2400 m	Las-Campanas-Observatorium, Chile

Oben Das Southern African Large Telescope, das im South African Astronomical Observatory steht, ist das größte Teleskop auf der Südhalbkugel. Seine Kamera liefert hochwertige Aufnahmen vom Nachthimmel aus südlicher Perspektive.

erforderlich. Das einfallende Licht wird im Fernrohr auf einen biegsamen Spiegel gelenkt, der seine Form bis zu 1000-mal pro Sekunde verändert und damit atmosphärisch bedingte Unschärfen ausgleicht. Auf den besten Bildern der Sonne sind Details bis zur Größe von 0,1 Bogensekunden oder 70 Kilometern zu erkennen. Das ist so, als würde man auf einer Sehtestkarte die Zeile mit der kleinsten Schrift aus drei Kilometern Entfernung lesen. Diese Bilder halfen bei der Lösung des schon lange bestehenden Rätsels, warum die Atmosphäre der Sonne nach oben hin, also von ihrer sichtbaren Oberfläche weg nach außen, heißer statt kälter wird. Man fand nahe der Oberfläche Bereiche mit starken Magnetfeldern, die den Austritt von Schallwellen aus dem Inneren steuern, welche sich nach oben in die Atmosphäre ausbreiten und die beobachtete Erhitzung verursachen.

Das erste 10-m-Teleskop wurde 1993 als Teil des W. M. Keck Observatory auf dem Mauna Kea fertig gestellt; ein identisches zweites folgte 1996. Jedes Teleskop wiegt 275 Tonnen und hat einen 10-m-Hauptspiegel mit einer neuartigen Anordnung aus 36 sechseckigen Segmenten, die so genau ausgerichtet sind, dass sie wie ein einziger fester Spiegel arbeiten. Jedes Teleskop hat eine azimutale Montierung, mit der man Himmelsobjekte präzise verfolgen kann. Wenn sich das Teleskop bewegt, passt sich jedes Spiegelsegment an, sodass der Spiegel seine ideale Form behält. Das Keck verwendet eine adaptive Optik und erzielt damit Bilder von unglaublicher Schärfe. Ein biegsamer 15-cm-Spiegel ändert 670-mal pro Sekunde seine Form, hebt so atmosphärische Verzerrungen auf und macht 0,03 Bogensekunden große Details sichtbar. 2005 wurde das System zur Beobachtung des Zwergplaneten Eris eingesetzt. Die Bilder zeigten einen kleinen Knubbel neben Eris – einen Mond. Der neue Mond, der 150 Kilometer Durchmesser hat und Dysnomia heißt, ermöglichte es erstmals, die Masse von Eris zu berechnen.

Das 9,2-m-Hobby-Eberly-Teleskop des McDonald Observatory in Texas wurde mit nur 20 Prozent der Kosten eines der beiden Keck-Teleskope gebaut. Das war durch die Verwendung einer einfachen Teleskopmontierung möglich, die die Höhe des Teleskops bei 55 Grad fixiert, aber die Umdrehung des Teleskops um die Vertikale gestattet. Das Hobby-Eberly deckt 70 Prozent des Nachthimmels ab.

OBSERVATORIEN DER SÜDHALBKUGEL

In der südlichen Hemisphäre gibt es einen Standort, dessen Voraussetzungen die des Mauna Kea noch übertreffen: Dome Concordia auf dem Hochplateau der östlichen Antarktis. Seit 2003 ist ein Projekt im Gang, das die Errichtung eines Teleskops prüft; erste Ergebnisse sind vielversprechend. Der zweitbeste Standort sind die Hochgebirgsgipfel der chilenischen Anden, wo das 8,1-m-Teleskop Gemini South, die beiden 6,5-

m-Magellan-Teleskope und die vier Teleskope des VLT (Very Large Telescope) stehen. Das Very Large Telescope der Europäischen Südsternwarte (ESO) befindet sich in der Atacama-Wüste im Norden Chiles. Es besteht aus vier 8,2-m-Teleskopen, die einzeln verwendet werden können, als Interferometer oder in Kombination. Werden sie miteinander eingesetzt, hat die Anordnung der vier Teleskope das Lichtsammelvermögen eines 16-m-Teleskops. Vier kleinere 1,8-m-Teleskope werden in Verbindung mit den vier Riesenteleskopen als Interferometer verwendet, das von hellen Quellen Abbildungen mit hoher Auflösung liefert. Die Anordnung der Instrumente, die das VLT benützt, deckt das Spektrum von fast Ultraviolett bis zum mittleren Infrarot ab. Im Infrarot kann die adaptive Optik eines jeden der VLT-Teleskope dreimal so scharfe Bilder liefern wie das Hubble-Weltraumteleskop.

Das größte Teleskop der Südhalbkugel steht in Südafrika am Rande der Kalahari. Es heißt Southern African Large Telescope (SALT), beruht auf dem Konzept des Hobby-Eberly-Teleskops und verwendet einen sphärischen 10-m-Spiegel aus 91 sechseckigen Segmenten. Die Teleskopmontierung ist bei einer Höhe von 53 Grad fixiert und kann um die vertikalen Achsen gedreht werden. 13 Meter über dem Spiegel befindet sich eine Bahnverfolgungsplattform, die sich während der Erdumdrehung über den Spiegel bewegt, sodass man ein Objekt bis zu zwei Stunden lang verfolgen kann. Währenddessen bleiben die Teleskopmontierung und der Spiegel arretiert.

Oben Das Bild zeigt, wie sich eine der vier Kuppeln des Very Large Telescope (VLT) bei Sonnenuntergang öffnet. Das VLT steht auf dem Cerro Paranal in Chile – an einem geografisch und klimatisch idealen Standort für die Beobachtung des Weltraums.

Blick in die Zukunft

Die Zukunft bietet grenzenlose Möglichkeiten – wenn auch Vorhersagen mit Risiken behaftet sind. Es gibt faszinierende Perspektiven astronomischer Forschung, die im neuen Jahrtausend Früchte tragen dürften. Vieles hier Beschriebene wurde im 20. Jahrhundert entdeckt, als das kosmologische Wissen sprunghaft zunahm. Werden sich unsere Nachkommen über unser geringes Verständnis des Universums ebenso wundern wie wir, wenn wir darüber staunen, was die Astronomen vor hundert Jahren noch nicht wussten?

Unten Am ehesten könnten die Astronomen auf Mars Spuren außerirdischen Lebens entdecken. Der helle Bereich auf diesem Foto der Raumsonde *Mars Global Surveyor* lässt vermuten, dass hier einmal Wasser floss.

Unten rechts Proben vom Mars werden zur Erde geschickt. Diese Computergrafik zeigt die Mission Mars Sample Return der NASA, die vielleicht schon 2011 starten könnte.

Vor hundert Jahren gehörte der Gedanke an Leben außerhalb der Erde ins Reich der Science-Fiction. Heute ist die Astrobiologie – die Suche nach Leben im Universum – eine seriöse Disziplin, obwohl der Nachweis lebender oder toter Organismen außerhalb unseres Planeten noch zu erbringen ist.

DIE SUCHE NACH LEBEN

Vor allem der Mars stand jahrzehntelang im Blickpunkt der Suche nach außerirdischem Leben. Im Januar 2003 landeten zwei Mars-Rover, *Spirit* und *Opportunity*, auf gegenüberliegenden Seiten des Planeten. *Opportunity* stieß bei den Kratern Eagle und Endurance auf ein altes Becken, in dem verdampftes Wasser salzhaltigen Sand hinterlassen hatte. In den Columbia Hills entdeckte *Spirit* Hinweise, dass der frühe Mars hier von Einschlägen, Vulkanen und Wasser unter dem Boden geformt worden war. Gleichzeitig sahen Kameras an Bord von Sonden, die den Mars umrundeten, Anzeichen, dass Wasser die Erosionsrinnen auf dem Mars hinabgeflossen sein dürfte. Wo Wasser ist, da ist oder war auch Leben – so die Theorie.

In den kommenden zwei Jahrzehnten wird die Suche nach Leben auf dem Mars abgeschlossen sein. Die NASA plant eine Mission, die Bodenproben sammeln und zur Erde bringen soll. Bei der Folgemission wird ein „astrobiologisches Feldlabor" über die Marsebenen rollen und nach Leben suchen.

Unterdessen halten die Wissenschaftler an weiteren Orten nach Wasser (und Leben) Ausschau. Die eisbedeckten Flächen von Europa, dem drittgrößten Jupitermond, könnten größere Mengen flüssigen Wassers bergen. Der Saturnmond Enceladus besitzt Eis-Geysire, die eingeschlossenes Wasser speien. Und

VOR HUNDERT JAHREN

Zu Beginn des vorigen Jahrhunderts glaubte man, das Sonnensystem bestehe aus acht Planeten, 21 Monden, 452 Planetoiden und diversen Kometen. Der Planet Pluto war noch unentdeckt, ebenso die Objekte des Kuiper-Gürtels. Die Erde galt als nur 50 Millionen Jahre alt; lediglich die Entfernungen zu den 70 nächsten Sternen waren bekannt. Von Roten Riesen, Weißen Zwergen, Pulsaren, Supernovae und Schwarzen Löchern hatte man noch nichts gehört. Die Milchstraße wurde für das ganze – statische – Universum gehalten. Und es gab keine gültige Theorie für seine Entstehung.

Titan, der größte Saturnmond, mit einem Durchmesser von 5150 Kilometer fasziniert die Astronomen, weil sie in ihm eine vorzeitliche, jetzt gefrorene Erde sehen. All diese Orte sind Kandidaten für früheres oder gegenwärtiges Leben in unserem Sonnensystem.

WO IST ERDE NUMMER 2?

1995 wurde der erste Planet entdeckt, der einen anderen Stern als die Sonne umkreist. Zwölf Jahre später hatte sich die Zahl bekannter extrasolarer Welten (oder Exoplaneten) auf mehr als 200 Gasriesen erhöht, die größer sind als Jupiter. Die Gesamtzahl steigt rapide weiter an.

Die meisten Entdeckungen wurden mit der indirekten Technik der Doppler-Geschwindigkeitsverschiebung erzielt. Astronomen achten über Jahre darauf, ob ein Stern „hin und her wackelt", während er sich durch den Raum bewegt, und damit auf die Massenanziehung unsichtbarer Planeten reagiert, die ihn umkreisen. Diese mühsame Beobachtung erfordert viele Jahre; die Auswertung ist schwierig.

Kürzlich begannen Astronomen jedoch, Exoplaneten zu suchen, die vor ihrem Stern vorüberziehen. Während dieses Transits verdunkelt sich der Stern kurzzeitig ein wenig. Hat man diesen Planeten gefunden, kann man sein Licht isolieren, sein Spektrum untersuchen und die Chemie seiner Atmosphäre bestimmen. Im nächsten Jahrzehnt dürften auf diese Weise viele Dutzende Exoplaneten entdeckt werden. Allerdings kann man mit dieser Technik nur Planeten aufspüren, die größer sind als Jupiter.

Oben Diese hochauflösende Ansicht des Saturn-Eismondes Enceladus wurde 2005 von der Raumsonde *Cassini* aufgenommen. Das Bild zeigt Krater und Risse in der Oberfläche des Mondes. Wissenschaftler glauben, die Anziehungskraft der Saturn-Gravitation öffne und schließe täglich diese Spalten.

Ganz oben So sieht ein Künstler die Kepler-Mission der NASA, die die Milchstraße nach erdgroßen und kleineren Planeten absuchen soll.

Oben Das Spitzer-Infrarot-Raumteleskop, hier in einer Illustration, war die erste Mission des Origins-Programms der NASA, das ergründen soll, woher wir kommen und ob wir allein im Universum sind.

Neue, weltraumgestützte Techniken erweitern die Forschungsmöglichkeiten. 2007 sandte Frankreich den Satelliten COROT ins All, der nach extrasolaren Planeten forschen soll. 2008 eröffnet die Kepler-Mission der NASA unter Nutzung eines Photometers die Jagd auf Planeten, die so klein sind wie die Erde. Astronomen erhoffen sich von beiden Sonden die Entdeckung Hunderter, ja Tausender neuer Welten. Später werden *Darwin* von der ESA und der *Terrestrial Planet Finder* der NASA Exoplaneten von Erdgröße direkt untersuchen.

Bald werden Astronomen über Bilder von erdähnlichen, ferne Sterne umkreisenden Welten verfügen. Zwar werden auch diese keine Bilder fremder Zivilisationen liefern, doch könnte die Existenz von Molekülen (wie Sauerstoff) in der Atmosphäre eines Planeten Hinweise auf Leben liefern. Wenn dies geschieht, ist die Diskussion über außerirdisches Leben nicht mehr nur theoretischer Natur.

DER BLICK AUF DIE STERNE

1610, als Galilei unter Einsatz des neuen Fernrohrs den Himmel betrachtete, erblickte er Ungeahntes. Seither hat jeder Fortschritt der Technik neue Enthüllungen über unser Universum zutage gebracht. Was Teleskope betrifft, gilt für Astronomen: Größer ist unbedingt besser!

2002 konnte auf einem Berg im Norden Chiles das Very Large Telescope der Europäischen Südsternwarte (ESO) seinen Betrieb aufnehmen. Erstmals wurden hier vier 8-m-Fernrohre so miteinander verbunden, dass sie das Lichtsammelvermögen eines 16-m-Teleskops besitzen. In Arizona steuern Computer die zwei 8,4-m-Spiegel des Large Binocular Telescope LBT, um ein Auflösungsvermögen zu erzielen, das dem eines 23-m-Teleskops entspricht.

Doch werden diese Riesen bereits von noch ehrgeizigeren Zukunftsprojekten in den Schatten gestellt. Die USA und Kanada arbeiten an dem 30-m-Teleskop TMT. Die Europäer planen zwei Giganten: das European Extremely Large Telescope E-ELT (42 m) und das Euro50-Teleskop (50 m). Die Europäische Südsternwarte (ESO) erwägt den Bau eines 100-m-Monstrums mit dem passenden Namen OverWhelmingly Large (OWL) mit der 40-fachen Auflösung des Hubble-Weltraumteleskops.

Nicht alle werden optische Teleskope sein. In der Atacama-Wüste in Chile sind die ersten beiden 12-m-Antennen für ALMA (Atacama Large Millimeter Array) in Betrieb. Die vollständige Anordnung aus 50 beweglichen Radio-Parabolantennen soll 2012 stehen. Die Bauarbeiten für das Square Kilometer Array (SKA) in Australien, ein aus Tausenden kleinen Teleskopen bestehendes Radioteleskop, werden 2011 beginnen und 2020 abgeschlossen sein. Die Empfangsfläche wird einen Quadratkilometer umfassen, daher sein Name. Beide Teleskope werden tief ins frühe Universum blicken und nach Hinweisen für seine Entstehung suchen.

Trotz der Größe dieser erdgebundenen Giganten machen Raumteleskope Sinn. Das Spitzer-Raumteleskop, das 2004 in Betrieb ging, hat einen Spiegel von nur 80 cm Durchmesser,

aber seine Bilder des Infrarot-Universums übertreffen alle von der Erde aus möglichen Aufnahmen um Längen. Der Galaxy Evolution Explorer (GALEX), der 2003 startete, hat eine eindrucksvolle Liste von Entdeckungen im ultravioletten Kosmos zusammengetragen. Und Swift GRB Explorer half Astronomen, geheimnisvolle Gammastrahlen-Ausbrüche ferner Galaxien zu erforschen.

DIE ENTRÄTSELUNG DES UNIVERSUMS

In den kommenden Jahrzehnten werden diese neuartigen Augen viele Fragen beantworten helfen: Wie begann das Universum? Wie wird es enden? Gibt es mehr als ein Universum? Warum sind 96 Prozent des Universums für uns unsichtbar? Woraus besteht dunkle Materie? Was ist dunkle Energie? Warum gibt es das Universum?

In den ersten Jahren des 21. Jahrhunderts begann die *Wilkinson Microwave Anisotropy Probe* (WMAP) mit der Aufzeichnung kosmischer Mikrowellen-Hintergrundstrahlung – jener Energie, die das Universum zu einer Zeit aussandte, als es weniger als 400 000 Jahre alt war. Die ersten Entdeckungen der WMAP-Sonde besagen, dass wir in einem flachen Universum leben, das 13,7 Milliarden Jahre alt ist und große Mengen kalter dunkler Materie enthält. Auch stellte sie fest, dass die ersten Sterne geboren wurden, als das Universum erst 100 bis 400 Millionen Jahre alt war. Diese Sonde wird den Astronomen auch helfen, die Stadien der Inflationsphase zu unterscheiden – nach der Theorie, die erklären will, was in den allerersten Momenten im Leben des Universums geschah.

ES GIBT NOCH VIEL ZU ENTDECKEN

Stellen Sie sich zwei 4 Kilometer lange, 4 Meter dicke Röhren vor, die im rechten Winkel zueinander stehen und durch die fortwährend Laserstrahlen sausen. Das ist LIGO, das Laser Interferometer Gravitational Wave Observatory. Es soll Gravitationswellen beobachten, die nur theoretisch vorhanden sind – nach Einsteins allgemeiner Relativitätstheorie von 1916. Fast 100 Jahre später wollen Wissenschaftler sie nun beobachten.

Gravitationswellen sind die Kräuselwellen des Weltraums. Jeder Himmelskörper kann sie hervorrufen, doch nur Objekte von großer Masse wie explodierende Sterne, zusammenstoßende Neutronensterne und massereiche Schwarze Löcher erzeugen Wellen, die so stark sind, dass LIGO sie entdecken kann. Bei ihrer Ausbreitung verbiegen diese Wellen den Raum. Die rechtwinkelige Anordnung von LIGO soll diese winzige Verformung aufspüren und Einblicke in die Natur der massereichen Objekte vermitteln, die sie hervorrufen.

Im nächsten Jahrzehnt wird die Mission LISA (Laser Interferometer Space Antenna) mit drei Raumsonden Gravitationswellen vom Weltraum aus erkunden. Die Sonden haben Abstände von 4,8 Millionen Kilometern voneinander und bilden damit einen „Rippelwellen-Detektor", der wesentlich empfindlicher ist als LIGO. LISA hat das Ziel, Gravitationswellen von der Geburt des Universums selbst aufzufangen.

Diese Technologie soll die Fragen der Gegenwart beantworten. Aber wenn man etwas aus der Geschichte lernen kann, dann dies: Die Antworten werden zu neuen Fragen führen.

Oben Die Aufnahme des Spitzer-Raumteleskops vom Mai 2007 zeigt schlüpfende Sternenbabys im Orion. Diese „Geburt" wurde vermutlich durch die Explosion eines massereichen Sterns vor 3 Millionen Jahren ausgelöst.

Unten Diese Langzeitbelichtung von LIGO zeigt, wie Laserstrahlen durch die Röhren sausen. Mit LIGO forschen 500 Wissenschaftler von Universitäten in den USA und acht anderen Ländern.

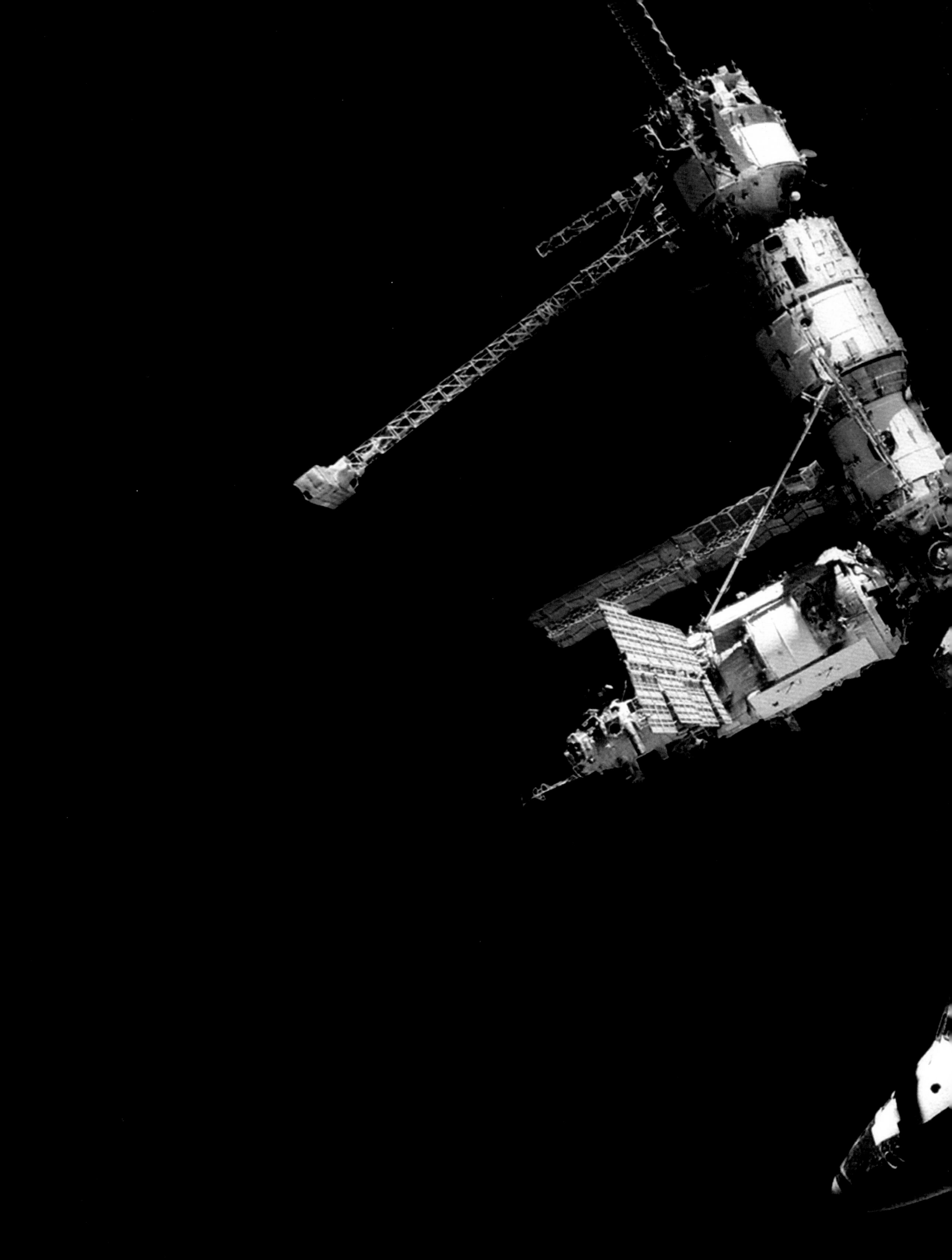

Weltraumforschung

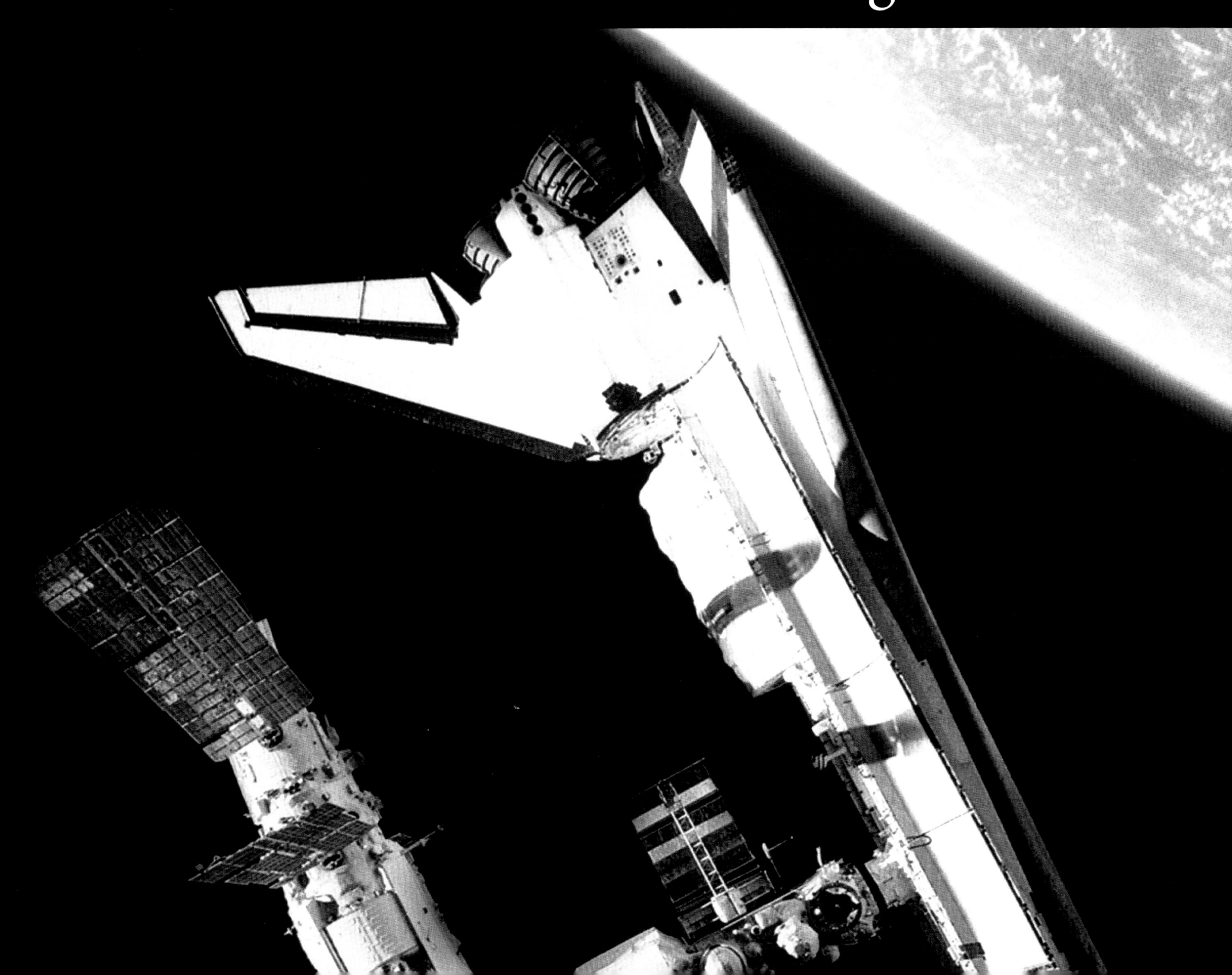

Die Erkundung des Weltraums

Der Wunschtraum, den Weltraum zu erforschen, ist so alt wie die menschliche Fantasie. In allen Kulturen erzählen uralte Mythen von Helden, die den Himmel zu stürmen versuchten. Um aber den Traum vom Flug ins All Wirklichkeit werden zu lassen, musste eine Technologie entwickelt werden, mit deren Hilfe Raumforscher ins All geschossen werden konnten: die Raketentechnik.

Rechts In seiner Abhandlung *The Making of Rockets* befasste sich der englische Autor 1696 mit der Herstellung von Raketen und Treibstoffen. Im 17. Jahrhundert wurden in Europa viele Arbeiten über Raketentechnik veröffentlicht.

The Making of
ROCKETS.
In Two Parts.
The Firſt
Containing the Making of Rockets for the meaneſt Capacity.
The other
To make Rockets by a Duplicate Propoſition, to 1000 pound Weight or higher.
Experimentally and Mathematically Demonſtrated, By ROBERT ANDERSON.
LONDON:
Printed for *Robert Morden*, at the *Atlas* in *Cornhil*. 1696.

Warum bieten Raketen die ideale Technik für den Raumflug? Ganz einfach, die üblichen Antriebe – Propeller und Düsentriebwerke – setzen eine umgebende Atmosphäre voraus. Raketen hingegen arbeiten nach dem im 3. Newtonschen Bewegungsgesetz, „*actio = reactio*", beschriebenen Reaktionsprinzip und funktionieren in der Atmosphäre ebenso wie im Vakuum des Weltraums. Alle Raketen – ob Feuerwerkskörper oder Trägerraketen – verbrennen Treibstoff. Die Verbrennungsgase treten durch eine enge Öffnung am Boden der Rakete aus und bewirken einen Rückstoß; als Gegenreaktion wird die Rakete vorwärtsgestoßen.

WIE ALLES ANFING

Obwohl Hero von Alexandria das Reaktionsprinzip der Bewegung schon vor 2000 Jahren beschrieben hatte, fand der Reaktionsantrieb erstmals im 6. Jahrhundert n. Chr. in China bei Feuerwerksraketen praktische Anwendung. Zuerst wurden Raketen bei Feierlichkeiten eingesetzt, doch bald erkannte man ihren Nutzen als Kriegswaffen: Eine Abhandlung von 1045, *Wu-ching tsung-yao* (Kompendium der Militärtechniken), beschreibt als „Feuerpfeile" verwendete Feuerwerksraketen. Der Gebrauch von Raketenwaffen ist ab 1232 belegt, als China sie gegen die Mongolen einsetzte, die die Stadt Kai-feng-fu belagerten.

Oben Ein chinesischer Soldat schießt einen raketengetriebenen Speer ab – eine der vielen frühen „Raketenwaffen", die seit dem 17. Jahrhundert in China entwickelt wurden. Der lange Stock sorgte für Stabilität beim Flug.

Kenntnisse der Raketentechnik breiteten sich rasch in Asien aus; gegen Ende des 13. Jahrhunderts fanden sich Raketenwaffen in Japan, Java, Korea und Indien. Die Mongolen dürften Kenntnisse der Raketentechnik nach Europa gebracht haben: In der Schlacht bei Liegnitz in Schlesien 1241 setzten sie Raketen ein, ebenso 1258 gegen Bagdad. Arabische und europäische Werke der Mitte des 13. Jahrhunderts beschreiben raketenähnliche Waffen und „Schwarzpulver"; der früheste Gebrauch des italienischen Wortes *rocchetta* datiert von 1379.

Raketenwaffen waren bei den europäischen Heeren des Mittelalters und der Renaissance verbreitet; im 18. Jahrhundert wurden sie von Schusswaffen und Kanonen verdrängt. In Asien blieben sie jedoch in Gebrauch; verbesserte indische Raketen mit einer Reichweite von fast zwei Kilometer wurden 1781 von Hyder Ali und 1792–1799 von Tipu Sultan in den Kämpfen gegen die Briten eingesetzt.

Rechts Im 19. Jahrhundert wurden Raketen für zivile Zwecke genutzt. Walfänger verlegten sich von mit der Hand geworfenen auf raketengetriebene Harpunen. Sie wurden aus einer auf der Schulter getragenen Röhre abgeschossen; ein „Blitzschutz" schirmte den Harpunier ab.

DIE RAKETENTECHNIK HEBT AB

Der Erfolg der indischen Raketen regte Colonel William Congreve an, eine neue Raketenwaffe für die britische Arme zu entwickeln. Sie arbeitete mit Schwarzpulver, hatte eine Eisenhülle und einen fast fünf Meter langen Lenkstab zur Stabilisierung; ihre Reichweite betrug bis zu 2800 Meter. Diese 1804 eingeführte Rakete war zielsicherer und vielseitiger als frühere Modelle, man konnte sie leichter befördern und in Land- und Seeschlachten einsetzen. Es gab verschiedene Größen, die sich als Brandbomben, Artilleriegeschosse und Signale benutzen ließen.

Raketen von Congreves Machart wurden von britischen Streitkräften weltweit eingesetzt und von europäischen und US-amerikanischen Armeen übernommen, die sie weiter verbesserten. Diese Fortschritte führten zu Raketen ohne Stabilisierungsstab, wie sie der Amerikaner William Hale in den 1840ern erfand.

Der Erfolg von Militärraketen legte es nahe, die Raketentechnik auch für zivile Zwecke zu nutzen: Raketengetriebene Walfang-Harpunen, Seenot-Rettungsraketen oder Raketen zum Regenmachen verbreiteten sich rasch. Ende des 19. Jahrhunderts erkannten einige wenige Visionäre das Potenzial des Raketenantriebs für die Raumfahrt. Bereits 1649 hatte sich der französische Schriftsteller Cyrano de Bergerac in seiner *Voyage dans la lune* (Reise zum Mond) den Gebrauch der Rakete für die Raumfahrt vorgestellt.

FLÜGE DER FANTASIE

Schon im 2. Jahrhundert wurden Geschichten über Reisen ins All erfunden. Der griechische Satiriker Lukian von Samosata (120–180) beschrieb in *Vera historia* und *Icaro-Menippus* zwei Weltraumreisen. Die im 17. Jahrhundert durch Teleskope möglichen astronomischen Entdeckungen führten zu zahlreichen Geschichten über Reisen ins All, in denen neue wissenschaftliche Erkenntnisse beschrieben und philosophische Ideen dargelegt werden konnten, ohne der Zensur der Kirche anheim zu fallen. Ohne die technischen Mittel für den Raumflug und ohne wirkliche Vorstellung von der Beschaffenheit des Alls wurden für die fiktionalen Raumfahrer viele fantasievolle Vehikel erdacht, wie etwa Zugvögel, Riesensprungfedern oder verdunstender Tau.

Links Ikaros stirbt, als er zu nahe an die Sonne fliegt und das Wachs seiner Flügel schmilzt. Die griechische Sage versinnbildlicht unseren Traum vom Fliegen.

Unten Einer der ersten Kriegszüge, bei denen Congreves Raketen verwendet wurden, war der britische Angriff auf Kopenhagen 1807. Das Schlachtengemälde William Sadlers II. zeigt die hellen Rückstoßfahnen der Raketen.

Die Pioniere der Raumfahrt

Am Anfang des 20. Jahrhunderts begannen sich die technischen und wissenschaftlichen Kenntnisse für Flüge ins All zu entwickelten. Am Ende des Jahrhunderts waren aus einfachen Schwarzpulver-Raketen gewaltige Raumfahrzeuge geworden, die Satelliten in Umlaufbahnen, Menschen auf den Mond und Sonden zu anderen Planeten bringen konnten. Wissenschaftler und Techniker aus allen Teilen der Erde hatten an dieser Entwicklung mitgewirkt.

Oben Der große „Weltraumträumer" Konstantin E. Ziolkowski sagte: „Die Erde ist die Wiege der Menschheit. Aber man kann nicht in der Wiege liegen bleiben."

Die utopischen Romane von Schriftstellern wie Jules Verne und H. G. Wells animierten zu Träumen von Reisen ins All. Zwei solcher Träumer waren Konstantin E. Ziolkowski (1857–1934) und Robert H. Goddard (1882–1945), die diese Visionen zu verwirklichen versuchten. Sie kamen aus zwei Ländern, die später erbitterte Rivalen im Wettlauf um die Eroberung des Weltalls werden sollten.

DIE BEGRÜNDER DES WELTRAUMFLUGS

Der russische Lehrer Konstantin Ziolkowski erkannte als Erster, dass Raketen das ideale Transportmittel für Reisen ins All wären. Seine theoretischen Arbeiten schufen die wissenschaftlichen Grundlagen der Astronautik: die elementaren mathematischen Gesetze des Raumflugs und die Erkenntnis, dass allein Flüssigkeitstriebwerke den nötigen Schub lieferten, um eine Rakete in eine Umlaufbahn um die Erde oder darüber hinaus zu schießen. 1903 veröffentlichte er das erste große Werk der Astronautik: *Erforschung des Weltraums mittels Reaktionsapparaten.*

Ziolkowski trug viel zur Verbreitung des Raumfahrtgedankens in der UdSSR bei. Er befasste sich mit Astronomie, ersann die ersten mehrstufigen Raketen und Raumstationen, entwarf lebenserhaltende Apparate und Raumanzüge und dachte über den Einsatz von Satelliten und Solarenergie nach.

Der amerikanische Physiker Robert Goddard veröffentlichte 1919 *A Method of Reaching Extreme Altitudes* (Eine Methode, extreme Höhen zu erreichen), worin er erstmals eine praktikable Rakete für Untersuchungen der oberen Atmosphäre beschrieb. 1926 baute und startete Goddard die weltweit erste funktionierende Flüssigkeitsrakete, die von flüssigem Sauerstoff und Benzin angetrieben wurde. Er befasste sich aber nicht nur mit Raketentechnik, sondern auch mit Themen wie Düsenantrieb, Elektronik und Solarheizung. Goddard war ein produktiver Erfinder und Experimentator; bis zu seinem Tod im Jahr 1945 schoss er immer wieder selbst gebaute Raketen ab.

Die Ergebnisse seiner Forschungen und Experimente waren von grundlegender Bedeutung für die moderne Raketentechnik. Das Raumflugzentrum der NASA in Maryland, USA, wurde nach ihm benannt.

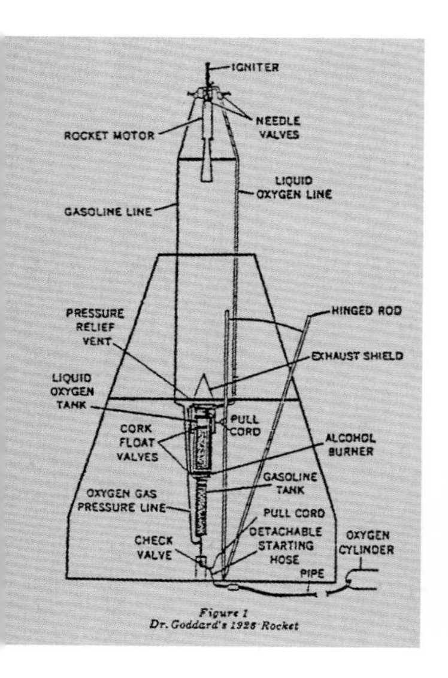

Oben und rechts Der Amerikaner Robert Goddard steht hier neben der ersten Flüssigkeitsrakete der Welt, die er am 16. März 1926 abschoss. Sie flog nur 2,5 Sekunden und erreichte eine Höhe von 12,5 m. Goddard brachte den Motor oben an der 3 m hohen Rakete an, weil er glaubte, damit die Flugstabilität zu verbessern (siehe Bauplan oben).

Rechts Eine Abbildung aus Jules Vernes *Reise von der Erde zum Mond* (1865) – dem Buch, das viele Raumfahrpioniere inspirierte. Verne war auf den Gebieten der Astronomie, Geologie und Technik sehr belesen.

DIE RAUMFLUG-BEWEGUNG

Angeregt durch die Arbeiten Ziolkowskis und Goddards entstand in den 1920er- und 1930er-Jahren eine internationale „Raumflug-Bewegung". In vielen Ländern bildeten sich Gemeinschaften von Raumfahrtbegeisterten, die das erklärte Ziel teilten, theoretische und praktische Forschung für Raketentechnik und Raumflug zu betreiben. Manche von ihnen leisteten bedeutende Beiträge zu deren Entwicklung.

Ein führender Vertreter war der in Siebenbürgen geborene deutsche Raketenforscher und Raumfahrtpionier Hermann Oberth (1894–1989). Unabhängig von Ziolkowski und Goddard entwickelte er ein Raumfahrtkonzept, das er 1923 in seinem visionären Buch *Die Rakete zu den Planetenräumen* veröffentlichte. Er stellte den Raumflug als lösbares technisches Problem dar und ermutigte damit in Europa und besonders in Deutschland die Bildung von Gruppen, die Raketenexperimente durchführten. 1927 gründete er den Verein für Raumschiffahrt (VfR), eine sehr wichtige Raumfahrt-Gesellschaft der Zwischenkriegszeit. In dieser Gruppe waren viele junge Ingenieure tätig, die in und nach dem Zweiten Weltkrieg führend in der Entwicklung der Raketentechnik werden sollten. Der berühmteste war Wernher von Braun, der schließlich das frühe Raumfahrtprogramm der USA leitete.

Oben Angehörige der GIRD-Gruppe für Raketenforschung betanken die sowjetische Rakete GIRD-09 mit flüssigem Sauerstoff. Diese Hybridrakete verwendete neben Sauerstoff auch verfestigtes Benzin und flog im August 1933 in 13 Sekunden 400 m hoch.

Wie in Deutschland war auch in der UdSSR das Interesse an der Raumfahrt sehr groß; hier wurde 1921 das erste Labor für Raketenforschung eingerichtet. Die weltweit erste Ausstellung „interplanetarischer Maschinen und Mechanismen" fand 1927 in Moskau statt; das erste Astronautik-Lexikon erschien zwischen 1929 und 1935. 1931 entstand die „Gruppe zum Studium von Reaktionsapparaten" (auf Russisch GIRD abgekürzt), deren weltraumbegeisterte Ingenieure von der Regierung unterstützt wurden und mit staatlichen Labors zusammenarbeiteten. Die GIRD-Gruppe baute und startete 1933 GIRD-X, die erste Flüssigkeitsrakete der UdSSR, und schuf später mit ihrem „Chefkonstrukteur" Sergej Koroljow die Grundlagen für das eigenständige sowjetische Raketenprogramm nach dem Zweiten Weltkrieg.

Gesellschaften und Versuchsreihen, die sich der Raketentechnik widmeten, gab es auch in anderen Ländern. Die British Interplanetary Society konnte wegen regionaler Beschränkungen und Bestimmungen nur theoretische Arbeit leisten; anderswo gab es unterschiedliche Erfolge mit Versuchsreihen, Raketen zu bauen und fliegen zu lassen.

Links Der berühmte Raketenforscher und Raumfahrtpionier Hermann Oberth mit zwei Kollegen vom Verein für Raumschiffahrt. Sie stehen neben dem Holzmodell einer von ihnen geplanten stromlinienförmigen Rakete. Viele Angehörige des VfR waren später am V2-Raketenproramm beteiligt.

Die V2 und der Kalte Krieg

Die Technik aller modernen Raumfahrzeuge und Trägerraketen geht auf die V2 zurück, einer im Zweiten Weltkrieg in Deutschland entwickelten „Vergeltungswaffe". Die V2 war der weltweit erste Langstrecken-Flugkörper; ihre Technologie brachte die Raketenforschung einen großen Schritt voran.

Rechts Am 15. Mai 1959 sieht eine Menschenmenge auf Coney Island, New York City, zu, wie die erste amerikanische Interkontinentalrakete in ihre Startposition gebracht wird.

Seite 233 Das Foto von 1944 zeigt eine deutsche Langstreckenrakete V2 vor dem Start in Cuxhaven, von wo sie über die Nordsee geschossen werden konnte.

Oben Der deutsche Raketenforscher und -konstrukteur Wernher von Braun (links) und sein Bruder Magnus ergaben sich im Mai 1945 der US-Armee.

Bis in die 1930er-Jahre stießen die raketentechnischen Experimente der „Raumflug-Bewegung" auf wenig Interesse seitens des Militärs. Erst als Nazideutschland unter Hitler aufrüstete, war man an Raketen interessiert – ließ sich dadurch doch der Versailler Vertrag umgehen, der Deutschland den Besitz schwerer Artillerie untersagte. 1932 begann Wernher von Braun, an Raketenprojekten zu arbeiten. Ihm folgten andere Mitglieder des VfR – aus ihnen sollte sich die Kernmannschaft zur Entwicklung einer Fernrakete rekrutieren.

DIE VERGELTUNGSWAFFE UND IHRE WIRKUNG

1937 errichtete man die Heeresversuchsanstalt Peenemünde auf der Ostseeinsel Usedom – ein Raketenforschungszentrum mit Wernher von Braun als technischem Direktor. Hier entwickelten Wissenschaftler und Techniker moderne Raketen mit größerer Reichweite und Nutzlast, die sich als Waffen verwenden ließen. Sie bauten das Aggregat-4 (A-4) – später V2 –, das am 3. Oktober 1942 zum ersten Testflug startete.

Die Rakete flog mit Überschallgeschwindigkeit 320 Kilometer weit und konnte eine Höhe von 96 Kilometer erreichen – ein riesiger Fortschritt der Raketentechnik. Das Grundkonzept von Antrieb, Treibstoff und Steuerungssystem ist bis heute das Herzstück selbst modernster Raketen geblieben.

Die erstmals am 8. September 1944 eingesetzte Rakete wurde von der Nazipropaganda „Vergeltungswaffe 2" (V2) genannt. Mehr als 3000 solcher Raketen, deren Gefechtskopf 1000 Kilogramm hochexplosiven Amatol-Sprengstoff enthielt, wurden im Verlauf des Krieges auf Ziele wie London, Antwerpen und Paris abgeschossen. Die V2 forderte etwa 5000 Menschenleben, rund 2700 allein in Großbritannien. Trotzdem war sie als militärische Waffe nicht sehr erfolgreich – sie ließ sich nicht präzise lenken, ihre komplizierte Technik war unzuverlässig, und sie war extrem teuer. Ihr Nutzen war eher psychologischer Natur: Sie verbreitete Furcht und Schrecken, weil sie nicht entdeckt und abgefangen werden konnte, bevor sie einschlug.

DER KALTE KRIEG BESCHLEUNIGT DEN RAKETENBAU

Trotz ihrer Mängel als Waffe bewies die V2, dass es möglich war, Raketen mit größerer Reichweite zu bauen, die eine strategisch wichtige Nutzlast befördern konnten. Nach dem Zweiten Weltkrieg versuchten viele Länder, in den Besitz des deutschen Know-how zu gelangen. Wernher von Braun und rund 100 seiner Mitarbeiter wurden in die USA geholt und im Raketenprogramm der US-Armee beschäftigt. Auch die Sowjets rekrutierten Raketenspezialisten aus Peenemünde; bis in die 1950er-Jahre entwickelten sie mit Sergej Koroljow das sowjetische Raketenprogramm, bevor sie in die DDR zurückkehren durften.

Mit dem Beginn des Kalten Krieges zwischen den USA und der UdSSR setzte ein Wettlauf der Entwicklung von Langstreckenraketen ein, die Nuklearsprengköpfe über weite Entfernungen tragen konnten. Mittelstrecken- und Interkontinentalraketen wurden Teil der strategischen Planung; gewaltige Mittel flossen in die Verbesserung der Raketentechnik. Errungenschaften der Flugkörper-Technologie galten als Statussymbole, die Macht und Einfluss jener Nationen demonstrierten, die sie besaßen. Obwohl es bei dieser beschleunigten Entwicklung eher um den militärischen Vorsprung als um den Raumflug-Gedanken ging, waren die größten Flugkörper bereits Mitte der 1950er-Jahre geeignet, als Trägerraketen wissenschaftliches Gerät in den Weltraum zu befördern.

DIE RAKETENFORSCHER DES KALTEN KRIEGES

Zwei Männer führten den Raketenwettstreit im Kalten Krieg an: Sergej Koroljow (1906–1966, im Bild links) entging stalinistischer Haft, um anonym als Chefkonstrukteur des sowjetischen Raumfahrtprogramms zu arbeiten. Er leitete das Langstreckenraketenprogramm der UdSSR nach dem Zweiten Weltkrieg und war bis zu seinem Tod der Motor des sowjetischen Raumfahrtprogramms.

Wernher von Braun (1912–1977), der wesentlichen Anteil an der Entwicklung der V2 hatte, wurde nach dem Zweiten Weltkrieg in die USA geholt, um dort am Raketenprogramm mitzuarbeiten. Unter seiner Leitung entstand die Saturn-V-Rakete. Zeitlebens setzte er sich für den Raumflug ein, und er leitete das frühe Raumfahrtprogramm der USA. Sein Lebenswerk wird allerdings durch die Verbindung zu den Nazis und das Elend der Zwangsarbeiter beim Bau der V2 getrübt.

Das Raumfahrtzeitalter beginnt

Bis zum Ende des Zweiten Weltkrieges wusste man wenig über die obere Atmosphäre, denn die maximale Höhe, die ein Forschungsballon erreichen konnte, lag bei etwa 40 Kilometer. Weil aber Langstreckenraketen diese Zone durchfliegen sollten, interessierten sich Ingenieure ebenso wie Naturwissenschaftler und Meteorologen für die Beschaffenheit der oberen Atmosphäre und die physikalischen Beziehungen zwischen Erde und Weltraum. Mit kleinen, suborbitalen Forschungsraketen begann man, die Übergangszone zum Weltraum zu erkunden.

Oben Die erste Höhenforschungsrakete, die US WAC Corporal, wurde im Oktober 1945 abgeschossen. Auch wenn sie nicht lange im Einsatz war, führte sie doch zur Entwicklung der sehr erfolgreichen amerikanischen Höhenforschungsrakete Aerobee.

Rechts Die erste vom US Naval Research Laboratory entwickelte Viking-Rakete wurde am 3. Mai 1949 abgeschossen. Viking-Raketen benutzten erstmals kardanisch gelagerte Triebwerke zur Steuerung. Später wurde die Viking zur Satelliten-Trägerrakete Vanguard weiterentwickelt.

MIT FORSCHUNGSRAKETEN INS ALL

Robert Goddard hatte bereits 1919 an eine Höhenforschungsrakete gedacht und 1929 einen Prototyp gestartet. Die GIRD-Experimentatoren in der UdSSR ließen in den 1930er-Jahren kleine Raketen fliegen, die wissenschaftliche Instrumente trugen. Doch die erste echte Höhenforschungsrakete, die eigens zur Erkundung der oberen Atmosphäre konzipiert wurde, war die amerikanische US WAC Corporal. Sie startete erstmals im September 1945. Zugleich arbeitete die US-Marine an der Forschungsrakete Viking, aus der später die Trägerrakete Vanguard entwickelt wurde. Das war insofern ungewöhnlich, als die meisten frühen Trägerraketen auf Interkontinentalraketen beruhten, die allein die nötige Schubkraft besaßen, um einen Satelliten in die Umlaufbahn zu tragen.

Höhenforschungsraketen, die relativ billig, schnell zu bauen und geeignet waren, unterschiedlichste Ladungen zu transportieren (Strahlungsanzeiger, Teleskope, sogar kleine Tiere), waren in den 1950er-Jahren ein beliebtes wissenschaftliches Arbeitsgerät. Viele Länder entwickelten eigene Modelle. Tausende waren in den letzten 60 Jahren im Einsatz und lieferten der Forschung wertvolle Beiträge.

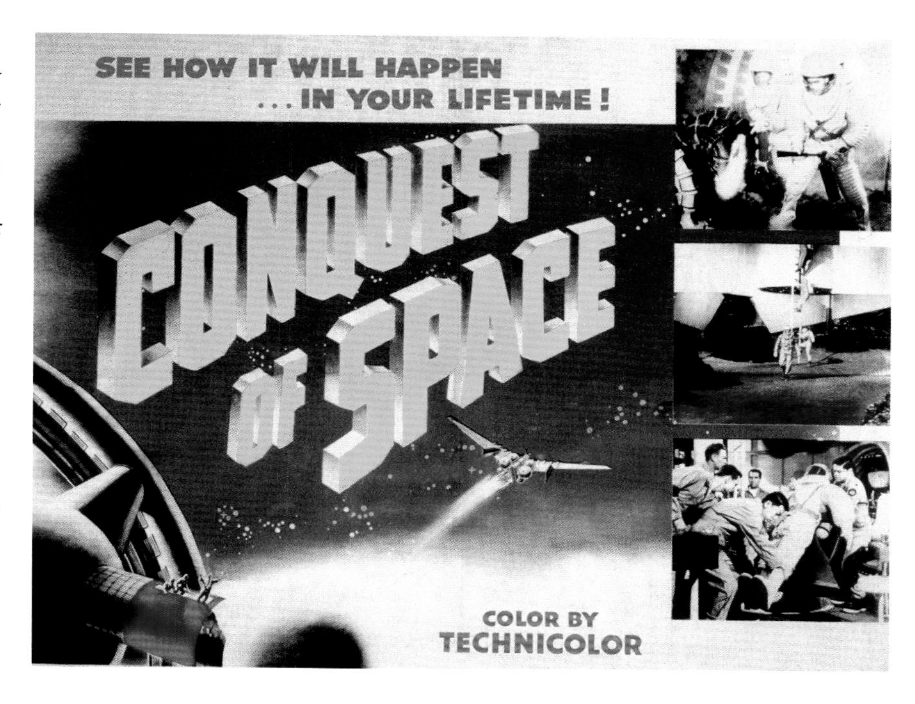

Oben Der Raumfahrtfilm *Eroberung des Weltalls* (1955) beruhte auf einem Buch von Willy Ley und Chesley Bonestell. Der Film erzählt von der ersten amerikanischen Mars-Mission.

DAS INTERNATIONALE GEOPHYSIKALISCHE JAHR

Mit der Erforschung der oberen Atmosphäre begann im Grunde der Wettlauf ins All. 1952 beschlossen 67 Länder ein gemeinsames Forschungsvorhaben: das Internationale Geophysikalische Jahr (I. G. J.), ein Zeitraum von 18 Monaten von Juli 1957 bis Dezember 1958, der mit einer Periode hoher Sonnenaktivität zusammenfiel. Das I. G. J. sollte mit intensiven Forschungen die Beziehungen zwischen der Erde und dem sie umgebenden Raum untersuchen.

1954 kam man überein, bis 1957 Satelliten zu entwickeln, die weitere Beiträge zu den Forschungen liefern könnten. Die USA erklärten 1955, dass sie während des I. G. J Satelliten in den Weltraum bringen würden; eine ähnliche Ankündigung der Sowjets wurde im Westen kaum zur Kenntnis genommen. Als die Sowjetunion am 4. Oktober 1957 *Sputnik 1*, den ersten künstlichen Satelliten der Welt, in eine Erdumlaufbahn schoss, war das Erstaunen im Westen ebenso groß wie der Ansehensverlust der Amerikaner, die noch immer dabei waren, ihren geplanten *Vanguard*-Satelliten ins All zu bringen. Genau 15 Jahre nach dem Start der ersten V2-Rakete war der UdSSR ein großer Propagandasieg gelungen. Das Raumfahrtzeitalter und der Wettlauf ins All hatten begonnen.

EIN JAHRZEHNT MASSIVER RAUMFAHRT-FÖRDERUNG

Während sich im Kalten Krieg die Raketentechnik entwickelte, nährten auch die Befürworter der Raumfahrt die Überzeugung, dass die Reise ins All bald Wirklichkeit würde. In den USA veröffentlichten Wernher von Braun und Willy Ley eine Reihe von Büchern und Artikeln über künftige Raumfahrtprojekte. Einflussreich waren reich illustrierte Beiträge im Magazin *Collier's* zwischen 1952 und 1954, die auf von Brauns Vorstellungen beruhten. Angeregt von diesen Artikeln, produzierte Walt Disney eine Reihe von Dokumentarfilmen, die weltweit in den Kinos zu sehen waren. Die British Interplanetary Society trat aktiv für künftige Raumflugvorhaben ein, und auch in anderen Ländern artikulierten sich Befürworter der Raumfahrt.

Die Unterhaltungsindustrie nahm sich des Themas dankbar an. Die Eroberung des Weltraums wurde zum Sujet Nummer eins, und es entstanden fantasievolle Raumflugfilme und -hörspiele, in denen man die Szenarien populärwissenschaftlicher Publikationen und Science-Fiction munter verquickte. Diese Filme beeindruckten mit Spezialeffekten und Modellbauten, die Raumfahrttechnik und galaktische Welten mit höchst unterschiedlichem Realitätsbezug vorführten. Klassiker dieses Genres waren etwa *Endstation Mond* (1950) oder *Eroberung des Weltalls* (1955); ein visionärer sowjetischer Propagandafilm war *Die Straße zu den Sternen* (1957). Es waren diese Filme, die das öffentliche Interesse an der Raumfahrt steigerten und den Glauben stärkten, man könnte gleich um die Ecke zur die Reise ins All einsteigen.

Oben Diese Ausgabe von *LIFE* aus dem Jahr 1957 erschien kurz nach dem Start von *Sputnik 1* und zeigt Wernher von Braun mit einem von ihm entwickelten Raketen-Modell.

Links Wissenschaftler auf der Konferenz des Internationalen Geophysikalischen Jahres betrachten ein Modell von *Sputnik 1*, dem ersten künstlichen Satelliten der Welt. Das I. G. J. gab den Anstoß für diese Entwicklung.

Sputnik, Explorer und Vanguard

Der Start von *Sputnik 1*, dem ersten künstlichen Satelliten der Welt, läutete das Raumfahrtzeitalter ein, in dem der uralte Traum von der Reise ins All Wirklichkeit wurde. Erstmals verfügte der Mensch über das Wissen und die Technik, von seiner Heimat aus in den Kosmos zu gelangen: mittels Satelliten und unbemannten Raumsonden – und zuletzt auch selbst.

Im Klima des Kalten Krieges setzte die politische Propaganda technischen Fortschritt mit ideologischer Überlegenheit gleich. Die Weltraumforschung wurde von den USA und der UdSSR als neuer Kampfplatz betrachtet, auf dem sie um politische Vorherrschaft mittels technischer Höchstleistungen rangen. Beiden Nationen ging es um Propagandasiege in Form von Pioniertaten. Der Wettlauf ins All hatte begonnen und brachte den Raumflug mit verblüffendem Tempo voran. Nur zwölf Jahre vergingen zwischen dem ersten Satellitenstart und der ersten Mondlandung von Menschen.

EIN PIEPSEN ... UND DIE GANZE WELT HÖRT ZU

Das Weltraumzeitalter begann am 4. Oktober 1957, als die UdSSR mit dem Start des ersten, die Erde umkreisenden Satelliten, *Sputnik 1*, die Welt in Staunen versetzte. *Sputnik*, der „Weggefährte", wog etwa 83 Kilogramm und war eine blank polierte Metallkugel mit vier langen Antennen. Er enthielt einen Radiosender und Messgeräte und umrundete die Erde alle 90 Minuten. In vielen Ländern war er als heller, sich schnell bewegender „Stern" zu sehen. Zu Scharen warteten Menschen darauf, sein Erscheinen zu beobachten. *Sputnik* sendete 21 Tage lang sein berühmtes Piep-Signal und blieb 96 Tage auf seiner Umlaufbahn, bevor er beim Wiedereintritt in die Erdatmosphäre verglühte.

Sputnik 1 war ein Riese im Vergleich zu dem von den USA geplanten winzigen Satelliten *Vanguard*, und der Westen erlebte einen Schock, als *Sputnik* die Erde umkreiste. Man nahm an, dass die Sowjets, die einen so großen Satelliten in die Umlaufbahn schießen konnten, auch die technischen Mittel besäßen, Amerika mit ballistischen Waffen anzugreifen. Die spontane Reaktion in den USA war, so schnell wie möglich einen eigenen Satelliten in die Erdumlaufbahn zu bringen.

Oben Dieses Modell von *Sputnik 1* in Originalgröße (58 cm Durchmesser) stellte die Sowjetunion voller Stolz in ihrem Pavillon auf der Expo 58 in Brüssel aus. Es demonstrierte der Welt die Vorrangstellung der sowjetischen Raumfahrt.

Rechts Leonid Sedow (links), führender sowjetischer Physiker – hier mit dem Raketenpionier Hermann Oberth (rechts) –, erklärte beim 6. Internationalen Astronautischen Kongress 1955 in Kopenhagen, die UdSSR plane, während des I. G. J. einen Satelliten zu starten.

EXPLORER 1

Schwierigkeiten mit der Trägerrakete beim Vanguard-Satellitenprogramm hatte der UdSSR den Vorsprung und die Ehre verschafft, den ersten Satelliten zu starten. Für die USA war das eine bittere Pille. Um das nationale Ansehen wiederherzustellen, beauftragte Präsident Eisenhower von Brauns Team, ein Eilprogramm zur Entwicklung eines neuen Satelliten durchzuziehen: *Explorer*, die Alternative zu *Vanguard*. Von Braun und seine Kollegen, unter ihnen Wissenschaftler vom Jet Propulsion Laboratory in Kalifornien, bauten den Satelliten *Explorer* und entwickelten die Trägerrakete Juno aus der Redstone-Rakete der US-Armee (die auf von Brauns V2 aus dem Zweiten Weltkrieg beruhte) innerhalb von 85 Tagen. Aber noch bevor die amerikanischen Wissenschaftler ihre Arbeit abgeschlossen hatten, punktete die UdSSR erneut: *Sputnik 2* trug das erste Lebewesen, die Hündin Laika, am 3. November 1957 ins All. *Explorer 1* startete am 31. Januar 1958 von Cape Canaveral in Florida und beförderte 8 Kilogramm an Instrumenten, die Daten über kosmische Strahlen, Meteoriten und Orbitaltemperaturen ermitteln sollten. Unter anderem wiesen sie den Van-Allen Strahlungsgürtel um die Erde nach.

VANGUARD 1

Wegen Schwierigkeiten mit der Trägerrakete verfehlt *Vanguard*-Programm sein Ziel, den ersten künstlicher liten der Welt ins All zu schießen. Doch als der klein *Vanguard* schließlich am 17. März 1958 die Erdumla erreichte, machte er bedeutende wissenschaftliche En ckungen. *Vanguard 1* wog 1500 Gramm – ein Fünfzi *Sputnik 1* –, doch war er voll mit winziger primitiver nik und benutzte die ersten Solarzellen für Raumfahr die ihn bis 1964 senden ließen. Bahnverfolgungsdate *Vanguard* ermöglichten es, die wahre Gestalt der Erd mitteln: Sie ist leicht birnenförmig, und die Südhalbl ist größer als die nördliche Hemisphäre.

Unten William H. Pickering (links), Direktor des Jet Propulsion Laboratory, James A. Van Allen, Konstrukteur der Instrumente an Bord von *Explorer 1*, und Wernher von Braun, Leiter des Raketenbauteams, präsentieren voller Stolz ihr Werk.

Oben Juno 1, die Trägerrakete von *Explorer 1*, war ein Jupiter-C-Flugkörper, dessen technologische Abstammung über die amerikanische Redstone-Mittelstreckenrakete bis zur deutschen V2 zurückreichte.

Rechts Der winzige Satellit *Vanguard 2* wurde im Februar 1959 in die Umlaufbahn geschossen, um Messungen der Wolkenverteilung vorzunehmen. Er war der Prototyp der Wettersatelliten.

DIE URSPRÜNGE DER NASA

Vanguard und Explorer waren „zivile" Projekte des US-Militärs und wurden im Gegensatz zur heimlichen *Sputnik-I*-Entwicklung in aller Offenheit durchgeführt. Obwohl die USA Pläne für geheime militärische Raumfahrtprogramme besaß, wollte Präsident Eisenhower der besseren öffentlichen Wirkung wegen die nationalen Raumfahrtprojekte ohne militärische Beteiligung und Geheimhaltung betreiben.

Am 1. Oktober 1958 begann die National Aeronautics and Space Administration (NASA) ihre Arbeit als zivile Regierungsstelle, die das US-Raumfahrprogramm zu leiten hatte. Sie entstand durch Umstrukturierung des früheren National Advisory Committee for Aeronautics und übernahm dessen Personal und Ausstattung mit Forschungszentren und Labors wie etwa dem Jet Propulsion Laboratory, das vorher dem Militär unterstanden hatte.

Tiere im Weltraum

Die Entwicklung leistungsstarker Raketen in der Nachkriegszeit ließ den Traum von Reisen in den Weltraum in greifbare Nähe rücken. Tiere spielten nun eine wichtige Rolle. Bevor sich ein Mensch in den Weltraum wagte, sollte die Wissenschaft mittels Versuchen mit Tieren klären, ob der menschliche Körper den gewaltigen Beschleunigungskräften, der tödlichen kosmischen Strahlung und den physiologischen Auswirkungen der Schwerelosigkeit im Raum standhalten würde.

Rechts Eine albanische Briefmarke mit der Hündin Laika, die in der Raumkapsel *Sputnik 2* ins All geschossen wurde. Laika war einer von vielen russischen Straßenhunden beim Wettlauf ins All.

Aufgrund der Untersuchung einer kleinen Zahl erbeuteter V2-Raketen und mithilfe kriegsgefangener deutscher Konstrukteure und Techniker entwickelten die Vereinigten Staaten und die Sowjetunion jeweils eigene ballistische Technologien. Militärische und zivile Wissenschaftler forderten alsbald Transportkapazitäten in den Nasenkegeln dieser Raketen, um mit einfacheren Formen des Lebens wie Insekten, Pflanzen und Sämereien biologische Experimente in der oberen Atmosphäre durchzuführen.

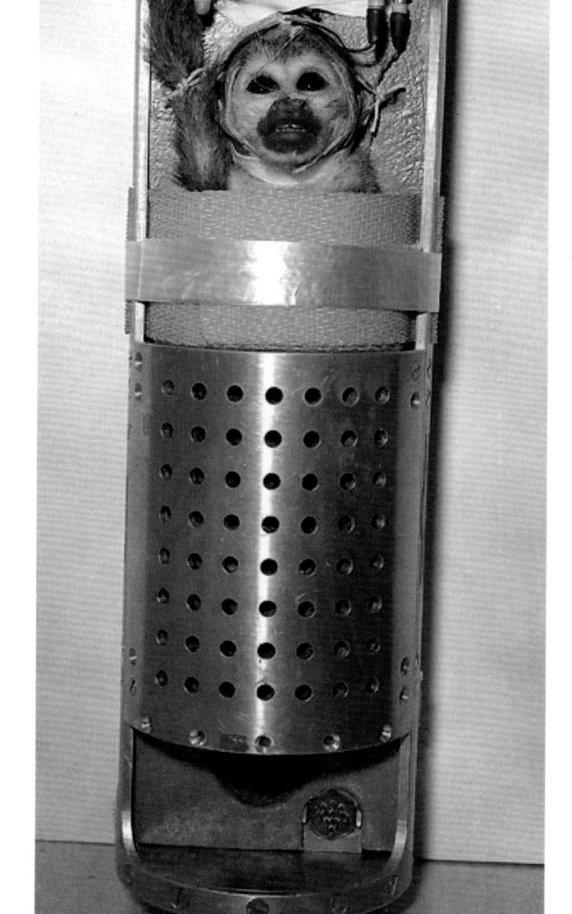

Links Am 28. Mai 1959 trug eine Jupiter-Mittelstreckenrakete der NASA ein Totenkopfäffchen namens Miss Baker (Foto) und den Rhesusaffen Able auf einen Suborbitalflug. Beide Tiere überlebten den Wiedereintritt in die Atmosphäre, Able starb allerdings ein paar Tage später.

MIT RAKETEN FLIEGEN

1948 wurde eine Reihe von V2-Flügen auf dem Versuchsgelände White Sands in New Mexico, USA, vorgenommen, um die Möglichkeit zu erproben, von den Flugkörpern Kapseln abzusprengen und an Fallschirmen auf die Erde zurückzuholen. Die US-Luftwaffe nutzte solche Flüge, um Affen als „Testpiloten" hinaufzuschießen. Hierfür baute man rasch eine einfache Druckkabine und trainierte etliche Affen für die Raketenflüge. Der erste dieser Raketentests fand am 11. Juni 1948 statt; man schickte einen narkotisierten Rhesusaffen namens Albert buchstäblich in den Himmel: Das Tier überlebte nicht. Weitere Raketenflüge starteten mit durchnummerierten Alberts an Bord während der nächsten drei Jahre von White Sands aus. Wie beim ersten Mal versagten die Fallschirme, und die Tiere starben.

1951 ersetzen die Aerobee-Forschungsraketen die V2, aber weiterhin versagten Fallschirme, und Tiere starben. Erst am 21. Mai 1952 überlebten zwei philippinische Makaken namens Patricia und Michael sowie zwei weiße Mäuse einen Raketenflug auf 62 Kilometer Höhe; sie wurden nach dem Flug erfolgreich geborgen.

SOWJETISCHE HUNDE IM WELTRAUM

Inzwischen hatte auch das Institut für Luftfahrtmedizin in Moskau die Notwendigkeit der biologischen Raketenforschung erkannt. Anders als die Amerikaner verzichteten die Russen auf Affen, die sie für zu nervös und anfällig hielten. In früheren Experimenten hatten sich Hunde als geeignetere Versuchstiere erwiesen; sie waren ruhiger und ließen das eintönige Training besser über sich ergehen. Dies traf besonders auf streunende Mischlinge zu, die bereits von den Unbilden der Straße und des Wetters abgehärtet waren. Im Frühjahr 1951 wurden deshalb Hundefänger mit der Suche nach passenden Kandidaten in den Straßen Moskaus beauftragt.

Am 15. August jenes Jahres wurden zwei Hunde – Desik und Zygan – in der absprengbaren Kapsel des Nasenkegels einer sowjetischen R1-Rakete auf einen ballistischen Flug geschickt. Beide Hunde erreichten eine Höhe von 99 Kilometer und wurden danach unverletzt geborgen. Sie waren die ersten

Rechts Laika wurde 1957 für ihre Reise ins All in einer eigens gebauten Vorrichtung untergebracht. Sie starb wenige Stunden nach dem Start an Überhitzung und Stress. Von offizieller Seite wurde damals behauptet, sie sei vergiftet worden, um nicht zu verhungern.

Oben Ein Wissenschaftler der NASA pflanzt 1970 einem Ochsenfrosch Mikroelektroden für das Otolith-Experiment ein. Der Einfluss von Gravitation und Schwerelosigkeit auf den Gleichgewichtssinn wurde an zwei Fröschen getestet.

Tiere, die einen Raumflug überlebten. Andere Hunde wurden danach auf Suborbitalflüge geschossen, manche von ihnen sogar mehrmals.

Im Oktober 1957 versetzte die UdSSR die Welt mit dem Start von *Sputnik 1,* in Staunen. Vier Wochen später erlebte der Westen einen weiteren Schock: *Sputnik 2* startete mit einem Passagier an Bord, der kleinen Hündin Laika. Leider starb sie wenige Stunden nach dem Start, aber sie ging in die Geschichte als das erste Lebewesen ein, das jemals die Erde umkreiste.

Im Vorfeld des ersten bemannten Raumflugs ließen die Sowjets zahlreiche Hunde in eine Erdumlaufbahn fliegen. Zur Vorbereitung des ersten amerikanischen Raumflugs mit Alan Shepard wurde am 31. Januar 1961 der Schimpanse Ham auf einen Suborbitalflug geschickt. Am 29. November des folgenden Jahres flog der Schimpanse Enos an Bord einer Mercury-Rakete in die Umlaufbahn und bereitete damit den Weg für die erfolgreichen drei Erdumrundungen des Astronauten John Glenn.

Auch Frankreich unternahm zu dieser Zeit Versuche mit Suborbitalflügen von Tieren. Weiße Ratten und eine Katze namens Felicette wurden ins All geschickt. Andere Flüge beförderten die Affen Martine und Pierrette; beide Affen wurden nach dem Flug sicher geborgen.

Später transportierten *Apollo, Skylab, Mir* und die Missionen der Raumfähren eine Vielzahl von Versuchstieren, darunter Taschenmäuse, Schildkröten, Frösche, Fische, Spinnen und etliche Primaten.

Wenn die Pläne vorankommen, Menschen auf längere Reisen zu Planetoiden oder zum Mars zu schicken, werden Tiere abermals als Pfadfinder bei der Abwägung der Risiken für die menschlichen Raumfahrtpioniere herhalten müssen.

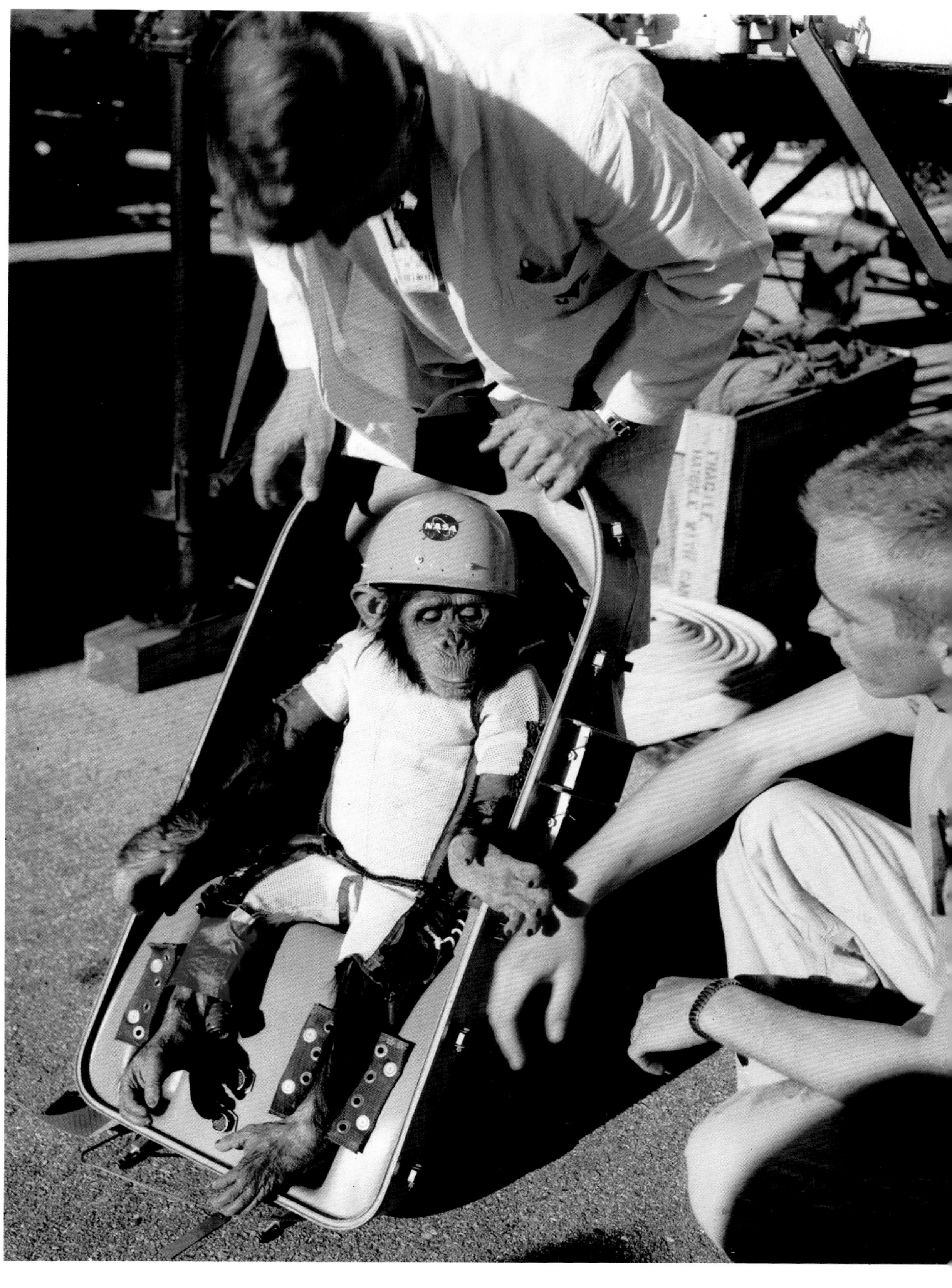

Oben Zehn Monate vor Alan Shepards Suborbitalflug wurde der Schimpanse Ham in einer Mercury-Kapsel auf einen Testflug geschickt. Er überstand den Flug, bei dem er 6,6 Minuten lang in der Schwerelosigkeit war, gut.

Der Wettlauf ins All beginnt: Mercury und Wostok

Nachdem man die ersten Satelliten in die Erdumlaufbahn gebracht hatte, war der bemannte Raumflug das nächste Ziel. Tiere als Astronauten bewiesen, dass Lebewesen in der Mikrogravitation des Weltraums bestehen können. Die USA und die UdSSR arbeiteten am bemannten Raumflug, um jeweils als Erste Raumfahrer in die Erdumlaufbahn zu schicken.

Rechts Der erste Mensch im Weltraum, Juri Gagarin, erschien am 21. April 1961 auf dem Titelblatt des Magazins *TIME*. Der junge sowjetische Kosmonaut beflügelte die Fantasien der Menschen in Ost und West.

WOSTOK

Wostok (russisch „Osten") war das erste bemannte Raumflugprojekt der UdSSR und wurde 1959 als Antwort auf das Mercury-Projekt der NASA ins Leben gerufen. Bereits 1960 wählte man 20 Militärpiloten aus, die den Kern der sowjetischen Kosmonauten-Mannschaft bildeten. Während die Mercury-Astronauten schon vor ihren Flügen öffentliche Aufmerksamkeit genossen, trainierten die sowjetischen Kosmonauten unter strenger Geheimhaltung. Das Kosmonauten-Training leitete der Chefkonstrukteur des sowjetischen Raumfahrtprogramms, Sergej Koroljow, der auch das Raumfahrzeug *Wostok* (auf der Grundlage des Spionagesatelliten *Zenit*) und die gleichnamige Trägerrakete (aus seiner R-7-Interkontinentalrakete) entwickelte.

Fünf Testflüge wurden unter der Bezeichnung „Korabl-Sputnik" von Mai 1960 bis März 1961 mit Hunden und Puppen durchgeführt.

Am 12. April 1961 flog der 27-jährige Juri Gagarin als erster Mensch im All in die Geschichte der Raumfahrt. Er umkreiste an Bord von *Wostok 1* in 108 Minuten einmal die Erde. Sein Ausruf beim Start „Pojekhali!" („Dann mal los!") kündigte einen weiteren Propagandasieg der UdSSR an. Das Wostok-Programm testete auf sechs Flügen wichtige Systeme der Raumfahrzeuge (Hitzeschilde, lebenserhaltende Apparate) und zeigte, dass Menschen den Start und den Wiedereintritt in die Erdatmosphäre überleben und die Schwerelosigkeit im Raum mehrere Tage lang aushalten können. Schrittweise brachte das Wostok-Programm einen eintägigen Flug *(Wostok 2)*, einen „Gemeinschaftsflug" *(Wostok 3* und *4* starteten mit nur einem Tag Abstand in ähnliche Umlaufbahnen) und eine Fünf-Tage-Reise *(Wostok 5)* zustande, die länger war als die Gesamtdauer aller Mercury-Flüge der USA. Die UdSSR demonstrierte auch die Gleichberechtigung all ihrer Bürger und ließ im Juni 1963 zur letzten Wostok-Mission (48 Erdumkreisungen in *Wostok 6*) eine Frau in den Weltraum starten.

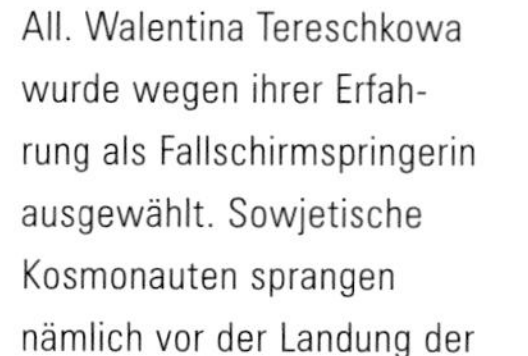

Oben 1963 waren die Sowjets wieder die Ersten: Sie schickten die erste Frau ins All. Walentina Tereschkowa wurde wegen ihrer Erfahrung als Fallschirmspringerin ausgewählt. Sowjetische Kosmonauten sprangen nämlich vor der Landung der Raumkapsel mit dem Fallschirm ab.

MERCURY

Das nach dem römischen Götterboten benannte Projekt wurde 1958 aufgenommen und war das erste Programm der USA für bemannten Raumflug. Es hatte das Ziel, bei der Erdumrundung die Überlebensfähigkeit von Menschen im All zu erkunden, die Funktionen des menschlichen Körpers in der Mikrogravitation zu untersuchen und Astronaut und Flugkörper unversehrt zu bergen.

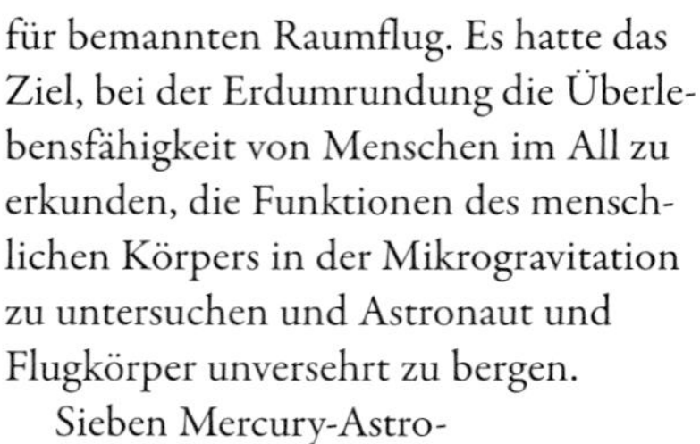

Sieben Mercury-Astronauten wurden im April 1959 benannt. Die Mercury-Kapseln, die der Ingenieur Max Faget konstruierte, waren kleiner, aber vielseitiger als Wostok, sie hatten modernere Instrumente und fortschrittlichere Elektronik als die sowjetischen Pendants. Etliche Vorbereitungsflüge, einige mit Primaten an Bord, erprobten Raumfahrzeug und Abschusssystem. Die für Orbital-Missionen benötigte Atlas-Rakete bereitete jedoch beträchtliche Schwierigkeiten. Deshalb blieben die ersten beiden Raumflüge suborbital und verwendeten als Trägerraketen modifizierte Redstone-Raketen.

Das Vorgehen der USA, das öffentlicher, aber auch zurückhaltender war als das der UdSSR, ließ es zu, dass *Wostok 1* vor dem ersten US-Astronauten startete. Alan Shepard absolvierte seinen ersten Raumflug (MR-3) – einen 15-minütigen Suborbital-Bogen in *Freedom 7* – schließlich 23 Tage später, am 5. Mai 1961. Eine zweite Suborbital-Mission (MR-4) wurde durch den Verlust der Raumkapsel *Liberty Bell 7* nach der Wasserung beeinträchtigt. Der erste Orbitalflug gelang den USA schließlich am 20. Februar 1962, als John Glenn in *Friendship 7* (MA-6) die Erde länger als fünf Stunden umrundete. Glenns Mission war die erste, bei der die aus einer Interkontinentalrakete entwickelte Atlas-Trägerrakete benutzt wurde. Die beiden folgenden *Mercury*-Flüge im Jahr 1961, MA-7 und MA-8, bauten Flugdauer und Schwierigkeit der Experimente aus. Den letzten Mercury-Flug, MA-9, unternahm im Mai 1963 Gordon Cooper, der mit *Faith 7* einen vollen Tag im Weltraum zubrachte.

„WIR ENTSCHEIDEN UNS FÜR DEN MOND"

Um den Sowjets beim Wettlauf ins All – besonders nach Gagarins historischem Flug – etwas entgegenzusetzen, suchte US-Präsident John F. Kennedy nach einem großen Erfolg, der die Leistungen der Sowjets überwog. Etliche Möglichkeiten wurden bedacht. Am 25. Mai 1961, drei Wochen nach Shepards Flug, kündigte Kennedy in einer Rede vor dem US-Kongress das Apollo-Mondlandeprogramm an. Er erklärte, dass die Vereinigten Staaten „noch vor Ende des Jahrzehnts Menschen auf den Mond und sicher zurückbringen" würden. Der Wettlauf zum Mond hatte begonnen.

Rechts Die Mercury-Raumkapsel *Freedom 7* hebt am 5. Mai 1961 um 9:34 Uhr Ortszeit von Cape Canaveral in Florida ab. An Bord fliegt Alan Shepard als erster Amerikaner ins All.

Unten Nachbildung von *Wostok 1* in Originalgröße im Allrussischen Ausstellungszentrum in Moskau. Die Sowjetunion teilte der Welt den historischen Flug mit, während Gagarin noch in der Erdumlaufbahn war.

Links Die Astronauten des Mercury-Projekts: (vorne von links) Walter M. Schirra jr., Donald K. „Deke" Slayton (er erkrankte jedoch), John H. Glenn jr. und Scott Carpenter; (hinten von links) Alan B. Shepard jr., Virgil I. „Gus" Grissom und L. Gordon Cooper.

Der Wettlauf wird heftiger: Gemini und Woschod

Im Anschluss an Mercury machte sich die NASA daran, Geräte und Technologie zu entwickeln, um Kennedys Ziel einer Mondlandung am Ende der Dekade zu verwirklichen. Die UdSSR war im Wettlauf zum Mond langsamer und konzentrierte sich in der Propaganda weiter auf Erstleistungen im Weltraum.

Oben Edward White II., erster Amerikaner, der einen Weltraumspaziergang machte, schwebt am 3. Juni 1965 während der *Gemini-IV*-Mission im Vakuum des Alls. Man sieht in seiner Hand eine kleine stickstoffbetriebene Manövrierpistole, die ihm beim Bewegen hilft.

GEMINI

Um bis zum Ende des Jahrzehnts auf dem Mond zu landen, hatte die NASA schleunigst ihre Raumflugkenntnisse auszubauen. Die für eine Mondlandung erforderlichen Techniken mussten praktisch erprobt werden, und es war zu gewährleisten, dass die Astronauten eine solche Mission physisch und psychisch überstehen würden. Als Gemini, das zweite US-Programm für bemannte Raumfahrt, im Januar 1962 vorgestellt wurde, zielten die Anforderungen an Astronauten und Ausrüstung auf Raumflüge von bis zu zwei Wochen. Es mussten Rendezvoustechniken und Andockmanöver geprobt werden, ebenso „extra-vehicular activity“ (EVA) – Arbeiten außerhalb der Kapseln.

Gemini – nach dem Sternbild Zwillinge benannt – war für zwei Mann Besatzung bestimmt und eine größere und schwerere Version der Mercury-Kapseln. Sie wurde von einer Titan-II-Rakete getragen. Zehn Gemini-Missionen zwischen März 1965 und November 1966 erweiterten das Wissen und Können der NASA entscheidend.

WOSCHOD

Sergej Koroljow hatte größere Wostok-Projekte geplant, aber als das Apollo-Programm angekündigt wurde, forderte der sowjetische Staats- und Parteichef Chruschtschow weitere Triumphe im Weltraum. Um die USA beim Wettlauf ins All zu schlagen, wurde das Programm Woschod („Sonnenaufgang“) gestartet, und die UdSSR nahm hohe Risiken in Kauf: Um Gemini mit einer Mehrpersonen-Besatzung zu überholen, hob *Woschod 1* am 14. Oktober 1964 ab – eine umgebaute Version von Wostok für drei Kosmonauten, die aber wegen der Enge keine Raumfahreranzüge tragen konnten.

Chruschtschow wurde zwar während des Woschod-Programms abgesetzt, aber *Woschod 2* brachte am 18. März 1965 mit dem ersten Weltraumspaziergang den erhofften Sieg über *Gemini IV*. *Woschod 2* war eine modifizierte Wostok-Variante mit einer Zweier-Besatzung und einer aufblasbaren Luftschleuse. Alexej Leonow schwebte als erster Mensch frei im Weltraum. Das kostete ihn fast das Leben, weil sich sein Raumanzug draußen aufblähte und versteifte und Leonow kaum wieder in die Luftschleuse gelangen konnte.

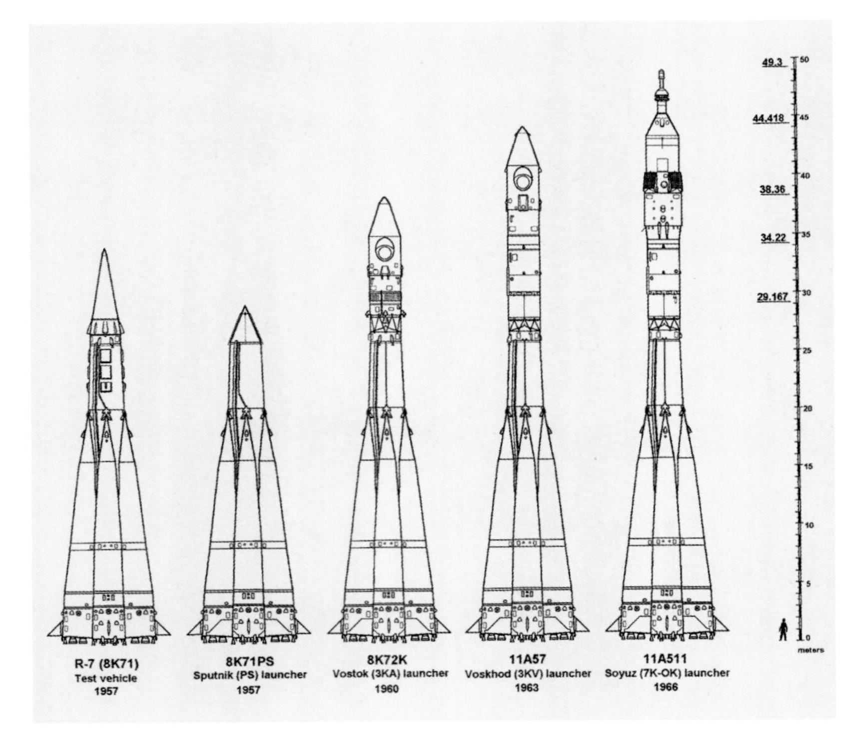

Rechts Übersicht der sowjetischen Trägerraketen, die aus Koroljows ursprünglicher R-7-Interkontinentalrakete entwickelt wurden.

Oben Am 18. März 1965 bewegte sich der sowjetische Kosmonat Alexej Leonow als erster Mensch außerhalb einer Raumkapsel. Sein zehnminütiger Weltraumspaziergang endete beinahe in einer Katastrophe (Foto aus einem sowjetischen Dokumentarfilm).

BEMANNTE GEMINI-RAUMFLÜGE

Mission	Besatzung	Flugdatum	Dauer	Hauptereignisse
Gemini III	Virgil Grissom John Young	23. März 1965	4 Stunden, 52 Minuten, 31 Sekunden	Erster bemannter Gemini-Flug; drei vollständige Erdumrundungen
Gemini IV	James McDivitt Edward White II	3.–7. Juni 1965	4 Tage, 1 Stunde, 56 Minuten, 12 Sekunden	Erster Weltraumspaziergang eines Amerikaners: 22 Minuten
Gemini V	Gordon Cooper Charles Conrad	21.–29. August 1965	7 Tage, 22 Stunden, 55 Minuten, 14 Sekunden	Erste Brennstoffzellen für Elektrizität
Gemini VII	Frank Borman James Lovell	4.–18. Dezember 1965	13 Tage, 18 Stunden, 3 Minuten, 1 Sekunde	Raumflugdauer-Rekord; Flug als Rendezvous-Ziel für *Gemini VI*
Gemini VI	Walter Schirra Thomas Stafford	15.–16. Dezember 1965	1 Tag, 1 Stunde, 51 Minuten, 24 Sekunden	Erstes Raumschiff-Rendezvous (mit *Gemini VII*)
Gemini VIII	Neil Armstrong David Scott	16. März 1966	10 Stunden, 41 Minuten, 26 Sekunden	Erstes Andocken an ein anderes Raumfahrzeug (Agena-Zielrakete) Funktionsstörung führt zu erster Notlandung einer bemannten US-Mission
Gemini IX	Thomas Stafford Eugene Cernan	3.–6. Juni 1966	3 Tage, 2 Stunden	Drei verschiedene Arten von Rendezvous 2 Stunden EVA Andockmanöver abgebrochen wegen Problemen des Zielfahrzeugs
Gemini X	John Young Michael Collins	18.–21. Juli 1966	2 Tage, 22 Stunden, 46 Minuten, 39 Sekunden	Erster Einsatz des Agena-Zielraketen-Antriebssystems Rendezvous mit *Gemini VIII* als Zielfahrzeug 49 Minuten EVA in der Luke stehend 39 Minuten EVA: Rückholexperiment der Agena-Stufe
Gemini XI	Charles Conrad Richard Gordon	12.–15. September 1966	2 Tage, 23 Stunden, 17 Minuten, 8 Sekunden	Gemini-Rekordhöhe: 1189,3 km, erreicht mit Agena-Antriebssystem nach Rendezvous und Andocken; EVA 33 Minuten und EVA ohne Verlassen der Schleuse 2 Stunden
Gemini XII	James Lovell Edwin Aldrin	11.–15. November 1966	3 Tage, 22 Stunden, 34 Minuten, 31 Sekunden	Letzter Gemini-Flug Rendezvous-Andocken mit Agena-Zielrakete (Koppelung blieb während EVA bestehen); EVA-Rekord: 5 Stunden, 30 Minuten

Unten Im Juni 1966 gab es bei der *Gemini-IX*-Mission Schwierigkeiten mit dem Andock-Adapter (ATDA). Das Andocken misslang. Die *Gemini-IX*-Piloten Stafford und Cernan gaben ATDA den Spitznamen „böser Alligator".

Roboter erforschen den Mond

Der Mond, unser nächster Himmelsnachbar, war seit Urzeiten das Traumziel von Raumfahrtfantasien. Er wurde auch zum natürlichen Ziel früher Versuche, Raumsonden über die Erdumlaufbahn hinauszuschicken.

Rechts John F. Kennedy war erst vier Monate Präsident der Vereinigten Staaten, als er erklärte: „Ich glaube, diese Nation sollte sich das Ziel setzen, noch vor dem Ende dieses Jahrzehnts Menschen auf den Mond zu schicken und sicher zurückzubringen."

Ganz rechts Den Mond-Roboter *Lunochod* steuerte ein Team von der Erde aus. Er war mit vier Fernsehkameras, einem Gerät zur Entnahme von Bodenproben, einem Messinstrument für solare Röntgenstrahlung und einem Magnetometer ausgerüstet.

Nach Präsident Kennedys Ankündigung von 1961, die USA wollten vor 1970 einen Menschen auf dem Mond landen lassen, hatte die Erkundung des Mondes mit Robotern für die USA wie auch für die UdSSR Vorrang. Sonden sollten den Mond fotografieren und auf ihm landen, um geeignete Landungsgebiete für bemannte Missionen ausfindig zu machen. Während die USA bei ihren Versuchen, den Mond mit Roboterfahrzeugen zu erkunden, zunächst Fehlschläge erlitten, konnte die UdSSR bereits 1959 drei Mondsonden einsetzen – Propagandasiege im Wettlauf zum Mond.

LUNA

Der sowjetischen Sonde *Luna 1* gelang der erste Mond-Vorbeiflug im Januar 1959; *Luna 2* prallte als erster Flugkörper auf der Mondoberfläche auf. Aufsehenerregender war, dass *Luna 3* im Oktober 1959 die ersten Bilder von der verborgenen Rückseite des Mondes senden konnte, und diese sah anders aus als die der Erde zugewandte Seite.

Im Januar 1966 schrieb *Luna 9* Geschichte mit einer weichen Mondlandung und der Übertragung von Bildern der Mondoberfläche, die zeigten, dass deren Staubschicht nicht so tief war wie befürchtet. Späteren Luna-Missionen – einige umrundeten den Mond, andere waren für weiche Landungen bestimmt – war unterschiedlicher Erfolg beschieden.

Luna 16 landete 1970 nicht nur, sondern schickte auch Bodenproben vom Mond in einer kleinen ferngesteuerten Kapsel zurück. Das war die neue Linie der sowjetischen Mondforschung, die das Ansehen der UdSSR nach der amerikanischen Mondlandung von *Apollo 11* aufpolieren sollte: Man wolle sich doch gar nicht auf einen Wettlauf mit den USA einlassen, sondern habe immer nur vorgehabt, den Mond mit sicheren Robotern zu erkunden. Zwei weitere Luna-Missionen brachten Bodenproben zur Erde, bevor das Programm 1976 eingestellt wurde. Außerdem entwickelte die UdSSR die ersten ferngesteuerten Fahrzeuge – *Lunochod* (Mondgänger) genannt – und brachte sie auf den Mond. Ursprünglich sollten sie der vorbereitenden Erkundung für ein bemanntes sowjetisches Mondlandeprogramm dienen (wäre es zustande gekommen), jetzt wurden sie von der Erde aus ferngesteuert. *Lunochod 1* startete 1970, *Lunochod 2* 1973.

Unten Das erste Foto der Erde – vom Mond aus gesehen. *Lunar Orbiter 1* sendete das Bild zur Erde. Es wurde am 23. August 1966 um 16 Uhr 35 GMT aufgenommen, kurz bevor die amerikanische Sonde hinter den Mond gelangte.

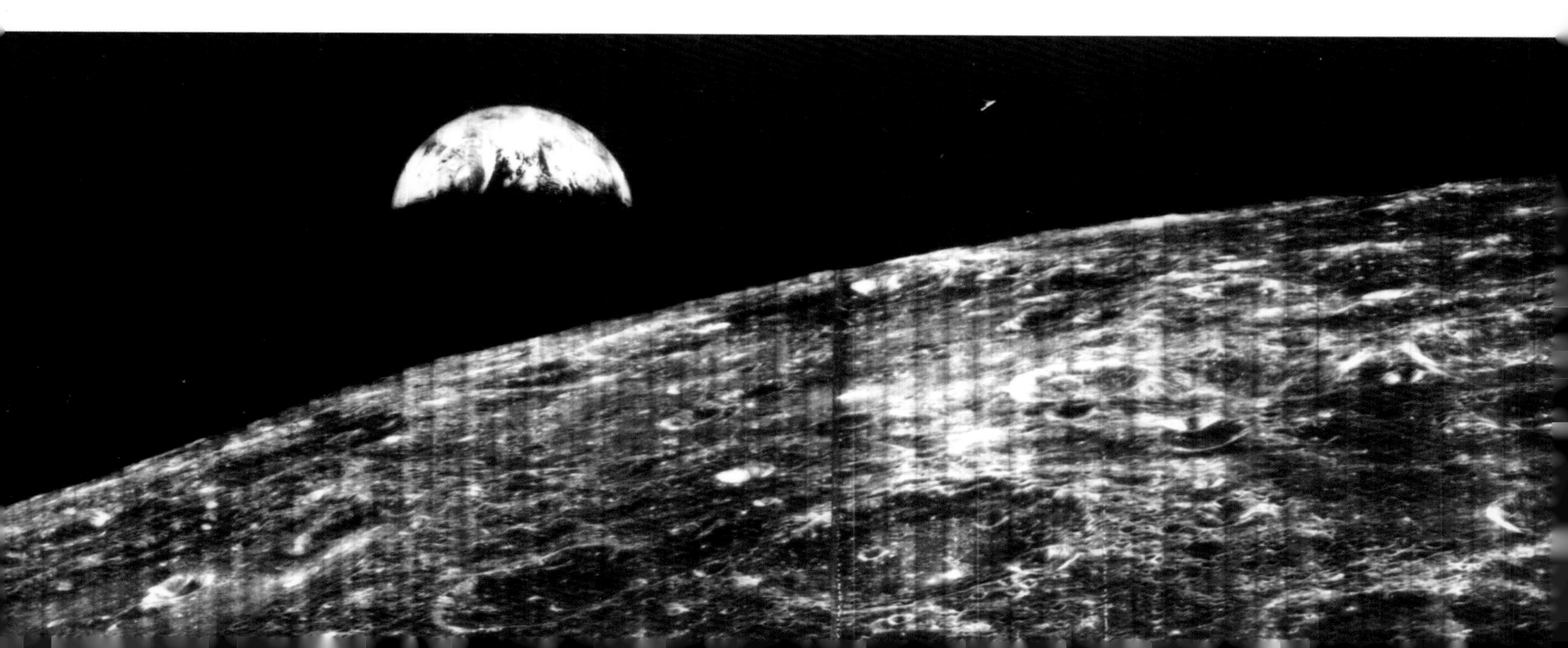

Unten Die Mitte der 1960er-Jahre gestarteten Raumfahrzeuge des Ranger-Programms sendeten mehr als 17 000 Bilder zur Erde, bevor sie auf der Mondoberfläche einschlugen. Diese Bilder lieferten unschätzbare Informationen über die Natur des Mondes.

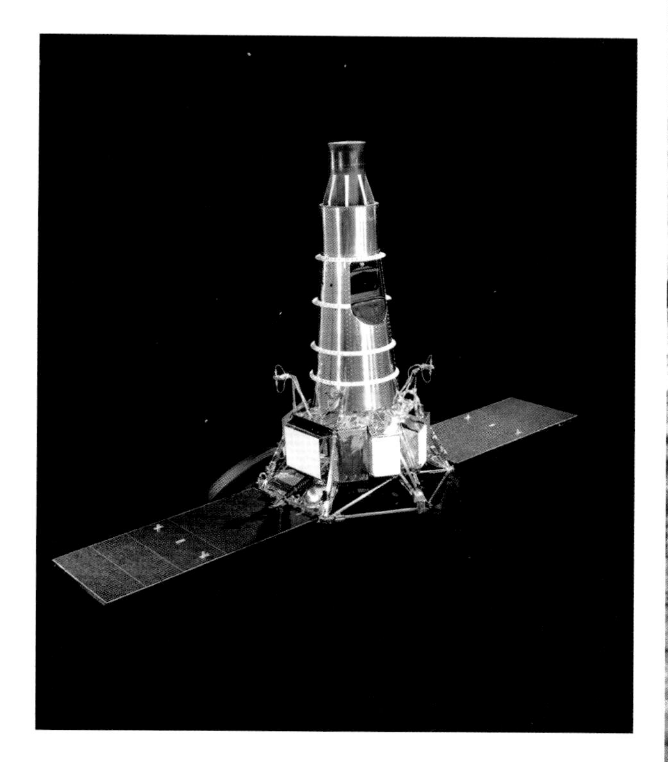

Oben *Lunar Orbiter 2* übermittelte dieses Bild der Mondoberfläche. Weil die Fotos bei mittlerem bis niedrigem Sonnenstand von den Lunar-Orbiter-Sonden aufgenommen wurden, gewannen die Wissenschaftler wertvolle Einblicke in die Oberflächenstruktur des Mondes.

RANGER

Obwohl die USA anfangs viele Misserfolge bei ihren Versuchen einstecken mussten, den Mond mit Raumsonden zu erforschen, planten sie neben den drei Programmen zur bemannten Mondlandung drei Reihen von Roboter-Missionen, um Detailkenntnisse über die Oberflächenbeschaffenheit des Mondes und hochauflösende Bilder zur Bestimmung möglicher Landungsgebiete für die Apollo-Missionen zu erhalten. Die erste Serie von Sonden sollte bis zur harten Landung auf der Mondoberfläche Bilder liefern. Nach einer Anzahl von Fehlschlägen schickte *Ranger 7* 1964 eine beeindruckende Folge detaillierter Oberflächenaufnahmen zur Erde. *Ranger 8* und *9* waren 1965 ebenso erfolgreich; Bilder von *Ranger 9* wurden bis zum Aufschlag auf der Mondoberfläche live im Fernsehen übertragen

SURVEYOR

Das zwischen 1966 und 1968 durchgeführte amerikanische Surveyor-Programm sollte die Machbarkeit der Landung eines Raumfahrzeugs auf dem Mond erweisen. Vor *Luna 9* und Surveyor wusste niemand, wie tief der Mondstaub war und ob die Kruste der Mondoberfläche Eigenschaften besaß, die einer bemannten Landung entgegenstanden. Die Surveyor-Mondsonden hatten viele Instrumente an Bord, die die Eignung des Geländes für bemannte Apollo-Landungen prüfen sollten. Surveyor-Landefahrzeuge besaßen kleine Schaufeln, um die Beschaffenheit des Mondbodens zu untersuchen. Das Programm mit fünf erfolgreichen Landungen bei insgesamt sieben Versuchen ebnete den Apollo-Missionen den Weg.

LUNAR ORBITER

Die Lunar-Orbiter-Sonden ergänzten 1966 und 1967 das Surveyor-Landeprogramm und hatten die Aufgabe, die Mondoberfläche vor den beabsichtigten Apollo-Landungen zu kartieren. Die fünf Missionen der Reihe waren erfolgreich, und 99 Prozent der Mondoberfläche konnten mit einer Auflösung von 60 Meter oder besser fotografiert werden. Die ersten drei Missionen sollten 20 mögliche Landeplätze aufnehmen, die aufgrund von Beobachtungen von der Erde aus bestimmt worden waren. Spätere Missionen hatten umfangreichere wissenschaftliche Aufgaben. Die Lunar Orbiter waren mit einem raffinierten Aufnahme- und Bildverarbeitungssystem ausgestattet, das die Fotos auf hochauflösendem Film an Bord verarbeitete, scannte und zur Erde sendete.

Voll Hast in die Katastrophe: *Apollo 1* und *Sojus 1*

Der Wettlauf zum Mond trieb amerikanische wie sowjetische Raumfahrtprogramme zu hektischer Eile an. Politischer Druck und Fehlentscheidungen der Konstrukteure führten zu den Katastrophen, die beide Programme 1967 heimsuchten und dem Rennen zum Mond vorübergehend Einhalt geboten.

Oben Der Wettlauf ins All lieferte in den 1960er-Jahren regelmäßig Stoff für Titelgeschichten des Magazins *TIME*. 1967 führte die Hektik des „Rennens zum Mond" für die USA und die UdSSR zu Katastrophen.

Oben rechts Das verbrannte Äußere der *Apollo-1*-Raumkapsel. Der Druck, der sich während des Brandes in der Kapsel aufbaute, war so groß, dass der Rumpf barst. Rauch und Flammen schlugen heraus und hinderten die Rettungskräfte daran, zur Besatzung vorzudringen.

Rechts Dieses erschreckende Foto zeigt das ausgebrannte Innere der *Apollo-1*-Kommandoeinheit, in der die drei amerikanischen Astronauten 1967 beim Training für eine Mission in der Erdumlaufbahn ums Leben kamen.

Beide Programme wurden unterbrochen, überprüft und umgearbeitet. Das Apollo-Progamm der USA ging gestärkt hervor und schaffte 1969 mit *Apollo 11* die erste bemannte Mondlandung. Das sowjetische Programm hingegen musste schwer kämpfen, um wieder in Schwung zu kommen.

APOLLO 1

Am 27. Januar 1967 saßen die Astronauten Virgil Grissom (MR-4, *Gemini III*), Edward White (*Gemini IV* – erster amerikanischer Weltraumspaziergänger) und Roger Chaffee beim Vorbereitungstest für die erste bemannte Mission des Apollo-Programms an Bord ihres Raumfahrzeugs auf der Startrampe. Sie führten eine Startsimulation durch, um zu prüfen, ob ihre Kommandoeinheit einwandfrei funktionierte. Verschiedene Probleme verzögerten den Test um Stunden. Als die Simulation wieder in Gang kam, meldete die Besatzung der Bodenkontrolle Feuer im Raumfahrzeug. Innerhalb von 17 Sekunden brach der Funkkontakt ab.

Die Astronauten versuchten, die Luke der Kapsel zu öffnen. Dies misslang, das Feuer breitete sich schnell aus und erzeugte dichten Qualm und Dämpfe, die sie überwältigten. Techniker eilten zur Kommandoeinheit, diese platzte jedoch, bevor sie sie erreichten. Die starke Hitze und der dichte Qualm trieben die Rettungskräfte immer wieder zurück. Als sie schließlich die Luke öffnen konnten, war die Besatzung bereits an den giftigen Gasen in der Kapsel erstickt.

Die anschließende Untersuchung ergab, dass das Feuer von einem Kabelbündel neben Grissoms Sitz auf der linken Seite der Kabine ausgegangen war. Ein Funke infolge einer beschädigten Drahtisolierung hatte es wohl ausgelöst. In der sauerstoffreichen Luft in der aus entflammbaren Materialien gebauten Druckkabine der Kommandoeinheit bildeten sich giftige Gase, explosionsartig entstand eine Feuersbrunst. Gepaart mit der sich nach innen öffnenden Luke, die nur schwer gegen den Druck in der Kabine zu öffnen war, ließen diese Umstände der Besatzung von *Apollo 1* keine Chance.

Als Konsequenz aus dem Unglück wurde die Kommandoeinheit neu konzipiert: mit schwerer entflammbarem Material, niedrigerem Kabinendruck, einer weniger gefährlichen Mischung von Sauerstoff und Stickstoff während des Starts und einer Luke, die sich schneller und leichter öffnen ließ.

SOJUS 1

Am 24. April 1967, nur wenige Monate nach dem Verlust der *Apollo-1*-Besatzung, erlebte die UdSSR mit der Bruchlandung von *Sojus 1* ebenfalls eine Raumfahrt-Katastrophe. Sojus (russisch „Bündnis") war ein neues, für drei Personen gebautes Raumfahrzeug, das im sowjetischen Mondlandungsprogramm das Gegenstück zu Apollo bilden sollte. Trotz verschiedener Fehlschläge bei drei Testflügen und obwohl Konstrukteure und Kosmonauten wussten, dass das Raumfahrzeug noch nicht ausgereift war, zwang sie politischer Druck von höchster Ebene, sich auf ein gewagtes „Weltraumspaziergang-Schau-

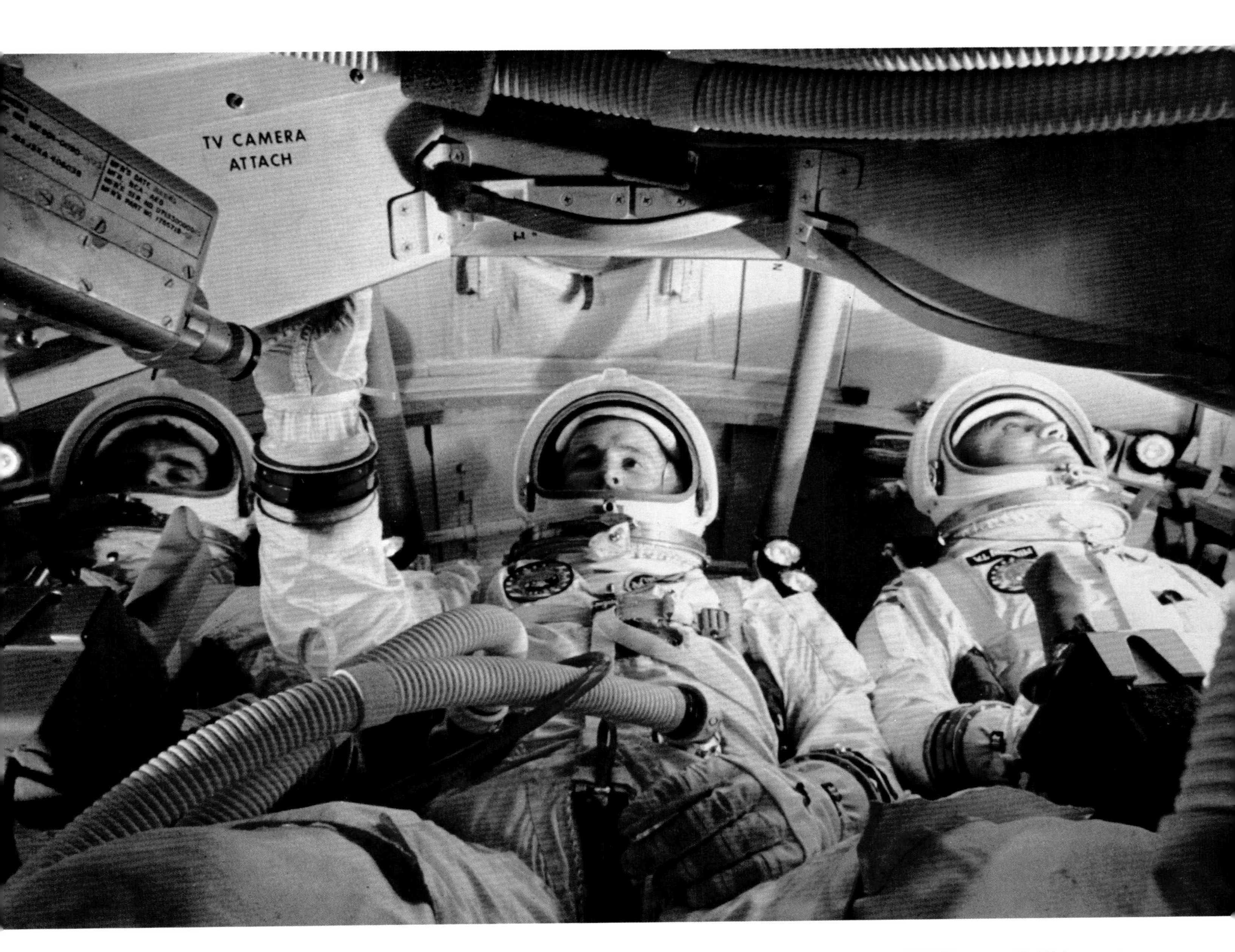

spiel" einzulassen, mit dem die Sowjets beim Wettlauf ins All wieder Erste sein sollten.

Es war beabsichtigt, dass Wladimir Komarow, der zuvor mit *Woschod 1* geflogen war, allein in *Sojus 1* startete. Für den nächsten Tag war der Start von *Sojus 2* geplant; nach dem Rendezvous sollte Komarow andocken. Zwei Kosmonauten von *Sojus 2* würden einen Raumspaziergang zu *Sojus 1* machen und mit Komarow zur Erde zurückkehren. So könnte das Programm der UdSSR viele Gemini-Leistungen aufholen und übertreffen, während sich die USA immer noch vom Verlust von *Apollo 1* erholte.

Der Ärger begann kurz nach dem Start von *Sojus 1*, als sich ein Sonnensegel nicht betätigen ließ. Auch Versuche, das Raumfahrzeug zu manövrieren, scheiterten. Das zwang zu der Entscheidung, die Mission abzubrechen und *Sojus 1* zur Erde zurückkehren zu lassen. Nach dem Wiedereintritt in die Atmosphäre wurde ein kleiner Bremsfallschirm ausgelöst. Weil ein Drucksensor versagte, konnte aber der Hauptfallschirm, der für eine weiche Landung sorgen sollte, nicht aktiviert werden. Als Komarow seinen Reservefallschirm öffnete, verfing sich dieser in dem Bremsfallschirm. Ungebremst stürzte die Kapsel in ein Feld und zerschellte. Komarow kam ums Leben. Posthum wurde er als „Held der Sowjetunion" geehrt.

Wie Apollo verzögerte sich das sowjetische Mondprogramm um 18 Monate. Trotz der späteren Einstellung des Mondprogramms versahen die Sojus-Raumfahrzeuge noch lange und erfolgreich ihren Dienst im Programm der sowjetischen Raumstationen.

Oben Die US-Astronauten Virgil Grissom (rechts), Edward White (Mitte) und Roger Chaffee (links) sieht man hier bei einer früheren Simulation für die verhängnisvolle *Apollo-1*-Mission.

Links Wladimir Komarow (links) – mit seinen Kosmonauten-Kameraden nach dem erfolgreichen Abschluss der *Woschod-1*-Mission – winkt in Moskau der Menge zu. Nach dem Absturz von *Sojus 1* erklärte US-Präsident Lyndon B. Johnson: „Der Tod von Wladimir Komarow ist eine Tragödie für alle Nationen."

Reiseziel Mond: *Apollo 7–10*

Der Verlust von *Apollo 1* bedingte eine Unterbrechung von etwa 20 Monaten. In dieser Zeit wurden das Apollo-Programm überprüft und die Kommandoeinheit umgearbeitet. Amerikas Mondlandeprojekt ging gestärkt und mit neuem Elan daraus hervor. Man sah sich imstande, die erste Mondlandung nur neun Monate nach dem ersten erfolgreichen bemannten Apollo-Flug zu schaffen.

Oben *Apollo 7* hebt 1968 vom Kennedy Space Center (Raumfahrtzentrum) ab. Knapp sechs Minuten nach dem Start berichtete der Kommandant Walter M. Schirra: „Sie fliegt einfach traumhaft!"

Mit verständlicher Vorsicht ging man nach der Katastrophe von *Apollo 1* an die nächste bemannte Apollo-Mission: *Apollo 7* war ein Probelauf, um die Betriebseinheit und die umgebaute Kommandoeinheit zu testen.

APOLLO 7 – TEST IN DER ERDUMLAUFBAHN

Unter dem Kommando von Walter Schirra – dem einzigen Astronauten, der mit allen drei US-Raumfahrzeugen, Mercury, Gemini und Apollo, flog – bildeten Walter Cunningham und Donn Eisele die Besatzung. Für Letztere war es der erste Raumflug.

Am 11. Oktober 1968 um 11:02:45 Uhr Ortszeit startete *Apollo 7* und blieb elf Tage lang in der Erdumlaufbahn. Währenddessen wurden alle Geräte und Systeme getestet; es gab kaum Probleme. Das Hauptantriebsaggregat der Betriebseinheit bestand die Erprobung; das Manöver, die Mondlandeeinheit aus ihrer Starthalterung zu fahren, wurde ebenfalls geübt. Die Besatzung zog sich Erkältungen zu, wurde reizbar und zeigte sich der Kontrollstation gegenüber weniger kooperativ; aber der Flug bewies, dass mit Apollo „alles klar" war.

APOLLO 8 – RUND UM DEN MOND

Noch vor *Apollo 7* wusste man bei der NASA, dass sich die Lieferung der Mondlandeeinheit verzögern und dass sie für Testflüge in der Erdumlaufbahn im Anschluss an *Apollo 7* nicht bereitstehen würde. Dies und die Geheimdienstinformation, die UdSSR plane eine bemannte Mondumkreisung, veranlasste die NASA zu der riskanten Entscheidung, die zweite Apollo-Mission als ersten Mondflug zu starten. Das war gewagt, denn *Apollo 8* sollte auch der erste Flug der schweren Saturn-V-Trägerrakete sein, die erst zwei Testflüge bestanden hatte (*Apollo 7* war von der kleineren Saturn IB befördert worden).

Am 21. Dezember 1968 startete *Apollo 8* mit Frank Borman, James Lovell und William Anders als erster bemannter Flug zum Mond und erreichte drei Tage später die Mondumlaufbahn. Die Besatzung absolvierte zehn Umkreisungen und übertrug an Heiligabend bewegende Fernsehbilder mit einer Lesung aus der Schöpfungsgeschichte. Die atemberaubenden Fotos, die während des sechstägigen Fluges aufgenommen wurden, zeigten die Erde, wie sie über dem Mond aufgeht und vor der schwarzen Tiefe des Weltraums schwebt. Es waren epochale Weltraumbilder, und sie förderten ebenso das Umweltbewusstsein, wie sie die Vorstellung vom „Raumschiff Erde" entstehen ließen.

APOLLO 9 – TEST DER MONDLANDEEINHEIT

Die Mondfähre – die Landeeinheit, die zwei Astronauten auf die Mondoberfläche bringen sollte –, die für die *Apollo-8*-Mission nicht fertig geworden war, wurde im März 1969 während der *Apollo-9*-Mission in der Erdumlaufbahn erprobt. Der zehntägige Flug war der erste, bei dem das komplette Apollo-Raumfahrzeug getestet wurde, das die Reise zum Mond antreten sollte: Saturn-V-Trägerrakete, Kommandoeinheit und Mondlandeeinheit mussten zeigen, was sie konnten. Die Besatzung, James McDivitt, Russell Schweickart und David Scott, übte die An- und Abdockmanöver und zündete das Abstiegstriebwerk der Mondfähre und später das Aufstiegstriebwerk bei einem simulierten Abheben. *Apollo 9* war die erste Apollo-Mission, bei der die Kommando- und die Mondlandeeinheit eigene Namen erhielten – *Gumdrop* und *Spider* –, weil diese Raumfahrzeuge unterschiedliche Rufzeichen benötigten, während sie voneinander abgekoppelt manövrierten.

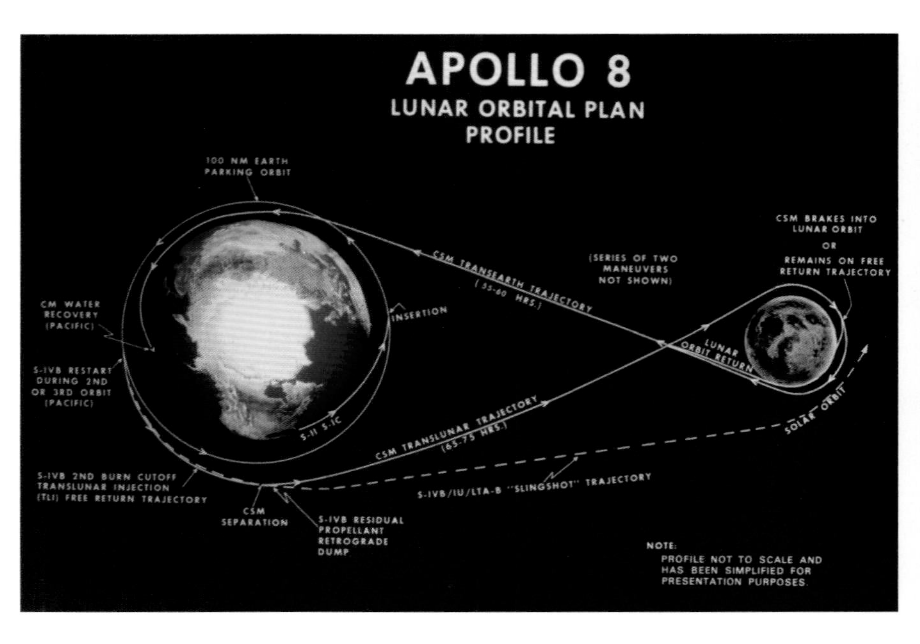

Rechts Der Plan für die bemannte *Apollo-8*-Mission zeigt ihre Flugbahn zum Mond und zurück. Diese Mission erfüllte alle ihre Aufgaben und erzielte einen Propagandasieg als bedeutende Erstleistung der Raumfahrt.

APOLLO 10 – DIE GENERALPROBE

Nachdem *Apollo 9* die Mondfähre erfolgreich in der Erdumlaufbahn getestet hatte, wurde der acht Tage dauernde Flug von *Apollo 10* zur Generalprobe für die geplante Mondlandung von *Apollo 11*. Wenn alles gut ging, konnte man die erste Mondlandemission in Angriff nehmen. Die erfahrene Besatzung mit Thomas Stafford, John Young und Eugene Cernan – die alle schon im Gemini-Programm geflogen waren – vergab gut gelaunt Namen an die Kommandoeinheit („Charlie Brown") und die Mondlandeeinheit („Snoopy"). Einige Kritiker fanden das allerdings zu albern.

Apollo 10 startete am 18. Mai 1969, folgte dann genau der für *Apollo 11* vorgesehenen Flugbahn und umrundete den Mond 31-mal. Zweimal näherte sich die Landeeinheit der Mondoberfläche bis auf 14,5 Kilometer. Die Mission wurde nicht nur ein technischer Erfolg – sie lieferte auch sensationelle Aufnahmen von den Raumfahrtoperationen und übertrug spektakuläre Blicke auf Erde und Mond. Damit war der Weg für die erste Mondlandung geebnet.

Oben Die *Apollo-8*-Mission lieferte mehr als 800 Aufnahmen, darunter die ersten Bilder der Erde aus der Tiefe des Raums. Dieses beeindruckende Foto der über dem Mond aufgehenden Erde wurde zu einem der Symbolbilder des Raumfahrtzeitalters.

Links *Spider*, die Mondlandefähre von *Apollo 9*, stellte in der Erdumlaufbahn ihr Können unter Beweis. Deutlich sind die Kontaktfühler für den Mondboden am Ende der Landebeine zu sehen.

Apollos Triumph

Kennedys Ziel einer bemannten Mondlandung der USA vor dem Ende der 1960er-Jahre war erreicht, als *Apollo 11* auf dem Mond aufsetzte und ein Mensch diese neue Welt betrat. Mit der ersten Mondlandung gewannen die USA die Propagandaschlacht beim Wettlauf ins All gegen die UdSSR. Es war ein historisches Ereignis – eine der größten Leistungen der Menschheit und ein epochaler Augenblick des 20. Jahrhunderts.

Oben Die Besatzung von *Apollo 11*: Neil A. Armstrong (links), Oberstleutnant Michel Collins (Mitte) und Oberst Edwin „Buzz" Aldrin (rechts) – alle mit der Erfahrung von *Gemini*-Flügen.

Apollo 11 startete am 16. Juli 1969. Mehr als eine Million Menschen drängten sich beim Kennedy Space Center in Florida, um den Start mitzuerleben; die 600-fache Zahl verfolgte in aller Welt vor den Fernsehgeräten, wie *Apollo 11* – mit Kommandant Neil Armstrong, dem Piloten der Kommandoeinheit, Michael Collins, und dem Piloten der Landefähre, Edwin „Buzz" Aldrin, an Bord – in den Weltraum donnerte.

EIN RIESIGER SPRUNG

Apollo 11 mit der Kommandoeinheit *Columbia* und der Mondfähre *Eagle* („Adler") flog am 19. Juli hinter dem Mond vorbei und trat in die Mondumlaufbahn ein. Nach mehreren Umrundungen trennten sich Kommando- und Landeeinheit. Michael Collins blieb an Bord von *Columbia* in der Umlaufbahn zurück, während Armstrong und Aldrin in *Eagle* den Abstieg zur Mondoberfläche einleiteten. Das Landegebiet sollte im Mare Tranquillitatis liegen und war aufgrund von Aufnahmen der Raumsonden *Ranger* und *Surveyor* ausgewählt worden. Zu Beginn des Landeanflugs entdeckte man jedoch, dass die Mondfähre weiter von ihrer Sinkflugbahn entfernt war als geplant und westlich von der vorgesehenen Stelle landen müsste.

Während des Abstiegs zur Mondoberfläche gab es „Programm-Alarme". Sie wurden vom Navigations- und Steuerungscomputer ausgelöst und meldeten Überlastung (weil ein unnötiges Radar eingeschaltet geblieben war). Es stimmte aber alles mit dem Raumfahrzeug, und der Landeanflug wurde fortgesetzt.

Bald war es klar, dass *Eagle* auf ein Gebiet mit großen Felsbrocken hinabsank, die um einen großen Krater verstreut lagen – ein gefährlicher Landeplatz! Deshalb übernahm Armstrong die manuelle Steuerung und setzte die Fähre mit Aldrins Hilfe um 20:17 Uhr koordinierter Weltzeit (UTC) am 20. Juli 1969 auf. Der Treibstoff hätte nur noch für Sekunden gereicht. Armstrongs erste Worte nach der Landung: „Houston, Tranquility-Basis hier. Der Adler ist gelandet." Im Kontrollzentrum in Houston, wo sich alle der knappen Treibstoffsituation bewusst waren, brach Jubel aus.

Oben rechts Weil Armstrong die meisten Fotos auf dem Mond selbst aufnahm, gibt es nur wenige Bilder, die ihn zeigen. Aldrin schoss dieses seltene Foto von Armstrong, wie er bei der ersten Tätigkeit außerhalb der Kapsel (EVA) auf dem Mond Gesteins- und Bodenproben in den Ausrüstungsbehälter (MESA) packt.

Links *Columbia*, die Kommandoeinheit von *Apollo 11*, ist hier in der Mondumlaufbahn zu sehen. Während die Mondfähre im Sinkflug zum Mond war, bemerkte Michael Collins, der Pilot der Kommandoeinheit, zu Armstrong und Aldrin: „Macht euch ein paar schöne Tage auf dem Mond!"

EIN KLEINER SCHRITT

Die Astronauten waren zu aufgeregt, um eine Ruhepause einzulegen, und zogen die erste Außenbordarbeit auf dem Mond vor. Sechseinhalb Stunden nach der Landung machte sich Armstrong als Kommandant der Mission auf, als erster Mensch einen Fuß auf den Mond zu setzen. Um 2:56 Uhr UTC am 21. Juli 1969 verließ er die enge Kapsel und kletterte neun Sprossen einer Leiter an einem Landebein hinab. Dabei öffnete er MESA, den seitlich an *Eagle* angebrachten Ausrüstungsbehälter, und schaltete die Fernsehkamera ein. Das Signal wurde von den Bahnverfolgungsstationen Goldstone in USA und Honeysuckle Creek in Australien empfangen. In Australien war die Bildqualität besser, und die Aufnahmen wurden von hier an ein Fernsehpublikum von über 600 Millionen Menschen weltweit gesendet.

Nachdem er den Staub der Mondoberfläche als „fein ... wie Puder“ beschrieben hatte, verließ Armstrong das Trittbrett von *Eagle* und betrat als erster Mensch einen anderen Himmelskörper. Als sein Stiefel die Mondoberfläche berührte, gab er die berühmte Erklärung ab: „Dies ist ein kleiner Schritt für (die oder einen) Menschen, doch ein großer Sprung für die Menschheit.“ (Acht Minuten später empfing das Parkes-Radioteleskop in Australien ein besseres Signal und übernahm die restliche Übertragung vom Mond. Die Parabolantenne dieses Observatoriums hat einen Durchmesser von 64 Meter.)

WAS HAT ER WIRKLICH GESAGT?

Millionen von Menschen hörten 1969 Armstrongs Worte vom Mond: „Dies ist ein kleiner Schritt für die Menschen, doch ein großer Sprung für die Menschheit.“ Offenbar doppelt gemoppelt – eine Tautologie! Armstrong wollte sagen: „... für einen Menschen ...“ und behauptete, es so gesagt zu haben. 2006 deutete eine digitale Analyse der Worte Armstrongs darauf hin, dass er tatsächlich den unbestimmten Artikel „einen“ (englisch „a“) verwendet hatte, dass aber atmosphärisches Rauschen und die technischen Grenzen damaliger Übertragungsmöglichkeiten das Wort mehr oder minder verschluckt hatten. Am liebsten sieht Armstrong sein Zitat mit dem unbestimmten Artikel „einen“ („a“) in Klammern gedruckt.

Oben Buzz Aldrin fotografierte seinen eigenen Stiefelabdruck auf dem Boden des Mondes, um die Natur des Mondstaubs und die Wirkung des Drucks auf die Oberfläche zu erforschen.

MONDBEGEHER

Nachdem er die Mondoberfläche betreten hatte, untersuchte Armstrong sogleich die Fähre, machte ein paar Panorama-Aufnahmen und nahm für den Fall eines plötzlichen Notfall-Abflugs vorsorglich eine Bodenprobe mit.

Als Aldrin ihm 18 Minuten später folgte, stellten die beiden Astronauten die Fernsehkamera auf, um ihre Tätigkeiten zu übertragen. Sie probierten auch verschiedene Arten aus, sich zu bewegen, wie das federnde „Känguru-Hüpfen". Dann hissten sie die Flagge der Vereinigten Staaten und nahmen die Glückwünsche von US-Präsident Nixon entgegen.

Armstrong und Aldrin setzten auch ihr EASEP ein, ein komplexes Experimentiergerät mit Laserreflektor und Seismometer. Armstrong entfernte sich etwa 120 Meter von der Mondkapsel, um Aufnahmen am Rande des Östlichen Kraters zu machen, während Aldrin zwei geologische Bohrproben entnahm. Außerdem sammelten beide Astronauten Gesteinsproben. Weil viele der geplanten Tätigkeiten mehr Zeit beanspruchten als erwartet, konnten Armstrong und Aldrin ihre geplante Probensammlung nicht vollständig durchführen.

Nach zweieinhalb Stunden auf der Oberfläche des Mondes kehrten die Astronauten zur *Eagle* zurück. Sie luden zwei Kästen mit 21,8 Kilogramm Material in die Kapsel, verringerten aber das Gewicht für den Aufstieg in die Mondumlaufbahn, indem sie Versorgungsrucksäcke, Mondstiefel und andere Ausrüstungsgegenstände zurückließen.

ZURÜCK ZUR ERDE

Nach dem Abheben vom Mond und dem Rendezvous mit *Columbia* wurden Vorsichtsmaßnahmen getroffen, um zu verhindern, dass Keime und infektiöses Material vom Mond zur Erde gelangten. Bevor sie wieder in die Kommandoeinheit wechselten, reinigten Armstrong und Aldrin ihre Kleidung und Ausrüstung gründlich mit einem Staubsauger, um alle Spuren von Mondstaub zu entfernen. Danach wurde *Eagle* abgesprengt und in der Mondumlaufbahn zurückgelassen. Die Kapsel zerschellte später auf der Mondoberfläche.

Am 24. Juli 1969 kehrte *Apollo 11* zur Erde zurück und wasserte im Pazifik. Die Männer wurden als Helden empfangen, man nahm sie jedoch sofort für drei Wochen in Quarantäne. Am 13. August wurden Armstrong, Aldrin und Collins schließlich aus der Isolation entlassen. Es folgte eine lange Reihe von Feierlichkeiten zu Ehren ihrer historischen Leistung – und ihres Sieges über die UdSSR im Wettlauf zum Mond.

MEHR ALS NUR EINE WIEDERHOLUNG

Nur vier Monate nach der *Apollo-11*-Mission flog im November 1969 *Apollo 12* zum Mond. Die zehntägige bemannte Mission begann spektakulär mit einem Blitzeinschlag in die Saturn-V-Trägerrakete, der das Unternehmen zunächst in Frage stellte. Die Rakete hatte jedoch keinerlei Schaden genommen, und die Mission konnte mit Kommandant Charles „Pete" Conrad, dem Piloten der Kommandoeinheit, Richard Gordon, und dem Piloten der Mondlandeeinheit, Alan Bean, fortgesetzt werden. Sie alle kamen von der Marine und nannten ihre Kommandoeinheit *Yankee Clipper* und ihre Mondfähre *Intrepid*.

Dank der Erfahrungen von *Apollo 11* gelang Conrad und Bean, eine Punktlandung auf der Mondoberfläche: *Intrepid* setzte nur 183 Meter von der Mondsonde *Surveyor 3* entfernt auf, die 31 Monate zuvor auf den Mond gelangt war. Die *Apollo-12*-Astronauten unternahmen zwei Mondexkursionen von insgesamt siebeneinhalb Stunden Länge. Leider ging die Fernsehberichterstattung über ihre Tätigkeiten auf der Mondoberfläche verloren, da Al Bean die Fernsehkamera durchbrennen ließ. Aber während dieser EVAs sammelten Conrad und Bean mehr als 34 Kilogramm Mondgestein und Bodenproben und arbeiteten mit dem ALSEP-Experimentiergerät, einer Weiterentwicklung des EASEP von *Apollo 11*. Eine kleine atomgetriebene Batterie ermöglichte die Durchführung von sechs wissenschaftlichen Versuchen.

Die Astronauten gingen auch zur der *Surveyor*-Sonde und bargen deren Fernsehkamera und andere Teile, um sie zur Erde zurückzubringen, wo die Auswirkung des längeren Einflusses der Mondumgebung auf das Material untersucht werden sollte. Außerdem ließen Conrad und Bean nach ihrer Rückkehr in die Mondumlaufbahn *Intrepid* gezielt auf dem Mond zerschellen, um die Erschütterungswellen des Aufschlags mit dem ALSEP-Seismometer zu messen und dadurch Hinweise auf die Struktur des Mondes zu erhalten.

Nach einem Tag in der Mondumlaufbahn, an dem die Mondoberfläche fotografiert wurde, kehrte *Apollo 12* zur Erde zurück. Beim Wassern in der Nähe von Amerikanisch-Samoa fiel eine 16-mm-Kamera aus ihrem Fach und traf Bean an der Stirn, verletzte ihn aber nur leicht. Dies und der Blitzschlag waren die einzigen Unfälle bei dieser Mission. Wie die Mannschaft von *Apollo 11* wurde auch die von *Apollo 12* vorsichtshalber drei Wochen lang in Quarantäne gehalten, um unbekannte Keime zu identifizieren.

Oben *Surveyor 3* lag bereits einige Zeit in einem Mondkrater des Oceanus Procellarum, als die Mondfähre *Intrepid* von *Apollo 12* (im Hintergrund) im November 1969 hier landete.

Links Diese Gesteinsprobe gehörte zu den 21,8 kg geologischen Materials, das *Apollo 11* zur Erde zurückbrachte. Die Astronauten fanden in ihrem Landegebiet zwei Sorten von Gestein: Basalt und Brekzie.

Seite 252 Neil Armstrong und die *Eagle* spiegeln sich in Aldrins Visier. Dieses berühmte Foto von der *Apollo-11*-Mission wurde ein Klassiker des 20. Jahrhunderts. Da der Mond keine Atmosphäre hat, werden die Stiefelabdrücke der Astronauten noch Millionen Jahre lang sichtbar bleiben, bis Einschläge von Mikrometeoriten sie auslöschen.

Links *Apollo 11* wasserte 812 Seemeilen südwestlich von Hawaii. Die Astronauten und ihr Bergungsteam trugen biologische Isolieranzüge, um eine mögliche Kontamination durch Keime von Mond zu verhindern.

Die Erkundung des Mondes

Apollo 13, die dritte bemannte Mondlandemission, wurde vom ersten schweren Notfall im Apollo-Programm heimgesucht. Sie startete am 11. April 1970 mit den Besatzungsmitgliedern James Lovell, Fred Haise und Jack Swigert und war als erste von drei Missionen geologischen Forschungsaufgaben gewidmet.

Oben Die stark beschädigte Betriebseinheit von *Apollo 13*, von der gekoppelten Lande- und Kommandoeinheit aus fotografiert, von der sie abgetrennt worden war. Die Explosion hatte eine Außenplatte vollständig weggesprengt.

Seite 255 Eine von der Sonne erleuchtete Fahrspur führt von *Apollo 14* zur Mondfähre *Antares*. Die Spur stammt von dem zweirädrigen Wagen (MET), den die Astronauten bei ihren Außentätigkeiten auf dem Mond benutzten.

Nach dem Austausch der Besatzung eine Woche vor dem Start, weil die Astronauten mit Röteln Berührung hatten und der Pilot der Kommandoeinheit, Ken Mattingly, nicht geimpft war, gab es auch beim Abheben einen dramatischen Zwischenfall, als sich ein Triebwerk der zweiten Stufe zu früh abschaltete. Dann wurde das Raumfahrzeug am 13. April durch eine Explosion in der Betriebseinheit beschädigt. Ein Kurzschluss infolge einer defekten Kabelisolierung in einem Tank mit flüssigem Sauerstoff war die Ursache, wie man später feststellte.

Die Explosion führte zu jähem Leistungsabfall und Sauerstoffmangel im Raumfahrzeug. Schnell gab man die geplante Mondlandung auf; die Systeme in der Kommandoeinheit *Odyssey* wurden abgeschaltet, um die Energie für die Rückkehr zur Erde zu erhalten. Die Mondfähre *Aquarius* mit ihrer unabhängigen Energie-, Sauerstoff- und Wasserversorgung wurde zum „Rettungsboot" der Besatzung, während *Apollo 13* eine Schleife um den Mond flog und dann zur Erde zurückkehrte. Unter ungemein schwierigen Bedingungen – mangels genügend Energie, Trinkwasser und Kabinenheizung – schaffte es die Mannschaft, die notwendigen Manöver durchzuführen. Am Boden vollbrachten die Flugüberwacher und ihre Helfer wahre Kunststücke und tüftelten Notfalllösungen aus, um Raumfahrzeug und Besatzung heil herunterzubringen.

Am 17. April wasserte *Apollo 13* sicher, nachdem *Aquarius* kurz vor dem Eintritt in die Atmosphäre abgetrennt worden war. Es war ein „erfolgreicher Fehlschlag", der die Unverwüstlichkeit des Apollo-Raumfahrzeugs und des gesamten Programms unter Beweis stellte.

INS LUNARE HOCHLAND

Die Untersuchung der *Apollo-13*-Panne hielt das US-Raumfahrtprogramm fast ein Jahr auf. Schließlich konnte *Apollo 14* im Februar 1971 mit dem Ziel Fra-Mauro-Hochland starten, wohin *Apollo 13* hätte gelangen sollen. Die Besatzung – Alan Shepard (der erste Amerikaner im Weltraum und einzige Mercury-Astronaut, der zum Mond fliegen sollte), Stuart Roosa und Edgar Mitchell – war die unerfahrenste aller Apollo-Missionen. Sie nannte ihre Kommandoeinheit *Kitty Hawk* und ihre Mondfähre *Antares*.

Trotz einiger technischer Probleme – Schwierigkeiten beim Andocken der Landeeinheit – verlief die Mission ohne größere Zwischenfälle. Shepard und Mitchell führten die Außenbordarbeiten in neuneinhalb Stunden durch und sammelten 44 Kilogramm Proben vom Mond. Sie arbeiteten mit einem neuen ALSEP-Experimentiergerät und erprobten einen Wagen, MET genannt, zum Transport der Ausrüstung. Shepard, ein passionierter Golfer, schmuggelte einen Schläger und zwei Bälle auf den Mond und machte dort mehrere Schwünge. Die *Apollo-14*-Mannschaft musste als letzte die Quarantäne nach der Rückkehr zur Erde über sich ergehen lassen.

AUF DEM MOND UNTERWEGS

Apollo 15 startete im Juli 1971 als erste von drei Missionen der „J-Serie", die für längere Aufenthalte auf dem Mond vorgesehen waren und dank verbesserter Ausrüstung umfangreichere wissenschaftliche Aufgaben hatten. Im Gegensatz zu früheren Apollo-Mannschaften sollten die Astronauten von *Apollo 15* und späteren Missionen ihre Erkundungen auf dem Mond über größere Entfernungen ausdehnen und dazu das Mondfahrzeug LRV zu benutzen, ein raffiniertes Elektro-„Mondauto", das sie und ihre Ausrüstung befördern konnte.

Kommandant war David Scott, Pilot der Kommandoeinheit Alfred Warden und Pilot der Landeeinheit James Irwin. Die Besatzung von *Apollo 15* kam von der US-Luftwaffe. Nach dem Maskottchen der Air Force nannte sie die Mondfähre *Falcon*, die Kommandoeinheit hieß *Endeavour*. *Apollo 15* landete in der geologisch interessanten Gegend der Hadley-Rille. Scott und Irwin unternahmen drei EVAs auf der Mondoberfläche und sammelten 77 Kilogramm Proben. Insgesamt waren sie 28 Kilometer mit dem Mondauto unterwegs.

Zusätzlich zu den Erkundungen der beiden Astronauten hatte die *Apollo-15*-Betriebseinheit eine Menge wissenschaftlicher Instrumente an Bord, die aus der Umlaufbahn den Mond erforschten. Vor dem Abflug von *Apollo 15* wurde ein kleiner Satellit in die Mondumlaufbahn gebracht. Die winzige Sonde sollte ein Jahr lang die „mascons" (Massekonzentrationen im Bereich der tieferen Mondoberfläche, die Raumfahrzeuge beeinträchtigen konnten) und andere Erscheinungen auf dem Mond untersuchen.

Rechts Der Mount Hadley erhebt sich im Hintergrund, vorn ist *Apollo-15*-Astronaut James Irwin am Mondfahrzeug beschäftigt. Das „Mondauto" war zusammengefaltet und außen an der Landefähre befestigt auf den Mond gebracht worden.

Das sowjetische Mondprogramm

Obwohl die UdSSR beim Wettlauf ins All anfangs in Führung lag, dauerte es eine Weile, bis sie auf die Herausforderung Kennedys reagieren konnte. Ein umfassendes Programm für bemannte Mondflüge wurde erst 1964 genehmigt, und in der Folge kam es zu wiederholten Verzögerungen. Letztendlich hatten die Sowjets den amerikanischen Apollo-Missionen nichts Adäquates entgegenzusetzen.

Der UdSSR fehlte eine Organisation wie die NASA. Ihre Raumfahrtprojekte waren auf verschiedene, einzelnen Ministerien zugeordnete Konstruktionsbüros aufgeteilt. Zwischen diesen Institutionen gab es beträchtliche Rivalitäten. Sergej Koroljow hatte Auseinandersetzungen mit Leitern anderer Büros, insbesondere Wladimir Tschelomei, der seine politischen Verbindungen nutzte, um für seine Projekte Unterstützung zu erhalten. So war das sowjetische Mondprogramm von Anbeginn durch konkurrierende Gruppen belastet, die sich für unterschiedliche Projekte stark machten.

DER KAMPF DER KONSTRUKTEURE

Im Laufe des Jahres 1961 konstruierten Koroljow und Tschelomei Trägerraketen, die Kosmonauten zum Mond bringen sollten: N-1 (Koroljow) und Proton (Tschelomei). 1962 wurde Tschelomeis Büro mit der Entwicklung des Raumfahrzeugs LK-1 betraut, das zusammen mit Proton einen Flug um den Mond unternehmen sollte. Im August 1964 fiel die offizielle Entscheidung, einen einzelnen Kosmonauten 1967/68 auf den Mond zu schicken (noch vor *Apollo 11*) und eine Mondumrundung mit zwei Kosmonauten im Oktober 1967 durchzuführen – zum 50. Jahrestag der Oktoberrevolution.

DAS MONDPROGRAMM NIMMT GESTALT AN

Nach Nikita Chruschtschows Sturz im Oktober 1964 überdachte man das Mondprogramm neu, und 1965 kristallisierten sich zwei Projekte heraus: ein Programm für eine bemannte Mondlandung unter der Leitung Koroljows, wobei sein Sojus-Raumschiff und seine N-1-Rakete verwendet und eine erste Mondlandung 1968 angestrebt wurde; und getrennt davon das Programm für eine bemannte Mondumrundung unter der Leitung von Tschelomei mit dem Jubiläum 1967 als Termin. Das Luna-Roboter-Programm, das bereits im Gange war, sollte durch ein ferngesteuertes Mondfahrzeug erweitert werden (später *Lunochod*), um die geplanten Landegebiete einen Monat vor der bemannten Mission zu erkunden. Lunochod sollte von einem Luna Ye-8-Raumschiff auf den Mond gebracht werden.

1965 wurde das Raumfahrtprogramm dem neuen Ministerium für Maschinenbau unterstellt. Das Mondlandeprogramm übernahm die Rendezvous-Technik von Apollo. Das Raumfahrzeug L-3-Complex bestand aus einem Raumschiff zur Mondumrundung auf der Grundlage von Sojus (LOK, vergleichbar der Apollo-Kommandoeinheit) sowie einem

Links Eine Raketenattrappe steigt 1967 über einer Parade zum 50. Jahrestag der bolschewistischen Oktoberrevolution von 1917 auf und bringt den Stolz der Sowjets auf ihre Raumfahrterfolge zum Ausdruck. Pläne einer Mondumrundung zur Feier des Jubiläums hatten keinen Erfolg.

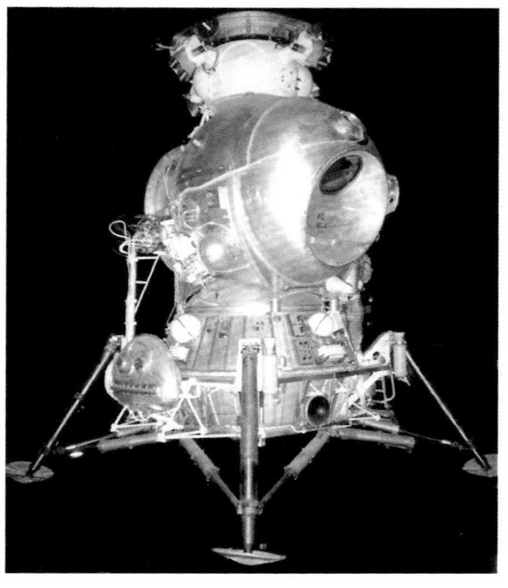

Links Das Ein-Mann-Raumschiff LK war das sowjetische Gegenstück zur Mondlandefähre der NASA. Es hatte je ein Sichtfenster oben für das Andockmanöver und seitlich zur Beobachtung der Mondoberfläche.

Ganz links Modell von Luna-Ye-8 (links), des Raumschiffs, das die Lunochod-Fahrzeuge auf dem Mond absetzen und Proben zurückbringen sollte. Ye-8 wurde vom Konstruktionsbüro Lavochkin entwickelt.

Ein-Mann-„Mondschiff" (LK), das den Kosmonauten zur Mondoberfläche und zurück bringen sollte. Im Programm zur Mondumrundung wurde Tschelomeis Raumfahrzeug LK-1 durch eine als L-1 bezeichnete Sojus-Version ersetzt, die auf einer Proton-Trägerrakete fliegen sollte.

UNGLÜCKSFÄLLE UND VERZÖGERUNGEN

1966 starb Koroljow unerwartet – ein schwerer Rückschlag für das Programm, das schon mit Problemen bei der N-1-Trägerrakete, dem Sojus-Raumschiff und dem Raumfahrzeug L-1 zu kämpfen hatte. Die *Sojus-1*-Katastrophe vom April 1967 verzögerte das Programm erheblich, und der Plan einer Mondumrundung im Oktober 1967 musste aufgegeben werden. Da jedoch ein bemannter Flug um den Mond vor den USA beträchtlichen Propagandawert gehabt hätte, sollte das L-1-Programm dem NASA-Plan, *Apollo 8* im Dezember 1968 um den Mond zu schicken, zuvorkommen. Doch alle Anstrengungen waren vergebens, und man drosselte das L-1-Programm.

In der Hoffnung, dass sich die erste Apollo-Mondlandung verzögern würde, trieb man das russische Mondlandeprogramm mit Gewalt voran – trotz des Fehlschlags beim ersten N-1-Start im Februar 1969. Bestenfalls würde man eine erste sowjetische Mondlandung 1970/71 zustande bringen. Um zwischendurch etwas für die Propaganda zu haben, wurde eine automatische Rückflugsonde vorbereitet, die eine Bodenprobe vom Mond zur Erde bringen sollte – noch vor der ersten amerikanischen Landung. Auch die Entwicklung einer Raumstation wurde als alternatives Ziel vorangetrieben. Dagegen bestritt die UdSSR, Pläne für eine Mondlandung zu verfolgen.

Als die sowjetischen Missionen, die noch vor *Apollo 11* Proben vom Mond holen sollten, ebenso scheiterten wie ein N-1-Test im Juli 1969, sah man ein, dass der Wettlauf zum Mond verloren war. Man setzte zwar noch auf L3M, ein Programm, das längere Aufenthalte auf dem Mond vorsah, die Mittel dafür wurden aber stark gekürzt. Nach weiteren Misserfolgen der N-1-Rakete schrumpfte das sowjetische Mondlandeprogramm, bis es schließlich 1974 eingestellt wurde. Die UdSSR hatte den Wettlauf ins All verloren.

Oben Die Proton-Trägerrakete wurde von Tschelomei auf der Grundlage einer Interkontinentalrakete für die sowjetische Mondumrundung entwickelt. Nachdem das Mondprogramm aufgegeben worden war, wurde sie als Arbeitspferd zum Transport schwerer Nutzlasten wie Raumstationen verwendet.

Rechts N-1-Rakete auf der Abschussrampe vor dem katastrophalen Test vom Juli 1969. Die Rakete stürzte nach dem Start auf die Rampe und zerstörte sie in einer gewaltigen Explosion. Die zweite N-1 im Hintergrund war ein Modell für Bodenversuche, um parallele Startmanöver zu proben.

Das Ende von Apollo

Apollo 16 startete im April 1972 zu einer Erkundung des Descartes-Hochlandes auf dem Mond. Der Kommandant John Young reiste als erster Mensch das zweite Mal zum Mond (zuvor mit *Apollo 10*); Ken Mattingly war Pilot der Kommandoeinheit, Charles Duke der Mondlandeeinheit. Beinahe musste die Landung wegen einer Störung des Hauptantriebssystems der Kommandoeinheit *Casper* abgeblasen werden, da es Bedenken gab, ob sich die Mondumlaufbahn genau ansteuern ließe. Doch die Landung klappte, wenn auch die Mission um einen Tag verkürzt werden musste.

Oben *Apollo 16*: die Mondlandefähre *Orion* und das Mondauto (LRV). John Young und Charles Duke unternahmen drei Exkursionen mit dem Mondauto und stellten dabei den Geschwindigkeitsrekord von 18 km/h auf dem Mond auf. Erstmals wurde auch eine UV-Kamera (Spektrograf) auf dem Mond eingesetzt.

Young und Duke erkundeten die Mondoberfläche drei Tage lang und waren während drei EVAs außerhalb der Fähre 26,9 Kilometer mit dem Mondauto unterwegs. Bei den 95,7 Kilogramm Proben, die sie sammelten, war der größte Gesteinsstück, das Apollo-Astronauten je zur Erde brachten: ein Brocken von 11,3 Kilogramm. Sie testeten auch das Mondauto und stellten den Rekord von 18 Stundenkilometer auf. Wie bei *Apollo 15* führte die Kommandoeinheit von *Apollo 16* wissenschaftliche Instrumente mit, um den Mond aus der Umlaufbahn zu studieren, und setzte einen kleinen Satelliten aus. Bei einer EVA auf dem Rückflug zur Erde wurde Filmmaterial von Außenkameras hereingeholt und ein Experiment zum Überleben von Mikroben durchgeführt.

DER LETZTE MENSCH AUF DEM MOND

Bis 1972 war das Apollo-Programm weitgehend reduziert worden. Obwohl es erst der sechste erfolgreiche Mondflug war, sollte *Apollo 17* die letzte bemannte Mission im 20. Jahrhundert sein. Sie hob im Dezember 1972 mit einem spektakulären nächtlichen Start ab und hatte erstmals einen Wissenschaftler dabei, den Geologen Harrison „Jack" Schmitt als Piloten der Mondlandeeinheit. Eugene Cernan (aus der *Apollo-10*-Mannschaft) war der Kommandant und Ron Evans der Pilot der Kommandoeinheit *America*.

Zur Erkundung des Tales zwischen den Taurus-Bergen und dem Littrow-Krater reisten Cernan und Schmitt 34 Kilometer mit ihrem Mondauto und sammelten 110,4 Kilogramm Proben, darunter ein einzigartiges orangefarbenes Stück Boden. Sie arbeiteten mit dem bislang umfangreichsten ALSEP-Experimentiergerät, das kleine Sprengladungen enthielt, deren Detonation – nachdem die Astronauten den Mond verlassen hatten – seismische Messungen ermöglichen sollten.

Apollo 17 brach mehrere Rekorde: Die Mission dauerte 12 ½ Tage und war die längste bemannte Mondlandung; sie konnte die längsten Tätigkeiten auf der Mondoberfläche vorweisen und die größte Menge mitgebrachter Mondproben; und sie verbrachte die längste Zeit in der Mondumlaufbahn.

Rechts Der Geologe Harrison Schmitt kam als erster Wissenschaftler mit einer Apollo-Mission auf den Mond. Hier sieht man ihn vor einem riesigen Felsblock am Standort „Station 6" während der dritten *Apollo-17*-EVA (Außenarbeiten).

ENTSPANNUNG IN DER UMLAUFBAHN

In den 1970er-Jahren trat Entspannungspolitik an die Stelle des Kalten Krieges. Die letzten Apollo-Raumfahrzeuge wurden in einer gemeinsamen sowjetisch-amerikanischen Mission eingesetzt, dem Apollo-Sojus-Testprojekt (ASTP). Bei dieser historischen Mission dockten zum ersten Mal ein US- und ein Sowjet-Raumschiff aneinander an. Die Apollo-Mannschaft bestand aus Thomas Stafford (Kommandant), „Deke" Slayton (Pilot der Kommandoeinheit) und Vance Brand (Pilot des Andockmoduls). *Sojus 19*, das sowjetische Raumschiff, stand unter dem Kommando von Alexej Leonow, dem ersten Weltraumspaziergänger; Valerij Kubasow war der Flugingenieur.

Beide Raumfahrzeuge starteten am 15. Juli 1975 und dockten am 17. Juli aneinander an. Stafford und Leonow trafen sich am Eingang zum Andockmodul, um sich mit dem ersten internationalen Händedruck im Weltraum zu begrüßen. Die beiden Raumfahrzeuge blieben 44 Stunden zusammen, wobei die Mannschaften Geschenke austauschten und sich gegenseitig in ihren Kapseln besuchten. Zu dem Projekt gehörten verschiedene Koppelmanöver sowie gemeinsame Experimente. Als das Treffen zu Ende war, blieb *Sojus 19* weitere fünf und Apollo noch neun Tage im All. ASTP war ein politischer und technischer Erfolg und die letzte bemannte US-Raumfahrtmission vor dem Start der ersten Raumfähre 1981.

ENDLICH IM ALL!

Der Pilot der Apollo-Sojus-Kommandoeinheit Donald „Deke" Slayton (1924–1993) sollte zuerst einer der *Mercury-7*-Astronauten werden. Er wurde 1959 als Pilot für den Mercury-Flug MA-7 von 1962 ausgewählt, musste aber wegen Herzproblemen verzichten.

Da ihm der Flug ins All versagt war, arbeitete Slayton bei der NASA als Leiter der Stelle für die Auswahl der Astronauten der Missionen. 23 Jahre später hatte er seine Flugfähigkeit wiedererlangt und wurde der damals älteste Mensch, der ins All flog – mit 51 Jahren.

„Deke" Slayton (rechts) und Thomas Stafford kosten während des Apollo-Sojus-Testprojekts sowjetische Weltraumnahrung. Stafford hält eine Tube Borscht in der Hand, auf deren Etikett spaßhalber „Wodka" zu lesen ist.

Oben Thomas Stafford (rechts) und Alexeij Leonow reichen sich bei der amerikanisch-sowjetischen ASTP-Mission die Hände: Stafford vom eigens konstruierten Andockmodul aus, Leonow aus der *Sojus-19*-Kapsel. Leonow begrüßte Stafford auf Englisch, Stafford sprach Russisch.

Unten So stellte sich ein Zeichner das Andockmanöver von *Sojus 19* und *Apollo* am 17. Juli 1975 um 20:17 UTC vor. Das Apollo-Raumschiff hatte keine offizielle Nummer. Das Projekt ASTP war ein Zeichen für das einsetzende Tauwetter im Kalten Krieg.

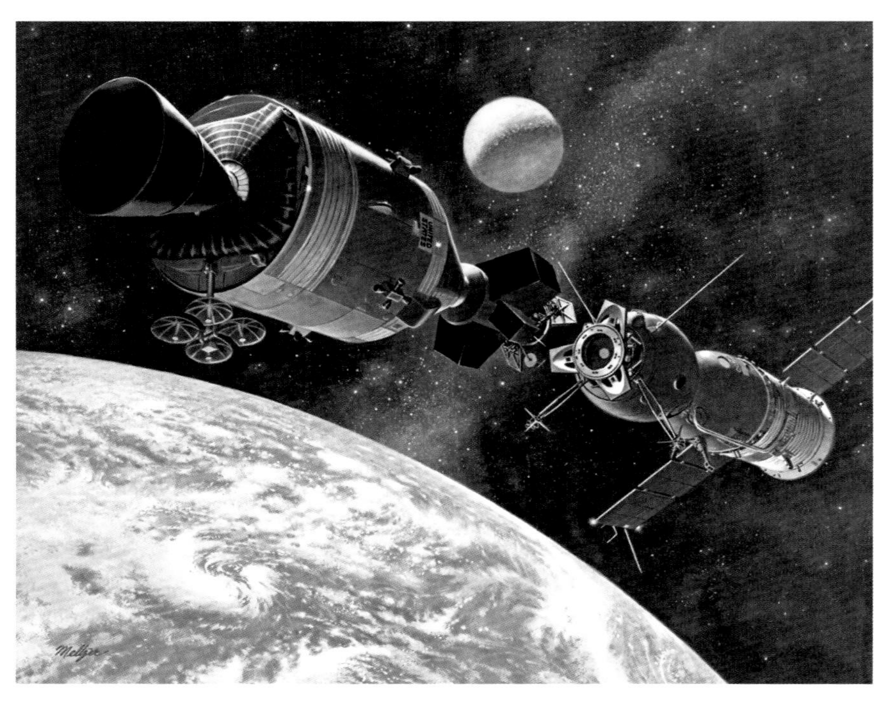

Raumstationen

Es war Stanley Kubricks Filmepos *2001: Odyssee im Weltraum,* das die Vorstellung riesiger räderförmiger Raumstationen weckte. In Wirklichkeit waren die ersten Raumstationen, die die Erde umkreisten, unansehnliche, aber höchst funktionsfähige Raumlabors, vom Boden bis zur Decke vollgestopft mit Forschungsmodulen, Apparaten und Experimentiergerät. Diese Außenposten der Erde sollten unser Wissen in den Naturwissenschaften, der Medizin, der Wetterkunde und über das Universum weit voranbringen. Die Forschungen dauern noch heute an.

Rechts Im Museum der russischen Raketen- und Raumfahrt-Gesellschaft Energia können Besucher die Raumstation *Saljut 4* von innen und außen besichtigen.

SALJUT – DIE ERSTE RAUMSTATION

Die Kurzgeschichte *The Brick Moon* (Der gemauerte Mond) des Amerikaners Edward Everett Hale von 1869 beschrieb erstmals eine Weltraumstation: eine Kugel von 60 Meter Durchmesser aus hitzeabweisenden Klinkern, die von riesigen Schwungrädern 6400 Kilometer weit in eine Erdumlaufbahn geschleudert wurde.

Im Jahrhundert darauf prägte der Raketenpionier Hermann Oberth mit Bezug auf Weltraumplattformen das Wort „Raumstation". Nach dem Zweiten Weltkrieg legte der deutsche Raketenkonstrukteur Wernher von Braun den plausiblen Entwurf für eine von Menschen bediente Raumstation vor. Sein in der Zeitschrift *Collier's* veröffentlichtes Konzept bestand aus kreisförmigen Bauteilen, die zu einer Art Rad verbunden waren, dessen Drehungen die Schwerkraft simulieren sollten. Schließlich schickten zwei Nationen noch zu Lebzeiten dieser europäischen Visionäre große Raumstationen in die Erdumlaufbahn.

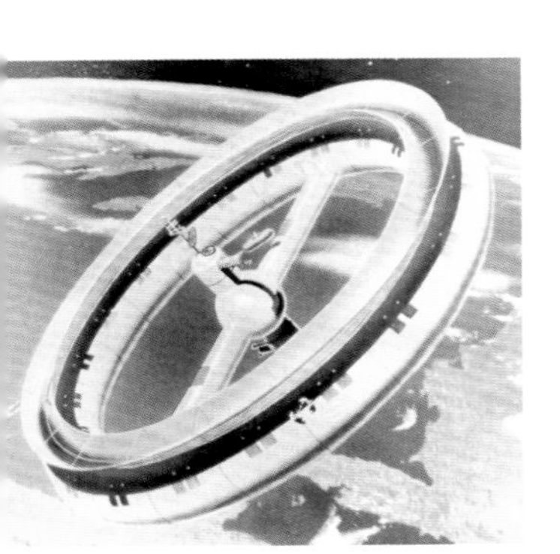

Oben 1952 beschrieb der visionäre Konstrukteur Wernher von Braun im Magazin *Collier's* ein rotierendes Rad als praktikabelstes Konzept für eine Raumstation in der Erdumlaufbahn.

Nachdem die Sowjets zähneknirschend akzeptiert hatten, dass sie die USA bei der ersten bemannten Mondlandung nicht mehr einholen konnten, richteten sie ihre Aufmerksamkeit auf längere Weltraumaufenthalte. Die ersten Pläne für eine Raumstation entstanden bereits 1964 im Rahmen eines geheimen militärischen Programms namens Almaz (Diamant). Drei Jahre später wurde der Bau genehmigt.

Es gab drei wichtige Bauelemente: eine 18-Tonnen-Raumstation, die von einer drei Mann starken Besatzung bedient wurde, mit optischer Agat-Kamera für Aufklärungsfotos von militärischen Anlagen auf der Erde; ein wiederverwendbares Raumfahrzeug für den Transport von Kosmonauten und militärischen Lasten zu und von der Raumstation; und schließlich Proton-Trägerraketen, um die Komponenten in den Weltraum zu bringen. Zusätzlich sollte die Station mit einer kleinen separaten Kapsel versehen werden, die für den Fall eines schnellen Rückflugs zur Erde abgesprengt werden und Filmmaterial und andere Nutzlasten befördern konnte.

Jede Almaz-Station sollte aus drei Sektionen bestehen: einem Wohnbereich für die Besatzung, einem groß dimensionierten Arbeitsbereich, der die Überwachungseinrichtung und andere Instrumente enthielt, sowie einem Übergangsbereich mit einer Andocköffnung, einem Absprengsystem für die Kapsel und einer Luke für EVAs (Raumspaziergänge).

Rechts Die Almaz-Raumstation in ihrer ursprünglichen Zusammensetzung. Sie wurde unter strenger Geheimhaltung als Teil eines militärischen Aufklärungsprogramms zugleich mit der zivilen Raumstation Saljut entwickelt.

Sowjetische Ingenieure hatten bis 1970 zwei einsatzfähige Almaz-Hüllen fertig gestellt. Dann entschloss sich die Führung aber, ein ziviles Raumstation-Projekt zu verfolgen, für das Elemente des Almaz-Konzepts verwendet werden sollten. Eines der Almaz-Gehäuse wurde zu einer Raumstation für wissenschaftliche Studien umgebaut, wiewohl die Arbeiten am militärischen Programm fortgesetzt wurden. Um westliche Beobachter zu täuschen, wurden beide Programme zugleich unter dem Namen Saljut („Salut") geführt.

DIE ERSTE RAUMSTATION

Am 19. April 1971 um 1:34 Uhr (UTC), eine Woche nach dem zehnten Jahrestag von Juri Gagarins Flug, schoss die Sowjetunion die erste Raumstation der Welt, *Saljut 1* (offiziell DOS-1), mit einer Proton-Rakete in die Erdumlaufbahn. Die Saljut-Serie sollte eine vollkommen neue Ära der Erkundung und Erforschung des Weltraums eröffnen, doch *Saljut 1* wurde von Pannen verfolgt und von den abergläubischen Kosmonauten mit Misstrauen betrachtet.

Vier Tage nach dem Start von *Saljut 1* hob eine dreiköpfige Besatzung mit *Sojus 10* ab, um an die Raumstation anzudocken und sie zu beziehen. Doch wegen eines Problems mit dem Andockmechanismus konnten sie nicht in die Raumstation gelangen. Nach mehr als fünf Stunden erfolgloser Bemühungen musste *Sojus 10* wieder abkoppeln und zur Erde zurückkehren.

Zwei Monate später flogen mit *Sojus 11* wieder drei Mann zu *Saljut 1*. Dieses Mal gelang das Andocken. Wie schon die vorige Mannschaft trugen die Männer keine hinderlichen Raumanzüge, um kostbaren Platz an Bord des engen *Sojus*-Raumschiffs zu sparen. Die Kosmonauten Georgi Dobrowolski, Wladislaw Wolkow und Wiktor Patsajew lebten und arbeiteten drei Wochen an Bord der Station und führten naturwissenschaftliche, astronomische und biomedizinische Studien durch. Am 29. Juni 1971 schnallten sie sich wieder im *Sojus*-Raumschiff an und koppelten von der *Saljut*-Raumstation ab. Der Wiedereintritt in die Erdatmosphäre und die Fallschirmlandung verliefen automatisch, aber als die Bergungsmannschaften die Landekapsel öffneten, stellten sie mit Entsetzen fest, dass alle drei Kosmonauten tot waren, weil die Atemluft durch ein defektes Ventil aus der Kapsel entwichen war. Alle späteren Besatzungen mussten deshalb lebensrettende Druckanzüge tragen. *Saljut 1* wurde aufgegeben und verglühte im Oktober 1971 beim Wiedereintritt in die Atmosphäre.

Saljut 2, eine militärische Version der Raumstation *Almaz*, startete im April 1973, stürzte aber nach drei Wochen ab. Im folgenden Monat startete DOS-3, eine echte zivile *Saljut*-Raumstation. Schon bei der ersten Erdumrundung ging der gesamte zur Stabilisierung benötigte Treibstoff verloren. DOS-3 (von der Sowjetführung als „Forschungssatellit *Kosmos 557*“ heruntergespielt) verglühte nach elf Tagen.

Saljut 3, 4 und *5* beherbergten insgesamt fünf Besatzungen. Nur *Saljut 4* war eine zivile Raumstation; *Saljut 3* und *5* fungierten als militärische Außenposten und waren mit starken Teleskopkameras und Filmbehältern ausgerüstet, die zur Erde zurückgeschickt werden konnten.

Saljut 6, eine stark überarbeitete zivile Version, startete im September 1977 und beherbergte in den folgenden vier Jahren fünf Besatzungen zu Langzeitaufenthalten von bis zu sechs Monaten. Aber es fanden auch Kurzbesuche anderer Kosmonauten statt, unter ihnen Gäste aus Warschauer-Pakt-Staaten im Rahmen des Interkosmos-Programms. Abgespeckte, unbemannte Einmalversionen der Sojus-Raumschiffe namens *Progress* wurden für Versorgungsflüge zur Raumstation eingesetzt.

Wegen Verzögerungen beim Mir-Programm brachte man im April 1982 die Entlastungsstation für *Saljut 6* in die Umlaufbahn. *Saljut 7* war vier Jahre lang in Betrieb; zehn Besatzungen taten auf der Station Dienst. Die letzte, zweiköpfige Besatzung hatte die bereits im Orbit befindliche *Mir*-Station besucht; am 24. Juni 1986, nach 50 Tagen an Bord von *Saljut 7* wechselte sie in das Raumschiff *Sojus T-15*, koppelte ab und dockte tags darauf wieder an *Mir* an.

Die aufgegebene Raumstation *Saljut 7* verglühte beim Wiedereintritt in die Erdatmosphäre am 7. Februar 1991.

Oben Der vier Jahre dauernde Einsatz von *Saljut 7* im Orbit brachte einen Quantensprung gegenüber früheren Saljut-Raumstationen. *Saljut* 7 beherbergte etliche sowjetische und internationale Besatzungen.

SKYLAB – EIN LABOR IM WELTRAUM

In seiner neunmonatigen Betriebszeit war *Skylab* mit zahlreichen Problemen behaftet. Trotzdem war die erste amerikanische Raumstation ein Weltraumlabor von unschätzbarem wissenschaftlichem Wert. Während *Skylab* unseren Planeten 3896-mal umrundete, stellten die drei Besatzungen fest, dass der Weltraum einzigartige Möglichkeiten für Wissenschaft und Technik bietet und eine neue Sicht auf die Erde und das Universum eröffnet.

DIE ANFÄNGE VON *SKYLAB*

Die US Air Force plante 1963 eine kleine bemannte Raumstation für die Erdumlaufbahn, das Manned Orbiting Laboratory (MOL), das aus dem Gemini-Programm der NASA entwickelt und für geheime Aufklärungszwecke genutzt werden sollte. 17 Kandidaten aus den Streitkräften wurden für einen Aufenthalt trainiert, aber 1969 gab man den Plan auf, bevor ein Flug stattgefunden hatte.

Die NASA wiederum rief 1965 das Apollo Applications Program (AAP) ins Leben, um Gerät für langfristige Apollo-Unternehmungen zu entwickeln und die amerikanische Präsenz im Weltraum zu sichern. Die zweite Stufe einer Saturn-IVB-Rakete, die für eine Apollo-Erdumrundung vorgesehen war, sollte in ein Orbital-Labor umgebaut werden. Zahlreiche Startmöglichkeiten wurden erwogen, um die mächtige zylindrische Station in die Erdumlaufbahn zu bringen. Nach der Streichung der letzten drei bemannten Apollo-Mondflüge war schließlich eine Saturn-V-Trägerrakete verfügbar. Die voll ausgestattete AAP-Station (die später *Skylab* hieß) konnte jetzt als Ganzes in den Orbit gebracht werden.

Die unbemannte Raumstation *Skylab 1* oder SL-1 startete am 14. Mai 1973 vom Kennedy Space Center auf einer zweistufigen Version der Saturn-V. 430 Kilometer über der Erde wurde sie in der Umlaufbahn abgesetzt. Nachdem der Orbit stabilisiert war, wartete die Bodenkontrolle auf die Bestätigung, dass die Solaranlage des Labors in Betrieb sei, aber das Signal blieb aus. Spätere Analysen zeigten, dass sich bald nach dem Start ein Mikrometeoriten-Schutzschild gelockert hatte und in der Überschall-Luftströmung zerrissen worden war. Die Einschläge der Trümmer führten zum Verlust eines Solarflügels. Ein zweites Sonnensegel war von einem Aluminiumband festgeklemmt worden und hatte sich nicht geöffnet. Ohne den Meteoritenschild war kein thermischer Schutz mehr gewährleistet, und die Sonne würde die beschädigte Station auf unerträgliche 52 °Celsius aufheizen.

Der erste bemannte Flug zu *Skylab* (SL-2) sollte tags darauf starten, wurde aber verschoben – jetzt mussten Reparaturtechniken erprobt werden. Nach elf Tagen angestrengten Übens und Trainings wurde am 25. Mai die SL-2-Besatzung an Bord eines Apollo-Raumschiffs von einer Saturn-IB-Rakete zur Ankoppelung an die überhitzte Raumstation in den Orbit getragen.

Nach einem ersten Andocken begann der Reparaturversuch. Der Kommandant der Mission, Charles „Pete" Conrad, koppelte das Apollo-Raumfahrzeug wieder ab und flog vorsichtig über das entfaltete Array der Solarflügel. Die Luke des Raumfahrzeugs war geöffnet, und während Joe Kerwin die Fußgelenke des Piloten Paul Weitz umklammerte, damit dieser nicht davonschweben konnte, erhob der sich aus der offenen Luke und versuchte, den verklemmten Solarflügel von Hand zu lockern. Als dies misslang, probierte Weitz, die Bänder des Flügels mit einer Art Heckenschere zu durchtrennen. 75 Minuten später blies Conrad den Versuch ab und dockte wieder an die Raumstation an.

Oben Start der *Skylab*-Raumstation (SL-1) 1973 vom Kennedy Space Center, USA. Drei Besatzungen führten in ihr während längerer Aufenthalte wissenschaftliche Forschungen durch.

Ganz oben An Bord des Weltraumlabors *Skylab 2* im Orbit alberten Kommandant Charles „Pete" Conrad (links) und Pilot Paul Weitz auch mal mit ihren Raumanzügen herum.

Als sich die Besatzung am Folgetag in *Skylab* befand, behob sie das Problem des fehlenden Meteoritenschilds, indem sie einen eigens angefertigten Sonnenschirm durch eine kleine Öffnung aus *Skylab* schob (die Öffnung sollte eigentlich dazu dienen, wissenschaftliche Proben den Weltraumbedingungen auszusetzen). Nachdem die Metallfolie durchstoßen war, wurde der Schirm aufgespannt und wieder herangezogen, sodass er einen Großteil der Außenfläche abdeckte und schützte.

Die Sonnenschirmvorrichtung funktionierte, und nach vier Tagen war die Temperatur in der Raumstation auf angenehme Arbeitsbedingungen gesunken. Drei Tage später führten Conrad und Kerwin eine riskante vierstündige Außenbordtätigkeit durch, bei der es ihnen gelang, den verklemmten Solarflügel mit einen Drahtschneider zu lockern. Er war nun voll einsetzbar und lieferte der Station genügend Strom. *Skylab* war durch Findigkeit, Planung und Mut gerettet worden.

WEITERE ARBEITEN IM WELTRAUM

Nachdem sie ihre 28-Tage-Mission absolviert hatte, schnallte sich die Besatzung am 22. Juni 1973 im Apollo-Raumschiff an, um zur Erde zurückzukehren. Aufgrund der Zeit, die sie

Seite 262 Mit der Erde als Hintergrund zeigt *Skylab* die beim Start entstandenen Schäden. Ein Solarflügel fehlt; außerdem ist der goldfarbene Schirm zu sehen, der die Raumstation vor Hitze schützt.

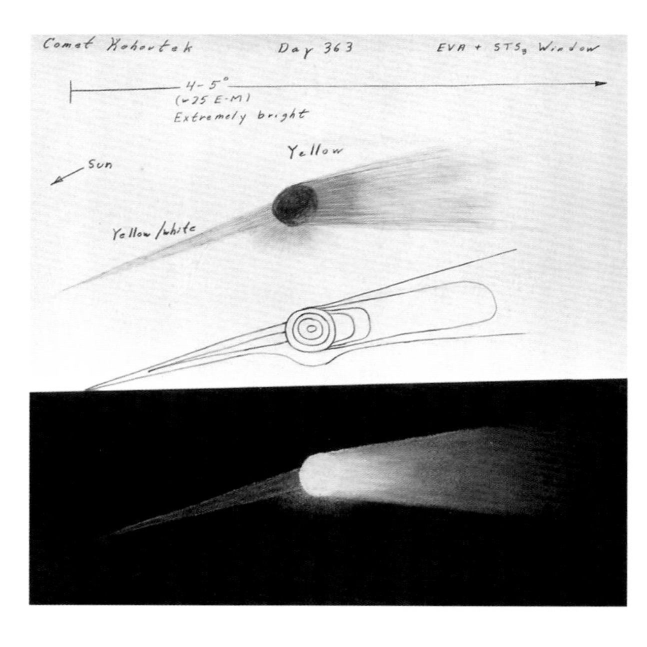

Rechts Bleistiftskizze des *Skylab-4*-Astronauten Edward Gibson vom Kohoutek-Kometen. Die Beobachtung des Kometen wurde von Observatorien auf der Erde aus, von unbemannten Raketen, Ballons, Satelliten, Flugzeugen sowie von *Skylab* aus vorgenommen.

mit der Reparatur der Raumstation zugebracht hatten, konnten die drei Astronauten nur 80 Prozent ihrer wissenschaftlichen Aufgaben bewältigen. Aber sie hatten eine viele Millionen Dollar teure Raumstation und damit ein ganzes Forschungsprogramm gerettet. Es war ihnen gelungen, die Station wieder funktionsfähig und für die beiden nächsten Besatzungen sicher zu machen; dabei hatten sie bewiesen, dass Menschen, ohne körperlichen Schaden zu nehmen, fast einen Monat lang im Weltraum leben und arbeiten können.

Oben Als 1979 der Wiedereintritt von *Skylab* in die Atmosphäre bevorstand, erhoben sich weltweit besorgte Fragen, wo die Reste der Raumstation auf die Erde niedergehen würden.

Die zweite *Skylab*-Mannschaft (SL-3) startete am 28. Juli zur Raumstation und dockte am selben Tag an. Der Kommandant der Mission, Alan Bean, der Pilot Jack Lousma und der Wissenschaftler und Astronaut Owen Garriott stellten mit ihrem Aufenthalt von 59 Tagen einen neuen Rekord auf. Sie übertrafen sogar ihr Aufgabensoll und holten noch Experimente nach, die die erste Besatzung wegen der dramatischen Umstände nicht geschafft hatte.

Nach ihrer Rückkehr blieb *Skylab* 52 Tage lang unbesetzt, bevor die SL-4-Mannschaft mit dem Kommandanten Gerry Carr, dem Piloten Bill Pogue und dem Wissenschaftler und Astronauten Ed Gibson am 16. November startete, um die Arbeiten im All während der längsten, produktivsten *Skylab*-Mission fortzusetzen. Zu den wichtigsten Experimenten der folgenden 84 Tage zählte die Beobachtung der Sonnenflecken-Aktivitäten, von denen Radio-Interferenzen und andere Auswirkungen auf das Leben auf der Erde herrühren können. Außer zahlreichen Beobachtungen von Sonne und Erde unternahmen zwei Mann der Crew einen längeren Weltraumspaziergang, bei dem sie den Kohoutek-Kometen fotografierten, der zu dieser Zeit die Sonne umrundete, bevor er sich wieder in den Tiefen des Sonnensystems verlor. Zudem musste die Besatzung eine Reihe kleinerer Reparaturen an der Raumstation vornehmen. Bemerkenswert ist, dass das maßlose Arbeitspensum, das man der Besatzung auferlegt hatte, in Abstimmung mit der Bodenstation reduziert wurde – eine heilsame Lektion für die Planer künftiger Missionen.

Am 8. Februar 1974 verließ die letzte *Skylab*-Besatzung die Raumstation, die in einer Erdumlaufbahn zurückblieb. *Skylab* war insgesamt 171 Tage von Menschen bewohnt worden und hatte dabei 115 Millionen Kilometer zurückgelegt. Die Besatzungen hatten zehn EVAs von insgesamt 42 Stunden Länge durchgeführt, bei denen sie Außenreparaturen und Wartungsarbeiten vornahmen, Versuchspakete bargen, Filmpatronen aus Teleskopkameras entnahmen und Himmelsobjekte fotografierten. Sie stellten im Laufe von insgesamt 2000 Stunden viele wichtige Versuche auf medizinischem, naturwissenschaftlichem und astronomischem Gebiet an und bewiesen, dass sich Menschen über einen ausgedehnten Zeitraum an das Leben und Arbeiten in der annähernden Schwerelosigkeit im Raum anpassen können.

Da die Entwicklung von Raumfähren bereits im Gange war, hoffte man, dass bald eine Fähre an *Skylab* andocken und die Station in eine höhere Umlaufbahn tragen könnte, um sie für weitere Experimente und zur Unterbringung künftiger Besatzungen zu nutzen. Aber der Zeitplan kam ins Rutschen. Folglich mussten dieser und weitere Rettungspläne aufgegeben werden, weil der Verschleiß im Orbit *Skylab* langsam zum glühenden Wiedereintritt in die Erdatmosphäre hinabzog.

Am 11. Juli 1979 glitt *Skylab* aus dem Orbit und verbrannte in einem Gebiet über dem Indischen Ozean und einigen dünn besiedelten Gegenden Westaustraliens, wo später verstreute Trümmer geborgen wurden.

SKYLAB-EXPEDITIONEN

Expedition	Kommandant	Pilot	Wissenschaftler/ Astronaut	Start	Landung	Dauer (Tage)
Skylab 1 (SL-1)	Unbemannt	—	—	14. Mai 1973	—	—
Skylab 2 (SL-2)	„Pete" Conrad	Paul Weitz	Joe Kerwin	25. Mai 1973	22. Juni 1973	28,03
Skylab 3 (SL-3)	Alan Bean	Jack Lousma	Owen Garriott	28. Juli 1973	25. Sep 1973	59,46
Skylab 4 (SL-4)	Gerry Carr	Bill Pogue	Ed Gibson	16. Nov 1973	8. Feb 1974	84,50

Rechts Der *Skylab-3*-Astronaut und Wissenschaftler Owen Garriott bringt außen an der Station einen doppelt befestigten Sonnenschild an. Garriotts Raumspaziergang dauerte sieben Stunden – ein neuer Rekord.

Oben Im Forschungsmodul von *Mir* versammelten sich die Mannschaften von STS-71, *Mir-18* und *Mir-19* fürs traditionelle Gruppenfoto.

Oben rechts Die Weltraumstation *Mir* – hier mit dem blauen Planeten Erde als Hintergrund – wurde treffend als riesige Libelle beschrieben.

Rechts Technische Probleme und ein verheerender Brand setzten der *Mir* zu. Schließlich krachte ein ferngesteuerter Raumtransporter in die Station. Die schweren Schäden sind auf diesem Foto zu sehen.

EINE RAUMSTATION NAMENS *MIR*

Am 20. Februar 1986 wurde das Kernmodul einer mächtigen sowjetischen Weltraumstation mit Namen *Mir* („Frieden") in den Orbit gebracht – und es begann ein neues Zeitalter der Raumfahrt. In den nächsten 15 Jahren wurde *Mir* nicht nur von vielen sowjetischen und russischen Crews besetzt, sondern auch von Astronauten anderer Länder und Raumfahrtagenturen besucht, darunter der USA, Europas und Japans. Amerikanische Raumfähren dockten an *Mir* an; sieben NASA-Astronauten arbeiteten langfristig mit ihren russischen Kollegen zusammen. *Mir* war ein bedeutender Prüfstein russischen Nationalstolzes, bis sie 2001 aus ihrer Umlaufbahn geholt wurde und über dem Südpazifik ein schmachvolles, wenn auch spektakuläres Ende fand, als sie einen letzten Feuerstreif durch die Erdatmosphäre zog.

FLAGGSCHIFF IM WELTRAUM

Das Kernmodul von *Mir* bot den Mannschaften, die sich hier aufhielten, Wohngelegenheiten, Versorgungseinrichtungen und Raum für Forschungsarbeiten. Zudem gab es Andockportale für bemannte *Sojus-TM*-Raumfahrzeuge und unbemannte *Progress-M*-Raumtransporter. *Sojus-TM* beförderte Besatzungen und Fracht zu und von *Mir*, *Progress-M* Wasser, Verbrauchsgüter, Post, Daten und Ausrüstungsgegenstände für die Station – und befreite die Besatzungen von platzraubendem Abfall. Die nicht wiederverwendbaren *Progress*-Transporter verglühten beim Wiedereintritt in die Erdatmosphäre.

Binnen zehn Jahren nach dem Start des Kernmoduls wurde *Mir* mit sechs weiteren Modulen ausgebaut. Zwei der wichtigsten waren *Kwant-1*, ein astrophysikalisches Labor zur Erforschung aktiver Galaxien, Quasare und Neutronensterne, und *Kwant-2*, ein Wissenschafts- und Schleusenmodul für Experimente der Biologie, Biowissenschaften und Erdbeobachtung und Untersuchungen der Auswirkungen des Weltraums auf elektronische und Baumaterialien.

Die Module und Bauteile, die der Raumstation während ihrer Betriebszeit angefügt wurden, erhöhten ihre Masse um 100 Tonnen und ihr Volumen um 400 Kubikmeter.

In *Mir* verbrachte der Kosmonaut Walerij Poljakow vom Biomedizinischen Institut in Moskau die Rekordzeit von 438 Tagen: vom 8. Januar 1994 bis zum 22. März 1995. Keiner blieb länger im All. Während die schwere Raumstation und ihre Besatzungen mehr Rekorde auf sich vereinigen konnten als alle anderen Weltraumunternehmen zusammen, wurde *Mir* auch von einer zunehmenden Anzahl an Beinahekatastrophen heimgesucht: einem lebensgefährlichen Brand, wiederholten Stromausfällen, Computerabstürzen (in deren Folge die altersschwache Raumstation außer Kontrolle geriet), Pannen der Versorgungssysteme und grundlegenden Problemen mit der Installation. Einer der schlimmsten Zwischenfälle ereignete sich im Juni 1997, als ein Progress-

Transporter vom Kurs abkam und mehrfach gegen das Forschungsmodul *Spektr* krachte. *Spektr* musste abgeriegelt und aufgegeben werden. Vier Monate davor hatte ein gefährliches Feuer die Raumkapsel mit Qualm gefüllt und beinahe ein Loch in die Außenhülle gebrannt.

Mir war weit über die erwartete Lebensdauer in Betrieb und wurde zunehmend von Pannen geplagt. Die NASA drängte Russland, die Raumstation nicht weiter im Orbit zu erhalten, weil vermutlich ein Großteil der Geldmittel, die die Russische Raumfahrtagentur Roskosmos in die Instandhaltung von *Mir* steckte, von dem ohnehin schrumpfenden Etat, der für die russische Beteiligung an der Internationalen Raumstation ISS vorgesehen war, abgezweigt wurde.

Am 27. August 1999 schlossen zwei Kosmonauten und ein französischer Forscher die Luke von *Mir*, und überließen die Raumstation ihrem Schicksal. Roskosmos übertrug danach die Verantwortung für *Mir* der Firma MirCorp, die die Station als kommerzielles Raumlabor weiternutzen wollte. Es gab sogar Pläne, sie in ein Hotel für Weltraumtouristen umzuwandeln. MirCorp finanzierte im April 2000 den Start zweier Kosmonauten zu der Station, aber dies sollte der letzte Besuch werden. Die unerschwinglichen Kosten der Unterhaltung von *Mir* in der Erdumlaufbahn machten weitere Pläne zunichte, und die russische Regierung stimmte zu, *Mir* aus dem Orbit zu holen und die verbleibenden Teile in einer entlegenen Gegend des Pazifiks niedergehen zu lassen.

Unten Kosmonauten an Bord eines russischen *Sojus-TM*-Raumfahrzeugs hielten den historischen Augenblick fest: Die US-Raumfähre *Atlantis* dockt im Juni 1995 während der Mission STS-71 erstmals an der Raumstation *Mir* an.

MIR – MODULE UND IHRE AUFGABEN

Modul	Hauptaufgabe	Trägerrakete	Startdatum
Mir-Kernmodul	Wohnbereiche	Proton-8K82K-Raketen	20. Februar 1986
Kwant-1	Astronomie	Proton-8K82K-Rakete	31. März 1987
Kwant-2	Lebenserhaltungssysteme	Proton-8K82K-Rakete	26. November 1989
Kristall	Technik, Wissenschaft, Astrophysiklabor	Proton-8K82K-Rakete	31. Mai 1990
Spektr	Experimentallabor	Proton-8K82K-Rakete	20. Mai 1995
Andockmodul	Raumfähren-Andockportal	*Atlantis*	12. November 1995
Priroda	Fernerkundungsmodul	Proton-8K82K-Rakete	23. April 1996

MIR – TECHNISCHE DATEN

Gewicht	18 t (Kernmodul), 117 t komplett
Länge	33 m
Breite	27 m
Höhe der Umlaufbahn	233,5 km
Umlaufgeschwindigkeit	28 163 km/h

Rechts Dieses Foto der Raumstation *Mir* wurde von Astronauten an Bord der Fähre *Atlantis* aufgenommen, bevor diese an *Mir* andockte. *Atlantis* brachte Wasser, Lebensmittel und Geräte, darunter zwei neue Sonnensegel, um *Mir* nachzurüsten.

DAS ENDE VOM TRAUM

Als *Mir* am 23. März 2001 den Orbit verließ, hatte die Raumstation ihre erwartete Betriebsdauer um ein Jahrzehnt übertroffen und Dutzende von Kosmonauten, Astronauten und Gästen von anderen Raumfahrtagenturen beherbergt, die insgesamt 78 Weltraumspaziergänge absolvierten. Über 16 500 wissenschaftliche Experimente wurden auf *Mir* durchgeführt, darunter neue Techniken und Abläufe, wie etwa *space tether* (Seilverbindungen zwischen Raumflugkörpern) oder Laser-Kommunikationssysteme. In ihrer 15-jährigen Betriebszeit hatte *Mir* 89 067 Erdumkreisungen und damit eine Strecke von 3 638 470 307 Kilometer zurückgelegt, etwa dreimal die Entfernung zwischen Erde und Saturn.

Der Ausstieg aus dem Orbit begann am 24. Januar 2001 mit dem Start eines unbemannten *Progress-M1-5*-Frachters, der Treibstoff für das Bremsmanöver lieferte. Zur vorbestimmten Zeit verlangsamten drei Bremsschübe des *Progress*-Antriebssystems *Mir* und änderten deren Orbit von einer kreisförmigen zu einer elliptischen Erdumlaufbahn. Eine letzte Zündung bremste die Geschwindigkeit von *Mir* auf 17,3 Meter pro Sekunde für den kontrollierten Wiedereintritt in die Erdatmosphäre.

FREEDOM, *ALPHA* UND DIE INTERNATIONALE RAUMSTATION *ISS*

Das Projekt *ISS* ist so umfassend und vielfältig, dass es keine Nation alleine stemmen kann. An seiner Umsetzung sind 17 Nationen beteiligt. Das gewaltige Vorhaben wurde zum neuen Stern am Nachthimmel und strahlte zunehmend heller, als im Verlauf etlicher Jahre und Missionen weitere Module, Sonnensegel und andere Bauteile angefügt wurden. Der Zusammenbau soll 2010 abgeschlossen sein. Die ISS ist als dauerhaftes Raumlabor konzipiert, in dem Gravitation, Temperatur und Luftdruck geregelt werden können – je nach den Erfordernissen langfristiger Forschungen auf den Gebieten der Medizin, Materialkunde und Biowissenschaften sowie wichtiger Untersuchungen und Experimente, die in Laboratorien auf der Erde nie möglich wären. Nicht zuletzt soll sie als Vorposten künftiger Weltraumerkundungen dienen.

EIN WELTKLASSELABOR IM ORBIT

Am 25. Januar 1984 kündigte Präsident Ronald Reagan in seiner alljährlichen Rede zur Lage der Nation vor dem Kongress an, er habe die NASA beauftragt, innerhalb eines Jahrzehnts eine auf Dauer besetzte Raumstation zu entwickeln. Er fügte hinzu: „Wir möchten, dass unsere Freunde uns helfen, diese Herausforderung anzunehmen, und dass sie an dem Erfolg teilhaben. Die NASA wird andere Länder zur Mitwirkung einladen, damit wir den Frieden stärken, den Wohlstand fördern und die Freiheit erweitern können – für alle, die unsere Ziele teilen."

Mitte 1985 hatten Kanada, Japan und Europa die Einladung des Präsidenten prinzipiell angenommen. Der damalige NASA-Chef James Beggs nannte die Raumstation einen „logischen Schritt" in der Erforschung des Weltraums; künftige Shuttle-Missionen sahen Raumspaziergänge vor, um die Konstruktionstechniken von Raumstationen zu erproben. Die amerikanische Raumstation sollte *Freedom* heißen – „Freiheit".

Zwischen 1984 und 1993 musste *Freedom* sieben Etateinschnitte hinnehmen, bedingt durch anfängliche Fehleinschätzungen, eine zu Anfang fehlende klare Linie und den US-Kongress, der nicht bereit war, zusätzliche Mittel für das Projekt zu bewilligen. Bei den internationalen Partnern löste dies beträchtliches Unbehagen aus. Im Juni 1993 führten unhaltbare Kostenüberschreitungen zu einer Vorlage im Repräsentantenhaus, in der dafür plädiert wurde, das Programm einzustellen. Sie scheiterte an einer einzigen Stimme.

Im Oktober suchten Vertreter der Russischen Raumfahrtagentur Gespräche mit NASA-Vertretern, darunter dem damaligen Chef Dan Goldin. Man kam überein, eine internationale Raumstation zu schaffen und andere Länder zur aktiven Teilnahme einzuladen. Dieses Abkommen beendete alle Pläne für die Raumstation *Freedom*. Internationale Partner, die sich an der ISS beteiligten, waren Belgien, Brasilien, Dänemark, Deutschland, Frankreich, Großbritannien, Italien, Japan, Kanada, die Niederlande, Norwegen, Russland, Schweden, die Schweiz, Spanien und die USA. Die NASA gab der neuen internationalen Station inoffiziell die provisorische Bezeichnung *Alpha*, aber der glanzlose Name konnte sich nie durchsetzen.

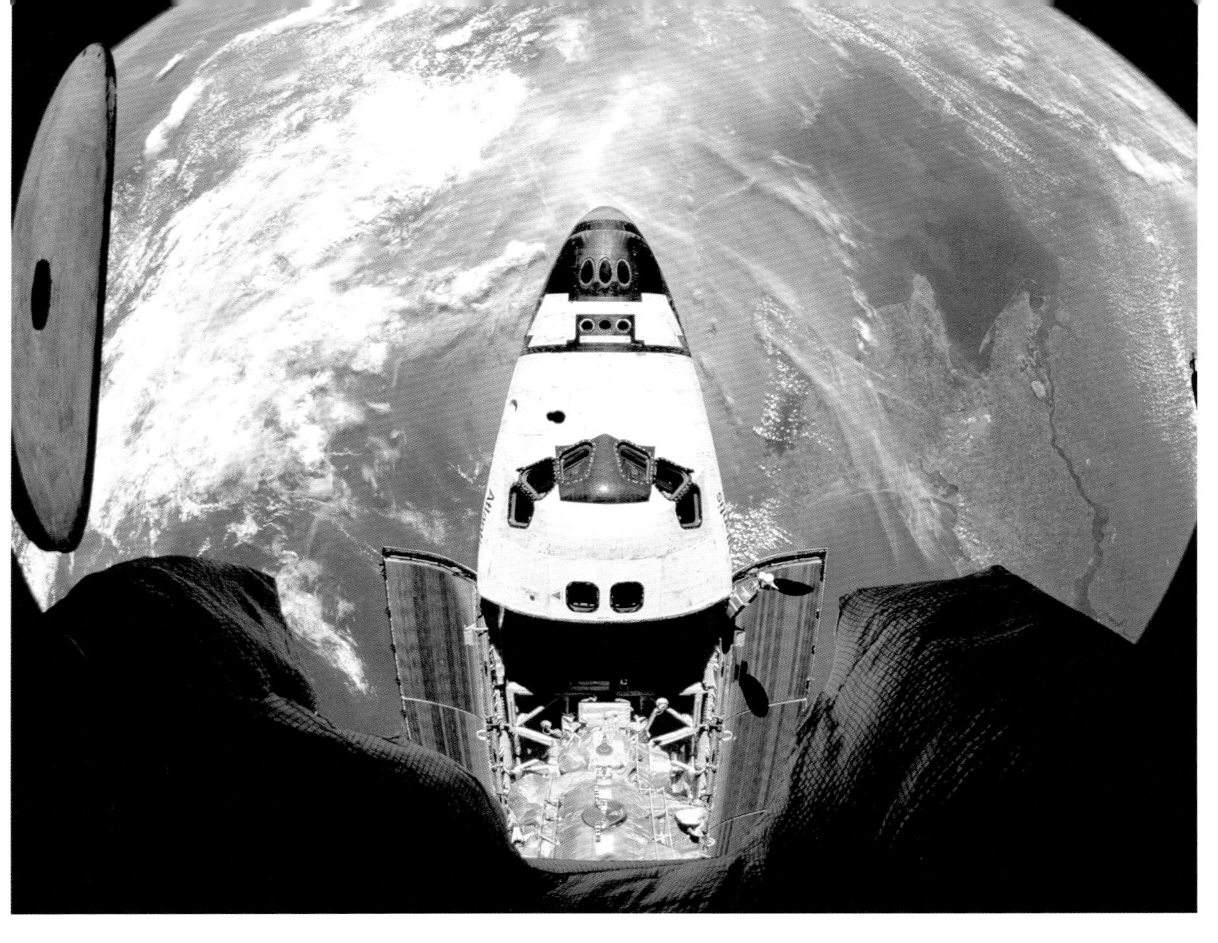

Links Ein Fischaugen-Objektiv ermöglichte diesen Blick auf die Raumfähre *Atlantis* beim Andocken an die Raumstation *Mir*. Die Raumfähren-Flotte versorgte *Mir* auf insgesamt elf Flügen, bis die Raumstation am 23. März 2001 aus dem Orbit geholt und beim Wiedereintritt in die Erdatmosphäre über dem Südpazifik zerstört wurde.

Unten So stellte sich ein Zeichner die geplante Raumstation *Freedom* vor. Fehlende Vorgaben und unangemessene Mittel bedingten die Aufgabe des Projekts zugunsten der Internationalen Raumstation.

Rechts Während des Baus der Internationalen Raumstation ISS unternimmt am Tag sechs der *Discovery*-Mission im Dezember 2006 Mission Specialist Christer Fuglesang einen Weltraumspaziergang.

DIE ISS UND DIE ZUKUNFT

Die nächste Generation bemannter amerikanischer Raumfahrzeuge, die die ISS besuchen sollen, wird die Orion-Serie sein (früher Crew Exploration Vehicle, CEV). Orion-Raumschiffe sollen auf einer Ares-Rakete starten (die sich auch in Entwicklung befindet), und die erste bemannte Mission ist für 2014 geplant. Das mächtige Antriebssystem der Orion-Raumfahrzeuge kann auch dazu dienen, die ISS in höhere Umlaufbahnen zu heben, während eine künftige Variante von Orion & Ares eines Tages Astronauten zum Mond bringen wird. Unterdessen wird das zuverlässige russische Raumschiff Sojus weiterhin Mannschaften und Versorgungsgüter zur ISS transportieren. Die Europäische Weltraumorganisation ESA schoss im März 2008 *Jules Verne*, einen Prototyp ihres Raumtransporters ATV, erfolgreich ins All.

LL

umstation ISS begannen am 20. Start des von den Russen für die ermoduls *Zarya* vom Baikonur- 1. Zwei Wochen später hob die n Kennedy Space Center ab und ıl *Unity* hinauf, das Astronauten rgang mit *Zarya* verbinden sollten. g im Juni 1999 zur ISS und brachte len Zusammenbau mit. Im Mai · Fähre *Endeavour*, deren Besatzung beiten die Ankunft des Servicemo- Hauptkomponente der Station – ıssland gebaute Modul umfasst die ıtzungen, die ISS beherbergen soll, und startete am 25. Juni 2000 zu einer erfolgreichen Ankoppelung. Drei Monate später brachte *Atlantis* weitere Vorräte und eine Mannschaft, die die erste langfristige Unterbringung einer Besatzung, Expedition 1, in *Zvezda* vorbereiten sollte.

Ein weiterer Andockflug lieferte zusätzliche Komponenten, und am 2. November 2000 kam an Bord eines *Sojus*-Raumschiffs Expedition 1 an: ein Amerikaner und zwei Russen. Sie eröffneten die künftige Dauerbesetzung der Station mit weiteren, aufeinanderfolgenden Crews.

Mit dem Verlust der Raumfähre *Columbia* und ihrer Besatzung wurde der weitere Ausbau der ISS im Februar 2003 jäh unterbrochen, obwohl die *Sojus*-Flüge weitergingen, um den regelmäßigen Austausch der Besatzungen zu gewährleisten. Shuttle-Flüge zu „*Alpha*" wurden im Juli 2005 wieder aufgenommen, als die „Return to Flight"-Mission STS-114 Geräte und Versorgungsgüter zur Raumstation brachte. Aber es sollte noch ein Jahr vergehen, bis die Besatzungen tatsächlich den weiteren Ausbau der Station in Angriff nahmen.

Die NASA verpflichtete sich zur Fertigstellung der ISS bis 2010; bis dann müssen auch die Raumfährenflüge eingestellt werden. Die vollständige ISS – viermal so groß wie *Mir* und fünfmal größer als *Skylab* – wird 108,5 Meter lang, 58,5 Meter breit und 30,5 Meter hoch sein. Das unter Druck stehende Volumen wird 983 Kubikmeter betragen. Das 95 Meter lange integrierte Gerüst mit Solarflügeln von 3022 Quadratmeter Fläche wird mehr als 80 Kilowatt Strom für die Raumstation erzeugen.

Die vollständig zusammengebaute ISS könnte Besatzungen von sechs oder sieben Personen auf einer Fläche beherbergen, die etwa dem Innern eines Boeing-747-Jets entspräche. Dann werden mehr als 100 Einzelteile der Station auf 45 Raumfährenflügen, mit Sojus- und Progress-Raumfahrzeugen und auf russischen Zenit- und Proton-Raketen geliefert worden sein. Mehrere Mannschaften werden die Einzelteile auf zahlreichen Raumspaziergängen an ihren vorgesehenen Plätzen montieren.

In fünf von den internationalen Partnern finanzierten Labor-Modulen wird die ISS zahlreichen Wissenschaftlern Gelegenheit bieten, zu forschen und zu experimentieren. Die Ergebnisse werden unser Wissen über das Universum ein entscheidendes Stück voranbringen.

Oben Ein Progess-Frachter hebt im kasachischen Baikonur ab und befördert alles – von Ersatzteilen für einen Hometrainer bis zum Sauerstoff für die Astronauten – zur ISS.

Links Das Foto zeigt, wie zu Beginn der Bauarbeiten an der ISS der von den Amerikanern gebaute Verbindungsknoten *Unity* und das von den Russen gebaute Modul *Zarya* zusammengefügt wurden.

Oben Die Internationale Raumstation wurde bei der STS-114-Mission nach dem Abdocken am 6. August 2005 von einem Besatzungsmitglied an Bord der *Discovery* fotografiert.

Raumfähren

In der Euphorie um die Mondlandung von Apollo entwickelte die NASA die Idee einer mehrfach verwendbaren Raumfähre mit Tragflächen. Die Raumfahrtagentur wollte baldigst eine neue Generation von Raumfahrzeugen entwickeln, sah sich aber Etatkürzungen ausgesetzt. Da die vom US-Kongress bewilligten Mittel ebenso schwanden wie die öffentliche Begeisterung für die Monderkundung, musste man die letzten drei bemannten Apollo-Missionen streichen, um durch diese Einsparungen künftige Raumfahrtprojekte zu finanzieren.

Rechts *Columbia,* die erste Raumfähre der NASA, auf ihrer zweiten Mission. Ihr Jungfernflug fand etwa ein Jahrzehnt nach Präsident Nixons Genehmigung statt, eine neue Art von Raumfahrzeugen zu entwickeln.

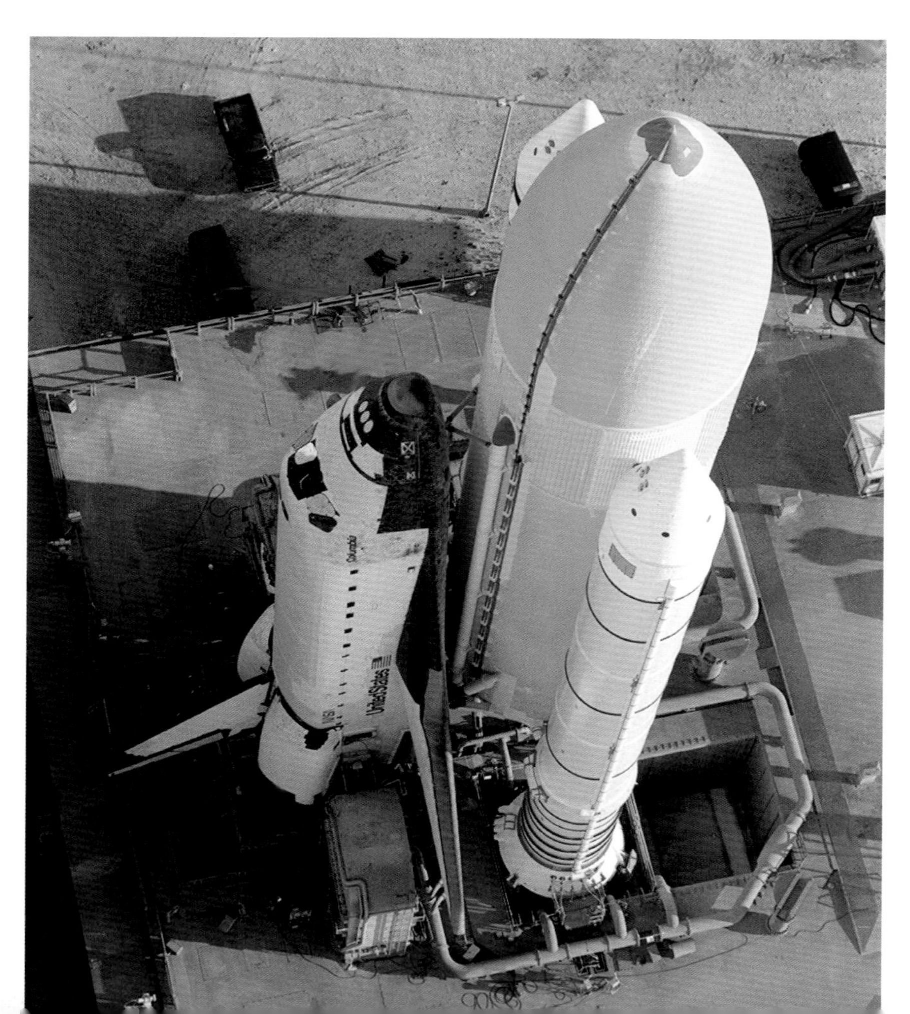

Unten *Columbia* ist bereit für die STS-90-Mission und wird am 23. März 1998 auf die Abschussrampe 39B im Kennedy Space Center gerollt. Die Raumfähre soll weitere wissenschaftliche Untersuchungen im All durchführen.

Trotz zahlreicher Probleme bei der Entwicklung und Finanzierung und des trügerischen Versprechens, einen verlässlichen, kostengünstigen und regelmäßigen Zugang zum Orbit zu bieten, eröffnete der Space Shuttle ein neues Zeitalter der Raumfahrt. Leider gibt es auch eine tragische Seite: 14 Astronauten verloren ihr Leben, und zwei Raumfähren gingen verloren.

EIN RAUMFAHRZEUG MIT TRAGFLÄCHEN

Den Verantwortlichen der NASA war klar, dass man dringend Alternativen zu den Einweg-Raumfahrzeugen mit dreiköpfiger Besatzung benötigte, wenn man die bemannten Apollo-, Skylab- und ASTP-Missionen realisieren wollte. Die Entwicklung eines neuen, mehrfach nutzbaren Raumfahrzeugs – eines Orbiters – stand aber zunächst in den Sternen, da Mittel gekürzt und Stellen abgebaut wurden.

Der Kongress butterte Steuermilliarden in den unbeliebten Vietnamkrieg, konnte sich aber nicht durchringen, ein Raumfahrtprogramm zu unterstützen, dessen Zweck ihm unklar blieb. Präsident Nixon stufte es in einer „Neuordnung nationaler Prioritäten" weit herab.

Ursprünglich hatte die NASA erwogen, eine pilotengesteuerte Rakete zu verwenden, die den Orbiter und seine Besatzung in den Weltraum befördern und dann selbst zurückkehren und auf einer Rollbahn landen würde. Nachdem diese Lösung verworfen wurde, entschied man, dass der Orbiter selbst die einzige pilotengesteuerte Komponente der Starteinheit sein sollte. Ein Paar damit verbundener Feststoff-Starthilfsraketen würde eine Schubkraft von 14 679 Millionen Newton entwickeln, um die Fähre von der Startrampe zu heben. War der Treibstoff verbraucht, würden diese „Booster" abgesprengt und an Fallschirmen im Meer wassern, wo man sie bergen und für spätere Starts wiederverwenden könnte.

Die Raumfähre sollte auf einem riesigen Außentank zwischen den Feststoffraketen sitzen, der flüssigen Sauerstoff und Wasserstoff für die Haupttriebwerke der Fähre liefern und damit zu dem gewaltigen Schub beitragen sollte, um die gesamte Shuttle-Einheit abheben zu lassen. Auch der Treibstofftank würde abgeworfen, sobald er leer wäre – etwa acht Minuten nach dem Start –, aber nicht geborgen und erneut verwendet.

Am 5. Januar 1972 verkündete Präsident Nixon – nachdem die NASA ihre Pläne vorgelegt hatte –, dass die Entwicklung der nächsten Generation amerikanischer Raumfahrzeuge auf dem Weg sei. Er sprach davon, den Weltraum zu einer neuen Heimat und Raumflüge zu Routinevorgängen werden zu lassen. Und er gab sich zuversichtlich, dass die Raumfähren – das „Space Transportation System" oder STS – „die astronomischen Kosten der Raumfahrt verringern" würden.

Im Juli jenes Jahres beauftragte die NASA die Firma North American Rockwell mit der Produktion der Raumfähre und der Koordination des Startsystems. Fünf Raumfähren sollten im Laufe von sechs Jahren gebaut werden. Gleitflugtests ohne Antrieb waren für 1976 vorgesehen; der erste bemannte Flug in den Orbit wurde für das Jahr 1978 angesetzt.

Rechts Die NASA sah die Zukunft ihres Raumfahrtprogramms in wiederverwendbaren Raumfähren mit Tragflächen. Dieses Satellitenbild dokumentiert als eines von vielen das große Abenteuer der Raumfahrt.

DIE FÄHRE NIMMT GESTALT AN

Der gedrungene Space Shuttle mit dreieckigen Tragflächen sollte das komplizierteste je konstruierte und gebaute Gefährt werden: mit 49 Raketenmotoren, 23 Kommunikations-, Radar- und Datenantennen, fünf Computern und Kontroll- und Steuereinrichtungen für das Manövrieren in zwei Medien –Weltraum und Atmosphäre – sowie Brennstoffzellen zur Erzeugung von Elektrizität.

Jeder Orbiter ist über 37 Meter lang, 24 Meter breit und 17 Meter hoch. Das Kernstück des Shuttles ist ein 18 Meter langer Laderaum mit nach außen zu öffnenden Toren zur Beförderung von 29 500 Kilogramm Nutzlast. An einer Seite ist ein ferngesteuerter Arm für den Einsatz und die Bergung von Satelliten angebracht. Astronauten können durch eine zentrale Luftschleuse in den nicht unter Druck stehenden Frachtraum gelangen.

Eine weitere Neuerung gab es beim Hitzeschutz. Zuvor hatten sogenannte ablative Hitzeschilde die Raumfahrzeuge vor der enormen Hitze beim ballistischen Wiedereintritt in die Atmosphäre geschützt. Wegen ihrer Größe und Form waren diese Schilde bei der Fähre ungeeignet. Stattdessen verwendete man mehr als 32 000 Siliziumkacheln zur thermischen Isolierung – jede 15 Quadratzentimeter klein und spezialgefertigt, um sich dem Rumpf und den Tragflächen anzupassen. Peinlich genau wurden die Kacheln auf das empfindliche Äußere des Fähre geklebt. Bereiche, die eine zusätzliche Isolierung erforderten, wie die Nase und die Unterseite des Orbiters, verkleidete man mit schwarzen Hitzeschutzkacheln, die Temperaturen bis zu 1200 Grad Celsius widerstehen; verstärkte Kohlenstoffverbund-Kacheln schirmten die Vorderkanten der stumpfen Tragflächen ab. Weniger gefährdete Bezirke wurden mit weißen Kacheln bedeckt.

Während frühere amerikanische Raumfahrzeuge am Ende der Mission im Meer wasserten, würden die wiederverwendbaren Raumfähren auf langen Rollbahnen landen. Anders als Linienjets hatten die Orbiter keinen Treibstofftank und kehrten als Raumgleiter ohne Antrieb zurück. Für die Besatzung gab es also nur einen einzigen Landeanflug.

Rechts Bei einer Versuchslandung auf der Betonpiste der Edwards Air Force Base 1977 entdeckte man ein Problem am Steuerungssystem der *Enterprise*. Der möglicherweise gefährliche Fehler wurde vor dem ersten Orbitalflug einer Raumfähre behoben.

Am Ende einer Mission im Orbit sollte der Sinkflug des Shuttles – wie der eines normalen Raumfahrzeugs – mit der Zündung der Haupttriebwerke beginnen, die seinen Schwung verlangsamen und es bei 21 000 Stundenkilometer allmählich aus der Umlaufbahn in einen langen, flachen Abstieg durch die Erdatmosphäre neigen würden. Obwohl die Möglichkeit einer vollautomatischen Landung bestand, sollte der Kommandant des Shuttles in 12 000 Meter Höhe die Steuerung übernehmen und die Landung manuell durchführen. Der Anflugwinkel würde mit über 20 Grad zehnmal so steil sein wie der eines Verkehrsflugzeugs – weswegen die Astronauten spaßeshalber die Flugeigenschaften ihrer Fähre mit denen eines Ziegelsteins verglichen. Die Geschwindigkeit beim Aufsetzen hatte man mit 320 Stundenkilometer berechnet.

Der Optimismus bei der NASA kannte keine Grenzen. Man verkündete, der Shuttle würde das Arbeitspferd des amerikanischen Raumfahrtprogramms werden und bei jährlich 40 Missionen Astronauten und Fracht in den Orbit bringen.

Links Der Orbiter-Prototyp *Enterprise* sitzt bei einem der Anflug- und Landetests huckepack auf dem Jumbojet NASA 905, dem ersten Shuttle-Trägerflugzeug (SCA) der NASA. Wissenschaftler untersuchten die Aerodynamik der »gepaarten« Luft- und Raumfahrzeuge.

Unten Der Orbiter trennt sich vom Shuttle Carrier Aircraft (SCA) zum freien Flug. Diese zweite Testphase sollte die Gleit- und Landeeigenschaften der *Enterprise* erforschen.

EIN RAUMSCHIFF NAMENS *ENTERPRISE*

Am 17. September 1976 rollte *OV-101*, der erste Orbiter, aus der Rockwell-Montagehalle in Kalifornien. Mit ihm sollte im Jahr darauf eine Reihe von Gleitflugtests („approach and landing tests“ = ALTs) begonnen werden. Zunächst wollte man den Orbiter *Constitution* nennen, aber die große Fangemeinde der TV-Serie *Star Trek* machte sich für den Namen *Enterprise* stark.

Die Gleitflugtests wurden im Luftwaffenstützpunkt Edwards in der kalifornischen Mojavewüste durchgeführt. Der 68 Tonnen schwere Orbiter war dafür auf eine speziell umgebauten Boeing 747 montiert worden, um seine aerodynamischen Eigenschaften zu prüfen.

Die ersten Testflüge begannen am 18. Februar 1977 – unbemannt und mit verkleideten Haupttriebwerken, um den Luftwiderstand zu verringern. In der zweiten Testphase waren zwei Piloten an Bord der *Enterprise*. Als die Boeing 6900 Meter Höhe erreicht hatte, trennten Sprengbolzen den huckepack transportierten Orbiter vom Trägerflugzeug, das abdrehte und wegtauchte. Die beiden Piloten und Astronauten, Fred Haise und Gordon Fullerton, ließen die *Enterprise* ohne Antrieb gleiten und setzten sie fünfeinhalb Minuten später auf der Edwards Air Force Base auf. An den insgesamt fünf Testflügen waren vier Astro-Piloten beteiligt.

Der letzte bemannte Gleitflugtest fand im Oktober statt, jetzt ohne die Verkleidung am Heck. Der erste Start ins All war für Juni 1979 geplant. Der altgediente Astronaut John Young und der Pilotenneuling Bob Crippen wurden für den Jungfernflug einer Raumfähre, des Orbiters 102 *(Columbia)*, als Besatzung bestimmt.

Eigentlich sollte die *Enterprise* für den Einsatz im Orbit überholt werden, doch die NASA sah davon ab. So gab es nur vier Orbiter in der ursprünglichen Flotte der Raumfähren: *Columbia*, *Challenger*, *Atlantis* und *Discovery*.

DIE FLOTTE DER RAUMFÄHREN

Insgesamt gab es sechs amerikanische Shuttles:

Enterprise: Testfähre; keine Orbitalflüge
Columbia: Erstflug: 12. Apr. 1982; verloren am 1. Feb. 2003
Challenger: Erstflug: 11. Nov. 1982; verloren am 28. Jan. 1986
Discovery: Erstflug: 30. Aug. 1984
Atlantis: Erstflug: 8. Aug. 1985
Endeavour: Erstflug: 2. Mai 1992

Unten Die *Columbia* steht auf der Startrampe im Kennedy Space Center. Nach jeder Mission werden alle Hitzeschutzkacheln an der Außenhülle neu imprägniert, indem man eine Lösung in ein winziges Loch in der Kachel spritzt.

EIN NEUER SCHLAG VON ASTRONAUTEN

Die frühen Mercury- und Gemini-Flüge und erst recht die Apollo-Mondlandungen prägten den Typus rein amerikanischer, männlicher Astronauten. Aber mit der Einführung der Raumfähren und den Möglichkeiten, die sie der Forschungsarbeit im Orbit boten, suchte sich die NASA im August 1978 eine neue Generation von Shuttle-Astronauten aus: Piloten und Astronauten in einer Person sollten die neuartigen Raumfahrzeuge fliegen, zudem würde es einen neuen Typ von Raumforschern geben, sogenannte Mission Specialists. Zum ersten Mal wurden Frauen nicht davon ausgeschlossen, NASA-Astronauten zu werden, und so waren sechs der 35 neuen Astronauten-Kandidaten weiblich.

COLUMBIA – DIE ERSTE RAUMFÄHRE

Der Jungfernflug der *Columbia* begann mit dem Start vom Kennedy Space Center kurz nach sieben Uhr morgens Ortszeit am 12. April 1981. Ein hohes Risiko bestand insofern, als erstmals ein neues Raumfahrzeug ohne vorherige unbemannte Tests mit einer Crew in den Weltraum geschickt wurde. Zufälligerweise war es der 20. Jahrestag von Juri Gagarins Flug ins All.

In diesen ersten zwei Jahrzehnten der menschlichen Raumfahrt waren unglaubliche Fortschritte erzielt worden. Doch die *Columbia* war weit mehr als ein Raumfahrzeug mit Tragflächen: Der erste Flug eines Shuttles brachte – auch wenn er zwei Jahre später als geplant stattfand – die dringend benötigte Bestätigung der technischen Leistungsfähigkeit Amerikas zu einer Zeit, als die Bürger dieses Landes ebendiese Fähigkeit in Frage stellten. *Columbias* 37 Erdumkreisungen munterten die Amerikaner wieder auf. Präsident Ronald

DIE NUMMERIERUNG DER SHUTTLE-FLÜGE

Anfangs erhielt jeder Raumfährenflug eine einfache nummerische Kennzeichnung. Das blieb so bis zu STS-9; dann führte die NASA eine neue Methode zur Benennung der Missionen ein.

So hatte STS-9 eine zweite Bezeichnung, nämlich STS 41-A. Die erste Ziffer (4) bezog sich auf das im Oktober beginnende Rechnungsjahr der NASA, für das die Mission geplant war. Die zweite Ziffer (1) benannte das Startgelände, in diesem Fall das Kennedy Space Center (KSC). Vor dem tragischen Unfall der *Challenger* 1986 war eine zweite Startanlage am Luftwaffenstützpunkt Vandenberg in Kalifornien geplant, die dann die Ziffer 2 erhalten hätte. Wegen ständiger technischer Probleme nahm man aber von diesem Gelände Abstand. Der Buchstabe (A) bedeutete, dass es der erste für das jeweilige Rechnungsjahr geplante Flug war. Wurde er verschoben, behielt er trotzdem diese Kennzeichnung.

Dieses verwirrende System wurde bis zur letzten *Challenger*-Mission, STS 51-L, beibehalten (Rechnungsjahr 1985, Start im KSC, zwölfter geplanter Flug). Mit der Wiederaufnahme der Shuttle-Flüge im September 1988 kehrte man zum alten System zurück, und die 26. Mission hieß STS-26.

Shuttle-Missionen kann es auch außerhalb der Durchnummerierung geben. Das System als solches soll jedoch bis zur geplanten Außerdienststellung der Shuttle-Flotte 2010 beibehalten werden.

Reagan brachte es nach der erfolgreichen Mission auf den Punkt: „Danke! Wir spüren wieder unsere Größe!"

Hauptziel dieser Mission war es, den Start in den Weltraum, die sichere Landung der *Columbia* und ihrer Besatzung und das Zusammenspiel des gesamten Shuttle-Pakets (Fähre, Feststoffraketen und Treibstofftank) unter Beweis zu stellen. Die meisten Orbitalsysteme der *Columbia* wurden überprüft; ein zweifaches Öffnen und Schließen der Laderaumtüren bestätigte deren Funktionsfähigkeit in der Schwerelosigkeit. Die Besatzung stellte fest, dass etliche Hitzeschutzkacheln der Columbia fehlten; sie hatten sich beim Start gelöst. Nach Rücksprache mit der Bodenstation kam man zu dem Ergebnis, dass keine kritischen Stellen betroffen waren und der Wiedereintritt in die Erdatmosphäre nicht beeinträchtigt wäre. Das traf dann auch zu.

Oben *Columbia* im All, im Hintergrund die Erde. Der Shuttle wurde nach der Segeljacht *Columbia* getauft, mit der die erste amerikanische Weltumsegelung gelungen war.

Rechts Das Foto zeigt den dramatischen Start der *Discovery*. Auf ihrem Jungfernflug beförderte sie Messvorrichtungen und Sensoren, die die Materialbeanspruchung vom Start bis zur Landung aufzeichneten.

Sieben Monate später erledigte die *Columbia* den ersten Frachtauftrag. Bis Spätsommer 1982 waren vier bemannte Orbital-Testflüge erfolgreich absolviert worden, und die Fähre galt nun als voll einsatzfähig. STS-5 im November 1982 war die erste kommerzielle Shuttle-Mission, bei der zwei Kommunikationssatelliten von der vierköpfigen Crew der *Columbia* ausgesetzt wurden.

HÖHEN UND TIEFEN

Im April 1983 startete als zweite Raumfähre *Challenger* in den Orbit. Zwei Monate darauf flog bei *Challengers* zweiter Mission STS-7 mit Sally Ride die erste Amerikanerin ins All.

Die NASA bekam bald Schwierigkeiten, ihren Terminplan einzuhalten, weil technische und meteorologische Probleme viele Verzögerungen zur Folge hatten. Bei etlichen Missionen registrierte man beunruhigende Fehlermeldungen am Shuttle und am Startsystem, und einige Shuttles kehrten mit Anzeichen ernst zu nehmender Störungen zurück. Trotz der Verzögerungen waren die Ergebnisse mehr als zufriedenstellend:

USA
NASA
Discovery

Rechts Der 18 m lange Frachtraum befindet sich etwa in der Mitte der Raumfähre. Temperaturdichtungen an den den Toren sorgen für einen relativ luftdichten Raum.

Ganz rechts Mission Specialist Bruce McCandless führt mit einem Elektrowerkzeug ein Experiment im Weltraum durch. Seine Füße sind in beweglichen Sicherheitsgurten fixiert.

Unten Das Hubble-Weltraumteleskop wurde von der Raumfähre *Discovery* 1990 in den Orbit gebracht. Es umkreist in 590 km Höhe alle 97 Minuten einmal die Erde und wird vom Kontrollzentrum in Maryland aus bedient.

Satelliten wurden geborgen, von Astronauten bei Außeneinsätzen repariert und erneut im Orbit ausgesetzt. Bei der Mission STS 41-B unternahm Bruce McCandless einen Weltraumspaziergang ohne Verbindung zum Shuttle und war damit der erste menschliche Satellit.

Neu hinzu kamen sogenannte „Payload Specialists“, speziell ausgebildete Vertreter von Firmen, des Militärs oder anderer Nationen, die bestimmte Frachten begleiteten, beispielweise das Aussetzen eines Satelliten unterstützten oder Experimente in der Mikrogravitation durchführten. Forscher aus der Industrie, Ozeanografen, Politiker und sogar ein saudischer Prinz waren darunter. Die NASA suchte noch mehr positives Echo und trieb deshalb Pläne voran, Privatleute in den Weltraum mitzunehmen, etwa einen Lehrer und einen Journalisten. Mit dem Verlust des Shuttles *Challenger* und seiner Besatzung im Januar 1986 fanden diese Pläne aber ein jähes Ende.

Nach dieser Tragödie sah sich die NASA veranlasst, ihre Arbeitsweise und die Verteilung der Zuständigkeiten grundlegend zu reorganisieren. Die Probleme mit den Dichtungsringen, die zu der Katastrophe geführt hatten, wurden gelöst und die Shuttle-Flüge am 29. September 1988 mit dem Start der *Discovery* zur Mission STS-26 wieder aufgenommen. Der Kongress bewilligte Mittel für den Bau eines Ersatz-Orbiters, der zur Erinnerung an das Schiff des englischen Seefahrers James Cook, mit dem dieser 1768–1771 seine erste Pazifikreise unternommen hatte, den Namen *Endeavour* erhielt.

Im Lauf der nächsten Jahre wurden Shuttle-Flüge in den Orbit eine fast alltägliche Sache. Besondere Höhepunkte waren: 1989 der Start der Venussonde *Magellan* von der *Atlantis* aus; der Start des Raumschiffs *Galileo* zum Jupiter, ebenfalls 1989 von der *Atlantis* aus; der Einsatz des Hubble-Weltraumteleskops durch die *Discovery* 1990; der Jungfernflug des Ersatz-Shuttles *Endeavour* 1992; die dramatische Reparatur des Hubble-Teleskops 1993; die erste Beteiligung eines russischen Kosmonauten – Sergei Krikaljow – an einem amerikanischen Raumflug 1994.

Die Raumstation *Mir* war der Höhepunkt des russischen Programms und der Bemühungen um einen langfristigen Aufenthalt von Menschen im All; und hier fand nach dem Fall der Sowjetunion die erste Zusammenarbeit zwischen Russland und den USA statt. 1995 kam es zu einem Weltraum-Rendezvous zwischen der *Discovery* und der mächtigen russischen Raumstation, zunächst war aber kein Andockmanöver geplant. Dieses Rendezvous war auch insofern bemerkenswert, als zum ersten Mal eine Frau, Eileen Collins, den Shuttle flog. Im Juni dockte dann die *Atlantis* an *Mir* an; sie brachte Nachschub, und es begann der geplante Austausch von Besatzungsmitgliedern. Weitere Shuttle-Missionen führten diesen Austausch russischer und amerikanischer Crews fort – als Vorstufe zur nächsten großen Zusammenarbeit: der Internationalen Raumstation ISS.

Seite 279 Bruce McCandless schwebt während der Mission STS 41-B frei im Raum. Mit den Joysticks seiner Manövriereinheit betätigt er Stickstoff-Korrekturtriebwerke, die ihn in die gewünschte Richtung bewegen.

NASA

Oben Das von Russland gebaute und von den USA finanzierte Modul *Zarya* nähert sich der US-Fähre *Endeavour*. Im Vordergrund das Verbindungsmodul 1, *Unity*. In der *Endeavour* bereitet sich die STS-88-Crew derweil darauf vor, *Zarya* einzufangen.

DIE INTERNATIONALE RAUMSTATION ISS

Zu einem viel beachteten Shuttle-Flug startete im Oktober 1998 der ehemalige *Mercury*-Astronaut John Glenn als Teil einer siebenköpfigen Besatzung mit der Raumfähre *Discovery*. 36 Jahre waren zwischen seinen beiden Flügen vergangen. Nur fünf Wochen nach Glenns Flug startete der erste Shuttle zur Internationalen Raumstation. Zwei Mann der *Endeavour*-Crew sollten drei komplizierte Weltraumspaziergänge durchführen und das in den USA gebaute Modul *Unity* mit dem Modul *Zarya* aus Russland verbinden, das im Monat zuvor in die Erdumlaufbahn gebracht worden war.

Die langfristige Präsenz des Menschen im Weltraum begann im März 2001 mit der achten Shuttle-Mission zur ISS. Dabei dockte die *Discovery* an die ISS an, übernahm die Crew der Expedition 1 und setzte die neue Crew, Expedition 2, ab.

Nach dem Verlust der *Columbia* im Februar 2003 startete der nächste Shuttle-Flug (STS-114) am 26. Juli 2005 unter dem Kommando von Eileen Collins. Trotz der Sicherheitsmaßnahmen brach beim Start eine Schaumisolierung vom äußeren Treibstofftank weg. Eine Überprüfung an Bord ließ aber keinen nennenswerten Schaden erkennen. Der Transport von Nachschubgütern und weitere Flüge zum Ausbau der ISS wurden am 4. Juli des folgenden Jahres wieder aufgenommen.

Das Shuttle-Programm soll im September 2010 beendet werden, wenn der Zusammenbau der ISS abgeschlossen und der letzte Wartungsflug zum Hubble-Weltraumteleskop erledigt ist. Für die Zeit danach ist ein neues US-Raumfahrtprogramm geplant, bei dem *Orion*-Raumfahrzeuge mit Ares-Trägerraketen starten und künftige Astronauten zur ISS, zum Mond und eines Tages darüber hinaus befördern sollen.

DIE LETZTE REISE DER *CHALLENGER*

Neben dem tragischen Brand auf der Startrampe, der 1967 das Leben der drei *Apollo-1*-Astronauten forderte, war der Verlust der Raumfähre *Challenger* und ihrer Besatzung – zwei Frauen und fünf Männer – der bitterste Rückschlag für das bemannte Raumflugprogramm der USA. In einem einzigen fürchterlichen Moment am Morgen des 28. Januar 1986 löste sich der Traum der „Raumfahrt für alle" in einer gewaltigen Explosion 14 000 Meter über dem Atlantik in Rauch auf. Bei der bunt gemischten Crew waren: die erste Jüdin, der erste Hawaiianer, der erste Astronaut japanischer Herkunft, der erste farbige US-Astronaut und eine 37-jährige amerikanische Lehrerin, der das größte öffentliche Interesse galt – zeigte sie doch, wie weit es die Raumforschung dank der Shuttles gebracht hatte. Es gab bereits Pläne für den nächsten privaten Shuttle-Passagier, einen Journalisten.

Das Schicksal von *Challenger* war durch eine Folge von Ereignissen vorgezeichnet, die den Start weit über den geplanten Termin im Juli 1985 hinaus verzögerten. Für die verzweifelte NASA bot der Flug einer unbekümmerten, redegewandten Lehrerin aus New Hampshire namens Christa McAuliffe die seltene Chance, der Öffentlichkeit ein sympathisches Bild zu präsentieren.

Das Wetter in Cape Canaveral, Florida, war Ende Januar ziemlich kalt. Am Starttag herrschten um sieben Uhr morgens –5 °Celsius. Das Team, das die Inspektion vor dem Start durchführte, berichtete von dicken Eiszapfen an der Startrampe 39B. Man war in Sorge, ob der Start unter solch eisigen Bedingungen erfolgen sollte. Aber Präsident Ronald Reagan würde am Abend des Tages seine Rede zur Lage der Nation abgeben und dabei über den lange erwarteten Flug einer Lehrerin an Bord von *Challenger* sprechen. Ob dies die NASA so unter Druck setzte, sich an diesem schicksalhaften Morgen zum Start zu entschließen, bleibt unklar – aber man gab den Countdown frei.

73 Sekunden nachdem die *Challenger* zu ihrer zehnten Mission gestartet war, verhüllte sie plötzlich ein riesiger Feuerball. Infolge des (später auf die extreme Kälte zurückgeführten) Bruchs eines O-Rings an einer wichtigen Verankerung einer Feststoffrakete waren heiße Verbrennungsgase wie aus einem Schneidbrenner auf die Befestigung des äußeren Treibstofftanks geschossen. Diese brach, der Treibstoff entzündete sich, und es erfolgte eine gewaltige Explosion.

Die Welt war schockiert – und trauerte um sieben Menschenleben. Abgesehen von den technischen Mängeln, die zur der Katastrophe geführt hatten, stellte man erhebliche Schwächen in der Arbeitsweise der NASA fest. Da herrschten Selbstgefälligkeit und mangelnde Vorsicht; unter Zeitdruck stehende Manager ignorierten den Rat der Ingenieure.

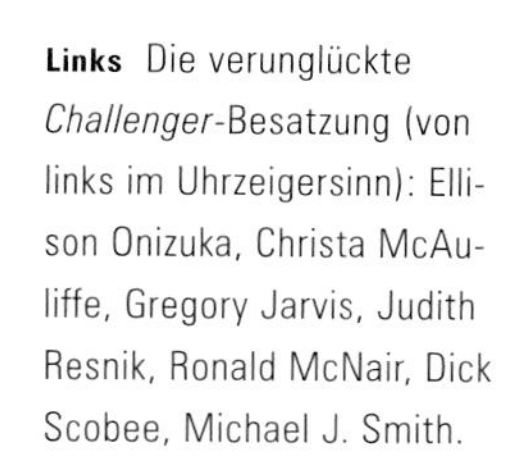

Links Die verunglückte *Challenger*-Besatzung (von links im Uhrzeigersinn): Ellison Onizuka, Christa McAuliffe, Gregory Jarvis, Judith Resnik, Ronald McNair, Dick Scobee, Michael J. Smith.

Ganz links Etwas mehr als eine Minute nach dem Start suchte die Katastrophe die Raumfähre *Challenger* heim. Abgaswolken des Haupttriebwerks und der Feststoffraketen winden sich hier um den Feuerball aus Verbrennungsgasen.

Eine vom Präsidenten eingesetzte Kommission kritisierte Führungsstruktur und Sicherheitsprogramm der NASA heftig. Es kam zu einer Reihe von Veränderungen.

DIE LETZTE REISE DER *COLUMBIA*

Gegen Ende ihrer 21. Mission am 1. Februar 2003 hatte die Raumfähre *Columbia* insgesamt 300 Tage im All zugebracht, 4808-mal die Erde umrundet und 160 Menschen in den Orbit befördert.

An diesem Morgen sollte sie im Kennedy Space Center landen; sie überflog mit Überschallgeschwindigkeit in großer Höhe San Francisco und steuerte ostwärts zum Landeanflug. Plötzlich erschienen auf den Monitoren der Bodenkontrolle Unregelmäßigkeiten, die auf ein Temperaturproblem in der Hydraulik der linken Tragfläche hindeuteten. Sechs Minuten später wurde dem Kommandanten Rick Husband alarmierend hohe Reifentemperaturen im Fahrwerk der linken Tragfläche mitgeteilt. Husband wollte antworten, aber die Verbindung riss ab, als die *Columbia* außer Kontrolle geriet und in der dichter werdenden Erdatmosphäre auseinanderbrach.

Als Hauptursache dieser Tragödie, die wiederum das Leben von sieben Astronauten forderte, wurde festgestellt, dass sich beim Start ein 800 Gramm schweres Stück der Schaumisolierung am äußeren Treibstofftank gelöst hatte. Dieses schlug 82 Sekunden nach dem Abheben gegen die linke Tragfläche und hinterließ dort ein Loch oder einen Riss unbestimmter Größe an einer der heikelsten Stellen der Schutzhülle des Shuttles. Beim Wiedereintritt in die Atmosphäre drangen extrem heiße Gase durch diese Bruchstelle und brachten die Struktur der Tragfläche zum Schmelzen, sodass sie schließlich wegbrach. 16 Minuten vor der geplanten Landung wurde die *Columbia* in Stücke gerissen.

Abermals wurde eine Kommission mit der Untersuchung des Unglücks beauftragt. Wie bei der *Challenger*-Katastrophe stellte sich heraus, dass die Organisationsstruktur der NASA fast ebenso viel mit dem Verlust der *Columbia* zu tun hatte wie der Einschlag des Stückes Isolierschaum. Eine nach wie vor mangelhafte Unternehmenskommunikation und Informationshürden zeigten, dass die Raumfahrtagentur aus der *Challenger*-Katastrophe wenig gelernt hatte. Die NASA wiederum warf dem Weißen Haus die Etatkürzungen vor, die zu drastischen Personaleinsparungen und zur übermäßigen Inanspruchnahme externer Zulieferer geführt hätten.

Vor ihrem tragischen Ende war die Raumfähre *Columbia* das Arbeitspferd der Shuttle-Flotte gewesen, das bei umfangreichen Wissenschaftseinsätzen Versuchsanlagen in den Weltraum befördert hatte. Während einer Überholung im Jahr 2001, die 110 Millionen Euro kostete, wurde dieser Orbiter weitgehend umgebaut, sodass er für Rendezvous- und Andockmanöver mit der ISS geeignet war. Aber so weit kam es nie. Der erste Flug zur Raumstation sollte Ende 2003 stattfinden. Teil der Besatzung dieser Mission sollte die Lehrerin und Astronautin Barbara Morgan sein, die 17 Jahre zuvor als mögliche Ersatzteilnehmerin für Christa McAuliffe bei dem verhängnisvollen *Challenger*-Flug bestimmt worden war.

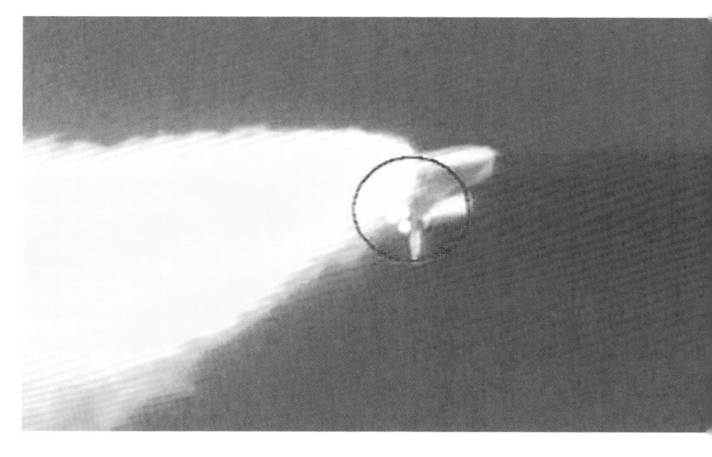

Unten Das Videobild zeigt (im roten Kreis) das Stück Isolierung, das sich vom äußeren Treibstofftank der *Columbia* löste und die linke Tragfläche so beschädigte, dass der Shuttle beim Wiedereintritt in die Atmosphäre zerbrach.

Links Die Astronauten, die beim letzten Flug der *Columbia* starben. Hintere Reihe, von links: Ilan Ramon, Michael Anderson, David Brown; Mitte: Kalpana Chawla, Laurel Clark; vorn: William McCool, Rick Husband.

Ganz links Mitarbeiter des *Columbia*-Rekonstruktionsteams sortieren Trümmerstücke auf einen Umriss des Shuttles.

Europa im Weltraum

Das Besondere an den europäischen Weltraumaktivitäten ist das Miteinander nationaler und multinationaler Projekte. An der Europäischen Weltraumorganisation ESA (European Space Agency) beteiligen sich 17 Nationen; zudem haben viele Staaten Europas auch nationale Raumforschungsinstitutionen.

Europa erforscht den Weltraum in nationalen Programmen, im Rahmen bilateraler Zusammenarbeit sowie in gemeinsamen europäischen Unternehmungen.

Die europäische Weltraumforschung betätigt sich auf vier Gebieten: Raumfahrt, Weltraumforschung, technische Anwendungen im Weltraum und bemannte Raumfahrt. Raumfahrt und Raumforschung sind die vorrangigen Interessengebiete der Europäer.

Rechts Die Mondsonde *SMART-1* sollte Informationen über die Zusammensetzung des Mondes sammeln und nach Spuren von Wasser (Eis) am Südpol unseres Trabanten suchen.

RAUMFAHRT

Nach dem erfolgreichen Start französischer und britischer Satelliten fassten die europäischen Nationen 1973 den Entschluss, den Zugang Europas zum Weltraum dauerhaft zu sichern. Man entwickelte daraufhin ein gemeinsames Trägersystem. Nach sechs Jahren ausgiebiger Tests startete am 24. Dezember 1979 die erste Ariane-Rakete von Kourou in Französisch-Guayana aus. Seither hat Europa eine ganze Familie von Trägerraketen entwickelt.

Die erste Ariane-Generation sollte zwei Nachrichtensatelliten gleichzeitig in die Erdumlaufbahn bringen können und damit die Kosten verringern. Aus der ursprünglichen Ariane-Konstruktion wurden immer leistungsstärkere Versionen entwickelt, bis Ende der 1980er-Jahre mit Ariane 4 ein echtes Arbeitspferd zur Verfügung stand: Zwischen Juni 1988 und Februar 2003 wurde die stolze Zahl von 113 Satelliten in den Orbit befördert – 50 Prozent aller kommerziellen Satelliten. 1986 kam Ariane 5 heraus. Sie sollte zwei große Kommunikationssatelliten im Orbit aussetzen, Forschungs- und militärische Satelliten in mittlere und niedrigere Umlaufbahnen befördern und Sonden in den ferneren Weltraum absetzen.

Ariane-Trägerraketen werden von Arianespace vermarktet, die europäische EADS und die französische CNES sind Hauptanteilseigner. Arianespace, der erste kommerzielle Raumtransporteur, beherrscht über die Hälfte des Weltmarkts an kommerziellen Satellitenstarts. Bis zum Ende des Jahrzehnts wird die Nutzlastkapazität von Ariane 5 weiter wachsen. Nach 2010 dürften neue Trägerraketen entwickelt werden, um die steigenden Anforderungen des Marktes zu befriedigen.

Oben Eine Ariane 5 beim Start in Kourou, Französisch-Guayana. An Bord ein militärischer Nachrichtensatellit der USA und Spaniens sowie ein holländischer Forschungssatellit.

EUROPÄISCHE WELTRAUMFORSCHUNG

Seit den bescheidenen Anfängen mit kleinen Raketensonden in den 1950er-Jahren haben die Staaten Europas viele Durchbrüche auf dem Gebiet der Raumforschung erzielt.

Mitte der 1970er-Jahre entwickleten Deutschland und die USA gemeinsam die Sonden *Helios I* und *II*, mit denen die Sonne erforscht werden sollte. Sie stellten mit 252 792 Stundenkilometer einen Rekord im Raumflug auf.

Die 1985 mithilfe der Trägerrakete Ariane gestartete Raumsonde *Giotto* sollte den Halleyschen Kometen erkunden. Sie flog ein Jahr später in nur 600 Kilometer Entfernung an ihm vorbei und machte spektakuläre Aufnahmen vom Nukleus des Kometen, einem pechschwarzen, erdnussförmigen Kern, aus dem an drei Stellen auf der Sonnenseite Gas und Staub sprühen. Die ermittelten Daten zeigten, dass der Komet sich vor 4,5 Milliarden Jahren bildete und seither fast unverändert geblieben ist.

Der Röntgensatellit *MM Newton* ist ein Observatorium, das am 10. Dezember 1999 von einer Ariane 5 auf eine exzentrische Erdumlaufbahn gebracht wurde (Apogäum 114 000 Kilometer, Perigäum 7000 Kilometer).

INS 21. JAHRHUNDERT

SMART-1 war Teil des ESA-Programms Small Missions for Advanced Research in Technology (etwa: Kleine Missionen für fortgeschrittene Technologiestudien). Hauptziel der Raumsonde war es, einen solarelektrischen Ionenantrieb und neue Navigations- und Kommunikationstechniken zu testen und Daten über Ursprung und chemische Zusammensetzung des Erdmondes zu sammeln. Sie kartierte die Mondoberfläche dreidimensional, indem sie Aufnahmen aus unterschiedlichen Winkeln schoss. *SMART-1* war im September 2003 Europas erste Mondmission.

Die erste Planetenmission der ESA hieß *Mars Express*. Sie wurde am 2. Juni 2003 gestartet, als Erde und Mond einander näher waren als je zuvor, und erreichte die Marsumlaufbahn am 25. Dezember 2003. Ihre Aufgabe bestand darin, hochauflösende Fotos der Marsoberfläche zu liefern und eine mineralogische Kartierung vorzunehmen. Im November 2005 berichteten Wissenschaftler, dass die von *Mars Express* gesammelten Daten die Existenz gefrorenen Wassers unter der Oberfläche des Planeten nahelegten.

Die Sonde *Rosetta* startete 2004, um den Kometen Tschurjumow-Gerasimenko zu erforschen. Die Wissenschaftler erhoffen sich von der Mission neue Erkenntnisse über den Zustand unseres Sonnensystems, bevor die Planeten entstanden. Eine Landesonde wird den Kern des Kometen untersuchen und seine chemische Zusammensetzung analysieren.

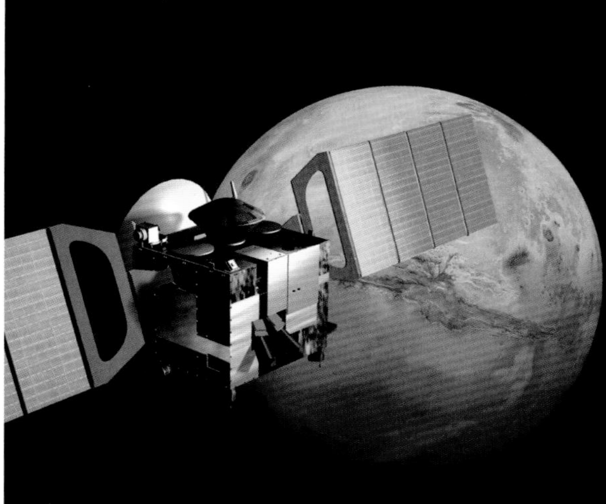

Oben So stellte sich ein Zeichner die Kometensonde *Rosetta* vor, wie sie auf der Oberfläche eines Kometen durchs unser Sonnensystem saust. Entwicklung und Start von *Rosetta* kosteten etwa eine Milliarde Euro.

Ganz oben *Mars Express* ist hier von einem Zeichner in seiner Umlaufbahn um den Mars dargestellt. Die Sonde lieferte seit dem Eintritt in den Orbit des Roten Planeten Ende 2003 hochauflösende Bilder und Kartierungsdaten.

Links Die in Französisch-Guayana gestartete Mondsonde *SMART-1* war die erste Raumsonde, die die ESA zum Mond sandte und zugleich die erste »kleine Mission für fortgeschrittene Technologie«, die ihre Eignung für künftige Missionen unter Beweis stellte.

Aufstrebende Raumfahrtnationen

Jahrzehntelang waren nur die USA und Russland im Weltraum präsent. Nach den Europäern beginnen jetzt auch andere Länder, ihre Ansprüche im All geltend zu machen.

Etliche Nationen rund um die Erde stellen sich heute den Herausforderungen der Raumforschung und bauen eigene Programme auf, nicht zuletzt auch, um ihre Bürger in den Orbit zu befördern.

Oben Eine chinesische Trägerrakete vom Typ Langer Marsch 3-A hebt von der Startrampe ab.

DAS CHINESISCHE WELTRAUMPROGRAMM

Am Beginn des Raumfahrtzeitalters in den 1950er-Jahren waren die UdSSR und China politisch eng verbunden. So überraschte es nicht, dass die chinesische Teilnahme am Raumflug mithilfe des kommunistischen Verbündeten zustande kam. Im Mittelpunkt standen militärische Zwecke. China wollte seine Raketentechnik so weit bringen, dass es Marschflugkörper abschießen konnte.

Die Planung änderte sich 1960, als sich die bilateralen Beziehungen abkühlten und China seine Raketenforschung allein verfolgte. Erst im April 1970 gelang es den Chinesen, den ersten Satelliten zu starten: *Dōng Fāng Hóng 1* – „Roter Osten 1". In seiner kurzen Betriebsdauer nahm der Satellit atmosphärische Messungen vor, er sollte aber vor allem zeigen, wie gut er funktionierte. Die Volksrepublik China konnte sich nun zum exklusiven „Club der Raumfahrer" rechnen, jenen Nationen also, die ihre Satelliten selbstständig starteten. Während bereits viele Länder ihre Satelliten auf amerikanischen oder sowjetischen Raketen in den Orbit gebracht hatten, war China erst die fünfte Nation – gleich nach Japan –, der dies unabhängig gelang.

Chinas Erfolg in der Raketentechnik war zum großen Teil Tsien Hsue-shen zu verdanken, dem Mitbegründer des Jet Propulsion Laboratory in Kalifornien, der in der McCarthy-Ära nach China zurückgeschickt wurde, obwohl er während des Zweiten Weltkriegs den USA eine große Hilfe gewesen war. In seiner Heimat leitete Tsien drei Jahrzehnte lang Chinas Raketen- und Marschflugkörper-Programme.

Wegen ihres Anfangserfolgs wurde die Serie der *Dōng-Fāng-Hóng*-Satellitenstarts fortgesetzt und für unterschiedliche Aufgaben wie Wetterbeobachtung, wissenschaftliche Studien und Fernerkundung verwendet. Bis 1986 war die chinesische Raketentechnik so weit fortgeschritten, dass man anderen Ländern wie Pakistan oder Schweden Trägerraketen für deren Projekte anbieten konnte. Als die Chinesen begannen, auch mit amerikanischen Satellitenfirmen zu kooperieren, schritt die US-Regierung ein, die befürchtete, amerikanische Technik könnte in chinesische Hände geraten. Das US-Exportverbot für spezielle Technologien schränkte Chinas Möglichkeiten, ausländische Satelliten ins All zu befördern, erheblich ein.

Rechts Oberst Fèi Jùnlóng (links) und Oberst Niè Haishèng waren die Besatzung der Mission *Shenzhou-6*, die fünf Tage im All verbrachte.

Solche Hindernisse konnten die Chinesen aber nicht davon abhalten, ein noch imponierenderes Programm zu verfolgen. 2003 wurde China das dritte Land, das einen Menschen ins All beförderte, und 2005 folgte ein zweiter bemannter Raumflug. Dabei ging man sehr behutsam vor – der erste Testflug des Raumfahrzeugs *Shenzhou* hatte 1999 stattgefunden, dann folgten lange Abstände zwischen den weiteren Missionen. Die Chinesen sind auch beim Bau bereits erprobter Raumfahrzeuge und -anzüge sehr vorsichtig, weil sie aus den Erfahrungen der Russen gelernt haben. Das langsame und bedächtige Vorgehen mag mit den hohen Kosten des bemannten Raumflugs zu tun haben, aber ebenso damit, dass der Wert wohldosierter Propaganda den wissenschaftlichen Nutzen noch übertrifft. Menschen in den Orbit befördert zu haben brachte China neues Ansehen auf der internationalen Bühne ein, dazu höhere Wertschätzung seiner Raketentechnik.

Chinesische Raumfahrtfunktionäre verkündeten, das Land plane eine Raumstation und werde Menschen zum Mond schicken. In Anbetracht der behutsamen Umsetzung der Programme bleibt es aber unklar, ob diese Ziele je erreicht werden. Der Propagandawert der Erklärungen war jedenfalls schon riesig.

Oben Ein chinesischer Techniker eilt zum unbemannten Raumschiff *Shenzhou 4,* das sechs Tage nach dem Start in den Weltraum sicher auf der Erde landete und den Weg für Chinas bemannte Raumflüge frei machte.

Rechts Eine Rakete vom Typ Langer Marsch II F mit dem Raumschiff *Shengzhou 6* steht auf der Startrampe des chinesischen Kosmodroms Jiuquan in der Provinz Gansu.

CHINAS BEMANNTER RAUMFLUG

Am 15. Oktober 2003 brachte eine Langer-Marsch-Trägerrakete Oberst Yang Liwei vom Startgelände in der Wüste Gobi in den Orbit. In China geborene, aber in anderen Ländern eingebürgerte Astronauten waren bereits in die Erdumlaufbahn geflogen, aber dieses Mal war ein Bürger der Volksrepublik China an der Reihe. Und das Raumfahrzeug *Shenzhou 5*, mit dem er flog, war eine chinesische Entwicklung. Die Mission, der eine Reihe unbemannter Testflüge vorausgegangen war, dauert 21 Stunden und erregte weltweit großes Interesse.

Am 12. Oktober 2005 folgte die zweite Mission: *Shenzhou 6* beförderte zwei Männer, Oberst Fèi Jùnlóng und Oberst Niè Haishèng, ins All und dauerte knapp fünf Tage.

EHRGEIZ UND WAGEMUT DER JAPANER

Das japanische Raumfahrtprogramm begann nach dem Zweiten Weltkrieg mit bescheidenen Raketenexperimenten. Im Februar 1970 konnte Japan dann den ersten eigenen Satelliten starten: *Ohsumi*. Er war noch sehr einfach, und bei dem Test ging es auch vor allem um die Rakete. Ausgeklügeltere Satelliten, besonders für die Röntgenastronomie, folgten bald, und in den nächsten Jahrzehnten gab es regelmäßige Starts. Japan beteiligte sich mit der Auswahl und Ausbildung von Astronauten, die in Raumfähren mitflogen, auch aktiv am amerikanischen Programm und baute ein beeindruckend großes Forschungsmodul namens *Kibō*, das mit dem Shuttle zur ISS gebracht und dort installiert wurde.

Rechts Der japanische Astronaut und Mission Specialist Mamoru Mohri bereitet sich 2000 für seine zweite Reise mit einer Raumfähre vor. Insgesamt hat er die Erde 300-mal umrundet.

Der erste japanische Astronaut, Mamoru Mohri, startete 1992 an Bord des Shuttles *Endeavour*, aber schon zuvor war ein Japaner in den Weltraum geflogen. Der Fernsehjournalist Toyohiro Akiyama reiste im Dezember 1990 mit der *Sojus*-Mission TM-11 zur Raumstation *Mir*; sein Sender kam für die Kosten auf. Akiyama verbrachte eine Woche an Bord der Raumstation und sendete von hier regelmäßig Berichte für das japanische Fernsehpublikum.

Japans eigene unbemannte Weltraumerkundungen sind im Laufe der Zeit ehrgeiziger geworden. Obwohl die Amerikaner 1986 den Flug eines Raumschiffs zum Halleyschen Kometen nicht finanzieren wollte, schickte Japan zwei Sonden dorthin: *Sakigake* und *Suisei*.

Links Die erste Druckkabine des japanischen Forschungsmoduls JEM-*Kibo* (Hoffnung) und das in Italien gebaute US-Modul *Node 2* werden im Kennedy Space Centre für den Start vorbereitet.

Dieser gesteigerte Ehrgeiz führte auch zu einer Reihe kostspieliger und blamabler Satelliten- und Raketenpannen, sodass Beobachter sich schon fragten, ob Japan nicht zu viel mit zu wenig Geld erreichen wollte. So startete 1990 das Raumschiff *Hiten* zum Mond und setzte einen kleineren Orbiter namens *Hagoromo* ab, aber zu hoher Treibstoffverbrauch sowie Übertragungsfehler verhinderten den erwünschten Erfolg.

1998 startete Japan seine erste Raumsonde – *Nozomi* –, die die Marsatmosphäre untersuchen sollte. Leider gab es Probleme beim Wechsel der Flugbahn der Sonde, mit zu geringem Treibstoffvorrat und dem Stromkreis. Der Satellit konnte die Marsumlaufbahn nicht erreichen, und das Vorhaben musste aufgegeben werden.

Die Raumsonde *Hayabusa* startete 2003 zu einer äußerst ehrgeizigen Mission – sie sollte von der Oberfläche eines Asteroiden eine Bodenprobe zur Erde bringen. Die Sonde erreichte den Asteroiden 2005, aber die kleine Landesonde, die sie mitführte, funktionierte nicht, und es ist bislang unklar, ob die Raumsonde selbst die Probe nehmen konnte. Das wird sich erst herausstellen, wenn sie zurückgekehrt ist.

Man hofft, dass diese Probleme nur Anfangsschwierigkeiten eines Raumfahrtprogramms sind, das in den letzten Jahren durchgreifend umorganisiert wurde. Auch wenn Japan nie mit den großen Etats anderer Raumfahrtnationen konkurrieren kann, hat es doch gezeigt, dass es ihm bei seinen Bemühungen um die Erweiterung des Wissens über unser Sonnensystem nicht an Mut und Ehrgeiz mangelt. Weitere Mondmissionen sind in Vorbereitung.

INDIENS WACHSENDES SELBSTVERTRAUEN

Indiens ambitionierter Auftritt auf der Bühne der internationalen Raumfahrt wird zwiespältig beurteilt. Viele Wirtschaftexperten vertreten die Ansicht, Entwicklungsländer wie Indien sollten sich besser darauf konzentrieren, die Armut ihrer Bürger zu lindern, anstatt sich auf ehrgeizige Raumfahrtprogramme einzulassen. Andere sagen, dass sich diese Länder umso mehr – auch mit ihren Raumfahrtbestrebungen – im globalen Markt behaupten müssten, im ihren Lebensstandard anzuheben. Vor dem Hintergrund dieser Diskussion hat Indien ein beeindruckendes Weltraumprogramm durchgeführt. *Aryabhata*, der erste Satellit, wurde 1975 in der Sowjetunion gestartet. Im Juli 1980 war Indien mit dem Start des Satelliten *Rohini 1B* als siebte Nation in der Lage, selbstständig Raumfahrzeuge ins All zu bringen. Danach folgte eine große Zahl indischer Satelliten, die die Entwicklung des Landes auf den Gebieten der Kommunikation, Wetterbeobachtung und Katastrophenwarnung unterstützen. Jetzt ist eine Mondsonde in Planung – indische Politiker sehen sie als Symbol des wachsenden wissenschaftlichen Selbstvertrauens der Nation.

Auf dem Gebiet der bemannten Raumfahrt gibt es zaghafte Pläne für ein selbstständiges Programm; aber Indien hat auch mit Russen und Amerikanern zusammengearbeitet. Der Inder Rakesh Sharma flog 1984 mit einer sowjetischen Mission zur Raumstation *Saljut 7* und brachte dort eine Woche mit wissenschaftlichen Experimenten zu. Ein indischer Weltraumforscher sollte auch 1986 an Bord einer Raumfähre mitfliegen, aber dann wurde die Mission wegen der *Challenger*-Katastrophe abgesagt. Obwohl sie bereits US-Bürgerin war, galt der in Indien geborenen NASA-Astronautin Kalpana Chawla das Medieninteresse ihres Herkunftslandes. Ihr Tod bei dem *Columbia*-Unglück wurde als nationale Tragödie empfunden. Etliche indische Satelliten sind nach ihr benannt.

Unten Ein Unbekannter legt Blumen vor einem Plakat nieder, das die in Indien geborene Astronautin Kalpana Chawla zeigt, die als Mitglied der Crew ums Leben kam, als die US-Raumfähre *Columbia* 2003 zerbarst.

Links Im Januar 2007 startete die indische Trägerrakete Polar Satellite Launch Vehicle C7 mit vier Nutzlasten, darunter dem in Indien entwickelten Erdbeobachtungssatelliten *CARTOSAT-2*.

Roboter erforschen den Weltraum

Weltraumforschung ist eine teure und riskante Angelegenheit. Um mehr über unsere fernere kosmische Umgebung zu erfahren, werden automatisierte Sonden eingesetzt, die als unsere Augen und Ohren in dunkle Welten vordringen.

Forschungsroboter haben unser Wissen über unsere nächsten Nachbarn im Weltraum revolutioniert und uns ein Sonnensystem enthüllt, das sich erheblich von dem unterscheidet, das wir uns noch vor 50 Jahren vorstellten.

BLICK IN NACHBARS GARTEN

Bald nach Beginn des Raumfahrtzeitalters wurden Sonden zum Mond und zu den näheren Planeten geschickt, die Informationen lieferten, welche mit Beobachtungen von der Erde aus nie erlangt werden konnten. Sowjetische und amerikanische Mondsonden sammelten Unmengen neuer Daten über den Mond – lange bevor die ersten Astronauten landeten.

Das Interesse am Mond lebte in den 1990er-Jahren wieder auf, als man vermutete, er könnte eine Quelle neuer Ressourcen sein. Die US-Sonden *Clementine* (1994) und *Lunar Prospector* (1998) erforschten den Trabanten mit neuen multispektralen Bildtechniken, um nach Mineralien und gefrorenem Wasser zu suchen. Seit 2004 ist der Mond – mit der erneuten Hinwendung der USA zur bemannten Monderkundung – wieder Ziel automatisierter Raumfahrzeuge.

Unten Das Raumfahrzeug *Lunar Prospector* der NASA startet von Cape Canaveral. Am Schluss der Mission ließ man es auf die Mondoberfläche stürzen, um nach gefrorenem Wasser zu suchen.

DER SCHLEIER DER VENUS WIRD GELÜFTET

Die Venus galt lange als Schwesterplanet der Erde, ist aber in dichte Wolken gehüllt, die eine teleskopische Beobachtung ihrer Oberfläche verhinderten. Bald schon versuchte die Planetenforschung, den Schleier dieses Geheimnisses zu lüften. *Mariner 2* (1962) war die erste erfolgreiche Venussonde der Amerikaner. Die von ihr gelieferten Daten widerlegten Theorien einer begrünten oder von Ozeanen bedeckten Venus; und die Informationen, die nachfolgende *Mariner*- und sowjetische *Venera*-Sonden brachten, zeigten die Venus als höllische Welt hoher Temperaturen und Drücke, erzeugt von einem unkontrollierten Treibhauseffekt.

Höhepunkte der Erkundung der Venus setzten die sowjetischen Raumschiffe *Venera 9* (1975) und *13* (1981), die auf der Oberfläche des Planeten landeten, Bilder zur Erde sandten und Bodenproben nahmen, sowie die US-Raumfahrzeuge *Pioneer-Venus* (1978–1992) und *Magellan* (1989–1994), die 98 Prozent der wolkenverhüllten Venusoberfläche mittels Radar kartierten.

DER ROTE PLANET

Auf dem Mars, nahm man früher an, gebe es intelligentes Leben; in der Science-fiction-Literatur war er von fortschrittlichen Zivilisationen besiedelt. Auch nachdem teleskopische Beobachtungen dies als unwahrscheinlich erwiesen hatten, vermutete man auf dem Planeten weiterhin Vegetation und niedere Formen von Leben. Die erste erfolgreiche Marssonde, *Mariner 4* der USA (1965), zeigte schließlich einen Planeten mit einer Oberfläche voller Krater und einer Atmosphäre aus Kohlendioxid. Spätere *Mariner*- und sowjetische *Mars*-Raumschiffe bestätigten, dass er ein noch unwirtlicherer Ort ist. Die ersten Landesonden, *Viking 1* und *2* der USA (1976), nahmen dennoch Proben vom Marsboden und untersuchten sie auf Spuren von Leben. Die Ergebnisse waren nicht schlüssig.

Nach den Ankündigung von 1996, es gebe vielleicht Beweise für altes mikrobielles Leben auf dem Mars, war der Rote Planet wieder Ziel der Forschung, zunächst mit dem ersten Mars-Rover *Sojourner* bei der *Pathfinder*-Marsmission von 1997. Seither ist in jedem Startfenster eine amerikanische Sonde zum Mars geschickt worden. Die Rover *Spirit* und *Opportunity* erkunden die Oberfläche des Planeten seit 2004 und revolutionierten unsere Kenntnisse über seine Geologie. Orbiter wie der *Mars Express* der ESA fanden eindeutige Nachweise von Wasser – und vielleicht Leben – auf dem Mars.

SONNE UND MERKUR

Auch unsere anderen Nachbarn im inneren Sonnensystem sind der genauen Untersuchung durch Roboter nicht entgangen. Raumfahrzeuge haben die Sonne studiert, um mehr über ihren Einfluss auf unsere Erde zu erfahren. Die Raumsonde *Ulysses*, ein Projekt von NASA und ESA, hat seit ihrem Start 1990 die Pole der Sonne überflogen und eine völlig neue Sicht auf unseren nächsten Stern vermittelt. Jüngst hat die Sonde *Genesis* (2001–2005) Partikel aus dem Sonnenwind eingefangen und in Spezialbehältern zur Erde gebracht.

Bis vor kurzem war Merkur, der der Sonne nächste Planet, ein Rätsel, denn Genaueres über seine Oberfläche ließ sich mit Teleskopen von der Erde aus unmöglich feststellen. 1974/75 gestattete *Mariner 10* einen näheren Blick auf diese raue, mondartige Welt. Im kommenden Jahrzehnt werden weitere Raumfahrzeuge zum Merkur starten und den Planeten noch detaillierter erkunden.

Links Die Sonde *Magellan*, hier 1989 vor dem Start in den Laderaum der Raumfähre *Atlantis* gebettet, kartierte mittels Radar 98 Prozent der Venusoberfläche.

Unten Links Der höchste Vulkan auf Venus, Maat Mons, erhebt sich auf diesem von *Magellan* aufgenommenen Bild 8 km hoch über die Venusoberfläche.

Unten Die Marssonde *Pathfinder* setzte den Rover *Sojourner* 1997 auf der Marsoberfläche ab. Das kleine Roboterfahrzeug war an 90 Marstagen in Betrieb und erfasste eine Fläche von etwa 250 m^2.

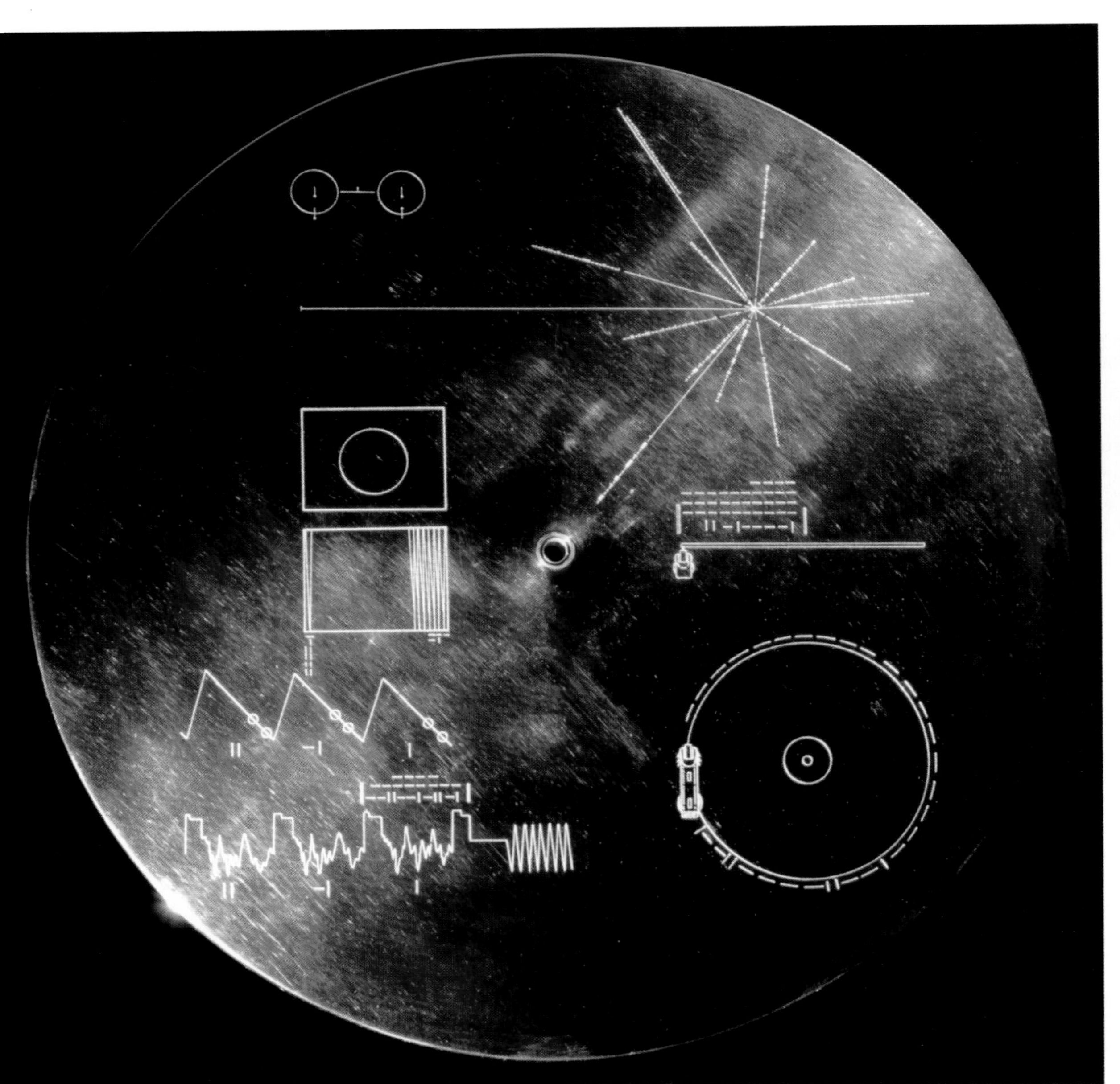

Links und unten Auf den Außenhüllen von *Voyager 1* und *2* wurden Schallplatten mit „Klängen der Erde" angebracht, die außerirdische Zivilisationen über die Erde und ihre Bewohner informieren sollen. Die Bilder auf der Platte demonstrieren, wie sie abgespielt werden kann.

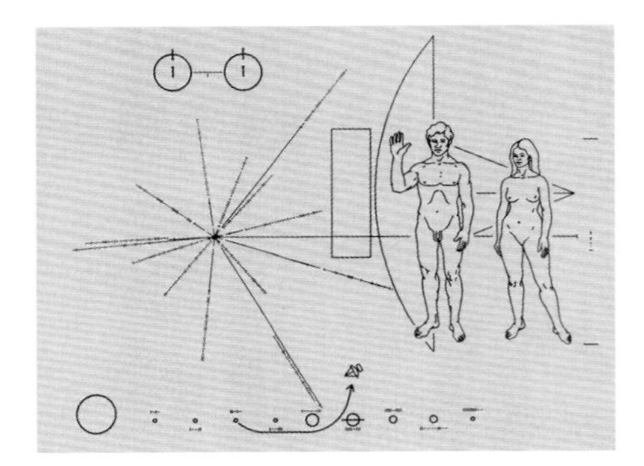

Oben Platten an Bord der Sonden *Pioneer 10* und *11* sollten darstellen, von welchem Planeten – und welchen Wesen – sie kamen. Die Strahlenlinien geben die Positionen von 14 Pulsaren an, um auf die Sonne als Hauptgestirn unserer Zivilisation zu verweisen.

WEITER HINAUS INS ALL

Die Erkundung des äußeren Sonnensystems erforderte fortschrittlichere Raumfahrzeuge als jene, die zu Mars und Venus geschickt worden waren. Die neuen Sonden mussten durch den gefährlichen Asteroidengürtel navigieren und über eine längere Zeitspanne selbstständig funktionieren, um zu den äußeren Planeten zu gelangen. Erst 1972 startete die US-Sonde *Pioneer 10* zum Jupiter. *Pioneer 11* folgte 1973, besuchte Jupiter und Saturn und erlaubte uns erstmals einen näheren Blick auf seine wundersamen Ringe. Beide Raumsonden trugen kleine Tafeln, die außerirdische Wesen jenseits des Sonnensystems über ihre Herkunft und die Wesen, die sie geschickt hatten, informieren sollen.

Am Ende des 20. Jahrhunderts hatten Robotersonden alle Planeten des äußeren Sonnensystems mit Ausnahme von Pluto erkundet. 2006 startete schließlich die Sonde *New Horizons*, um Pluto und seine Monde – und womögliche weitere transneptunische Objekte im Kuiper-Gürtel – zu erforschen.

EINE GROSSE REISE

Nach den *Pioneer*-Sonden plante die NASA eine „große Reise" durch das äußere Sonnensystem, um nicht nur Jupiter und Saturn noch detaillierter zu erkunden, sondern – falls die Raumfahrzeuge lange genug durchhielten – weiter zu Uranus und Neptun zu fliegen. Die Zwillingssonden *Voyager 1* und *2* starteten 1977 und erreichten den Jupiter 1979. Ihre Aufnahmen lieferten noch nie da gewesene Einzelheiten über die turbulente Atmosphäre des Planeten und den ersten näheren Blick auf die Jupitermonde, deren größere sich als überraschend eigenständige Himmelskörper erwiesen. Zu den unerwarteten Entdeckungen gehörten zudem die Existenz eines Ringsystems sowie aktive Vulkane auf Io, einem seiner Monde.

Beim Saturn verfolgten *Voyager 1* und *2* andere wissenschaftliche Ziele. *Voyager 1* erreichte den Planeten 1980, flog jedoch nur an ihm vorbei und sollte den Mond Titan untersuchen, der zu jener Zeit als einziger Mond im Sonnensystem mit einer Atmosphäre galt. Die Flugbahn zur Annäherung an Titan erforderte, dass *Voyager 1* aus der Ebene der Ekliptik, der Erdbahnebene, geworfen wurde. *Voyager 2* jedoch erreichte den Saturn und konnte 1981 Untersuchungen an seinen Ringen und Monden vornehmen; dann reiste er weiter zum Uranus, wo er 1986 ankam, und zum Neptun, den er 1989 erreichte.

Die beiden *Voyager* revolutionierten unsere Kenntnisse von den gasförmigen Riesenplaneten, der Wirkungsweise ihrer Atmosphäre, ihren komplexen und schönen Ringsystemen und sogar von neuen Monden. Beide Sonden waren zudem mit Botschaften versehen: Aufzeichnungen von Klängen und Bildern der Erde, geschützt durch eine Hülle, ähnlich der Platte auf den *Pioneer*-Sonden.

Die wissenschaftlichen Entdeckungen an Jupiter und Neptun waren so aufsehenerregend und verheißungsvoll, dass weitere Sonden dorthin entsandt wurden. *Galileo* wurde 1989 von der NASA gestartet, erreichte 1995 Jupiter und erkundete sein System bis 2003. *Cassini-Huygens*, eine NASA-ESA-Mission, startete 1997 und erforscht seit 2004 das Saturn-System. Und die Sonde *Huygens* konnte erfolgreich auf dem Mond Titan landen.

ASTEROIDEN UND KOMETEN

Robotersonden haben auch kleinere Mitglieder unseres Sonnensystems aufgesucht. Auf dem Weg zum Jupiter lieferte *Galileo* erste Nahaufnahmen von Asteroiden; weitere Sonden, unterwegs zu anderen Zielen, lieferten ebenfalls Bilder. Die erste spezielle Asteroiden-Sonde war NEAR *Shoemaker*; sie fotografierte 1997 Mathilde, gelangte dann in die Eros-Umlaufbahn und landete 2001 auf dessen Oberfläche. Japans Sonde *Hayabusa* startete 2003 und versuchte 2005, von dem Asteroiden Itokawa eine Probe zu nehmen. 2010, wenn sie zur Erde zurückkehrt, wird man wissen, ob dies erfolgreich war. Künftige Flüge in den Asteroidengürtel, wie etwa die *Dawn*-Mission zum Zwergplaneten Ceres, sind in Planung.

Die Kometenerkundung begann mit der Armada von Raumsonden, die ausgeschickt wurden, um den Halleyschen Kometen 1986 bei seinem Besuch im inneren Sonnensystem zu untersuchen. *Giotto* der ESA, *Vega 1* und *2* der UdSSR und Japans *Suisei* und *Sakigake* waren sämtlich Kometen-Missionen. Ihre Daten sowie spätere Kometensonden bestätigten die Beschreibung eines Kometen als „schmutzigen Schneeball". Die 1999 gestartete Raumsonde *Stardust* konnte 2004 Proben aus der Koma, der leuchtenden Gashülle, des Kometen Wild 2 einsammeln und 2006 zur Erde bringen. Und die europäische Sonde *Rosetta*, die gegenwärtig zum Kometen Tschurjumow-Gerasimenko unterwegs ist, wird 2014 eine kleine Landesonde auf dessen Oberfläche absetzen.

Links Künstlerische Darstellung einer *Voyager*-Sonde unterwegs im interplanetarischen Raum. Nach Abschluss ihrer eigentlichen Mission zu den äußeren Planeten senden *Voyager 1* und *2* immer noch Daten von den äußersten Grenzen unseres Sonnensystems.

Unten Die Raumfähre *Atlantis* setzte die Raumsonde *Galileo* zu ihrer Reise zum Jupiter ab, wie es hier ein Zeichner darstellt. Die nach Galileo Galilei, der die vier größten Jupitermonde beobachtete, benannte Sonde erkundete acht Jahre lang das Jupitersystem.

Weltraumteleskope

Das Licht selbst der unserem Sonnensystem nächsten Sterne ist mehr als vier Jahre unterwegs, bis es unsere Augen erreicht. Dabei passiert es das Vakuum in der Tiefe des Weltraums. Nach einer Reise über Milliarden Kilometer durchdringt es im letzten Sekundenbruchteil unsere Atmosphäre. Dabei verlieren klare Lichtpunkte ihre Schärfe und beginnen infolge der verzerrenden Wirkung der Luft zu funkeln.

Rechts Die drei großen Observatorien der NASA – Hubble, Spitzer und Chandra – untersuchten gemeinsam einen expandierenden Supernova-Überrest, der vor 400 Jahren von dem Astronomen Kepler entdeckt worden war, dessen Namen er trägt.

Seite 293 Der Astronaut F. Story Musgrave – am Ende des fernbedienten Manipulatorarms – nimmt Wartungsarbeiten am Hubble-Weltraumteleskop vor, während Jeffrey A. Hoffman (im Frachtraum) ihm hilft.

Mit dem Wachstum der Weltbevölkerung bereitet die Lichtverschmutzung der astronomischen Beobachtung von der Erde aus zunehmend Schwierigkeiten. Lange träumten Astronomen davon, Teleskope außerhalb der Erdatmosphäre einzusetzen, um Sterne und andere entfernte Himmelskörper besser zu sehen.

Zwar helfen neue Entwicklungen im Bereich der adaptiven Optik bei Beobachtungen von der Erde aus, das Funkeln besser auszugleichen. Aber es geht nicht alleine um die Wiedergabe des sichtbaren Lichts – auch Ultraviolett-, Infrarot- und Röntgenstrahlen lassen sich vom Boden aus schwer untersuchen. Atmosphärische Beeinträchtigungen lassen sich auch verringern, indem man Teleskope mit Flugzeugen in große Höhen fliegt oder auf hohen Bergen installiert, aber die bei weitem besten Ergebnisse liefern die Observatorien in der Erdumlaufbahn.

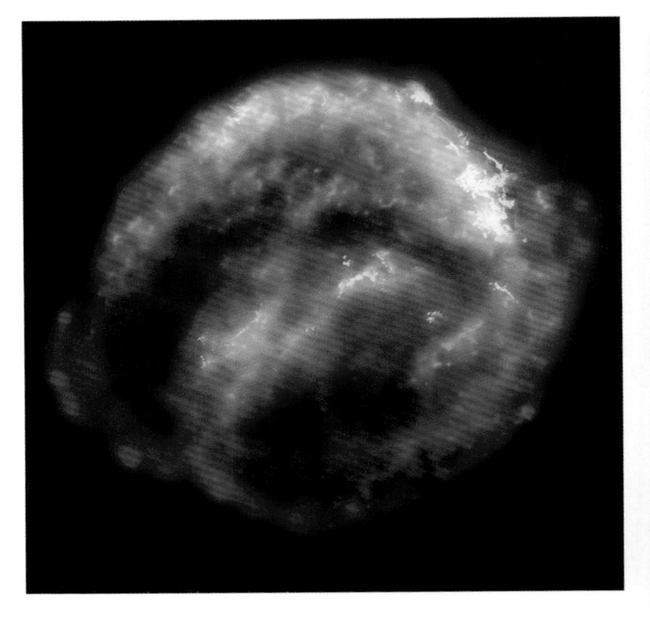

EIN AUGE IM WELTRAUM

Seit dem Beginn des Raumfahrtzeitalters wurden Instrumente für astronomische Messungen mit Satelliten in den Weltraum befördert. Frankreich, Großbritannien, Kanada, die ehemalige Sowjetunion, Japan und die an der ESA beteiligten europäischen Länder schießen Astronomiesatelliten in den Orbit. Das Weltraumteleskop COROT beobachtet – unter französischer Leitung – Planeten außerhalb des Sonnensystems. Die Sonde SOHO ist eine europäisch-amerikanische Mission zur Erforschung der Sonne. Leistungsfähige Weltraumteleskope müssen nicht groß sein: Die kanadische Raumsonde MOST, die die Schwankungen des Sternenlichts untersucht, ist nur 60 cm hoch und 30 cm breit.

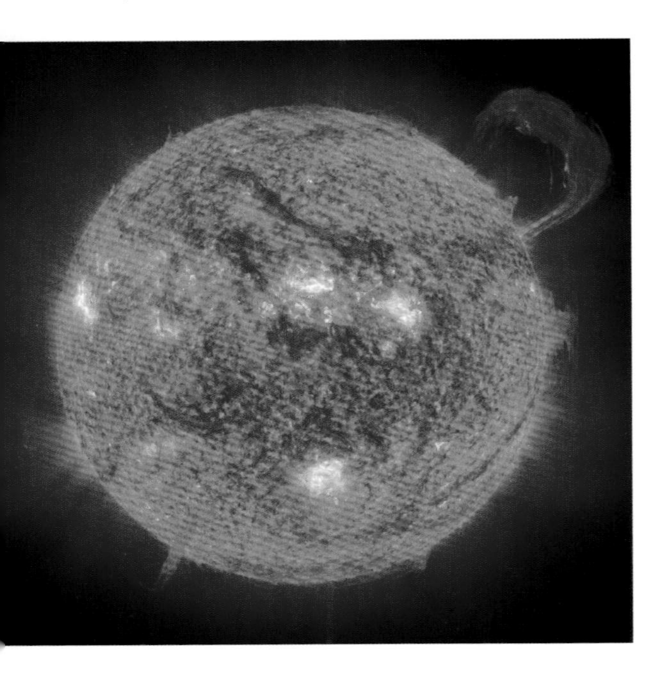

Oben Aufnahme des Sonnen- und Heliosphären-Observatoriums SOHO, das seit 1995 die Sonne, ihre ausgedehnte Atmosphäre und den Ursprung der Sonnenwinde erforscht.

Die NASA hat in Zusammenarbeit mit internationalen Partnern etliche Weltraumobservatorien für wissenschaftliche Zwecke in den Orbit gebracht. Das 1993 gestartete Spitzer-Raumteleskop untersucht den Infrarotbereich des Spektrums. Drei weitere große Observatorien wurden von einer Raumfähre befördert und ausgesetzt. Das 1991 gestartete Compton-Observatorium untersuchte die Gammastrahlung des Universums, während das Chandra-Observatorium 1999 in den Orbit geschickt wurde, um die Röntgenastronomie voranzubringen. Das Hubble-Weltraumteleskop verließ 1990 die Erde, um verschiedene Wellenlängen einschließlich jene des sichtbaren Lichts zu erforschen.

DAS HUBBLE-WELTRAUMTELESKOP

Hubble ist das bekannteste der Observatorien, die um die Erde kreisen. Es sorgte für eine Fülle astronomischer Sensationen: genauere Messungen der Ausdehnung des Universums, die Beobachtung eines Kometeneinschlags auf dem Planeten Jupiter, Nachweise von Planeten im Umfeld anderer Sterne und Bilder entfernter Galaxien, die man nie zuvor gesehen hatte. Außerdem war das Teleskop Anlass für Reparaturmissionen von Astronauten. Kurz nach dem Start wurde ein winziger Fehler in der Form des Hauptspiegels entdeckt. Eine Mission für die Installation eines Spiegelsystems zur Korrektur des Fehlers und nachfolgende Wartungsarbeiten gehörten zu den schwierigsten Weltraumspaziergängen der NASA. Nach der zweiten Shuttle-Katastrophe im Jahr 2003 entschied man, dass es zu gefährlich sei, Hubble weiter zu warten. Dies löste unter den Astronomen und in der Öffentlichkeit lauten Protest aus; die Entscheidung wurde revidiert.

Astronomische Beobachtungen erfolgten auch von bemannten Raumfahrzeugen aus. Die Sowjetunion führte von ihren *Saljut*-Raumstationen aus Studien durch, und die Raumstation *Mir* hatte ein eigenes Modul, *Kwant-1*, speziell für die Röntgenastronomie. Als erste Shuttle-Mission der NASA, die alleine der Astronomie diente, startete 1990 *Astro-1* und beförderte Ultraviolett- und Röntgenteleskope. Eine Mission mit ähnlicher Ausstattung, *Astro-2*, flog 1995 ins All. Auch das Sonnenobservatorium ATM der Raumstation *Skylab* machte 1973/74 viele wichtige Entdeckungen an

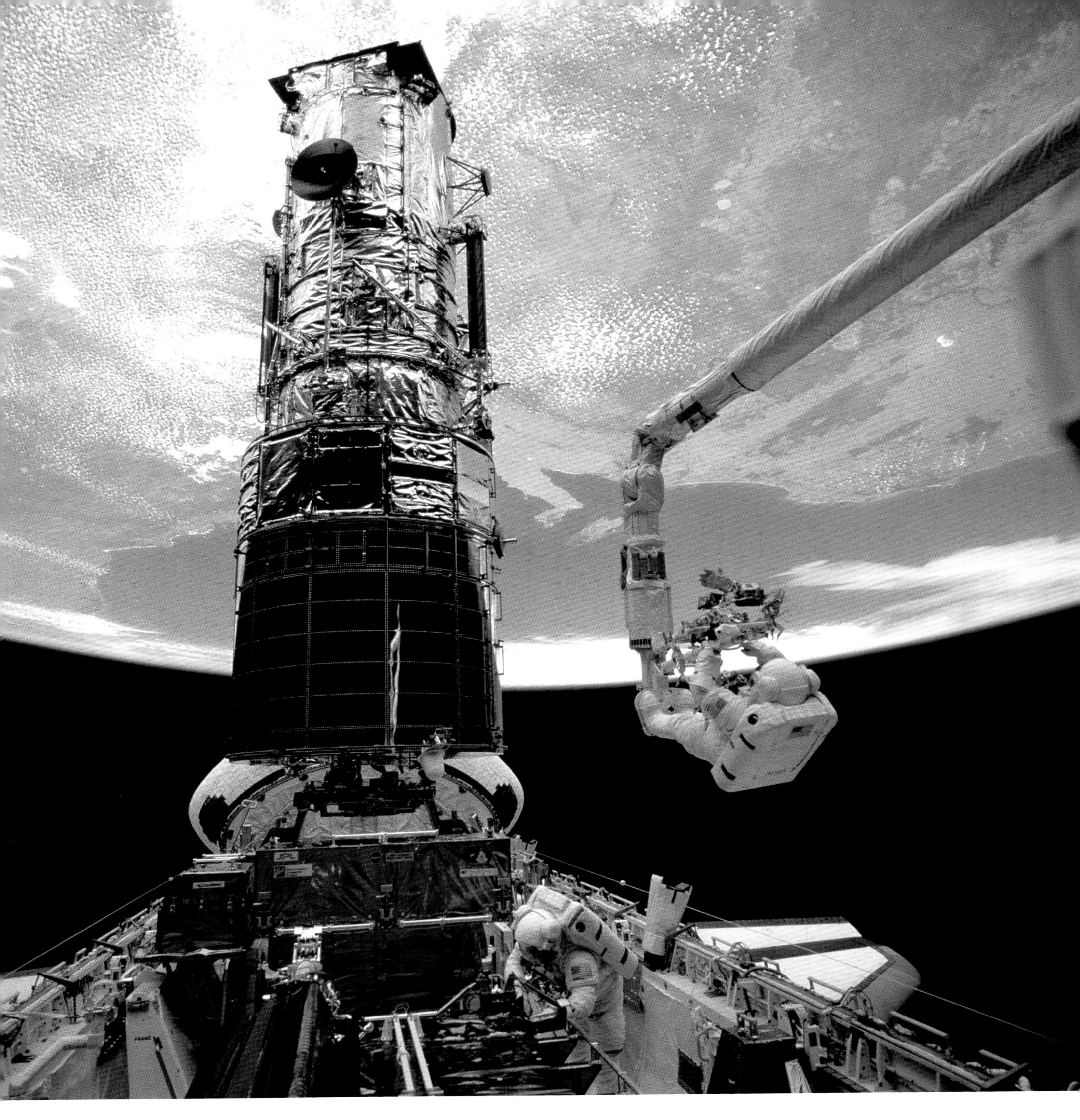

der Sonne. Astronomische Experimente waren auch Bestandteil etlicher anderer NASA-Missionen, darunter das erste Teleskop, das von der Oberfläche eines anderen Himmelskörpers aus eingesetzt wurde. Im Rahmen der *Apollo-16*-Mission 1972 wurde ein Teleskop auf dem Mond aufgestellt, mit dem Bilder von Nebeln, Sternwolken und der Erdatmosphäre im äußersten Ultraviolettbereich aufgenommen wurden.

Die nächste Generation von Weltraumteleskopen ist in Vorbereitung. Derzeit wird das James-Webb-Teleskop entwickelt – mit größerem Spiegel und höherer Beobachtungsleistung als das Hubble-Weltraumteleskop. Es soll aber nur den Infrarotbereich untersuchen.

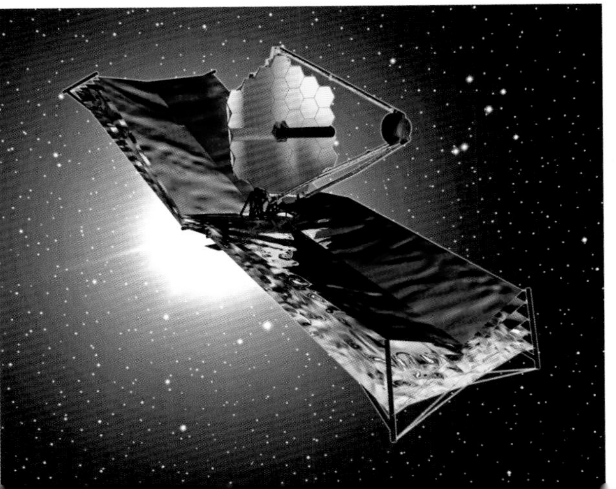

Links So sieht ein Künstler die nächste Generation von Weltraumteleskopen: Nach erfolgtem Start soll das James-Webb-Weltraumteleskop den Kosmos im Infrarotbereich des Spektrums beobachten.

Was Satelliten alles leisten

Man kann sich heute kaum noch vorstellen, wie es war, als Bilder von Ereignissen auf der anderen Seite des Erdballs Tage benötigten, um uns zu erreichen. Dabei ist das gar nicht so lange her.

Die Welt ist kleiner geworden, seit Satelliten es uns erlauben, Informationen weltweit auszutauschen, als säßen wir alle im selben Zimmer. Obwohl Informationen durch Unterseekabel rund um die Erde verschickt werden können, ist es in vieler Hinsicht leichter, sie mithilfe von Satelliten, die unseren Planeten umkreisen, zu senden und zu empfangen. Sender und Empfänger gewinnen mehr Mobilität – sie können sich auf einem Schiff, im Flugzeug oder in den entlegensten Winkeln der Erde befinden und doch Verbindung halten.

Die ersten Satelliten hatten reflektierende Oberflächen, die Signale zurückwarfen; die neueren, verbesserten Satelliten empfangen und übertragen Informationen elektronisch. Fernsehsignale, Telefonanrufe, Radiokommunikation und Internetdienste nutzen die Möglichkeiten der Satelliten.

Satelliten geben den Menschen einen Überblick über das Geschehen auf der Erde. Das ist wichtig für Wettervorhersagen und -berichte. Statt eine große Zahl einzelner Wetterdaten von verstreuten Standorten auf der Erde zu kombinieren, kann man ganze Wettersysteme und ihre Richtung und Veränderung aus dem Orbit überblicken. Schwere Stürme, die sich über fernen Ozeanen bilden, lassen sich frühzeitig erkennen. Die Beobachtung von Hurrikans, Waldbränden, Staubstürmen und Vulkantätigkeiten ermöglicht kurzfristige Maßnahmen. Langfristig können Veränderungen von Meeresströmungen, Eis- und Schneedecken, Luftverschmutzung, Ozonabbau und die globale Erwärmung genau beobachtet werden.

Oben Radioteleskope empfangen Daten von Satelliten, die andere Planeten – wie etwa den Mars – umkreisen. So können Raumfahrtagenturen Bilder ferner Landschaften, wie jenes auf Seite 295, zusammensetzen.

Rechts Der Hurrikan Alberto vor der Küste Bermudas wurde im August 2000 vom NASA-Satelliten SeaWiFS (Sea-viewing Wide Field-of-View Satellite) überwacht und fotografiert.

Mithilfe des Bildmaterials aus dem Weltraum sind Karten sehr viel exakter geworden, und Beobachtungen über längere Zeiträume zeigen menschliche und natürliche Veränderungen auf der Erde: das Wachstum von Städten, den Wandel der landwirtschaftlichen Nutzung oder Veränderungen der natürlichen Vegetation. Solche Informationen können zwar auch auf der Erde zusammengetragen werden, aber ein Satellit im Orbit gewährleistet die Sicht von einem stabilen Ort, mit weitem Bildwinkel und rund um die Uhr. Ähnliches gilt für Satelliten, die in Umlaufbahnen um andere Planeten – wie Mars, Saturn und Jupiter – geschickt wurden, um deren Wolken und Oberfläche und ihre Veränderungen zu studieren.

AUFKLÄRUNGSSATELLITEN

Nicht alle Beobachtungen der Erde aus dem Weltraum dienen friedlichen Zwecken. Der Orbit ist der ideale Ort, um andere Länder auszuspionieren. Anders als Flugzeuge, deren Eindringen in den Luftraum fremder Nationen als Verletzung von deren Lufthoheit gilt, bewegen sich Satelliten in einem neutralen Raum. Im Orbit überqueren Satelliten innerhalb einer Stunde zahllose Nationen. Mit hochentwickelten Kameras und anderem Erkundungsgerät können Truppenbewegungen oder der Bau neuer Militäranlagen leicht aus dem Weltraum verfolgt werden, sofern sie nicht am Boden mit großem Aufwand verborgen werden. Anfangs wurden Satellitenfotos in Filmbehältern zur Erde zurückgeschickt; heute leitet man sie elektronisch weiter. Zusätzlich zur optischen Überwachung gibt es Militärsatelliten, die den Kommunikationsverkehr anderer Nationen belauschen oder dafür sorgen, dass Nachrichten abhörsicher abgesetzt werden können. Es gibt sogar Satelliten, die eigens dafür gebaut sind, andere militärische Satelliten zu zerstören.

Obwohl zuweilen die Nutzung des Weltraums für militärische Zwecke in Frage gestellt wird, benötigt man Satelliten auch, um die Einhaltung internationaler Abkommen sicherzustellen. Raketen- und Atomtests oder andere militärische Vorbereitungen und feindliche Maßnahmen können am besten aus dem Weltraum beobachtet werden. Militärische Satellitentechnik wurde auch in den zivilen Nutzungsbereich übertragen. Das bekannteste Beispiel ist das Global Positioning System GPS, das es mithilfe der Messung winziger Zeitdifferenzen zwischen einer Anzahl von Satelliten praktisch jedem Menschen ermöglicht, seine genaue Position auf unserem Planeten zu bestimmen. Auch wenn das System militärisch betrieben wird, kann es zivil von Navigationsgeräten in Fahrzeugen, im Bergbau, zur Landvermessung, Kartografie und Unterstützung der Rettungsdienste genutzt werden. GPS gibt dem Benutzer nicht nur die geografische Position an, sondern auch das Tempo und die Richtung, wenn er sich bewegt. Neue Systeme sollen Blinden mithilfe sprechender Landkarten als Orientierungshilfe dienen. 2013 wird das rein zivile europäische Satellitennavigationssystem Galileo dem amerikanischen GPS Konkurrenz machen.

Links Militärische Aufklärungssatelliten überqueren unablässig die Erde und registrieren potenzielle Bedrohungen, ohne den Luftraum anderer Länder zu verletzen.

Unten Die Abbildung der Valles Marineris, des „Grand Canyon" auf dem Mars, zeigt die Oberfläche des Planeten in hoher Auflösung. Die von Satelliten erfassten detaillierten Daten ermöglichten diese dreidimensionale Wiedergabe.

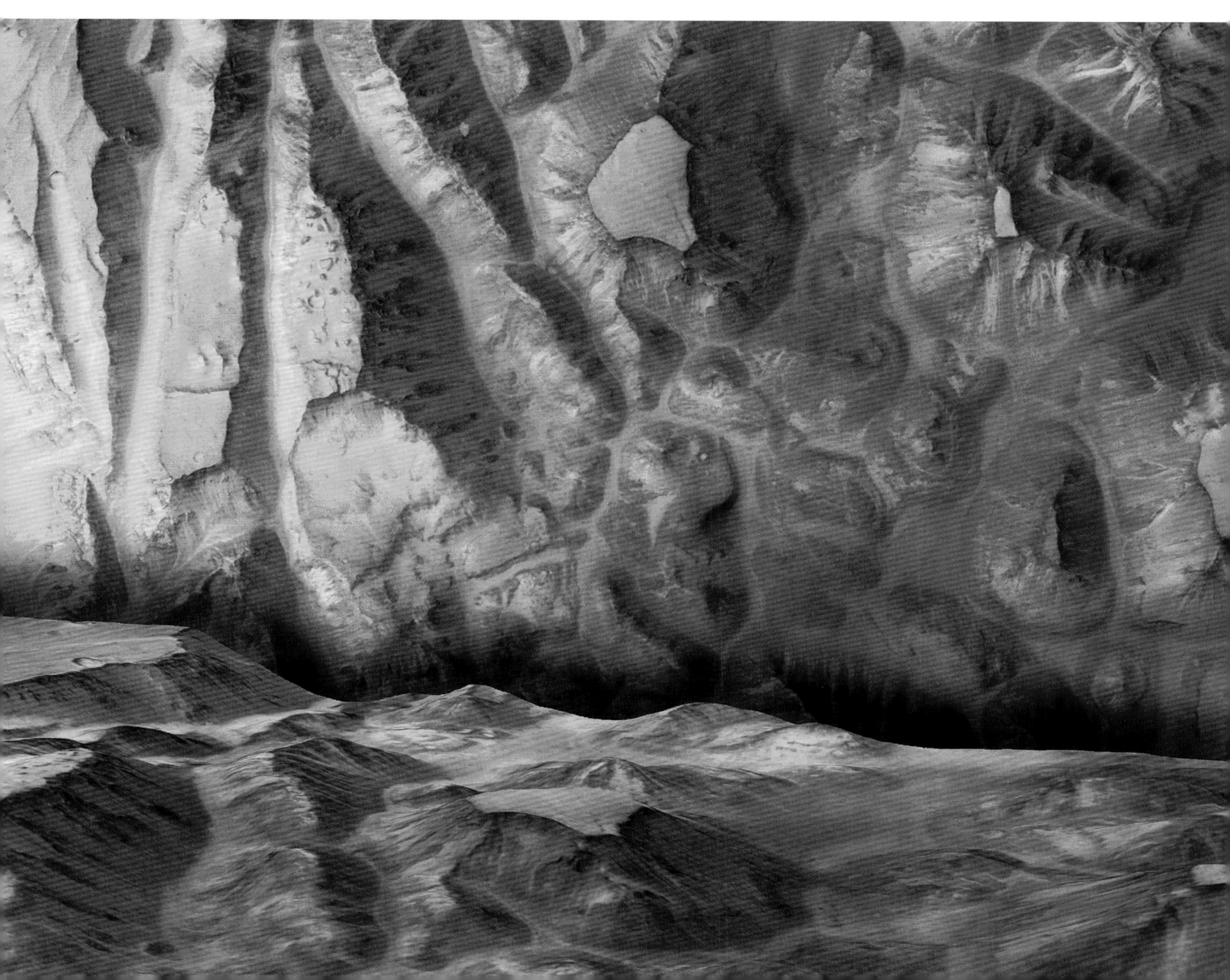

Himmelsbeobachtung

Sterne beobachten

Der in Deutschland geborene britische Amateurastronom Friedrich Wilhelm Herschel (1738–1822) lehrte tagsüber Musik. In klaren Nächten beobachtete er von seinem Haus im englischen Bath aus den Sternenhimmel. Mit selbst gebauten Spiegelteleskopen suchte er den Nachthimmel systematisch ab, während Herschels Schwester Caroline seine Beobachtungen zu Papier brachte.

Oben Dieses Mosaikbild von Enceladus, einem Saturnmond, wurde von *Voyager 2* aus 119 000 km Entfernung aufgenommen. Der Mond misst ca. 500 km im Durchmesser und hat die hellste Oberfläche aller Saturnmonde.

Als Herschel mit seinen Beobachtungen begann, waren weniger als 200 Deep-Sky-Objekte bekannt. Er entdeckte über 2000 weitere. 1781 stieß er auf den Uranus und verdoppelte damit die Größe des damals bekannten Sonnensystems. Im Jahr 1787 entdeckte er die beiden größten Monde des Uranus, zwei Jahre später die Saturnmonde Mimas und Enceladus. Zudem fand er viele Doppelsterne.

Am gesamten Himmel gibt es ca. 145 Deep-Sky-Objekte, die wahre Wunderwerke sind. Die meisten davon werden in diesem Kapitel beschrieben. Die Tausende anderer Deep-Sky-Objekte, die Laien beobachten, sind kaum mehr als ein diffuses Leuchten im Okular. Bei solchen Objekten ist es das Verständnis der wahren Bedeutung des Wahrgenommenen, das die Beobachtung lohnenswert macht. Genau das haben die Amateure von heute Herschel voraus: das Wissen um die Eigenart der Objekte, denen sie nachjagen.

GALAXIEN

Galaxien können spiralförmig, linsenförmig, elliptisch oder unregelmäßig sein. Weist eine Spiralgalaxie eine geringe Schräglage auf, ist sie aufgrund der niedrigen Flächenhelligkeit nur schwer auszumachen. Viele Neulinge haben etwa Schwierigkeiten, M33 zu finden, weil der Helligkeitskontrast zwischen dieser großen Galaxie und dem Himmel oft nicht ausreicht. Doch Beharrlichkeit zahlt sich bei M33 aus. Da wir die Galaxie in Aufsicht betrachten, sind ihre Einzelheiten gut zu erkennen. Sobald Sternbeobachter Erfahrung in der Erkennung kontrastarmer Details gewinnen, Beobachtungsorte weit abseits von Licht- und Luftverschmutzung wählen und auf Teleskope mit größerer Öffnung zurückgreifen, sehen sie darin nicht nur die Spiralarme dieser Galaxie, sondern sogar Emissionsnebel, Sternassoziationen, offene Sternhaufen und auch einen Kugelsternhaufen.

Linsenförmige und elliptische Galaxien lassen selten mehr als eine Kernregion und vielleicht einen sternähnlichen Mittelpunkt erkennen. Eine riesige elliptische Galaxie im Zentrum eines Galaxiehaufens zu beobachten – mit zahlreichen kleinen Galaxien in einer Umlaufbahn, die irgendwann vom wachsenden Riesen geschluckt werden – hinterlässt jedoch einen bleibenden Eindruck. Eine unregelmäßige Galaxie, die Kleine Magellansche Wolke, offenbart eine Fülle heller Objekte. Bei entfernteren irregulären Galaxien sind hingegen nur wenige Knoten erkennbar.

OFFENE STERNHAUFEN

Hellere offene Sternhaufen lassen sich mühelos in Dutzende von Juwelen auflösen, die in interessanten Mustern angeordnet sind. Doppel- und Dreifachsterne kommen in offenen Haufen häufig vor.

KUGELSTERNHAUFEN

Kugelhaufen variieren im Maß ihrer Sterndichte. Viele weisen Sternketten in ihrem Halo auf, manche geheimnisvolle dunkle Bahnen in ihrem Kern. Bei einigen nimmt die Leuchtstärke zum Zentrum hin zu.

Bei einem Beobachtungstreffen gibt es für einen Amateurastronomen kaum etwas Spektakuläreres als die stetig zunehmende Konzentration an Sternen, wenn ein prächtiger Kugelhaufen in einem Dobson-Teleskop ins Blickfeld rückt.

Rechts M33, die Dreiecksgalaxie, wird ihrer Form wegen oft als Feuerradgalaxie bezeichnet. Bei guten Bedingungen mit bloßem Auge erkennbar, stellt sie das am weitesten entfernte Objekt dar, das ohne Hilfsmittel zu sehen ist.

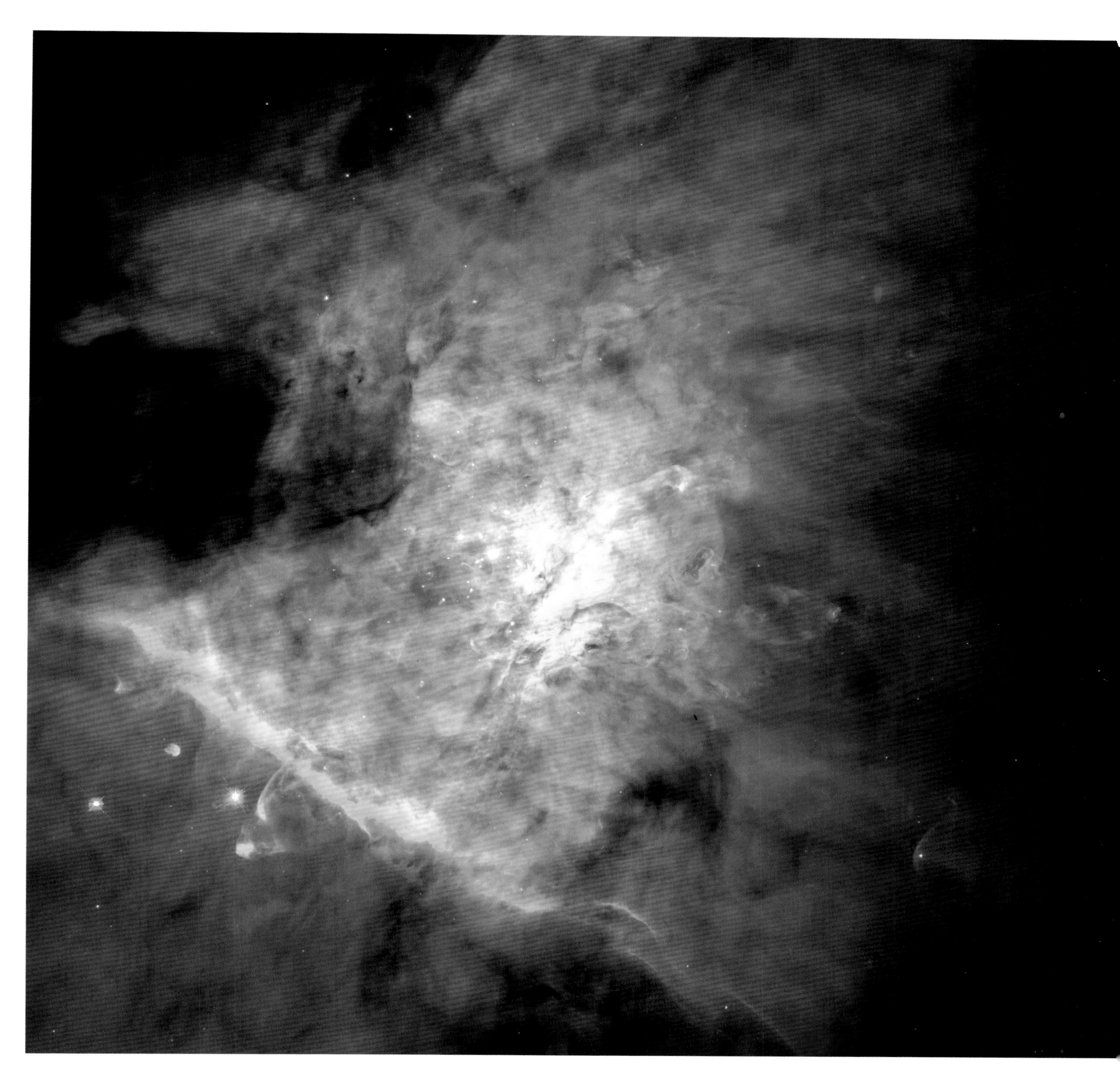

Oben Aufnahme des Weltraumteleskops Hubble vom Orion-Nebel, der sich 1500 Lichtjahre entfernt auf unserem Spiralarm der Milchstraße befindet. Er liegt in der Mitte der Schwertregion des Sternbilds Orion, das in nördlichen Breiten den frühen winterlichen Abendhimmel beherrscht.

DOPPELSTERNE

Die meisten Doppelsterne sind weiß, doch die berühmtesten verfügen über einen beeindruckenden Farbkontrast. Manchmal lässt ein orangefarbener Hauptstern den Begleiter in der Komplementärfarbe, Grün, erscheinen. Einige Binärsterne werden von Ferngläsern aufgelöst; andere sind so nahe, dass sie in Nächten mit besonders stabilen Bedingungen für Tests der optischen Qualität genutzt werden.

NEBEL

Die hellsten Emissionsnebel liefern spektakuläre Bilder. Viele der Wirbel auf Fotos vom Tarantula-, Orion- und Schleier-Nebel sind im Okular zu erkennen, jedoch nicht in den leuchtenden Farben, wie sie auf Abbildungen erscheinen. Es gibt allerdings eine Ausnahme: Einige Beobachter können im Orion-Nebel grünliche und, seltener, rosa Farbtöne erkennen.

Viele kleine planetarische Nebel hingegen weisen eine sehr hohe Flächenhelligkeit auf und zeigen deutlich eine Farbe, gewöhnlich Blaugrün oder Blau. Durch ein großes Teleskop lässt der Spirograph-Nebel im Hasen einen kupferfarbigen Rand erkennen. Im Zentrum des Eta (η) Carinae-Nebels, eines grauen Komplexes aus Emissions- und Dunkelnebeln, liegt ein winziger leuchtend oranger Reflexionsnebel, der Homunkulus-Nebel.

Ausrüstung

Die einfachste und oft auch schönste Art, die Sterne zu beobachten, bietet das bloße Auge oder ein Fernglas. Das gelegentliche Sterneschauen kann vollkommen spontan geschehen, ganz im Gegensatz zur Beobachtung mit dem Teleskop, die gemeinhin im Voraus geplant wird.

Rechts Weitwinkelansicht der Milchstraße zwischen Schütze und Skorpion. Für ein derartiges Foto wird die Kamera im Brennpunkt eines großen Teleskops montiert. Während der Belichtung muss das Teleskop exakt nachgeführt werden, um die Erddrehung zu kompensieren.

Wenn man die Sternbilder erst einmal kennt, werden sie zu alljährlich wiederkehrenden Bekannten. Bei einem abendlichen Spaziergang wendet man den Blick automatisch zum Himmel und betrachtet kurz die vertrauten Sternbilder. „Was macht der Stern da neben Regulus?", könnte man sich vielleicht fragen beim Anblick des Löwen, der aufsteigt, nachdem er einige Monate hinter der Sonne war. Dann erinnert man sich, dass seit der letzten Beobachtung der Saturn oder der Mars in den Löwen eingetreten ist. In den folgenden Monaten ist die langsame Wanderung der Planeten durch das Sternbild zu verfolgen.

BEOBACHTUNG MIT DEM BLOSSEN AUGE UND DEM FERNGLAS

Um helle Sternbilder wie den Löwen zu finden, reicht das bloße Auge. Doch für die Suche nach dem nahen Sextanten oder Becher sollte man zum Feldstecher greifen. Das weitestmögliche Blickfeld ergibt sich ohne Hilfsmittel; das zweitweiteste Gesichtsfeld bieten mit 7° normale Astronomie-Ferngläser wie etwa 7 x 50er. In der Regel empfiehlt es sich, Himmelsphänomene wie eine Konjunktion der Venus mit der vom Erdlicht beschienenen Mondsichel, einen mit dem bloßen Auge sichtbaren Kometen oder die prächtigen Sternwolken und Dunkelnebel der Milchstraße abwechselnd mit und ohne Fernglas zu betrachten. Meteorregen, Polarlichter und das Zodiakallicht sind nur mit dem größeren Blickfeld des menschlichen Auges am besten zu erfassen.

Für Feldstecher größer als 10 x 50 ist ein Stativ erforderlich. Ferngläser sind mit 80-, 100- und 150-mm-Objektiven erhältlich. Solche Ungetüme gewähren prächtige Blicke in die Milchstraße und auf andere Objekte, doch ist ihr Blickfeld eingeschränkt, und man kann sie nicht in die Tasche stecken.

Wer es sich leisten kann, greift zu Ferngläsern mit Bildstabilisator. Während sich normale Ferngläser mit 15-facher Vergrößerung kaum noch wackelfrei halten lassen, bieten solche mit Bildstabilisator ein ruhiges Bild – auf Kosten eines kleineren Blickfelds. Sie haben eine höhere Auflösung und sind dabei genauso handlich wie herkömmliche Ferngläser.

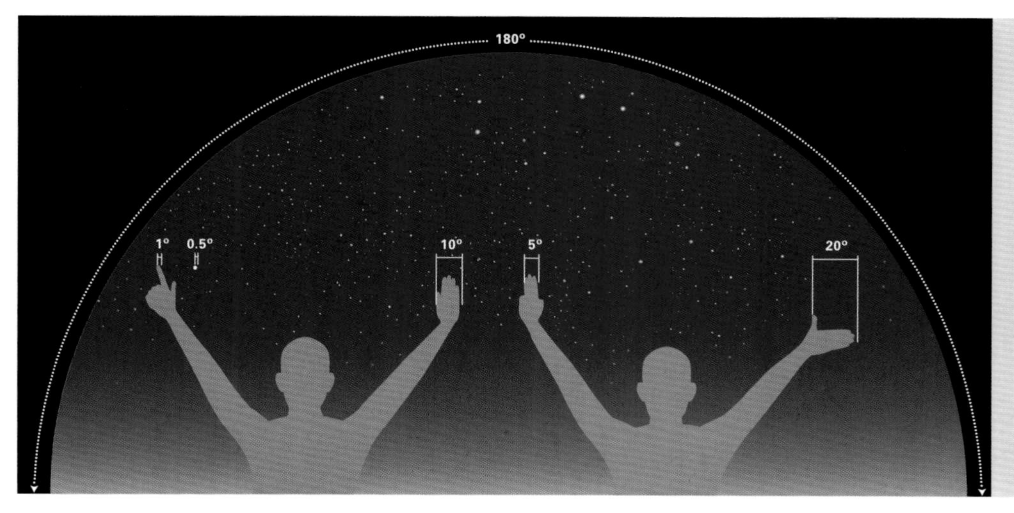

WINKEL AM HIMMEL

Um herauszufinden, wie weit Sterne, Planeten und andere Objekte voneinander entfernt sind, muss man wissen, wie man eine Gradmessung vornimmt.

Die Größe der menschlichen Faust verhält sich gewöhnlich proportional zur Armlänge. Auf Armlänge, wo der Mond 0,5° entspricht, misst die Spitze des Zeigefingers folglich 1°, Zeige-, Mittel- und Ringfinger ca. 5°. Eine Handbreit auf Armlänge entspricht rund 10°. Der Abstand zwischen ausgestrecktem Zeigefinger und kleinem Finger entspricht 15°; die seitlich gehaltene Hand mit hochgestrecktem Daumen ergibt 20°; und der Abstand zwischen auseinandergespreiztem kleinem Finger und Daumen ist gleich 25°.

Oben Ein Refraktor-Teleskop, das kontrastreiche, hochauflösende Bilder zeigt, ist ideal für die Beobachtung von Planeten. Da das Licht jedoch Glas passiert, das die Wellen unterschiedlich bricht, produziert das Teleskop bei hellen Objekten Bilder mit Falschfarben.

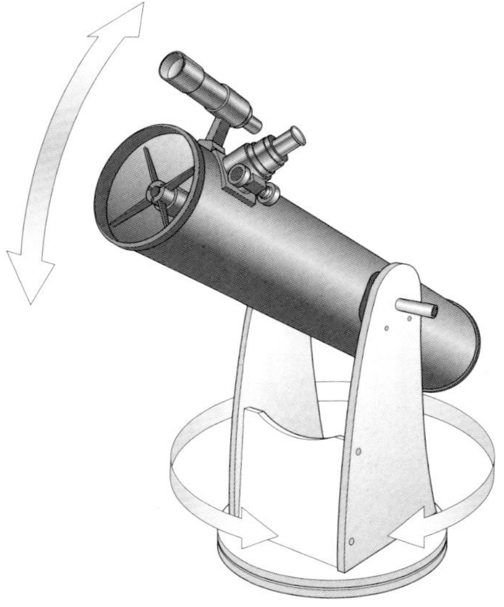

Oben Ein Reflektor- oder Newton-Teleskop reflektiert das Licht über einen parabolförmigen Spiegel. Da die Lichtstrahlen kein Glas passieren, zeigen diese Teleskope Bilder in Echtfarben.

TELESKOPE

Teleskope gibt es in zwei Grundformen: Refraktoren fangen das Licht mit einer Objektivlinse am vorderen Ende eines Tubus ein, Reflektoren mit einem Spiegel. Montiert werden Teleskope azimutal – die Drehung erfolgt um zwei Achsen, eine senkrechte und eine waagerechte – oder parallaktisch. Hierbei ist eine Achse parallel zur Erdachse ausgerichtet, sodass die Erddrehung durch eine Gegenbewegung um diese Achse ausgeglichen werden kann.

Früher ließen sich Objekte nur mit parallaktischer Montierung automatisch verfolgen, inzwischen ist dies dank Computereinsatz auch mit Azimutmontierungen möglich. Computer können Teleskope auch automatisch auf Ziele ausrichten.

Einzellinsen fokussieren nicht alle Farben im selben Brennpunkt. Das führt zur sogenannten chromatischen Aberration und zu einem geringeren Kontrast. Abhilfe schaffen Refraktorobjektive mit zwei Linsen aus Glassorten mit unterschiedlichem Brechungsindex. Herkömmliche Refraktoren bezeichnet man als achromatische bzw. „farbkorrigierte“ Refraktoren. Um gute Ergebnisse zu erzielen, benötigen sie hohe

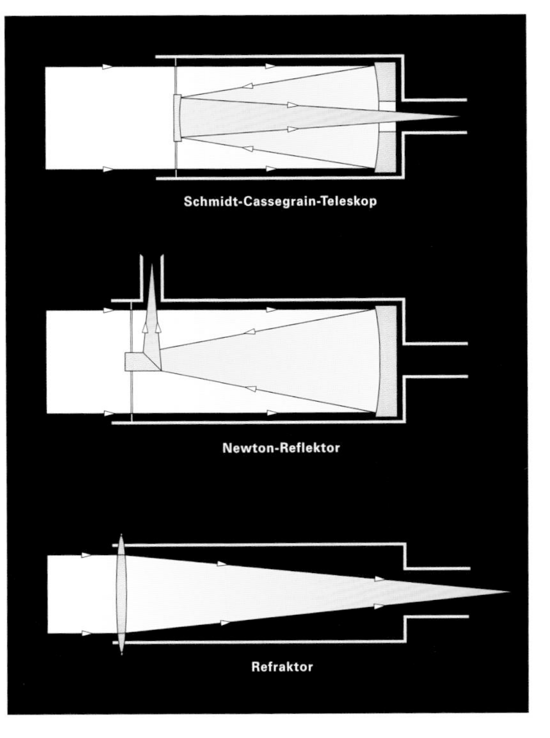

Links Unterschiedliche Lichtführung in drei verschiedenen Teleskoparten. Oben: Das Licht wird von einem konkaven Hauptspiegel zurückgeworfen, um die sphärische Aberration auszugleichen. Mitte: Die Lichtstrahlen treffen auf einen Parabolspiegel, der sie alle im selben Brennpunkt fokussiert. Unten: Refraktorobjektiv, bei dem die Lichtstrahlen durch Glas geführt werden, das diese beugt, was zu Falschfarben führt.

Rechts Nebelfilter haben die Sternbeobachtung revolutioniert. Viele Nebel, die früher als Herausforderung galten, zeigen damit heute ein enormes Detailreichtum. Als Erstes sollte man sich einen OIII-Filter anschaffen (siehe den Schleier-Nebel im Schwan). Für eine begrenzte Anzahl Objekte, vor allem für den Pferdekopf-, Kalifornien- und Kokon-Nebel, eignet sich ein H-Beta-Filter am besten. Ein UHC- oder ähnlicher Filter lässt die OIII- und H-Beta-Wellenlängen passieren und ist beim Pferdekopf-Nebel fast genauso wirkungsvoll.

Oben Ein 25-cm-Newton-Teleskop mit einem f/5,1-Objektiv. Damit lassen sich Fotos von Sternen, Sternbildern und Planeten aufnehmen.

Rechts Reflektor-Teleskope wie dieses erzeugen Bilder in Echtfarben. Bei einem großen Reflektor können die sphärischen Spiegel den Brennpunkt verzerren, was kontrastarme Bilder zur Folge hat.

Öffnungsverhältnisse, üblicherweise f/12 bis f/15. Dadurch ergibt sich ein langes, schweres Rohr, das eine stabile Montierung erfordert. Daher sind achromatische Linsenfernrohre mit einer Öffnung von über zehn Zentimetern nicht gerade Leichtgewichte. Obwohl ein Farbsaum bleibt – normalerweise violett –, lassen sich Planeten, Doppelsterne und Sternhaufen mit Achromaten gut beobachten.

Noch besser sind apochromatische Refraktoren, deren Objektive mit zwei oder drei Linsen aus äußerst kostspieligen Glassorten frei von Farbfehlern sind. Apochromatische Objektive eignen sich gut für niedrige Öffnungsverhältnisse von bis zu f/5,2. Sie sind leicht und handlich und bieten bei geringer Vergrößerung ein mehrere Grad weites Gesichtsfeld; bei starker Vergrößerung gewähren sie einen hervorragenden Blick auf Planeten. Astrofotografen schätzen Apochromaten wegen ihrer weiten Felder mit Sternabbildungen, die fast bis zum Rand verzerrungsfrei sind. Da bei Refraktoren das Licht durch keinen Sekundärspiegel umgelenkt wird, liefern sie die besten Bilder. Man sollte in jenen seltenen Nächten, in denen die Atmosphäre stabil genug ist, um eine Auflösung von 1 cm oder höher zuzulassen, eigentlich nur zwischen einem hochwertigen apochromatischen 12-cm-Refraktor auf einer parallaktischen Montierung mit automatischer Ausrichtung oder einem 63-cm-Dobson-Teleskop, das fast 25-mal so viel Licht einfängt und eine wesentlich höhere Auflösung aufweist, wählen.

Newton-Reflektoren fokussieren das Licht mit einem parabolförmigen Spiegel am unteren Ende des Tubus. Ein flacher, um 45° geneigter Fangspiegel nahe dem oberen Ende lenkt die konvergierenden Lichtstrahlen in das an der Seite befindliche Okular. Ab und an müssen die Spiegel optisch aufeinander ausgerichtet werden (Kollimation).

Newton-Teleskope sind die mit Abstand preiswertesten Fernrohre. Dennoch sind sie qualitativ mit wesentlich kostspieligeren Teleskopen vergleichbar. Einige verfügen über schwere parallaktische Montierungen, gewöhnlich in Observatorien, doch die meisten werden heute mit einfachen, robusten Azimut-Montierungen eingesetzt (Dobson-Teleskop).

Cassegrain-Teleskope weisen einen konvexen Fangspiegel auf, der das Licht in Richtung des Hauptspiegels zurückwirft, wo es durch eine zentrale Bohrung fällt. Klassische Cassegrains, mit parallaktischer Montierung und großer Öffnung, findet man häufig in Sternwarten.

Eine Weiterentwicklung davon stellen katadioptrische Teleskope dar. Sie verfügen vorne über eine Korrekturlinse, in deren Zentrum der Fangspiegel angebracht ist. Ihr größter Vorteil liegt in ihrer kurzen Bauweise, weshalb sie bei Öffnungen von bis zu 20 Zentimetern gut zu transportieren sind. Allerdings haben katadioptrische Teleskope ein relativ kleines Gesichtsfeld, zudem beschlägt die Korrekturlinse schnell, weshalb sie in den meisten Gegenden beheizt werden muss.

Astrofotografen schätzen die hochwertigen Montierungen, die zusammen mit industriell gefertigten Instrumenten angeboten werden, sowie Sternaufnahmen ohne Beugungserscheinungen, wie sie von den Fangspiegelstreben von Newton- und klassischen Cassegrain-Teleskopen verursacht werden.

Welches Teleskop soll man nun kaufen? Am besten, man besucht ein Beobachtungstreffen oder schließt sich einem Astronomieclub an und begleitet dessen Mitglieder – in beiden Fällen kann man verschiedene Teleskoparten und -modelle ausprobieren. Auch sollte man die Ratschläge von erfahrenen Hobbyastronomen befolgen.

Vielleicht leiht ein Club sogar Teleskope aus. Viele verfügen über ein eigenes Observatorium, üblicherweise mit einem 35- bis 60-cm-Teleskop, das jedes Mitglied nach einer Einweisung benutzen kann.

ZUBEHÖR

Neue Teleskope kommen gemeinhin mit zwei Plössl-Okularen, die für den Anfang absolut ausreichen. Mit der Zeit wird die eigene Sammlung dann wachsen. Bei einem Treffen kann man verschiedene Okulare ausprobieren, um sicherzustellen, dass sie zur Konfiguration des eigenen Teleskops passen.

Hochwertige Okulare mit geringer Vergrößerung, die ein außergewöhnlich weites, bis an den Rand scharfes Gesichtsfeld bieten, sind so schwer, dass sie bei vielen Teleskopen zu Problemen mit der Balance führen. Außerdem kosten sie so viel wie ein 20-cm-Dobson-Teleskop.

Um die Anpassung der Augen an die Dunkelheit zu bewahren, empfiehlt sich eine lichtschwache Rotlichttaschenlampe, mit der sich Sternkarten gerade noch ablesen lassen.

DOBSON-TELESKOPE

John Dobson, ein verarmter Mönch aus San Francisco, revolutionierte die Amateurastronomie Anfang der 1980er-Jahre, als er 45- bis 60-cm-Teleskope aus Abfallmaterial baute. Er schliff die Spiegel selbst, benutzte Baurohre (zum Gießen von Betonsäulen) als Tubus und fertigte Sperrholzmontierungen mit Lagern aus Kunststofflaminat, die auf Teflon glitten. Seitdem haben es ihm Tausende Hobbyastronomen gleichgetan. Zwar kaufen heute die meisten die Spiegel, Spiegelzellen, Fangspiegelstreben und Okularauszüge, doch lässt sich der Rest eines Dobson-Teleskops mit großer Öffnung und seidenweicher Bewegung in ein, zwei Wochenenden zusammenbauen. Viele Amateure verwenden jedoch einen ganzen Winter auf den Bau ihrer Dobson-Teleskope, mit denen sie bei Astrotreffen an Wettbewerben teilnehmen. Bei Dobsons mit großer Apertur wird der Volltubus häufiger durch Alu-Gitterrohre ersetzt. So lässt sich das Teleskop in mehrere Teile zerlegen und einfacher transportieren.

Oben Himmelskarten sind in gedruckter Form, online oder als Software erhältlich. Zusammen mit den richtigen Teleskop-Okularen sind damit die meisten Objekte am Sternenhimmel leicht zu finden.

Rechts Vor dem Kauf eines eigenen Teleskops sollte man am besten ein Beobachtungstreffen eines örtlichen Astronomieclubs besuchen und die verschiedenen Teleskoparten und Okulare ausprobieren. Neben der optischen Leistung sollte man auch die Transportfähigkeit und Zuverlässigkeit der Teleskope berücksichtigen. Computergesteuerte Teleskope lokalisieren Objekte automatisch.

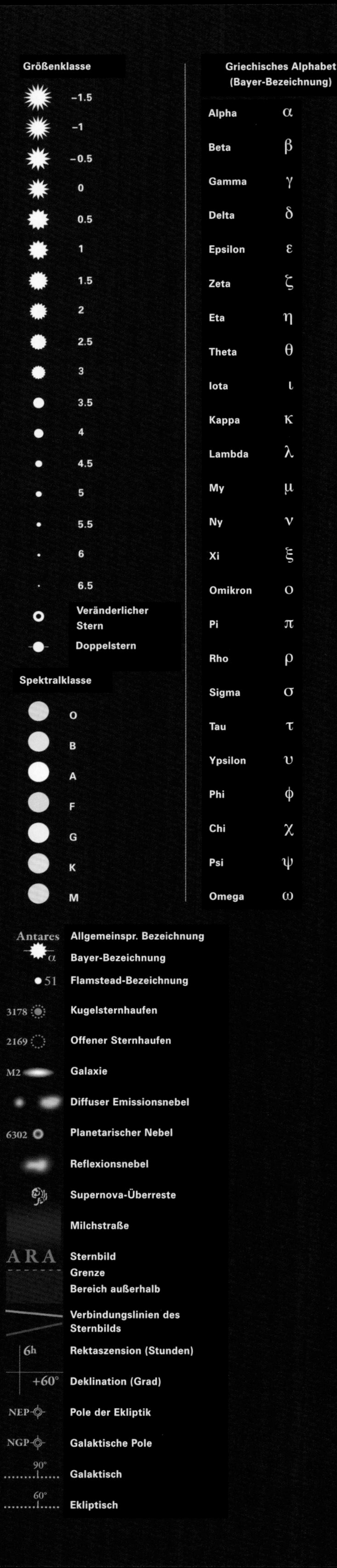

Gebrauch der Sternbildkarten

Das Absuchen des Nachthimmels nach Sternen und Sternbildern bereitet dem Amateur wie dem Profi gleichermaßen viel Vergnügen. Die Karten im folgenden Abschnitt helfen bei der Orientierung am Himmel.

Die Detailkarten auf den folgenden Seiten zeigen die Sterne und Objekte der 88 Sternbilder. Mit ihrer Hilfe lassen sich Sternbilder am nächtlichen Himmel aufspüren. Die kleinen Globen unten rechts geben Auskunft, wo sich die Sternbilder am nördlichen und südlichen Sternhimmel ungefähr befinden. In diesen Positionskarten dienen New York und Sydney als beispielhafte Standorte für die Nord- bzw. Südhalbkugel. In Sydney steigt ein typisches Sternbild im Osten auf und durchläuft den Himmel gegen den Uhrzeigersinn, bevor es im Westen untergeht. In New York dagegen bewegt sich das Sternbild im Uhrzeigersinn. Einige Sternbilder tauchen nie unter. Diese zirkumpolaren Sternbilder bewegen sich um den Himmelspol und zeichnen dabei auf der Karte einen Kreis, der sich stets über dem Horizont befindet. Derartige Konstellation sind in New York oder Sydney sichtbar, nicht an beiden Orten. Jedes Sternbild dreht sich um einen Punkt (Himmelspol) und hat einen Radius, der seiner Entfernung vom nächstgelegenen Himmelspol entspricht.

Die Detailkarten enthalten die helleren Sterne des jeweiligen Sternbilds (ab $6^{m}_{,}5$) sowie alle anderen wichtigen Objekte darin. Die behandelte Konstellation, in Nord-West-Süd-Ost-Richtung angeordnet (von oben im Uhrzeigersinn), wird durch dunklere Farben gegenüber den Nachbarbildern hervorgehoben. Verbindungslinien zeigen den typischen Umriss des Sternbilds, der mehr oder weniger der Figur entspricht, nach der das Sternbild benannt wurde. Links befindet sich eine umfangreiche Legende, außerdem ist dort das griechische Alphabet aufgeführt, dessen Buchstaben bei der Sternbezeichnung nach Bayer verwendet werden.

Die Karten und Datensammlungen ergänzt eine kurze Beschreibung, die u. a. die Objekte im jeweiligen Sternbild auflistet, nach der Beobachter Ausschau halten sollten. Die Fotos zeigen außergewöhnliche Bestandteile der Konstellation.

314 Himmelsbeobachtung

Aquila

Oben Aufnahme des Weltraumteleskops Hubble vom eindrucksvollen planetarischen Nebel NGC 6751. Der Nebel, der wie ein Riesenauge im Sternbild Adler leuchtet, ist eine Wolke aus Gas, die der heiße Stern in der Mitte vor Jahrtausenden ausgestoßen hat.

Rechts Dieses Foto, aufgenommen vom Inter-American Observatory auf dem Cerro Tololo in Chile, zeigt eine Weitwinkelansicht in Richtung Zentrum unserer Milchstraße. Die Teekannenform der Sterne im Schützen ist erkennbar; die Zentralregion der Galaxie hingegen wird von Gas- und Staubwolken sowie von der Unzahl an Sternen zwischen der Erde und dem galaktischen Kern verdeckt.

Steckbrief

Die Datensammlungen liefern praktische Informationen zum jeweiligen Sternbild. Dazu zählen der deutsche und lateinische Name, dessen Genitiv und Abkürzung, die Rektaszension und Deklination, der Sichtbarkeitsbereich, eine kurze Liste beachtenswerter Objekte und eine Liste der benannten Sterne.

Mythologie und Geschichte
Dieser Abschnitt enthält Informationen zur Mythologie im Zusammenhang mit den antiken Sternbildern. Bei den modernen Konstellationen wird deren historischer Hintergrund erläutert.

Sterne im Sternbild
In diesem Abschnitt werden die wichtigsten Sterne behandelt. Überdies wird auf spezielle Merkmale oder Ungewöhnliches in der Zusammensetzung der Konstellation hingewiesen.

Objekte von Interesse
Hier werden beachtenswerte Objekte des jeweiligen Sternbilds vorgestellt, dazu gibt es interessante Fakten.

Symbole
Die Symbole weisen darauf hin, wie die interessanten Objekte im behandelten Sternbild beobachtet werden können (mit bloßem Auge, Fernglas oder Teleskop).

Umriss des Sternbilds
Mithilfe von Verbindungslinien wird der Umriss des Sternbilds nachgezeichnet. Dieser hat jedoch oft kaum Ähnlichkeit mit der Figur, die er darstellen soll.

Himmelsbeobachtung 315

…s Zeus, stürzt sich das …Milchstraße.

Zeta (ζ) und Epsilon (ε) formen eine Flügelspitze, Theta (θ) die andere; Lambda (λ) befindet sich am Schwanz.

Altair ist der dreizehnthellste Stern am Nachthimmel und der hellste von Aquila. Sein Name bedeutet im Arabischen „fliegender Adler". Altair gehört zur Spektralklasse A7, ist nur 16,8 Lichtjahre entfernt und zehnmal heller als unsere Sonne.

OBJEKTE VON INTERESSE

Das **Great Rift**, ein langes Dunkelband aus Staub und Gas in der Ebene der Milchstraße, das vom Schützen bis zum Schwan reicht, ist nirgendwo so auffällig wie im Adler. Unter einem dunklen Himmel erkennt man, wie es die Milchstraße in zwei Hälften teilt. Beim offenen Sternhaufen **NGC 6709** handelt es sich um ein helles, wunderbares Dreieck aus Sternen mittlerer Leuchtkraft. Ungefähr 50 davon sind in einem 20-cm-Teleskop sichtbar. In einem 15-cm-Fernrohr erscheint **NGC 6755** als kleiner, wolkenartiger Haufen mit vielen lichtschwachen Sternen.

Der Adler weist mehrere schöne planetarische Nebel auf. Der prächtigste davon, **NGC 6751**, bildet eine kleine, gräuliche Nebelscheibe. **NGC 6772** ist etwas größer, aber schwächer, mit einem durchsichtigen gräulichen Dunstring und einem dunkleren Zentrum. **NGC 6803** ist eine winzige, leuchtend blaue Scheibe, **NGC 6804** eine kleine, ovale, gräuliche Dunstscheibe mit nahen Sternen.

STECKBRIEF

Aquila	Rektaszension	Beachtenswerte Objekte		Benannte Sterne
Adler	20 Stunden	Great Rift	NGC 6772	Altair (Alpha [α] Aquilae)
Genitiv	Deklination	NGC 6709	NGC 6803	Alshain (Beta [β] Aquilae)
Aquilae	+5°	NGC 6751	NGC 6804	Tarazed (Gamma [γ] Aquilae)
Abkürzung	Sichtbarkeit	NGC 6755		Deneb Okab (Delta [δ] Aquilae)
Aql	80°N bis 70°S	NGC 6760		

NÖRDLICHER NACHTHIMMEL – Beobachtungsort: New York, USA; Zeitpunkt: 22:00 Uhr am 15. des jeweiligen Monats

JAN FEB MÄR APR MAI JUN JUL AUG SEP OKT NOV DEZ

SÜDLICHER NACHTHIMMEL – Beobachtungsort: Sydney, Australien; Zeitpunkt: 22:00 Uhr am 15. des jeweiligen Monats

JAN FEB MÄR APR MAI JUN JUL AUG SEP OKT NOV DEZ

Positionskarten
Die kleinen Globen geben an, wo am Nachthimmel das Sternbild im jeweiligen Monat ungefähr zu finden ist. Anders als bei Weltkarten sind die Kardinalpunkte in den Diagrammen wie folgt angeordnet: Norden, Westen, Süden, Osten (im Uhrzeigersinn von oben). Enthalten sind Positionskarten für den nördlichen und südlichen Nachthimmel.

Rektaszension und Deklination
Die Sterne und andere interessante Objekte im Sternbild sind in dem Gitter eingezeichnet, das durch die Linien der Rektaszension und Deklination gebildet wird. Diese funktionieren ähnlich wie die Längen- und Breitengrade auf einer Weltkarte.

Bayer-Bezeichnung
1603 führte Johannes Bayer ein Identifizierungssystem für die Gestirne der Sternbilder ein. Dabei werden die Sterne in der Reihenfolge ihrer Helligkeit mit griechischen Buchstaben benannt, gefolgt vom Genitiv des lateinischen Namens des Sternbilds. Beispiel: Alpha (α) Canis Majoris. Auf den Sternbildkarten werden nur die griechischen Buchstaben verwendet.

Weltkarte
Auf der Weltkarte wird angezeigt, wo das Sternbild sichtbar ist. In dem Teil der Welt, der auf der Karte nicht aufgehellt ist, sind die Hauptsterne der Konstellation in einer Höhe von mindestens fünf Grad über dem Horizont zu sehen.

Andromeda

Andromeda ist eines der bekanntesten Sternbilder, was weniger auf seine Sterne als die nahe Galaxie darin zurückzuführen ist.

DIE PRINZESSIN IN KETTEN

Andromeda entstammt einer mythologischen Geschichte, deren Charaktere zahlreich am Himmel vertreten sind.

Andromeda war die Tochter von Cepheus und Cassiopeia, Herrscher des antiken Äthiopien. Beide sind direkt nördlich von ihr zu finden. Dabei fällt die Cassiopeia mit ihrer W-Form aus hellen Sternen mehr auf. Cassiopeia verärgerte den Meeresgott Nereus mit der Behauptung, Andromeda sei schöner als dessen Töchter, die 50 als Nereiden bekannten Meeresnymphen. Daraufhin sandte Nereus Cetus aus, Äthiopien zu verwüsten. Cetus, der Wal bzw. das Seeungeheuer, findet sich am Himmel etwas südlich von Andromeda.

Das königliche Paar, das den verärgerten Gott besänftigen wollte, bat ein Orakel um Rat. Die einzige Möglichkeit zur Rettung ihres Landes war, ihre Tochter Cetus zu opfern. Andromeda wurde an der Küste an einen Felsen gekettet, aber von Perseus auf dem geflügelten Pferd Pegasus gerettet. Dazu verwandelte Perseus Cetus in Stein, indem er ihn in das scheußliche Antlitz der Medusa schauen ließ. Die Sterne von Perseus liegen unmittelbar östlich der Andromeda. Pegasus, von den Sternen des Pegasus-Quadrats deutlich markiert, befindet sich südwestlich von ihr.

DIE STERNE VON ANDROMEDA

Die Hauptgestirne des Sternbilds Andromeda bilden ein lang gestrecktes V, dessen südlicher Arm die helleren Sterne enthält. Den Fluchtpunkt des V bildet Alpha (α) Andromedae, der zwar in Andromeda liegt, aber als Eckgestirn des Pegasus-Quadrats fungiert.

OBJEKTE VON INTERESSE

M31 (NGC 224), die **Andromeda-Galaxie**, ist mit 2,5 Millionen Lichtjahren Entfernung die der Milchstraße nächstgelegene größere Galaxie. Zusammen mit der Milchstraße dominiert sie die Lokale Galaxiengruppe. M31 ist das am weitesten entfernte Objekt, das mit dem bloßen Auge zu erkennen ist. Für eine gute Sicht darauf benötigt man allerdings einen dunklen Nachthimmel, denn wegen der Nähe erstreckt sich sein Licht über einen Himmelsbereich, der über fünfmal größer ist als der Vollmond. Folglich wirkt die Galaxie in einem guten Fernglas oft eindrucksvoller als in einem Teleskop.

M32 (NGC 221) und **M110 (NGC 205)** stellen kleine elliptische Galaxien dar, die M31 begleiten. Beide sind mit einem 10-cm-Teleskop sichtbar, wobei M32 kleiner und kompakter und damit einfacher erkennbar ist.

Eine weitere Galaxie in Andromeda bildet **NGC 891**. Hierbei handelt es sich um eine Spiralgalaxie in Kantenlage, für die jedoch mindestens ein 15-cm-Teleskop erforderlich ist.

Zu den Sternen dieser Konstellation zählt **Gamma (γ) Andromedae**, der als einer der eindrucksvollsten Doppelsterne für kleine Teleskope gilt. Zwischen dem goldgelben Hauptstern von $2^{m}{,}3$ und dem grünlich blauen, 10 Bogensekunden entfernten Begleiter der Helligkeit $5^{m}{,}1$ besteht ein attraktiver Farbkontrast.

Bei **NGC 7662** handelt es sich um einen planetarischen Nebel, der in einem 15-cm-Teleskop als leuchtend blauer Lichtpunkt von 30 Bogensekunden Durchmesser erscheint. Auf Hubble-Abbildungen wirkt der **blaue Schneeball-Nebel**, wie er manchmal bezeichnet wird, wie ein Auge, das uns aus 5600 Lichtjahren Entfernung anstarrt.

Links Da sie leicht erkennbar ist, reichen die Aufzeichnungen über die Andromeda-Galaxie Jahrhunderte zurück. Der nächste Nachbar unserer Galaxis gehört zur Lokalen Galaxiengruppe und ist ein wichtiges Objekt im Sternbild Andromeda.

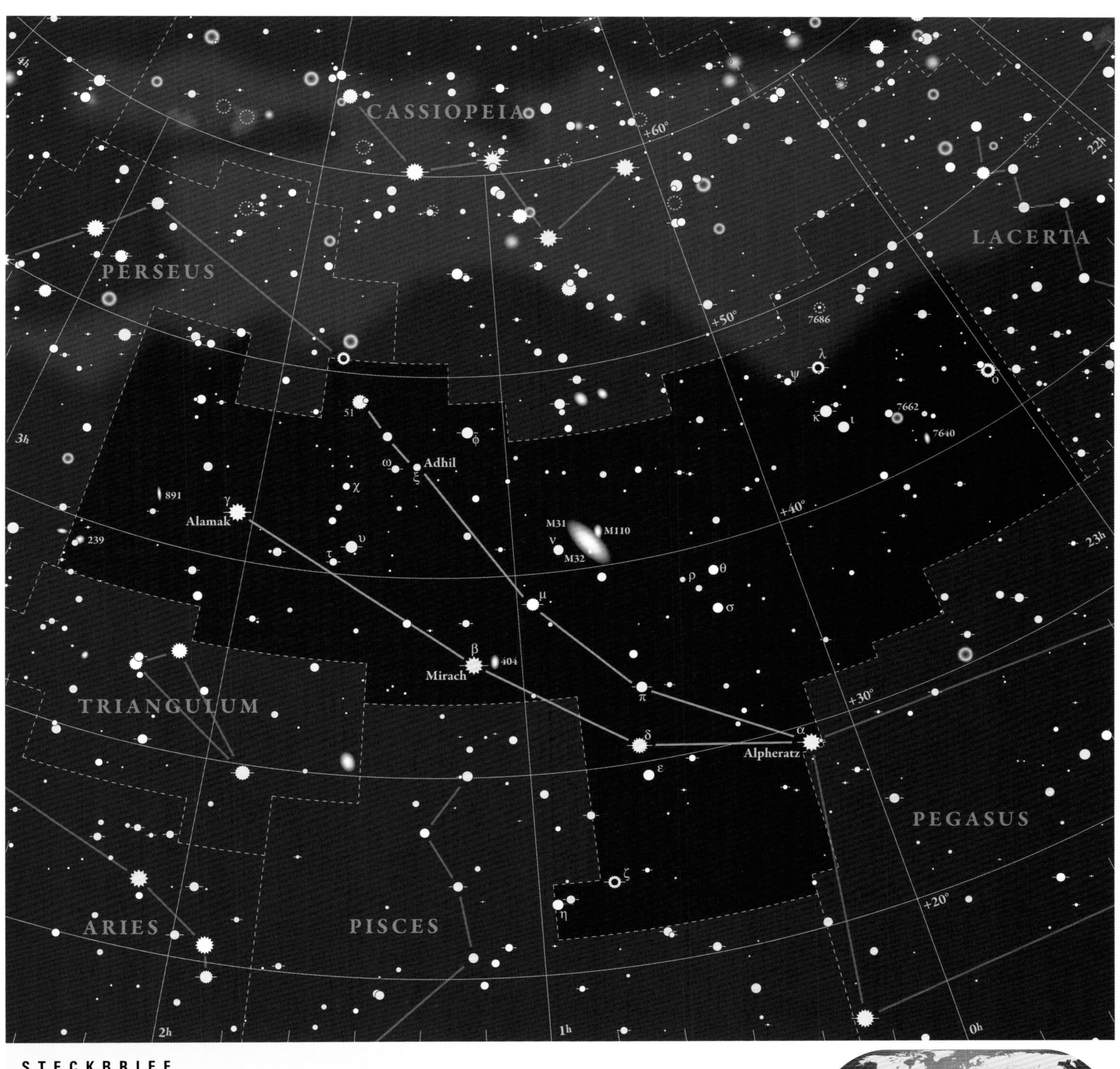

STECKBRIEF

Andromeda
Andromeda

Genitiv
Andromedae

Abkürzung
And

Rektaszension
1 Stunde

Deklination
+40°

Sichtbarkeit
90°N bis 36°S

Beachtenswerte Objekte
IC 239
M31 (Andromeda-Galaxie)
M32
M110
NGC 404
NGC 891
NGC 7640
NGC 7662
NGC 7686

Benannte Sterne
Alpheratz (Alpha [α] Andromedae)
Mirach (Beta [β] Andromedae)
Alamak (Gamma [γ] Andromedae)
Adhil (Xi [ξ] Andromedae)

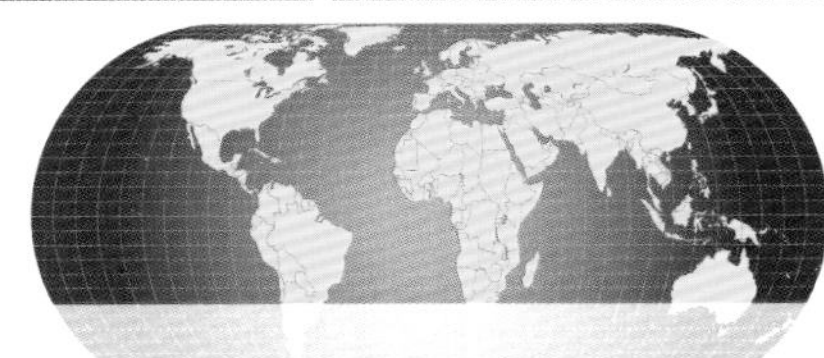

NÖRDLICHER NACHTHIMMEL – Beobachtungsort: New York, USA; Zeitpunkt: 22:00 Uhr am 15. des jeweiligen Monats

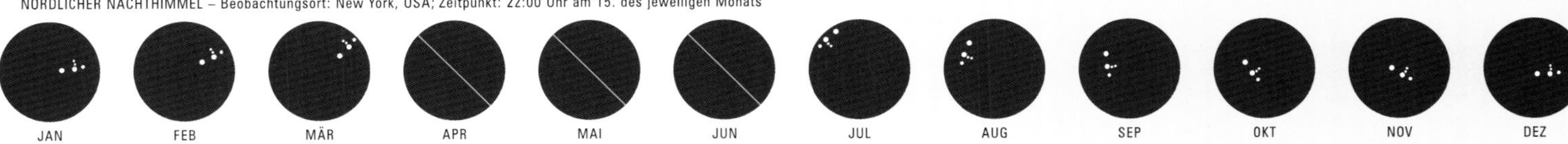

JAN FEB MÄR APR MAI JUN JUL AUG SEP OKT NOV DEZ

SÜDLICHER NACHTHIMMEL – Beobachtungsort: Sydney, Australien; Zeitpunkt: 22:00 Uhr am 15. des jeweiligen Monats

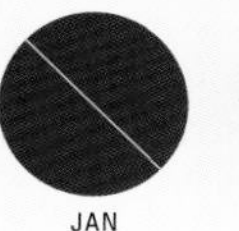 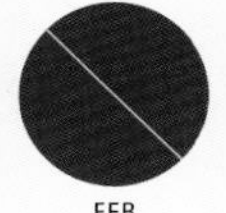   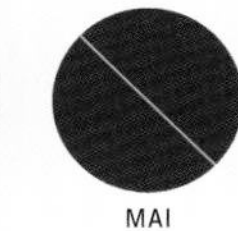    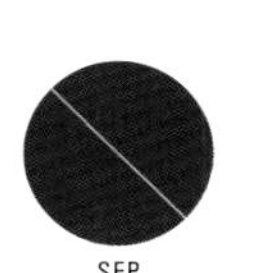   

JAN FEB MÄR APR MAI JUN JUL AUG SEP OKT NOV DEZ

Antlia

Die lichtschwachen Sterne des kleinen Sternbilds Antlia, oder Luftpumpe, nahe der südlichen Milchstraße gelegen, beherbergen zahlreiche Galaxien.

DIE LUFTPUMPE

Die Sterne zwischen Vela und Hydra, die die neuzeitliche Konstellation Antlia bilden, wurden von den antiken Kulturen nicht als eigene Sterngruppe betrachtet.

Abbé Nicolas Louis de Lacaille führte Antlia als Sternbild ein, als er an einem Observatorium am Kap der Guten Hoffnung arbeitete. Er nannte es „la Machine Pneumatique" (in der zweiten, 1763 veröffentlichen Ausgabe der Karte zu „Antlia Pneumatica" latinisiert), in Gedenken an die Entwicklung der Luftpumpe durch Robert Boyle und seinen Assistenten Robert Hooke an der Universität Oxford. Seit der Zeit Lacailles haben sich die Sterne und die Form von Antlia kaum verändert.

DIE STERNE VON ANTLIA

Die Luftpumpe liegt ziemlich dicht an der Ebene der Milchstraße; den Hintergrund bevölkern viele lichtarme Sterne. Die Hauptsterne, Alpha (α), Theta (θ), Epsilon (ε) und Iota (ι), alle der 4. und 5. Größenklasse zugehörig, formen ein großes Trapezoid, das mit einer Luftpumpe wenig Ähnlichkeit aufweist. Dahinter bildet eine Unzahl kaum sichtbarer Punkte einen ausgezeichneten Rahmen für Antlias Galaxien.

Mit $4\overset{m}{,}28$ ist Alpha (α) Antliae der hellste Stern der Konstellation – ein Riesenstern der Klasse K, 365 Lichtjahre entfernt. Er besitzt die zweieinhalbfache Masse unserer Sonne und eine 500-mal größere Leuchtkraft. Bald wird er zu einem Roten Riesen werden und nach einiger Zeit als pulsierender Mira-Veränderlicher als Weißer Zwerg sterben.

OBJEKTE VON INTERESSE

Obwohl Antlia unweit der Milchstraße liegt, zieren keine Sternhaufen oder Nebel das Sternbild. Der faszinierende planetarische Nebel **NGC 3132** befindet sich genau an der Grenze zum Segel und wird als Teil davon betrachtet.

In der Luftpumpe wimmelt es von Galaxien. Viele davon sind lichtschwach, doch gibt es auch einige helle, interessante darunter. Die schönste ist die zweiarmige Spiralgalaxie **NGC 2997**. Sie ist bereits mit einem 10-cm-Teleskop sichtbar. In einem 20-cm-Exemplar erscheint sie als Nebel mit geringer Flächenhelligkeit, dessen kleiner runder Kern etwas heller wirkt. Unter einem dunklen ländlichen Himmel lässt sich der etwas hellere Spiralarm im Halo gerade noch erkennen.

Die Gruppe **NGC 3347**, die **NGC 3354** und **NGC 3358** umfasst, eignet sich hervorragend für ein 20-cm-Teleskop. Die beiden größeren, helleren Wolken sind NGC 3347 und 3358, NGC 3354 steckt dazwischen. Eine ähnlich aussende Gruppe umgibt die elliptische Galaxie **NGC 3268**. **Zeta (ζ¹) Antliae** ist ein prächtiger Doppelstern für praktisch jedes Teleskop. Die eng zusammenstehenden gelben Zwillinge leuchten aus einem Meer von Sternen hervor.

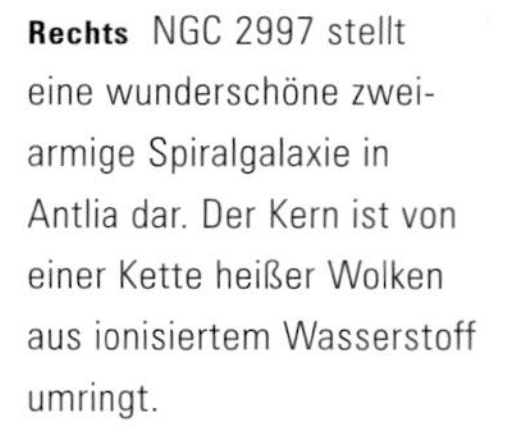

Rechts NGC 2997 stellt eine wunderschöne zweiarmige Spiralgalaxie in Antlia dar. Der Kern ist von einer Kette heißer Wolken aus ionisiertem Wasserstoff umringt.

STECKBRIEF

Antlia
Luftpumpe

Genitiv
Antliae

Abkürzung
Ant

Rektaszension (RA)
10 Stunden

Deklination:
–35°

Sichtbarkeit:
48°N bis 90°S

Beachtenswerte Objekte
Zeta (ζ) Antliae
NGC 2997
NGC 3268
NGC 3347
NGC 3354
NGC 3358

NÖRDLICHER NACHTHIMMEL – Beobachtungsort: New York, USA; Zeitpunkt: 22:00 Uhr am 15. des jeweiligen Monats

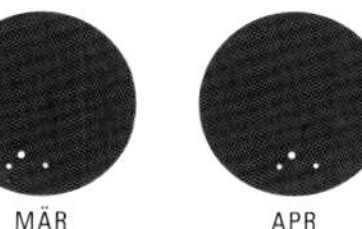
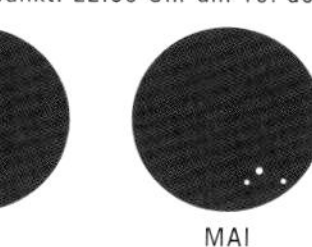
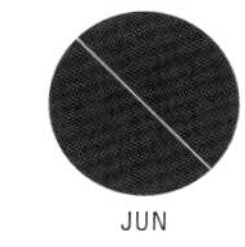
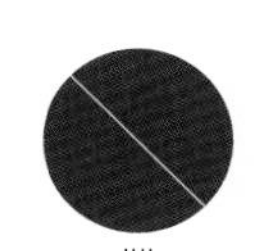
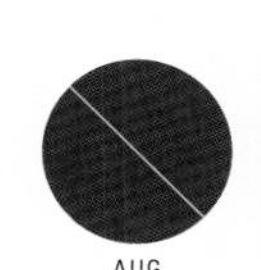

JAN FEB MÄR APR MAI JUN JUL AUG SEP OKT NOV DEZ

SÜDLICHER NACHTHIMMEL – Beobachtungsort: Sydney, Australien; Zeitpunkt: 22:00 Uhr am 15. des jeweiligen Monats

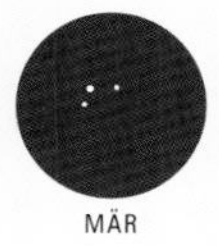

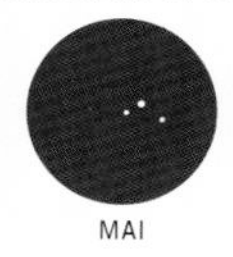

JAN FEB MÄR APR MAI JUN JUL AUG SEP OKT NOV DEZ

Apus

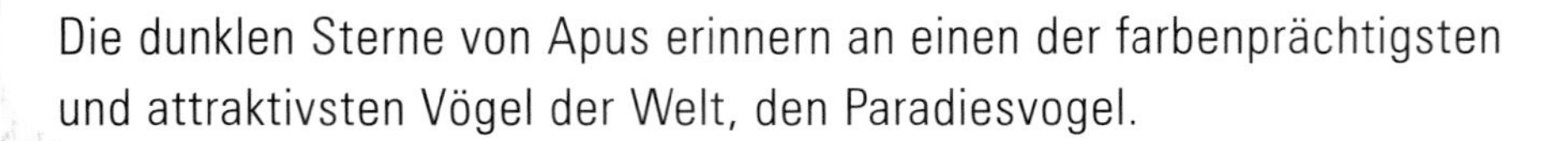
Die dunklen Sterne von Apus erinnern an einen der farbenprächtigsten und attraktivsten Vögel der Welt, den Paradiesvogel.

VOGEL OHNE BEINE

Die kleine und schwache Sterngruppe, die heute als Apus bekannt ist, befand sich für frühe europäische Beobachter zu weit im Süden. Das Sternbild stellt einen Paradiesvogel dar, den die Kariben den europäischen Entdeckern als Geschenk darboten (nachdem sie dessen offenbar hässliche Beine abgetrennt hatten). Der Name Apus leitet sich vom griechischen Wort für „fußlos" her.

Die Sterngruppe wurde von den Holländern Pieter Dirkszoon Keyser und Frederick de Houtman Ende des 16. Jahrhunderts eingeführt. 1598 wurde sie auf einer Sternkarte von Petrus Plancius unter der Bezeichnung „Paradysvogel Apis Indica" erstmals abgebildet. Johannes Bayer nahm sie unter dem Namen „Apus Indica" in seinen Himmelsatlas *Uranometria* auf, der 1603 erschien. Seit damals hat sich an der Form und an den Sternen von Apus nichts wesentlich verändert.

DIE STERNE VON APUS

Der Paradiesvogel liegt zwischen dem unverwechselbaren Triangulum Australe und dem südlichen Himmelspol. Alle Sterne von Apus zählen zur 4. oder 5. Größenklasse. Den sichtbarsten Teil der Gruppe bildet ein rechtwinkliges Dreieck, das sich aus Beta (β), Gamma (γ) und Delta (δ) Apodis zusammensetzt, während Alpha (α) etwas abseits liegt, an der Grenze zum Chamäleon. Alle vier Sterne sind rote oder orange Riesensterne, die im Fernglas gelblich oder orange erscheinen.

OBJEKTE VON INTERESSE

Da Apus ziemlich weit von der Milchstraße entfernt ist, hat es dem Amateurastronomen nicht sehr viel zu bieten. Zwar birgt es zahlreiche Galaxien, doch sind sie alle lichtschwach und winzig. Das Sternbild verfügt auch über zwei Kugelhaufen, die aber beide nicht besonders bemerkenswert sind.

NGC 6101 ist der bessere der beiden Haufen. In einem 20-cm-Teleskop erscheint er als verschwommener Fleck mit einigen schwachen Sternen. **IC 4499** ist etwas kleiner und lichtschwächer, dafür aber der dem südlichen Himmelspol nächstgelegene Kugelsternhaufen. In einem 20-cm-Teleskop kann man ihn mit Mühe ausmachen. Beide Haufen zeigen keine Verdichtung zum Zentrum hin.

Bei **Delta (δ) Apodis** handelt es sich um einen Doppelstern mit weitem Abstand. Die beiden etwas unterschiedlichen orangefarbenen Sterne lassen sich mit einem Fernglas mühelos auflösen. **Theta (θ) Apodis**, drei Grad nordwestlich von Alpha, ist ein pulsierender Roter Riese, dessen Helligkeit unregelmäßig zwischen 6^m und 9^m variiert.

Rechts NGC 6101 ist einer der beiden Kugelhaufen im Sternbild Apus. Er erscheint in einem 20-cm-Teleskop als verschwommener Fleck.

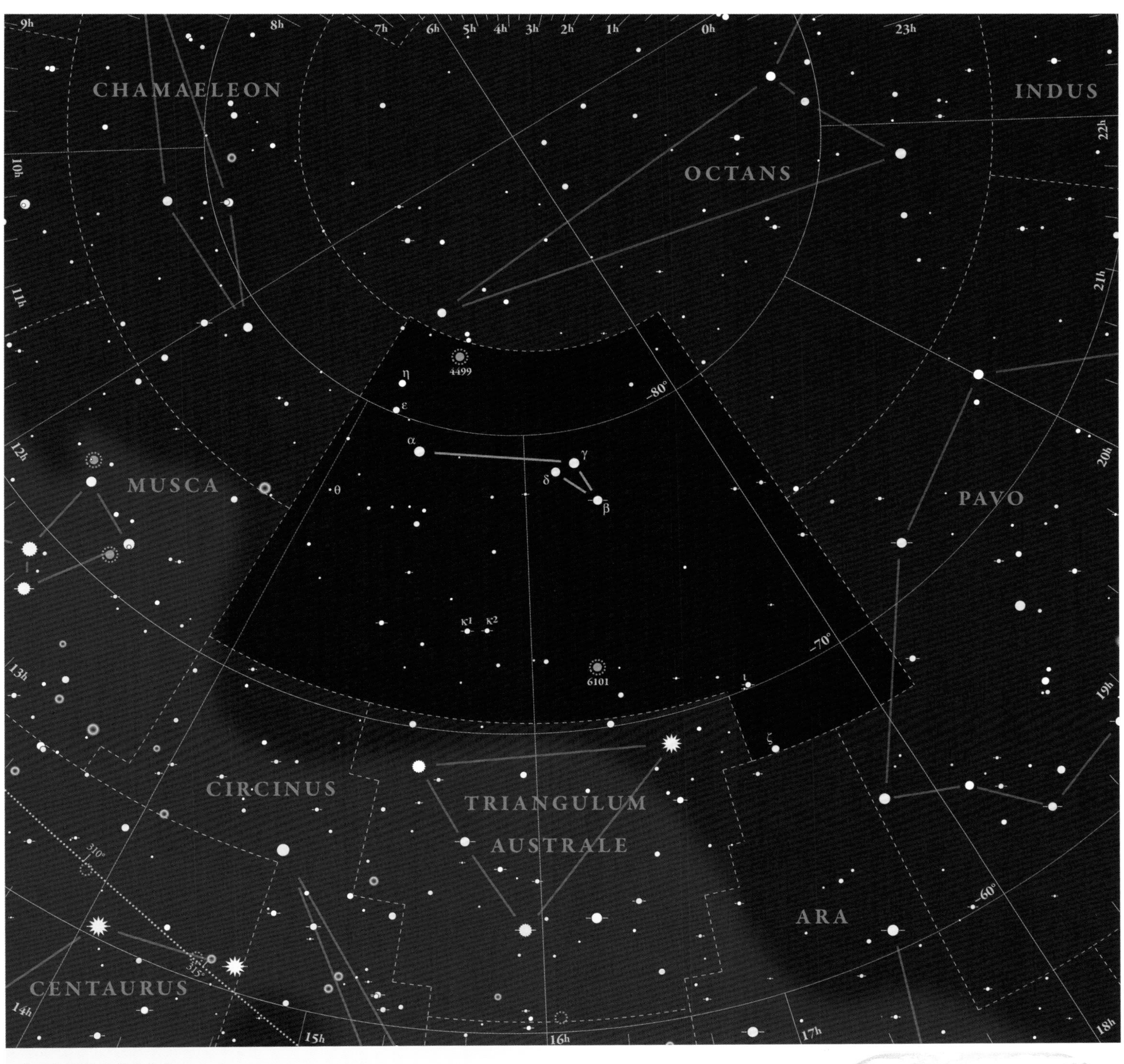

STECKBRIEF

Apus
Paradiesvogel

Genitiv
Apodis

Abkürzung
Aps

Rektaszension
16 Stunden

Deklination
–75°

Sichtbarkeit
6°N bis 90°S

Beachtenswerte Objekte
Delta (δ) Apodis
Theta (θ) Apodis
IC 4499
NGC 6101

NÖRDLICHER NACHTHIMMEL – Beobachtungsort: New York, USA; Zeitpunkt: 22:00 Uhr am 15. des jeweiligen Monats

JAN

FEB

MÄR
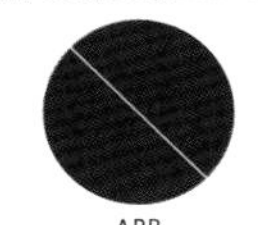
APR

MAI

JUN

JUL
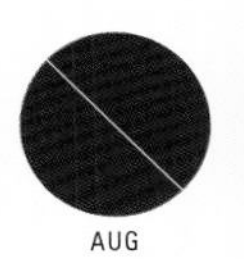
AUG

SEP
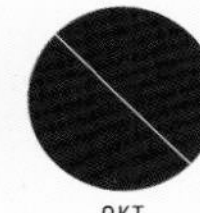
OKT
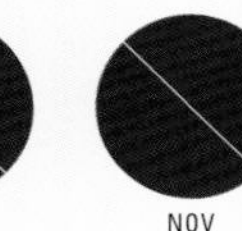
NOV
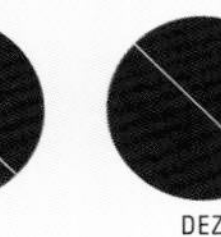
DEZ

SÜDLICHER NACHTHIMMEL – Beobachtungsort: Sydney, Australien; Zeitpunkt: 22:00 Uhr am 15. des jeweiligen Monats

JAN

FEB

MÄR

APR

MAI

JUN
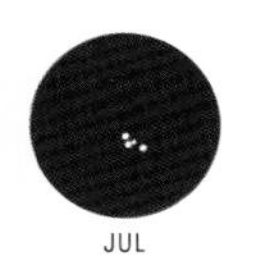
JUL
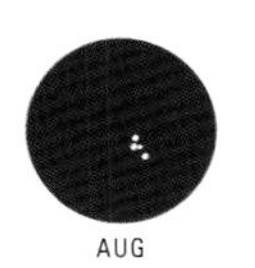
AUG

SEP

OKT

NOV

DEZ

Aquarius

Aquarius, eines der ältesten Sternbilder, stellt den Mundschenk des Zeus dar. Manchmal wird darin der mythologische Fluss Eridanus eingezeichnet, der dem Krug des Wassermanns entspringt.

LEBEN SPENDENDES WASSER

Die alten Ägypter setzen die lichtschwachen Sterne von Aquarius (lateinisch für Wassermann) mit ihren Nilgöttern gleich und glaubten, das Sternbild rufe die Leben spendenden jährlichen Überschwemmungen hervor. Für die Griechen repräsentierten diese Sterne Ganymed, Sohn des Königs Tros, nach dem Troja benannt wurde. Ganymed war angeblich der Schönste unter den Sterblichen und wurde von Zeus begehrt. Als Ganymed die Schafe seines Vaters hütete, stürzte sich Zeus in Gestalt eines Adlers auf ihn und trug ihn zum Olymp. Dort bewirtete er die Götter mit Wasser, Nektar und Ambrosia. Die Nachbarkonstellation, Aquila, erinnert an den Adler.

DIE STERNE VON AQUARIUS

Zum größten Teil sind die Sterne des Wassermanns ziemlich lichtschwach – nur zwei sind heller als 3^m. Am einfachsten zu erkennen sind die 5^m und 6^m hellen Sterne im Südosten des Sternbilds, die den „Wasserkrug" formen. Obwohl diese Sterne schwach sind, sind sie unter einem ländlichen Himmel recht gut auszumachen. Sternatlanten aus dem 16. bis 19. Jahrhundert zeigen, wie der Wassermann aus diesem Krug Wasser in das Maul von Piscis Austrinus schüttet.

Beta (β) Aquarii oder Sadalsuud (arabisch für „der Glücklichste von allen") ist der hellste Stern in Aquarius. Es handelt sich dabei um einen Gelben Überriesen der Klasse G, sechsmal schwerer und 50-mal größer als unsere Sonne. Über 600 Lichtjahre entfernt, ist er außerdem 2200-mal so leuchtstark wie die Sonne. Alpha (α) Aquarii trägt einen ähnlichen arabischen Namen, Sadalmelik, was „der glücklichste Stern des Königreiches" bedeutet. Der Ursprung und tiefere Sinn der beiden Namen ist im Laufe der Geschichte verloren gegangen.

OBJEKTE VON INTERESSE

Trotz der großen Entfernung von der Milchstraße bietet der Wassermann dem Freizeitastronomen etliche interessante Objekte. Der größte mühelos zu beobachtende planetarische Nebel ist **NGC 7293** bzw. der **Helix-Nebel**. In der Stadt ist der im Durchmesser halbmondgroße Nebel u. U. schwer auszumachen, doch unter einem ländlichen Himmel ist er selbst mit einem Fernglas als großer, runder, schwacher Dunstschleier erkennbar. Ein 15-cm-Teleskop zeigt einen riesigen gräulichen Gasring mit einem etwas dunkleren Zentrum. **NGC 7009**, der **Saturn-Nebel**, ist ein kleiner, aber heller ovaler planetarischer Nebel mit intensiver bläulicher Färbung und zwei seitlich heraustretenden Strahlen, weshalb er an den Saturn mit seinen Ringen erinnert.

M2 ist der prächtigere von zwei Kugelsternhaufen in Aquarius. Ein 20-cm-Teleskop löst ihn in eine Unzahl Lichtpunkte auf, mit einer starken Verdichtung zur Mitte hin. Im Vergleich dazu stellt **M72** einen unauffälligen, wesentlich kleineren Kugelhaufen dar, der schwer aufzulösen ist. Von den unzähligen Galaxien ist **NGC 7184** am leichtesten zu erkennen. In einem 20-cm-Fernrohr erscheint sie als kleiner, spindelförmiger Halo mit einem helleren Kern.

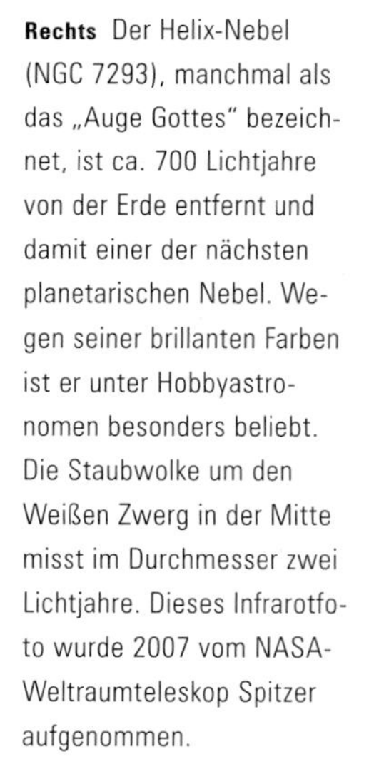

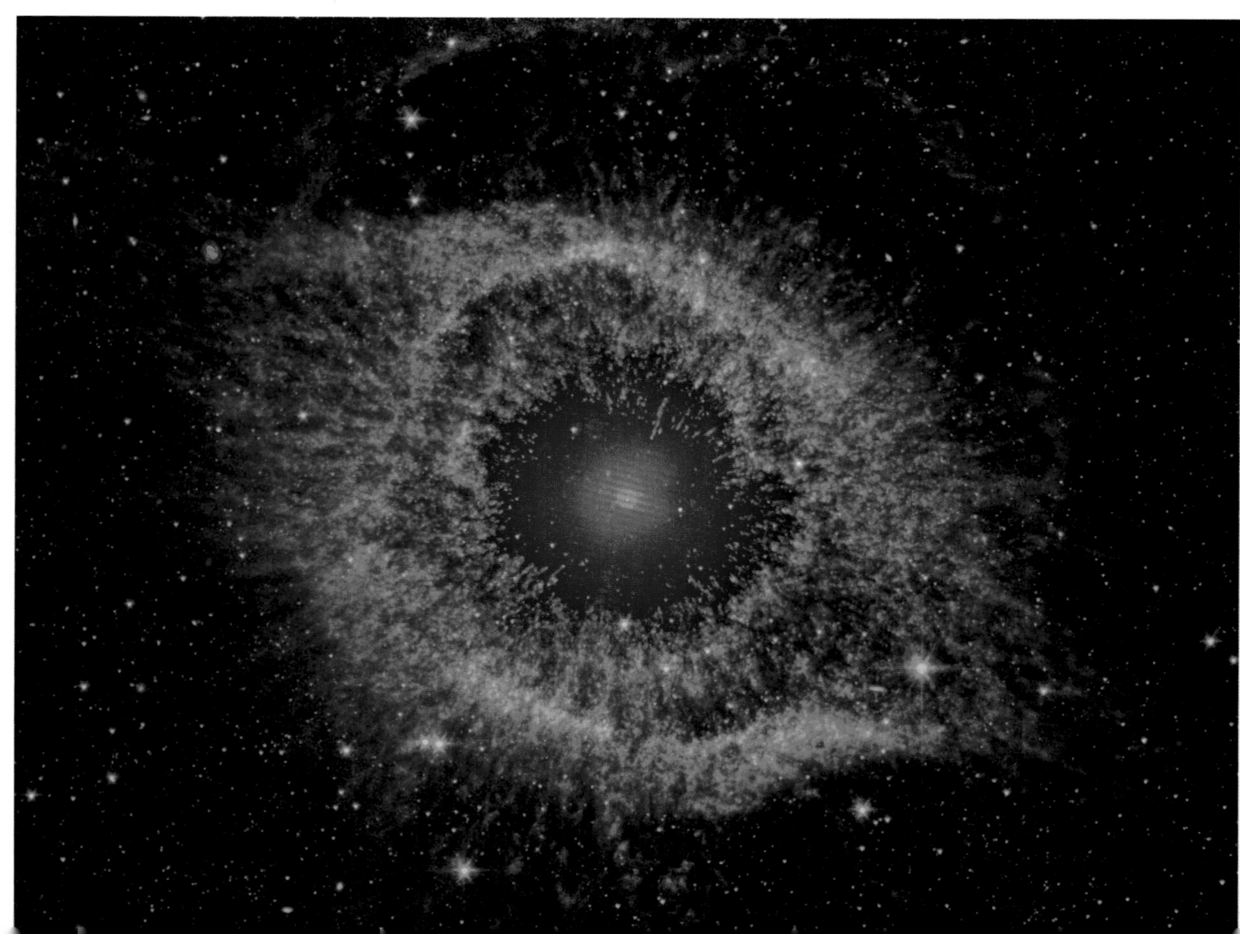

Rechts Der Helix-Nebel (NGC 7293), manchmal als das „Auge Gottes" bezeichnet, ist ca. 700 Lichtjahre von der Erde entfernt und damit einer der nächsten planetarischen Nebel. Wegen seiner brillanten Farben ist er unter Hobbyastronomen besonders beliebt. Die Staubwolke um den Weißen Zwerg in der Mitte misst im Durchmesser zwei Lichtjahre. Dieses Infrarotfoto wurde 2007 vom NASA-Weltraumteleskop Spitzer aufgenommen.

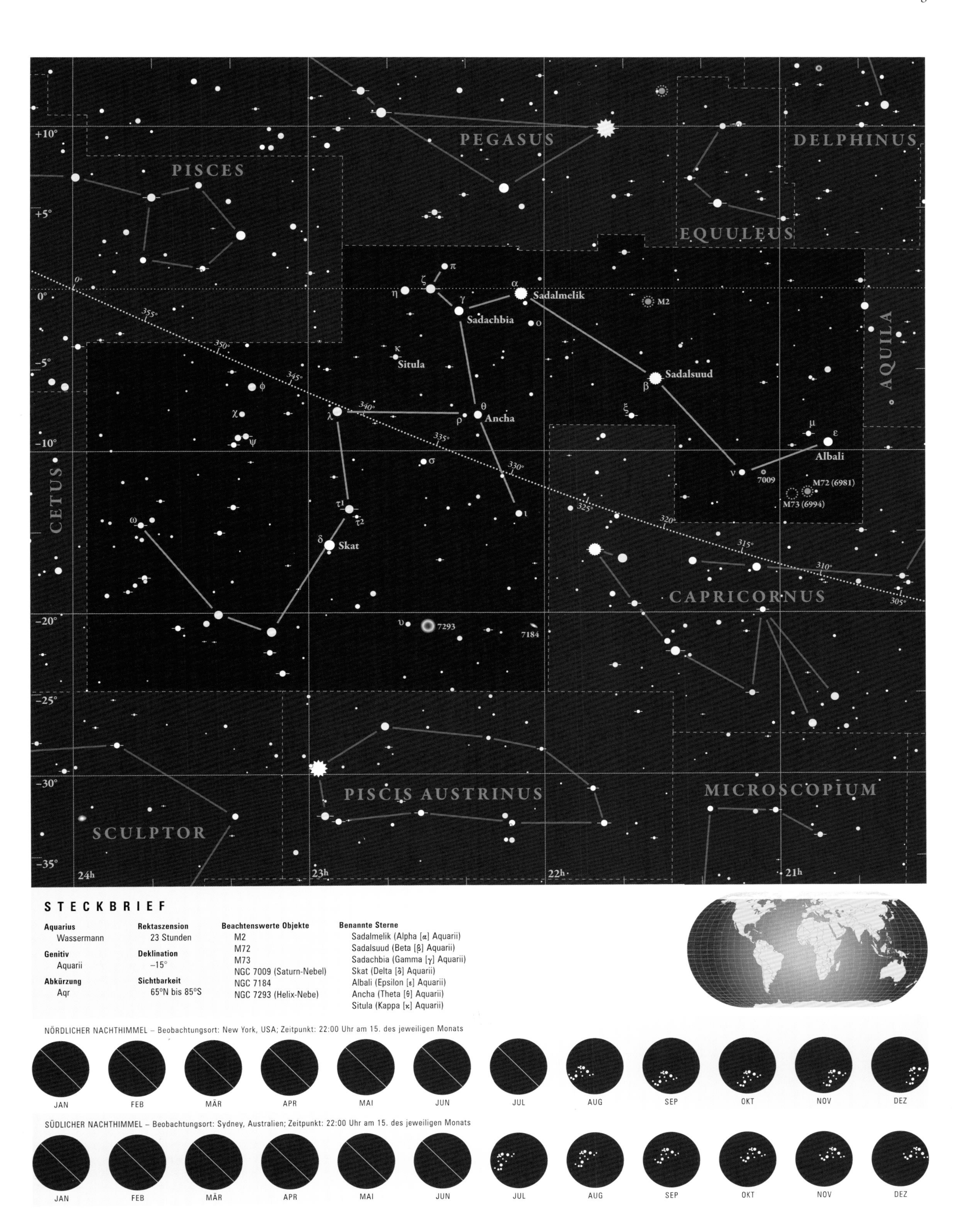

STECKBRIEF

Aquarius
Wassermann

Genitiv
Aquarii

Abkürzung
Aqr

Rektaszension
23 Stunden

Deklination
−15°

Sichtbarkeit
65°N bis 85°S

Beachtenswerte Objekte
M2
M72
M73
NGC 7009 (Saturn-Nebel)
NGC 7184
NGC 7293 (Helix-Nebe)

Benannte Sterne
Sadalmelik (Alpha [α] Aquarii)
Sadalsuud (Beta [β] Aquarii)
Sadachbia (Gamma [γ] Aquarii)
Skat (Delta [δ] Aquarii)
Albali (Epsilon [ε] Aquarii)
Ancha (Theta [θ] Aquarii)
Situla (Kappa [κ] Aquarii)

NÖRDLICHER NACHTHIMMEL – Beobachtungsort: New York, USA; Zeitpunkt: 22:00 Uhr am 15. des jeweiligen Monats

JAN FEB MÄR APR MAI JUN JUL AUG SEP OKT NOV DEZ

SÜDLICHER NACHTHIMMEL – Beobachtungsort: Sydney, Australien; Zeitpunkt: 22:00 Uhr am 15. des jeweiligen Monats

JAN FEB MÄR APR MAI JUN JUL AUG SEP OKT NOV DEZ

Aquila

Benannt nach dem königlichen Adler des Zeus, stürzt sich das Sternbild Aquila durch die Wolken der Milchstraße.

AUF ADLERS SCHWINGEN

Die bekannteste Göttersage im Zusammenhang mit Aquila ist die griechische, vermutlich aber ist der Adler ein wesentlich älteres Sternbild. Aquila verkörpert entweder Zeus selbst, in Gestalt eines Adlers, oder möglicherweise seinen königlichen Adler, der auf die Erde herabstürzt, um Ganymed zu entführen, einen jungen Prinzen aus Troja. Zeus war vernarrt in Ganymed und ließ ihn zum Olymp bringen, damit er sein Geliebter und Mundschenk der Götter werde. Später wurde Ganymed als nahes Sternbild Aquarius unter die Sterne platziert.

Einige Sterne, die heute den Adler bilden, formten einst die Konstellation Antinous. Diese Gruppe geht auf das 2. Jahrhundert v. Chr. zurück, als der römische Kaiser Hadrian – vielleicht durch Zeus und Ganymed inspiriert – sie zu Ehren seines Lieblingsjünglings am Hof einführte. Der Legende nach opferte sich der törichte Jüngling, um das Leben seines Kaisers zu verlängern. In einigen Himmelsatlanten aus dem 16. bis 19. Jahrhundert wird der Adler dargestellt, wie er Antinous in seinen Klauen hält, so als verkörperte dieser Ganymed.

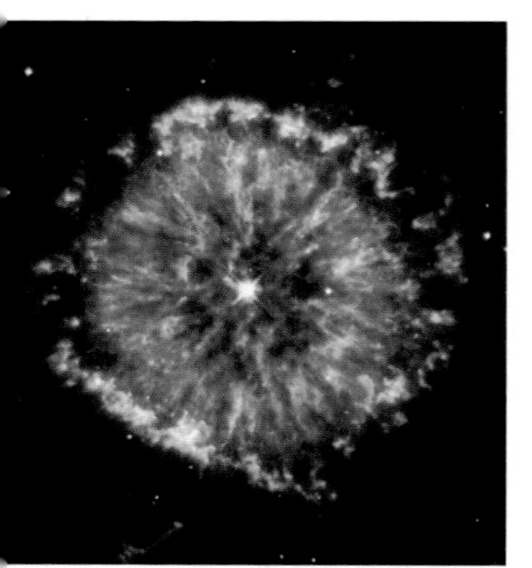

Oben Aufnahme des Weltraumteleskops Hubble vom eindrucksvollen planetarischen Nebel NGC 6751. Der Nebel, der wie ein Riesenauge im Sternbild Adler leuchtet, ist eine Wolke aus Gas, die der heiße Stern in der Mitte vor Jahrtausenden ausgestoßen hat.

DIE STERNE VON AQUILA

Viele Sterne des Adlers sind relativ lichtschwach, weshalb es einiger Fantasie bedarf, sich die Figur vorzustellen. Leicht zu erkennen ist das Sternentrio – Alpha (α) flankiert von Beta (β) und Gamma (γ) –, das Kopf und Hals des Adlers bildet. Zeta (ζ) und Epsilon (ε) formen eine Flügelspitze, Theta (θ) die andere; Lambda (λ) befindet sich am Schwanz.

Altair ist der dreizehnthellste Stern am Nachthimmel und der hellste von Aquila. Sein Name bedeutet im Arabischen „fliegender Adler". Altair gehört zur Spektralklasse A7, ist nur 16,8 Lichtjahre entfernt und zehnmal heller als unsere Sonne.

OBJEKTE VON INTERESSE

Das **Great Rift**, ein langes Dunkelband aus Staub und Gas in der Ebene der Milchstraße, das vom Schützen bis zum Schwan reicht, ist nirgendwo so auffällig wie im Adler. Unter einem dunklen Himmel erkennt man, wie es die Milchstraße in zwei Hälften teilt. Beim offenen Sternhaufen **NGC 6709** handelt es sich um ein helles, wunderbares Dreieck aus Sternen mittlerer Leuchtkraft. Ungefähr 50 davon sind in einem 20-cm-Teleskop sichtbar. In einem 15-cm-Fernrohr erscheint **NGC 6755** als kleiner, wolkenartiger Haufen mit vielen lichtschwachen Sternen.

Der Adler weist mehrere schöne planetarische Nebel auf. Der prächtigste davon, **NGC 6751**, bildet eine kleine, gräuliche Nebelscheibe. **NGC 6772** ist etwas größer, aber schwächer, mit einem durchsichtigen gräulichen Dunstring und einem dunkleren Zentrum. **NGC 6803** ist eine winzige, leuchtend blaue Scheibe, **NGC 6804** eine kleine, ovale, gräuliche Dunstscheibe mit nahen Sternen.

Rechts Dieses Foto, aufgenommen vom Inter-American Observatory auf dem Cerro Tololo in Chile, zeigt eine Weitwinkelansicht in Richtung Zentrum unserer Milchstraße. Die Teekannenform der Sterne im Schützen ist erkennbar; die Zentralregion der Galaxie hingegen wird von Gas- und Staubwolken sowie von der Unzahl an Sternen zwischen der Erde und dem galaktischen Kern verdeckt.

STECKBRIEF

Aquila
Adler

Genitiv
Aquilae

Abkürzung
Aql

Rektaszension
20 Stunden

Deklination
+5°

Sichtbarkeit
80°N bis 70°S

Beachtenswerte Objekte
Great Rift
NGC 6709
NGC 6751
NGC 6755
NGC 6760
NGC 6772
NGC 6803
NGC 6804

Benannte Sterne
Altair (Alpha [α] Aquilae)
Alshain (Beta [β] Aquilae)
Tarazed (Gamma [γ] Aquilae)
Deneb Okab (Delta [δ] Aquilae)

NÖRDLICHER NACHTHIMMEL – Beobachtungsort: New York, USA; Zeitpunkt: 22:00 Uhr am 15. des jeweiligen Monats

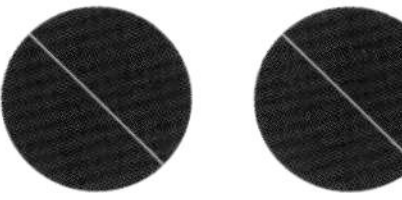
JAN

FEB

MÄR
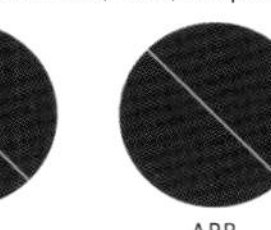
APR

MAI

JUN
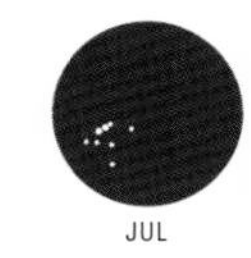
JUL

AUG

SEP

OKT
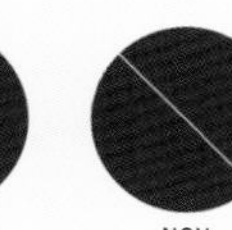
NOV
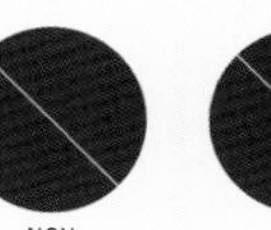

DEZ

SÜDLICHER NACHTHIMMEL – Beobachtungsort: Sydney, Australien; Zeitpunkt: 22:00 Uhr am 15. des jeweiligen Monats

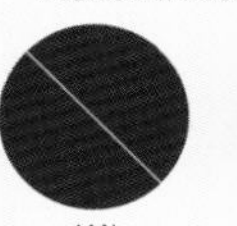
JAN

FEB

MÄR

APR

MAI

JUN

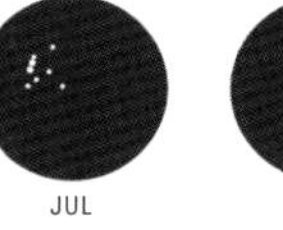
JUL

AUG

SEP

OKT

NOV

DEZ

Ara

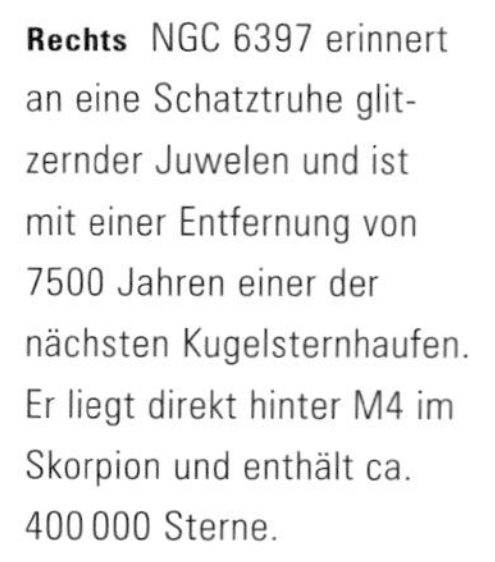

Viele frühe Kulturen verzeichneten dieses Sternbild in ihrem Himmel. Der Altar ist das südlichste Sternbild, das die antiken Astronomen kannten.

HIMMLISCHE OPFERGABEN

Die Hebräer interpretierten die Sterne von Ara entweder als den Altar, den Noah nach der Sintflut errichtete, oder als den Altar, den Abraham auf Geheiß Gottes baute, um seinen Sohn Isaak zu opfern. Die Griechen sahen in Ara den Altar, an dem die Götter ein Bündnis zum Sturz der Titanen schworen, und für die Römer war diese Konstellation ein Altar, auf dem Weihrauch für die Toten verbrannt wurde.

In einigen frühen „modernen" Himmelsatlanten wird der Zentaur abgebildet, wie er den Kadaver des Wolfs an einem Schwert in Richtung des Altars trägt, um ihn offenbar zu opfern. Allerdings gibt es keine mythologische Geschichte zu dieser Darstellung. Sie wurde spätestens durch Lacaille zunichte gemacht, als er an einer freien Stelle zwischen den drei Sternbildern Norma einführte, das Winkelmaß, das sich Chiron (Zentaur) in den Weg stellte.

DIE STERNE VON ARA

Die Hauptsterne des Altars, unmittelbar südlich vom Schwanz des Skorpions gelegen, sind leicht auszumachen. Merkwürdig ist das Fehlen von allgemeinsprachlichen Bezeichnungen für die Sterne, zumal es sich um ein antikes Bild handelt. Zwei gegenüberliegende Sternbögen markieren die Altarseiten – Alpha (α), Beta (β), Gamma (γ) und Delta (δ) im Westen, Epsilon (ε), Zeta (ζ) und Eta (η) im Osten. Die helle Milchstraße, die durch die benachbarten Sternbilder Winkelmaß und Skorpion strömt, könnte man als himmlischen Rauch von den brennenden Opfergaben interpretieren.

Alpha (α) Arae, 240 Lichtjahre entfernt, ist ein heißer Stern der Klasse B7. Er besitzt die siebenfache Masse der Sonne und eine um über 2000-mal stärkere Leuchtkraft.

OBJEKTE VON INTERESSE

Das nördliche Ende des Altars liegt ziemlich dicht an der Ebene der Milchstraße. Dort findet man zahlreiche offene Sternhaufen und planetarische Nebel. Der beste davon ist der Sternhaufen **NGC 6193**. Im Zentrum der Gruppe befindet sich ein nebelartiger weißer Doppelstern, im Osten davon liegen einige Sternansammlungen mit einer schwachen Nebelhülle. Der Sternhaufen ist mit einem 10-cm-Teleskop gut zu beobachten, der Nebel erst mit einem 20-cm-Fernrohr.

Der Altar beherbergt drei Kugelsternhaufen. Mit einer Entfernung von 7500 Lichtjahren ist **NGC 6397** gerade noch mit bloßem Auge erkennbar. Die unverdichtete, ausgedehnte Ansammlung von Sternen, die in einem 15-cm-Teleskop fast wie ein offener Sternhaufen wirkt, misst beinahe einen halben Monddurchmesser.

Die südlichen Regionen von Ara enthalten viele Galaxien. Unweit von Eta (η) Arae bilden **NGC 6215** und **NGC 6221** ein helles Galaxienpaar in einem sternübersäten Feld.

Rechts NGC 6397 erinnert an eine Schatztruhe glitzernder Juwelen und ist mit einer Entfernung von 7500 Jahren einer der nächsten Kugelsternhaufen. Er liegt direkt hinter M4 im Skorpion und enthält ca. 400 000 Sterne.

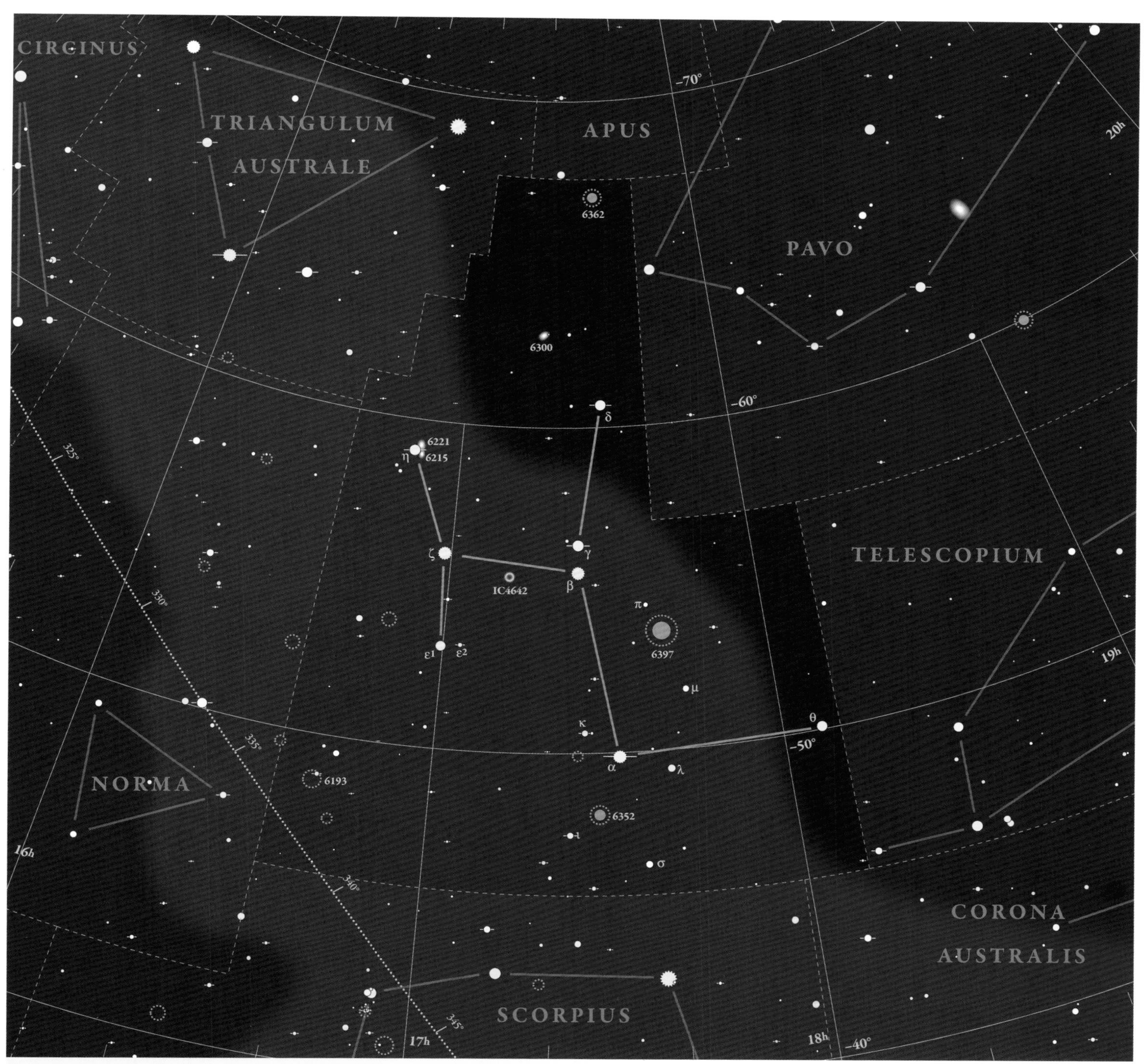

STECKBRIEF

Ara	Rektaszension	Beachtenswerte Objekte
Altar	17 Stunden	Alpha (α) Arae
Genitiv	**Deklination**	IC 4642
Arae	−55°	NGC 6193
Abkürzung	**Sichtbarkeit**	NGC 6215
Ara	25°N bis 90°S	NGC 6221
		NGC 6397

NÖRDLICHER NACHTHIMMEL – Beobachtungsort: New York, USA; Zeitpunkt: 22:00 Uhr am 15. des jeweiligen Monats

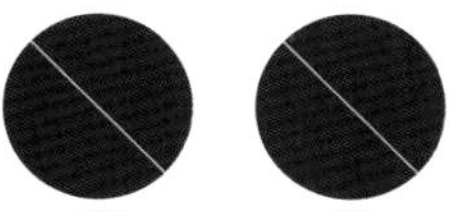

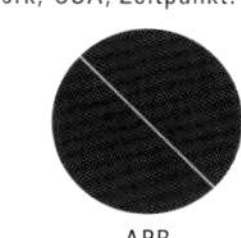
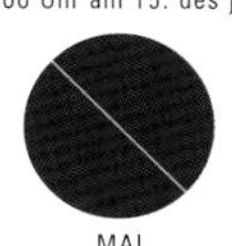
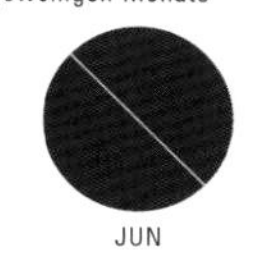
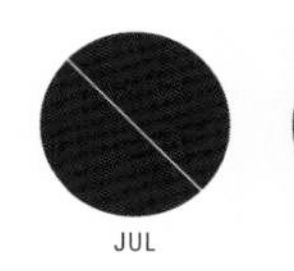

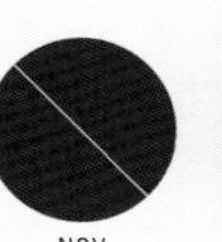

JAN FEB MÄR APR MAI JUN JUL AUG SEP OKT NOV DEZ

SÜDLICHER NACHTHIMMEL – Beobachtungsort: Sydney, Australien; Zeitpunkt: 22:00 Uhr am 15. des jeweiligen Monats

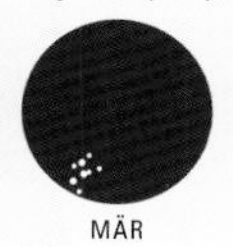

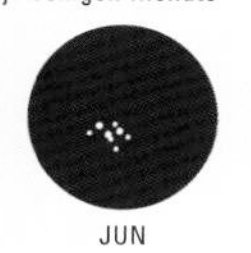
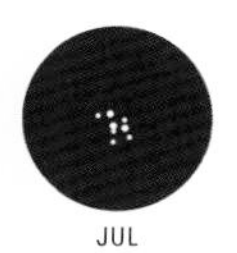
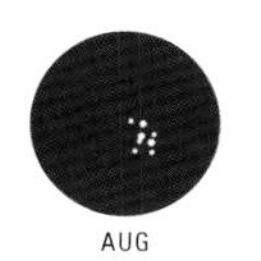
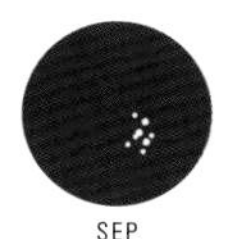

JAN FEB MÄR APR MAI JUN JUL AUG SEP OKT NOV DEZ

Aries

Die Sterne des Aries symbolisierten einst Erneuerung, denn in diesem Sternbild lag das Frühlingsäquinoktium. Später verkörperten die Sterne den sagenhaften Widder mit dem Goldenen Vlies.

EIN VLIES AUS GOLD

Das Sternbild Widder geht wahrscheinlich auf die Sumerer zurück. Von nachfolgenden Kulturen wie den Griechen wurde der Widder in die dramatische Sage von Jason und den Argonauten integriert.

Der Götterbote Hermes (Merkur) sah, dass des Königs Athamas Kinder, die Zwillinge Phrixos and Helle, von ihrer Stiefmutter misshandelt wurden. Deshalb sandte er zu ihrer Rettung einen geflügelten Widder. Dieser brachte Phrixos in das Königreich Kolchis (Helle dagegen stürzte unterwegs ins Meer). Dort nahm König Aietes ihn gastfreundlich auf und gab ihm seine Tochter zur Frau. Nachdem der Widder in einem heiligen Hain geopfert worden war, verwandelte sich sein Vlies in Gold und wurde an einem Baum aufgehängt. Dort wurde es von einem niemals schlafenden Drachen bewacht.

DIE STERNE VON ARIES

Vor über 2000 Jahren erreichte die Sonne das Frühlingsäquinoktium (für die Nordhalbkugel) im Widder. Wegen der Präzession der Ekliptik liegt dieser Punkt nun im Sternbild Fische, und in 600 Jahren wandert er in den Wassermann. Der am einfachsten zu erkennende Teil von Aries ist das kleine flache Dreieck, das durch Alpha (α), Beta (β) und Gamma (γ) Arietis gebildet wird (2., 3. bzw. 4. Größenklasse). Es geht der V-förmigen Sterngruppe der Hyaden im Stier um ca. 2,5 Stunden voraus. Im 17. Jahrhundert bildete der deutsche Astronom Jakob Bartsch mit mehreren Sternen des Widders ein neues Sternbild namens Vespa (Wespe). Bis zum 20. Jahrhundert, als die Astronomen seine Sterne wieder dem Widder zuschlugen, durchlief es mehrere Verkörperungen als Fliege oder Biene.

Alpha (α) Arietis oder Hamal (arabisch „Schaf") ist der hellste Stern im Widder. Es handelt sich dabei um einen 66 Lichtjahre entfernten Roten Riesen der Klasse K2, mit der doppelten Masse der Sonne und 90-mal heller.

OBJEKTE VON INTERESSE

Das Glanzstück von Aries ist **Gamma (γ) Arietis** , auch bekannt als Mesarthim, was sich aus dem Arabischen für „erster Stern in Aries" herleitet. Dabei handelt es sich um ein prächtiges Binärsystem mit zwei fast identischen Sternen (B- und A-Klasse), die seltsamerweise blassgelb erscheinen. In einem 10-cm-Teleskop sind sie wunderbar zu erkennen.

Nur ein Feld neben Mesarthim liegt **NGC 772** , die beste Galaxie des Widders. In einem 20-cm-Teleskop lässt diese wunderbare Spiralgalaxie einen ungewöhnlich starken Spiralarm, einen schwachen, ovalen Halo und einen kleinen, wesentlich helleren Kern erkennen. **NGC 691** ist mit einem 15-cm-Fernrohr kaum auszumachen; in einem 20-cm-Instrument jedoch zeigt sie einen kleinen, schwachen, runden Ring mit einem etwas helleren Mittelpunkt.

Unten Die riesige Spiralgalaxie NGC 772 liegt im Widder. 2003 wurden hier innerhalb von drei Wochen zwei Supernovae entdeckt.

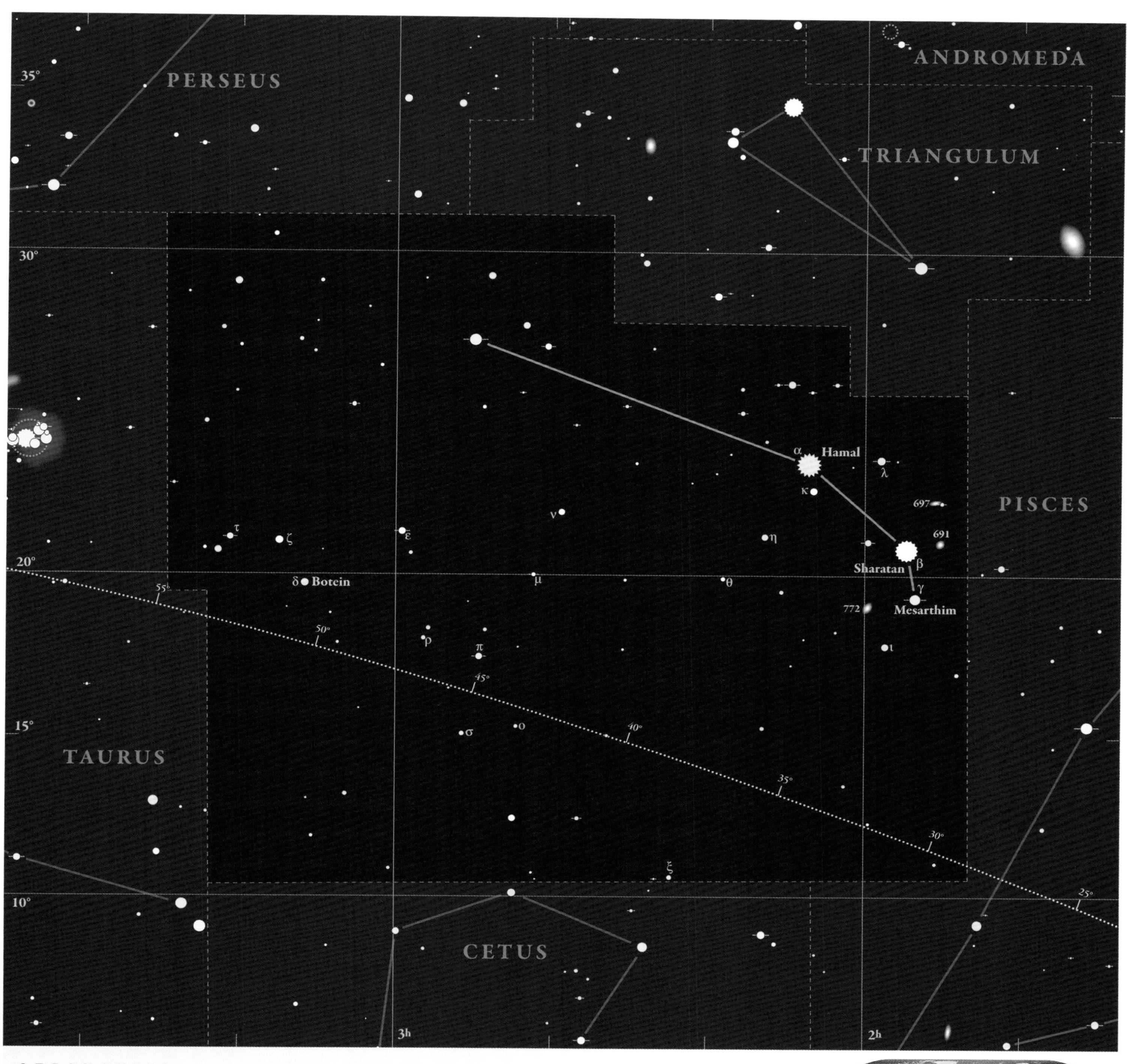

STECKBRIEF

Aries
Widder

Genitiv
Arietis

Abkürzung
Ari

Rektaszension
3 Stunden

Deklination
+20°

Sichtbarkeit
90°N bis 62°S

Beachtenswerte Objekte
Alpha (α) Arietis
Beta (β) Arietis
Gamma (γ) Arietis
NGC 691
NGC 772

Benannte Sterne
Hamal (Alpha [α] Arietis)
Sharatan (Beta [β] Arietis)
Mesarthim (Gamma [γ] Arietis)
Botein (Delta [δ] Arietis)

NÖRDLICHER NACHTHIMMEL – Beobachtungsort: New York, USA; Zeitpunkt: 22:00 Uhr am 15. des jeweiligen Monats

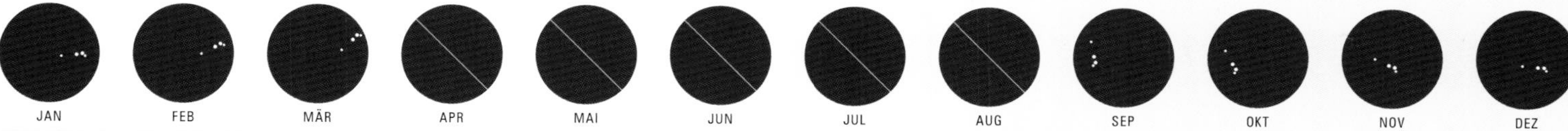

SÜDLICHER NACHTHIMMEL – Beobachtungsort: Sydney, Australien; Zeitpunkt: 22:00 Uhr am 15. des jeweiligen Monats

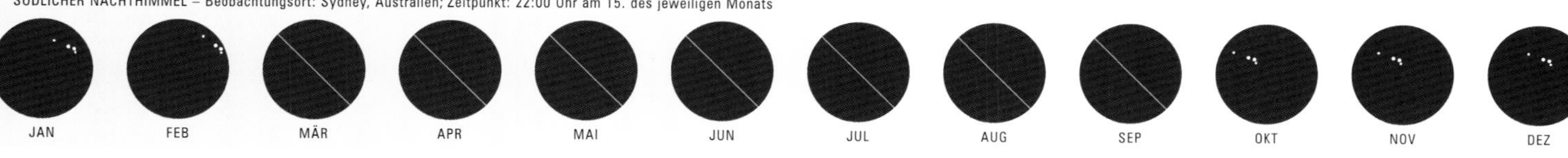

Auriga

Relativ einfach am Nachthimmel zu entdecken, befindet sich das Sternbild Fuhrmann im Norden der Milchstraße und ist vor allem für seine offenen Sternhaufen bekannt.

UNTERWEGS IM STREITWAGEN

Auriga ist als Fuhrmann bekannt. Im Zusammenhang mit dieser Figur mangelt es an einer bedeutenden Mythologie. Sie ist sogar ziemlich konfus, denn der Fuhrmann wird dargestellt, wie er eine Geiß trägt (der helle Stern Capella) und drei Zicklein (das schmale Dreieck an Sternen südwestlich von Capella).

DIE STERNE VON AURIGA

Die hellsten Sterne der Konstellation bilden ein Fünfeck. Der südlichste davon gehört seit der Antike auch zum Stier, und von professionellen Astronomen wird er offiziell Taurus zugeordnet. Der goldgelbe, $0^{m}{,}08$ helle Alpha (α) Aurigae (Capella) ist der sechsthellste Stern am Nachthimmel.

Epsilon (ε) Aurigae, eines der drei „Zicklein", ist ein Überriese und einer der leuchtstärksten bekannten Sterne. Mit einer geschätzten absoluten Helligkeit von –8M leuchtet er trotz einer Entfernung von geschätzten 2000 Lichtjahren sehr kräftig. Zudem ist Epsilon ein berühmter bedeckungsveränderlicher Doppelstern, der alle 27 Jahren von $2^{m}{,}92$ auf $3^{m}{,}83$ absinkt. Diese ein Jahr dauernden Verfinsterungen werden von einem wesentlichen größeren, halbdurchsichtigen Begleiter von geringerer Masse verursacht.

OBJEKTE VON INTERESSE

Die drei besten der vielen offenen Sternhaufen des Fuhrmanns liegen in einem Bogen im Zentrum des Fünfecks. Für das bloße Auge nur schwer auszumachen, sind diese Haufen mit einem Fernglas gut erkennbar und in kleinen Teleskopen wahre Prachtstücke. **M37 (NGC 2099)** besteht aus einer dichten Wolke ähnlich heller Sterne, mit einem orangefarbenen Zentralstern, der am nördlichen Ende einer S-förmigen Sternkette liegt. Von seinen über 1800 Sonnen sind ca. 150 mit mittleren Teleskopen erkennbar.

M36 (NGC 1960) ist ein ziemlich schütterer galaktischer Sternhaufen, dessen hellere Mitglieder ein schräges Kreuz bilden. Im Zentrum liegt ein Doppelstern.

M38 (NGC 1912) sieht aus wie der griechische Buchstabe π (Pi) oder wie eine Miniaturausgabe des Sternbilds Perseus. Im selben Gesichtsfeld liegt der wesentlich kleinere, aber sternreiche, verdichtete Haufen **NGC 1907**.

Bei **IC 410** handelt es sich um einen Emissionsnebel, dessen Gas durch die Gestirne des offenen Sternhaufens **NGC 1893** zum Leuchten gebracht wird. An einem dunklen Beobachtungsort zeigt ein 20-cm-Teleskop mit einem OIII-Filter den hufeisenförmigen, sternengeschmückten Nebelfleck. **IC 410** wirkt wie eine dickere Version des bekannteren Mondsichel-Nebels im Schwan.

Einen symmetrischen Doppelstern für kleine Refraktoren stellt **41 Aurigae**, dar, mit einer weißen und lila Komponente, die 8 Bogensekunden auseinanderliegen. Ebenfalls von Interesse ist das zitronengelbe und purpurrote Sternenpaar **14 Aurigae**. Größere Teleskope lassen noch ein drittes Mitglied von 11^{m} erkennen.

Links Das spektakuläre Lila des Flaming-Star-Nebels (IC 405) entsteht aus dem blauen und roten Licht, das vom Stern AE Aurigae ausgesendet und vom umliegenden Staub zur Erde reflektiert wird. Rund 1500 Lichtjahre entfernt, ist der Nebel in einem kleinen Teleskop sichtbar.

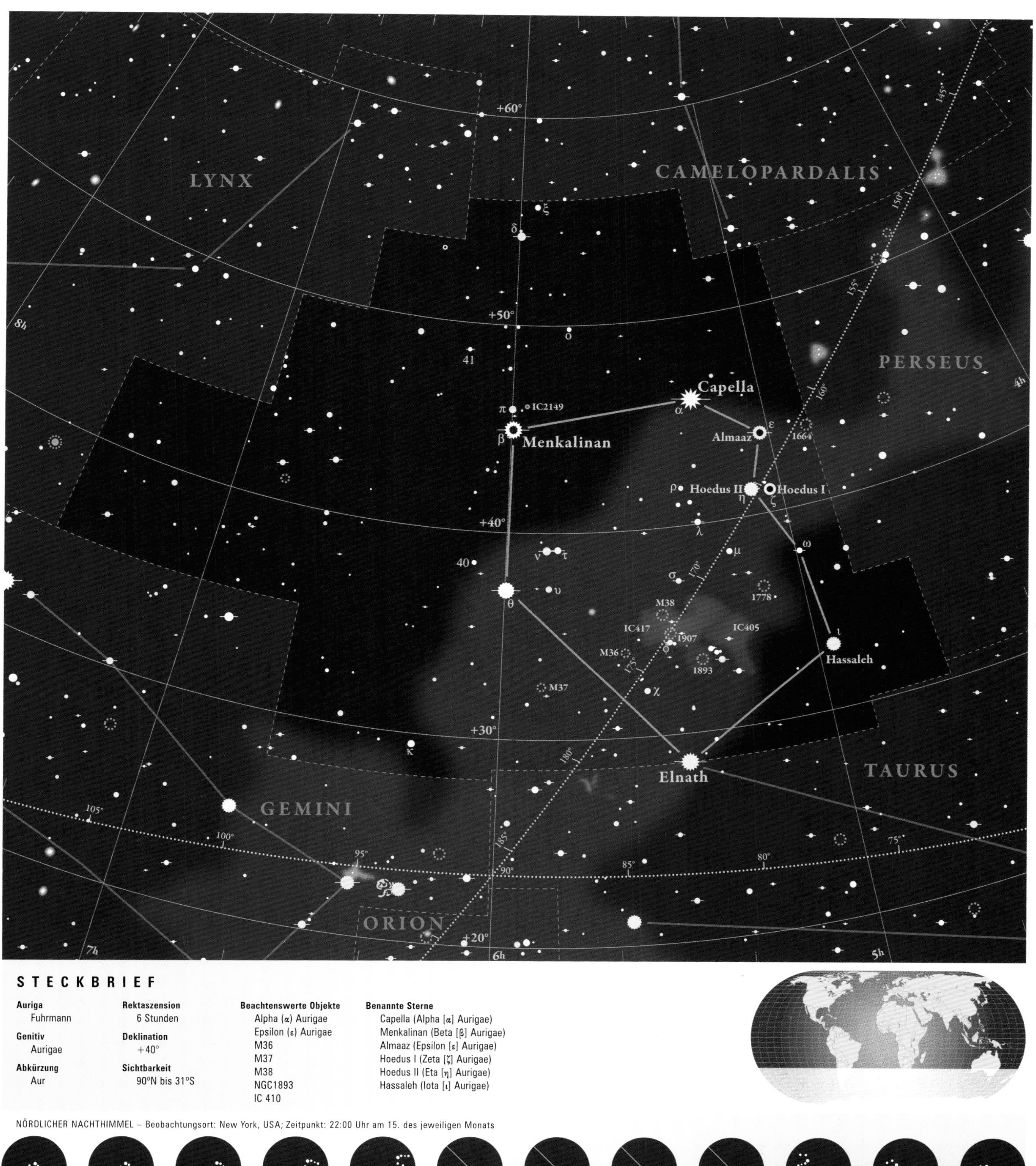

STECKBRIEF

Auriga
Fuhrmann

Genitiv
Aurigae

Abkürzung
Aur

Rektaszension
6 Stunden

Deklination
+40°

Sichtbarkeit
90°N bis 31°S

Beachtenswerte Objekte
Alpha (α) Aurigae
Epsilon (ε) Aurigae
M36
M37
M38
NGC1893
IC 410

Benannte Sterne
Capella (Alpha [α] Aurigae)
Menkalinan (Beta [β] Aurigae)
Almaaz (Epsilon [ε] Aurigae)
Hoedus I (Zeta [ζ] Aurigae)
Hoedus II (Eta [η] Aurigae)
Hassaleh (Iota [ι] Aurigae)

NÖRDLICHER NACHTHIMMEL – Beobachtungsort: New York, USA; Zeitpunkt: 22:00 Uhr am 15. des jeweiligen Monats

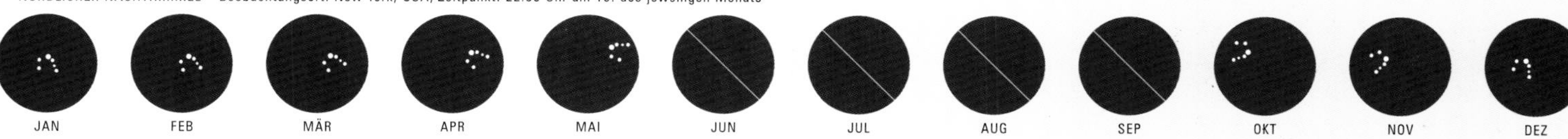

SÜDLICHER NACHTHIMMEL – Beobachtungsort: Sydney, Australien; Zeitpunkt: 22:00 Uhr am 15. des jeweiligen Monats

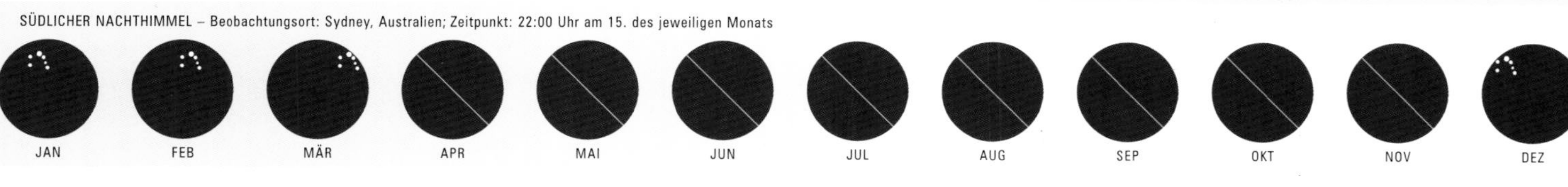

Bootes

Das große Sternbild Bootes (auch: Boötes), der Ochsentreiber, ist vor allem für seine attraktiven Doppelsterne bekannt. Oft wird es auch als Bärenhüter bezeichnet.

JAGD UM DEN POL

In der griechischen Mythologie treibt Bootes, der Sohn von Zeus und Kallisto, Ursa Major (den Großen Bären) ständig um den Nordpol. Dabei helfen ihm zwei Jagdhunde, die vom Sternbild Canes Venatici verkörpert werden.

DIE STERNE VON BOOTES

Mit –0^m,05 ist der champagnerfarbene Arktur der vierthellste Stern am Nachthimmel und der hellste des Nordhimmels. In der dünnen Scheibe unserer Milchstraße zieht er in der Nachbarschaft unserer Sonne seine Bahn, denn Arktur befindet sich im Halo der Galaxie. Das bedeutet, dass dieser Riese ursprünglich zu einer der vielen Galaxien gehörte, die sich die Milchstraße im Laufe der Zeit einverleibt hat.

Zu Arktur gelangt man, wenn man dem Bogen der Deichsel des Großen Wagens folgt. Der Bogen führt an der Westseite des Ochsentreibers vorbei, dessen Figur wie eine Eistüte geformt ist.

OBJEKTE VON INTERESSE

Wenngleich es hier zahlreiche Galaxien gibt, die für mittelgroße Teleskope hell genug sind, reicht keine an die Prachtexemplare in den vier Konstellationen an der Westgrenze von Bootes heran. Mit 10^m,1 die hellste ist **NGC 5248**, eine gestreckte Spiralgalaxie mit einem helleren Kern. In größeren Teleskopen lassen sich gesprenkelte Strukturen erkennen.

Den 9^m hellen Kugelsternhaufen **NGC 5466** kann man mit einem 10-cm-Teleskop mühelos ausmachen. Ein 20-cm-Exemplar löst ein Dutzend Sterne vor einem schwachen Hintergrundleuchten auf. Es handelt sich um einen kaum verdichteten Kugelhaufen der Klasse XII. In einem 40-cm-Teleskop sind weitere Sterne sichtbar, in drei Bögen angeordnet.

My (μ) Bootis ist ein gelblich weißer und dunkelgelber Doppelstern mit 4^m,3 und 6^m,5 und einem Abstand von 108 Bogensekunden. Der Sekundärstern wird wiederum in einen Doppelstern aufgelöst (7^m,0 und 7^m,6 hell, 2,2 Bogensekunden Distanz, gelb und orange).

Alle folgenden Binärsysteme kann man mit einem guten 6-cm-Refraktor auflösen. **Pi (π) Bootis** ist ein gelbliches Paar von 4^m,9 und 5^m,9, das 5,5 Bogensekunden auseinander liegt. Bei **Epsilon (ε) Bootis** oder Izar (arabisch für „Schleier") handelt es sich um ein wunderbares Binärsystem, mit 2^m,3 bzw. 4^m,5 und einem Abstand von 2,9 Bogensekunden. Aufgrund des Unterschieds in der Helligkeit lässt sich dieses berühmte Paar nur bei ruhiger Atmosphäre trennen. Es lohnt sich aber, es mehrere Nächte lang zu versuchen.

Xi (χ) Bootis ist ein gelbes und rötlich orangefarbenes Paar von 4^m,7 und 6^m,9, das 6,6 Bogensekunden auseinanderliegt. Der Abstand schwankt im Lauf der 152-jährigen Umlaufbahn zwischen 1,8 und 7,3 Bogensekunden. **Struve 1910** ist ein klassischer Doppelstern: zwei gelbe Sonnen mit 7^m,5 in einer Distanz von 4,3 Bogensekunden.

Oben Die Sterne des Ochsentreibers vor einem Hintergrund aus ungefähr 300 000 lichtschwächeren Galaxien und Sternen, aufgenommen im Rahmen des Deep Wide-Field Survey des National Optical Astronomy Observatory.

Rechts Die gestreckte Spiralgalaxie NGC 5248 ist die hellste Galaxie in der Region des Ochsentreibers und mit einem Teleskop mit mittlerer Öffnung gut einzufangen.

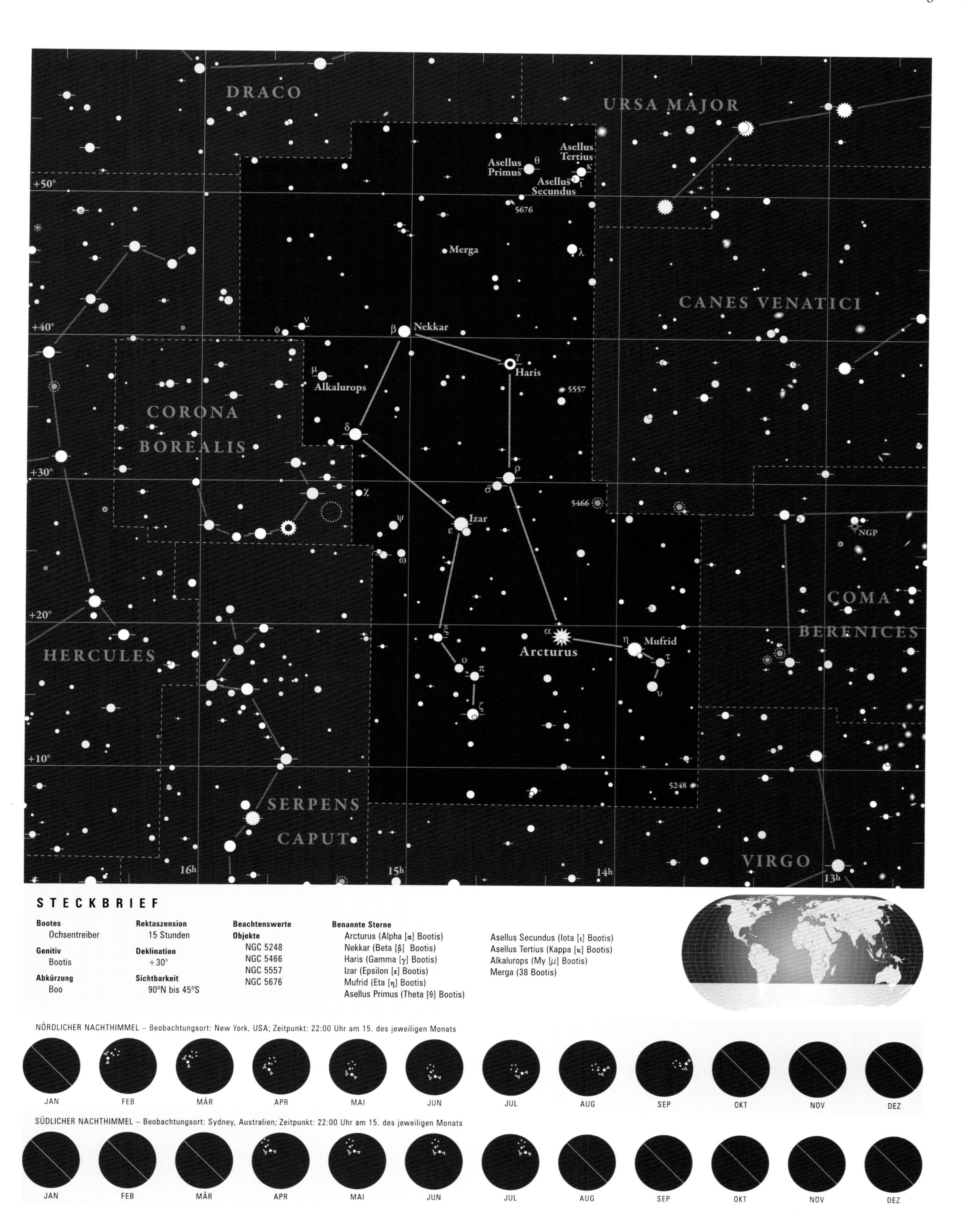

STECKBRIEF

Bootes
Ochsentreiber

Genitiv
Bootis

Abkürzung
Boo

Rektaszension
15 Stunden

Deklination
+30°

Sichtbarkeit
90°N bis 45°S

Beachtenswerte Objekte
NGC 5248
NGC 5466
NGC 5557
NGC 5676

Benannte Sterne
Arcturus (Alpha [α] Bootis)
Nekkar (Beta [β] Bootis)
Haris (Gamma [γ] Bootis)
Izar (Epsilon [ε] Bootis)
Mufrid (Eta [η] Bootis)
Asellus Primus (Theta [θ] Bootis)
Asellus Secundus (Iota [ι] Bootis)
Asellus Tertius (Kappa [κ] Bootis)
Alkalurops (My [μ] Bootis)
Merga (38 Bootis)

NÖRDLICHER NACHTHIMMEL – Beobachtungsort: New York, USA; Zeitpunkt: 22:00 Uhr am 15. des jeweiligen Monats

JAN FEB MÄR APR MAI JUN JUL AUG SEP OKT NOV DEZ

SÜDLICHER NACHTHIMMEL – Beobachtungsort: Sydney, Australien; Zeitpunkt: 22:00 Uhr am 15. des jeweiligen Monats

JAN FEB MÄR APR MAI JUN JUL AUG SEP OKT NOV DEZ

Caelum

Für den Amateurastronomen gehören die Sterne des Grabstichels zu jenen, die mit am schwersten aufzuspüren sind.

IM HIMMEL EINGRAVIERT

Dieser verlassene Flecken Himmel wurde erst von Abbé Nicolas Louis de Lacaille mit einer Figur gefüllt, als er 1751/52 die Sternwarte am Kap der Guten Hoffnung besuchte. Anfangs nannte Lacaille sie „les Burins" und zeichnete sie als ein Paar von Gravierwerkzeugen, zusammengehalten von einem Band. Obwohl seine Sterne für die antiken Astronomen in Europa und im Nahen Osten zu sehen waren, sind mit dem Sternbild keine Legenden oder Mythen verbunden. Jahre später latinisierte Lacaille den Namen zu Caelam Sculptoriam, inzwischen verkürzt zu Caelum. Die Konstellation verkörpert einen Grabstichel, einen Meißel zum Gravieren von Metall. Seit damals haben sich ihre Sterne nicht wesentlich verändert.

DIE STERNE VON CAELUM

In den lichtschwachen, verstreuten Sternen von Caelum einen Stichel zu sehen fällt nicht leicht. Nur ein Stern 4. Größe und einige wenige der 5. Größenklasse zieren die Gruppe.

Alpha (α) Caeli weist eine Helligkeit von $4{,}^{m}5$ auf, während Gamma (γ) und Beta (β) etwas heller als 5^{m} sind. Mit nur 66 Lichtjahren ist Alpha ein relativ naher Stern und unterscheidet sich nicht allzu sehr von der Sonne. Er gehört zur Klasse F1 und besitzt die fünffache Helligkeit und anderthalbfache Masse unseres Zentralgestirns. Er wird von einem Roten Zwerg der Klasse M auf einer sehr weiten Umlaufbahn umrundet. Dieser Winzling, mit einem großen Teleskop gerade eben erkennbar, verfügt über 30 Prozent der Sonnenmasse, aber nur über ein Hundertstel ihrer Leuchtkraft.

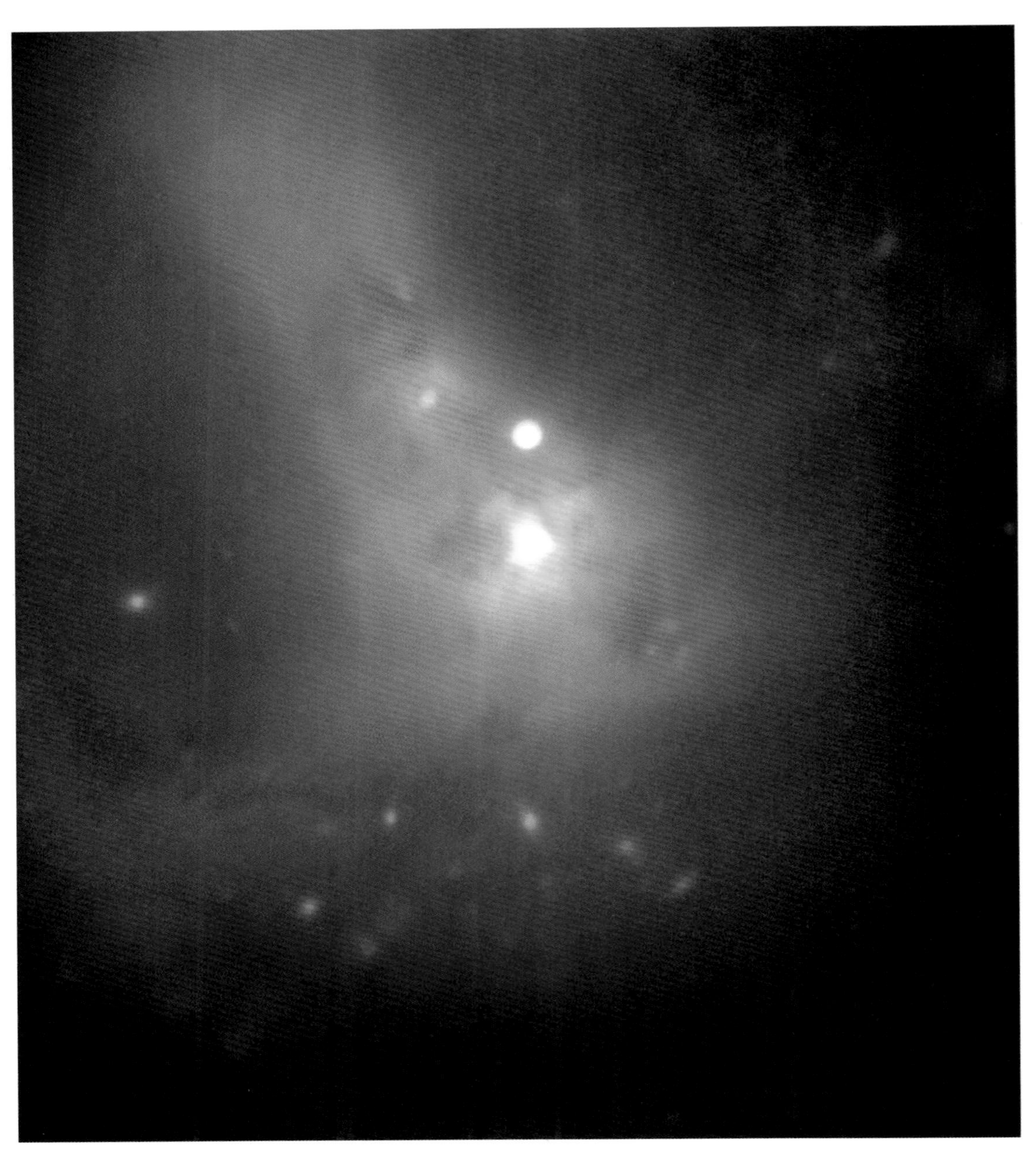

OBJEKTE VON INTERESSE

Wie einige der benachbarten Sternbilder kommt der Grabstichel einer Himmelswüste gleich. Weit von der Milchstraße entfernt, verfügt er über keine Sternhaufen oder Nebel und nur über wenige schwach leuchtende Galaxien und Doppelsterne.

Gamma (γ) Caeli ist ein enges, ungleiches Paar aus einem gelben Stern der 5. und einem weißen der 8. Größenklasse, das in einem 10-cm-Teleskop attraktiv aussieht. Nur ein Teleskopfeld weiter südlich findet man ein weiteres weißes Sternenpaar mit weniger als einem Drittel des Abstands.

Alle Galaxien in diesem Sternbild sind lichtschwach und generell eher uninteressant. Noch am besten ist das Trio an Galaxien – **NGC 1595**, **NGC 1598**, und **ESO 202-23** –, das sich ganz im Süden der Konstellation befindet. Aber selbst mit einem 20-cm-Teleskop unter einem dunklen Himmel können Amateurastronomen lediglich drei winzige Nebelfleckchen mit etwas helleren Zentren ausmachen.

Links Diese zusammengesetzte Falschfarbenaufnahme des Very Large Telescope (VLT) der Europäischen Südsternwarte zeigt das Zentrum des verschmelzenden Galaxiensystems ESO 202-23. Diese lichtschwache Galaxie befindet sich im südlichen Bereich des Sternbilds Caelum.

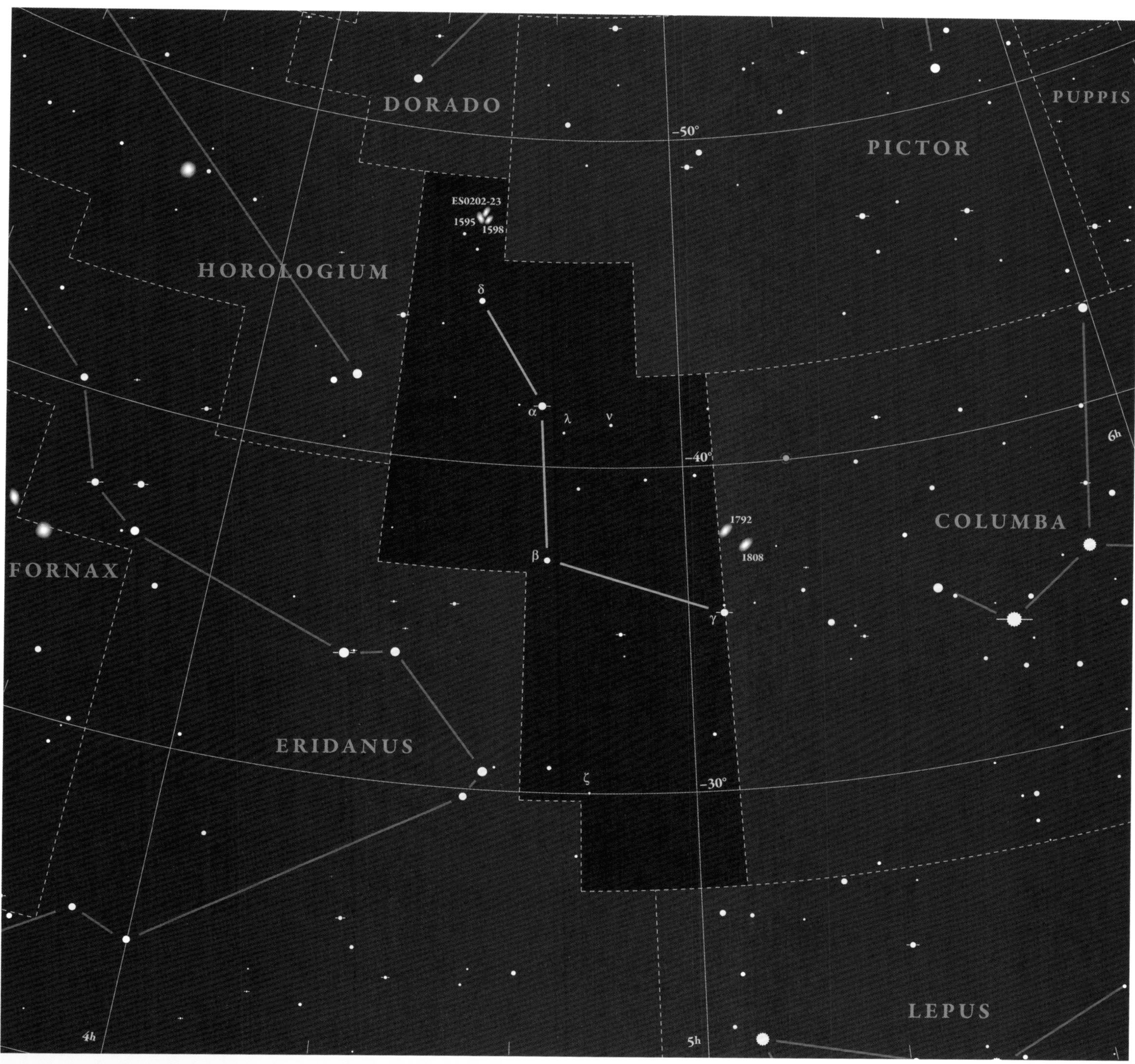

STECKBRIEF

Caelum
Grabstichel

Genitiv
Caeli

Abkürzung
Cae

Rektaszension
5 Stunden

Deklination
–40°

Sichtbarkeit
40°N bis 90°S

Beachtenswerte Objekte
NGC 1595
NGC 1598
ESO 202-23

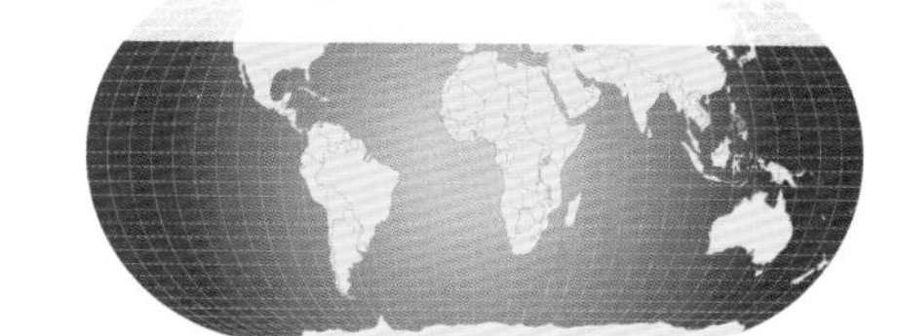

NÖRDLICHER NACHTHIMMEL – Beobachtungsort: New York, USA; Zeitpunkt: 22:00 Uhr am 15. des jeweiligen Monats

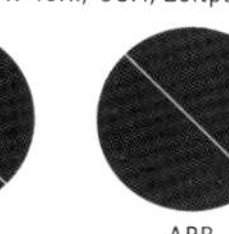
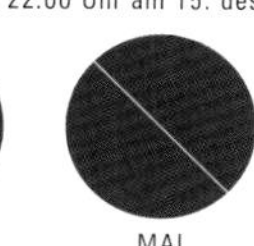
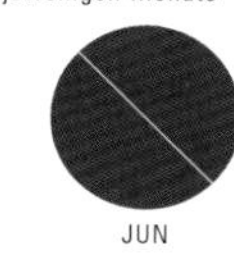

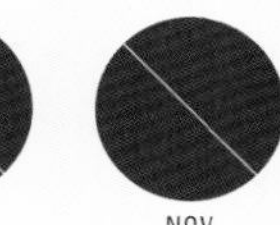
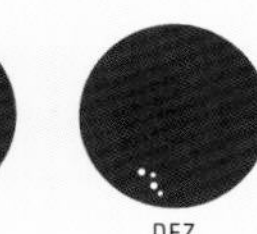

JAN FEB MÄR APR MAI JUN JUL AUG SEP OKT NOV DEZ

SÜDLICHER NACHTHIMMEL – Beobachtungsort: Sydney, Australien; Zeitpunkt: 22:00 Uhr am 15. des jeweiligen Monats

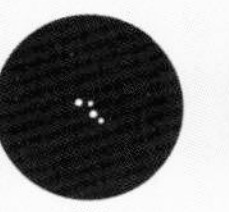

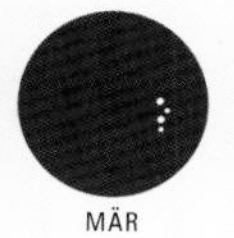

JAN FEB MÄR APR MAI JUN JUL AUG SEP OKT NOV DEZ

Camelopardalis

Camelopardalis, die Giraffe, ist ein lichtschwaches Sternbild, das im 17. Jahrhundert einen großen, aber relativ dunklen Bereich des Nordhimmels ausfüllte.

KOPF HOCH

Die Giraffe wurde Anfang des 17. Jahrhunderts vom deutschen Astronomen Jakob Bartsch erschaffen. Er führte noch zwei weitere Sternbilder zu Ehren von Tieren ein, Monoceros und Columba (das Einhorn bzw. die Taube). Nach anderen Quellen zeichnete der Niederländer Petrus Kaerius die Giraffe als Erster auf seinen Himmelsgloben ein. Bis vor Kurzem wurde dieses Sternbild oft auch Camelopardus genannt.

DIE STERNE VON CAMELOPARDALIS

Acht Sterne, von 4^{m},0 bis 4^{m},8, umreißen eine vage an eine Giraffe erinnernde Figur, die nur wenige Amateurastronomen mehr als ein-, zweimal aufgespürt haben. Erschwert wird das Auffinden der richtigen Sterne durch die vielen nur unwesentlich schwächeren Sterne dieser Konstellation, vor allem in den südlichen Teilen, die in der Milchstraße liegen.

Noch näher liegt die Spiralgalaxie **IC 342**. Während man sie früher zur Lokalen Galaxiengruppe zählte, glaubt man heute, dass sie sich unmittelbar außerhalb davon befindet. Leider liegt IC 342 hinter der Milchstraße – in einem 20-cm-Teleskop sieht man von dieser großen, 12^{m} hellen Galaxie mit geringer Schräglage nicht mehr als einen schwachen, amorphen Fleck, dessen Kern von zahlreichen Sternen im Vordergrund verschleiert wird. Interessant an dieser Galaxie sind denn auch weniger die paar sichtbaren Details als vielmehr das Wissen, dass man das Licht der nach M31 und M33 vermutlich nächstgelegenen Spiralgalaxie sieht.

Der prächtige Doppelstern **Struve 1694** verkörpert den Kopf der Giraffe. Die Partner stehen fast 22 Bogensekunden auseinander und erscheinen in kleinen Achromaten blassgelb und lila. Andere sehen ein bläuliches Weiß und ein Grün oder beide einfach weiß.

OBJEKTE VON INTERESSE

Durch ein 7×50-Fernglas wirkt der offene Sternhaufen **NGC 1502** wie ein Felsvorsprung in einem Wasserfall. Er liegt zwischen der herrlichen, 2,5 Grad langen Kette aus hauptsächlich 8^{m} hellen Sternen im Nordwesten, bekannt als **Kembles Kaskade**, und einem kurzen, nach Süden weisenden Bogen aus vier Sternen. In einem Teleskop erkennt man im Zentrum des hellen, kompakten Haufens NGC 1502 ein Band aus vier Doppelsternen.

Das Zentralgestirn des bläulichen, 11^{m},5 hellen planetarischen Nebels **NGC 1501** ist bei starker Vergrößerung mit einem 25-cm-Instrument im dunkleren Zentrum der Scheibe sichtbar, die im Durchmesser 52 Bogensekunden misst.

NGC 2403 gehört zu den näheren Spiralgalaxien und ist gravitativ an die Galaxien M81 und M82 im Großen Bären gebunden. Der Kern dieser Spiralgalaxie von 8^{m},5 ist ziemlich hell, der Halo hingegen wird von zwei Vordergrundsternen überschattet, die sich an den beiden Enden des 12 Bogenminuten großen Ovals befinden. Große Teleskope zeigen einige Sprenkel.

Oben 2004 wurde in der Galaxie NGC 2403, direkt jenseits der Lokalen Gruppe gelegen, eine der hellsten und nächsten Supernovae unserer Zeit beobachtet.

Rechts In dieser Aufnahme, die im Kitt Peak National Observatory in Arizona entstand, sind die rosafarbenen, sternbildenden Spiralarme der majestätischen Galaxie IC 342 deutlich zu erkennen. Normalerweise werden sie von Sternen, Staubwolken und kosmischen Gasen verdeckt.

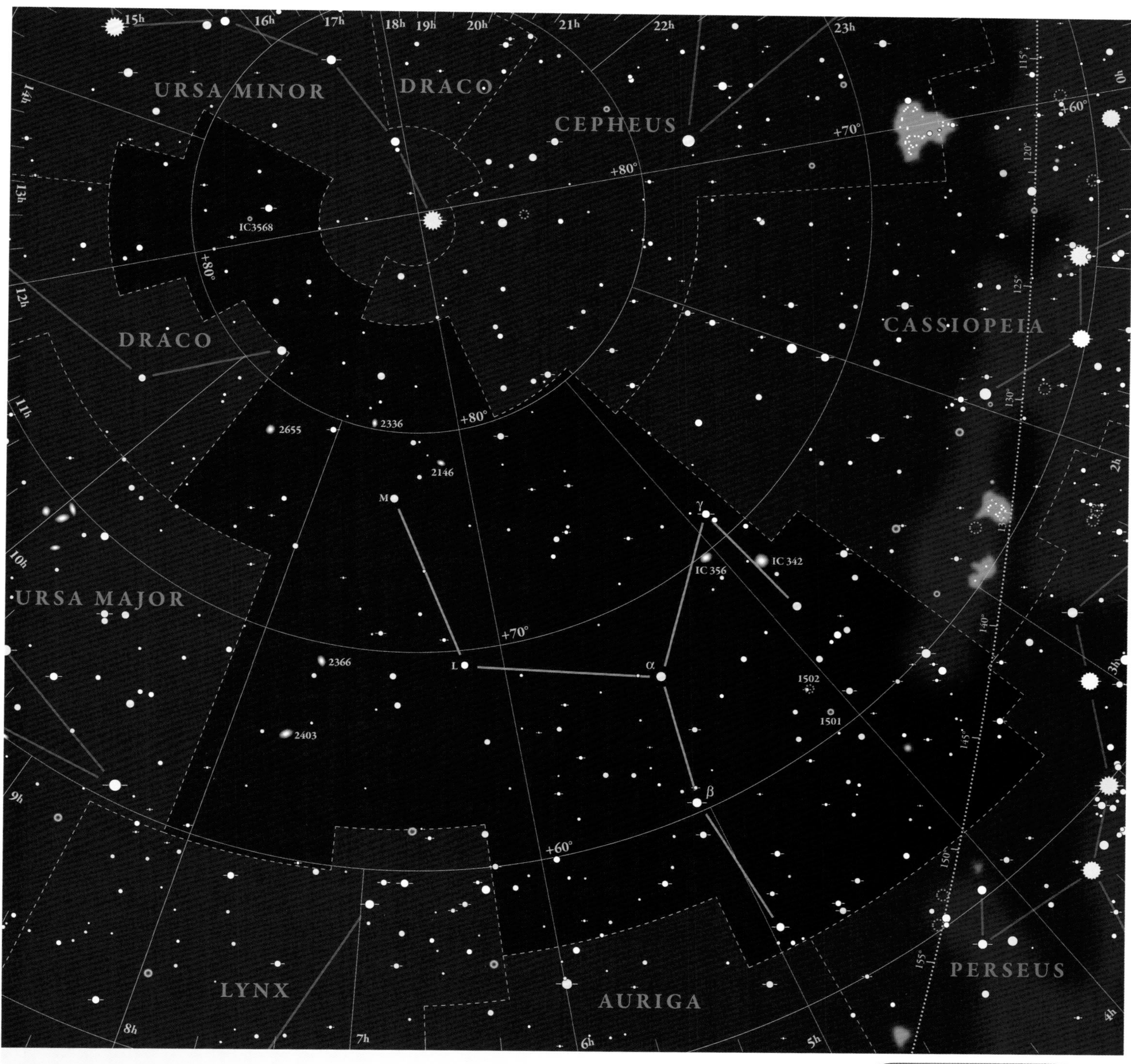

STECKBRIEF

Camelopardalis
Giraffe

Genitiv
Camelopardalis

Abkürzung
Cam

Rektaszension
6 Stunden

Deklination
+70°

Sichtbarkeit
90°N bis 8°S

Beachtenswerte Objekte
NGC 1501
NGC 1502
NGC 2146
NGC 2403
IC 342
Struve 1694

NÖRDLICHER NACHTHIMMEL – Beobachtungsort: New York, USA; Zeitpunkt: 22:00 Uhr am 15. des jeweiligen Monats

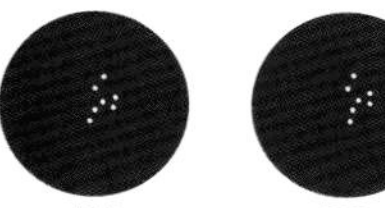
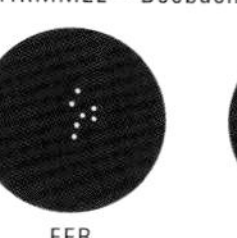
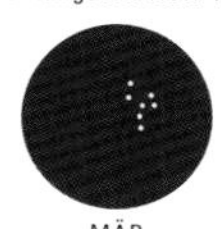
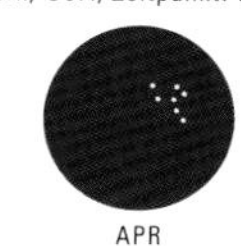
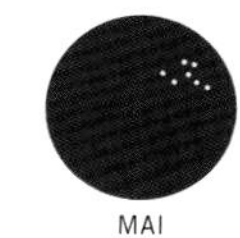

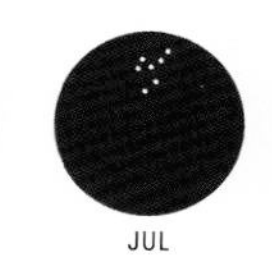
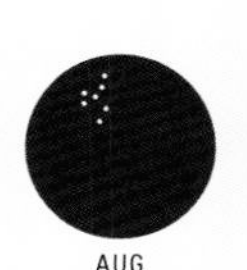

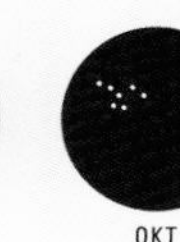
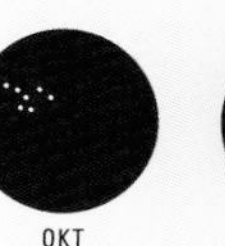
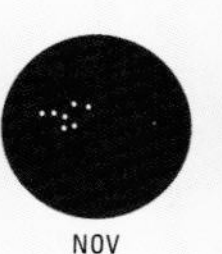

JAN FEB MÄR APR MAI JUN JUL AUG SEP OKT NOV DEZ

SÜDLICHER NACHTHIMMEL – Beobachtungsort: Sydney, Australien; Zeitpunkt: 22:00 Uhr am 15. des jeweiligen Monats

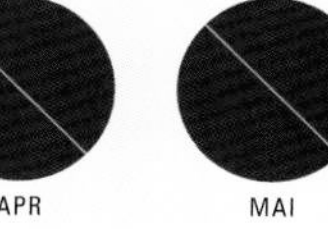

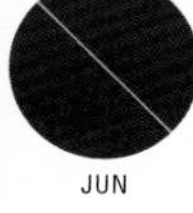

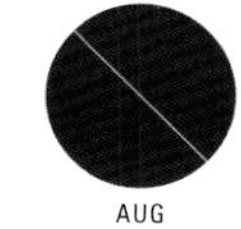

JAN FEB MÄR APR MAI JUN JUL AUG SEP OKT NOV DEZ

Cancer

Überschattet von den spektakulären Nachbarbildern Zwilling und Löwe, spielt der Krebs am Nachthimmel nur eine Nebenrolle.

EIN VERNICHTENDER FUSSTRITT

Die meisten mythologischen Figuren setzten sich unermesslichen Gefahren aus, vollbrachten das schier Unmögliche oder töteten eine grausame Bestie, um sich ihren Platz am Firmament zu sichern. Die Rolle des Krebses dagegen war kurz und unspektakulär. Als Herakles (lat. Herkules) mit der Schlange kämpfte, tauchte der Krebs aus dem Sumpf auf und griff seine Füße an. Herakles zertrat ihn jedoch. Daraufhin versetzte Hera, die Gattin des Zeus und eine Feindin des Herakles, den Krebs an den Himmel.

Oben rechts Den besten Blick auf Praesepe (M44), den Bienenkorb-Haufen, bietet ein Finderscope oder Fernglas. Dieser offene Sternhaufen ist ca. 600 Lichtjahre entfernt.

DIE STERNE VON CANCER

Der Krebs ist das schwächste aller Tierkreissternbilder. Von den meisten städtischen Beobachtungsorten aus erscheint es als leerer Raum zwischen den Sternbildern Zwilling und Löwe. Selbst unter einem ländlichen Himmel ist es unauffällig. Zwischen seinen Sternen, überwiegend aus der 5. und 6. Größenklasse, und dem Umriss eines Krebses besteht keine Ähnlichkeit.

Beta (β) Cancri ist der hellste Stern der Konstellation; mindestens drei weitere Sterne sind ebenfalls heller als Alpha (α). Bei Beta Cancri handelt es sich um einen Riesenstern der Klasse K2, mit der dreifachen Masse und 48-fachen Helligkeit unserer Sonne. Er haucht sein Leben langsam aus. Interessanter sind Gamma (γ) und Delta (δ) Cancri nahe dem Zentrum der Figur. Sie heißen in Latein „Asellus Borealis" und „Asellus Australis", der nördliche bzw. südliche Esel.

Nach Eratosthenes mussten die Olympier nach dem Sieg über die Titanen gegen die Riesen kämpfen. Die beiden Olympier Dionysos und Hephaestus zogen auf Eseln in die Schlacht. Als sie näher kamen, schrien ihre Esel, worauf die Riesen, die zuvor noch nie Eselsgeschrei gehört hatten, in Panik flohen. Dionysos erhob die Esel in den Himmel und platzierte sie an die beiden gegenüberliegenden Seiten eines kleinen Wolkenfleckens, den die Griechen Phatne nannten, „die Krippe". Heute wissen wir, dass es sich bei diesem Nebelfleckchen um einen Sternhaufen handelt. Er wird volkstümlich als Bienenkorb bezeichnet, ist aber auch als Praesepe bekannt, was im Lateinischen sowohl „Krippe" als auch „Bienenkorb" bedeutet.

OBJEKTE VON INTERESSE

Praesepe oder **M44** ist das Glanzstück im Krebs. Bereits die alten Griechen und Römer kannten diesen offenen Sternhaufen, der bei dunklem Himmel mit bloßem Auge fast zwischen Gamma (γ) und Delta (δ) Cancri erkennbar ist. Im Fernglas sind zehn bis 20 Sterne sichtbar; ein kleines Teleskop zeigt bei schwacher Vergrößerung über 50 Sterne.

M67 ist ein weiterer prächtiger Haufen unweit von Alpha (α) Cancri. Mit einem mittelgroßen Teleskop erkennt man eine Wolke von über 50 Sternen, die sich gleichmäßig über eine Mondbreite verteilen. Ferner weist der Krebs viele Galaxien auf, wovon **NGC 2775** die beste ist. Ein 20-cm-Teleskop zeigt sie als leicht ovalen Nebelfleck mit hellerem Zentrum.

Links Der offene Sternhaufen M67 wird auf ein Alter von vier bis fünf Milliarden Jahren geschätzt. Er enthält etwa 500 Sterne mit einer Helligkeit von 10^m bis 16^m. Viele weitere sind noch schwächer. Sie sind höchstwahrscheinlich etwas jünger als unsere Sonne.

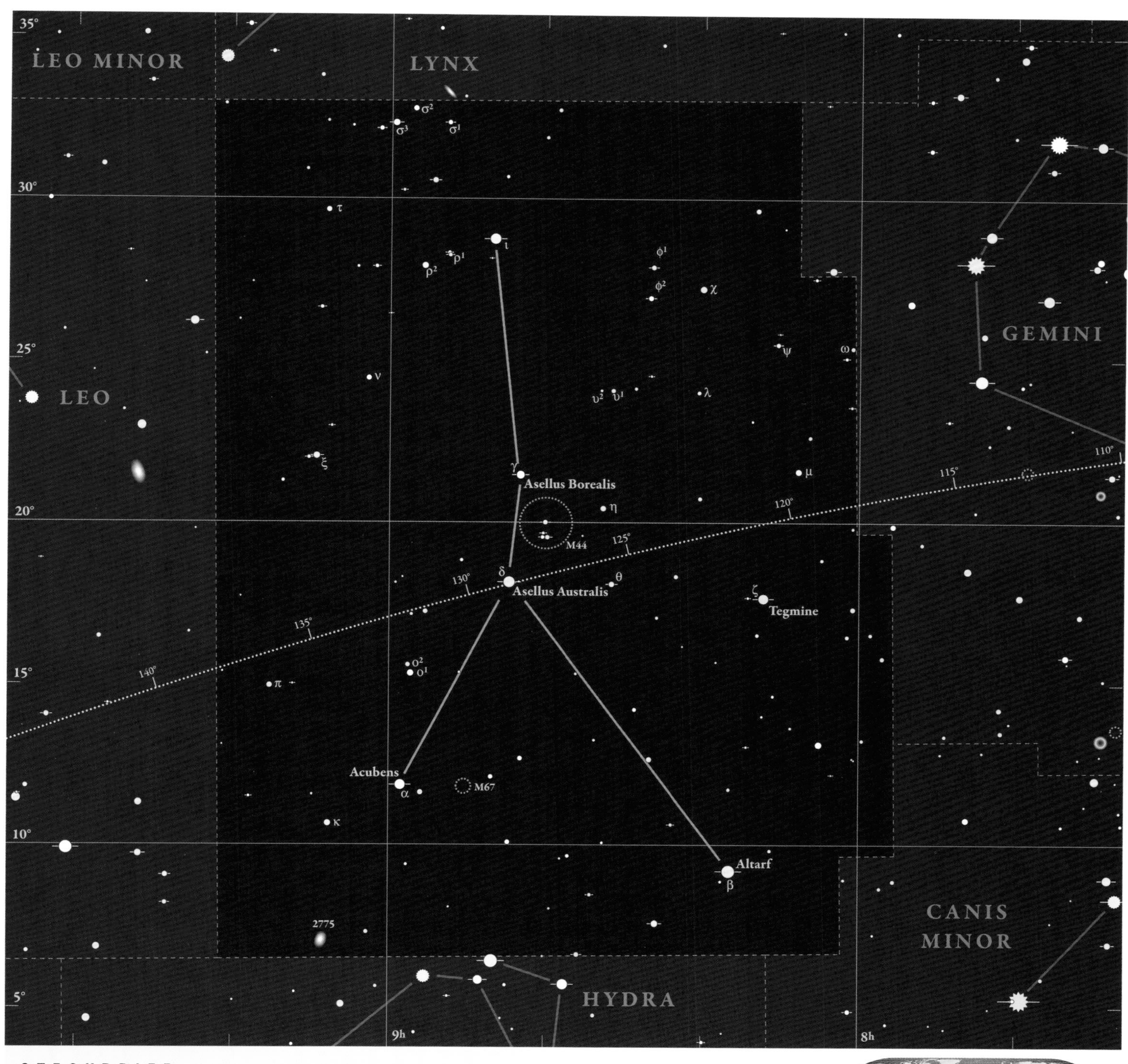

STECKBRIEF

Cancer
Krebs

Genitiv
Cancri

Abkürzung
Cnc

Rektaszension
9 Stunden

Deklination
+20°

Sichtbarkeit
90°N bis 56°S

Beachtenswerte Objekte
Beta Cancri
Gamma Cancri
Delta Cancri
M44 (Praesepe)
M67
NGC 2775

Benannte Sterne
Acubens (Alpha [α] Cancri)
Altarf (Beta [β] Cancri)
Asellus Borealis (Gamma [γ] Cancri)
Asellus Australis (Delta [δ] Cancri)

NÖRDLICHER NACHTHIMMEL – Beobachtungsort: New York, USA; Zeitpunkt: 22:00 Uhr am 15. des jeweiligen Monats

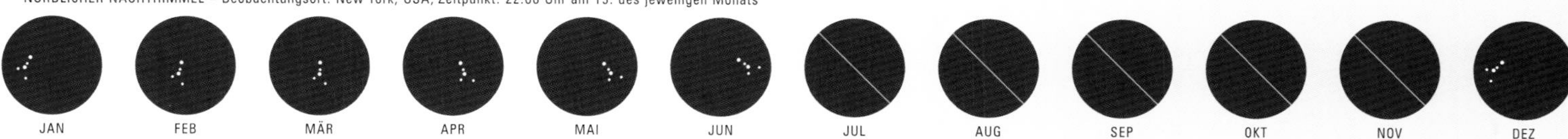

SÜDLICHER NACHTHIMMEL – Beobachtungsort: Sydney, Australien; Zeitpunkt: 22:00 Uhr am 15. des jeweiligen Monats

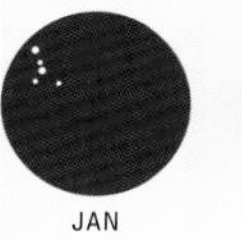

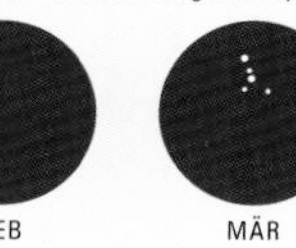
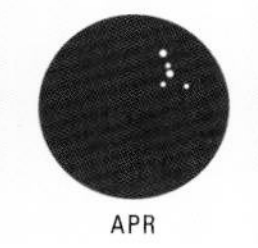

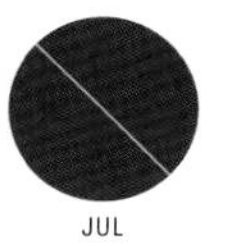

JAN FEB MÄR APR MAI JUN JUL AUG SEP OKT NOV DEZ

Canes Venatici

Dieses kleine nördliche Sternbild gehört zu den drei Konstellationen, die Hunde darstellen. Es enthält die berühmte Whirlpool-Galaxie sowie sieben weitere Prachtobjekte.

DER MEUTE VORAN

Canes Venatici, die Jagdhunde des Bootes, jagen den Großen Bären endlos um den Pol. Zwar lässt sich Bootes, der Bärenhüter, bis zu den Babyloniern zurückverfolgen, doch Jagdhunde wurden ihm erst im 17. Jahrhundert zur Seite gestellt.

DIE STERNE VON CANES VENATICI

Das Sternbild hat nur zwei auffällige Sterne, Alpha (α) und Beta (β) Canum Venaticorum. Sie verkörpern zwei Hunde, Asterion und Chara; allerdings besteht keine Einigkeit, welcher Stern welchen Hund darstellt. Auf modernen Karten kann man Beta (β) mit beiden Namen finden. Alpha (α) jedenfalls wird seit der Restauration der englischen Monarchie, als Karl II. den vakanten Thron bestieg, Cor Caroli („Herz des Karl“) genannt. Nach den meisten Quellen bezieht sich Cor Caroli logischerweise auf den enthaupteten König Karl I., nach einigen jedoch auf seinen Sohn, Karl II. Vielleicht drückte sich Edmond Halley, der den Stern benannte, absichtlich so vage aus, um sich den Posten des Hofastronomen zu sichern. Cor Caroli ist auch heute noch ein geläufiger Name, denn er bezeichnet einen berühmten Doppelstern mit weit auseinanderliegenden Komponenten, die bläulich und grünlich erscheinen.

OBJEKTE VON INTERESSE

M3 (NGC 5272) ist ein schöner symmetrischer Kugelsternhaufen mit $5^{m}\!,9$, dessen außenliegende Sterne von einem 10-cm-Teleskop schwach aufgelöst werden; in einem 40-cm-Rohr wirkt er fabelhaft. Vor allem an der Westseite verfügt er über zahlreiche lange Sternketten, die von einer Wolke wesentlich schwächerer Sterne umgeben sind. Es gibt einen sternreichen inneren Halo, und zum breiten, hellen Kern nimmt die Sternkonzentration stetig zu.

Die **Whirlpool-Galaxie, M51 (NGC 5194)** ist mit einem Fernglas leicht zu finden. Sie ist $8^{m}\!,4$ hell und misst im Durchmesser weniger als ein Drittel des Monds. Sowohl M51 als auch die Satellitengalaxie **NGC 5195** lassen in einem 15-cm-Teleskop einen auffälligen hellen Kern erkennen. Aufgrund der hohen Flächenhelligkeit von M51 ist die Spiralstruktur bei dieser Galaxie besser auszumachen als bei jeder anderen, außer bei M33. Ein 20-cm-Teleskop zeigt die Arme ansatzweise als getrennten Ring, außerdem den hellsten Knoten der Galaxie. In einem 40-cm-Fernrohr sind die beiden Spiralarme deutlich zu sehen, und an den Armen befinden sich fünf helle Knoten. Mit dieser Apertur lässt sich auch das zentrale Band der Begleitgalaxie erkennen.

Andere helle Spiralgalaxien sind die kometenähnliche **M94 (NGC 4736)**, die gestreckte **M63 (NGC 5055)** und **M106 (NGC 4258)**. In einem Teleskop erkennt man in M94 und M106 jeweils einen hellen Kern. Große Rohre bringen die schwachen Spiralarme von M106 und mehrere Knoten darin zum Vorschein. Für mittelgroße Teleskope eignen sich drei lange Galaxien mit geringer Schräglage – die sehr dünne **NGC 4244**, die **Wal-Galaxie (NGC 4631)** und die **Hockey-Stick-Galaxie (NGC 4656/7)**.

Links Diese Aufnahme des Hubble-Teleskops zeigt das Herz der prachtvollen Whirlpool-Galaxie (M51). Astronomen vermuten, dass die Spiralstruktur durch die gravitativen Wechselwirkungen mit einer kleineren Nachbargalaxie verursacht wird.

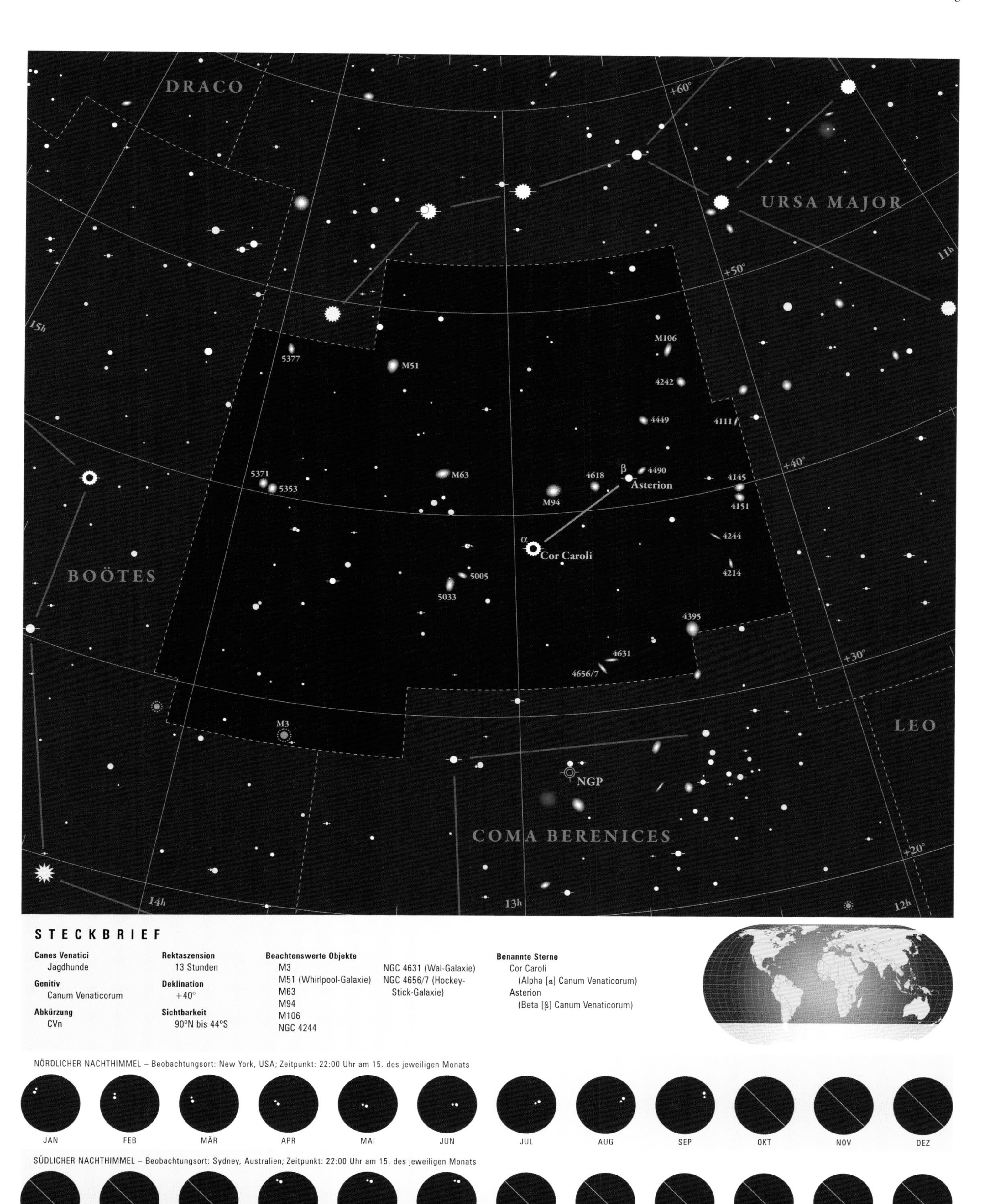

STECKBRIEF

Canes Venatici
Jagdhunde

Genitiv
Canum Venaticorum

Abkürzung
CVn

Rektaszension
13 Stunden

Deklination
+40°

Sichtbarkeit
90°N bis 44°S

Beachtenswerte Objekte
M3
M51 (Whirlpool-Galaxie)
M63
M94
M106
NGC 4244
NGC 4631 (Wal-Galaxie)
NGC 4656/7 (Hockey-Stick-Galaxie)

Benannte Sterne
Cor Caroli
(Alpha [α] Canum Venaticorum)
Asterion
(Beta [β] Canum Venaticorum)

NÖRDLICHER NACHTHIMMEL – Beobachtungsort: New York, USA; Zeitpunkt: 22:00 Uhr am 15. des jeweiligen Monats

JAN FEB MÄR APR MAI JUN JUL AUG SEP OKT NOV DEZ

SÜDLICHER NACHTHIMMEL – Beobachtungsort: Sydney, Australien; Zeitpunkt: 22:00 Uhr am 15. des jeweiligen Monats

JAN FEB MÄR APR MAI JUN JUL AUG SEP OKT NOV DEZ

Canis Major und Canis Minor

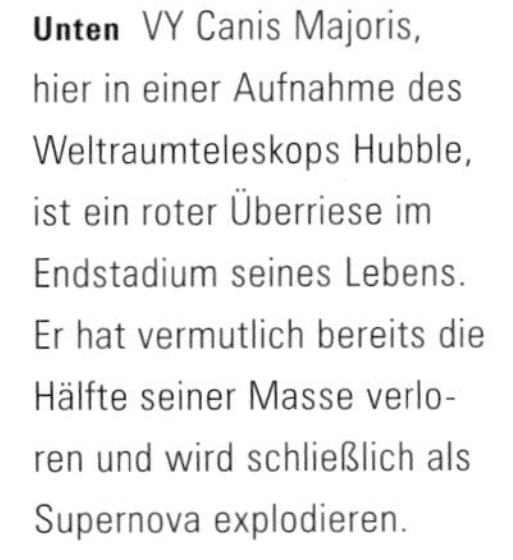

Der Legende nach verfolgten die Jagdhunde des Orion Lepus, den Hasen, unaufhörlich am Nachthimmel.

ALTE HIMMELSHUNDE

Im Großen und Kleinen Hund sahen arabische Kulturen die treuen Jagdhunde des Orion. Das spiegelt sich in einer arabischen Bezeichnung des Sternbilds wider – Al Kalb al Jabbar, der „Hund des Riesen". Den griechischen Mythologen Eratosthenes und Hyginus zufolge verkörperte Canis Major Laelaps, einen Hund, dem kein Beutetier entkommen konnte.

DIE STERNE VON CANIS MAJOR UND CANIS MINOR

Es bedarf nur wenig Fantasie, um in den relativ hellen Sternen von Canis Major einen Hund zu erkennen. Der leuchtende Sirius markiert das Auge und der 2^m helle Beta (β) eine Vorderpfote. Das Dreieck aus Omikron^2 (o^2), Delta (δ) und Epsilon (ε) bildet das Hinterteil, Eta (η) und Zeta (ζ) kennzeichnen den Schwanz bzw. die Hinterpfote.

Alpha (α) Canis Majoris wird Sirius genannt, nach dem griechischen Wort für „glühend" oder „versengend". Dieser nur 8,6 Lichtjahre entfernte Zwerg der Klasse A1 ist etwas mehr als doppelt so schwer wie unsere Sonne, aber 26-mal so leuchtstark. Damit ist er der strahlendste Stern in der Nachbarschaft der Sonne und der hellste am Nachthimmel. Begleitet wird Sirius von einem nahen, lichtschwachen Weißen Zwerg (Sirius B), der über genau die gleiche Masse wie die Sonne verfügt, aber nur 12 000 Kilometer im Durchmesser misst. Ihn zu sehen stellt wegen der enormen Leuchtkraft von Sirius eine große Herausforderung für Beobachter wie Teleskop dar.

Im Kleinen Hund sind alle Sterne bis auf Prokyon und den 3^m hellen Beta (β) äußerst lichtschwach. Der Name Prokyon für Alpha (α) Canis Minoris bedeutet im Altgriechischen „vor dem Hund", denn er geht auf der Nordhalbkugel kurz vor Sirius auf. Er ist ein 11,4 Lichtjahre entfernter Unterriese der Klasse F5, mit der siebenfachen Leuchtkraft unserer Sonne und ca. 40 Prozent mehr Masse. Auch er hat einen Weißen Zwerg als Begleiter, der aber nur die halbe Masse von Sirius B besitzt.

OBJEKTE VON INTERESSE

Bis auf einige kleine, uninteressante Sternhaufen und lichtschwache Galaxien hat der Kleine Hund dem Beobachter wenig zu bieten. Im Großen Hund dagegen gibt es Interessantes zu entdecken. **M41** ist ein heller offener Sternhaufen, mehr als einen Monddurchmesser breit und mit dem bloßen Auge gerade eben erkennbar. Ein 25- bis 38-cm-Teleskop löst diesen Haufen in eine Wolke schwacher Punkte auf.

In einem 15-cm-Fernrohr bildet **NGC 2362** einen der attraktivsten offenen Sternhaufen am Himmel. Ein dichtes Dreieck schwacher Sterne scheint sich spiralförmig zur Mitte hin zu bewegen, die das leuchtende Zentralgestirn **Tau (τ) Canis Majoris** einnimmt. In der Nähe befindet sich **NGC 2354**, eine Masse lichtschwacher Funken mit nahezu halbem Monddurchmesser. Im Norden des Großen Hundes liegt **NGC 2359** oder **Thors Helm**, ein heller Gasnebel, der von einem extrem heißen Wolf-Rayet-Stern beleuchtet wird. Dieser ist in einem 20-cm-Teleskop gut zu sehen.

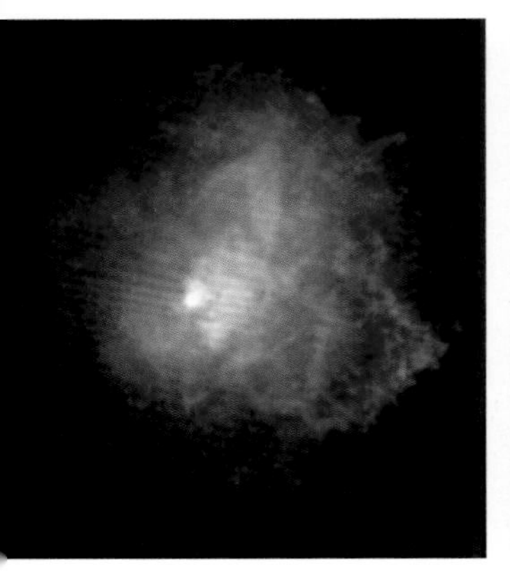

Unten VY Canis Majoris, hier in einer Aufnahme des Weltraumteleskops Hubble, ist ein roter Überriese im Endstadium seines Lebens. Er hat vermutlich bereits die Hälfte seiner Masse verloren und wird schließlich als Supernova explodieren.

Rechts Der blendende Sirius (unten Mitte) strahlt mit den Überriesen Betelgeuse (rot) und Rigel (blau) aus dem Sternbild Orion (Mitte rechts) um die Wette. Prokyon (oben links) ist der hellste Stern im Kleinen Hund.

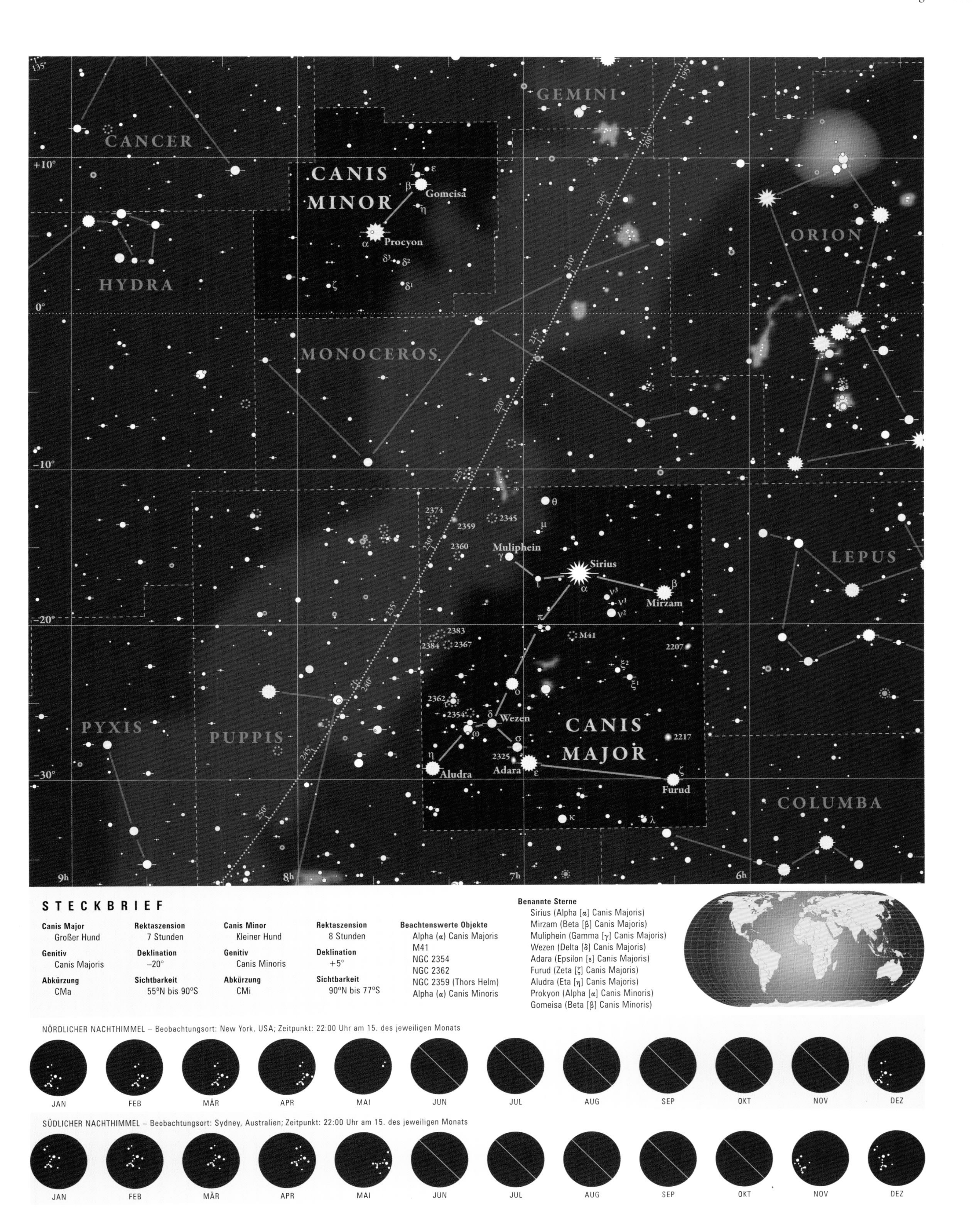
CANCER
GEMINI
CANIS MINOR
Gomeisa
Procyon
HYDRA
ORION
MONOCEROS
LEPUS
Muliphein
Sirius
Mirzam
M41
Wezen
Aludra
Adara
Furud
CANIS MAJOR
PYXIS
PUPPIS
COLUMBA
+10°
0°
−10°
−20°
−30°
9h
8h
7h
6h
STECKBRIEF
Canis Major
Großer Hund
Genitiv
Canis Majoris
Abkürzung
CMa
Rektaszension
7 Stunden
Deklination
−20°
Sichtbarkeit
55°N bis 90°S
Canis Minor
Kleiner Hund
Genitiv
Canis Minoris
Abkürzung
CMi
Rektaszension
8 Stunden
Deklination
+5°
Sichtbarkeit
90°N bis 77°S
Beachtenswerte Objekte
Alpha (α) Canis Majoris
M41
NGC 2354
NGC 2362
NGC 2359 (Thors Helm)
Alpha (α) Canis Minoris
Benannte Sterne
Sirius (Alpha [α] Canis Majoris)
Mirzam (Beta [β] Canis Majoris)
Muliphein (Gamma [γ] Canis Majoris)
Wezen (Delta [δ] Canis Majoris)
Adara (Epsilon [ε] Canis Majoris)
Furud (Zeta [ζ] Canis Majoris)
Aludra (Eta [η] Canis Majoris)
Prokyon (Alpha [α] Canis Minoris)
Gomeisa (Beta [β] Canis Minoris)
NÖRDLICHER NACHTHIMMEL – Beobachtungsort: New York, USA; Zeitpunkt: 22:00 Uhr am 15. des jeweiligen Monats
JAN FEB MÄR APR MAI JUN JUL AUG SEP OKT NOV DEZ
SÜDLICHER NACHTHIMMEL – Beobachtungsort: Sydney, Australien; Zeitpunkt: 22:00 Uhr am 15. des jeweiligen Monats
JAN FEB MÄR APR MAI JUN JUL AUG SEP OKT NOV DEZ

Capricornus

Ist der Steinbock das älteste aller Sternzeichen? Die schwachen Sterne waren bereits den Sumerern und Chaldäern bekannt, die sie als Suhur-mash-ha, den Ziegenfisch, bezeichneten.

SPITZENPOSITION

Eines der unauffälligsten Tierkreissternbilder ist womöglich das älteste. Von Bedeutung war es jedoch weniger wegen seiner Sterne selbst als vielmehr wegen deren Position. Denn während die Sonnenwende heute erfolgt, wenn die Sonne im Schützen steht, markierte vor Jahrtausenden der Steinbock den südlichsten Punkt der Sonnenbahn.

Viel später brachten die alten Griechen die Sterne des Steinbocks mit ihrem Gott Pan in Verbindung. Im Krieg zwischen den Olympiern und den Titanen warnte Pan Erstere vor dem herannahenden Ungeheuer Typhon, das Gäa (die Göttin der Erde) gegen sie ausgesandt hatte. Um sich Typhon zu entziehen, nahmen die Götter verschiedene Gestalten an, während Pan halb in den Nil eintauchte und seinen Unterleib in einen Fisch verwandelte.

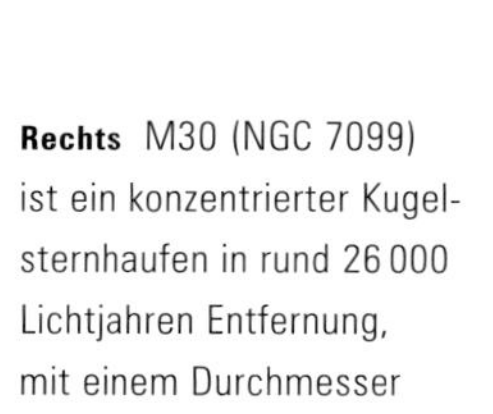

Rechts M30 (NGC 7099) ist ein konzentrierter Kugelsternhaufen in rund 26 000 Lichtjahren Entfernung, mit einem Durchmesser von 75 Lichtjahren.

DIE STERNE VON CAPRICORNUS

Wenngleich sie kaum an einen Steinbock erinnern (und auch nicht an einen mit Fischunterleib), sind die Sterne von Capricornus doch relativ leicht auszumachen. Die größten davon, Alpha (α) und Omega (ω) mit einer Helligkeit von 4^m und Delta (δ) mit 3^m, bilden ein großes Dreieck, das stark an ein Bikini-Unterteil erinnert.

Der hellste Stern im Steinbock, Delta (δ), befindet sich an der östlichen Spitze des Dreiecks und ist auch als Deneb Algedi bekannt, was „Schwanz der Ziege" bedeutet. Es handelt es sich um einen weißen Unterriesen der Klasse A5 in nur 39 Lichtjahren Entfernung und mit annähernd neunfacher Leuchtkraft der Sonne.

An den westlichen Fluchtpunkten liegen Alpha (α) und Beta (β), beides weit auseinander stehende, mit dem bloßen Auge erkennbare Paare. Bei Alpha^1 (α^1) und Alpha^2 (α^2), auch als Algedi („die Ziege") bekannt, handelt es sich um ein optisches Paar mit einer wesentlich größeren Masse als unsere Sonne, das aber in keiner Verbindung steht. Der hellere Alpha^2 ist 109 Lichtjahre entfernt, Alpha^1 über 690 Lichtjahre. Beta^1 (β^1) und Beta^2 (β^2) bilden einen der wenigen echten Doppelsterne, die mit bloßem Auge zu trennen sind. 330 Lichtjahre von uns entfernt, liegen die beiden Sterne 21 000-mal so weit auseinander wie Erde und Sonne.

OBJEKTE VON INTERESSE

Der Steinbock hat dem Amateurastromonen relativ wenig zu bieten. **M30** ist ein mittelheller, ziemlich dichter Kugelhaufen, der sich mit einem 20-cm-Teleskop in schwache Einzelsterne auflösen lässt. Am nördlichen und westlichen Rand des Halos befinden sich zwei auffällige Sternarme.

Ein bisschen südlich von **Beta Capricorni** formen **Omikron** (o), **Pi** (π) und **Rho** (ρ) **Capricorni** (5. und 6. Größenklasse) ein kleines Dreieck. Alle drei sind prächtige Doppelsterne unterschiedlichen Charakters, die in einem 15-cm-Teleskop gut zu erkennen sind.

Unten In den Armen der Spiralgalaxie NGC 6907 befindet sich (an der Zehn-Uhr-Position) ein heller „Fleck", NGC 6908. Vor Kurzem hat man darin eine zweite Galaxie erkannt, die mit NGC 6907 verschmilzt.

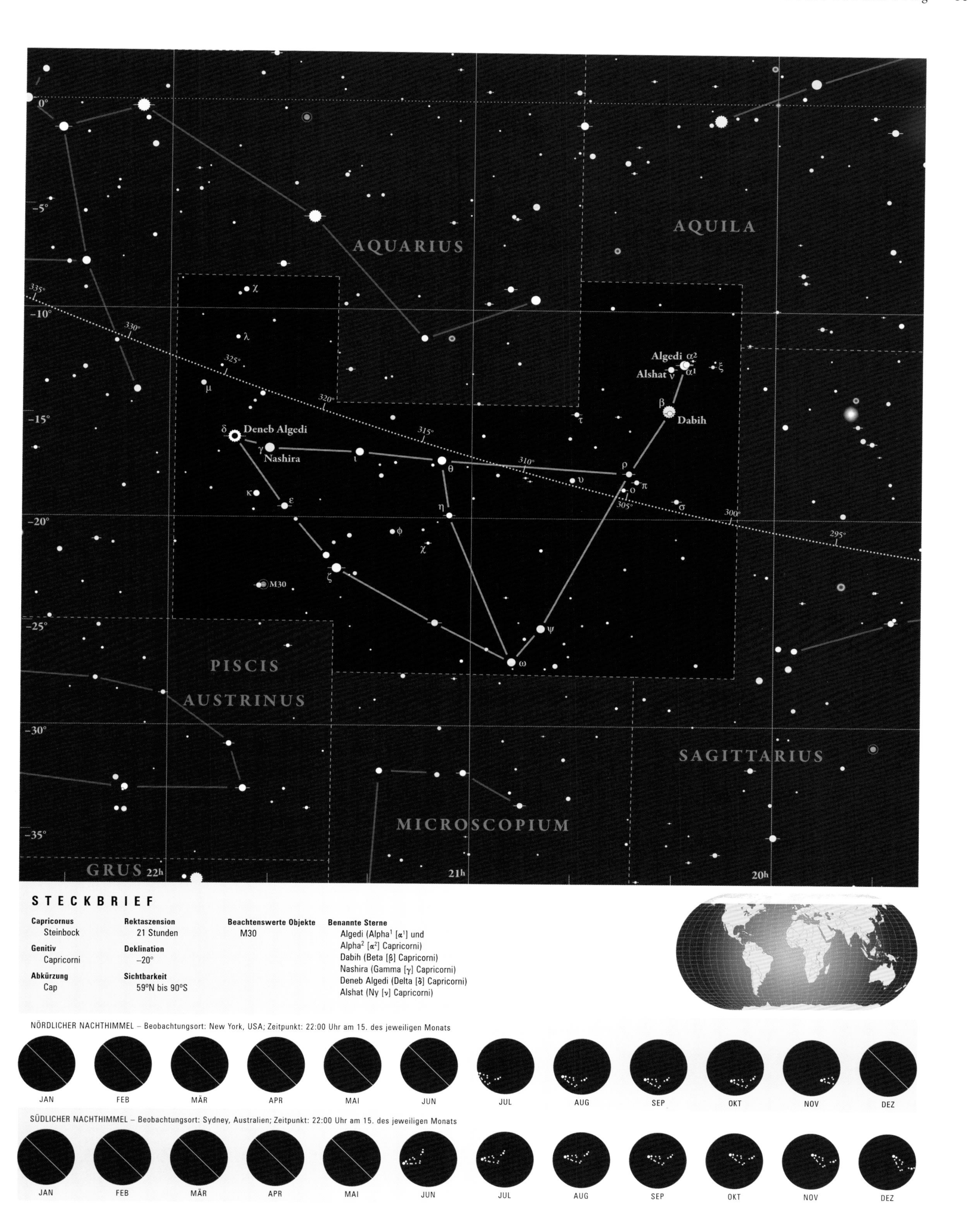

STECKBRIEF

Capricornus
Steinbock

Genitiv
Capricorni

Abkürzung
Cap

Rektaszension
21 Stunden

Deklination
–20°

Sichtbarkeit
59°N bis 90°S

Beachtenswerte Objekte
M30

Benannte Sterne
Algedi (Alpha[1] [α^1] und Alpha[2] [α^2] Capricorni)
Dabih (Beta [β] Capricorni)
Nashira (Gamma [γ] Capricorni)
Deneb Algedi (Delta [δ] Capricorni)
Alshat (Ny [ν] Capricorni)

NÖRDLICHER NACHTHIMMEL – Beobachtungsort: New York, USA; Zeitpunkt: 22:00 Uhr am 15. des jeweiligen Monats

JAN FEB MÄR APR MAI JUN JUL AUG SEP OKT NOV DEZ

SÜDLICHER NACHTHIMMEL – Beobachtungsort: Sydney, Australien; Zeitpunkt: 22:00 Uhr am 15. des jeweiligen Monats

JAN FEB MÄR APR MAI JUN JUL AUG SEP OKT NOV DEZ

Carina

In Unmengen von Sternen, Sternhaufen und Nebeln steckt der Kiel von Jasons mächtigem Schiff, der *Argo*, mit seiner Besatzung aus Helden und Abenteurern.

SCHIFFE IN DER NACHT

Carina („der Schiffskiel"), Vela und Puppis bilden die drei Teile des großen Argonautenschiffes *Argo Navis*. Die *Argo* wurde unter der Leitung der Göttin Athene gebaut und vom Meeresgott Poseidon geweiht. Minerva, die Göttin der Weisheit und des Handwerks, platzierte eine Planke aus der sprechenden Eiche von Dodona im Bug, sodass die *Argo* ihrer Besatzung Ratschläge erteilen konnte. Jason, seine 50 Argonauten und viele griechische Helden segelten fort, um das Goldene Vlies (dargestellt durch den Widder) wiederzuerlangen, welches sich an der Ostküste des Schwarzen Meeres in Gewahrsam des Königs Aietes befand.

Als Erstes lief Jason den Hafen von Lemnos an, einer ausschließlich von Frauen bewohnten Insel. Der Legende nach waren die Bewohnerinnen wegen thrakischer Frauen von ihren Ehemännern verlassen worden, und aus Rache hatten die Frauen alle Männer auf der Insel getötet. Jason und seine Mannen (außer Herakles) verweilten länger dort und halfen den Frauen, Lemnos „wieder zu bevölkern". Nach weiteren Abenteuern landeten sie am thrakischen Hof des Königs Phineus, der unter Strafe stand, weil er die Pläne der Götter an Menschen verraten hatte. Er war von den Göttern mit Blindheit geschlagen worden und wurde von den Harpyien heimgesucht, großen Vögeln mit Frauengesichtern. Diese ließen ihn nur so viel essen, wie zum Überleben gerade nötig war. Aus Mitleid mit Phineus tötete Jason die Harpyien. Zum Dank verriet Phineus die genaue Lage von Kolchis und erklärte, wie die zusammenschlagenden Felsen der Symplegaden zu bezwingen seien.

Nach erfolgreicher Umschiffung der Symplegaden (siehe Beschreibung zum Sternbild Taube) erreichte Jason Kolchis. Doch König Aietes verlangte, dass Jason mehrere unmöglich erscheinende Aufgaben bewältige. Erst dann würde er ihm das Vlies überreichen. Aietes' Tochter Medea, eine mächtige Zauberin, verliebte sich in Jason und entschied sich, ihm zu helfen.

Als erste Aufgabe musste Jason zwei Feuer speiende Ochsen anschirren und ein Feld mit ihnen pflügen. Medea gab ihm einen Balsam, der ihn vor dem Feuer schützte. Anschließend befahl Aietes Jason, Drachenzähne auf dem Feld auszusäen. Aus diesen Zähnen wuchsen Krieger, die ihn angriffen. Auf Geheiß von Medea warf Jason einen Stein in ihre Mitte. In dem Durcheinander töteten sich die Krieger gegenseitig, und Jason obsiegte.

Rechts Canopus (Alpha [α] Carinae), der zweithellste Stern am Himmel, ist ein seltener gelbweißer Überriese der Klasse F0.

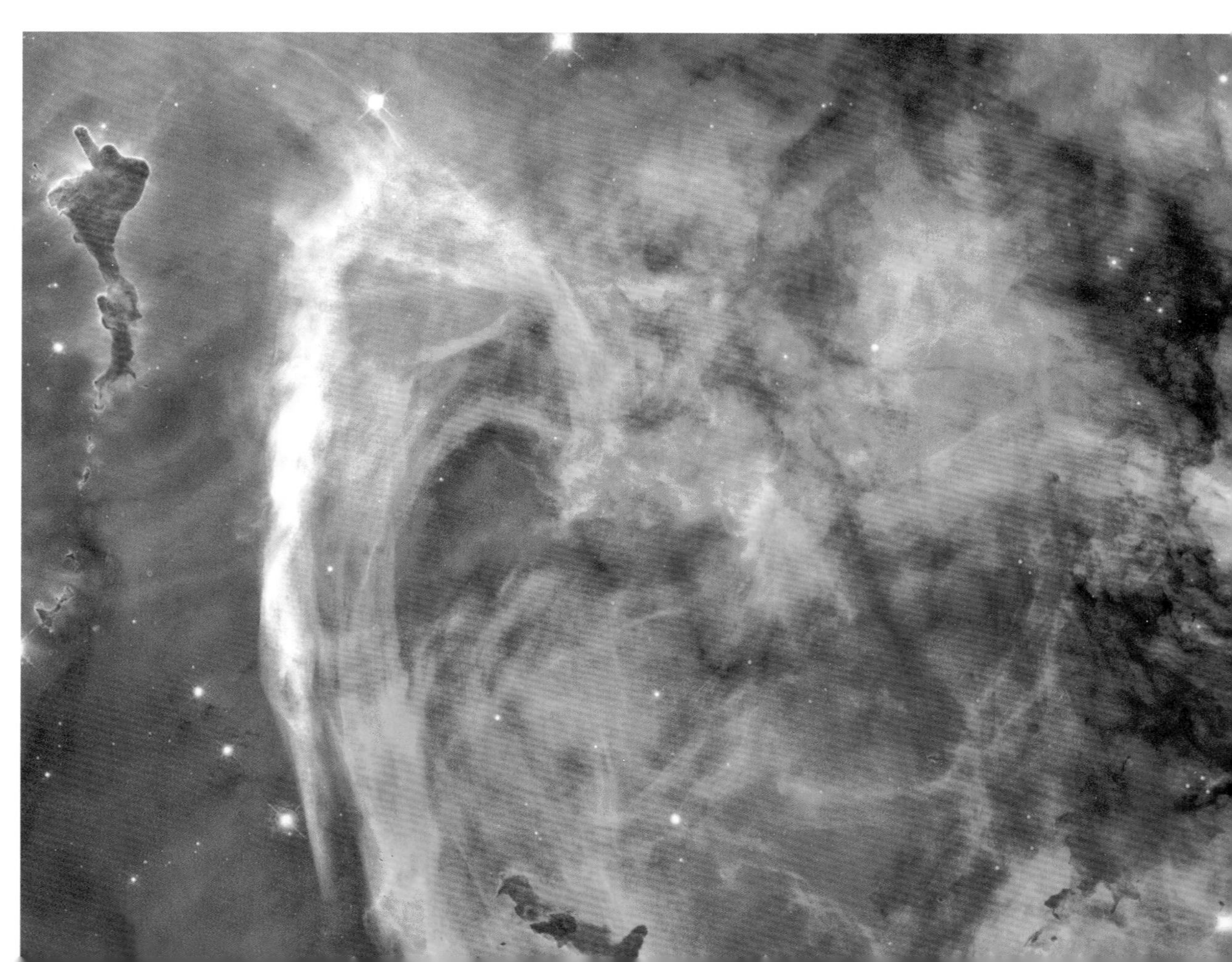

Rechts Licht-und-Schatten-spiele im Eta (η) Carinae-Nebel, der mit dem bloßen Auge als heller Fleck in der Milchstraße sichtbar ist. Ermöglicht werden spektakuläre Aufnahmen wie diese durch Teleskope und digitale Bildverarbeitung.

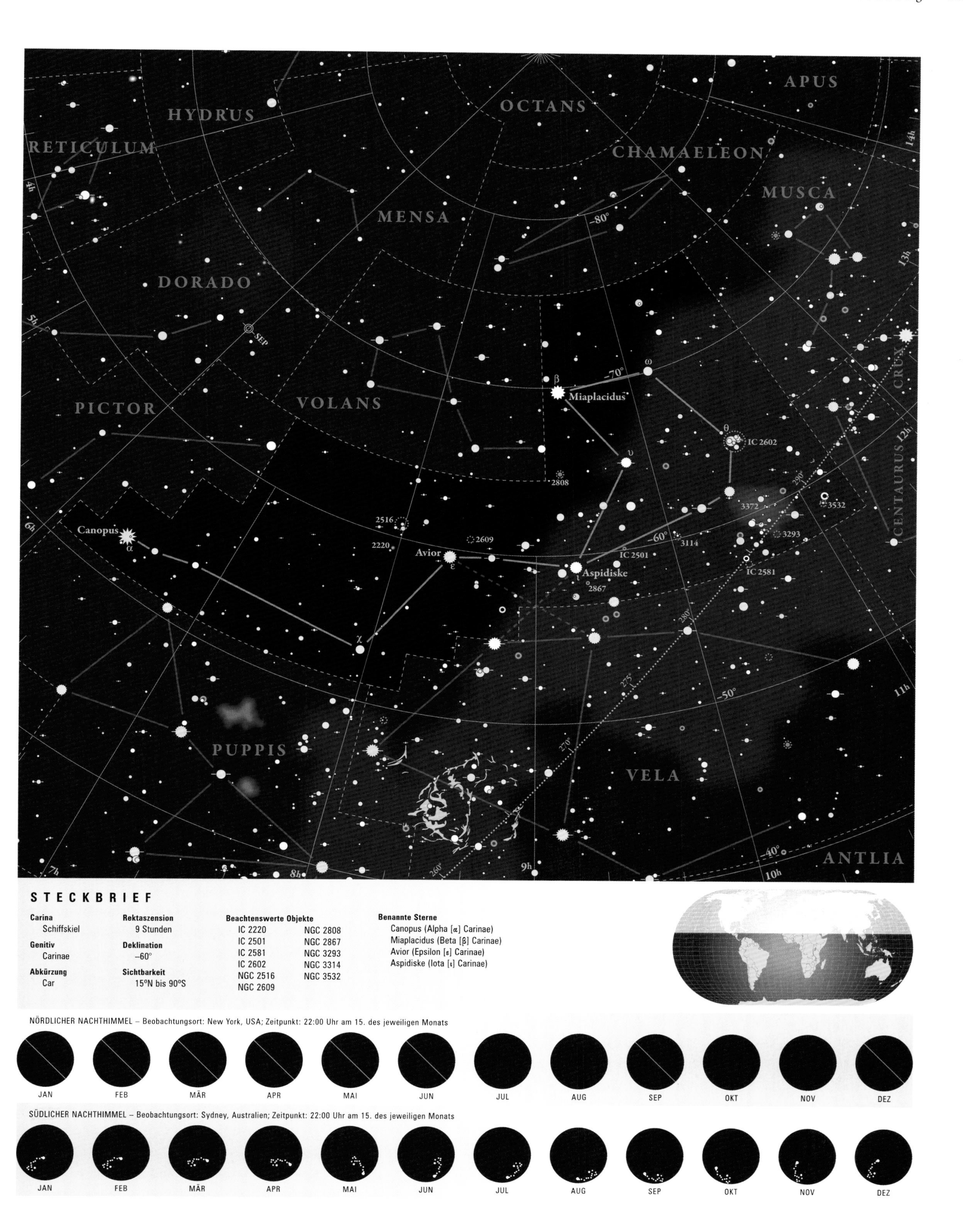

STECKBRIEF

Carina
Schiffskiel

Genitiv
Carinae

Abkürzung
Car

Rektaszension
9 Stunden

Deklination
–60°

Sichtbarkeit
15°N bis 90°S

Beachtenswerte Objekte

IC 2220	NGC 2808
IC 2501	NGC 2867
IC 2581	NGC 3293
IC 2602	NGC 3314
NGC 2516	NGC 3532
NGC 2609	

Benannte Sterne
Canopus (Alpha [α] Carinae)
Miaplacidus (Beta [β] Carinae)
Avior (Epsilon [ε] Carinae)
Aspidiske (Iota [ι] Carinae)

NÖRDLICHER NACHTHIMMEL – Beobachtungsort: New York, USA; Zeitpunkt: 22:00 Uhr am 15. des jeweiligen Monats

JAN FEB MÄR APR MAI JUN JUL AUG SEP OKT NOV DEZ

SÜDLICHER NACHTHIMMEL – Beobachtungsort: Sydney, Australien; Zeitpunkt: 22:00 Uhr am 15. des jeweiligen Monats

JAN FEB MÄR APR MAI JUN JUL AUG SEP OKT NOV DEZ

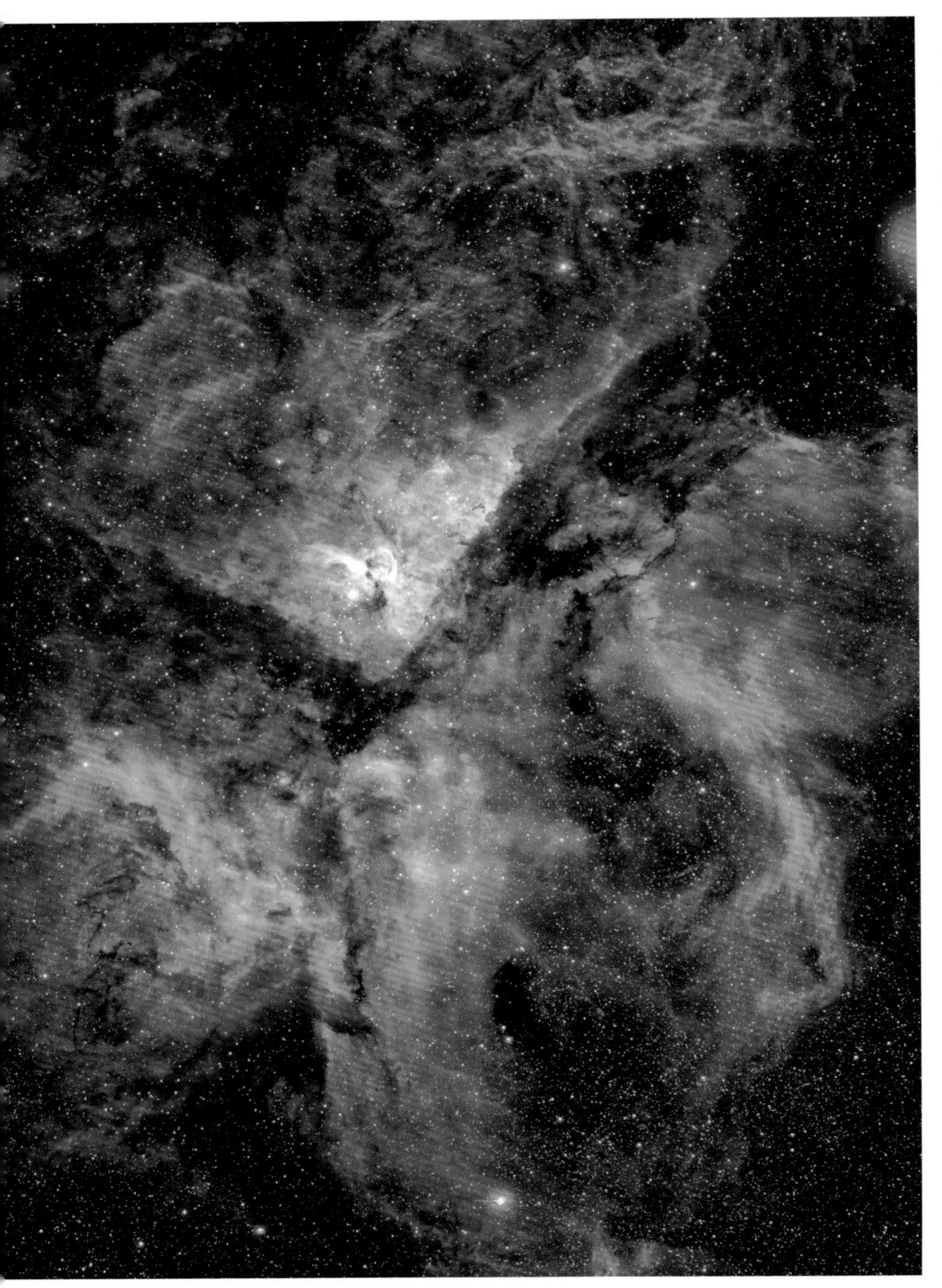

Oben Im Zentrum des Carina-Nebels teilweise verborgen liegt der massereiche Stern Eta (η) Carinae. An dieser Abbildung ist gut zu erkennen, wie Sterne mit großer Masse die Teilchenwolken auseinanderreißen, aus denen sie entstehen. Die stellaren Winde ionisieren das umliegende Gas und wehen es fort.

Noch immer verweigerte Aietes die Herausgabe des Vlieses, das von einem niemals schlafenden Drachen bewacht wurde (möglicherweise dargestellt vom weit im Norden gelegenen Sternbild Drache). Stattdessen plante er die Vernichtung der Argonauten. Heimlich suchten Medea und Jason nach dem Vlies und fanden es an einem Baum. Nachdem Medea den Drachen eingeschläfert hatte, nahm Jason das Vlies an sich.

Auf der Flucht tötete Medea ihren Bruder Apsyrtos und warf Teile seiner Leiche ins Meer. Damit hielt sie ihren Vater auf, der gezwungen war, die Teile aufzulesen. Mit dieser Tat zogen die Argonauten allerdings den Zorn des Zeus auf sich. Sturm auf Sturm prasselte auf sie nieder, bis der orakelnde Bug der *Argo* ihnen den Rat erteilte, an der Insel der Nymphe Circe zu halten und zur Reinigung von ihrer Schuld Opfer darzubringen. Schließlich segelten die Argonauten an der Insel der Sirenen vorbei, deren wunderschöner Gesang die Segler derart verzauberte, dass sie an der Insel zerschellten. Als Orpheus ihre Stimmen vernahm, spielte er auf seiner Leier (vom entsprechenden Sternbild dargestellt) ein Lied von unvergleichlicher Schönheit und übertönte damit die Sirenen.

Von allen antiken Kulturen wurden die Sterne von Argo als Schiff betrachtet. In Ägypten hielt man das Sternbild für das Boot, das Isis und Osiris durch die Sintflut trug. Die Hindus schrieben ihm die gleiche Funktion für Isi und Iswara (Mutter und Kind) zu; sie nannten das Schiff *Argha*, ähnlich der griechischen Bezeichnung. Für die Hebräer stellte es natürlich die Arche Noah dar.

Im 17. Jahrhundert nahm Edmund Halley einige Sterne aus Argo (vor allem aus Carina und Vela) und bildete damit eine neue Konstellation, Robur Carolinum, die Karlseiche. Sie erinnerte an den Baum, in dem sich Prinz Karl (später Karl II.) nach seiner Niederlage gegen Cromwell im englischen Bürgerkrieg versteckte. Zwar wurde Halleys neues Sternbild in einigen Himmelsatlanten des 18. und 19. Jahrhunderts wiedergegeben, setzte sich aber nie wirklich durch. Schließlich teilte der Abbé Nicolas Louis de Lacaille Argo in die drei heutigen Sternbilder auf.

DIE STERNE VON CARINA

Argo war mit Abstand das größte aller Sternbilder, und auch der Schiffskiel ist noch eine ausgedehnte Gruppe. Das westliche Ende der Konstellation taucht in die helle Milchstraße ein. Mit $-0^{\mathrm{m}}{,}7$ ist Alpha (α) Carinae oder Canopus der zweithellste Stern am gesamten Himmel. Es handelt sich dabei um einen gelblichweißen Überriesen der Klasse F0 in 313 Lichtjahren Entfernung. Er hat ca. neunmal die Masse der Sonne und etwa die 15 000-fache Leuchtstärke.

Um Eta (η) Carinae gerecht zu werden, reichen selbst Superlative nicht aus. Von den Sternen in unserer Galaxie, die näher untersucht worden sind, zählt er zu den vier größten. Er besitzt rund 120 Sonnenmassen und leuchtet unglaubliche 5 000 000-mal heller. Eta Carinae strahlt in sechs Sekunden so viel Energie aus wie unsere Sonne in einem Jahr. 8000 Lichtjahre entfernt, liegt er im Herzen des Eta-Carinae-Nebels, inmitten zahlreicher Sterne und Sternhaufen. Bei zwei Eruptionen, in den 1840er-Jahren und 1890, entstand der kleine Homunkulus-Nebel, der den Stern umgibt. Erstere machte ihn vorübergehend zum zweithellsten Stern am Himmel. Heute ist er gerade noch mit bloßem Auge erkennbar, wird aber in naher Zukunft als Hypernova explodieren und schließlich ein Schwarzes Loch hinterlassen.

OBJEKTE VON INTERESSE

Der Westen des Schiffskiels bildet eine der Himmelsregionen mit den meisten offenen Sternhaufen und Nebeln. Beim **Eta (η) Carinae-Nebel (NGC 3372)** handelt es sich um einen riesigen, detailreichen, hellen Emissionsnebel, der mit bloßem Auge als großer heller Fleck in der Milchstraße zu sehen ist. Er ist mehrere Monddurchmesser breit und am besten mit extrem geringer Vergrößerung zu betrachten. Der Nebel wird durch einen V-förmigen Dunkelnebel zweigeteilt.

Nahe dem Zentrum findet man den Stern **Eta (η) Carinae** selbst. Bei schwacher Vergrößerung erscheint er orange und im Vergleich mit anderen Sternen ein bisschen aufgebläht. Doch bei starker Vergrößerung in einem mittelgroßen Teleskop wird dieser Punkt in den außergewöhnlichen bipolaren **Homunkulus-Nebel** aufgelöst. Über den Eta-Carinae-Nebel verstreut liegen etliche kleinere Sternhaufen; diese enthalten einige der massereichsten Sterne in unserer Milchstraße.

Im dem Gebiet rund um Eta Carinae füllt der kompakte offene Sternhaufen **NGC 3293** einen winzigen Himmelsbereich aus. **NGC 3532** und **NGC 3114** sind große Sternenansammlungen, die zu den besten am Himmel zählen. In einem 15-cm-Teleskop erscheint NGC 3532 mit Hunderten von Sternen. An einem Ende ist ein heller gelber Stern zu erkennen. Die verstreuten Diamanten von **IC 2602**, auch als **Südliche Plejaden** bekannt, halten viele Sternbeobachter für den zweitbesten Sternhaufen für Ferngläser. In dem Haufen sind mindestens 25 Sterne zu erkennen, viele davon mit bläulichen Farben.

Unweit von Epsilon (ε) Carinae – dem südöstlichsten Stern im „falschen Kreuz" – befindet sich der mit bloßem Auge sichtbare Sternhaufen **NGC 2516** . Ein 15-cm-Teleskop zeigt ihn als lockeren Haufen mit zahlreichen mittelhellen Sternen, viele davon mit feinen Farbtönen. Ganz in der Nähe liegt der kleine Reflexionsnebel **IC 2220** , der auf Fotos eine frappierende Ähnlichkeit mit einem Bierkrug hat. Ein 20-cm-Teleskop gewährt einen guten Blick darauf.

Auf halbem Weg zwischen Beta (β) und Iota (ι) Carinae befindet sich der wunderschöne Kugelhaufen **NGC 2808** . Bei starker Vergrößerung unter einem ländlichen Himmel löst ihn ein 20-cm-Fernrohr in eine Unzahl schwacher Flecken mit einer dichten Konzentration in der Mitte auf.

Oben Im Zentrum des Eta (η) Carinae-Nebels zeichnet sich der dunkle, staubartige Schlüsselloch-Nebel gegen den Hintergrund aus leuchtendem Gas ab.

Links Diese Nahaufnahme des Weltraumteleskops Hubble zeigt einen drei Lichtjahre breiten Teil des Eta (η) Carinae-Nebels, dessen Gesamtdurchmesser über 200 Lichtjahre beträgt. Die spektakulären dunklen Staubknoten werden durch extrem schnelle Sternenwinde und die energiereiche Strahlung von Eta (η) Carinae geformt. Der Stern selbst ist auf dem Foto allerdings nicht zu sehen.

Cassiopeia

Das auffällige Sternbild Cassiopeia, benannt nach der Königin des antiken Königreiches Äthiopien, eignet sich als Ausgangspunkt, um den Nachthimmel kennenzulernen.

HOCHMUT KOMMT VOR DEM FALL

Königin Cassiopeia rühmte die Schönheit ihrer Tochter Andromeda, was den Gott Nereus verärgerte und Unglück über ihr Land brachte.

DIE STERNE VON CASSIOPEIA

Die W-förmige Gruppe aus Sternen der 2. und 3. Größenklasse bildet eines der markantesten Sternbilder.

Gamma (γ) Cassiopeiae ist ein junger Unterriese der Spektralklasse B0, der in Farbe, Durchmesser und Temperatur stark variieren kann. Auch seine Helligkeit schwankt unregelmäßig. Nachdem der Stern eine verdunkelnde Gas- und Staubwolke ausgestoßen hatte, sank er von einem Maximum von $1^{m}{,}6$ im Jahr 1937 bis auf $3^{m}{,}0$ im Jahr 1940 ab. Zwei nahegelegene pfeilförmige Nebelwolken, IC 59 und IC 63, wurden möglicherweise in früheren Ausbrüchen ausgestoßen. Die Nebel sind aus Staub und leuchten hauptsächlich durch Reflexion des Sternenlichts. Unter einem dunklen, klaren Himmel sind sie in einem 25-cm-Teleskop auszumachen.

OBJEKTE VON INTERESSE

Eta (η) Cassiopeiae ist ein Doppelstern mit einem ungewöhnlichen Farbkontrast. Der Hauptstern wird allgemein als gelb wahrgenommen, während sein Begleiter abwechselnd als lila, granatrot, dunkelorange, orangebraun, lilabraun und „vielleicht braun" beschrieben wird.

Da die Milchstraße durch das Sternbild verläuft, gibt es in der Cassiopeia viele Sternhaufen. Die folgenden Beschreibungen beziehen sich auf den Blick mit einem 20-cm-Reflektor. Im Zentrum des sternreichen jungen Haufens **NGC 7789** befindet sich eine bogenförmige Gruppe.

Der eindrucksvolle Sternhaufen **NGC 457** wird alternativ als **ET-Haufen** (nach der liebenswerten Filmfigur) oder **Eulen-Haufen** bezeichnet. Der gelbe, 5^{m} helle Überriese Phi (ϕ) Cassiopeiae und ein blauer Überriese mit 7^{m} stellen die Augen der Eule dar, während ein orangefarbener Überriese 9. Größe einen Flügel markiert. Bei öffentlichen Vorführungen in Sternwarten ist NGC 457 ein Publikumsliebling.

M103 (NGC 581) bildet aus 20 Sternen eine kleine Pfeilspitze. Die drei hellsten, einer davon gelb, kennzeichnen die Fluchtpunkte des Dreiecks.

Ganz in der Nähe wird **NGC 663** von **NGC 654** und **NGC 659** flankiert. Beide befinden sich bei schwacher Vergrößerung im selben Gesichtsfeld. Der große, helle Haufen NGC 663 besteht aus zwei Sternovalen und einem diamantförmigen Kern. Auf NGC 659 führen etliche Sternbänder zu. Bei NGC 654 handelt es sich um einen kleinen Haufen mit zwei Binärsystemen.

In einem 20-cm-Teleskop lassen sich zwei elliptische Zwerggalaxien erkennen – **NGC 185** und die gestreckte, sehr schwache **NGC 147**. Sie sind deshalb interessant, weil es sich um Satelliten der großen Andromeda-Galaxie sieben Grad weiter südlich handelt.

NGC 281, der **Pac-Man-Nebel**, erscheint bei Einsatz eines UHC-Filters. Ein 20-cm-Teleskop offenbart eine leuchtende Halbkugel mit einem dunklen Einschnitt an der flachen Seite.

Links Der Pac-Man-Nebel (NGC 281), benannt nach der Figur des gleichnamigen Videospiels aus den 1980er-Jahren, ist eine wahre Sternfabrik, gefüllt mit kleinen offenen Sternhaufen, einem rot leuchtenden Emissionsnebel und riesigen Gas- und Staubbahnen.

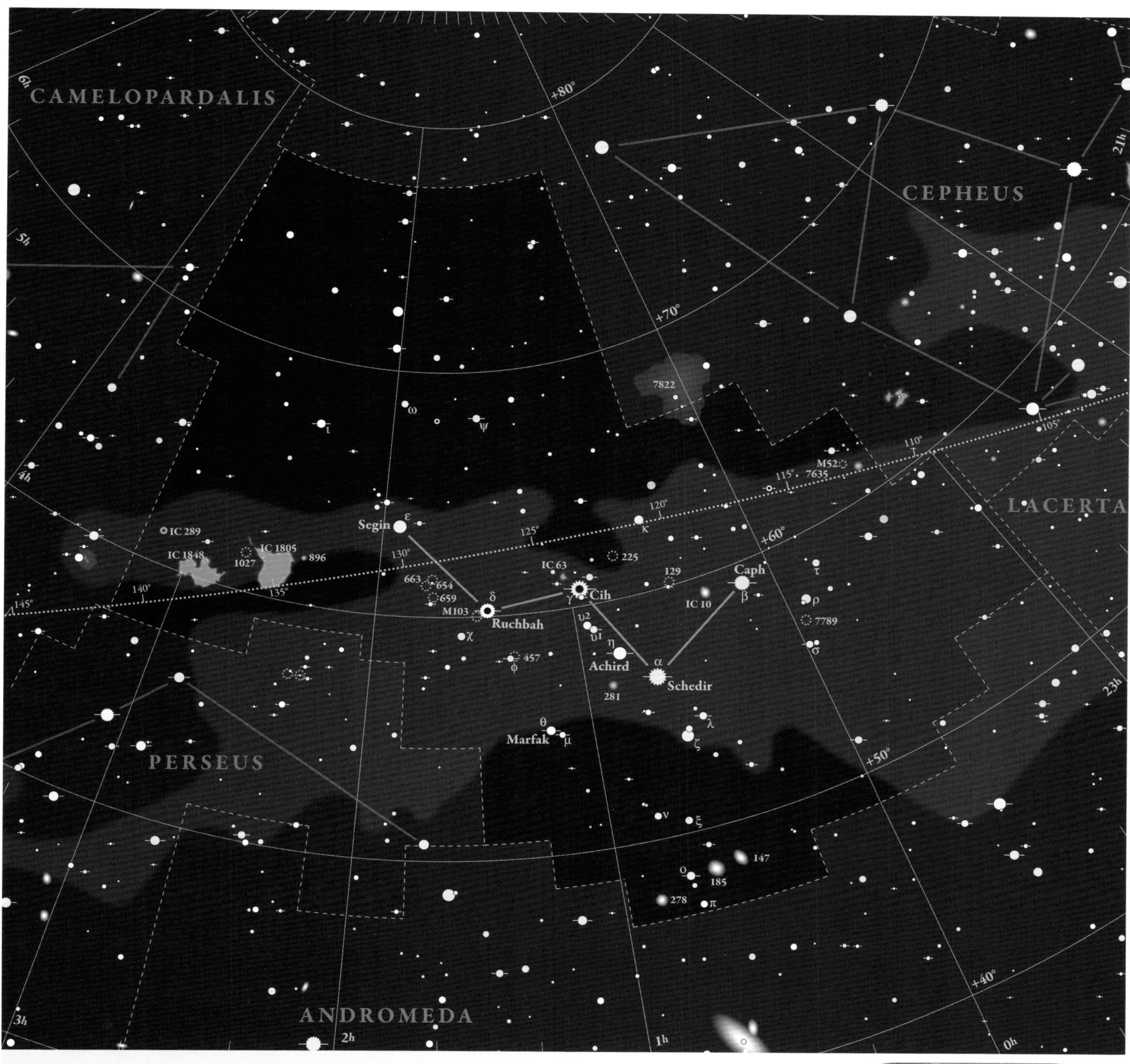

STECKBRIEF

Cassiopeia
Cassiopeia

Abkürzung
Cas

Genitiv
Cassiopeiae

Rektaszension
1 Stunde

Deklination
+60°

Sichtbarkeit
90°N bis 21°S

Beachtenswerte Objekte
- M52
- NGC 281 (Pac-Man-Nebel)
- NGC 7789
- NGC 457 (ET-Haufen)
- NGC 663
- NGC 654
- NGC 659

Benannte Sterne
- Schedir (Alpha [α] Cassiopeiae)
- Caph (Beta [β] Cassiopeiae)
- Cih (Gamma [γ] Cassiopeiae)
- Ruchbah (Delta [δ] Cassiopeiae)
- Segin (Epsilon [ε] Cassiopeiae)
- Achird (Eta [η] Cassiopeiae)
- Marfak (Theta [θ] Cassiopeiae)
- Marfak (My [μ] Cassiopeiae)

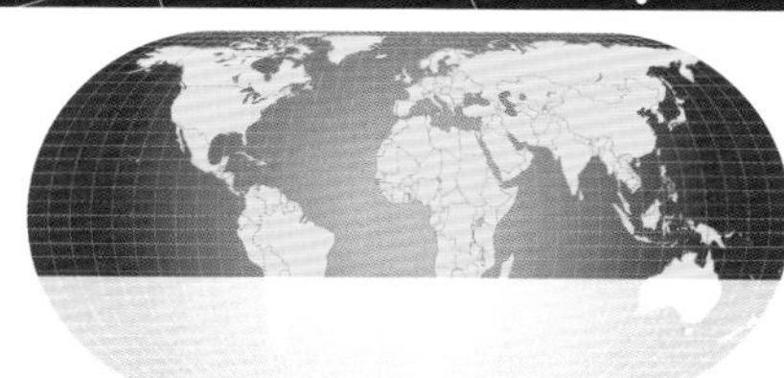

NÖRDLICHER NACHTHIMMEL – Beobachtungsort: New York, USA; Zeitpunkt: 22:00 Uhr am 15. des jeweiligen Monats

 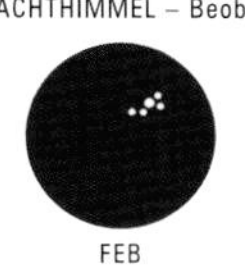 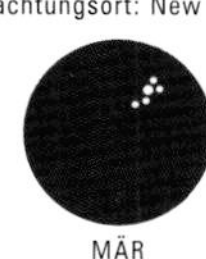 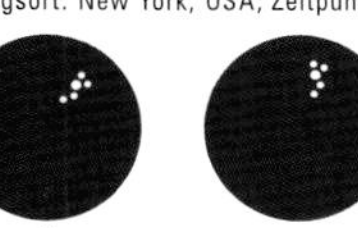 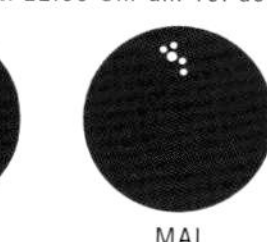  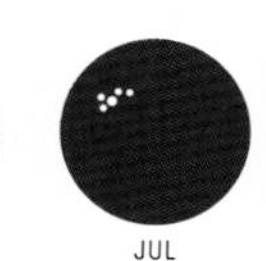   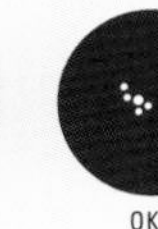 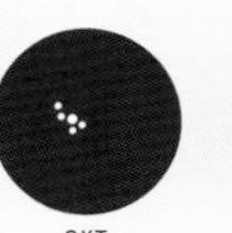 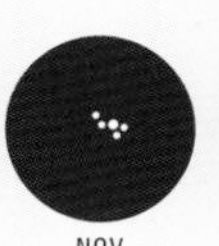 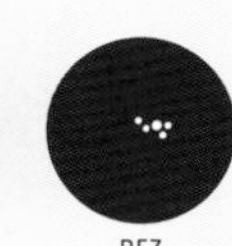

JAN FEB MÄR APR MAI JUN JUL AUG SEP OKT NOV DEZ

SÜDLICHER NACHTHIMMEL – Beobachtungsort: Sydney, Australien; Zeitpunkt: 22:00 Uhr am 15. des jeweiligen Monats

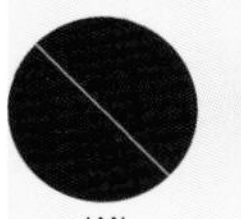 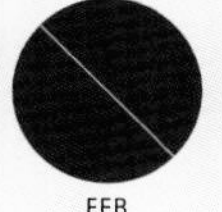  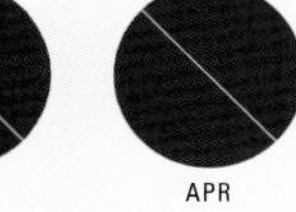 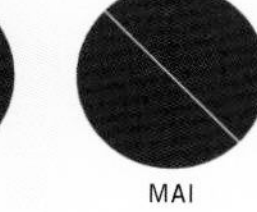 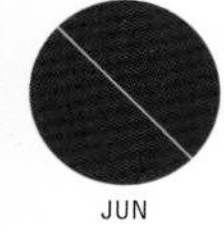      

JAN FEB MÄR APR MAI JUN JUL AUG SEP OKT NOV DEZ

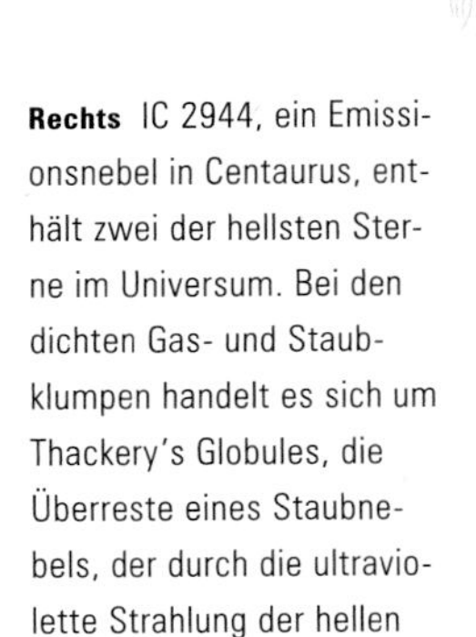

Centaurus

Das Sternbild Zentaur ist reich gesegnet an Heldensagen und spektakulären Sehenswürdigkeiten. Zudem enthält es die Sterne, die unserer Sonne am nächsten liegen.

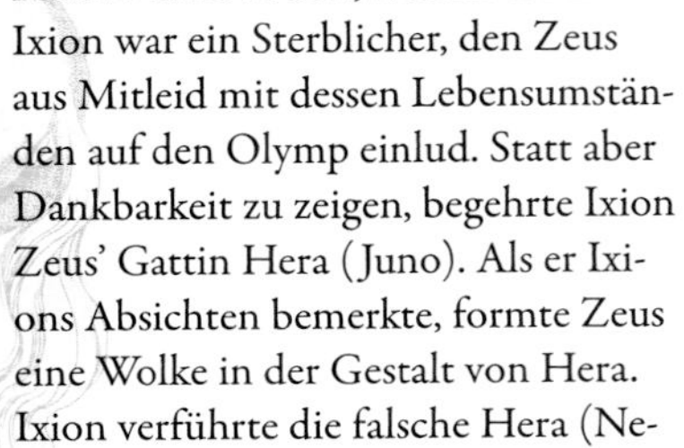

HALB MENSCH, HALB PFERD

Ixion war ein Sterblicher, den Zeus aus Mitleid mit dessen Lebensumständen auf den Olymp einlud. Statt aber Dankbarkeit zu zeigen, begehrte Ixion Zeus' Gattin Hera (Juno). Als er Ixions Absichten bemerkte, formte Zeus eine Wolke in der Gestalt von Hera. Ixion verführte die falsche Hera (Nephele), und diese gebar ihm einen Sohn, Chiron, den ersten Zentauren. Die mythischen Zentauren besaßen einen Pferdeleib mit einem menschlichen Oberkörper. Während Zentauren allgemein als wild und brutal galten, war Chiron kultiviert und gelehrt. Er war bewandert im Bogenschießen, in den Naturwissenschaften und in der Medizin und unterrichtete schließlich Herakles (Herkules), Achilles, Jason und andere mythologische Figuren.

Als Abkömmling einer Göttin war Chiron unsterblich, was sich aber als sein Verderben erwies. Herakles traf ihn versehentlich mit einem vergifteten Pfeil. Da Chiron aber an der Giftwunde nicht sterben konnte, war er verdammt, auf ewig unerträgliche Qualen zu erleiden. Aus Mitleid mit Chiron übertrug Zeus dessen Unsterblichkeit auf Prometheus, sodass er schließlich sterben konnte. Anschließend versetzte Zeus Chiron als Sternbild Zentaur an den Himmel.

Rechts IC 2944, ein Emissionsnebel in Centaurus, enthält zwei der hellsten Sterne im Universum. Bei den dichten Gas- und Staubklumpen handelt es sich um Thackery's Globules, die Überreste eines Staubnebels, der durch die ultraviolette Strahlung der hellen Sterne zerstreut wurde.

DIE STERNE VON CENTAURUS

Centaurus bildet eine sehr große Konstellation, deren Sterne recht überzeugend einen Zentauren skizzieren. Die Vorder- und Hinterbeine umschließen das Kreuz des Südens. Rigil Kentaurus und Hadar, der dritt- bzw. elfthellste Stern am Nachthimmel, markieren die Vorderhufe.

Rigil Kentaurus oder Alpha (α) Centauri ist mit einer Entfernung von 4,3 Lichtjahren das sonnennächste Sternsystem. Es handelt sich dabei um einen Dreifachstern, bestehend aus zwei sonnenähnlichen Sternen und einem dritten Mitglied, Proxima Centauri, einem Roten Zwerg, der der Sonne am nächsten liegt. Trotz seiner Nähe benötigt man ein leistungsfähiges Teleskop, um Proxima Centauri als schwachen Punkt zu erkennen.

OBJEKTE VON INTERESSE

Omega (ω) Centauri (NGC 5139) stellt den größten, hellsten und am einfachsten aufzulösenden Kugelsternhaufen am ganzen Firmament dar. Er liegt in der verlängerten Linie von Hadar (Beta [β] Centauri) nach Epsilon (ε) Centauri und enthält mehrere Millionen Sterne. Ein 20-cm-Teleskop löst ihn in eine Unmenge schwacher Flecken auf, mit einer Verdichtung zur Mitte hin. Ganz in der Nähe befindet sich die rätselhafte Galaxie **Centaurus A (NGC 5128)**. Diese linsenförmige Galaxie verschmolz unlängst mit einer Spiralgalaxie, was ihr das ungewöhnliche Aussehen verleiht. In ihrem Kern verbirgt sich ein extrem massereiches Schwarzes Loch, eine der stärksten außergalaktischen Radioquellen. Ein 15-cm-Teleskop offenbart die zugespitzte Form der wunderbaren, in Kantenlage befindlichen Spiralgalaxie **NGC 4945**.

Alpha (α) Centauri ist vielleicht der spektakulärste Mehrfachstern. In einem kleinen Teleskop wirken seine beiden sonnenähnlichen Sterne wie die Scheinwerfer eines Fahrzeugs.

Links Der galaktische Kannibale Centaurus A ist eine linsenförmige Galaxie, die sich vor Kurzem eine Spiralgalaxie einverleibt hat. Der Bogen aus blauen Sternen oberhalb der Galaxie stellt ein Überbleibsel dieses Zusammenschlusses dar.

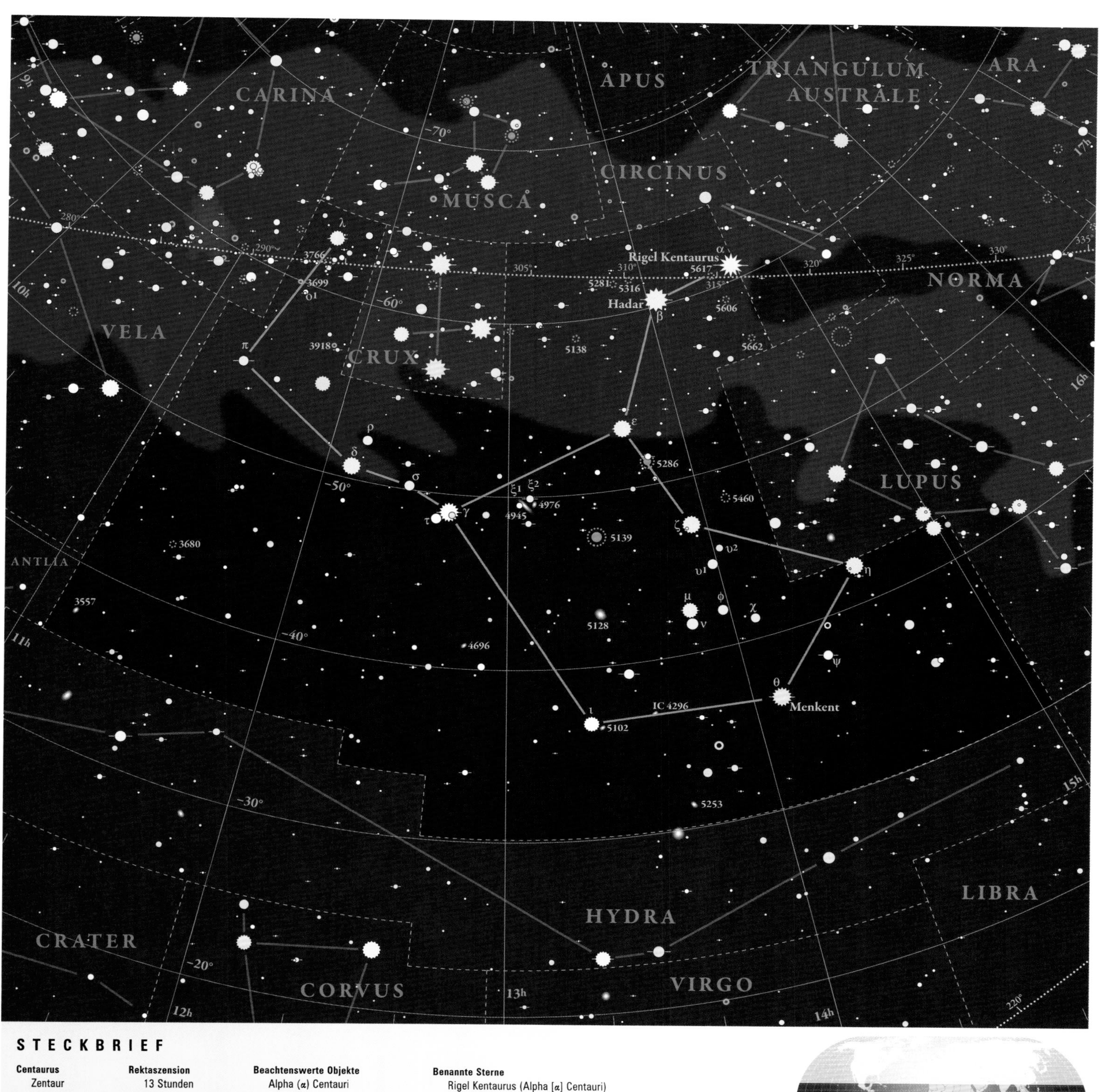

STECKBRIEF

Centaurus
Zentaur

Abkürzung
Cen

Genitiv
Centauri

Rektaszension
13 Stunden

Deklination
−50°

Sichtbarkeit
22°N bis 90°S

Beachtenswerte Objekte
Alpha (α) Centauri
NGC 4945
NGC 5128 (Centaurus A)
NGC 5139 (Omega [ω] Centauri)

Benannte Sterne
Rigel Kentaurus (Alpha [α] Centauri)
Hadar (Beta [β] Centauri)
Menkent (Theta [θ] Centauri)

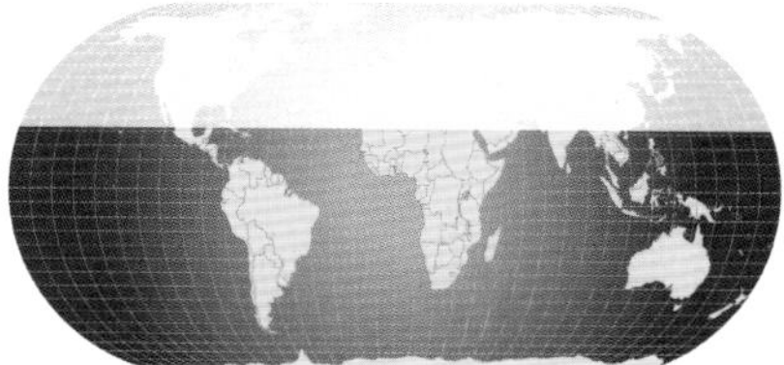

NÖRDLICHER NACHTHIMMEL – Beobachtungsort: New York, USA; Zeitpunkt: 22:00 Uhr am 15. des jeweiligen Monats

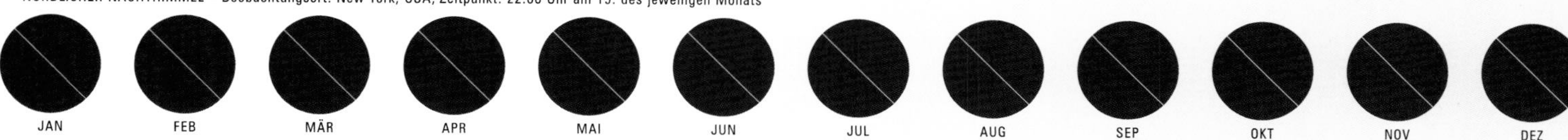

JAN FEB MÄR APR MAI JUN JUL AUG SEP OKT NOV DEZ

SÜDLICHER NACHTHIMMEL – Beobachtungsort: Sydney, Australien; Zeitpunkt: 22:00 Uhr am 15. des jeweiligen Monats

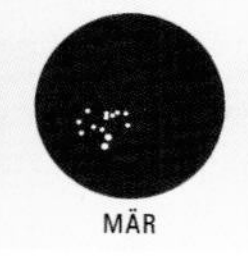
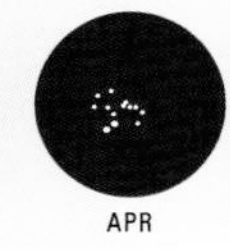
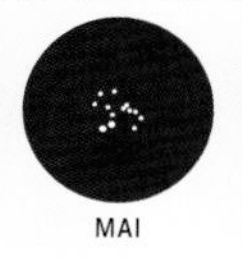
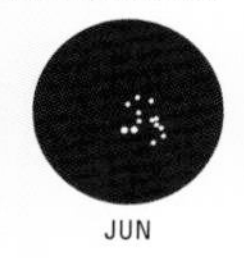
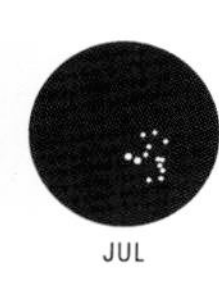
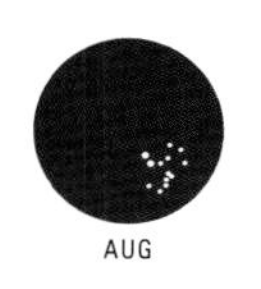

JAN FEB MÄR APR MAI JUN JUL AUG SEP OKT NOV DEZ

Cepheus

Cepheus, benannt nach dem König des antiken Äthiopien, ist ein recht unauffälliges Sternbild der Region um den nördlichen Himmelspol. Seine südlichen Teile liegen in der Milchstraße.

EINE FAMILIENANGELEGENHEIT

König Cepheus spielte eine kleinere Rolle in der Sage, die unter dem Sternbild Andromeda geschildert wurde. Er war Vater der Andromeda und Gatte der Königin Cassiopeia.

DIE STERNE VON CEPHEUS

Cepheus wird durch ein schmales Fünfeck umrissen, das an die Kinderzeichnung eines Hauses erinnert.

Der Überriese Delta (δ) Cephei bildet den Prototyp der Cepheiden, pulsierender Veränderlicher. Nachdem man herausgefunden hatte, dass die Helligkeit der Cepheiden mit ihrer Pulsationsperiode in Zusammenhang steht, verfügten die Astronomen über ein zuverlässiges Instrument zur Bestimmung der Distanzen naher Galaxien. Die schwankende Helligkeit von Delta lässt sich mit einem Minimum an optischer Ausrüstung beobachten. Im Laufe von 5,4 Tagen variiert sie zwischen $3^{\mathrm{m}}.48$ und $4^{\mathrm{m}}.37$.

Der Überriese My (μ) Cephei ist bekannt für seine tiefrote Farbe. Vom Astronomen Wilhelm Herschel wurde er deshalb Granatstern genannt.

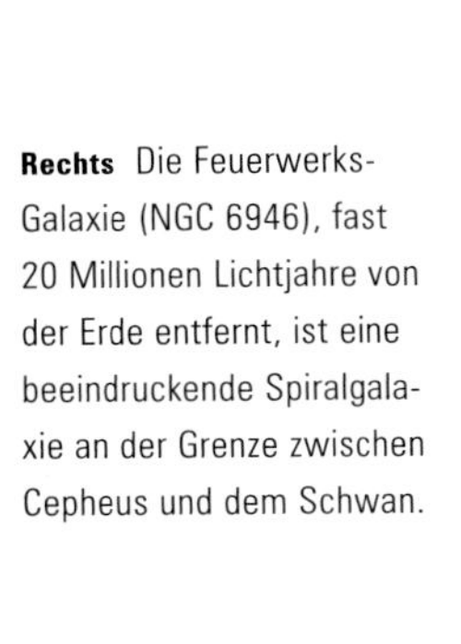

Rechts Die Feuerwerks-Galaxie (NGC 6946), fast 20 Millionen Lichtjahre von der Erde entfernt, ist eine beeindruckende Spiralgalaxie an der Grenze zwischen Cepheus und dem Schwan.

OBJEKTE VON INTERESSE

Delta (δ) Cephei ist ein beliebter Doppelstern mit einer gelben und blauen Komponente von $4^{\mathrm{m}}.1$ (variabel) bzw. $6^{\mathrm{m}}.3$, die 41 Bogensekunden auseinander stehen. Bei **Struve 2873 (Σ2873)** handelt es sich um ein symmetrisches gelbes Sternenpaar 7. Größe mit einem Abstand von 14 Bogensekunden.

Der äußerst sternreiche offene Haufen NGC 6939 und die in Aufsicht zu betrachtende Spiralgalaxie NGC 6946 liegen im selben Gesichtsfeld. Ihr Ruhm ist mehr auf den Kontrast zurückzuführen, den diese Objekte im Okular erzeugen, als auf ihr eigentliches Erscheinungsbild. **NGC 6939**, mit einer Helligkeit von $7^{\mathrm{m}}.8$ und einem Drittel des Monddurchmessers, umfasst 300 Sterne. Rund 60 davon, meist 12^{m} oder schwächer, lassen sich mit einem 25-cm-Fernrohr vor dem Hintergrundschleier der unaufgelösten Sterne beobachten.

In einem 20-cm-Teleskop erscheint die $8^{\mathrm{m}}.8$ helle Galaxie **NGC 6946** als großer unstrukturierter Fleck mit einer ungewöhnlichen Zahl von Vordergrundsternen, was auf ihre versteckte Lage hinter der Milchstraße zurückzuführen ist. Ein 40-cm-Teleskop offenbart zwei breite Spiralarme und eine schwache Verdichtung im Zentrum.

Den planetarischen Nebel **NGC 40** ($12^{\mathrm{m}}.4$ hell, 37 Bogensekunden breit) nimmt man in einem 20-cm-Teleskop als gleichmäßig leuchtende runde Scheibe wahr, die von dem Zentralgestirn mit $11^{\mathrm{m}}.6$ beherrscht wird. Mit sehr großen Öffnungen verwandelt sich die Scheibe in einen Ring, der am äußersten Rand heller ist.

NGC 188 widersteht seit neun Milliarden Jahren den Anziehungskräften der Galaxie; er gehört zu den ältesten bekannten Sternhaufen. In kleinen Teleskopen erscheinen die 550 Sterne dieses Haufens als unaufgelöster Nebelfleck mit $8^{\mathrm{m}}.1$ und einer Breite von einem halben Mond. In einem 25-cm-Instrument hingegen werden 50 Sterne aufgelöst.

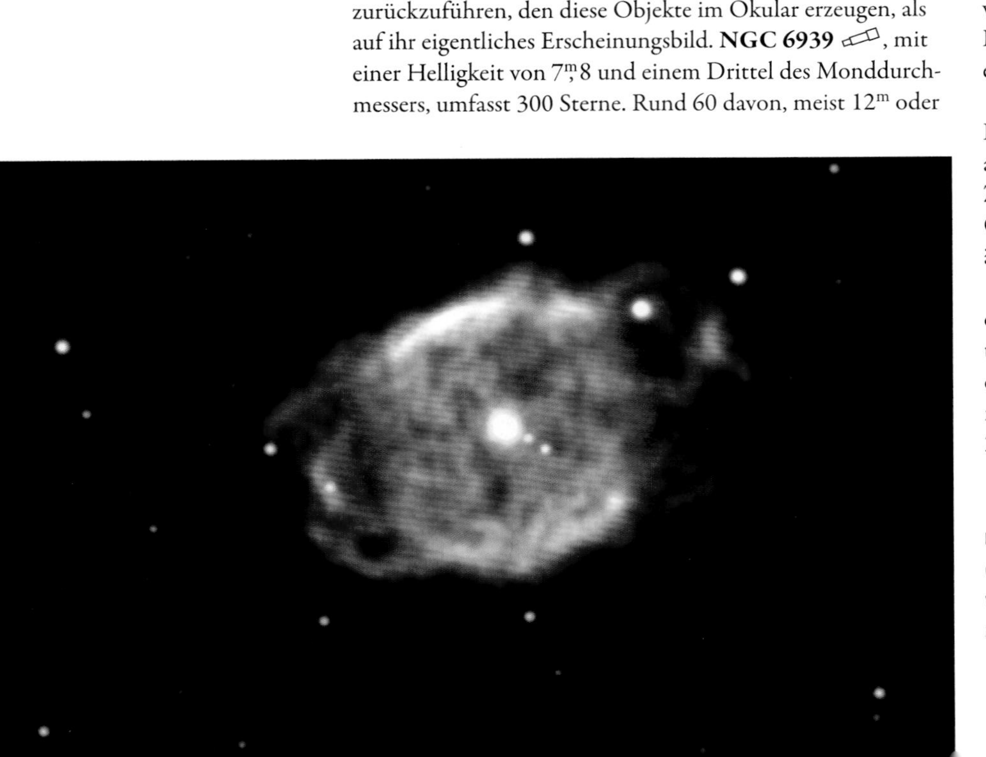

Links Der planetarische Nebel NGC 40, 1788 von Wilhelm Herschel entdeckt, umgibt einen sterbenden Stern. Nach Voraussagen der Astronomen wird dieser Stern in 30 000 Jahren zu einem erdgroßen Weißen Zwerg zusammengeschrumpft sein.

STECKBRIEF

Cepheus
Cepheus

Abkürzung
Cep

Genitiv
Cephei

Rektaszension
22 Stunden

Deklination
+70°

Sichtbarkeit
90°N bis 8°S

Beachtenswerte Objekte
Delta (δ) Cephei
My (μ) Cephei
NGC 40
NGC 188
NGC 6939
NGC 6946
Struve 2873

Benannte Sterne
Alderamin (Alpha [α] Cephei)
Alfirk (Beta [β] Cephei)
Alrai (Gamma [γ] Cephei)
Erakis (Garnet Star) (My [μ] Cephei)
Alkurhah (Xi [ξ] Cephei)
Alkalb al Rai (Rho [ρ] Cephei)

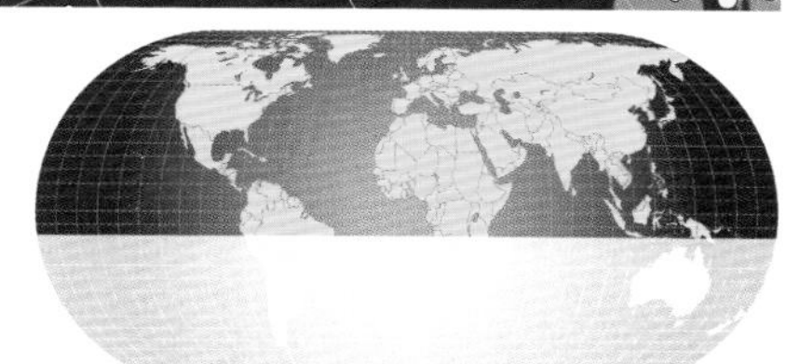

NÖRDLICHER NACHTHIMMEL – Beobachtungsort: New York, USA; Zeitpunkt: 22:00 Uhr am 15. des jeweiligen Monats

JAN

FEB
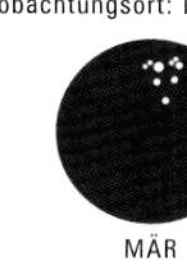
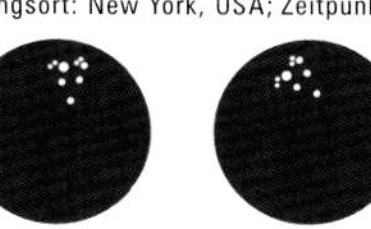
MÄR
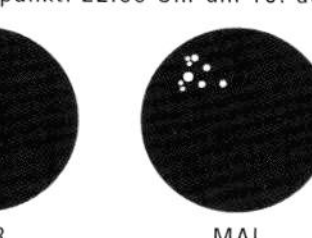
APR
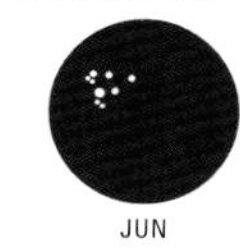
MAI
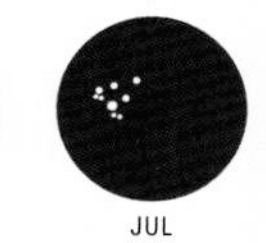
JUN
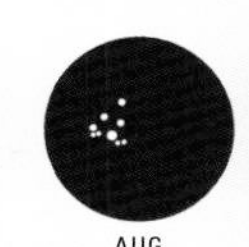
JUL

AUG
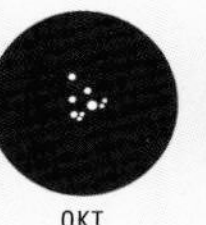
SEP
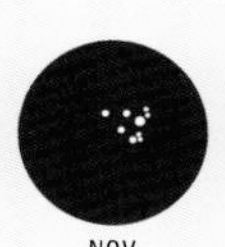
OKT
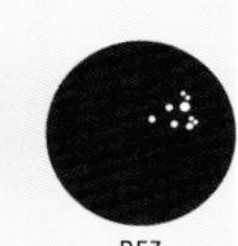
NOV
DEZ

SÜDLICHER NACHTHIMMEL – Beobachtungsort: Sydney, Australien; Zeitpunkt: 22:00 Uhr am 15. des jeweiligen Monats

JAN
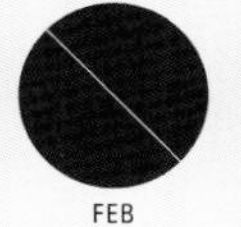
FEB
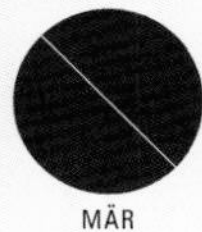

MÄR
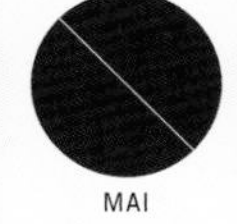
APR
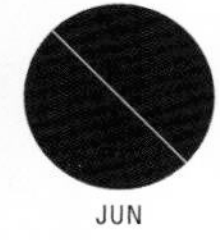
MAI

JUN
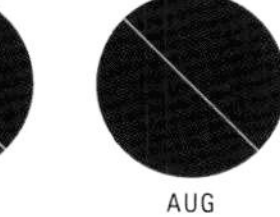
JUL

AUG

SEP
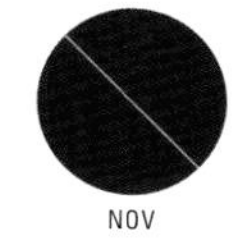
OKT

NOV
DEZ

Cetus

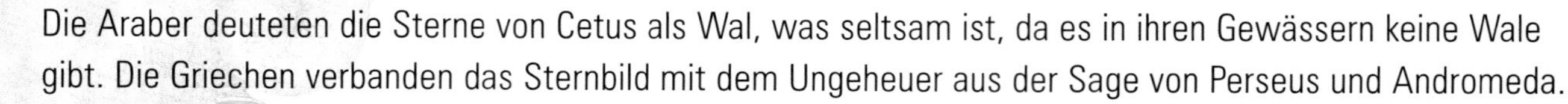

Die Araber deuteten die Sterne von Cetus als Wal, was seltsam ist, da es in ihren Gewässern keine Wale gibt. Die Griechen verbanden das Sternbild mit dem Ungeheuer aus der Sage von Perseus und Andromeda.

GIGANT AM HIMMEL

Kartografen des 16. und 17 Jahrhunderts wie Plancius und Bayer zeichneten Cetus als seltsame Mischung aus Wal und Ungeheuer. Für Plancius und Schiller, die Kartografen, die den „christlichen" Sternatlas entwickelten, zeigte die Konstellation den Wal, der Jonas verschluckte. Das ist vermutlich der Ursprung für die moderne Bezeichnung Cetus, lateinisch für Walfisch.

DIE STERNE VON CETUS

Trotz seiner enormen Größe weist der Walfisch nur wenige helle Sterne auf: Es gibt keinen der 1. und nur einen der 2. Größenklasse. Alpha (α), Gamma (γ) und Delta (δ) bilden im Osten des Sternbilds ein leicht auszumachendes Dreieck. Ähnlichkeit mit einem Meereswesen verraten diese drei, zusammen mit den vielen anderen schwachen Sternen, allerdings kaum. Mit 2^m der hellste Stern des Wals ist Beta (β) Ceti, auch bekannt als Deneb Kaitos, arabisch für „Schwanz des Wals". Es handelt sich dabei um einen recht gewöhnlichen Riesen der Klasse K0, in 96 Lichtjahren Entfernung und mit der 145-fachen Leuchtkraft unserer Sonne.

Interessanter ist Omikron (ο) Ceti, auch als Mira bezeichnet. David Fabricius, ein Astronom des 16. Jahrhunderts, bemerkte als Erster, dass er in der Helligkeit schwankte. Gelegentlich erreichte er 2^m, meistens blieb er jedoch unsichtbar. Mira gilt heute als Archetyp der Klasse veränderlicher Sterne, die nach ihm benannt ist. Während eines Zeitraums von 330 Tagen verändert Mira seine Größe, Temperatur und Helligkeit (zwischen 3^m und 10^m).

OBJEKTE VON INTERESSE

Die interessantesten Objekte im Walfisch sind die zahlreichen Galaxien. Die hellste und schönste ist **M77** in der Nähe von Gamma (γ) Ceti. Selbst in den kleinsten Teleskopen erscheint sie als schwacher Stern mit einem umliegenden Nebel. In einem 20-cm-Teleskop ist der strahlende stellare Kern und der helle, gut aufgelöste Halo zu erkennen. M77 ist eine Seyfert-Galaxie, eine Galaxienart mit einem extrem aktiven Kern um ein supermassereiches Schwarzes Loch. Im selben Feld befindet sich in Kantenlage die lichtschwächere Spiralgalaxie **NGC 1055**.

Nicht weit von Beta (β) Ceti liegt **NGC 247**, ein Mitglied der Sculptor-Galaxiengruppe, die nur wenige Millionen Lichtjahre von uns entfernt ist. Die riesige Galaxie ist fast einen Halbmond lang und lässt sich unter einem ländlichen Himmel in einem Fernglas flüchtig erkennen. Bei optimalen Bedingungen zeigt eine 20-cm-Teleskop einen großen, langen, ovalen Halo mit einem kleinen, schwachen Kern.

Oben Aufnahme des Mayall-Teleskops von NGC 985, einer eigentümlichem Ringgalaxie im Sternbild Walfisch. Sie verfügt über einen extrem aktiven Seyfert-Kern.

Rechts NGC 1068, das nächste und hellste Exemplar einer Seyfert-Galaxie, liegt im Walfisch.

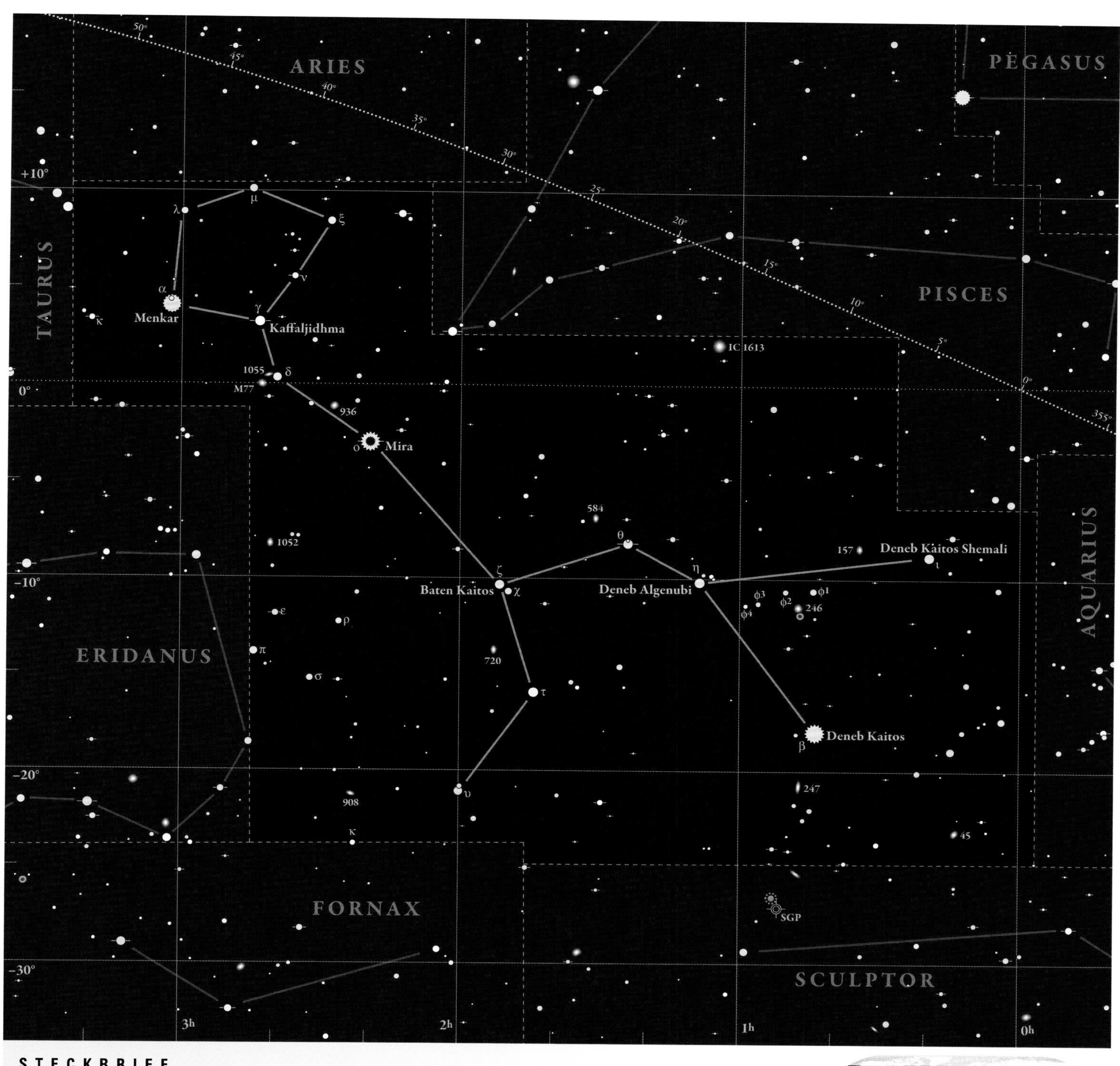

STECKBRIEF

Cetus
Walfisch

Abkürzung
Cet

Genitiv
Ceti

Rektaszension
2 Stunden

Deklination
–10°

Sichtbarkeit
64°N bis 75°S

Beachtenswerte Objekte
Omikron (ο) Ceti
M77
NGC 246
NGC 247
NGC 1055

Benannte Sterne
Menkar (Alpha [α] Ceti)
Deneb Kaitos (Beta [β] Ceti)
Kaffaljidhma (Gamma [γ] Ceti)
Baten Kaitos (Zeta [ζ] Ceti)
Deneb Algenubi (Eta [η] Ceti)
Deneb Kaitos Shemali (Iota [ι] Ceti)
Mira (Omikron [ο] Ceti)

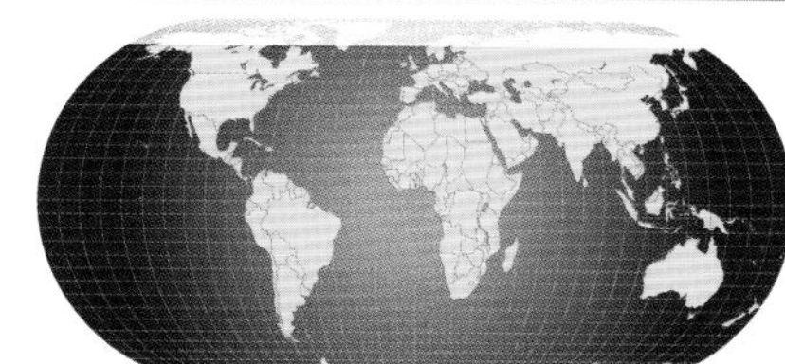

NÖRDLICHER NACHTHIMMEL – Beobachtungsort: New York, USA; Zeitpunkt: 22:00 Uhr am 15. des jeweiligen Monats

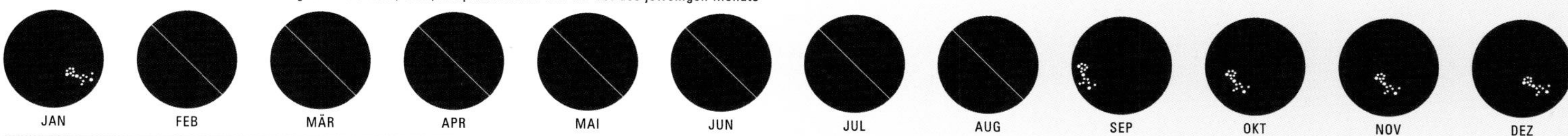

SÜDLICHER NACHTHIMMEL – Beobachtungsort: Sydney, Australien; Zeitpunkt: 22:00 Uhr am 15. des jeweiligen Monats

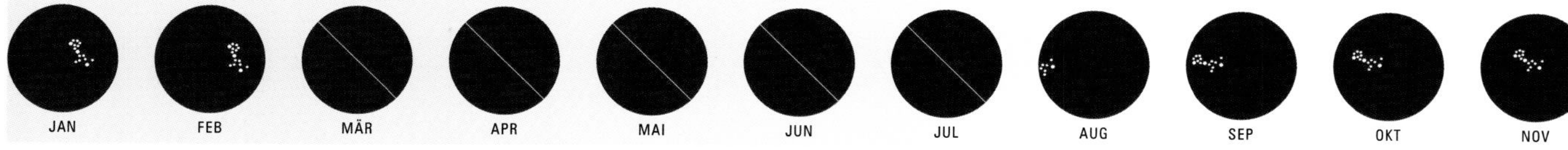

Chamaeleon

Obwohl sie weit von der Milchstraße entfernt liegt, lässt sich in dieser Gruppe schwacher Sterne mit dem Teleskop oder Fernglas einiges entdecken.

Oben rechts Die mit 160 km/s dahinrasende Schockwelle des leuchtenden, mehrfarbigen Strahls Herbig-Haro 49/50 befindet sich in der sternbildenden Region Chamäleon 1.

Unten Dunkle Teilchenwolken umgeben den hellen planetarischen Nebel NGC 3195, der am südlichen Nachthimmel sichtbar ist.

MEISTER DER TARNUNG

Noch im 17. Jahrhundert wurden die Sterne des Chamäleons von den Astronomen nicht offiziell als Sternbild anerkannt. Das erklärt auch das Fehlen einer entsprechenden Mythologie.

Nach ihrer umfassenden Erkundung Ostindiens und der südlichen Sterne führten die holländischen Entdecker Pieter Dirkszoon Keyser und Frederick de Houtman das Sternbild Ende des 16. Jahrhunderts in Gestalt einer Eidechse ein. 1598 verzeichnete Petrus Plancius die Konstellation auf einer Sternkarte in Form eines Chamäleons, der afrikanischen Echse, die ihre Farbe ändern kann. Diese Darstellung übernahm auch Bayer in seiner 1603 veröffentlichten *Uranometria*. Seit damals hat sich an der Form und an den Sternen des Chamäleons nichts wesentlich verändert.

DIE STERNE VON CHAMAELEON

Die Hauptsterne dieser Konstellation bilden einen langen, dünnen Rhombus, dessen Enden in Ost-West-Richtung zeigen.

Keiner der Sterne des Chamäleons strahlt besonders stark. Mit einer Helligkeit zwischen $4^{m},05$ und $4^{m},45$ zeigen die fünf hellsten aber eine erstaunliche Gleichmäßigkeit. Die Rhombusform ist unter einem ländlichen Himmel problemlos zu erkennen.

Bei Alpha (α) Chamaeleontis an der östlichen Spitze des Rhombus handelt es sich um einen ziemlich sonnenähnlichen Stern. Er gehört zu Spektralklasse F5, hat rund 50 Prozent mehr Masse als die Sonne und strahlt in 63,5 Lichtjahren Entfernung mit $4^{m},05$.

OBJEKTE VON INTERESSE

Einen der schönsten Doppelsterne für Ferngläser stellt **Delta (δ) Chamaeleontis** dar. Seine beiden kontrastierenden Komponenten (gelb bzw. hellblau) lassen sich in einem Exemplar ohne Stativ mühelos trennen. Obwohl die beiden Sterne so nahe beieinanderliegen, bilden sie nur optisch ein Paar; sie stehen in keinerlei Verbindung.

Das Chamäleon liegt weit weg von der Milchstraßenebene, wo sich die meisten sternbildenden Regionen befinden. Dessen ungeachtet findet man den sonnennächsten Nebel, der gegenwärtig Sterne produziert, im Chamäleon, in nur wenig mehr als 500 Lichtjahren Entfernung. Der kleine Reflexionsnebel **IC 2631**, der einen Stern 9. Größe umrundet, bildet den hellsten Teil eines großen, aber lichtschwachen Nebels und ist bei dunklem Himmel in einem 20-cm-Teleskop zu sehen.

Das südlichste helle Deep-Sky-Objekt liegt ebenfalls im Chamäleon. Bei **NGC 3195** handelt es sich um einen mittelhellen planetarischen Nebel, der in 10-cm-Teleskopen (und größer) als kleine, gräuliche, ovale Scheibe erscheint. **NGC 2915** ist die hellste Galaxie im Chamäleon. Ihre kleine, ovale, neblige Gestalt lässt sich in einem 20-cm-Teleskop erblicken.

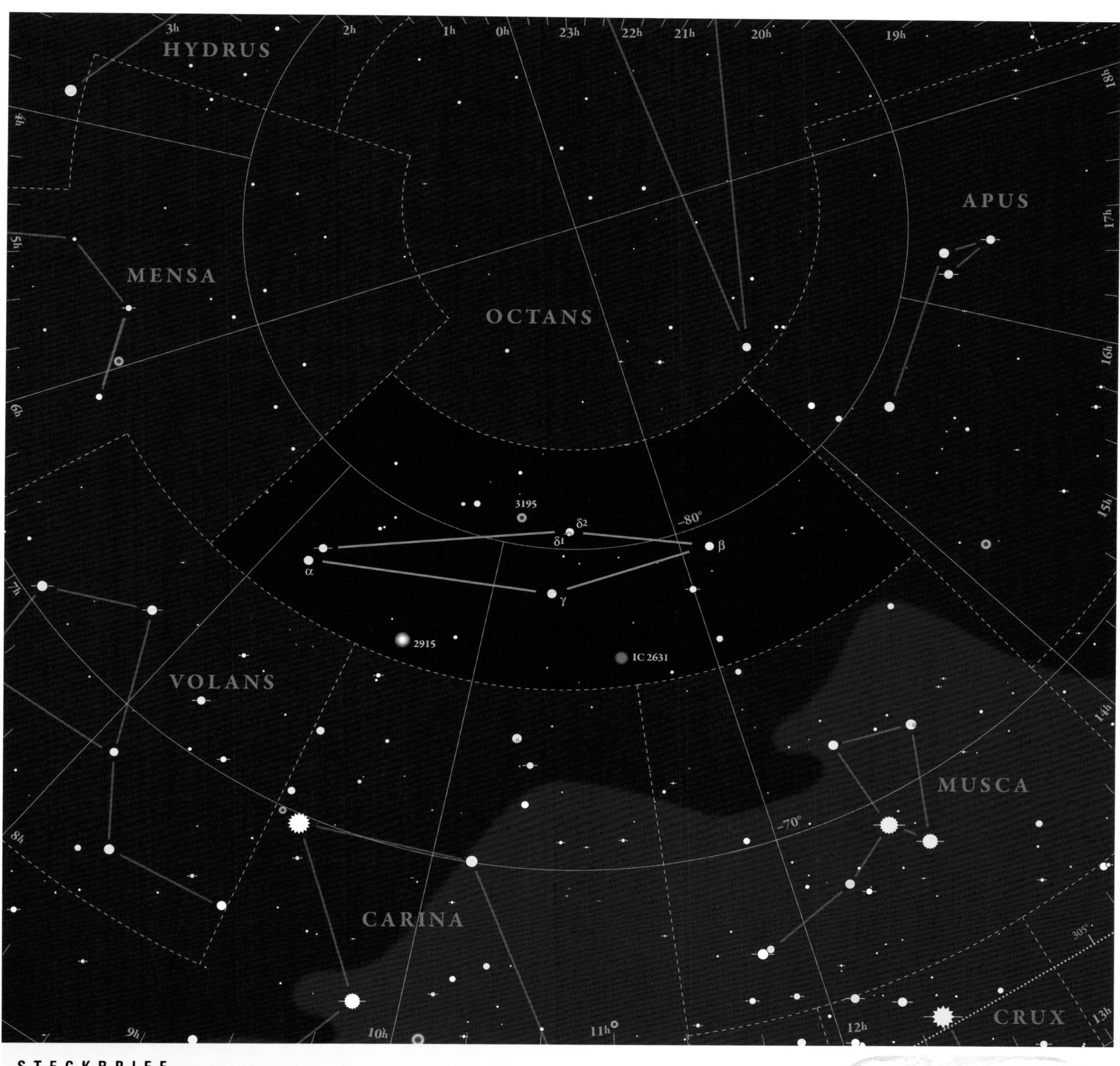

STECKBRIEF

Chamaeleon
Chamäleon

Abkürzung
Cha

Genitiv
Chamaeleontis

Rektaszension
11 Stunden

Deklination
–80°

Sichtbarkeit
5°N bis 90°S

Beachtenswerte Objekte
Delta (δ) Chamaeleontis
IC 2631
NGC 2915
NGC 3195

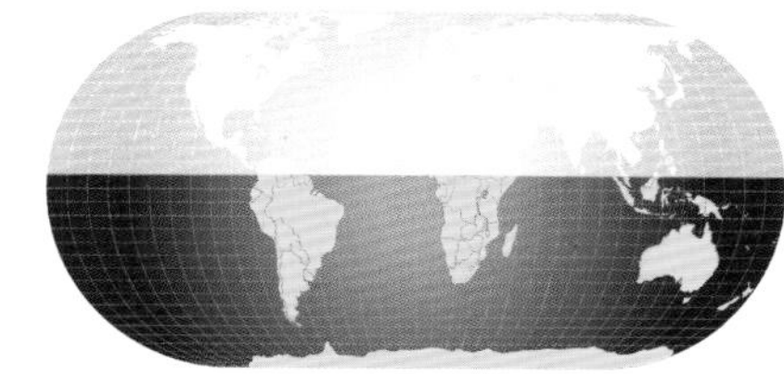

NÖRDLICHER NACHTHIMMEL – Beobachtungsort: New York, USA; Zeitpunkt: 22:00 Uhr am 15. des jeweiligen Monats

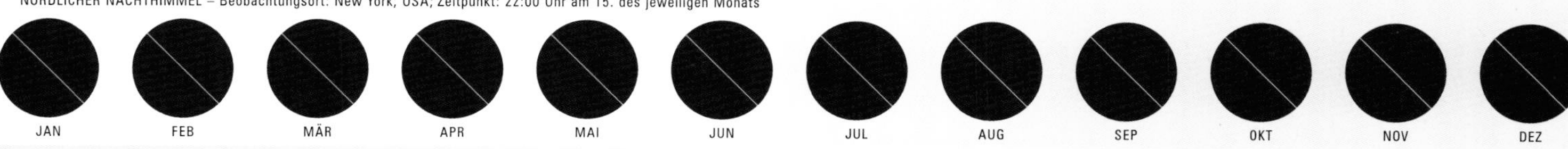

SÜDLICHER NACHTHIMMEL – Beobachtungsort: Sydney, Australien; Zeitpunkt: 22:00 Uhr am 15. des jeweiligen Monats

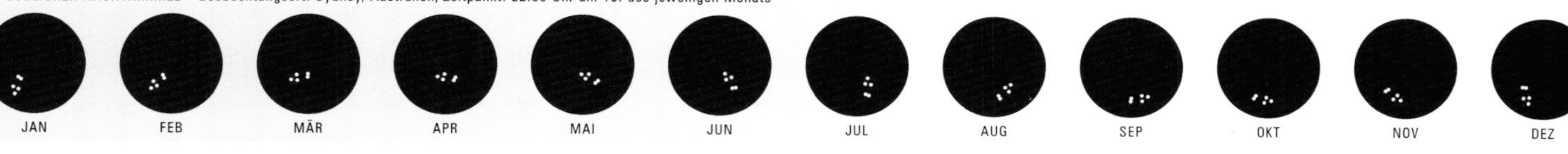

Circinus

Der Zirkel ist ein sehr kleines, tief in der südlichen Milchstraße verborgenes Sternbild. Es wurde erst von Lacaille benannt, als er 1751/52 die Sternwarte am Kap der Guten Hoffnung besuchte.

ABGEZIRKELT

Wie viele der von Lacaille erfundenen Sternbilder stellt Circinus ein technisches Instrument dar, in diesem Fall einen Zirkel. Man findet es ganz in der Nähe des Südlichen Dreiecks, einer älteren Konstellation, die von Keyser und de Houtman eingeführt wurde.

Rechts Hubble-Aufnahme einer Seyfert-Galaxie vom Typ 2. Dabei handelt es sich überwiegend um Spiralgalaxien, in deren kompakten Zentren man jeweils ein massereiches Schwarzes Loch vermutet. Die Galaxie liegt 13 Millionen Lichtjahre entfernt in der südlichen Konstellation des Zirkels.

DIE STERNE VON CIRCINUS

Etwas westlich des dritthellsten Sterns, Alpha (α) Centauri, bilden die drei Hauptsterne von Circinus ein spitzes gleichschenkliges Dreieck, das stark an einen Zirkel erinnert. Alpha (α) Circini, mit $3^{m},19$ der hellste Stern der Konstellation, weist ein äußerst eigentümliches Spektrum auf. Formal lautet seine Spektralklasse ApSrEuCr. Das Spektrum wird erweitert durch Absorptionslinien schwerer Elemente (Strontium, Europium und Chrom) – höchst ungewöhnlich für einen Zwerg der Klasse A, der geringfügig mehr Masse als unsere Sonne und das Mehrfache ihrer Leuchtkraft besitzt. Gamma (γ) Circini ist ein enges Binärsystem mit Sternen von $4^{m},5$ bzw. $5^{m},4$, das sich mit einem 15-cm-Teleskop bei starker Vergrößerung auflösen lässt.

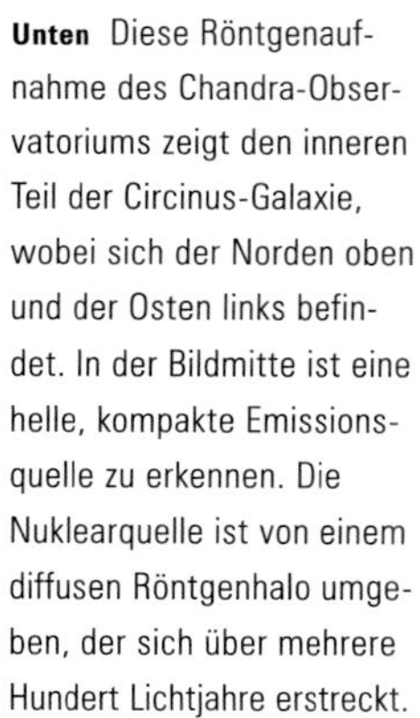

Unten Diese Röntgenaufnahme des Chandra-Observatoriums zeigt den inneren Teil der Circinus-Galaxie, wobei sich der Norden oben und der Osten links befindet. In der Bildmitte ist eine helle, kompakte Emissionsquelle zu erkennen. Die Nuklearquelle ist von einem diffusen Röntgenhalo umgeben, der sich über mehrere Hundert Lichtjahre erstreckt.

OBJEKTE VON INTERESSE

Der Zirkel verbirgt sich in den Tiefen der Milchstraße und hat nur wenige gute Objekte, die mit einem Teleskop zu sehen sind. An der Grenze zum Wolf befindet sich ein Paar offener Sternhaufen, **NGC 5822** und **NGC 5823**, die nur zwei Monddurchmesser auseinanderstehen. Bei Ersterem handelt es sich um einen sehr großen, verstreuten Haufen mit über 100 Sternen der 8. bis 12. Größenklasse, bei Letzterem um eine etwas schwächere, kompaktere Gruppe von Sternen mit dreieckigem Umriss. Mit einem 10- oder 15-cm-Fernrohr sind beide gut zu erkennen. Rund sechs Mondbreiten westlich von Alpha (α) Circini befindet sich die fälschlicherweise so bezeichnete **Circinus-Zwerggalaxie** oder **ESO 97-13**. Diese riesige Spiralgalaxie, die man ursprünglich für eine Zwerggalaxie hielt, wird großteils durch Gas und Staub in der Milchstraße verdeckt. Bei der Untersuchung mit Radiowellen, die Gas und Staub durchdringen, erweist sie sich als fast drei Monddurchmesser breit!

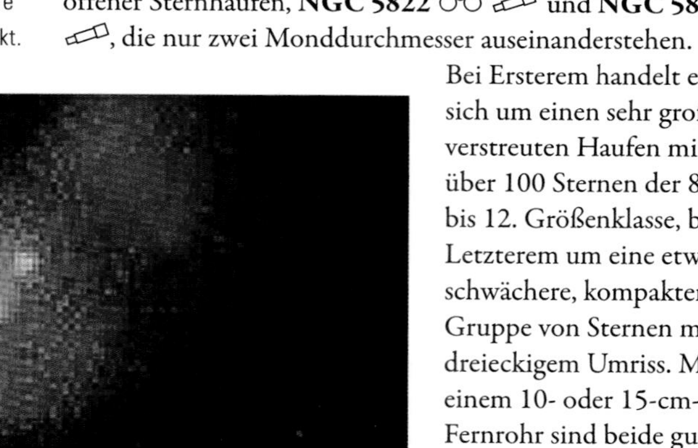

Die aktive Circinus-Galaxie, ca. 20 Millionen Lichtjahre entfernt, weist eine Sterne zerstörende Zentralregion und einen extrem leuchtstarken Seyfert-Kern auf. Bei ausgezeichneten Bedingungen zeigt ein 20-cm-Teleskop ganz schwach das sehr kleine neblige Zentrum dieses rätselhaften Riesen.

Für Beobachter ebenfalls von Interesse ist der helle planetarische Nebel **NGC 5315**, der an der östlichen Grenze zur Fliege liegt. In einer klaren Nacht zeigt er sich in einem 10-cm-Teleskop bei starker Vergrößerung als winzige hellblaue Scheibe in einem reichen Sternfeld.

STECKBRIEF

Circinus
Zirkel

Abkürzung
Cir

Genitiv
Circini

Rektaszension
15 Stunden

Deklination
–60°

Sichtbarkeit
21°N bis 90°S

Beachtenswerte Objekte
ESO 97-13 (Circinus-Zwerggalaxie)
NGC 5315
NGC 5822
NGC 5823

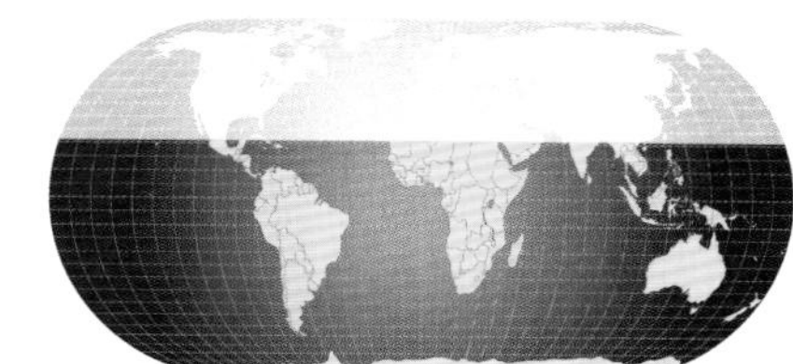

NÖRDLICHER NACHTHIMMEL – Beobachtungsort: New York, USA; Zeitpunkt: 22:00 Uhr am 15. des jeweiligen Monats

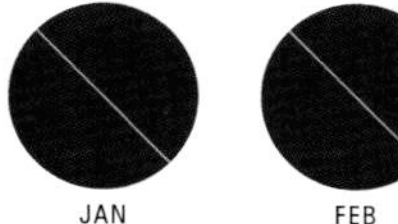
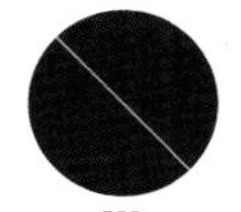

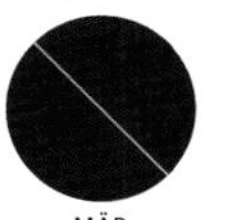
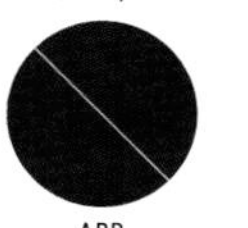
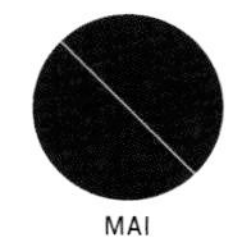
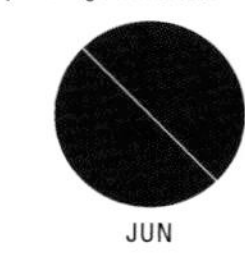
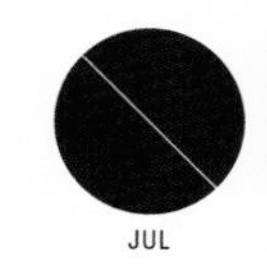
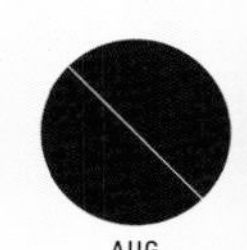
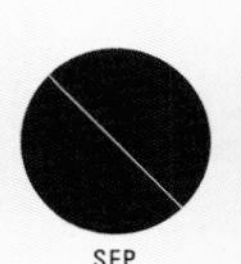
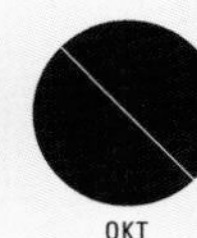
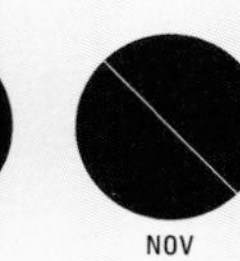
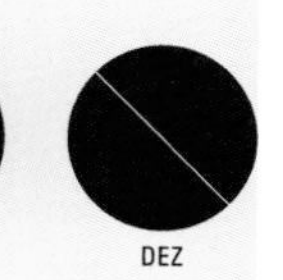

JAN FEB MÄR APR MAI JUN JUL AUG SEP OKT NOV DEZ

SÜDLICHER NACHTHIMMEL – Beobachtungsort: Sydney, Australien; Zeitpunkt: 22:00 Uhr am 15. des jeweiligen Monats

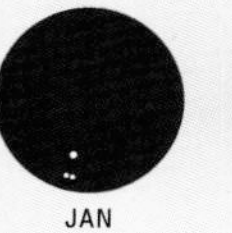

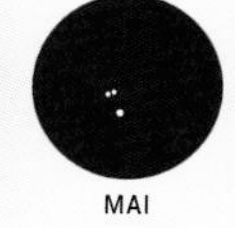

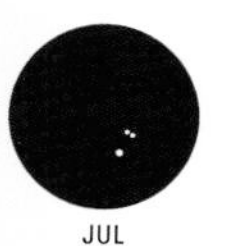

JAN FEB MÄR APR MAI JUN JUL AUG SEP OKT NOV DEZ

Columba

Handelt es sich bei den Sternen dieser Konstellation um Noahs oder Jasons Taube? Das hängt ganz davon ab, wer die Geschichte erzählt.

FRIEDLICHER FLUG DURCH DIE NACHT

Petrus Plancius bildete die Taube im 16. Jahrhundert aus einigen unzugeordneten Sternen südlich des Großen Hundes. Ausgangspunkt war seine abweichende Ansicht, dass die Sterne von Argo die Arche Noah repräsentierten. Plancius stellte sich Columba als die Taube vor, die von Noah nach der Sintflut freigelassen wurde und mit einem Olivenzweig zurückkehrte. Andere Himmelskartografen stimmten zu und übernahmen die Taube rasch als Sternbild.

Columba könnte auch die Taube verkörpern, die die Argonauten an der Mündung des Schwarzen Meeres, den sogenannten Symplegaden, freiließen. Bei Annäherung eines Schiffes schlugen die beiden Klippen gegeneinander und zerstörten dieses. Bevor Jason die Durchfahrt versuchte, ließ er eine Taube frei, die durch die Klippen hindurchflog, was diese veranlasste, gegeneinanderzuprallen. Zum Glück verlor die Taube nur ein paar Schwanzfedern. Die *Argo* ruderte in vollem Tempo der Taube hinterher. Die Felsen schlugen erneut zusammen, streiften aber nur das Heck des Schiffes. Seit der Bezwingung durch Jason stehen die Symplegaden unbeweglich offen.

DIE STERNE VON COLUMBA

Auch wenn die Sterne von Columba kaum wie eine Taube aussehen, so ist die gewundene Linie, die die 3^m und 4^m hellen Sterne Epsilon (ε), Alpha (α), Beta (β), Gamma (γ) und Delta (δ) südlich von Sirius bilden, doch leicht auszumachen.

Bei Alpha (α) Columbae, auch bekannt als Phakt („Ringeltaube"), handelt es sich um einen Blauen Unterriesen der Klasse B5, 270 Lichtjahre entfernt und 1000-mal leuchtstärker als unsere Sonne.

Noch interessanter ist der 5^m helle My (μ) Columbae, ein Zwerg der Klasse K1, der mit 117 Kilometern pro Sekunde durch die Galaxie rast, achtmal schneller als die Sonne. Astronomen, die diesen Stern und einen ähnlichen im Fuhrmann (AE Aurigae) untersuchten, stellten fest, dass sie sich mit einer Geschwindigkeit von fast 200 Kilometern pro Sekunde direkt voneinander fortbewegen. Verfolgt man ihre Bahnen zurück, treffen sie sich fast genau bei Iota (ι) Orionis nahe M42. Durch eine extrem enge Begegnung zweier Doppelsterne vor 2,5 Millionen Jahren wurden die beiden Sterne in entgegengesetzte Richtungen geschleudert.

OBJEKTE VON INTERESSE

Am interessantesten in der Taube ist der helle Kugelsternhaufen **NGC 1851**, der fast mit dem bloßen Auge zu sehen ist. Es handelt sich um einen sehr dichten Schwarm schwacher Sterne mit einem wesentlich helleren Zentrum. Ein 15- oder 20-cm-Teleskop gewährt einen guten Blick.

Die Taube wird von Galaxien beherrscht. Viele davon sind klein und lichtschwach, doch die Spiralgalaxien **NGC 1792** und **NGC 1808** sind in einem 10-cm-Teleskop gerade eben erkennbar. In einem 20-cm-Instrument erscheinen sie als helle, attraktive, spindelförmige Nebelflecken.

Oben Eines der attraktivsten Objekte im Sternbild Taube ist der Kugelsternhaufen NGC 1851. Sein helles Zentrum wird von einem schwachen Sternengesprenkel umgeben.

Rechts NGC 1792, an der Grenze zwischen Taube und Grabstichel, ist eine sogenannte Starburst-Spiralgalaxie. Sie ist reich an neutralisiertem Wasserstoffgas, Beleg für die rasche Entstehung neuer Sterne.

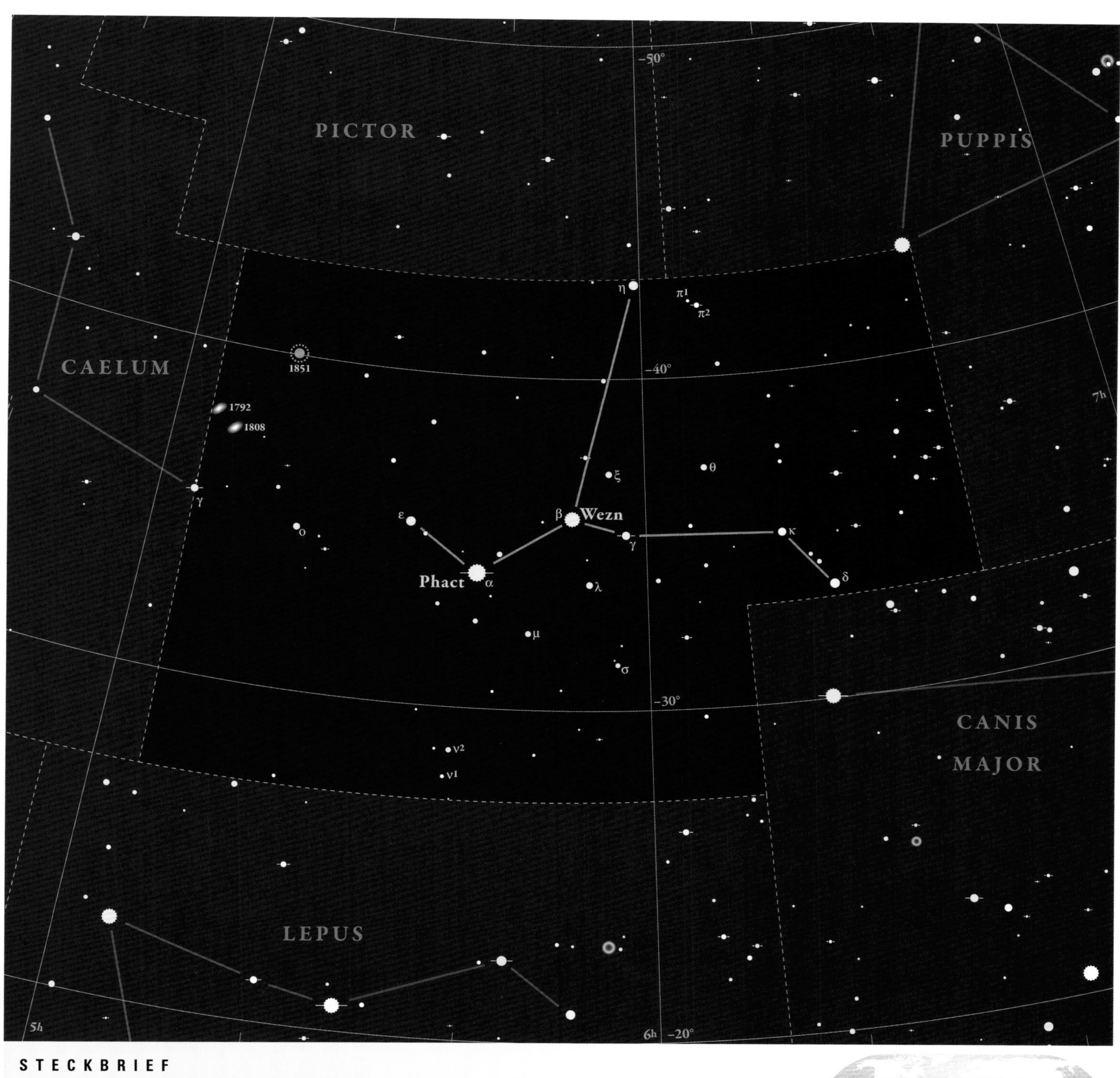

STECKBRIEF

Columba
Taube

Abkürzung
Col

Genitiv
Columbae

Rektaszension
6 Stunden

Deklination
–35°

Sichtbarkeit
43°N bis 90°S

Beachtenswerte Objekte
My (μ) Columbae
NGC 1792
NGC 1808
NGC 1851

Benannte Sterne
Phakt (Alpha [α] Columbae)
Wezn (Beta [β] Columbae)

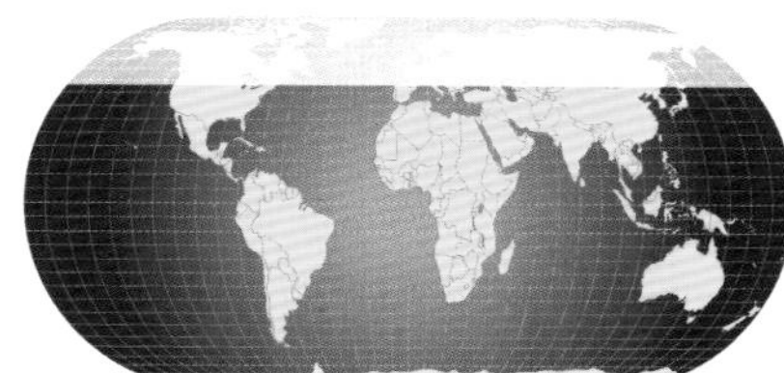

NÖRDLICHER NACHTHIMMEL – Beobachtungsort: New York, USA; Zeitpunkt: 22:00 Uhr am 15. des jeweiligen Monats

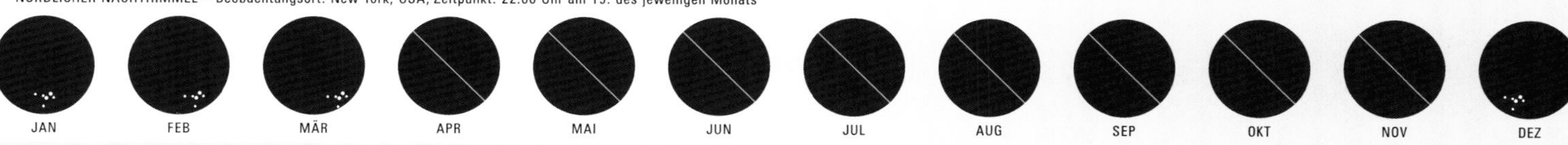

SÜDLICHER NACHTHIMMEL – Beobachtungsort: Sydney, Australien; Zeitpunkt: 22:00 Uhr am 15. des jeweiligen Monats

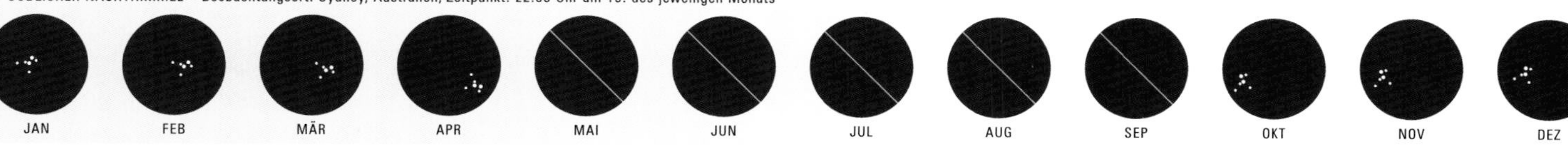

Coma Berenices

Beim Haar der Berenike handelt es sich um ein einzigartiges Sternbild: Es ist das einzige, das vornehmlich aus einem einzigen Sternhaufen besteht.

HAARIGE ANGELEGENHEIT

Königin Berenike von Ägypten wollte sicherstellen, dass ihr Gemahl unversehrt aus dem Krieg heimkehrt. Deshalb schnitt sie ihre langen goldenen Locken ab und opferte sie der Aphrodite. Nach Rückkehr des Königs brachte sie ihn zum Tempel, um ihm ihren Beitrag zu seinem Überleben zu zeigen, doch ihr Opfer war verschwunden. Der Hohepriester erklärte dem Paar, die Götter seien über die Opfergabe so erfreut gewesen, dass sie das Haar am Himmel platziert hätten. Er zeigte auf einen nebligen Flecken am Firmament, der seitdem als Coma Berenices, das Haar der Berenike, bekannt ist.

Rechts Die meisten Spiralgalaxien haben mindestens zwei Spiralarme, die faszinierende NGC 4725 im Haar der Berenike jedoch nur einen. Diese Galaxie, hier in einer Infrarotaufnahme des Weltraumteleskops Spitzer, misst 100 000 Lichtjahre im Durchmesser und liegt 41 Millionen Lichtjahre entfernt.

DIE STERNE VON COMA BERENICES

Keiner der drei hellsten Sterne der Konstellation gehört zum Coma-Sternhaufen. Da die drei nur die 4. Größe erreichen, fällt dem Beobachter mit bloßem Auge zuerst der dreieckige offene Sternhaufen auf.

Melotte 111 ist, weil er zu den nächstgelegenen Haufen zählt, zehn Monddurchmesser breit. Am besten ist er in einem Feldstecher zu betrachten. Bei guten Bedingungen lassen sich 20 seiner 273 Sterne mit bloßem Auge ausmachen.

OBJEKTE VON INTERESSE

Im Haar der Berenike liegen mehr als 30 Galaxien, die für mittlere Aperturen geeignet sind. Die Spiralgalaxie **M64 (NGC 4826)** ist wegen der großen Staubwolke um den ovalen Kern auch als **Galaxie mit dem schwarzen Auge** bekannt. In einem 20-cm-Teleskop ist der Staub zu erkennen. Der Virgo-Galaxienhaufen ragt in den südlichen Teil von Coma Berenices hinein, wo sich sechs Messier-Galaxien befinden. Die beiden besten sind **M99 (NGC 4254)** und **M100 (NGC 4321)**. Große Amateurteleskope offenbaren die Spiralarme dieser beiden Galaxien. **NGC 4565** ist die prächtigste aller Spiralgalaxien in Kantenlage. Bei starker Vergrößerung erstreckt sich die 14 Bogenminuten lange Nadel über das gesamte Gesichtsfeld. Den kleinen runden Kern durchzieht eine feine äquatoriale Staubbahn.

M53 (NGC 5024) ist ein Kugelsternhaufen, der sich in einem 15-cm-Fernrohr in Einzelsterne aufzulösen beginnt. Seine Hunderttausenden Sterne strahlen zusammen 7^{m},5 hell. Nur zwei Mondbreiten südöstlich liegt der Kugelhaufen **NGC 5053**. Obwohl beide Haufen ähnlich groß sind, weist NGC 5053 nur ein Helligkeit von 9^{m},8 auf – ihm wurden auf den vielen Umläufen durch die Milchstraße die meisten seiner Sterne entrissen. Innerhalb weniger weiterer Umläufe wird er sich ganz auflösen.

Beobachter mit kleinem Teleskop können sich am Doppelstern **24 Comae Berenices** erfreuen, der aus einem orangefarbenen Hauptstern 5. Größe und einem bläulichen Begleiter 6. Größe besteht.

Links Neueste Untersuchungen von M64 legen nahe, dass sich das interstellare Gas in den äußeren Regionen und das Gas und die Sterne in den inneren Bereichen in entgegengesetzte Richtungen drehen.

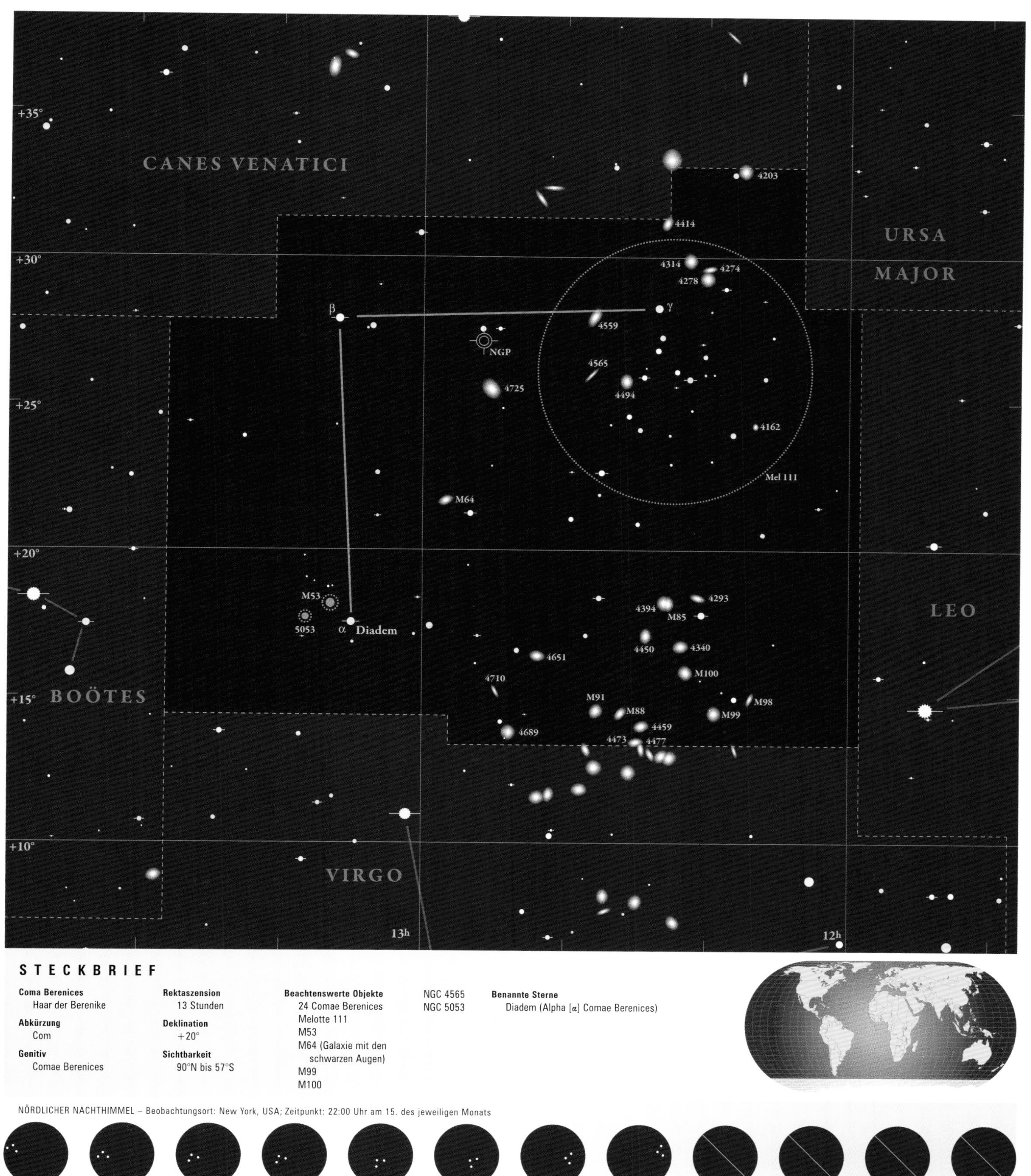

STECKBRIEF

Coma Berenices
Haar der Berenike

Abkürzung
Com

Genitiv
Comae Berenices

Rektaszension
13 Stunden

Deklination
+20°

Sichtbarkeit
90°N bis 57°S

Beachtenswerte Objekte
24 Comae Berenices
Melotte 111
M53
M64 (Galaxie mit den schwarzen Augen)
M99
M100
NGC 4565
NGC 5053

Benannte Sterne
Diadem (Alpha [α] Comae Berenices)

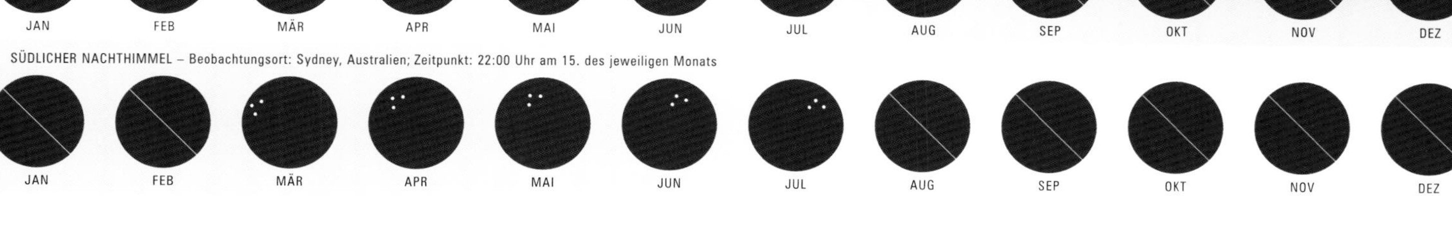

Corona Australis

Die Südliche Krone war bereits den Griechen bekannt und gehört zu den 48 Sternbildern des Ptolemäus. Es wurde als Kranz wahrgenommen, ähnlich jenen, die die olympischen Athleten erhielten.

STERNENKRONE

Der griechische Astronom Aratos sah in der Sterngruppe einen Kranz, der dem Schützen zu Füßen gelegt wurde. Mit der Gruppe sind so gut wie keine Legenden verknüpft. Einige Beobachter erkannten darin indes die Krone, die Dionysos an den Himmel versetzte, nachdem er seine Mutter Semele aus der Unterwelt gerettet hatte. Manchmal wird diese Sage auch mit dem nördlichen Gegenstück von Corona Australis, Corona Borealis, in Verbindung gebracht.

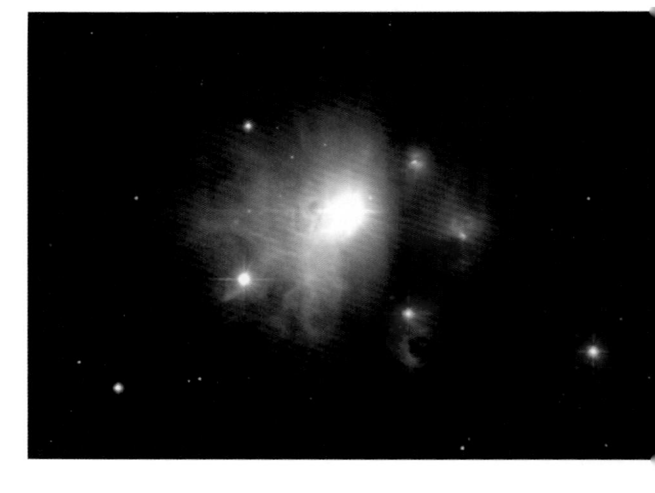

Rechts Diese Abbildung einer sternbildenden Region in der Südlichen Krone zeigt strahlend weiße Jungsterne und rötliche Protosterne, die in Wellenlängen nahe dem Infrarotbereich durch die Nebelhüllen leuchten.

DIE STERNE VON CORONA AUSTRALIS

Keiner der Sterne der Südlichen Krone ist besonders hell. Wegen ihrer gleichmäßigen Helligkeit und ihrer sichelförmigen Anordnung ist die Gruppe aber leicht auszumachen. Ergänzt man die Sichel um Theta (θ), Kappa (κ) und Lambda (λ), formen die Sterne fast einen kompletten Kreis.

Alfecca Meridiana, oder Alpha (α) Coronae Australis, bildet mit $4^{m}{,}11$ zusammen mit Beta (β) den hellsten Stern der Konstellation. Es handelt sich um einen Zwerg der Klasse A2 mit der zweieinhalbfachen Masse unserer Sonne, 31-mal heller und 130 Lichtjahre entfernt. In vielerlei Hinsicht ähnelt er sehr stark Sirius, dem hellsten Stern am Nachthimmel.

OBJEKTE VON INTERESSE

Die Südliche Krone grenzt dort an den Schützen, wo die Milchstraße am hellsten und dichtesten ist. Trotzdem bietet sie dem Hobbyastromonen nicht besonders viele helle Objekte. Das liegt vor allem an den großen Flecken von Dunkelnebeln und verdunkelnder Materie, die den Blick auf entferntere Objekte in jenem Teil des Himmels verwehren.

Einen bemerkenswerten Kugelsternhaufen stellt **NGC 6541** im Westen der Konstellation dar. Ein 15-cm-Teleskop zeigt einen großen, hellen, fleckigen Halo mit vielen lichtschwachen Sternen in den äußeren Regionen und einer starken Verdichtung zur Mitte hin.

Der einzige planetarische Nebel im Sternbild ist der helle **IC 1297**, der in einem 20-cm-Teleskop als runde, azurblaue Scheibe mit vielen Sternen im Hintergrund erscheint.

Der Reflexions- und Dunkelnebelkomplex aus **NGC 6726, NGC 6729** und **IC 4812**, der sich im selben Gesichtsfeld befindet wie der helle Kugelsternhaufen NGC 6723 (unmittelbar jenseits der Grenze zum Schützen), ist in einem 20-cm-Fernrohr sehr interessant. Der gut aufgelöste Kugelhaufen kontrastiert mit etlichen schwachen Nebelhüllen um einige Sterne sowie mit einem extrem dunklen Flecken, dem Dunkelnebel **Bernes 157**, alles in ein und demselben Feld.

Ebenfalls darin erkennbar ist der prächtige Doppelstern **Brisbane 14** dessen Komponenten fast gleich hell sind (6^{m}).

Links Der Staub in diesen interstellaren Wolken strahlt im reflektierten Licht der Sterne von Corona Australis.

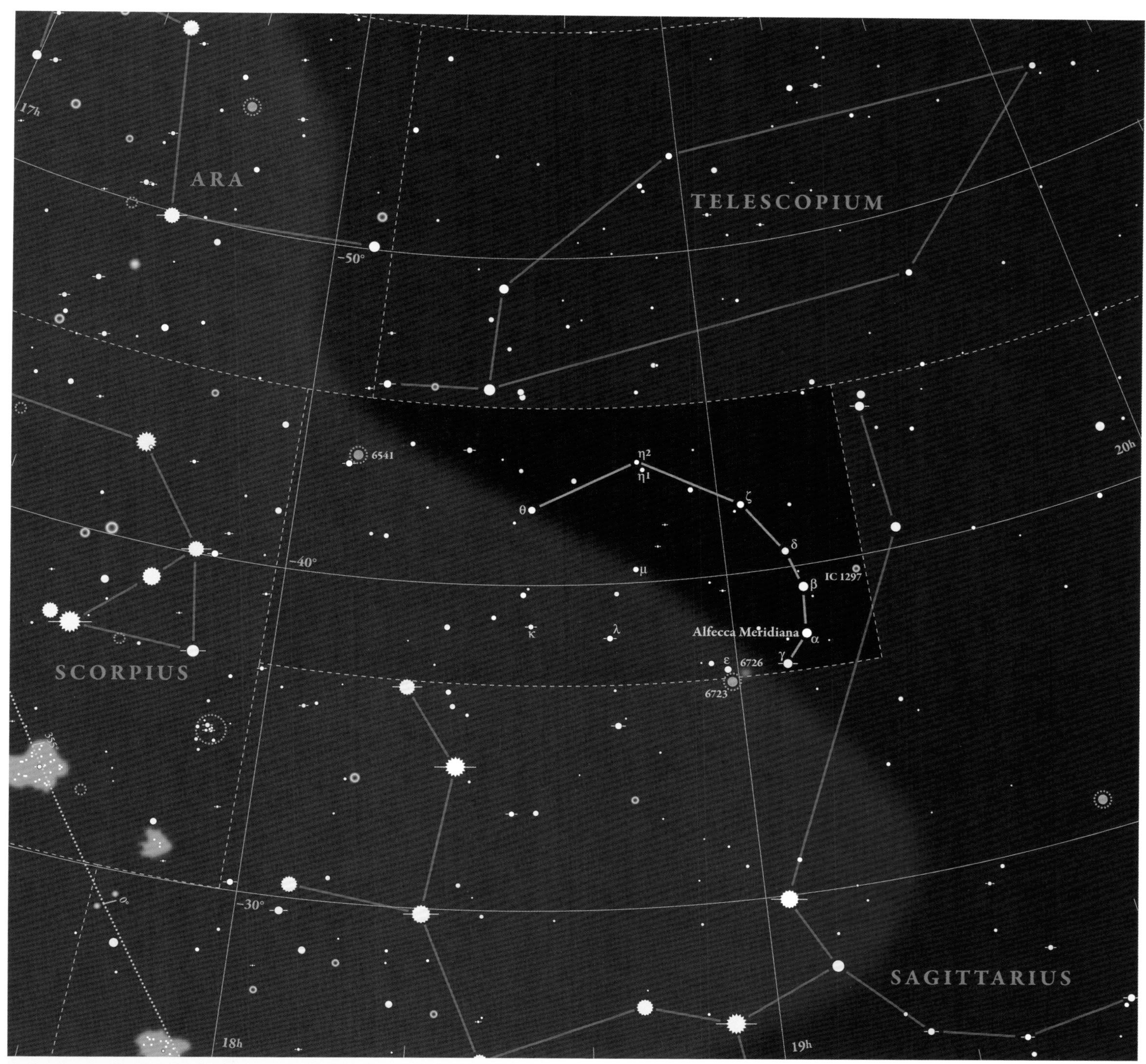

STECKBRIEF

Corona Australis
Südliche Krone

Abkürzung
CrA

Genitiv
Coronae Australis

Rektaszension
19 Stunden

Deklination
–40°

Sichtbarkeit
42°N bis 90°S

Beachtenswerte Objekte
Bernes 157
Brisbane 14
IC 1297
IC 4812
NGC 6541
NGC 6726
NGC 6729

Benannte Sterne
Alfecca Meridiana (Alpha [α] Coronae Australis)

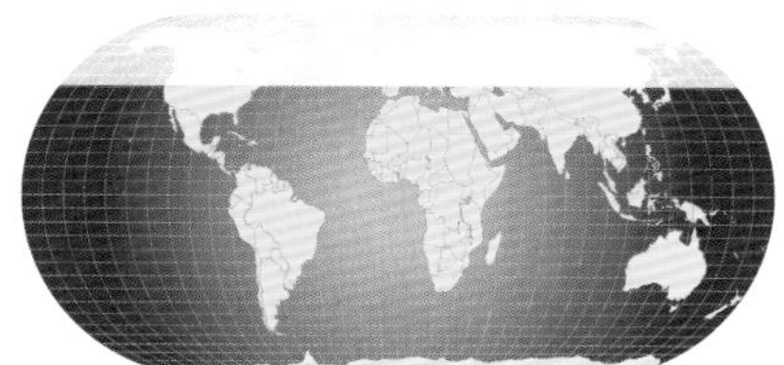

NÖRDLICHER NACHTHIMMEL – Beobachtungsort: New York, USA; Zeitpunkt: 22:00 Uhr am 15. des jeweiligen Monats

   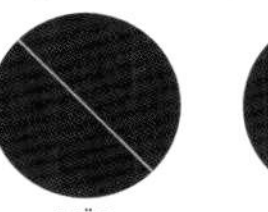 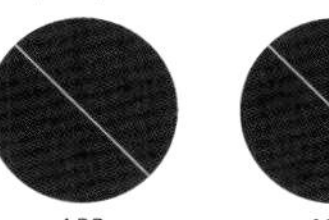 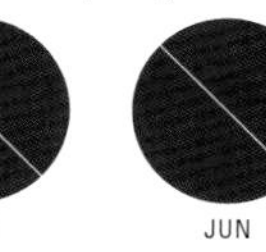 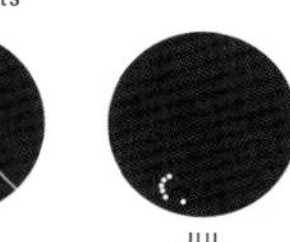 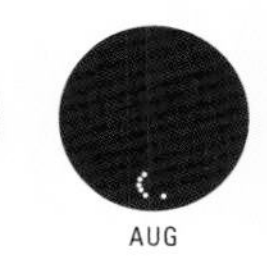     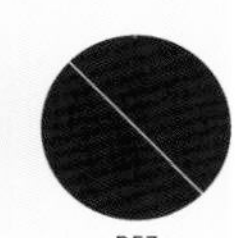

JAN FEB MÄR APR MAI JUN JUL AUG SEP OKT NOV DEZ

SÜDLICHER NACHTHIMMEL – Beobachtungsort: Sydney, Australien; Zeitpunkt: 22:00 Uhr am 15. des jeweiligen Monats

  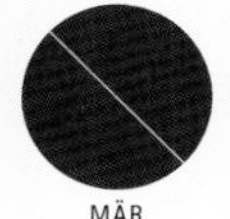   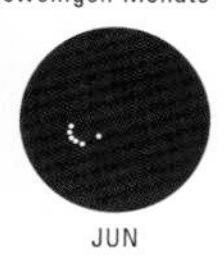     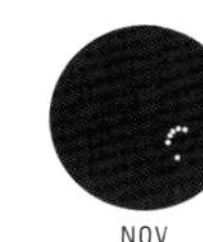 

JAN FEB MÄR APR MAI JUN JUL AUG SEP OKT NOV DEZ

Corona Borealis

Die Nördliche Krone gehört zu jenen Sternbildern, die durchaus eine Ähnlichkeit mit dem Objekt aufweisen, das sie darstellen sollen, in diesem Falle eine juwelenbesetzte Krone.

Rechts Abell 2065 ist ein riesiger Galaxienhaufen in 1,5 Milliarden Lichtjahren Entfernung von unserem Sonnensystem. Auch mit einem großen Teleskop ist er nur schwer aufzufinden.

KRÖNENDE PRACHT

Ariadne war die Tochter des Königs Minos von Kreta, des Herrschers, der unter seinem Palast in Knossos das Labyrinth errichten ließ. Darin wurde der Minotaurus gefangen gehalten, ein Ungeheuer mit einem menschlichen Leib und dem Kopf und Schwanz eines Stiers. Als Teil des Tributs an das mächtige Kreta musste Athen in regelmäßigen Abständen sieben Jünglinge und sieben Jungfrauen als menschliche Opfer schicken. Diese wurden in das Labyrinth gesperrt. Theseus, Sohn des athenischen Königs, bot sich freiwillig an, nach Kreta zu reisen, um das Monster umzubringen. Ariadne, die sich in Theseus verliebte, gab ihm ein Schwert und ein Fadenknäuel, das ihm den Weg aus dem Labyrinth weisen sollte. Er tötete den Minotaurus und floh zusammen mit Ariadne aus Kreta. Kaltherzig ließ Theseus Ariadne auf der Insel Naxos zurück, was sie in Verzweiflung stürzte. Doch bald traf und heiratete sie stattdessen den Gott Dionysos (Bacchus). Nach ihrem Tod setzte er die Krone, die er ihr bei der Hochzeit geschenkt hatte, an den Himmel.

DIE STERNE VON CORONA BOREALIS

Alphecca, Alpha (α) Coronae Borealis, gehört zur Ursa-Major-Gruppe (Collinder 285), die auch die fünf zentralen Sterne des Großen Wagens sowie diverse andere Sterne im Großen Bären, Kleinen Löwen und Drachen umfasst. Hierbei handelt es sich um den Sternhaufen, der dem Sonnensystem am nächsten liegt. Allerdings ist man sich nicht einig, ob diese Gruppe wirklich als offener Sternhaufen betrachtet werden kann, da die Eigengravitation die Gruppe nicht zusammenhalten konnte.

R Coronae Borealis ist ein veränderlicher Stern, der üblicherweise ca. $5^{m}{,}8$ hell ist. In unvorhersehbaren Abständen kann seine Helligkeit jedoch auf 9^{m} bis 15^{m} absinken, wenn sich Kohlenstaub in seiner Atmosphäre aufbaut.

OBJEKTE VON INTERESSE

Bei **Struve 1932** handelt es sich um ein Doppelsystem zweier symmetrischer gelber Sterne ($7^{m}{,}3$ bzw. $7^{m}{,}4$), die 1,6 Bogensekunden auseinander liegen. **Zeta (ζ) Coronae Borealis** hat eine grünlichweiße und eine blassblaue Komponente mit $5^{m}{,}1$ bzw. $6^{m}{,}0$ und 6,3 Bogensekunden Abstand.

Die einzigen Deep-Sky-Objekte der Konstellation sind einige wenige Galaxien, die sehr lichtschwach und daher selten zu beobachten sind. Eine Ausnahme bildet der Galaxienhaufen **Abell 2065**. In einem 40-cm-Reflektor lassen sich acht der über 400 Galaxien des Haufens erkennen. Mit 1,5 Milliarden Lichtjahren ist dieser riesige Galaxienhaufen so weit entfernt, dass er nur eine Mondbreite des Himmels einnimmt. Hierbei handelt es sich um die am weitesten entfernten normalen Galaxien, die in Amateurteleskopen sichtbar sind.

Rechts Die Sterne, die den Bogen der Corona Borealis bilden, zeigen sich in ihren verschiedenen Farben, die sie zu den Edelsteinen in der Krone machen.

STECKBRIEF

Corona Borealis
Nördliche Krone

Abkürzung
CrB

Genitiv
Coronae Borealis

Rektaszension
16 Stunden

Deklination
+30°

Sichtbarkeit
90°N bis 54°S

Beachtenswerte Objekte
Abell 2065 (Galaxienhaufen)
R Coronae Borealis
Struve 1932
Zeta (ζ) Coronae Borealis

Benannte Sterne
Alphecca (Alpha [α] Coronae Borealis)
Nusakan (Beta [β] Coronae Borealis)

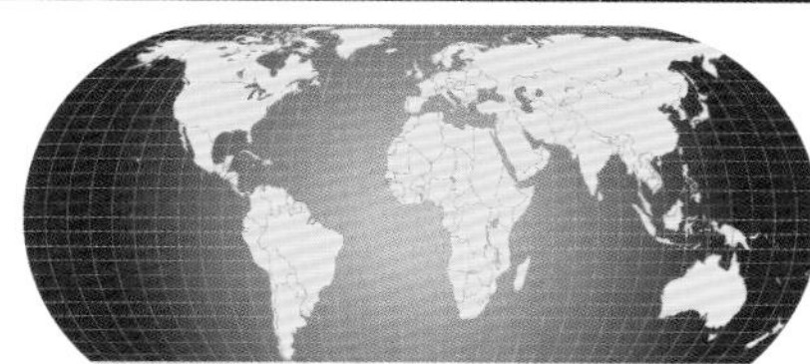

NÖRDLICHER NACHTHIMMEL – Beobachtungsort: New York, USA; Zeitpunkt: 22:00 Uhr am 15. des jeweiligen Monats

JAN

FEB
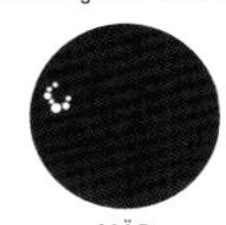
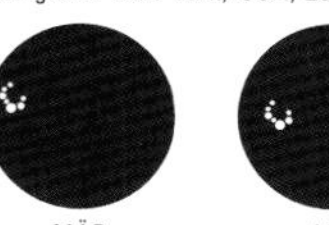
MÄR
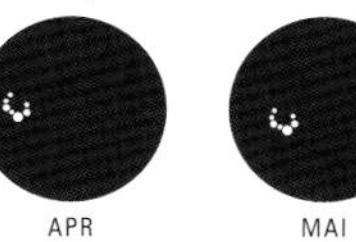

APR
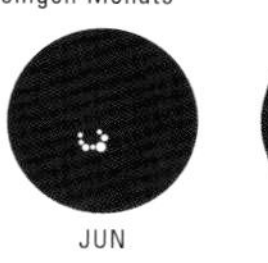
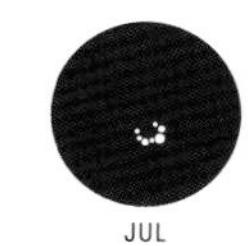
MAI

JUN

JUL

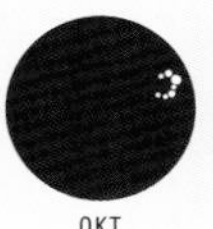
AUG

SEP
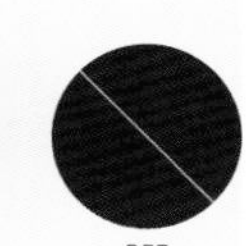
OKT

NOV

DEZ

SÜDLICHER NACHTHIMMEL – Beobachtungsort: Sydney, Australien; Zeitpunkt: 22:00 Uhr am 15. des jeweiligen Monats

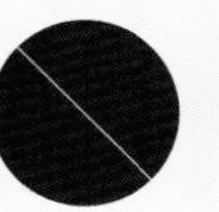
JAN

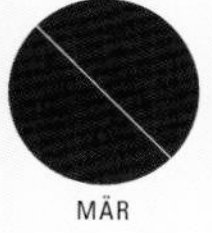
FEB

MÄR

APR

MAI
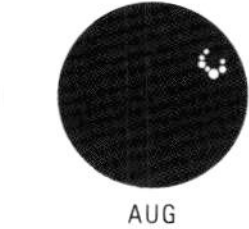
JUN

JUL

AUG

SEP

OKT

NOV

DEZ

Corvus und Crater

Die kleinen südlichen Sternbilder Rabe und Becher sind Teil einer Sage, bei der es um einen Gott, eine Lüge und eine Schlange geht.

Rechts Die Antennen-Galaxie besteht aus zwei wechselwirkenden Spiralgalaxien. Sie sind für Astronomen von Interesse, weil sie eine Vorstellung davon vermitteln, was geschehen wird, wenn die Milchstraße in etlichen Jahrmilliarden mit der Andromeda-Galaxie zusammenstößt.

EINE SCHLANGE IM QUELLWASSER

Als der griechische Gott Apollo für eine Opfergabe an Zeus Wasser benötigte, sandte er einen Raben mit einem Becher aus. Der Rabe flog zu einer Quelle nahe einem Feigenbaum voller Früchte, die noch nicht ganz reif waren. Der Rabe entschied, seinen Auftrag aufzuschieben, bis die Feigen reif wären und er sich daran gütlich getan hätte.

Doch damit verlor er zu viel Zeit. Als ihm klar wurde, dass er bestraft würde, füllte der Rabe den Becher an der Quelle und griff sich eine Wasserschlange. Bei seiner Rückkehr erklärte er Apollo, die Schlange habe ihn daran gehindert, den Becher aufzufüllen. Er habe sie erst töten müssen. Apollo durchschaute die Lüge und verbannte den Raben samt Becher und Wasserschlange an den Himmel.

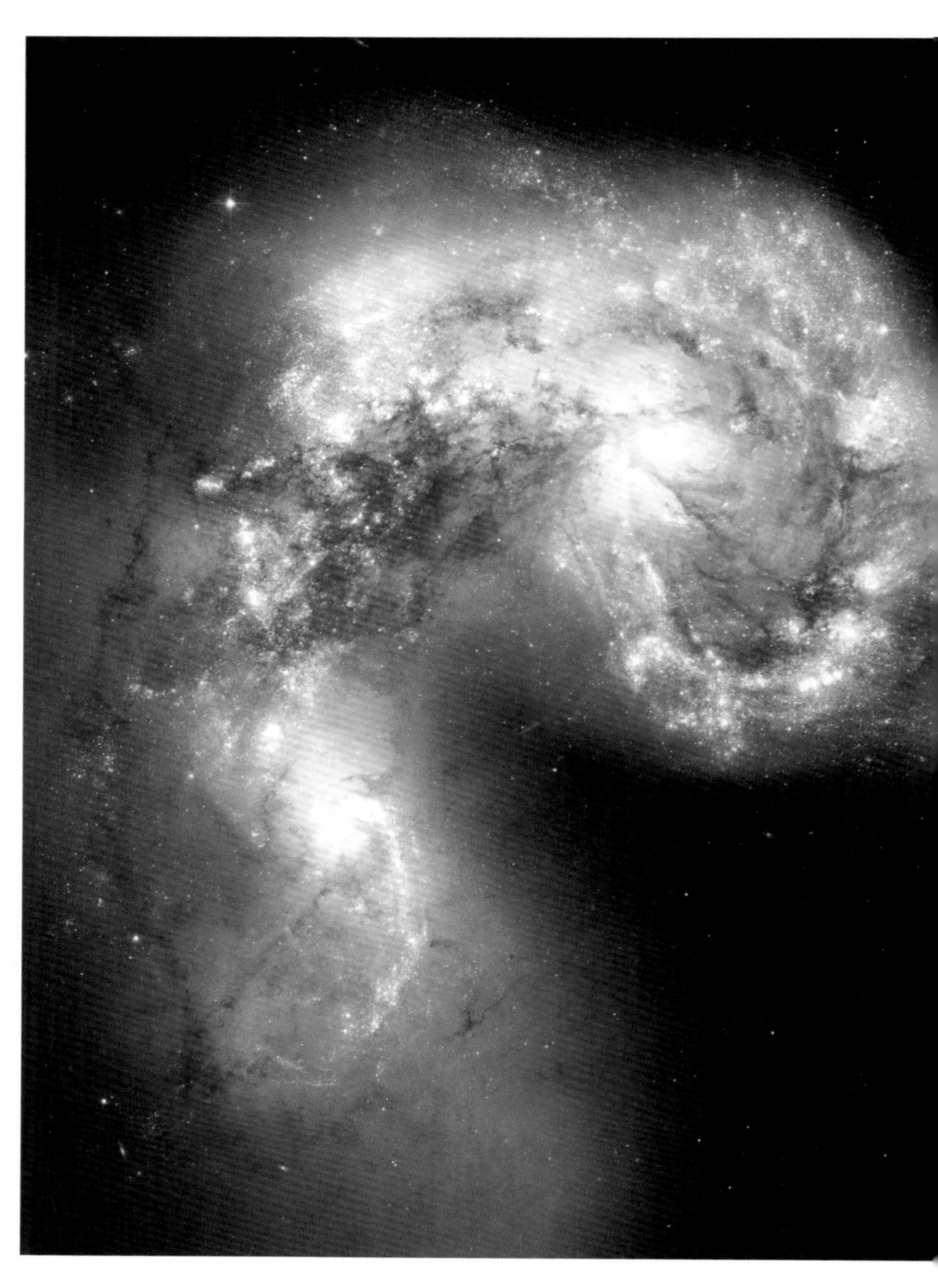

Oben Diese Aufnahme zeigt das Sternbild Rabe, in dem die Galaxien NGC 4038 und NGC 4039 – die Antennen-Galaxie – deutlich hervortreten.

DIE STERNE VON CORVUS UND CRATER

Die Hauptsterne des Raben haben zwar keinerlei Ähnlichkeit mit einem Vogel, heben sich aber deutlich gegen die recht schwachen Nachbarn ab. Den Hauptteil bildet ein auffälliges Viereck aus Beta (β), Epsilon (ε), Gamma (γ) und Delta (δ), allesamt Sterne der 3. Größenklasse. Die lichtschwachen Sterne des Bechers vermögen kaum die Fantasie des Beobachters anzuregen. Der Halbkreis aus Eta (η), Zeta (ζ), Gamma (γ), Delta (δ), Epsilon (ε) und Theta (θ) bildet den Gefäßteil des Bechers. Da die Sterne aber alle der 4. und 5. Größenklasse angehören, sind sie nur bei dunklem Himmel gut zu erkennen.

Alpha (α) Corvi ist ein weiteres Beispiel dafür, dass Bayer die Sterne nicht immer in der Reihenfolge vom hellsten zum dunkelsten benannte. Alpha, lediglich der fünfhellste Stern, ist ein junger Zwerg der Klasse F2, 48 Lichtjahre entfernt und etwas massereicher, heißer und leuchtstärker als unsere Sonne.

OBJEKTE VON INTERESSE

Da sie weit abseits der Milchstraßenebene liegen, sind die meisten Objekte, die der Hobbyastronom im Raben und im Becher beobachten kann, kleine und lichtschwache Galaxien. Am spektakulärsten ist das kollidierende Galaxienpaar **NGC 4038** und **NGC 4039** in Corvus, auch bekannt als **Antennen-Galaxie**. In einem 20-cm-Teleskop bei dunklem Himmel ist der gemeinsame Halo zu erkennen, der an eine zusammengerollte Garnele erinnert. Die antennenartigen Verlängerungen sind in Amateurteleskopen jedoch nicht zu sehen.

Der helle planetarische Nebel **NGC 4361**, fast in der Mitte des Vierecks des Raben, erscheint in einem 15-cm-Teleskop als hellgrauer Nebel mit markantem Zentralgestirn.

Von den vielen lichtschwachen Galaxien im Becher ist die Spiralgalaxie **NGC 3511** die beste. Sie besitzt einen dunklen, ovalen Halo und einen etwas helleren Kern.

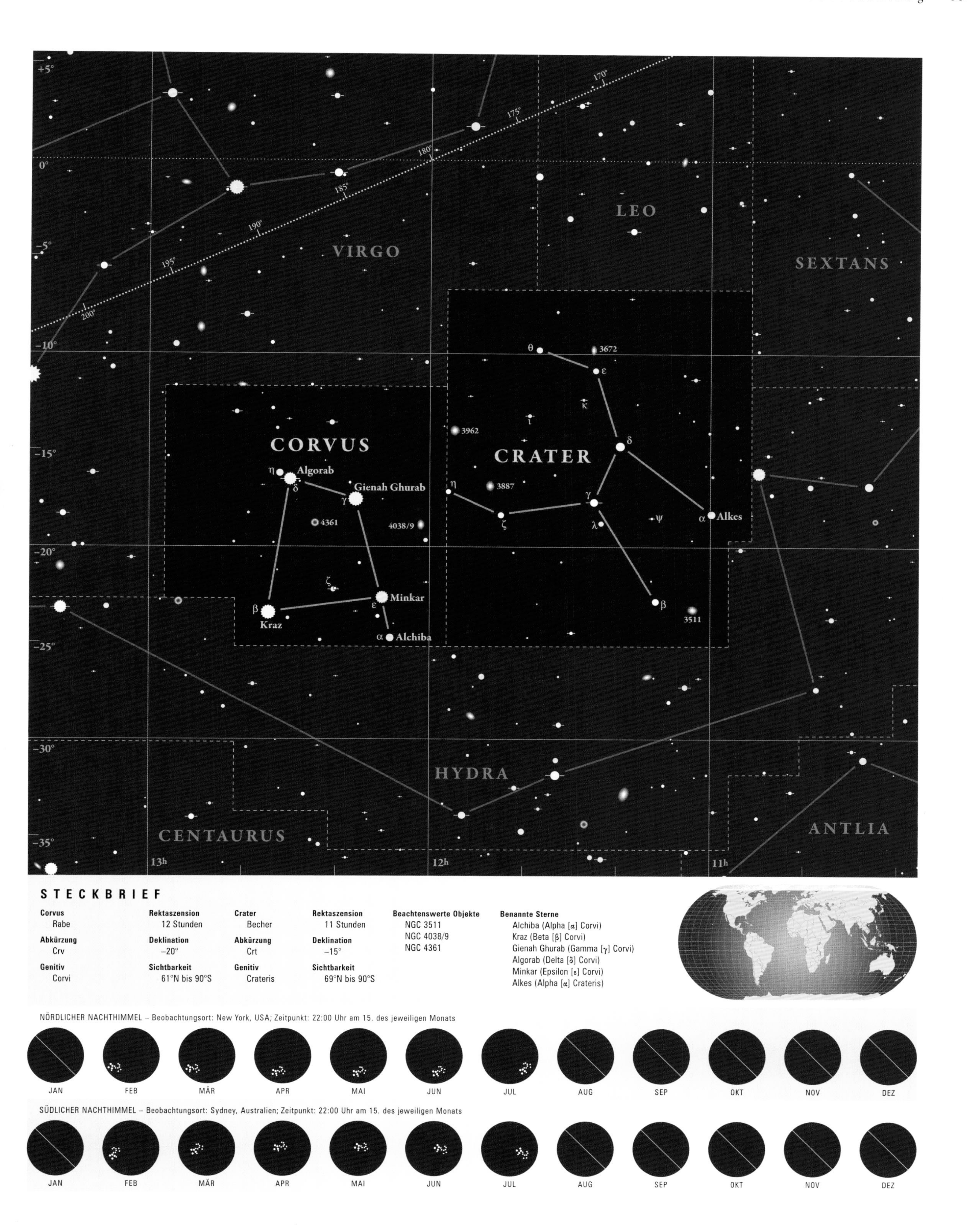

STECKBRIEF

Corvus	Rektaszension	Crater	Rektaszension
Rabe	12 Stunden	Becher	11 Stunden
Abkürzung	**Deklination**	**Abkürzung**	**Deklination**
Crv	−20°	Crt	−15°
Genitiv	**Sichtbarkeit**	**Genitiv**	**Sichtbarkeit**
Corvi	61°N bis 90°S	Crateris	69°N bis 90°S

Beachtenswerte Objekte
- NGC 3511
- NGC 4038/9
- NGC 4361

Benannte Sterne
- Alchiba (Alpha [α] Corvi)
- Kraz (Beta [β] Corvi)
- Gienah Ghurab (Gamma [γ] Corvi)
- Algorab (Delta [δ] Corvi)
- Minkar (Epsilon [ε] Corvi)
- Alkes (Alpha [α] Crateris)

Crux

Das Kreuz des Südens bildet für Beobachter auf der Südhalbkugel das Herzstück des Firmaments. Überraschenderweise wurde es erst im 16. Jahrhundert als eigenes Sternbild anerkannt.

HIMMELSKREUZ

Wegen der Präzession der Erdachse war das Kreuz für die griechischen und nahöstlichen Kulturen zum Zeitpunkt der Kreuzigung Christi tief am Horizont zu erkennen. Von Alexandria aus konnten auch die Römer das Kreuz sehen. Zu Ehren von Kaiser Augustus nannten sie es „Thronis Caesaris". Obwohl seit Jahrtausenden bekannt, galt das Kreuz nie als eigenes Sternbild, sondern als Teil des Zentauren. Erst 1598 wurde es von Petrus Plancius auf seinem Sternglobus zu Füßen des Zentauren eingezeichnet.

Bei den frühen Bewohnern der südlichen Hemisphäre ranken sich zahlreiche Heldensagen und Geschichten um das Kreuz. Für die neuseeländischen Maori verkörpert es einen Anker, mit Alpha und Beta Centauri als Seil. Einige australische Aborigines sehen darin einen Stachelrochen, der von zwei Haien (Alpha und Beta Centauri) verfolgt wird. In der Hindu-Astrologie heißt das Kreuz „Trishanku". Die Inka verewigten es in Machu Picchu in Stein.

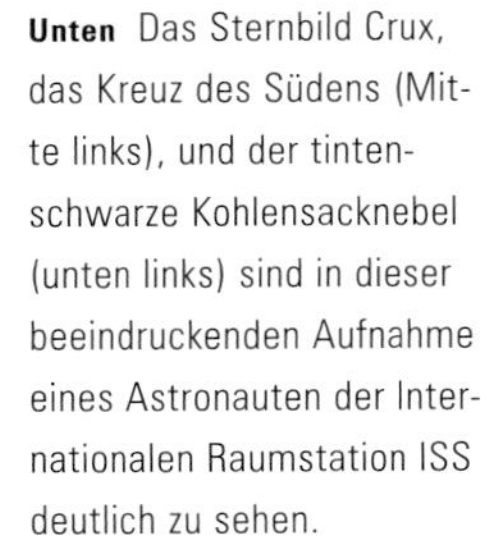

Unten Das Sternbild Crux, das Kreuz des Südens (Mitte links), und der tintenschwarze Kohlensacknebel (unten links) sind in dieser beeindruckenden Aufnahme eines Astronauten der Internationalen Raumstation ISS deutlich zu sehen.

DIE STERNE VON CRUX

Das Kreuz des Südens ist das kleinste aller Sternbilder. Da es sich nahe dem hellsten Abschnitt der südlichen Milchstraße befindet, wartet es aber mit vielen hellen Sternen auf. Ausgehend vom strahlenden Acrux bzw. Alpha (α) Crucis und dem Uhzeigersinn folgend, nehmen die Sterne Beta (β) (Mimosa), Gamma (γ), Delta (δ) und Epsilon (ε) Crucis an Helligkeit ab.

Acrux, der zwölfthellste Stern am Himmel, und Mimosa, der neunzehnthellste, sind Blaue Riesen in 320 bzw. 350 Lichtjahren Entfernung. Bei Gamma (γ) handelt es sich um einen Roten Riesen der Spektralklasse M, der mit 88 Lichtjahren ewas näher liegt. Dem bloßen Auge zeigt er sich orange.

OBJEKTE VON INTERESSE

Acrux stellt einen der eindrucksvollsten Doppelsterne am Himmel dar. Seine beiden bläulichweißen Komponenten mit praktisch gleicher Strahlkraft liegen eng beieinander, lassen sich aber in kleinen Teleskopen auflösen. Ein etwas schwächerer dritter Stern in der Nähe gehört nicht zum Binärsystem, sondern liegt davor.

Der saphirblaue **Mimosa** verfügt ebenfalls über einen optischen Begleiter, einen schwachen, blutroten Kohlenstoffstern – ein unglaublicher Kontrast. Zwischen Acrux und Mimosa, weiter nach Süden reichend, befindet sich der am einfachsten zu erkennende Dunkelnebel, der berühmte **Kohlensack**. Diese kalte Wolke aus dunklem Wasserstoff ist ca. 500 Lichtjahre entfernt und wirkt wie ein Loch in der leuchtenden Milchstraße.

Ebenfalls unweit von Mimosa findet man einen prächtigen offenen Sternhaufen, **NGC 4755** oder das **Schmuckkästchen**, rund 7000 Lichtjahre entfernt. Seine Sterne bilden ein auffälliges A. Seitlich davon liegt eine Vielzahl schwächerer Sterne und nahe dem Zentrum ein glutroter Überriese.

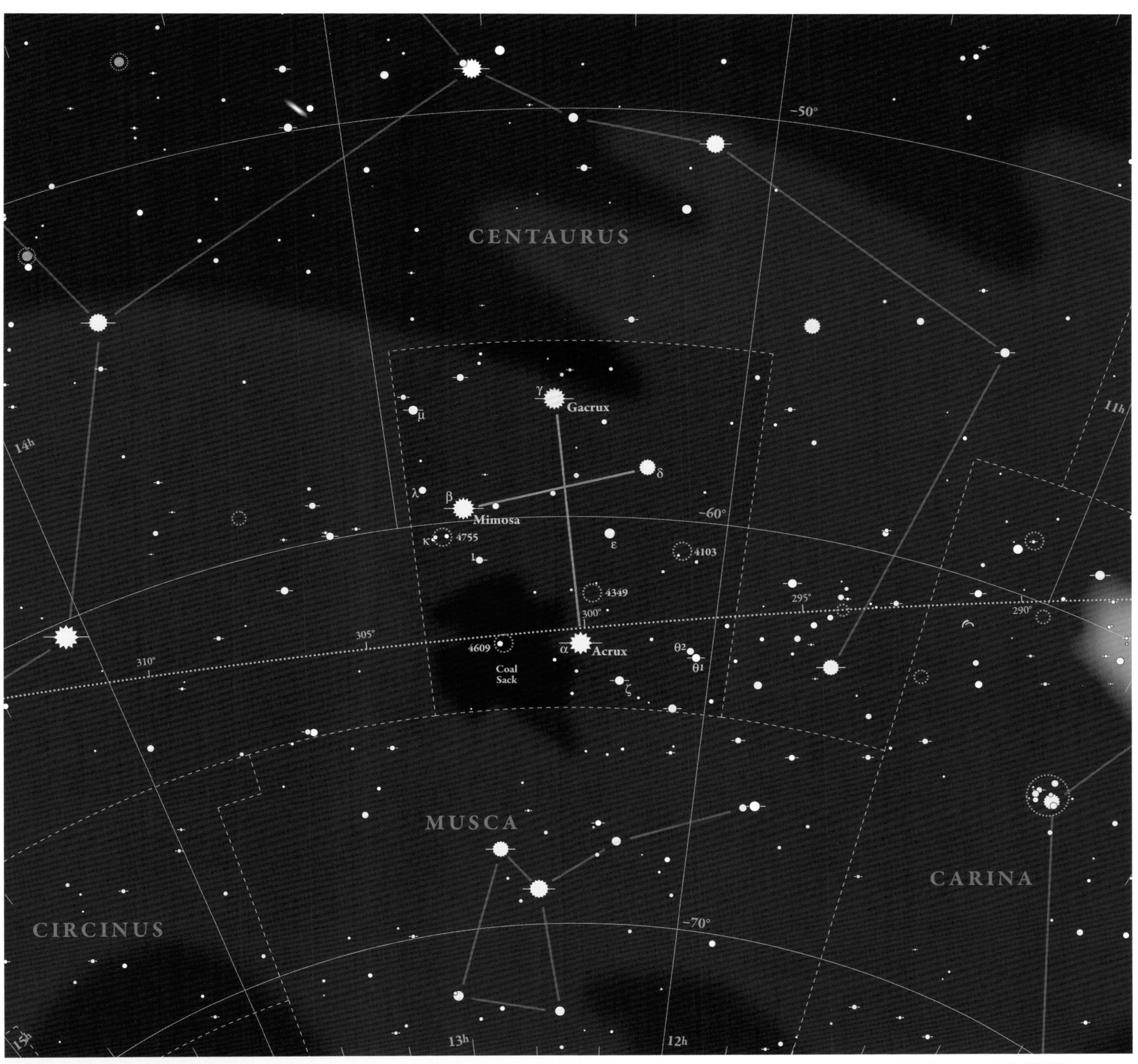

STECKBRIEF

Crux
Kreuz des Südens

Abkürzung
Cru

Genitiv
Crucis

Rektaszension
12 Stunden

Deklination
–60°

Sichtbarkeit
22°N bis 90°S

Beachtenswerte Objekte
Alpha (α) Crucis
Beta (β) Crucis
NGC 4755 (Schmuckkästchen)
Kohlensack (Coal Sack)

Benannte Sterne
Acrux (Alpha [α] Crucis)
Mimosa (Beta [β] Crucis)
Gacrux (Gamma [γ] Crucis)

NÖRDLICHER NACHTHIMMEL – Beobachtungsort: New York, USA; Zeitpunkt: 22:00 Uhr am 15. des jeweiligen Monats

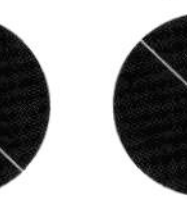

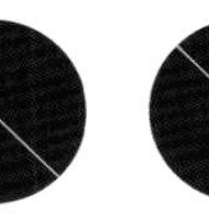
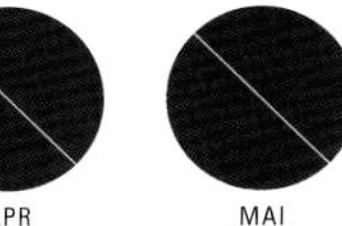
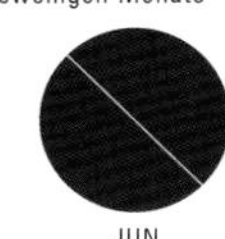

JAN FEB MÄR APR MAI JUN JUL AUG SEP OKT NOV DEZ

SÜDLICHER NACHTHIMMEL – Beobachtungsort: Sydney, Australien; Zeitpunkt: 22:00 Uhr am 15. des jeweiligen Monats

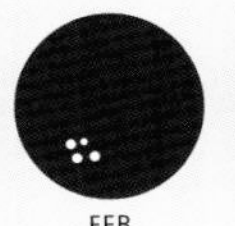

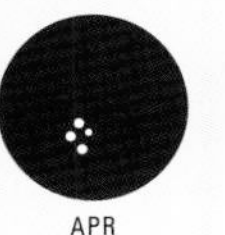

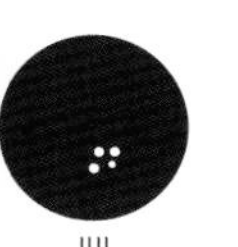

JAN FEB MÄR APR MAI JUN JUL AUG SEP OKT NOV DEZ

Cygnus

Hoch am nördlichen Sommerhimmel gelegen, enthält der Schwan den hellsten Teil der nördlichen Milchstraße, die wunderbare Cygnus-Sternwolke.

SCHWANENGESANG

Zeus nahm dereinst die Gestalt eines Schwans an, um Leda zu verführen, die Gattin des Königs von Sparta. Die Tochter, die ihrer Vereinigung entstammte, war Helena von Troja.

DIE STERNE VON CYGNUS

Die helleren Sterne des Schwans bilden das Kreuz des Nordens. Zusammen mit einigen schwächeren Sternen, die die Flügel darstellen, umreißen dieselben Sterne den Schwan.

Alpha (α) Cygni (Deneb) zählt trotz seiner Entfernung von 1500 Lichtjahren zur 1. Größenklasse, denn er besitzt die 60 000-fache Leuchtkraft unserer Sonne. 61 Cygni ist insofern bemerkenswert, als es der erste Stern war, dessen Entfernung (11,4 Lichtjahre) anhand seiner jährlichen Parallaxe gemessen wurde (1840). Es handelt sich dabei um ein prächtiges weites Paar tieforangefarbener Zwerge.

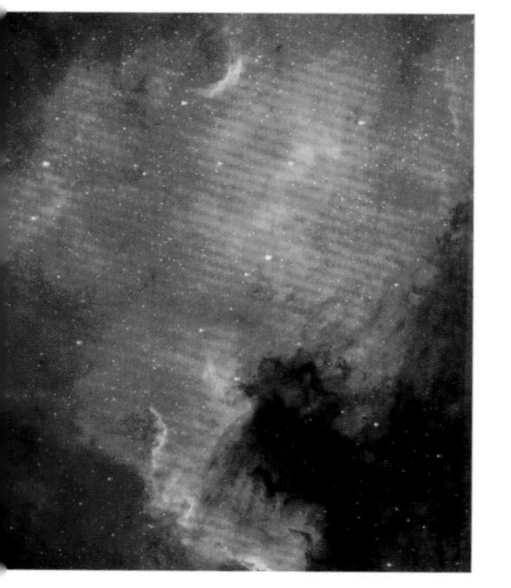

Oben Der Nordamerika-Nebel heißt so, weil seine Form in einem kleinen Teleskop jener des Kontinents ähnelt.

OBJEKTE VON INTERESSE

Albireo, Beta (β) Cygni, ist der berühmteste Doppelstern mit Farbkontrast. Seine weit auseinander stehenden Sterne sind gelb und dunkelblau und $3^m{,}1$ bzw. $5^m{,}1$ hell.

M39 (NGC 7092) ist ein Fleck der Größe $4^m{,}6$, den auch schon Aristoteles kannte. In einem Fernglas erscheint er als attraktiver dreieckiger offener Haufen mit 25 Sternen. Im selben Milchstraßenfeld, 100 Bogenminuten südöstlich davon, befindet sich der verzweigte, sechs Mondbreiten lange Dunkelnebel **B168**. Der Schwan weist rund 60 Haufen auf, die sich für Amateurteleskope eignen.

Von den 14 planetarischen Nebeln, die im Schwan sichtbar sind, stellt **NGC 6826** den besten dar. Bei indirekter Betrachtung ist die bläuliche, 25 Bogensekunden messende Scheibe des „blinkenden planetarischen Nebels" ($8^m{,}8$) so hell, dass sie den $10^m{,}6$ hellen Zentralstern verdeckt. Bei direkter Betrachtung überstrahlt der Stern die Scheibe beinahe.

Kräftige stellare Winde eines massereichen jungen Wolf-Rayet-Sterns schufen **NGC 6888**, den **Mondsichel-Nebel**. In einem 20-cm-Teleskop mit OIII-Filter zeigt sich, dass die Sichel lediglich den helleren Teil eines Ovals bildet.

Beim **Schleier-Nebel** handelt es sich um die prächtigen Überreste einer Supernova. Bereits in einem Fernglas zeigt sich der hakenförmige Nebel **NGC 6992/5**. Mit einer 8-cm-Apertur erkennt man den Nebel **NGC 6960** mit seinen Fäden und **Pickering's Triangular Wisp** (nicht katalogisiert). Viele der Fäden und Zacken, die auf Fotos erscheinen, kann man mit einem 40-cm-Teleskop mit OIII-Filter sehen. Ein solches Instrument erfasst auch **NGC 6979**.

Bei **NGC 7000** handelt es sich um den drei Grad langen **Nordamerika-Nebel**. Mit dem bloßen Auge erkennt man nur eine keilförmige Sternwolke, doch ein 10-cm-Teleskop zeigt „Florida" und „Mexiko", die beide überwiegend aus Emissionsnebeln bestehen.

Ein weiteres Gebilde aus hellen und dunklen Nebeln ist der **Gamma (γ) Cygni-Nebel, IC 1318**.

Der größte Dunkelnebel des Schwans lässt sich mit dem bloßen Auge ausmachen. Der **Nördliche Kohlensack**, nahe Deneb, bildet das nördliche Ende des **Great Rift**, eines Staubwolkenkomplexes, der unsere Galaxie auf 130 Grad Länge durchschneidet. **Der Trichterwolken-Nebel (LG3)** erstreckt sich über zwölf Grad von Eta (η) Cephei bis westlich von M39.

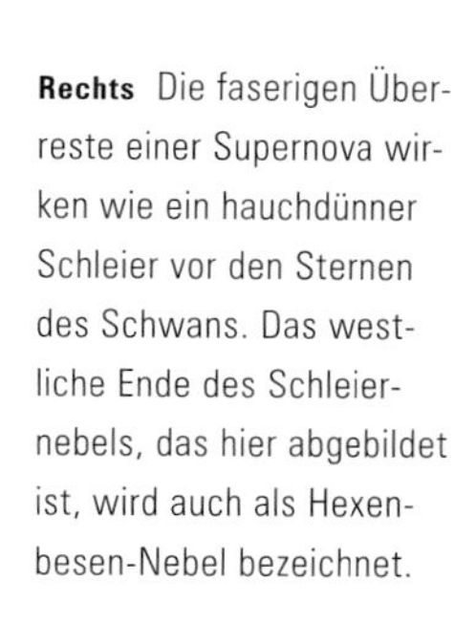

Rechts Die faserigen Überreste einer Supernova wirken wie ein hauchdünner Schleier vor den Sternen des Schwans. Das westliche Ende des Schleiernebels, das hier abgebildet ist, wird auch als Hexenbesen-Nebel bezeichnet.

STECKBRIEF

Cygnus
Schwan

Abkürzung
Cyg

Genitiv
Cygni

Rektaszension
21 Stunden

Deklination
+40°

Sichtbarkeit
90°N bis 32°S

Beachtenswerte Objekte
IC 1318 (Gamma [γ] Cygni-Nebel)
M39
NGC 6826
NGC 6888 (Mondsichel-Nebel)
NGC 6992/5
NGC 7000 (Nordamerika-Nebel)
Nördlicher Kohlensack
Schleier-Nebel (Veil Nebula)

Benannte Sterne
Deneb (Alpha [α] Cygni)
Albireo (Beta [β] Cygni)
Sadir (Gamma [γ] Cygni)
Gienah (Epsilon [ε] Cygni)
Ruchba (Omega[1] [ω[1]] Cygni und Omega[2] [ω[2]] Cygni)

NÖRDLICHER NACHTHIMMEL – Beobachtungsort: New York, USA; Zeitpunkt: 22:00 Uhr am 15. des jeweiligen Monats

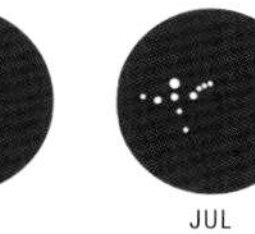
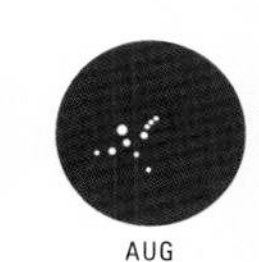

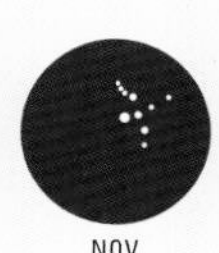
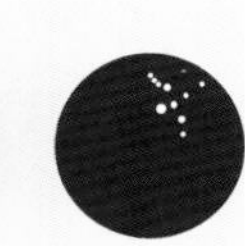

JAN FEB MÄR APR MAI JUN JUL AUG SEP OKT NOV DEZ

SÜDLICHER NACHTHIMMEL – Beobachtungsort: Sydney, Australien; Zeitpunkt: 22:00 Uhr am 15. des jeweiligen Monats

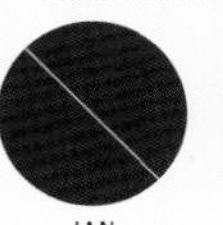

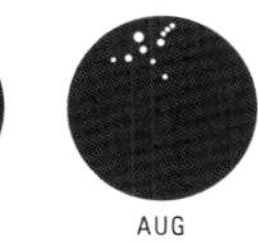

JAN FEB MÄR APR MAI JUN JUL AUG SEP OKT NOV DEZ

Delphinus

Dieses auffällig geformte Sternbild ist zwar lichtschwach und weit entfernt, dennoch sind die Sterne des Delfins leicht auszumachen.

SCHMEICHELEIEN EINES DELFINS

Die Konstellation Delfin geht auf die Griechen zurück, und aller Wahrscheinlichkeit nach wurde sie mit dem Meeresgott Poseidon (Neptun) in Verbindung gebracht. Nach dem Sieg gegen die Titanen errichteten Zeus, Hades und Poseidon jeweils ein eigenes Reich. Poseidons Reich war das Meer, und nach der Errichtung seines Palastes machte er sich auf die Suche nach einer Gemahlin. Sein Interesse richtete sich auf die 50 Meeresnymphen, die Nereiden.

Er umwarb Amphitrite, die sich ihm jedoch widersetzte und ins Atlasgebirge floh. Da etliche Boten, die ausgesandt worden waren, sie zu überzeugen, erfolglos zurückkehrten, schickte Poseidon schließlich einen Delfin. Gerührt von den aufrichtigen Bitten des Delfins, gab Amphitrite nach und kehrte ins Meer zurück, um Poseidons Frau zu werden. Sie gebar ihm viele Kinder. Aus Dankbarkeit versetzte Poseidon den Delfin an den Himmel.

DIE STERNE VON DELPHINUS

Zwar ist der Delfin ein sehr kleines Sternbild mit recht schwachen Sternen, doch ist die Drachenform aus Alpha (α), Beta (β), Gamma (γ), Delta (δ) und Epsilon (ε) Delphini (zwischen dem 1^{m} hellen Altair und dem Pegasus-Quadrat) sehr leicht zu finden. Alle fünf Sterne gehören zur 4. Größenklasse und sind fast gleich hell.

Alpha (α) und Beta (β) Delphini wurden 1814 mit den Namen Sualocin und Rotanev in den Sternkatalog von Palermo aufgenommen, ohne Hinweis auf den Ursprung dieser seltsamen Bezeichnungen. Ende des 19. Jahrhunderts bemerkte der Brite Thomas Webb jedoch, dass diese Namen rückwärts gelesen „Nicolaus Venator" ergeben, den Namen eines Assistenten des italienischen Astronomen Giuseppe Piazzi.

Beta (β) Delphini ist der hellste Stern im Delfin. Es handelt sich um ein benachbartes Paar von Überriesen der Klasse F5 in 97 Lichtjahren Entfernung. Sie sind acht- bzw. 18-mal so leuchtstark wie unsere Sonne.

OBJEKTE VON INTERESSE

Obwohl der Delfin eine kleine Konstellation darstellt, enthält er viel Sehenswertes. **Gamma (γ) Delphini** ist ein schönes Doppelsternsystem mit leicht unterschiedlichen Komponenten (blass- bzw. goldgelb), die praktisch mit jedem Teleskop aufgelöst werden können. **NGC 6934** und **NGC 7006** sind Kugelsternhaufen. NGC 6934 ist klein, relativ lichtschwach und lässt sich in einem 20-cm-Teleskop kaum auflösen. NGC 7006 gehört zu den entlegensten Sternhaufen unserer Milchstraße – ca. 135 000 Lichtjahre trennen ihn von der Sonne und fast genauso viel vom Zentrum der Galaxie. Um diesen Haufen als winzigen Fleck zu sehen, benötigt man ein 20-cm-Teleskop.

NGC 6891 ist ein winziger, hellblauer planetarischer Nebel, der in einem 10-cm-Fernrohr gerade eben erkennbar ist und in einem 20-cm-Instrument wunderschön aussieht.

In einem Teleskop derselben Größe erscheint **NGC 6905** als etwas größerer, blassblauer, ovaler planetarischer Nebel mit unscharfen Rändern.

Links Der winzige, juwelenartige planetarische Nebel NGC 6905, auch bekannt als Blauer Blitz, wurde 1782 von Wilhelm Herschel entdeckt. Um den bläulichen Zentralstern 14. Größe zu beobachten, benötigt man ein 25-cm-Teleskop und einen sehr dunkeln ländlichen Himmel.

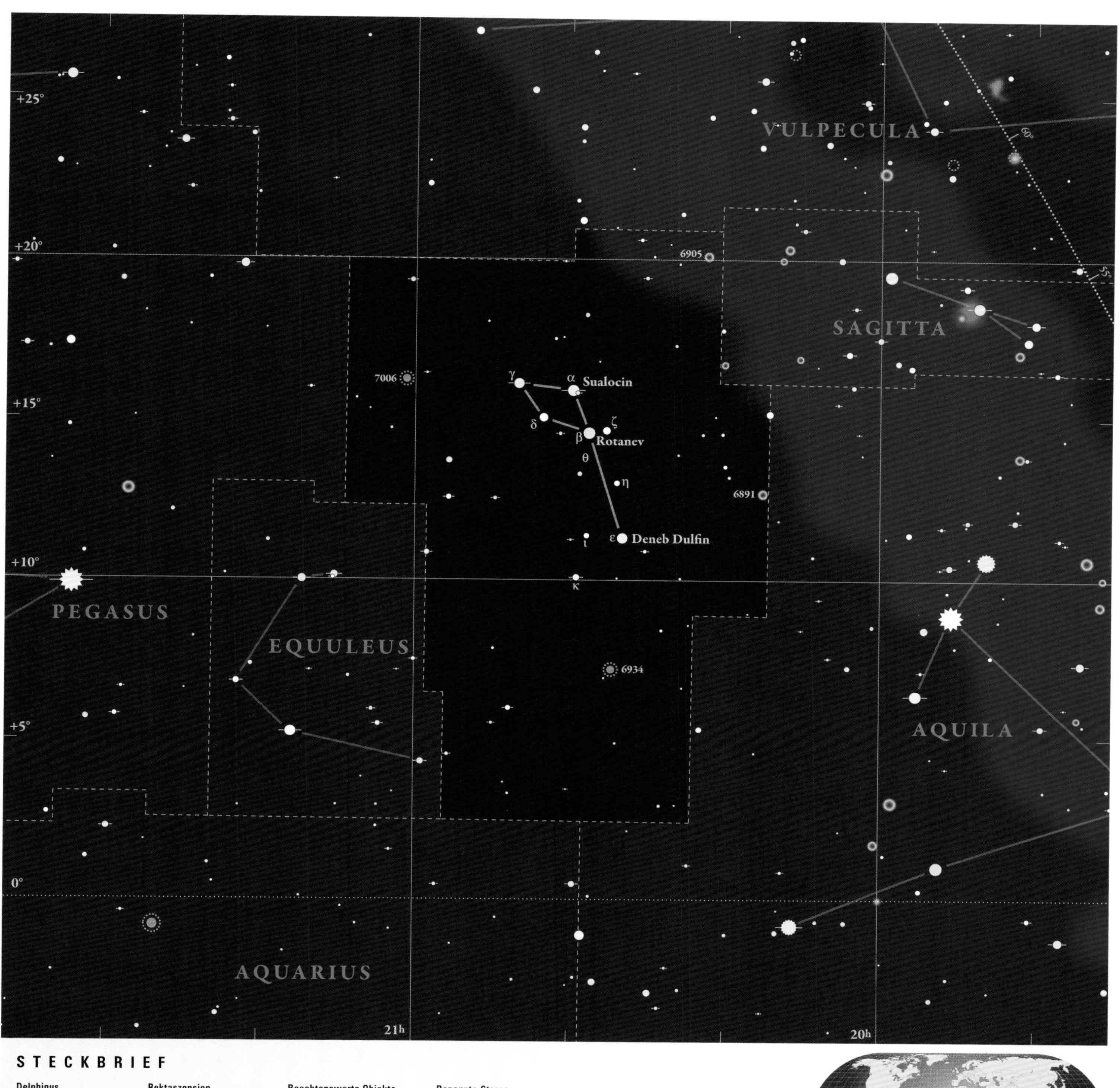

STECKBRIEF

Delphinus
Delfin

Abkürzung
Del

Genitiv
Delphini

Rektaszension
21 Stunden

Deklination
+10°

Sichtbarkeit
90°N bis 69°S

Beachtenswerte Objekte
Gamma (γ) Delphini
NGC 6891
NGC 6905
NGC 6934
NGC 7006

Benannte Sterne
Sualocin (Alpha [α] Delphini)
Rotanev (Beta [β] Delphini)
Deneb Dulfin (Epsilon [ε] Delphini)

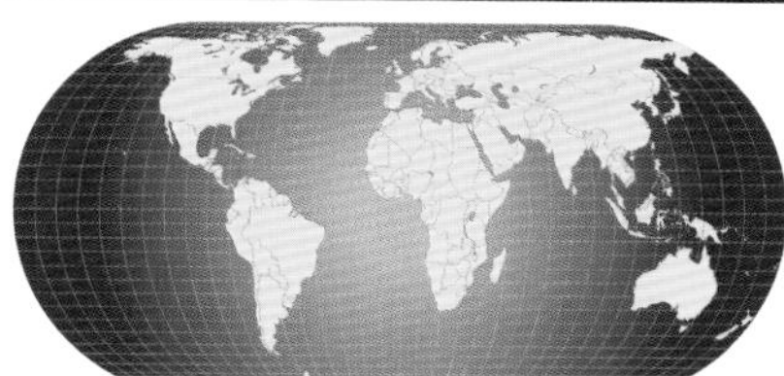

NÖRDLICHER NACHTHIMMEL – Beobachtungsort: New York, USA; Zeitpunkt: 22:00 Uhr am 15. des jeweiligen Monats

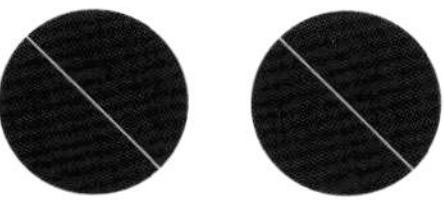

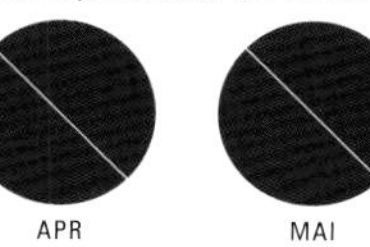

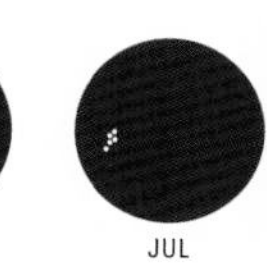
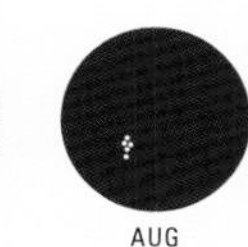

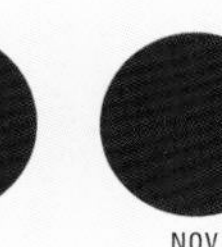

JAN FEB MÄR APR MAI JUN JUL AUG SEP OKT NOV DEZ

SÜDLICHER NACHTHIMMEL – Beobachtungsort: Sydney, Australien; Zeitpunkt: 22:00 Uhr am 15. des jeweiligen Monats

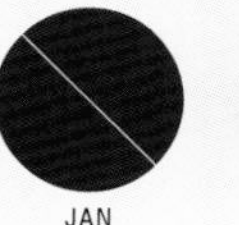

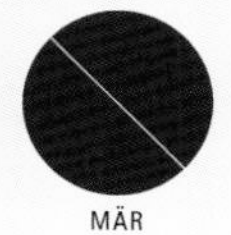
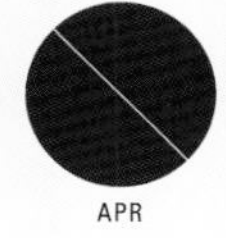
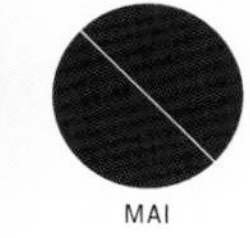

JAN FEB MÄR APR MAI JUN JUL AUG SEP OKT NOV DEZ

Dorado

Der Schwertfisch beherbergt die Große Magellansche Wolke. Seine Sterne befinden sich zu weit im Süden, um in Europa gesehen zu werden. Entsprechend mangelt es an einer westlichen Mythologie.

Rechts Der gewaltige Tarantel-Nebel (NGC 2070) ist das hellste Objekt in der Großen Magellanschen Wolke. Er ist 30-mal so groß wie der Orion-Nebel.

VERWIRRUNG UM DIE FISCHART

Die holländischen Entdecker Pieter Dirkszoon Keyser und Frederick de Houtman waren die Ersten, die Dorados Sterne systematisch beobachteten. Auf seinem Himmelsglobus von 1598 stellte Petrus Plancius die Konstellation als Goldmakrele dar, wie sie in tropischen Gewässern vorkommt. Passenderweise findet man sie neben Volans, dem Fliegenden Fisch. 1603 zeichnete Johannes Bayer das Sternbild in seiner *Uranometria* mit seinem heutigen Namen Dorado ein, der Goldfisch. Noch später stellten es J. E. Bode und andere Kartografen als Xiphias dar, den Schwertfisch. Heute wird die Konstellation alternativ Goldfisch oder Schwertfisch genannt; ihre Sterne aber sind weitgehend unverändert geblieben.

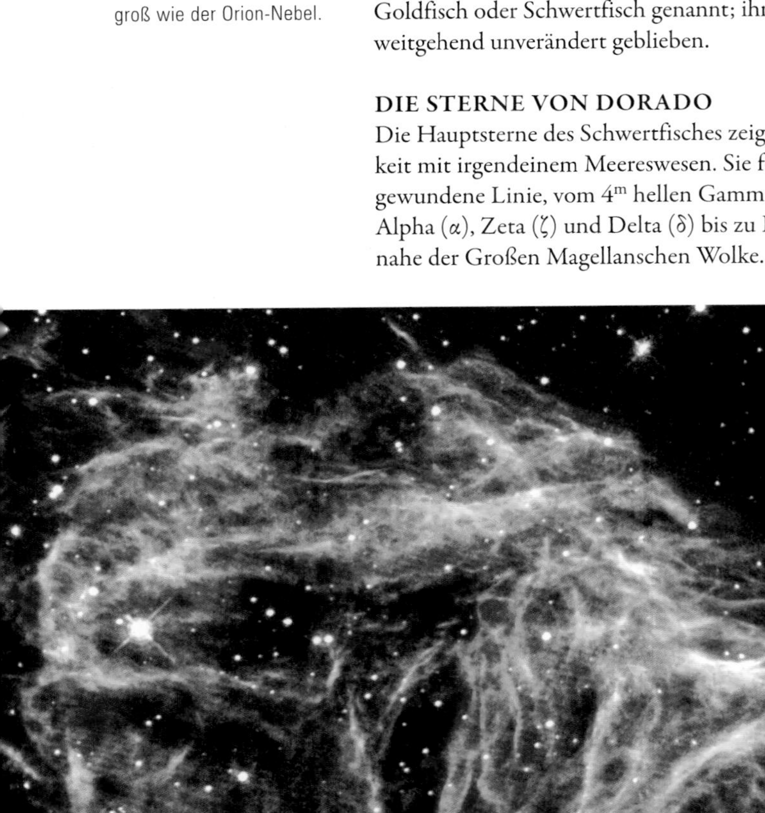

DIE STERNE VON DORADO

Die Hauptsterne des Schwertfisches zeigen keinerlei Ähnlichkeit mit irgendeinem Meereswesen. Sie formen eine lange, gewundene Linie, vom 4^m hellen Gamma (γ) im Norden über Alpha (α), Zeta (ζ) und Delta (δ) bis zu Beta (β) im Süden, nahe der Großen Magellanschen Wolke.

Beta (β) Doradus zählt zu den hellsten Cepheiden-Veränderlichen. Über einen Zeitraum von 9,9 Tagen schwankt seine Helligkeit regelmäßig zwischen $3^m,4$ und $4^m,1$. Die Cepheiden-Veränderlichen, benannt nach Delta (δ) Cephei, gehören zu den wichtigsten und nützlichsten pulsierenden veränderlichen Sternen. Mit dem Weltraumteleskop Hubble können Astronomen sie in anderen Galaxien ausfindig machen und als „Standardkerzen“ nutzen, um die Entfernung der jeweiligen Galaxie zu bestimmen. Beta Doradus ist über 1100 Lichtjahre entfernt und 3000-mal heller als unsere Sonne.

OBJEKTE VON INTERESSE

Berühmt ist der Schwertfisch vor allem deshalb, weil er die **Große Magellansche Wolke (GMW)** beherbergt. Sie ist mit dem bloßen Auge zu sehen und wirkt wie ein großer abgetrennter Bereich der Milchstraße. Tatsächlich handelt es sich um eine ca.165 000 Lichtjahre entfernte Satellitengalaxie, die die Milchstraße umkreist. In einem Fernglas oder Teleskop offenbart sie eine Vielzahl von Sternwolken, Sternhaufen und Knoten sowie Tausende schwacher Punkte.

Am berühmtesten ist der riesige **Tarantel-Nebel, NGC 2070**, eine riesige Sternfabrik, die im Osten der Wolke als Dunstfleck gerade noch mit bloßem Auge zu erkennen ist. Wäre der Nebel nur 1500 Lichtjahre entfernt, wie M42, würde er den größten Teil des Orion verdecken und wäre hell genug, um im „Dunkeln“ Schatten zu werfen. 1987 ereignete sich in der Nähe des Tarantel-Nebels die einzige Supernova, die seit der Erfindung des Teleskops mit bloßem Auge sichtbar war. Sie erreichte eine Helligkeit von 3^m.

Neben der Großen Magellanschen Wolke enthält der Schwertfisch auch einige helle, auffällige Galaxien. **NGC 1566** erscheint in einem 20-cm-Teleskop als prächtige zweiarmige Spiralgalaxie. Die beiden linsenförmigen Galaxien **NGC 1549** und **NGC 1553** findet man bei mittlerer Vergrößerung im selben Gesichtsfeld. Ein 15-cm-Teleskop gewährt einen guten Blick darauf.

Links Diese Aufnahme des Weltraumteleskops Hubble zeigt die Überreste einer Supernova in der Großen Magellanschen Wolke (N49). Beeindruckend sind die ineinander verschlungenen Gas- und Staubfäden.

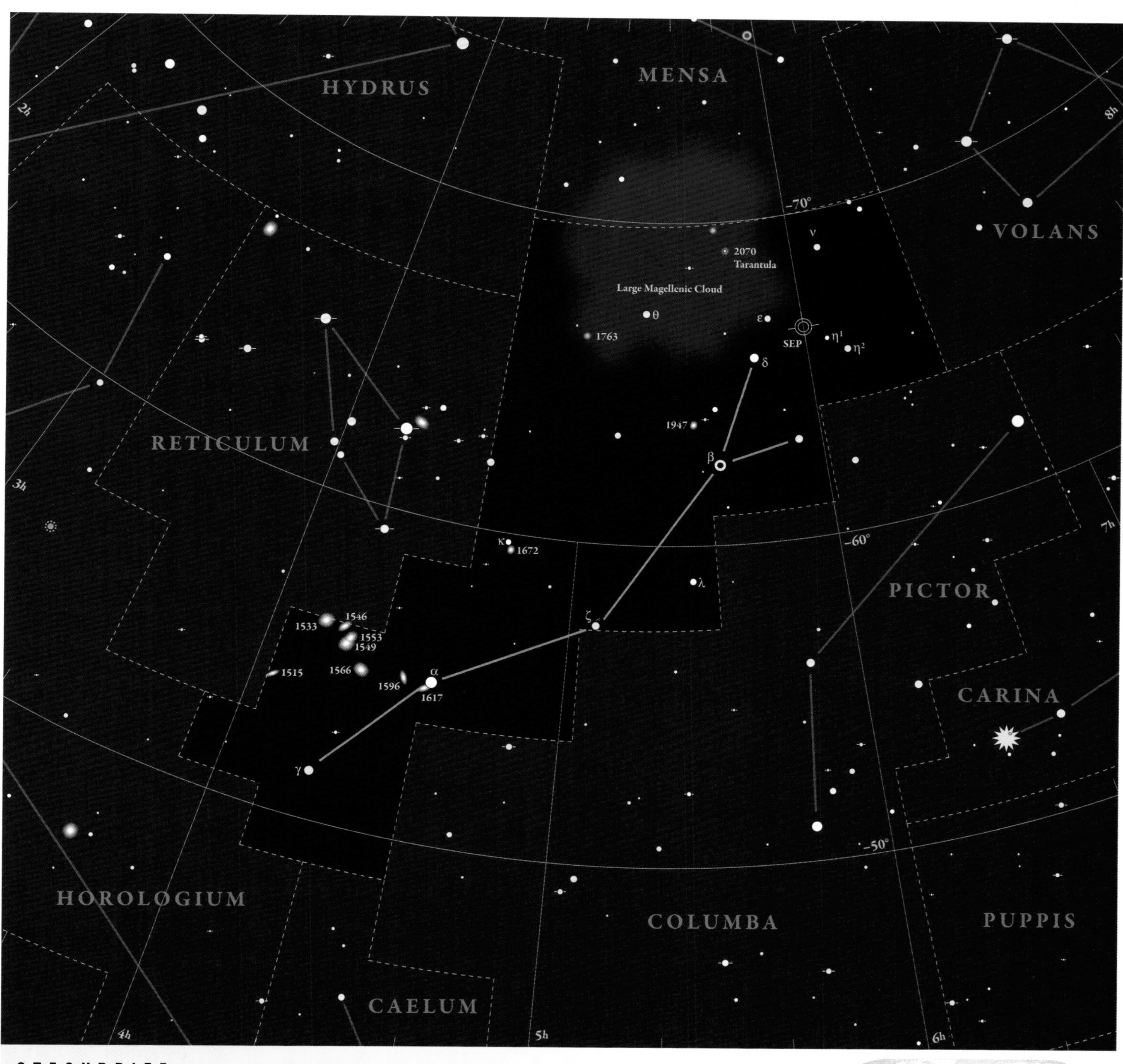

STECKBRIEF

Dorado
Goldfisch oder Schwertfisch

Abkürzung
Dor

Genitiv
Doradus

Rektaszension
5 Stunden

Deklination
–65°

Sichtbarkeit
20°N bis 90°S

Beachtenswerte Objekte
Beta (β) Doradus
Große Magellansche Wolke
NGC 1549
NGC 1553
NGC 1566
NGC 2070 (Tarantel-Nebel)

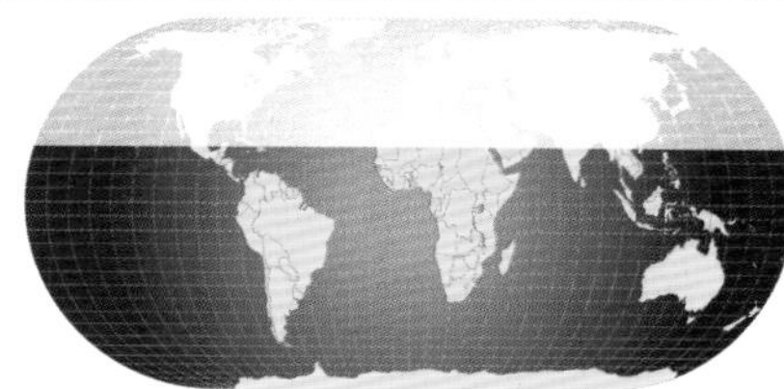

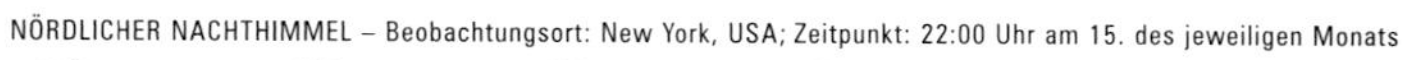

NÖRDLICHER NACHTHIMMEL – Beobachtungsort: New York, USA; Zeitpunkt: 22:00 Uhr am 15. des jeweiligen Monats

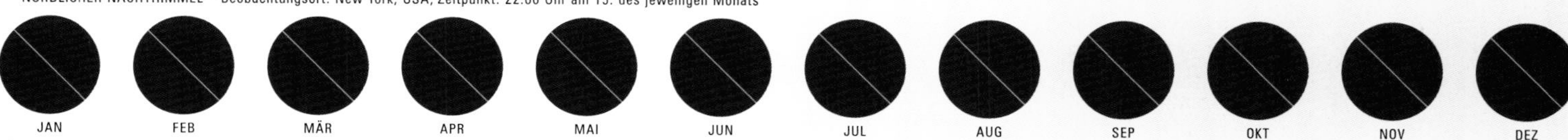

SÜDLICHER NACHTHIMMEL – Beobachtungsort: Sydney, Australien; Zeitpunkt: 22:00 Uhr am 15. des jeweiligen Monats

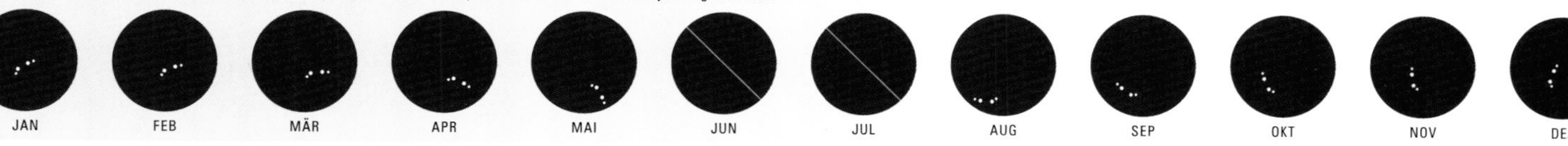

Draco

Der Drache steht hoch im Norden und ist flächenmäßig das achtgrößte Sternbild. Am besten zu beobachten ist es in den wärmeren Monaten.

AUFTRITT DES DRACHEN

Eine der zwölf Aufgaben des Herakles bestand darin, die goldenen Äpfel der Hesperiden herbeizuschaffen. In einigen Versionen des Mythos bewachte ein Drache den Eingang zum Garten der Hesperiden. In einer anderen Erzählung wachte ein niemals schlafender Drache über das Goldene Vlies.

DIE STERNE VON DRACO

Über 2000 Jahre lang, zur Zeit der Errichtung der ägyptischen Pyramiden, war Alpha (α) Draconis, Thuban, der nördliche Polarstern.

Die Sterne des Drachenschwanzes sind relativ leicht auszumachen, da der Schwanz in gleichmäßigem Abstand um den Kleinen Wagen herumführt. Komplizierter wird es beim Körper, der in sich gewunden ist. Den auffälligsten Teil bildet der Drachenkopf, ein kleines Sternenviereck nahe der Leier.

OBJEKTE VON INTERESSE

Ny (ν) Draconis ist ein symmetrisches Doppelsystem für das Fernglas, mit zwei weißen Sternen von $4^{\mathrm{m}}{,}9$, die eine Bogenminute auseinanderliegen.

Die Sterne **16** und **17 Draconis** ($5^{\mathrm{m}}{,}4$ bzw. $5^{\mathrm{m}}{,}5$) sehen sehr ähnlich aus und sind 90 Bogensekunden getrennt. In einem Teleskop wird aus diesem weißen Paar ein Trio; nur 3,4 Bogensekunden von 17 Draconis entfernt erkennt man einen gelblichen Begleiter der Größe $6^{\mathrm{m}}{,}4$.

Beobachter mit kleinem Teleskop können sich an zwei weiteren weiten, gelblichen Doppelsternen erfreuen: **Psi (ψ) Draconis** ($4^{\mathrm{m}}{,}9$ und $6^{\mathrm{m}}{,}1$, Abstand 30 Bogensekunden) sowie **41** und **40 Draconis** ($5^{\mathrm{m}}{,}7$ und $6^{\mathrm{m}}{,}1$, Distanz 19 Bogensekunden).

Die linsenförmige Galaxie **NGC 5866** misst 6,6 mal 3,2 Bogenminuten und ist $9^{\mathrm{m}}{,}9$ hell. In einem 20-cm-Reflektor erscheint sie als kleine, längliche Spindel mit einem etwas helleren Zentrum, wie eine Miniaturausgabe von M104 in der Jungfrau.

Die in Kantenlage befindliche Galaxie **NGC 5907** ist 12 mal 2 Bogenminuten groß und $10^{\mathrm{m}}{,}3$ hell. Sie zeigt sich in einem 20-cm-Fernrohr als extrem dünne Nadel schwachen Lichts mit einer leichten Verdichtung in der Mitte.

Der sogenannte **Sampler** besteht aus **NGC 5981** (einer gefleckten Galaxie in Kantenlage), **NGC 5982** (einer elliptischen Galaxie) und **NGC 5985** (einer Spiralgalaxie mit geringer Schräglage), allesamt im selben Blickfeld.

Das Prachtstück des Drachens bildet der planetarische Nebel **NGC 6543** oder **Katzenaugen-Nebel**. Durch ein 20-cm-Teleskop erkennt man eine helle ($8^{\mathrm{m}}{,}1$), blaue, ovale Scheibe (23 mal 17 Bogensekunden). Einen Blick auf den $10^{\mathrm{m}}{,}9$ hellen Zentralstern erhascht man nur bei direkter Betrachtung. In einem 40-cm-Teleskop zeigt sich die Scheibe bei geringer Vergrößerung in einem spektakulären Blaugrün; das Zentralgestirn ist deutlich zu erkennen, und nur neun Bogenminuten östlich rückt die 14^{m} helle Galaxie **NGC 6552** ins Blickfeld. Mit einem OIII-Filter wird der planetarische Nebel ringförmig, mit einem winzigen, dunkleren Zentralbereich rund um den Stern. Dieser Filter offenbart auch eine diffus leuchtende Außenhülle. Dabei handelt es sich um Gas, das der Stern ausstieß, bevor der planetarische Nebel entstand.

Unten Das Hubble-Teleskop machte diese klare Aufnahme der Galaxie NGC 5866 in Seitenlage mit ihrer dunklen Staubbahn im Vordergrund.

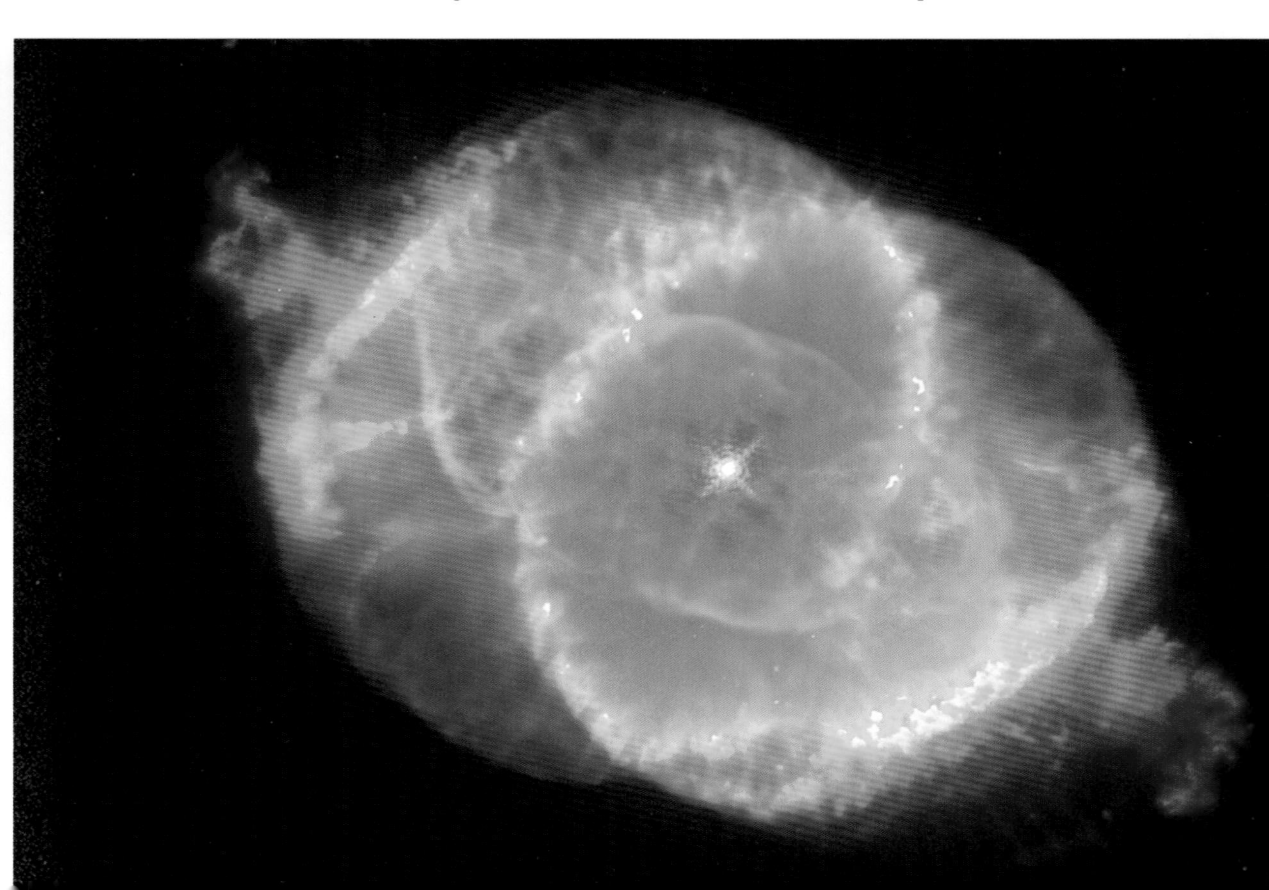

Rechts Der Katzenaugen-Nebel ist ein komplexer planetarischer Nebel, der viel über die dynamischen Prozesse verrät, die sich am Ende eines Sternenlebens abspielen.

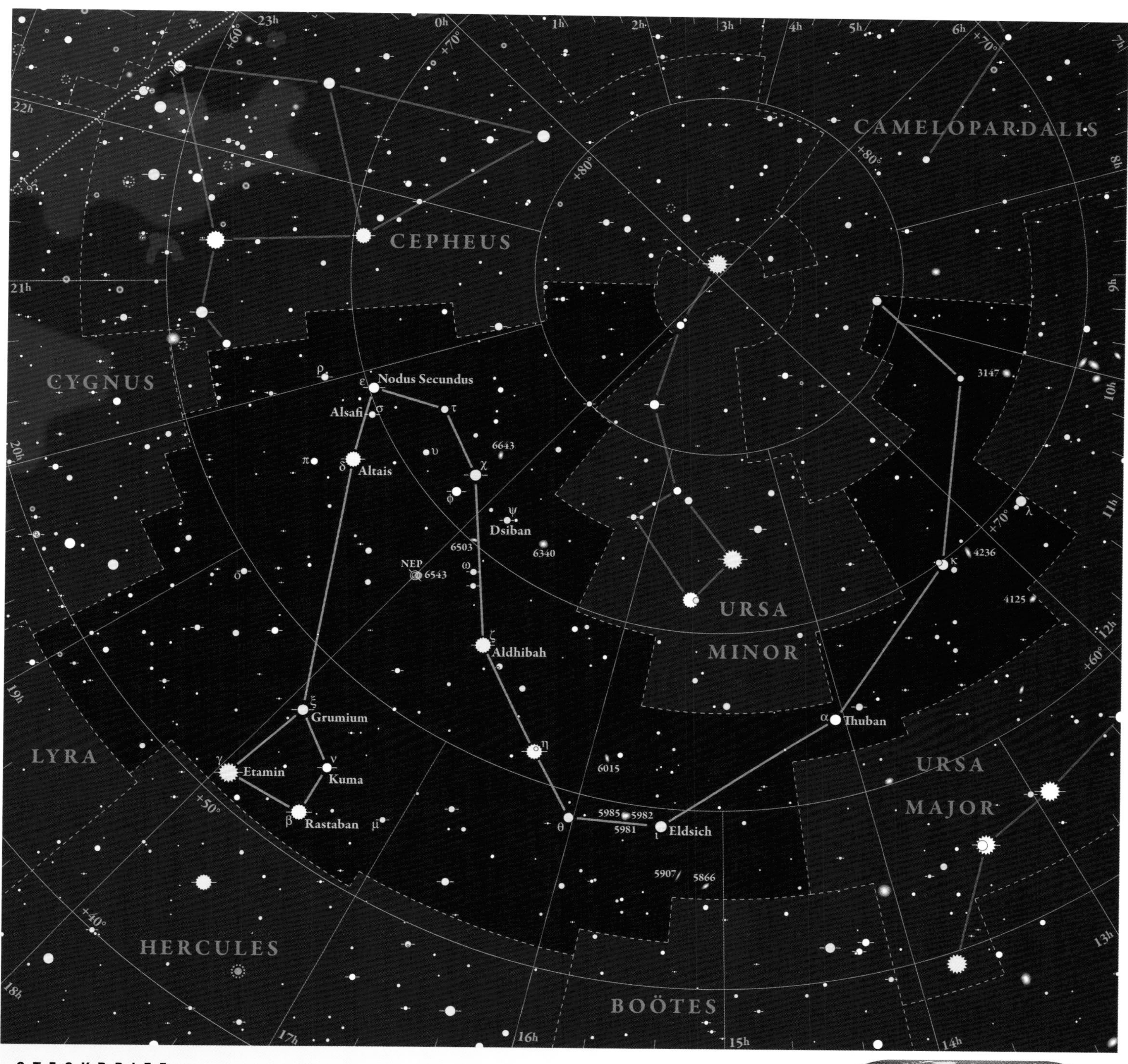

STECKBRIEF

Draco
Drache

Abkürzung
Dra

Genitiv
Draconis

Rektaszension
17 Stunden

Deklination
+65°

Sichtbarkeit
90°N bis 4°S

Beachtenswerte Objekte
Alpha (α) Draconis
Ny (ν) Draconis
Psi (ψ) Draconis
NGC 5866
NGC 5907)
Sampler (NGC 5981, NGC 5982, NGC 5985)
NGC 6543 (Katzenaugen-Nebel)

Benannte Sterne
Thuban (Alpha [α] Draconis)
Rastaban (Beta [β] Draconis)
Etamin (Gamma [γ] Draconis)
Altais (Delta [δ] Draconis)
Nodus Secundus (Epsilon [ε] Draconis)
Aldhibah (Zeta [ζ] Draconis)
Eldsich (Iota [ι] Draconis)
Kuma (Ny [ν] Draconis)
Grumium (Xi [ξ] Draconis)
Alsafi (Sigma [σ] Draconis)
Dsiban (Psi [ψ] Draconis)

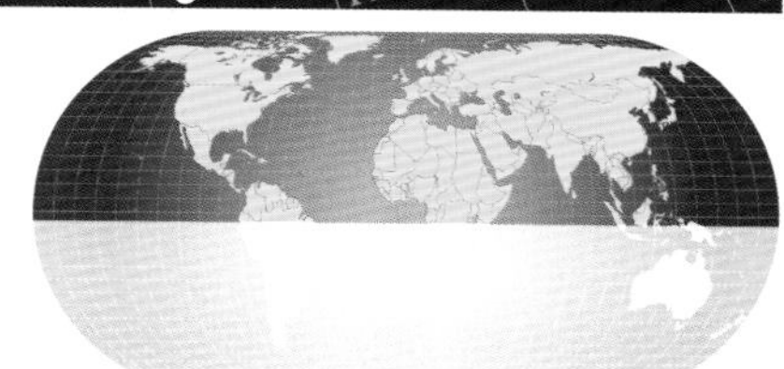

NÖRDLICHER NACHTHIMMEL – Beobachtungsort: New York, USA; Zeitpunkt: 22:00 Uhr am 15. des jeweiligen Monats

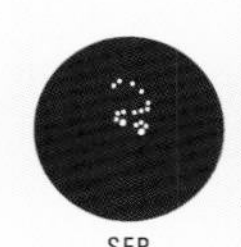
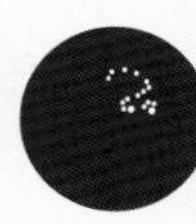
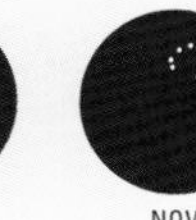

JAN FEB MÄR APR MAI JUN JUL AUG SEP OKT NOV DEZ

SÜDLICHER NACHTHIMMEL – Beobachtungsort: Sydney, Australien; Zeitpunkt: 22:00 Uhr am 15. des jeweiligen Monats

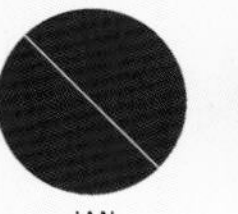
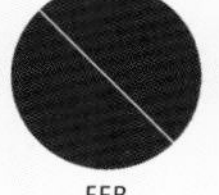

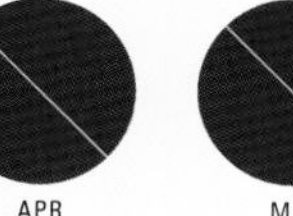

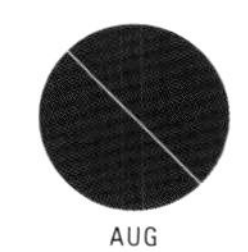

JAN FEB MÄR APR MAI JUN JUL AUG SEP OKT NOV DEZ

Equuleus

Das Füllen ist das zweitkleinste Sternbild. Im Gegensatz zur kleinsten Konstellation, dem Kreuz des Südens, enthält es nur wenige lichtschwache Galaxien sowie einige gewöhnliche Doppelsterne.

IM GALOPP ÜBER DEN HIMMEL

Equuleus, das Füllen, wurde mit Celeris in Verbindung gebracht, dem Bruder des fliegenden Pferdes Pegasus. Das Sternbild wurde um 150 v. Chr. von Hipparchos benannt und zählt damit zu den ersten, deren Urheber bekannt sind.

DIE STERNE VON EQUULEUS

Ein kleines Trapezoid aus Sternen der 4. und 5. Größenklasse bildet eine auffällige Figur, die sich außerhalb von Städten am besten beobachten lässt. Da das Trapezoid in seiner längsten Ausdehnung nur fünf Grad misst, kann auch ein Fernglas eingesetzt werden.

OBJEKTE VON INTERESSE

Dank des beeindruckenden Kugelsternhaufens M15, der sich in Pegasus befindet, nur ein Grad östlich der Konstellationsgrenze, gibt es genug Objekte, um einen Beobachter eine Zeitlang zu beschäftigen. Das Füllen bietet eine gute Auswahl an Doppelsternen, die sich für kleine Teleskope eignen. Der prächtige **Epsilon (ε) Equulei** besteht aus einem gelben Hauptstern 6. Größe und einem blauen Begleiter mit $7\overset{\mathrm{m}}{,}1$, getrennt durch 10,7 Bogensekunden.

Lambda (λ) Equulei ist ein symmetrisches Paar blassgelber Sterne der Größe $7\overset{\mathrm{m}}{,}4$, in 2,8 Bogensekunden Abstand. Bei **Struve 2765 (Σ2765)** handelt es sich um zwei weiße Sterne ($8\overset{\mathrm{m}}{,}4$ und $8\overset{\mathrm{m}}{,}6$), die 2,8 Bogensekunden auseinanderliegen. Große Ähnlichkeit hat **Struve 2786 (Σ2786)**, ein Binärsystem, dessen $7\overset{\mathrm{m}}{,}2$ bzw. $8\overset{\mathrm{m}}{,}3$ helle Komponenten einen Abstand von 2,5 Bogensekunden aufweisen. **Struve 2793 (Σ2793)** ist ein 27 Bogensekunden weites Doppelsystem, dessen Sterne gelb und bläulich sind ($7\overset{\mathrm{m}}{,}8$ bzw. $8\overset{\mathrm{m}}{,}5$).

Beobachter, die eine größere Herausforderung suchen, können sich mit einem 20-cm-Teleskop an dem sehr ungleichmäßigen Paar **Gamma (γ) Equulei** versuchen ($4\overset{\mathrm{m}}{,}7$ und $11\overset{\mathrm{m}}{,}5$, 1,9 Bogensekunden Abstand). Es ist allerdings nur bei starker Vergrößerung in einer klaren Nacht zu trennen. Der Hauptstern ist gelb. Die beiden Sterne haben eine gemeinsame Eigenbewegung und scheinen daher miteinander verbunden.

Die einzige Galaxie, die sich für mittlere Teleskope eignet, ist die $11\overset{\mathrm{m}}{,}5$ helle Spiralgalaxie **NGC 7015** mit einem Durchmesser von 1,6 Bogenminuten. Sie ist länglich und zeigt in einem 30-cm-Reflektor ein nur unwesentlich helleres Zentrum.

Die Galaxie **NGC 7040** ist nur $14\overset{\mathrm{m}}{,}1$ hell und ziemlich klein – 1,0 mal 0,7 Bogenminuten. Ein 40-cm-Newton-Teleskop offenbart einen länglichen, diffusen Halo ohne zentrale Erhellung. Die $13\overset{\mathrm{m}}{,}1$ helle Balkenspiralgalaxie **NGC 7046** misst 1,6 mal 1,4 Bogenminuten. In einem 30-cm-Reflektor zeigt sie sich nur als amorphes Leuchten, in einem 45-cm-Teleskop dagegen ist ein helleres Zentrum zu erkennen.

Links Der herrliche Kugelsternhaufen M15 liegt zwar nicht direkt im Füllen, aber nur ein Grad östlich im benachbarten Sternbild Pegasus. In dieser Aufnahme des Weltraumteleskops Hubble sind Tausende einzelner Sterne zu erkennen. Wie viele Kugelsternhaufen beherbergt M15 uralte Sterne, einige davon vielleicht zwölf Milliarden Jahre alt.

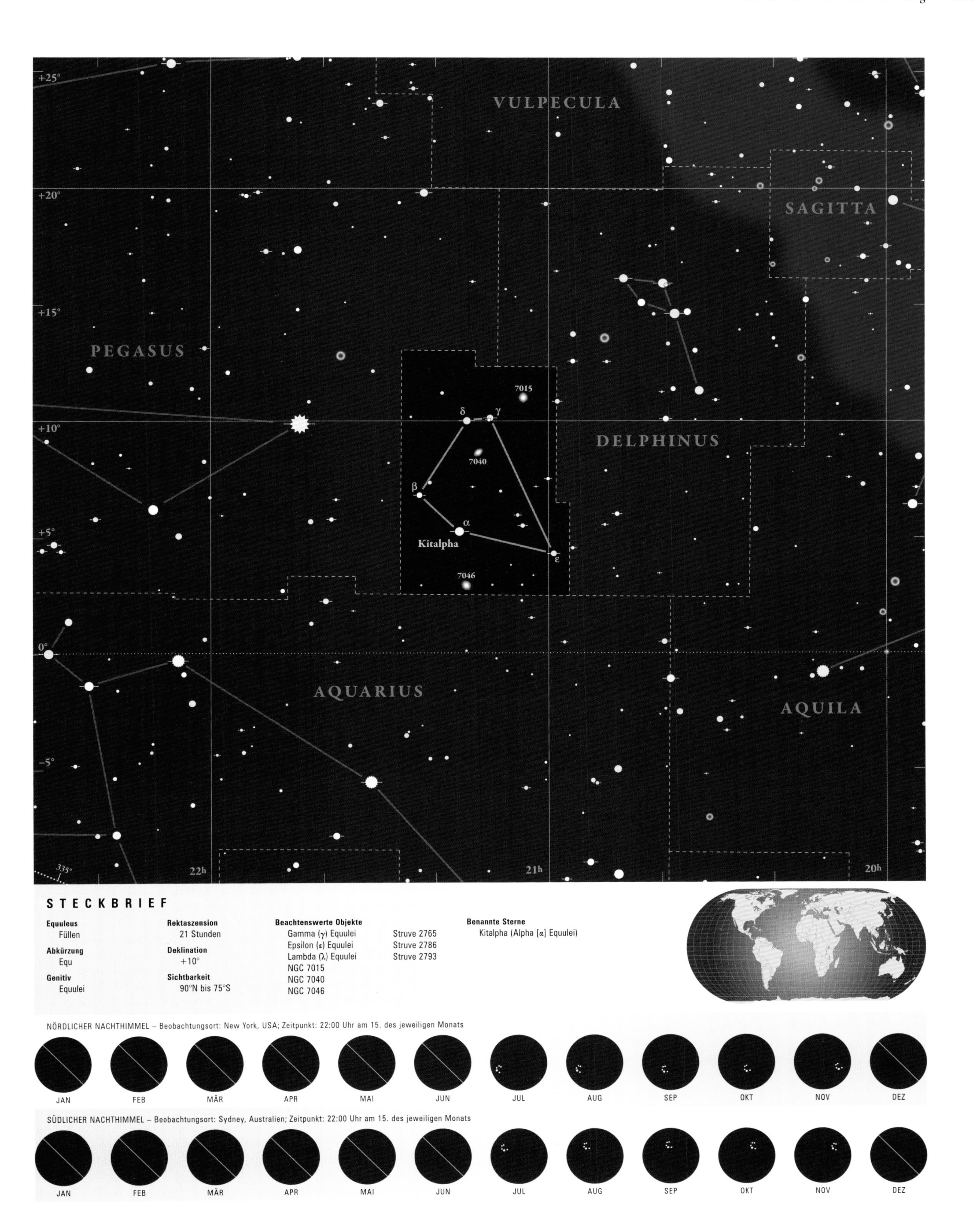
VULPECULA
SAGITTA
PEGASUS
DELPHINUS
AQUARIUS
AQUILA
Kitalpha
7015
7040
7046
+25°
+20°
+15°
+10°
+5°
0°
-5°
22h
21h
20h
335°
STECKBRIEF
Equuleus
Füllen
Abkürzung
Equ
Genitiv
Equulei
Rektaszension
21 Stunden
Deklination
+10°
Sichtbarkeit
90°N bis 75°S
Beachtenswerte Objekte
Gamma (γ) Equulei
Epsilon (ε) Equulei
Lambda (λ) Equulei
NGC 7015
NGC 7040
NGC 7046
Struve 2765
Struve 2786
Struve 2793
Benannte Sterne
Kitalpha (Alpha [α] Equulei)
NÖRDLICHER NACHTHIMMEL – Beobachtungsort: New York, USA; Zeitpunkt: 22:00 Uhr am 15. des jeweiligen Monats
JAN FEB MÄR APR MAI JUN JUL AUG SEP OKT NOV DEZ
SÜDLICHER NACHTHIMMEL – Beobachtungsort: Sydney, Australien; Zeitpunkt: 22:00 Uhr am 15. des jeweiligen Monats
JAN FEB MÄR APR MAI JUN JUL AUG SEP OKT NOV DEZ

Eridanus

Für die meisten antiken Astronomen verkörperte Eridanus den Fluss der Unterwelt. Die Römer erblickten darin den Po, andere den Rhein, den Nil, den Tigris oder den Euphrat.

STERNENSTROM

In der griechischen Mythologie wird der Fluss Eridanus mit Phaethon, dem Sohn des Sonnengottes Helios, in Verbindung gebracht. Phaethon überredete seinen Vater, ihn den Sonnenwagen über den Himmel fahren zu lassen. Schon bald verlor der junge Phaethon die Kontrolle über die Pferde, weshalb viele Orte auf Erden verbrannten. Zeus schleuderte einen Blitz auf Phaethon, woraufhin dieser samt Wagen und Pferden in den Eridanus stürzte, der die Flammen löschte. Nach der europäischen Erkundung der südlichen Sterne wurde der Eridanus weit nach Süden bis zum Stern Achernar verlängert.

DIE STERNE VON ERIDANUS

In der Neuzeit wird ein Flussende von Alpha (α) Eridani oder Achernar (Arabisch für „Ende des Flusses“) markiert. Das andere Ende bildet der 3^m helle Beta (β) Eridani, auch Cursa („Fußbank“) genannt. Achernar ist der neunthellste Stern am Himmel. Es handelt sich dabei um einen heißen Blauen Riesen der Klasse B5 in 142 Lichtjahren Entfernung, rund sechsmal schwerer und über 5000-mal heller als die Sonne. Theta (φ) Eridani bzw. Acamar hat den gleichen Ursprung und die gleiche Bedeutung wie Achernar und markierte früher das Flussende. Acamar ist ein prachtvolles Doppelsystem zweier Sterne der Klassen A4 und A1, 160 Lichtjahre entfernt.

Nur ca. 16 Lichtjahre entfernt ist der Dreifachstern Omikron^2 (o^2) Eridani, im Norden des Eridanus. Er besteht aus einem Orange Zwerg, der von einem Doppelsternsystem umrundet wird, gebildet aus einem winzigen Roten und einem einfach zu erkennenden Weißen Zwerg.

OBJEKTE VON INTERESSE

Da der Eridanus weit abseits von der Ebene der Milchstraße liegt, hat er dem Amateurastronomen vor allem Galaxien zu bieten. **NGC 1291** ist eine Spiralgalaxie mit geringer Schräglage, die in einem 15-cm-Teleskop als schwacher Dunstfleck mit einem kleinen, helleren Zentrum erscheint. Die in Kantenlage befindliche Spiralgalaxie **NGC 1532** wirkt in einem 20-cm-Fernrohr wie ein dünner Nebelstreifen und misst fast eine halbe Mondbreite. Sie wird von einer kleinen elliptischen Galaxie begleitet.

NGC 1232 im Norden des Sternbilds ist eine weitere helle Spiralgalaxie in Schräglage, die in einem 15-cm-Teleskop gut zu sehen ist. **NGC 1300** stellt eine archetypische Balkenspiralgalaxie dar. Für die Beobachtung ihrer beiden wunderschönen Arme benötigt man ein sehr großes Teleskop. Nicht minder schön ist der planetarische Nebel **NGC 1535**. In einem 20-cm-Instrument zeigt er sich als kleine, hellblaue Scheibe mit unscharfen Rändern.

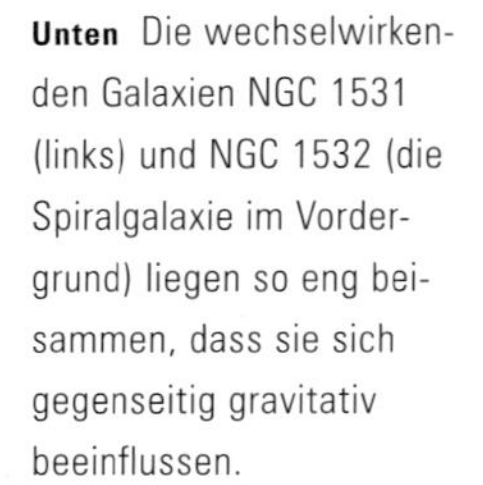

Unten Die wechselwirkenden Galaxien NGC 1531 (links) und NGC 1532 (die Spiralgalaxie im Vordergrund) liegen so eng beisammen, dass sie sich gegenseitig gravitativ beeinflussen.

Rechts Die 10^m helle Balkenspiralgalaxie NGC 1300 hat einen bezaubernden hellen Kern und erstreckt sich über mehr als 100 000 Lichtjahre. Das Foto, auf dem der zentrale Balken und die majestätischen Spiralarme zu sehen sind, gehört zu den größten, die das Weltraumteleskop Hubble je von einer ganzen Galaxie aufgenommen hat.

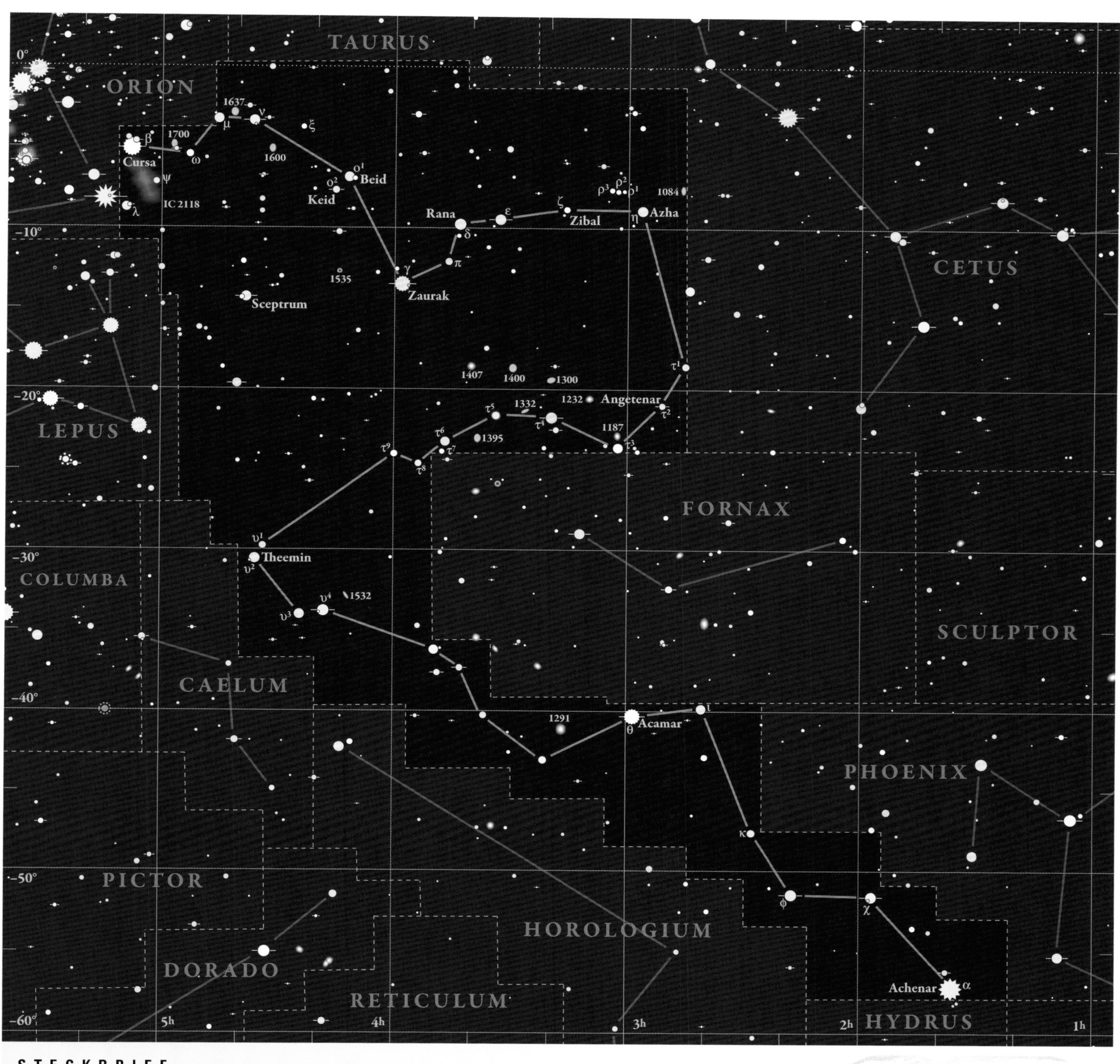

STECKBRIEF

Eridanus
Eridanus

Abkürzung
Eri

Genitiv
Eridani

Rektaszension
3 Stunden

Deklination
–20°

Sichtbarkeit
28°N bis 88°S

Beachtenswerte Objekte
NGC 1232
NGC 1291
NGC 1300
NGC 1532
NGC 1535

Benannte Sterne
Achernar (Alpha [α] Eridani)
Cursa (Beta [β] Eridani)
Zaurak (Gamma [γ] Eridani)
Rana (Delta [δ] Eridani)
Zibal (Zeta [ζ] Eridani)
Azha (Eta [η] Eridani)
Acamar (Theta [θ] Eridani)
Beid (Omikron[1] [ο[1]] Eridani)
Keid (Omikron[2] [ο[2]] Eridani)
Angetenar (Tau[2] [τ[2]] Eridani)
Theemin (Ypsilon[2] [υ[2]] Eridani)
Sceptrum (53 Eridani)

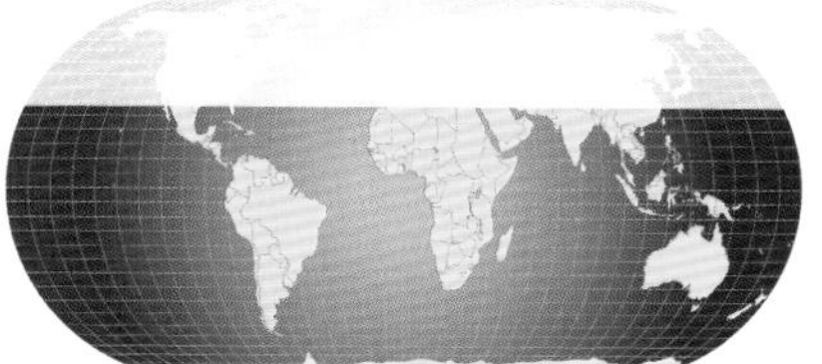

NÖRDLICHER NACHTHIMMEL – Beobachtungsort: New York, USA; Zeitpunkt: 22:00 Uhr am 15. des jeweiligen Monats

JAN

FEB

MÄR
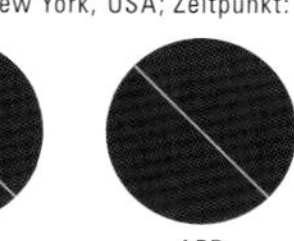
APR

MAI

JUN
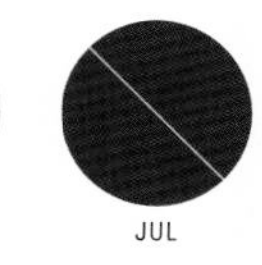
JUL

AUG

SEP

OKT
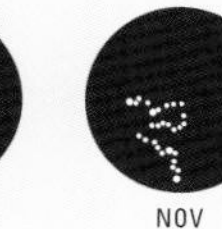
NOV

DEZ

SÜDLICHER NACHTHIMMEL – Beobachtungsort: Sydney, Australien; Zeitpunkt: 22:00 Uhr am 15. des jeweiligen Monats

JAN

FEB

MÄR

APR

MAI

JUN

JUL
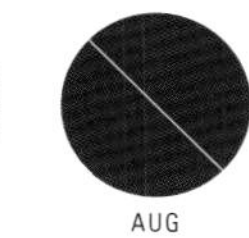
AUG

SEP

OKT

NOV

DEZ

Fornax

Die Galaxien des Ofens liegen weit von der Milchstraße entfernt. Seine schwachen Sterne waren für die Astronomen der Antike sichtbar, wurden aber nicht zu einem Sternbild zusammengefasst.

HIMMELSFEUER

Abbé Nicolas Louis de Lacaille erfand Fornax während seines Aufenthalts an der Sternwarte am Kap der Guten Hoffnung 1751/52. Dazu ließ er den Fluss Eridanus eine große Biegung vollführen, in die er den Ofen platzierte.

Lacaille nannte das Sternbild Fornax Chimiae, „chemischer Schmelzofen", zu Ehren des berühmten französischen Chemikers Antoine Lavoisier, der 1794 während der Französischen Revolution hingerichtet wurde. In seiner *Uranographia* von 1801 übernahm es Johann Bode als Apparatus Chemicus. In jenem Sternatlas bildete Bode anhand einiger Sterne aus Fornax und aus dem benachbarten Bildhauer eine weitere neue Konstellation, um die Erfindung des elektrischen Generators zu würdigen: Machina Electrica. Allerdings stieß seine neue Sterngruppe auf wenig Zuspruch.

DIE STERNE VON FORNAX

Wie bei den meisten Sternbildern Lacailles verraten auch die Sterne von Fornax kaum eine Ähnlichkeit mit dem Objekt, das sie darstellen sollen. Alpha (α) und Beta (β) Fornacis gehören zur 4. Größenklasse, während man die meisten anderen Sterne des Ofens selbst bei optimalen Bedingungen nur als schwache Pünktchen erkennt.

Mit einer Entfernung von 46 Lichtjahren zur Sonne liegt Alpha (α) Fornacis recht nahe. Für das bloße Auge wirkt er wie ein Einzelstern, tatsächlich handelt es sich jedoch um ein enges Binärsystem sonnenähnlicher Sterne. Der hellere davon ist ein Unterriese der Spektralklasse F8, mit ca. 25 Prozent mehr Masse als unsere Sonne. Der kleinere gehört zur Klasse G7 und besitzt 25 Prozent weniger Masse. Sie umkreisen sich über eine Periode von 246 Jahren, wobei der durchschnittliche Abstand kaum größer ist als die Distanz zwischen Sonne und Pluto.

OBJEKTE VON INTERESSE

Da der Ofen von der Milchstraßenebene weit entfernt ist, bilden Galaxien seine Hauptattraktion. An der Grenze von Fornax und Eridanus liegt der **Fornax-Haufen**, mit 60 Millionen Lichtjahren einer der nächstgelegenen größeren Galaxienhaufen. Von seinen ungefähr 60 Mitgliedern sind mindestens 20 mit einem 20-cm-Teleskop zu beobachten.

Im Zentrum des Haufens befinden sich die linsenförmigen Galaxien **NGC 1399** und **NGC 1404**. **NGC 1365** stellt wahrscheinlich die eleganteste Balkenspiralgalaxie dar. Der zentrale Balken ist in einem 10-cm-Teleskop als kleiner, länglicher Nebel sichtbar, während die schlanken Arme in einem 20-cm-Instrument unter einem dunklen ländlichen Himmel gerade eben zu erkennen sind. Nahe am Rand des Galaxienhaufens liegt **NGC 1316**, eine gewaltige elliptische Galaxie, durchzogen von den Staubbahnen einer kleineren Galaxie, mit der sie vor Kurzem verschmolzen ist.

Einer der hellsten planetarischen Nebel ist ebenfalls in Fornax zu Hause. Bereits die kleinsten Teleskope zeigen **NGC 1360** als eine große, graue Wolke mit einem leicht auszumachenden Zentralgestirn.

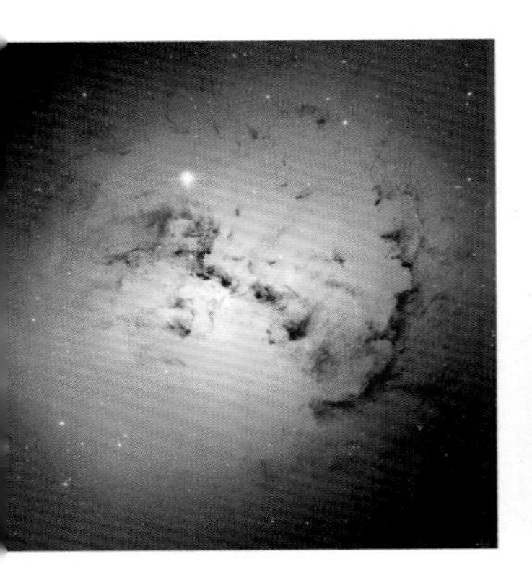

Oben Das Gemisch aus Sternen, Staub und Gas in NGC 1316 (Fornax A) deutet darauf hin, dass diese riesige elliptische Galaxie durch die Kollision und Verschmelzung zweier gasreicher Spiralgalaxien entstanden sein könnte.

Rechts Die mit 60 Millionen Lichtjahren relativ nahe gelegene Balkenspiralgalaxie NGC 1365 ist ein auffälliges Mitglied des Fornax-Galaxienhaufens. Im Zentrum des hellen Kerns befindet sich ein massereiches Schwarzes Loch.

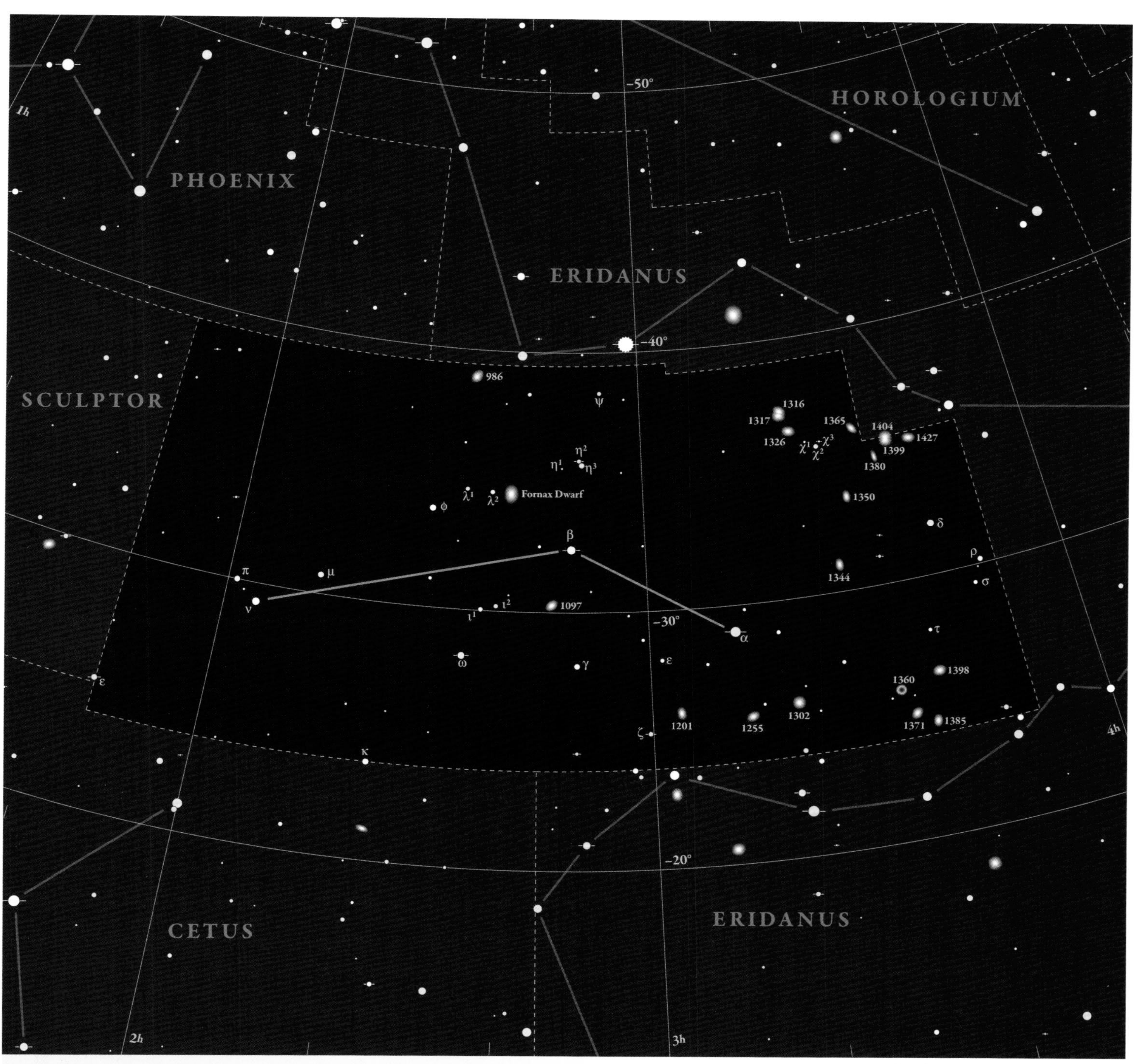

STECKBRIEF

Fornax
Ofen

Abkürzung
For

Genitiv
Fornacis

Rektaszension
3 Stunden

Deklination
−30°

Sichtbarkeit
53°N bis 90°S

Beachtenswerte Objekte
Alpha (α) Fornacis
Fornax-Haufen
NGC 1316
NGC 1360
NGC 1365
NGC 1399
NGC 1404

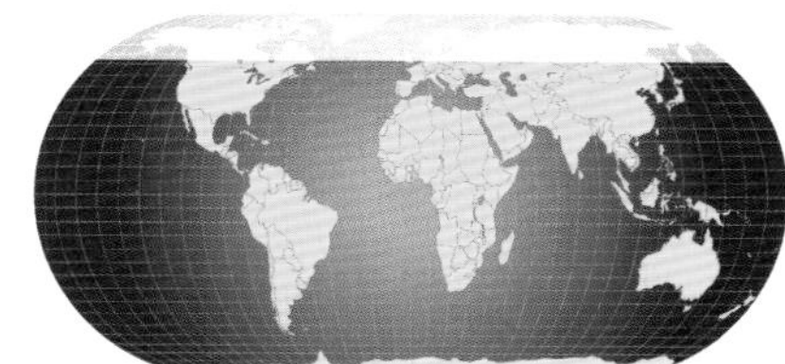

NÖRDLICHER NACHTHIMMEL – Beobachtungsort: New York, USA; Zeitpunkt: 22:00 Uhr am 15. des jeweiligen Monats

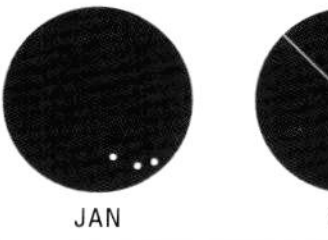

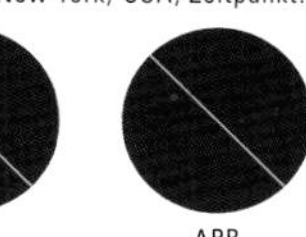
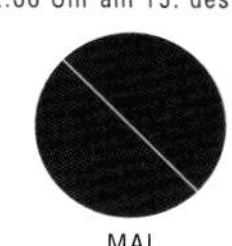
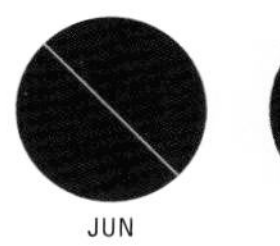
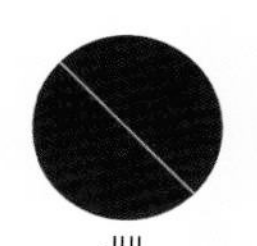
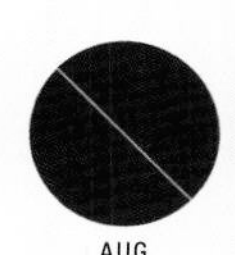
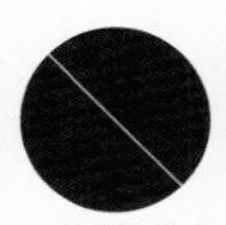
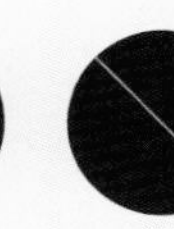
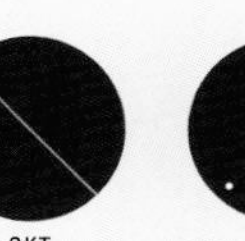

JAN FEB MÄR APR MAI JUN JUL AUG SEP OKT NOV DEZ

SÜDLICHER NACHTHIMMEL – Beobachtungsort: Sydney, Australien; Zeitpunkt: 22:00 Uhr am 15. des jeweiligen Monats

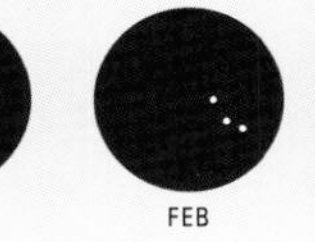
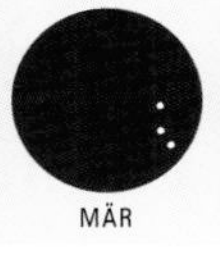

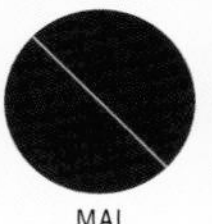
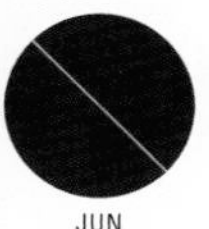
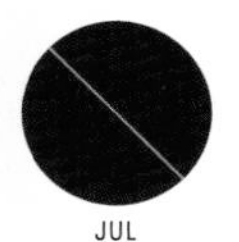
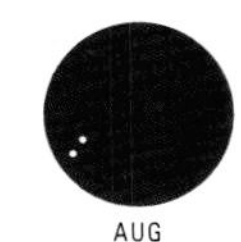

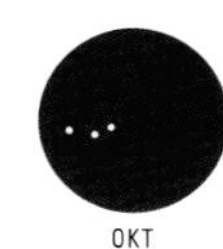

JAN FEB MÄR APR MAI JUN JUL AUG SEP OKT NOV DEZ

Gemini

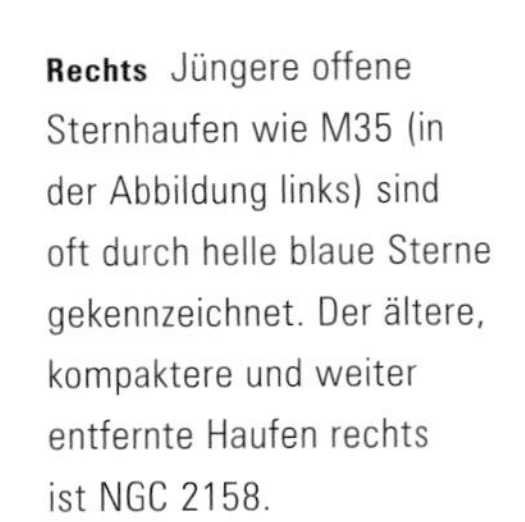

Die untrennbaren Zwillinge stehen mit den Füßen in der Milchstraße und bilden eine vertraute Figur am Himmel.

GEMEINSAME ABENTEUER

Das Sternbild Gemini verkörpert Ledas Söhne, Kastor und Pollux. Obwohl sie Zwillinge waren, hatten sie unterschiedliche Väter. Pollux wurde von Zeus gezeugt, Kastor vom Spartanerkönig Tyndareus. Ihre Schwester Helena wurde Königin von Sparta, und ihre Entführung durch Paris löste den Trojanischen Krieg aus.

Die Zwillinge erlebten viele gemeinsame Abenteuer, darunter die heldenhafte Reise der Argonauten. Kastor und Pollux wurden in einen Kampf mit einem anderen Zwillingspaar verwickelt, Idas und Lynkeus. Dabei ging es um die Zuneigung von Phöbe und Hilaira. Lynkeus ermordete Kastor, doch Zeus nahm Rache und tötete Lynkeus mit einem Blitzschlag. Der unsterbliche Pollux trauerte endlos um seinen Bruder. Aus Mitleid gestattete Zeus den Brüdern, ihre Tage abwechselnd auf dem Olymp und im Hades zu verbringen.

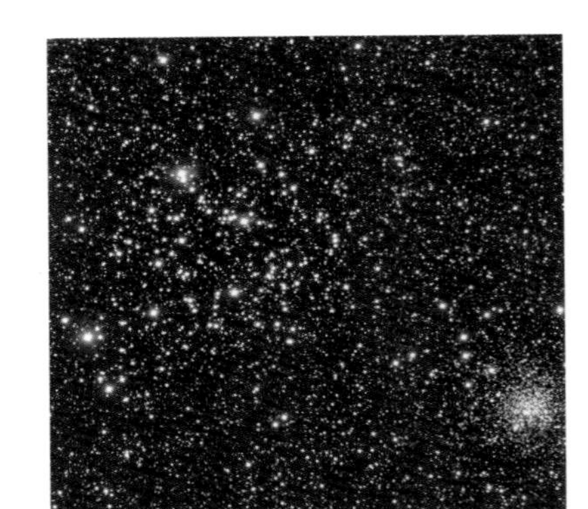

Rechts Jüngere offene Sternhaufen wie M35 (in der Abbildung links) sind oft durch helle blaue Sterne gekennzeichnet. Der ältere, kompaktere und weiter entfernte Haufen rechts ist NGC 2158.

DIE STERNE VON GEMINI

Die Zwillinge bilden eines der leichter aufzuspürenden Sternbilder. Zwei fast gleich helle Sterne, Kastor und Pollux, markieren die Köpfe der Zwillinge. Eine leicht zu erkennende Linie von Sternen 2. und 4. Größe, von Kappa (κ) über Delta (δ) und Zeta (ζ) bis Gamma (γ), stellt den Körper von Pollux dar. Eine parallele Sternenlinie, die vom strahlenden Kastor über die 3^m und 4^m hellen Sterne Tau (τ), Epsilon (ε) und My (μ) bis Eta (η) reicht, bildet Kastors Körper.

Obwohl er mit Beta (β) bezeichnet wird, ist Pollux mit 1^m der hellste Stern von Gemini. Es handelt sich um einen Orange Riesen der Klasse K0 in nur 34 Lichtjahren Entfernung. Er ist rund 70 Prozent schwerer als unsere Sonne und 46-mal heller. Pollux ist der unserer Sonne nächstgelegene Riesenstern. Der 2^m helle Kastor oder Alpha (α) Geminorum stellt ein komplexes Sechsfachsystem in 50 Lichtjahren Entfernung dar. Es besteht aus vier Sternen der Klasse A und aus zwei lichtschwachen Roten Zwergen.

OBJEKTE VON INTERESSE

Kastor ist einer der attraktivsten Doppelsterne am Himmel; die beiden hellen, nahezu identischen Komponenten liegen ziemlich eng beieinander und werden in einem kleinen Teleskop wunderbar getrennt. Tatsächlich handelt es sich bei beiden jeweils um einen spektroskopischen Doppelstern; ein dritter nahe gelegener, dunkelorangefarbener Stern ist ebenfalls ein spektroskopisches Doppelsternsystem, das die beiden anderen Sternpaare umkreist.

Der **Eskimo-Nebel** oder **NGC 2392** ist ein schöner planetarischer Nebel. In einem 20-cm-Teleskop erscheint er als kleine, hellblaue Scheibe mit unscharfen Rändern. Er enthält einen helleren inneren Kreis und einen leicht auszumachenden Zentralstern.

In der Nähe von Eta (η) Geminorum befindet sich der herrliche offene Sternhaufen **M35**. Bei dunklem Himmel ist er mit dem bloßen Auge ganz schwach zu sehen; in einem kleinen Teleskop zeigen sich Dutzende von Sternen in mehreren Ansammlungen.

Unweit der Randbereiche von M35 liegt ein weiterer offener Sternhaufen, **NGC 2158**.

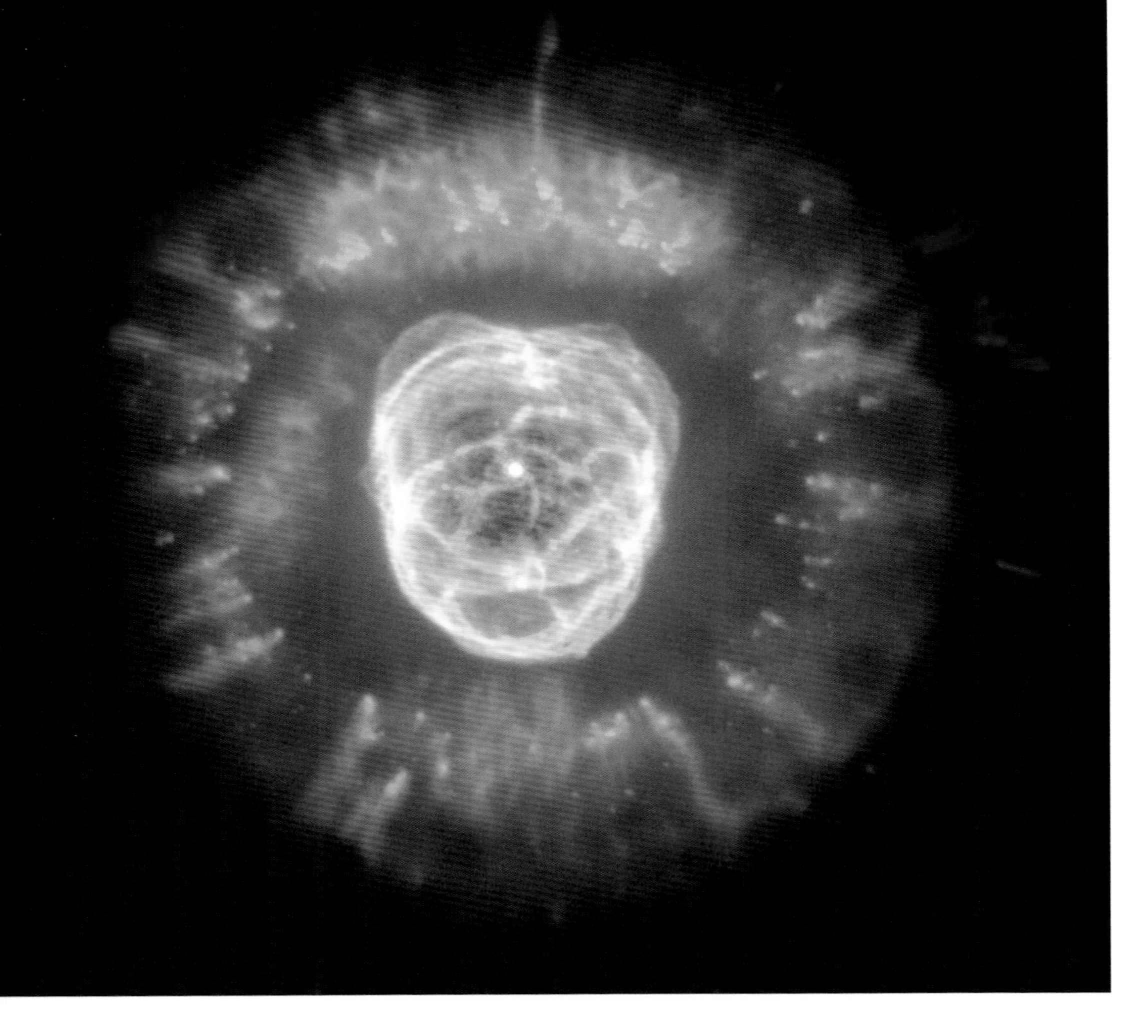

Links Der Eskimo-Nebel (NGC 2392), der einem Kopf mit einer pelzbesetzten Parka-Kapuze ähnelt, enthält in seiner äußeren Schicht komplexe und ungewöhnliche orangefarbene Fäden, einige davon ein Lichtjahr lang.

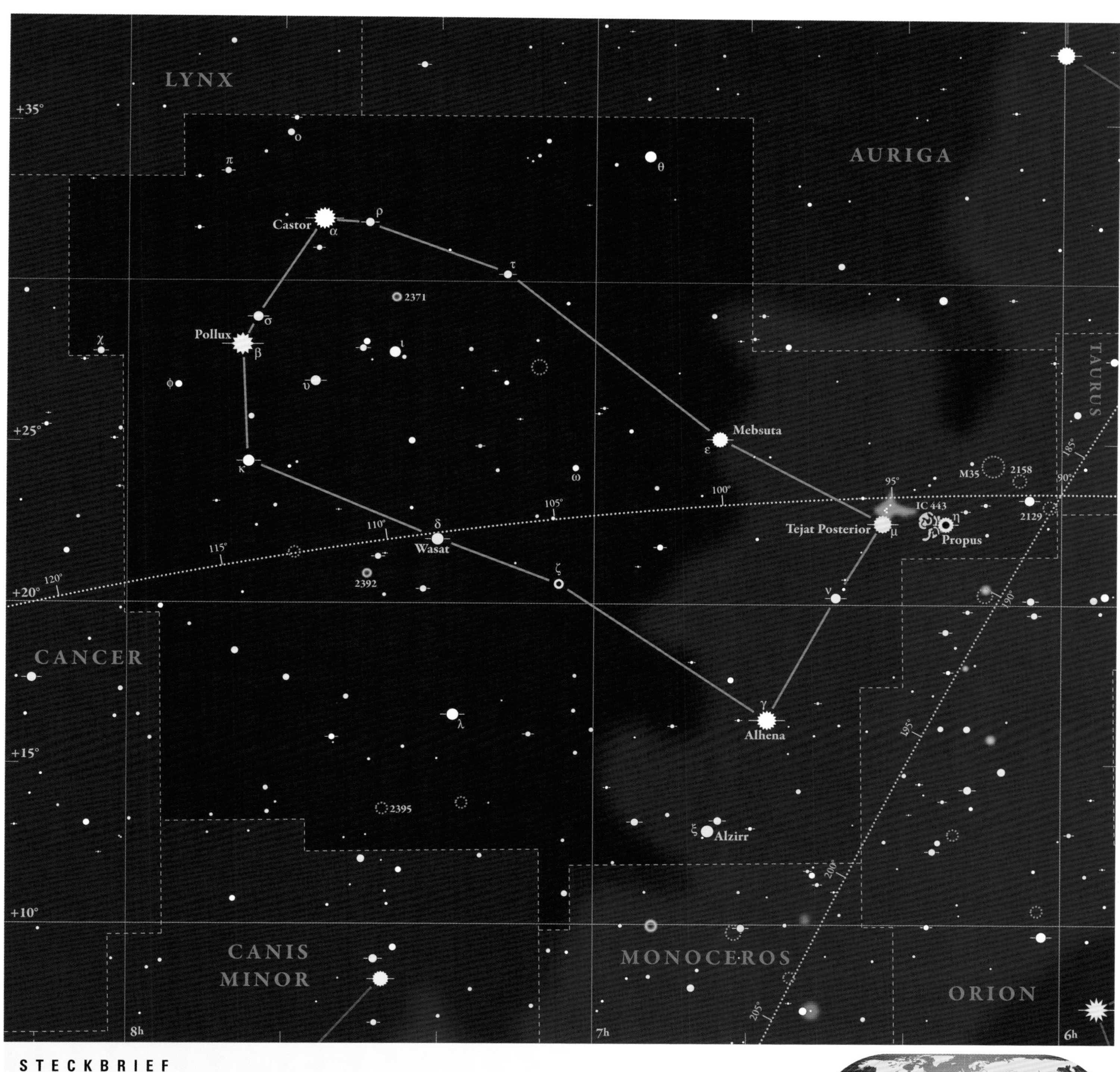

STECKBRIEF

Gemini
Zwillinge

Abkürzung
Gem

Genitiv
Geminorum

Rektaszension
7 Stunden

Deklination
+20°

Sichtbarkeit
90°N bis 54°S

Beachtenswerte Objekte
M35
NGC 2158
NGC 2392 (Eskimo-Nebel)

Benannte Sterne
Castor (Alpha [α] Geminorum)
Pollux (Beta [β] Geminorum)
Alhena (Gamma [γ] Geminorum)
Wasat (Delta [δ] Geminorum)
Mebsuta (Epsilon [ε] Geminorum)
Propus (Eta [η] Geminorum)
Tejat Posterior (My [μ] Geminorum)
Alzirr (Xi [ξ] Geminorum)

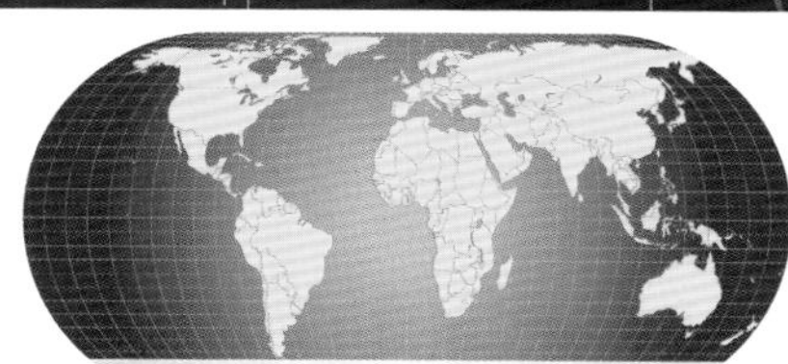

NÖRDLICHER NACHTHIMMEL – Beobachtungsort: New York, USA; Zeitpunkt: 22:00 Uhr am 15. des jeweiligen Monats

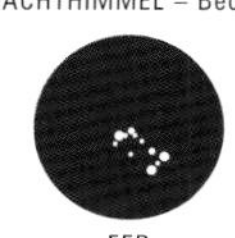

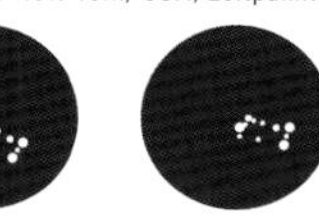
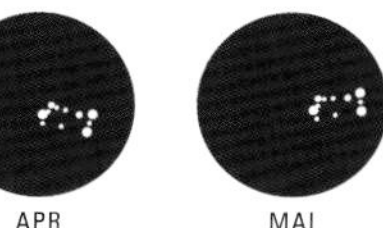
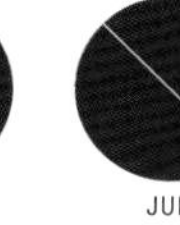
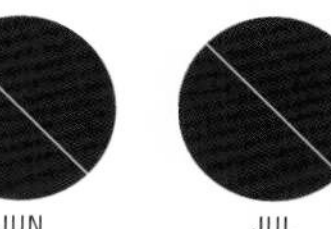
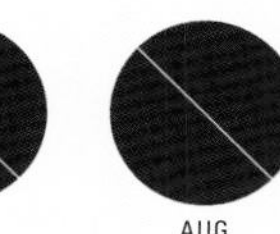

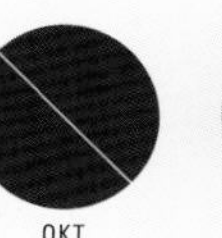
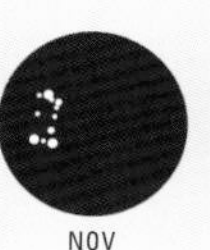

JAN FEB MÄR APR MAI JUN JUL AUG SEP OKT NOV DEZ

SÜDLICHER NACHTHIMMEL – Beobachtungsort: Sydney, Australien; Zeitpunkt: 22:00 Uhr am 15. des jeweiligen Monats

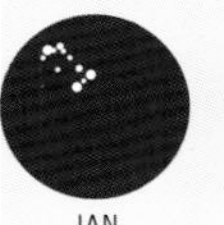

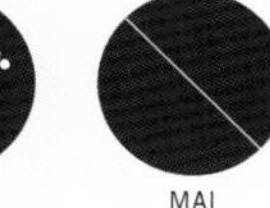

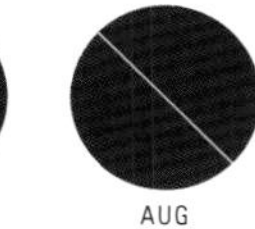

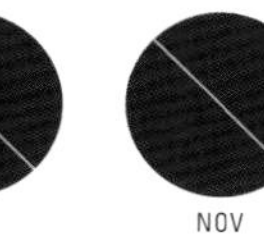

JAN FEB MÄR APR MAI JUN JUL AUG SEP OKT NOV DEZ

Grus

Der Kranich ist einer der „helleren Vögel" am Himmel. Die Sterne, die das heutige Sternbild Kranich bilden, werden seit der Antike durchgängig als Vogel interpretiert.

HOCH HINAUS

Bereits die Ägypter sahen in den Sternen von Grus einen Kranich. Wegen seines Fluges in großen Höhen symbolisierte er auch das Amt des Astronomen.

Vor der Neuzeit galt die Gruppe von Sternen, aus denen sich der Kranich zusammensetzt, als Teil der Nachbarkonstellation Südlicher Fisch. 1598 verzeichnete Plancius das Sternbild auf einem Himmelsglobus als „Krane Grus", Holländisch und Lateinisch für Kranich. Auf einem späteren Globus von Plancius wurde es hingegen als „Phoenicopterus" dargestellt, der Flamingo. Im Sternenkatalog, den Pieter Dirkszoon Keyser und Frederick de Houtman im 16. Jahrhundert zusammenstellten, taucht es als Reiher auf. In Bayers *Uranometria* von 1603 wurde Grus unverkennbar als eigenständige Konstellation dargestellt, wiederum als Kranich. Julius Schiller, ein Zeitgenosse Bayers, bezeichnete sie in seinem „christlichen" Sternatlas als Storch. Dieser Name setzte sich aber nicht durch.

DIE STERNE VON GRUS

Obwohl teilweise lichtschwach, zeigen die Sterne von Grus ziemlich deutlich einen Kranich. Den Kopf markiert Gamma (γ) im Norden. Eine leicht geschwungene Linie schwacher Sterne nach Süden, von Lambda (λ) über Delta (δ) bis Beta (β), bildet den langen Hals und die Schultern. Alpha (α) stellt einen Flügel dar, Iota (ι) und Theta (θ) den anderen. Epsilon (ε) und Zeta (ζ) am südlichen Ende verkörpern den Schwanz.

Bei Alpha (α) Gruis, auch als Alnair bekannt, handelt es sich um einen blauen Unterriesen der Spektralklasse B5. Alnair bedeutet im Arabischen „der Helle". Er ist 101 Lichtjahre entfernt und über 120-mal heller als unsere Sonne.

OBJEKTE VON INTERESSE

Weit entfernt von der funkelnden Milchstraße, hat der Kranich bis auf einen hellen planetarischen Nebel keine Sternhaufen oder Nebel zu bieten. An Galaxien dagegen herrscht kein Mangel. Einige davon eignen sich wunderbar für kleine Teleskope.

NGC 7582, **7590** und **7599** formen ein Trio heller Spiralgalaxien in ca. 70 Millionen Lichtjahren Entfernung. Die drei spindelförmigen Objekte, jeweils mit einem helleren Zentrum, befinden sich bei schwacher Vergrößerung im selben Gesichtsfeld. In einem Nachbarfeld liegt eine weitere helle Spiralgalaxie mit geringer Schräglage, **NGC 7552** . Sie verfügt über einen kleinen, aber leicht erkennbaren Halo.

Bei **Delta¹** (δ^1) und **Delta²** (δ^2) sowie **My¹** (μ^1) und **My²** (μ^2) **Gruis** handelt es sich um zwei Doppelsterne, die sich mit bloßem Auge oder Fernglas auflösen lassen. Alle sind gelbe oder orangefarbene Riesensterne. **IC 5150** gehört zu den attraktivsten planetarischen Nebeln in dieser Region. In einem 20-cm-Teleskop erscheint er wie ein dicker Donut aus lichtdurchlässigem Gas.

Links Die wunderschöne mehrarmige Spiralgalaxie NGC 7424 befindet sich in 40 Millionen Lichtjahren Entfernung im Kranich. Sie weist nur eine geringe Schräglage auf.

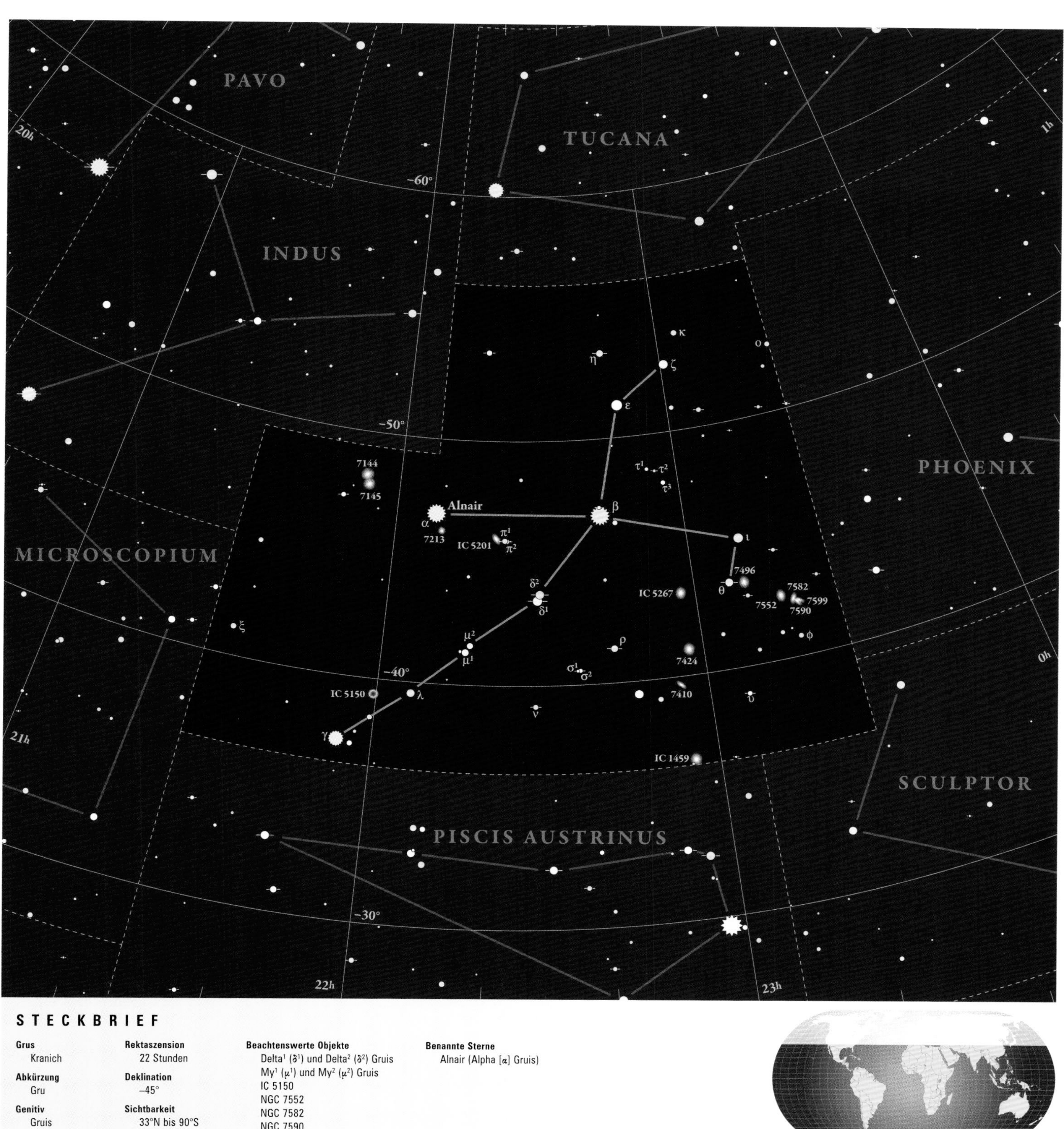

STECKBRIEF

Grus
Kranich

Abkürzung
Gru

Genitiv
Gruis

Rektaszension
22 Stunden

Deklination
–45°

Sichtbarkeit
33°N bis 90°S

Beachtenswerte Objekte
Delta¹ (δ¹) und Delta² (δ²) Gruis
My¹ (μ¹) und My² (μ²) Gruis
IC 5150
NGC 7552
NGC 7582
NGC 7590
NGC 7599

Benannte Sterne
Alnair (Alpha [α] Gruis)

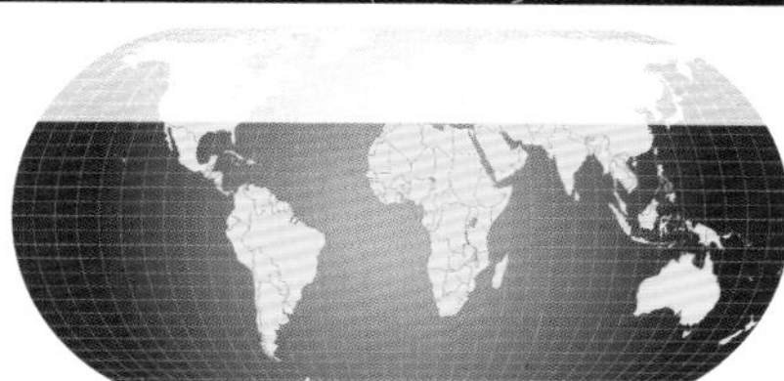

NÖRDLICHER NACHTHIMMEL – Beobachtungsort: New York, USA; Zeitpunkt: 22:00 Uhr am 15. des jeweiligen Monats

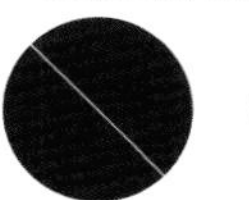
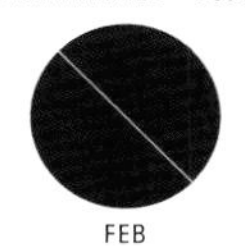

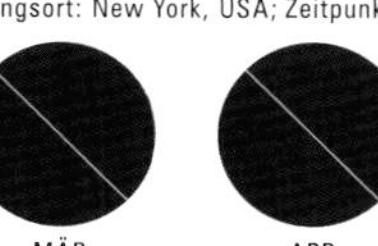

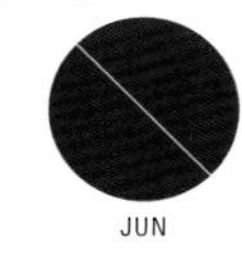
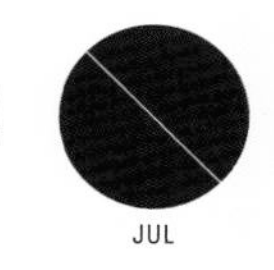
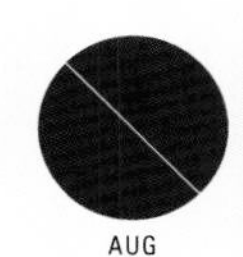
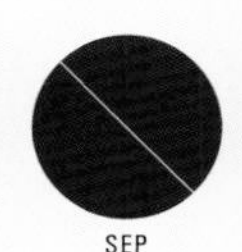

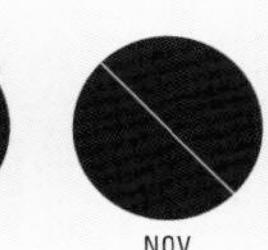
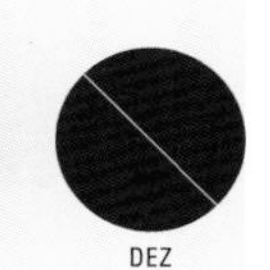

JAN FEB MÄR APR MAI JUN JUL AUG SEP OKT NOV DEZ

SÜDLICHER NACHTHIMMEL – Beobachtungsort: Sydney, Australien; Zeitpunkt: 22:00 Uhr am 15. des jeweiligen Monats

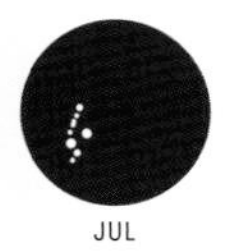
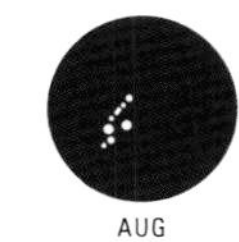

JAN FEB MÄR APR MAI JUN JUL AUG SEP OKT NOV DEZ

Hercules

Herkules, das fünftgrößte Sternbild, enthält zwei prächtige Kugelsternhaufen. Einer davon ist der spektakuläre Herkules-Haufen des nördlichen Himmels.

BIS AN DEN RAND DER WELT

Herkules (griech. Herakles) war der halbsterbliche Sohn des Zeus. Hera, Zeus' eifersüchtige Gattin, bemerkte die übermenschlichen Kräfte des Herkules und erriet seine Herkunft. Als sie Herkules vorübergehend in den Wahnsinn trieb, tötete er in diesem Zustand seine Familie. Zur Buße musste Herkules zwölf Aufgaben erledigen. Die erste bestand darin, den nemeischen Löwen zu töten, eine gegen alle Waffen gefeite Bestie. Herkules erwürgte den Löwen, dessen Fell er danach immerzu trug. Löwe, Drache, Wasserschlange und Krebs verkörpern allesamt Ungeheuer, die Herkules besiegte.

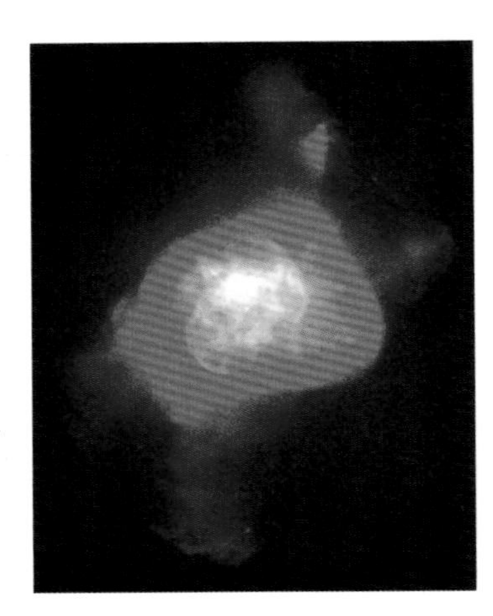

Rechts Der schildkrötenförmige planetarische Nebel NGC 6210 liegt rund 6500 Lichtjahre entfernt im Sternbild Herkules. Der sterbende Zentralstern stößt Ströme heißen Gases in verschiedenen ungewöhnlichen Formen aus.

DIE STERNE VON HERCULES

Helle Sterne sind im Herkules Mangelware. Allerdings bilden Epsilon (ε), Zeta (ζ), Eta (η) und Pi (π) eine auffällige Gruppe, die als Eckstein bezeichnet wird. Von allen Ecken gehen Sternketten aus, die die Gliedmaßen und den Kopf des Helden markieren.

OBJEKTE VON INTERESSE

Der prächtigste Doppelstern ist **Alpha (α) Herculis.** Sein orangefarbener Hauptstern mit $3^{m}{,}5$ (variabel) und der $5^{m}{,}4$ helle grüne Begleiter liegen ca. fünf Bogensekunden auseinander. Bei **Rho (ρ) Herculis** handelt es sich um ein weißes Paar von $4^{m}{,}6$ bzw. $5^{m}{,}6$ in einer Distanz von 4,1 Bogensekunden.

95 Herculis ist ein symmetrisches Paar 5. Größe mit einem Abstand von 6,3 Bogensekunden. In einem 20-cm-Reflektor erscheinen die Komponenten silber- und goldfarben.

M13 (NGC 6205), der **Herkules-Haufen**, ist ein mit bloßem Auge zu erkennender Kugelsternhaufen. In einem 8-cm-Refraktor wirkt er körnig; nur wenige außen liegende Sterne werden aufgelöst. Zwei unaufgelöste Sternketten sind als leuchtende Tentakel sichtbar. Ein 10-cm-Refraktor löst den gesamten Kern von M13 auf. In einem 20-cm-Instrument sind sechs Sternketten zu erkennen, einige davon mit einem schwächeren Glimmen unaufgelöster Sterne im Hintergrund. Im Kern befinden sich drei miteinander verbundene dunkle Bahnen, die als **Propeller** bezeichnet werden. 0,5 Grad nordnordöstlich von M13 liegt die kleine linsenförmige Galaxie **NGC 6207** (12. Größenklasse).

M92 (NGC 6341) zeigt sich in einem 20-cm-Teleskop als auffälliger Kugelsternhaufen. Die hellsten Sterne im äußeren Halo verleihen ihm die Form eines länglichen Vierecks. Der darin enthaltene innere Halo und der Kern sind rund. Es gibt 35 recht helle Sterne und ebenso viele zeitweise sichtbare schwache Sterne. Der Hintergrundnebel erscheint fleckig. Am Rand des 40 Bogensekunden messenden Kerns nimmt die Helligkeit deutlich zu und bleibt im gesamten sternreichen Kern ziemlich konstant. In einem 40-cm-Teleskop ergibt sich ein ganz anderes Bild: Man erkennt mindestens 200 Sterne, die die rechteckige Form überdecken, und die Sterndichte nimmt vom äußersten Rand bis zum aufgelösten Zentrum beständig zu.

NGC 6210 ist ein planetarischer Nebel mit einer Helligkeit von $8^{m}{,}8$. Er ist erst mit einem 6-cm-Linsenfernrohr sichtbar. In einem 20-cm-Teleskop erscheint er als blauer, verschwommener „Stern“ mit einem Durchmesser von nur 14 Bogensekunden.

Links M13 (NGC 6205), ein gewaltiger Kugelsternhaufen, enthält Hunderttausende von Sternen. 1974 wurde eine der ersten Radiobotschaften an mögliche außerirdische Empfänger in seine Richtung ausgestrahlt.

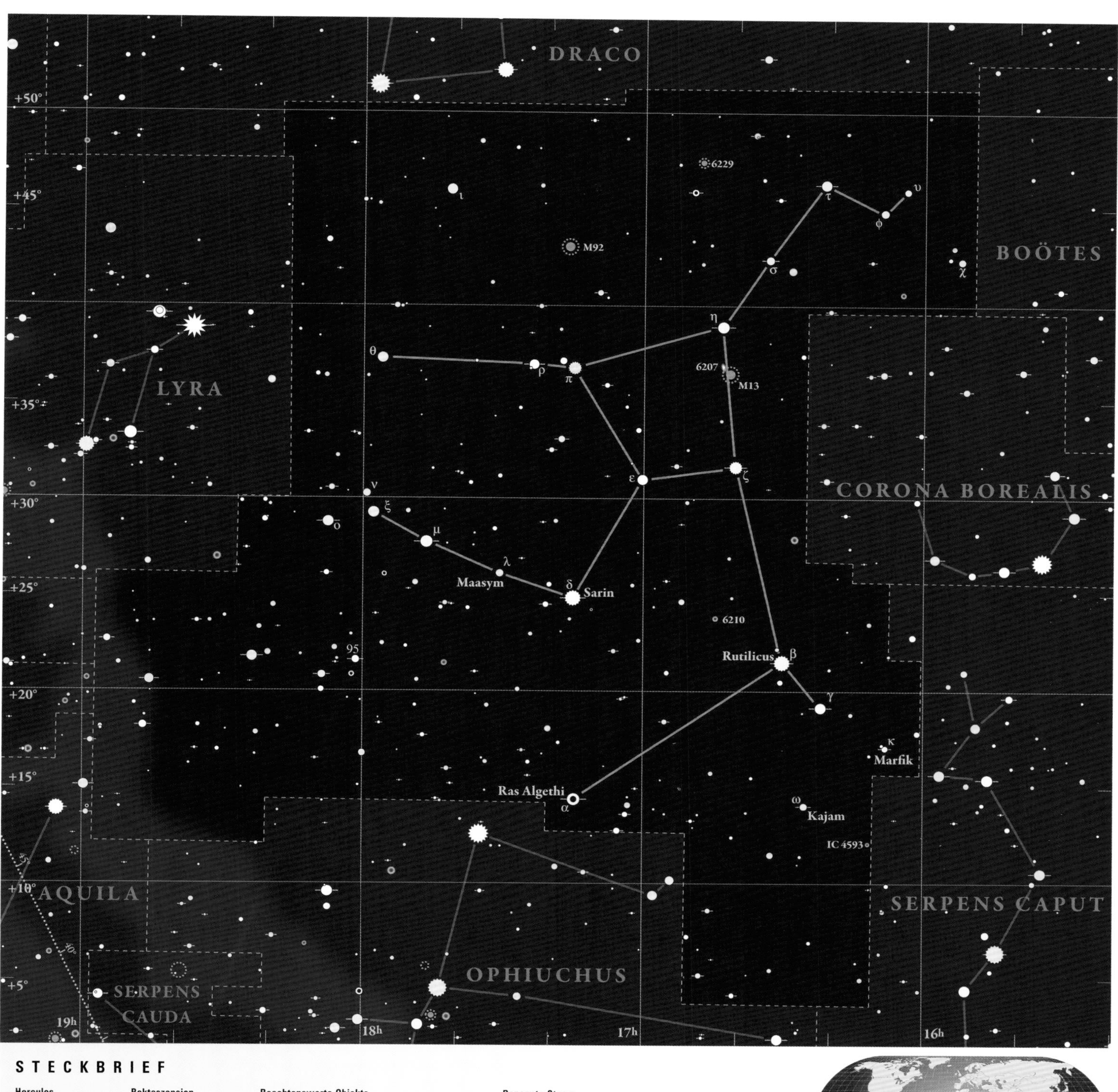

STECKBRIEF

Hercules
Herkules

Abkürzung
Her

Genitiv
Herculis

Rektaszension
17 Stunden

Deklination
+30°

Sichtbarkeit
90°N bis 39°S

Beachtenswerte Objekte
Alpha (α) Herculis
Rho (ρ) Herculis
M13 (Herkules-Haufen)
Propeller
M92
NGC 6207
NGC 6210
95 Herculis

Benannte Sterne
Ras Algethi (Alpha [α] Herculis)
Rutilicus (Beta [β] Herculis)
Sarin (Delta [δ] Herculis)
Marfik (Kappa [κ] Herculis)
Maasym (Lambda [λ] Herculis)
Kajam (Omega [ω] Herculis)

NÖRDLICHER NACHTHIMMEL – Beobachtungsort: New York, USA; Zeitpunkt: 22:00 Uhr am 15. des jeweiligen Monats

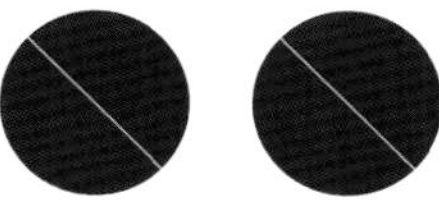

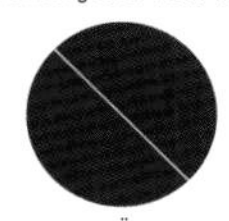

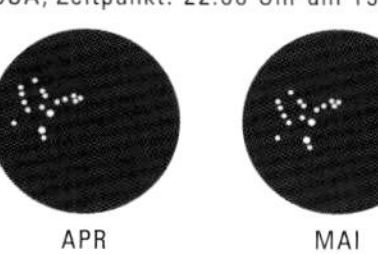
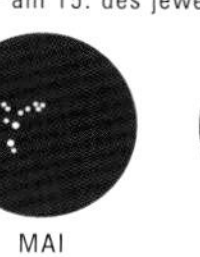
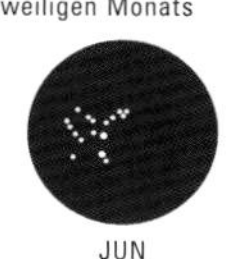

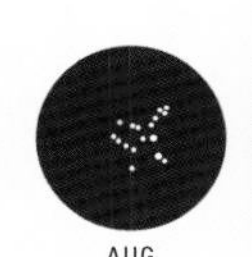

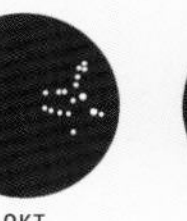
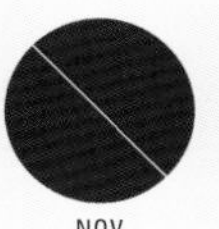

JAN FEB MÄR APR MAI JUN JUL AUG SEP OKT NOV DEZ

SÜDLICHER NACHTHIMMEL – Beobachtungsort: Sydney, Australien; Zeitpunkt: 22:00 Uhr am 15. des jeweiligen Monats

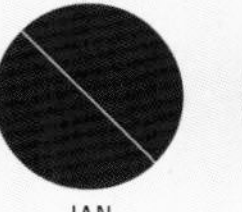

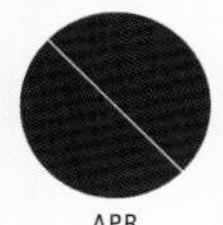

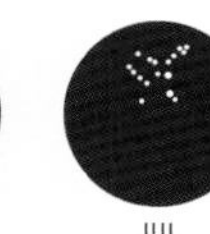
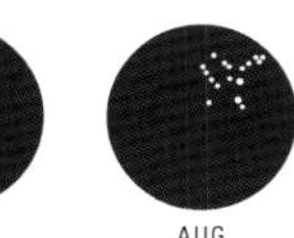

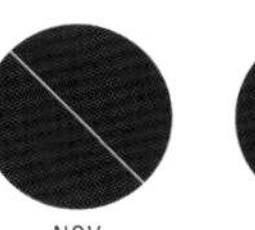

JAN FEB MÄR APR MAI JUN JUL AUG SEP OKT NOV DEZ

Horologium

Die unscheinbaren Sterne der Pendeluhr, nahe dem Himmelsfluss Eridanus gelegen, avancierten zum Chronometer des Firmaments.

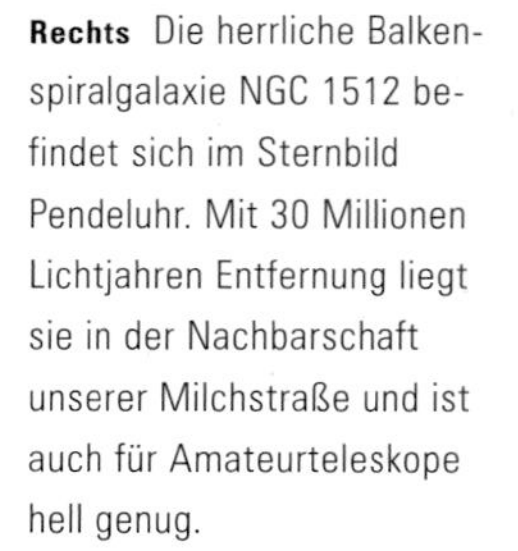

IN ALLE EWIGKEIT

Die Sterne der Pendeluhr stehen tief im Süden, weshalb sie für antike Astronomen nur schwer zu beobachten waren. Infolgedessen ist mit ihnen keine Mythologie verbunden. Abbé Nicolas Louis de Lacaille führte Horologium Oscillitorium während seines Aufenthalts an der Sternwarte am Kap der Guten Hoffnung 1751/52 ein, und abermals wählte er ein technisches Instrument als Namensgeber. Horologium erinnert an die Erfindung der Pendeluhr durch den dänischen Astronomen Christian Huygens im Jahr 1656. Seit damals hat sich an der Form oder an den Sternen nichts Wesentliches geändert. Nur der Name wurde auf Horologium verkürzt.

DIE STERNE VON HOROLOGIUM

Die schwachen Sterne von Horologium bilden eine lange, gebogene Linie, die dem Verlauf des großen Himmelsflusses Eridanus folgt. Ähnlichkeit mit einer Pendeluhr haben sie nicht. Das Sternbild startet westlich der drachenförmigen Sterngruppe im Reticulum, windet sich über mehrere Sterne 5. und 6. Größe Richtung Norden und endet beim hellsten Stern der Konstellation, Alpha (α) Horologii.

Bei Alpha (α) Horologii, dem einzigen Stern der 4. Größenklasse, handelt es sich um einen orangefarbenen Riesenstern der Spektralklasse K1, der sich am Ende seines Lebenszyklus befindet. Er begann als Zwerg der Klasse A, der Sirius, dem hellsten Stern am Nachthimmel, vermutlich ähnelte. Inzwischen ist er rund eine Milliarde Jahre alt und bezieht seine Energie nicht nur aus der Wasserstoff-, sondern auch aus der Heliumfusion. Er ist ca. 117 Lichtjahre entfernt und besitzt die 47-fache Leuchtkraft unserer Sonne. Bald wird er sich zu einem ausgewachsenen Roten Riesen aufblähen.

R Horologii ist ein Mira-Veränderlicher, ein pulsierender Roter Riese im Endstadium, dessen Helligkeit regelmäßig, aber in großen Abständen schwankt. Sein Maximum erreicht er alle 407 Tage, womit er über eine der längsten Perioden aller Sterne seiner Klasse verfügt. Da er zwischen einer Helligkeit von $4^{m}\!.7$ (mit bloßem Auge wahrnehmbar) und sehr schwachen $14^{m}\!.3$ variiert, weist er auch eine der größten Amplituden seiner Klasse auf.

OBJEKTE VON INTERESSE

Da sie weit abseits der Milchstraße liegt, bietet die Pendeluhr wenig Aufregendes. Am interessantesten ist der helle Kugelsternhaufen **NGC 1261** . Mit ca. 54 000 Lichtjahren ist er ziemlich weit entfernt. Ein 20-cm-Teleskop offenbart einige schwache Sterne in einem verdichteten nebligen Halo.

Auch die vielen Galaxien der Pendeluhr sind überwiegend lichtschwach und klein. **NGC 1448** ist in einem 15-cm-Teleskop gerade eben erkennbar. Sie erscheint als spindelförmige Galaxie mit spitzen Enden und einem helleren Zentrum.

Rechts Die herrliche Balkenspiralgalaxie NGC 1512 befindet sich im Sternbild Pendeluhr. Mit 30 Millionen Lichtjahren Entfernung liegt sie in der Nachbarschaft unserer Milchstraße und ist auch für Amateurteleskope hell genug.

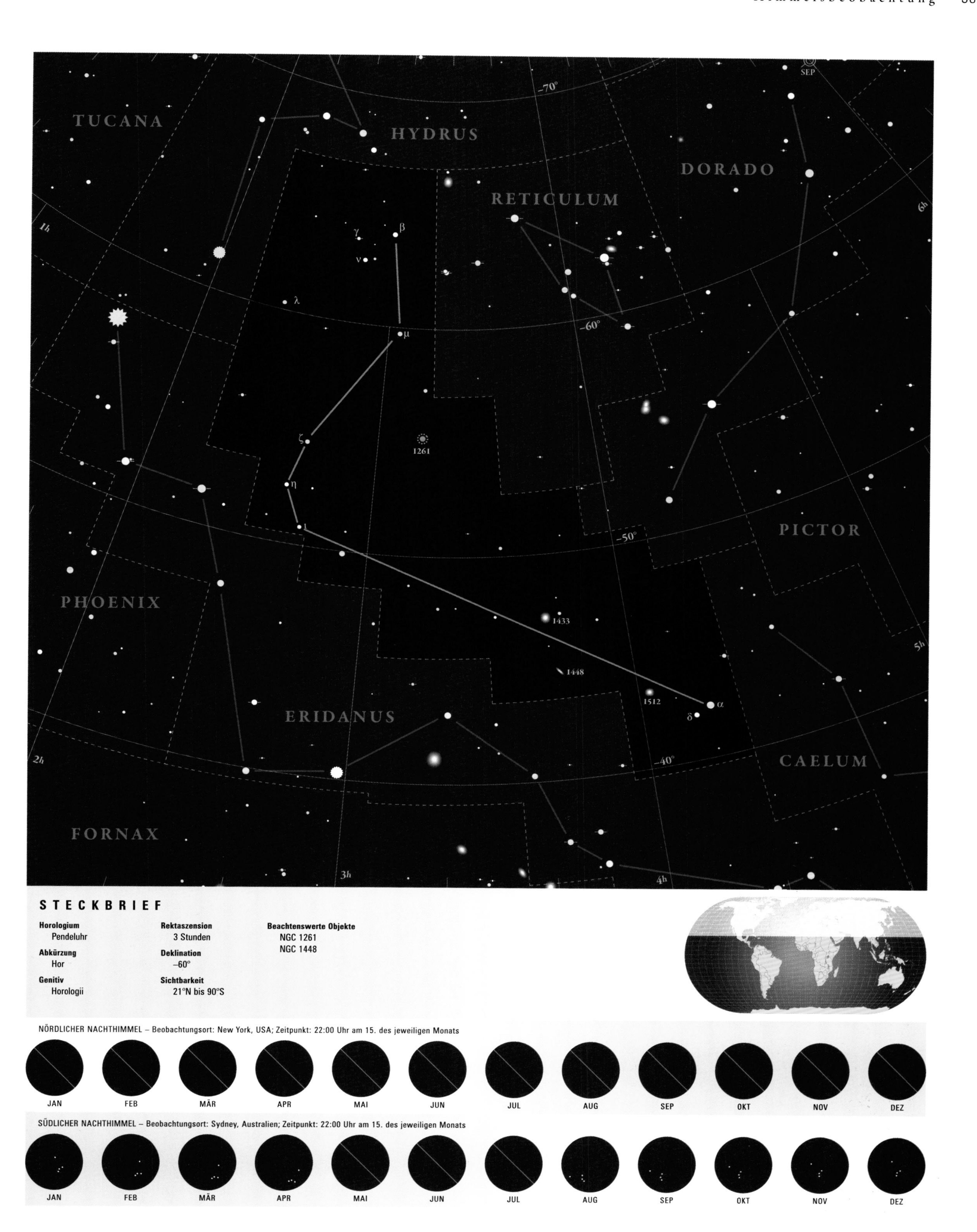

STECKBRIEF

Horologium
Pendeluhr

Abkürzung
Hor

Genitiv
Horologii

Rektaszension
3 Stunden

Deklination
–60°

Sichtbarkeit
21°N bis 90°S

Beachtenswerte Objekte
NGC 1261
NGC 1448

NÖRDLICHER NACHTHIMMEL – Beobachtungsort: New York, USA; Zeitpunkt: 22:00 Uhr am 15. des jeweiligen Monats

JAN FEB MÄR APR MAI JUN JUL AUG SEP OKT NOV DEZ

SÜDLICHER NACHTHIMMEL – Beobachtungsort: Sydney, Australien; Zeitpunkt: 22:00 Uhr am 15. des jeweiligen Monats

JAN FEB MÄR APR MAI JUN JUL AUG SEP OKT NOV DEZ

Hydra

Die Wasserschlange ist das größte aller heutigen Sternbilder und zählte bereits zu den 48 Konstellationen des Ptolemäus.

Oben Abell 1060 ist ein großer Galaxienhaufen. Seine beiden hellsten, NGC 3309 und 3311, sind in der Bildmitte als verschwommene Flecken zu erkennen.

KOPF UM KOPF

In vorgriechischer Zeit war die Hydra unbekannt. Die Griechen sahen in ihr die Schlange, die Herakles (Herkules) im Rahmen seiner zwölf Aufgaben tötete. Nachdem er den nemeischen Löwen besiegt hatte, begab sich Herakles zum Peloponnes, auf der Suche nach der Wasserschlange mit den neun Köpfen, einer davon unsterblich. Herakles kämpfte mit der Schlange und schlug ihr einen Kopf ab, doch sogleich wuchsen zwei neue nach. Während des Kampfes eilte der Hydra aus dem Sumpf ein Krebs zu Hilfe (im gleichnamigen Sternbild verewigt); er wurde aber von Herakles zertreten.

Ihm zu Hilfe kam sein Wagenlenker Iolaos. Er setzte einen kleinen Wald in Brand und verödete, während Herakles einen Kopf nach dem anderen abschlug, die Stümpfe mit einem brennenden Ast. Schließlich trennte Herakles das unsterbliche Haupt ab und vergrub es unter einem schweren Stein. (Eine andere Sage zur Hydra wird in der Beschreibung zu den Sternbildern Rabe und Becher geschildert.)

DIE STERNE VON HYDRA

Die Wasserschlange, die sich über ein Viertel des Himmels, vom Krebs bis zum Zentauren, erstreckt, ist zwar das größte Sternbild, aber nicht besonders auffällig. Den Kopf, südlich vom Krebs und aus Sternen 3. und 4. Größe bestehend, kann man noch relativ leicht ausmachen, doch insgesamt stellt die Gruppe nicht mehr dar als ein Band lichtschwacher Punkte. 1799 bildete der französische Astronom Joseph Jérôme de Lalande aus etlichen Sternen vom Schwanz der Hydra und einigen der angrenzenden Luftpumpe eine neue Konstellation, die er Felis nannte, die Katze. Sie setzte sich jedoch nicht durch.

Der hellste Stern der Wasserschlange ist mit 2^m Alpha (α) Hydrae, bekannt als Alphard, „der Einsame". Er ist ein Riese der Spektralklasse K3, in 175 Lichtjahren Entfernung und mit der 400-fachen Leuchtkraft unserer Sonne.

OBJEKTE VON INTERESSE

Dem Amateurastronomen bietet die Hydra vor allem Galaxien. Wegen ihrer enormen Ausdehnung sind jedoch fast alle Objektarten vertreten. Im Nordwesten, nahe dem Einhorn, befindet sich **M48** 🔭, ein sehr großer, verstreuter offener Haufen mittelheller Sterne. Die planetarischen Nebel vertritt **NGC 3242** 🔭, auch **Jupiters Geist** genannt. In einem 15-cm-Teleskop zeigt er sich als helle, kleine, azurblaue Scheibe, die in etwa die Fläche des Jupiters einnimmt. Bei stärkerer Vergrößerung ähnelt er einem Auge

NGC 3309 und **3311** 🔭 sind die größten und hellsten Galaxien im Zentrum von **Abell 1060**, einem großen Haufen von Galaxien. Mehr als ein Dutzend davon sind in einem 20-cm-Fernrohr als kleine Nebelflecken sichtbar. Unweit vom Raben liegt **M68** 🔭, ein großer, unverdichteter Kugelsternhaufen, der teilweise aufgelöst wird. Am Schwanz der Hydra befindet sich die bemerkenswerte Galaxie **M83** 🔭, die im Durchmesser fast eine halbe Mondbreite misst. Es handelt sich um eine Balkenspiralgalaxie, deren großer, schwacher Halo den helleren Balken nahe dem Zentrum und einen helleren Kern umschließt. Bei perfekten Bedingungen kann man in einem 20-cm-Teleskop die beiden Spiralarme erkennen.

Unten Diese Hubble-Aufnahme zeigt die gekrümmte Scheibe der Spiralgalaxie ESO 510–G13 im Sternbild Wasserschlange.

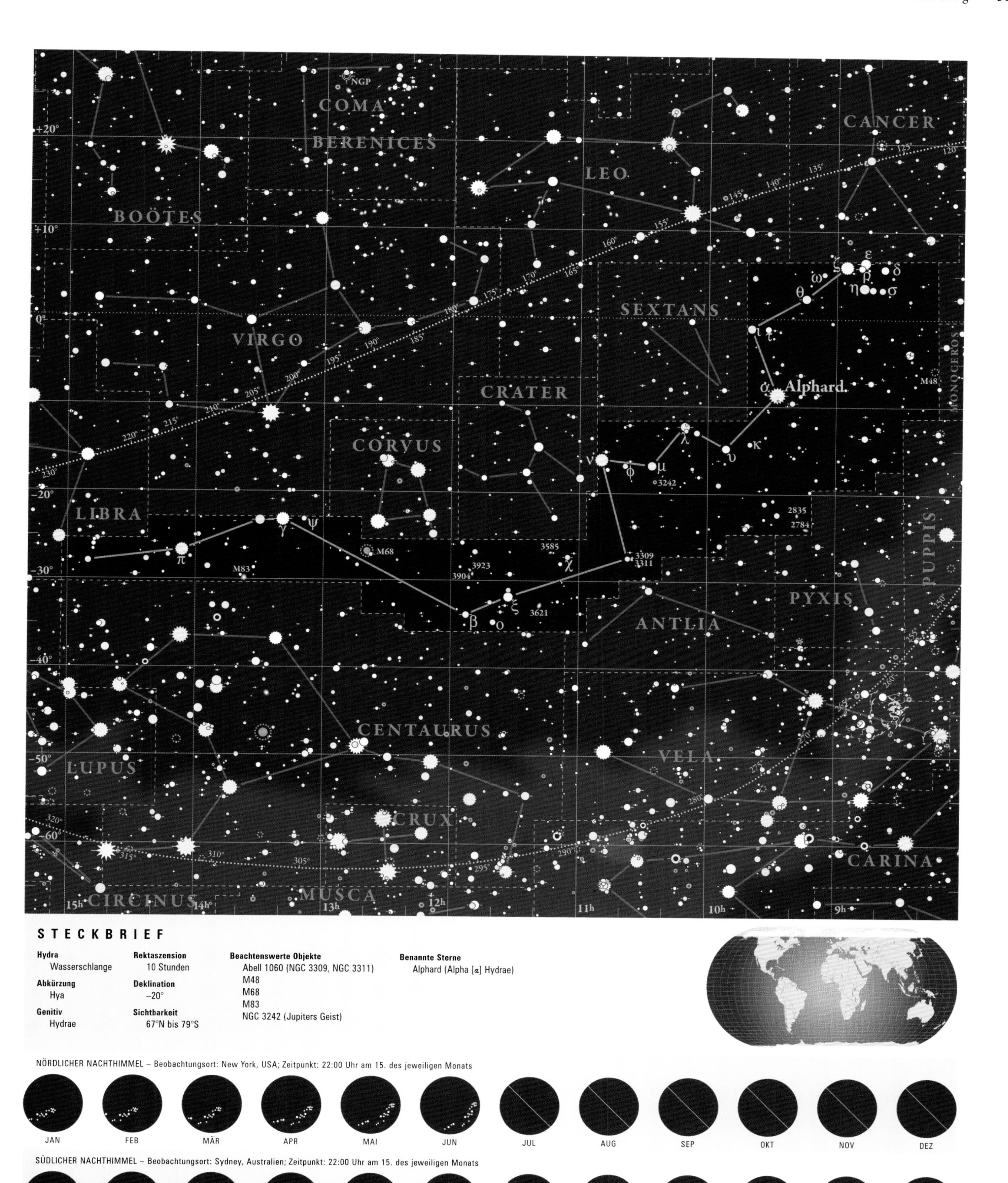

STECKBRIEF

Hydra
Wasserschlange

Abkürzung
Hya

Genitiv
Hydrae

Rektaszension
10 Stunden

Deklination
−20°

Sichtbarkeit
67°N bis 79°S

Beachtenswerte Objekte
Abell 1060 (NGC 3309, NGC 3311)
M48
M68
M83
NGC 3242 (Jupiters Geist)

Benannte Sterne
Alphard (Alpha [α] Hydrae)

NÖRDLICHER NACHTHIMMEL – Beobachtungsort: New York, USA; Zeitpunkt: 22:00 Uhr am 15. des jeweiligen Monats

JAN FEB MÄR APR MAI JUN JUL AUG SEP OKT NOV DEZ

SÜDLICHER NACHTHIMMEL – Beobachtungsort: Sydney, Australien; Zeitpunkt: 22:00 Uhr am 15. des jeweiligen Monats

JAN FEB MÄR APR MAI JUN JUL AUG SEP OKT NOV DEZ

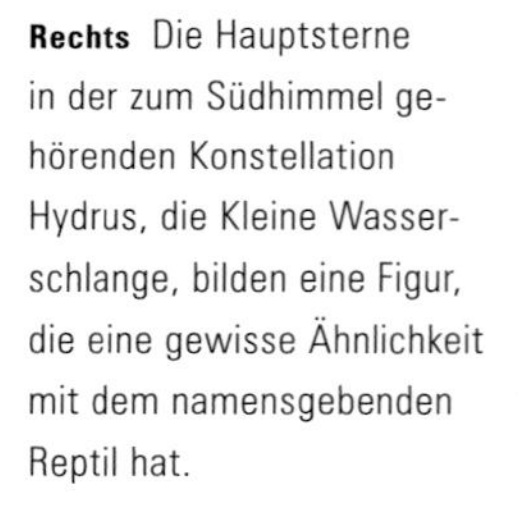

Hydrus

Verborgen in einer unauffälligen Himmelsregion, bildet Hydrus, die Kleine Wasserschlange, das männliche Gegenstück zum größten Sternbild, der Hydra.

GESCHLÄNGEL AM HIMMEL

Die Sterne der Kleinen Wasserschlange, die nahe dem südlichen Himmelspol liegt, waren den europäischen Astronomen bis in die Neuzeit unbekannt. Daher fehlt es auch an einer entsprechenden Mythologie.

Eingeführt wurde die Figur im 16. Jahrhundert von den Niederländern Pieter Dirkszoon Keyser und Frederick de Houtman. 1598 wurde sie von Petrus Plancius erstmals auf einem Himmelsglobus eingezeichnet und anschließend von Johannes Bayer in seiner 1603 veröffentlichten *Uranometria* übernommen. Seit damals hat sich die Kleine Wasserschlange kaum verändert, bis auf den Umstand, dass im 18. Jahrhundert Lacaille zwei ihrer Sterne „stahl", als er die benachbarte Konstellation Oktant bildete.

DIE STERNE VON HYDRUS

Der Umriss von Hydrus ist zwar nicht besonders markant, lässt aber eine Schlange erahnen. Das lange, rechtwinklige Dreieck aus Gamma (γ), Beta (β) und Epsilon (ε) bildet den zusammengerollten Körper, während ein Sternenbogen von Delta (δ) bis Alpha (α) den erhobenen Kopf repräsentiert.

Alpha (α) Hydri, der zweithellste Stern der Kleinen Wasserschlange, ist leicht aufzuspüren. Er befindet sich fünf Grad südlich des strahlenden Achernar (1. Größe) im Eridanus und ist nur einen Bruchteil dunkler als der hellste Stern, Beta (β). Bei Alpha handelt es sich um einen 71 Lichtjahre entfernten Zwerg der Klasse F0, über 20-mal heller als unsere Sonne. Beta (β) Hydri stellt in mancherlei Hinsicht eine Art Kopie unserer Sonne dar. Er liegt nur 24 Lichtjahre entfernt und hat ein fast identisches Spektrum. Allerdings ist er massereicher, heller und älter als unser Zentralgestirn.

Der zur 3. Größenklasse gehörende Gamma (γ) Hydri ist ein über 200 Lichtjahre enfernter Roter Riese. Er wiegt vermutlich doppelt so viel wie die Sonne. Seine relativ kühle Oberfläche weist ihn als weit entwickelten Stern aus, in der Übergangsphase zum Weißen Zwerg.

OBJEKTE VON INTERESSE

Da Hydrus weit abseits der Milchstraße liegt, gibt es keine hellen Objekte aus unserer Galaxie zu beobachten. Nur ein paar Grad nördlich von Alpha (α) Hydri findet man einen attraktiven Doppelstern **h3475** 🔭. Um die ähnlich hellen Komponenten (6. Größe) gut aufzulösen, muss man sie in einem 10-cm-Teleskop konzentriert beobachten.

Die Kleine Wasserschlange enthält viele winzige, lichtschwache Galaxien, von denen **NGC 1511** 🔭 die interessanteste ist. In einem 20-cm-Teleskop unter einem ländlichen Himmel kann man sie als kleines, nebliges Oval erahnen.

Rechts Die Hauptsterne in der zum Südhimmel gehörenden Konstellation Hydrus, die Kleine Wasserschlange, bilden eine Figur, die eine gewisse Ähnlichkeit mit dem namensgebenden Reptil hat.

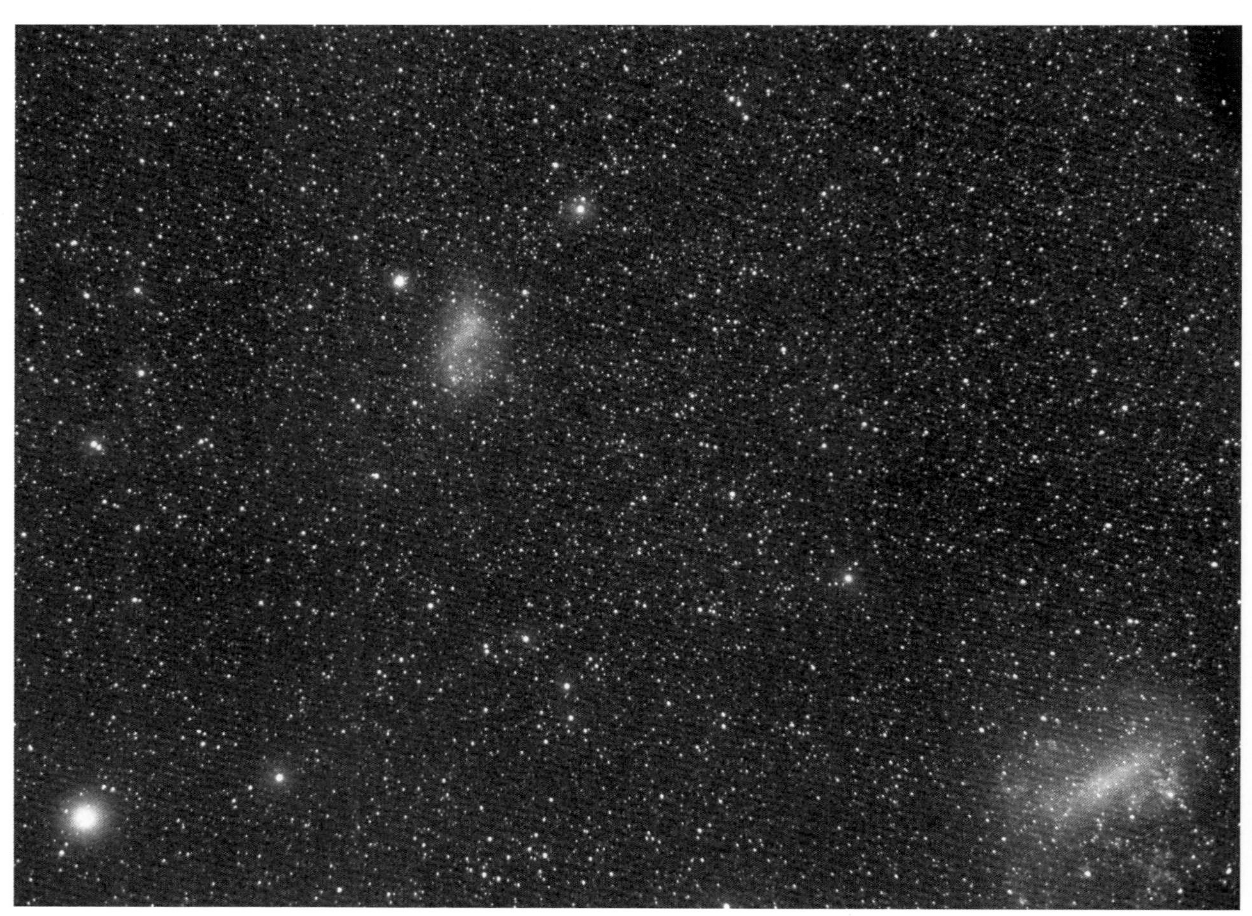

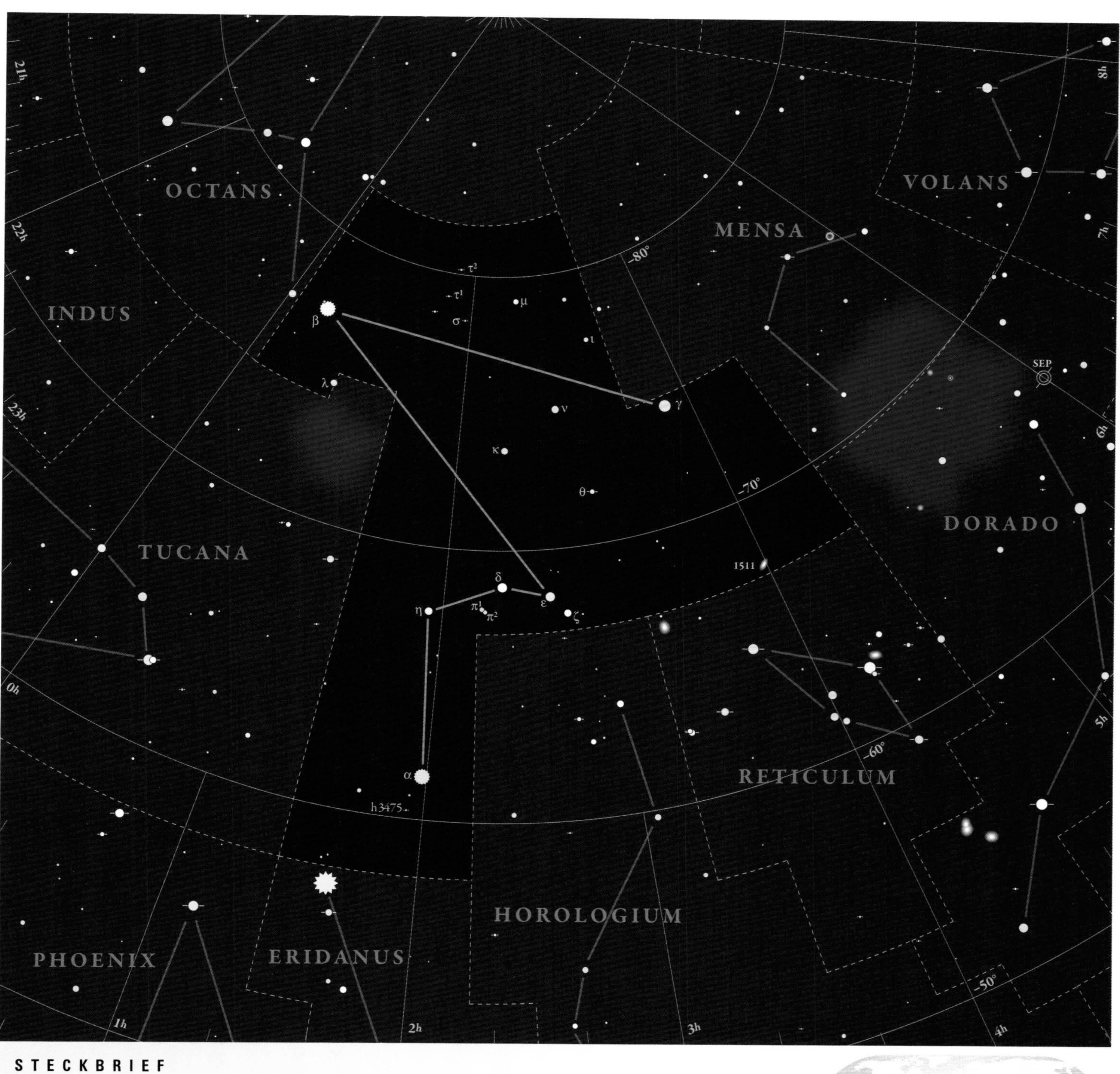

STECKBRIEF

Hydrus
Kleine Wasserschlange

Abkürzung
Hyi

Genitiv
Hydri

Rektaszension
2 Stunden

Deklination
–75°

Sichtbarkeit
8°N bis 90°S

Beachtenswerte Objekte
h3475
NGC 1511

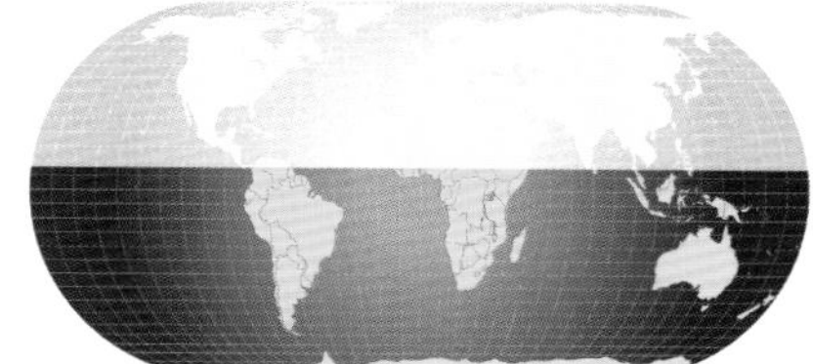

NÖRDLICHER NACHTHIMMEL – Beobachtungsort: New York, USA; Zeitpunkt: 22:00 Uhr am 15. des jeweiligen Monats

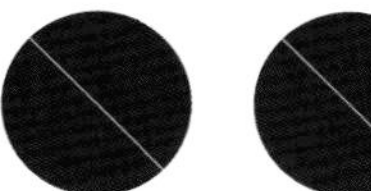

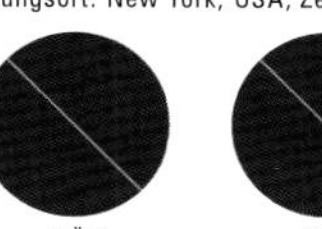
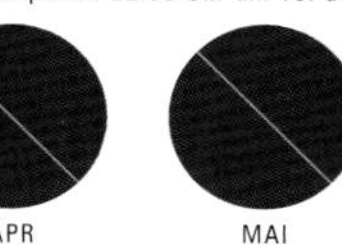
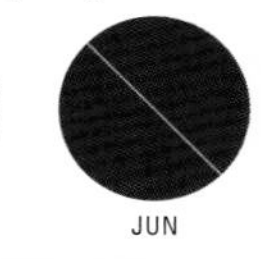
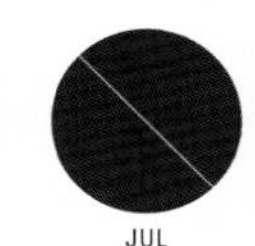
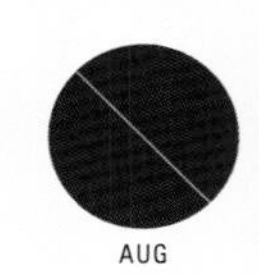

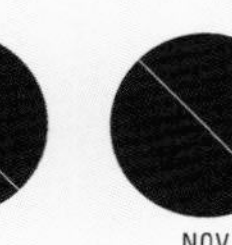
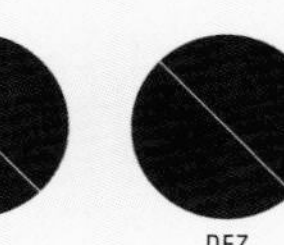

JAN FEB MÄR APR MAI JUN JUL AUG SEP OKT NOV DEZ

SÜDLICHER NACHTHIMMEL – Beobachtungsort: Sydney, Australien; Zeitpunkt: 22:00 Uhr am 15. des jeweiligen Monats

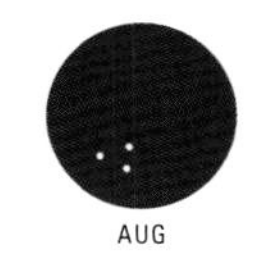

JAN FEB MÄR APR MAI JUN JUL AUG SEP OKT NOV DEZ

Indus

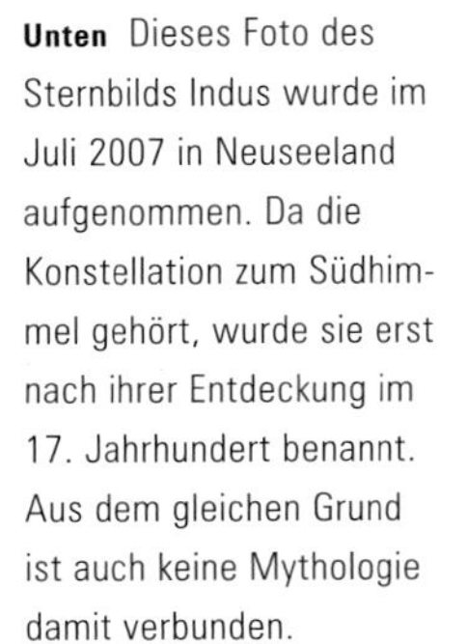

Das unauffällige Sternbild Indianer beherbergt eine Vielzahl von Galaxien sowie einen der uns nächstgelegenen Sterne.

ZU EHREN DER UREINWOHNER

Die Sternengruppe, die heute als Indus anerkannt ist, befand sich für frühe europäische Beobachter zu weit südlich. Die holländischen Entdecker Pieter Dirkszoon Keyser und Frederick de Houtman waren die Ersten, die ihre Sterne systematisch beobachteten. Sie erblickten darin einen Eingeborenen.

1598 zeichnete Petrus Plancius den Indianer, einen amerikanischen Ureinwohner, in jagender Pose auf seinem Sternglobus ein. Die Gestalt des Indianers wurde 1603 von Johannes Bayer in seiner *Uranometria* übernommen.

In seinem „christlichen" Sternatlas fasste Julius Schiller, ein Zeitgenosse Bayers, die Sternbilder Indus und Pavo zur biblischen Figur Hiob zusammen. Im Gegensatz zum wirklichen Hiob überdauerte Schillers Konstellation nicht lange.

Unten Dieses Foto des Sternbilds Indus wurde im Juli 2007 in Neuseeland aufgenommen. Da die Konstellation zum Südhimmel gehört, wurde sie erst nach ihrer Entdeckung im 17. Jahrhundert benannt. Aus dem gleichen Grund ist auch keine Mythologie damit verbunden.

DIE STERNE VON INDUS

Die Hauptsterne im Indianer, Alpha (α), Beta (β), Delta (δ) und Theta (θ), formen ein langes Dreieck, das keine wirkliche Ähnlichkeit mit der von Bayer gezeichneten Figur aufweist. Dass ein weit im Süden liegender Stern, der zu einem „modernen" Sternbild gehört, einen umgangssprachlichen Namen trägt, ist sehr ungewöhnlich. Doch schon lange vor Einführung des Sternbilds Indus bezeichneten jesuitische Missionare Alpha (α) Indi als „den Perser". Es handelt sich um einen Orange Riesen der Klasse K0, rund 60-mal heller als unsere Sonne und etwa 100 Lichtjahre entfernt.

Einer der nächsten Nachbarn unseres Sonnensystems ist Epsilon (ε) Indi (5. Größe), in nur elf Lichtjahren Entfernung. Epsilon zählt zu den Zwergen der Spektralklasse K, die zusammen mit den Zwergen der M-Klasse die am häufigsten vorkommende Sternart bilden. Er besitzt nur 70 Prozent der Sonnenmasse und kaum ein Fünftel ihrer Leuchtkraft. Tatsächlich ist Epsilon der lichtschwächste Stern am gesamten Himmel, der mit bloßem Auge sichtbar ist.

OBJEKTE VON INTERESSE

Sterne sind im Indianer nicht nur rar gesät, sie liegen zudem weit abseits der Milchstraßenebene. Die Konstellation ist zwar reich an Galaxien, doch sind fast alle weit entfernt und klein.

Bei **Theta (θ) Indi** handelt es sich um einen äußerst attraktiven Doppelstern, dessen eng zusammenstehende Komponenten (gelb und orange) in einem 15-cm-Teleskop mühelos getrennt werden können.

Von den Galaxien ist **NGC 7090** mit Abstand die beste. Die Balkenspiralgalaxie in Kantenlage liegt praktisch zwischen Delta (δ) und Theta (θ) und offenbart in einem 20-cm-Teleskop einen langen, dünnen Halo.

An einem Ende wird sie von einem lichtschwachen Stern überlagert, was viele Amateurastronomen zu der irrigen Annahme verleitet hat, sie hätten eine Supernova entdeckt. **NGC 7049** ist zwar recht klein, erscheint aber in einem 20-cm-Fernrohr ziemlich hell und mit auffälligem Kern.

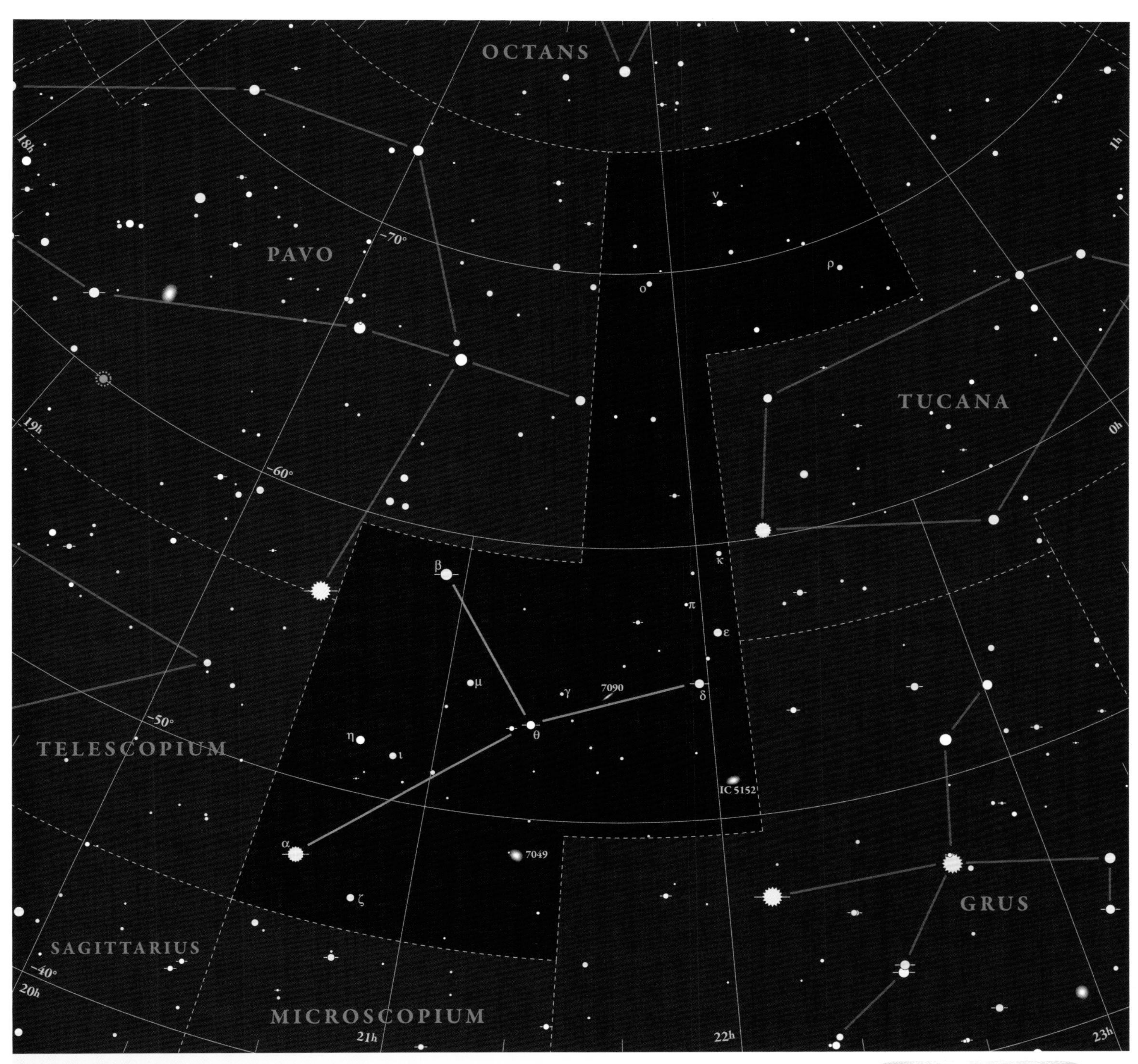

STECKBRIEF

Indus
Indianer

Abkürzung
Ind

Genitiv
Indi

Rektaszension
21 Stunden

Deklination
–55°

Sichtbarkeit
27°N bis 90°S

Beachtenswerte Objekte
Alpha (α) Indi
Theta (θ) Indi
IC 5152
NGC 7049
NGC 7090

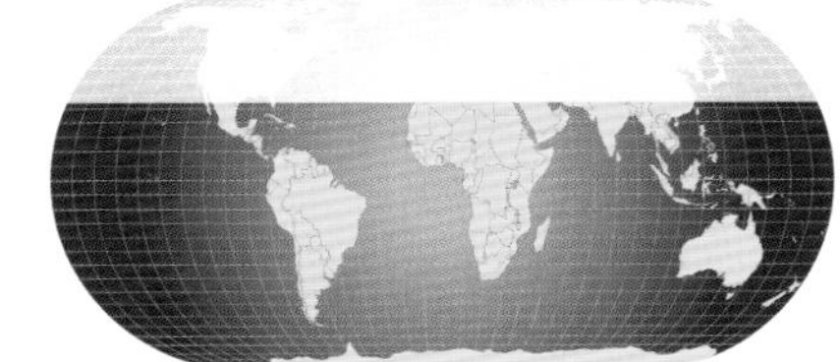

NÖRDLICHER NACHTHIMMEL – Beobachtungsort: New York, USA; Zeitpunkt: 22:00 Uhr am 15. des jeweiligen Monats

JAN

FEB
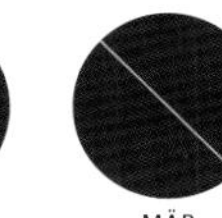
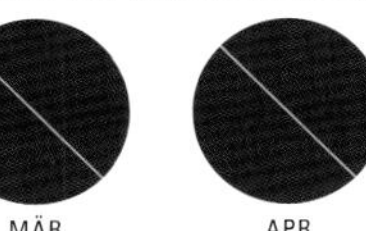
MÄR

APR
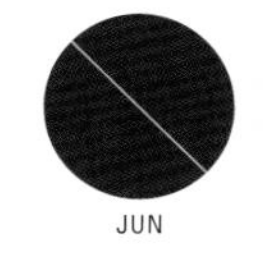
MAI
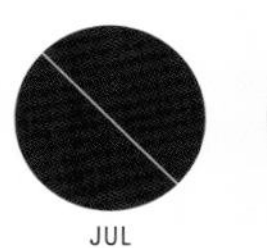
JUN

JUL

AUG
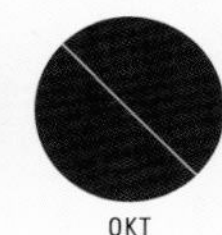
SEP

OKT
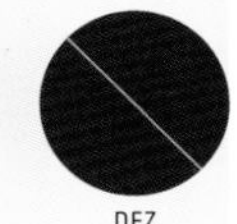
NOV
DEZ

SÜDLICHER NACHTHIMMEL – Beobachtungsort: Sydney, Australien; Zeitpunkt: 22:00 Uhr am 15. des jeweiligen Monats

JAN
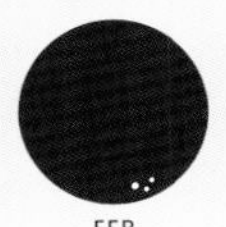
FEB
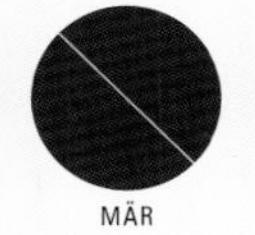

MÄR
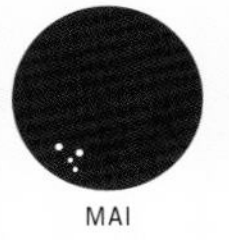
APR
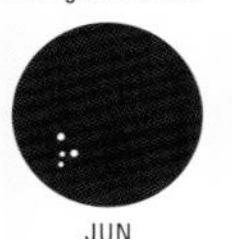
MAI
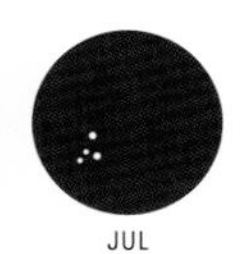
JUN
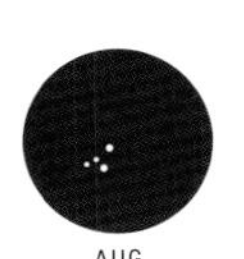
JUL
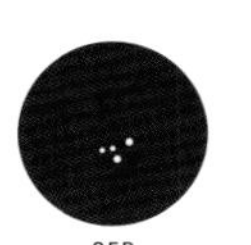
AUG
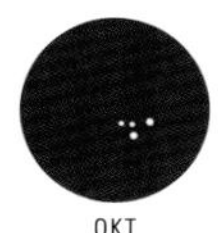
SEP

OKT

NOV
DEZ

Lacerta

Die Eidechse ist ein kleines Sternbild in der nördlichen Milchstraße. Es verfügt über viele kleine, offene Sternhaufen, aber über keinen einzigen benannten Stern.

STERNSCHUPPEN

Umringt von Schwan, Cassiopeia und Andromeda, gehört die Eidechse zu den kleinen nördlichen Konstellationen, die im 17. Jahrhundert vom deutschen Astronomen Johannes Hevelius eingeführt wurden. Einige Astronomen schlugen andere Namen vor, Johann Bode zum Beispiel „Friedrichs Ehre", in Gedenken an den Preußenkönig Friedrich den Großen.

Rechts Aufnahme des Gebiets, in dem sich die Europäische Raumfahrtagentur ESA und die Sternwarte Palermo mit dem Weltraumteleskop Eddington auf die Suche nach bewohnbaren Planeten begeben wollten. Vom Sternbild Eidechse mit seiner Vielzahl von Sternen verspricht man sich die besten Ergebnisse. Die Mission sollte 2008 gestartet werden, wurde aber inzwischen eingestellt.

DIE STERNE VON LACERTA

Prächtige Sterne sucht man in der Eidechse vergebens, sie enthält aber drei offene Sternhaufen. Die Hauptsterne bilden eine Zickzacklinie, die vielleicht den Weg einer davoneilenden Eidechse nachzeichnet. Sie sind zwischen 4^{m} und $4^{m},5$ hell und heben sich bei dunklem Himmel überraschend deutlich ab.

OBJEKTE VON INTERESSE

Es gibt einige schöne Doppelsterne, die sich für kleine Teleskope eignen. Einer davon ist **Struve 2894 (Σ2894)**. Die beiden Sterne ($6^{m},1$ und $8^{m},3$) liegen 15,6 Bogensekunden auseinander. Dawes beschrieb sie als „weiß und blau".

Bei **Struve 2902 (Σ2902)** handelt es sich um ein gelbliches bzw. weißes Sternenpaar von $7^{m},6$ und $8^{m},5$, mit einem Abstand von 6,4 Bogensekunden.

8 Lacertae ist ein weißes Vierfachsystem. Das Hauptpaar ist $5^{m},7$ bzw. $6^{m},5$ hell und durch 22 Bogensekunden getrennt. In rund zwei- und vierfacher Entfernung liegen zwei Begleiter mit einer Helligkeit von $10^{m},5$ bzw. $9^{m},3$.

Enger beieinander (2,8 Bogensekunden) liegen die $6^{m},1$ bzw. $8^{m},3$ hellen Komponenten von **Struve 2942 (Σ2942)**. Struve bezeichnete sie als „rötlich gold und aschgrau". Zu den drei besten offenen Sternhaufen in der Eidechse zählt **NGC 7209** mit einer Helligkeit von $7^{m},7$ und einer halben Mondbreite Durchmesser. In einem 20-cm-Reflektor erscheint er als schöne Gruppe ohne Verdichtung. Man findet zahlreiche Sterne 10. und 11. Größe, darunter zwei rote. Jenseits des nördlichen Rands des Haufens liegt ein orangefarbener Stern 6. Größe. Die Nachbarfelder der Milchstraße enthalten weitere farbenfrohe Sterne. **NGC 7243** ist ein hellerer und größerer Haufen mit 40 Sternen. Es handelt sich um eine verstreute Gruppe um den Doppelstern 2890 (Σ2890). Dessen Komponenten (beide $8^{m},5$) stehen 9,4 Bogensekunden auseinander.

NGC 7245 bildet den kleinsten der drei Sternhaufen. Der hellste Stern erreicht nur die 13. Größenklasse, weshalb NGC 7245 in einem 20-cm-Teleskop bei geringer Vergrößerung nur als schwach leuchtender, länglicher Fleck erscheint. Bei starker Vergrößerung werden ca. 35 der 169 Sterne aufgelöst.

Der mit 6,6 Bogensekunden winzige planetarische Nebel **IC 5217** ist bei 175-facher Vergrößerung in einem 40-cm-Teleskop gerade noch als nichtstellares Objekt auszumachen. Ohne Filter ist der $12^{m},6$ helle Nebel schwächer als zwei benachbarte Sterne. Mit einem OIII-Filter dagegen stellt er in dem sich bei 260-facher Vergrößerung ergebenden Feld das hellste Objekt dar. Bei 520-facher Vergrößerung offenbart IC 5217 schließlich eine kleine, runde Scheibe.

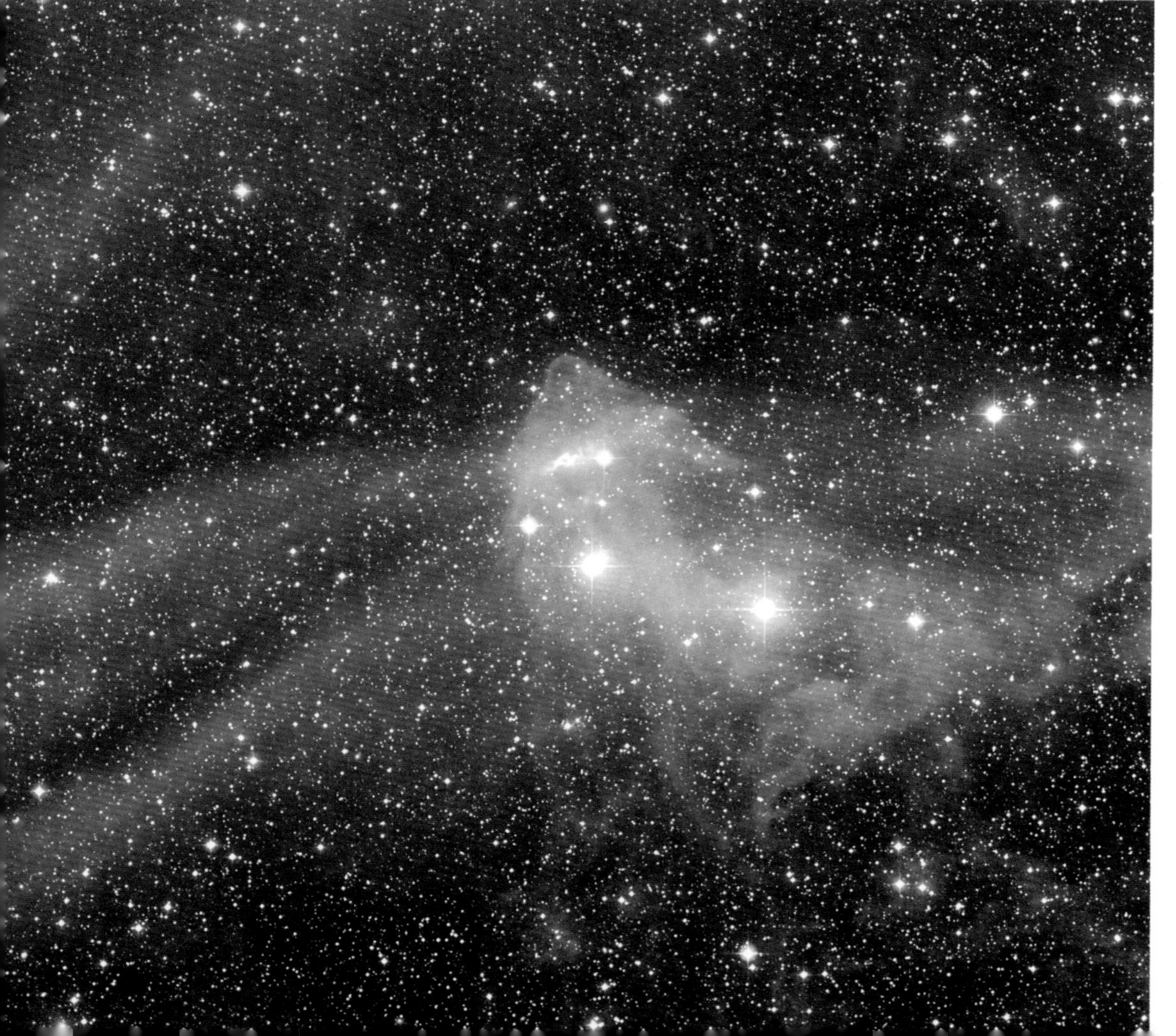

Links Der Nebel Sharpless 126 wurde nach dem Astronomen Stewart Sharpless benannt, der 1959 die zweite und endgültige Version seines bekannten Nebelkatalogs veröffentlichte. Sharpless 126 befindet sich in der Konstellation Eidechse.

STECKBRIEF

Lacerta
Eidechse

Abkürzung
Lac

Genitiv
Lacertae

Rektaszension
22 Stunden

Deklination
+45°

Sichtbarkeit
90°N bis 33°S

Beachtenswerte Objekte
8 Lacertae
IC 5217
NGC 7209
NGC 7243
NGC 7245

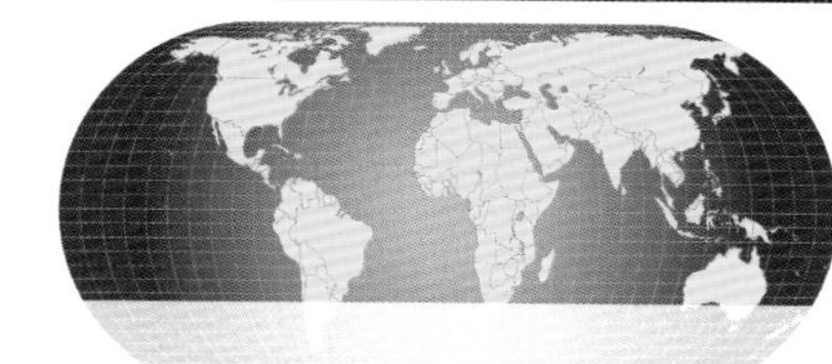

NÖRDLICHER NACHTHIMMEL – Beobachtungsort: New York, USA; Zeitpunkt: 22:00 Uhr am 15. des jeweiligen Monats

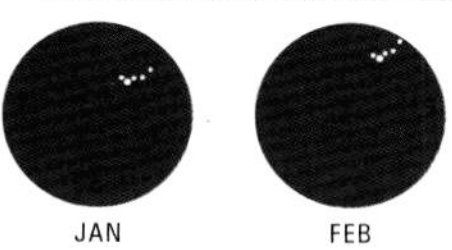

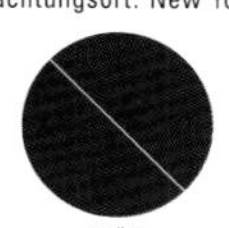

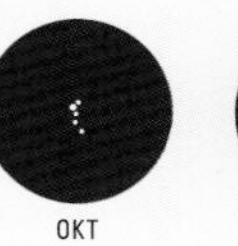

JAN FEB MÄR APR MAI JUN JUL AUG SEP OKT NOV DEZ

SÜDLICHER NACHTHIMMEL – Beobachtungsort: Sydney, Australien; Zeitpunkt: 22:00 Uhr am 15. des jeweiligen Monats

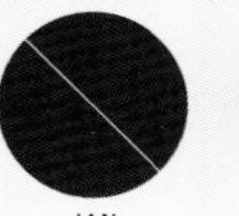

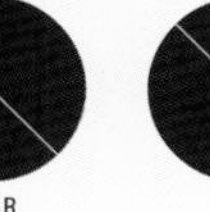
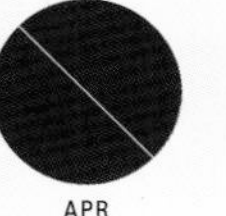
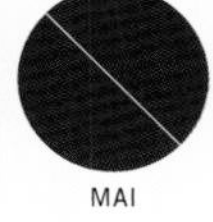
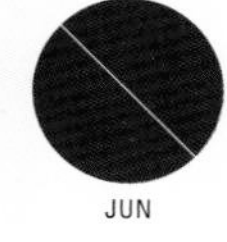

JAN FEB MÄR APR MAI JUN JUL AUG SEP OKT NOV DEZ

Leo und Leo Minor

Der Löwe bildet ein auffälliges Tierkreis-Sternbild. Mit seiner Hilfe lassen sich alle umliegenden Konstellationen aufspüren, darunter Leo Minor, der Kleine Löwe.

KÖNIG DER STERNE

Leo stellt den nemeischen Löwen dar, den Herkules (Herakles) mit bloßen Händen erwürgte. Der hellste Stern im Löwen, Regulus, war in der Antike ein Symbol der Monarchie. Der Kleine Löwe wurde von Johannes Hevelius eingeführt.

DIE STERNE VON LEO UND LEO MINOR

Im Gegensatz zu vielen anderen hat das Sternbild tatsächlich Ähnlichkeit mit der namensgebenden Figur. Den Kopf des Löwen stellt eine gebogene Linie von Sternen dar – ein als Sichel bezeichneter Abschnitt. Ein markantes rechtwinkliges Dreieck markiert das Hinterteil, Sternketten bilden die Beine. Der Coma-Sternhaufen verkörpert die Schwanzquaste.

Der Kleine Löwe besteht hauptsächlich aus einer gestreckten Raute und enthält überwiegend Sterne 4. Größe.

Oben Diese Ultraviolett-Aufnahme von M95 (NGC 3351) zeigt die Grundstruktur dieser Balkenspiralgalaxie.

OBJEKTE VON INTERESSE

Gamma (γ) Leonis bzw. **Algieba**, „die Löwenmähne", stellt einen berühmten goldenen Doppelstern von $2^{\mathrm{m}},6$ und $3^{\mathrm{m}},8$ dar. **Tau (τ) Leonis** ist ein durch 91 Bogensekunden getrenntes Binärsystem mit einer zitronengelben und blassblauen Komponente 5. bzw. 8. Größe. Bei **83 Leonis** ($6^{\mathrm{m}},2$ und $7^{\mathrm{m}},9$, Distanz 29 Bogensekunden) handelt es sich um einen weiteren Doppelstern.

Mit einem 25-cm-Reflektor kann man im Löwen über 80 Galaxien erkennen. **NGC 2903** zeigt sich bereits in einem 5-cm-Refraktor; in einem 20-cm-Teleskop offenbart diese gestreckte Spiralgalaxie einen sternähnlichen Kern. Durch ein 40-cm-Fernrohr erkennt man zusätzlich eine längliche Zentralregion, ein dunkleres Band westlich davon sowie einen hellen Knoten, **NGC 2905**, am Nordende der Galaxie.

Die Spiralgalaxien **M95 (NGC 3351)** und **M96 (NGC 3368)** führen eine Gruppe gravitativ verbundener Galaxien an. Dazu gehören die elliptische **M105 (NGC 3379)**, die linsenförmige **NGC 3384** und die lichtschwache Spiralgalaxie **NGC 3389**. Außer helleren Zentralregionen lassen alle fünf kaum Details erkennen. Bei größeren Aperturen ist der zentrale Balken von M95 zu erahnen, und ein 20-cm-Teleskop zeigt vier weitere Mitglieder von M96.

Das **„Löwen-Trio"** besteht aus drei Spiralgalaxien: der gestreckten **M65 (NGC 3623)**, **M66 (NGC 3627)** und der in Kantenlage befindlichen **NGC 3628**. Die beiden Messier-Objekte sind bereits in einem 5-cm-Refraktor zu sehen. In einem 20-cm-Instrument erkennt man zusätzlich eine zentrale Verdichtung bei M65, einen sternähnlichen Kern bei M66 und Gesprenkel bei NGC 3628. Ein 40-cm-Fernrohr offenbart den Kern von M65 sowie einen Knoten im Norden, den längeren Spiralarm von M66 und den Ansatz des zweiten Arms sowie die beeindruckend lange Staubbahn von NGC 3628.

Die Galaxien im Kleinen Löwen können da nicht mithalten. Dennoch weist Leo Minor 17 Galaxien auf, die für mittlere Teleskope geeignet sind, darunter **NGC 3432**.

Rechts Die Galaxien M65 (rechts unten), M66 (rechts oben) und NGC 3628 (links), das „Löwen-Trio", sind 65 Millionen Lichtjahre von der Erde entfernt.

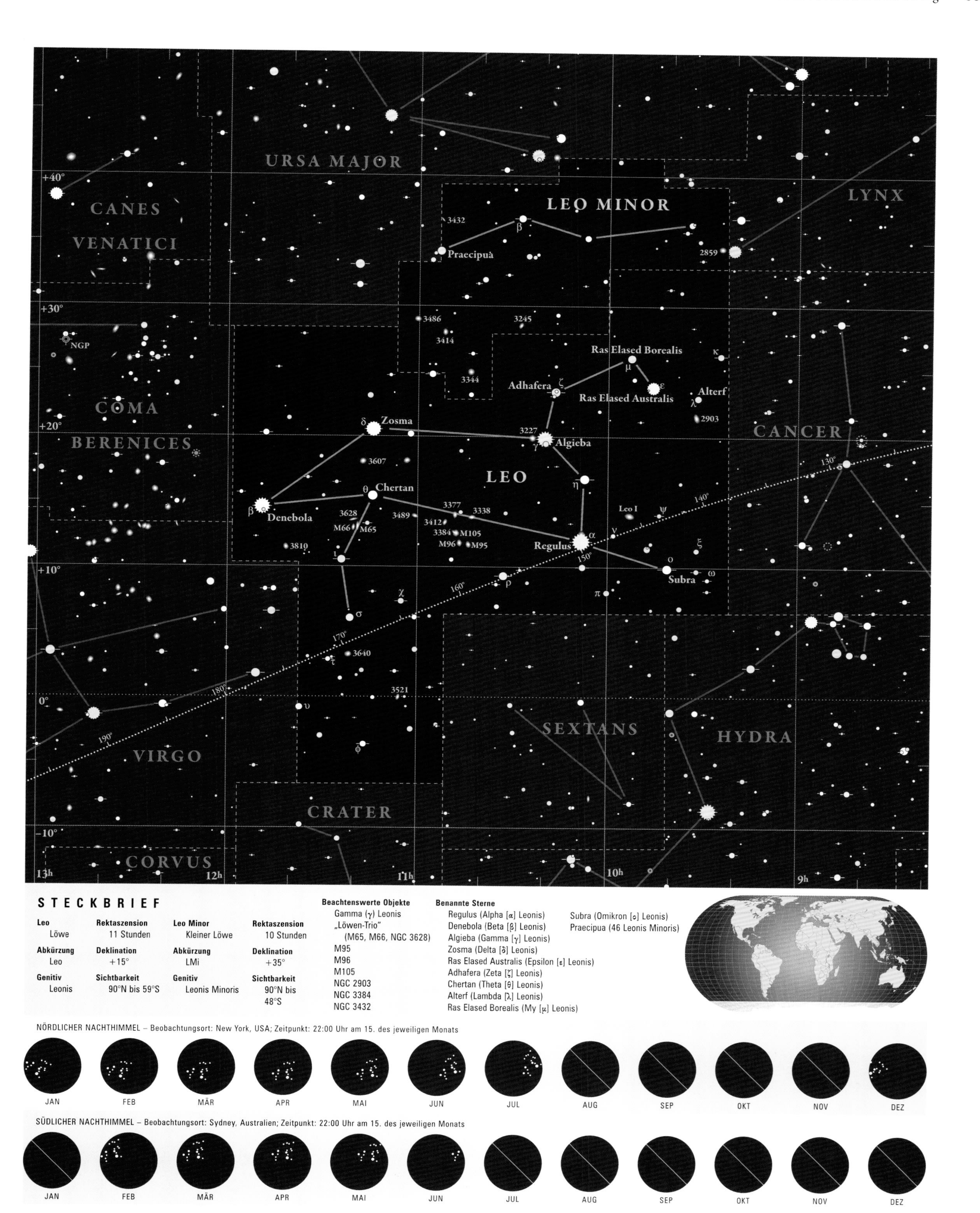

STECKBRIEF

Leo	Rektaszension	Leo Minor	Rektaszension
Löwe	11 Stunden	Kleiner Löwe	10 Stunden
Abkürzung	**Deklination**	**Abkürzung**	**Deklination**
Leo	+15°	LMi	+35°
Genitiv	**Sichtbarkeit**	**Genitiv**	**Sichtbarkeit**
Leonis	90°N bis 59°S	Leonis Minoris	90°N bis 48°S

Beachtenswerte Objekte
- Gamma (γ) Leonis
- „Löwen-Trio" (M65, M66, NGC 3628)
- M95
- M96
- M105
- NGC 2903
- NGC 3384
- NGC 3432

Benannte Sterne
- Regulus (Alpha [α] Leonis)
- Denebola (Beta [β] Leonis)
- Algieba (Gamma [γ] Leonis)
- Zosma (Delta [δ] Leonis)
- Ras Elased Australis (Epsilon [ε] Leonis)
- Adhafera (Zeta [ζ] Leonis)
- Chertan (Theta [θ] Leonis)
- Alterf (Lambda [λ] Leonis)
- Ras Elased Borealis (My [μ] Leonis)
- Subra (Omikron [ο] Leonis)
- Praecipua (46 Leonis Minoris)

NÖRDLICHER NACHTHIMMEL – Beobachtungsort: New York, USA; Zeitpunkt: 22:00 Uhr am 15. des jeweiligen Monats

JAN FEB MÄR APR MAI JUN JUL AUG SEP OKT NOV DEZ

SÜDLICHER NACHTHIMMEL – Beobachtungsort: Sydney, Australien; Zeitpunkt: 22:00 Uhr am 15. des jeweiligen Monats

JAN FEB MÄR APR MAI JUN JUL AUG SEP OKT NOV DEZ

Lepus

Der Hase, der wachsam zu Füßen des Himmelsjägers Orion kauert, gehört zu den 48 ursprünglichen Sternbildern des Ptolemäus.

LAUF, HASE, LAUF

Antike Kulturen deuteten die Sterne von Lepus meist als Hasen. Die Araber sahen darin den Thron des Orion, während die Ägypter, die im Orion ihren Gott Osiris erblickten, die Sterne von Lepus als dessen Boot interpretierten.

Seltsamerweise zeichneten moderne Himmelskartografen das Sternbild üblicherweise kauernd oder schlafend, obwohl ihre antiken Vorgänger es nicht immer so sahen. Unmittelbar östlich befindet sich Canis Major, der flinkste Jagdhund des Orion, der den Hasen unaufhörlich über den Himmel jagt.

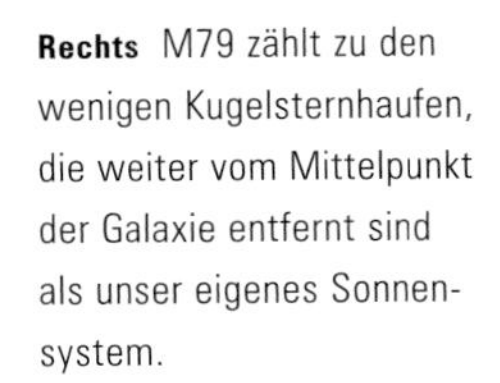

Rechts M79 zählt zu den wenigen Kugelsternhaufen, die weiter vom Mittelpunkt der Galaxie entfernt sind als unser eigenes Sonnensystem.

DIE STERNE VON LEPUS

Obwohl der Hase ruhig zu Füßen des Orion hockt, werden seine Sterne nicht vollkommen überstrahlt und sind relativ leicht aufzufinden. Zwei gekrümmte Linien aus drei Sternen – Delta (δ), Alpha (α) und My (μ) im Norden, Gamma (γ), Beta (β) und Epsilon (ε) im Süden – bilden den Hauptteil der Figur. Alle gehören zur 3. oder 4. Größenklasse. Die Gruppe ähnelt weniger einem Hasen als vielmehr einem Füllhorn.

Alpha (α) Leporis, ein Stern 3. Größe, wirkt nur wegen seiner großen Entfernung von rund 1300 Lichtjahren so schwach. Es handelt sich um einen weit entwickelten Überriesen der Klasse F0, der die 13 000-fache Energiemenge der Sonne ausstößt.

R Leporis zählt zu den hellsten „Kohlenstoffsternen“; für seine Beobachtung benötigt man ein Fernglas oder Teleskop. Es handelt sich um einen pulsierenden, aufgeblähten Riesen in einem späten Entwicklungsstadium, mit Wolken aus Kohlenstoff. Sie entstehen bei der Kernfusion, umhüllen den Stern und absorbieren das gesamte blaue Licht, sodass der Stern tiefrot wirkt.

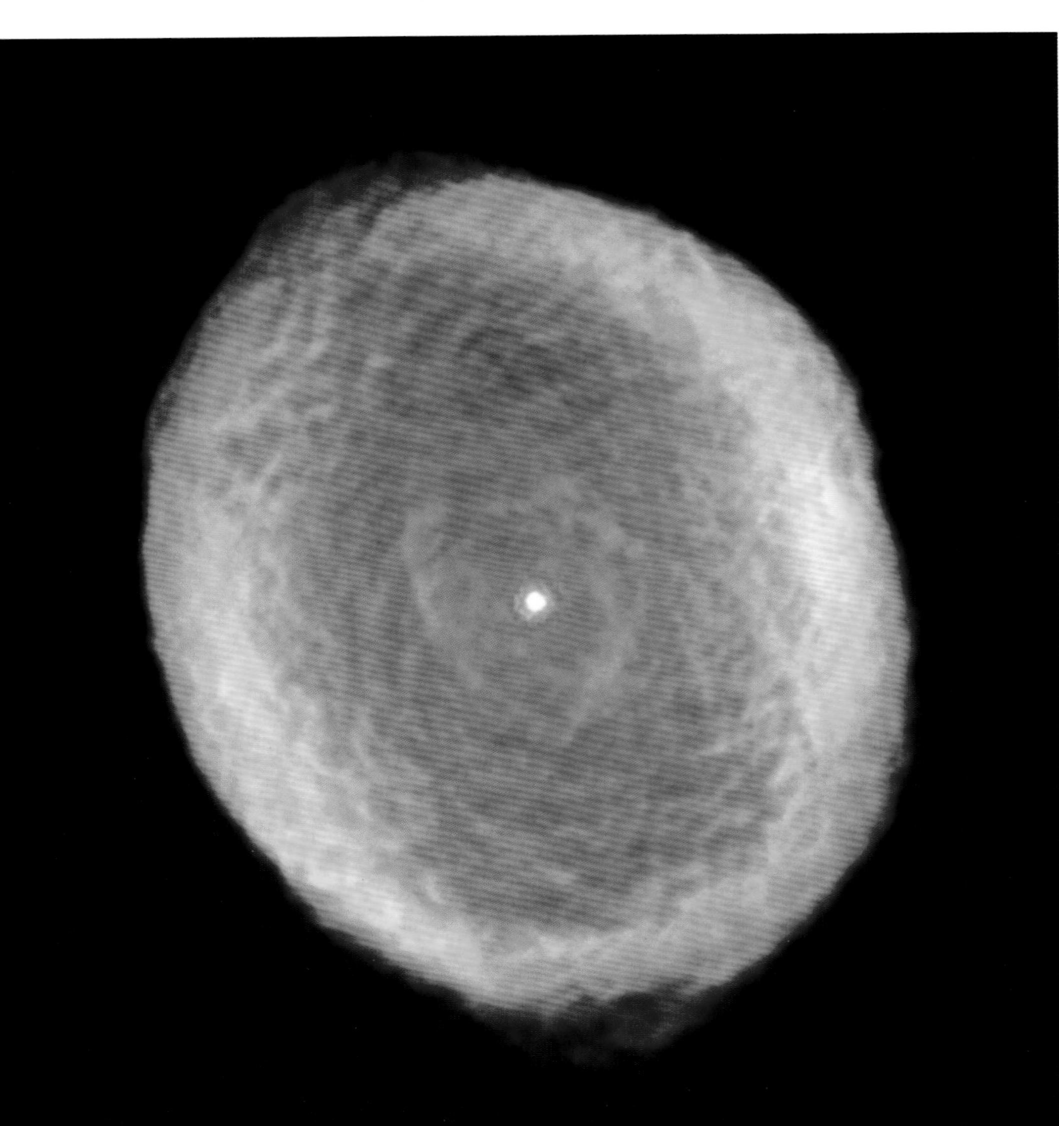

OBJEKTE VON INTERESSE

Der Hase beherbergt etliche interessante Objekte für den Hobbyastronomen, an erster Stelle den Kugelsternhaufen **M79**. In einem 15-cm-Teleskop erscheint er als runder Nebelfleck mit hellem Zentrum und einigen sehr schwachen Sternen an den Rändern. Größere Teleskope lösen ihn fast bis zum Zentrum auf.

Nicht weit vom leuchtenden Rigel im Orion befindet sich der interessante planetarische Nebel **IC 418**, auch als **Spirograph-Nebel** bekannt. In großen Amateurteleskopen erkennt man eine kleine, helle, aquamarine Scheibe mit einem scharfen Rand. In der Mitte ruht der Stern, aus dem der Nebel entstand. **NGC 2017** liegt in der Nähe von Alpha (α) Leporis und wird oft als offener Sternhaufen eingestuft. Tatsächlich handelt es sich um ein komplexes Mehrfachsystem, das in einem 10-cm-Fernrohr als dichte Gruppe von sechs Sternen sichtbar ist. Ein größeres Teleskop offenbart, dass einige davon enge Doppelsterne sind.

Links Der Stern im Zentrum von IC 418 war vor einigen Jahrtausenden ein Roter Riese, stieß dann aber seine äußeren Schichten ab. Der so entstandene Spirograph-Nebel misst inzwischen ca. 0,1 Lichtjahr im Durchmesser.

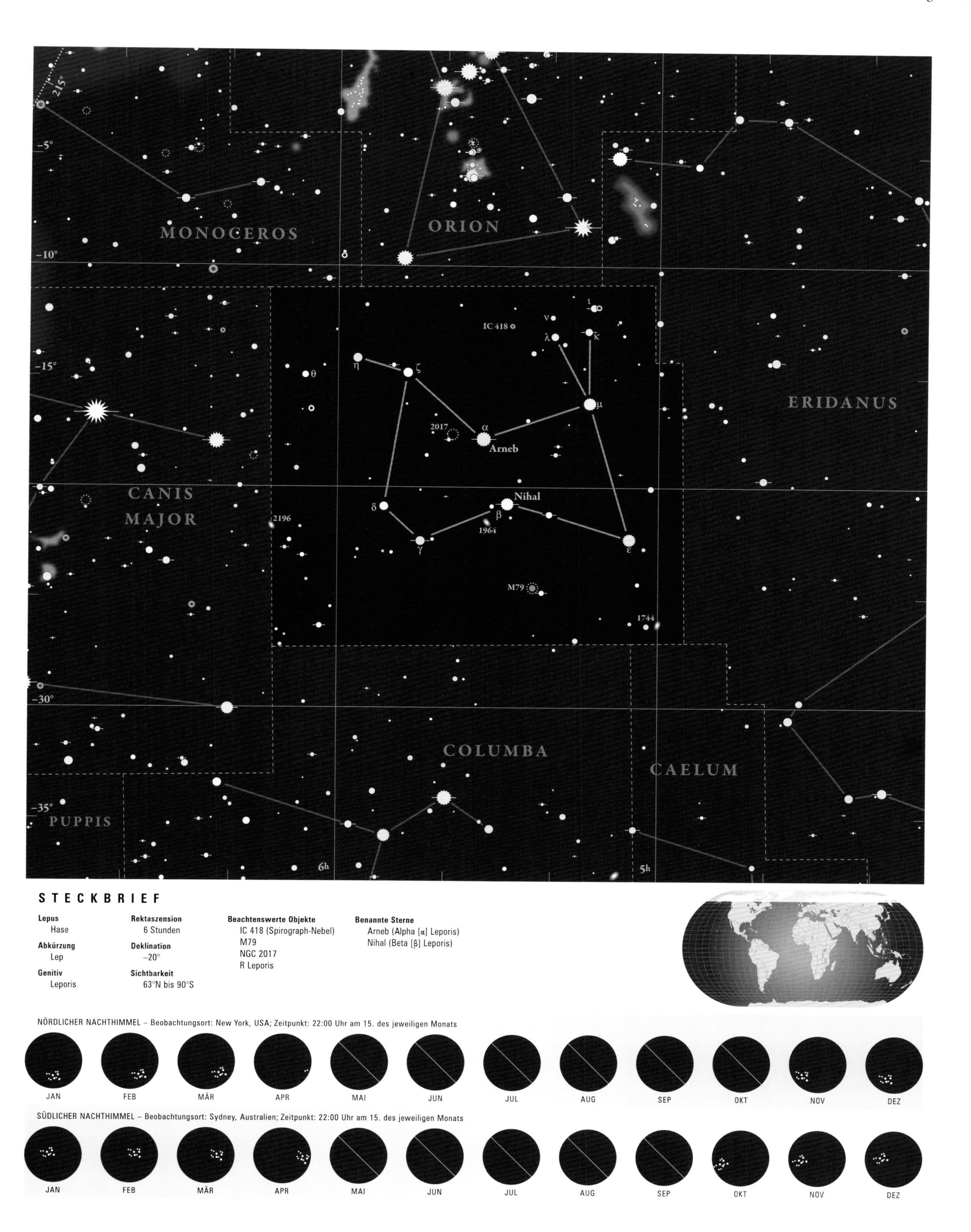

STECKBRIEF

Lepus
Hase

Abkürzung
Lep

Genitiv
Leporis

Rektaszension
6 Stunden

Deklination
−20°

Sichtbarkeit
63°N bis 90°S

Beachtenswerte Objekte
IC 418 (Spirograph-Nebel)
M79
NGC 2017
R Leporis

Benannte Sterne
Arneb (Alpha [α] Leporis)
Nihal (Beta [β] Leporis)

NÖRDLICHER NACHTHIMMEL – Beobachtungsort: New York, USA; Zeitpunkt: 22:00 Uhr am 15. des jeweiligen Monats

JAN FEB MÄR APR MAI JUN JUL AUG SEP OKT NOV DEZ

SÜDLICHER NACHTHIMMEL – Beobachtungsort: Sydney, Australien; Zeitpunkt: 22:00 Uhr am 15. des jeweiligen Monats

JAN FEB MÄR APR MAI JUN JUL AUG SEP OKT NOV DEZ

Libra

Die Waage, zwischen der Jungfrau im Westen und dem Skorpion im Osten gelegen, stellt das jüngste Tierkreiszeichen dar.

WAAGSCHALEN DER JUSTITIA

Die Sumerer sahen in der Sternen der Libra Zib-ba an-na, die „Waage des Himmels"; damals stand die Sonne zum Zeitpunkt des nördlichen Herbstäquinoktiums im Sternbild Waage. Sie brachten die Gruppe auch mit dem Urteil über die Lebenden und Toten in Verbindung. Diese Interpretation geriet jedoch offenkundig in Vergessenheit, bis sie im ersten vorchristlichen Jahrhundert von den Römern wieder aufgegriffen wurde.

Aus den Sternen, in denen die Griechen die ausgestellten Scheren des Skorpions erblickten, bildeten die Römer die moderne Konstellation Waage. Sie glaubten, dass der Mond bei der Stadtgründung Roms in der Waage stand, und interpretierten Libra als Sinnbild für Ausgewogenheit und Ordnung.

Die Waage bildet ferner das einzige Tierkreis-Sternbild, das ein unbelebtes Objekt darstellt; alle anderen sind mythologische Gestalten oder Tiere.

DIE STERNE VON LIBRA

Zwar sind die meisten Sterne der Waage lichtschwach, doch ist das Viereck der Hauptsterne relativ leicht auszumachen. Eine Linie zwischen Alpha (α) und Beta (β) bildet den Waagebalken, während Gamma (γ) und Sigma (σ) die beiden Waagschalen repräsentieren. Alpha (α) und Beta (β) Librae tragen arabische Namen, die ihre frühere Auslegung als Scheren des Skorpions verraten: Zubenelgenubi und Zubenelschemali, was südliche bzw. nördliche Schere bedeutet.

Der hellste Stern ist Beta (β) Librae (3. Größe), ein Blauer Zwerg der Klasse B8 in ca. 160 Lichtjahren Entfernung und mit der 130-fachen Leuchtkraft unserer Sonne. Während Alpha und Beta Librae bereits zu Zeiten der Römer dem Skorpion entnommen wurden, wurde Sigma (σ) Librae erst im 19. Jahrhundert von den Astronomen neu zugeordnet. Der aufgeblähte Rote Riese der Spektralklasse M, 290 Lichtjahre entfernt, heißt auch Zubenhakrabi, Arabisch für „Schere des Skorpions". Befände er sich in unserem Sonnensystem, würde er fast bis zur Venus reichen.

OBJEKTE VON INTERESSE

Obwohl die Waage sich in der Nähe der imposanten Sternbilder Skorpion und Schütze befindet, hat sie wenig zu bieten. Bei **Alpha (α) Librae** oder **Zubenelgenubi** handelt es sich um ein mit bloßem Auge sichtbares Doppelsystem, dessen Komponenten mit dem Fernglas als Sterne 3. bzw. 5. Größe getrennt werden können.

Der Kugelsternhaufen **NGC 5897** stellt das Prachtstück der Libra dar. In einem 20-cm-Teleskop zeigt er sich als große, verschwommene Wolke mit geringer Verdichtung zur Mitte hin und einigen aufgelösten Sternen. Nicht weit davon entfernt liegt der lichtschwache planetarische Nebel **Merrill 2-1**, der in einem 20-cm-Fernrohr als gleichmäßig beleuchtete, bläuliche Scheibe erscheint.

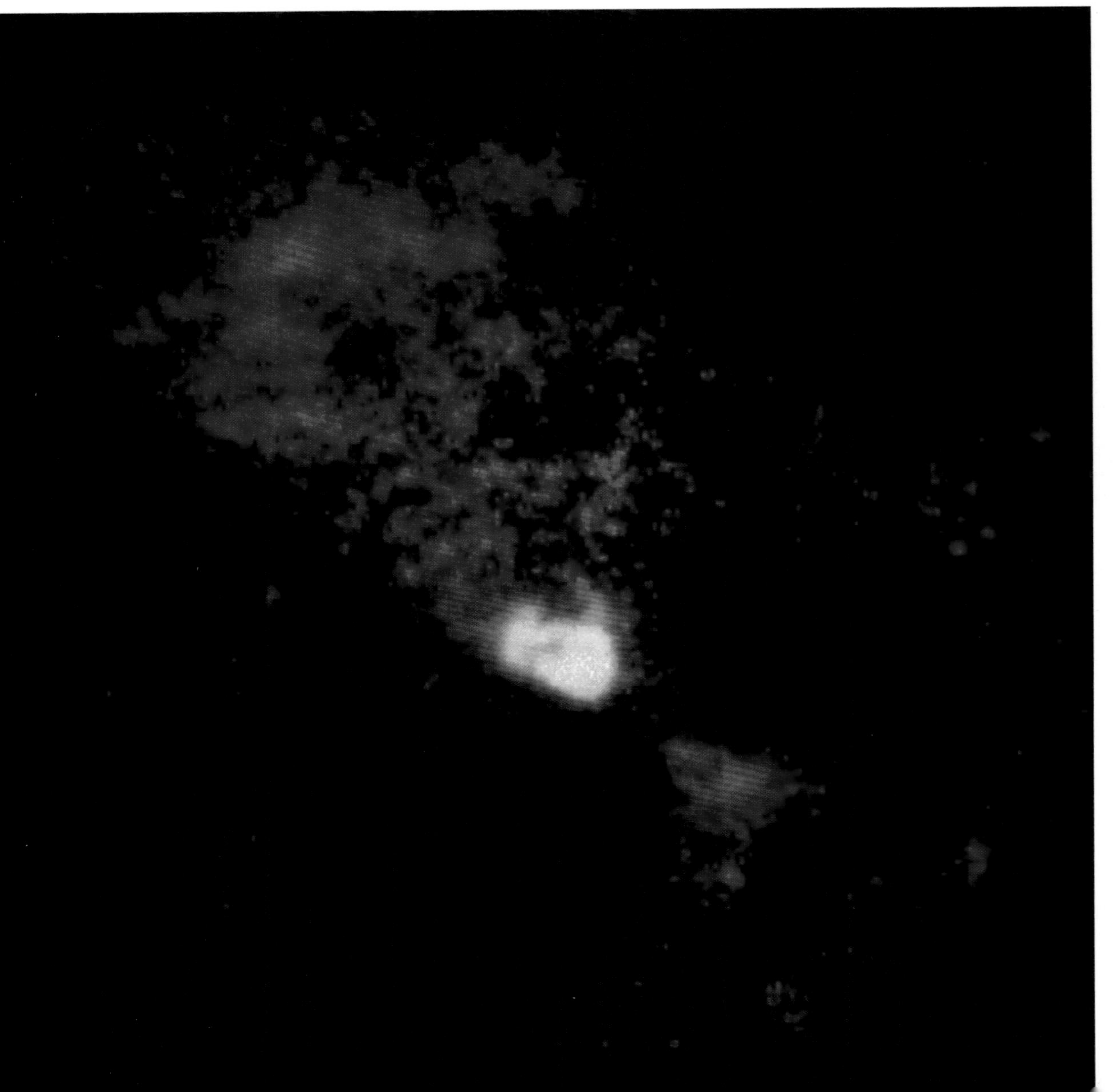

Links Im Zentrum von NGC 5728 befindet sich wahrscheinlich ein extrem massereiches Schwarzes Loch, umgeben von ionisiertem Gas. Die Wechselwirkung zwischen sichtbarem und ultraviolettem Licht sorgt für die an ein Leuchtturmfeuer erinnernde Form.

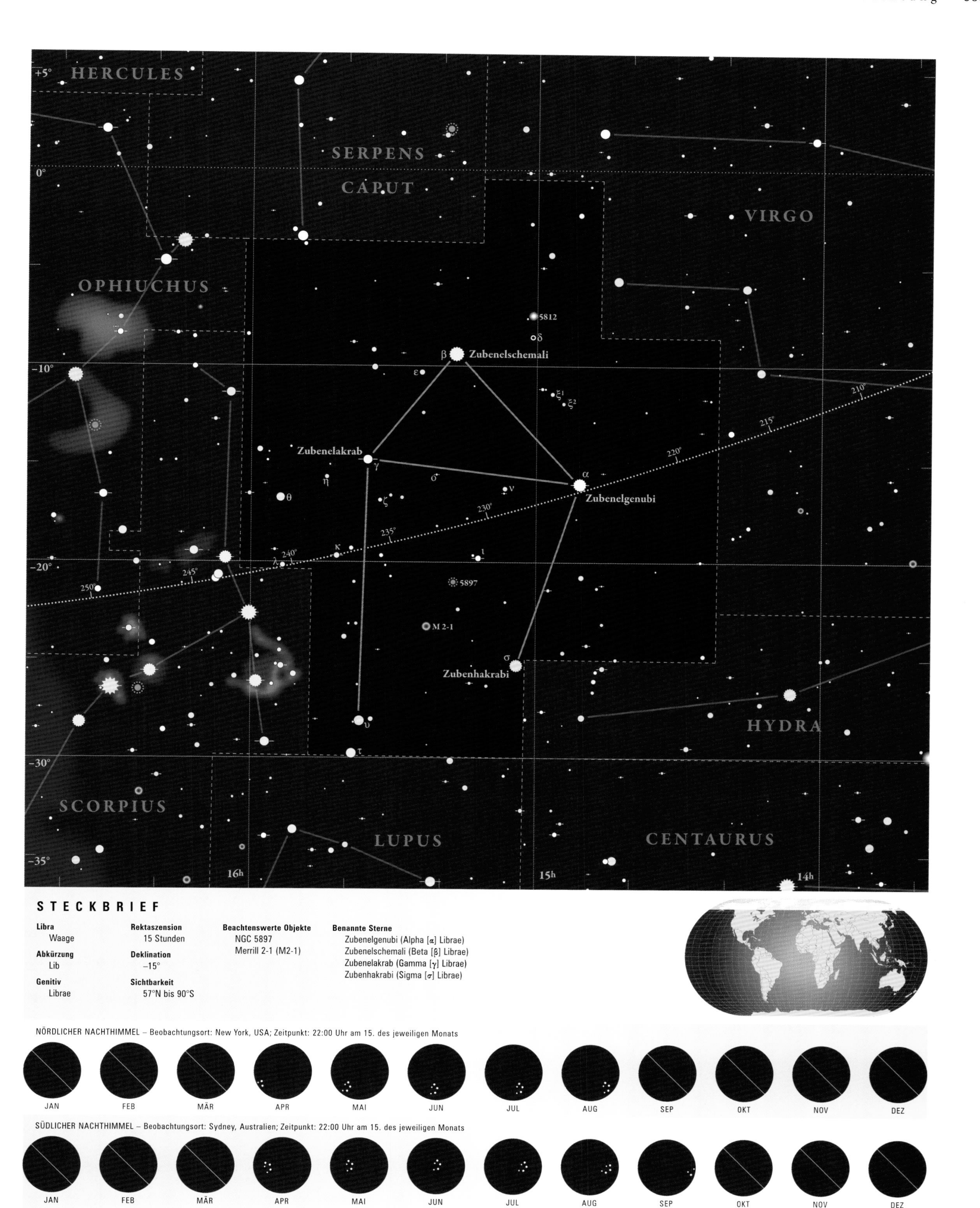

STECKBRIEF

Libra
Waage

Abkürzung
Lib

Genitiv
Librae

Rektaszension
15 Stunden

Deklination
–15°

Sichtbarkeit
57°N bis 90°S

Beachtenswerte Objekte
NGC 5897
Merrill 2-1 (M2-1)

Benannte Sterne
Zubenelgenubi (Alpha [α] Librae)
Zubenelschemali (Beta [β] Librae)
Zubenelakrab (Gamma [γ] Librae)
Zubenhakrabi (Sigma [σ] Librae)

Lupus

Der Wolf liegt in der Nähe des Skorpions auf der Lauer. Dieses kleine südliche Sternbild weist nur wenige helle Sterne auf.

GEFÄHRLICHES RAUBTIER

Seit der Antike werden die Sterne, die die heutige Konstellation Lupus bilden, mit einer reißenden Bestie in Verbindung gebracht. Die Griechen nannten sie Therion, ein nicht näher bezeichnetes wildes Tier. Für die Römer hieß sie einfach „die Bestie". Sie sahen darin den Kadaver eines wilden Tiers, der vom benachbarten Zentauren an einem langen Speer zum nahen Altar getragen wird, um dort geopfert zu werden.

Für die Bewohner des Euphrat-Tals stellte das Bild Zibu dar, das Tier, oder Urbat, das Tier des Todes. In Babylon wurde das Sternbild Ur-Idim, wilder Hund, genannt, und die Araber erblickten darin Al-Asadah, die Löwin. In der Renaissance wurden die Sterne schließlich endgültig mit einem Wolf in Zusammenhang gebracht. Als Erster zeichnete Johannes Bayer sie in seiner 1603 veröffentlichten *Uranometria* in dieser Form ein.

DIE STERNE VON LUPUS

Der Wolf verfügt über keinen Stern der 1. Größenklasse, dafür aber über zahlreiche 2. und 3. Größe. Zwar sind die Sterne zwischen Zentaur und Skorpion leicht auszumachen – Ähnlichkeit mit einem Wolf verraten sie jedoch kaum.

Alpha (α) Lupi wird manchmal als Kakkab bezeichnet, was im Arabischen „der Stern links vom gehörnten Bullen" bedeutet. Als solchen sahen die Araber die Gruppe, die wir als Zentaur kennen. Der blaue Unterriese der Klasse B2 ist 515 Lichtjahre entfernt, hat ungefähr elf Sonnenmassen und die 20 000-fache Leuchtkraft der Sonne.

Im Jahr 1006 ereignete sich im Wolf die hellste Supernova der überlieferten Geschichte. Sie erreichte eine Helligkeit von ca. -9^m und war mehrere Wochen lang sogar tagsüber sichtbar.

OBJEKTE VON INTERESSE

Der Wolf enthält etliche interessante Objekte für den Amateurastronomen, wenngleich nicht so viele, wie seine Position nahe der Milchstraße vermuten ließe. Das liegt zum Teil an den zahlreichen dunklen Gas- und Staubwolken, die sich in unserer Galaxie unweit von Lupus befinden und die weiter entfernten Objekte verdecken. Im Wolf sind drei Kugelsternhaufen zu finden, der beste davon ist **NGC 5986**. In einem 20-cm-Teleskop zeigt er sich bei starker Vergrößerung als dichter Nebelfleck mit einigen sehr schwachen Sternen. **Xi (ξ) Lupi** ist ein herrliches Binärsystem zweier weißer Sterne ähnlicher Helligkeit.

Das interessanteste Objekt im Wolf stellt der helle planetarische Nebel **IC 4406** dar. In einem 10-cm-Fernrohr ist er schwach zu erkennen, in einem 20-cm-Instrument als helle, stahlgraue, leicht ovale Scheibe mit diffusen Rändern. In der Nähe befindet sich die relativ helle Galaxie **NGC 5643**, die in einem 15-cm-Teleskop als schwacher runder Dunstfleck mit einem angedeuteten hellen Punkt in der Mitte erscheint.

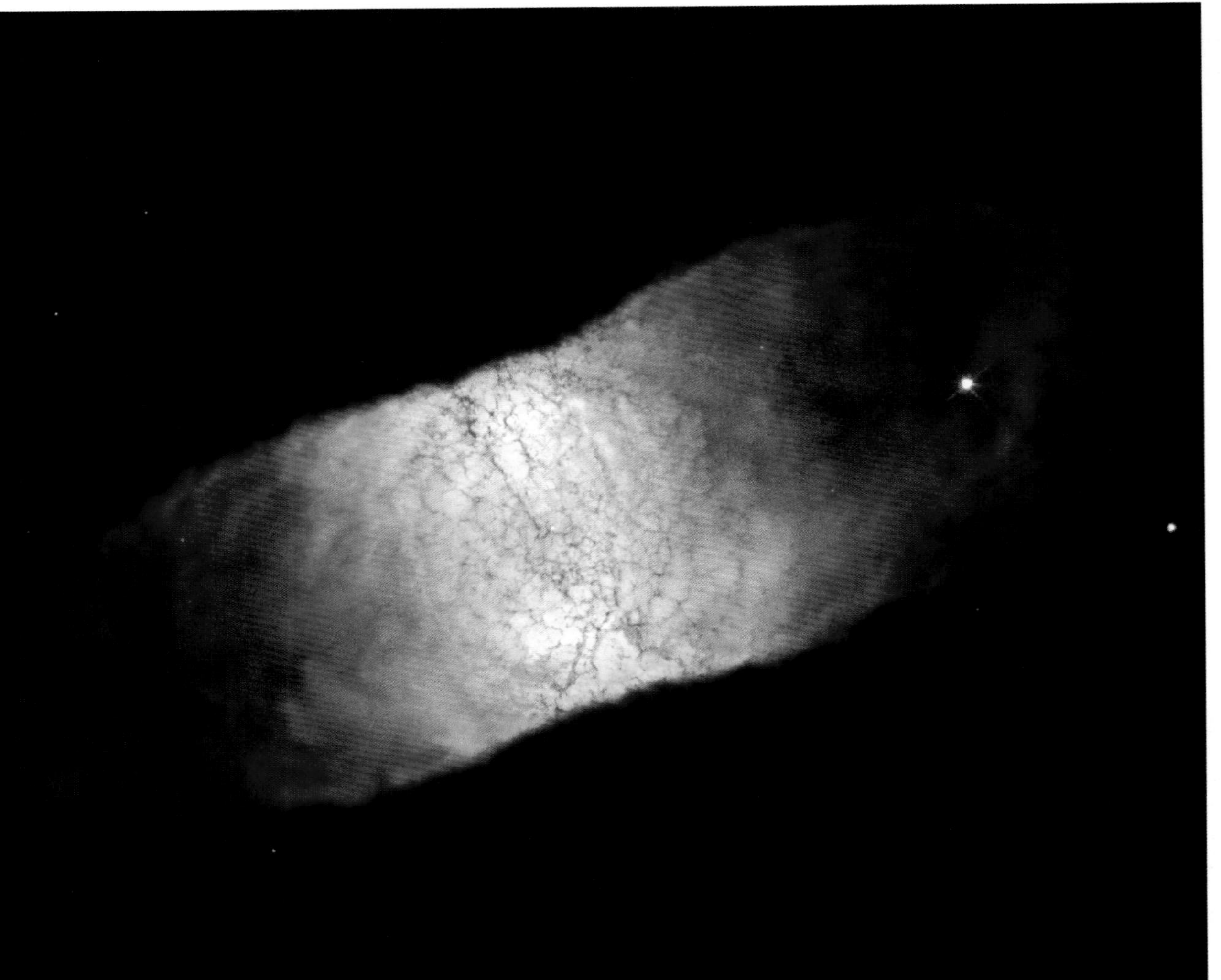

Links Diese Aufnahme des Weltraumteleskops Hubble offenbart die symmetrische Gestalt des planetarischen Nebels IC 4406. Wegen der feinen Linien dunklen Staubs, die an Blutäderchen im menschlichen Auge erinnern, heißt er auch Retina-Nebel.

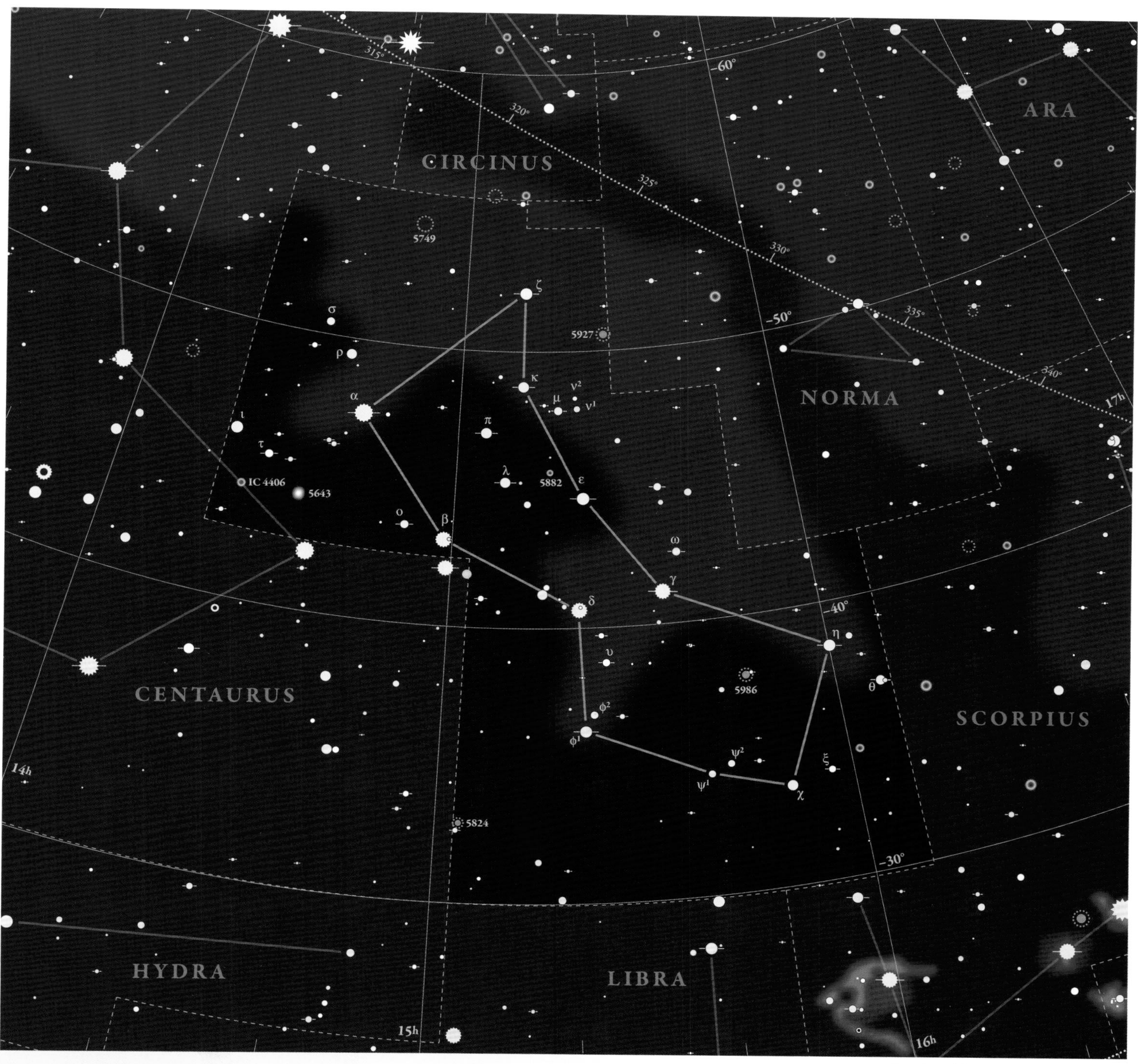

STECKBRIEF

Lupus
Wolf

Abkürzung
Lup

Genitiv
Lupi

Rektaszension
15 Stunden

Deklination
–45°

Sichtbarkeit
33°N bis 90°S

Beachtenswerte Objekte
Xi (ξ) Lupi
IC 4406
NGC 5643
NGC 5986

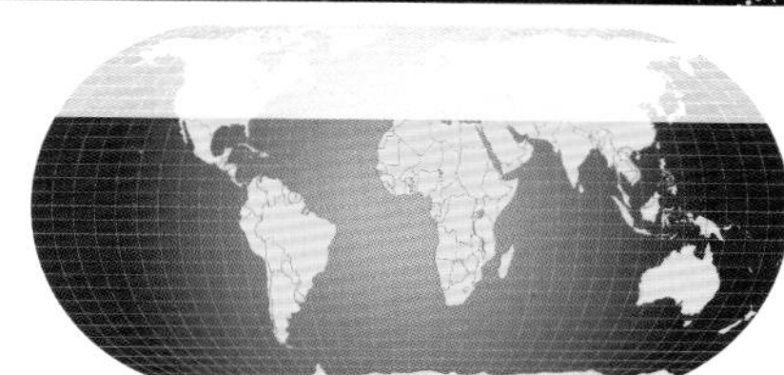

NÖRDLICHER NACHTHIMMEL – Beobachtungsort: New York, USA; Zeitpunkt: 22:00 Uhr am 15. des jeweiligen Monats

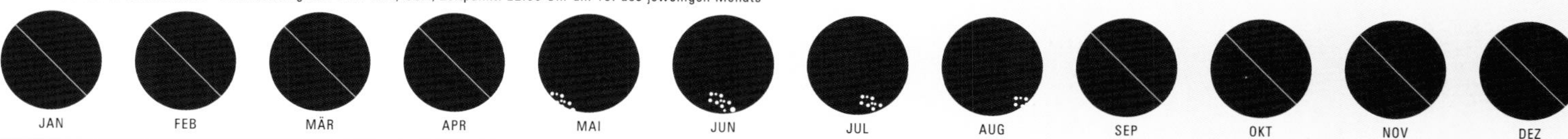

SÜDLICHER NACHTHIMMEL – Beobachtungsort: Sydney, Australien; Zeitpunkt: 22:00 Uhr am 15. des jeweiligen Monats

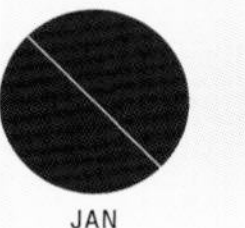
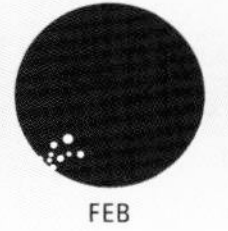
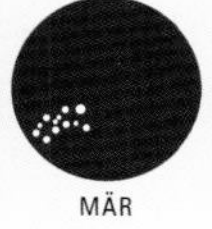

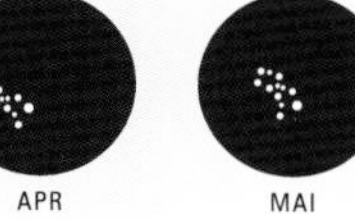
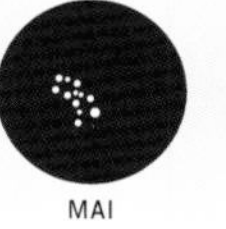

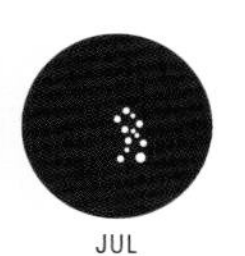

JAN FEB MÄR APR MAI JUN JUL AUG SEP OKT NOV DEZ

Lynx

Der Luchs wurde aus einem ziemlich großen, aber dunklen Bereich des nördlichen Himmels geformt. Er erstreckt sich zwischen zwei unauffälligen Sternbildern, dem Kleinen Löwen und der Giraffe.

NÄHER HINSCHAUEN

Der Luchs wurde im 17. Jahrhundert vom Astronomen Johannes Hevelius eingeführt und zählt zu den Konstellationen, die am schwersten aufzufinden sind. Hevelius soll im Spaß gesagt haben, er habe das neue Sternbild Luchs genannt, weil nur Beobachter mit Luchsaugen es sehen könnten!

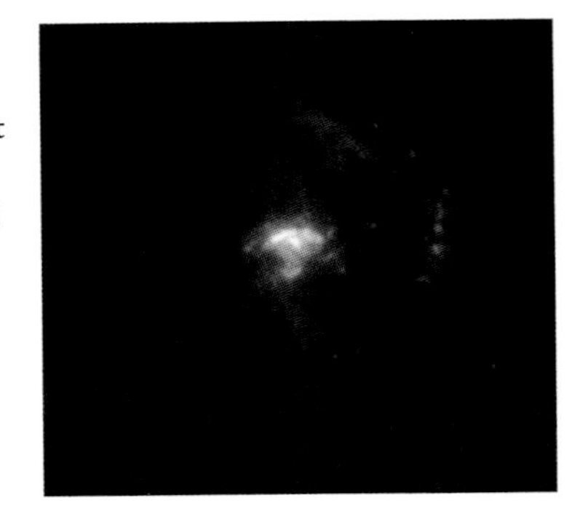

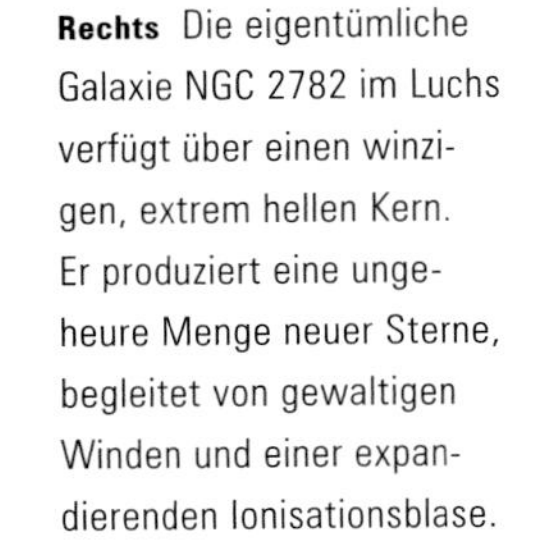

Rechts Die eigentümliche Galaxie NGC 2782 im Luchs verfügt über einen winzigen, extrem hellen Kern. Er produziert eine ungeheure Menge neuer Sterne, begleitet von gewaltigen Winden und einer expandierenden Ionisationsblase.

DIE STERNE VON LYNX

Der Luchs besitzt einen Stern 3. Größe, Alpha (α) Lyncis, und fünf Sterne 4. Größe, die aber über 545 Quadratgrad verstreut sind. Als Ausgangspunkt für Entdeckungsreisen in diesem Sternbild dient Amateurastronomen üblicherweise eine der helleren Nachbarkonstellationen Großer Bär, Zwillinge oder Fuhrmann. Der Kugelsternhaufen NGC 2419 zum Beispiel liegt nur einen kleinen Sprung entfernt vom hellen Kastor in Gemini.

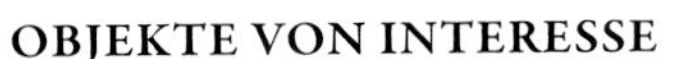

OBJEKTE VON INTERESSE

Struve 958 (Σ958) ist ein symmetrisches Paar blassgelber Sterne der Größe $6^{\mathrm{m}}{,}3$ in 4,8 Bogensekunden Distanz. Bei **Struve 1009 (Σ1009)** handelt es sich um einen weißen Doppelstern von $6^{\mathrm{m}}{,}9$ und $7^{\mathrm{m}}{,}0$, mit 4,1 Bogensekunden Abstand. Die hellorangefarbenen Partner ($8^{\mathrm{m}}{,}3$ bzw. $8^{\mathrm{m}}{,}6$) von **Struve 1025 (Σ1025)** liegen 26 Bogensekunden auseinander. **19 Lyncis** stellt ein weißes, durch 15 Bogensekunden getrenntes Doppelsystem mit $5^{\mathrm{m}}{,}6$ und $6^{\mathrm{m}}{,}5$ dar. Ebenso weit auseinander steht das gelblichweiße Sternpaar von **20 Lyncis** ($7^{\mathrm{m}}{,}3$ bzw. $7^{\mathrm{m}}{,}4$). Bei **Struve 1282 (Σ1282)** handelt es sich um ein tiefgelbes, symmetrisches Binärsystem der Größe $7^{\mathrm{m}}{,}5$, mit einem Abstand von 3,6 Bogensekunden. Enger beisammen (1,6 Bogensekunden) liegen die beiden weißen Sterne der Größe $6^{\mathrm{m}}{,}4$ bzw. $6^{\mathrm{m}}{,}7$ von **Struve 1333 (Σ1333)**. **Struve 1369 (Σ1369)** ist ein gelbliches Dreifachsystem. Das Hauptpaar (AB) ist $7^{\mathrm{m}}{,}0$ bzw. $8^{\mathrm{m}}{,}0$ hell und durch 25 Bogensekunden getrennt. 118 Bogensekunden entfernt befindet sich ein Begleiter (C) der Größe $8^{\mathrm{m}}{,}7$.

NGC 2419 wurde früher oft als **Intergalaktischer Wanderer** bezeichnet, weil er 275 000 Lichtjahre und damit weiter entfernt ist als die Magellanschen Wolken. Aufgrund der Entdeckung dunkler Materie wissen wir jedoch heute, dass NGC 2419 immer noch gravitativ an die Milchstraße gebunden sein muss. Es handelt sich hierbei um einen der leuchtstärksten der über 150 bekannten Kugelsternhaufen, die unsere Galaxie umkreisen. Nur Omega (ω) Centauri, NGC 6388 und M54 weisen eine höhere absolute Helligkeit auf.

Trotz der Entfernung und der daraus resultierenden Lichtschwäche ($10^{\mathrm{m}}{,}3$) ist NGC 2419 in einem 20-cm-Reflektor sofort als unaufgelöster Kugelhaufen zu erkennen. Ein 40-cm-Newton-Teleskop zeigt einen gleichmäßig hellen Kern und einen etwas dunkleren Halo.

Die Spiralgalaxie **NGC 2683**, fast in vollständiger Kantenlage, ist mit einem 20-cm-Fernrohr leicht aufzuspüren. Ein 40-cm-Instrument offenbart eine gestreckte Galaxie, in der ein Kern und eine Staubbahn zu erahnen sind. **NGC 2782** erscheint in einem 20-cm-Teleskop als kleine, runde Spiralgalaxie der Größe $11^{\mathrm{m}}{,}6$, mit einem sternähnlichen Kern.

Links Künstlerische Darstellung des Luchs-Bogens, eines riesigen Haufens extrem heißer, zwölf Milliarden Lichtjahre entfernter Jungsterne. Der Bogen ist eine Million Mal heller als der Orion-Nebel und enthält eine Million blaue Sterne, die doppelt so heiß sind wie ähnliche Gestirne in der Milchstraße.

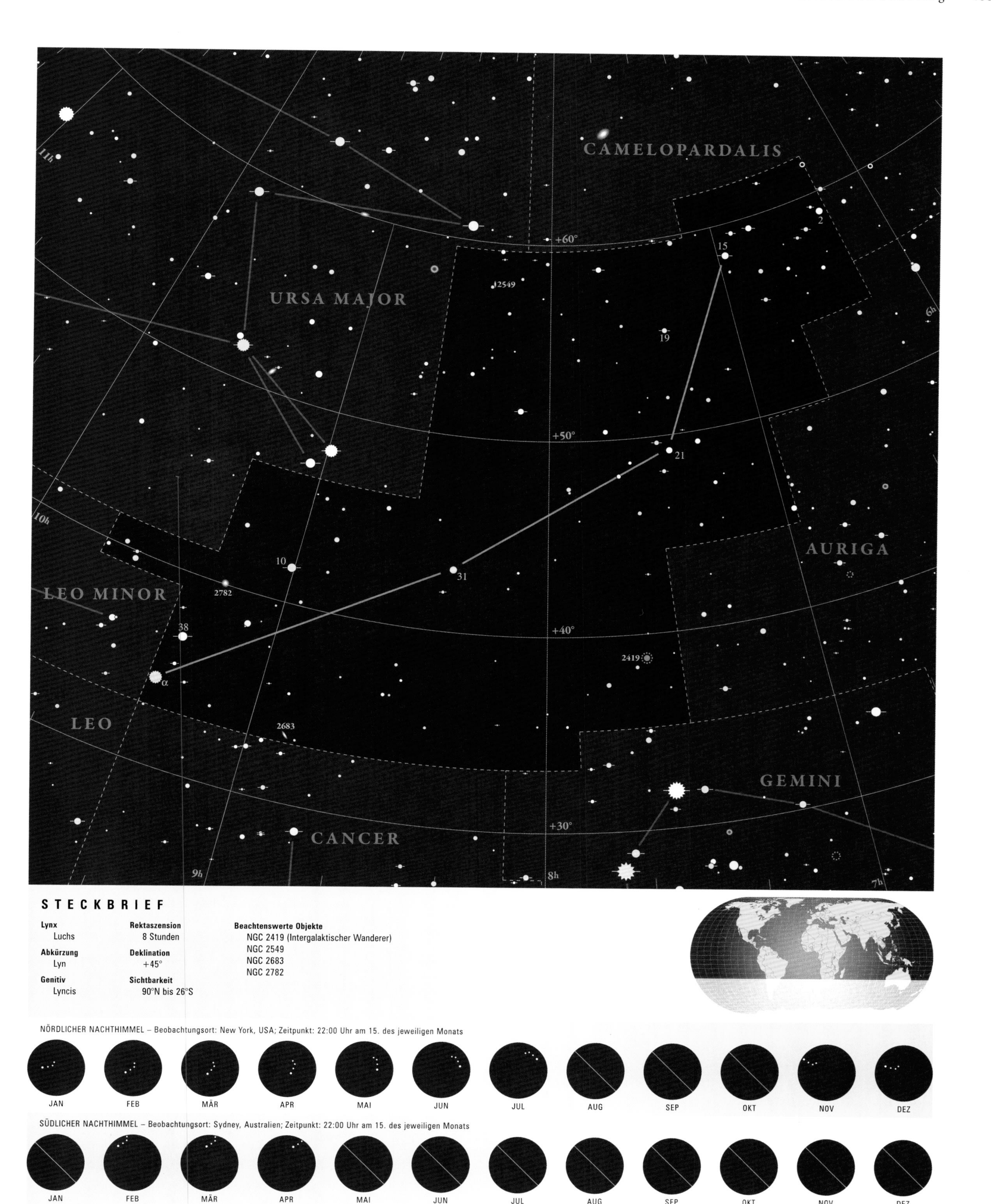

STECKBRIEF

Lynx
Luchs

Abkürzung
Lyn

Genitiv
Lyncis

Rektaszension
8 Stunden

Deklination
+45°

Sichtbarkeit
90°N bis 26°S

Beachtenswerte Objekte
NGC 2419 (Intergalaktischer Wanderer)
NGC 2549
NGC 2683
NGC 2782

NÖRDLICHER NACHTHIMMEL – Beobachtungsort: New York, USA; Zeitpunkt: 22:00 Uhr am 15. des jeweiligen Monats

JAN FEB MÄR APR MAI JUN JUL AUG SEP OKT NOV DEZ

SÜDLICHER NACHTHIMMEL – Beobachtungsort: Sydney, Australien; Zeitpunkt: 22:00 Uhr am 15. des jeweiligen Monats

JAN FEB MÄR APR MAI JUN JUL AUG SEP OKT NOV DEZ

Lyra

Die Leier ist ein kleines, aber helles Sternbild, dessen Attraktion in seinem Mehrfachsternsystem Epsilon Lyrae liegt. In dunklen Nächten kann man auch den Ring-Nebel M57 erkennen.

ZAUBER DER MUSIK

Die Leier repräsentiert die erste Lyra, die Hermes aus einem Schildkrötenpanzer baute und später Orpheus übergab, der mit seiner Musik jedes Lebewesen bezaubern konnte. Auf diese Weise kam Orpheus an den Wächtern des Hades vorbei, um seine junge Braut Eurydike aus der Unterwelt zu retten, die an einem Schlangenbiss gestorben war. Pluto ließ Eurydike gehen, warnte Orpheus aber, sich beim Aufstieg nicht nach ihr umzudrehen. Kaum im Tageslicht angelangt, sah er sich um, aber Eurydike befand sich noch in der Höhle. Er hatte sich zu früh umgedreht und sie so für immer verloren, da er auf Lebenszeit aus der Unterwelt verbannt war.

Rechts Wega oder Alpha (α) Lyrae, hier mit dem Spitzer-Weltraumteleskop eingefangen, ist der fünfthellste Stern am Himmel. Er ist fast dreimal so groß wie die Sonne.

DIE STERNE DER LEIER

Unter den Sternen, die im Laufe der Zeit zum Polarstern werden, ist Wega, Alpha (α) Lyrae, mit $0^{m},0$ der hellste. Sie wird in etwa 10 000 Jahren die Position des Polarsterns einnehmen. Eine deutliche Parallelogrammfigur vervollständigt die himmlische Leier.

Beta (β) Lyrae ist ein Bedeckungsveränderlicher mit einer Helligkeitsschwankung zwischen $3^{m},4$ und $4^{m},3$ über 12,94 Tage. Beide Komponenten dieses Doppelsterns teilen sich dieselbe Gashülle. Durch Gravitation und schnelle Bewegung sind die Sterne ellipsenförmig verformt. Die Helligkeit von β Lyrae variiert je nach Stellung der Sterne zueinander kontinuierlich. Zudem hat er drei sichtbare Begleiter, deren Hauptpaar bei 46 Bogensekunden Helligkeiten von $3^{m},4$ bzw. $8^{m},6$ zeigt.

OBJEKTE VON INTERESSE

Delta (δ) Lyrae ist ein auffälliges orangefarbenes und blaues Paar der Größenordnung $4^{m},5$ bzw. $5^{m},6$, getrennt durch ein Drittel Monddurchmesser. Sie sind die hellsten Lichter im offenen Sternhaufen **Stephenson 1**. Große Teleskope zeigen weitere blaue sowie einen orangefarbenen Stern.

Epsilon (ε) Lyrae – im Englischen auch **„Double-Double"** genannt – ist ein bekannter Vierfachstern. Der Feldstecher zeigt zwei 3,5 Bogenminuten voneinander entfernte 5^{m} helle Sterne. In ruhigen Nächten lässt ein 8-cm-Teleskop die einzelnen Komponenten gut erkennen. Das AB-Paar hat Helligkeiten von $5^{m},0$ und $6^{m},1$ bei 2,4 Bogensekunden Abstand. Das Paar CD hat Helligkeiten von $5^{m},2$ und $5^{m},5$ bei ebenfalls 2,4 Bogensekunden Abstand.

Der **Ring-Nebel**, **M57 (NGC 6720)**, wirkt durch ein kleines Teleskop wie ein Rauchring. Mit einem 20-cm-Teleskop fasert das Oval an den Schmalseiten leicht aus und ist im Inneren heller als am Rand. Der Zentralstern mit 15^{m} ist unter idealen Bedingungen mit einem 40-cm-Teleskop bei 400-facher Vergrößerung sichtbar. Ein 90-cm-Spiegelteleskop zeigt ein Bild, ähnlich den Fotos, mit einem Stern neben dem Zentralstern, einem Stern im Ring und parallelen Nebelbändern im Ringinneren.

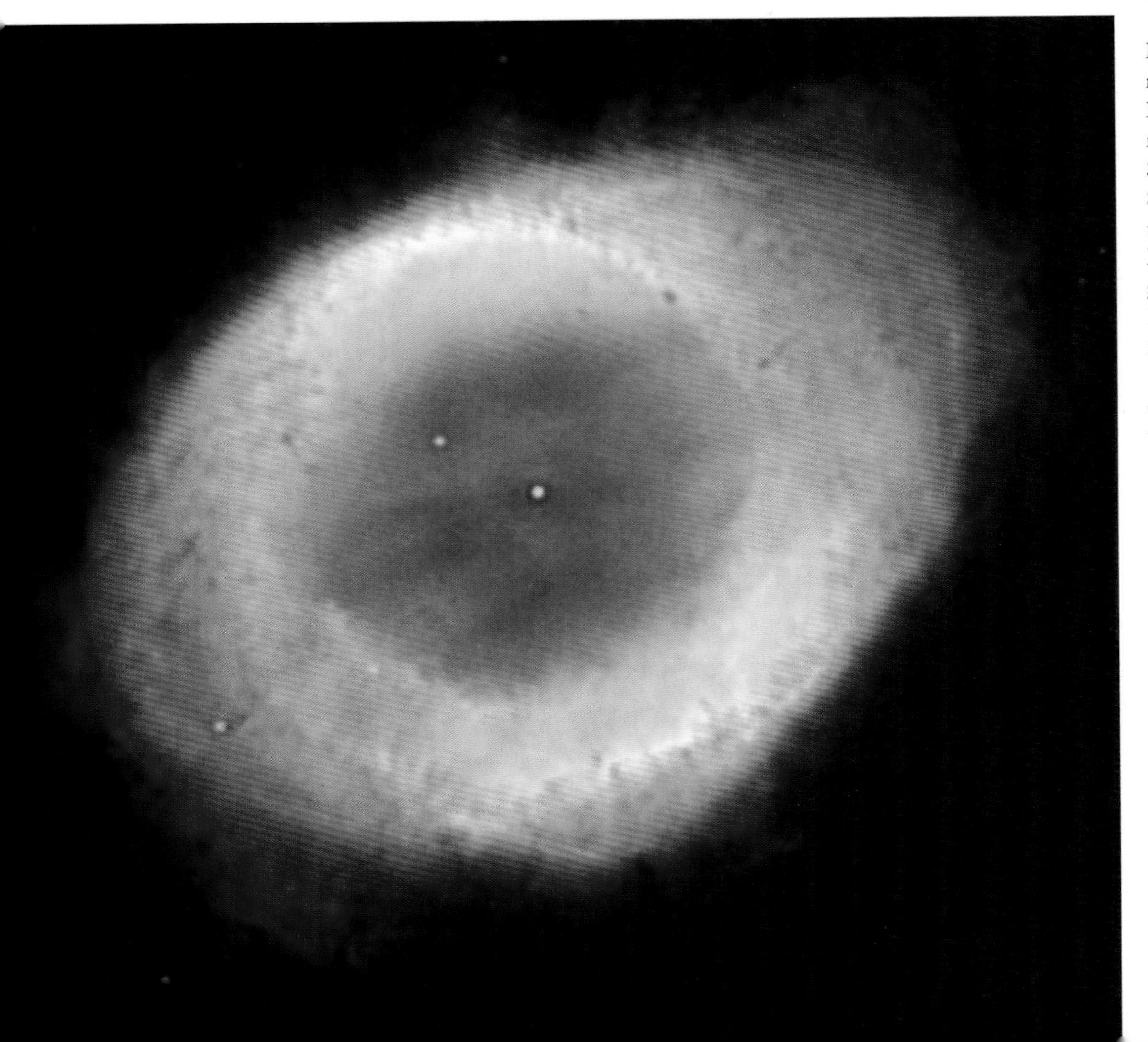

Links Schon früh entdeckten Astronomen die ungewöhnliche Form, die wir heute den Ring-Nebel M57 (NGC 6720) nennen. Neuere Aufnahmen deuten darauf hin, dass er eher zylindrisch als sphärisch geformt ist.

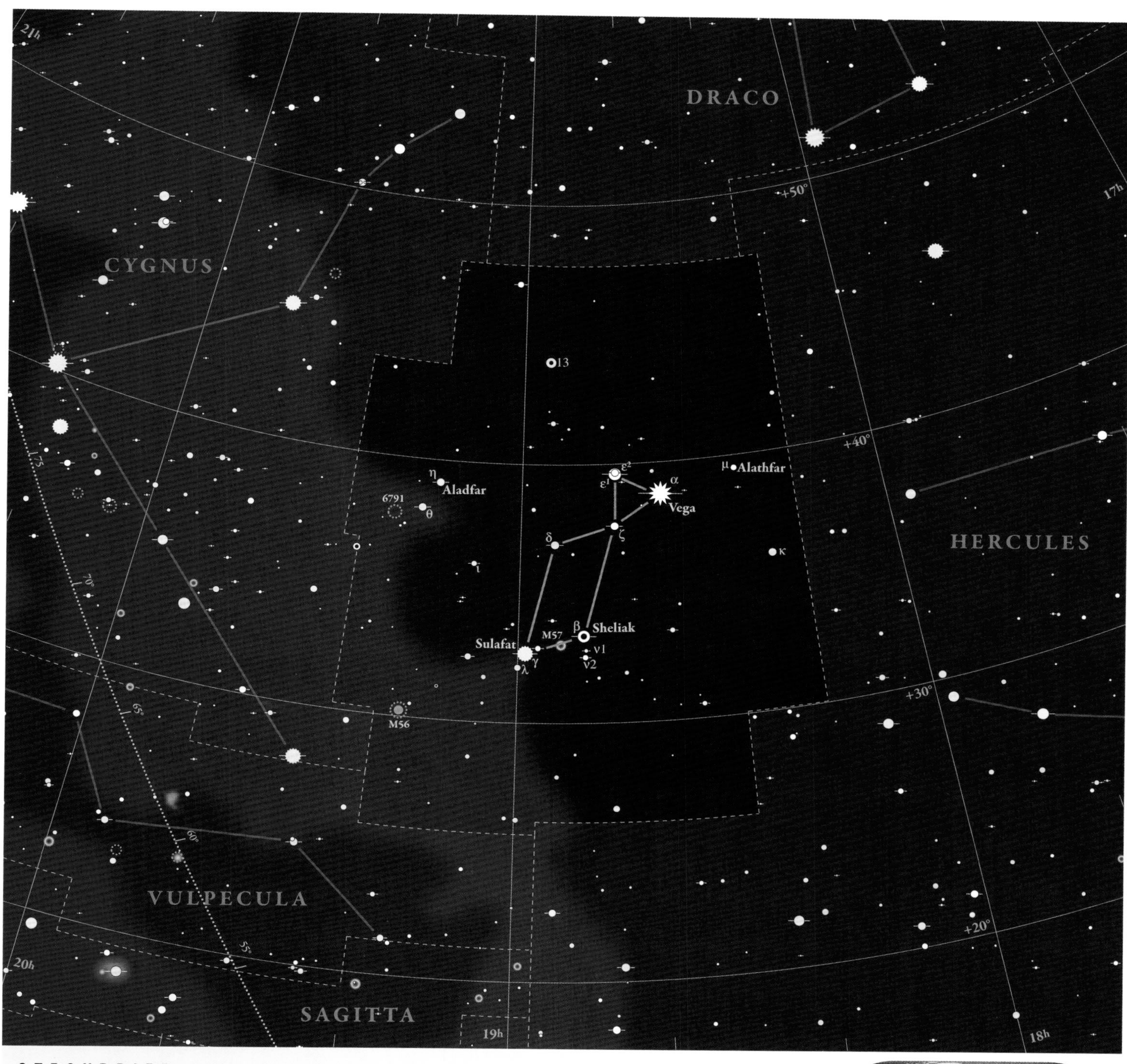

STECKBRIEF

Lyra
Leier

Abkürzung
Lyr

Genitiv
Lyrae

Rektaszension
19 Stunden

Deklination
+40°

Sichtbarkeit
90°N bis 45°S

Beachtenswerte Objekte
Alpha (α) Lyrae
Delta (δ) Lyrae
Epsilon (ε) Lyrae (Double-Double)
M57 (Ring-Nebel)
Stephenson 1

Benannte Sterne
Wega (Alpha [α] Lyrae)
Sheliak (Beta [β] Lyrae)
Sulafat (Gamma [γ] Lyrae)
Aladfar (Eta [η] Lyrae)
Alathfar (My [μ] Lyrae)

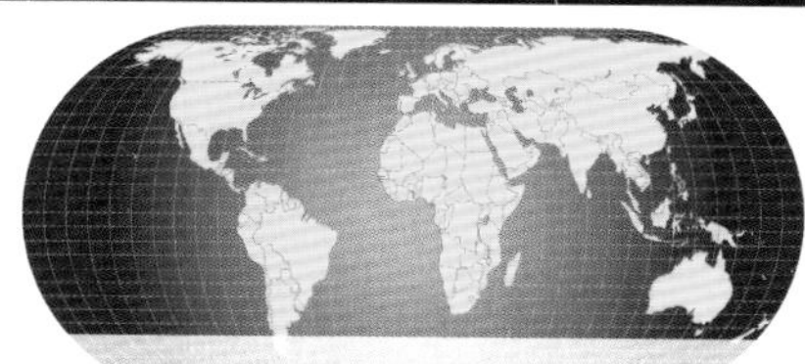

NÖRDLICHER NACHTHIMMEL – Beobachtungsort: New York, USA; Zeitpunkt: 22:00 Uhr am 15. des jeweiligen Monats

JAN

FEB

MÄR
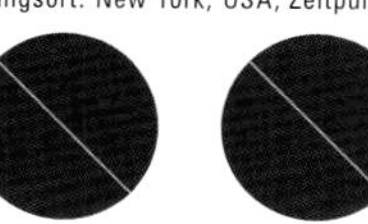
APR
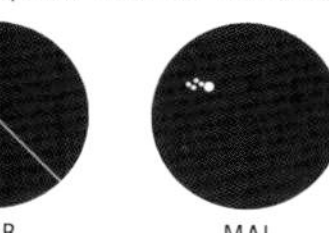
MAI

JUN
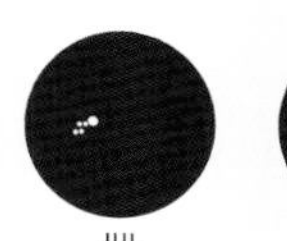
JUL

AUG

SEP

OKT
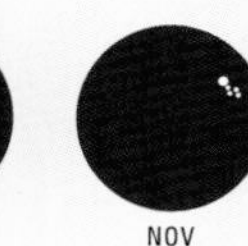
NOV
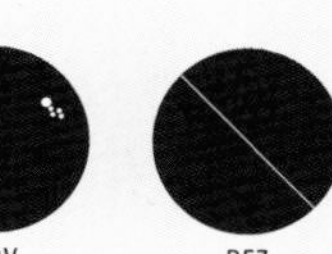
DEZ

SÜDLICHER NACHTHIMMEL – Beobachtungsort: Sydney, Australien; Zeitpunkt: 22:00 Uhr am 15. des jeweiligen Monats

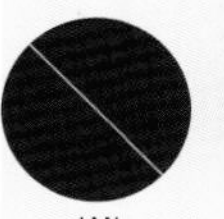
JAN

FEB

MÄR

APR

MAI

JUN
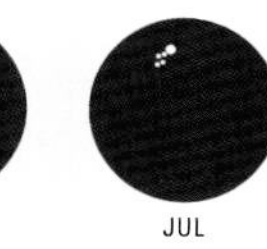
JUL

AUG

SEP
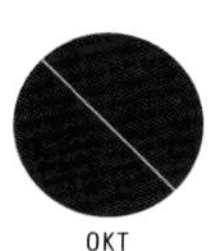
OKT

NOV

DEZ

Mensa

Als eine der schwächsten und unscheinbarsten Konstellationen ist der Tafelberg die Heimat der Großen Magellanschen Wolke.

GLITZERNDER BERG

Die schwach leuchtenden Sterne des Tafelbergs lagen zu weit südlich für die europäischen Astronomen und haben deshalb keinen mythologischen Bezug. Selbst Bayers *Uranometria* führt ihn nicht auf. Mons Mensae, der Tafelberg, ist eine von nur zwei Konstellationen, die einer Landform gewidmet sind.

Nach einer Reise zum Kap der Guten Hoffnung im Jahr 1750/51 führte Abbé Nicolas Louis de Lacaille dieses Sternbild ein, um einen der spektakulärsten Berge der Welt zu ehren: den Tafelberg oberhalb Kapstadts. Seit dieser Zeit haben sich Sterne und Form nicht verändert, nur der lateinische Name ist auf Mensa zusammengeschrumpft.

DIE STERNE DES MENSA

Selbst die hellsten Sterne des Mensa sind winzige 5^m helle Flecken und nur unter idealen Bedingungen zu sehen. Die vier Hauptsterne des Bildes, Alpha (α), Gamma (γ), Eta (η) und Beta (β) Mensae, bilden eine blockförmige Gruppe unterhalb der Großen Magellanschen Wolke.

Der 5^m helle Alpha (α) Mensae ist der wohl schwächste „Alpha"-Stern am Himmel und mit 33 Lichtjahren Entfernung einer der nächsten sonnenähnlichen Sterne. Er hat 90 Prozent der Masse unserer Sonne und 80 Prozent ihrer Leuchtkraft. Heute ist er nur noch ein dunkles Flimmern, aber vor 250 000 Jahren stand er nur elf Lichtjahre entfernt und strahlte mit einer scheinbaren Helligkeit von fast 2^m.

Der etwa 59 Lichtjahre entfernte Pi (π) Mensae ist ein weiterer sehr sonnenähnlicher Stern des G-Typs. Wir sehen ihn als Punkt mit einer Helligkeit von 6^m. Astronomen haben einen Gasriesen als Begleiter von Pi Mensae entdeckt, der mehr als die zehnfache Masse des Jupiters hat.

OBJEKTE VON INTERESSE

Da Mensa abseits der Ebene der Milchstraße liegt, gibt es keine Sternhaufen oder Nebel unserer eigenen Galaxie. Alle seine Galaxien sind entweder zu dunkel oder zu klein (meist beides), um im Teleskop interessant zu sein.

Die südlichen Ausläufer der **Großen Magellanschen Wolke** hängen wie die Wolken und der Nebel, die das „Tischtuch" bilden, über dem Nordende des Mensa. Ein Schwenk mit dem Teleskop oder Feldstecher über den Südrand der Wolke zeigt unter ländlichem Himmel eine Vielfalt schwacher Sterne, Haufen und nebliger Flecken, die unseren nächsten außergalaktischen Nachbarn ausmachen.

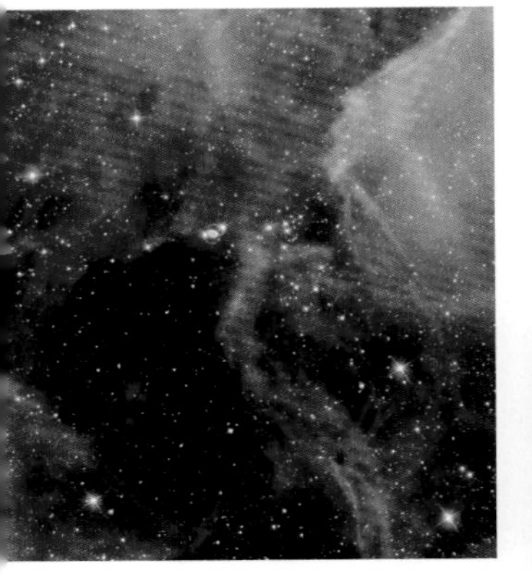

Oben Düster glimmende Sterne zwischen Gasschwaden legen ein spektakuläres Zeugnis von der Supernova 1987A ab, die sich 1987 in der Großen Magellanschen Wolke (GMW) ereignete. Viele der benachbarten blauen Sterne sind mit mehr als der sechsfachen Masse der Sonne riesig.

Rechts Die Große Magellansche Wolke (GMW), die teilweise in den Mensa ragt, war vermutlich einst eine Balkengalaxie, die von unserer Milchstraße auseinandergerissen wurde. Hier ein Foto des Hubble-Teleskops von rosa und violett glühenden stellaren Überresten.

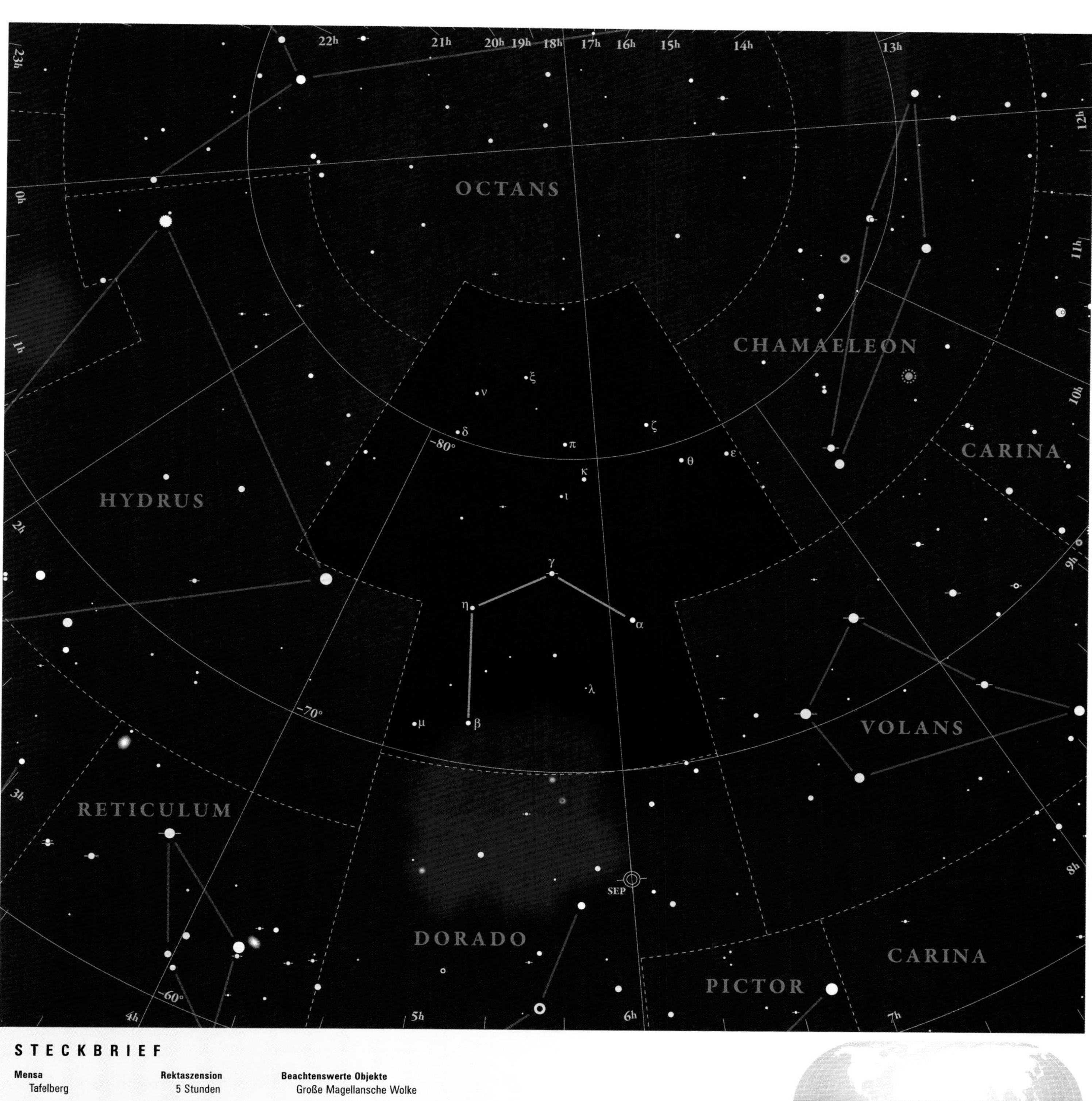

STECKBRIEF

Mensa
Tafelberg

Abkürzung
Men

Genitiv
Mensae

Rektaszension
5 Stunden

Deklination
–80°

Sichtbarkeit
9°N bis 90°S

Beachtenswerte Objekte
Große Magellansche Wolke

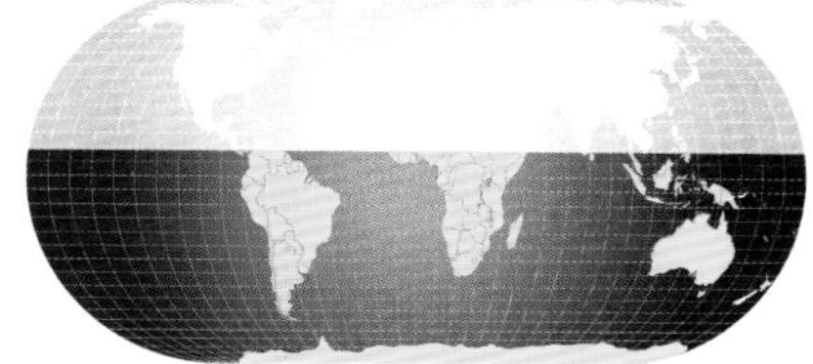

NÖRDLICHER NACHTHIMMEL – Beobachtungsort: New York, USA; Zeitpunkt: 22:00 Uhr am 15. des jeweiligen Monats

JAN

FEB

MÄR

APR
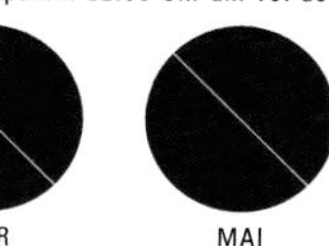
MAI
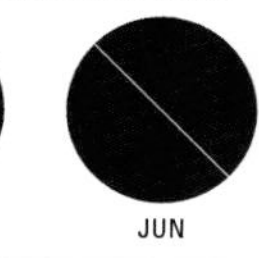
JUN
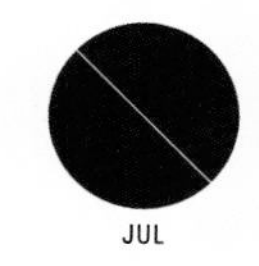
JUL

AUG

SEP
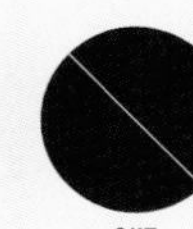
OKT
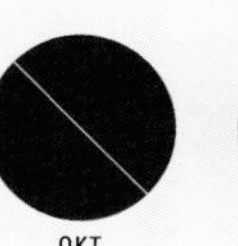
NOV
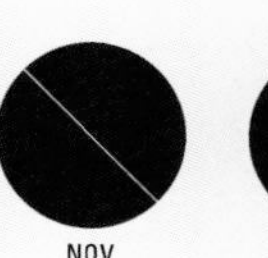
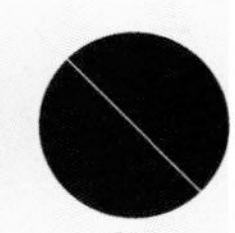
DEZ

SÜDLICHER NACHTHIMMEL – Beobachtungsort: Sydney, Australien; Zeitpunkt: 22:00 Uhr am 15. des jeweiligen Monats

JAN

FEB

MÄR

APR
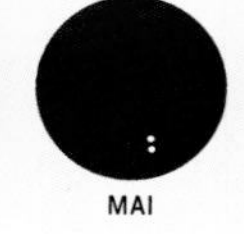
MAI

JUN

JUL

AUG

SEP

OKT

NOV

DEZ

Microscopium

Das Mikroskop ist ein kleines Sternbild am Südhimmel. Sein Name bezieht sich auf seine Ansammlung unauffälliger, schwer auszumachender Objekte.

EINE DUNKLE ANGELEGENHEIT

Abbé Lacaille fasste bei seinem Aufenthalt im Observatorium von Kapstadt 1751/52 als Erster die wenigen schwachen Sterne des Mikroskops zu einem eigenen Sternbild zusammen. Die Konstellation soll an die Erfindung des Lichtmikroskops durch den niederländischen Brillenmacher Zacharias Janssen im 16. Jahrhundert erinnern. Für seine Zusammenstellung plünderte Lacaille die benachbarte Konstellation Südlicher Fisch (Piscis Austrinus) und entfernte mehrere Sterne.

Johannes Bode wiederum „stahl" später diverse Sterne des Mikroskops, um in seiner *Uranographia* von 1803 das Sternbild des Heißluftballons (Globus Aerostaticus) zu schaffen, das aber nie akzeptiert wurde.

Für viele Amateurastronomen ist das Mikroskop eines der schönsten Resultate der offensichtlichen Zuneigung Lacailles zu den weniger aufregenden Sternen. Es gibt sogar unter den von Lacaille selbst erstellten Konstellationen nur wenige noch unscheinbarere Sternbilder als das dunkle und kleine Microscopium. Da das Mikroskop eine moderne Erfindung ist, ranken sich keine Legenden oder Mythen um die Konstellation.

DIE STERNE DES MIKROSKOPS

Die Hauptsterne des Mikroskops bilden eine leicht krumme, umgekehrt L-förmige Gruppe im Süden des Steinbocks. Sie besitzen eine scheinbare Helligkeit von 5^m oder weniger, und die Gruppe erinnert nur wenig an ein wirkliches Mikroskop. Alpha (α) Microscopii ist nach Beta (β) und Gamma (γ) der dritthellste Stern. Das Highlight des Sternbilds ist der vom Südlichen Fisch „ausgeliehene" Gamma (γ) Microscopii. Es ist ein Riese des G-Typs, der die frühen Menschen fasziniert haben muss. Mit der rund 2,5-fachen Masse der Sonne und der 64-fachen Leuchtkraft nähert er sich seinem Lebensende und verbrennt jetzt Helium statt Wasserstoff, wie er es bei seiner Geburt als Zwerg des B-Typs tat.

Die Bewegung Gammas mit 15 Kilometer pro Sekunde beinahe geradlinig von uns weg zeigt etwas Interessantes: Seine Bahn führt von einer sehr nahen Begegnung mit unserer Sonne weg. Heute hat er die Größenklasse 5^m, aber vor etwa 3,5 Millionen Jahren war er nur sechs Lichtjahre entfernt und strahlte mit der scheinbaren Helligkeit von -3^m.

OBJEKTE VON INTERESSE

Das Mikroskop ist um einiges von der Milchstraße entfernt und hat dem Amateurastronomen abgesehen von einigen dunklen und winzigen Galaxien wenig zu bieten. Die hellste und mit einem 20-cm-Teleskop am leichtesten auszumachende ist **NGC 6925**. Sie erscheint als kleines, nebliges Oval mit sehr viel hellerem Zentrum.

Alpha (α) Microscopii ist der interessanteste Doppelstern der Konstellation. Der gelbe, 5^m helle Stern hat einen schwach leuchtenden Begleiter, der mit einem 15-cm-Teleskop leicht zu erkennen ist.

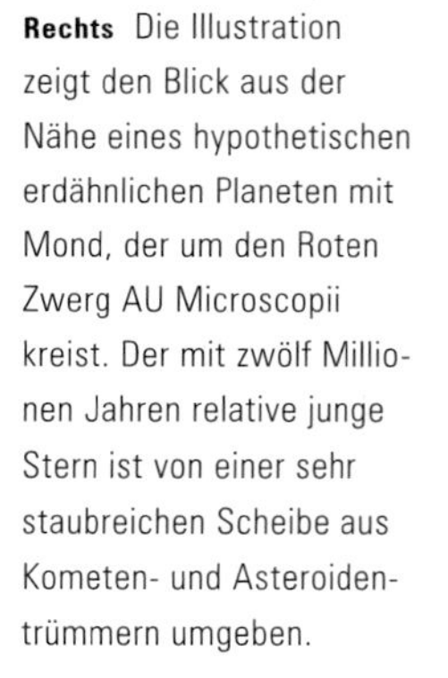

Rechts Die Illustration zeigt den Blick aus der Nähe eines hypothetischen erdähnlichen Planeten mit Mond, der um den Roten Zwerg AU Microscopii kreist. Der mit zwölf Millionen Jahren relative junge Stern ist von einer sehr staubreichen Scheibe aus Kometen- und Asteroidentrümmern umgeben.

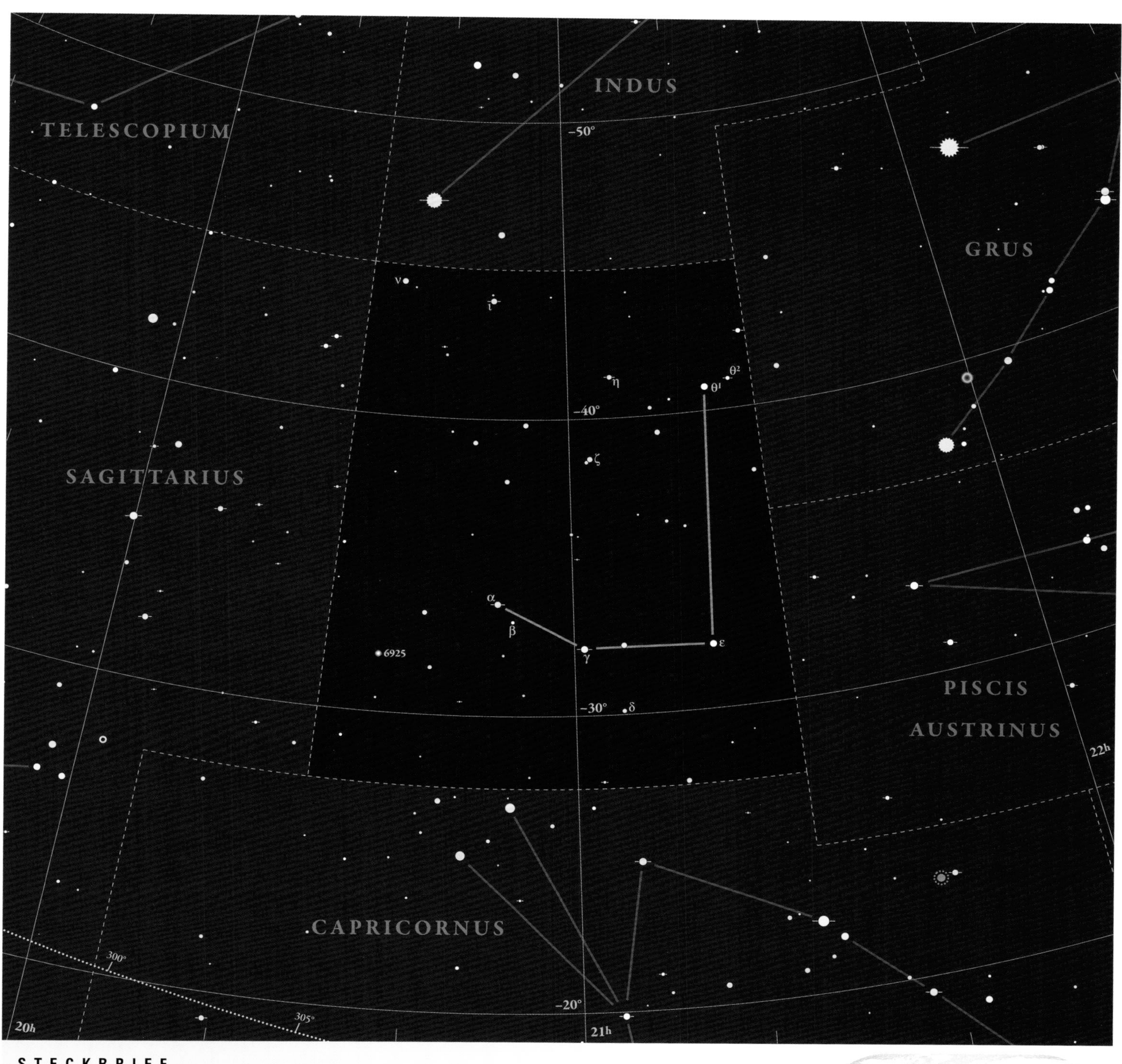

STECKBRIEF

Microscopium
Mikroskop

Abkürzung
Mic

Genitiv
Microscopii

Rektaszension
21 Stunden

Deklination
–35°

Sichtbarkeit
44°N bis 90°S

Beachtenswerte Objekte
Alpha (α) Microscopii
NGC 6925

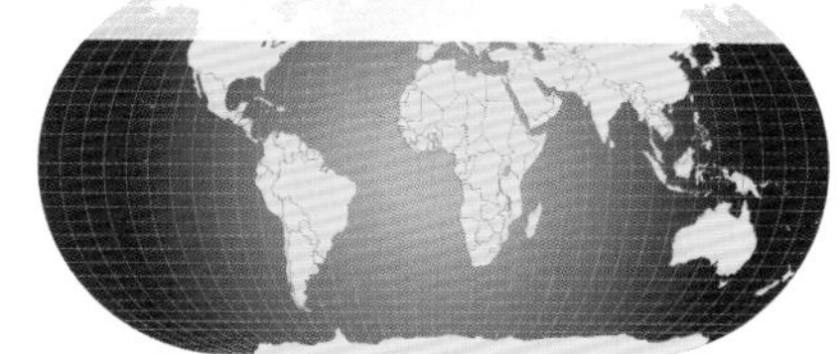

NÖRDLICHER NACHTHIMMEL – Beobachtungsort: New York, USA; Zeitpunkt: 22:00 Uhr am 15. des jeweiligen Monats

   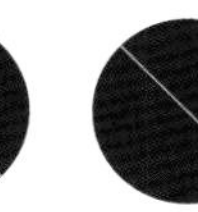   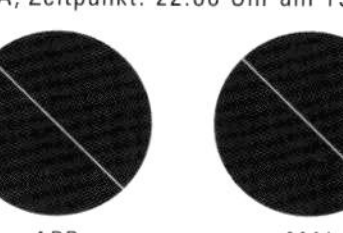 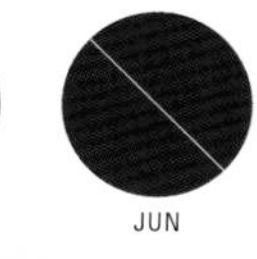 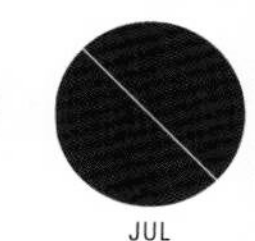 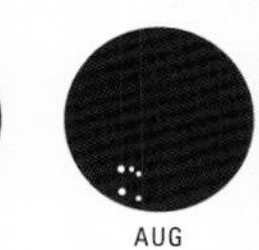  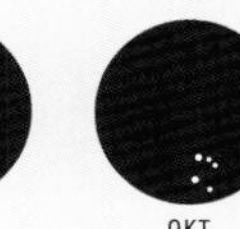 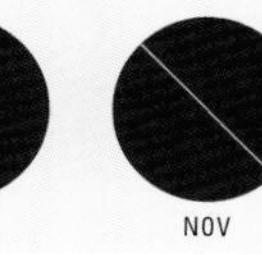 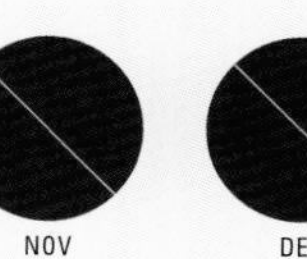 

JAN FEB MÄR APR MAI JUN JUL AUG SEP OKT NOV DEZ

SÜDLICHER NACHTHIMMEL – Beobachtungsort: Sydney, Australien; Zeitpunkt: 22:00 Uhr am 15. des jeweiligen Monats

   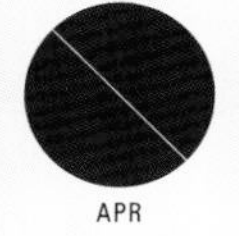    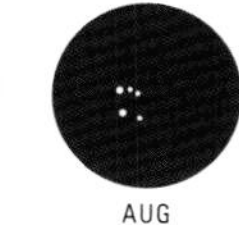  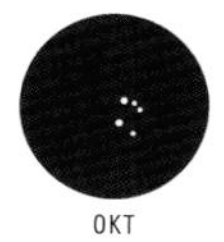  

JAN FEB MÄR APR MAI JUN JUL AUG SEP OKT NOV DEZ

Monoceros

Das scheue Einhorn besteht aus schwer zu fixierenden Sternen. Es nimmt einen großen Teil des Himmels ein, aber da ihm keine antike Kultur eine Figur zugewiesen hat, fehlt der mythologische Bezug.

GEHÖRNTE FABELFIGUR

Man schreibt die Erfindung des Einhorns Petrus Plancius zu, der es 1624 auf einem Sternglobus verewigte. Vermutlich ließ er sich dabei von einer Bibelstelle inspirieren, in der ein Einhorn erwähnt wird. Das Bild wurde bald von anderen Astronomen übernommen und wird auch heute noch verwendet.

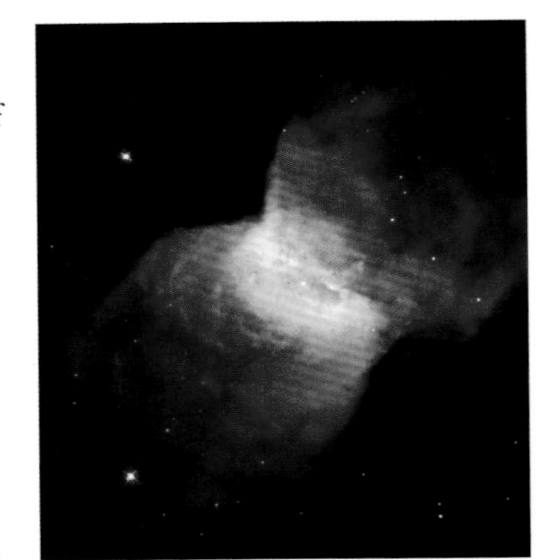

Rechts Die wie eine riesige Motte aus der Dunkelheit tretende Form von NGC 2346 ist das Resultat der Todeszuckungen des Doppelsterns im Zentrum des Nebels.

DIE STERNE DES EINHORNS

Monoceros liegt zwar im Bereich der Milchstraße, hat aber selbst keine hellen Sterne. Alpha (α) und Beta (β) Monocerotis haben eine scheinbare Helligkeit von 4^m, alle anderen Sterne mit Bayer-Bezeichnung liegen bei 5^m oder weniger. Selbst an einem dunklen Himmel lässt sich keinerlei Ähnlichkeit mit einem Einhorn erkennen. Der Hintergrund des Sternbilds ist wesentlich schwächer und weiter gestreut als in den meisten anderen Bereichen, da wir hier Richtung Rand unserer Galaxie schauen.

Der hellste Stern des Einhorns ist Beta (β), der Alpha (α) in dieser Hinsicht knapp schlägt. Als einer der schönsten Dreifachsterne besteht er aus zwei 5^m und einem 6^m hellen Stern, wobei Letzterer das eng stehende schwächere Paar umkreist. Alle drei sind vom Typ B, der hellste ist ein Riese, und das gesamte System ist 690 Lichtjahre entfernt. Nahe dem berühmten Rosetten-Nebel findet sich Plasketts Stern, ein Doppelsystem mit den größten Massen, die je entdeckt wurden. Es besteht aus zwei 6600 Lichtjahre entfernten Hyperriesen des Typs O, die 51- bzw. 43-mal schwerer sind als die Sonne und sich in nur 14 Tagen einmal umkreisen. Zusammen sind sie mehr als eine Million Mal heller als die Sonne.

OBJEKTE VON INTERESSE

Monoceros weist viele offene Sternhaufen und Nebel auf, und mindestens zehn Haufen sind gut sichtbar. Der **Rosetten-Nebel (NGC 2237 mit NGC 2244)** ist der schönste. Ein 10-cm-Teleskop zeigt ein von zahlreichen schwachen Sternen umgebenes gestrecktes Rechteck aus sechs Sternen. Größere Instrumente zeigen bei sehr schwacher Vergrößerung einen riesigen Kranz aus extrem schwach leuchtendem Nebel.

Der **Weihnachtsbaum-Sternhaufen (NGC 2264)** ist eine weitere helle Attraktion, deren Hauptsterne eine schlanke Tannenform bilden. Der berühmte **Konus-Nebel** liegt im selben Feld genau südlich des Sternhaufens, ist aber mit Amateurausrüstung kaum zu entdecken.

NGC 2232 ist ein dreieckiger offener Haufen, der bei schwacher Vergrößerung am besten zu erkennen ist, während **M50** eine mittelgroße Wolke gleichmäßig verteilter Sterne von etwa halbem Monddurchmesser ist.

Der planetare Nebel **NGC 2346** ist eine hübsche kleine gräulich-blaue Scheibe mit einem prominenten Zentralstern, der sich in einem 20-cm-Teleskop schön vor einem reichen Sternenfeld abhebt.

Links Das leuchtende Herz des Rosetten-Nebels (NGC 2244) ist eigentlich der Sternhaufen NGC 2237. Das ultraviolette Licht des Sternhaufens bringt Gase und Staub des Nebels zum Leuchten.

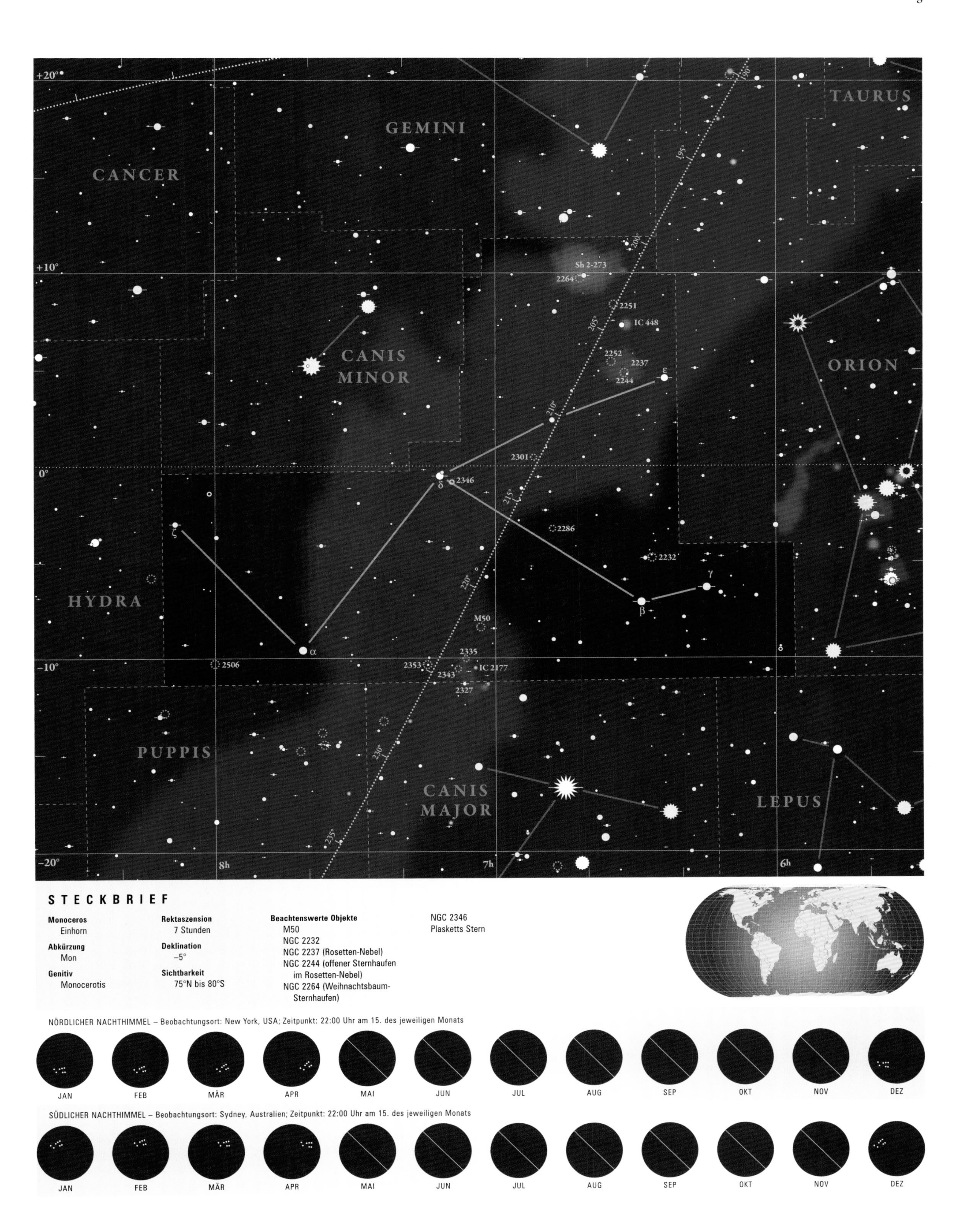
+20°
+10°
0°
-10°
-20°
8h
7h
6h
CANCER
GEMINI
TAURUS
CANIS MINOR
ORION
HYDRA
PUPPIS
CANIS MAJOR
LEPUS
Sh 2-273
2264
2251
IC 448
2252
2237
2244
ε
210°
2301
2346
δ
215°
2286
2232
γ
β
ζ
α
220°
M50
2335
2353
2343
IC 2177
2327
2506
230°
235°
190°
195°
200°
205°
STECKBRIEF
Monoceros
Einhorn
Abkürzung
Mon
Genitiv
Monocerotis
Rektaszension
7 Stunden
Deklination
–5°
Sichtbarkeit
75°N bis 80°S
Beachtenswerte Objekte
M50
NGC 2232
NGC 2237 (Rosetten-Nebel)
NGC 2244 (offener Sternhaufen im Rosetten-Nebel)
NGC 2264 (Weihnachtsbaum-Sternhaufen)
NGC 2346
Plasketts Stern
NÖRDLICHER NACHTHIMMEL – Beobachtungsort: New York, USA; Zeitpunkt: 22:00 Uhr am 15. des jeweiligen Monats
JAN
FEB
MÄR
APR
MAI
JUN
JUL
AUG
SEP
OKT
NOV
DEZ
SÜDLICHER NACHTHIMMEL – Beobachtungsort: Sydney, Australien; Zeitpunkt: 22:00 Uhr am 15. des jeweiligen Monats
JAN
FEB
MÄR
APR
MAI
JUN
JUL
AUG
SEP
OKT
NOV
DEZ

Musca

Musca, die Fliege, ist eine deutliche, leicht zu findende Sternengruppe südlich des Kreuzes des Südens, von den Astronomen lateinisch auch Crux genannt.

FLIEGE ODER BIENE

Die frühen Astronomen kannten die Konstellation der Fliege noch nicht, weil sie zu weit südlich lag. Erst im 16. Jahrhundert erfassten die niederländischen Entdecker und Kartografen Pieter Dirkszoon Keyser und Frederick de Houtman die Formation auf ihrer Reise zu den Westindischen Inseln, und Petrus Plancius stellte sie 1598 als Erster in einem Planetenglobus dar. Außerdem fand sie in Bayers *Uranometria* von 1603 Eingang – allerdings nicht als Musca, die Fliege, sondern als Apis, die Biene. In den nächsten zwei Jahrhunderten sollte die Konstellation noch mehrfach den Namen wechseln.

Edmund Halley taufte das Bild in Musca-Apis – die Fliege-Biene – um. 1752 erkannte Abbé Nicolas Louis de Lacaille in ihm erneut eine Fliege, aber in Bodes Sternatlas *Uranographia* von 1801 hieß es wieder Apis. Gegen Ende des 19. Jahrhundert setzte sich der Name Musca Australis, die Südliche Fliege, durch, und als 1929 die 88 modernen anerkannten Konstellationen von der Internationalen Astronomischen Union festgeschrieben wurden, wurde sie schlicht als Musca notiert.

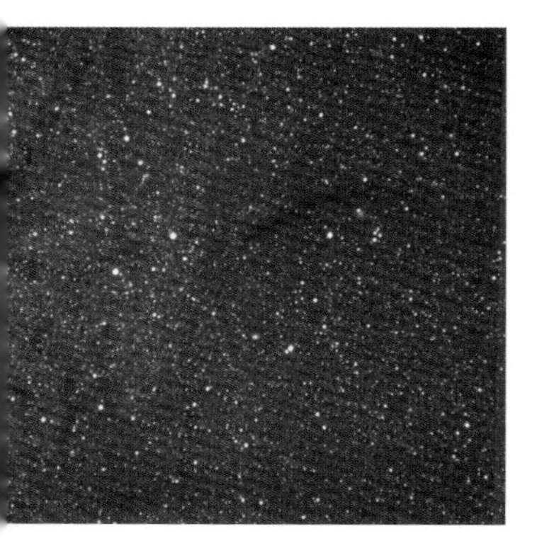

Oben Die Fliege ist eine am Nachthimmel der Südhalbkugel leicht zu entdeckende Konstellation im Süden des Kreuzes des Südens (Crux).

DIE STERNE DER FLIEGE

Die Sterne der 3. und 4. Größenklasse bilden ein leicht zu erkennendes Muster, das die Form der Fliege beschreibt. Vier der fünf Sterne – Delta (δ) ist eine Ausnahme – sind alle etwa 300 Lichtjahre entfernt, haben aber weder eine physikalische Beziehung zueinander noch eine Bindung als Haufen. Der zentrale Alpha (α) Muscae ist ein heißer Riese des B3-Typs mit der rund achtfachen Masse unserer Sonne. Im Gegensatz dazu ist Epsilon (ε) ein kühler Roter Riese, geringfügig größer als die Venus.

OBJEKTE VON INTERESSE

Musca ist die Heimat zweier Kugelsternhaufen, **NGC 4372** und **NGC 4833**, die 19 000 bzw. 21 000 Lichtjahre entfernt sind. NGC 4833 liegt weniger als ein Grad nördlich von Delta (δ) Muscae ($3^{m}{,}6$) und löst sich im 20-cm-Teleskop zu winzigen Sternchen vor einem nebligen Hintergrund auf. NGC 4372 ist ein sehr ähnlicher, nur etwas größerer und schwächer leuchtender Haufen. Beide zeigen im Kern nur eine sehr leichte Verdichtung.

Beta (β) Muscae ist ein schöner Doppelstern, der sich in einem 15-cm-Teleskop in zwei eng stehende, leicht ungleiche blauweiße Punkte auflöst. Die Fliege besitzt viele planetare Nebel, aber der schönste ist **NGC 5189**. Die seltsame Form wirkt auf den ersten Blick gar nicht planetar, aber das 20-cm-Teleskop zeigt eine recht helle, bläuliche, klumpige Gaswolke mit einem helleren Streifen in der Mitte. Südlich von NGC 5189 (1½ Grad) liegt der berühmte planetare Nebel **MyCn18**. Im 20-cm-Teleskop nur als schwaches, sternartiges Objekt erkennbar, ist er eines der bekanntesten und populärsten Motive des Weltraumteleskops Hubble.

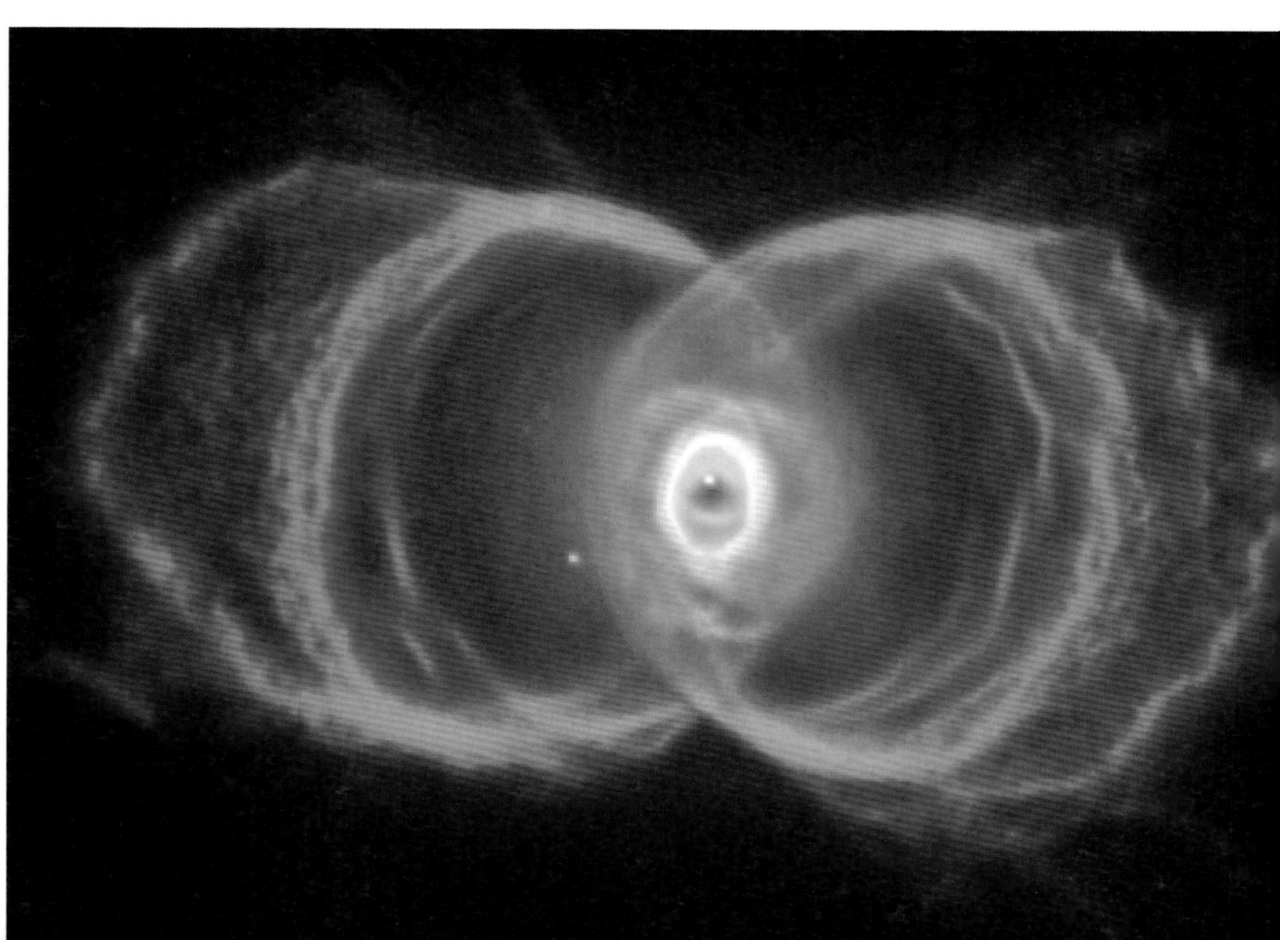

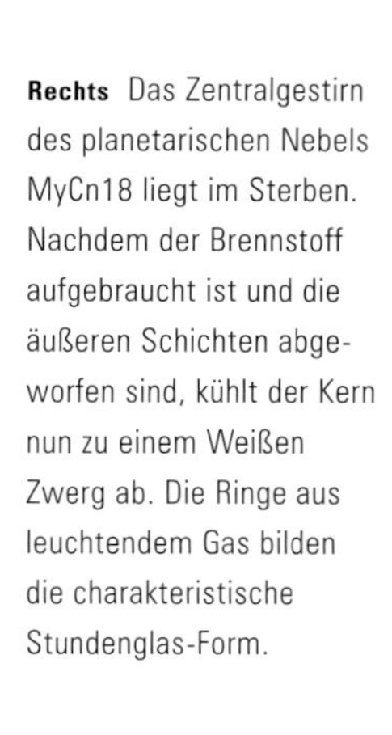

Rechts Das Zentralgestirn des planetarischen Nebels MyCn18 liegt im Sterben. Nachdem der Brennstoff aufgebraucht ist und die äußeren Schichten abgeworfen sind, kühlt der Kern nun zu einem Weißen Zwerg ab. Die Ringe aus leuchtendem Gas bilden die charakteristische Stundenglas-Form.

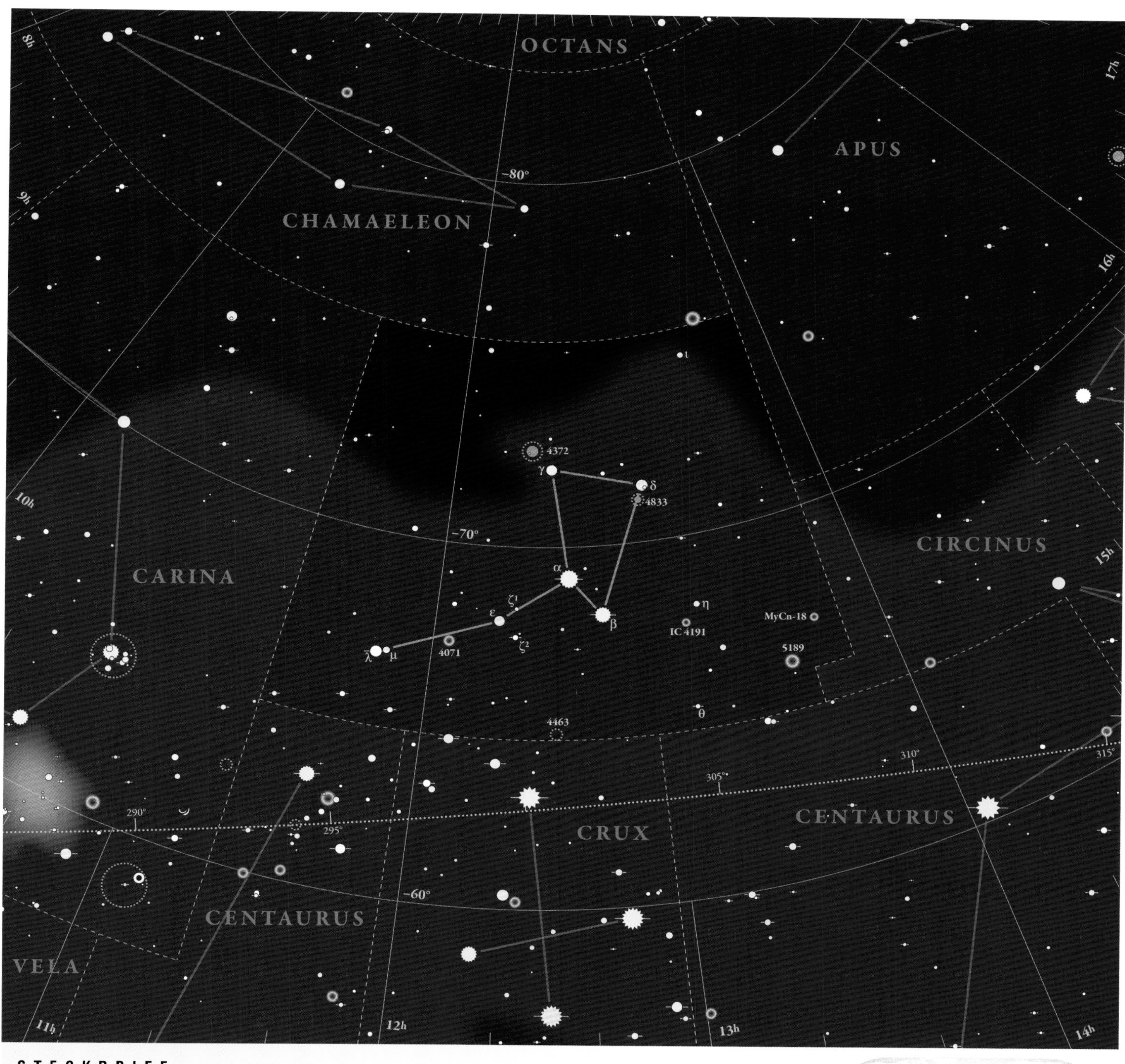

STECKBRIEF

Musca
Fliege

Abkürzung
Mus

Genitiv
Muscae

Rektaszension
12 Stunden

Deklination
–70°

Sichtbarkeit
13°N bis 90°S

Beachtenswerte Objekte
Beta (β) Muscae
IC 4191
MyCn18
NGC 4372
NGC 4833
NGC 5189

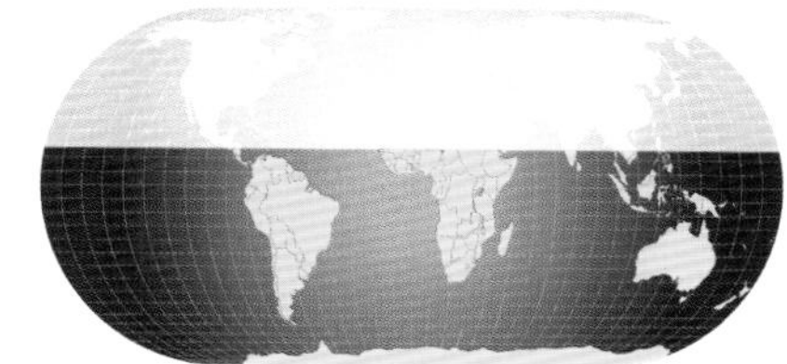

NÖRDLICHER NACHTHIMMEL – Beobachtungsort: New York, USA; Zeitpunkt: 22:00 Uhr am 15. des jeweiligen Monats

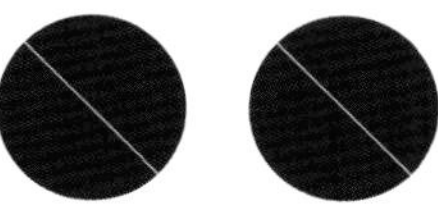  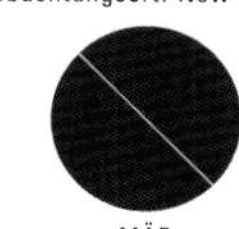 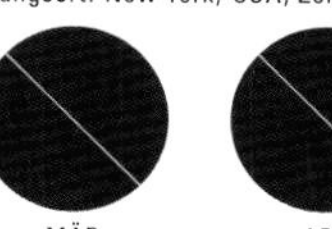 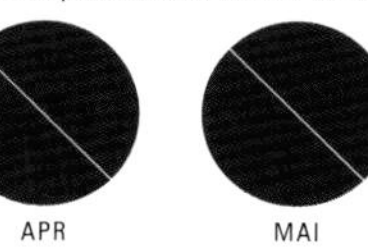 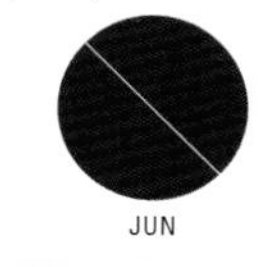 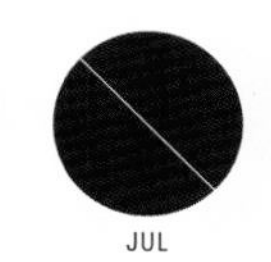 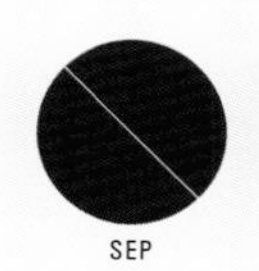   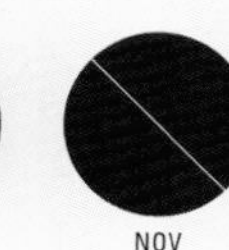 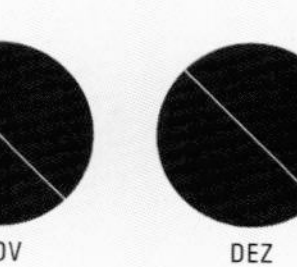

JAN FEB MÄR APR MAI JUN JUL AUG SEP OKT NOV DEZ

SÜDLICHER NACHTHIMMEL – Beobachtungsort: Sydney, Australien; Zeitpunkt: 22:00 Uhr am 15. des jeweiligen Monats

  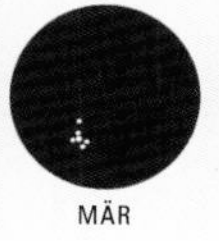  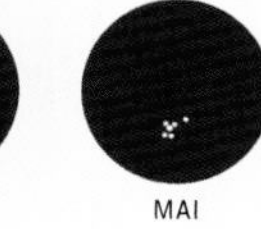      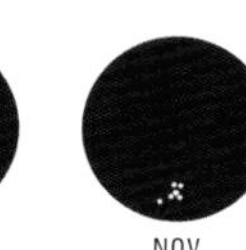 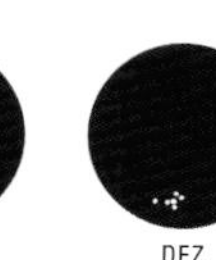

JAN FEB MÄR APR MAI JUN JUL AUG SEP OKT NOV DEZ

Norma

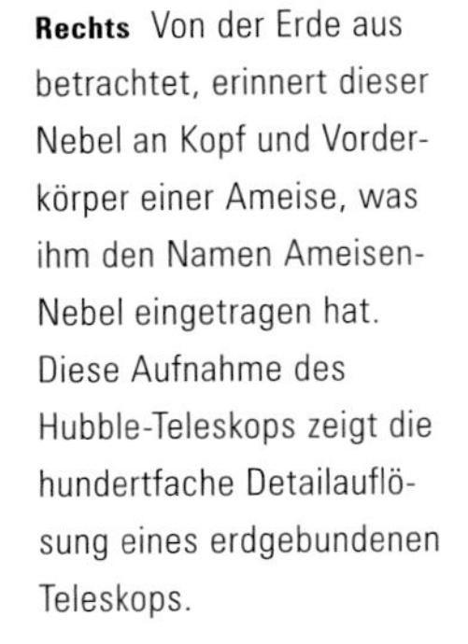

Der prächtige Hintergrund der Milchstraße macht das Winkelmaß, Norma, zu einem faszinierenden Sternbild.

KLARE LINIEN

Eingekeilt zwischen Wolf, Altar und Skorpion liegen die Sterne des Winkelmaßes ohne mythologische Konnotationen. Das Sternbild wurde auch schon als Triangulum Australe (ohne Beziehung zum weiter südlich gelegenen echten Triangulum Australe) und Quadrans Euclidis – Euklids Winkelmaß – genannt.

Während seines Aufenthalts am Observatorium von Kapstadt 1751/52 gab Abbé Nicolas Louis de Lacaille ihm den Namen Norma et Regula – Winkelmaß und Lineal. Dazu lieh er zwei Sterne des benachbarten Skorpions aus, die dadurch zu Alpha (α) und Beta (β) Normae wurden. Diese Sterne wurden letztendlich wieder dem Skorpion zugeschrieben, sodass jetzt Gamma (γ) der hellste Stern ist. Der Name wurde mit der Zeit zu Norma verkürzt.

Rechts Von der Erde aus betrachtet, erinnert dieser Nebel an Kopf und Vorderkörper einer Ameise, was ihm den Namen Ameisen-Nebel eingetragen hat. Diese Aufnahme des Hubble-Teleskops zeigt die hundertfache Detailauflösung eines erdgebundenen Teleskops.

DIE STERNE DES WINKELMASSES

Die Hauptsterne, Gamma^2 (γ^2) und Gamma^1 (γ^1), bilden zusammen mit Epsilon (ε) und Eta (η) ein einfaches gleichschenkliges Dreieck vor einem Hintergrund schwächerer Sterne. Für das bloße Auge scheint der Hintergrund der Milchstraße im Winkelmaß etwas „körniger" als an anderen Stellen. So finden sich einige hellere Knoten, und der Feldstecher zeigt eine fleckige, beinahe marmorierte Struktur.

Mangels eines Alpha-Sterns ist Gamma^2 Normae der hellste Stern der Konstellation. Der 128 Lichtjahre entfernte Gelbe Riese hat die doppelte Masse und die 45-fache Leuchtkraft der Sonne. Sein scheinbarer Begleiter, der etwas schwächere Gamma^1, ist ein nahezu 1500 Lichtjahre entfernter Überriese des Typs F9.

OBJEKTE VON INTERESSE

NGC 6087 ist der hellste offene Sternhaufen des Winkelmaßes. Er ist mit bloßem Auge als kleiner, milchiger Fleck zu erkennen und zeigt sich im Feldstecher als einige wenige Sterne inmitten dichten Nebels. Ein 15-cm-Teleskop zeigt einen Haufen von etwa 30 Sternen. Nur wenig schwächer ist der ähnliche und ebenfalls spektakuläre **NGC 6067**. Norma besitzt auch zahlreiche planetare Nebel, die aber meist schwach oder klein sind. Der schönste ist **SP-3**, der im 20-cm-Teleskop wie ein dunstiger, durchscheinender Nebelring wirkt.

NGC 6164-65 ist einer der seltensten Nebeltypen am Himmel: ein zerzauster bipolarer Nebel. Nur zwei Nebel dieses Typs sind hell genug, um sie mit einem Amateurteleskop zu erkennen. Der zweite ist der „Blasen-Nebel" NGC 7635 in der Cassiopeia. NGC 6164-65 umgibt einen leuchtenden Überriesen des Typs O7 mit etwa 40-facher Sonnenmasse, der starke, schnelle Winde erzeugt, die das Gas ionisieren und zu einer symmetrischen S-Form formen. Ein 20-cm-Teleskop und ein unverschmutzter Himmel sind nötig, um dieses Bild gerade erkennen zu können.

Links Im Zentrum des Nebels NGC 6164-65 liegt ein ungewöhnlich massiver Stern nahe dem Ende seines Lebenszyklus. Der in der Bildmitte zu sehende Stern ist so heiß, dass das von ihm ausgehende ultraviolette Licht das umgebende Gas aufheizt und in diese verdrehte S-Form zwingt.

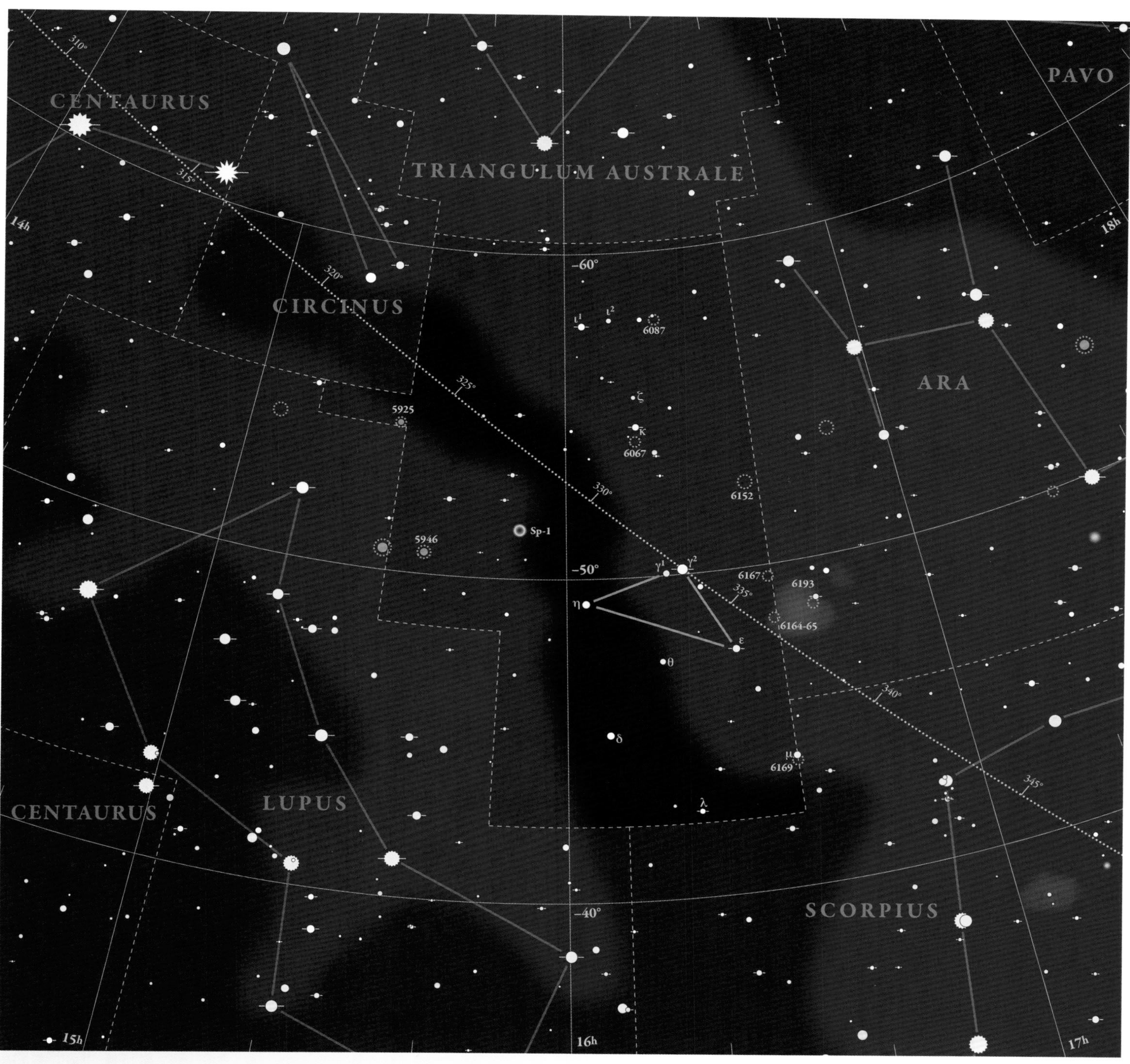

STECKBRIEF

Norma
Winkelmaß

Abkürzung
Nor

Genitiv
Normae

Rektaszension
16 Stunden

Deklination
–50°

Sichtbarkeit
35°N bis 90°S

Beachtenswerte Objekte
NGC 6067
NGC 6087
NGC 6164-65
SP-3

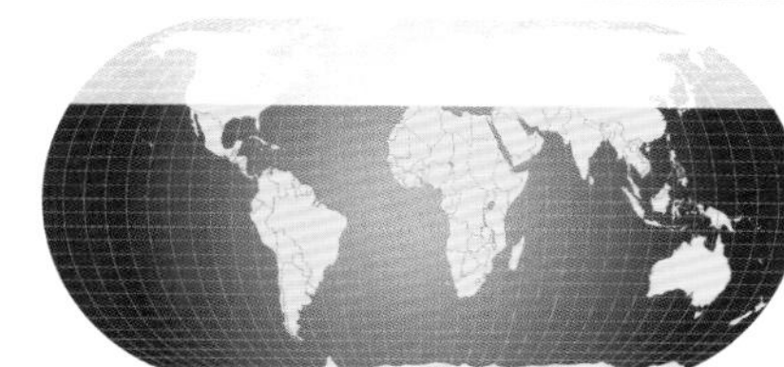

NÖRDLICHER NACHTHIMMEL – Beobachtungsort: New York, USA; Zeitpunkt: 22:00 Uhr am 15. des jeweiligen Monats

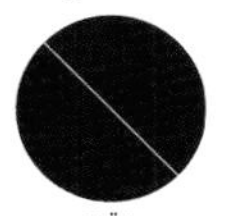
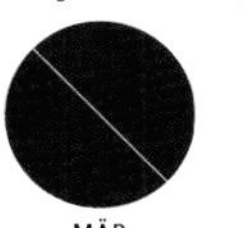
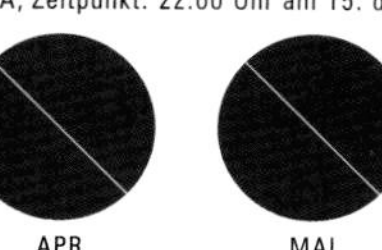
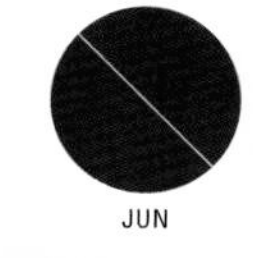
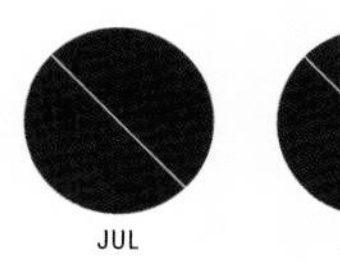
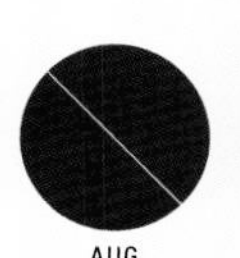
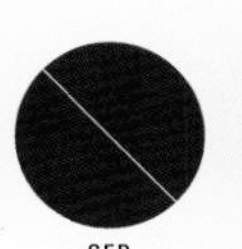

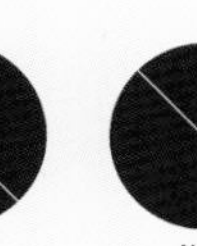
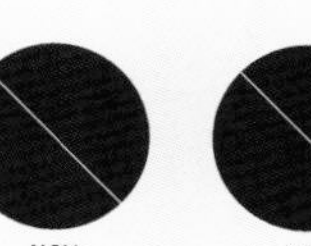

JAN FEB MÄR APR MAI JUN JUL AUG SEP OKT NOV DEZ

SÜDLICHER NACHTHIMMEL – Beobachtungsort: Sydney, Australien; Zeitpunkt: 22:00 Uhr am 15. des jeweiligen Monats

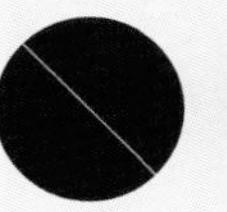
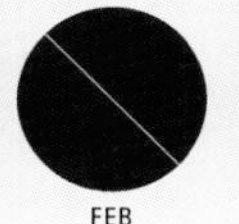

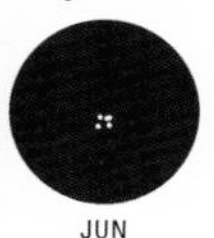
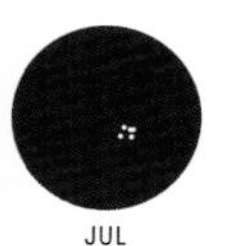
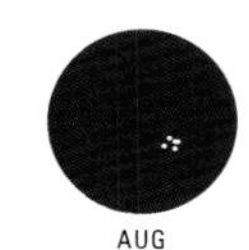
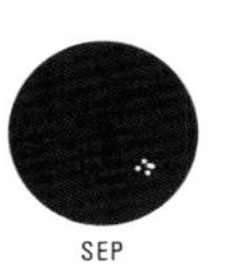

JAN FEB MÄR APR MAI JUN JUL AUG SEP OKT NOV DEZ

Octans

Der dunkle und schwer zu findende Oktant beheimatet den Anker des Südhimmels: den südlichen Himmelspol.

STELLARE NAVIGATIONSHILFE

Der Oktant war den antiken Astronomen unbekannt. Abbé Nicolas Louis de Lacaille erfand die Konstellation während seines Aufenthalts am Observatorium von Kapstadt 1751/52 und nannte sie Octans Hadleianus. Auch wenn der südliche Himmelspol hier liegt, lässt sich nur schwer nachvollziehen, warum die schwachen Sterne des Oktanten zu einem eigenen Bild zusammengefasst werden mussten. Lacaille musste sogar zwei Sterne aus der benachbarten Kleinen Wasserschlange stehlen, die heute (zusammen mit einem dunkleren Stern) als Ny (ν) und Beta (β) Octantis das Sternbild vervollständigen.

Wie viele von Lacailles Konstellationen steht auch Octans für ein wissenschaftliches Instrument – in diesem Fall den von John Hadley 1730 erfundenen Oktanten, den Vorläufer des Sextanten. Sterne und Form haben sich seitdem kaum verändert, nur der Name hat sich mit den Jahren zu Octans verkürzt.

DIE STERNE DES OKTANTEN

Die Hauptsterne des Oktanten bilden ein ungleichschenkliges Dreieck neben dem südlichen Himmelspol. Sein hellster Stern ist überraschenderweise Ny (ν) Octantis mit der Größenordnung 4^m, der damit nicht nur Alpha, sondern auch Beta auf die Plätze verweist.

Betrachtete man einen Schnappschuss unserer Sonne in rund sieben Milliarden Jahren, sähe sie aus wie Ny Octantis. Er hat nahezu die gleiche Masse wie die Sonne und ihr wohl auch den Großteil seines Lebens sehr ähnlich gesehen. Nach etwa zwölf Milliarden Jahren hat er seinen Wasserstoffvorrat schließlich aufgebraucht. Zur Zeit ist er ein leicht angeschwollener und kühlerer Unterzwerg des Typs K0, der in etwa 100 Millionen Jahren zur Heliumfusion übergehen und sich zu einem ausgewachsenen Roten Riesen mit der 60-fachen Leuchtkraft entwickeln wird, bevor er als Weißer Zwerg stirbt.

Während der Nordhimmel den hellen Polarstern zur Markierung des Pols hat, ist der nächste Stern am südlichen Himmelspol der mit 5^m eher unauffällige Sigma (σ) Octantis.

Die beiden Sterne sind zwar in Leuchtkraft (und Position) weit voneinander entfernt, haben aber eine Gemeinsamkeit: Beide sind Pulsationsveränderliche des F-Typs. Der Polarstern zählt zu den Cepheiden, während Sigma zu den Delta-Scuti-Sternen gehört und in nur zwei Stunden um weniger als ein Zehntel einer Größenklasse variiert.

OBJEKTE VON INTERESSE

Der Himmel des Oktanten bietet für den Amateurastronomen wenig Attraktives. **Collinder 411** ist ein ausgedehnter offener Haufen aus Sternen der 7. bis 10. Größenordnung und lässt sich am besten mit einem großen Feldstecher oder einem Teleskop betrachten.

Im Oktanten finden sich viele kleine Galaxien. Das Interessanteste an **NGC 2573** (Polarissima Australis) ist, dass sie die nächste Galaxie am südlichen Himmelspol ist.

Rechts Dieses Bild zeigt die Himmelsrotation, während die Sterne um den Südpol kreisen, mit Sigma (σ) Octantis nahe dem Rotationszentrum. Er liegt nur ein Grad neben dem Pol.

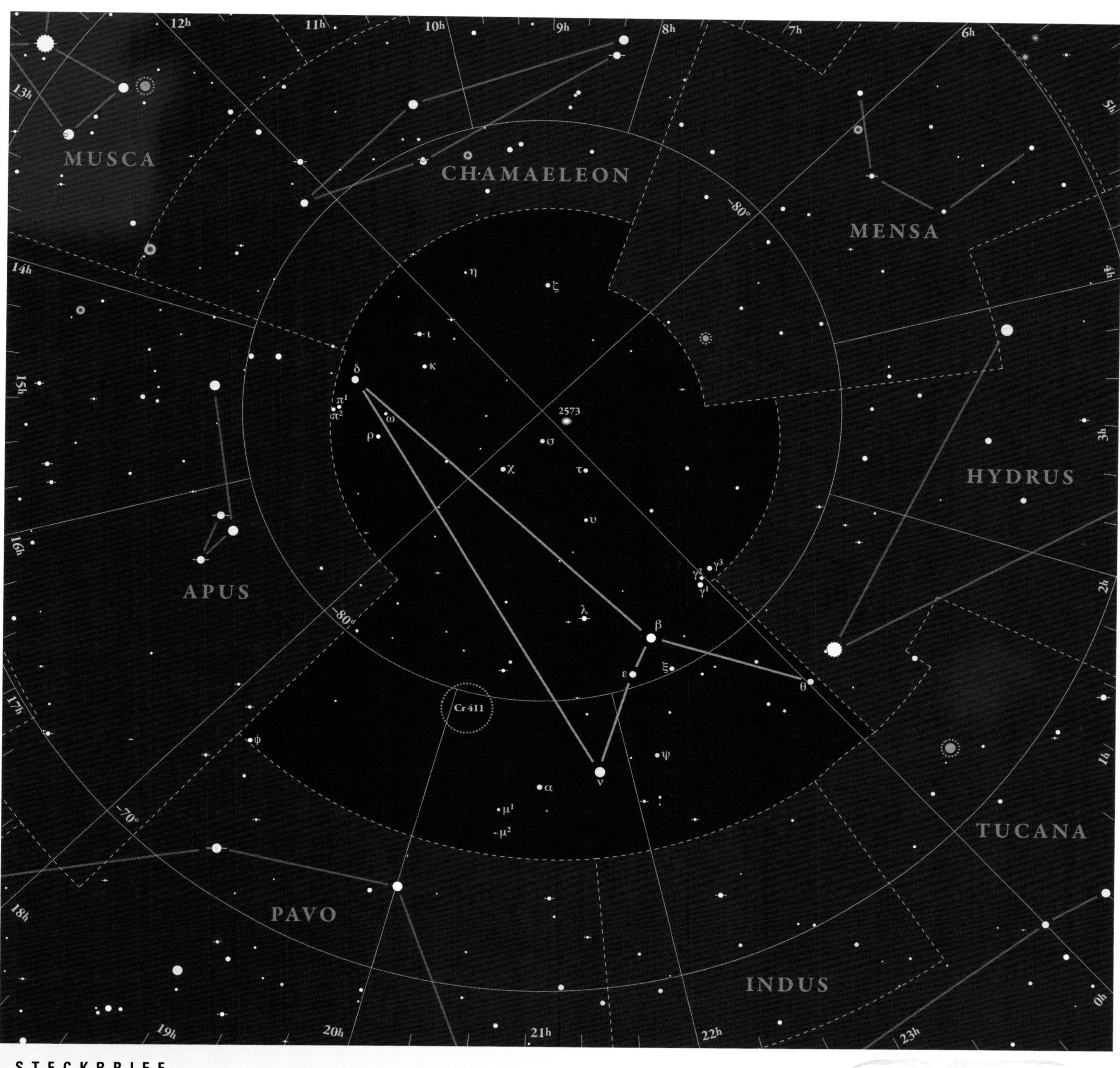

STECKBRIEF

Octans
Oktant

Abkürzung
Oct

Genitiv
Octantis

Rektaszension
22 Stunden

Deklination
–85°

Sichtbarkeit
1°N bis 90°S

Beachtenswerte Objekte
Collinder 411 (Cr411)
NGC 2573

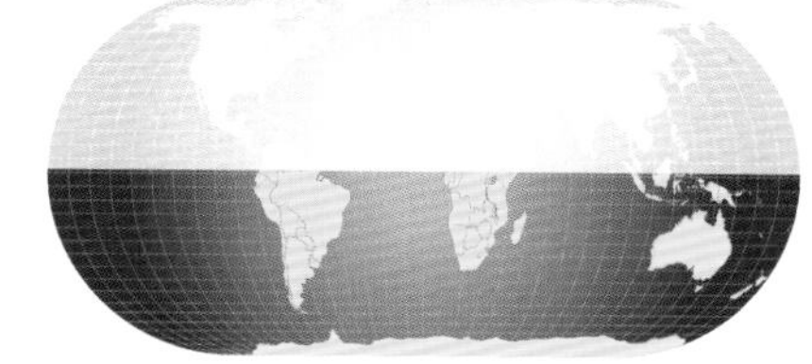

NÖRDLICHER NACHTHIMMEL – Beobachtungsort: New York, USA; Zeitpunkt: 22:00 Uhr am 15. des jeweiligen Monats

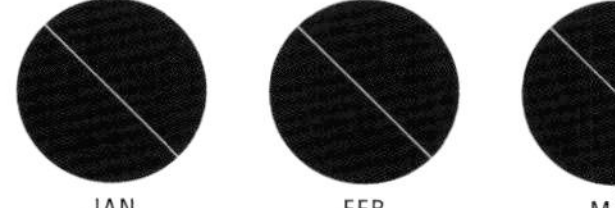

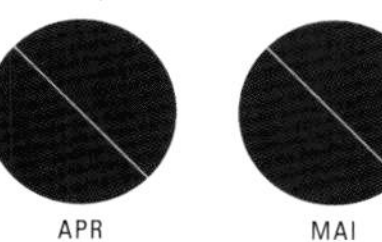
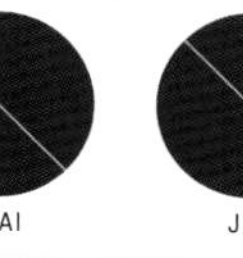
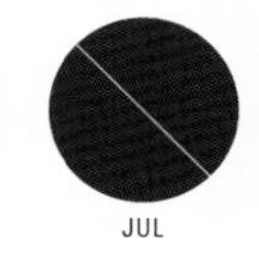

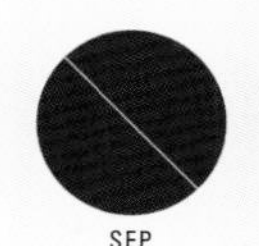
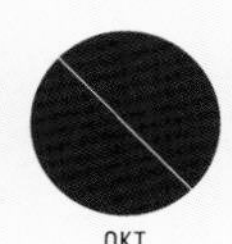

JAN FEB MÄR APR MAI JUN JUL AUG SEP OKT NOV DEZ

SÜDLICHER NACHTHIMMEL – Beobachtungsort: Sydney, Australien; Zeitpunkt: 22:00 Uhr am 15. des jeweiligen Monats

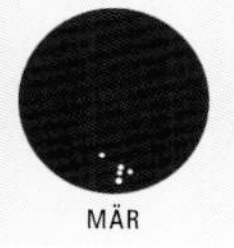
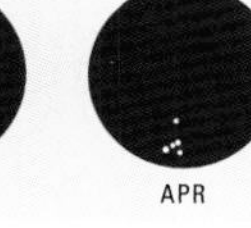

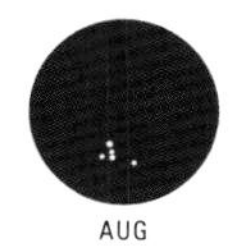

JAN FEB MÄR APR MAI JUN JUL AUG SEP OKT NOV DEZ

Ophiuchus

Die Sterne des Ophiuchus stellen den Schlangenträger dar. Die große Konstellation am südlichen Himmel liegt nahe dem Zentrum der Milchstraße.

HEILER ODER QUACKSALBER?

Ophiuchus bedeutet übersetzt „Schlangenträger" und bezieht sich auf Asklepios, den Sohn des Gottes Apollo und der Nymphe Coronis. Asklepios wurde vom Zentauren Cheiron aufgezogen und in der Heilkunst unterwiesen. Der Legende zufolge erwürgte er eines Tages eine Schlange. Eine zweite Schlange kam heran und wollte sie mithilfe von Kräutern retten, die sie in ihrem Maul trug. Asklepios entriss ihr die Kräuter und belebte damit die Toten wieder.

Schließlich fuhr er als Arzt auf dem großen Schiff *Argo* (siehe Carina). Erneut belebte er mehrere Tote wieder, darunter auch den kretischen König Minos. Nachdem Asklepios versucht hatte, Orion wiederzubeleben, beschwerte sich Hades bei Zeus, dass die Unterwelt bald entvölkert sei. Zeus tötete Asklepios darauf mit einem Blitz und platzierte ihn zwischen den Sternen.

DIE STERNE DES SCHLANGENTRÄGERS

Ophiuchus ist eine riesige Konstellation mit zwei 2^{m} hellen Sternen, Alpha (α) und Eta (η), und einigen Sternen 3. Ordnung, die man mit viel Fantasie als älteren Mann mit einer Schlange quer über dem Körper interpretieren kann. Alpha (α) Ophiuchi, auch Ras Alhague („Kopf des Schlangenträgers") genannt, ist nur 47 Lichtjahre entfernt. Der Riese des Typs A5 hat die doppelte Masse und die 25-fache Leuchtkraft unserer Sonne und besitzt einen winzigen, unauffälligen Begleiter, der zu nahe steht, um durch ein Amateurteleskop sichtbar zu sein. Der berühmteste Stern des Schlangenträgers – Barnards Pfeilstern – ist ein Roter Zwerg des Typs M4, der mit 10^{m} nur ein Viertausendstel der Leuchtkraft unserer Sonne hat, aber mit nur sechs Lichtjahren für uns der zweitnächste Stern ist. Er hat die größte bekannte Eigenbewegung eines Sterns und legt in einem Menschenleben eine halbe Mondbreite zurück.

OBJEKTE VON INTERESSE

Der Schlangenträger liegt entlang des Nordrandes der Milchstraße und enthält viele für Amateurastronomen interessante Objekte. Besonders berühmt ist er für seine zahlreichen hellen Kugelsternhaufen. Die schönsten sind die im gleichen Sichtfeld gelegenen beispielhaften **M10** und **M12**. Beide sind etwa ein Drittel Monddurchmesser groß und lassen sich im 20-cm-Teleskop zu zahlreichen Sternen vor einem nebligen Hintergrund auflösen. **M14** ist ein weiterer großer Kugelsternhaufen geringer Konzentration, lässt sich aber mit kleinen Teleskopen wegen der dichten Gas- und Staubwolken zwischen ihm und der Sonne nur schwer auflösen. **M62**, nahe Antares im Skorpion, ist ein weiterer schöner Haufen, der mit dem bloßen Auge gerade nicht mehr zu erkennen ist. Ein 20-cm-Teleskop zeigt einen gleichmäßig konzentrierten, gut aufgelösten Halo mit Hunderten von Sternen. Eine Besonderheit von **M19** ist sein ovaler Halo mit vielen gut erkennbaren Sternen. Weitere helle, leicht zu beobachtende Haufen sind **M9** und **M107**.

Ein 20-cm-Teleskop zeigt außerdem einen guten Blick auf den planetarischen Nebel **NGC 6369**, ein schönes Beispiel für einen ringförmigen Nebel, der wie ein kleiner, runder, dicklicher, grauer Donut aussieht.

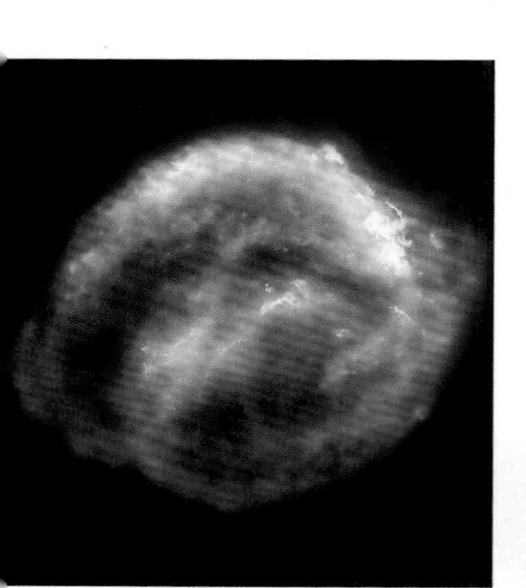

Oben Diese erstmals von Johannes Kepler und anderen Himmelsbeobachtern vor 400 Jahren im Schlangenträger entdeckte Blase aus Gas und Staub ist Keplers Supernova.

Rechts Der geisterhafte Nebel NGC 6369 bietet einen Ausblick auf das Schicksal unserer Sonne in fünf Milliarden Jahren. Der blau-grüne Ring mit einem Durchmesser von einem Lichtjahr markiert den Bereich, in dem ultraviolette Strahlung die Sauerstoffatome ionisiert hat.

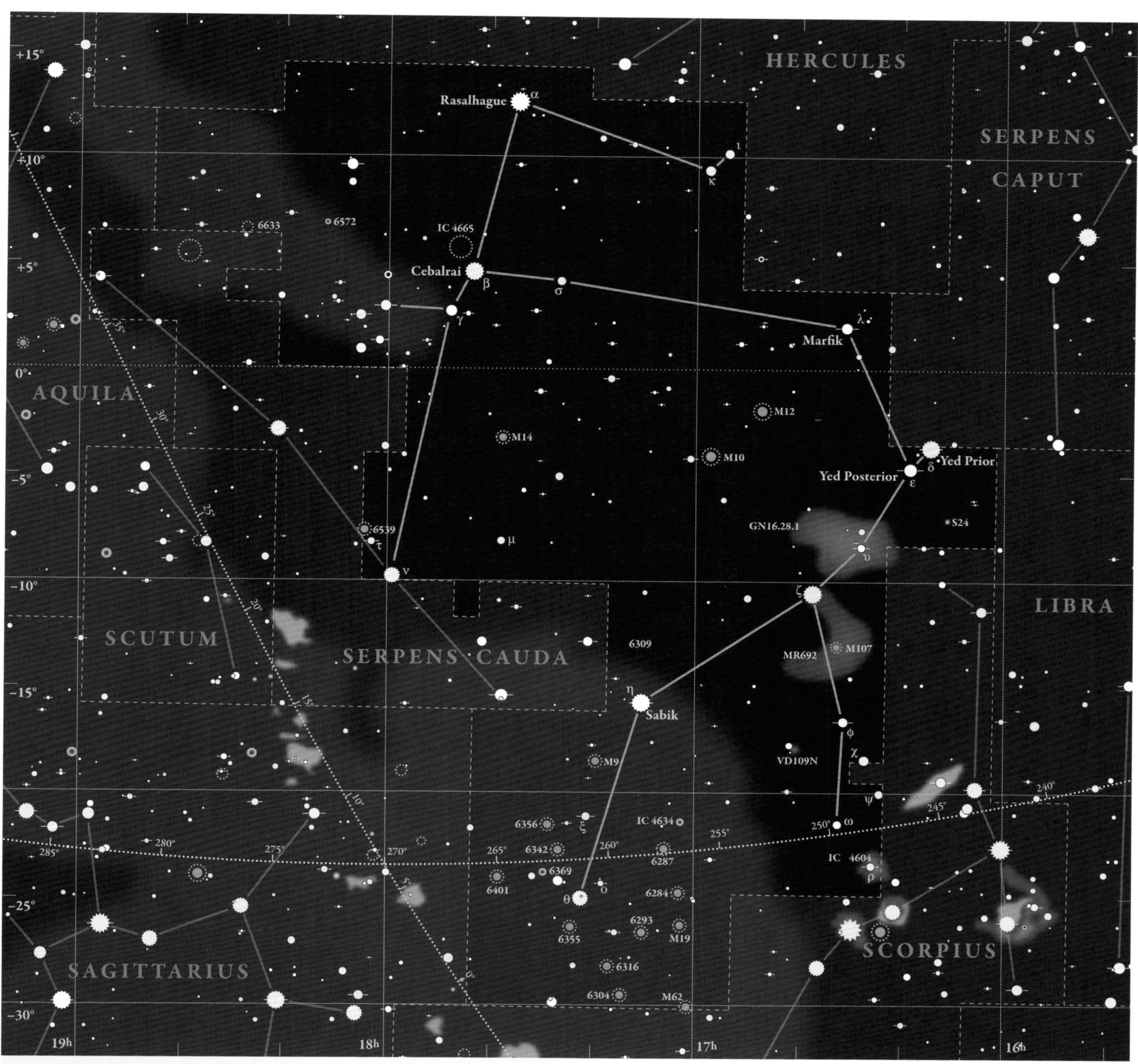

STECKBRIEF

Ophiuchus
Schlangenträger

Abkürzung
Oph

Genitiv
Ophiuchi

Rektaszension
17 Stunden

Deklination
0°

Sichtbarkeit
60°N bis 73°S

Beachtenswerte Objekte
Barnards Pfeilstern
M9
M10
M12
M14
M19
M62
M107
NGC 6369

Benannte Sterne
Rasalhague (Alpha [α] Ophiuchi)
Cebalrai (Beta [β] Ophiuchi)
Yed Prior (Delta [δ] Ophiuchi)
Yed Posterior (Epsilon [ε] Ophiuchi)
Sabik (Eta [η] Ophiuchi)
Marfik (Lambda [λ] Ophiuchi)

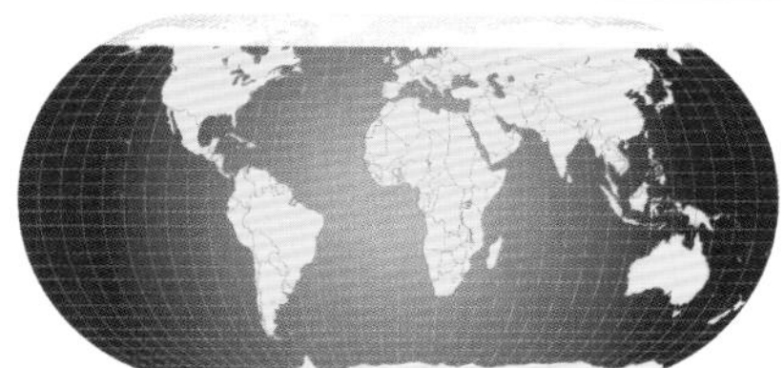

NÖRDLICHER NACHTHIMMEL – Beobachtungsort: New York, USA; Zeitpunkt: 22:00 Uhr am 15. des jeweiligen Monats

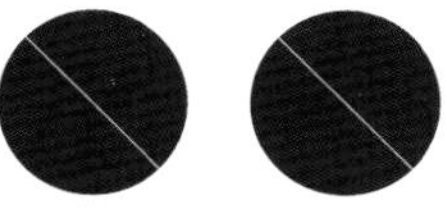
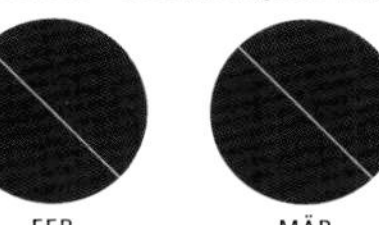

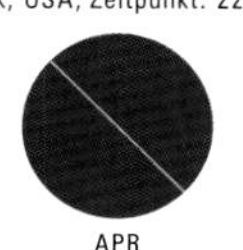

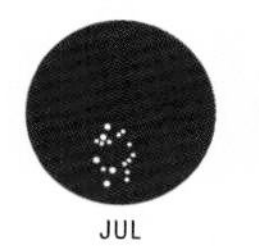
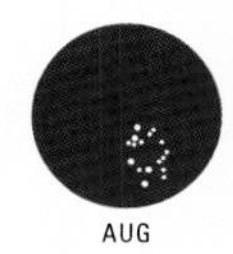
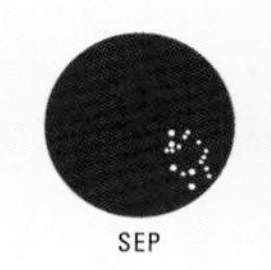

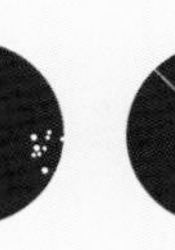

JAN FEB MÄR APR MAI JUN JUL AUG SEP OKT NOV DEZ

SÜDLICHER NACHTHIMMEL – Beobachtungsort: Sydney, Australien; Zeitpunkt: 22:00 Uhr am 15. des jeweiligen Monats

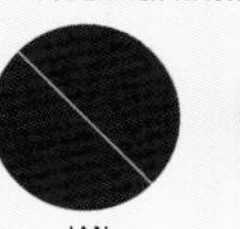
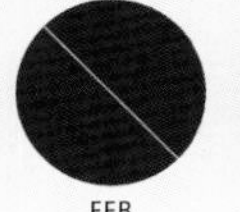

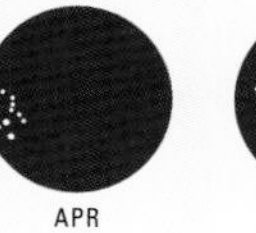

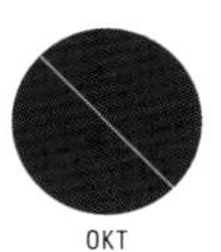

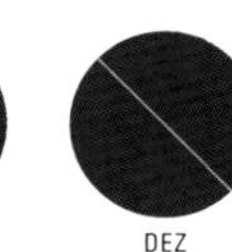

JAN FEB MÄR APR MAI JUN JUL AUG SEP OKT NOV DEZ

Orion

Der neben der Milchstraße stehende Orion ist eines der bekanntesten Sternbilder am Nachthimmel.

HIMMLISCHER JÄGER

Der Orion ist in aller Welt als charakteristische Sternengruppe am Himmelsäquator bekannt. Die Chaldäer nannten sie Tammuz. Für die Syrer zeigten sie den Riesen Al Jabbar. Die Ägypter sahen in ihnen Sahu, die Seele des Osiris, und richteten nach Meinung einiger Experten ihre Pyramiden nach ihnen aus.

Die Beschreibung des Orions als Riese und Jäger stammt von den alten Griechen. In einer Version des Mythos verliebte sich Artemis, die Göttin des Mondes und der Jagd, in Orion. Ihr Zwillingsbruder Apollo forderte sie heraus, einen Pfeil auf einen weit entfernten Schwimmer im Meer abzuschießen, ohne dass sie wusste, dass es sich dabei um Orion handelte. Ihr Pfeil tötete ihn, und sie erkannte, was sie getan hatte. Ihr Kummer gilt als Grund für das kalte Licht des Mondes. Sie platzierte seinen Körper zwischen den Sternen, zusammen mit seinen Jagdhunden Canis Major und Canis Minor, die östlich von ihm liegen.

DIE STERNE DES ORION

Die hellen Sterne der Konstellation zeichnen ein Rechteck, das von den drei Sternen des Gürtels gekreuzt wird. Die außen liegenden Sterne sollen seine erhobene Keule darstellen, während der andere ausgestreckte Arm einen Schild oder ein Tierfell hält.

In der Nordostecke des Rechtecks liegt Betelgeuse, Alpha (α) Orionis, ein roter Überriese, der die Umlaufbahn des Mars ausfüllte, stünde er an der Stelle unserer Sonne. Er erscheint eher orange als rot. Als deutlicher Kontrast steht in der gegenüberliegenden Ecke des Rechtecks der blauweiße Überriese Rigel – kleiner, aber um ein Mehrfaches heller.

OBJEKTE VON INTERESSE

Das berühmteste Objekt ist **M42 (NGC 1976)**, der **Orion-Nebel**. Er liegt inmitten des Schwertes an Orions Gürtel. Er ist ein glühender Emissionsnebel, der den derzeitigen Ort der Sternentstehung im Orion markiert – eine riesige Sternfabrik, die einen Großteil der Konstellation einnimmt, aber rund 1500 Lichtjahre entfernt ist. M42 ist auch mit bloßem Auge gut zu erkennen, aber mit einem Feldstecher oder Teleskop ist es eines der schönsten Bilder am Nachthimmel. Je größer das Teleskop, desto mehr Details werden im glühenden Gas sichtbar. Die auf vielen Fotos so prominente leuchtend rote Farbe des Orion-Nebels ist für den Blick durchs Teleskop zu schwach, aber viele Beobachter berichten von einem blassgrünen Stich beim Blick durch ein Teleskop oberhalb der 20-cm-Klasse. Das Glühen stammt von vier jungen, heißen Sternen im Herzen des Nebels. Diese Sterne tragen den Namen **Trapez**, sind aber auf Fotografien oft stark überbelichtet. Eine neuere Generation von Sternen lauert ganz in der Nähe. Sie sind nur durch die Infrarotstrahlung zu erkennen, die die Staubwolken ihrer Geburt durchdringt.

Im Nordosten des Trapezes liegt **M43 (NGC 1982)**, ein weiterer diffuser Nebel. Der fast kreisförmige Nebel scheint mit M42 verbunden zu sein, ist aber in Wirklichkeit eigenständig und wird von einem anderen Stern erleuchtet.

Ein anderer berühmter Nebel in der Staub- und Gaswolke des Orion ist der **Pferdekopf-Nebel (IC 434)**, auch bekannt als **Barnard 33**. Die charakteristische Form verdankt er einer Dunkelwolke aus Staub, die vor einem leuchtenden Emissionsnebel steht. Der auf Fotos spektakulär wirkende Nebel ist visuell sehr schwer zu erfassen. Andere kleine Bereiche dunkler und heller Nebel im Orion lassen sich von einem geduldigen Beobachter leichter entdecken.

Im Vergleich zu den spektakulären Nebeln hat der Rest des Sternbilds wenig Attraktionen zu bieten. Mehrere der Sterne, wie **Zeta (ζ) Orionis** im Gürtel des Orion, sind Doppelsterne.

NGC 1981 ist einer der wenigen Sternhaufen innerhalb der Grenzen des Sternbilds.

Oben Die Oberfläche von Alpha (α) Orionis (Betelgeuse), einem Roten Riesen, zeigt einen leuchtend roten Fleck mit dem zehnfachen Durchmesser der Erde.

Rechts Diese Infrarotaufnahme des Trapezes im berühmten Orion-Nebel stellt die Sterne der Konstellation gut heraus.

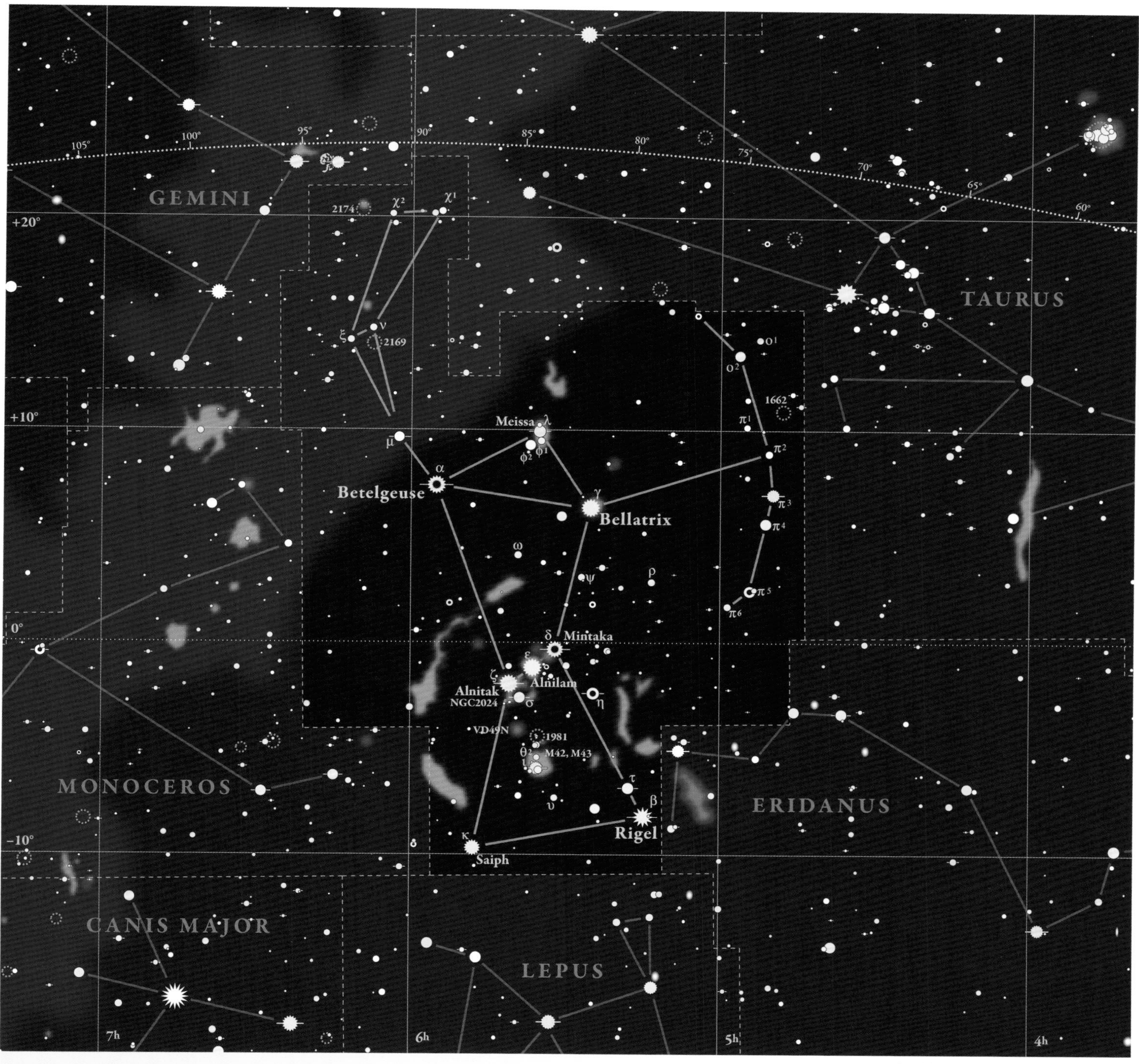

STECKBRIEF

Orion
Orion

Abkürzung
Ori

Genitiv
Orionis

Rektaszension
5 Stunden

Deklination
+5°

Sichtbarkeit
75°N bis 65°S

Beachtenswerte Objekte
Alpha (α) Orionis
IC 434 (Pferdekopf-Nebel, Barnard 33)
M42 (Orion-Nebel)
NGC 1981
Trapez
Zeta (ζ) Orionis

Benannte Sterne
Betelgeuse (Alpha [α] Orionis)
Rigel (Beta [β] Orionis)
Bellatrix (Gamma [γ] Orionis)
Mintaka (Delta [δ] Orionis)
Alnilam (Epsilon [ε] Orionis)
Alnitak (Zeta [ζ] Orionis)
Saiph (Kappa [κ] Orionis)
Meissa (Lambda [λ] Orionis)

NÖRDLICHER NACHTHIMMEL – Beobachtungsort: New York, USA; Zeitpunkt: 22:00 Uhr am 15. des jeweiligen Monats

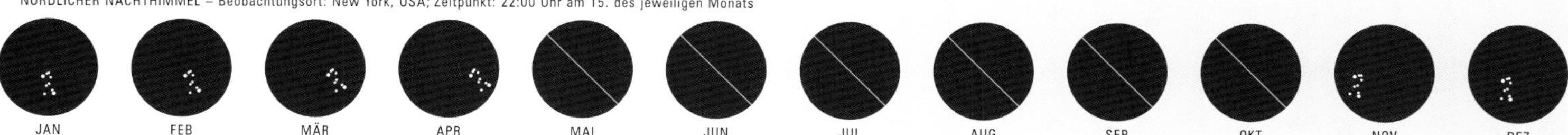

SÜDLICHER NACHTHIMMEL – Beobachtungsort: Sydney, Australien; Zeitpunkt: 22:00 Uhr am 15. des jeweiligen Monats

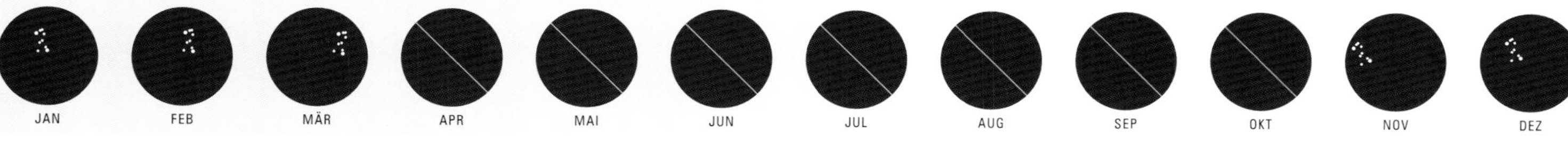

Pavo

Sein Name – Pfau – geht auf die zahlreichen schwachen Sterne in seinem prächtigen Schwanz zurück.

AUGE FÜR AUGE

Die 1598 von Petrus Plancius zum ersten Mal in einem Sternglobus dargestellten Sterne des Pfaus wurden erstmalig von Pieter Dirkszoon Keyser und Frederick de Houtman während ihrer Kartografierung des südlichen Himmels methodisch beobachtet. Bayer folgte 1603 Plancius' Beispiel, als er die Konstellation als Pfau darstellte. Allerdings bezogen beide ihre Inspiration wohl von dem mythologischen Pfau, der Hera, der Gemahlin des Zeus, gewidmet war.

Rechts NGC 6782 im Pfau wirkt im sichtbaren Licht wie eine normale Spiralgalaxie, aber im ultravioletten Spektrum erblüht der zentrale Bereich zu einer wunderschönen, komplexen Struktur mit einem hellen Ring um den Kern herum.

Hera verdächtigte Zeus, eine Affäre mit der Nymphe Io zu haben. Dieser verkleidete Io als Färse, um sie zu verstecken, aber Hera ließ sich nicht täuschen und verlangte die Färse als Geschenk. Anschließend beauftragte sie ihren Diener, den alles sehenden Riesen Argus Panoptes mit den hundert Augen, sie zu bewachen. Als er dies entdeckte, schickte Zeus seinen Sohn Hermes, um Argus zu erschlagen. Als sie vom Tod des Argus erfuhr, verteilte Hera seine hundert Augen über den Schwanz des Pfaus.

DIE STERNE DES PFAUS

Alpha (α) Pavonis heißt ebenfalls Peacock (Pfau). Da dies ein englischer Name ist, entstand er wohl erst in neue-rer Zeit. Der 180 Lichtjahre entfernte Peacock ist ein Stern der Größenklasse 2 und der fünfundvierzighellste Stern am Himmel. Der blaue Unterriese ist etwa 5-mal schwerer als die Sonne und mehr als 200-mal heller.

Zusammen mit dem rechtwinkligen Dreieck aus den 3^m und 4^m hellen Beta (β), Delta (δ) und Epsilon (ε) Pavonis direkt im Süden bildet Alpha die am deutlichsten erkennbare Sterngruppe der Konstellation. Trotzdem fällt es schwer, in der Ansammlung schwächerer Sterne einen Pfau zu erkennen.

OBJEKTE VON INTERESSE

Weit abseits der Ebene der Milchstraße besitzt Pavo nur einen Sternhaufen: den prächtigen kugelförmigen **NGC 6752**. Mit nahezu Monddurchmesser und für das bloße Auge kaum sichtbar, ist er einer der größten und hellsten Kugelsternhaufen am Himmel. Ein 15-cm-Teleskop liefert einen schönen Blick auf seine vielen schwachen Sterne, die in Armen inmitten eines ansonsten etwas spartanischer Hintergrunds angeordnet sind.

Unweit von NGC 6752 liegt **NGC 6744**. Um diese große Spiralgalaxi beobachten zu können, braucht es einen dunklen ländlichen Himmel, da ih Licht sich über eine große Fläche verteilt. Ein 20-cm-Teleskop zeigt einen ansehnlichen, milchigen Halo mit einem helleren Zentrum.

Der Pfau hat noch viele andere, schwach erkennbare Galaxien zu bieten, von denen die interessanteste der lange, dünne Halo von **IC 5052** ist. Man braucht mindestens ein 20-cm-Teleskop, um ihn gut erkennen zu können.

Links Die Balkenspiralgalaxie NGC 6744 gleicht in Größe, Form und Aussehen unserer Milchstraße. Sie liegt etwa 25 Millionen Lichtjahre entfernt im Sternbild des Pfaus und enthält mehr als 100 000 Millionen Sterne.

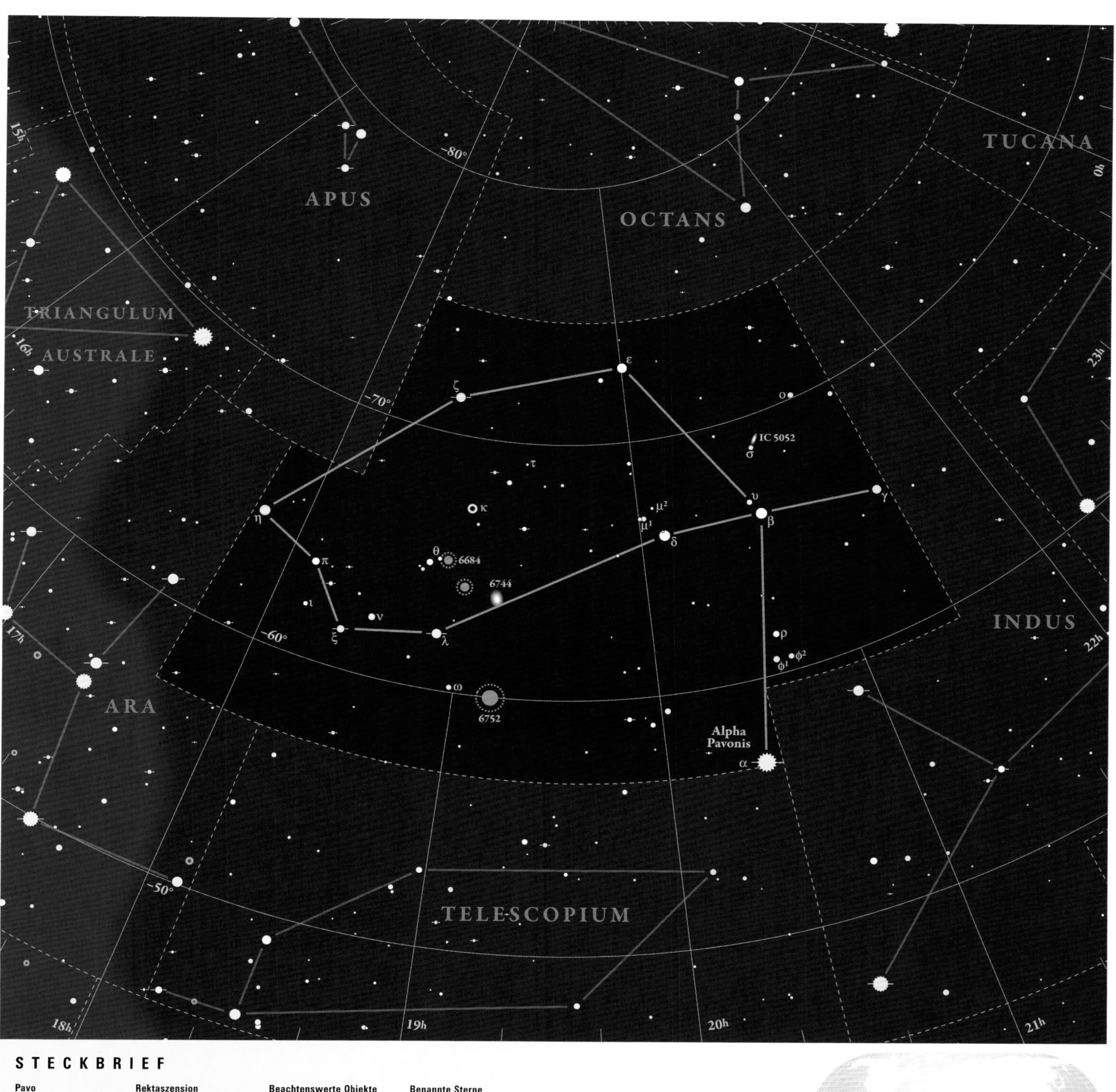

STECKBRIEF

Pavo
Pfau

Abkürzung
Pav

Genitiv
Pavonis

Rektaszension
20 Stunden

Deklination
–65°

Sichtbarkeit
13°N bis 90°S

Beachtenswerte Objekte
Alpha (α) Pavonis
IC 5052
NGC 6744
NGC 6752

Benannte Sterne
Peacock (Alpha [α] Pavonis)

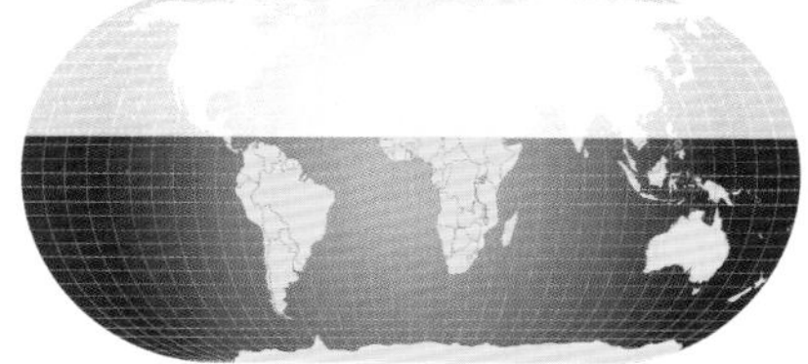

NÖRDLICHER NACHTHIMMEL – Beobachtungsort: New York, USA; Zeitpunkt: 22:00 Uhr am 15. des jeweiligen Monats

JAN
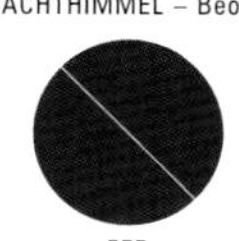

FEB

MÄR
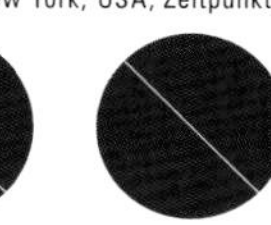
APR

MAI

JUN
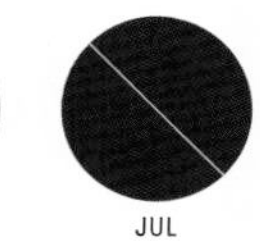
JUL
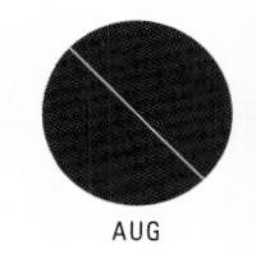
AUG

SEP

OKT

NOV

DEZ

SÜDLICHER NACHTHIMMEL – Beobachtungsort: Sydney, Australien; Zeitpunkt: 22:00 Uhr am 15. des jeweiligen Monats

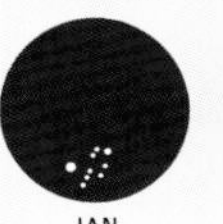
JAN
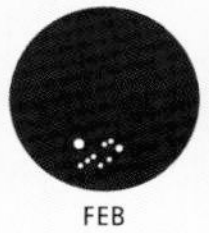
FEB

MÄR

APR
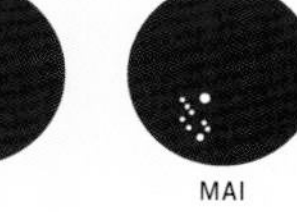
MAI
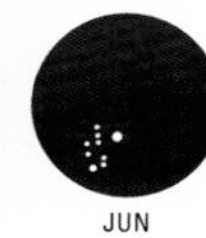
JUN
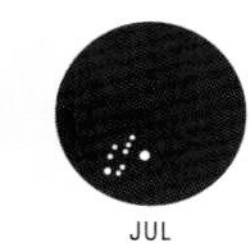
JUL
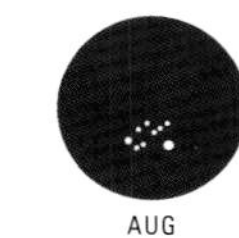
AUG

SEP

OKT

NOV

DEZ

Pegasus

Pegasus, das geflügelte Pferd, ist das siebtgrößte Sternbild. Es enthält ein Glanzstück: den Kugelsternhaufen M15.

FLÜGELPFERD

Als Perseus die Gorgone Medusa erschlug, tropfte ihr Blut auf den Boden und schuf das geflügelte Pferd Pegasus. Die Göttin Athene schenkte Pegasus Bellerophon, der mit ihm in viele Abenteuer ritt. Bellerophon demonstrierte als Erster den Nutzen einer Kriegführung aus der Luft, als er die Feuer speiende Chimäre aus sicherer Distanz von oben mit Pfeilen erlegte. Pegasus warf Bellerophon schließlich ab, flog zum Olymp und wurde in den Ställen des Zeus aufgenommen.

DIE STERNE DES PEGASUS

Eine 16 mal 14 Grad große, auffällige Sterngruppe namens Pegasusviereck bildet den Körper des Pferds. Der Stern in der Nordostecke gehörte lange Zeit auch zu Andromeda und heißt heute offiziell Alpha (α) Andromedae, was aber dem Bild keinen Abbruch tut. Der orangefarbene Überriese Enif, Epsilon (ε) Pegasi, bildet die Nase des Pferds. Andere Sterne umreißen seinen Hals und seine Vorderbeine. Das Sternbild Andromeda gibt ein schönes Paar Hinterbeine ab.

Der $5^m,5$ helle, mit bloßem Auge erkennbare 51 Pegasi ist der erste Stern mit einem nachgewiesenen Planeten. Der 150 Lichtjahre entfernte IK Pegasi ist der nächste bekannte Vorläufer einer Supernova. Er wird wohl in den nächsten paar Millionen Jahren eine Supernova-Explosion vom Typ 1a erzeugen.

Rechts Dieses Bild des Hubble-Teleskops zeigt eine Nahaufnahme von Stephans Quintett, einer Gruppe von fünf Galaxien im Sternbild Pegasus.

OBJEKTE VON INTERESSE

Der prachtvolle Kugelsternhaufen **M15 (NGC 7078)** ist $6^m,3$ hell und hat einen Durchmesser von 18 Bogenminuten. Ein 20-cm-Spiegel zeigt fünf lange Sternketten in seinem Halo. Die Helligkeit nimmt zum gleißenden Kern hin zu. Das Zentrum von M15 hat nach NGC 1851 die zweitgrößte Oberflächenhelligkeit aller Kugelsternhaufen. Ein 40-cm-Teleskop mit OIII-Filter macht den nur 25 Bogensekunden vom Zentrum von M16 entfernten, 3 Bogensekunden großen und 13^m hellen planetarischen Nebel **Pease 1** sichtbar. Er ist einer von vier bekannten planetarischen Nebeln, die in Kugelsternhaufen gefunden wurden.

Struve 2841 (Σ2841) ist ein 22 Bogensekunden großer gelber und grünlicher Doppelstern mit einer Helligkeit von $6^m,4$ bzw. $7^m,9$.

Die Spiralgalaxie **NGC 7331** ist $9^m,5$ hell und 10 mal 4 Bogenminuten groß. Das 20-cm-Teleskop zeigt sie als lang gestreckt mit einem hellen Zentrum, einem sehr hellen Kern und einem Knoten im Norden des Kerns. Ein 40-cm-Teleskop lässt lange Spiralarme erkennen. Entlang der Westseite verläuft eine scharfe Kante und deutet auf eine Staubbahn wie in Andromeda hin. Im Osten von NGC 7331 sind vier kleine NGC-Begleiter zu sehen.

Stephans Quintett, NGCs 7317–20 ist ein Haufen aus fünf Galaxien der Helligkeit 13^m bis 14^m, 0,5° südsüdwestlich von NGC 7331. Die größte, NGC 7320, ist eine Vordergrundgalaxie, aber die anderen vier sind durch die Gravitationswirkung miteinander verbunden. Ein 25-cm-Teleskop zeigt nur vier, ohne die beiden nächsten (NGC 7318A/B) aufzulösen; im 30-cm-Teleskop sind alle fünf zu erkennen.

Links Eine Aufnahme von NGC 7331, die 1784 von Wilhelm Herschel entdeckt wurde. Sie ist eine der hellsten Galaxien, die nicht im Messier-Katalog verzeichnet sind. Sie zeigt trotz der flachen seitlichen Perspektive eine schöne Spiralstruktur. Im Hintergrund sind weitere Galaxien zu sehen.

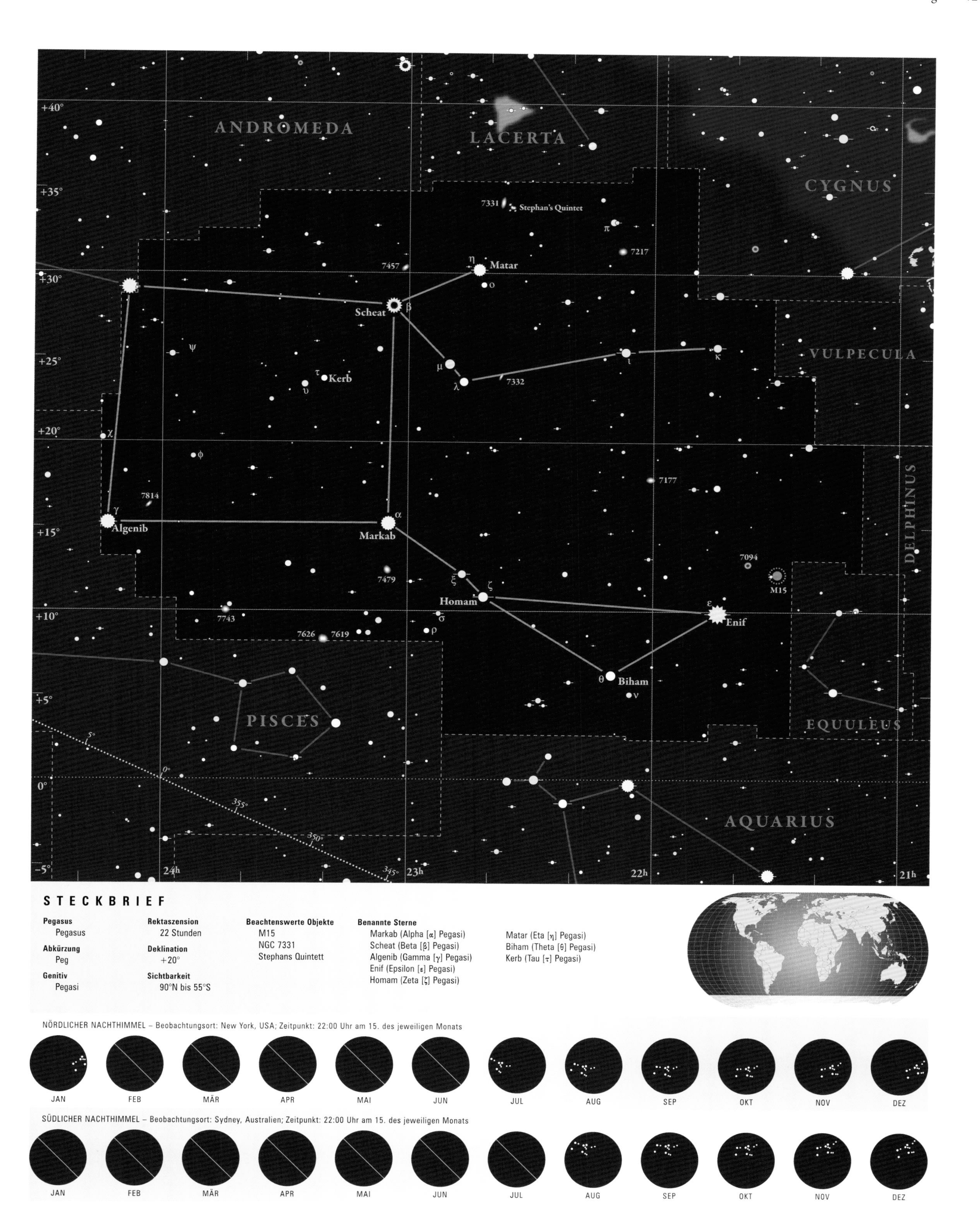

STECKBRIEF

Pegasus
Pegasus

Abkürzung
Peg

Genitiv
Pegasi

Rektaszension
22 Stunden

Deklination
+20°

Sichtbarkeit
90°N bis 55°S

Beachtenswerte Objekte
M15
NGC 7331
Stephans Quintett

Benannte Sterne
Markab (Alpha [α] Pegasi)
Scheat (Beta [β] Pegasi)
Algenib (Gamma [γ] Pegasi)
Enif (Epsilon [ε] Pegasi)
Homam (Zeta [ζ] Pegasi)
Matar (Eta [η] Pegasi)
Biham (Theta [θ] Pegasi)
Kerb (Tau [τ] Pegasi)

Perseus

Die über der Milchstraße stehende Konstellation Perseus ist für ihre hellen offenen Sternhaufen berühmt.

BLUTVERGIESSEN UND SANDALEN

Perseus war ein sterblicher Sohn des Zeus. Er wurde von König Polydektes ausgesandt, ihm den Kopf der Gorgone Medusa zu bringen, deren Blick Menschen zu Stein erstarren ließ. Um ihm die Aufgabe zu erleichtern, sandte Zeus Athene und Hermes zu Hilfe. Athene lieh Perseus ihren polierten Bronzeschild und riet ihm, das Monster nur in dessen Spiegelbild anzusehen. Hermes gab ihm eine Sichel und führte ihn zu Nymphen, die ihn mit geflügelten Sandalen, einer Tarnkappe und einem Sack für den Kopf der Gorgone ausstatteten.

Perseus flog schließlich zur Insel der drei Gorgonen, machte sich unsichtbar, köpfte Medusa und steckte ihren Kopf in den Sack. Anschließend floh er dank seiner Flugsandalen vor den zwei überlebenden Gorgonen. Aus dem vergossenen Blut der Medusa erhob sich Pegasus, das berühmte geflügelte Pferd. Auf dem Heimflug rettete Perseus noch Andromeda aus der Not und heiratete sie. Er setzte das Medusenhaupt ein, um seine Feinde zu Stein erstarren zu lassen.

DIE STERNE DES PERSEUS

Das Sternbild erinnert stark an den griechischen Buchstaben Pi (π). Der Doppelsternhaufen bildet die Sichel des Perseus.

Algol oder Beta (β) Persei ist ein bedeckungsveränderlicher Stern, der in der scheinbaren Helligkeit alle 2,867321 Tage von 2^{m},1 auf 3^{m},3 fällt. Die Veränderlichkeit des Algol („Kopf des Dämonen") muss auch schon in der Antike wohlbekannt gewesen sein. Es ist kaum glaubhaft, dass dieser auffälligste aller mit bloßem Auge erkennbaren veränderlichen Sterne aus purem Zufall den Kopf der Medusa darstellen soll.

OBJEKTE VON INTERESSE

M76 (NGC 650/51) ist ein 10^{m},1 heller planetarischer Nebel. Dank seiner optischen Doppelstruktur trägt der **Kleine Hantel-Nebel**, wie er auch genannt wird, eine doppelte NGC-Nummer. Der südwestliche Teil ist der hellere der beiden.

Der auffällige **Doppelsternhaufen (NGC 869** und **884)** aus zwei 18 Bogenminuten großen Haufen ist das Prachtstück des Sternbilds mit über 200 sichtbaren Sternen. Ein 7 × 50-Feldstecher zeigt bereits einiges an Auflösung, während ein 20-cm-Teleskop in NGC 884 zwei Trios und vier orangefarbene Sterne zeigt. In NGC 869 fällt ein Oval aus Sternen auf.

Der offene Sternhaufen **M34 (NGC 1039)** ist mit einer Helligkeit von 5^{m},2 und nahezu Monddurchmesser gut mit bloßem Auge zu erkennen. Ein 20-cm-Teleskop zeigt Sternketten und diverse Doppelsysteme unter seinen 60 Sternen. Im 40-cm-Teleskop erinnert das Zentrum an Perseus, und es sind drei orangefarbene Sterne erkennbar.

Die prachtvolle **Alpha (α) Persei Gruppe (Melotte 20)** ist ein 5 Grad langer Haufen.

Im Feldstecher ist der 6^{m},4 helle Haufen **NGC 1528** ein auffälliger, nicht aufgelöster Fleck. Ein 20-cm-Teleskop zeigt bei schwacher Vergrößerung 50 relativ gleich helle, in Bögen und Ovalen angeordnete Sterne.

Der **Kalifornien-Nebel (NGC 1499)**, der seinen Namen seiner vagen Ähnlichkeit mit dem amerikanischen Bundesstaat verdankt, ist ein 145 mal 40 Bogenminuten großer Emissionsnebel, der schwach vom 4^{m} hellen **Xi (ξ) Persei** erleuchtet wird.

Oben NGC 1023 ist eine SB0-Galaxie, also eine Balkenspiralgalaxie wie unsere Milchstraße, der aber die Spiralarme fehlen. Ihr schnell rotierender Kern deutet auf die Existenz eines Schwarzen Lochs hin.

Rechts Das prachtvolle Farbenspiel in diesem Foto repräsentiert das „schöne Chaos" einer Sterngeburt im Reflexionsnebel NGC 1333, 1000 Lichtjahre von der Erde entfernt.

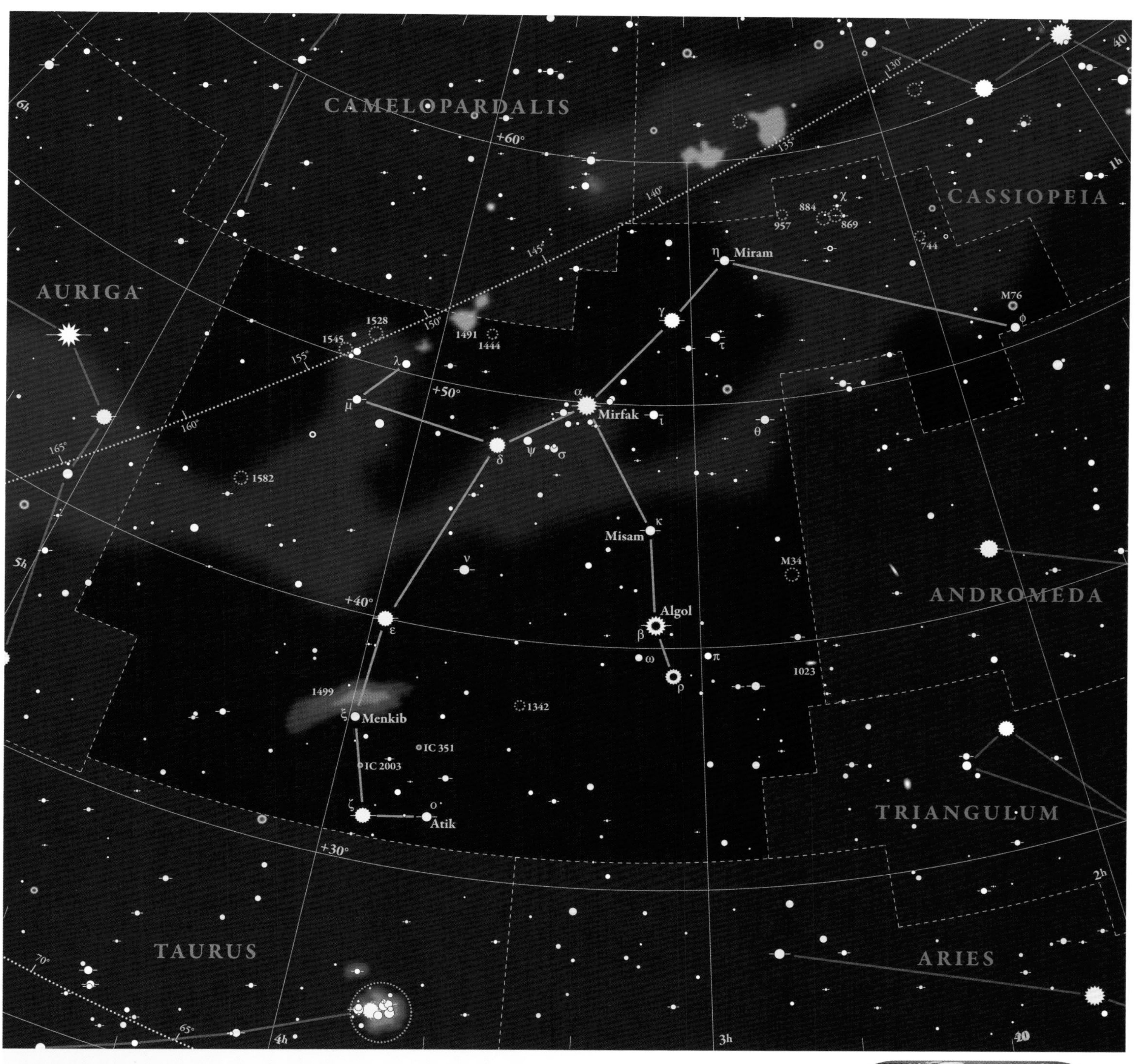

STECKBRIEF

Perseus
Perseus

Abkürzung
Per

Genitiv
Persei

Rektaszension
3 Stunden

Deklination
+45°

Sichtbarkeit
90°N bis 29°S

Beachtenswerte Objekte
Doppelsternhaufen
M34
M76 (Kleiner Hantel-Nebel)
NGC 1499 (Kalifornien-Nebel)

Benannte Sterne
Mirfak (Alpha [α] Persei)
Algol (Beta [β] Persei)
Miram (Eta [η] Persei)
Misam (Kappa [κ] Persei
Menkib (Xi [ξ] Persei)
Atik (Omikron [ο] Persei)

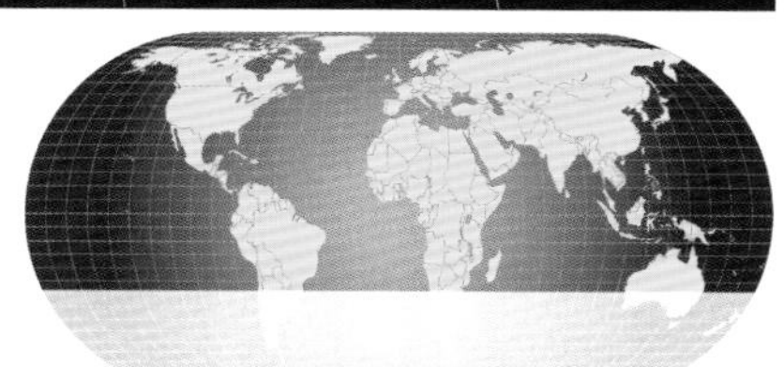

NÖRDLICHER NACHTHIMMEL – Beobachtungsort: New York, USA; Zeitpunkt: 22:00 Uhr am 15. des jeweiligen Monats

  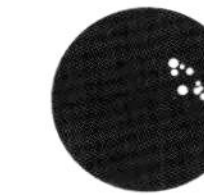 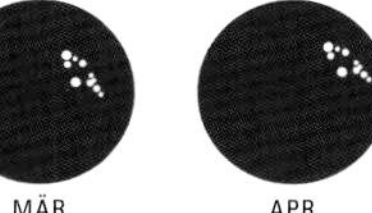 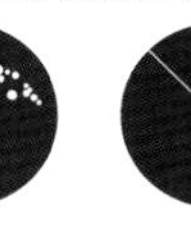   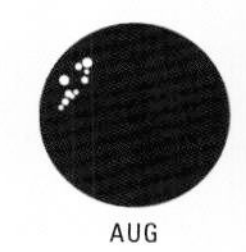  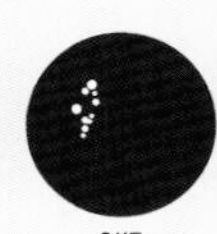 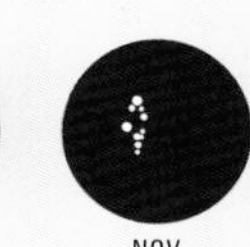 

JAN FEB MÄR APR MAI JUN JUL AUG SEP OKT NOV DEZ

SÜDLICHER NACHTHIMMEL – Beobachtungsort: Sydney, Australien; Zeitpunkt: 22:00 Uhr am 15. des jeweiligen Monats

 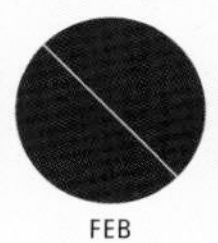 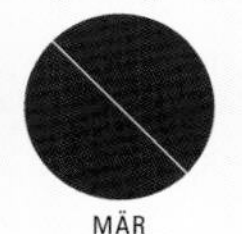 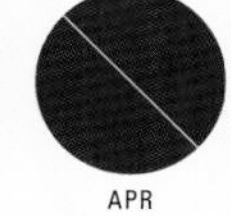   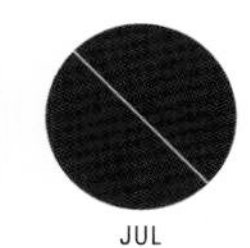   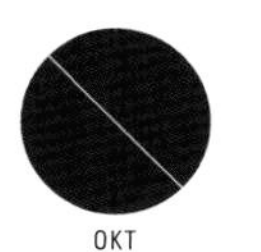  

JAN FEB MÄR APR MAI JUN JUL AUG SEP OKT NOV DEZ

Phoenix

Den prächtigen legendären Phönix umranken zwar viele Mythen, aber bedauerlicherweise nur wenige Sterne.

AUS DER ASCHE WIEDERGEBOREN

Der mythologische Phönix war ein unbeschreiblich schöner Vogel, der 500 Jahre lang lebte. Am Ende seines Lebens baute er ein wohlriechendes Nest aus Blättern und Zimtrinde, das von der heißen Mittagssonne in Brand gesteckt wurde. Der Vogel verbrannte im Feuer, hinterließ aber einen winzigen Wurm, der sich aus der Asche erhob und zu einem neuen Phönix heranwuchs.

Das Sternbild des Phoenix wurde von vielen Kulturen mit einem Vogel assoziiert und Greif, Adler, Junge Strauße (Arabien) oder Feuervogel (China) genannt.

Die niederländischen Entdecker Pieter Dirkszoon Keyser und Frederick de Houtman erfanden das Sternbild Phoenix im 16. Jahrhundert auf ihrer Forschungsreise zu den Ostindischen Inseln, wie man den indonesischen Archipel damals nannte. Johannes Bayer nahm es in sein 1603 veröffentlichtes *Uranometria* auf. Die Sterne des Phoenix haben sich seitdem kaum verändert.

DIE STERNE DES PHOENIX

Die schwach leuchtenden Sterne des Phoenix zeichnen den Umriss eines fliegenden Vogels von vorne. Alpha (α) bildet den hellen Kopf, Beta (β), Zeta (ζ), Eta (η) und Epsilon (ε) den Rest des Körpers. Gamma (γ) und Delta (δ) stellen den einen Flügel dar, die dunklen Iota (ι) und Theta (θ) den anderen. Das wie ein Golfschläger geformte Trio Alpha (α), Kappa (κ) und Epsilon (ε) ist die auffälligste Sterngruppe.

Alpha (α) Phoenicis ist auch als Ankaa bekannt. Der Name ist eine relativ neue Erfindung und leitet sich aus dem arabischen Namen des Phönix ab. Er ist ein benachbarter, 88 Lichtjahre entfernter Riese des K-Typs mit der etwa 2,5-fachen Sonnenmasse und einer über 80-fachen Leuchtkraft.

OBJEKTE VON INTERESSE

Phoenix ist weit von der Milchstraße entfernt und hat dem Amateurastronomen nur einige wenige Doppelsterne und Galaxien zu bieten.

Theta (θ) Phoenicis ist ein attraktives Paar nahezu gleich weißer Sterne, das sehr eng steht, aber mit einem 10-cm-Teleskop aufgelöst werden kann. Im Süden des Sternbilds stehen zwei etwas weiter voneinander entfernte, 4^m bzw. 7^m helle weiße Sterne, die zusammen **Zeta (ζ) Phoenicis** bilden.

Unter den weitgehend uninteressanten Galaxien ist **NGC 625** noch die beste. Die ovale, fast auf der Kante stehende Spirale ist mit einem 20-cm-Teleskop leicht zu erkennen.

Die linsenförmige Galaxie **NGC 7702** ist im 20-cm-Teleskop gerade noch als kleiner Nebel zu erkennen. Auf Fotos wirkt sie verblüffenderweise wie eine schlechte Aufnahme des Saturns.

Links Die Phoenix-Zwerggalaxie gehört zur Lokalen Gruppe benachbarter Galaxien, zu der unter anderem auch die Milchstraße und Andromeda zählen.

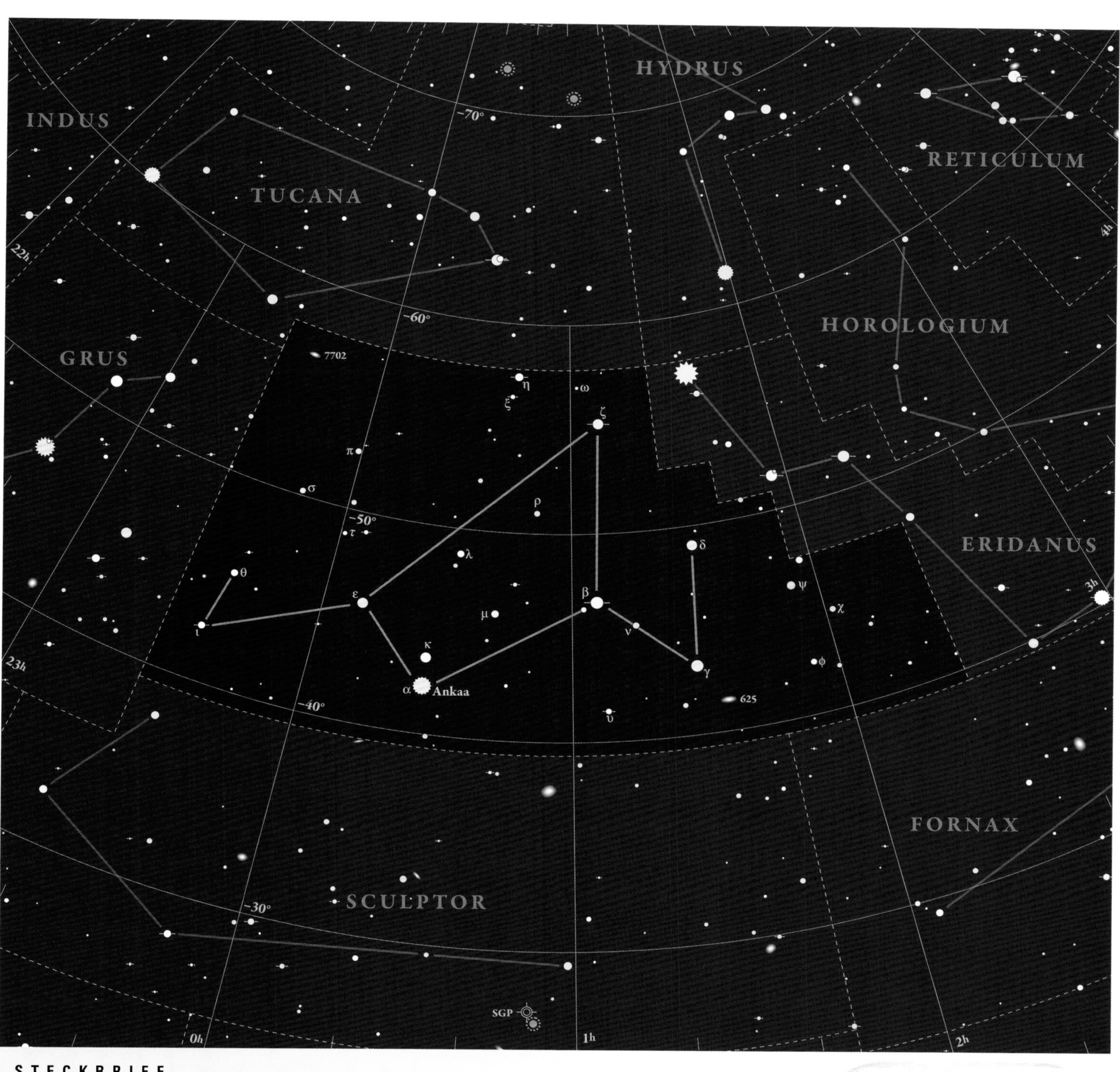

STECKBRIEF

Phoenix
Phoenix

Abkürzung
Phe

Genitiv
Phoenicis

Rektaszension
1 Stunde

Deklination
–50°

Sichtbarkeit
27°N bis 90°S

Beachtenswerte Objekte
NGC 625
NGC 7702
Theta (θ) Phoenicis
Zeta (ζ) Phoenicis

Benannte Sterne
Ankaa (Alpha [α] Phoenicis)

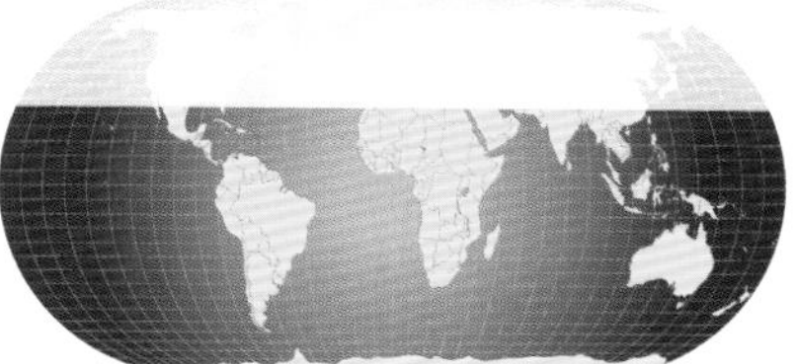

NÖRDLICHER NACHTHIMMEL – Beobachtungsort: New York, USA; Zeitpunkt: 22:00 Uhr am 15. des jeweiligen Monats

  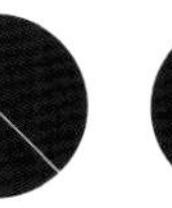 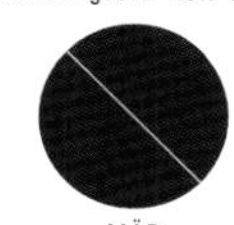 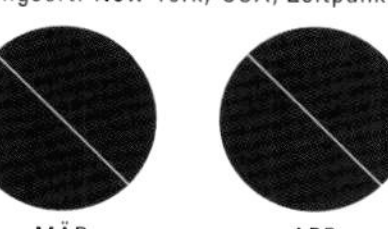 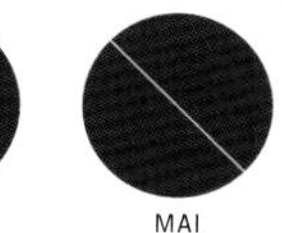  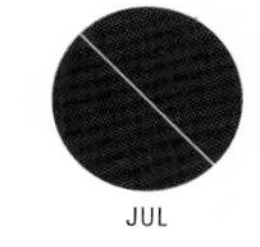 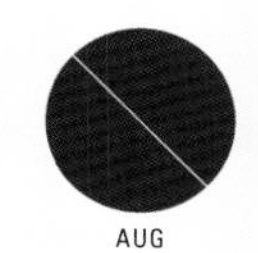   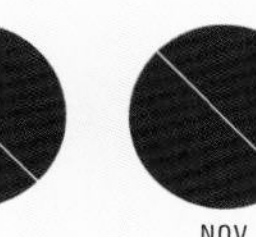 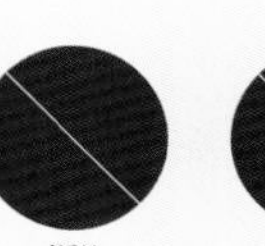 

JAN FEB MÄR APR MAI JUN JUL AUG SEP OKT NOV DEZ

SÜDLICHER NACHTHIMMEL – Beobachtungsort: Sydney, Australien; Zeitpunkt: 22:00 Uhr am 15. des jeweiligen Monats

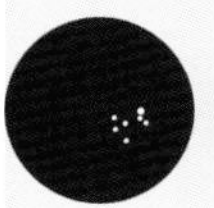 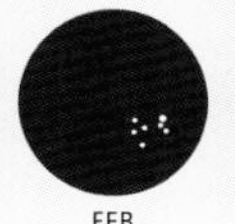 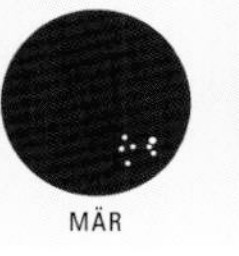  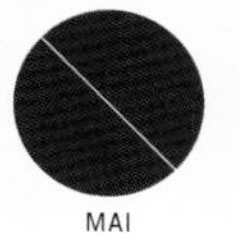  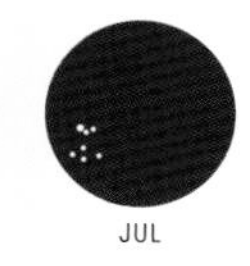     

JAN FEB MÄR APR MAI JUN JUL AUG SEP OKT NOV DEZ

Pictor

Pictor – der Maler – soll eine Staffelei und eine Palette darstellen, erinnert den Betrachter aber eher an eine leere Leinwand.

STERNENMALEREI

Die Astronomen der Antike haben die Sternengruppe südwestlich des Argo, die heute den Maler bildet, nie zu einer Figur zusammengefasst. Erst Abbé Lacaille beschrieb das Bild während seines Aufenthalts in Kapstadt 1751/52 als „Le Chevalet et la Palette" – Staffelei und Palette. Seitdem hat sich die Bezeichnung der Konstellation zum schlichteren Pictor gewandelt, während ihre Sterne und ihre Form unverändert blieben.

Rechts Aufnahme des Hubble-Teleskops von der zentralen Region der 17 Millionen Lichtjahre entfernten kleinen Galaxie NGC 1705 im Sternbild Maler.

DIE STERNE DES MALERS

Die Hauptsterne des Malers bilden ein lang gestrecktes ungleichschenkliges Dreieck im Westen des strahlenden Canopus, der selbst in Stadtnähe nicht schwer auszumachen ist.

Der mit 3^m hellste Stern, Alpha (α) Pictoris, ist ein Unterriese des Typs A5, den wir aus 100 Lichtjahren Entfernung betrachten. Er hat die 35-fache Leuchtkraft der Sonne und etwa die doppelte Masse.

Beta (β) Pictoris ist der bekannteste Stern im Maler. Heute verblüfft die Entdeckung von Planeten, die andere Sterne umkreisen, niemanden mehr, aber 1983 war die Staubscheibe aus Planetenmaterial um den nur 63 Lichtjahre entfernten Beta (β) Pictoris eine Sensation. In den folgenden Jahren fand man heraus, dass sich die gigantische Scheibe mehr als 1000 AE weit in den Weltraum erstreckt. Neuere Erkenntnisse zeigen, dass die Außenbereiche der Scheibe verzerrt werden, was auf die Anwesenheit mindestens zweier großer Planeten hindeutet, die mehr werden können. Beta (β) Pictoris ist sehr wahrscheinlich ein in der Entstehung begriffenes Sonnensystem.

Die überwiegende Mehrheit der Sterne des Malers umkreist die Milchstraße in einer Richtung wie Pferde auf der Rennbahn. Der winzige Kapteyns Stern, ein nur zwölf Lichtjahre entfernter Roter Zwerg des Typs M1, wurde von Jacobus Kapteyn entdeckt und ist so etwas wie ein Nonkonformist: Er kreist in entgegengesetzter Richtung zu allen Sternen in der Nachbarschaft unserer Sonne um die Milchstraße. Dadurch zieht er sehr schnell über den Himmel und legt einen Monddurchmesser in nur etwas mehr als 200 Jahren zurück – das ist die zweithöchste Eigengeschwindigkeit aller Sterne.

Unten Das Falschfarbenbild des Hubble-Teleskops liefert deutliche Hinweise auf die Existenz eines Planeten von der ungefähren Größe des Jupiters im Orbit um Beta (β) Pictoris. Detailaufnahmen vom Inneren der Staubscheibe, die den Stern umgibt, zeigen eine unerwartete Verzerrung.

OBJEKTE VON INTERESSE

Für den Himmelsbeobachter ist der Maler eine Wüstenei ohne Sternhaufen oder Nebel und mit nur sehr schwachen und winzigen Galaxien.

Unter diesen sind **NGC 1705** und **NGC 1803** noch die besten Kandidaten. Beide sind sehr kleine und leuchtschwache Flecken, die im 20-cm-Teleskop kaum auszumachen sind. **Dunlop 21** ist ein weit auseinander stehendes Paar Sterne der 5. bzw. 6. Größenordnung. Scharfäugige Beobachter können sie in einer klaren, dunklen Nacht ohne Streulicht gerade noch mit bloßem Auge erkennen.

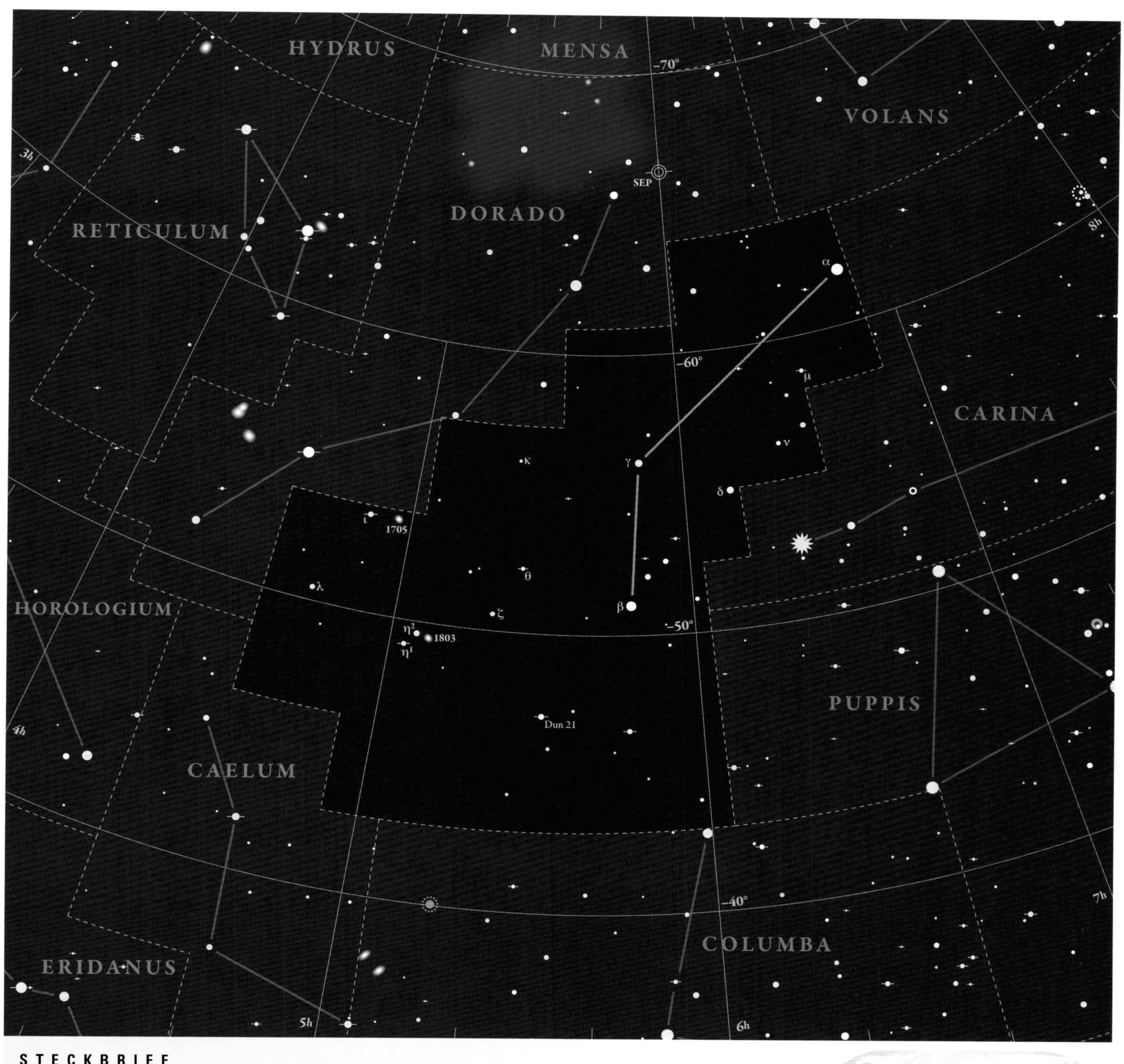

STECKBRIEF

Pictor
Maler

Abkürzung
Pic

Genitiv
Pictoris

Rektaszension
6 Stunden

Deklination
–55°

Sichtbarkeit
25°N bis 90°S

Beachtenswerte Objekte
Dunlop 21
Kapteyns Stern
NGC 1705
NGC 1803

NÖRDLICHER NACHTHIMMEL – Beobachtungsort: New York, USA; Zeitpunkt: 22:00 Uhr am 15. des jeweiligen Monats

  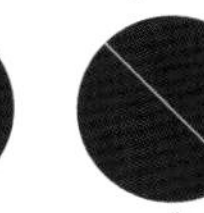 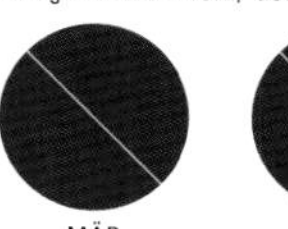    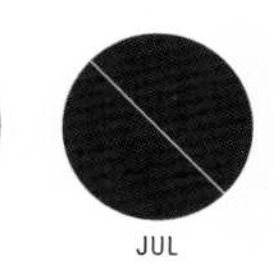 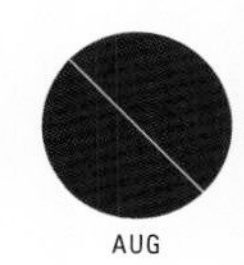  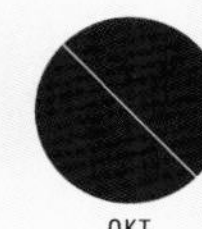 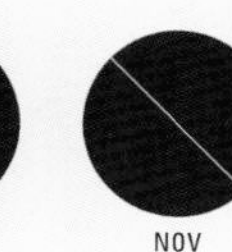 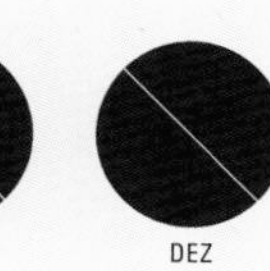

JAN FEB MÄR APR MAI JUN JUL AUG SEP OKT NOV DEZ

SÜDLICHER NACHTHIMMEL – Beobachtungsort: Sydney, Australien; Zeitpunkt: 22:00 Uhr am 15. des jeweiligen Monats

   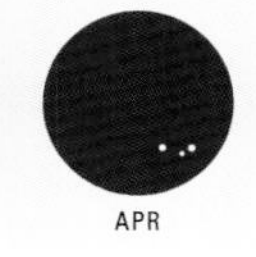        

JAN FEB MÄR APR MAI JUN JUL AUG SEP OKT NOV DEZ

Pisces

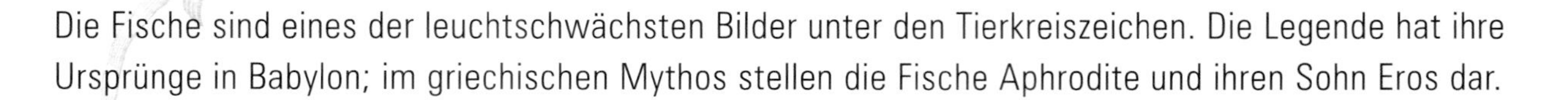

Die Fische sind eines der leuchtschwächsten Bilder unter den Tierkreiszeichen. Die Legende hat ihre Ursprünge in Babylon; im griechischen Mythos stellen die Fische Aphrodite und ihren Sohn Eros dar.

VERBUNDENE FISCHE

Nachdem die Götter des Olymp die Titanen geschlagen und aus dem Himmel vertrieben hatten, spielte Gaia, die Mutter Erde, ihren letzten Trumpf aus – Typhon, das furchtbarste Monstrum, das die Welt je gesehen hatte. Seine Schenkel waren riesige Schlangen, und wenn er sich in die Luft erhob, verdunkelten seine Schwingen die Sonne. Er hatte 100 Drachenhäupter, aus deren Augen Feuer loderte. Manchmal sprach Typhon mit ätherischen Stimmen, die die Götter verstehen konnten, zu anderen Gelegenheiten brüllte er wie ein Stier oder ein Löwe oder zischte wie eine Schlange.

Die verängstigten Olympier flohen, und Aphrodite und Eros verwandelten sich in Fische, um ins Meer zu entkommen. Damit sie sich im dunklen Wasser des Euphrat (andere Versionen sprechen vom Nil) nicht verloren, banden sie ihre Schwänze mit einem Strick zusammen.

DIE STERNE DER FISCHE

Es gibt kaum ein unauffälligeres Sternbild als die Fische. Nur zwei Sterne der 4. Größenordnung schmücken die V-förmige Gruppe im Südosten des Pegasusvierecks. Am deutlichsten erkennbar ist ein Fünfeck aus den 4^m bzw. 5^m hellen Sternen Gamma (γ), Theta (θ), Iota (ι), Kappa (κ) und Lambda (λ) direkt südlich des Pegasusvierecks.

Eta (η) Piscium im Osten des Vierecks ist der hellste Stern der Fische und überstrahlt Alpha (α) um fast eine Größenordnung. Er ist ein Riese des Typs G5 mit der vierfachen Masse und der 316-fachen Leuchtkraft der Sonne, den wir aus 300 Lichtjahren Entfernung betrachten.

OBJEKTE VON INTERESSE

Pisces ist ziemlich weit von der Milchstraße entfernt und enthält, abgesehen von mehreren interessanten Doppelsternen, eine Fülle von Galaxien. Der gigantische Perseus-Pisces-Superhaufen liegt weit im Hintergrund der Sterne der Fische und enthält buchstäblich Tausende im Profi-Teleskop beobachtbare Galaxien.

Die schönste Galaxie für das Amateur-Teleskop ist **M74**, die man am besten unter einem dunklen Himmel beobachten kann. Sie ist bereits im 10-cm-Teleskop sichtbar, und ein 20-cm-Teleskop zeigt ein großes Gespinst von nahezu Viertelmonddurchmesser mit einem großen, etwas helleren Zentrum. **NGC 676** ist eine attraktive Spindel mit einem 9^m hellen Stern, der praktisch genau mittig davorsteht.

Alpha (α) Piscium ist ein hübscher Doppelstern aus zwei leicht unterschiedlichen Sternen, die recht nah beieinanderstehen, aber mit einem 10-cm-Teleskop gut aufzulösen sind.

Oben Das weitblickende Hubble-Teleskop fängt hier mithilfe der Gravitationslinse dieser riesigen Galaxie im Sternbild der Fische eine urzeitliche Galaxie ein.

Rechts M74 ist eine prachtvolle Spiralgalaxie, die nur schwach leuchtet, aber mit einem mittelgroßen Teleskop als Gespinst mit einem hellen Kern dargestellt werden kann.

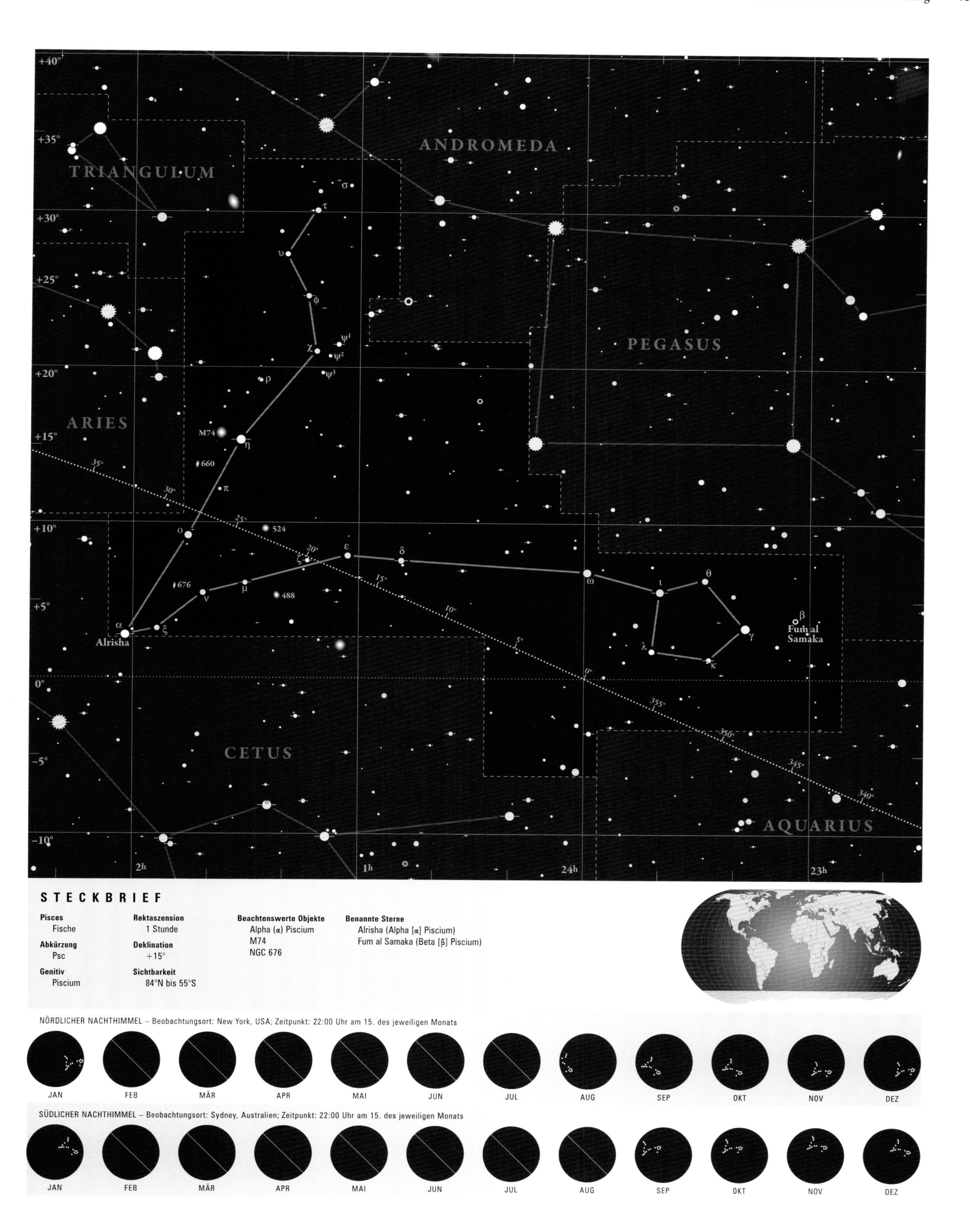

STECKBRIEF

Pisces
Fische

Abkürzung
Psc

Genitiv
Piscium

Rektaszension
1 Stunde

Deklination
+15°

Sichtbarkeit
84°N bis 55°S

Beachtenswerte Objekte
Alpha (α) Piscium
M74
NGC 676

Benannte Sterne
Alrisha (Alpha [α] Piscium)
Fum al Samaka (Beta [β] Piscium)

Piscis Austrinus

Der Südliche Fisch ist eine der ältesten Konstellationen, deren Sterne allesamt von antiken Kulturen mit Fischen in Verbindung gebracht wurden.

UNBEKANNTER COUSIN

Die Ursprünge der mit der Konstellation verbundenen Mythologie sind bestenfalls vage: Wahrscheinlich liegen sie in Babylon. Der Südliche Fisch soll die Fische gezeugt haben, die das bekanntere Tierkreiszeichen der Fische bilden. Eine andere Version überliefert Eratosthenes: Die syrische Fruchtbarkeitsgöttin Atargatis (im Griechischen als Derceto bekannt) fiel einst in einen See in der Nähe des Euphrat und wurde von einem riesigen Fisch vor dem Ertrinken gerettet.

Der Südliche Fisch war ursprünglich ein großes Sternbild. Im 16. Jahrhundert wurde dann eine ganze Reihe von Sternen dem Kranich zugeschlagen, und 1752 nahm Lacaille einige weitere für sein Mikroskop her. Im 1803 veröffentlichten *Uranographia* entlieh Johannes Bode weitere Sterne vom Südlichen Fisch und dem Mikroskop für die heute aufgegebene Konstellation Heißluftballon (Globus Aerostaticus), um die Erfindung der Montgolfiere zu feiern.

DIE STERNE DES SÜDLICHEN FISCHS

Abgesehen vom 1^m hellen Alpha (α) Piscis Austrini (auch Fomalhaut genannt), der schon immer das Maul des Fischs dargestellt hat, sind die meisten Sterne recht leuchtschwach. Die ovale Schleife aus Alpha (α), Epsilon (ε), Lambda (λ), Theta (θ), Iota (ι), Beta (β), Gamma (γ) und Delta (δ) entspricht grob der Form eines Fischs ohne Schwanz und ist leicht im Westen von Alpha Piscis Austrini zu erkennen.

Der nur 25 Lichtjahre entfernte Fomalhaut (arab. „Maul des Fischs") ist der siebzehnthellste Stern am Nachthimmel. Er ist ein Zwergstern des A-Typs mit etwa doppelter Masse und 16-facher Leuchtkraft der Sonne.

OBJEKTE VON INTERESSE

Abseits der Ebene der Milchstraße gelegen, hat der Südliche Fisch dem Amateurbeobachter außer einigen Galaxien und interessanten Doppelsternen wenig zu bieten. Die Spiralgalaxie **NGC 7314** ist mit ihrem ovalen Umriss und dem hellen Zentrum im 20-cm-Teleskop leicht auszumachen. Die elliptisch geformte **IC 5271** in der Nähe von Gamma (γ) und Delta (δ) ist eine weitere aureichend helle Galaxie, um sie im 15-cm-Teleskop ausmachen zu können.

Beta (β) ist der schönste der Doppelsterne. Die beiden weißen Sterne der 4. bzw. 6. Größenordnung sind mit einem 10-cm-Teleskop leicht aufzulösen. **Gamma (γ)** und **Delta (δ) Piscis Austrini** ist ein ähnliches Doppelsystem aus einem hellen Stern und einem wesentlich schwächeren Begleiter.

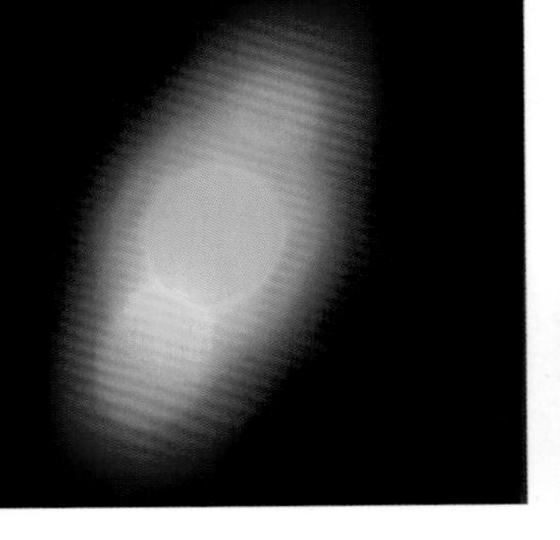

Oben Fomalhaut, das Maul des Fischs, ist der siebzehnthellste Stern am Himmel. Dieses Infrarotbild des Spitzer-Weltraumteleskops zeigt eine abgeflachte Scheibe aus Gas und Staub, die auch Planeten wie jene in unserem Sonnensystem formen könnte.

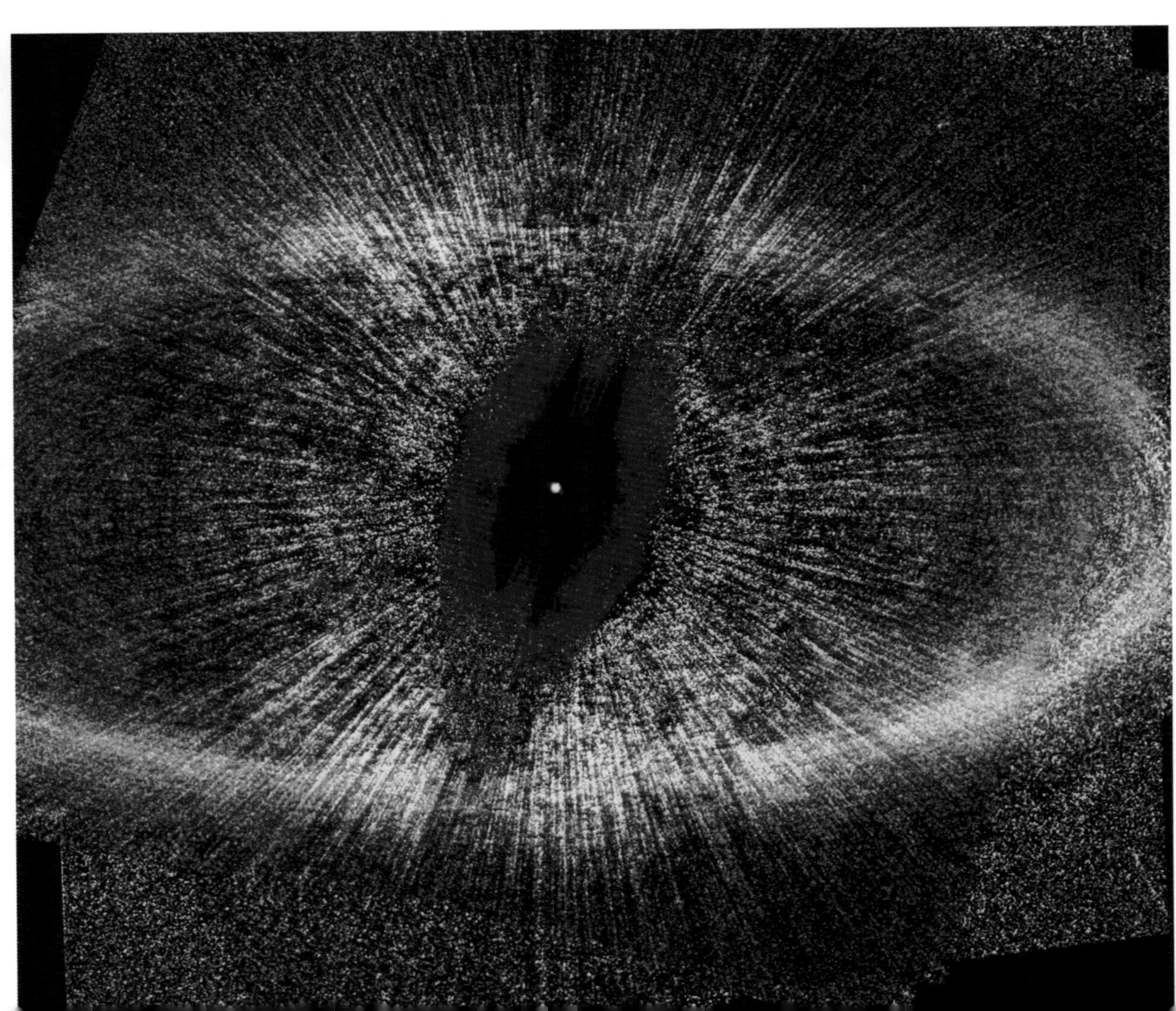

Rechts Eine Aufnahme des Hubble-Teleskops im sichtbaren Spektrum zeigt einen auffälligen, leicht exzentrischen Ring aus Staub und Trümmern um den Stern. Dies könnte auf die Existenz von einem oder mehreren Planeten hindeuten.

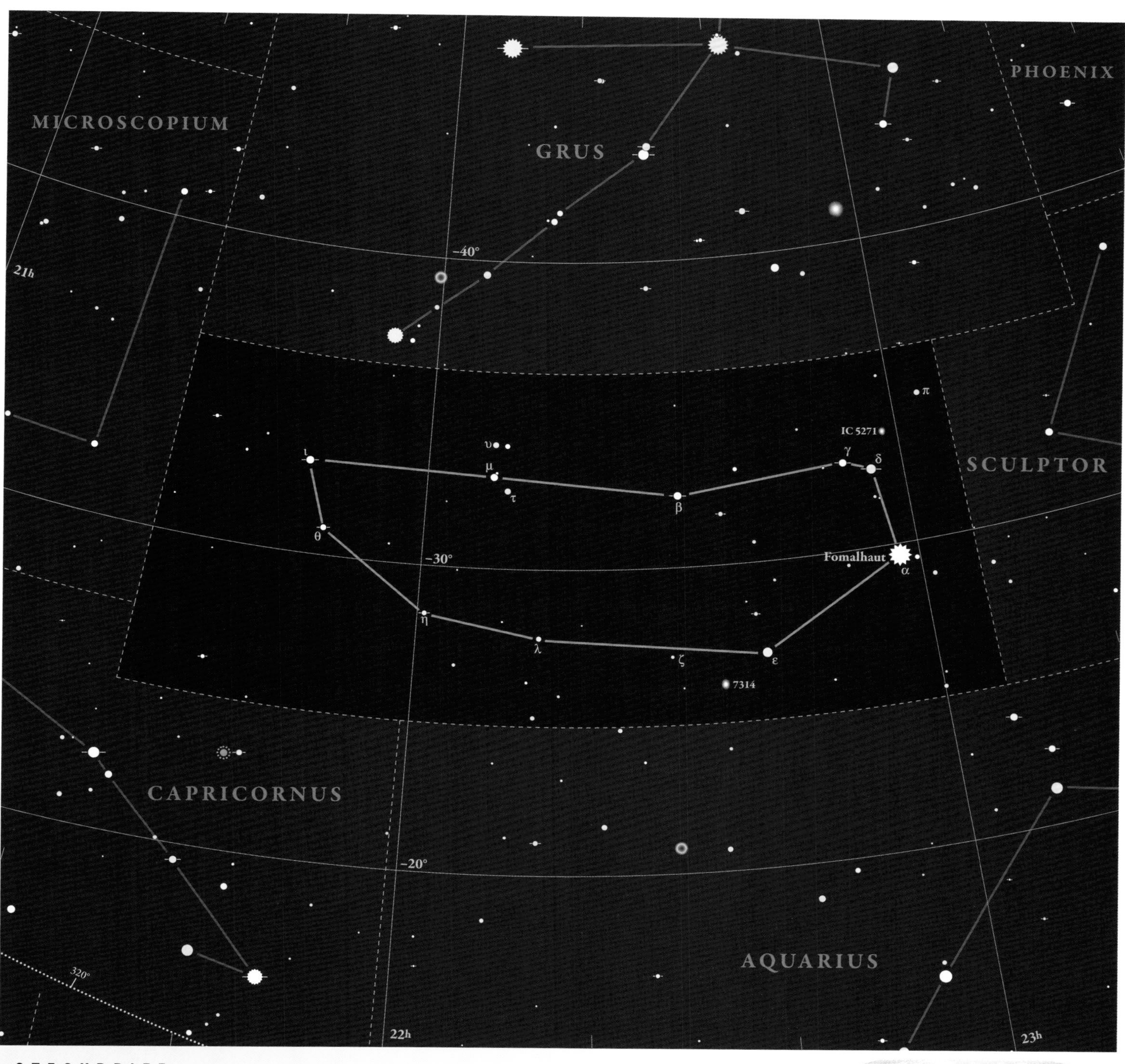

STECKBRIEF

Piscis Austrinus
Südlicher Fisch

Abkürzung
PsA

Genitiv
Piscis Austrini

Rektaszension
22 Stunden

Deklination
–30°

Sichtbarkeit
52°N bis 90°S

Beachtenswerte Objekte
Alpha (α) Piscis Austrini
Beta (β) Piscis Austrini
Delta (δ) Piscis Austrini
Gamma (γ) Piscis Austrini
IC 5271
NGC 7314

Benannte Sterne
Fomalhaut (Alpha [α] Piscis Austrini)

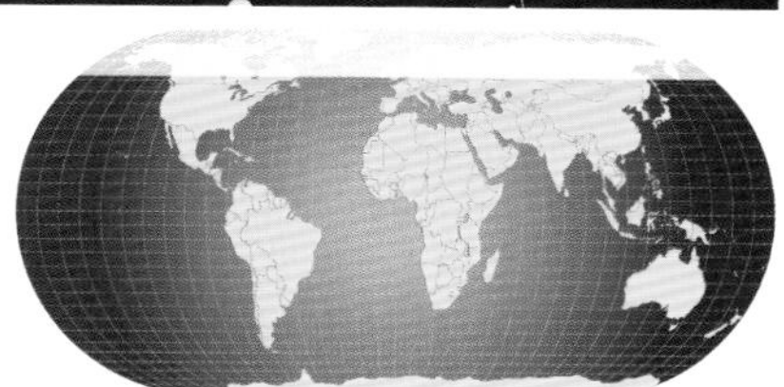

NÖRDLICHER NACHTHIMMEL – Beobachtungsort: New York, USA; Zeitpunkt: 22:00 Uhr am 15. des jeweiligen Monats

JAN

FEB

MÄR

APR

MAI
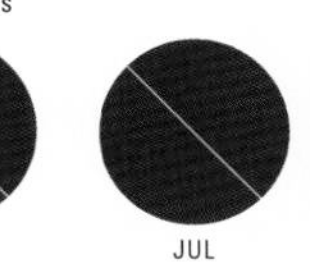
JUN
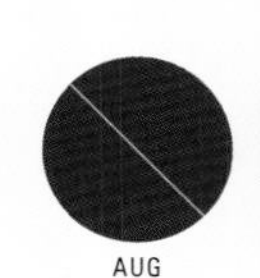
JUL

AUG

SEP

OKT
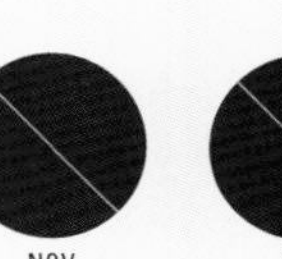
NOV

DEZ

SÜDLICHER NACHTHIMMEL – Beobachtungsort: Sydney, Australien; Zeitpunkt: 22:00 Uhr am 15. des jeweiligen Monats

JAN

FEB

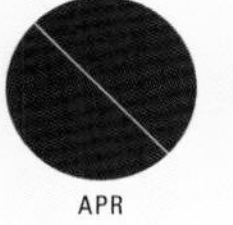
MÄR
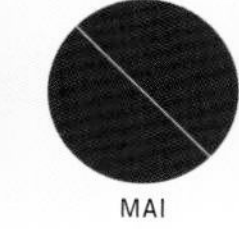
APR

MAI

JUN
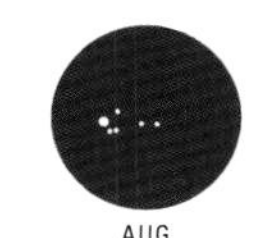
JUL

AUG

SEP

OKT
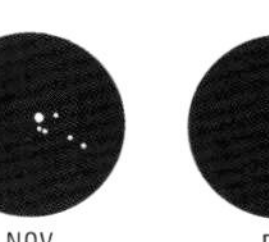
NOV
DEZ

Puppis

Zusammen mit Schiffskiel (Carina) und Segel (Vela) bildete das Achterdeck des Schiffs die antike Konstellation Argo Navis. Seine Sternhaufen schmücken das Heck von Jasons Schiff *Argo*.

REISE DURCH DIE NACHT

Abbé Nicolas Louis de Lacaille zerlegte das Sternbild Argo Navis im 17. Jahrhundert schlicht, um es sich einfacher zu machen. Puppis wird in verschiedenen modernen Texten als der Bug der *Argo* bezeichnet, stellt aber tatsächlich das Achterdeck (auch: Poopdeck oder Hinterdeck) dar. In den Sternatlanten des 16. bis 19. Jahrhunderts gibt es einige Unstimmigkeiten in Bezug darauf, ob die *Argo* nun nach Norden oder Süden segelte, was vermutlich der Grund für die Verwechslung ist. Eine Beschreibung des Mythos um Jason und die *Argo* finden Sie in der Beschreibung des Schiffskiels (Carina).

DIE STERNE DES ACHTERDECKS

Puppis steht in einem sehr dichten Bereich der Milchstraße, und seine Sterne umreißen sehr grob eine Seitenansicht des Hecks einer mediterranen Karacke. Das Mittelschiff liegt im Süden, das Heck im Norden. Als Lacaille Argo Navis auseinandernahm, blieben die Bayer-Bezeichnungen der einzelnen Sterne erhalten, sodass Puppis weder einen Alpha- noch einen Beta-Stern hat.

Der hellste Stern des Achterdecks ist ein echter himmlischer Superstar. Der 2^{m} helle Zeta (ζ) Puppis, auch als Naos (vom griechischen Wort für „Schiff") bekannt, ist einer der hellsten Überriesen des Typs O5. Er ist 1400 Lichtjahre entfernt und 60-mal schwerer und mehr als 750 000-mal heller als unsere Sonne. Dank seiner extrem heißen Oberfläche gibt er den Löwenanteil seiner Energie im ultravioletten Spektrum ab. Könnten Menschen im ultravioletten Licht sehen, würde Naos mit seiner Leuchtkraft Jupiter Konkurrenz machen.

OBJEKTE VON INTERESSE

Das auf der Milchstraße liegende Achterdeck ist voller leuchtend heller Sternhaufen. Im Norden liegen **M46** und **M47**. Beide sind große, helle und weit verstreute Haufen mit ganz unterschiedlichen Charakteren: M47 besitzt mittelhelle Sterne, während M46 aus einem Pulk schwacher Sterne mit dem winzigen, ringförmigen planetarischen Nebel **NGC 2438** am Rand der Gruppe besteht. Nicht weit südlich dieser Haufen steht der planetare Nebel **NGC 2440**, ein winziger, ovaler, bläulich-weißer Fleck mit zwei winzigen, fast sternähnlichen Punkten im Zentrum.

Weiter südlich liegt in der Nähe des Naos der mit dem bloßen Auge zu erkennende **NGC 2451**, ein im Feldstecher gut zu beobachtender Haufen; ein wenig weiter westlich findet sich der schöne **NGC 2477**, der wie eine riesige Wolke aus Tausenden schwach leuchtenden Punkten wirkt. Auf der Westseite des Naos liegt **NGC 2546**, ein weiterer schöner Haufen aus hellen und schwachen Sternen. Puppis hat wirklich Dutzende attraktiver Sternhaufen zu bieten und lohnt die Beobachtung schon mit dem Feldstecher.

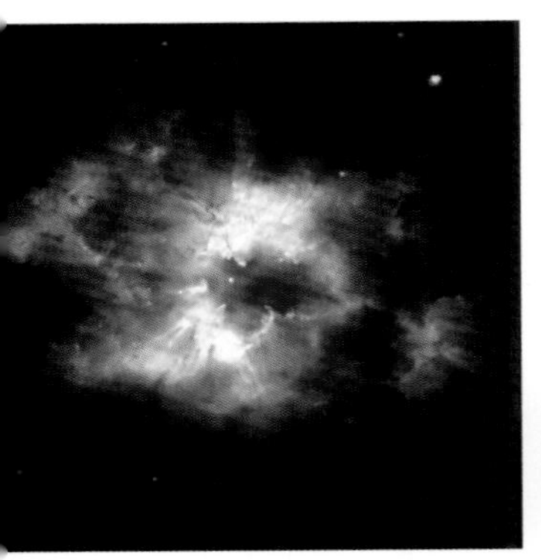

Oben Das Zentralgestirn von NGC 2440 im Achterdeck ist einer der heißesten bekannten Weißen Zwerge und hier als heller Punkt nahe dem Zentrum des Nebels zu erkennen.

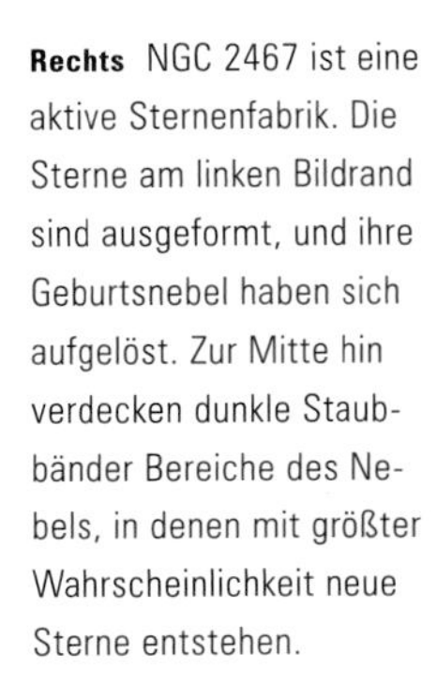

Rechts NGC 2467 ist eine aktive Sternenfabrik. Die Sterne am linken Bildrand sind ausgeformt, und ihre Geburtsnebel haben sich aufgelöst. Zur Mitte hin verdecken dunkle Staubbänder Bereiche des Nebels, in denen mit größter Wahrscheinlichkeit neue Sterne entstehen.

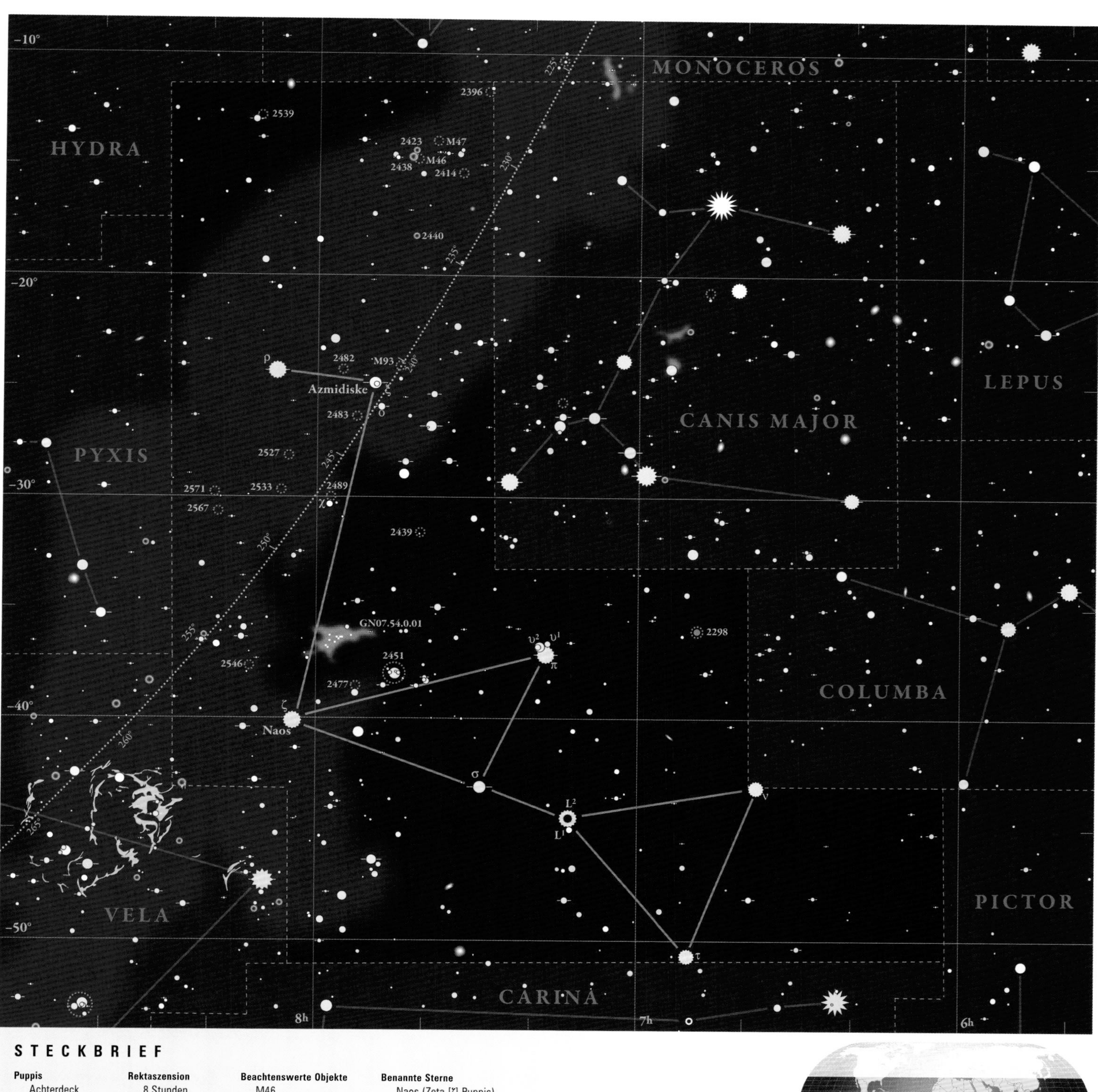

STECKBRIEF

Puppis
Achterdeck

Abkürzung
Pup

Genitiv
Puppis

Rektaszension
8 Stunden

Deklination
–40°

Sichtbarkeit
34°N bis 90°S

Beachtenswerte Objekte
M46
M47
NGC 2438
NGC 2440
NGC 2451
NGC 2477
NGC 2546

Benannte Sterne
Naos (Zeta [ζ] Puppis)
Azmidiske (Xi [ξ] Puppis)

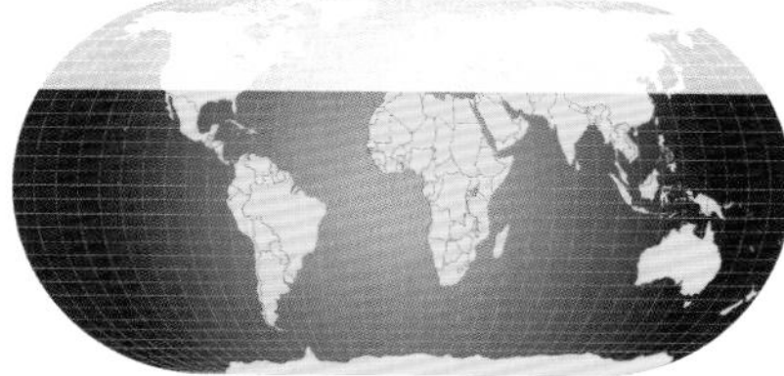

NÖRDLICHER NACHTHIMMEL – Beobachtungsort: New York, USA; Zeitpunkt: 22:00 Uhr am 15. des jeweiligen Monats

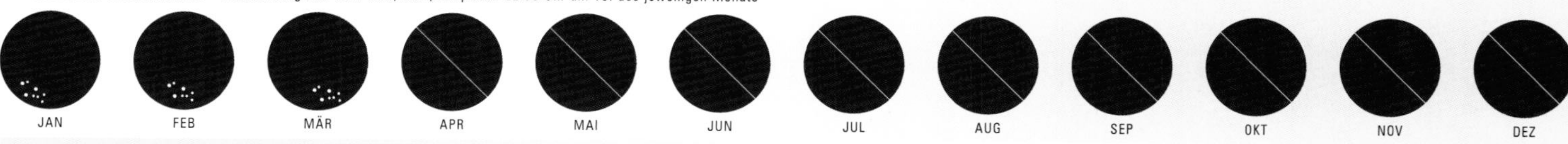

SÜDLICHER NACHTHIMMEL – Beobachtungsort: Sydney, Australien; Zeitpunkt: 22:00 Uhr am 15. des jeweiligen Monats

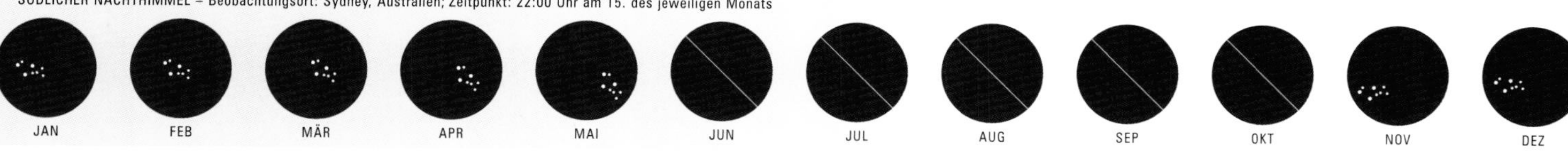

Pyxis

Der vollständige lateinische Name dieser Konstellation lautete einst Pyxis Nautica. Stellt sie einen Kompass dar oder einen Mast? Keines von beiden passt zur großen *Argo Navis*.

AUF KURS

Der Kompass war den antiken Astronomen unbekannt. Erst Abbé Nicolas Louis de Lacaille entwickelte das Sternbild während seines Aufenthalts am Observatorium von Kapstadt 1751/52 aus mehreren Sternen des Bugs der *Argo*, einigen Sternen des Segels und diversen nicht gruppierten Sternen. Wie viele der von Lacaille erfundenen Konstellationen repräsentiert auch Pyxis ein Gerät aus Wissenschaft und Technik, in diesem Fall einen Kompass, was nur schwer mit einem antiken griechischen Schiff in Einklang zu bringen ist.

Vermutlich aufgrund dieser Unstimmigkeit schlug der große englische Astronom Sir John Herschel vor, Pyxis aufzugeben und die Gruppe in Malus (Mast) umzubenennen. In den Sternatlanten des 16. bis 18. Jahrhunderts wurden diese Sterne vor Lacailles Zeit nämlich öfter als Mast oder Spiere der *Argo* dargestellt. Es ist allerdings sehr wahrscheinlich, dass die „echte" *Argo* überhaupt keinen Mast besaß – schließlich wird sie meist als Galeere mit 50 Ruderern beschrieben. Herschels Vorschlag erfuhr keine große Unterstützung, und so blieb Lacailles Erfindung erhalten. Seit dieser Zeit haben sich weder die Gruppe noch ihre Sterne großartig verändert, außer dass der Name auf Pyxis zusammengeschrumpft ist.

DIE STERNE DES SCHIFFSKOMPASSES

Die Hauptsterne des Pyxis haben eine scheinbare Helligkeit von 4^m oder weniger und erinnern nicht im Geringsten an das Bild einer Holzkiste mit einem Magneten. Im Vergleich zu den vielen hellen Sternen der benachbarten Bilder Segel (Vela) und Achterdeck (Puppis) ist Pyxis eine ziemlich matte Gruppierung am Rand der Milchstraße.

Der $3^{m},7$ helle Alpha (α) Pyxis ist der hellste Stern des Kompasses. Es handelt sich um einen Riesen des Typs B1, der etwa elfmal schwerer und 18 000-mal heller ist als unsere Sonne. Sein Licht erreicht uns aus 830 Lichtjahren Entfernung durch eine Staubwolke in der Milchstraße, weswegen er recht dunkel erscheint.

OBJEKTE VON INTERESSE

Dank der Nähe zur Milchstraße besitzt der Kompass mehrere offene Sternhaufen. Der interessanteste ist **NGC 2818**, eine lockere Gruppe leuchtschwacher Sterne, die ihre Attraktivität von einem hellen planetaren Nebel in ihrem Zentrum bezieht. **NGC 2818A** ist ein hübscher, unregelmäßiger, hellblauer Fleck am äußeren Rand des Haufens.

Pyxis enthält zudem zahlreiche Galaxien, wobei **NGC 2613** die hellste ist. Im 20-cm-Teleskop sieht sie wie eine helle, neblige Spindel mit vielen schwachen Sternen im Hintergrund aus.

Eine weitere, recht ähnliche Galaxie im Süden der Konstellation ist **IC 2469**, allerdings ist sie leuchtschwächer.

Links Dieses Bild von den Eruptionen der wiederkehrenden Nova T Pyxidis hat die Aufmerksamkeit vieler Wissenschaftler und Amateurbeobachter erregt. T Pyxidis steht 6000 Lichtjahre entfernt in der schwachen südlichen Konstellation Pyxis, dem Kompass.

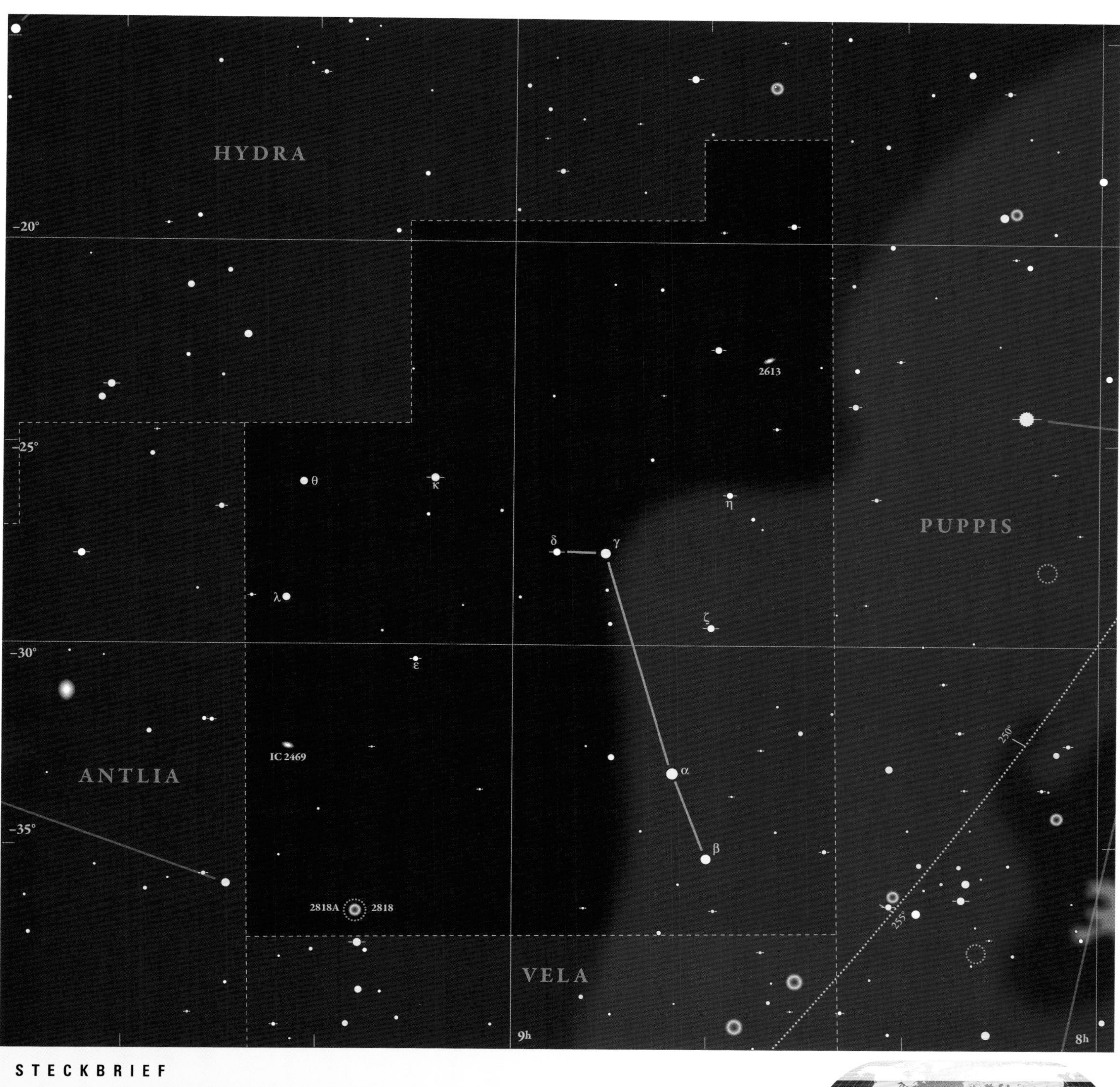

STECKBRIEF

Pyxis
Kompass

Abkürzung
Pyx

Genitiv
Pyxidis

Rektaszension
9 Stunden

Deklination
–30°

Sichtbarkeit
50°N bis 90°S

Beachtenswerte Objekte
IC 2469
NGC 2613
NGC 2818
NGC 2818A

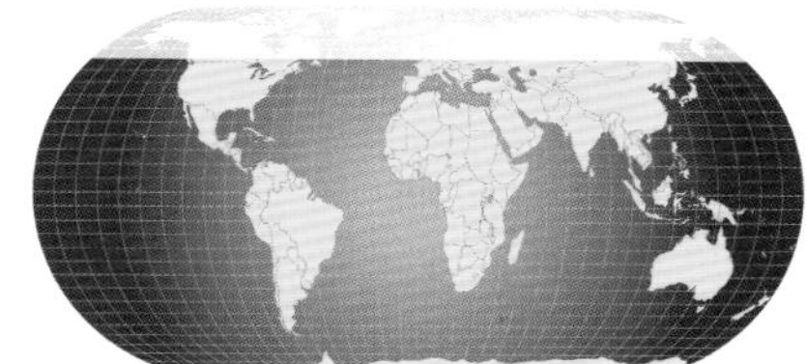

NÖRDLICHER NACHTHIMMEL – Beobachtungsort: New York, USA; Zeitpunkt: 22:00 Uhr am 15. des jeweiligen Monats

JAN

FEB

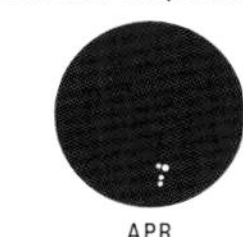
MÄR

APR
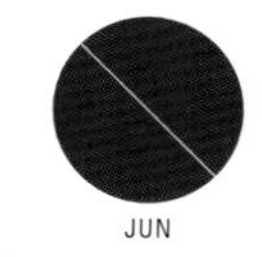
MAI

JUN
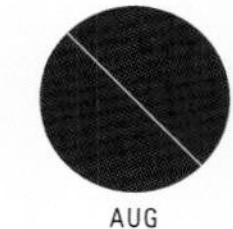
JUL

AUG

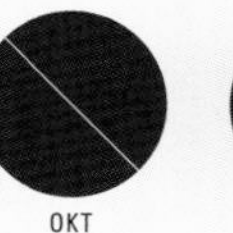
SEP

OKT
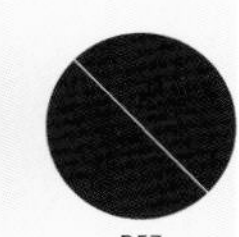
NOV
DEZ

SÜDLICHER NACHTHIMMEL – Beobachtungsort: Sydney, Australien; Zeitpunkt: 22:00 Uhr am 15. des jeweiligen Monats

JAN

FEB

MÄR

APR
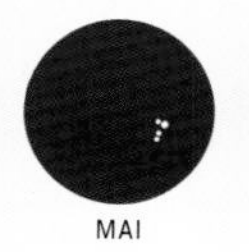
MAI

JUN
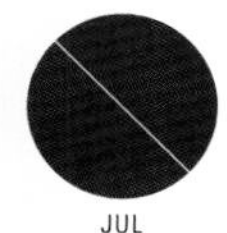
JUL
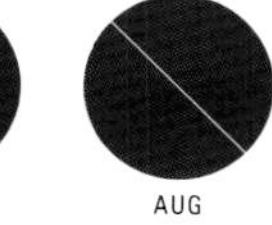
AUG

SEP

OKT

NOV

DEZ

Reticulum

Ist das kleine Sternbild Netz am Südhimmel die Heimat geheimnisvoller unidentifizierter Flugobjekte?

FADENKREUZ ODER NETZ?

Das Sternbild Reticulum war den Astronomen der Antike unbekannt. Es wurde erst von Abbé Nicolas Louis de Lacaille während seines Aufenthalts am Observatorium von Kapstadt 1751/52 erfunden. Seine Interpretation beruhte vermutlich auf einer Vorlage Isaac Habrechts, der es als Rhombus zeichnete. Wie viele der von Lacaille erfundenen Konstellationen repräsentiert auch diese ein Gerät aus Wissenschaft und Technik, in diesem Fall eine Art Fadenkreuz, das man zur Messung der Position der Sterne im Teleskop verwendet. Die deutsche Bezeichnung des Sternbilds lautet heute aber Netz.

DIE STERNE DES NETZES

Die Hauptsterne des Reticulums sind zwar leuchtschwach, bilden aber eine charakteristische Rautenform westlich der Großen Magellanschen Wolke. Alpha (α), Beta (β), Gamma (γ), Delta (δ) und Epsilon (ε) definieren Form und Inhalt des Rhombus und sind Gelbe oder Orange Riesen der 3. bzw. 4. Größenordnung.

Der 163 Lichtjahre entfernte und $3^{m}{,}5$ helle Alpha (α) Reticuli ist ein Gelber Riese des Typs G5, der 3,5-mal schwerer und 240-mal heller als unsere Sonne ist. Er hat einen winzigen Begleiter: einen Roten Zwerg des M-Typs mit nur einem Bruchteil seiner Leuchtkraft und einer einsamen Kreisbahn von mindestens 60 000 Jahren Länge.

Ein sehr scharfäugiger Beobachter kann vielleicht das nur 39 Lichtjahre entfernte, weit auseinander stehende Sonnen-Zwillingspaar Zeta (ζ) Reticuli erkennen, das der 5. Größenordnung angehört und bei UFO-Fans sehr beliebt ist. Das Doppelgestirn kam in den 1960ern zu Ruhm, als die Amerikaner Betty und Barney Hill behaupteten, sie seien auf einer Fahrt durch New Hampshire von Aliens entführt worden. Nach ihrer Rückkehr zeichnete Betty eine Sternkarte, um zu zeigen, wo ihre Entführer herstammten. Einige Jahre später untersuchte die Amateurastronomin und UFO-Expertin Marjorie Fisher die Karte und behauptete, sie zeige eindeutig Zeta (ζ) Reticuli. Dies führte zu einer Reihe von Berichten über UFOs und Aliens von Zeta (ζ) Reticuli – allerdings, wie immer, ohne jeden stichfesten Beleg.

OBJEKTE VON INTERESSE

Weit abseits der Ebene der Milchstraße gelegen, hat dieses Sternbild dem Amateurastronomen mit Ausnahme einiger Galaxien nur wenig zu bieten.

Unter diesen ist **NGC 1313** mit Abstand die interessanteste; sie lässt sich bei dunklem Himmel mit einem 10-cm-Teleskop erkennen. Mit nur 15 Millionen Lichtjahren Entfernung ist uns die Galaxie recht nahe. Im 20-cm-Teleskop hat sie einen recht großen, schwachen, etwas fleckigen Halo mit einem etwas helleren Kern.

Die Spiralgalaxie **NGC 1559** im Südosten von Alpha (α) Reticuli ist leicht zu finden. Im 20-cm-Teleskop zeigt sich eine mäßig helle, spindelförmige Galaxie mit einem etwas helleren Zentrum.

Links Dies ist eine Aufnahme des Sternbilds Netz, das aus einer Gruppe von vier Sternen in der Bildmitte besteht, die eine Raute bilden. Die Konstellation wurde nach dem astronomischen Messinstrument Reticulum benannt.

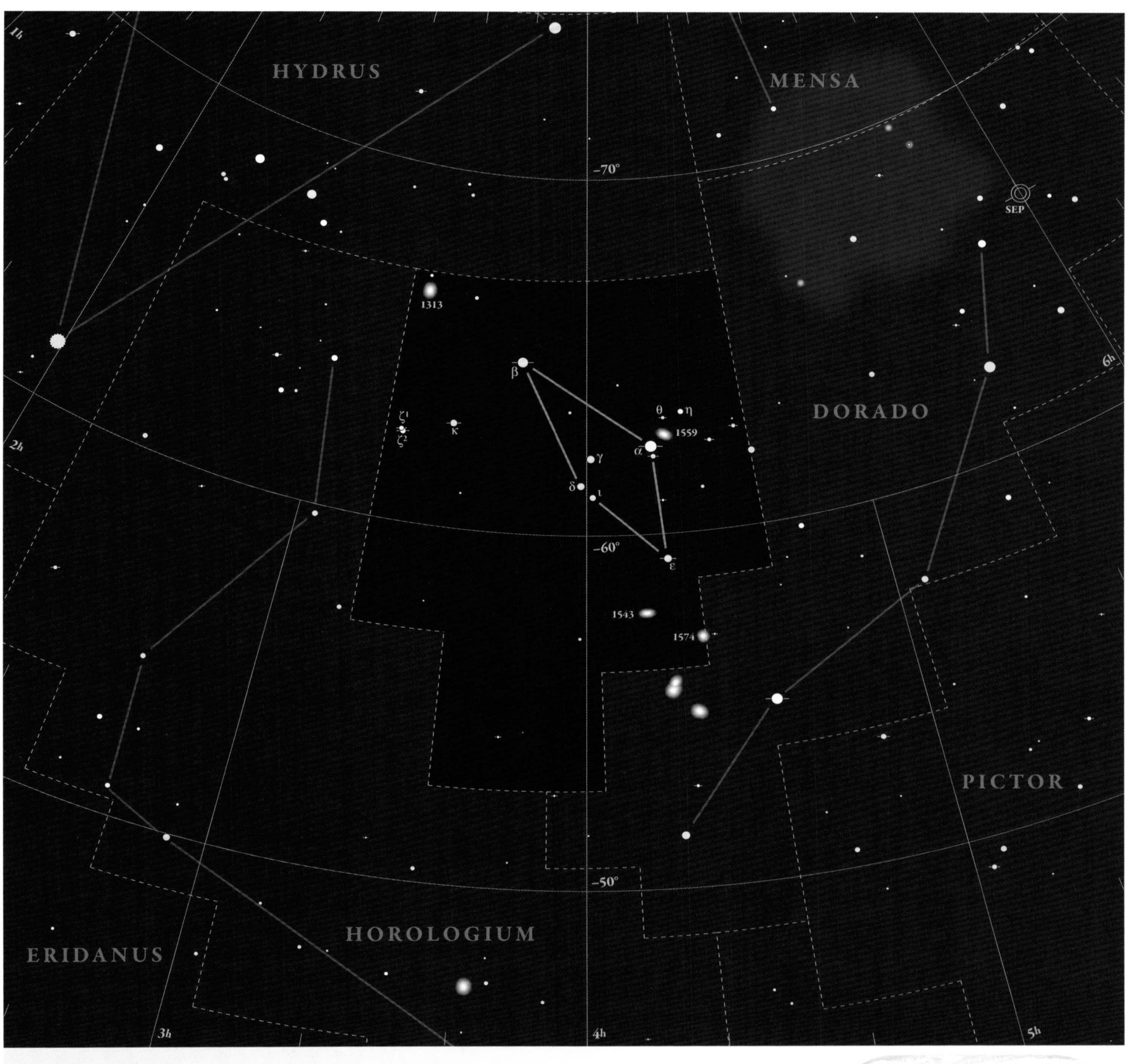

STECKBRIEF

Reticulum
Netz

Abkürzung
Ret

Genitiv
Reticuli

Rektaszension
4 Stunden

Deklination
–60°

Sichtbarkeit
20°N bis 90°S

Beachtenswerte Objekte
NGC 1313
NGC 1559

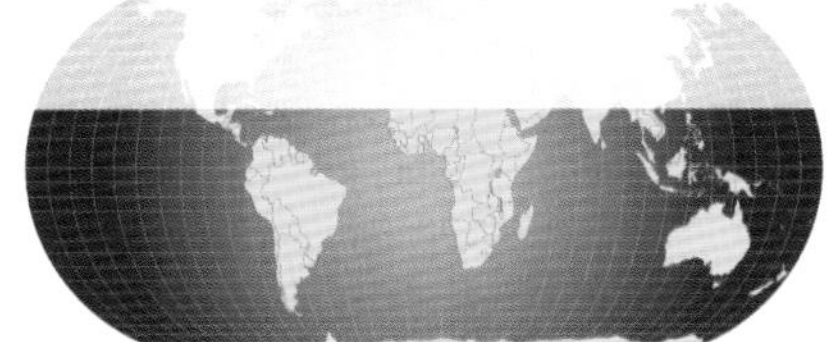

NÖRDLICHER NACHTHIMMEL – Beobachtungsort: New York, USA; Zeitpunkt: 22:00 Uhr am 15. des jeweiligen Monats

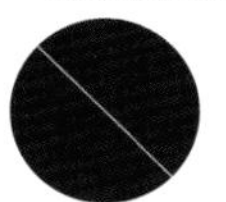
JAN
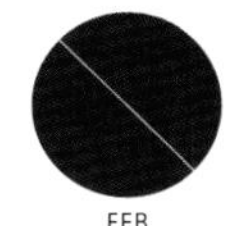
FEB

MÄR

APR

MAI

JUN
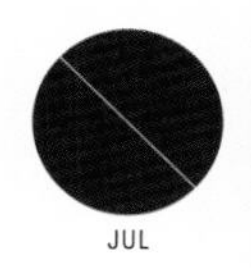
JUL

AUG

SEP
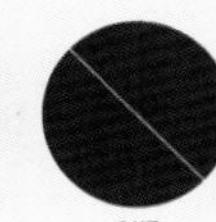
OKT
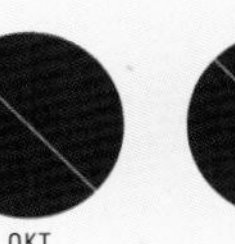
NOV

DEZ

SÜDLICHER NACHTHIMMEL – Beobachtungsort: Sydney, Australien; Zeitpunkt: 22:00 Uhr am 15. des jeweiligen Monats

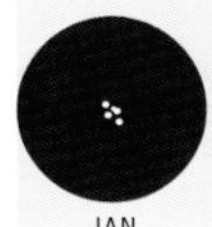
JAN

FEB

MÄR
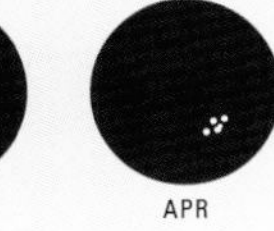
APR
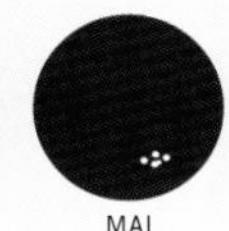
MAI

JUN
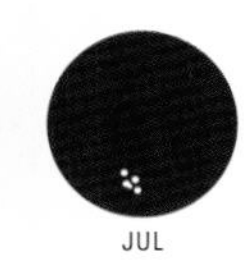
JUL
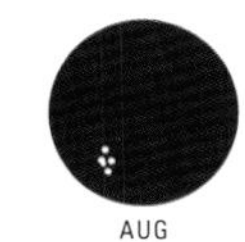
AUG

SEP

OKT

NOV

DEZ

Sagitta

Wie der lateinische Name andeutet, zeigt die Konstellation eindeutig einen Pfeil. Allerdings gibt es mehrere sehr unterschiedliche Versionen hinsichtlich seines Schützen.

MYSTERIÖSE ZIELE

Sagitta ist also ein Pfeil – aber wer hat ihn abgeschossen? Manche halten ihn für den Pfeil des Eros (Amor), andere schreiben ihn dem Zentauren Cheiron (Sternbild Sagittarius) zu, aber dafür scheint der Winkel nicht richtig zu sein.

Eratosthenes hielt ihn für den Pfeil, den Apollo gegen die Zyklopen abschoss, um sich an Zeus zu rächen, weil jene die Blitze geschmiedet hatten, mit denen Zeus Apollos Sohn Asklepios niedergestreckt hatte. Hyginus hielt Sagitta für einen der Pfeile des Herakles, mit dem dieser den Adler tötete, der an der ständig nachwachsenden Leber des Prometheus fraß. Wieder andere sahen in ihm einen der Pfeile, mit denen Herakles im Rahmen seiner Aufgaben die stymphalischen Vögel erlegte. Es gibt noch zahlreiche weitere Versionen, und so bleibt das Geheimnis des Schützen wohl ungelöst.

DIE STERNE DES PFEILS

Die schwach leuchtenden Sterne des Sagitta zeigen eindeutig eine Pfeilform. Die benachbarten Alpha (α) und Beta (β) bilden die Fiederung, die in nahezu gerader Linie liegenden Delta (δ) und Gamma (γ) den Schaft und Eta (η) die Spitze.

Alpha (α) Sagittae wird auch Sham genannt, was im Arabischen ebenfalls „Pfeil" bedeutet. Er ist mit einer scheinbaren Helligkeit von 4^m (fast schon 5^m) einer der schwächsten α-Sterne am Himmel und etwas dunkler als Delta (δ) und Gamma (γ), der hellste Stern der Konstellation. Sham ist allerdings nur so schwach, weil er 475 Lichtjahre entfernt ist. Er ist viermal schwerer als unsere Sonne und gehört einer sehr ähnlichen Spektralklasse an, überstrahlt aber unser Gestirn um das 350-Fache.

OBJEKTE VON INTERESSE

Sagitta liegt in der Milchstraße, hat aber dem Amateurbeobachter allein wegen seiner Größe nur wenig zu bieten – er ist das drittkleinste Sternbild am Himmel.

M71 ist mit Abstand das interessanteste Objekt des Pfeils. Der faszinierende Kugelhaufen galt bis in die 1970er-Jahre hinein als extrem voller und dichter offener Haufen, aber sein Spektrum enthüllt die Existenz von Veränderlichen des RR Lyrae-Typs und einiger sehr alter Sterne (alles Merkmale echter Kugelhaufen). Der mit 12 000 Lichtjahren recht nahe M71 zeigt sich im 20-cm-Teleskop als ausgedehnter Nebel mit einigen schwach aufgelösten Flecken in einem dichten Sternenfeld.

NGC 6886, **NGC 6879** und **IC 4997** sind planetare Nebel mit sehr ähnlichen Charakteristiken. Es sind allesamt sehr kleine azurblaue Scheiben, die sich nur bei sehr starker Vergrößerung deutlich von Sternen unterscheiden.

Links Eine Satellitenaufnahme von M71, einem sehr dichten offenen Sternhaufen im Sternbild Pfeil. M71 ist rund 12 000 Lichtjahre von der Erde entfernt und mit nur 30 Lichtjahren Durchmesser recht klein.

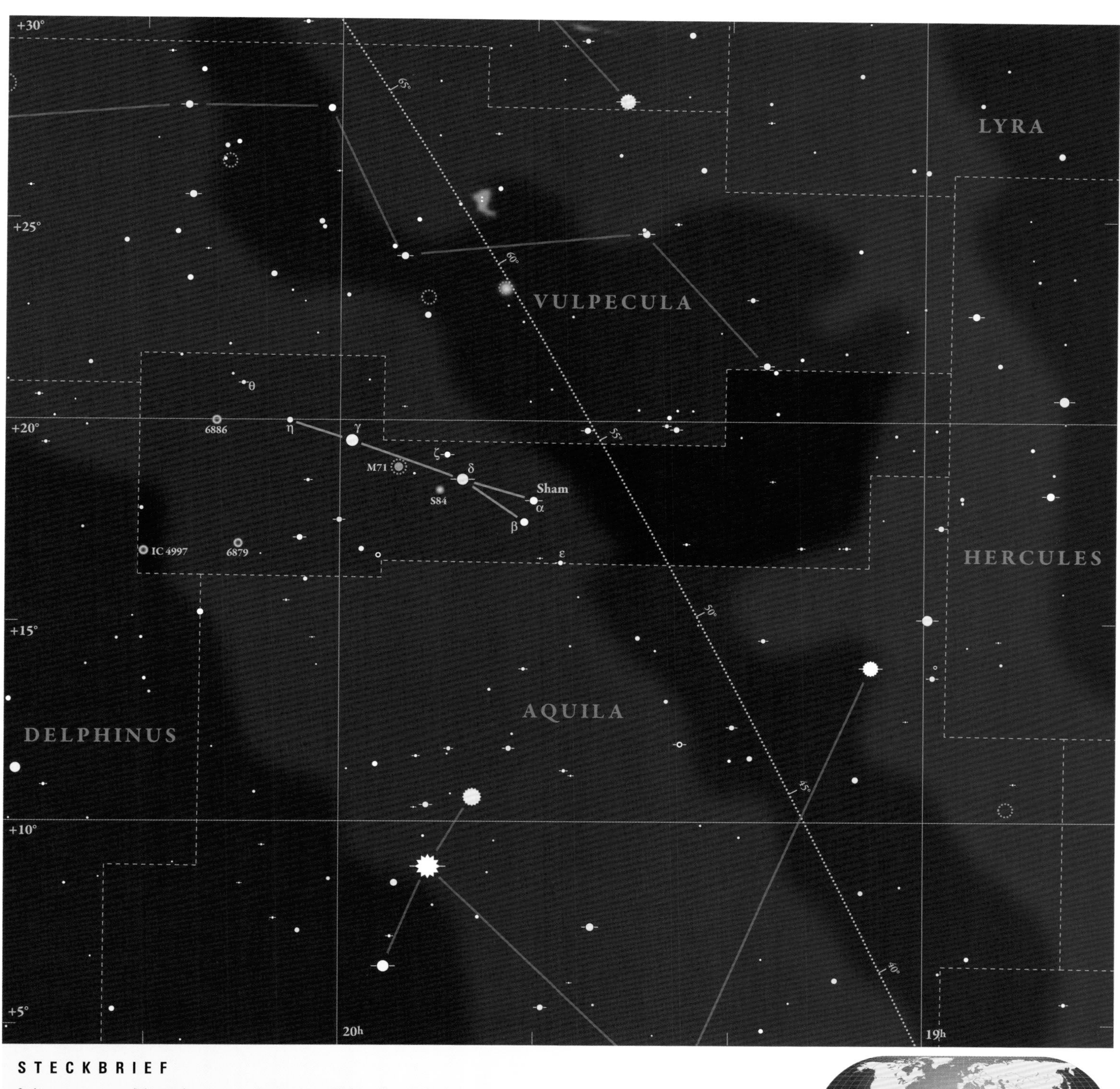

STECKBRIEF

Sagitta
Pfeil

Abkürzung
Sge

Genitiv
Sagittae

Rektaszension
20 Stunden

Deklination
+10°

Sichtbarkeit
90°N bis 66°S

Beachtenswerte Objekte
IC 4997
M71
NGC 6886
NGC 6879

Benannte Sterne
Sham (Alpha [α] Sagittae)

NÖRDLICHER NACHTHIMMEL – Beobachtungsort: New York, USA; Zeitpunkt: 22:00 Uhr am 15. des jeweiligen Monats

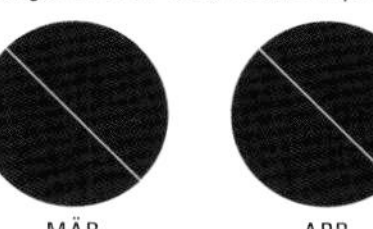
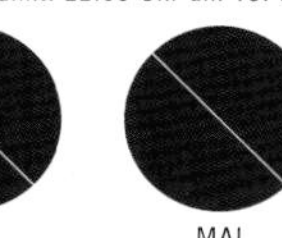
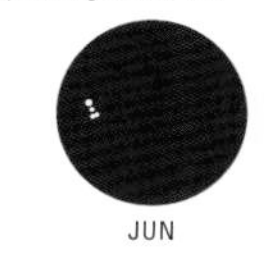

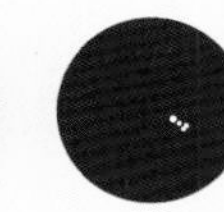

JAN FEB MÄR APR MAI JUN JUL AUG SEP OKT NOV DEZ

SÜDLICHER NACHTHIMMEL – Beobachtungsort: Sydney, Australien; Zeitpunkt: 22:00 Uhr am 15. des jeweiligen Monats

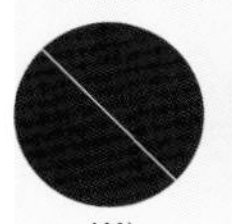

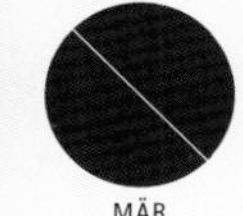

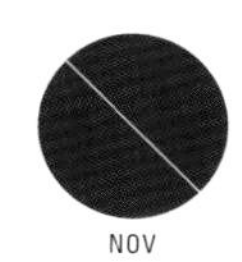

JAN FEB MÄR APR MAI JUN JUL AUG SEP OKT NOV DEZ

Sagittarius

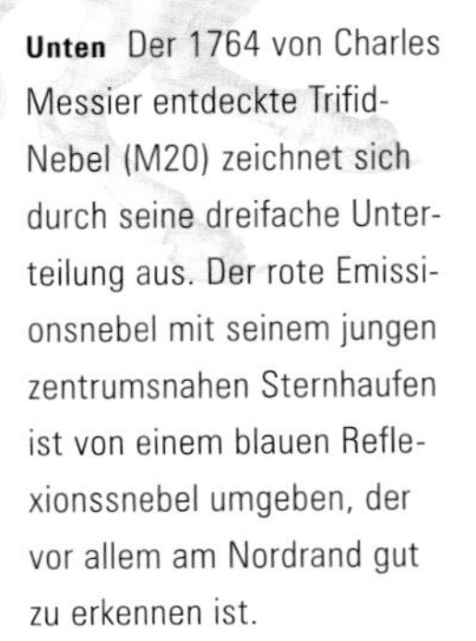

Der im Zentrum unserer Milchstraße beheimatete Schütze hat seit seinem Ursprung in der Antike eine Reihe von Inkarnationen durchlaufen.

MIT PFEIL UND BOGEN

Die ersten Aufzeichnungen über die als Schütze bekannte Sterngruppe stammen von den Sumerern, die ihn Nergal nannten. Die Griechen übernahmen später die Konstellation, allerdings gab es in der hellenistischen Epoche Unstimmigkeiten darüber, wen sie nun darstellte. Aratos beschrieb das Bild als zwei separate Konstellationen: Bogen und Schütze. Andere Griechen assoziierten es mit der Figur eines Zentauren, die Cheiron an den Himmel stellte, um die Argonauten nach Kolchis zu leiten. Diese Interpretation scheint zur Verwechslung des Schützen mit Cheiron selbst geführt zu haben, der sich aber bereits als eigenes Sternbild am Himmel befand. Eratosthenes vertrat vehement die Meinung, dass die Sterne des Sagittarius keinen Zentauren darstellten, weil Zentauren keine Bögen verwendeten, und identifizierte es stattdessen als den Satyr Krotos. Krotos war der Sohn des Gottes Pan und der Eupheme, einer Amme der Musen, der neun Töchter des Zeus. Die Griechen stellten sich Krotos als zweibeiniges Wesen vor, ähnlich Pan, aber mit einem Pferdeschwanz. Krotos soll den Jagdbogen erfunden haben, ritt oft zu Pferd und lebte bei den Musen auf dem Berg Helikon. Letztlich interpretierten die Römer das Sternbild als Zentauren mit einem Bogen. So hat der moderne Name seinen Ursprung im alten Rom: Sagitta ist das lateinische Wort für „Pfeil".

DIE STERNE DES SCHÜTZEN

Bayers System der Zuordnung griechischer Buchstaben zur Bezeichnung der Sterne einer Konstellation orientierte sich nicht durchgehend an ihrer abnehmenden Helligkeit, sondern auch an der Bedeutung ihrer Position im Sternbild. Der Sagittarius ist ein hervorragendes Beispiel für diese Systematik.

Alpha (α) und Beta (β) Sagittarii sind beide unbedeutende, 4^m helle Punkte im Süden der Konstellation, weit vom Hauptbild entfernt. Sie stehen in der Helligkeit nur an 14. bzw. 15. Stelle. Die beiden hellsten Sterne tragen die Bezeichnungen Epsilon (ε) und Sigma (σ) Sagittarii.

Unten Der 1764 von Charles Messier entdeckte Trifid-Nebel (M20) zeichnet sich durch seine dreifache Unterteilung aus. Der rote Emissionsnebel mit seinem jungen zentrumsnahen Sternhaufen ist von einem blauen Reflexionssnebel umgeben, der vor allem am Nordrand gut zu erkennen ist.

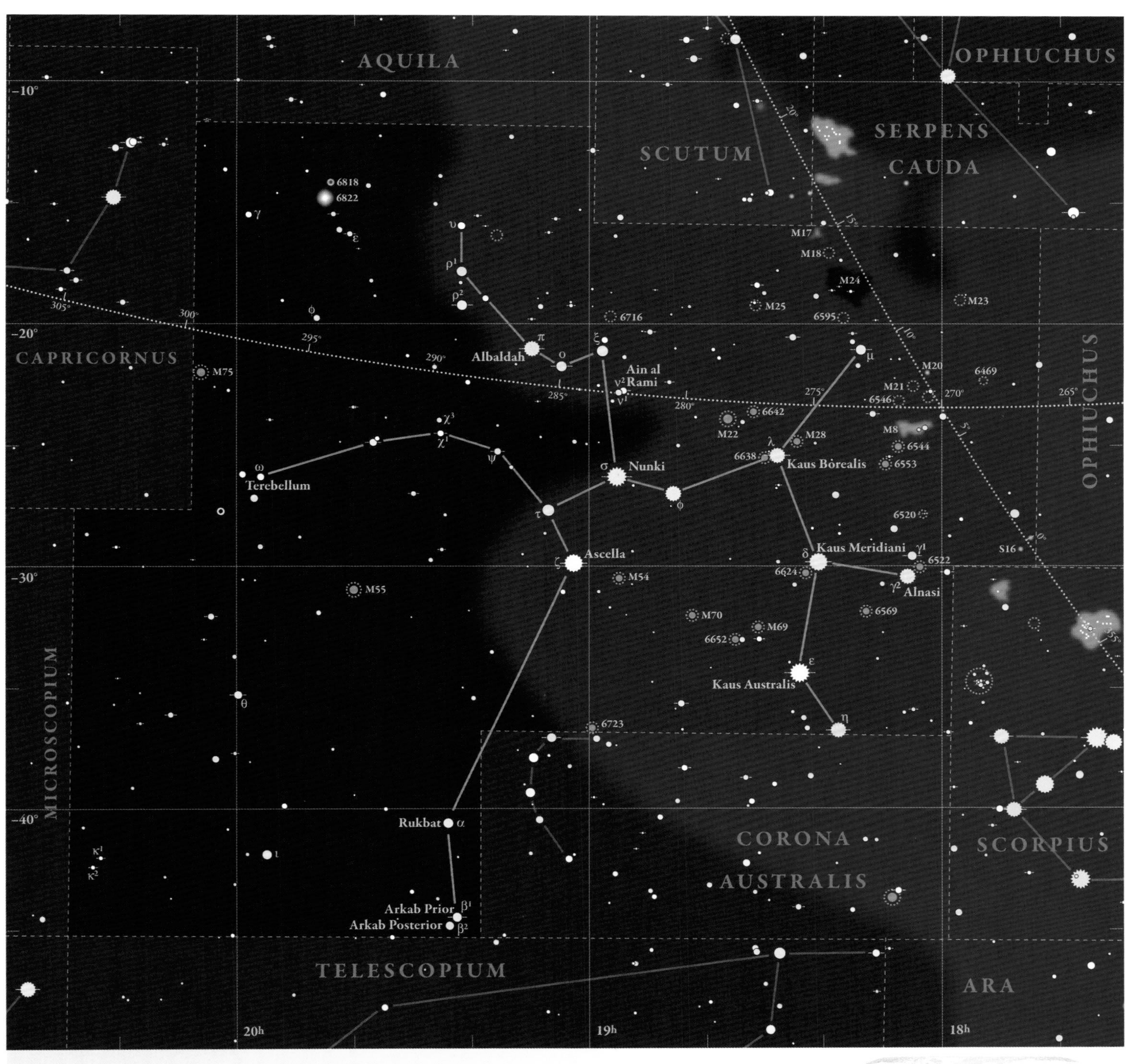

STECKBRIEF

Sagittarius
Schütze

Abkürzung
Sgr

Genitiv
Sagittarii

Rektaszension
19 Stunden

Deklination
–25°

Sichtbarkeit
40°N bis 90°S

Beachtenswerte Objekte
M8 (Lagunen-Nebel)
M17 (Omega-Nebel)
M18
M20 (Trifid-Nebel)
M22
M23
M54
M55

Benannte Sterne
Rukbat (Alpha [α] Sagittarii)
Arkab Prior (Beta[1] [β[1]] Sagittarii)
Arkab Posterior (Beta[2] [β[2]] Sagittarii)
Alnasi (Gamma [γ] Sagittarii)
Kaus Meridiani (Delta [δ] Sagittarii)
Kaus Australis (Epsilon [ε] Sagittarii)
Ascella (Zeta [ζ] Sagittarii)
Kaus Borealis (Lambda [λ] Sagittarii)
Ain al Rami (Ny[1] [ν[1]] Sagittarii)
Albaldah (Pi [π] Sagittarii)
Nunki (Sigma [σ] Sagittarii)
Terebellum (Omega [ω] Sagittarii)

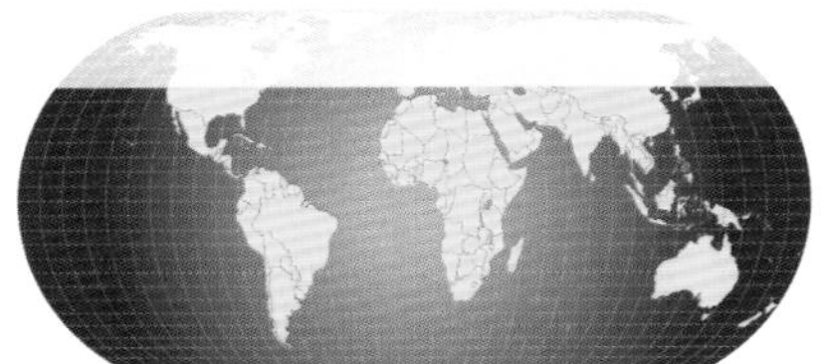

NÖRDLICHER NACHTHIMMEL – Beobachtungsort: New York, USA; Zeitpunkt: 22:00 Uhr am 15. des jeweiligen Monats

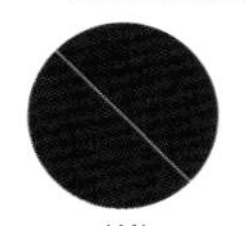

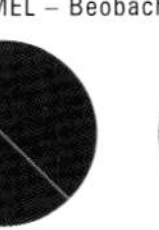
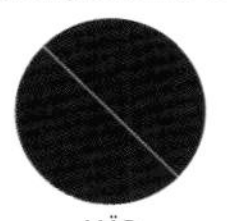
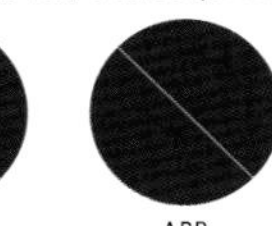

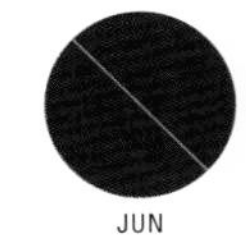

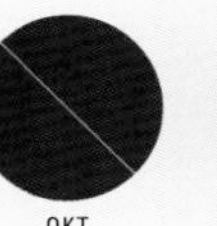

JAN FEB MÄR APR MAI JUN JUL AUG SEP OKT NOV DEZ

SÜDLICHER NACHTHIMMEL – Beobachtungsort: Sydney, Australien; Zeitpunkt: 22:00 Uhr am 15. des jeweiligen Monats

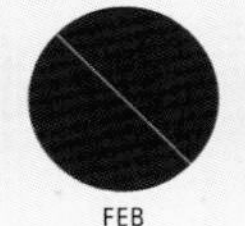

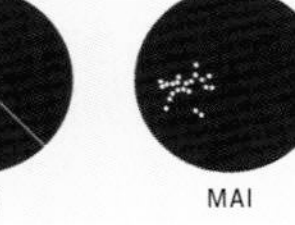
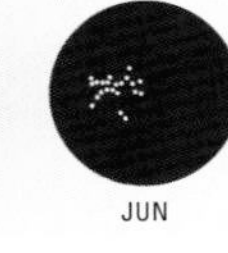
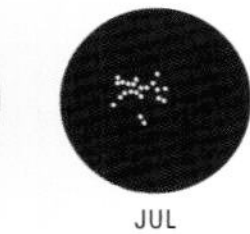
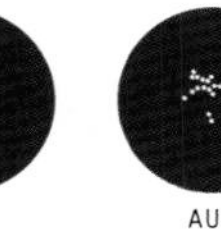
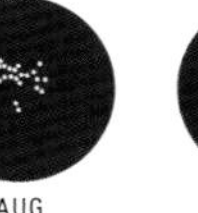

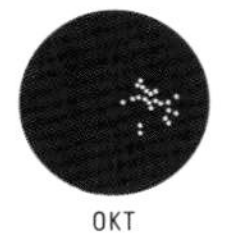

JAN FEB MÄR APR MAI JUN JUL AUG SEP OKT NOV DEZ

Man kann sich die Hauptsterne des Sagittarius nur schwer als Umriss eines Zentauren vorstellen, der mit Pfeil und Bogen auf den Skorpion (Scorpius) zielt. Im Gegensatz dazu ist die geschwungene Linie der drei Hauptsterne des Bogens, Epsilon (ε), Delta (δ) und Lambda (λ), deutlich zu erkennen. Alle drei haben sehr ähnliche Namen mit arabischem Ursprung: Kaus Australis, Kaus Meridiani und Kaus Borealis, also Süden, Mitte und Norden des Bogens. Gamma (γ) Sagittarii heißt Alnasi („die Spitze"), bildet also die Pfeilspitze.

Viel besser erkennbar, formen die helleren Sterne eindeutig den Umriss einer Teekanne. Da sie etwa gleich hell sind, ist diese inoffizielle Konstellation auch noch am Vorstadthimmel recht gut zu erkennen. Der Griff der Kanne besteht aus Tau (τ), Phi (ϕ), Zeta (ζ) und Sigma (σ) Sagittarii, während Phi (ϕ), Lambda (λ) und Delta (δ) den Deckel, Zeta (ζ) und Epsilon (ε) den Boden und Epsilon (ε) und Gamma (γ) den Ausguss bilden. Epsilon (ε) Sagittarii, Kaus Australis, ist der hellste Stern des Schützen. Er ist ein schätzungsweise 145 Lichtjahre entfernter blauer, heller Riese des Typs B9 mit der nahezu 400-fachen Leuchtkraft unserer Sonne.

In der Mitte zwischen dem Lagunen-Nebel und der kleinen Sagittariuswolke steht der 4^{m} helle My (μ) Sagittarius, auch als Polis (Koptisch für „Fohlen") bekannt. Er ist einer der echten Superstars des Himmels, und wir betrachten ihn aus einer geschätzten Entfernung von 3600 Lichtjahren. Polis ist ein strahlend blauer Überriese des Typs B8, der vom Umfang her nahezu die Kreisbahn der Venus füllen würde und die Sonne um den Faktor 180 000 überstrahlt.

Im Bereich des Sagittarius ist die Milchstraße am hellsten, denn hier schauen wir direkt auf ihr Zentrum. Die große und die kleine Sagittariuswolke bilden die am deutlichsten sichtbaren Teile und besitzen, bei wirklich dunklem Himmel betrachtet, eine dichte neblige Textur. Sie sind sogar hell genug, dass man sie am Stadthimmel erkennen kann. Ein Blick auf diese beiden Bereiche mit dem Feldstecher enthüllt unzählige Knoten und viele dunklere Flecken.

Unten Der Omega-Nebel (M17 oder NGC 6618) im Sternbild Schütze. M17 ist ein heller Emissionsnebel voll junger Sterne und riesiger undurchsichtiger Staubbahnen.

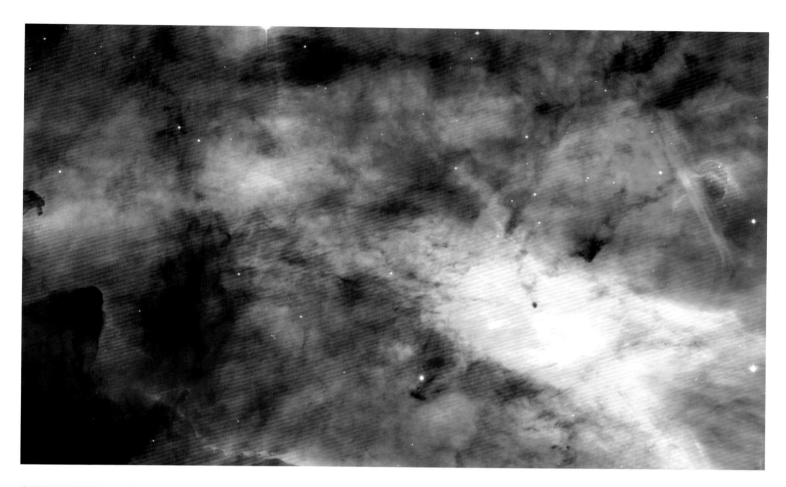

OBJEKTE VON INTERESSE

Keine Konstellation hat dem Amateurastronomen mehr interessante Objekte zu bieten als der Schütze mit seinem unvergleichlichen Reichtum an Sternhaufen und Nebeln.

Der Nebelkomplex **M8**, besser bekannt als **Lagunen-Nebel**, ist mehr als 4000 Lichtjahre entfernt, aber selbst in Vorstädten mit bloßem Auge als nebliger Fleck nahe dem Deckel der „Teekanne“ erkennbar. M8 ist ein heller, ausgedehnter Emissionsnebelkomplex mit Schwaden sich überlagernder Dunkelwolken und einer Gruppe diamantartiger Sterne in einem Sternhaufen. Der gesamte Nebel ist nur bei geringer Vergrößerung und einem weiten Sehfeld zu überblicken, da er fast zwei Vollmonddurchmesser groß ist. Eine höhere Auflösung zeigt in den helleren Bereichen mehr Details.

Etwas mehr als zwei Monddurchmesser nördlich des Zentrums des Lagunen-Nebels liegt der vermutlich fotogenste Nebel am Himmel, der **Trifid-Nebel** oder **M20**. Es handelt sich um einen in drei Sektionen unterteilten nebligen Bereich von halbem Monddurchmesser, was ihm ein unverwechselbares Aussehen verleiht. Genau im Norden des Trifid-Nebels liegt der dichte und helle offene Sternhaufen **M21**, der in einem 15-cm-Teleskop schön zu sehen ist.

Zwei Messier-Objekte des Sagittarius liegen dicht an Lambda (λ) Sagittarii: M22 und M28. **M22** ist für viele der drittschönste aller Kugelsternhaufen. Im Feldstecher wirkt er wie eine kleine Nebelwolke, aber schon in kleinen Teleskopen zeigt es sich, dass er nahezu einen halben Monddurchmesser groß ist und einen Halo mit mehr als einhundert schwach aufgelösten Sternen und einer leichten Verdichtung im Zentrum hat.

M28 zeigt einen ganz anderen Charakter: Er ist viel weiter entfernt und zeigt sich als kleiner, heller, nebliger Ball mit einem hoch verdichteten Zentrum, das nur schwer in einzelne Sterne aufzulösen ist.

Drei schon mit kleinen Teleskopen gut zu sehende offene Sternhaufen umgeben die kleine Sagittariuswolke im Osten, Westen und Norden. **M23** im Westen ist ein mittelgroßer, heller und gut aufgelöster Haufen mit einem äußerst dichten Hintergrund. **M18** im Norden ist eine kompaktere Gruppe mit einem zentrumsnahen V-Muster, das von einem dunkleren Ring umgeben scheint. Im Osten der Wolke liegt **M25**, eine sehr helle und weit verstreute Gruppe mit Vollmonddurchmesser, die am besten mit kleinen Teleskopen mit schwacher Vergrößerung zu betrachten ist. Nahe an Zeta (ζ) Sagittarii liegt der Kugelsternhaufen **M54**, der dem benachbarten M28 sehr ähnlich sieht. Als einer der größten und hellsten Kugelsternhaufen der Milchstraße barg er lange Zeit ein Geheimnis, das die Wissenschaft erst kürzlich lüften konnte. M54 ist ein „Adoptivkind“ – er war einst Teil einer kleinen elliptischen Galaxie, der Sagittarius-Zwerggalaxie, die zurzeit von unserer Galaxie geschluckt wird. Im Südosten des Sagittarius liegt der schöne Kugelsternhaufen **M55**, der im Feldstecher wie eine schwache Wolke wirkt, aber schon im 20-cm-Teleskop als Gruppe winziger Sterne mit nahezu halbem Monddurchmesser ohne Verdichtung im Zentrum erscheint. Der Schütze hat noch mehrere helle und viele weitere schwächere Kugelsternhaufen zu bieten.

Auf keinen Fall sollte man den spektakulären Emissionsnebel **M17** übersehen, den **Omega-Nebel**. Ein 20-cm-Teleskop zeigt bei schwacher Vergrößerung einen mittelgroßen, hellen Nebelfleck, der wie die Zahl 2 mit einer stark verlängerten Grundlinie aussieht. Eine mäßige Vergrößerung zeigt vor allem im Bogen der 2 fleckige Details, da es hier einen sehr dunklen Bereich mit heller Umgebung gibt.

Oben M22 (NGC 6656), ein Kugelsternhaufen im Sternbild Schütze. Er ist der hellste Kugelsternhaufen am Himmel der Nordhalbkugel und mit bloßem Auge zu erkennen.

Ganz oben Ein Hubble-Foto des Omega-Nebels, eines Treibhauses voller neugeborener Sterne in ihren farbenfrohen Wolken. Er steht 5000 Lichtjahre entfernt im Sternbild des Schützen.

Scorpius

Der auffällige Skorpion ist als Teil des Tierkreises eine der am leichtesten zu erkennenden Konstellationen. Es braucht nur wenig Fantasie, um die Figur inmitten ihrer hellen Sterne auszumachen.

STICHBEREIT

Der Skorpion ist eines der ältesten Sternbilder und war schon vor 5000 Jahren den Sumerern bekannt, die ihn Gir-Tab, Skorpion, nannten.

In der griechischen Mythologie ist der Skorpion fast immer mit Orion assoziiert. Orion war ein mächtiger Jäger und so von sich überzeugt, dass er schließlich behauptete, er könne jedes Tier auf Erden erlegen. Daraufhin sandte Gaia einen Skorpion, um ihn aufzuhalten. Nach langem, erbittertem Kampf ermüdete Orion schließlich und schlief ein, woraufhin der Skorpion ihn stach und tötete.

Eine andere Version erzählt, der von Gaia gesandte Skorpion tötete Orion, nachdem der versucht hatte, Artemis, die Göttin der Jagd, zu vergewaltigen. In beiden Fällen kam Orion durch seinen Stolz zu Fall, und er wurde genau gegenüber seinem Feind, dem Skorpion, an den Himmel gestellt.

Seitdem erhebt sich Orion nur, wenn der Skorpion untergeht – wenn der Skorpion aufgeht, flieht Orion über den westlichen Horizont. Die Griechen sahen den Skorpion als zweiteiliges Sternbild: Scheren und Schwanz/Körper. Später interpretierten die Römer die Teile, die die Griechen als erweiterte Scheren sahen, als neue Konstellation: Waage (Libra).

DIE STERNE DES SKORPIONS

Wie schon beim Sternbild Schütze sind die Bayer-Bezeichnungen der Sterne im Skorpion nicht nach ihrer Helligkeit geordnet. So ist z. B. Lambda (λ) der zweithellste Stern nach Alpha (α) Scorpii.

In der Mitte des Bildes bildet der rote Glanz des 1^m hellen Antares, Alpha (α) Scorpii, das Herz des Skorpions. Der Schwanz wird durch eine lange, geschwungene Kette aus Tau (τ), Epsilon (ε), My (μ), Zeta (ζ), Eta (η), Theta (θ), Iota (ι) und Kappa (κ) gebildet, wobei Lambda (λ) und Ypsilon (υ) den Stachel darstellen.

In der moderneren Interpretation werden die zum Kopf hin eingedrehten Scheren von einer leicht gebogenen Linie durch Ny (ν), Beta (β) und Delta (δ) auf der einen Seite und Pi (π) und Rho (ρ) auf der anderen gebildet. Alternativ kann man sich die Konstellation auch wie die alten Griechen vorstellen und die Scheren wieder durch Alpha (α) und Beta (β) Librae vervollständigen. Die arabischen Namen dieser beiden Sterne verweisen auf ihren wahren Ursprung: Zuben-el-schemali und Zuben-el-dschenubi – die nördliche bzw. südliche Schere des Skorpions.

Alpha (α) Scorpii heißt auch Antares, was sinngemäß übersetzt „Gegner des Ares" heißt. Ares war der griechische Gott des Krieges und wurde von den Römern Mars genannt. Er ist 600 Lichtjahre entfernt, der fünfzehnthellste Stern am Himmel und für uns der zweitnächste rote Überriese. Antares ist 60 000-mal heller und 15-mal schwerer als unsere Sonne und wird irgendwann in den kommenden Millionen Jahren zur Supernova. Er ist so riesig, dass er in unserem Sonnensystem den Raum bis zur Hälfte zwischen den Umlaufbahnen von Mars und Jupiter ausfüllen würde.

Links M4 im Sternbild Skorpion ist ca. 7000 Lichtjahre entfernt und damit einer der uns nächsten Kugelsternhaufen. Er zeigt eine ungewöhnliche zentrale Balkenstruktur und schiene wesentlich heller, gäbe es nicht die beträchtlichen interstellaren Staubmengen, die ihn zudem leicht bräunlich färben.

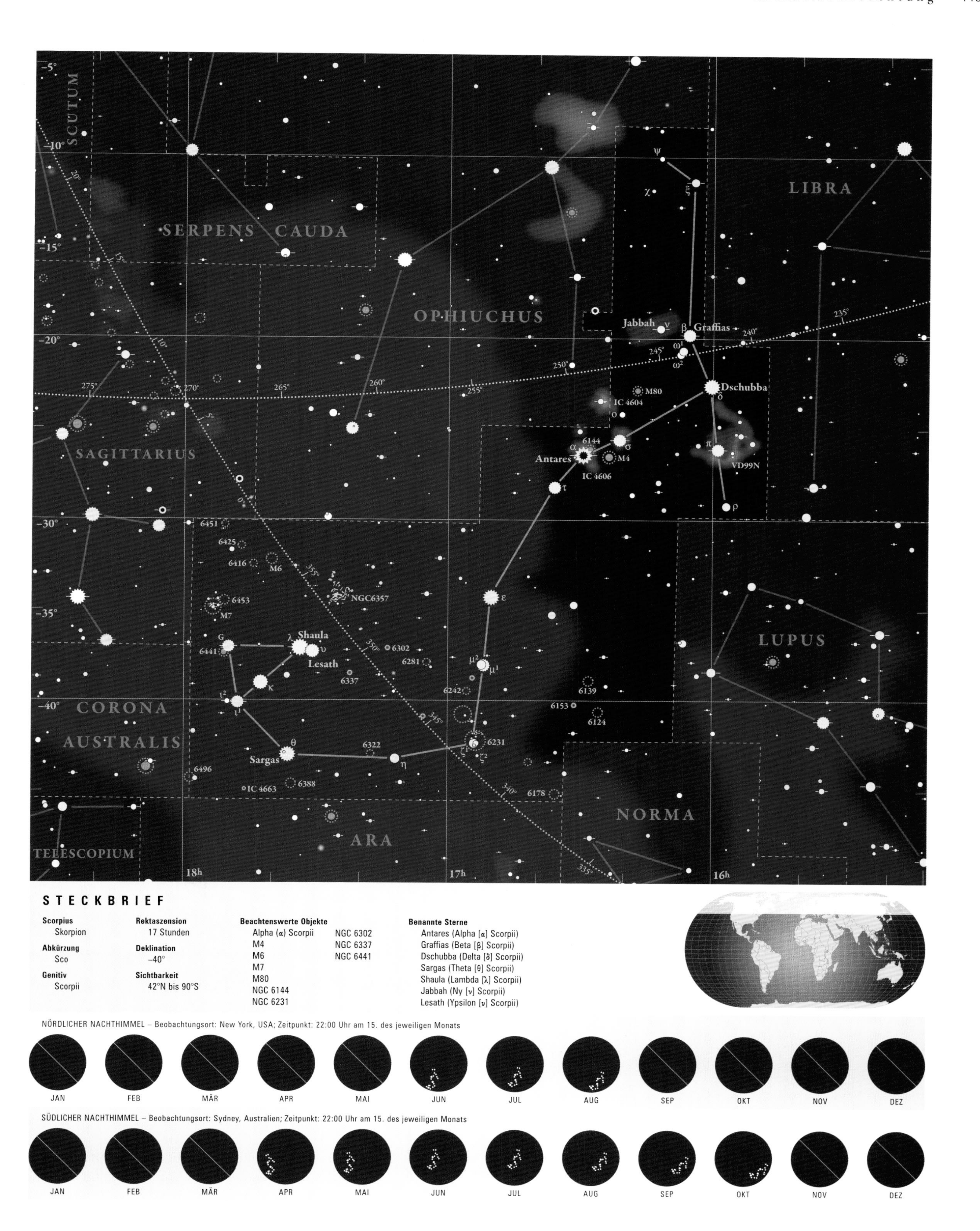

STECKBRIEF

Scorpius
Skorpion

Abkürzung
Sco

Genitiv
Scorpii

Rektaszension
17 Stunden

Deklination
–40°

Sichtbarkeit
42°N bis 90°S

Beachtenswerte Objekte
Alpha (α) Scorpii
M4
M6
M7
M80
NGC 6144
NGC 6231
NGC 6302
NGC 6337
NGC 6441

Benannte Sterne
Antares (Alpha [α] Scorpii)
Graffias (Beta [β] Scorpii)
Dschubba (Delta [δ] Scorpii)
Sargas (Theta [θ] Scorpii)
Shaula (Lambda [λ] Scorpii)
Jabbah (Ny [ν] Scorpii)
Lesath (Ypsilon [υ] Scorpii)

NÖRDLICHER NACHTHIMMEL – Beobachtungsort: New York, USA; Zeitpunkt: 22:00 Uhr am 15. des jeweiligen Monats

JAN FEB MÄR APR MAI JUN JUL AUG SEP OKT NOV DEZ

SÜDLICHER NACHTHIMMEL – Beobachtungsort: Sydney, Australien; Zeitpunkt: 22:00 Uhr am 15. des jeweiligen Monats

JAN FEB MÄR APR MAI JUN JUL AUG SEP OKT NOV DEZ

Delta (δ) Scorpii, auch Dschubba genannt, verhält sich zurzeit recht ungewöhnlich. Er galt lange Zeit als Mehrfachstern mit vier bekannten Komponenten, ein ganz gewöhnlicher Zwerg des Typs B0, zwölfmal schwerer und 14 000-mal heller als die Sonne, mit konstanter Helligkeit – bis er im Jahr 2000 ohne Vorwarnung anfing, langsam heller zu werden. Bisher der fünfthellste Stern im Skorpion, überstrahlte er binnen fünf Monaten alle anderen bis auf Antares und strebte der 1. Größenordnung zu. Auch sein Spektrum veränderte sich auf bemerkenswerte Weise zu dem eines „Be"-Sterns mit Emissionslinien. Seitdem verändert er sehr langsam seine Helligkeit. Hier findet stellare Evolution direkt vor unseren Augen statt!

OBJEKTE VON INTERESSE

Für den Amateurbeobachter gibt es im Skorpion viel zu sehen. Wie der benachbarte Schütze ist der Skorpion mit einigen schönen Attraktionen, vor allem offenen und Kugelsternhaufen, gesegnet. Hier tritt das Schwanzende besonders in Erscheinung, ragt es doch in einige der hellsten Bereiche der Milchstraße hinein.

Nahe Antares stehen die beiden sehr unterschiedlichen hellen Kugelsternhaufen **M4** und **M80**. Der etwas mehr als 10 000 Lichtjahre entfernte M4 ist vermutlich der unserem Sonnensystem am nächsten stehende Kugelsternhaufen. Im 15-cm-Teleskop löst sich sein Halo gut in viele schwache Sterne mit einer nur leichten Verdichtung im Zentrum auf. Ein Charakteristikum von M4 ist eine Kette von Sternen, die mit nahezu identischem Abstand und Helligkeit quer über seinen Kern verläuft. Noch näher an Antares findet sich die von seinem Glanz nahezu überstrahlte, beinahe geisterhafte Form des Kugelsternhaufens **NGC 6144**. M80 liegt etwa auf halbem Weg zwischen Antares und Beta (β) Scorpii. Er ist viel kleiner als M4 und im Zentrum stark verdichtet und in Teleskopen unter 25 cm schwierig aufzulösen.

Unten Der Nebel NGC 6302 im Sternbild Skorpion ist dank seines sehr heißen zentralen Gestirns besonders interessant.

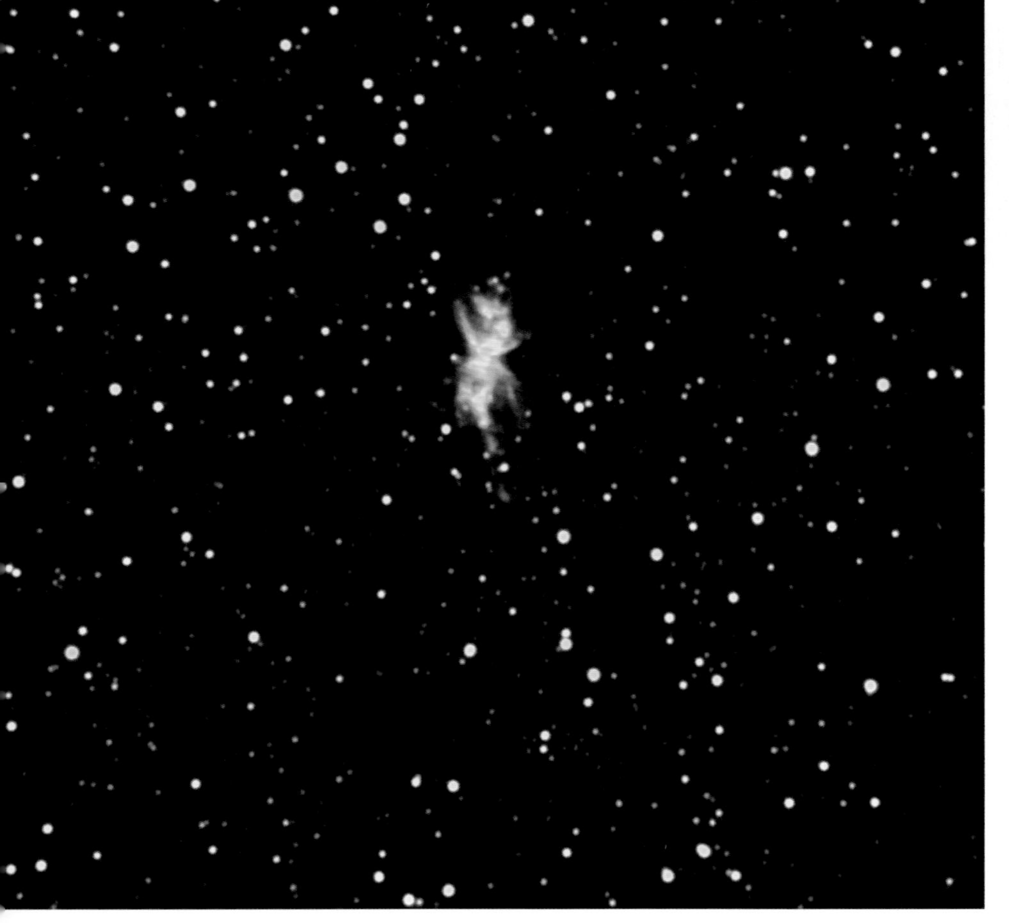

Antares selbst ist ein interessanter Doppelstern, der schwer zu trennen ist. Sein Begleiter ist ein erheblich leuchtschwächerer Zwerg des Typs B3, der dicht am Antares steht und oft als grünlich beschrieben wird. Diese Verfärbung verdankt er der starken rötlichen Tönung des Antares. Am besten kann man den Begleiter im Zwielicht und bei starker Vergrößerung beobachten. **Ny (ν) Scorpii** in der Nachbarschaft von Beta ist einer der attraktivsten Mehrfachsterne am südlichen Himmel. Sehr ähnlich dem berühmten Mehrfachstern Epsilon (ε) Lyrae besteht er aus zwei Sternpaaren – das hellere ist sehr eng und schwer aufzulösen, was beim schwächeren Paar etwas leichter fällt.

My¹ (μ¹) und **My² (μ²) Scorpii** sind das berühmte, mit bloßem Auge erkennbare Paar auf dem Rücken des Skorpions. Die beiden Sterne wirken zwar in ihrer Helligkeit absolut passend, sind aber kein echter Doppelstern, sondern sehen

Oben Der offene Sternhaufen M7 im Sternbild Skorpion wurde bereits 130 v. Chr. von Ptolemäus erwähnt. Seine rund 80 Sterne verteilen sich über etwa 20 Lichtjahre und sind mehr als 200 Millionen Jahre alt.

nur so aus. Eine Station weiter den Schwanz entlang stehen **Zeta (ζ) Scorpii**, ein ebenfalls mit dem bloßen Auge erkennbarer Doppelstern, und der bemerkenswerte offene Sternhaufen **NGC 6231**. Es ist kaum nachzuvollziehen, wie der berühmte Kometenjäger Charles Messier M4, M80, M6 und M7 im Skorpion finden konnte, ohne diesen ungemein kompakten, hellen, gut aufgelösten Haufen voller Überriesen des O- und B-Typs zu beachten, die sich schon in 10- bis 15-cm-Teleskopen so wunderschön zeigen. Nebenan findet sich, neben vielen anderen offenen Haufen, der kleine und helle offene Sternhaufen **NGC 6281**, der deutlich an einen Weihnachtsbaum voller Lichterketten erinnert.

Nahe dem Stachel des Skorpions steht das berühmte offene Sternhaufenpaar **M6** und **M7**. M7 ist ein recht auffälliger kleiner Nebelfleck, der bereits vom griechischen Astronomen Ptolemäus katalogisiert wurde. In einem kleinen Teleskop zeigt sich bei schwacher Vergrößerung ein riesiges glitzerndes Sternenfeld von rund zwei Monddurchmessern.

M6 ist sehr nah und nur wenig kleiner und schwächer. Er wird auch **Schmetterlingshaufen** genannt, da seine helleren Sterne den Umriss eines Schmetterlings mit ausgebreiteten Flügeln zeigen. In der Nähe, fast auf dem 4^m hellen G Scorpii, steht der winzige, aber hoch verdichtete Kugelsternhaufen **NGC 6441**, der mit einem 15-cm-Teleskop schön zu sehen, aber nicht aufzulösen ist.

Der Skorpion beherbergt auch einige sehr schöne planetare Nebel, unter denen **NGC 6302** und **NGC 6337** in der Nähe des Stachels – Lambda (λ) und Ypsilon (υ) Scrorpii – die schönsten sind. NGC 6302 sieht in einem großen Amateurteleskop fast wie eine kleine, bläuliche Ameise aus. Ein 20-cm-Teleskop zeigt die kleine, lang gestreckte Form des Körpers und einige feine Details am Rand, die vage an Beine erinnern. NGC 6337 ist ein sehr dünner und malerischer perfekter kreisförmiger Nebelring, der im Englischen wegen seiner Ähnlichkeit mit einer im angelsächsischen Raum beliebten Frühstückszerealie auch „Cheerio Nebula“ genannt wird.

Sculptor

Die Astronomen der Antike konnten die schwachen Sterne des Bildhauers zwar sehen, fassten sie aber nicht zu einem Sternbild zusammen.

NISCHENKUNST

Abbé Nicolas Louis de Lacaille entwickelte während seines Besuchs im Observatorium von Kapstadt 1751/52 eine Figur, die die Lücke zwischen Walfisch und Phoenix schließen sollte. Er nannte sie ursprünglich „l'Atelier du Sculpteur" – Bildhaueratelier – und zeichnete sie als dreibeinigen Tisch mit einer Steinbüste und Werkzeugen. Später latinisierte er den Namen zu Apparatus Sculptoris, wovon schließlich Sculptor übrig blieb. Seit seinen Zeiten hat das Sternbild keine bedeutsamen Änderungen mehr erfahren.

Rechts Die acht Millionen Lichtjahre entfernt im Sternbild Bildhauer gelegene NGC 253 hat einen Durchmesser von 70 000 Lichtjahren. Die Spiralgalaxie wurde am 23. September 1783 von Caroline Herschel, der Schwester von Wilhelm Herschel, entdeckt.

DIE STERNE DES BILDHAUERS

Den im Norden des Phoenix gelegenen Sternen des Bildhauers fehlt jeder figurative Bezug. Alpha (α), Beta (β) und Gamma (γ) gehören alle gerade noch der 4. Größenordnung an, während Delta (δ) mit 5^m nur einen Bruchteil dunkler ist. Der hellste Stern, Alpha (α) Sculptoris, wirkt allerdings nur dunkel, weil er 670 Lichtjahre entfernt ist. Er ist ein Blauer Riese des Typs B8 mit der 1700-fachen Leuchtkraft und mehr als der fünffachen Masse unserer Sonne.

OBJEKTE VON INTERESSE

Was dem Bildhauer an hellen Sternen und klaren Linien fehlt, macht er mit interessanten Objekten für den Amateurbeobachter wieder wett. Die Konstellation steht fast im rechten Winkel zur Ebene der Milchstraße, ist reich an hellen Galaxien und beherbergt den nächsten Nachbarn unserer Lokalen Gruppe von Galaxien, die **Sculptor-Gruppe**.

Diese ist ein kleiner Haufen von überwiegend Spiralgalaxien etwa sechs Millionen Lichtjahre von der Milchstraße entfernt. Die hellste und größte Galaxie ist **NGC 253**, eine riesige Spiralgalaxie, die im 15-cm-Teleskop als lange Nebelellipse von fast einem Monddurchmesser Länge mit einem wenig helleren Zentrum erscheint. Weiter südlich liegt die Spiralgalaxie **NGC 300**, die nur schwach leuchtet, weil sich ihr Licht über eine riesige Fläche verteilt. Es braucht einen dunklen Himmel, um sie gut beobachten zu können, dafür erscheint sie im 20-cm-Teleskop als ovaler Fleck von etwa halbem Monddurchmesser.

NGC 55 ist mit nur 3,5 Millionen Lichtjahren Entfernung wahrscheinlich die uns nächste Galaxie der Gruppe. Sie gleicht vom Typ her der Großen Magellanschen Wolke, liegt aber mit dem Rand zu uns.

Ein 20-cm-Teleskop zeigt ein leuchtschwaches Scheibchen, das fast einen Monddurchmesser lang ist und einige helle Punkte abseits des Zentrums aufweist, **NGC 7793** in derselben Gruppe ist eine etwas größere Spirale.

Der ein wenig fehl am Platze wirkende Kugelsternhaufen **NGC 288** liegt nahe an NGC 253. Das 15-cm-Teleskop zeigt einen mittelgroßen Nebelfleck mit zahlreichen Sternen, aber nur wenig Verdichtung zum Zentrum hin.

Links Diese Bildmontage zeigt die Sternbildung im NGC 300. Junge, heiße, blaue Sterne dominieren die Arme, während im Zentrum die gelbgrün erscheinenden älteren Sterne vorherrschen. Von den jungen Sternen erhitzte Gase und Schockwellen durch Winde massiver Sterne und Supernovae erscheinen rosa. Die fast sieben Millionen Lichtjahre entfernte NGC 300 gehört zur Sculptor-Gruppe.

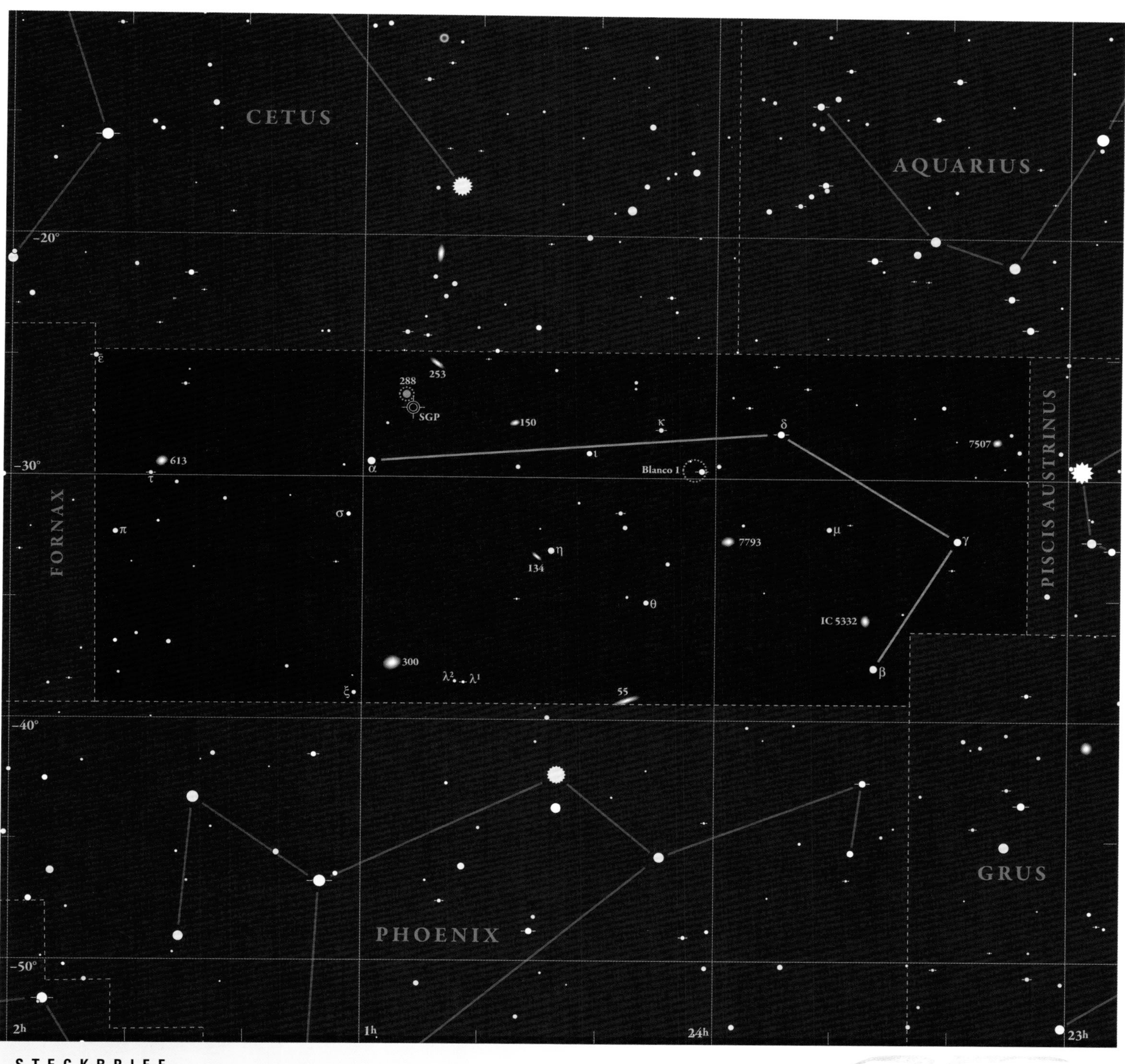

STECKBRIEF

Sculptor
Bildhauer

Abkürzung
Scl

Genitiv
Sculptoris

Rektaszension
24 Stunden

Deklination
–30°

Sichtbarkeit
47°N bis 90°S

Beachtenswerte Objekte
NGC 55
NGC 253
NGC 288
NGC 300
NGC 7793
Sculptor-Gruppe

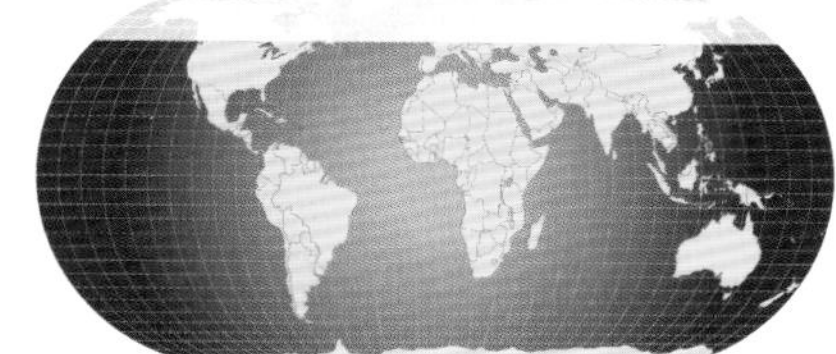

NÖRDLICHER NACHTHIMMEL – Beobachtungsort: New York, USA; Zeitpunkt: 22:00 Uhr am 15. des jeweiligen Monats

JAN
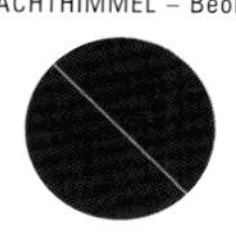
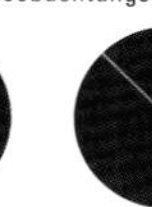
FEB

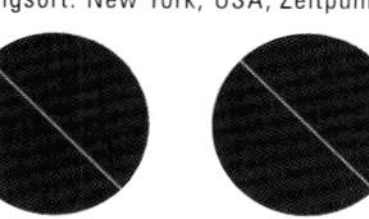
MÄR
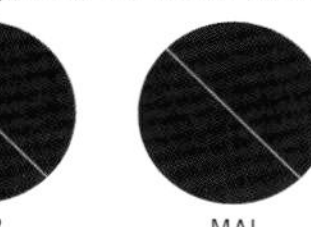
APR
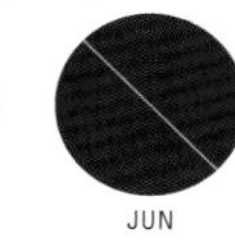
MAI
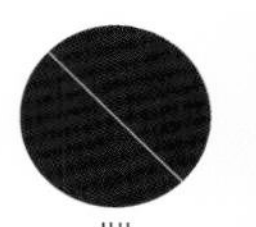
JUN
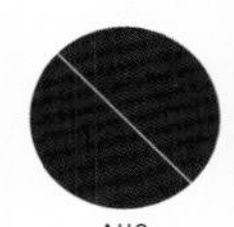
JUL

AUG

SEP

OKT

NOV
DEZ

SÜDLICHER NACHTHIMMEL – Beobachtungsort: Sydney, Australien; Zeitpunkt: 22:00 Uhr am 15. des jeweiligen Monats

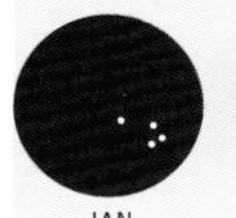
JAN

FEB
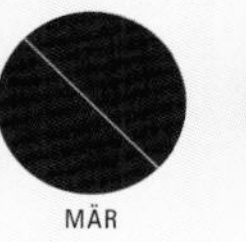
MÄR

APR

MAI

JUN

JUL
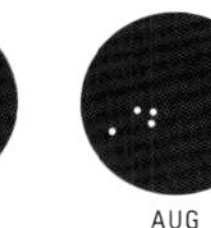
AUG

SEP

OKT

NOV

DEZ

Scutum

Die Sterne des Schilds waren auch den antiken Kulturen bekannt, aber keine hat sie mit einer Figur in Verbindung gebracht, mit Ausnahme Chinas, wo sie „Pien", Himmlischer Helm, genannt wurde.

HIMMLISCHER SCHILD

Johannes Hevelius erfand den „Scutum Sobiescianum" – Schild des Sobieski – 1684, als erstmals eine Karte der Konstellation in der führenden wissenschaftlichen Publikation *Acta Eruditorum* erschien. Der Schild ist das einzige verbliebene Sternbild mit einem „politischen" Hintergrund. Er erinnert an König Jan III. Sobieski von Polen, einen großen Strategen im Kampf der Polen gegen die Türken vor Wien.

Dass der König Hevelius außerdem kräftig beim Wiederaufbau seines 1679 niedergebrannten Observatoriums unter die Arme griff, ist in diesem Zusammenhang ein purer Zufall. Seit dieser Zeit hat sich das Sternbild nicht mehr wirklich verändert, außer, dass der Name auf Scutum verkürzt wurde.

DIE STERNE DES SCHILDS

Die Sterne des Scutums sind eine leuchtschwache Gruppe, die vor der hellen Milchstraße schwer auszumachen ist. Alpha (α) und Beta (β) gehören der 4. Größenordnung an und bilden zusammen mit den 5^{m} hellen Gamma (γ) und Zeta (ζ) eine Y-förmige Gruppe. Alle anderen sind dunkler als 5^{m}.

Der Schild ist auch die Heimat der Scutum-Sternwolke, einem sehr hellen Fleck der Milchstraße, der mangels störender Gas- und Staubwolken gut zu sehen ist.

Alpha (α) Scuti ist ein kühler Orange Riese des Typs K3 mit der 1,7-fachen Masse der Sonne. Er befindet sich vermutlich im Endstadium seiner Entwicklung und wird sich bald zu einem Roten Riesen aufblähen, bevor er als Weißer Zwerg stirbt. Er ist 175 Lichtjahre entfernt und 21-mal größer und mindestens 130-mal heller als unsere Sonne.

OBJEKTE VON INTERESSE

Der mitten in der Milchstraße liegende Schild ist voller offener Sternhaufen. Der interessanteste ist der als **Wildenten-Haufen** bekannte **M11**. Ein 15-cm-Teleskop liefert einen guten Blick auf seinen kompakten, kräftigen V-förmigen Umriss mit einem hellen Leitstern an der Spitze. Die meisten der übrigen Sterne zeigen eine homogene Helligkeit.

Nahe M11 steht der faszinierende Veränderliche **R Scuti**. Der unserer Sonne in der Masse ähnliche Stern ist schon sehr alt und entwickelt sich vermutlich gerade von einem Roten Riesen in einen Weißen Zwerg. Er variiert in der scheinbaren Helligkeit über eine Periode von 71 Tagen zwischen 5^{m} und 8^{m} mit abwechselnden „hellen" und „dunklen" Minima.

M26 ist ein weiterer kompakter Haufen schwach leuchtender Sterne mit einer rautenförmigen Gruppe aus vier helleren Sternen nahe dem Zentrum. Diese Gruppe wirkt besonders attraktiv in einem 15-cm-Teleskop.

NGC 6712 und **IC 1295** sind ein ungewöhnliches Paar aus einem mittelhellen Sternhaufen und einem schwächeren planetarischen Nebel im gleichen Sichtfeld, das sich mit einem 20-cm-Teleskop zu beobachten lohnt.

Oben M11 im Sternbild Schild ist mit nahezu 3000 dicht in einen Durchmesser von 20 Lichtjahren gepackten Sternen einer der kompaktesten offenen Sternhaufen. Er trägt auch den Namen Wildenten-Nebel.

Rechts Diese Aufnahme des Hubble-Teleskops zeigt einen etwa 18 900 Lichtjahre entfernt in Richtung des Sternbilds Schild liegenden Galaxienhaufen. Das kleine Bild mit einer Nahaufnahme des Haufens stammt vom Two Micron All Sky Survey (2MASS).

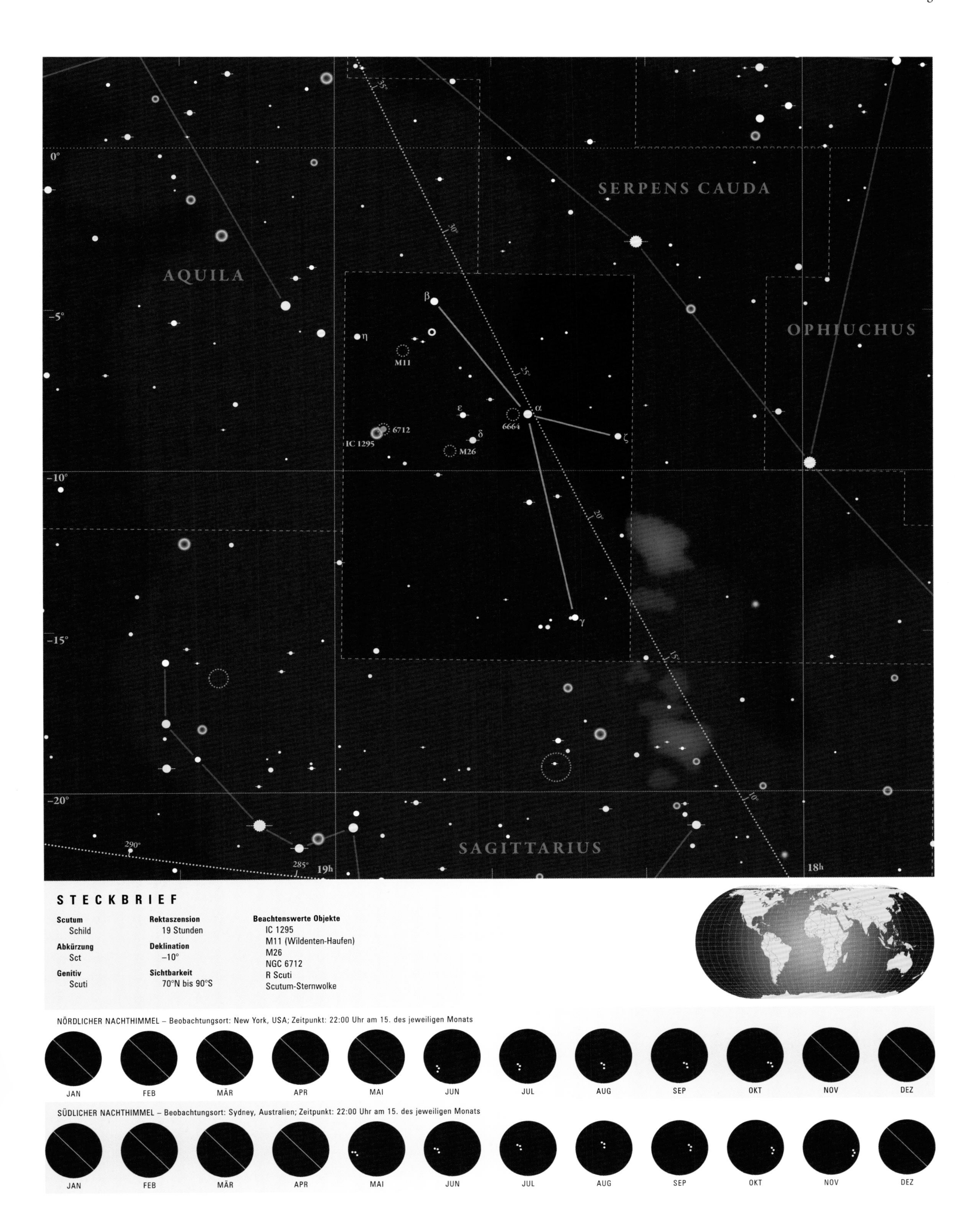
SERPENS CAUDA
AQUILA
OPHIUCHUS
SAGITTARIUS
0°
–5°
–10°
–15°
–20°
19h
18h
290°
285°
35°
30°
25°
20°
15°
10°
β
η
M11
ε
α
6664
6712
IC 1295
δ
M26
ζ
γ
STECKBRIEF
Scutum
Schild
Abkürzung
Sct
Genitiv
Scuti
Rektaszension
19 Stunden
Deklination
–10°
Sichtbarkeit
70°N bis 90°S
Beachtenswerte Objekte
IC 1295
M11 (Wildenten-Haufen)
M26
NGC 6712
R Scuti
Scutum-Sternwolke
NÖRDLICHER NACHTHIMMEL – Beobachtungsort: New York, USA; Zeitpunkt: 22:00 Uhr am 15. des jeweiligen Monats
JAN FEB MÄR APR MAI JUN JUL AUG SEP OKT NOV DEZ
SÜDLICHER NACHTHIMMEL – Beobachtungsort: Sydney, Australien; Zeitpunkt: 22:00 Uhr am 15. des jeweiligen Monats
JAN FEB MÄR APR MAI JUN JUL AUG SEP OKT NOV DEZ

Serpens

Die Schlange ist das einzige Sternbild, das aus zwei getrennten Teilen besteht: dem Kopf und dem Schwanz. Der Schlangenträger hält den Kopf in einer Hand und den Schwanz in der anderen.

SCHLANGE IM GRAS

In der griechischen Mythologie steht der Schlangenträger für Asklepios, den Heiler, und die Schlange in seinen Händen steht wohl für die Schlange der Legende, von der er lernte, die Toten wiederzuerwecken. Asklepios hatte eine Schlange erwürgt. Eine zweite Schlange mit Kräutern im Maul kam hinzu und erweckte mit ihnen die erste wieder zum Leben. Asklepios nahm ihr etwas von den Kräutern ab und erweckte damit die Toten wieder zum Leben.

DIE STERNE DER SCHLANGE

Die Sterne der Schlange sind durchgängig leuchtschwach, aber der Kopf aus den 4^m hellen Beta (β), Gamma (γ) und Kappa (κ) sowie der Hals aus Delta (δ), Alpha (α) und Epsilon (ε) sind am dunklen Himmel leicht zu erkennen. Der Rest der Figur ist schwierig von den umliegenden Konstellationen zu unterscheiden.

Alpha (α) Serpentis (Unuk, der Kopf) ist ein 3^m heller Orange Riese des Typs K2, der nur 76 Lichtjahre entfernt ist. Sein Durchmesser ist 15-mal größer als der unserer Sonne, und er ist 70-mal heller.

Der 4^m helle Gamma (γ) Serpentis ist unserer Sonne sehr ähnlich: ein Zwergstern des Typs F5 mit 25 Prozent mehr Masse, aber nur etwa dreimal mehr Leuchtkraft als unser Gestirn. Die zusätzliche Masse macht einen großen Unterschied im Hinblick auf seine Lebenserwartung: In nur drei Milliarden Jahren wird er bereits zwei Drittel seines Hauptreihen-Lebens hinter sich gebracht haben.

OBJEKTE VON INTERESSE

Die Schlange beherbergt eine Reihe interessanter Objekte. Zahlreiche schwach leuchtende Galaxien beherrschen das nördliche Ende des Sternbilds, und das Südende in der Nähe des Schützen hat mehrere offene Sternhaufen zu bieten.

Der strahlende Kugelsternhaufen **M5** neben dem Doppelstern 5 Serpentis ist ein echtes Schmuckstück. Im 15-cm-Teleskop zeigt er sich als großes Objekt von etwa halbem Monddurchmesser mit einer gleichmäßigen Konzentration seiner Sterne vor einem dichten nebligen Halo.

M16 im Serpens Cauda ist ein großer, lockerer Haufen mittelheller Sterne, umgeben vom berühmten **Adler-Nebel**. Der Haufen ist bereits mit einem 10-cm-Teleskop zu erkennen, aber der Nebel erfordert schon einen dunklen Himmel und ein sehr großes Teleskop.

IC 4756 ist ein weiträumig verstreuter Sternhaufen, der bereits im Feldstecher gut wirkt, während es sich beim benachbarten **Theta (θ) Serpentis** um einen Doppelstern mit hellen weißen Sternen des Typs A5/A5 handelt.

Oben Diese beeindruckende dunkle, säulenförmige Struktur ist eine Säule aus kühlem interstellarem Wasserstoffgas und Staub, die Sterne gebiert. Sie ist Teil des Adler-Nebels (M16), der 6500 Lichtjahre entfernt im Sternbild Schlange liegt.

Rechts Infrarot-Aufnahme des Spitzer-Teleskops von der etwa 848 Lichtjahre entfernten Geburtsstätte von Sternen. Die rötlich rosa leuchtenden Punkte sind neugeborene Sterne, die tief in die kosmische Gas- und Staubwolke eingebettet sind.

STECKBRIEF

Serpens
Schlange

Abkürzung
Ser

Genitiv
Serpentis

Rektaszension
17 Stunden

Deklination
0°

Sichtbarkeit
70°N bis 67°S

Beachtenswerte Objekte
IC 4756
M5
M16 (Adler-Nebel)
Theta (θ) Serpentis

Benannte Sterne
Unuk, Unukalhai (Alpha [α] Serpentis)
Alya (Theta [θ] Serpentis)

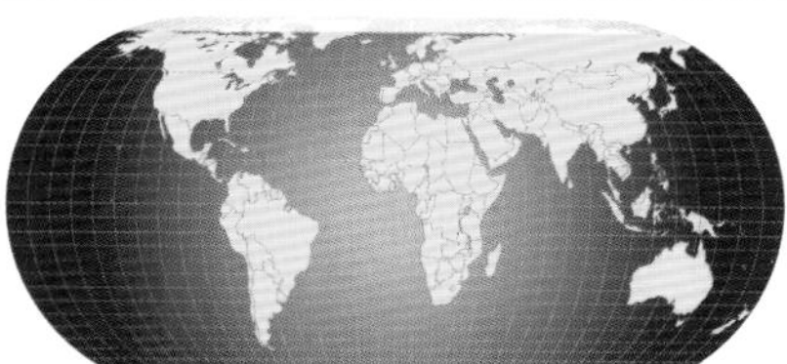

NÖRDLICHER NACHTHIMMEL – Beobachtungsort: New York, USA; Zeitpunkt: 22:00 Uhr am 15. des jeweiligen Monats

 JAN
 FEB
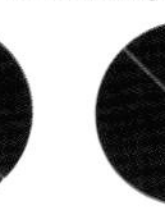

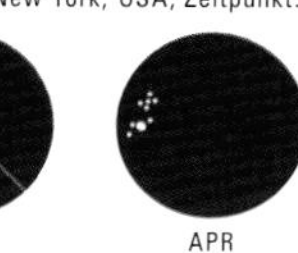 MÄR
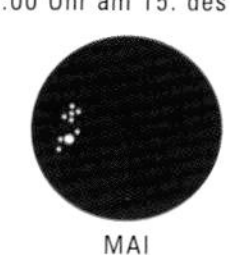 APR
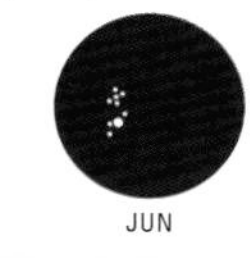
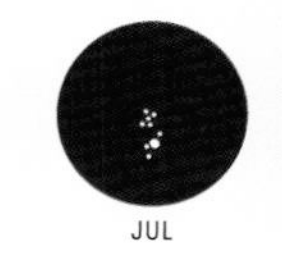 MAI
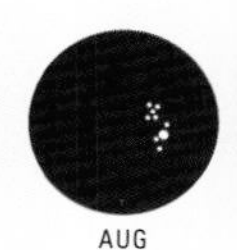 JUN
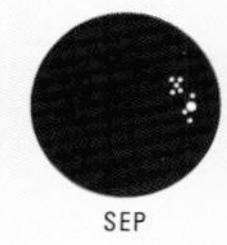 JUL

 AUG
 SEP
 OKT NOV DEZ

SÜDLICHER NACHTHIMMEL – Beobachtungsort: Sydney, Australien; Zeitpunkt: 22:00 Uhr am 15. des jeweiligen Monats

 JAN
 FEB

 MÄR
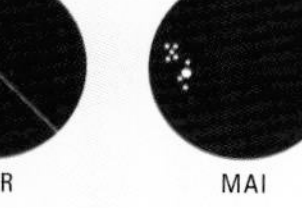 APR

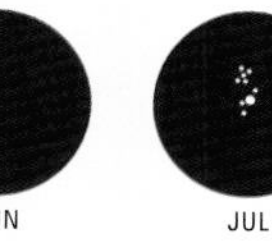 MAI
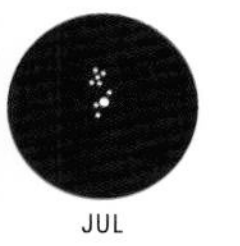 JUN
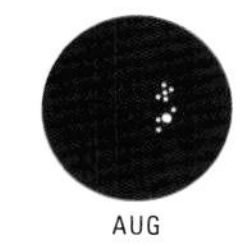 JUL
 AUG
 SEP
 OKT
 NOV DEZ

Sextans

Der Sextant erinnert an die Erfindung des Navigationsgeräts. Quadrant und Oktant wurden ebenfalls am Himmel verewigt, aber nur Oktant und Sextant haben sich bis heute gehalten.

STERNKARTOGRAFIE

Die zwischen Löwe und Wasserschlange liegenden Sterne des Sextanten waren auch in der Antike sichtbar, erhielten aber keinen mythologischen Bezug. Der polnische Astronom Johannes Hevelius erfand die Konstellation erst 1687 und benannte sie zur Feier der Erfindung des Sextanten Sextans Uraniae. Hevelius zog den Sextanten als sein Lieblingsinstrument dem Teleskop bei der Vermessung der genauen Sternpositionen vor. Die Gruppe ist seit dieser Zeit unverändert geblieben, nur der Name wurde auf Sextans verkürzt.

DIE STERNE DES SEXTANTEN

Die leuchtschwachen Sterne des Sextanten sind nur bei wirklich dunklem Himmel zu sehen. Der knapp 4^m helle Alpha (α) bildet zusammen mit den zur 5. Größenordnung zählenden Beta (β) und Gamma (γ) ein lang gestrecktes Dreieck. Das Bild wird durch mehrere weitere Flecken der 5. und 6. Größenordnung mehr schlecht als recht vervollständigt.

Alpha (α) Sextantis ist ein recht typischer Weißer Riese des Typs A0, den wir aus einer Entfernung von 286 Lichtjahren beobachten. Er hat etwa die dreifache Masse und mehr als die 120-fache Leuchtkraft unserer Sonne.

Unten Die viereinhalb Millionen Lichtjahre von der Erde entfernte irreguläre Galaxie Sextans B ist eine der weiter entfernten Angehörigen unserer Lokalen Gruppe von Galaxien.

OBJEKTE VON INTERESSE

Der weit vom hellen Licht der Milchstraße entfernte Sextant hat dem Amateurbeobachter bis auf einige wenige seiner zahlreichen Galaxien wenig zu bieten. Die interessanteste ist **NGC 3115**, eine sehr helle linsenförmige Galaxie, auf deren Rand wir blicken. Im 15-cm-Teleskop zeigt sie einen schlanken, spindelförmigen Umriss mit sehr hellem Kern.

Für das Galaxienpaar **NGC 3166** und **NGC 3169** benötigt man ein 20-cm-Teleskop. Es sind zwei fast flach liegende und sehr ähnlich aussehende Spiralgalaxien: klein und rund mit auffälligen Kernen, stehen sie nahe beieinander vor einem Hintergrund schwach leuchtender Sterne. Der schwache, dünne Umriss der von der Seite betrachteten Spiralgalaxie **NGC 3044** ist im 20-cm-Teleskop gerade noch zu erkennen.

Gamma (γ) Sextantis ist ein interessanter Doppelstern, der aber nur sehr selten in Amateurteleskopen sichtbar ist. Er besteht aus zwei gleichen weißen Sternen des Typs A2, die einander alle 77 Jahre einmal umkreisen. Sie sind 260 Lichtjahre entfernt, und es ist eine echte Herausforderung für Ausrüstung, Betrachter und Bedingungen, sie getrennt erkennen zu können. Nur zwei oder drei Mal in jedem Jahrhundert erreichen sie ihre maximale Entfernung voneinander (zum letzten Mal 1996); dann sind sie durch ein 25-cm-Teleskop gerade eben auszumachen.

Unten Sextans A ist eine fünf Millionen Lichtjahre entfernte irreguläre Zwerggalaxie. Ganze Bereiche sind von jungen blauen Sternen gekennzeichnet. Der helle orangefarbene Stern steht in unserer Milchstraße.

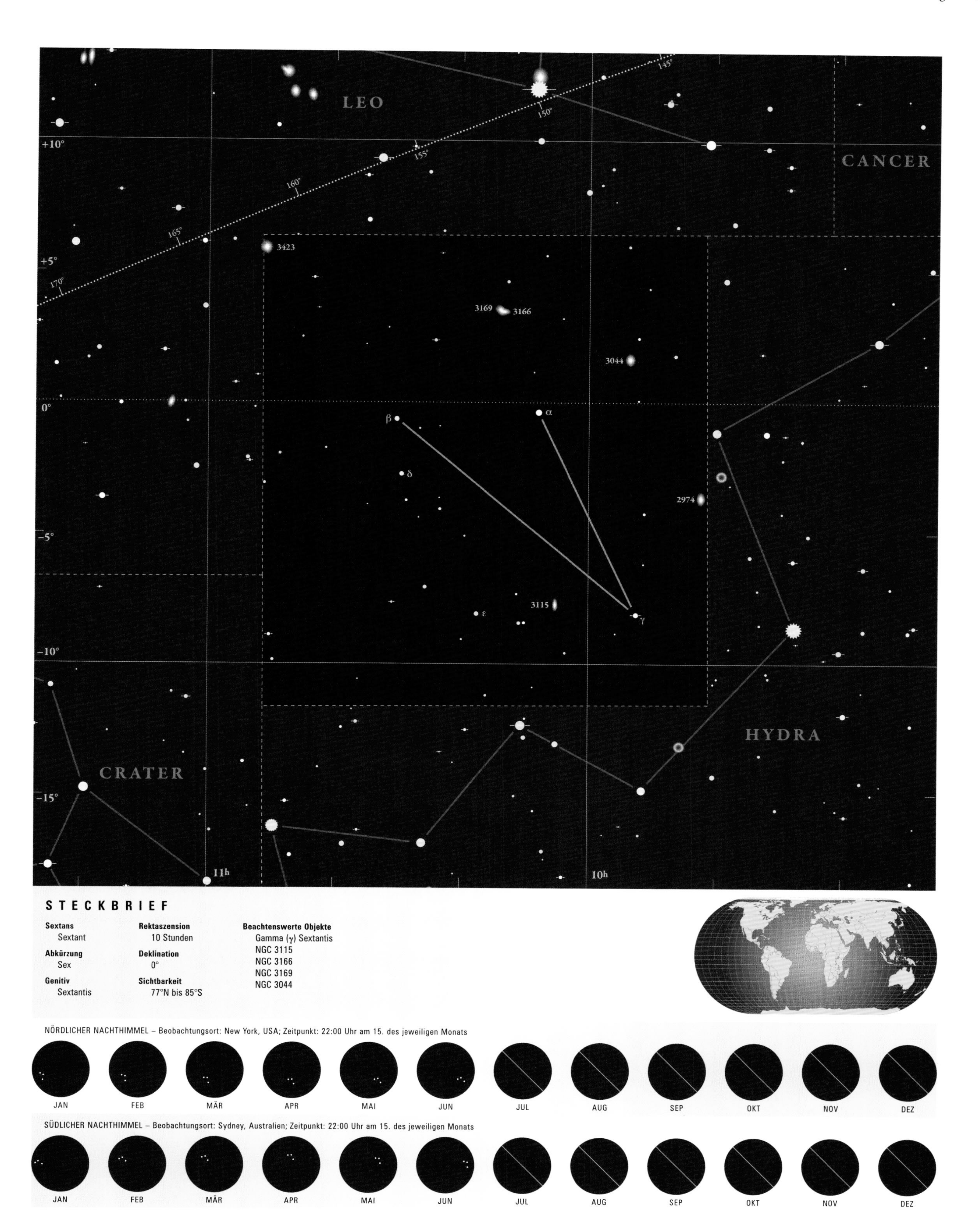
LEO
CANCER
HYDRA
CRATER
+10°
+5°
0°
-5°
-10°
-15°
145°
150°
155°
160°
165°
170°
3423
3169
3166
3044
2974
3115
β
α
δ
ε
γ
11h
10h
STECKBRIEF
Sextans
Sextant
Abkürzung
Sex
Genitiv
Sextantis
Rektaszension
10 Stunden
Deklination
0°
Sichtbarkeit
77°N bis 85°S
Beachtenswerte Objekte
Gamma (γ) Sextantis
NGC 3115
NGC 3166
NGC 3169
NGC 3044
NÖRDLICHER NACHTHIMMEL – Beobachtungsort: New York, USA; Zeitpunkt: 22:00 Uhr am 15. des jeweiligen Monats
JAN
FEB
MÄR
APR
MAI
JUN
JUL
AUG
SEP
OKT
NOV
DEZ
SÜDLICHER NACHTHIMMEL – Beobachtungsort: Sydney, Australien; Zeitpunkt: 22:00 Uhr am 15. des jeweiligen Monats
JAN
FEB
MÄR
APR
MAI
JUN
JUL
AUG
SEP
OKT
NOV
DEZ

Taurus

Der Stier ist eine weitere Verkleidung des Zeus, der sich gerne sterblichen Frauen in eindeutiger Absicht und in Gestalt unwiderstehlicher Wunschobjekte näherte.

SPIELE IM SAND

Die Sumerer nannten Taurus den Stier des Lichts. Die Ägypter verehrten ihn als Osiris-Apis. Die Griechen brachten ihn mit der Verführung der Europa durch Zeus in Verbindung. In der Legende näherte sich ein schöner Stier der am Strand spielenden Europa, die sich, durch seine Schönheit verzaubert, auf seinen Rücken setzte. Der Stier schwamm nach Kreta, wo Zeus sich offenbarte und Europa verführte.

Ein weiterer Mythos bringt das Sternbild mit den Plejaden in Verbindung. Die Plejaden waren die sieben Töchter des Atlas, der zur Strafe für seine Unterstützung der Titanen im Krieg gegen die Götter in alle Ewigkeit das Firmament tragen muss. Sie begingen aus Trauer über das harte Urteil Selbstmord, woraufhin Zeus sie in den Himmel erhob. Die Hyaden, ein weiterer gut erkennbarer Sternhaufen, der den Kopf des Stiers bildet, waren ebenfalls Töchter des Atlas. Als ihr Bruder Hyas starb, weinten sie ohne Unterlass. Sie wurden ebenfalls an den Himmel gehoben, und für die alten Griechen waren ihre Tränen ein Vorzeichen für die regenreiche Jahreszeit.

DIE STERNE DES STIERS

Die meisten Sterne des Taurus sind schwach. Abgesehen von den V-förmigen Hyaden, die das Gesicht bilden, und den beiden durch Beta (β) und Zeta (ζ) dargestellten Hörnern, sieht der Rest aus wie ein Stier, der auf den Orion zustürmt.

Aldebaran, Alpha (α) Tauri, ist der hellste Stern der Konstellation und der dreizehnthellste Stern am Nachthimmel. Er wirkt zwar wie ein Teil der Hyaden, ist aber in Wirklichkeit nur 60 Lichtjahre entfernt. Aldebaran ist ein Orange Riese vom Typ K5, der 2,5-mal mehr Masse hat und 40-mal größer und 350-mal heller ist als unsere Sonne.

OBJEKTE VON INTERESSE

Die beiden herausragenden Objekte des Sternbilds sind die Sternhaufen der **Plejaden (M45)** und **Hyaden**. Die nur 440 Lichtjahre entfernten Plejaden sind in einen Reflexionsnebel eingebettet und haben eine Ausdehnung von mehr als drei Monddurchmessern. Sieben von ihnen sind sogar am Vorstadthimmel zu erkennen, am ländlichen Himmel ist es vielleicht ein Dutzend. Im Feldstecher sieht man mindestens 40. Die V-förmig angeordneten Hyaden sind sogar nur 150 Lichtjahre entfernt und so weit, dass man sie am besten im Feldstecher oder mit bloßem Auge betrachtet.

NGC 1746 und **NGC 1647** sind große offene Sternhaufen, die mit einem kleinen Teleskop leicht auszumachen sind. Nahe an Zeta (ζ) Tauri liegt **M1**, der **Krebs-Nebel**, Überrest einer Supernova, die chinesische Astronomen im Jahr 1054 beobachteten. Die Explosion war so gewaltig, dass der Stern 23 Tage lang am helllichten Tag zu sehen war. Im 15-cm-Teleskop ist M1 eine große, ovale, neblige Wolke.

Oben Die Plejaden (M45) zählen zu den Attraktionen des Stiers. Sie sind der bekannteste und hellste offene Sternhaufen, der sich hier in einer Infrarotaufnahme des Spitzer-Teleskops als ein Durcheinander aus Staub und jungen Sternen darstellt.

Rechts Diese Aufnahme des Hubble-Teleskops zeigt das ätherisch blaue Glühen der Elektronen im zentralen Pulsar des Krebs-Nebels. Dieser faszinierende Überrest einer Supernova misst zwölf Lichtjahre.

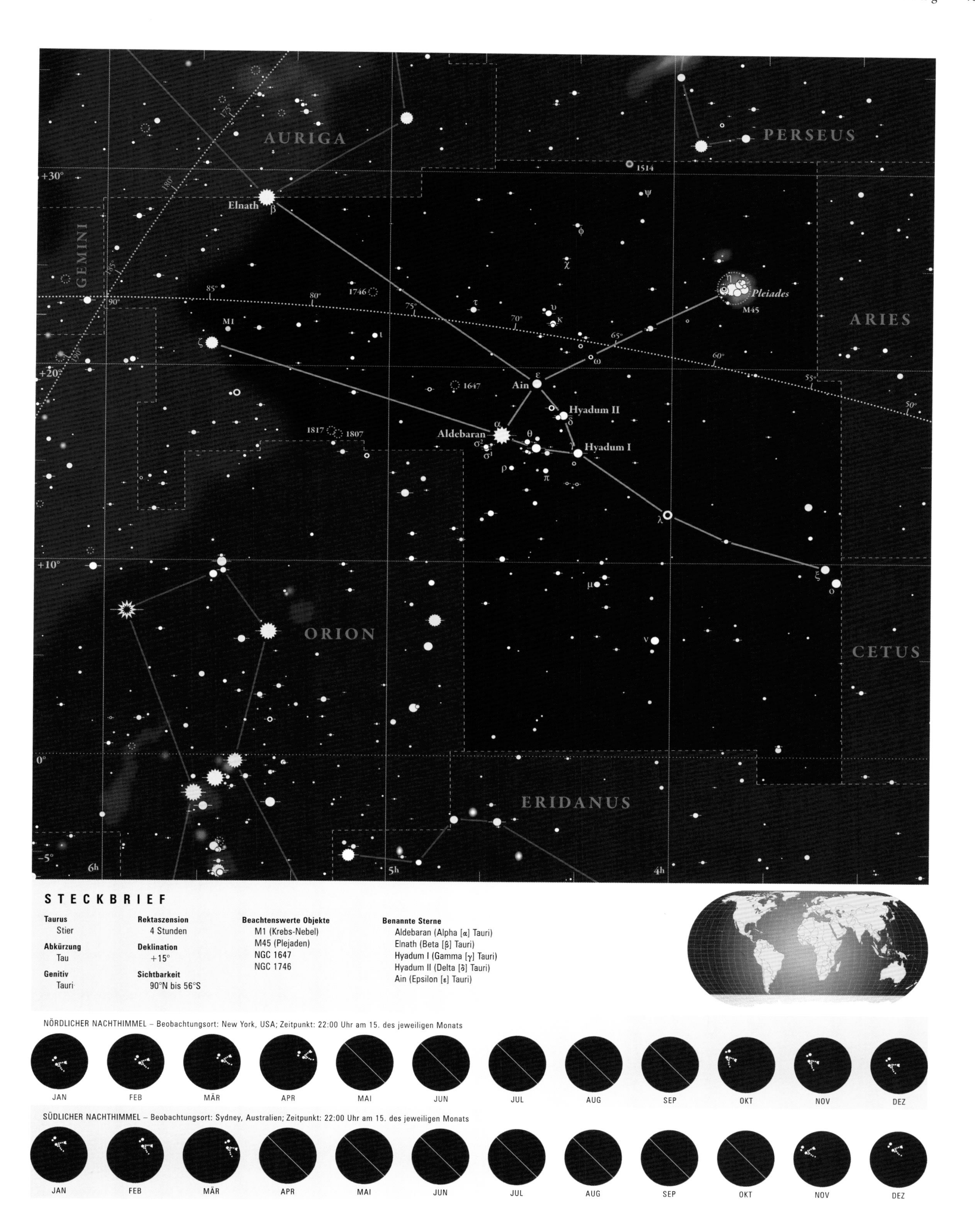

STECKBRIEF

Taurus
Stier

Abkürzung
Tau

Genitiv
Tauri

Rektaszension
4 Stunden

Deklination
+15°

Sichtbarkeit
90°N bis 56°S

Beachtenswerte Objekte
M1 (Krebs-Nebel)
M45 (Plejaden)
NGC 1647
NGC 1746

Benannte Sterne
Aldebaran (Alpha [α] Tauri)
Elnath (Beta [β] Tauri)
Hyadum I (Gamma [γ] Tauri)
Hyadum II (Delta [δ] Tauri)
Ain (Epsilon [ε] Tauri)

Telescopium

Der Name des Teleskops, aus dem Griechischen für „weit sehen" abgeleitet, ist passend gewählt. Man muss schon sehr weitsichtig sein, um die weit entfernten Galaxien ausmachen zu können.

DAS AUGE IM HIMMEL

Der kleine, nahezu leere Bereich des Teleskops war bereits für die frühen europäischen Astronomen sichtbar, erhielt aber erst 1751/52 einen Namen, als Abbé Nicolas Louis de Lacaille das Observatorium von Kapstadt besuchte. Wie viele der von Lacaille erfundenen Konstellationen repräsentiert auch das Teleskop ein wissenschaftliches Gerät, allerdings fällt es schwer, sich die drei größten Sterne als Fernrohr vorzustellen.

DIE STERNE DES TELESKOPS

Die Hauptsterne sind die 4^m hellen Alpha (α) und Zeta (ζ) Telescopii sowie der 5^m helle Epsilon (ε) Telescopii. Sie bilden ein kleines, nahezu rechtwinkliges Dreieck im Süden des Skorpions, direkt am Ende der hellen Kette aus Lambda (λ), Kappa (κ) und Iota (ι) Scorpii, die seinen Schwanz darstellt.

Alpha (α) Telescopii ist ein blauer Stern des Typs B3, den wir aus einer Entfernung von 250 Lichtjahren betrachten. Der Unterriese hat die sechsfache Masse und die 1000-fache Leuchtkraft unserer Sonne. Sein etwas seltsames Spektrum zeigt einen für diesen Spektraltyp ungewöhnlichen Mangel an Helium.

OBJEKTE VON INTERESSE

Für ein Sternbild in der Nähe der Milchstraße ist das Teleskop nicht gerade reich an interessanten Objekten. Das bei weitem lohnendste ist der 43 000 Lichtjahre entfernte Kugelsternhaufen **NGC 6584** inmitten eines Feldes mit zahlreichen schwachen, weit verstreuten Sternen. Mit einem 20-cm-Teleskop lassen sich einige seiner Sterne gerade auflösen, und man erkennt eine leichte Verdichtung im Zentrum.

Unter den vielen schwach erkennbaren Galaxien des Sternbilds ist **NGC 6868** noch am besten zu sehen. Im 15-cm-Teleskop zeigt sie einen kleinen, aber gut erkennbaren Halo und eine auffällige Aufhellung zur Mitte hin.

An einem dunklen, unverschmutzten Himmel zeigt ein 20-cm-Teleskop etwa 30 weitere Galaxien im Sternbild, die aber allesamt leuchtschwach sind und viel Geduld erfordern, will man sie zwischen all den Sternen ausmachen.

Am südlichen Ende des Teleskops, nahe Alpha (α) Pavonis, steht der hübsche Doppelstern **Dunlop 227**. Das 10-cm-Teleskop zeigt kontrastierende Orange- und Weißtöne in den 6^m hellen Komponenten, die weit auseinander vor einem Hintergrund voller schwacher Sterne stehen.

Unten Das Sternbild Teleskop wird von drei Sternen dargestellt, die in der Bildmitte nahezu einen rechten Winkel bilden. Da die Konstellation am Südhimmel steht, wurde sie erst im 18. Jahrhundert benannt, als man mit der Erforschung der Südhalbkugel begann.

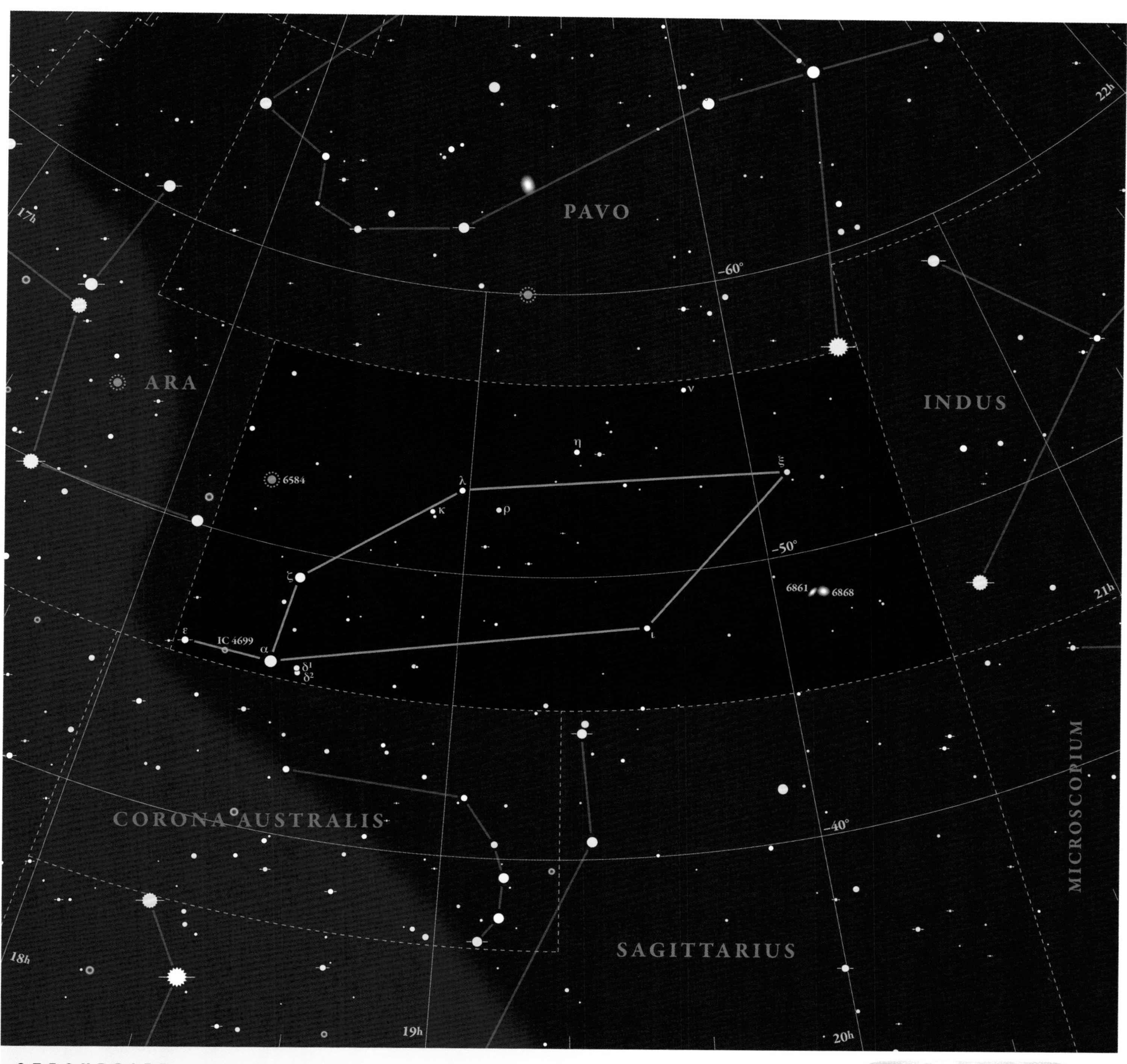

STECKBRIEF

Telescopium
Teleskop

Abkürzung
Tel

Genitiv
Telescopii

Rektaszension
19 Stunden

Deklination
–50°

Sichtbarkeit
30°N bis 90°S

Beachtenswerte Objekte
NGC 6584
NGC 6868
Dunlop 227

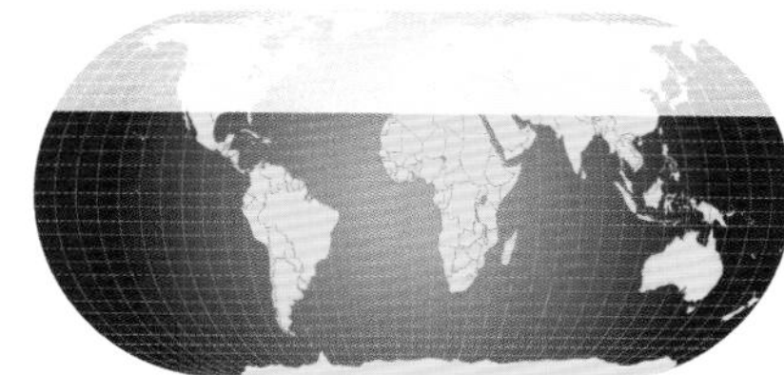

NÖRDLICHER NACHTHIMMEL – Beobachtungsort: New York, USA; Zeitpunkt: 22:00 Uhr am 15. des jeweiligen Monats

JAN
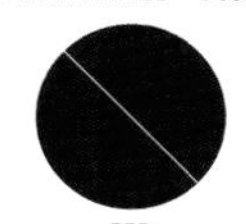
FEB
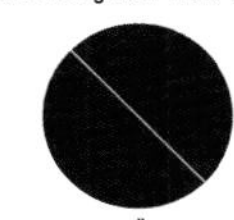
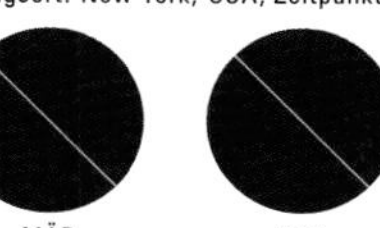
MÄR
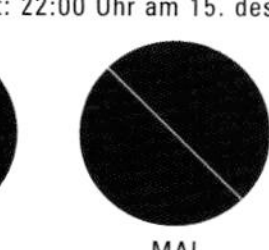
APR
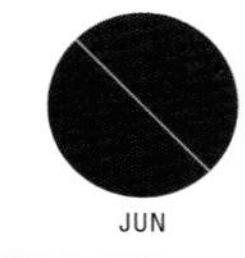
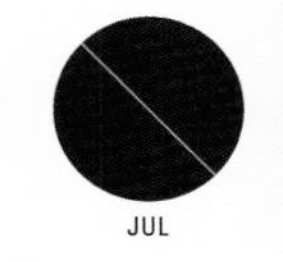
MAI
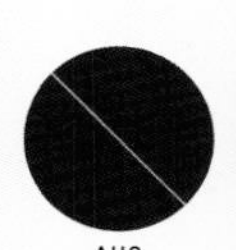
JUN
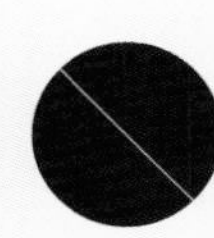
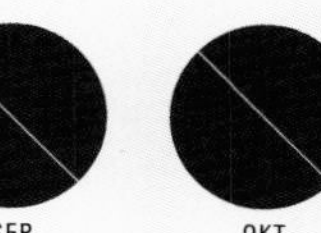
JUL
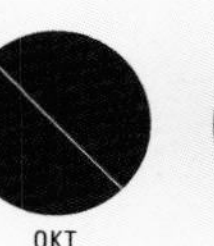
AUG
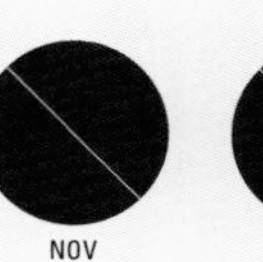
SEP
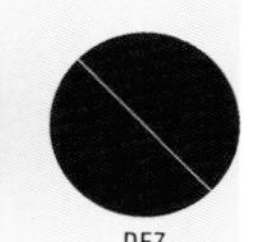
OKT
NOV
DEZ

SÜDLICHER NACHTHIMMEL – Beobachtungsort: Sydney, Australien; Zeitpunkt: 22:00 Uhr am 15. des jeweiligen Monats

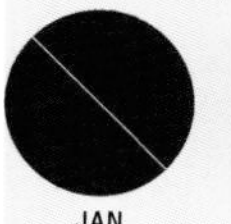
JAN
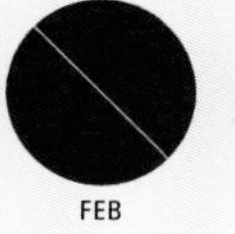
FEB

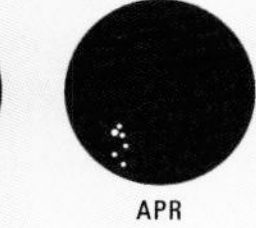
MÄR
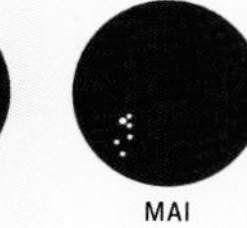
APR

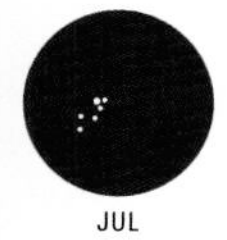
MAI
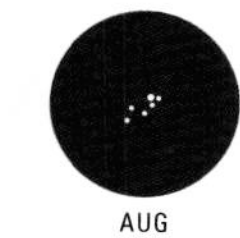
JUN
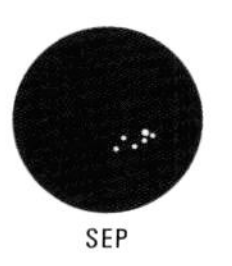
JUL
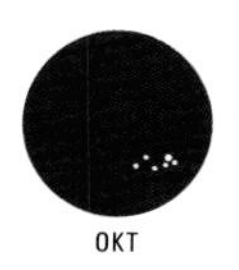
AUG

SEP

OKT
NOV
DEZ

Triangulum

Das (Nördliche) Dreieck ist zwar nur das elftkleinste Sternbild am Nachhimmel, hat aber als Glanzstück die Galaxie M33 zu bieten.

D WIE DELTA

Die Konstellation wurde zwar bereits um 270 v. Chr. registriert, hat aber keinen nennenswerten mythologischen Bezug, vielleicht mit Ausnahme einer Assoziation mit der grob dreieckigen Insel Sizilien, die Zeus auf Bitte der Göttin Demeter in den Himmel stellte. Die griechischen Astronomen erkannten in ihr den Großbuchstaben Delta (Δ), und man nimmt an, dass sie das Bild auch mit Flussdeltas, vor allem dem des Nils, in Verbindung brachten.

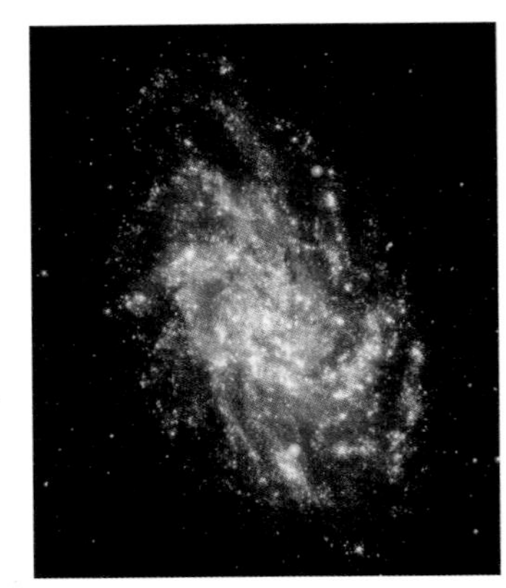

Rechts Aufnahme des Galaxy Evolution Explorers (GALEX) von M33, dem Dreiecks-Nebel. Er ist dank seiner Ausrichtung und relativen Nähe zu uns ein unverwüstlicher Favorit aller professionellen und Amateurastronomen. Außerdem ist M33 die unserer Milchstraße zweitnächste Spiralgalaxie.

DIE STERNE DES DREIECKS

Drei Sterne der 3. und 4. Größenordnung bilden das nahezu gleichschenklige Dreieck, nach dem die Konstellation benannt ist. Alpha (α) Trianguli heißt auch Caput Trianguli, und die beiden Basiswinkel werden von Beta (β), dem hellsten der drei Sterne, und Gamma (γ), dem dunkelsten Stern, markiert.

OBJEKTE VON INTERESSE

Iota (ι) Trianguli ist ein Doppelstern für das 5-cm-Linsenteleskop. Die 3,9 Bogensekunden entfernten Komponenten haben eine scheinbare Helligkeit von $5^{\mathrm{m}},3$ bzw. $6^{\mathrm{m}},9$.

Der **Dreiecks-Nebel M33 (NGC 598)** ist die drittgrößte Galaxie der Lokalen Gruppe nach M31 und unserer Milchstraße. M33 ist eine große, diffuse Spiralgalaxie der Helligkeit $5^{\mathrm{m}},7$. Ihr Licht ist über eine so weite Fläche verteilt, dass man sie am besten im Kontrast mit einem umgebenden dunklen Himmel auf dem Land beobachtet.

Ideal ist ein Teleskop, dessen Sehfeld größer als die Galaxie selbst ist. Unter günstigen Bedingungen ist M33 bereits mit dem Feldstecher erkennbar. Spiegelteleskope mit kleinem Sehfeld, wie Schmidt-Cassegrain-Modelle, müssen hin und her geschwenkt werden, um die Helligkeitsunterschiede am Rand ausmachen zu können.

Sucht man auf der Nordhalbkugel nach einer geeigneten Stelle für die Himmelsbeobachtung auf Amateurniveau, ist die Betrachtung des Dreiecks-Nebels mit dem bloßen Auge ein guter Einstieg, denn es gibt keine mit bloßem Auge erkennbaren Sterne in seiner Umgebung, die für Verwirrung sorgen könnten: Die hellsten haben eine scheinbare Helligkeit von 8^{m}.

Ein 20-cm-Dobson-Teleskop zeigt den 13^{m} hellen Kern der Galaxie sowie die beiden Hauptarme mit mehreren Verdichtungen entlang des südlichen Arms.

Der nördliche Hauptarm endet im hellen, 50 Bogensekunden großen Gasnebel **NGC 604**, 12 Bogenminuten nordöstlich des Kerns, der schon im 10-cm-Teleskop zu sehen ist. Er ist mit rund 1000 Lichtjahren Durchmesser einer der größten bekannten Emissionsnebel und bildet den Anker einer Kette von sieben im 40-cm-Teleskop sichtbaren Zusammenballungen, die sich im Bogen über die Nord- und die Westseite des Kerns zieht.

Mithilfe einer detaillierten Sternkarte lassen sich im 20-cm-Teleskop sieben katalogisierte Emissionsnebel und Sternansammlungen in den Grenzen von M33 entdecken.

Nach vielen Stunden sorgfältiger Beobachtung zeigt ein 40-cm-Teleskop 31 Zusammenballungen, einschließlich **C39**, des hellsten Kugelsternhaufens in M33.

Links Aufnahme des Hubble-Teleskops von einem riesigen Nebel namens NGC 604, der 2,7 Millionen Lichtjahre entfernt in der benachbarten Spiralgalaxie M33 im Sternbild Dreieck liegt.

STECKBRIEF

Triangulum
(Nördliches) Dreieck

Abkürzung
Tri

Genitiv
Trianguli

Rektaszension
2 Stunden

Deklination
+30°

Sichtbarkeit
90°N bis 52°S

Beachtenswerte Objekte
Iota (ι) Trianguli
M33 (Dreiecks-Galaxie)
NGC 604

Benannte Sterne
Mothallah (Alpha [α] Trianguli)

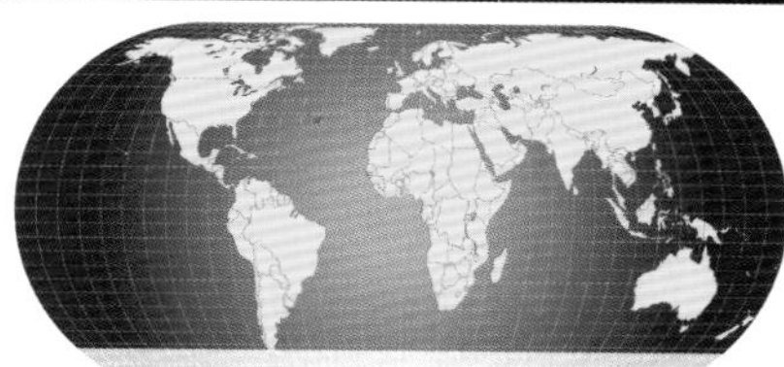

NÖRDLICHER NACHTHIMMEL – Beobachtungsort: New York, USA; Zeitpunkt: 22:00 Uhr am 15. des jeweiligen Monats

 JAN
 FEB

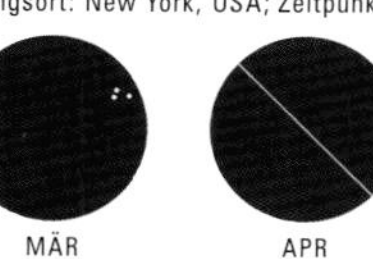 MÄR
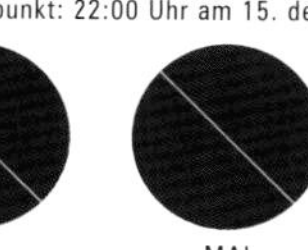 APR
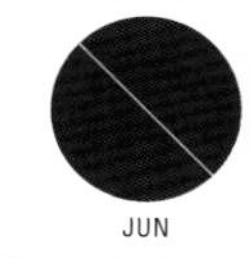 MAI
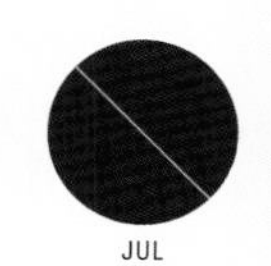 JUN
 JUL
 AUG
 SEP
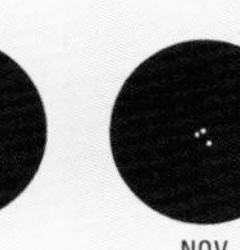 OKT
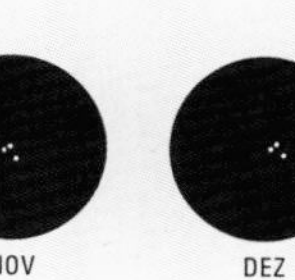 NOV
 DEZ

SÜDLICHER NACHTHIMMEL – Beobachtungsort: Sydney, Australien; Zeitpunkt: 22:00 Uhr am 15. des jeweiligen Monats

 JAN
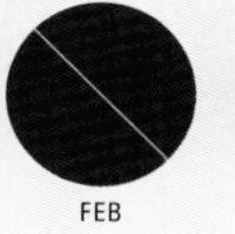 FEB
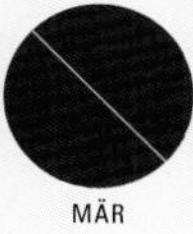
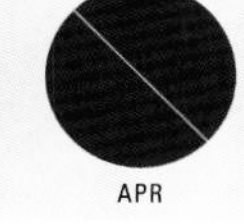 MÄR
 APR
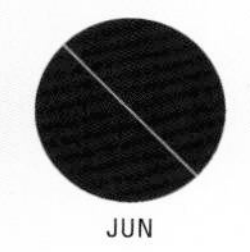 MAI
 JUN
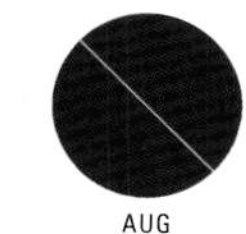 JUL
 AUG
 SEP
 OKT
 NOV
DEZ

Triangulum Australe

Das Südliche Dreieck ist wesentlich heller, größer und leichter zu beobachten als sein nördliches Gegenstück.

SÜDLICHE GEOMETRIE

Die Sterne des Südlichen Dreiecks liegen zu weit im Süden, als dass die europäischen Astronomen der Antike sie hätten sehen können. Der erste Europäer, der sie sah, war vermutlich der italienische Entdecker und Kartograf Amerigo Vespucci, der zwischen 1499 und 1502 die Ostküste Südamerikas erkundete.

Die Niederländer Pieter Dirkszoon Keyser und Frederick de Houtman erfanden das Sternbild im 16. Jahrhundert, als sie die Ostindischen Inseln erforschten.

Plancius stellte das Südliche Dreieck 1598 in seinem Sternglobus dar, allerdings mit einer anderen Sternengruppe als jener, die Keyser und de Houtman verzeichnet hatten. Johannes Bayer formalisierte die Konstellation 1603 in seinem Sternatlas *Uranometria*, aber viel später gab de Lacaille ihr einen ganz anderen Namen: die Wasserwaage. Diese Bezeichnung setzte sich allerdings nie durch, sodass das Sternbild seinen ursprünglichen Namen behielt.

DIE STERNE DES SÜDLICHEN DREIECKS

Das Südliche Dreieck ist leichter zu erkennen als sein Gegenstück auf der Nordhalbkugel. Seine drei hellsten Sterne bilden ein ansprechendes gleichschenkliges Dreieck, das zwei Stunden nach den hellen Wegbereitern des Kreuzes des Südens, Alpha (α) und Beta (β) Centauri, aufgeht.

Alpha (α) Triangulum Australe, auch kurz Atria genannt, steht in der Helligkeits-Rangliste an 41. Stelle und hat eine auffällige hell orangefarbene Tönung. Er ist ein heller Riesenstern des Typs K2, 415 Lichtjahre entfernt und siebenmal schwerer und 5000-mal heller als unsere Sonne. Beta (β) und Gamma (γ) sind fast genauso hell wie Alpha, aber weiß. Der westliche Rand des Sternbilds grenzt an die Milchstraße, wo ein Schwenk mit dem Feldstecher oder Teleskop eine Vielzahl dicht gedrängt stehender schwacher Sterne zeigt.

OBJEKTE VON INTERESSE

Das Südliche Dreieck grenzt im Westen zwar an die Milchstraße, hat dem Beobachter aber relativ wenige interessante Sternhaufen zu bieten.

Eine Ausnahme ist **NGC 6025** an der Grenze zum Winkelmaß (Norma). Es ist ein schöner kompakter Haufen von leuchtend weißen und gelblichen Sternen, der an einem dunklen Himmel gerade noch mit bloßem Auge zu erkennen ist. Er eignet sich sehr schön sowohl für den Feldstecher als auch für das kleine Teleskop.

Die anderen Highlights der Konstellation sind zwei helle planetarische Nebel. **NGC 5979** ist im 15-cm-Teleskop als winzige, helle, wasserblaue Scheibe zu sehen, aber schwer zu entdecken – das Feld enthält unzählige schwache Sterne.

NGC 5844 ist ein größerer, aber auch etwas leuchtschwächerer planetarischer Nebel. Ein 20-cm-Teleskop zeigt einen scheinbar durchsichtigen, gräulichen, leicht ovalen Dunst. Das Südliche Dreieck enthält auch zahlreiche Galaxien, die aber allesamt klein und schwach zu erkennen sind.

Unten Auf diesem Bild sind die drei Sterne des Südlichen Dreiecks (Triangulum Australe) gut zu erkennen. Das Sternbild liegt südlich des Winkelmaßes (Norma) und östlich des Zirkels (Circinus) – allesamt Darstellungen von Navigationsinstrumenten, die bei den frühen Expeditionen zur Südhalbkugel zum Einsatz kamen.

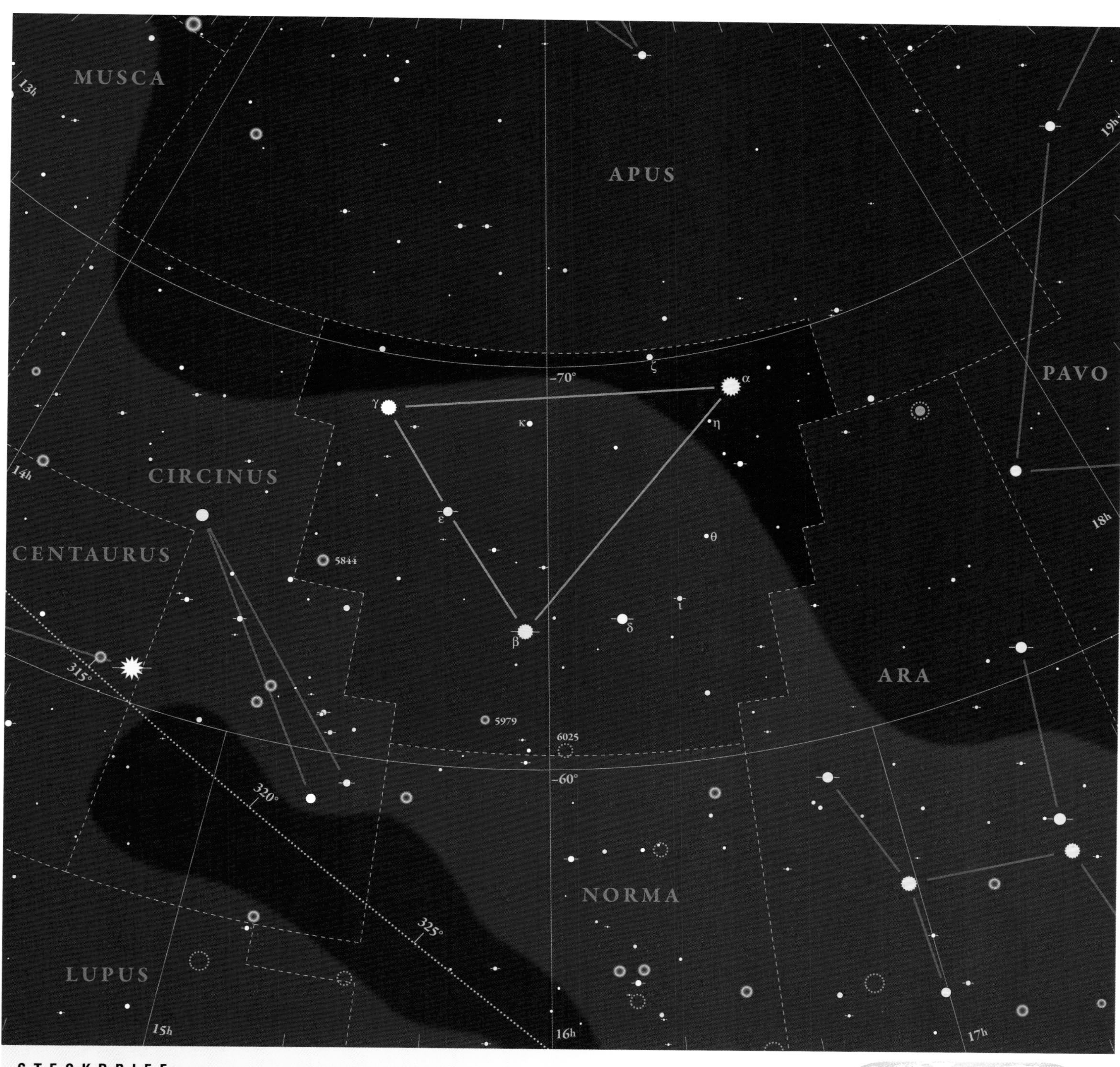

STECKBRIEF

Triangulum Australe
Südliches Dreieck

Abkürzung
TrA

Genitiv
Trianguli Australe

Rektaszension
16 Stunden

Deklination
–65°

Sichtbarkeit
16°N bis 90°S

Beachtenswerte Objekte
NGC 5844
NGC 5979
NGC 6025

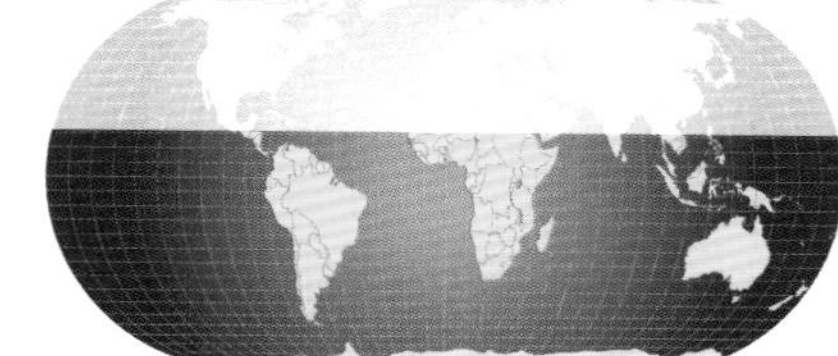

NÖRDLICHER NACHTHIMMEL – Beobachtungsort: New York, USA; Zeitpunkt: 22:00 Uhr am 15. des jeweiligen Monats

JAN

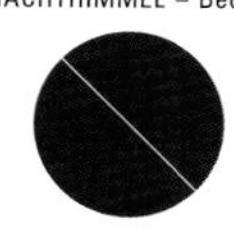
FEB

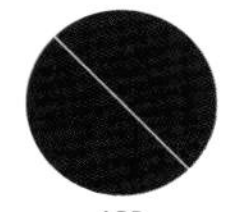
MÄR

APR
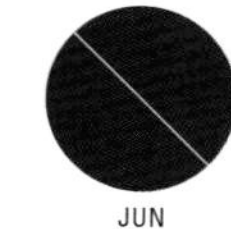
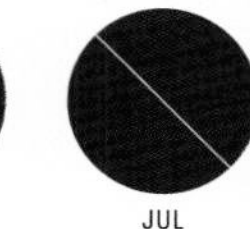
MAI
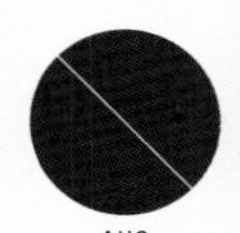
JUN

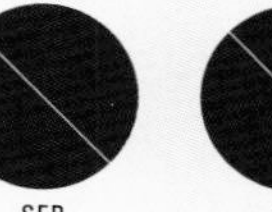
JUL
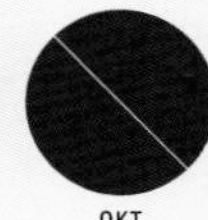

AUG

SEP OKT NOV DEZ

SÜDLICHER NACHTHIMMEL – Beobachtungsort: Sydney, Australien; Zeitpunkt: 22:00 Uhr am 15. des jeweiligen Monats

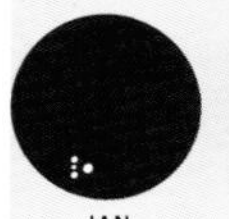
JAN

FEB

MÄR

APR
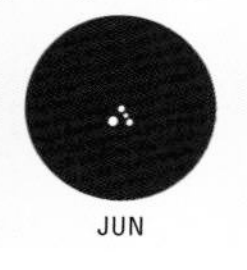
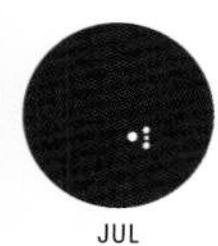
MAI
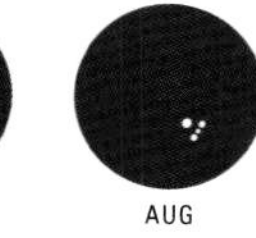
JUN

JUL

AUG

SEP

OKT NOV DEZ

Tucana

Unter den vielen exotischen Vögeln am Südhimmel ist der Tukan bei den Beobachtern vermutlich der beliebteste.

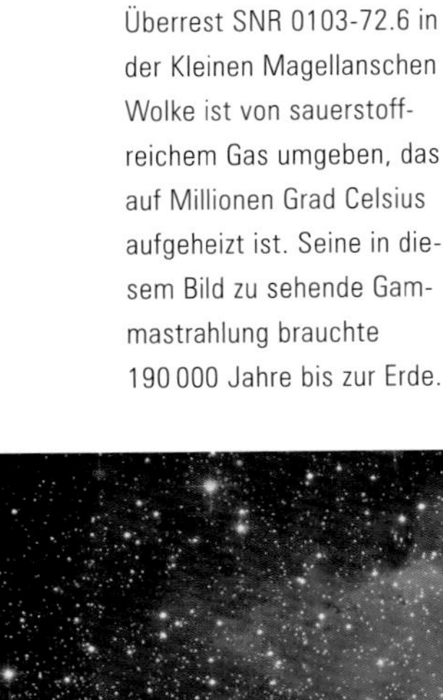

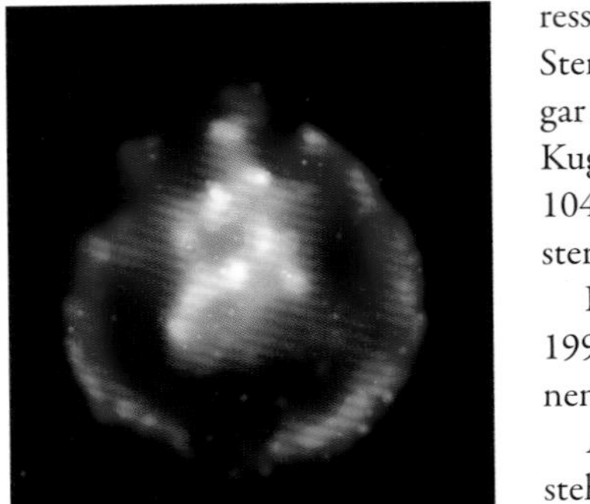

Rechts Der Supernova-Überrest SNR 0103-72.6 in der Kleinen Magellanschen Wolke ist von sauerstoffreichem Gas umgeben, das auf Millionen Grad Celsius aufgeheizt ist. Seine in diesem Bild zu sehende Gammastrahlung brauchte 190 000 Jahre bis zur Erde.

VOGELPERSPEKTIVE

Die heute als Tukan bekannte Konstellation liegt zu weit südlich, um den frühen europäischen Astronomen bekannt gewesen zu sein. Johannes Kepler war vermutlich der Erste, der sie entdeckte, und nannte sie Anser Americanus (amerikanische Gans). Die Niederländer Pieter Dirkszoon Keyser und Frederick de Houtman beobachteten die Sterne im 16. Jahrhundert ebenfalls, benannten sie aber nach dem Nashornvogel.

Als Petrus Plancius 1598 seinen Sternglobus anfertigte, wurde Tucana erstmals als der farbenprächtige Tukan – ein Bewohner der Regenwälder Süd- und Zentralamerikas – dargestellt. Auch Johannes Bayer übernahm ihn in seinen Sternatlas *Uranometria* von 1603.

DIE STERNE DES TUKANS

Die in einem lang gestreckten gleichschenkligen Dreieck angeordneten Hauptsterne des Tukans, Alpha (α), Gamma (γ) und Beta (β), lassen kaum an einen Vogel denken. Das interessanteste Objekt ist vielleicht der 4^m helle Stern Sir John Flamsteed, bei dem es sich gar nicht um einen Stern, sondern um den Kugelsternhaufen 47 Tucanae bzw. NGC 104 handelt. Er ist der zweithellste Kugelsternhaufen nach Omega (ω) Centauri.

Der 3^m helle Alpha (α) Tucanae ist ein 199 Lichtjahre entfernter gelblich scheinender Orange Riese vom Typ K3.

Am östlichen Ende der Konstellation steht Beta (β) Tucanae, der mit bloßem Auge wie ein enger Doppel-, mit sehr scharfem Auge sogar wie ein Dreifachstern wirkt. Ein großes Teleskop enthüllt ihn als ein komplexes System aus sechs Sternen in drei Paaren, die allesamt ca. 150 Lichtjahre entfernt sind.

OBJEKTE VON INTERESSE

Die Sterne des Tukans sind vielleicht nicht sonderlich hell, aber die Konstellation beherbergt einige interessanteste Bilder. Die **Kleine Magellansche Wolke** ist eine etwa 200 000 Lichtjahre entfernte Satellitengalaxie der Milchstraße. Am dunklen Himmel erscheint sie als ein kleines abgelöstes Stück Milchstraße, das zum Nordende hin schmaler und schwächer wird. Feldstecher und Teleskope zeigen eine Vielfalt winziger Sterne, Verdichtungen und Gasnebel. Das schönste Objekt von allen liegt wohl direkt nördlich des Zentrums: **NGC 346** mit seinem dicht verflochtenen Haufen winziger Sterne in einer Nebelhülle. Sie kommt in ihrer Helligkeit an einen Stern der 10. Größenordnung heran.

Neben der Kleinen Magellanschen Wolke steht **47 Tucanae** bzw. **NGC 104**, ein verschwommener Stern, der mit bloßen Auge am Vorstadthimmel zu erkennen ist. Die meisten Himmelsbeobachter im Süden sind sich einig, dass er der schönste aller Kugelsternhaufen ist. Im 20-cm-Teleskop hat er fast die Größe des Mondes. Ein ähnlich aussehender, aber dunklerer und kleinerer Sternhaufen ist **NGC 362**, der ebenfalls nahe der Kleinen Magellanschen Wolke steht.

Links Obwohl die jungen Sterne von NGC 346 drei bis fünf Millionen Jahre alt sind, verbrennen sie noch keinen Wasserstoff in ihren Kernen. Sie stehen im Zentrum der Kleinen Magellanschen Wolke, einer Nachbargalaxie unserer Milchstraße.

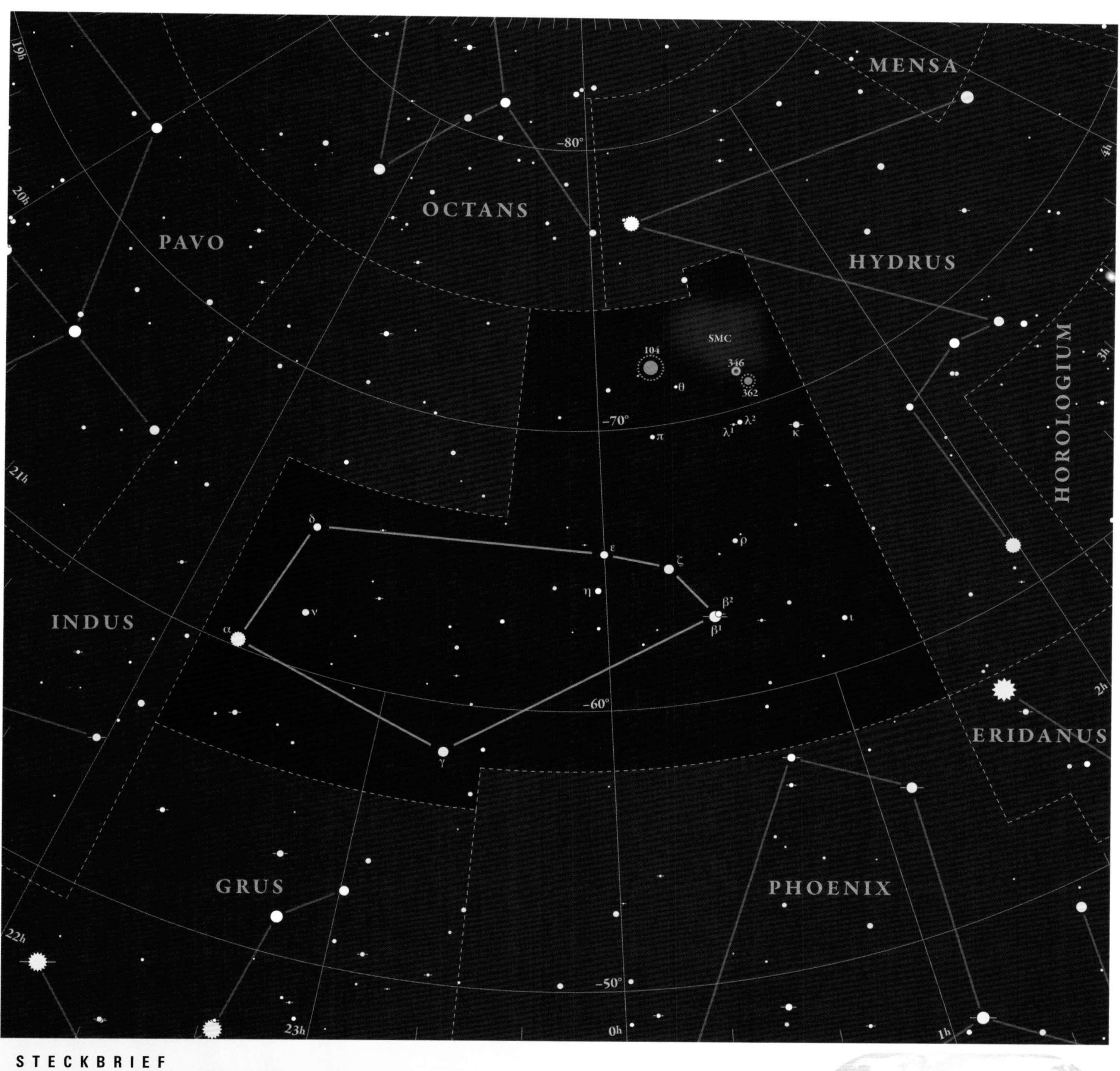

STECKBRIEF

Tucana
Tukan

Abkürzung
Tuc

Genitiv
Tucanae

Rektaszension
24 Stunden

Deklination
−65°

Sichtbarkeit
20°N bis 90°S

Beachtenswerte Objekte
Kleine Magellansche Wolke (KMW)
NGC 104 (47 Tucanae)
NGC 346
NGC 362

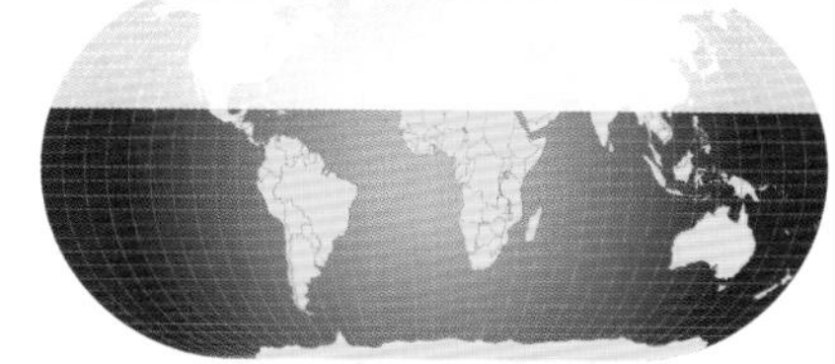

NÖRDLICHER NACHTHIMMEL – Beobachtungsort: New York, USA; Zeitpunkt: 22:00 Uhr am 15. des jeweiligen Monats

 JAN
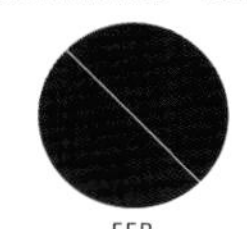 FEB
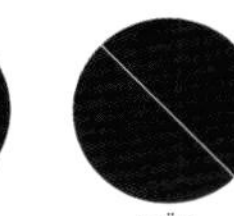 MÄR
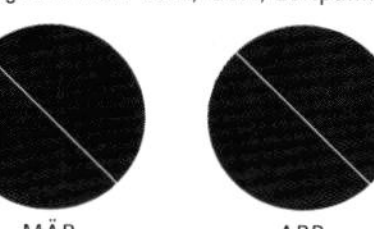 APR
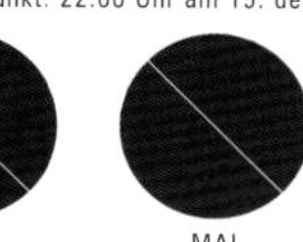 MAI
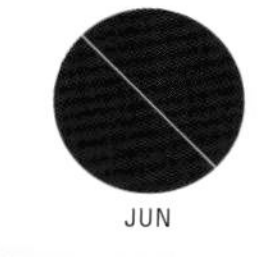 JUN
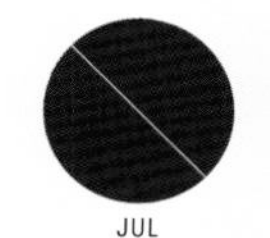 JUL
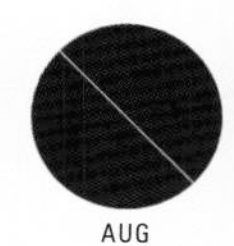 AUG
 SEP
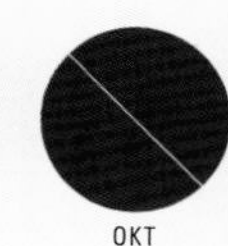 OKT
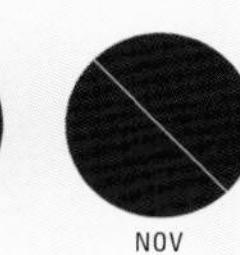 NOV
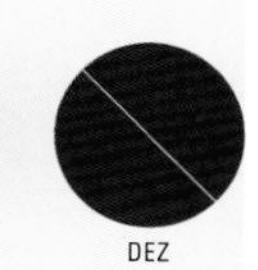 DEZ

SÜDLICHER NACHTHIMMEL – Beobachtungsort: Sydney, Australien; Zeitpunkt: 22:00 Uhr am 15. des jeweiligen Monats

 JAN
 FEB
 MÄR
 APR
 MAI
 JUN
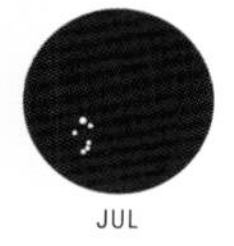 JUL
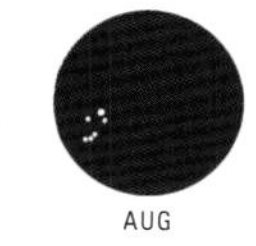 AUG
 SEP
 OKT
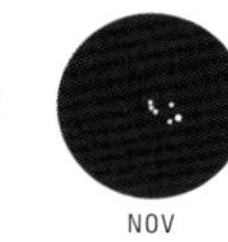 NOV
 DEZ

Ursa Major

Der Große Bär ist reich an Galaxien, von denen sich rund 95 für ein 25-cm-Teleskop eignen. Mit 1280 Quadratgrad ist er das drittgrößte Sternbild.

BÄRENDIENST

Die Sterbliche Kallisto war eine der vielen Eroberungen des Zeus, dessen Gattin Hera beschloss, sie zu bestrafen, sobald sie ihren Sohn Arkas geboren hatte. Hera verwandelte Kallisto schließlich in eine Bärin, und Arkas wuchs zu einem kühnen Jäger heran. Eines Tages führte Hera ihn in den Teil des Waldes, in dem seine Mutter lebte und jagte. Gerade als er den Speer zum Wurf heben wollte, griff Zeus ein und erhob Kallisto und Arkas als Großen und Kleinen Bären in den Himmel. Die erzürnte Hera befahl dem Meeresgott Poseidon, den Bären das Recht zu verweigern, wie die anderen Sternbilder im Meer zu ruhen.

Deshalb kreisen die beiden Bären auf ewig um den Nordpol. Heute ist der Große Bär zwar in den Breitengraden Südgriechenlands nicht mehr zirkumpolar, aber vor Tausenden von Jahren, als noch Thuban (Alpha [α] Draconis) und nicht Alpha (α) Ursae Minoris der Polarstern war, standen beide Bären im gleichen Abstand auf entgegengesetzten Seiten des Nordpols – ein schönes Beispiel für die Präzession.

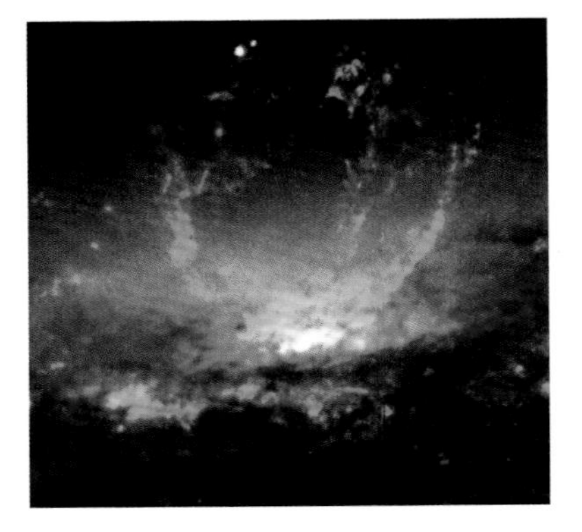

Oben Aufnahme des Hubble-Teleskops von einer heißen Gasblase, die sich aus der glühenden Materie von NGC 3079 löst. Die Galaxie steht 50 Millionen Lichtjahre entfernt im Sternbild Großer Bär.

DIE STERNE DES GROSSEN BÄREN

Die sieben Hauptsterne des Großen Bären sind gleichzeitig die sieben Sterne des Großen Wagens. Ursa Major gibt – von seinem zu langen Schwanz abgesehen – einen recht stattlichen Bären ab. Um den Polarstern zu finden, muss man nur die Linie zwischen Beta (β) und Alpha (α) Ursae Majoris um das Fünffache verlängern.

OBJEKTE VON INTERESSE

Der 2^{m} helle **Mizar** oder **Zeta (ζ) Ursae Majoris** und der 12 Bogenminuten entfernte 4^{m} helle **Alcor** erscheinen mit bloßem Auge als Doppelstern – ein guter Sehtest. Mizar löst sich in einen schönen blauweißen und grünlichweißen Doppelstern der Größenordnung $2^{m}{,}2$ bzw. $3^{m}{,}9$ mit einem Abstand von 14,3 Bogensekunden auf.

Xi (ξ) Ursae Majoris war einer der ersten nachgewiesenen Doppelsterne und einer der ersten, dessen Umlaufzeit (60 Jahre) bestimmt wurde. Das blassgelbe Paar steht 1,7 Bogensekunden auseinander und ist $4^{m}{,}3$ bzw. $4^{m}{,}8$ hell.

Das interagierende, 37 Bogenminuten entfernte Galaxienpaar **M81** und **M82 (NGC 3031** und **3034)** ist schon im Feldstecher erkennbar. Im 20-cm-Teleskop kommen zwei kleinere Mitglieder des Gefolges von M81 hinzu: **NGC 2976** und **3077**.

Die ovale M81 ist $6^{m}{,}9$ hell und 24 mal 13 Bogenminuten groß, zeigt aber enttäuschend wenig Details. M82 erfährt gerade dank einer großen Annäherung an ihren riesigen Nachbarn M81 eine Welle von Sterngeburten. Die irreguläre Galaxie ist $8^{m}{,}4$ hell und 12 mal 6 Bogenminuten groß. Ein 20-cm-Reflektor zeigt ein diagonal entlang der Längsachse verlaufendes Staubband. Im 63-cm-Spiegel kommen ein weiteres dunkles Band und fünf Verdichtungen hinzu.

Ein 10-cm-Teleskop zeigt die $9^{m}{,}9$ helle **M97 (NGC 3587)**, den **Eulen-Nebel**, bei dem es sich um einen 194 Bogensekunden großen, runden planetarischen Nebel handelt. Im 20-cm-Teleskop lassen sich im Inneren zwei undeutliche dunklere Flecken, die „Eulenaugen", erkennen, allerdings empfiehlt es sich, eine größere Apertur zu wählen. Das Zentralgestirn liegt zwischen den „Augen" und ist erst mit einem 30-cm-Teleskop zu erkennen. Im Feld von M97 liegt auch die gefleckte Spiralgalaxie **M108 (NGC 3556)**.

Die $7^{m}{,}9$ helle **M101 (NGC 5457)** ist eine 26 Bogenminuten große Spiralgalaxie mit geringer Flächenhelligkeit, die in einem 6-cm-Spiegel sichtbar ist. In perfekten Nächten zeigt ein 20-cm-Teleskop den nördlichen Spiralarm mit drei Verdichtungen. Dabei handelt es sich um Bewegungshaufen und Emissionsnebel. Daneben sind auch drei kleine Nachbargalaxien zu erkennen, von denen eine, **NGC 5474**, ein Satellit von M101 ist.

Der durch eine Gravitationslinse zu sehende Zwillingsquasar **QSO 0957 +561A/B** ist sieben Milliarden Lichtjahre entfernt und erst mit einem 40-cm-Teleskop sichtbar. Seine Photonen erreichen unsere Augen nach einer Reise durch das halbe Universum!

Links Diese Aufnahme des Spitzer-Teleskops zeigt sehr schön die prachtvollen Spiralarme der nahen Galaxie M81. Die zwölf Millionen Lichtjahre entfernt im Sternbild Großer Bär stehende Galaxie ist schon mit dem Feldstecher oder einem kleinen Teleskop gut erkennbar.

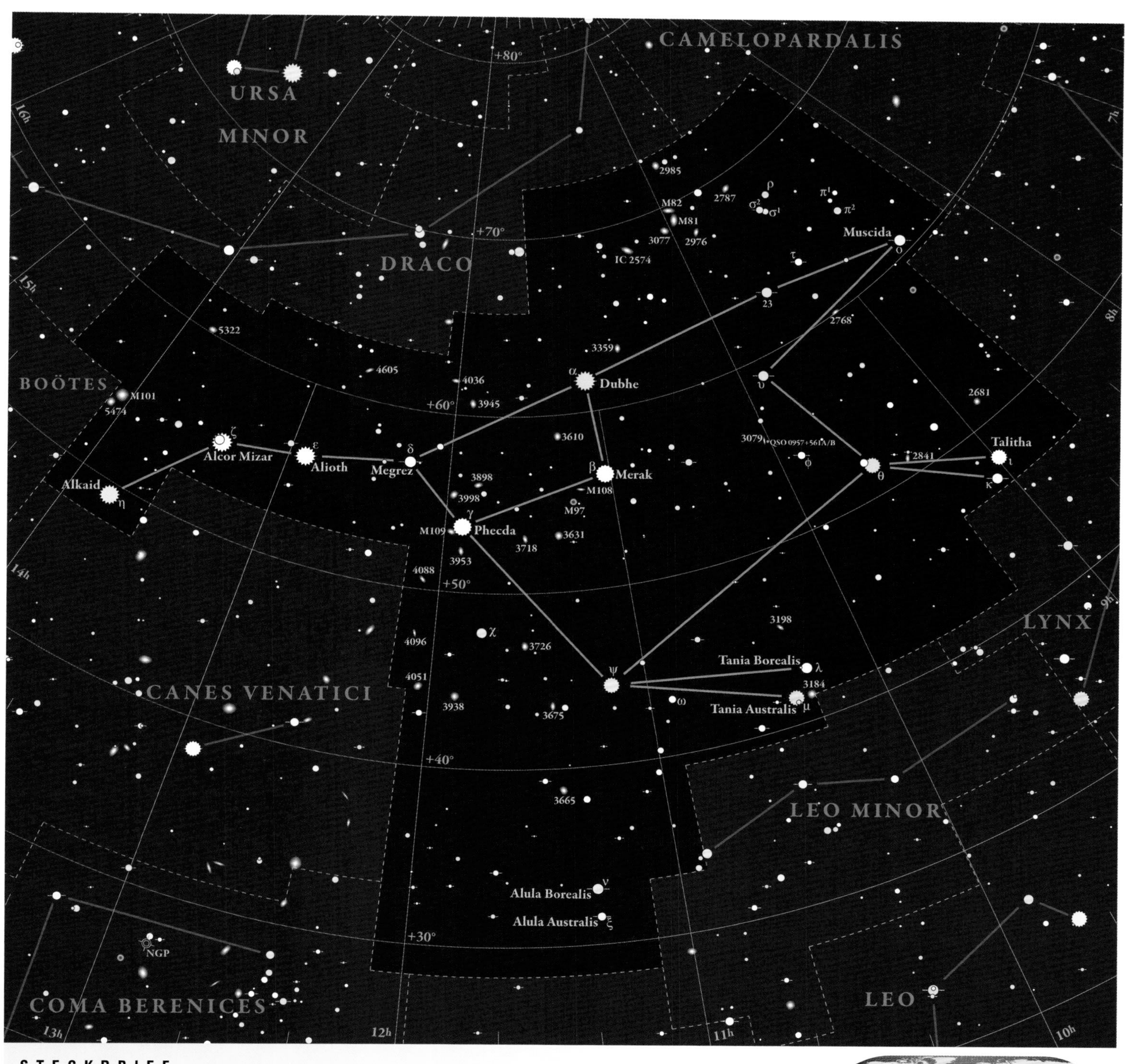

STECKBRIEF

Ursa Major
Großer Bär

Abkürzung
UMa

Genitiv
Ursae Majoris

Rektaszension
11 Stunden

Deklination
+50°

Sichtbarkeit
90°N bis 22°S

Beachtenswerte Objekte
Großer Wagen
M81
M82
M97 (Eulen-Nebel)
M101 (Feuerrad-Galaxie)
M108
NGC 2976
NGC 3034
NGC 5474
QSO 0957+561A/B
Zeta (ζ) Ursae Majoris
Xi (ξ) Ursae Majoris

Benannte Sterne
Dubhe (Alpha [α] Ursae Majoris)
Merak (Beta [β] Ursae Majoris)
Phecda (Gamma [γ] Ursae Majoris)
Megrez (Delta [δ] Ursae Majoris)
Alioth (Epsilon [ε] Ursae Majoris)
Alcor Mizar (Zeta [ζ] Ursae Majoris)
Alkaid (Eta [η] Ursae Majoris)
Talitha (Iota [ι] Ursae Majoris)
Tania Borealis (Lambda [λ] Ursae Majoris)
Tania Australis (My [μ] Ursae Majoris)
Alula Borealis (Ny [ν] Ursae Majoris)
Alula Australis (Xi [ξ] Ursae Majoris)
Muscida (Omikron [ο] Ursae Majoris)

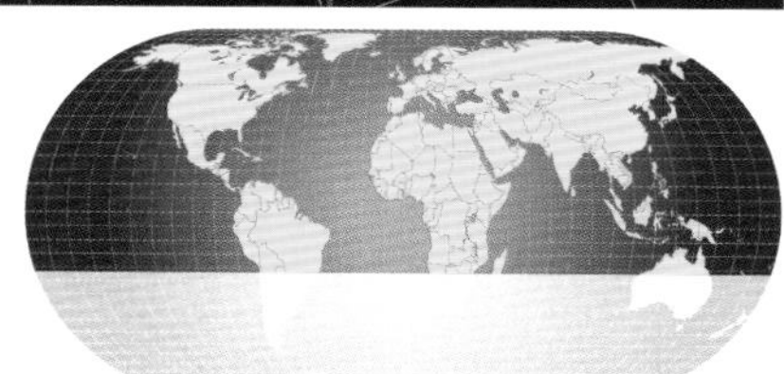

NÖRDLICHER NACHTHIMMEL – Beobachtungsort: New York, USA; Zeitpunkt: 22:00 Uhr am 15. des jeweiligen Monats

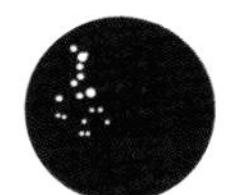
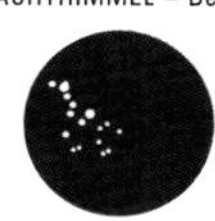
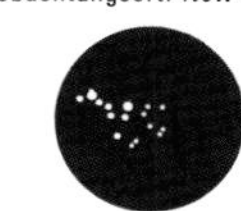
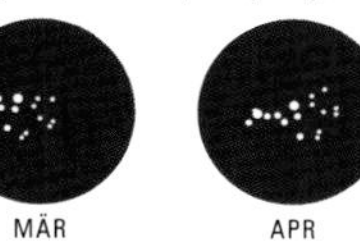
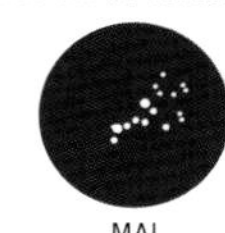
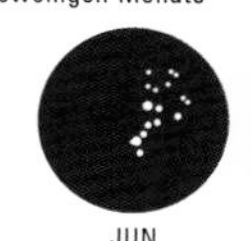
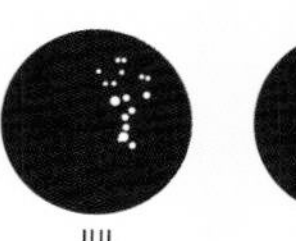
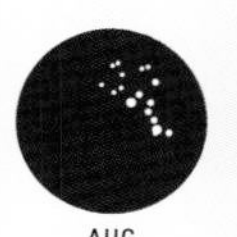

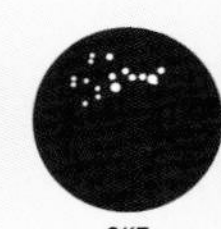
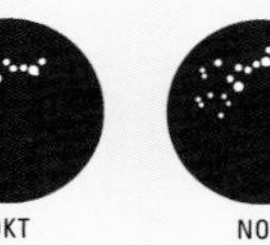
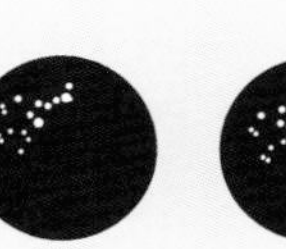
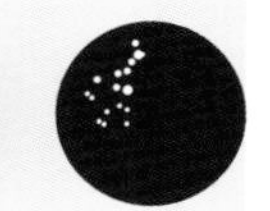

JAN FEB MÄR APR MAI JUN JUL AUG SEP OKT NOV DEZ

SÜDLICHER NACHTHIMMEL – Beobachtungsort: Sydney, Australien; Zeitpunkt: 22:00 Uhr am 15. des jeweiligen Monats

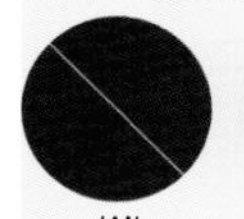
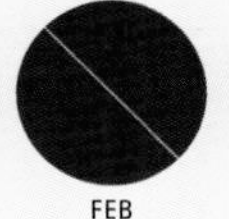
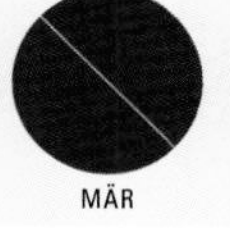

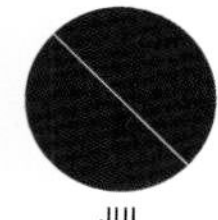
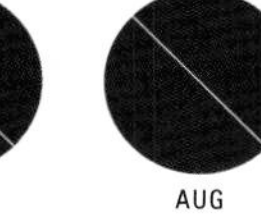
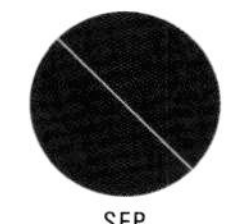

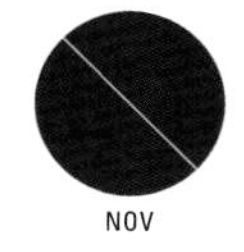

JAN FEB MÄR APR MAI JUN JUL AUG SEP OKT NOV DEZ

Ursa Minor

Der Kleine Bär, auch Kleiner Wagen genannt, ist die Heimat des Nordsterns Polaris, einer lange Zeit unerlässlichen Navigationshilfe am Himmel.

Rechts Blick des Hubble-Teleskops auf das Zentrum der elliptischen Galaxie NGC 6251. Der helle weiße Fleck in der Bildmitte ist Licht aus dem Umfeld des Schwarzen Lochs, das die Scheibe erleuchtet. Die Galaxie steht 300 Millionen Lichtjahre entfernt im Sternbild Kleiner Bär.

IMMER IM KREIS

Arkas war der Sohn der Kallisto, die von Hera, Gattin des Zeus, in eine Bärin verwandelt worden war. Als Arkas 15 Jahre alt war, stieß er beim Jagen im Wald auf eine Bärin. Obwohl sich das Tier ungewöhnlich verhielt und ihm direkt in die Augen schaute, erkannte er seine Mutter nicht und hob den Speer zum tödlichen Stoß.

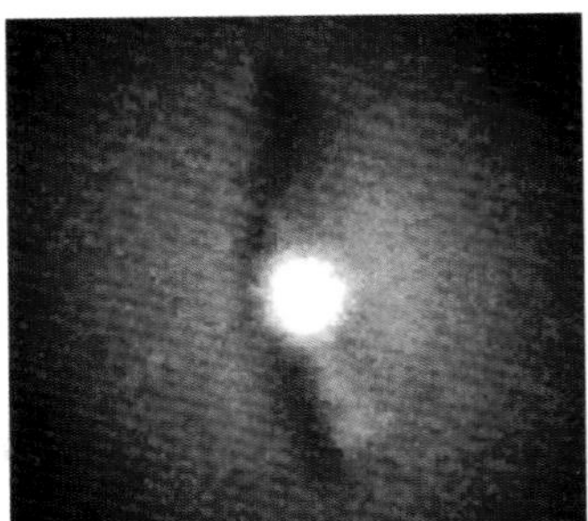

Zeus hielt ihn im letzten Moment auf und verwandelte ihn ebenfalls in einen Bären. Schließlich wurden Mutter und Sohn – Großer und Kleiner Bär – in den Himmel aufgenommen. Hera war über diese Ehrung derart erzürnt, dass sie auf Rache sann. Sie überredete Poseidon, den beiden das Schwimmen im Meer zu verwehren.

Aus diesem Grund sind der Große und der Kleine Bär zirkumpolare Konstellationen. Über Tausende von Jahren tauchte keine der beiden unter den Horizont, wenn man sie von nördlichen Breiten aus betrachtete. Der Kleine Bär wird auch Kleiner Wagen genannt und trägt den Nordstern Polaris am Ende seiner Deichsel.

Eine Methode, wie ein Astronom auf der Nordhalbkugel die Qualität der Sicht in einer bestimmten Nacht bestimmen kann, besteht darin, den leuchtschwächsten Stern zu finden, der noch mit bloßem Auge im Umfeld von Polaris erkennbar ist, da diese Sterne immer die gleiche Höhe haben. Deshalb muss jede wahrgenommene Schwankung der Grenzhelligkeit an einer Veränderung der atmosphärischen Transparenz liegen.

DIE STERNE DES KLEINEN BÄREN

Diese Sterne bilden die Gruppe des Kleinen Wagens. Mit einem Bären hat die Konstellation keinerlei Ähnlichkeit, da dieser sonst überwiegend aus Schwanz bestehen müsste.

Alpha (α) Ursae Minoris trägt mindestens zwölf Namen, was einen Rekord darstellen dürfte. Der heutzutage gebräuchlichste ist Polaris. Polaris ist ein pulsationsveränderlicher Stern und gehört zu den Cepheiden, aber seine Schwankungen sind in den letzten Jahren sehr klein und unregelmäßig geworden. Darüber hinaus ist er ein sehr beliebter Doppelstern für kleine Teleskope. Der $2\overset{m}{,}1$ helle gelbe Überriese hat einen 18,6 Bogensekunden entfernten blassblauen Begleiter der Größe $9\overset{m}{,}1$.

OBJEKTE VON INTERESSE

Der gelb-weiße Doppelstern **Pi-1 (π-1) Ursae Minoris** hat eine Helligkeit von $6\overset{m}{,}6$ bzw. $7\overset{m}{,}3$ und steht 31 Bogensekunden auseinander. Die $11\overset{m}{,}2$ helle Balkenspiralgalaxie **NGC 6217** wird in einem 15-cm-Newton-Teleskop sichtbar und zeigt einen helleren Kern.

Polarissima Borealis, NGC 3172, ist mit nur 53 Bogenminuten Entfernung die dem Himmelsnordpol nächste katalogisierte Galaxie. Man benötigt mindestens ein 25-cm-Teleskop, um sie zu beobachten. Sie ist $13\overset{m}{,}6$ hell und mit nur 0,7 Bogenminuten Durchmesser sehr klein.

Links Aufnahme des Hubble-Teleskops vom Nordstern Polaris A, einem hellen veränderlichen Überriesen. Direkt darüber steht sein kleiner Begleiter, Polaris Ab, der weniger als zwei Zehntel einer Bogensekunde entfernt ist.

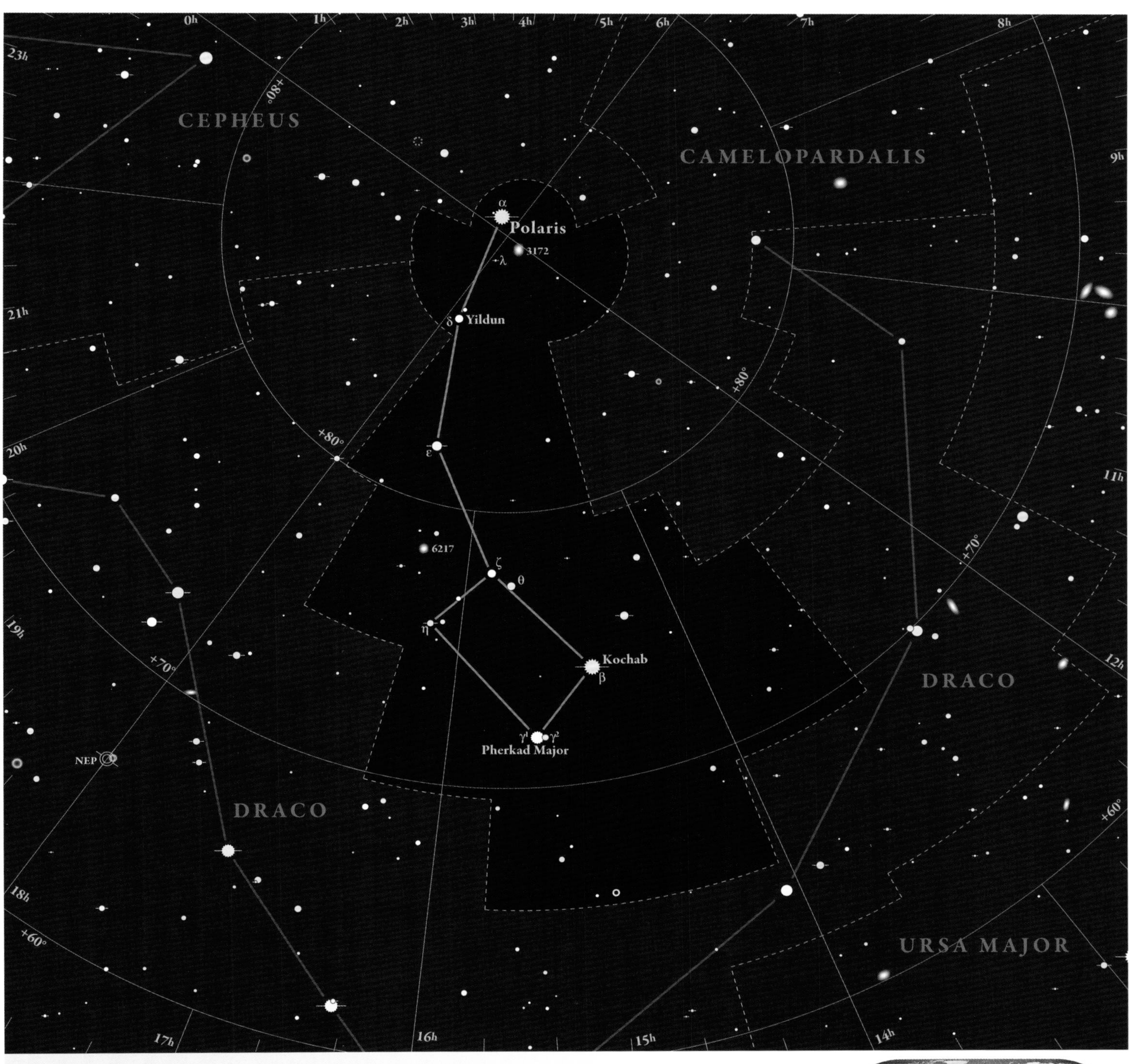

STECKBRIEF

Ursa Minor
Kleiner Bär

Abkürzung
UMi

Genitiv
Ursae Minoris

Rektaszension
15 Stunden

Deklination
+70°

Sichtbarkeit
90°N bis 0°

Beachtenswerte Objekte
Alpha (α) Ursae Minoris
NGC 3172 (Polarissima Borealis)
NGC 6217

Benannte Sterne
Polaris (Alpha [α] Ursae Minoris)
Kochab (Beta [β] Ursae Minoris)
Pherkad Major (Gamma [γ] Ursae Minoris)
Yildun (Delta [δ] Ursae Minoris)

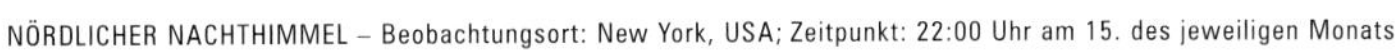
NÖRDLICHER NACHTHIMMEL – Beobachtungsort: New York, USA; Zeitpunkt: 22:00 Uhr am 15. des jeweiligen Monats

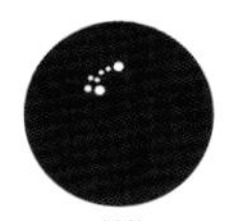
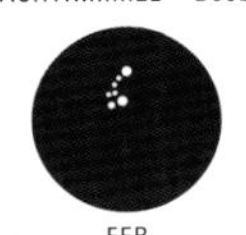
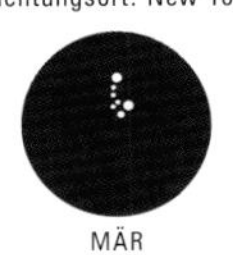
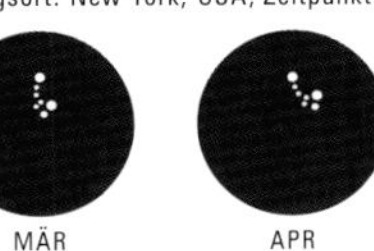

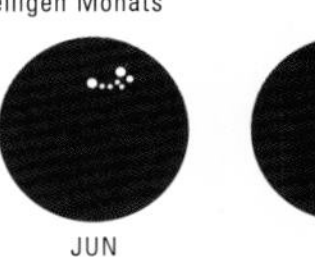
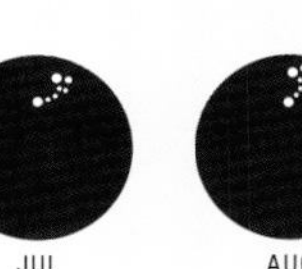
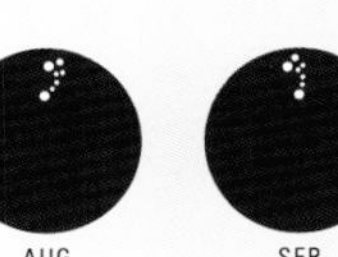
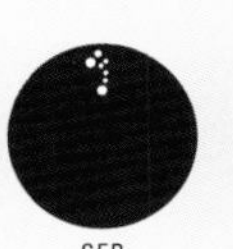

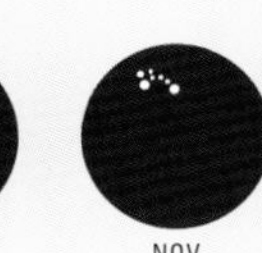
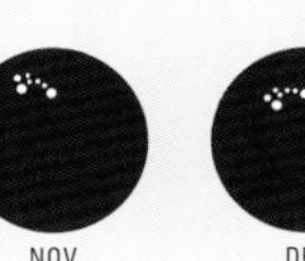

JAN FEB MÄR APR MAI JUN JUL AUG SEP OKT NOV DEZ

SÜDLICHER NACHTHIMMEL – Beobachtungsort: Sydney, Australien; Zeitpunkt: 22:00 Uhr am 15. des jeweiligen Monats

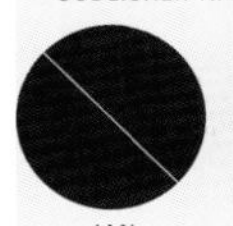
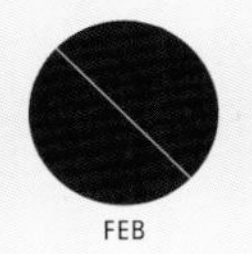
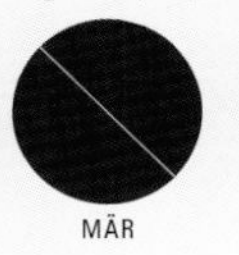

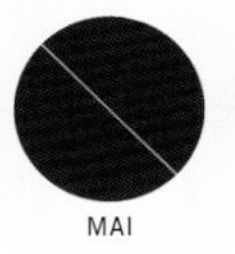
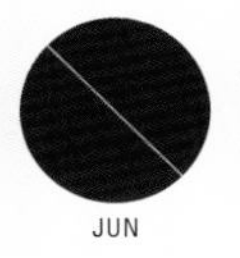
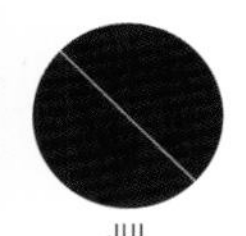

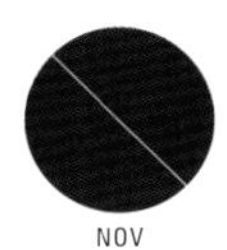

JAN FEB MÄR APR MAI JUN JUL AUG SEP OKT NOV DEZ

Vela

Das Sternbild Segel ist eine himmlische Illustration des Segels der *Argo*, des Schiffes Jasons und seiner Argonauten.

HISST DIE SEGEL

Das Segel bildet zusammen mit dem Schiffskiel (Carina) und dem Achterdeck (Puppis) die drei Teile der Konstellation Argo Navis, die Jasons Schiff *Argo* darstellt (der mythologische Hintergrund wird im Zusammenhang mit dem Schiffskiel erläutert). Abbé Nicolas Louis de Lacaille nahm das große Sternbild im 17. Jahrhundert auseinander, um es „handlicher" zu machen.

Interessanterweise lassen sich in den Legenden um Jason und die *Argo* keinerlei Hinweise auf Segel finden. Vielmehr wurde sie als Galeere beschrieben, die von den 50 Argonauten gerudert wurde. Dessen ungeachtet stellen sie nahezu alle Sternatlanten zwischen dem 16. und 19. Jahrhundert als Segelschiff mit Rudern dar. Als das Sternbild aufgeteilt wurde, blieben die Bayer-Bezeichnungen erhalten. Deshalb hat das Segel weder einen Alpha- noch einen Beta-Stern. Der hellste ist jetzt Gamma.

DIE STERNE DES SEGELS

Die Sterne der Konstellation sind relativ hell, haben aber – wenn überhaupt – nur vage Ähnlichkeit mit einem Rahsegel. Die beiden bekanntesten sind Kappa (κ) und Delta (δ) Velorum, die die Nordhälfte der „Falsches Kreuz des Südens" genannten Sterngruppe bilden (die anderen beiden sind Epsilon [ε] und Iota [ι] Carinae). Delta (δ) Velorum ist der hellste Stern am Himmel ohne einen Eigennamen.

Der hellste Stern des Segels ist der $1\overset{m}{.}8$ helle Gamma (γ) Velorum mit dem alten arabischen Namen Suhail, der in der Helligkeitsrangfolge an 33. Stelle steht. In moderneren Zeiten wird er auch als Regor bezeichnet. Er ist ein äußerst komplexer Mehrfachstern mit fünf oder sechs Komponenten (drei sind mit kleinen Teleskopen sichtbar), von denen der hellste ein exotischer Wolf-Rayet-Stern ist. Wolf-Rayet-Sterne sind massereiche, weit entwickelte, extrem heiße und leuchtstarke Überriesen mit mächtigen Sonnenwinden. Es sind nur wenige hundert Stück bekannt, von denen Suhail uns mit nur 830 Lichtjahren Entfernung am nächsten steht.

OBJEKTE VON INTERESSE

Sehr nah am hellen Gamma (γ) Velorum findet sich der offene Sternhaufen **NGC 2547**. Er ist eine prächtige Ansammlung mäßig heller Sterne von etwa halbem Monddurchmesser mit einer Vielzahl von Sternen im Hintergrund, der mit einem 15-cm-Teleskop gut zu beobachten ist.

Neben Delta (δ) Velorum steht mit **IC 2391** ein weiterer offener Sternhaufen. Er ist mit bloßem Auge als schwacher Fleck erkennbar und eignet sich für Feldstecher und kleine Teleskope mit weitem Sehfeld. Am nördlichen Ende der Konstellation findet sich **NGC 3201**, ein großer, heller Kugelsternhaufen mit geringer Verdichtung im Zentrum. Ein 20-cm-Teleskop zeigt ihn sehr schön.

An der Grenze zur Luftpumpe (Antlia) liegt einer der schönsten Nebel der Südhalbkugel: **NGC 3132**. Er erscheint im 15-cm-Teleskop als hellblaue Scheibe mit dunklerem Zentrum und einem Zentralgestirn. Er ist nicht Teil des Sternbilds und steht nur optisch in seinem Zentrum.

Oben Der Kugelsternhaufen NGC 3201 im Sternbild Segel besteht aus 13^{m} bis 16^{m} hellen Sternen und eignet sich am dunklen Himmel gut für ein 15-cm-Teleskop.

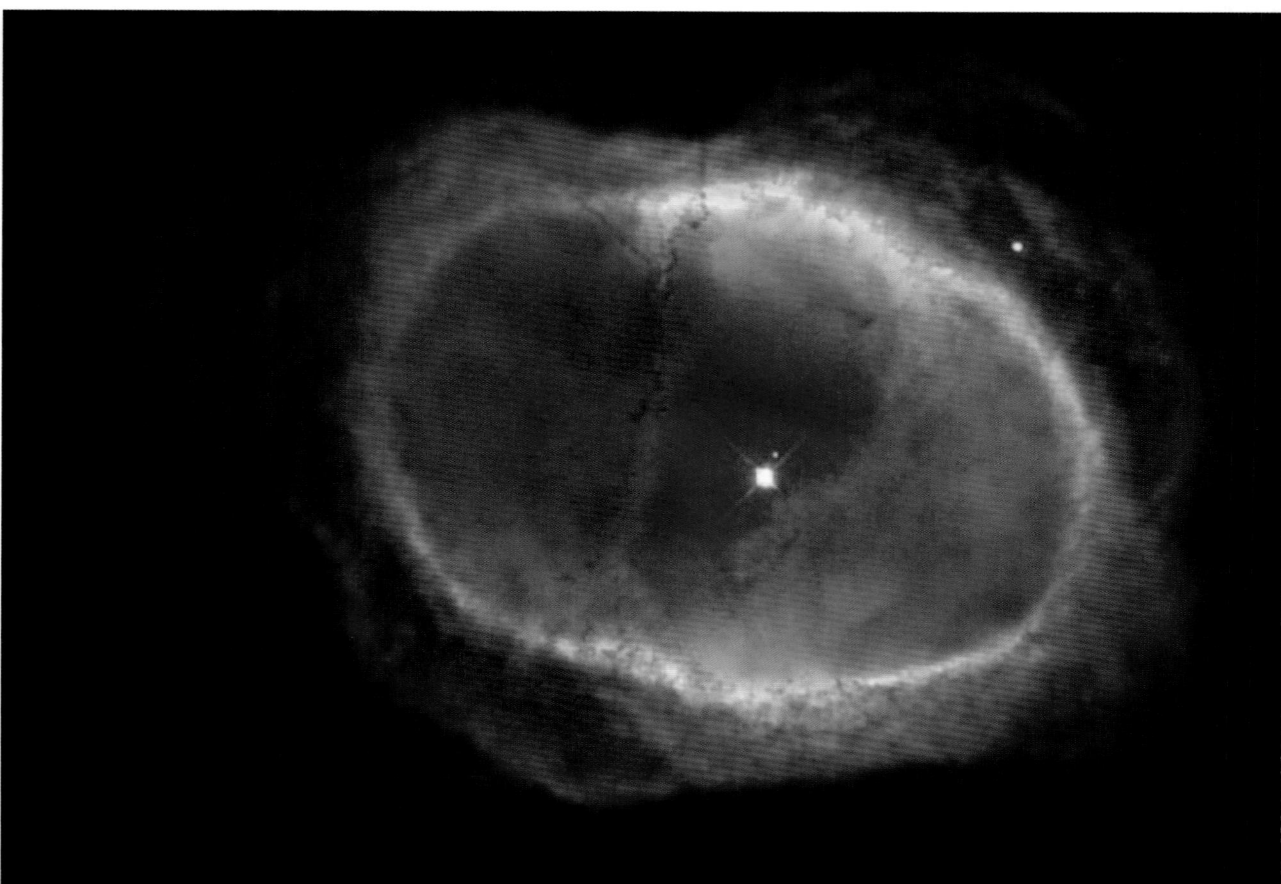

Rechts An der Grenze zwischen Luftpumpe und Segel liegt der faszinierende Nebel NGC 3132, eine seltsam geformte Gaswolke, die einen sterbenden Doppelstern verschleiert. Schöpfer des Nebels ist der dunkle Stern, nicht der helle in der Mitte.

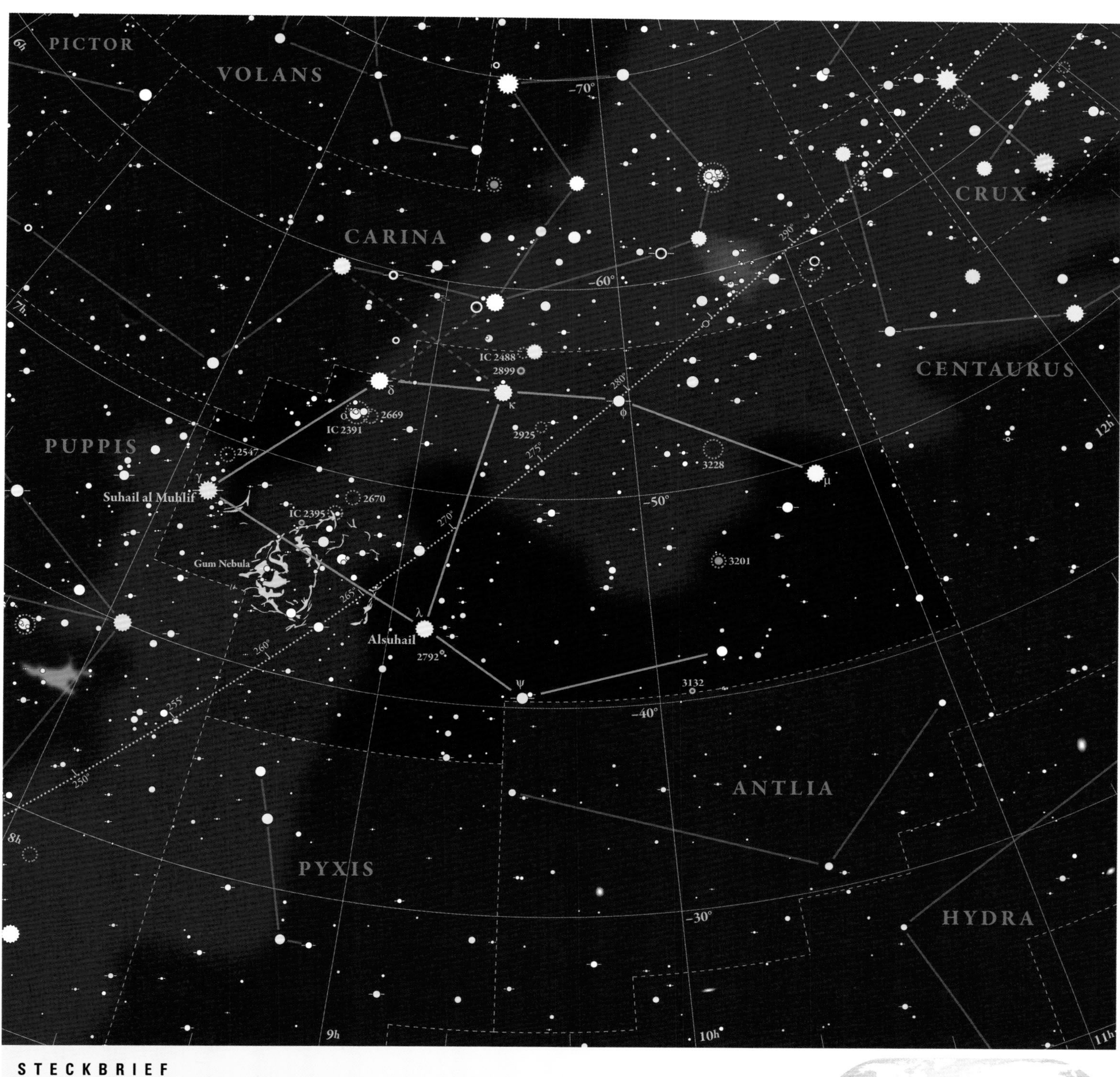

STECKBRIEF

Vela
Segel

Abkürzung
Vel

Genitiv
Velorum

Rektaszension
9 Stunden

Deklination
–50°

Sichtbarkeit
30°N bis 90°S

Beachtenswerte Objekte
Gamma (γ) Velorum
IC 2391
NGC 2547
NGC 3132
NGC 3201

Benannte Sterne
Suhail al Muhlif (Gamma [γ] Velorum)
Alsuhail (Lambda [λ] Velorum)

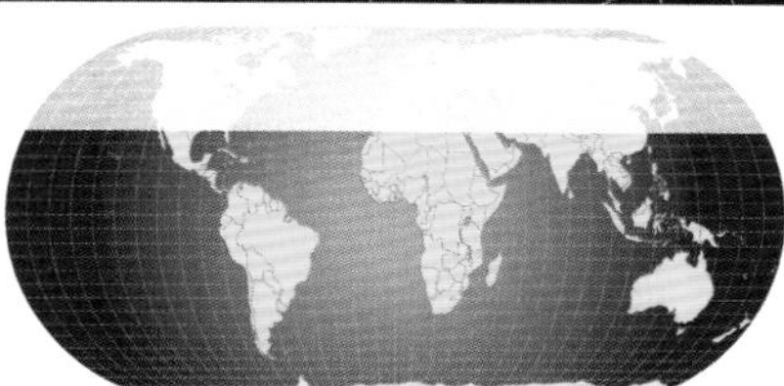

NÖRDLICHER NACHTHIMMEL – Beobachtungsort: New York, USA; Zeitpunkt: 22:00 Uhr am 15. des jeweiligen Monats

 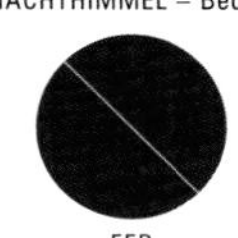  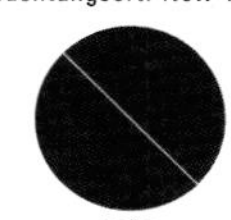 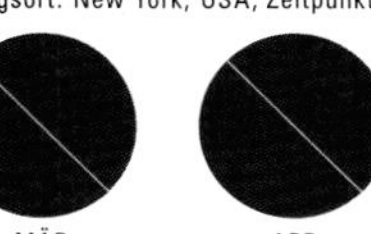 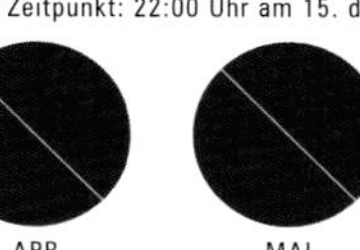 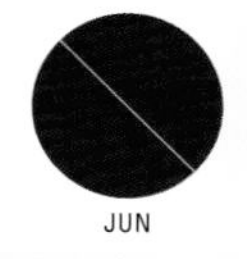 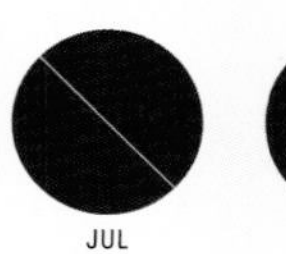  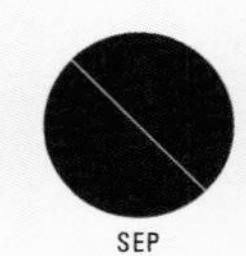 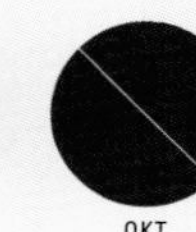 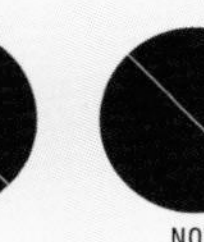 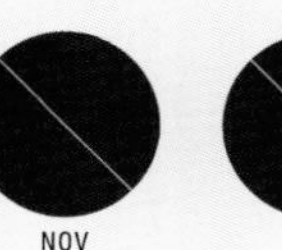 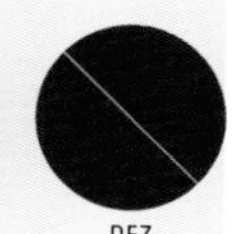

JAN FEB MÄR APR MAI JUN JUL AUG SEP OKT NOV DEZ

SÜDLICHER NACHTHIMMEL – Beobachtungsort: Sydney, Australien; Zeitpunkt: 22:00 Uhr am 15. des jeweiligen Monats

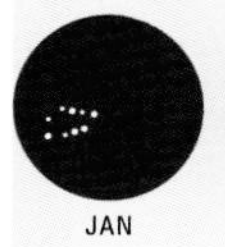 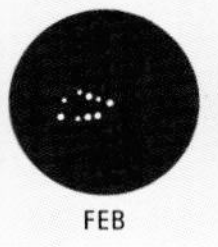  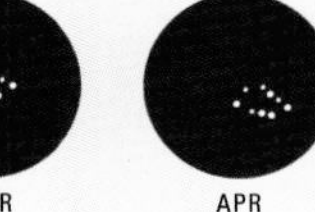   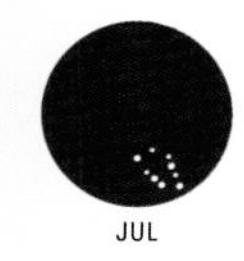 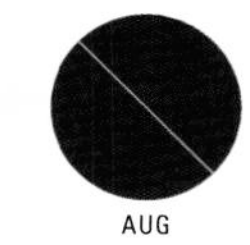  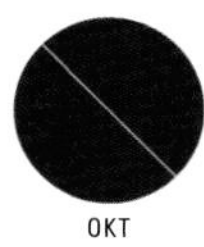  

JAN FEB MÄR APR MAI JUN JUL AUG SEP OKT NOV DEZ

Virgo

Keine Konstellation beherbergt eine größere Anzahl an Galaxien als die Jungfrau. Alle antiken Kulturen assoziierten die Sterne der Virgo mit einer Jungfrau oder einer Göttin.

MUTTERSTERN

Bei den alten Ägyptern repräsentierten die Sterne der Jungfrau Isis, oberste Mutter und Göttin. Die Sumerer und Chaldäer sahen in ihnen Inanna, die Königin des Himmels.

Bei den Griechen stand Virgo gleich für eine ganze Reihe von Göttinnen. Die gebräuchlichsten waren dabei die Personifikation der Gerechtigkeit, Dike, Göttin der rechten Ordnung und Tochter von Zeus und Themis, sowie Demeter, Göttin des Getreides und Tochter von Chronos und Rhea. Weitere Interpretationen bezogen sich unter anderem auf die von Hades entführte und deshalb widerwillige Göttin der Unterwelt, Persephone, die Tochter des Ikaros Erigone, sowie auf Tyche, die Göttin des Schicksals, die meist mit einem Füllhorn im Arm dargestellt wird. Die Römer entschieden sich für die landwirtschaftliche Variante und benannten die Konstellation nach Ceres, Göttin des Ackerbaus.

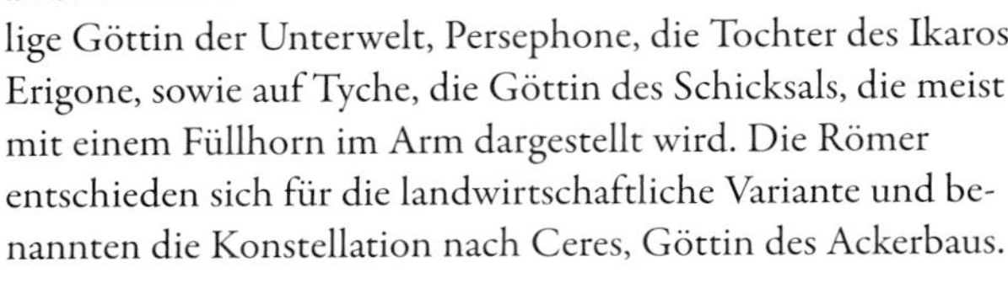

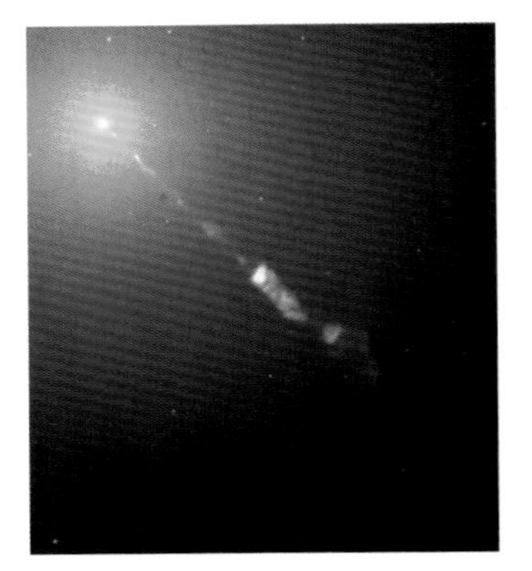

Rechts Dieser Gasstrahl bzw. „Jet" hat seinen Ursprung im Zentrum von M87. Man nimmt an, dass es sich dabei um extrem hoch erhitztes Gas handelt, das um ein gigantisches Schwarzes Loch in der Mitte der Galaxie im Virgo-Galaxienhaufen rotiert.

DIE STERNE DER JUNGFRAU

Die Sterne der fast im rechten Winkel zur Milchstraße stehenden Jungfrau sind meist schwach und nur am dunklen Himmel gut zu sehen. Das zentrale Trapez aus dem 1^{m} hellen Alpha (α) und den 3^{m} hellen Zeta (ζ), Gamma (γ) und Delta (δ) ist der am besten erkennbare Teil des Sternbilds.

Der auch als Spica („Kornähre") bekannte Alpha (α) Virginis ist der hellste Stern der Konstellation. Der fünfzehnthellste Stern am Himmel ist ein Doppelsystem aus nur 15 Millionen Kilometer voneinander entfernten blauen Sternen des Typs B. Ihre gemeinsame Leuchtkraft erreicht das 2100-Fache unserer Sonne, und sie sind 220 Lichtjahre von uns entfernt.

OBJEKTE VON INTERESSE

Die Jungfrau ist weit von der Ebene der Milchstraße entfernt und enthält keine Nebel oder Sternhaufen, beherbergt aber eine unglaubliche Vielfalt an Galaxien. Der größte Galaxienhaufen binnen 100 Lichtjahren liegt im Norden des Sternbilds und zeigt bei vollständig dunklem Himmel in einem 20-cm-Teleskop rund 200 Galaxien.

Das Feld um die beiden elliptischen Galaxien **M84** und **M86** ist voll von kleinen, verwaschenen Galaxien. Nicht weit davon entfernt liegt die rätselhafte **M87**, eine gigantische elliptische Galaxie, die vermutlich zehnmal mehr Sterne enthält als unsere Milchstraße. In einem 20-cm-Teleskop wirken alle drei wie kleine, runde, neblige Flecken mit auffällig hellen Kernen.

Recht nah an M87 liegen zwei schöne Spiralgalaxien: **M90** und **M58**. M90 besitzt einen ovalen Halo und einen sehr hellen Kern. M58 liegt flach im Sichtfeld und hat eine rundliche Form mit einem kleinen, sehr hellen Kern. **M61** ist eine weitere bemerkenswerte Galaxie mit einer in großen Amateurteleskopen gut erkennbaren Spiralstruktur.

Das Highlight ist **M104** im Süden der Jungfrau, nahe der Grenze zum Raben (Corvus). Ein 10-cm-Teleskop zeigt ein auffälliges Staubband, das die von der Seite betrachtete Galaxie umringt. Ein 20-cm-Teleskop bietet einen Blick wie ein professionelles Foto.

Links Das hier vom Spitzer-Teleskop eingefangene infrarote Glühen des Staubbands um M104 erklärt, warum die 28 Millionen Lichtjahre entfernte Galaxie auch Sombrero-Galaxie genannt wird.

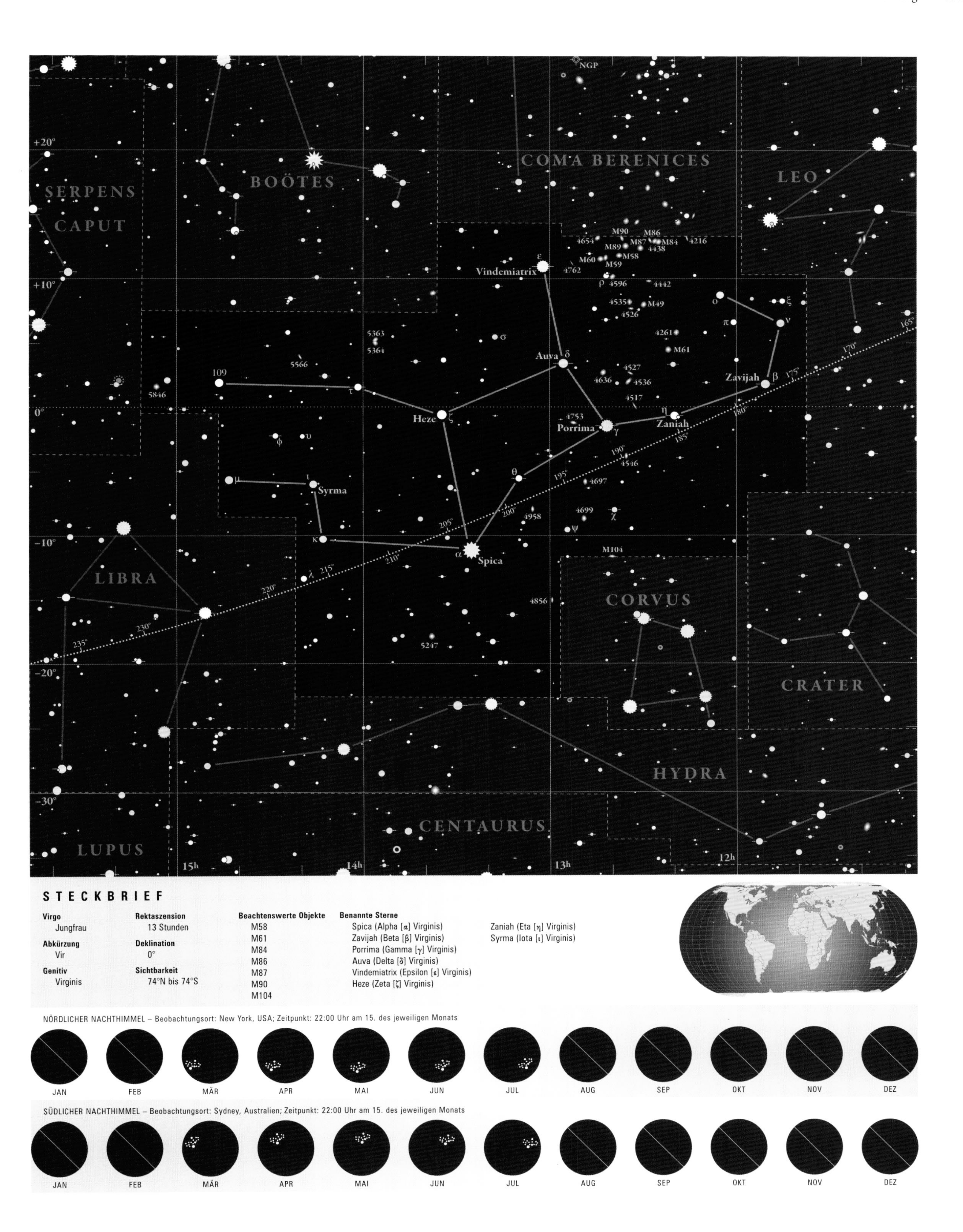
NGP
COMA BERENICES
BOÖTES
SERPENS CAPUT
LEO
+20°
+10°
0°
-10°
-20°
-30°
M90 M86
4654 M89 M87 M84 4216
4438
M60 M58
M59
4762
Vindemiatrix
ε
ρ 4596
4442
4535 M49
4526
ο
ξ
π
ν
5363
5364
σ
4261
M61
5566
Auva δ
4527
4636
4536
Zavijah β
109
5846
τ
4517
η
Heze ζ
4753
Porrima γ
Zaniah
φ
υ
4546
θ
4697
μ
ι
Syrma
4699
χ
4958
ψ
κ
α
Spica
M104
LIBRA
λ
4856
CORVUS
5247
CRATER
HYDRA
CENTAURUS
LUPUS
15h
14h
13h
12h
165°
170°
175°
180°
185°
190°
195°
200°
205°
210°
215°
220°
230°
235°
STECKBRIEF
Virgo
Jungfrau
Abkürzung
Vir
Genitiv
Virginis
Rektaszension
13 Stunden
Deklination
0°
Sichtbarkeit
74°N bis 74°S
Beachtenswerte Objekte
M58
M61
M84
M86
M87
M90
M104
Benannte Sterne
Spica (Alpha [α] Virginis)
Zavijah (Beta [β] Virginis)
Porrima (Gamma [γ] Virginis)
Auva (Delta [δ] Virginis)
Vindemiatrix (Epsilon [ε] Virginis)
Heze (Zeta [ζ] Virginis)
Zaniah (Eta [η] Virginis)
Syrma (Iota [ι] Virginis)
NÖRDLICHER NACHTHIMMEL – Beobachtungsort: New York, USA; Zeitpunkt: 22:00 Uhr am 15. des jeweiligen Monats
JAN
FEB
MÄR
APR
MAI
JUN
JUL
AUG
SEP
OKT
NOV
DEZ
SÜDLICHER NACHTHIMMEL – Beobachtungsort: Sydney, Australien; Zeitpunkt: 22:00 Uhr am 15. des jeweiligen Monats
JAN
FEB
MÄR
APR
MAI
JUN
JUL
AUG
SEP
OKT
NOV
DEZ

Volans

Im Wasser unter dem Kiel des mächtigen Schiffs *Argo* liegt die unbedeutende Sternengruppe namens Fliegender Fisch.

FISCHGESCHICHTEN

Die schwachen Sterne des Fliegenden Fischs liegen zu weit südlich, um den Astronomen der Antike bekannt gewesen zu sein. Erst im 16. Jahrhundert beobachteten die Niederländer Pieter Dirkszoon Keyser und Frederick de Houtman die Konstellation, die Petrus Plancius dann 1598 als „Vliegendenvis“ (Fliegender Fisch) in seinen Himmelsglobus aufnahm.

Als Bayer 1603 sein *Uranometria* veröffentlichte, zeichnete er das Sternbild auch als Fliegenden Fisch und nannte es Pisces Volans. Die Konstellation und ihre Gestalt haben sich seit dem 17. Jahrhundert nicht mehr verändert, nur der Name hat sich auf Volans verkürzt.

DIE STERNE DES FLIEGENDEN FISCHS

Der am leichtesten zu erkennende Teil der Konstellation ist ein breites Trapez aus Sternen der 4. Größenordnung auf halbem Weg zwischen dem 2^m hellen Stern Miaplacidus im Schiffskiel (Carina) und der Großen Magellanschen Wolke. Alpha (α) und Beta (β) Volantis liegen von dieser Gruppe entfernt in der Nähe von Miaplacidus. Interessanterweise ist Alpha nicht der hellste Stern des Volans. Den ersten Platz in der Helligkeitsrangfolge nimmt der Doppelstern Gamma (γ) Volantis ein, dessen Komponenten gemeinsam 4^m hell sind. Ebenfalls heller als Alpha ist Beta (β) Volantis, ein Orange Riese.

OBJEKTE VON INTERESSE

Der Fliegende Fisch besitzt nur wenige Objekte, die den Blick durchs Teleskop lohnen. Die Konstellation enthält keine Sternhaufen, Nebel oder planetarischen Haufen, und die meisten ihrer Galaxien sind leuchtschwach. Eine Ausnahme bildet hier **NGC 2442** nahe dem Zentrum des Trapezes, das die Hauptgruppe der Konstellation bildet. Ein 20-cm-Teleskop zeigt die inneren Bereiche der Galaxie als mäßig hellen, lang gestreckten Nebel.

Gamma (γ) Volantis ist ein 142 Lichtjahre entfernter attraktiver Doppelstern mit orangefarbenen und weißen Komponenten der Größenordnung $3\overset{m}{,}8$ bzw. $5\overset{m}{,}7$ und einer Umlaufzeit von mindestens 7500 Jahren, die sich mit einem 10-cm-Teleskop gut auflösen lassen. Der hellere der beiden ist ein Orange Riese des Typs K0, während es sich bei der schwächeren Komponente um einen Zwerg des Typs F2 handelt, der 600 AE davon entfernt ist

Epsilon (ε) Volantis ist ein enger stehender Doppelstern aus $5\overset{m}{,}4$ bzw. $6\overset{m}{,}7$ hellen bläulich-weißen Sternen, die sehr schön in einem 15-cm-Teleskop zu beobachten sind.

Die nur mit den größten Amateurteleskopen als Nebelfleck sichtbare **ESO 34-11** ist eine seltene Ringgalaxie, die bei einer Kollision zwischen einer Spiralgalaxie und einer kleineren Galaxie entstand.

Oben Eine Gruppe aus Sternen der 4. Größenordnung bildet im Sternbild Volans den Körper eines Fliegenden Fischs, während Alpha (α) und Beta (β) Volantis den Schwanz darstellen.

Rechts Die in Richtung des Sternbilds Volans gelegene Galaxie AM 0644–741 hat einen Durchmesser von ca. 150 000 Lichtjahren und ist größer als unsere Milchstraße.

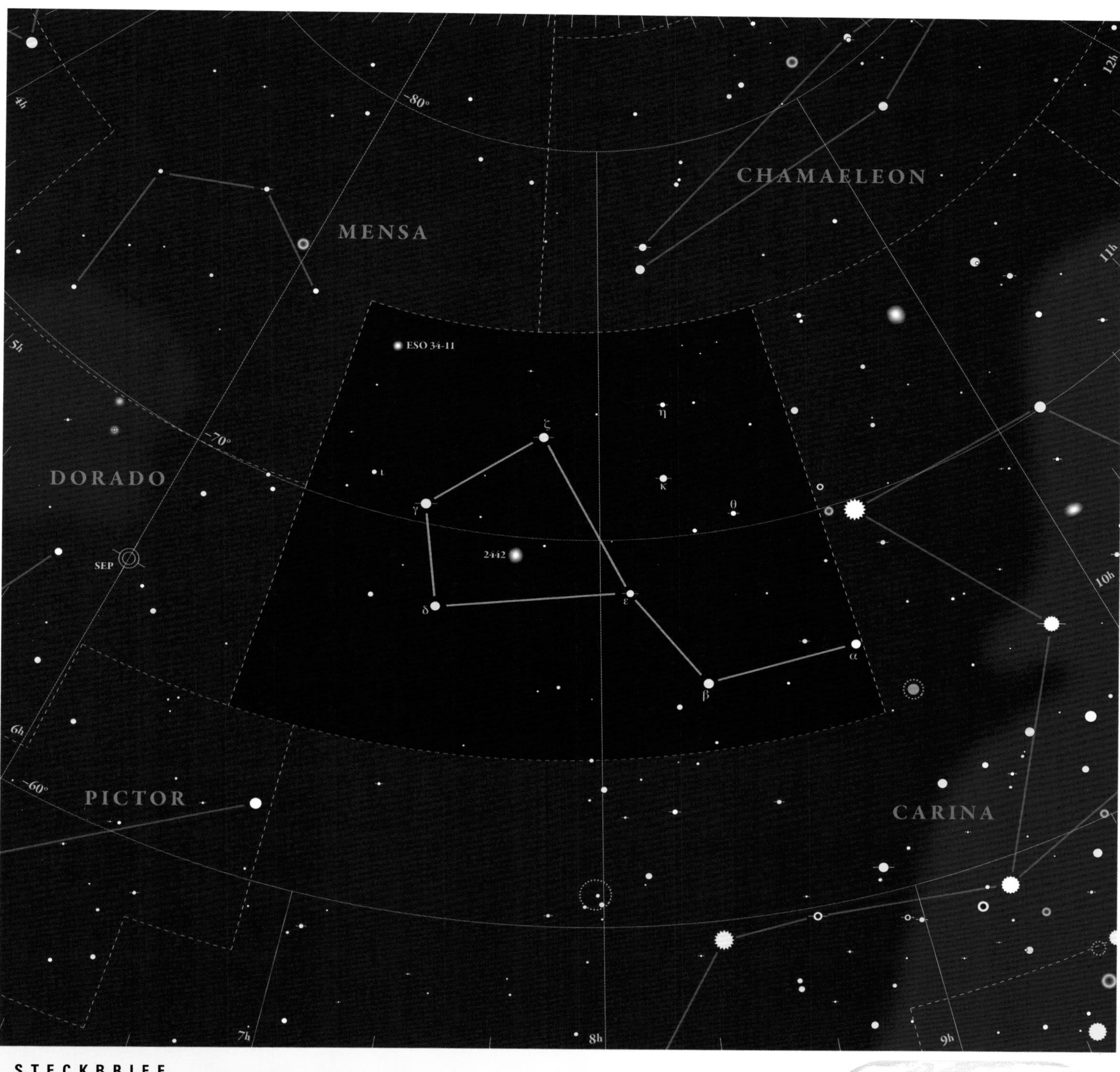

STECKBRIEF

Volans
Fliegender Fisch

Abkürzung
Vol

Genitiv
Volantis

Rektaszension
8 Stunden

Deklination
–70°

Sichtbarkeit
12°N bis 90°S

Beachtenswerte Objekte
Epsilon (ε) Volantis
ESO 34-11
Gamma (γ) Volantis
NGC 2442

NÖRDLICHER NACHTHIMMEL – Beobachtungsort: New York, USA; Zeitpunkt: 22:00 Uhr am 15. des jeweiligen Monats

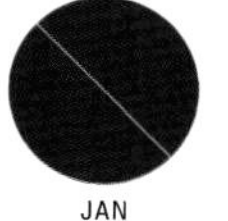
JAN
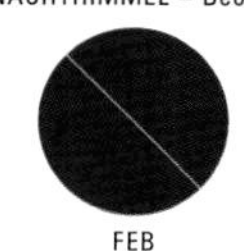
FEB
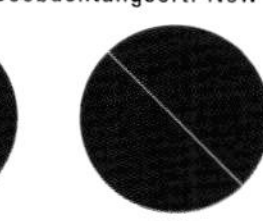
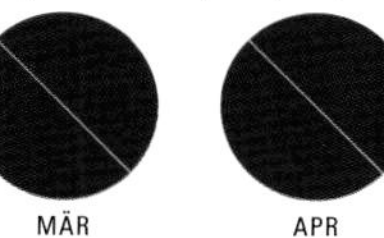
MÄR
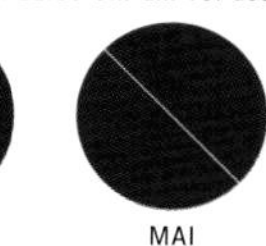
APR
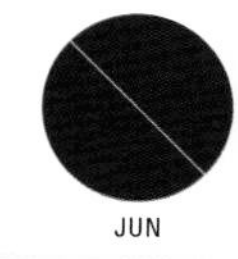
MAI
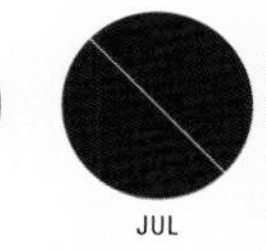
JUN

JUL
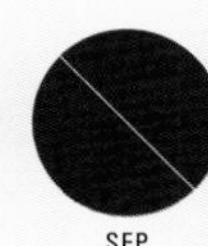
AUG
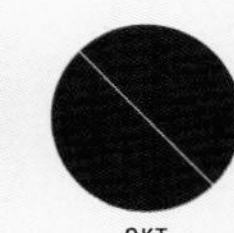
SEP
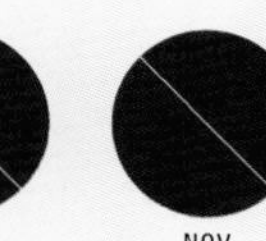
OKT
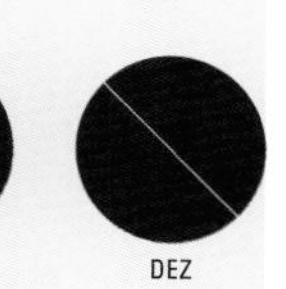
NOV
DEZ

SÜDLICHER NACHTHIMMEL – Beobachtungsort: Sydney, Australien; Zeitpunkt: 22:00 Uhr am 15. des jeweiligen Monats

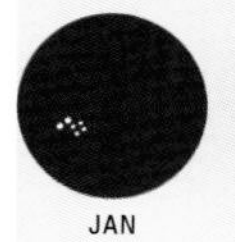
JAN

FEB
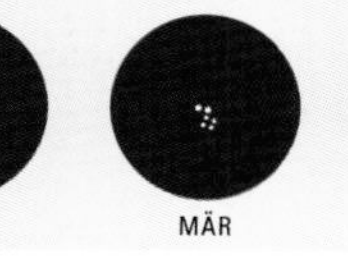

MÄR

APR

MAI

JUN
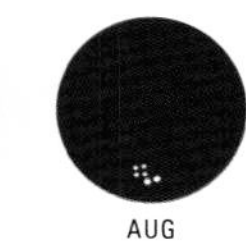
JUL
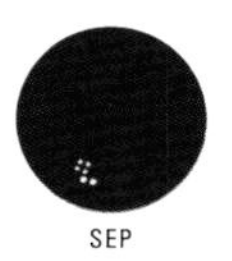
AUG

SEP

OKT

NOV
DEZ

Vulpecula

Das Füchslein liegt zwischen Schwan und Pfeil und beherbergt mit Messier 27 einen der schönsten planetarischen Nebel.

GESCHICKTER JÄGER

Der im 17. Jahrhundert vom polnischen Astronomen Johannes Hevelius eingeführte Vulpecula ist eine Konstellation, die er ursprünglich Vulpecula cum Ansere („Kleiner Fuchs mit Gans") nannte. Einige frühe Himmelsatlanten zeigen ihn auch als Fuchs, der eine Hausgans davonträgt.

Rechts Glühende Knoten aus Gas und Staub sind die Charakteristika des Hantel-Nebels, der sich bildete, als ein Roter Riese seine äußeren Schichten ins All abstieß. M27 war der erste je entdeckte planetarische Nebel.

DIE STERNE DES FÜCHSLEINS

Es gibt keine erkennbare Sternkonstellation – das Füchslein ist schlicht der Teil der Milchstraße zwischen dem Pfeil und Beta (β) Cygni. Der hellste Stern, Alpha (α) Vulpeculae, ist $4^{\mathrm{m}},4$ hell, die nächsthelleren gehören der 5. Größenordnung an und gehen im Hintergrund der Milchstraße unter.

OBJEKTE VON INTERESSE

Collinder 399 ist, mit bloßem Auge betrachtet, ein zwei Monddurchmesser großes Glühen, das sich im Feldstecher als interessante Konstellation namens **Kleiderbügel** zeigt. Man hielt ihn zunächst für einen Sternhaufen, was aber heute widerlegt ist. Allerdings gibt es mit dem 9^{m} hellen und 5 Bogenminuten großen **NGC 6802** einen echten offenen Sternhaufen am östlichen Ende des Kleiderbügels. Im 20-cm-Newton-Teleskop lässt sich seine Balkenform gerade noch auflösen.

Der offene Sternhaufen **NGC 6940** ist $6^{\mathrm{m}},3$ hell und hat beinahe einen halben Monddurchmesser. Wissenschaftler haben 170 Sterne gezählt. Mit dem Feldstecher ist er ein auffälliger unscharfer Fleck, der im Sommer auf der Nordhalbkugel bei jedem Schwenk über die Milchstraße sichtbar ist. Das 20-cm-Teleskop zeigt ihn als reichen Sternhaufen in einem dichten Feld der Milchstraße. Er hat eine rundliche Y-Form: Die Arme des Y sind eher funkelnde Wolken als einfache Linien. Ein orangefarbener Stern bildet den Mittelpunkt.

Der planetarische Nebel **M27 (NGC 6853)**, auch **Hantel-Nebel** genannt, ist 8 mal 5,7 Bogensekunden groß , $7^{\mathrm{m}},3$ hell und im 7 × 50-Feldstecher oder im 6-cm-Teleskop erkennbar. Der Name bezieht sich auf die schmale Mitte des fast rechteckigen Nebels, aber eigentlich wären „Stundenglas-Nebel" oder „Apfelbutzen-Nebel" treffendere Namen gewesen. Einige Beobachter wollen eine blassblaue oder neblig grüne Färbung bei diesem großen Nebel erkannt haben.

Im 20-cm-Teleskop füllt ein dünner Dunst den Raum zwischen den „Hantelscheiben" aus, sodass M27 fast oval wirkt. Bei 350-facher Vergrößerung werden das $13^{\mathrm{m}},8$ helle Zentralgestirn sowie drei weitere Sterne im „Hantelgriff" sichtbar.

Beobachtungstreffen bieten die Gelegenheit, den Himmel durch riesige Dobson-Teleskope zu betrachten. Ein 90-cm-Instrument zeigt einen helleren oberen Rand des Ovals und einen dunkleren Bereich zwischen diesem Rand und dem „Hantelgriff". Der Haufen ist mit einer Vielzahl von Sternen durchsetzt, von denen einer orange leuchtet. Der Nebel im Inneren des Ovals zeigt bei dieser Apertur eine schwache rostrote Tönung.

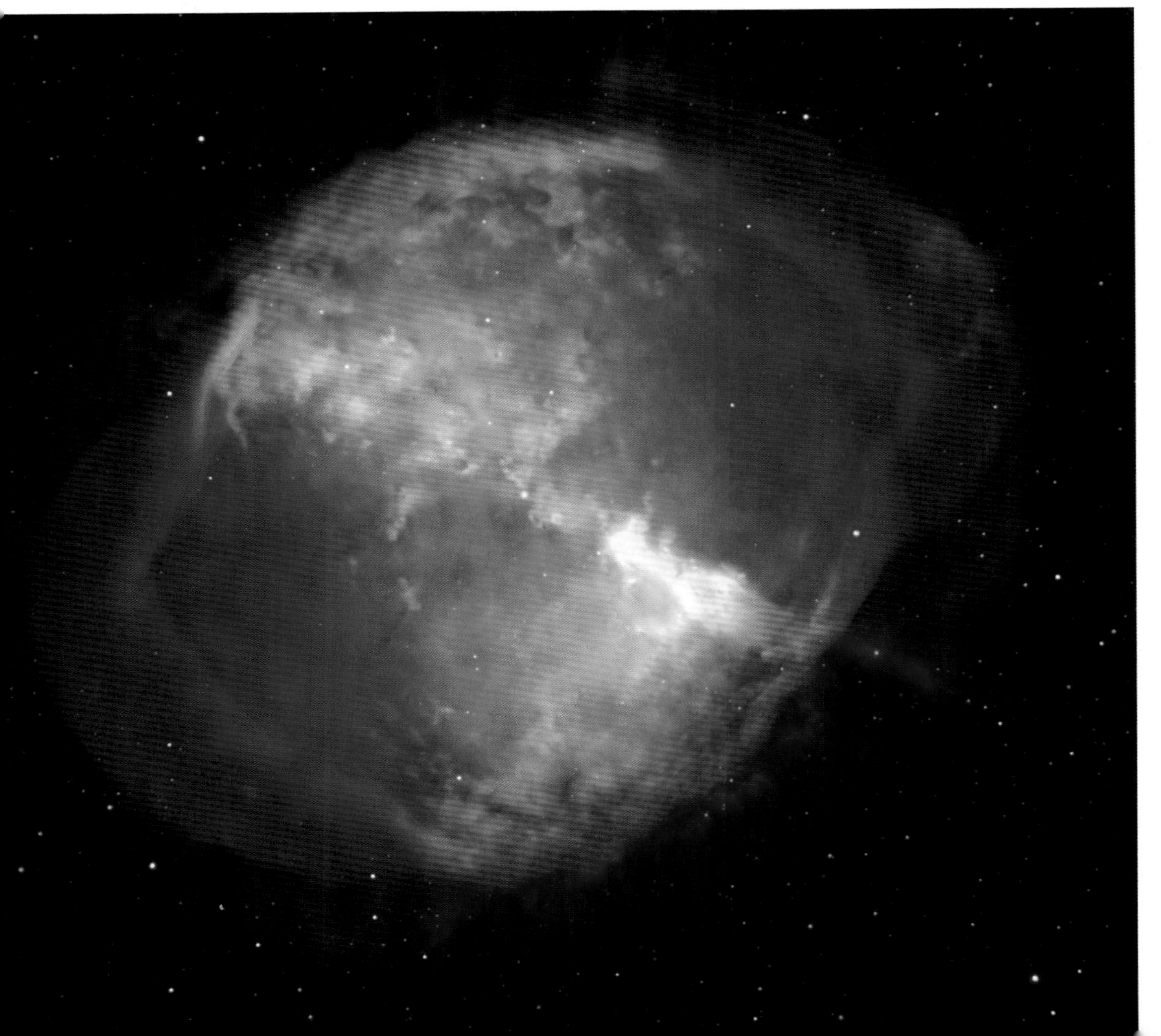

Links Der Todesseufzer eines sterbenden Sterns. Der Hantel-Nebel (M27, NGC 6853), ein Emissionsnebel, stößt große Mengen an Staub und Gas aus, während er den Nuklearbrennstoff abstößt, der seinen Kern befeuert. Mit nur 1000 Lichtjahren Entfernung ist er einer der uns nächsten planetarischen Nebel.

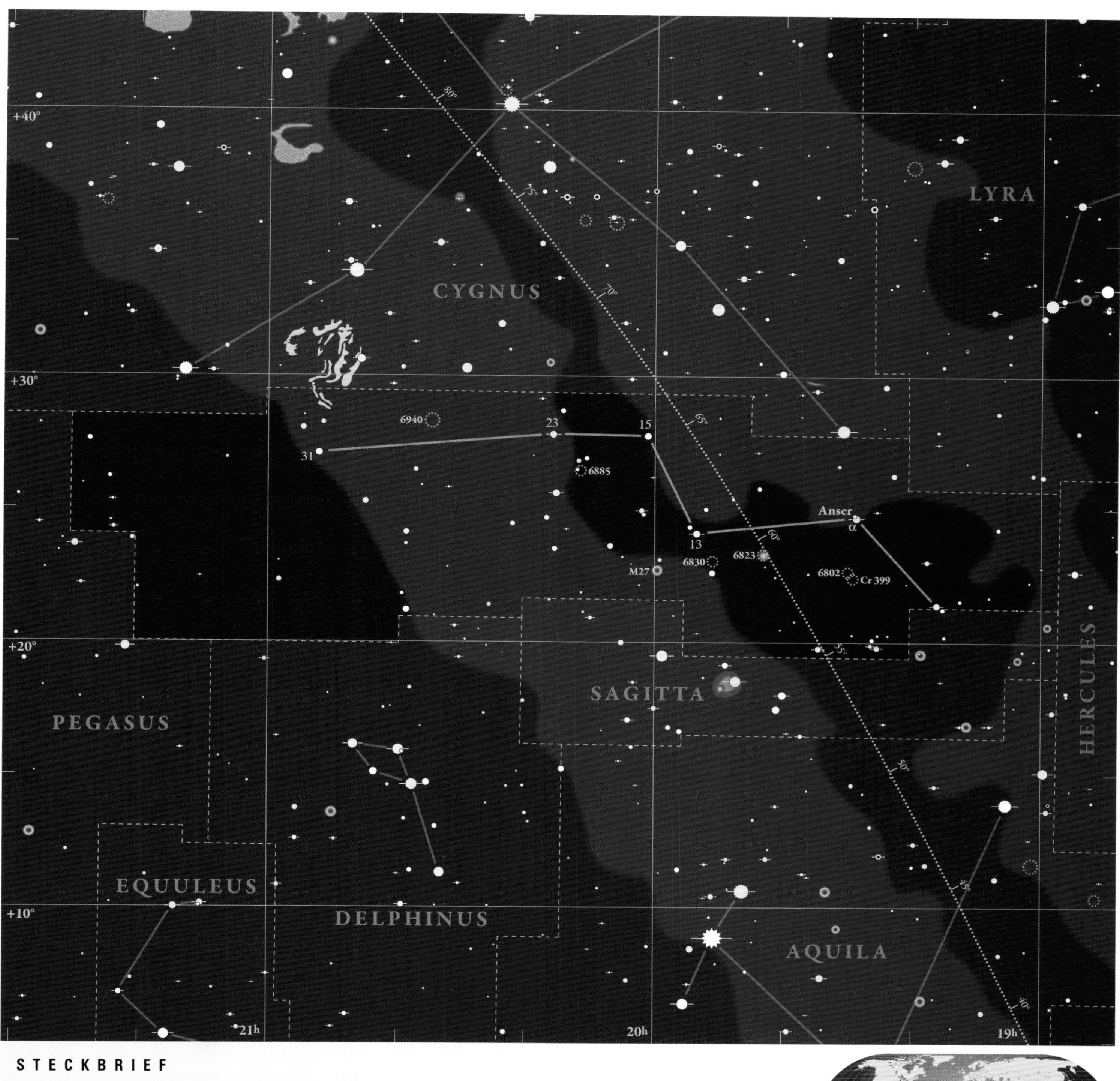

STECKBRIEF

Vulpecula
Füchslein

Abkürzung
Vul

Genitiv
Vulpeculae

Rektaszension
20 Stunden

Deklination
+25°

Sichtbarkeit
90°N bis 57°S

Beachtenswerte Objekte
Collinder 399 (Kleiderbügel)
M27 (Hantel-Nebel)
NGC 6802
NGC 6940

Benannte Sterne
Anser (Alpha [α] Vulpeculae)

NÖRDLICHER NACHTHIMMEL – Beobachtungsort: New York, USA; Zeitpunkt: 22:00 Uhr am 15. des jeweiligen Monats

 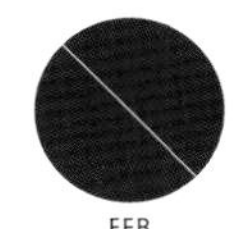  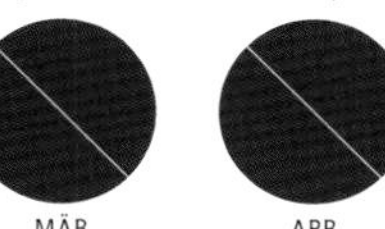 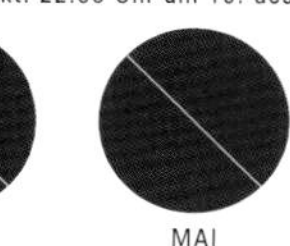  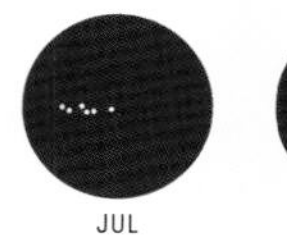    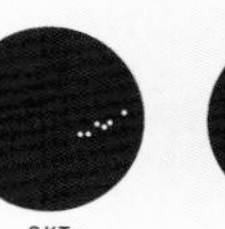  

JAN FEB MÄR APR MAI JUN JUL AUG SEP OKT NOV DEZ

SÜDLICHER NACHTHIMMEL – Beobachtungsort: Sydney, Australien; Zeitpunkt: 22:00 Uhr am 15. des jeweiligen Monats

   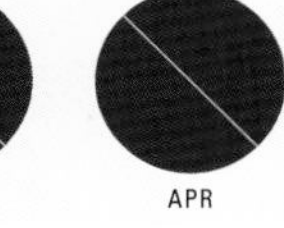       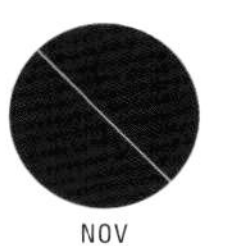 

JAN FEB MÄR APR MAI JUN JUL AUG SEP OKT NOV DEZ

Die Sternkarten nach Monaten

Stern	Helligkeit
	–1.5
	–1
	–0.5
	0
	0.5
	1
	1.5
	2
	2.5
	3
	3.5
	4
	4.5
	5

	Milchstraße
ARA	Sternbild
	Verbindungslinien
6h	Rektaszension (Stunden)
+60°	Deklination (Grad)
NEP	Pole der Ekliptik
NGP	Galaktische Pole
90°	Galaktischer Äquator
60°	Ekliptik

In klaren Nächten ist der Anblick des Nachthimmels ein einmaliges Erlebnis. Aber erst die Kenntnis, was sich hinter all den Lichtpunkten verbirgt, macht aus einem herkömmlichen Sterngucker einen Amateurastronomen.

Auf den folgenden Seiten finden Sie das Bild des Nachthimmels auf nach Monaten geordneten Sternkarten. Die Karten zeigen jeweils den Nachthimmel am ersten Tag des Monats etwa um 21.30 Uhr. Auf der linken Seite findet sich dabei immer die nördliche Himmelspolarregion, auf der rechten Seite ist die südliche Himmelspolarregion zu sehen; im unteren Teil ist die Äquatorregion dargestellt. Die Karten zeigen den Nachthimmel und die Ausrichtung der Konstellationen zu einem ganz bestimmten Zeitpunkt. Im Gegensatz zu Landkarten, die Osten rechts und Westen links darstellen, so wie die Erde unter dem Beobachter liegt, zeigen die Himmelspolkarten Ost und West in umgekehrter Orientierung, da sie den Himmel über dem Beobachter abbilden.

Im Verlauf des Jahres rotieren die Sternbilder um die südlichen und nördlichen Himmelspole, wobei einige dauerhaft zu sehen sind, während andere für jeweils mehrere Monate aus dem Blickfeld verschwinden. Mit Hilfe der Karten lässt sich die Sichtbarkeit jeder Konstellation bestimmen.

Sehen Sie, welche Sternbilder in Ihrer Region am Nachthimmel stehen, und bestimmen Sie die besten Beobachtungszeiten für jede der 88 benannten Konstellationen. Einige Sternbilder sind nur auf der Nordhalbkugel sichtbar, andere wiederum nur in der südlichen Hemisphäre. Die überwiegende Mehrheit allerdings wird irgendwann im Verlauf des Jahres ganz oder teilweise sichtbar, sodass alle Beobachter sie verfolgen und am Wunder des sternübersäten Nachthimmels teilhaben können.

Zusammen mit den Einzelbeschreibungen und -karten verhelfen diese Sternkarten dem Beobachter zu einem Überblick über den Nachthimmel seiner Hemisphäre. Oftmals benötigt man für die Beobachtung nur eine ganz schlichte oder gar keine Ausrüstung. Aber erst mit Feldstecher oder Teleskop entdeckt man die Schätze zwischen all den funkelnden Sternen.

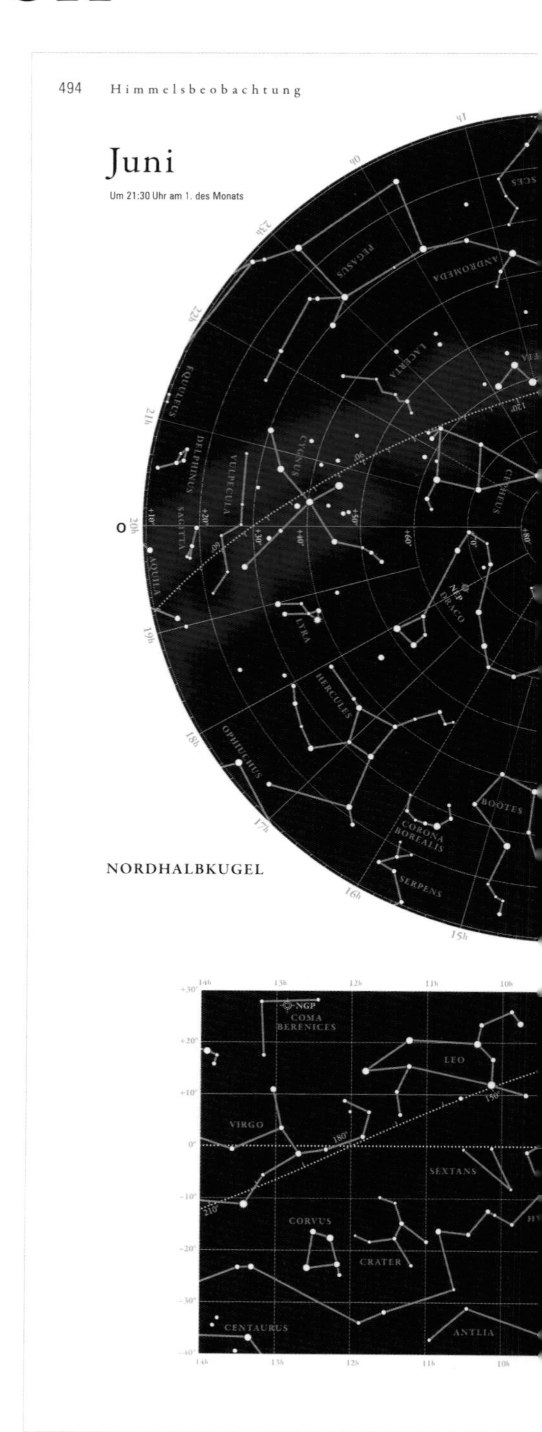

Polarregionen

Die Karten der nördlichen und der südlichen Polarregion zeigen den Nachthimmel auf der jeweiligen Halbkugel. Ausgehend vom Himmelspol erstrecken sich die Karten über 80° und überschneiden sich mit dem entsprechenden Bereich der äquatorialen Karten. Die Himmelspole sind auf beiden Hemisphärenkarten jeweils mit einem Kreuz gekennzeichnet. Weitere Markierungen: SGP = galaktischer Südpol, NGP = galaktischer Nordpol, SEP = südlicher Ekliptikpol, NEP = nördlicher Ekliptikpol.

Sternbilder

Die Gestalt der Konstellationen ist mit Hilfe von Verbindungslinien zwischen den wichtigen Sternen der mythischen oder historischen Bilder dargestellt. Eine Legende zur Größenordnung der hier abgebildeten Sterne findet sich auf Seite 482.

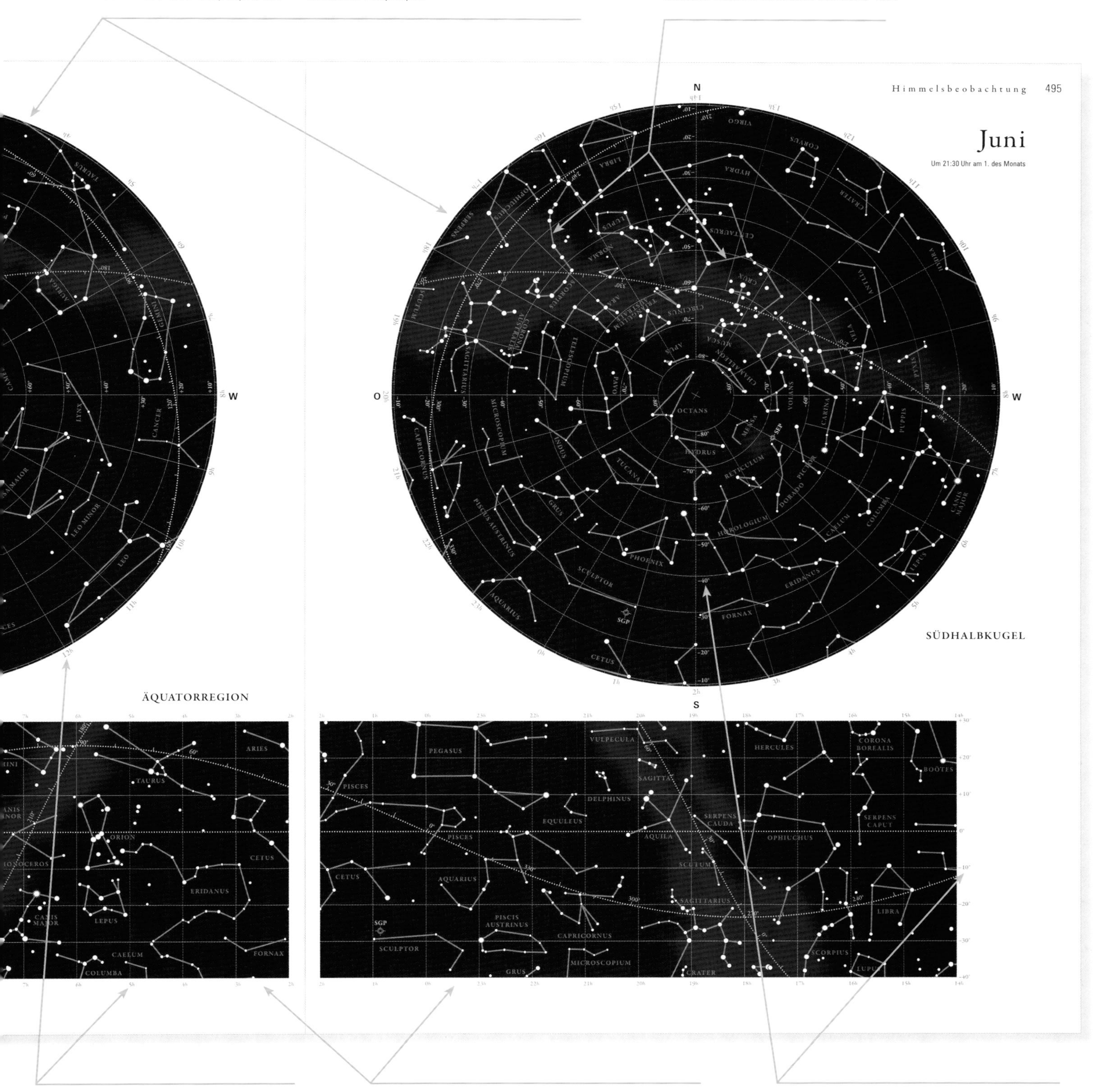

Rektaszension

Die Rektaszension (α, RA) ist eine der beiden Koordinaten, mit denen die Positionen von Sternen und anderen Himmelsobjekten beschrieben werden. Sie ist das Äquivalent der Längengrade einer Landkarte und wird in Stunden, Minuten und Sekunden gemessen.

Äquatorregion

Dieser Kartenausschnitt zeigt die Konstellationen, die in der Äquatorregion zu finden sind. Er zeigt 70° des Himmels, der die beiden Polarkarten verbindet, und überschneidet sich mit beiden. Er hilft bei der eindeutigen Positionsbestimmung der in dieser Region beheimateten Konstellationen.

Deklination

Zusammen mit der Rektaszension bildet die Deklination (δ) das Koordinatenpaar zur genauen Positionsbeschreibung von Sternen und anderen Himmelsobjekten. Die Deklination ist das Äquivalent der Breitengrade einer Landkarte und wird in Grad, Bogenminuten und -sekunden gemessen.

Januar

Um 21:30 Uhr am 1. des Monats

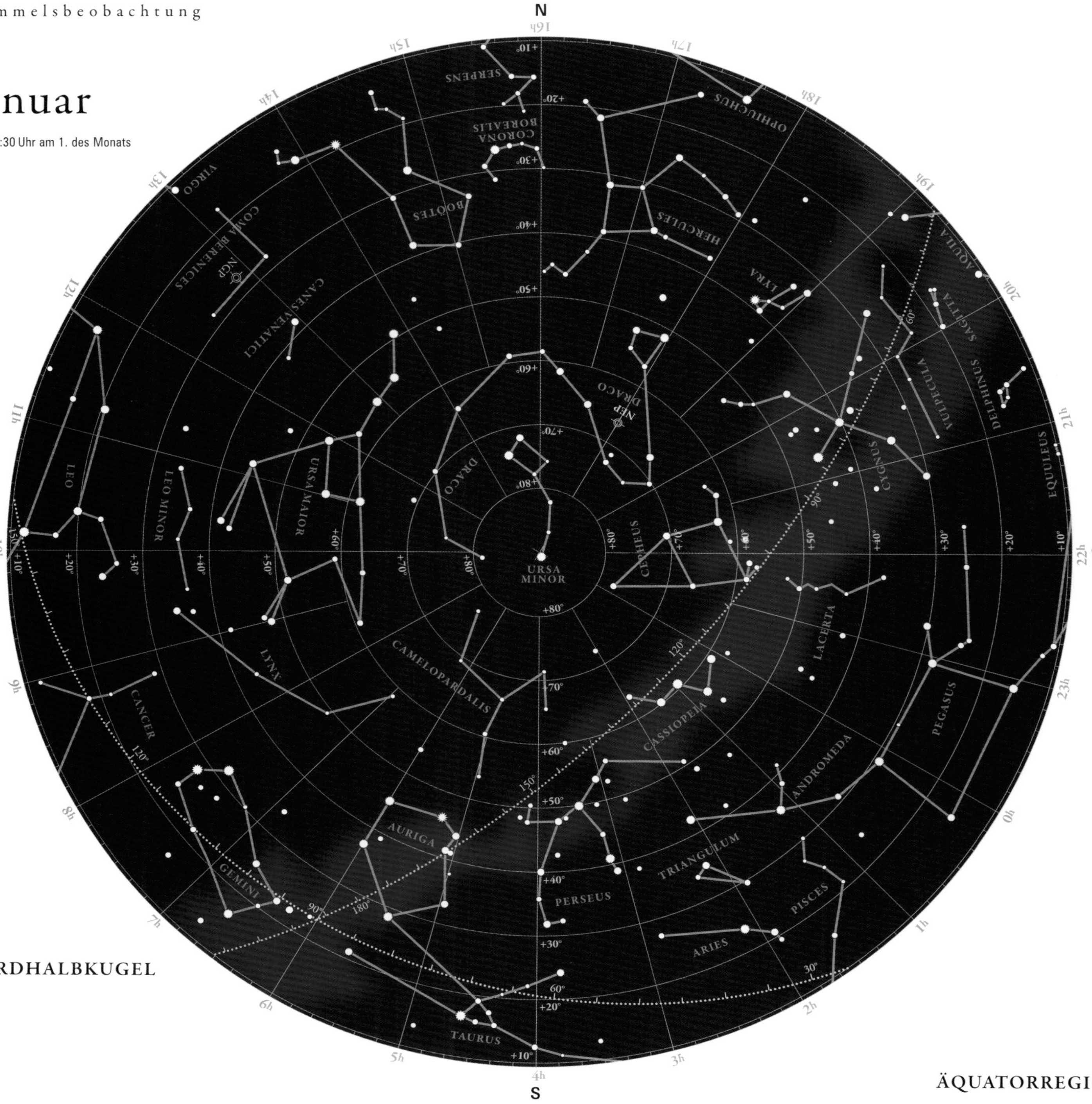

NORDHALBKUGEL

ÄQUATORREGION

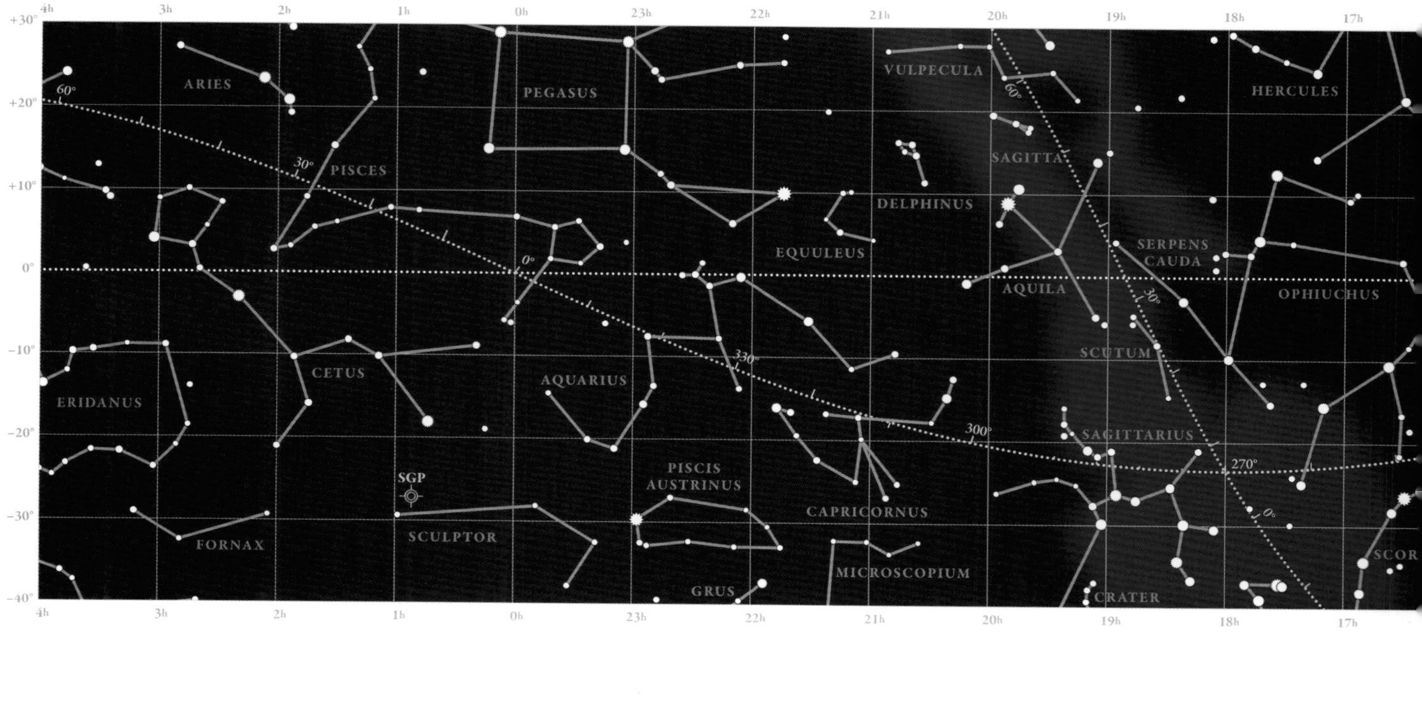

Januar

Um 21:30 Uhr am 1. des Monats

SÜDHALBKUGEL

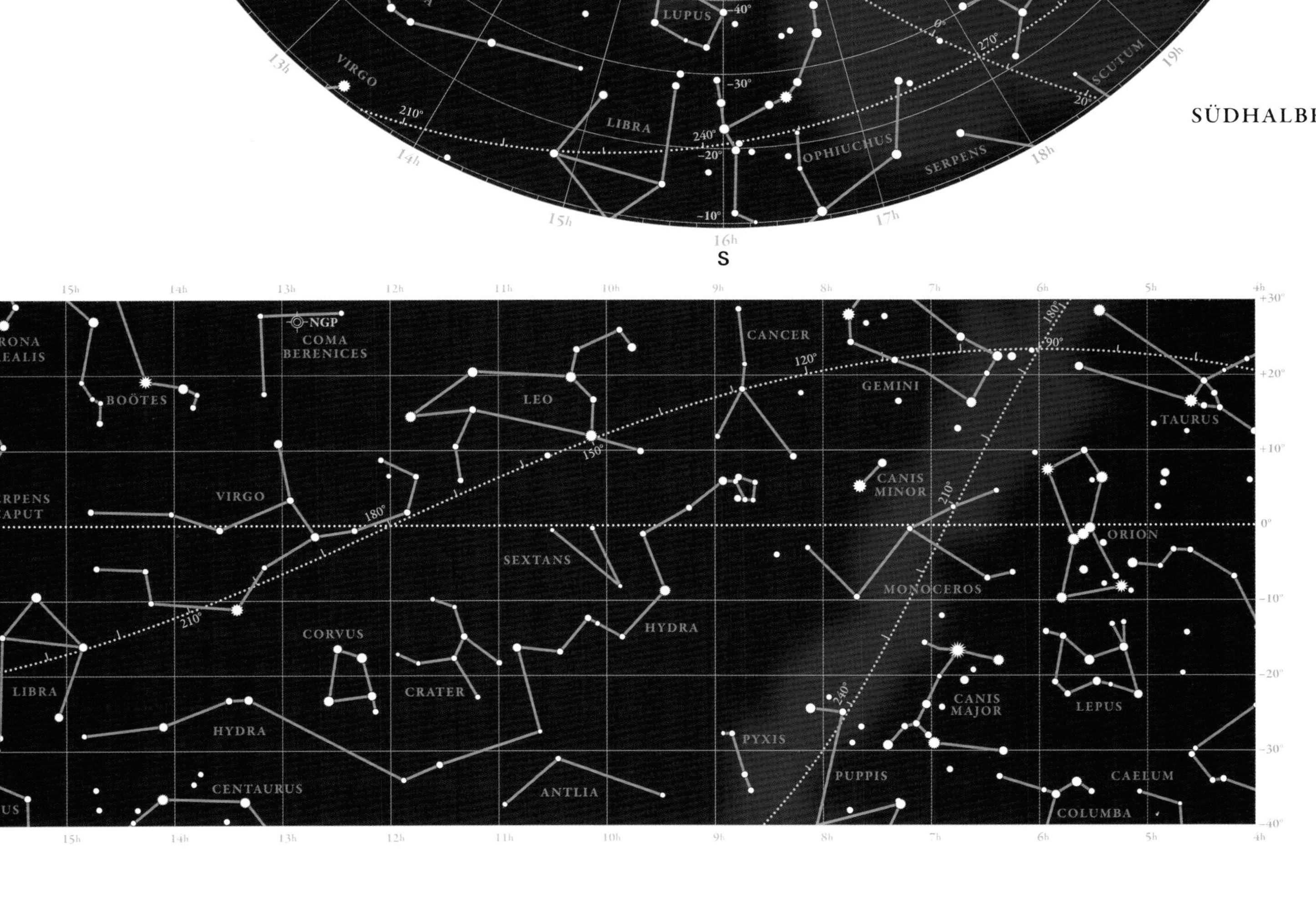

Februar

Um 21:30 Uhr am 1. des Monats

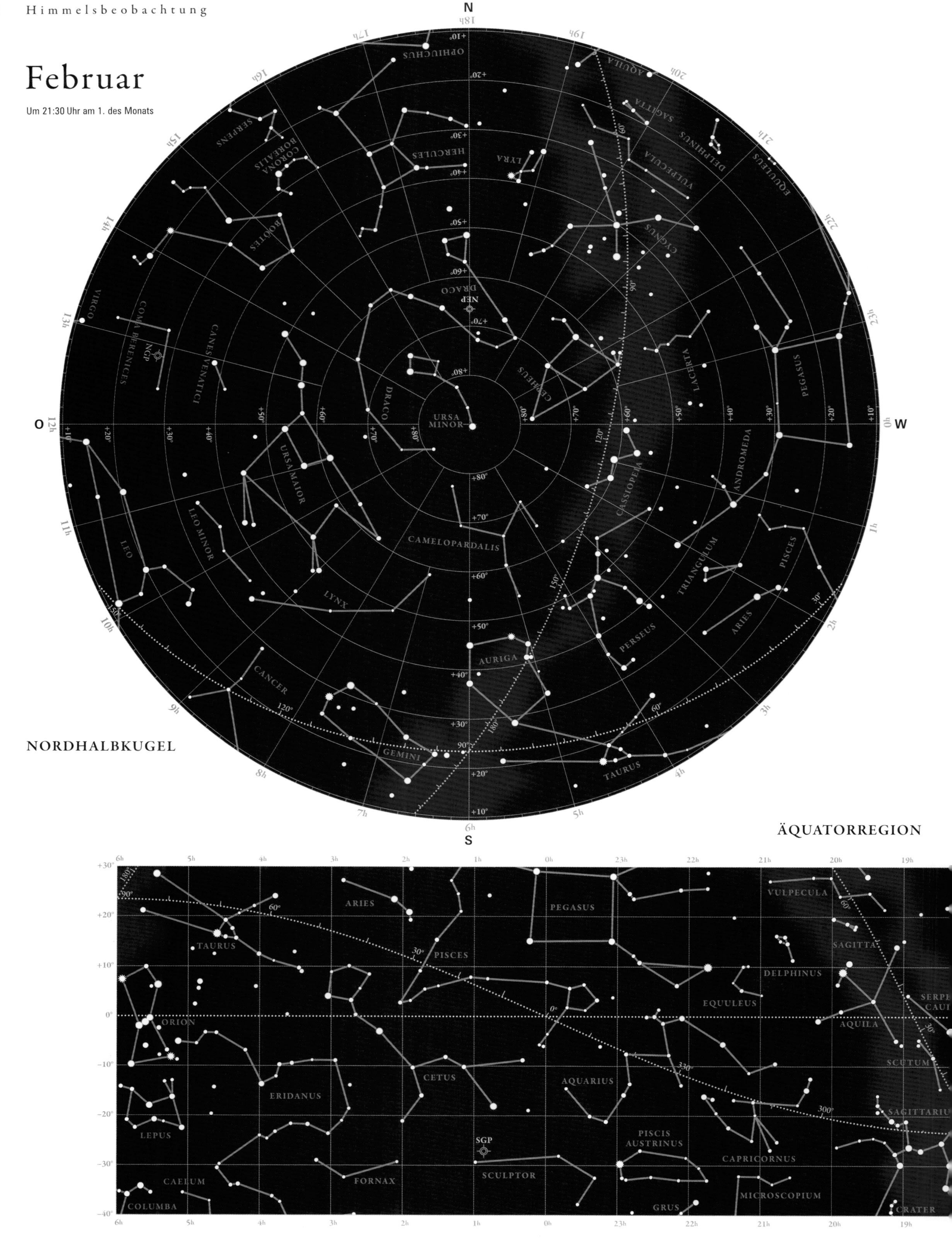

Februar

Um 21:30 Uhr am 1. des Monats

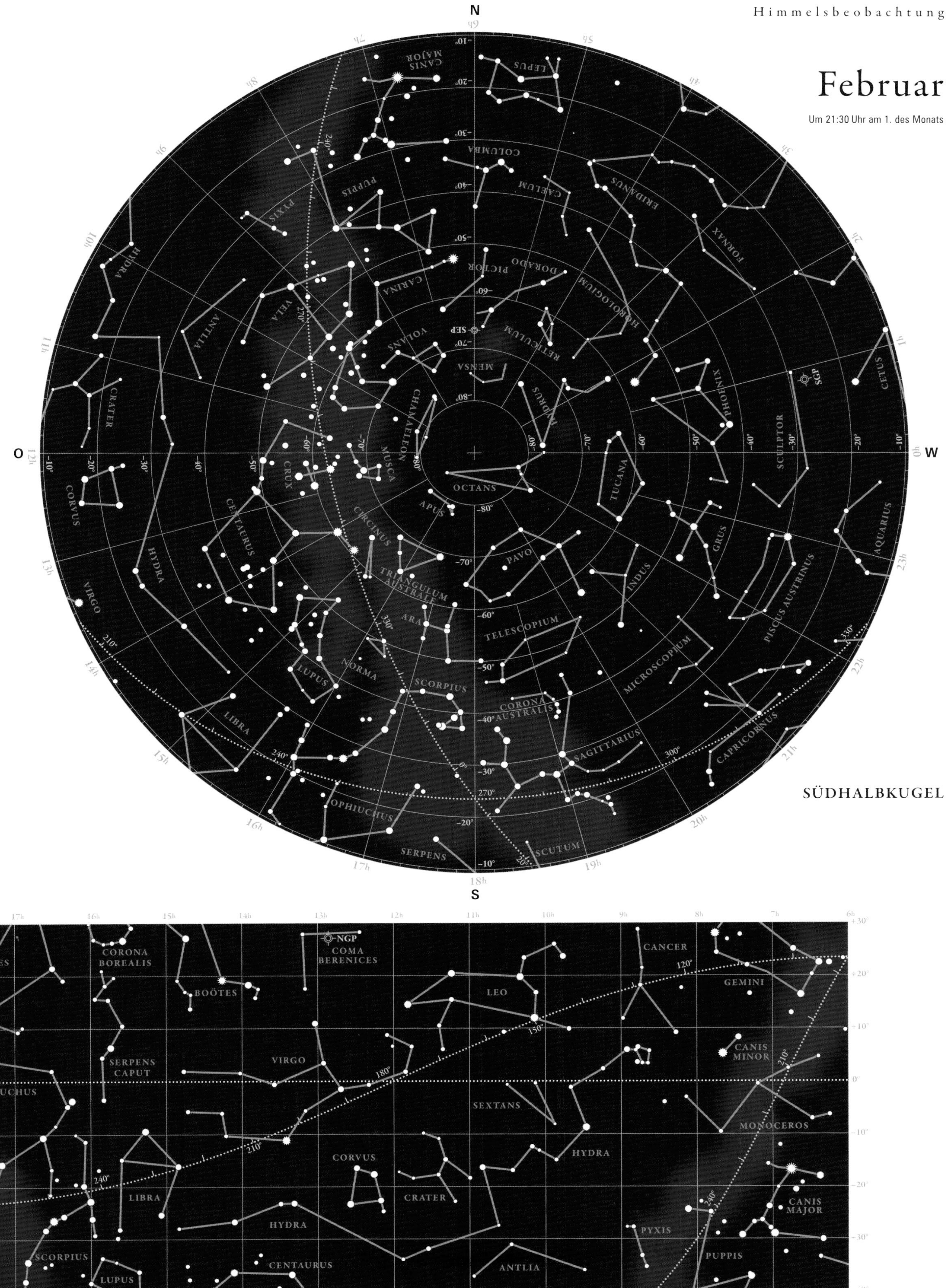

März

Um 21:30 Uhr am 1. des Monats

N

O

W

S

NORDHALBKUGEL

ÄQUATORREGION

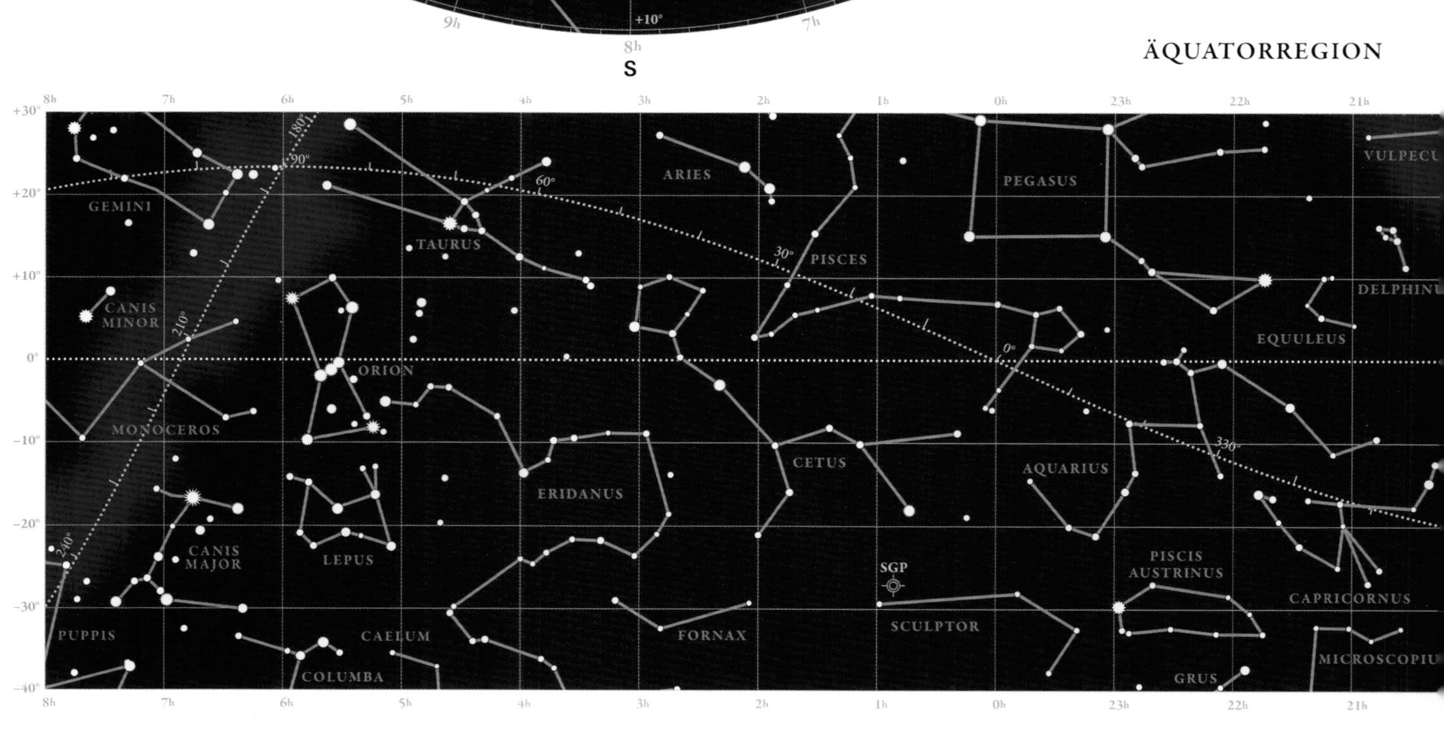

März

Um 21:30 Uhr am 1. des Monats

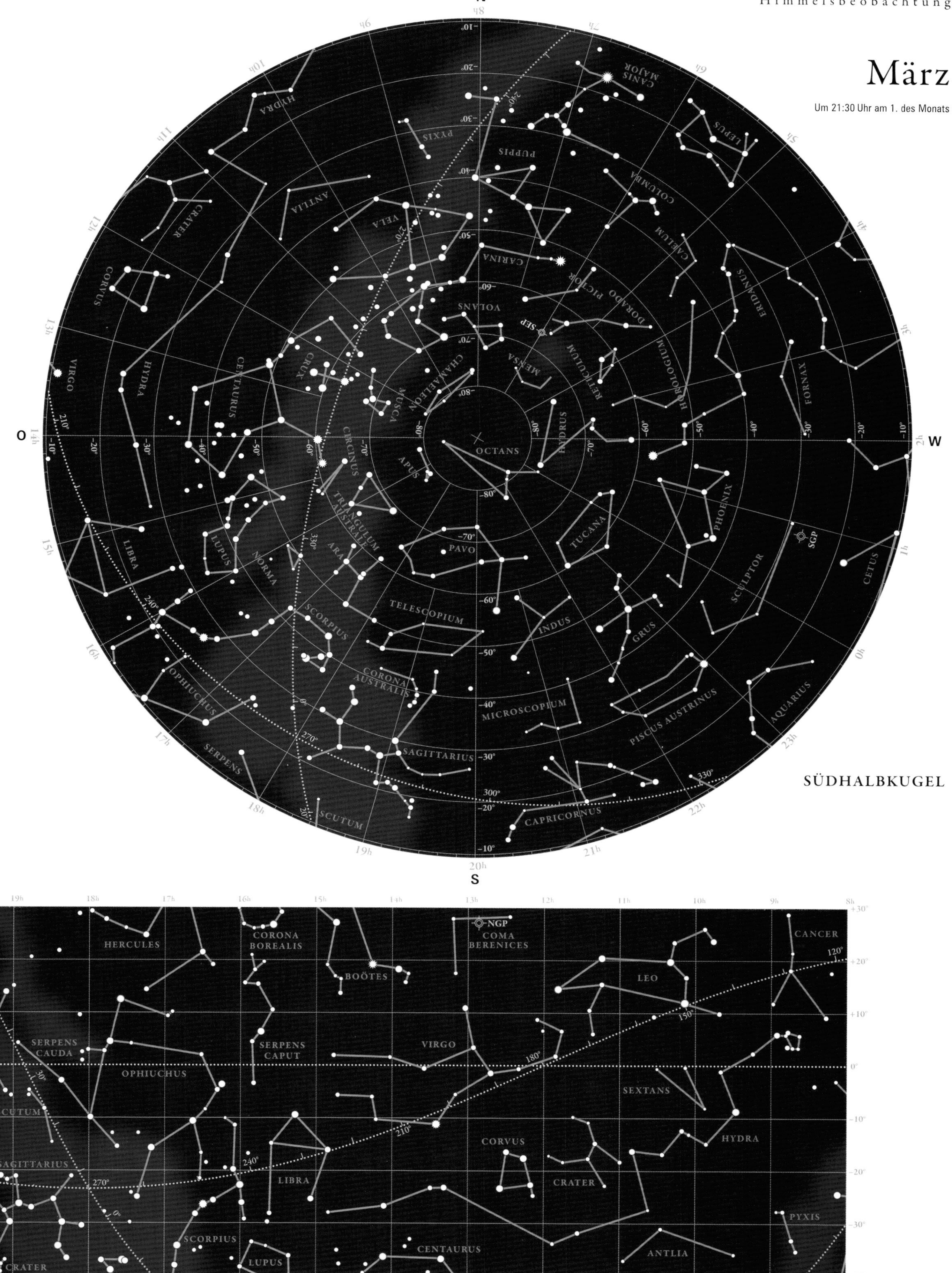
N
O
W
S
SÜDHALBKUGEL
HYDRA
PYXIS
PUPPIS
CANIS MAJOR
LEPUS
COLUMBA
CRATER
ANTLIA
VELA
CAELUM
CARINA
PICTOR
CORVUS
DORADO
VOLANS
ERIDANUS
HOROLOGIUM
RETICULUM
MENSA
VIRGO
CENTAURUS
CRUX
MUSCA
CHAMAELEON
FORNAX
OCTANS
HYDRUS
CIRCINUS
APUS
TRIANGULUM AUSTRALE
PHOENIX
LIBRA
LUPUS
NORMA
ARA
PAVO
TUCANA
CETUS
SCULPTOR
TELESCOPIUM
SCORPIUS
INDUS
GRUS
OPHIUCHUS
CORONA AUSTRALIS
MICROSCOPIUM
PISCIS AUSTRINUS
AQUARIUS
SERPENS
SAGITTARIUS
CAPRICORNUS
SCUTUM
HERCULES
CORONA BOREALIS
NGP
COMA BERENICES
CANCER
BOÖTES
LEO
SERPENS CAUDA
SERPENS CAPUT
VIRGO
OPHIUCHUS
SEXTANS
SCUTUM
CORVUS
HYDRA
SAGITTARIUS
LIBRA
CRATER
PYXIS
SCORPIUS
CENTAURUS
ANTLIA
LUPUS
CRATER

April

Um 21:30 Uhr am 1. des Monats

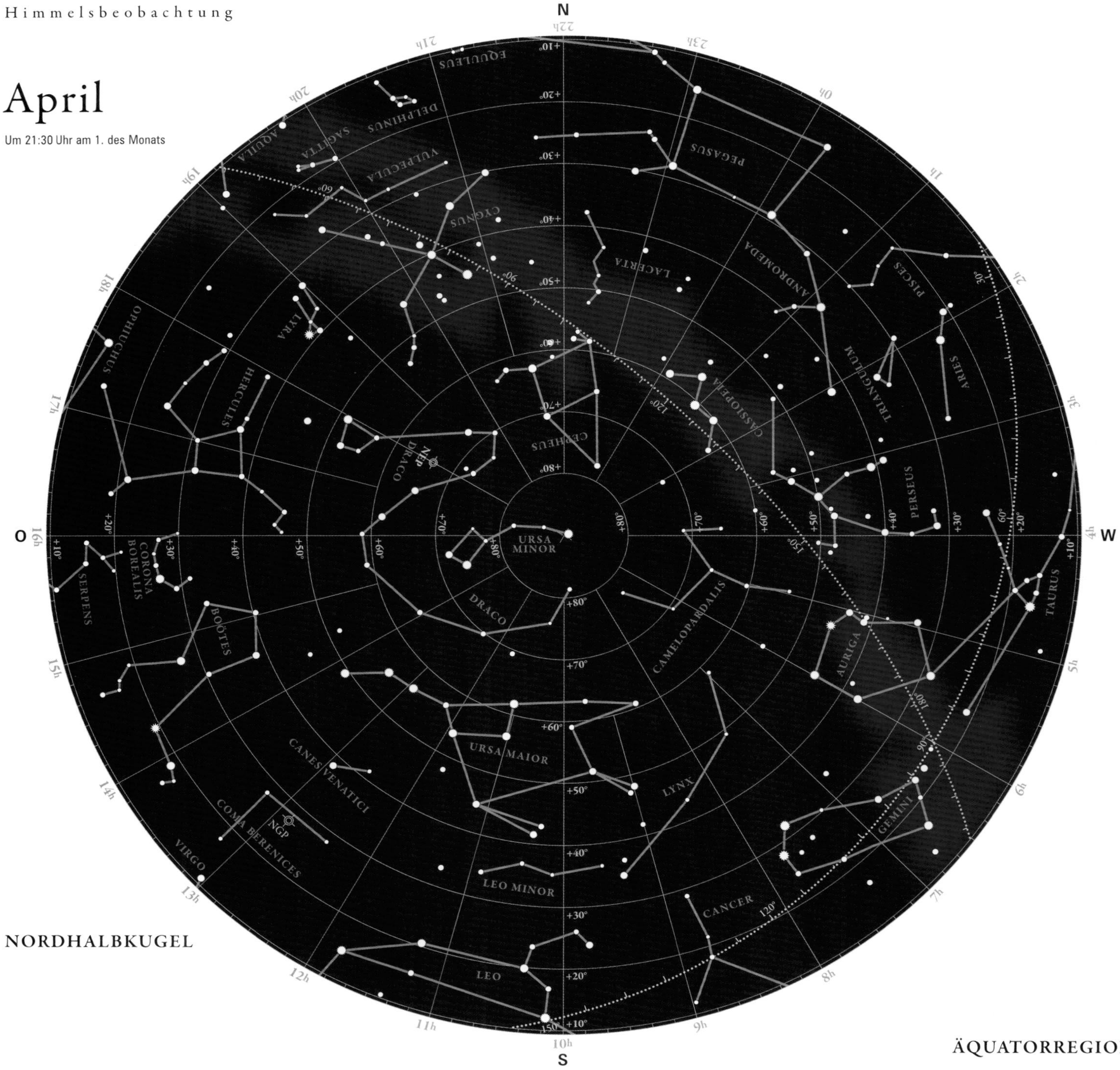

NORDHALBKUGEL

ÄQUATORREGION

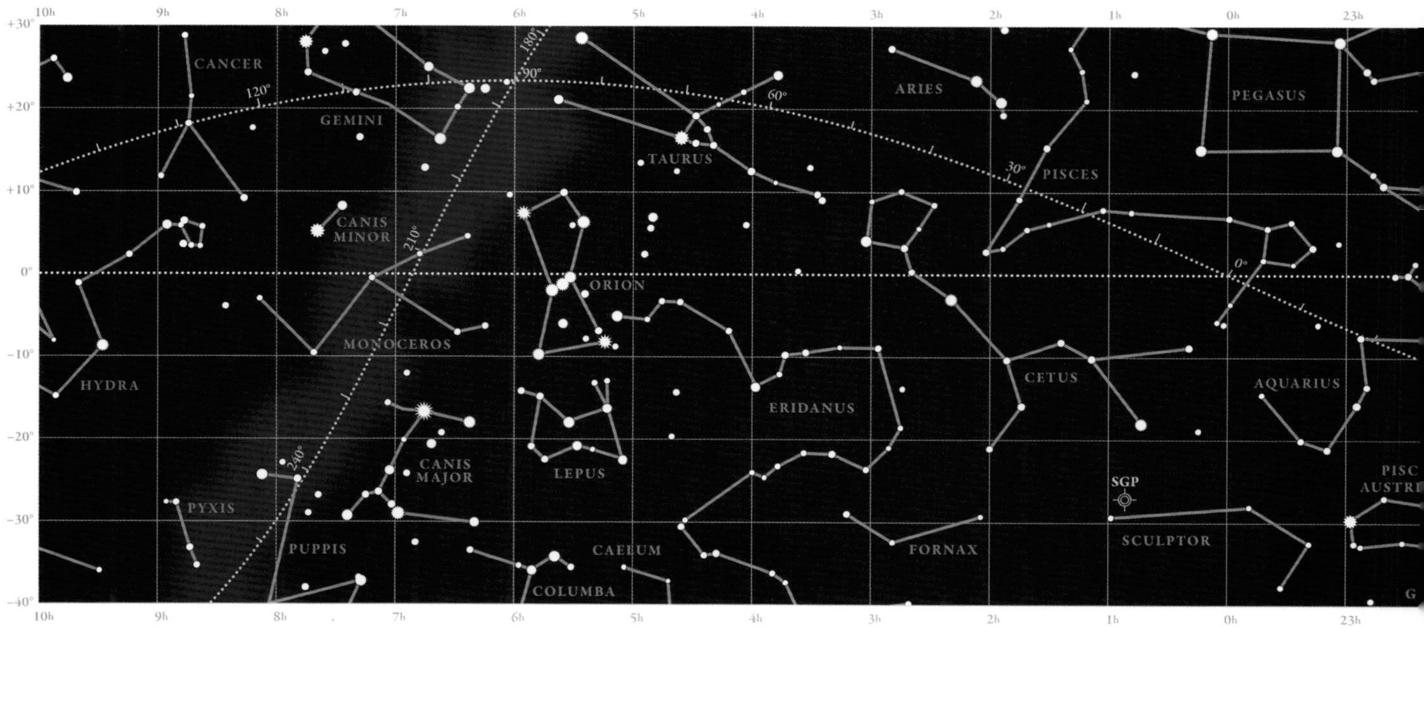

April

Um 21:30 Uhr am 1. des Monats

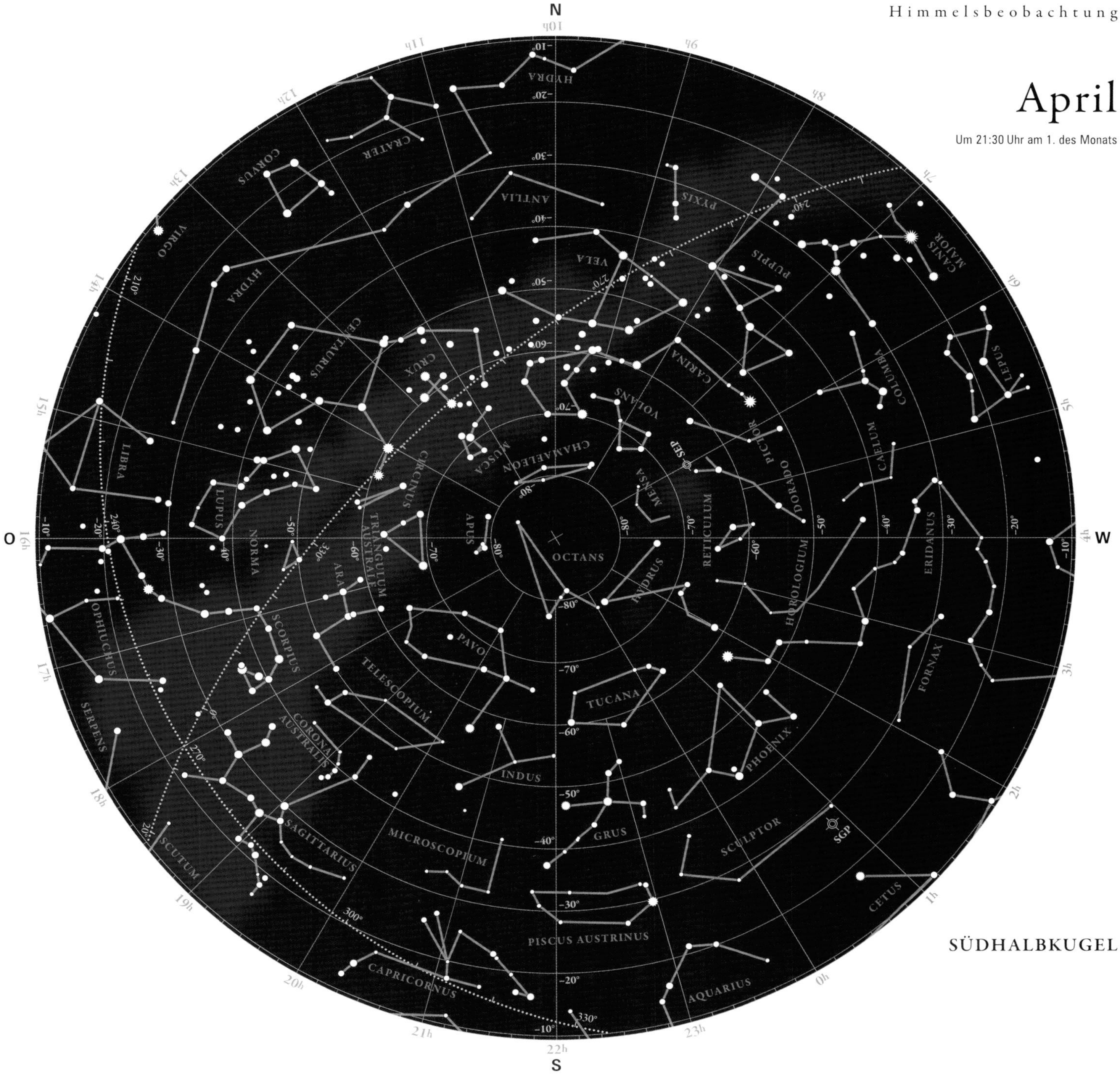

SÜDHALBKUGEL

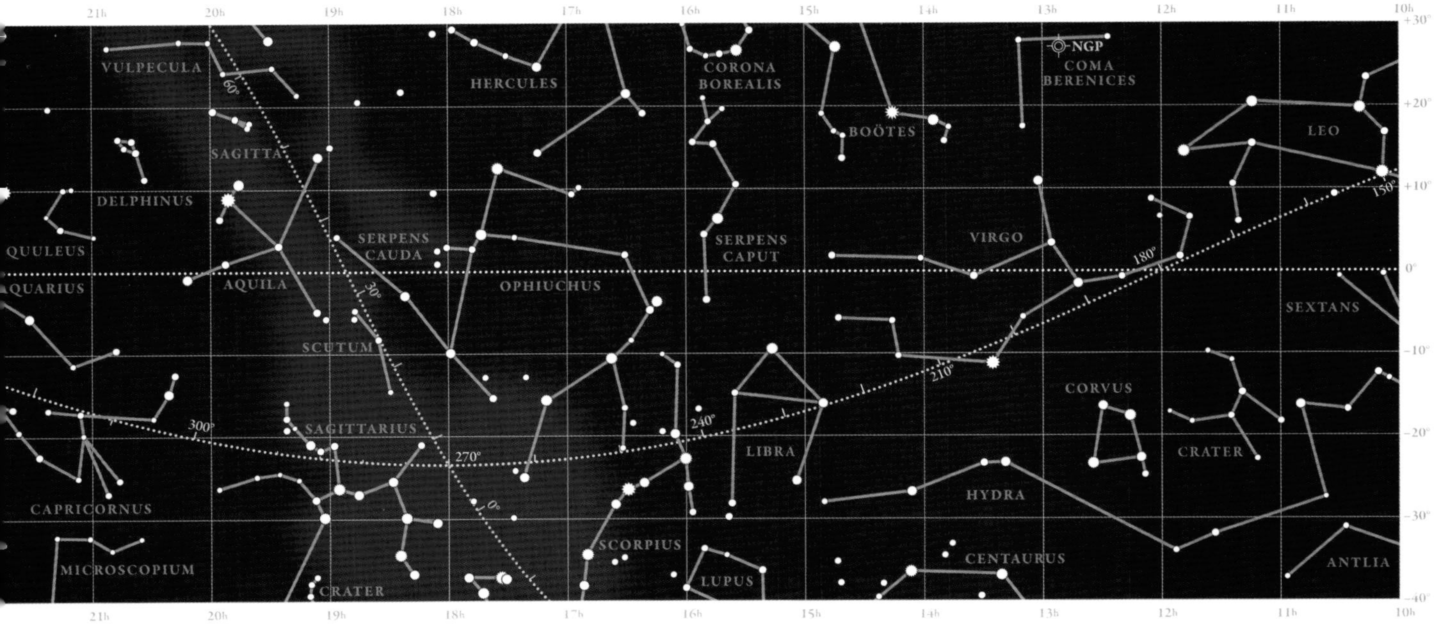

Mai

Um 21:30 Uhr am 1. des Monats

N
PEGASUS
PISCES
ANDROMEDA
ARIES
TRIANGULUM
LACERTA
EQUULEUS
DELPHINUS
SAGITTA
VULPECULA
CYGNUS
AQUILA
CASSIOPEIA
PERSEUS
TAURUS
CEPHEUS
LYRA
AURIGA
CAMELOPARDALIS
O
W
NEP
DRACO
URSA MINOR
OPHIUCHUS
HERCULES
GEMINI
LYNX
CORONA BOREALIS
SERPENS
BOOTES
URSA MAIOR
CANCER
CANES VENATICI
LEO MINOR
NGP
COMA BERENICES
LEO
VIRGO
S

NORDHALBKUGEL

ÄQUATORREGION

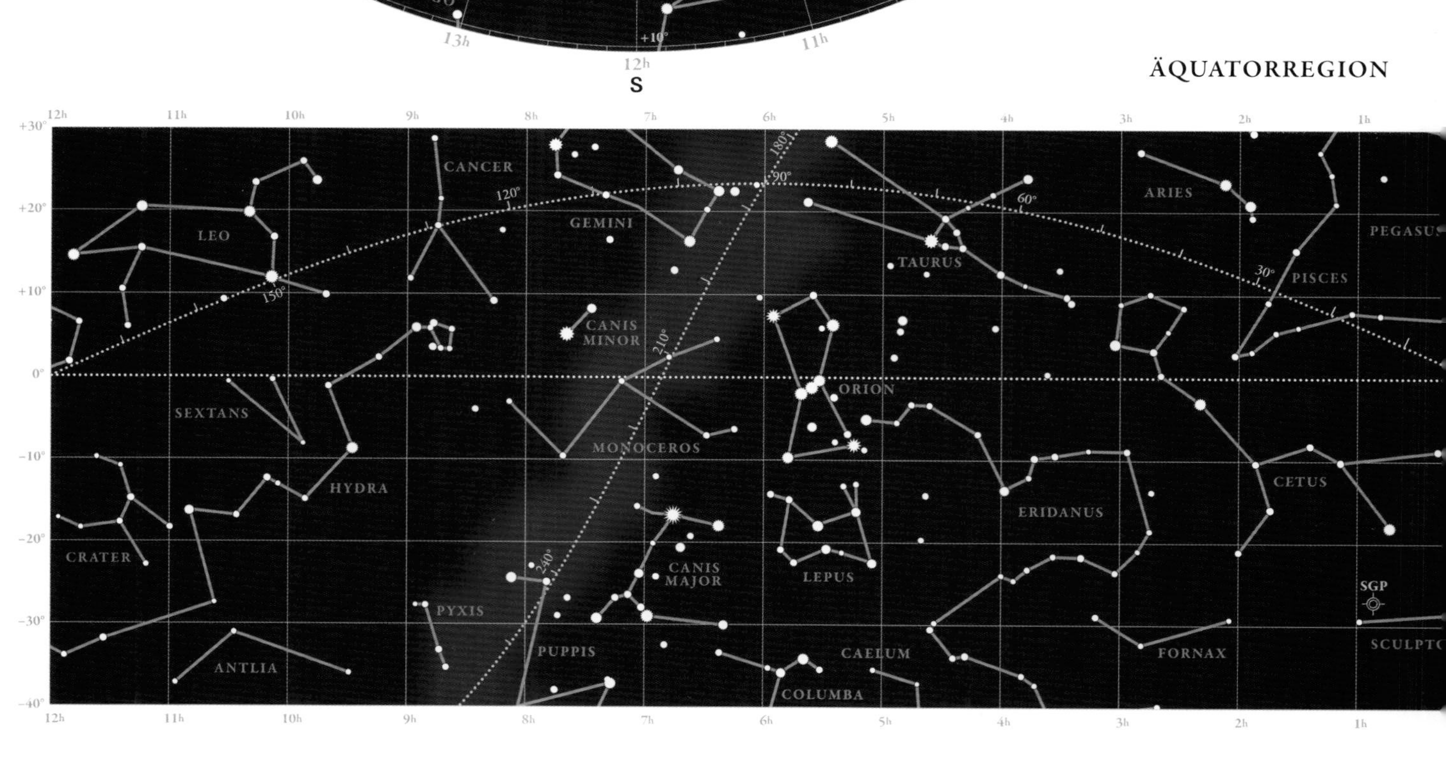

Mai

Um 21:30 Uhr am 1. des Monats

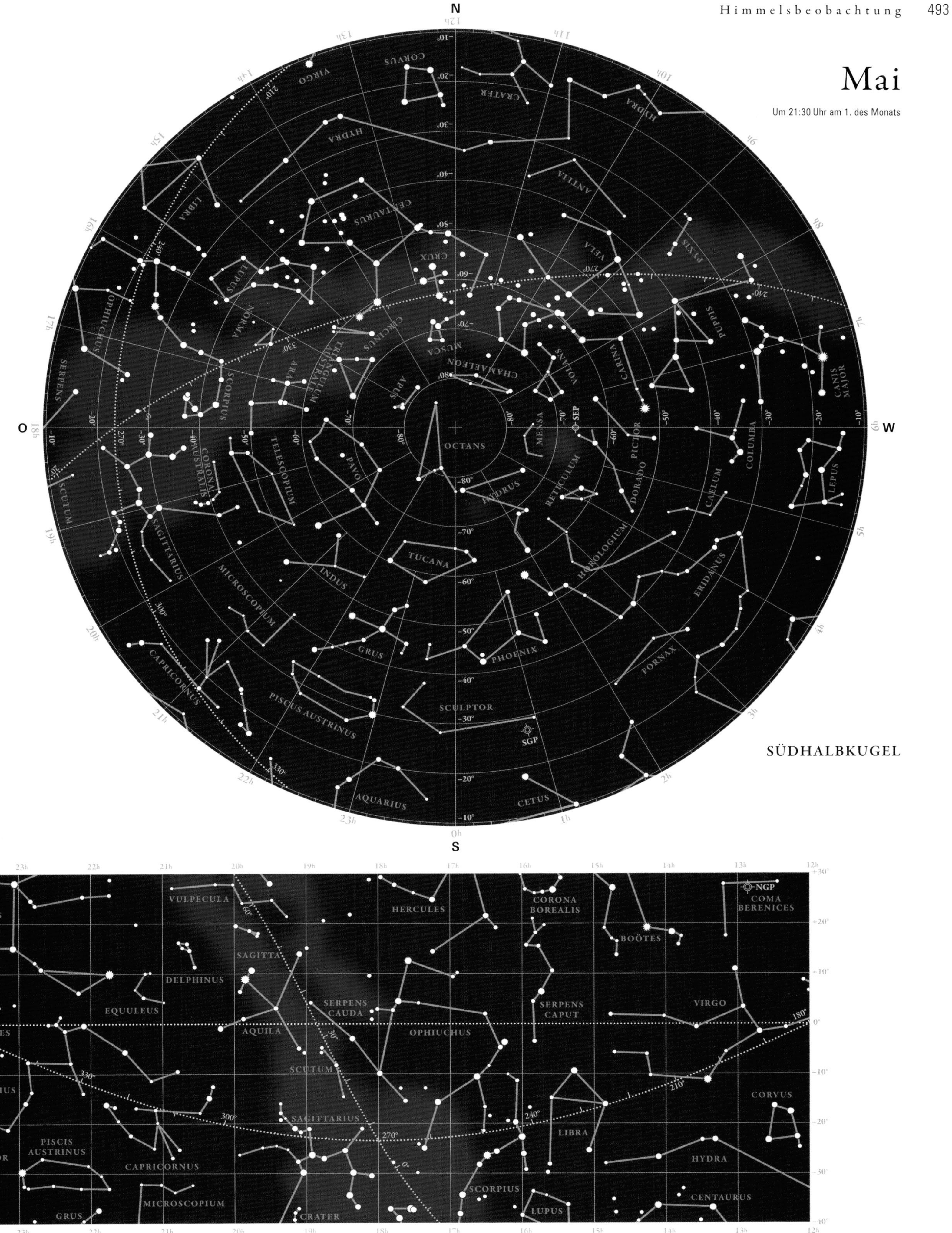
SÜDHALBKUGEL
N
S
O
W
OCTANS
SEP
SGP
NGP
CENTAURUS
CRUX
HYDRA
CORVUS
CRATER
VIRGO
LIBRA
LUPUS
ANTLIA
VELA
PYXIS
PUPPIS
CARINA
VOLANS
CHAMAELEON
MUSCA
APUS
PAVO
TUCANA
INDUS
GRUS
PHOENIX
SCULPTOR
CETUS
AQUARIUS
PISCIS AUSTRINUS
CAPRICORNUS
MICROSCOPIUM
SAGITTARIUS
SCUTUM
SERPENS
OPHIUCHUS
SCORPIUS
NORMA
ARA
CIRCINUS
TRIANGULUM AUSTRALE
CORONA AUSTRALIS
TELESCOPIUM
HYDRUS
MENSA
RETICULUM
DORADO
PICTOR
HOROLOGIUM
CAELUM
COLUMBA
LEPUS
CANIS MAJOR
ERIDANUS
FORNAX
PEGASUS
VULPECULA
HERCULES
CORONA BOREALIS
COMA BERENICES
BOÖTES
SAGITTA
DELPHINUS
EQUULEUS
PISCES
AQUILA
SERPENS CAUDA
SERPENS CAPUT

Juni

Um 21:30 Uhr am 1. des Monats

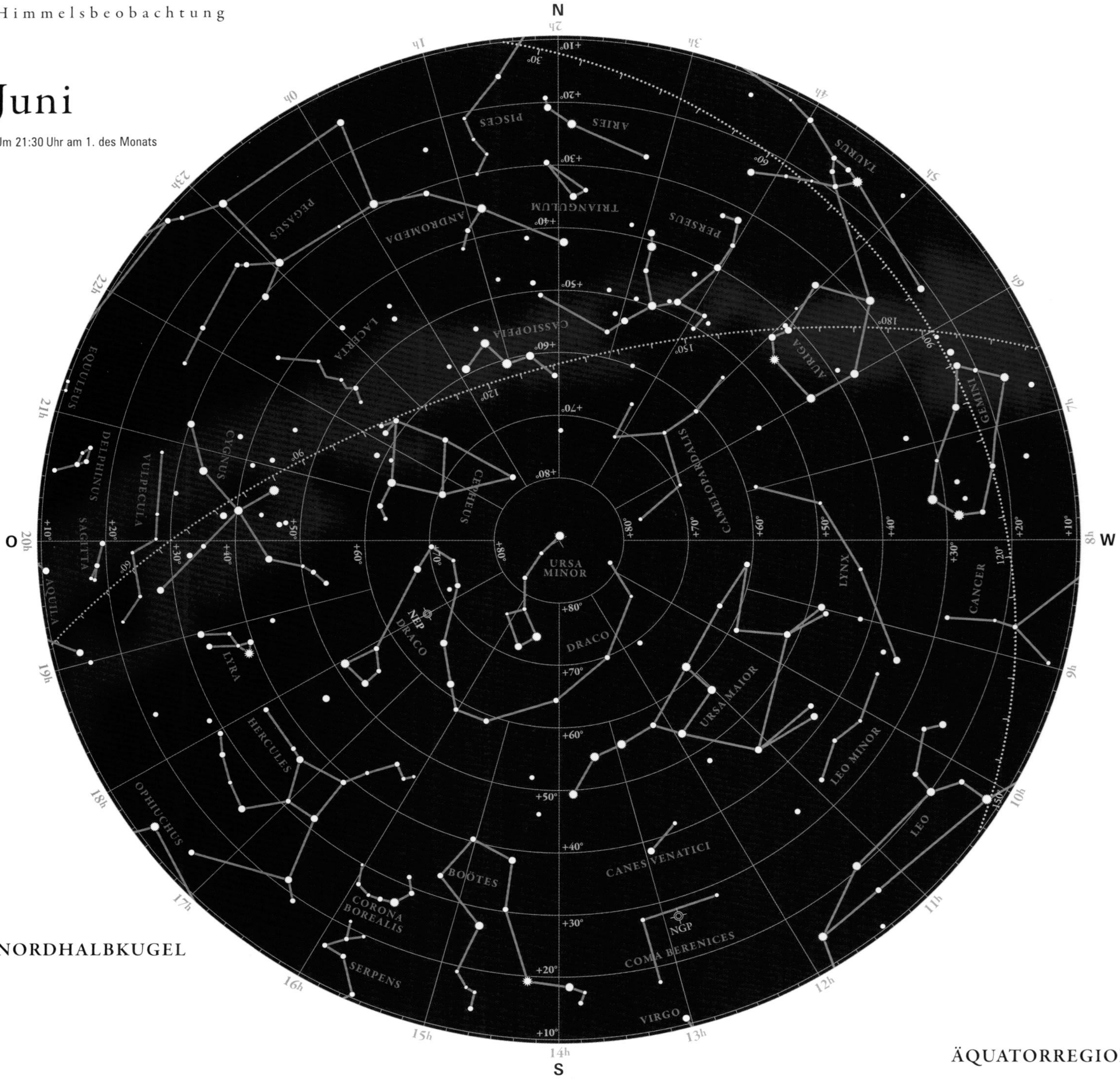

NORDHALBKUGEL

ÄQUATORREGION

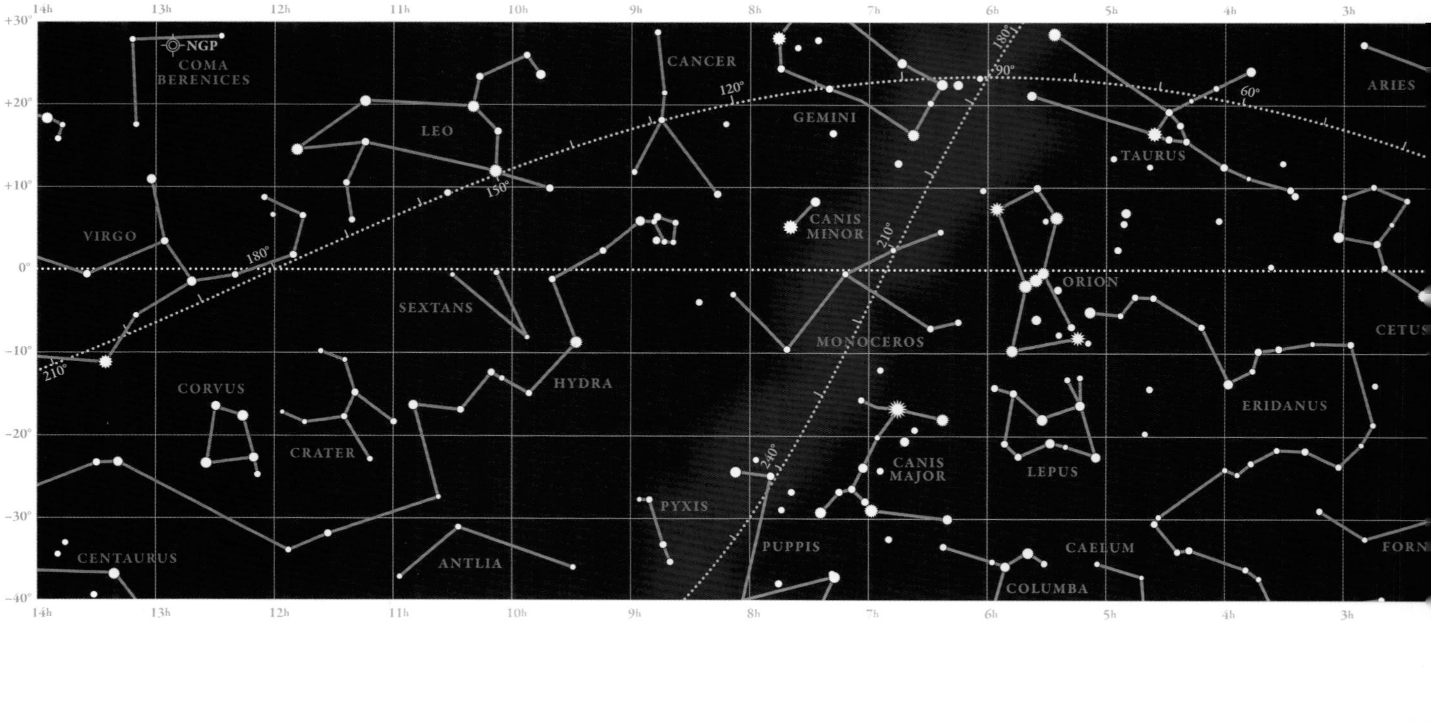

Juni

Um 21:30 Uhr am 1. des Monats

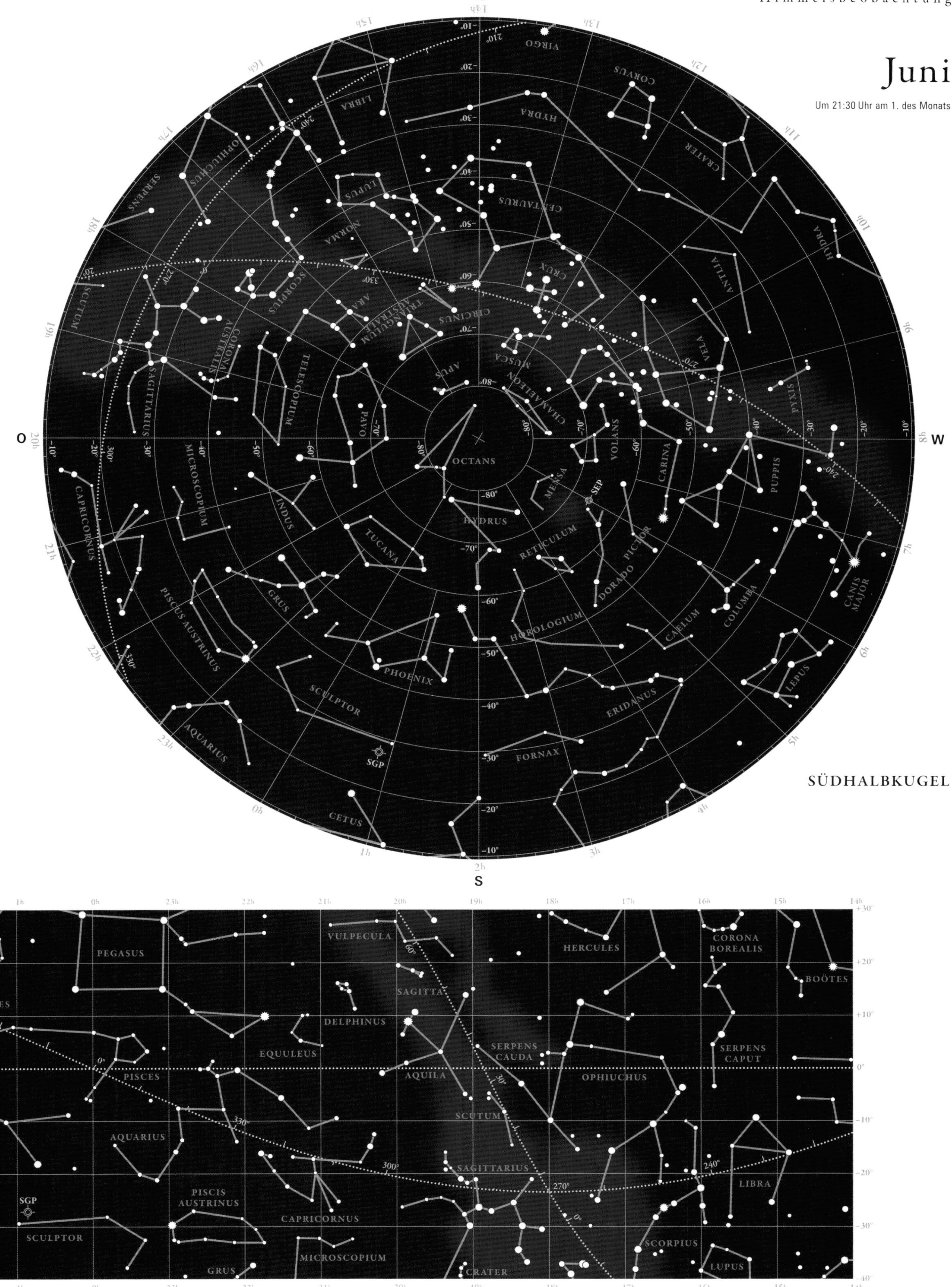

Juli

Um 21:30 Uhr am 1. des Monats

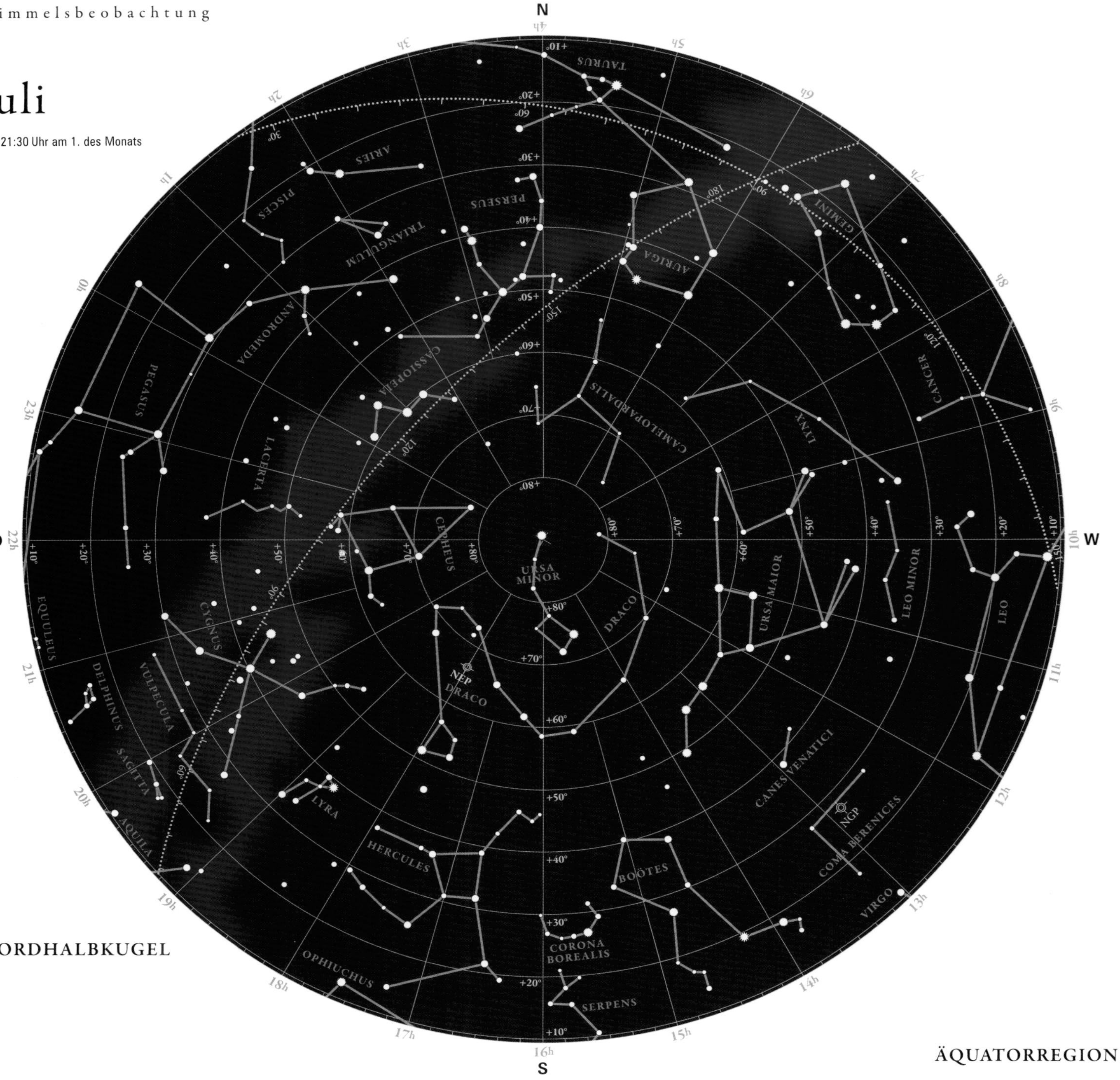

NORDHALBKUGEL

ÄQUATORREGION

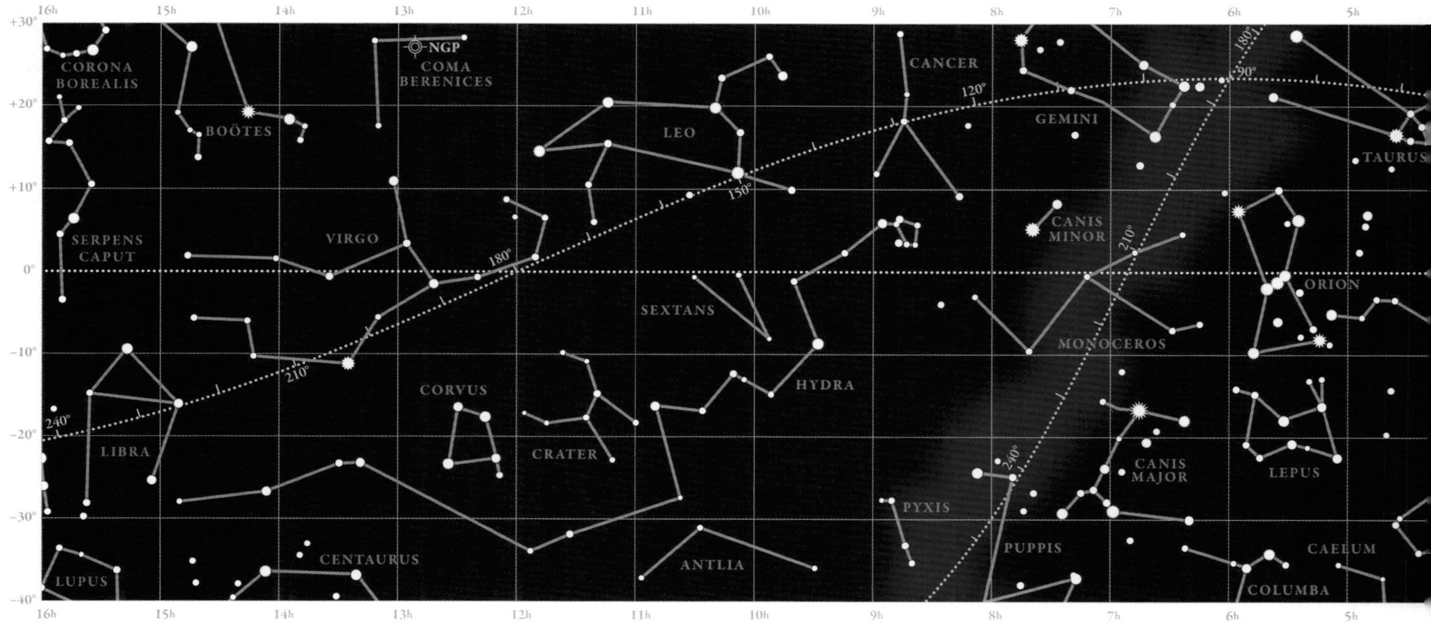

Juli

Um 21:30 Uhr am 1. des Monats

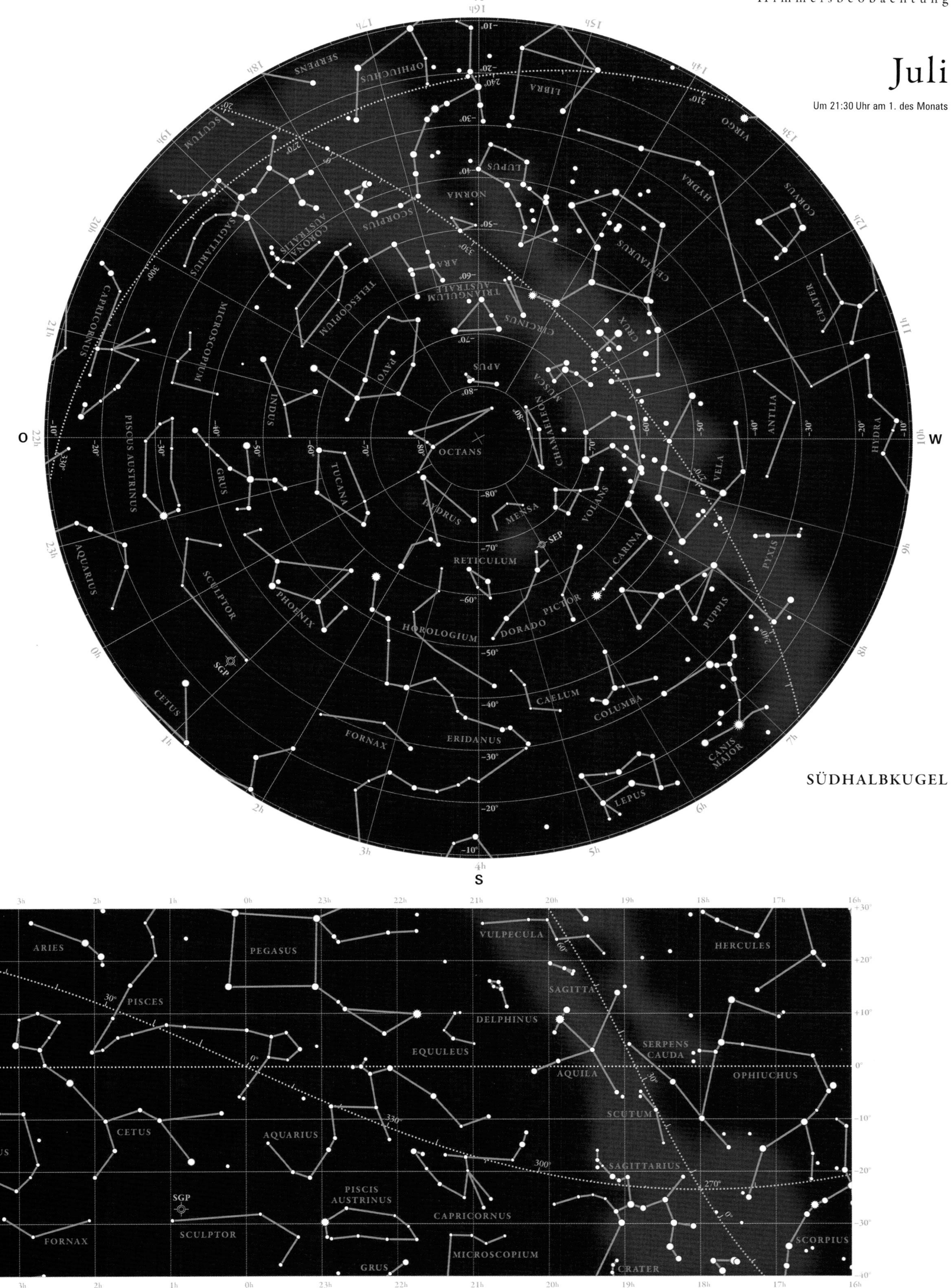

August

Um 21:30 Uhr am 1. des Monats

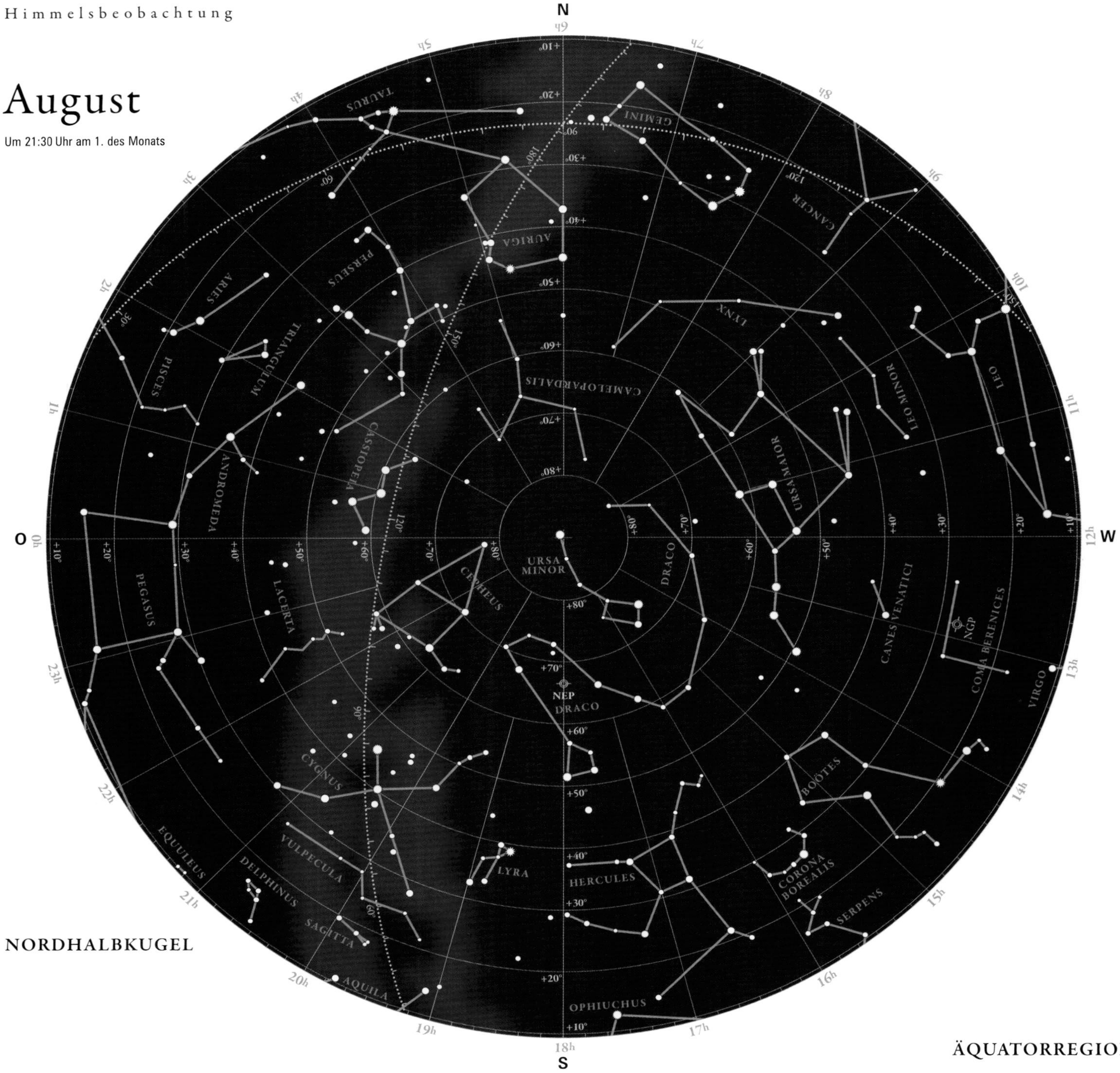

NORDHALBKUGEL

ÄQUATORREGION

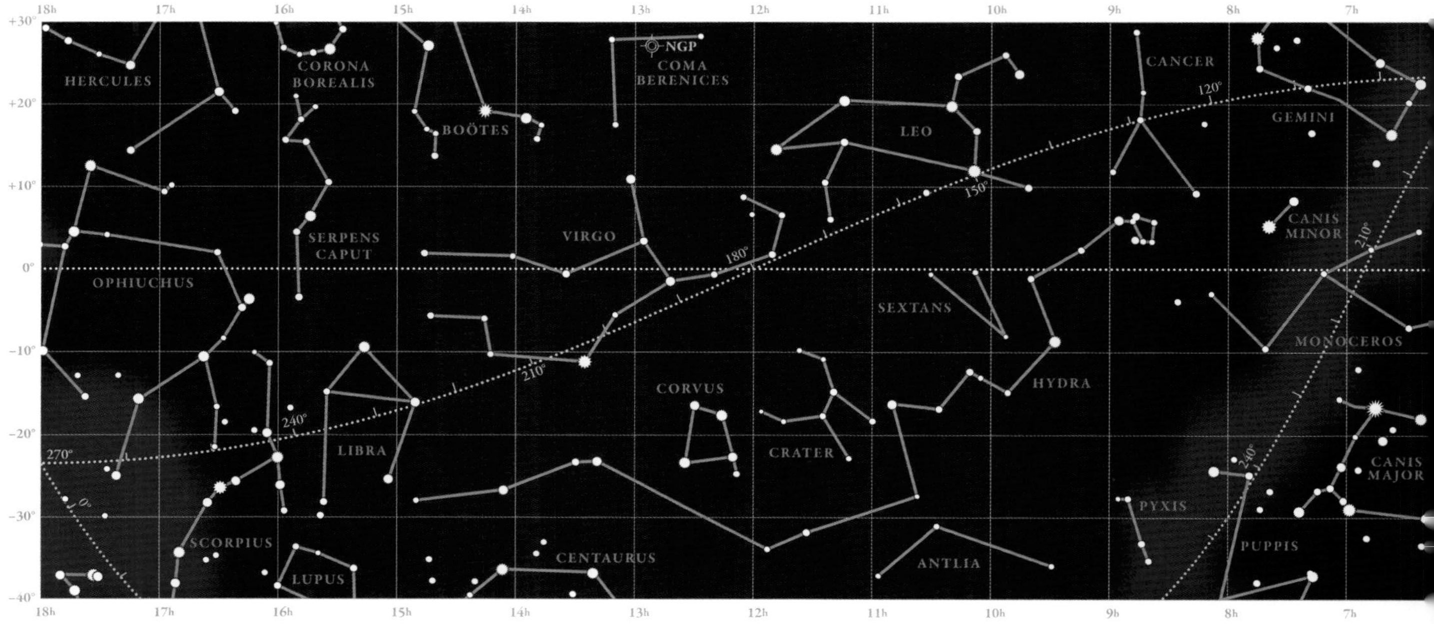

August

Um 21:30 Uhr am 1. des Monats

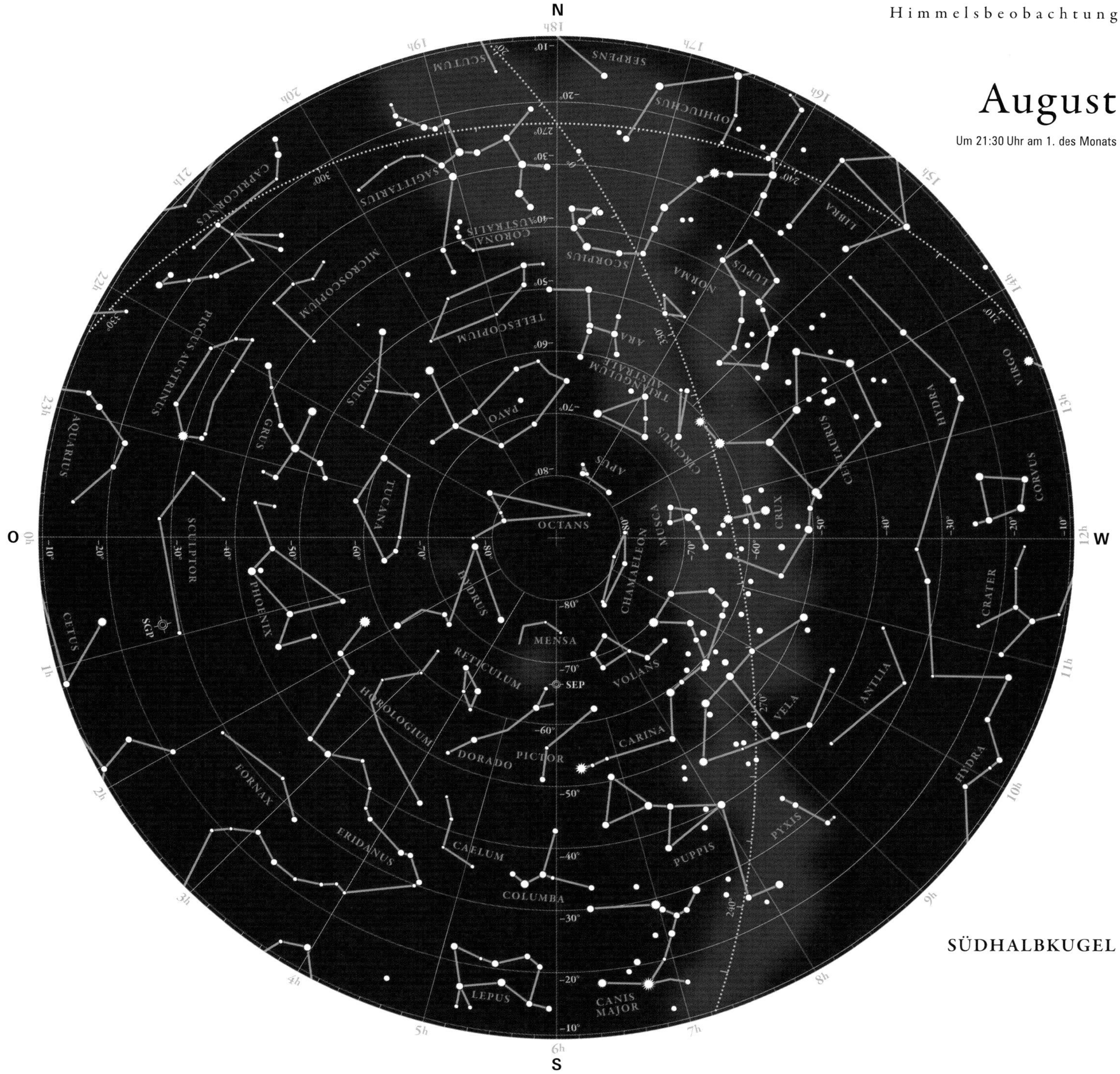

SÜDHALBKUGEL

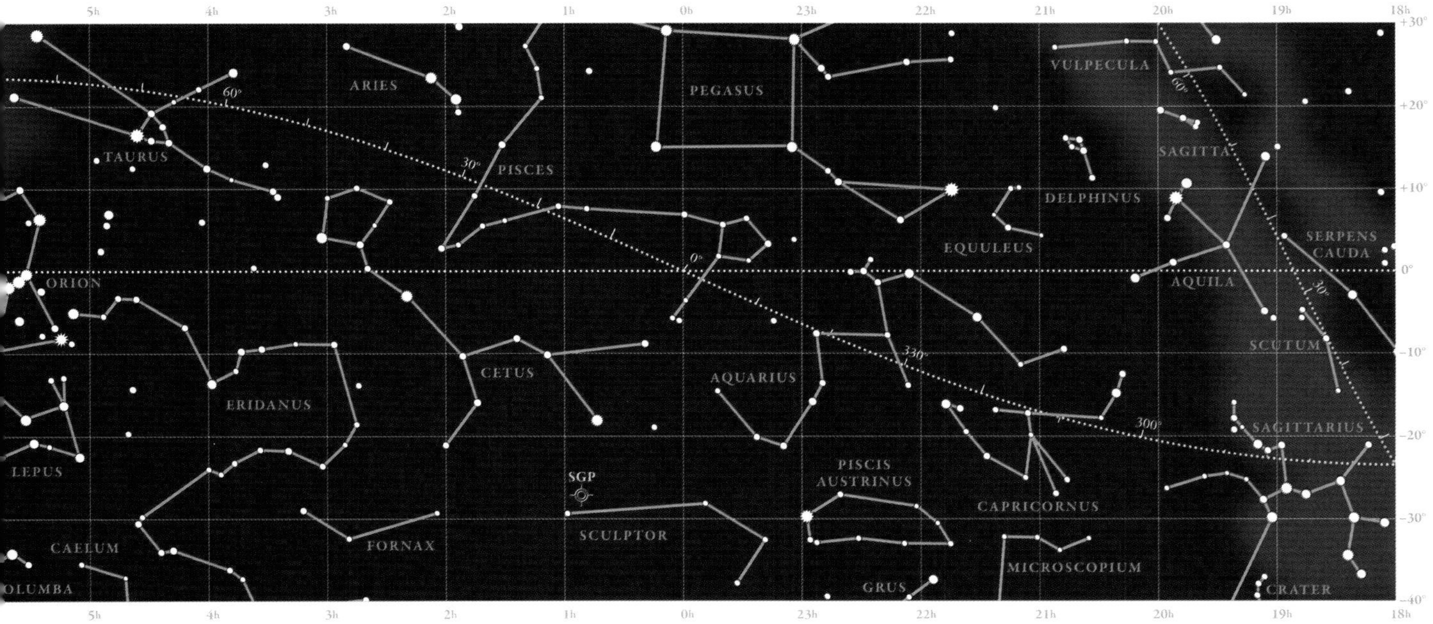

September

Um 21:30 Uhr am 1. des Monats

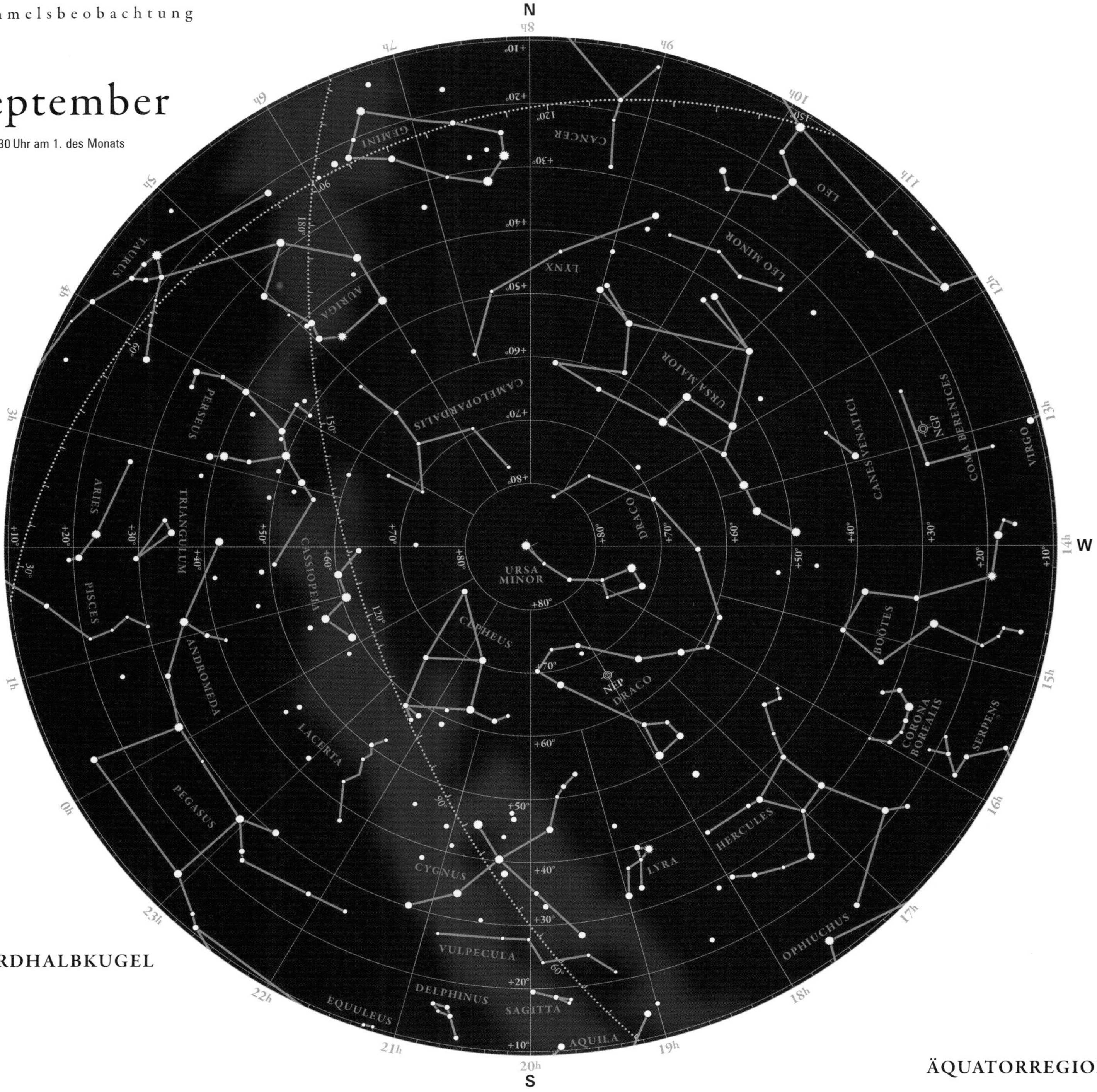

NORDHALBKUGEL

ÄQUATORREGION

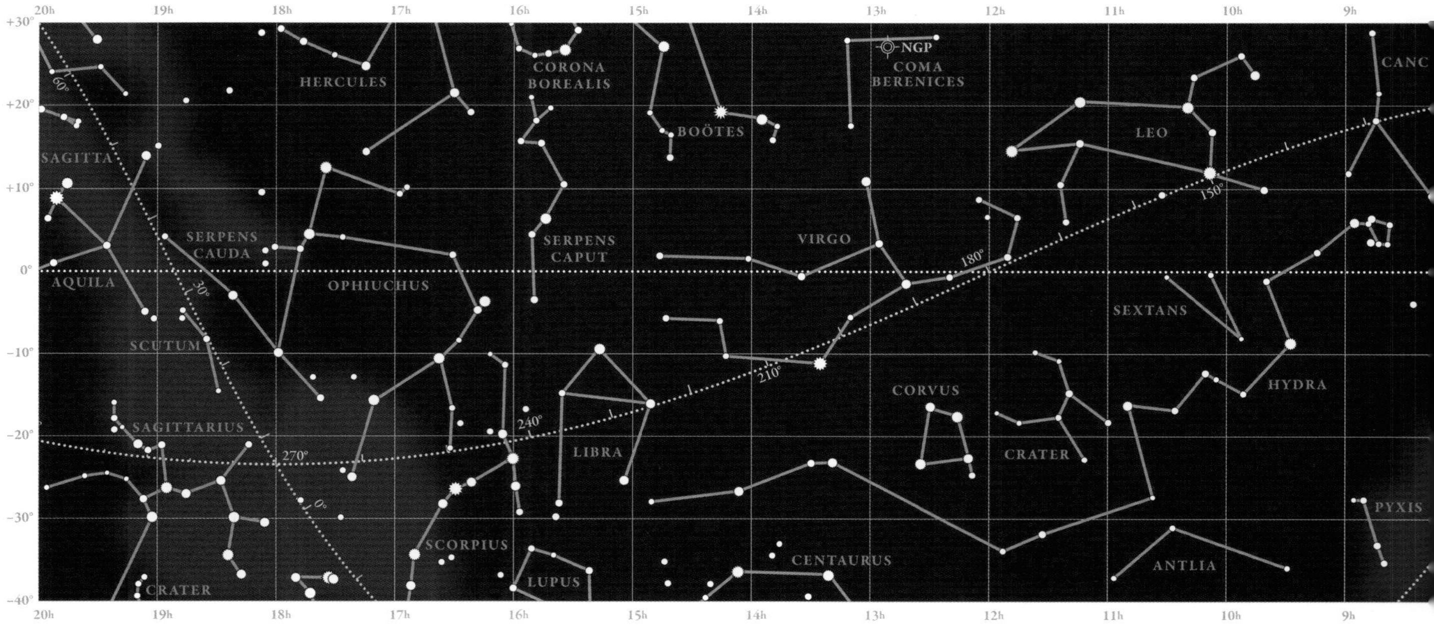

September

Um 21:30 Uhr am 1. des Monats

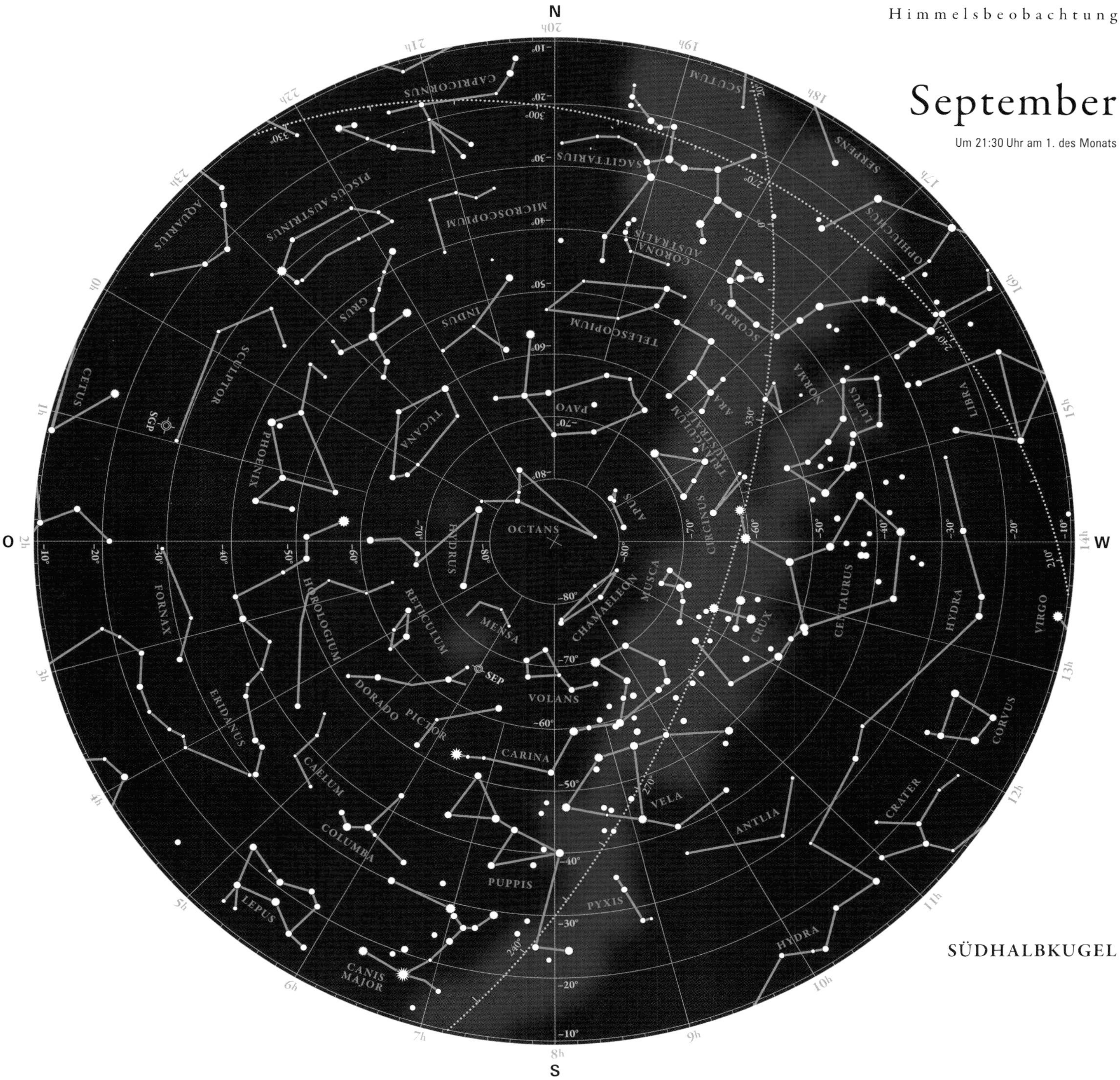

SÜDHALBKUGEL

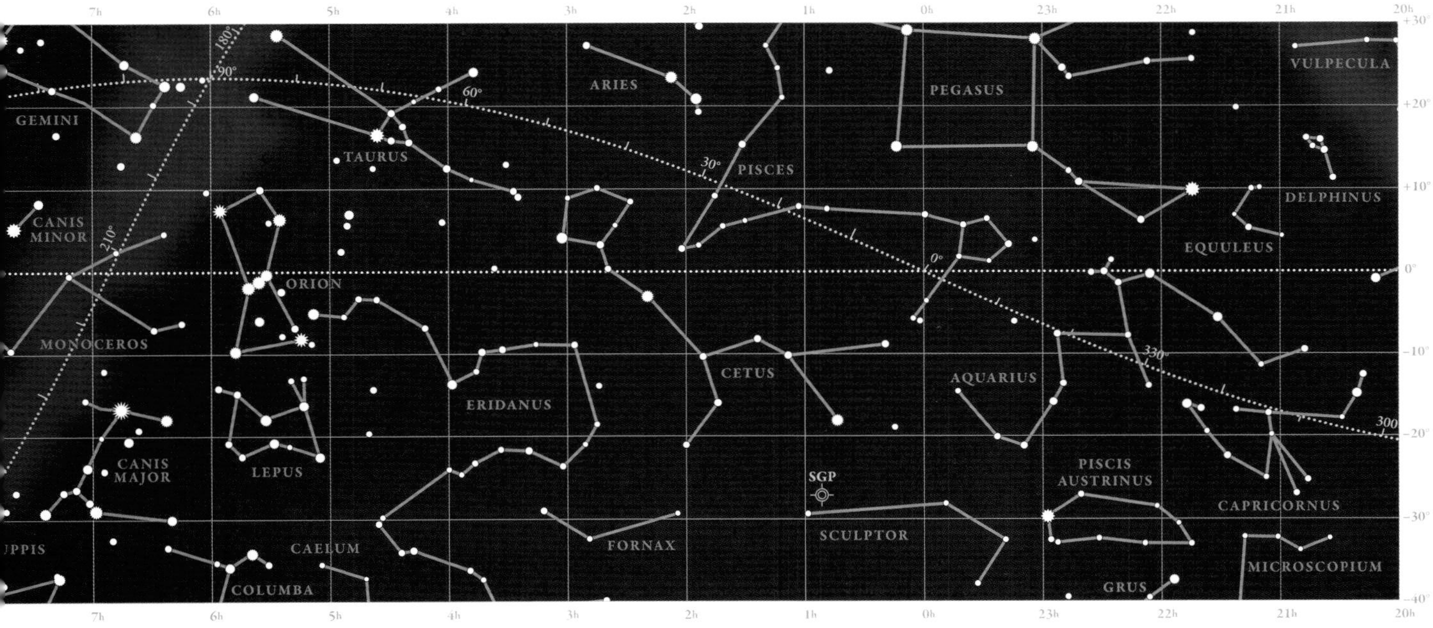

Oktober

Um 21:30 Uhr am 1. des Monats

NORDHALBKUGEL

ÄQUATORREGION

Oktober

Um 21:30 Uhr am 1. des Monats

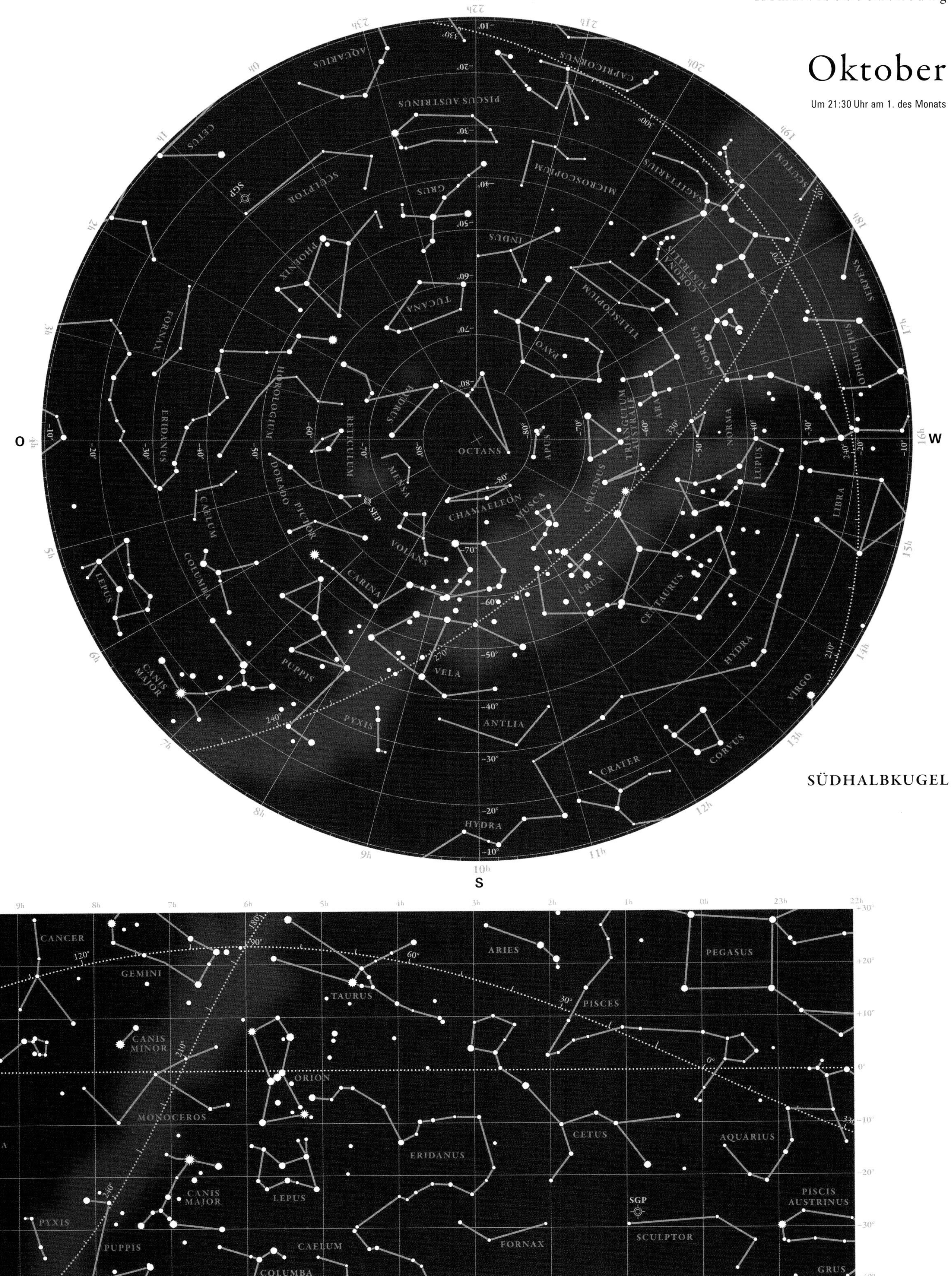

November

Um 21:30 Uhr am 1. des Monats

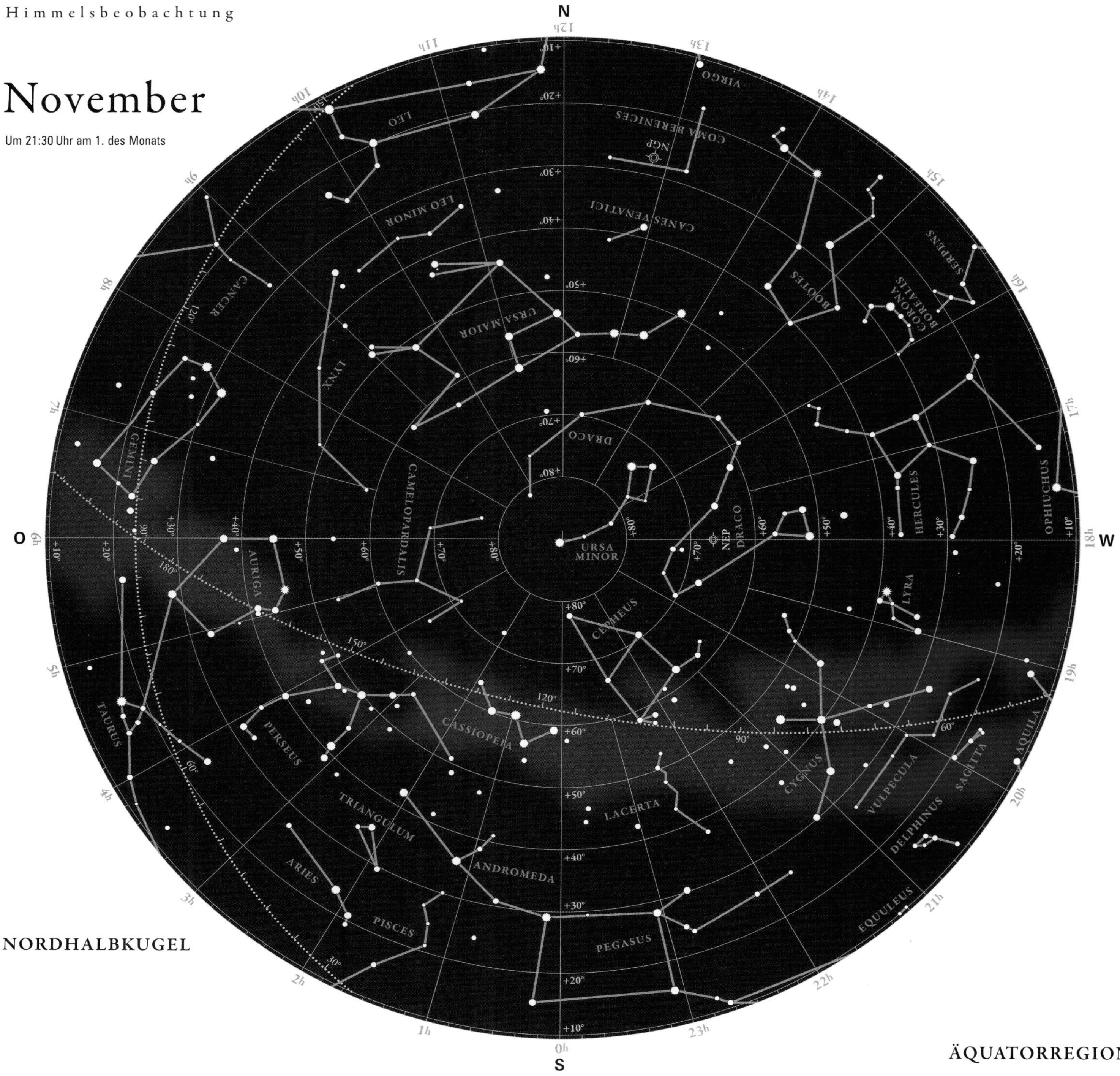

NORDHALBKUGEL

ÄQUATORREGION

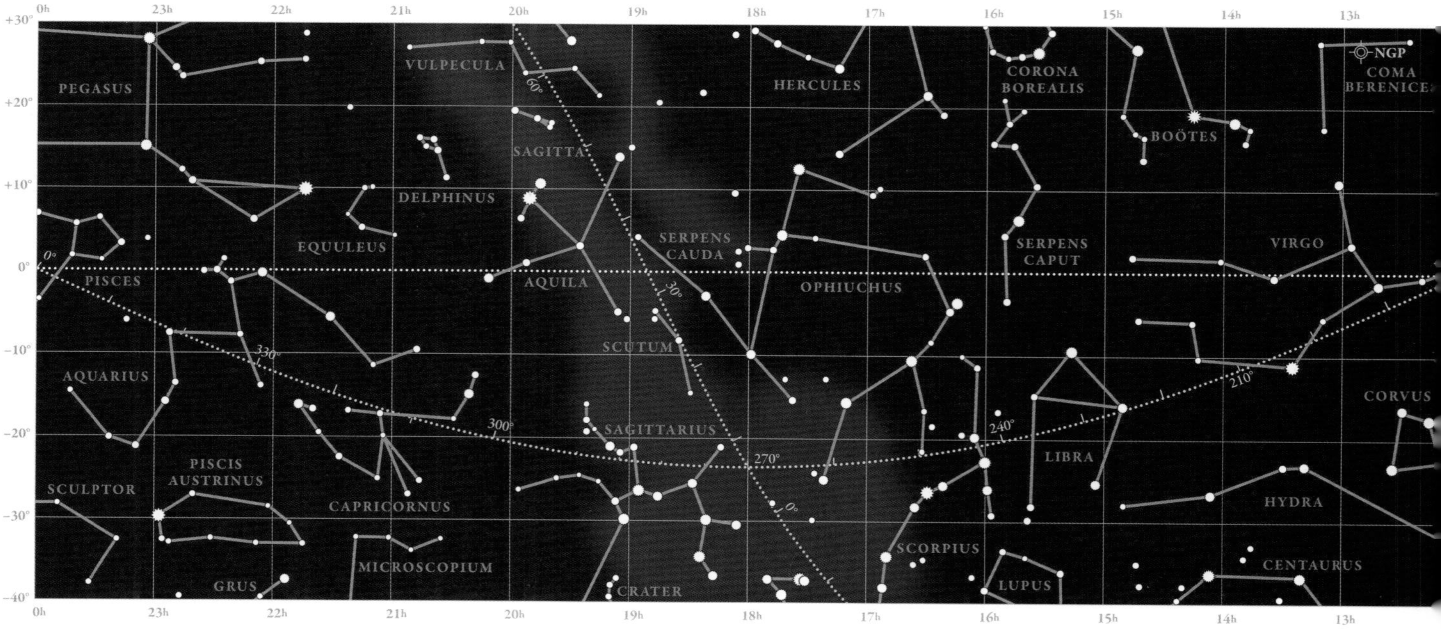

November

Um 21:30 Uhr am 1. des Monats

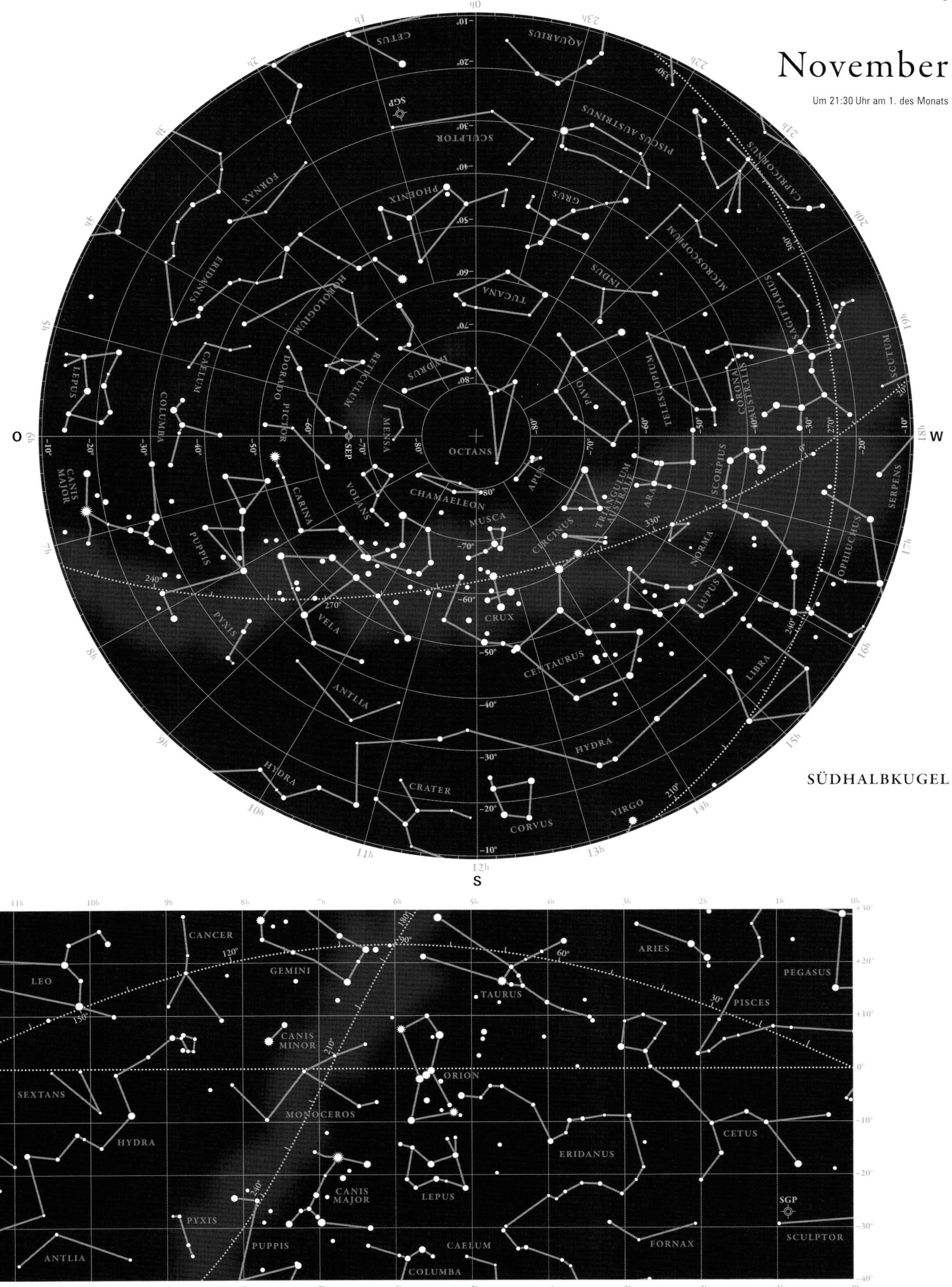

Dezember

Um 21:30 Uhr am 1. des Monats

NORDHALBKUGEL

ÄQUATORREGION

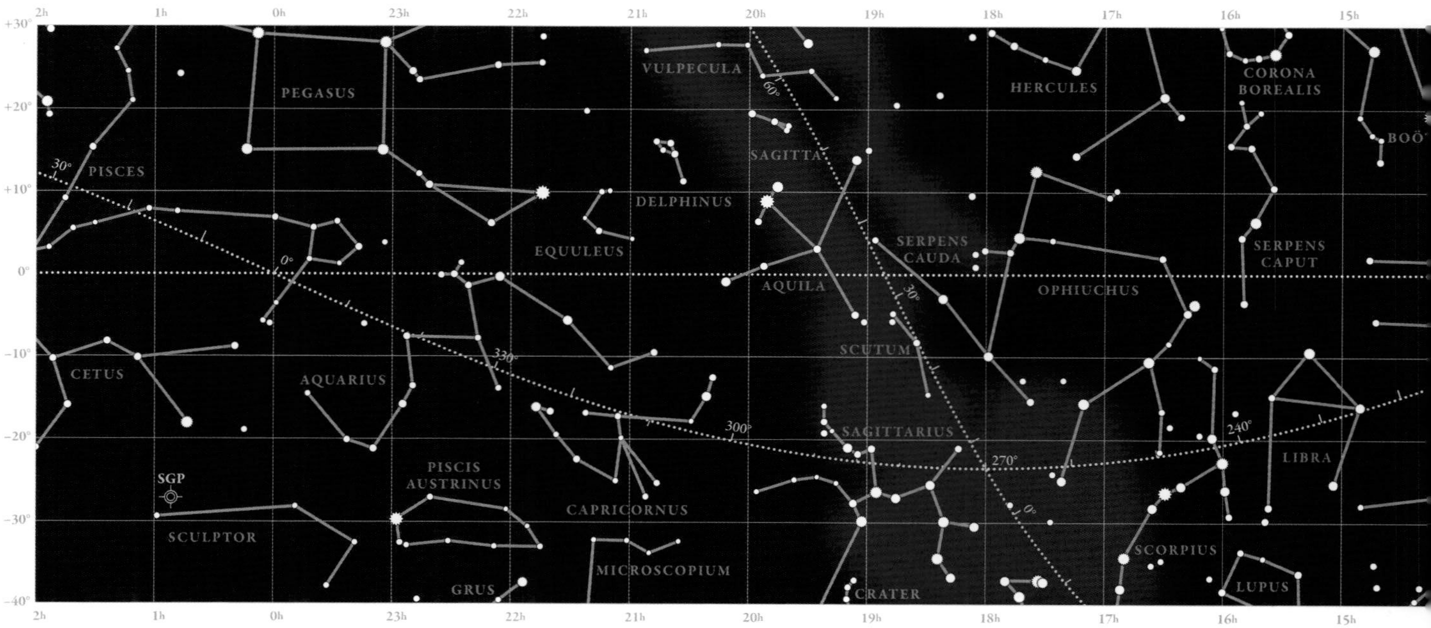

Dezember

Um 21:30 Uhr am 1. des Monats

SÜDHALBKUGEL

Weitere Himmelsphänomene

Am nächtlichen Sternenhimmel mythische Figuren zu erkennen erfordert etwas Erfahrung, teure Ausrüstung und nicht zuletzt eine lebhafte Fantasie. Im Gegensatz dazu kann jeder das faszinierende Schauspiel von Sonnenfinsternissen und Polarlichtern bewundern. In Irland hat man eine Steintafel mit der Beschreibung einer Sonnenfinsternis aus dem 4. Jahrtausend v. Chr. gefunden, und chinesische Berichte reichen zumindest 4000 Jahre zurück.

Oben Eine totale Sonnenfinsternis mit Korona. Dieser Moment wird 2. Kontakt genannt: Der Mond deckt die Sonne ab, und die Totalität beginnt.

Seite 509 unten Diese Aufnahme zeigt einen prächtigen Diamantring, den sogenannten 3. Kontakt, bei dem die ersten Sonnenstrahlen nach einer Finsternis durchbrechen.

TOTALE SONNENFINSTERNISSE

Eine totale Sonnenfinsternis ist ein unvergessliches Erlebnis, das sich niemand entgehen lassen darf, der in der Nähe des Sichtbarkeitsgebiets wohnt. Zehntausende Astronomen reisen um die halbe Welt, um im Schatten des Mondes zu stehen – besonders dann, wenn er über ein beliebtes Urlaubsziel wandert. Sobald Wolken aufziehen, beginnt die Suche nach Wolkenlücken, während die Zeit bis zur Finsternis unaufhaltsam verrinnt.

Am 29. März 2006 verdunkelte der Schatten des Mondes den südwestlichen Horizont eine Minute vor der totalen Sonnenfinsternis, der Totalität. Mondberge erstreckten sich in den schnell schrumpfenden Sonnenrand und zerteilten das Licht in eine lang gestreckte Kette von Punkten, die sogenannten Baily-Perlen; man spricht auch vom Perlschnurphänomen. Einige Sekunden lang war noch ein Stück rötlicher Chromosphäre zu sehen. Die perlweiß schimmernde Korona stand kurz vor einem Sonnenflecken-Minimum und zeigte zwei lange Protuberanzen beiderseits der schwarzen Mondscheibe sowie kurze polare Eruptionen, die den gekrümmten Magnetfeldlinien folgten.

Alle Sonnenfinsternisse beginnen mit dem Eintritt des Mondes vor die Sonnenscheibe. In den folgenden 75 Minuten steigt die Spannung, während sich der Mond weiter vor die Sonne schiebt. Im Teleskop kann man jetzt meist schon einige Berge und Krater am Mondrand erkennen. Besonders interessant ist es, wenn der Mond Sonnenflecken bedeckt.

VORSICHT!

Der direkte Blick in die Sonne kann ohne geeigneten Schutz zu Augenschäden führen.

Statten Sie Feldstecher und Teleskope immer mit einem vom Hersteller zugelassenen Sonnenfilter aus, und achten Sie auf sicheren Sitz. Zum Schutz der Augen während einer partiellen Phase eignen sich speziell beschichtete Mylar-Filter.

Während der Totalität sind keine Filter notwendig, da die Korona schwächer leuchtet als der Vollmond, aber sobald die ersten Strahlen durchbrechen, muss man unbedingt wieder einen Augenschutz tragen.

NIE SELBSTGEBAUTE FILTER VERWENDEN! Auf dieser Aufnahme aus den 1950er-Jahren betrachten die Kinder eine Projektion der Sonne im Innern der Kartons.

DIAMANTEN UND GÄNSEBLÜMCHEN

Etwa zehn Minuten vor dem zweiten Kontakt – dem Moment, in dem der Mond die Sonne komplett verdeckt – wird die Venus sichtbar. Zuvor lassen sich die Vögel zur Ruhe nieder, und oft sinkt die Temperatur merklich ab. Die immer schmaler werdende Sonnensichel wirft scharfe Schatten, und bei turbulenter Atmosphäre werden auf reflektierenden Oberflächen Bänder aus Licht und Schatten sichtbar, ähnlich den Schlierenmustern am Boden eines Schwimmbeckens.

In den letzten Minuten erhält das Licht eine unheimliche Qualität, weil es nur noch vom rötlich leuchtenden Rand der Sonne kommt. Während der Totalität treten rötliche Sonnenuntergangsfarben auf.

Beim dritten Kontakt bricht der erste Sonnenstrahl durch ein Tal am Mondrand, und begeisterte Beobachter rufen: „Diamantring!" Die helle innere Korona bildet den Ring, während der „Diamant" des Sonnenlichts wächst und erneut Filter zum Schutz der Augen notwendig macht. Die partielle Bedeckung läuft bis zum vierten Kontakt in umgekehrter Reihenfolge ab.

Finsternisse bei maximaler Sonnenfleckenaktivität haben meist mehr Protuberanzen als Minimum-Finsternisse. Die Finsternis in Mexiko im Jahr 1991 zeigte eine große, wie ein Seepferdchen geformte Protuberanz. Eine Minimum-Korona erinnert mit ihren sich hinter dem schwarzen Mond hervor in alle Richtungen ausbreitenden Strahlen an ein Gänseblümchen, und auch die Form und Helligkeit der Korona verändern sich mit den rotierenden und sich umwälzenden Aktivitätsbereichen. Längere Finsternisse erlauben manchmal auch einen Blick auf Planeten und Sterne der Größenordnung 0. Bei der karibischen Sonnenfinsternis von 1998 flankierten der -2^m helle Jupiter und der $-1\overset{m}{,}5$ helle Merkur die verdunkelte Sonne dicht außerhalb der Korona, was eine besonders faszinierende Konjunktion ergab.

ENTSTEHUNG EINER SONNENFINSTERNIS

Sonnenfinsternisse treten nur bei Neumond auf, wenn der Mondschatten auf die Erde fällt. Mondfinsternisse treten nur bei Vollmond auf, wenn der Mond sich durch den Erdschatten bewegt. Es gibt keine monatlichen Finsternisse, weil die Umlaufbahn des Mondes um 5 Grad gegenüber der Ekliptikebene geneigt ist. Die beiden Kreuzungspunkte mit der Ekliptik nennt man Knoten. Eine Finsternis kann nur nahe einem Knoten auftreten. Jedes der zweimal im Jahr auftretenden Zeitfenster ist bis zu 37,5 Tage lang und wird Finsternis-Periode genannt. Da der Zeitraum zwischen zwei Neumonden

29,5 Tage beträgt, finden in jeder Finsternis-Periode mindestens je eine Sonnen- und eine Mondfinsternis, manchmal sogar drei Finsternisse statt. Die Knoten wandern langsam entlang der Ekliptik nach Westen, sodass der Beginn der beiden jährlichen Finsternis-Perioden jedes Jahr um 18,6 Tage früher liegt. Der scheinbare Durchmesser der Sonne variiert zwischen 32 Minuten, 32 Sekunden beim Perihel-Durchgang der Erde Anfang Januar und 31 Minuten, 28 Sekunden beim Aphel-Durchgang Anfang Juli. Der Mond ist in seinem monatlichen Perigäum am größten und im Apogäum am kleinsten.

Wenn der Neumond nahe genug an einem Knoten auftritt und der scheinbare Durchmesser des Mondes größer als der der Sonne ist, kommt es auf einem begrenzten Gebiet zu einer totalen Finsternis. Bei den allermeisten Finsternissen ist der Mond allerdings kleiner als die Sonnenscheibe, sodass es nur zu einer ringförmigen Finsternis kommt. Eine hybride Sonnenfinsternis zeigt auf zwei Abschnitten des Gebiets (sehr selten auf einem Abschnitt) eine ringförmige Finsternis, wenn der Mond dicht über dem Horizont steht, wird aber zu einer kurzen totalen Finsternis, wenn der Mond nahe dem Zenit und damit um einen Erdradius näher an der Erde steht.

Die Totalität kann von einigen Sekunden bis maximal 7 Minuten, 58 Sekunden dauern – es sei denn, der Beobachter „fliegt mit": Am 30. Juni 1973 verlängerte sich für Passagiere der Concorde die Totalität auf 74 Minuten. Die längsten Totalitäten treten an einem Knoten im späten Juni und im Juli auf, wenn die Sonne am kleinsten erscheint; während eines ungewöhnlich nahen Perigäums, wenn der Mond am größten erscheint; Mittags, wenn der Neumond näher ist, als wenn er über dem Horizont steht; und in den Tropen, wo die Rotationsgeschwindigkeit der Erde am höchsten ist und die große Geschwindigkeit des Mondschattens teilweise ausgleicht. Die Zeitspanne, nach der sich Sonnen- und Mondfinsternisse wiederholen, die sogenannte Sarosperiode, beträgt näherungsweise 18 Jahre und 11,32 Tage – bei Schaltjahren rund einen Tag weniger. Nach einer Sarosperiode wiederholt sich die Finsternis unter nur leicht veränderten Bedingungen, aber der Dritteltag bewirkt, dass sich der Pfad um ein Drittel des Erdumfangs nach Westen verschiebt.

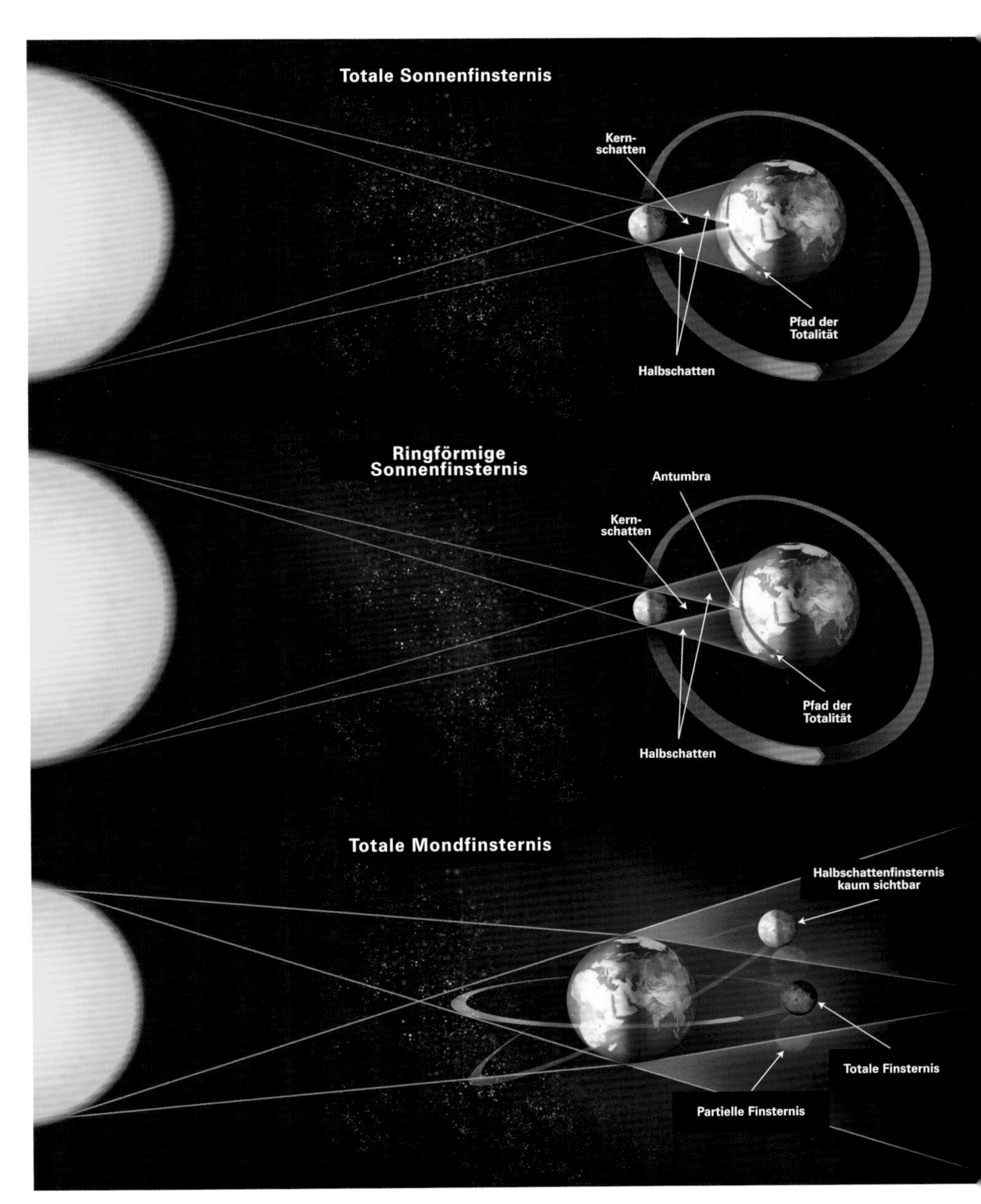

Oben Die drei Arten von Finsternis, die auf der Erde zu beobachten sind: Oben ist der Pfad der Totalität der Bereich, in dem eine totale Finsternis zu beobachten ist. In der Mitte entspricht der Pfad der Totalität dem Bereich, in dem man eine ringförmige Finsternis sehen kann. Unten entsteht eine Mondfinsternis dort, wo die Erde das Sonnenlicht abdeckt. In allen Fällen heißt der innere Schattenbereich Kernschatten oder Umbra. Die Umbra ist von der Penumbra umgeben, einem wesentlich größeren Halbschatten, in dem die Sonne teilweise verdeckt ist.

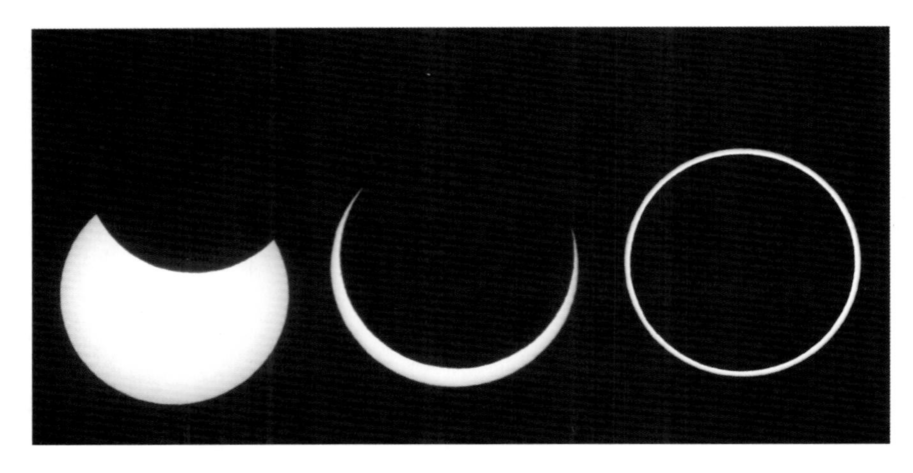

Oben Bildfolge einer ringförmigen Sonnenfinsternis, bei der Sonne, Mond und Erde genau in einer Reihe stehen. Die scheinbare Größe des Mondes ist geringer als die der Sonne, sodass die Sonne als heller Ring um den Mond herum scheint.

Seite 511 Ein fantastisches Bild von Baumsilhouetten vor einer prachtvollen Aurora borealis, gesehen in Fairbanks, Alaska.

Unten Diese Montage aus fünf Bildern zeigt die verschiedenen Phasen der Mondfinsternis vom 4. März 2007 im bulgarischen Sofia. Eine totale Mondfinsternis tritt auf, wenn der Mond in den breiten Kernschatten der Erde eintritt und Sonne, Erde und Mond in einer Reihe stehen.

RINGFÖRMIGE UND PARTIELLE SONNENFINSTERNISSE

Ringförmige Finsternisse sind faszinierend, aber eigentlich nur eine spezielle Form der partiellen Finsternis. Allerdings kann eine ringförmige Finsternis während des zweiten und dritten Kontakts spektakuläre Perlschnurphänomene zeigen. Bei einer ringförmigen Finsternis eignen sich die langen, schmalen Spitzen der Sonnensichel ganz hervorragend für Perlschnüre, vor allem weit südlich der Mittellinie der Finsternis. Dort, am Südpol des Mondes, sorgen hohe Berge bei günstiger Libration für besonders spektakuläre Perlen.

Zieht der Kernschatten des Mondes knapp an der Erde vorbei, ist nur eine partielle Sonnenfinsternis sichtbar. Außerdem werden alle Pfade totaler und ringförmiger Finsternisse von einem großen Bereich flankiert, in dem nur eine partielle Finsternis zu sehen ist. Aber nicht mal im Bereich einer 99-prozentigen Abdeckung kann man eine solche Pracht sehen wie im sehr schmalen Pfad der Totalität.

MONDFINSTERNISSE

Mondfinsternisse sind überall dort sichtbar, wo der verdeckte Vollmond über dem Horizont steht. Passiert der Mond nur den Halbschatten der Erde, ist die Verdunklung nur sehr leicht, und eine solche Halbschattenfinsternis lässt sich nur an den Teilen des Mondes erkennen, die nahe am Kernschatten vorbeiwandern. Tritt ein Teil des Mondes in den Kernschatten ein, spricht man von einer partiellen Mondfinsternis. Tritt der Mond vollständig in den Kernschatten ein, ist dies eine totale Mondfinsternis. Eine totale Finsternis beginnt als Halbschattenfinsternis und durchläuft dann eine partielle Phase, bevor die Totalität einsetzt. Die Totalität kann bis zu 100 Minuten dauern. Dazu kommen zwei jeweils einstündige partielle Phasen und zwei nahezu unsichtbare Halbschattenphasen.

Die Erdatmosphäre bricht das Sonnenlicht und lenkt es als rötlichen Schein in den Kernschatten, sodass auch der total verfinsterte Mond weiterhin mit einer scheinbaren Helligkeit zwischen -1^m und 2^m sichtbar bleibt und in einem orange- bis ziegelroten Licht scheint. Auch andere Farben können auftreten, zum Beispiel eine bläuliche Zone am Rand des Kernschattens. Befindet sich Asche von einem starken Vulkanausbruch in der Stratosphäre, kann der Mond auf dem Höhepunkt der Finsternis sogar dunkelgrau und fast unsichtbar sein.

POLARLICHTER

Wenn starke Sonneneruptionen auf der erdzugewandten Seite auftreten, werden aufgeladene Teilchen wesentlich schneller in Richtung Erde geschleudert als mit dem normalen Sonnenwind üblich. Die meisten dieser Teilchen werden von der Magnetosphäre der Erde abgelenkt, aber einige erreichen auch die magnetischen Pole, kollidieren dort in rund 110 Kilometer Höhe mit Sauerstoff- und Stickstoffatomen und ionisieren sie. Dadurch entsteht das charakteristische grüne und – bei besonders starken Eruptionen – manchmal auch rote Glühen.

Umfangreiche, himmelsbedeckende Polarlichter beginnen meist mit Bögen, die anwachsen und wandern, dann auf einmal zu grünen und rosaroten Schleiern entflammen, um sich dann zu einer gigantischen pulsierenden weißen Korona aufzubauen. Ein oder zwei Strahlen können dabei rot oder sogar violett leuchten.

Polarlichter treten in Ovalen um die magnetischen Pole herum auf. Der magnetische Nordpol hat sich in über 20 Jahren um 6 Grad nördlicher Breite verschoben. Da er damit auf der nordamerikanischen Seite des geografischen Nordpols liegt, sind Polarlichter häufiger von Kanada als von Europa aus zu sehen. Im Winter ziehen daher sowohl Yellowknife in Kanada als auch Fairbanks in Alaska Scharen von Polarlicht-Fans an.

Der magnetische Südpol liegt an der Küste der Antarktis, gegenüber von Australien am Polarkreis. Er ist damit wesentlich weiter vom geographischen Südpol entfernt als seine nördliche Entsprechung. Wenn Magnetstürme die Ovale der Polarlichter vergrößern, kann es auch in relativ niedrigen Breiten, wie Arizona (USA) und New South Wales (Australien), zu Erscheinungen der Aurora borealis bzw. Aurora australis kommen. Im März 1989 wurden sogar in der Karibik Polarlichter beobachtet.

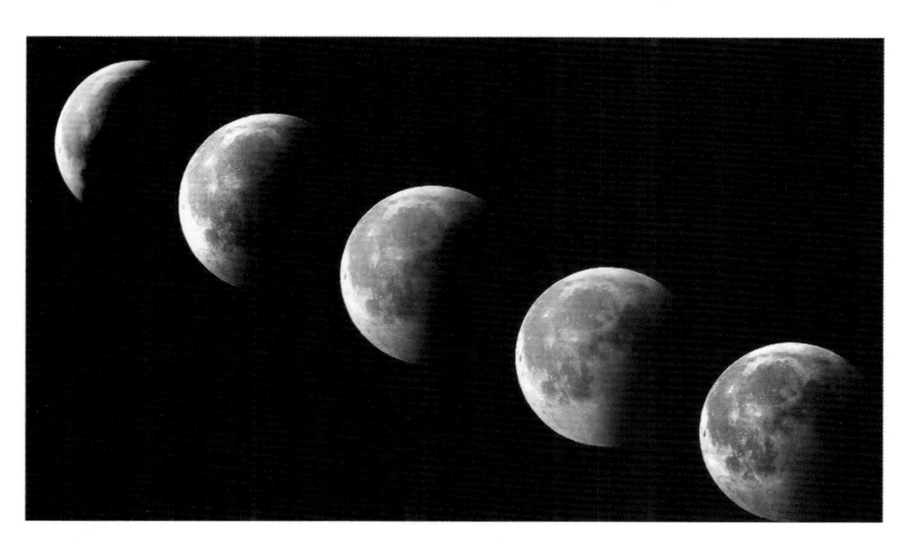

HIMMLISCHER VERKEHRSSTAU

Von einem Durchgang spricht man, wenn ein Planet vor der Sonnenscheibe vorbeizieht, und von einer Bedeckung, wenn ein Himmelskörper einen anderen verdeckt. In beiden Fällen handelt es sich um Finsternisse. Es gibt keinen Unterschied zwischen einem Venusdurchgang und einer Sonnenfinsternis, die man ja auch als Monddurchgang bezeichnen könnte. Genauso wenig Unterschied besteht zwischen einer Bedeckung des Antares durch den Mond und einer Sonnenfinsternis – beides sind Verdunklungen eines Sterns durch den Mond. Verfinsterungen der Jupitermonde durch den Planetenschatten und die Schatten der Monde auf dem Jupiter – totale Sonnenfinsternisse auf dem Jupiter – lassen sich jede Woche mehrfach beobachten.

Sonne

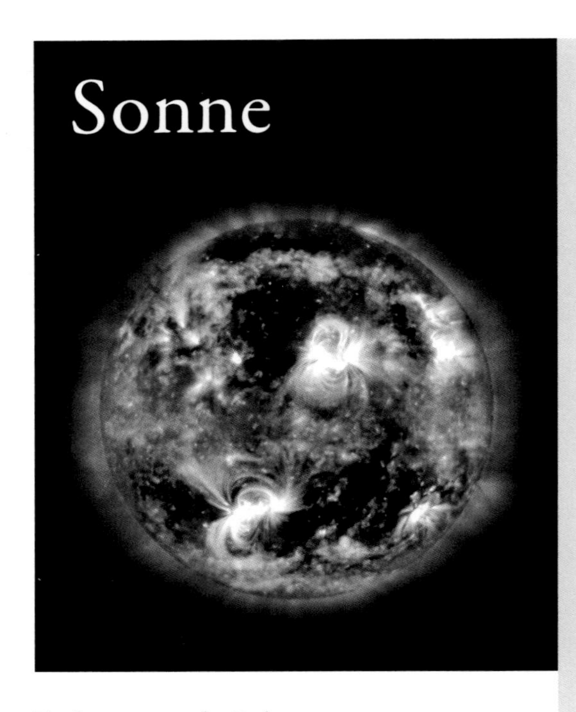

Entfernung von der Erde
1 AE

Masse (Erde = 1)
332 900

Radius am Äquator (Erde = 1)
109

Alter
4,6 Milliarden Jahre

Länge eines Tages
25,38 Erdentage

Mittlere Oberflächentemperatur
5500 °C

CHRONOLOGIE

VOR 4,567 MILLIARDEN JAHREN
Unser Zentralgestirn, die Sonne, wird geboren.

5000–3500 V. CHR.
Der erste Zeitanzeiger wird erfunden. Er besteht aus einem senkrechten Stab, der im Sonnenlicht einen Schatten wirft. Die Länge des Schattens zeigt die Tageszeit an.

3000 V. CHR.
In Irland wird das Hügelgrab Newgrange errichtet. Zur Wintersonnenwende fällt das Sonnenlicht genau durch eine spezielle Öffnung und erhellt die innere Kammer.

UM 2700 V. CHR.
Stonehenge wird errichtet. Die Monolithen des großen Steinkreises sind nach dem Sonnenstand ausgerichtet.

1223 V. CHR.
Das älteste Dokument einer Finsternis entsteht: eine Tontafel, die in der alten Stadt Ugarit (im heutigen Syrien) entdeckt wurde.

UM 200 V. CHR.
Der griechische Mathematiker und Astronom Aristarchos von Samos verkündet seine Theorie eines heliozentrischen Universums. Außerdem versucht er, Größe und Entfernung von Sonne und Mond zu berechnen.

965–1039 N. CHR.
Der islamische Gelehrte Abu Ali al-Hasan erfindet die Camera obscura und nutzt damit als erster Mensch ein technisches Gerät zur Sonnenbeobachtung.

1543
Nikolaus Kopernikus veröffentlicht seine Theorie, dass die Erde um die Sonne kreist, und widerspricht damit der Kirchenlehre.

1610
Galileo Galilei beschreibt Flecken auf der Sonne, die er mit seinem Teleskop beobachtet.

UM 1660
Isaac Newton beweist, dass das Sonnenlicht mittels Brechung in einem Glasprisma in seine Spektralfarben zerlegt werden kann.

1687
Newton veröffentlicht sein Werk *Principia Mathematica*, in dem er seine Theorien zur Schwerkraft und die Bewegungsgesetze darlegt. Damit können Astronomen erstmals die zwischen der Sonne, den Planeten und ihren Monden wirkenden Kräfte verstehen.

1800
Wilhelm Herschel erweitert Newtons Experimente, indem er zeigt, dass jenseits des roten Endes des Spektrums weitere – unsichtbare – „Strahlen" existieren.

1814
Joseph von Fraunhofer baut das erste zuverlässige Spektrometer und untersucht damit das Spektrum des Sonnenlichts.

1843
Heinrich Schwabe erkennt, dass sich Anzahl und Position der Sonnenflecken in einem elfjährigen Zyklus verändern.

1845
Am 2. April entsteht das erste Foto von der Sonne.

1860
Die totale Sonnenfinsternis vom 18. Juli 1860 ist die wahrscheinlich am genauesten beobachtete dieser Zeit.

1868
Astronomen entdecken eine neue helle Emissionslinie im Spektrum der Sonnenatmosphäre. Der britische Astronom Norman Lockyer identifiziert und benennt das unbekannte Element als Helium.

1908
Der amerikanische Astronom George Ellery Hale belegt, dass Sonnenflecken Orte starker Magnetfelder sind, die tausendfach stärker sind als das Erdmagnetfeld.

1938
Der deutsche Physiker Hans A. Bethe und der Amerikaner Charles L. Critchfield beweisen, dass die Sonne dank einer Abfolge von Kernreaktionen namens Proton-Proton-Reihe strahlt.

1982
Die deutsch-amerikanische Tiefraummission *Helios 1* sendet die letzten ihrer Daten, die nahelegen, dass es nahe der Sonne 15-mal mehr Mikrometeoriten gibt als in Erdnähe.

1990
Die interplanetarische Raumsonde *Ulysses* wird gestartet, um den Sonnenwind und die Magnetfelder über den Sonnenpolen zu messen.

1991
Start des Weltraumteleskops YOHKOH, das die Röntgenstrahlung der Sonne über einen vollen Sonnenfleckenzyklus (elf Jahre) hinweg fotografieren sollte.

1995
Das Sonnenobservatorium SOHO erreicht einen Punkt, an dem sich die Anziehungskräfte von Sonne und Erde gegenseitig aufheben.

2006
Die beiden STEREO-Raumsonden (Solar Terrestrial Relations Observatory) der NASA machen die ersten dreidimensionalen Aufnahmen von der Sonne.

Merkur

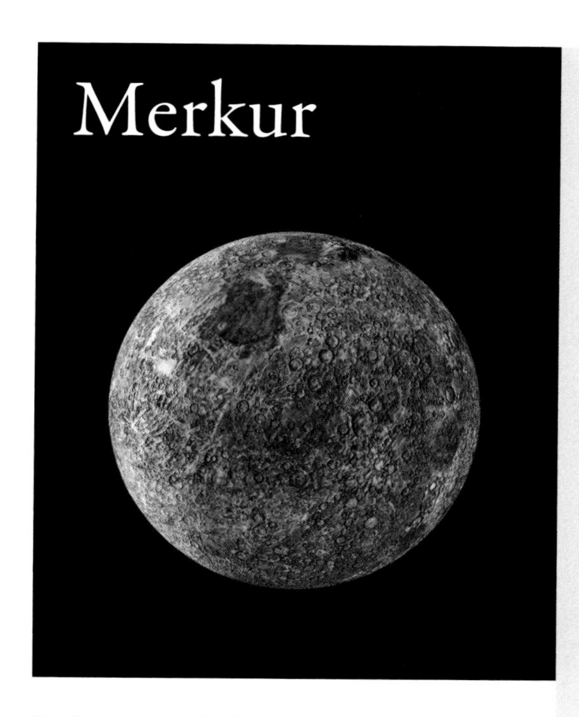

Entfernung von der Sonne
0,39 AE

Umlaufzeit um die Sonne
88,0 Tage

Masse (Erde = 1)
0,055

Radius am Äquator (Erde = 1)
0,38

Rotationsdauer am Äquator
59 Tage

Monde
0

Ringe
Keine

Scheinbare Größe
5 bis 13 Bogensekunden

Scheinbare Helligkeit
$5^{\mathrm{m}},5$ bis $-2^{\mathrm{m}},0$

Volumen (Erde = 1)
0,056

Durchschnittliche Dichte (Wasser = 1)
5,4

Bahnneigung gegen die Ekliptik
7,0°

Achsneigung gegen die Umlaufbahn
0,0°

Albedo (Rückstrahlvermögen)
11 Prozent

Exzentrizität der Umlaufbahn
0,21

Anziehungskraft auf der Oberfläche (Erde = 1)
0,39

Mittlere Bahngeschwindigkeit
48 km s

Entweichgeschwindigkeit
4 km s

CHRONOLOGIE

VOR 4,5 MILLIARDEN JAHREN

Ein Asteroid kollidiert mit dem noch im Entstehen begriffenen Merkur und trennt Teile des Planeten ab.

3. JAHRTAUSEND V. CHR.

Der Merkur ist den Sumerern bekannt, die ihn Ubu-idim-gud-ud nennen.

BIS ZUM 6. JAHRHUNDERT V. CHR.

Der Merkur hat zwei Namen, da man nicht weiß, dass er alternierend auf beiden Seiten der Sonne erscheinen kann. Am Abendhimmel heißt er Hermes, aber wenn er morgens aufgeht, wird er zu Ehren des römischen Sonnengotts Apollo genannt.

5. JAHRHUNDERT V. CHR.

Pythagoras soll als Erster darauf hingewiesen haben, dass Hermes und Apollo denselben Planeten bezeichnen.

4. JAHRHUNDERT V. CHR.

Heraklit von Ephesos (um 535–475 v. Chr.) glaubt, dass Merkur und Venus die Sonne umkreisen und nicht die Erde.

265 V. CHR.

Griechische Gelehrte studieren den Merkur am Morgen- und Abendhimmel.

12. JAHRHUNDERT

Ein erwarteter, aber nicht beobachteter Durchgang Merkurs vor der Sonne überzeugt den marokkanischen Astronomen Alpetragius, dass der Merkur sein eigenes Licht abstrahlt.

807

Zur Zeit Karls des Großen berichten die *Annales Loiselianos*: „Der Stern Merkur war acht Tage lang in der Sonne als kleiner schwarzer Fleck zu sehen, etwas oberhalb der Mitte dieses Himmelskörpers." Angesichts der sichtbaren Größe handelte es sich allerdings eindeutig um einen Sonnenfleck.

1610

Der italienische Astronom Galileo Galilei beobachtet den Merkur als Erster durch ein Teleskop.

1644

Johannes Hevelius entdeckt die Phasen des Merkurs.

1676

Sir Edmund Halley reist zu einer Insel im Südatlantik, um einen Atlas der Sterne des Südens anzufertigen. Dort versucht er, den Merkurdurchgang von 1677 zu beobachten, was aber durch das Wetter vereitelt wird.

19. JAHRHUNDERT

Die Astronomen müssen erkennen, dass ihr Wissen nicht ausreicht, um die Umlaufbahn des Merkurs korrekt zu berechnen.

1915

Albert Einstein setzt seine neue allgemeine Relativitätstheorie ein, um die Merkurbahn exakt vorauszusagen, und erläutert den Grund für die früheren Fehler: Der Merkur ist der Sonne so nahe, dass sein Orbit durch die „Raumverzerrung" beeinflusst wird, die das starke Gravitationsfeld der Sonne verursacht.

1965

Nachdem man jahrhundertelang geglaubt hat, der Merkur wende der Sonne immer dieselbe Seite zu, entdecken Astronomen, dass der Planet alle zwei Umläufe dreimal rotiert.

1974/75

Die NASA-Raumsonde *Mariner 10* fotografiert in drei Vorbeiflügen etwa die Hälfte der Merkuroberfläche. Die ersten Detailfotos entstehen am 29. März 1974.

1991

Wissenschaftler finden mithilfe von erdbasiertem Radar Anzeichen für Eis in den permanent im Schatten liegenden Kratern der Polarregionen des Merkurs.

2003

Der Merkur macht einen seltenen, von der Erde aus sichtbaren Durchgang vor der Sonne. Pro Jahrhundert finden im Schnitt 13 Merkurdurchgänge statt.

2004

Die NASA-Sonde *Messenger* startet zu einer Umkreisung des Merkurs und sollte 2011 für eine einjährige Mission in den Orbit um diesen bislang am wenigsten erforschten inneren Planeten eintreten.

DIE ZUKUNFT

Die geplante Mission *BepiColumbo* ist ein Gemeinschaftsprojekt Japans mit der Europäischen Weltraumorganisation (ESA). Sie besteht aus zwei Sonden, von denen eine die Oberfläche und die andere die Magnetosphäre des Merkurs untersuchen soll.

Venus

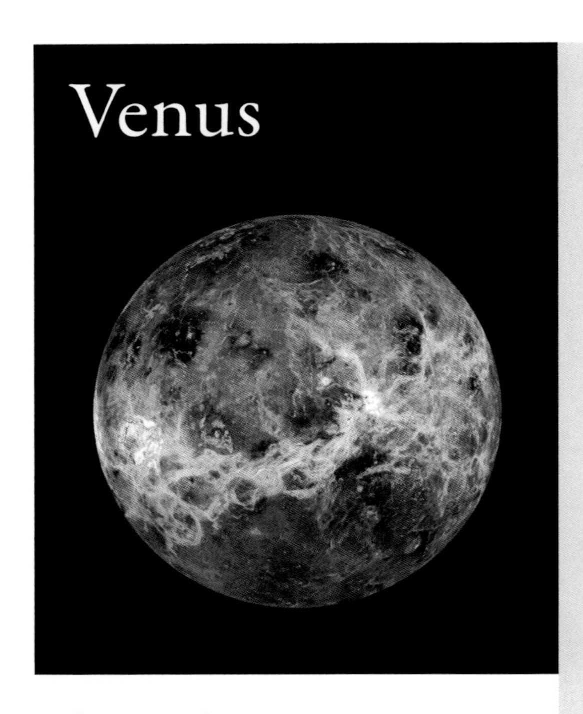

Entfernung von der Sonne
0,72 AE

Umlaufzeit um die Sonne
224,7 Tage

Masse (Erde = 1)
0,82

Radius am Äquator (Erde = 1)
0,95

Rotationsdauer am Äquator
−243 Tage (retrograd)

Monde
0

Ringe
Keine

Scheinbare Größe
10 bis 66 Bogensekunden

Scheinbare Helligkeit
$-3^{m}{,}8$ bis $-4^{m}{,}6$

Volumen (Erde = 1)
0,86

Durchschnittliche Dichte (Wasser = 1)
5,2

Bahnneigung gegen die Ekliptik
3,4°

Achsneigung gegen die Umlaufbahn
177,3°

Albedo (Rückstrahlvermögen)
65 Prozent

Exzentrizität der Umlaufbahn
0,007

Anziehungskraft auf der Oberfläche (Erde = 1)
0,91

Mittlere Bahngeschwindigkeit
35 km s

Entweichgeschwindigkeit
10 km s

CHRONOLOGIE

FRÜHGESCHICHTE

Die Venus ist nach Sonne und Mond der hellste Himmelskörper.

3. JAHRHUNDERT V. CHR.

Die Venus gilt als zwei unterschiedliche Sterne: als Morgenstern Heospheros und als Abendstern Hesperos. Der Morgenstern wird auch Lucifer (Lichtbringer) genannt.

1610

Galileo Galilei sieht die Venus als erster Mensch als mehr als nur einen Lichtpunkt am Himmel. Er beobachtet sie während mehrerer Phasen.

1631

Johannes Kepler sagt mithilfe akribischer Berechnungen für den 6. Dezember 1631 einen Durchgang der Venus vor der Sonne voraus, der aber von Europa aus nicht sichtbar ist.

1663

Der Mathematiker James Gregory schlägt vor, Venusdurchgänge zur exakteren Bestimmung der Entfernung zwischen Erde und Sonne zu nutzen.

1677

Sir Edmund Halley (1656–1742) macht 14 Jahre später denselben Vorschlag und veröffentlicht 1716 eine Schrift zu dieser Technik.

1680

Halley schlägt vor, Venusdurchgänge zur Bestimmung der Astronomischen Einheit (AE – die mittlere Distanz zwischen Erde und Sonne) zu nutzen.

1761

Während des Durchgangs am 5. Juni entdeckt der russische Astronom Michail Wassiljewitsch Lomonossow (1711–1765) einen schönen Lichthof um die Silhouette der Venus, der auf das Vorhandensein einer Atmosphäre hindeutet.

1768

Am 12. August verlässt die *HMS Endeavour* unter dem Kommando von James Cook England Richtung Tahiti, um den Venusdurchgang am 3. Juni 1769 zu beobachten.

1874

Vom nächsten Durchgang, am 8. Dezember, entstehen Hunderte von Fotografien. Es ist der erste Einsatz der neuen Technologie. Nur wenige der Fotoplatten sind von wissenschaftlichem Wert, und noch weniger sind bis heute erhalten.

1882

Der nächste Durchgang, am 6. Dezember, findet ein riesiges öffentliches Interesse und wird auf den Titelseiten nationaler und internationaler Zeitungen beschrieben.

1891

Der Leiter der amerikanischen Venus Transit Commission, Simon Newcomb, veröffentlicht seine beste Schätzung der Sonnenparallaxe, die auf den gesammelten Daten mehrerer Venusdurchgänge beruht.

1932

Walter Adams und Theodore Dunham entdecken mithilfe verbesserter spektroskopischer Instrumente Kohlendioxid in der Atmosphäre der Venus.

1961

Der russische Satellit *Sputnik 7* versucht, eine Rakete mit der *Venera*-Sonde an Bord zu starten, die nach einer Erdumkreisung auf der Venus landen soll, aber die Zündung versagt.

1962

Nachdem die Mission *Mariner 1* gescheitert ist, fliegt *Mariner 2* als erstes Raumfahrzeug dicht an der Venus vorbei. Der amerikanische Astronom Carl Sagan berechnet die Auswirkung der Atmosphäre auf die Temperatur auf der Venus.

1967

Die Sonde *Mariner 5* bringt neue Erkenntnisse über die Atmosphäre der Venus, die zu 99 Prozent aus Kohlendioxid besteht.

1970

Die Sonde *Venera 7* tritt am 15. Dezember in die Venusatmosphäre ein und setzt eine Landekapsel ab, die nach der Landung 35 Minuten lang Daten sendet, gefolgt von 23 Minuten sehr schwacher Signale. Die Kapsel ist die erste Sonde, die nach einer Landung Daten von einem fremden Planeten sendet.

1978

Pioneer 13 (*Pioneer-Venus 2*) setzt vier Tochtersonden in der Atmosphäre der Venus ab.

1989

Die Raumsonde *Magellan* startet und tritt am 10. August 1990 in den Orbit um die Venus ein. Sie sendet spektakuläre Radarbilder für eine detaillierte Karte unseres Schwesterplaneten zur Erde.

2005

Die Europäische Weltraumorganisation (ESA) schickt die Sonde *Venus Express* zum zweiten Planeten. Sie erforscht unter anderem die Atmosphäre der Venus nach Ursachen für die starken Winde, die auf dem Planeten herrschen.

Erde & Mond

Entfernung von der Sonne
1,00 AE

Umlaufzeit um die Sonne
365,3 Tage

Masse (Erde = 1)
1 ($5{,}97 \times 10^{24}$ kg)

Radius am Äquator (Erde = 1)
1 (6378 km)

Rotationsdauer am Äquator
1 Tag

Monde
1

Ringe
Keine

Scheinbare Größe
k. A.

Scheinbare Helligkeit
k. A.

Volumen (Erde = 1)
1 (1 083 212 800 000 km^3)

Durchschnittliche Dichte (Wasser = 1)
5,5

Bahnneigung gegen die Ekliptik
0,0°

Achsneigung gegen die Umlaufbahn
23,5°

Albedo (Rückstrahlvermögen)
37 Prozent

Exzentrizität der Umlaufbahn
0,017

Anziehungskraft auf der Oberfläche (Erde = 1)
1

Mittlere Bahngeschwindigkeit
30 km s

Entweichgeschwindigkeit
11 km s

CHRONOLOGIE

VOR 4,57 MILLIARDEN JAHREN
Die Erde entsteht zusammen mit den anderen Planeten unseres Systems aus einem solaren Nebel. Bald darauf entsteht auch der Mond.

VOR 5 MILLIONEN JAHREN
Vulkanausbrüche schaffen eine Landmasse, die Nord- und Südamerika verbindet. Die Vorfahren des Menschen und die der Schimpansen entwickeln sich getrennt voneinander weiter.

VOR 1,8 MILLIONEN JAHREN
Der *Homo erectus* entwickelt sich in Afrika und breitet sich auf die übrigen Kontinente aus.

UM 400 V. CHR.
Aristoteles schließt während einer Mondfinsternis aus der Form des Erdschattens auf dem Mond, dass die Erde rund ist.

UM 350 V. CHR.
Heraklid entwickelt die Theorie, dass die scheinbare Bewegung der Sterne durch die Rotation der Erde entsteht.

UM 200 V. CHR.
Hipparchos berechnet die Ausmaße des Erde-Mond-Systems.

3. JAHRHUNDERT V. CHR.
Der griechische Mathematiker, Astronom und Geograf Eratosthenes entwickelt eine Weltkarte. Außerdem berechnet er den Umfang der Erde und die Entfernung zwischen Erde und Mond.

1 N. CHR.
Die Erdbevölkerung erreicht die 150-Millionen-Marke.

1543
Kopernikus stellt fest, dass die Erde um die Sonne kreist.

1610
Galileo beobachtet die Planeten mit einem Teleskop. Er wird für seine Theorie einer fest stehenden Sonne, die der Heiligen Schrift widerspricht, eingesperrt. Später wird er unter Hausarrest gestellt und erblindet, vermutlich, weil er direkt in die Sonne geblickt hat.

1835
Die Erdbevölkerung wächst auf 1 Milliarde.

1916
Albert Einstein veröffentlicht seine allgemeine Relativitätstheorie.

1927
George Lemaître stellt seine Theorie vom „Urknall" vor und veröffentlicht sie 1931 im Magazin *Nature*. Einstein glaubt an ein ewiges Universum und meldet Zweifel an.

1957
Die Sowjetunion startet den Satelliten *Sputnik*. Er umkreist die Erde 23 Tage lang und sendet dabei ein beständiges Piepsignal.

1958
In den USA wird die NASA, die National Aeronautics and Space Administration, gegründet.

1959
Die unbemannte russische Sonde *Lunik 1* macht den ersten Vorbeiflug am Mond.

1960
Am 22. Mai erschüttert das stärkste Erdbeben der Welt mit einer Stärke von 9,5 Chile. Schätzungsweise 1655 Menschen sterben, Tausende werden verletzt.

1961
Am 12. April verlässt der russische Kosmonaut Juri Gagarin als erster Mensch die Erdatmosphäre.

1969
Apollo 11 ist die erste bemannte Mondlandemission. Am 20. Juli machen Neil Armstrong und Buzz Aldrin die ersten Schritte auf einem anderen Himmelskörper und bringen Proben von ihm mit nach Hause.

1981
Am 12. April startet mit dem Space Shuttle *Columbia* das erste wiederverwendbare Raumschiff. Es trägt zwei Astronauten und vollendet 36 Erdumrundungen, bevor es wieder auf der Edwards Air Force Base in Kalifornien landet.

1990
Am 24. April hebt das Space Shuttle *Discovery* mit dem Weltraumteleskop Hubble an Bord ab. Einen Tag später wird das Teleskop ausgesetzt. Es liefert bis heute einzigartige Einblicke in unser Sonnensystem.

1995
Das Space Shuttle *Discovery* nähert sich der russischen Raumstation *Mir* während der Vorbereitung auf das erste Andockmanöver (Mission STS-63) bis auf elf Meter. Es ist die erste Shuttle-Mission mit einer Pilotin am Steuer.

2004
Am 26. Dezember löst ein Erdbeben mit Epizentrum vor Sumatra einen katastrophalen Tsunami aus, der in ganz Asien mehr als 275 000 Menschen das Leben kostet. Mit einer Stärke von 9,3 auf der Richter-Skala ist es das tödlichste Erdbeben aller Zeiten.

2007
Die Erdbevölkerung wächst auf 6,6 Milliarden. China ist mit fast 1,5 Milliarden Menschen das bevölkerungsreichste Land der Erde.

Mars

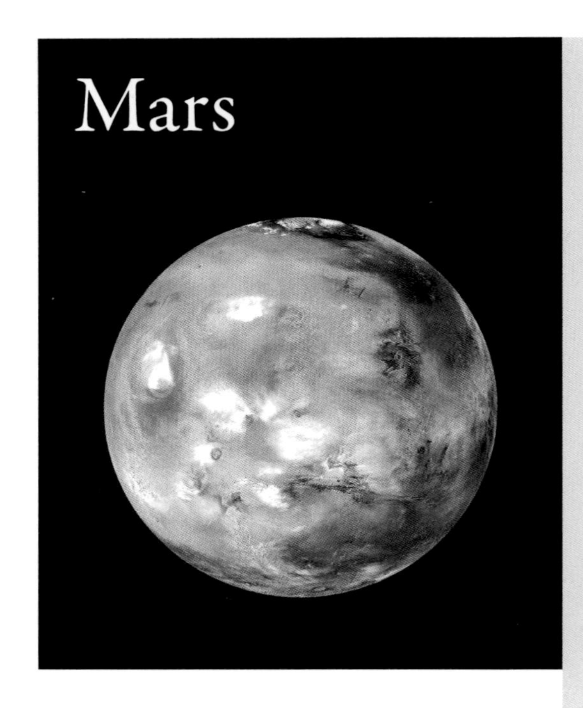

Entfernung von der Sonne
1,52 AE

Umlaufzeit um die Sonne
687 Tage

Masse (Erde = 1)
0,11

Radius am Äquator (Erde = 1)
0,53

Rotationsdauer am Äquator
1,03 Tage

Monde
2

Ringe
Keine

Scheinbare Größe
4 bis 25 Bogensekunden

Scheinbare Helligkeit
$1{,}^{m}5$ bis $-2{,}^{m}9$

Volumen (Erde = 1)
0,15

Durchschnittliche Dichte (Wasser = 1)
3,9

Bahnneigung gegen die Ekliptik
1,9°

Achsneigung gegen die Umlaufbahn
25,2°

Albedo (Rückstrahlvermögen)
15 Prozent

Exzentrizität der Umlaufbahn
0,094

Anziehungskraft auf der Oberfläche (Erde = 1)
0,38

Mittlere Bahngeschwindigkeit
24 km s

Entweichgeschwindigkeit
5 km s

CHRONOLOGIE

UM 1570 BIS 1293 V. CHR.
Die alten Ägypter kennen den Mars und glauben, er bewege sich rückwärts.

UM 300 V. CHR.
Aristoteles kommt zu dem Schluss, dass der Mars höher am Himmel steht als der Mond.

UM 1600
Tycho Brahe misst die Position des Mars. 1604 berechnet Johannes Kepler, dass der Mars eine exzentrische Umlaufbahn hat.

1609
Galileo Galilei (1564–1643), der „Vater der modernen Astronomie", beobachtet als Erster den Mars mit einem Teleskop und dokumentiert die unterschiedlichen Phasen des Planeten. Er verwendet dazu selbst gebaute Teleskope mit etwa 32-facher Vergrößerung.

1619
Kepler veröffentlicht sein 3. Gesetz der Planetenbewegung, in dem er die Bewegung des Mars durch das Universum beschreibt.

1659
Christiaan Huygens schätzt die Größe des Mars und errechnet eine Rotationsperiode von etwa 24 Stunden.

1666
Der italienischstämmige Astronom Gian Cassini beobachtet eine Polkappe des Mars. Er berechnet auch die Länge des Marstages auf 24 Stunden und 40 Minuten.

1671
Gian Cassini misst die Entfernung zwischen Erde und Mars.

1672
Christiaan Huygens beobachtet einen weißen Fleck am Südpol des Mars.

1698
Huygens veröffentlicht das Werk *Cosmotheoros* zur Frage, ob es Leben auf dem Mars gibt.

1704
Giacomo Filippo Maraldi (Neffe des berühmten Astronomen Gian Cassini) beobachtet weiße Flecken an Nord- und Südpol des Mars.

1719
Aus seiner Entdeckung weißer Flecken an den Polen des Mars im Jahr 1704 schließt Maraldi, dass es sich dabei um Eiskappen handeln könnte.

1781
Sir Wilhelm Herschel entdeckt, dass die Rotationsachse des Mars um ca. 24° geneigt ist.

1784
Sir Wilhelm Herschel beobachtet jahreszeitliche Veränderungen an den Polkappen des Mars und schließt daraus, dass sie möglicherweise aus Schnee und Eis bestehen – so wie es Maraldi bereits 80 Jahre zuvor getan hatte.

1894
In den USA wird das Lowell-Observatorium zur Marsbeobachtung gegründet.

1905
C. O. Lampland macht im Lowell-Observatorium eine Fotografie des Mars, auf der 38 Kanäle zu erkennen sind.

1953
Das International Mars Committee wird gegründet, um unter Leitung des Lowell-Observatoriums die lückenlose Beobachtung des Mars während der Opposition von 1954 zu organisieren.

1962
Die NASA baut eine Reihe von Raumsonden zur Erforschung der inneren Planeten Mars, Venus und Merkur. In der Folge sendet *Mariner 4* während ihres Vorbeiflugs die ersten Nahaufnahmen vom Mars.

1971
Mariner 9 ist der erste Satellit, der den Mars fast ein Jahr lang umkreist.

1976
Die Sonden *Viking 1* und *Viking 2* landen auf dem Mars, nachdem sie zunächst die Oberfläche auf der Suche nach geeigneten Stellen fotografiert haben. Es sind die ersten Landungen auf einem anderen Planeten. Beide senden nach damaligen Standards hoch auflösende Aufnahmen des gesamten Planeten nach Hause.

1997
Die Sonde *Mars Global Surveyor* tritt in den Mars-Orbit ein. Der *Mars Pathfinder* landet auf der Oberfläche und sendet hervorragende Daten nach Hause.

2004
Die beiden Roboter *Spirit* und *Opportunity* der NASA landen vor den Augen eines Millionenpublikums an Fernsehschirmen in aller Welt auf dem Mars. Man kann zusehen, wie die beiden Rover ihre Landefahrzeuge verlassen und mit der Erforschung beginnen.

Jupiter

Entfernung von der Sonne
5,20 AE

Umlaufzeit um die Sonne
11,9 Jahre

Masse (Erde = 1)
318

Radius am Äquator (Erde = 1)
11,2

Rotationsdauer am Äquator
9,9 Stunden

Monde
Mehr als 63

Ringe
Ja

Scheinbare Größe
30 bis 50 Bogensekunden

Scheinbare Helligkeit
$-1^{m}{,}6$ bis $-2^{m}{,}9$

Volumen (Erde = 1)
1321

Durchschnittliche Dichte (Wasser = 1)
1,3

Bahnneigung gegen die Ekliptik
1,3°

Achsneigung gegen die Umlaufbahn
3,1°

Albedo (Rückstrahlvermögen)
52 Prozent

Exzentrizität der Umlaufbahn
0,049

Anziehungskraft auf der Oberfläche (Erde = 1)
2,53

Mittlere Bahngeschwindigkeit
13 km s

Entweichgeschwindigkeit
60 km s

CHRONOLOGIE

UM 3300 V. CHR.
Bereits im babylonischen Reich weiß man um die Existenz des Jupiters.

UM 3000 V. CHR.
Die griechischen Astronomen kennen den Planeten Jupiter.

UM 2000 V. CHR.
Chinesische Astronomen dokumentieren die Umlaufbahn des Jupiters.

1200 V. CHR. BIS 476 N. CHR.
Die Römer beobachten den Jupiter. 476 n. Chr. beobachtet der chinesische Astronom Gan De einen Himmelskörper, von dem man heute annimmt, dass es sich um den Jupitermond Ganymed handelte.

1610
Galileo entdeckt die vier größten Jupitermonde, Kallisto, Europa, Ganymed und Io, die seitdem als die Galileischen Monde bezeichnet werden.

1664
Der britische Chemiker und Physiker Robert Hooke entdeckt den Großen Roten Fleck auf dem Jupiter.

1892
Edward Barnard entdeckt mit Amalthea einen weiteren Jupitermond.

1904
Der amerikanische Astronom Charles Perrine entdeckt den großen Jupitermond Himalia. Er hat einen Durchmesser von 170 Kilometer und ist der größte einer Gruppe, die heute seinen Namen trägt. Ein Jahr später entdeckt Perrine den Mond Elara.

1908
Philibert Melotte entdeckt den Jupitermond Pasiphae.

1914
Seth Barnes Nicholson entdeckt den retrograden irregulären Jupitermond Sinope. Der Name stammt aus der griechischen Mythologie.

1938
Seth Barnes Nicholson entdeckt die Monde Lysithea und Carme.

1951
Nicholson entdeckt mit Ananke einen weiteren Mond.

1955
Der amerikanische Astronom Kenneth Franklin entdeckt Radiowellen, die vom Jupiter stammen.

1973
Pioneer 10 durchfliegt als erste Raumsonde den Asteroidengürtel und besucht Jupiter im äußeren Sonnensystem.

1974
Charles Kowa entdeckt den Mond Leda. Die Sonde *Pioneer 11* erreicht den Jupiter und nutzt sein Schwerefeld, um am Saturn vorbei in Richtung Rand des Sonnensystems zu beschleunigen. 1996 reißt der Funkkontakt zur Erde ab.

1975
Die Astronomen Elizabeth Roemer und Charles Kowa entdecken den Jupitermond Themisto.

1979
Stephen Synnott entdeckt die Monde Thebe und Methis. *Voyager 1* entdeckt die Ringe des Jupiters. Auch *Voyager 2* besucht den Planeten.

1991
Das Hubble-Weltraumteleskop sendet die ersten Aufnahmen vom Jupiter mit bisher ungekanntem Detailreichtum. Die Hubble-Daten helfen in der Folge, unser Wissen um Jupiter und das Sonnensystem deutlich zu erweitern.

1992
Die Raumsonde *Ulysses* passiert den Jupiter und nutzt sein Schwerefeld, um auf den richtigen Kurs zur Sonne einzuschwenken. Während des Vorbeiflugs nutzen die Wissenschaftler ihre Instrumente zur weiteren Untersuchung des Planeten.

1994
Bruchstücke des Kometen Shoemaker-Levy 9 kollidieren mit dem Jupiter und reißen große „Narben“ in die südliche Oberfläche. Die Kollision wird von Wissenschaftlern in aller Welt beobachtet.

1999
Mit Callirrhoe wird ein weiterer Mond entdeckt.

2000
Die Sonde *Cassini-Huygens* passiert den Jupiter. Sie ist auf dem Weg zum Saturn, wird aber gezielt am Jupiter vorbeigelenkt, um weitere Erkenntnisse zu gewinnen. Sie zeigt, dass der Jupiter von einer riesigen wirbelnden Blase aus aufgeladenen Teilchen umgeben ist.

2001
Dank rasanter technischer Fortschritte können elf weitere Monde entdeckt werden.

2003
Die Sonde *Galileo* tritt in die Jupiter-Atmosphäre ein und wird dabei zerstört.

Saturn

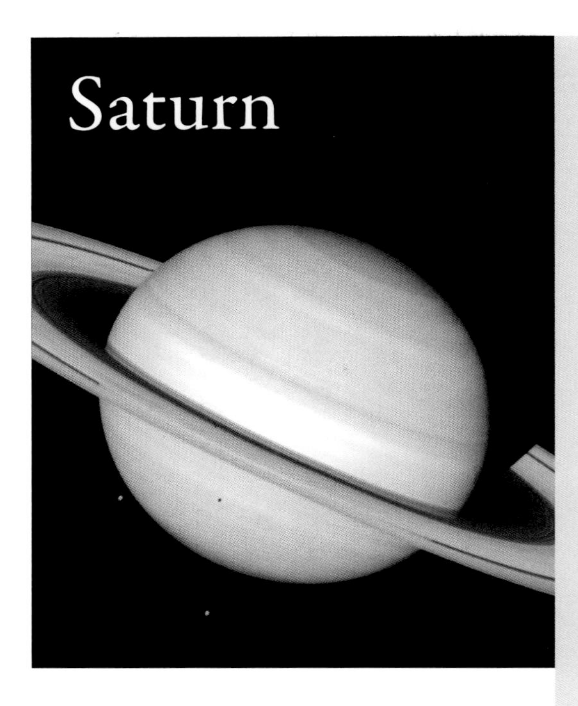

Entfernung von der Sonne
9,53 AE

Umlaufzeit um die Sonne
29,4 Jahre

Masse (Erde = 1)
95

Radius am Äquator (Erde = 1)
9,4

Rotationsdauer am Äquator
10,7 Stunden

Monde
Mehr als 56

Ringe
Ja

Scheinbare Größe
15 bis 20 Bogensekunden

Scheinbare Helligkeit
1^m bis $0^m,43$

Volumen (Erde = 1)
764

Durchschnittliche Dichte (Wasser = 1)
0,7

Bahnneigung gegen die Ekliptik
2,5°

Achsneigung gegen die Umlaufbahn
26,7°

Albedo (Rückstrahlvermögen)
47 Prozent

Exzentrizität der Umlaufbahn
0,057

Anziehungskraft auf der Oberfläche (Erde = 1)
1,1

Mittlere Bahngeschwindigkeit
10 km s

Entweichgeschwindigkeit
36 km s

CHRONOLOGIE

700 V. CHR.

Die ältesten schriftlichen Aufzeichnungen zum Saturn finden sich bei den Assyrern. Sie beschreiben den beringten Planeten als Funkeln in der Nacht und nennen ihn „Stern von Ninib".

400 V. CHR.

Die alten Griechen benennen den Saturn, den sie für einen wandernden Stern halten, zu Ehren von Kronos, dem Gott des Ackerbaus.

UM 150 V. CHR.

Die Römer, die vieles ihrer Kultur von den Griechen übernommen haben, taufen den Planeten von Cronos zu Saturnus um, dem Ursprung des deutschen Namens Saturn.

1610

Galileo Galilei entdeckt als Erster die Ringe des Saturns, interpretiert sie aber fälschlicherweise als Monde, ähnlich denen, die er nahe dem Jupiter entdeckt hat.

1655

Der niederländische Astronom Christiaan Huygens entdeckt den Saturnmond Titan. Nach gründlicher Untersuchung schließt er, dass es sich bei den Ringen um einen einzigen, flachen, soliden Ring handelt, der den Planeten umgibt, aber nicht berührt.

1659

Weitere Beobachtungen bringen Huygens zum Schluss, dass die Ringe vom Saturn getrennt sind.

1660

Jean Chapelain ist der Meinung, dass die Saturnringe aus kleinen Monden bestehen könnten, die den Planeten umkreisen.

1671

Giovanni Cassini entdeckt mit Iapetus einen zweiten Saturnmond und stellt fest, dass er helle und dunkle Seiten hat. Außerdem erkennt er, dass der Saturn mehr als einen Ring hat, indem er die Abstände zwischen den Ringen entdeckt. Der größte dieser Zwischenräume heißt heute Cassini-Teilung.

1789

Sir Wilhelm Herschel entdeckt zwei weitere Saturnmonde, die Tethys und Dione genannt werden. Außerdem bestimmt er die Rotationsdauer des Saturn mit 10 Stunden und 32 Minuten.

1837

Der deutsche Astronom Johann Encke beobachtet ein dunkles Band in der Mitte des A-Rings um den Saturn, das sich später als Spalt zwischen zwei Ringen herausstellt und Encke-Teilung genannt wird.

1883

Britische Astronomen machen die ersten Aufnahmen von den Saturnringen.

1967

Walter Feibelman entdeckt den E-Ring des Saturns.

1979

Pioneer 11 nähert sich im September dem Saturn für einen Vorbeiflug. Sie macht Nahaufnahmen und wird mit einem höchst riskanten Manöver durch die Ringe geschickt, um neue Bilder und Daten zu senden. Die Sonde übersteht das Manöver und setzt ihre Reise zum Rand des Sonnensystems und darüber hinaus fort.

1981

Voyager 1 sendet im Vorbeiflug spektakuläre Bilder von den Saturnringen und zeigt, dass sie vorwiegend aus Wassereis bestehen. Die Bilder zeigten auch „verflochtene" Ringe, Wirbel und „Speichen".

1995

Das Hubble-Weltraumteleskop zeigt vier neue Saturnmonde.

1997

Die NASA startet die Raumsonde *Cassini*, die den Saturn umkreisen soll. Sie trägt die Landekapsel *Huygens*, die auf dem Saturnmond Titan landen soll.

2005

Cassini setzt das Landemodul *Huygens* über dem Titan ab. Die Landung gelingt und macht den Titan neben dem Erdmond zum einzigen Mond, auf dem je ein Raumschiff gelandet ist.

2007/2008

Cassini umkreist weiterhin den Saturn und überträgt Daten und Bilder sowohl vom Planeten selbst als auch von der Titan-Sonde *Huygens*.

Uranus

Entfernung von der Sonne
19,19 AE

Umlaufzeit um die Sonne
84,0 Jahre

Masse (Erde = 1)
14,4

Radius am Äquator (Erde = 1)
4,0

Rotationsdauer am Äquator
–17,2 Stunden (retrograd)

Monde
27

Ringe
Ja

Scheinbare Größe
3,3 bis 4,1 Bogensekunden

Scheinbare Helligkeit
$6^{m}{,}5$ bis $5^{m}{,}3$

Volumen (Erde = 1)
63

Durchschnittliche Dichte (Wasser = 1)
1,3

Bahnneigung gegen die Ekliptik
0,8°

Achsneigung gegen die Umlaufbahn
97,9°

Albedo (Rückstrahlvermögen)
51 Prozent

Exzentrizität der Umlaufbahn
0,046

Anziehungskraft auf der Oberfläche (Erde = 1)
0,91

Mittlere Bahngeschwindigkeit
7 km s

Entweichgeschwindigkeit
21 km s

CHRONOLOGIE

1690
Erste bekannte Sichtung des Uranus durch John Flamsteed, der ihn für einen Stern hält und 34 Tauri nennt.

1750–1769
Pierre Lemonnier sieht den Planeten mindestens ein Dutzend Mal, hält ihn aber für einen Stern.

1781
Wilhelm Herschel erkennt den Uranus als Planeten, nachdem er bemerkt, dass seine Umlaufbahn nahezu kreisförmig ist. Er nennt ihn zunächst nach dem britischen König Georgium Sidus (Georgs Stern), wird aber bald genötigt, ihn in Georgian Planet umzutaufen.

1781–1787
Pierre Simon Laplace veröffentlicht eine Reihe von Arbeiten, in denen er zu zeigen versucht, dass die planetaren Bewegungen um die Sonne stabil sind. Zusammen mit Wilhelm Herschels Beobachtungen ist dies der Beleg, dass der Uranus ein Planet ist. Diverse Veröffentlichungen dieser Zeit schlagen die Umbenennung in Uranus vor.

1787
Herschel entdeckt die ersten beiden Monde des Uranus: Titania und Oberon.

1821
Alexis Bouvard schließt aus Unstimmigkeiten in Tabellen über die Umlaufbahn des Uranus auf die Existenz eines weiteren Planeten.

1845
Die Mathematiker John Adams und Urbain Le Verrier sagen aufgrund ihrer Untersuchungen der Uranus-Umlaufbahn die Existenz des Neptuns voraus.

1850–1851
1850 wird der Name Uranus im *HM Nautical Almanac* veröffentlicht und damit offiziell sanktioniert. 1851 entdeckt der britische Astronom William Lassell zwei weitere Monde, die er nach Figuren aus Alexander Popes Spottgedicht „The Rape Of the Lock" Ariel und Umbriel nennt.

1948
Der fünfte Uranusmond wird entdeckt, als der amerikanische Astronom Gerard Kuiper sein schwaches Leuchten mit einem Teleskop untersucht. Er wird nach einer Figur in Shakespeares *Der Sturm* Miranda getauft.

1977
Als der Uranus einen Stern bedeckt, entdeckt man von der Erde aus Ringe. Es lassen sich jeweils vor und nach dem Durchgang hinter dem Uranus Phasen von Helligkeitsabfall des Sterns beobachten.

1977
Die Sonden *Voyager 1* und *Voyager 2* werden gestartet, um die Riesenplaneten im äußeren Sonnensystem, einschließlich des Uranus, zu erforschen.

1986
Voyager 2 nähert sich am 24. Januar der Wolkenobergrenze des Uranus auf 81 800 Kilometer. Zur Zeit der Fotoaufnahmen ist der Südpol des Uranus entsprechend der Definitionen der Internationalen Astronomischen Union fast direkt der Sonne zugewendet.

1986
Voyager 2 übermittelt Fotos von zehn weiteren Monden.

1986
Die Instrumente von *Voyager 2* untersuchen das Ringsystem, enthüllen dabei feine Details und entdecken zwei bisher unbekannte Ringe. Außerdem zeigt sich, dass die Wolkenbänder schwach differenziert und gefärbt sind.

1986
Daten von *Voyager 2* zeigen, dass die Rotationsperiode des Planeten 17 Stunden und 14 Minuten beträgt.

1986
Voyager 2 entdeckt das sowohl große als auch ungewöhnliche Magnetfeld des Uranus.

1990
Das Hubble-Weltraumteleskop wird im Erdorbit installiert und sendet Bilder von Uranus und anderen Planeten sowie von allen Objekten unseres Sonnensystems, die in seiner optischen Reichweite liegen. Es zeigt sich eine viel stärkere Bänderung des Uranus, als bisher zu erkennen war.

2004
Das Keck-Observatorium auf Hawaii fängt mit fortschrittlicher Optik detailreiche Bilder des Uranus ein, während sich der Planet seinem südlichen Herbstä uinoktium nähert.

Neptun

Entfernung von der Sonne
30,07 AE

Umlaufzeit um die Sonne
164,8 Jahre

Masse (Erde = 1)
17,1

Radius am Äquator (Erde = 1)
3,9

Rotationsdauer am Äquator
16,1 Stunden

Monde
13

Ringe
Ja

Scheinbare Größe
2,2 bis 2,4 Bogensekunden

Scheinbare Helligkeit
$8^{m}\!,0$ bis $7^{m}\!,8$

Volumen (Erde = 1)
58

Durchschnittliche Dichte (Wasser = 1)
1,8

Bahnneigung gegen die Ekliptik
1,8°

Achsneigung gegen die Umlaufbahn
29,6°

Albedo (Rückstrahlvermögen)
41 Prozent

Exzentrizität der Umlaufbahn
0,011

Anziehungskraft auf der Oberfläche (Erde = 1)
1,1

Mittlere Bahngeschwindigkeit
5 km s

Entweichgeschwindigkeit
24 km s

CHRONOLOGIE

1612
Galileo Galileis Zeichnungen zeigen, dass er den Neptun ursprünglich bei zwei Gelegenheiten beobachtet und für einen Fixstern gehalten hat, da der Planet beide Male gerade am Anfang seiner retrograden Umlaufbahn stand.

1613
Im Januar fertigt Galileo weitere Zeichnungen des Neptuns an. Erneut hält er ihn aber für einen Fixstern.

1821
Alexis Bouvard veröffentlicht Tabellen zur Umlaufbahn des Uranus. Weitergehende Beobachtungen zeigen, dass es deutliche Abweichungen von diesen Tabellen gibt. Dies bringt Bouvard zu der Hypothese, dass es einen Himmelskörper geben muss, der die Bahn des Uranus verzerrt.

1843
John Couch Adams berechnet die Umlaufbahn eines achten Planeten. Er schickt seine Berechnungen zur Klärung an den Hofastronomen, Sir George Airy. Dieser entwirft eine Antwort, die er aber nie absendet.

1846
John Herschel macht sich für den mathematischen Nachweis eines neuen Planeten stark und überredet James Challis, danach zu suchen. Nach langem Zögern beginnt Challis im Juli widerwillig mit der Arbeit.

1846
Urbain Le Verrier legt seine eigenen Berechnungen vor, nach denen ein Planet jenseits des Uranus existieren muss, der sein ungewöhnliches Verhalten verursacht.

1846
Am 23. September entdecken die deutschen Astronomen Johann Gottfried Galle und Heinrich Louis d'Arrest mithilfe der Berechnungen Le Verriers den Neptun. Die Entdeckung wird Adams und Le Verrier gemeinsam zugeschrieben. Es soll noch einige Zeit dauern, bis der Planet seinen heutigen Namen erhält.

1846
Le Verriers Vorschlag des Namens Neptun für den neuen Planeten wird international akzeptiert.

1846
Nur Tage nach der Entdeckung Neptuns glaubt der Amateurastronom William Lassell, Ringe um den Planeten erkannt zu haben, die sich aber als Verzerrung seines Teleskops herausstellen (die heute bekannten Ringe wurden 1989 beim Vorbeiflug von *Voyager 2* entdeckt und waren für Lassell wohl nicht sichtbar). 17 Tage nach der vermeintlichen Ringsichtung entdeckt Lassell den größten Neptunmond, Triton.

1949
Der aus den Niederlanden stammende amerikanische Astronom Gerard Kuiper, nach dem der Kuiper-Gürtel benannt ist, entdeckt den drittgrößten Neptunmond, Nereid.

1977
Voyager 2 startet zu einem Vorbeiflug an Neptun und anderen Planeten auf dem Weg in den interstellaren Raum.

MITTE DER 1980ER-JAHRE
Als Bedeckungsbeobachtungen ein gelegentliches „Blinken" zeigen, kurz bevor oder nachdem der Neptun einen Stern bedeckt, finden sich erste Hinweise auf unvollständige Ringbögen um den Planeten.

1989
Am 24. und 25. August passiert *Voyager 2* den Nordpol des Neptuns in knapp 4800 Kilometer Entfernung.

1989
Voyager 2 entdeckt sechs neue Neptunmonde und drei Ringe sowie ein breites Feld aus Ringmaterial.

2002/2003
Astronomen finden mithilfe verbesserter erdgebundener Teleskope fünf weitere Monde, was die Ausbeute auf 13 bekannte Neptunmonde erhöht.

Zwergplaneten

Pluto (im Bild)
Ceres
Eris (UB313)

PLUTO

Entfernung von der Sonne
39,5 AE

Masse (Erde = 1)
0,0022

Radius am Äquator (Erde = 1)
0,180

Monde
3

Ringe
Keine

CERES

Entfernung von der Sonne
2,77 AE

Durchmesser am Äquator
950 km

Monde
0

Ringe
Keine

ERIS (UB313)

Entfernung von der Sonne
67,7 AE

Durchmesser am Äquator
2400 km

Monde
0

Ringe
Keine

CHRONOLOGIE

PLUTO

1930

Der amerikanische Astronom Clyde Tombaugh entdeckt den Pluto.

1978

Am 22. Juni entdeckt der Astronom James Christy den Plutomond Charon. Bei der Auswertung stark vergrößerter aktueller Aufnahmen vom Pluto bemerkt Christy eine leichte Ausbeulung, die sich auf Fotoplatten vom 29. April 1965 bestätigen lässt.

1979–1999

Die stark elliptische Umlaufbahn führt den Pluto näher an die Sonne als den Neptun und bietet eine seltene Gelegenheit, diese weit entfernte Welt und ihren Mond Charon zu untersuchen.

1985–1989

Der Pluto nähert sich erneut dem Perihel und beginnt in dieser Zeit eine Serie von Bedeckungen mit seinem Mond Charon.

1992

Die aus Stickstoff und Kohlendioxid bestehende Atmosphäre des Pluto wird entdeckt. Der Planet ist das prominenteste Objekt des Kuiper-Gürtels, einem Band aus vereisten Felsbrocken und Zwergplaneten, das die Sonne jenseits der Plutobahn umkreist.

2006

Auf Aufnahmen des Hubble-Weltraumteleskops sind die Plutomonde Hydra und Nix zu erkennen. Außerdem nimmt Hubble Bilder von Pluto und Charon auf.

2006

Am 19. Januar startet die Raumsonde *New Horizons* mit der Mission, Pluto und Charon zu besuchen. Sie soll ihr Ziel 2015 erreichen. Da sie nicht abbremsen kann, wird es bei einem Vorbeiflug bleiben.

2006

Am 24. August stuft die Internationale Astronomische Union (IAU) den Pluto zu einem Zwergplaneten herab.

CERES

1801

Am 1. Januar entdeckt Giuseppe Piazzi Ceres und stuft ihn als Planeten ein.

20. JAHRHUNDERT

Ceres wird 150 Jahre lang als Asteroid klassifiziert, da man weitere ähnliche Objekte in dieser Region entdeckt. Da er als erster dieser Körper entdeckt wurde, erhält er nach moderner Methodik die Asteroidenbezeichnung 1 Ceres.

2005

Hubble-Aufnahmen deuten darauf hin, dass Ceres eher ein Planet als ein Asteroid sein könnte.

2006

Nach Entdeckung von Eris, einem weiteren transneptunischen Objekt, schlägt die Internationale Astronomische Union (IAU) vor, Ceres zusammen mit Eris und dem Plutomond Charon wieder den Status eines Planeten zuzuerkennen. Stattdessen wird am 24. August ein Alternativvorschlag aus der IAU umgesetzt, demzufolge Ceres als „Zwergplanet" geführt wird. Es ist noch nicht geklärt, ob der Status des Zwergplaneten eine dem Planetenstatus vergleichbare eigene Kategorie ist oder ob Zwergplaneten ihre vorherige geringere Einstufung, wie zum Beispiel als „Asteroid", zusätzlich behalten.

ERIS (UB313)

2005

Mike Brown, Astronom am CalTech, und sein Team melden die Entdeckung eines weiteren Kuiper-Gürtel-Objekts, das größer als Pluto ist. Das vorläufig UB313 bzw. ena genannte Objekt erhält von der IAU offiziell den Namen Eris.

2006

Der Vorschlag, Eris zusammen mit Pluto und seinen Monden als Planet einzustufen, führt zur Klassifizierung als Zwergplanet nach Definition der IAU. Der Ende 2005 von Mike Brown und seinem Team entdeckte Mond, der Eris umkreist, wird von der IAU Dysnomia getauft.

Die Sternbilder im Überblick

ANDROMEDA

Andromeda

Abkürzung
And

Genitiv
Andromedae

Rektaszension
1 Stunde

Deklination
+40°

Sichtbarkeit
90°N bis 36°S

Beachtenswerte Objekte
IC 239
M31 (Andromeda-Galaxie)
M32
M110
NGC 404
NGC 891
NGC 7640
NGC 7662
NGC 7686

Benannte Sterne
Alpheratz (Alpha [α] Andromedae)
Mirach (Beta [β] Andromedae)
Alamak (Gamma [γ] Andromedae)
Adhil (Xi [ξ] Andromedae)

ANTLIA

Luftpumpe

Abkürzung
Ant

Genitiv
Antliae

Rektaszension
10 Stunden

Deklination
–35°

Sichtbarkeit
48°N bis 90°S

Beachtenswerte Objekte
NGC 2997
NGC 3268
NGC 3347
NGC 3354
NGC 3358
Zeta (ζ) Antliae

APUS

Paradiesvogel

Abkürzung
Aps

Genitiv
Apodis

Rektaszension
16 Stunden

Deklination
–75°

Sichtbarkeit
6°N bis 90°S

Beachtenswerte Objekte
IC 4499
NGC 6101
Delta (δ) Apodis
Theta (θ) Apodis

AQUARIUS

Wassermann

Abkürzung
Aqr

Genitiv
Aquarii

Rektaszension
23 Stunden

Deklination
–15°

Sichtbarkeit
65°N bis 85°S

Beachtenswerte Objekte
M2
M72
M73
NGC 7009 (Saturn-Nebel)
NGC 7184
NGC 7293 (Helix-Nebel)

Benannte Sterne
Sadalmelik (Alpha [α] Aquarii)
Sadalsuud (Beta [β] Aquarii)
Sadachbia (Gamma [γ] Aquarii)
Skat (Delta [δ] Aquarii)
Albali (Epsilon [ε] Aquarii)
Ancha (Theta [θ] Aquarii)
Situla (Kappa [κ] Aquarii)

AQUILA

Adler

Abkürzung
Aql

Genitiv
Aquilae

Rektaszension
20 Stunden

Deklination
+5°

Sichtbarkeit
80°N bis 70°S

Beachtenswerte Objekte
Great Rift
NGC 6709
NGC 6751
NGC 6755
NGC 6760
NGC 6772
NGC 6803
NGC 6804

Benannte Sterne
Altair (Alpha [α] Aquilae)
Alshain (Beta [β] Aquilae)
Tarazed (Gamma [γ] Aquilae)
Deneb Okab (Delta [δ] Aquilae)

ARA

Altar

Abkürzung
Ara

Genitiv
Arae

Rektaszension
17 Stunden

Deklination
–55°

Sichtbarkeit
25°N bis 90°S

Beachtenswerte Objekte
Alpha (α) Arae
IC 4642
NGC 6193
NGC 6215
NGC 6221
NGC 6397

ARIES

Widder

Abkürzung
Ari

Genitiv
Arietis

Rektaszension
3 Stunden

Deklination
+20°

Sichtbarkeit
90°N bis 62°S

Beachtenswerte Objekte
Alpha (α) Arietis
Beta (β) Arietis
Gamma (γ) Arietis
NGC 691
NGC 772

Benannte Sterne
Hamal (Alpha [α] Arietis)
Sharatan (Beta [β] Arietis)
Mesarthim (Gamma [γ] Arietis)
Botein (Delta [δ] Arietis)

AURIGA

Fuhrmann

Abkürzung
Aur

Genitiv
Aurigae

Rektaszension
6 Stunden

Deklination
+40°

Sichtbarkeit
90°N bis 31°S

Beachtenswerte Objekte
Alpha (α) Aurigae
Epsilon (ε) Aurigae
M36
M37
M38
NGC1893
IC 410
14 Aurigae
41 Aurigae

Benannte Sterne
Capella (Alpha [α] Aurigae)
Menkalinan (Beta [β] Aurigae)
Almaaz (Epsilon [ε] Aurigae)
Hoedus I (Zeta [ζ] Aurigae)
Hoedus II (Eta [η] Aurigae)
Hassaleh (Iota [ι] Aurigae)

BOOTES

Rinderhirte

Abkürzung
Boo

Genitiv
Bootis

Rektaszension
15 Stunden

Deklination
+30°

Sichtbarkeit
90°N bis 45°S

Beachtenswerte Objekte
NGC 5248
NGC 5466
NGC 5557
NGC 5676

Benannte Sterne
Arcturus (Alpha [α] Bootis)
Nekkar (Beta [β] Bootis)
Haris (Gamma [γ] Bootis)
Izar (Epsilon [ε] Bootis)
Mufrid (Eta [η] Bootis)
Asellus Primus (Theta [θ] Bootis)
Asellus Secundus (Iota [ι] Bootis)
Asellus Tertius (Kappa [κ] Bootis)
Alkalurops (My [μ] Bootis)
Merga (38 Bootis)

CAELUM

Grabstichel

Abkürzung

Genitiv
Caeli

Rektaszension
5 Stunden

Deklination
–40°

Sichtbarkeit
40°N bis 90°S

Beachtenswerte Objekte
NGC 1595
NGC 1598
ESO 202-23

CAMELOPARDALIS

Giraffe

Abkürzung
Cam

Genitiv
Camelopardalis

Rektaszension
6 Stunden

Deklination
+70°

Sichtbarkeit
90°N bis 8°S

Beachtenswerte Objekte
NGC 1501
NGC 1502
NGC 2146
NGC 2403
IC 342
Struve 1694

CANCER

Krebs

Abkürzung
Cnc

Genitiv
Cancri

Rektaszension
9 Stunden

Deklination
+20°

Sichtbarkeit
90°N bis 56°S

Beachtenswerte Objekte
Beta [β] Cancri
Gamma [γ] Cancri
Delta [δ] Cancri
M44 (Praesepe)
M67
NGC 2775

Benannte Sterne
Acubens (Alpha [α] Cancri)
Altarf (Beta [β] Cancri)
Asellus Borealis (Gamma [γ] Cancri)
Asellus Australis (Delta [δ] Cancri)
Tegmine (Zeta [ζ] Cancri)

CANES VENATICI

Jagdhunde

Abkürzung
CVn

Genitiv
Canum Venaticorum

Rektaszension
13 Stunden

Deklination
+40°

Sichtbarkeit
90°N bis 44°S

Beachtenswerte Objekte
M3
M51 (Whirlpool-Galaxie)
M63
M94
M106
NGC 4244
NGC 4631 (Wal-Galaxie)
NGC 4656/7 (Hockey-Stick-Galaxie)

Benannte Sterne
Cor Caroli (Alpha [α] Canum Venaticorum)
Asterion (Beta [β] Canum Venaticorum)

CANIS MAJOR

Großer Hund

Abkürzung
CMa

Genitiv
Canis Majoris

Rektaszension
7 Stunden

Deklination
–20°

Sichtbarkeit
55°N bis 90°S

Beachtenswerte Objekte
Alpha (α) Canis Majoris
M41
NGC 2354
NGC 2362
NGC 2359 (Thors Helm)

Benannte Sterne
Sirius (Alpha [α] Canis Majoris)
Mirzam (Beta [β] Canis Majoris)
Muliphein (Gamma [γ] Canis Majoris)
Wezen (Delta [δ] Canis Majoris)
Adara (Epsilon [ε] Canis Majoris)
Furud (Zeta [ζ] Canis Majoris)
Aludra (Eta [η] Canis Majoris)

CANIS MINOR

Kleiner Hund

Abkürzung
CMi

Genitiv
Canis Minoris

Rektaszension
8 Stunden

Deklination
+5°

Sichtbarkeit
90°N bis 77°S

Beachtenswerte Objekte
Alpha (α) Canis Minoris

Benannte Sterne
Procyon (Alpha [α] Canis Minoris)
Gomeisa (Beta [β] Canis Minoris)

CAPRICORNUS

Steinbock

Abkürzung
Cap

Genitiv
Capricorni

Rektaszension
21 Stunden

Deklination
–20°

Sichtbarkeit
59°N bis 90°S

Beachtenswerte Objekte
M30
NGC 6907

Benannte Sterne
Algedi (Alpha 1 [α^1] und Alpha 2 [α^2] Capricorni)
Dabih (Beta [β] Capricorni)
Nashira (Gamma [γ] Capricorni)
Deneb Algiedi (Delta [δ] Capricorni)
Alshat (Ny [ν] Capricorni)

CARINA

Schiffskiel

Abkürzung
Car

Genitiv
Carinae

Rektaszension
9 Stunden

Deklination
–60°

Sichtbarkeit
15°N bis 90°S

Beachtenswerte Objekte
IC 2220
IC 2501
IC 2581
IC 2602
NGC 2516
NGC 2609
NGC 2808
NGC 2867
NGC 3293
NGC 3314
NGC 3532

Benannte Sterne
Canopus (Alpha [α] Carinae)
Miaplacidus (Beta [β] Carinae)
Avior (Epsilon [ε] Carinae)
Aspidiske (Iota [ι] Carinae)

CASSIOPEIA

Cassiopeia

Abkürzung
Cas

Genitiv
Cassiopeiae

Rektaszension
1 Stunde

Deklination
+60°

Sichtbarkeit
90°N bis 21°S

Beachtenswerte Objekte
M52
NGC 281 (Pac-Man-Nebel)
NGC 7789
NGC 457 (ET-Haufen)
NGC 663
NGC 654
NGC 659

Benannte Sterne
Schedir (Alpha [α] Cassiopeiae)
Caph (Beta [β] Cassiopeiae)
Cih (Gamma [γ] Cassiopeiae)
Ruchbah (Delta [δ] Cassiopeiae)
Segin (Epsilon [ε] Cassiopeiae)
Achird (Eta [η] Cassiopeiae)
Marfak (Theta [θ] Cassiopeiae)
Marfak (My [μ] Cassiopeiae)

CENTAURUS

Zentaur

Abkürzung
Cen

Genitiv
Centauri

Rektaszension
13 Stunden

Deklination
−50°

Sichtbarkeit
22°N bis 90°S

Beachtenswerte Objekte
Alpha [α] Centauri
NGC 4945
NGC 5128 (Centaurus A)
NGC 5139 (Omega [ω] Centauri)

Benannte Sterne
Rigel Kentaurus (Alpha [α] Centauri)
Hadar (Beta [β] Centauri)
Menkent (Theta [θ] Centauri)

CEPHEUS

Cepheus

Abkürzung
Cep

Genitiv
Cephei

Rektaszension
22 Stunden

Deklination
+70°

Sichtbarkeit
90°N bis 8°S

Beachtenswerte Objekte
Delta (δ) Cephei
My (μ) Cephei
NGC 40
NGC 188
NGC 6939
NGC 6946
Struve 2873

Benannte Sterne
Alderamin (Alpha [α] Cephei)
Alfirk (Beta [β] Cephei)
Alrai (Gamma [γ] Cephei)
Erakis (Garnet Star) (My [μ] Cephei)
Alkurhah (Xi [ξ] Cephei)
Alkalb al Rai (Rho [ρ] Cephei)

CETUS

Walfisch

Abkürzung
Cet

Genitiv
Ceti

Rektaszension
2 Stunden

Deklination
−10°

Sichtbarkeit
64°N bis 75°S

Beachtenswerte Objekte
Omikron [ο] Ceti
M77
NGC 246
NGC 247
NGC 1055

Benannte Sterne
Menkar (Alpha [α] Ceti)
Deneb Kaitos (Beta [β] Ceti)
Kaffaljidhma (Gamma [γ] Ceti)
Baten Kaitos (Zeta [ζ] Ceti)
Deneb Algenubi (Eta [η] Ceti)
Deneb Kaitos Shemali (Iota [ι] Ceti)
Mira (Omikron [ο] Ceti)

CHAMAELEON

Chamäleon

Abkürzung
Cha

Genitiv
Chamaeleontis

Rektaszension
11 Stunden

Deklination
−80°

Sichtbarkeit
5°N bis 90°S

Beachtenswerte Objekte
Delta (δ) Chamaeleontis
IC 2631
NGC 2915
NGC 3195

CIRCINUS

Zirkel

Abkürzung
Cir

Genitiv
Circini

Rektaszension
15 Stunden

Deklination
−60°

Sichtbarkeit
21°N bis 90°S

Beachtenswerte Objekte
ESO 97-13 (Circinus-Galaxie)
NGC 5315
NGC 5822
NGC 5823

COLUMBA

Taube

Abkürzung
Col

Genitiv
Columbae

Rektaszension
6 Stunden

Deklination
–35°

Sichtbarkeit
43°N bis 90°S

Beachtenswerte Objekte
My (μ) Columbae
NGC 1792
NGC 1808
NGC 1851

Benannte Sterne
Phakt (Alpha [α] Columbae)
Wezn (Beta [β] Columbae)

COMA BERENICES

Haar der Berenike

Abkürzung
Com

Genitiv
Comae Berenices

Rektaszension
13 Stunden

Deklination
+20°

Sichtbarkeit
90°N bis 57°S

Beachtenswerte Objekte
24 Comae Berenices
Melotte 111
M53
M64 (Galaxie mit den schwarzen Augen)
M99
M100
NGC 4565
NGC 5053

Benannte Sterne
Diadem (Alpha [α] Comae Berenices)

CORONA AUSTRALIS

Südliche Krone

Abkürzung
CrA

Genitiv
Coronae Australis

Rektaszension
19 Stunden

Deklination
–40°

Sichtbarkeit
42°N bis 90°S

Beachtenswerte Objekte
Bernes 157
Brisbane 14
IC 1297
IC 4812
NGC 6541
NGC 6726
NGC 6729

Benannte Sterne
Alphecca Meridiana
(Alpha [α] Coronae Australis)

CORONA BOREALIS

Nördliche Krone

Abkürzung
CrB

Genitiv
Coronae Borealis

Rektaszension
16 Stunden

Deklination
+30°

Sichtbarkeit
90°N bis 54°S

Beachtenswerte Objekte
Abell 2065
R Coronae Borealis
Struve 1932
Zeta (ζ) Coronae Borealis

Benannte Sterne
Alfecca (Alpha [α] Coronae Borealis)
Nusakan (Beta [β] Coronae Borealis)

CORVUS

Rabe

Abkürzung
Crv

Genitiv
Corvi

Rektaszension
12 Stunden

Deklination
–20°

Sichtbarkeit
61°N bis 90°S

Beachtenswerte Objekte
NGC 4038/9
NGC 4361

Benannte Sterne
Alchiba (Alpha [α] Corvi)
Kraz (Beta [β] Corvi)
Gienah Ghurab (Gamma [γ] Corvi)
Algorab (Delta [δ] Corvi)
Minkar (Epsilon [ε] Corvi)

CRATER

Becher

Abkürzung
Crt

Genitiv
Crateris

Rektaszension
11 Stunden

Deklination
–15°

Sichtbarkeit
69°N bis 90°S

Beachtenswerte Objekte
NGC 3511

Benannte Sterne
Alkes (Alpha [α] Crateris)

CRUX

Kreuz des Südens

Abkürzung
Cru

Genitiv
Crucis

Rektaszension
12 Stunden

Deklination
–60°

Sichtbarkeit
22°N bis 90°S

Beachtenswerte Objekte
Alpha (α) Crucis
Beta (β) Crucis
NGC 4755 (Schmuckkästchen)
Kohlensack

Benannte Sterne
Acrux (Alpha [α] Crucis)
Mimosa (Beta [β] Crucis)
Gacrux (Gamma [γ] Crucis)

CYGNUS

Schwan

Abkürzung
Cyg

Genitiv
Cygni

Rektaszension
21 Stunden

Deklination
+40°

Sichtbarkeit
90°N bis 32°S

Beachtenswerte Objekte
IC 1318 (Gamma [γ] Cygni-Nebel)
NGC 6826
NGC 6888 (Mondsichel-Nebel)
NGC 6992/5
NGC 7000 (Nordamerika-Nebel)
NGC 7092
Nördlicher Kohlensack
Schleier-Nebel

Benannte Sterne
Deneb (Alpha [α] Cygni)
Albireo (Beta [β] Cygni)
Sadir (Gamma [γ] Cygni)
Gienah (Epsilon [ε] Cygni)
Ruchba (Omega^1 [ω^1] Cygni und Omega^2 [ω^2] Cygni)

DELPHINUS

Delfin

Abkürzung
Del

Genitiv
Delphini

Rektaszension
21 Stunden

Deklination
+10°

Sichtbarkeit
90°N bis 69°S

Beachtenswerte Objekte
Gamma [γ] Delphini
NGC 6891
NGC 6905
NGC 6934
NGC 7006

Benannte Sterne
Sualacin (Alpha [α] Delphini)
Rotanev (Beta [β] Delphini)
Deneb Dulfin (Epsilon [ε] Delphini)

DORADO

Goldfisch oder Schwertfisch

Abkürzung
Dor

Genitiv
Doradus

Rektaszension
5 Stunden

Deklination
–65°

Sichtbarkeit
20°N bis 90°S

Beachtenswerte Objekte
Beta (β) Doradus
Große Magellansche Wolke (GMW)
NGC 1549
NGC 1553
NGC 1566
NGC 2070 (Tarantel-Nebel)

DRACO

Drache

Abkürzung
Dra

Genitiv
Draconis

Rektaszension
17 Stunden

Deklination
+65°

Sichtbarkeit
90°N bis 4°S

Beachtenswerte Objekte
Alpha (α) Draconis
Ny (ν) Draconis
Psi (ψ)Draconis
NGC 5866
NGC 5907
The Sampler (NGC 5981, 5982, and 5985)
NGC 6543 (Katzenaugen-Nebel)

Benannte Sterne
Thuban (Alpha [α] Draconis)
Rastaban (Beta [β] Draconis)
Etamin (Gamma [γ] Draconis)
Altais (Delta [δ] Draconis)
Nodus Secundus (Epsilon [ε] Draconis)
Aldhibah (Zeta [ζ] Draconis)
Eldsich (Iota [ι] Draconis)
Kuma (Ny [ν] Draconis)
Grumium (Xi [ξ] Draconis)
Alsafi (Sigma [σ] Draconis)
Dsiban (Psi [ψ] Draconis)

EQUULEUS

Füllen

Abkürzung
Equ

Genitiv
Equulei

Rektaszension
21 Stunden

Deklination
+10°

Sichtbarkeit
90°N bis 75°S

Beachtenswerte Objekte
Gamma (γ) Equulei
Epsilon (ε) Equulei
Lambda (λ) Equulei
NGC 7015
NGC 7040
NGC 7046
Struve 2765
Struve 2786
Struve 2793

Benannte Sterne
Kitalpha (Alpha [α] Equulei)

ERIDANUS

Eridanus

Abkürzung
Eri

Genitiv
Eridani

Rektaszension
3 Stunden

Deklination
−20°

Sichtbarkeit
28°N bis 88°S

Beachtenswerte Objekte
NGC 1232
NGC 1291
NGC 1300
NGC 1532
NGC 1535

Benannte Sterne
Achenar (Alpha [α] Eridani)
Cursa (Beta [β] Eridani)
Zaurak (Gamma [γ] Eridani)
Rana (Delta [δ] Eridani)
Zibal (Zeta [ζ] Eridani)
Azha (Eta [η] Eridani)
Acamar (Theta [θ] Eridani)
Beid (Omikron^1 [o^1] Eridani)
Keid (Omikron^2 [o^2] Eridani)
Angetenar (Tau^2 [τ^2] Eridani)
Theemin (Ypsilon^2 [υ^2] Eridani)
Sceptrum (53 Eridani)

FORNAX

Ofen

Abkürzung
For

Genitiv
Fornacis

Rektaszension
3 Stunden

Deklination
−30°

Sichtbarkeit
53°N bis 90°S

Beachtenswerte Objekte
Alpha (α) Fornacis
Fornax-Haufen
NGC 1316
NGC 1360
NGC 1365
NGC 1399
NGC 1404

GEMINI

Zwillinge

Abkürzung
Gem

Genitiv
Geminorum

Rektaszension
7 Stunden

Deklination
+20°

Sichtbarkeit
90°N bis 54°S

Beachtenswerte Objekte
M35
NGC 2158
NGC 2392 (Eskimo-Nebel)

Benannte Sterne
Castor (Alpha [α] Geminorum)
Pollux (Beta [β] Geminorum)
Alhena (Gamma [γ] Geminorum)
Wasat (Delta [δ] Geminorum)
Mebsuta (Epsilon [ε] Geminorum)
Propus (Eta [η] Geminorum)
Tejat Posterior (My [μ] Geminorum)
Alzirr (Xi [ξ] Geminorum)

GRUS

Kranich

Abkürzung
Gru

Genitiv
Gruis

Rektaszension
22 Stunden

Deklination
−45°

Sichtbarkeit
33°N bis 90°S

Beachtenswerte Objekte
Delta^1 (δ^1) und Delta^2 (δ^2) Gruis
My^1 (μ^1) und My^2 (μ^2) Gruis
IC 5150
NGC 7552
NGC 7582
NGC 7590
NGC 7599

Benannte Sterne
Alnair (Alpha [α] Gruis)

HERCULES

Herkules

Abkürzung
Her

Genitiv
Herculis

Rektaszension
17 Stunden

Deklination
+30°

Sichtbarkeit
90°N bis 39°S

Beachtenswerte Objekte
Alpha (α) Herculis
Rho (ρ) Herculis
M13 (Herkules-Haufen)
Propeller
M92
NGC 6207
NGC 6210
95 Herculis

Benannte Sterne
Ras Algethi (Alpha [α] Herculis)
Rutilicus (Beta [β] Herculis)
Sarin (Delta [δ] Herculis)
Marfik (Kappa [κ] Herculis)
Maasym (Lambda [λ] Herculis)
Kajam (Omega [ω] Herculis)

HOROLOGIUM

Pendeluhr

Abkürzung
Hor

Genitiv
Horologii

Rektaszension
3 Stunden

Deklination
−60°

Sichtbarkeit
21°N bis 90°S

Beachtenswerte Objekte
NGC 1261
NGC 1448

HYDRA

Wasserschlange

Abkürzung
Hya

Genitiv
Hydrae

Rektaszension
10 Stunden

Deklination
–20°

Sichtbarkeit
67°N bis 79°S

Beachtenswerte Objekte
Abell 1060
M48
M68
M83
NGC 3242 (Jupiters Geist)
NGC 3309
NGC 3311

Benannte Sterne
Alphard (Alpha [α] Hydrae)

HYDRUS

Kleine Wasserschlange

Abkürzung
Hyi

Genitiv
Hydri

Rektaszension
2 Stunden

Deklination
–75°

Sichtbarkeit
8°N bis 90°S

Beachtenswerte Objekte
h4375
NGC 1511

INDUS

Indianer

Abkürzung
Ind

Genitiv
Indi

Rektaszension
21 Stunden

Deklination
–55°

Sichtbarkeit
27°N bis 90°S

Beachtenswerte Objekte
Alpha (α) Indi
Theta (θ) Indi
IC 5152
NGC 7049
NGC 7090

LACERTA

Eidechse

Abkürzung
Lac

Genitiv
Lacertae

Rektaszension
22 Stunden

Deklination
+45°

Sichtbarkeit
90°N bis 33°S

Beachtenswerte Objekte
8 Lacertae
IC 5217
NGC 7209
NGC 7243
NGC 7245

LEO

Löwe

Abkürzung
Leo

Genitiv
Leonis

Rektaszension
11 Stunden

Deklination
+15°

Sichtbarkeit
90°N bis 59°S

Beachtenswerte Objekte
Gamma (γ) Leonis
„Löwen-Trio“ (M65, M66, NGC 3628)
M95
M96
M105
NGC 2903
NGC 3384

Benannte Sterne
Regulus (Alpha [α] Leonis)
Denebola (Beta [β] Leonis)
Algieba (Gamma [γ] Leonis)
Zosma (Delta [δ] Leonis)
Ras Elased Australis (Epsilon [ε] Leonis)
Adhafera (Zeta [ζ] Leonis)
Chertan (Theta [θ] Leonis)
Alterf (Lambda [λ] Leonis)
Ras Elased Borealis (My [μ] Leonis)
Subra (Omikron [ο] Leonis)

LEO MINOR

Kleiner Löwe

Abkürzung
LMi

Genitiv
Leonis Minoris

Rektaszension
10 Stunden

Deklination
+35°

Sichtbarkeit
90°N bis 48°S

Beachtenswerte Objekte
NGC 3432

Benannte Sterne
Praecipua (46 Leonis Minoris)

LEPUS

Hase

Abkürzung
Lep

Genitiv
Leporis

Rektaszension
6 Stunden

Deklination
–20°

Sichtbarkeit
63°N bis 90°S

Beachtenswerte Objekte
IC 418 (Spirograph-Nebel)
M79
NGC 2017
R Leporis

Benannte Sterne
Arneb (Alpha [α] Leporis)
Nihal (Beta [β] Leporis)

LIBRA

Waage

Abkürzung
Lib

Genitiv
Librae

Rektaszension
15 Stunden

Deklination
–15°

Sichtbarkeit
57°N bis 90°S

Beachtenswerte Objekte
NGC 5897
Merrill 2-1 (M2-1)

Benannte Sterne
Zubenelgenubi (Alpha [α] Librae)
Zubenelschemali (Beta [β] Librae)
Zubenelakrab (Gamma [γ] Librae)
Zubenhakrabi (Sigma [σ] Librae)

LUPUS

Wolf

Abkürzung
Lup

Genitiv
Lupi

Rektaszension
15 Stunden

Deklination
–45°

Sichtbarkeit
33°N bis 90°S

Beachtenswerte Objekte
Xi (ξ) Lupi
IC 4406
NGC 5643
NGC 5986

LYNX

Luchs

Abkürzung
Lyn

Genitiv
Lyncis

Rektaszension
8 Stunden

Deklination
+45°

Sichtbarkeit
90°N bis 26°S

Beachtenswerte Objekte
NGC 2419 (Intergalaktischer Wanderer)
NGC 2549
NGC 2683
NGC 2782

LYRA

Leier

Abkürzung
Lyr

Genitiv
Lyrae

Rektaszension
19 Stunden

Deklination
+40°

Sichtbarkeit
90°N bis 45°S

Beachtenswerte Objekte
Alpha (α) Lyrae
Delta (δ) Lyrae
Epsilon (ε) Lyrae (Double-Double)
M57 (Ring-Nebel)
Stephenson 1

Benannte Sterne
Vega (Alpha [α] Lyrae)
Sheliak (Beta [β] Lyrae)
Sulafat (Gamma [γ] Lyrae)
Aladfar (Eta [η] Lyrae)
Alathfar (My [μ] Lyrae)

MENSA

Tafelberg

Abkürzung
Men

Genitiv
Mensae

Rektaszension
5 Stunden

Deklination
–80°

Sichtbarkeit
9°N bis 90°S

Beachtenswerte Objekte
Große Magellansche Wolke (GMW)

MICROSCOPIUM

Mikroskop

Abkürzung
Mic

Genitiv
Microscopii

Rektaszension
21 Stunden

Deklination
–35°

Sichtbarkeit
44°N bis 90°S

Beachtenswerte Objekte
Alpha (α) Microscopii
NGC 6925

MONOCEROS

Einhorn

Abkürzung
Mon

Genitiv
Monocerotis

Rektaszension
7 Stunden

Deklination
–5°

Sichtbarkeit
75°N bis 80°S

Beachtenswerte Objekte
M50
NGC 2232
NGC 2237 (Rosetten-Nebel)
NGC 2244 (Rosetten-Nebel)
NGC 2264 (Weihnachtsbaum-Sternhaufen)
NGC 2346
Plasketts Stern

MUSCA

Fliege

Abkürzung
Mus

Genitiv
Muscae

Rektaszension
12 Stunden

Deklination
–70°

Sichtbarkeit
13°N bis 90°S

Beachtenswerte Objekte
Beta (β) Muscae
IC 4191
MyCn18
NGC 4372
NGC 4833
NGC 5189

NORMA

Winkelmaß

Abkürzung
Nor

Genitiv
Normae

Rektaszension
16 Stunden

Deklination
–50°

Sichtbarkeit
35°N bis 90°S

Beachtenswerte Objekte
NGC 6067
NGC 6087
NGC 6164-65
SP-3

OCTANS

Oktant

Abkürzung
Oct

Genitiv
Octantis

Rektaszension
22 Stunden

Deklination
–85°

Sichtbarkeit
1°N bis 90°S

Beachtenswerte Objekte
Collinder 411 (Cr411)
NGC 2573

OPHIUCHUS

Schlangenträger

Abkürzung
Oph

Genitiv
Ophiuchi

Rektaszension
17 Stunden

Deklination
0°

Sichtbarkeit
60°N bis 73°S

Beachtenswerte Objekte
Barnards Pfeilstern
M9
M10
M12
M14
M19
M62
M107
NGC 6369

Benannte Sterne
Rasalhague (Alpha [α] Ophiuchi)
Cebalrai (Beta [β] Ophiuchi)
Yed Prior (Delta [δ] Ophiuchi)
Yed Posterior (Epsilon [ε] Ophiuchi)
Sabik (Eta [η] Ophiuchi)
Marfik (Lambda [λ] Ophiuchi)

ORION

Orion

Abkürzung
Ori

Genitiv
Orionis

Rektaszension
5 Stunden

Deklination
+5°

Sichtbarkeit
75°N bis 65°S

Beachtenswerte Objekte
Alpha (α) Orionis
IC 434 (Pferdekopf-Nebel, Barnard 33)
M42 (Orion-Nebel)
NGC 1981
Trapez
Zeta (ζ) Orionis

Benannte Sterne
Betelgeuse (Alpha [α] Orionis)
Rigel (Beta [β] Orionis)
Bellatrix (Gamma [γ] Orionis)
Mintaka (Delta [δ] Orionis)
Alnilam (Epsilon [ε] Orionis)
Alnitak (Zeta [ζ] Orionis)
Saiph (Kappa [κ] Orionis)
Meissa (Lambda [λ] Orionis)

PAVO

Pfau

Abkürzung
Pav

Genitiv
Pavonis

Rektaszension
20 Stunden

Deklination
–65°

Sichtbarkeit
13°N bis 90°S

Beachtenswerte Objekte
Alpha (α) Pavonis
IC 5052
NGC 6744
NGC 6752

Benannte Sterne
Peacock (Alpha [α] Pavonis)

PEGASUS

Pegasus

Abkürzung
Peg

Genitiv
Pegasi

Rektaszension
22 Stunden

Deklination
+20°

Sichtbarkeit
90°N bis 55°S

Beachtenswerte Objekte
Stephans Quintet
M15
NGC 7331

Benannte Sterne
Markab (Alpha [α] Pegasi)
Scheat (Beta [β] Pegasi)
Algenib (Gamma [γ] Pegasi)
Enif (Epsilon [ε] Pegasi)
Homam (Zeta [ζ] Pegasi)
Matar (Eta [η] Pegasi)
Biham (Theta [θ] Pegasi)
Kerb (Tau [τ] Pegasi)

PERSEUS

Perseus

Abkürzung
Per

Genitiv
Persei

Rektaszension
3 Stunden

Deklination
+45°

Sichtbarkeit
90°N bis 29°S

Beachtenswerte Objekte
Doppelsternhaufen
M34
M76 (Kleiner Hantel-Nebel)
NGC 1499 (Kalifornien-Nebel)

Benannte Sterne
Mirfak (Alpha [α] Persei)
Algol (Beta [β] Persei)
Miram (Eta [η] Persei)
Misam (Kappa [κ] Persei
Menkib (Xi [ξ] Persei)
Atik (Omikron [ο] Persei)

PHOENIX

Phoenix

Abkürzung
Phe

Genitiv
Phoenicis

Rektaszension
1 Stunde

Deklination
–50°

Sichtbarkeit
27°N bis 90°S

Beachtenswerte Objekte
NGC 625
NGC 7702
Theta (θ) Phoenicis
Zeta (ζ) Phoenicis

Benannte Sterne
Ankaa (Alpha [α] Phoenicis)

PICTOR

Maler

Abkürzung
Pic

Genitiv
Pictoris

Rektaszension
6 Stunden

Deklination
–55°

Sichtbarkeit
25°N bis 90°S

Beachtenswerte Objekte
Dunlop 21
Kapteyns Stern
NGC 1705
NGC 1803

PISCES

Fische

Abkürzung
Psc

Genitiv
Piscium

Rektaszension
1 Stunde

Deklination
+15°

Sichtbarkeit
84°N bis 55°S

Beachtenswerte Objekte
Alpha (α) Piscium
M74
NGC 676

Benannte Sterne
Alrisha (Alpha [α] Piscium)
Fum al Samaka (Beta [β] Piscium)

PISCIS AUSTRINUS

Südlicher Fisch

Abkürzung
PsA

Genitiv
Piscis Austrini

Rektaszension
22 Stunden

Deklination
−30°

Sichtbarkeit
52°N bis 90°S

Beachtenswerte Objekte
Alpha (α) Piscis Austrini
Beta (β) Piscis Austrini
Delta (δ) Piscis Austrini
Gamma (γ) Piscis Austrini
IC 5271
NGC 7314

Benannte Sterne
Fomalhaut (Alpha [α] Piscis Austrini)

PUPPIS

Achterdeck

Abkürzung
Pup

Genitiv
Puppis

Rektaszension
8 Stunden

Deklination
−40°

Sichtbarkeit
34°N bis 90°S

Beachtenswerte Objekte
M46
M47
NGC 2438
NGC 2440
NGC 2451
NGC 2477
NGC 2546

Benannte Sterne
Naos (Zeta [ζ] Puppis)
Azmidiske (Xi [ξ] Puppis)

PYXIS

Kompass

Abkürzung
Pyx

Genitiv
Pyxidis

Rektaszension
9 Stunden

Deklination
−30°

Sichtbarkeit
50°N bis 90°S

Beachtenswerte Objekte
IC 2469
NGC 2818
NGC 2818A
NGC 2613

RETICULUM

Netz

Abkürzung
Ret

Genitiv
Reticuli

Rektaszension
4 Stunden

Deklination
−60°

Sichtbarkeit
20°N bis 90°S

Beachtenswerte Objekte
NGC 1313
NGC 1559

SAGITTA

Pfeil

Abkürzung
Sge

Genitiv
Sagittae

Rektaszension
20 Stunden

Deklination
+10°

Sichtbarkeit
90°N bis 66°S

Beachtenswerte Objekte
IC 4997
M71
NGC 6886
NGC 6879

Benannte Sterne
Sham (Alpha [α] Sagittae)

SAGITTARIUS

Schütze

Abkürzung
Sgr

Genitiv
Sagittarii

Rektaszension
19 Stunden

Deklination
–25°

Sichtbarkeit
40°N bis 90°S

Beachtenswerte Objekte
M8 (Lagunen-Nebel)
M17 Omega-Nebel)
M18
M20 (Trifid-Nebel)
M22
M23
M54
M55

Benannte Sterne
Rukbat (Alpha [α] Sagittarii)
Arkab Prior (Beta¹ [β¹] Sagittarii)
Arkab Posterior (Beta² [β²] Sagittarii)
Alnasi (Gamma² [γ²] Sagittarii)
Kaus Meridioni (Delta [δ] Sagittarii)
Kaus Australis (Epsilon [ε] Sagittarii)
Ascella (Zeta [ζ] Sagittarii)
Kaus Borealis (Lambda [λ] Sagittarii)
Ain al Rami (Ny¹ [ν¹] Sagittarii)
Albaldah (Pi [π] Sagittarii)
Nunki (Sigma [σ] Sagittarii)
Terebellum (Omega [ω] Sagittarii)

SCORPIUS

Skorpion

Abkürzung
Sco

Genitiv
Scorpii

Rektaszension
17 Stunden

Deklination
–40°

Sichtbarkeit
42°N bis 90°S

Beachtenswerte Objekte
Alpha (α) Scorpii
M4
M6
M7
M80
NGC 6144
NGC 6231
NGC 6302
NGC 6337
NGC 6441

Benannte Sterne
Antares (Alpha [α] Scorpii)
Graffias (Beta¹ [β] Scorpii)
Dschubba (Delta [δ] Scorpii)
Sargas (Theta [θ] Scorpii)
Shaula (Lambda [λ] Scorpii)
Jabbah (Ny [ν] Scorpii)
Lesath (Ypsilon [υ] Scorpii)

SCULPTOR

Bildhauer

Abkürzung
Scl

Genitiv
Sculptoris

Rektaszension
24 Stunden

Deklination
–30°

Sichtbarkeit
47°N bis 90°S

Beachtenswerte Objekte
NGC 55
NGC 253
NGC 288
NGC 300
NGC 7793
Sculptor-Gruppe

SCUTUM

Schild

Abkürzung
Sct

Genitiv
Scuti

Rektaszension
19 Stunden

Deklination
–10°

Sichtbarkeit
70°N bis 90°S

Beachtenswerte Objekte
IC 1295
M11 (Wildenten-Haufen)
M26
NGC 6712
R Scuti
Scutum-Sternwolke

SERPENS

Schlange

Abkürzung
Ser

Genitiv
Serpentis

Rektaszension
17 Stunden

Deklination
0°

Sichtbarkeit
70°N bis 67°S

Beachtenswerte Objekte
IC 4756
M5
M16 (Adler-Nebel)
Theta (θ) Serpentis

Benannte Sterne
Unukalhai (Alpha [α] Serpentis)
Alya (Theta [θ] Serpentis)

SEXTANS

Sextant

Abkürzung
Sex

Genitiv
Sextantis

Rektaszension
10 Stunden

Deklination
0°

Sichtbarkeit
77°N bis 85°S

Beachtenswerte Objekte
Gamma (γ) Sextantis
NGC 3115
NGC 3166
NGC 3169
NGC 3044

TAURUS

Stier

Abkürzung
Tau

Genitiv
Tauri

Rektaszension
4 Stunden

Deklination
+15°

Sichtbarkeit
90°N bis 56°S

Beachtenswerte Objekte
M1 (Krebs-Nebel)
M45 (Plejaden)
NGC 1646
NGC 1647

Benannte Sterne
Aldebaran (Alpha [α] Tauri)
Elnath (Beta [β] Tauri)
Hyadum I (Gamma [γ] Tauri)
Hyadum II (Delta [δ] Tauri)
Ain (Epsilon [ε] Tauri)

TELESCOPIUM

Teleskop

Abkürzung
Tel

Genitiv
Telescopii

Rektaszension
19 Stunden

Deklination
−50°

Sichtbarkeit
30°N bis 90°S

Beachtenswerte Objekte
NGC 6584
NGC 6868
Dunlop 227

TRIANGULUM

(Nördliches) Dreieck

Abkürzung
Tri

Genitiv
Trianguli

Rektaszension
2 Stunden

Deklination
+30°

Sichtbarkeit
90°N bis 52°S

Beachtenswerte Objekte
Iota (ι) Trianguli
M33 (Dreiecks-Nebel)
NGC 604

Benannte Sterne
Mothallah (Alpha [α] Trianguli)

TRIANGULUM AUSTRALE

Südliches Dreieck

Abkürzung
TrA

Genitiv
Trianguli Australe

Rektaszension
16 Stunden

Deklination
−65°

Sichtbarkeit
16°N bis 90°S

Beachtenswerte Objekte
NGC 5844
NGC 5979
NGC 6025

TUCANA

Tukan

Abkürzung
Tuc

Genitiv
Tucanae

Rektaszension
24 Stunden

Deklination
−65°

Sichtbarkeit
20°N bis 90°S

Beachtenswerte Objekte
Kleine Magellansche Wolke (KMW)
NGC 104 (47 Tucanae)
NGC 346
NGC 362

URSA MAJOR

Großer Bär

Abkürzung
UMa

Genitiv
Ursae Majoris

Rektaszension
11 Stunden

Deklination
+50°

Sichtbarkeit
90°N bis 22°S

Beachtenswerte Objekte
Großer Wagen
M81
M82
M97 (Eulen-Nebel)
M101
M108
NGC 2976
NGC 3034
NGC 5474
QSO 0957+561A/B
Zeta (ζ) Ursae Majoris
Xi (ξ) Ursae Majoris

Benannte Sterne
Dubhe (Alpha [α] Ursae Majoris)
Merak (Beta [β] Ursae Majoris)
Phecda (Gamma [γ] Ursae Majoris)
Megrez (Delta [δ] Ursae Majoris)
Alioth (Epsilon [ε] Ursae Majoris)
Alcor Mizar (Zeta [ζ] Ursae Majoris)
Alkaid (Eta [η] Ursae Majoris)
Talitha (Iota [ι] Ursae Majoris)
Tania Borealis (Lambda [λ] Ursae Majoris)
Tania Australis (My [μ] Ursae Majoris)
Alula Borealis (Ny [ν] Ursae Majoris)
Alula Australis (Xi [ξ] Ursae Majoris)
Muscida (Omikron [ο] Ursae Majoris)

URSA MINOR

Kleiner Bär

Abkürzung
UMi

Genitiv
Ursae Minoris

Rektaszension
15 Stunden

Deklination
+70°

Sichtbarkeit
90°N bis 0°

Beachtenswerte Objekte
Alpha (α) Ursae Minoris
NGC 3172 (Polarissima Borealis)
NGC 6217

Benannte Sterne
Polaris (Alpha [α] Ursae Minoris)
Kochab (Beta [β] Ursae Minoris)
Pherkad Major (Gamma [γ] Ursae Minoris)
Yildun (Delta [δ] Ursae Minoris)

VELA

Segel

Abkürzung
Vel

Genitiv
Velorum

Rektaszension
9 Stunden

Deklination
−50°

Sichtbarkeit
30°N bis 90°S

Beachtenswerte Objekte
Gamma (γ) Velorum
IC 2391
NGC 2547
NGC 3132
NGC 3201

Benannte Sterne
Suhail al Muhlif (Gamma [γ] Velorum)
Alsuhail (Lambda [λ] Velorum)

VIRGO

Jungfrau

Abkürzung
Vir

Genitiv
Virginis

Rektaszension
13 Stunden

Deklination
0°

Sichtbarkeit
74°N bis 74°S

Beachtenswerte Objekte
M58
M61
M84
M86
M87
M90
M104

Benannte Sterne
Spica (Alpha [α] Virginis)
Zavijah (Beta [β] Virginis)
Porrima (Gamma [γ] Virginis)
Auva (Delta [δ] Virginis)

Heze (Zeta [ζ] Virginis)
Zaniah (Eta [η] Virginis)
Syrma (Iota [ι] Virginis)

VOLANS

Fliegender Fisch

Abkürzung
Vol

Genitiv
Volantis

Rektaszension
8 Stunden

Deklination
−70°

Sichtbarkeit
12°N bis 90°S

Beachtenswerte Objekte
Epsilon (ε) Volantis
ESO 34-11
Gamma (γ) Volantis
NGC 2442

VULPECULA

Füchslein

Abkürzung
Vul

Genitiv
Vulpeculae

Rektaszension
20 Stunden

Deklination
+25°

Sichtbarkeit
90°N bis 57°S

Beachtenswerte Objekte
Collinder 399 (Kleiderbügel)
M27 (Hantel-Nebel)
NGC 6802
NGC 6940

Benannte Sterne
Anser (Alpha [α] Vulpeculae)

Seite 539 Diese Aufnahme des Hubble-Weltraumteleskops zeigt den hellen Sternhaufen NGC 346. Diese dynamische und detailreiche Sternenfabrik befindet sich 210 000 Lichtjahre entfernt in der Kleinen Magellanschen Wolke, einer Satellitengalaxie unserer Milchstraße.

Chronologie der Raumfahrt

Konstantin Ziolkowski mit einem Modell seiner neuartigen Flüssigkeitsraketen.

1903
Konstantin Ziolkowski, der aus Russland stammende „Vater der Kosmonautik“, veröffentlicht das wegweisende technische Konzept des Raumflugs mit von flüssigem Sauerstoff und Wasserstoff betriebenen Raketen.

1914
7. Juli Der amerikanische Raketenpionier Dr. Robert Hutchings Goddard erhält zwei Patente für Feststoff- und Flüssigkeitsraketen, Raketen mit gemischten Treibladungen und mehrstufige Modelle.

1918
Dr. Matho Mietk-Liuba aus Savannah, USA, gründet die Raketen-Gesellschaft der Amerikanischen Akademie der Wissenschaften.
6.–7. November Zwei Tage lang führt Robert Goddard auf dem Aberdeen-Versuchsgelände in Maryland Militärangehörigen seine Raketen vor.

1923
Der deutsche Raketenforscher Hermann Oberth weckt mit seinem visionären Buch *Die Rakete zu den Planetenräumen* enormes Interesse an der Raumfahrt.

1924
April In Moskau gründet der lettische Raketenforscher Fridrikh Tsander die Allunionsgesellschaft zum Studium des interplanetaren Fluges (OIMS), um Konstantin Ziolkowskis Theorien des reaktiven Antriebs zu diskutieren.

1926
16. März Robert Goddard startet mit Erfolg die erste Flüssigkeitsrakete auf dem Farmgrundstück seiner Tante Effie in Auburn, Massachusetts, USA. Die 3 m lange Rakete wird von einem 2 m hohen Gestell aus abgeschossen; sie zündet 2,5 Sekunden lang und fliegt mit etwa 97 km/h auf eine Höhe von 12,5 m.

1927
5. Juni Der deutsche Verein für Raumschiffahrt (VfR) wird in Berlin von Max Valier gegründet. Andere bedeutende Mitbegründer sind Raketenforscher wie Hermann Oberth, Rudolf Nebel, Johannes Winkler und der damals 15-jährige Wernher von Braun.

1929
17. Juli Robert Goddard startet mit Erfolg seine vierte Flüssigkeitsrakete; sie befördert dieses Mal in 18,5 Sekunden eine Kamera, ein Barometer und ein Thermometer auf eine Höhe von 27,4 m. Die wissenschaftlichen Geräte landen sicher an einem Fallschirm.
30. September Fritz von Opel fliegt in der Nähe von Frankfurt/Main das erste Flugzeug mit Raketenantrieb, einen Opel-Hatry Rak-1-Gleiter. Auf einer 1,4 km langen Strecke erreicht das Fluggerät 160 km/h.

1930
18. Februar Der Astronom Clyde Tombaugh vom Lowell-Observatorium in Flagstaff, Arizona, USA, entdeckt mithilfe eines Blinkkomparators zum Vergleich der Fotos von Himmelsabschnitten einen neuen Planeten, den er Pluto nennt. Am 1. Mai wird der Name offiziell anerkannt.
4. April In New York City wird die American Interplanetary Society von David Lasser, G. Edward Pendray und einer Gruppe von zehn an Raketentechnik und Weltraumfahrt Interessierten gegründet. Am 6. April 1934 wird der Name in American Rocket Society geändert.

Dr. Robert Goddard führt am 16. März 1926 den ersten Flug einer Rakete mit Flüssigkeitsantrieb in Auburn, Massachusetts, USA, vor.

Der amerikanische Raketenpionier Robert Goddard.

Mitglieder der sowjetischen Raketenforschungsgesellschaft GIRD mit einer ihrer Raketen.

5. August Der erste Mensch, der den Mond betreten wird – Neil Alden Armstrong – wird in Wapakoneta, Ohio, USA, geboren.
30. Dezember Eine der 3,35 m langen Flüssigkeitsraketen von Robert Goddard startet in der Nähe von Roswell, New Mexico, USA, und fliegt auf eine Rekordhöhe von 610 m.

1931
Zwei kooperierende Raketenforschungszentren, genannt GIRD („Gruppen zum Studium von Reaktionsapparaten“), werden in Moskau und Leningrad eingerichtet. Ein Gründungsmitglied in Moskau ist Sergej Koroljow, der ebenso einflussreiche wie undurchsichtige spätere Chefkonstrukteur des sowjetischen Raumfahrtprogramms.

1933
Januar Die British Interplanetary Society (BIS) wird von Philip Cleator in Liverpool gegründet. Sie soll theoretische Raketeforschung betreiben. Die Organisation ist noch heute tätig und fördert die Weltraumforschung und -nutzung.

Ein V2-Geschoss startet von der deutschen Raketenwaffen-Entwicklungsstätte in Peenemünde.

Eine Gruppe deutscher Raketenforscher, nachdem sie sich den US-Streitkräften ergeben haben. In der Mitte Wernher von Braun (mit Gipsarm).

18. August Die Sowjetunion führt mit ihrer ersten Hybridrakete, GIRD-09, einen Flugversuch durch.

21. September Auf Veranlassung Michail Tuchatschewskys, eines Kommandeurs der Sowjetarmee, entsteht das Wissenschaftliche Institut für Strahlantrieb (RNII) durch Verschmelzung der GIRD mit dem Gasdynamik-Labor GDL. Das RNII wird die frühen russischen Flüssigkeitsraketenantriebe bauen.

1934

9. März Juri Gagarin, der erste Mensch, der in den Weltraum fliegen wird, kommt im russischen Dorf Kluschino zur Welt.

1935

28. März Robert Goddard führt den ersten Start seiner Rakete mit Kreiselsteuerung durch, die eine Höhe von 1463 m und eine Geschwindigkeit von 885 km/h erreicht.

19. September Konstantin Ziolkowski, der einflussreiche „Vater der Kosmonautik", stirbt zwei Tage nach seinem 78. Geburtstag. Seine mehr als 500 Werke über die Raumfahrt und verwandte Themen haben Raketenpioniere weltweit beeinflusst.

1942

13. Juni Die erste deutsche V2-Rakete (A-4) startet in Peenemünde, gerät aber beim Aufstieg außer Kontrolle, stürzt ab und zerschellt am Boden.

2. Oktober Erstmals verläuft der Start einer V2 in Peenemünde erfolgreich.

1943

17.–18. August Die britische Royal Air Force (RAF) fliegt ein Flächenbombardement auf das deutsche Raketenstartgelände in Peenemünde, um Konstruktions- und Produktionsanlagen der neuen „Vergeltungswaffe" V2 zu zerstören.

29. Dezember Alliierte Verbände führen Luftangriffe auf das Startgelände deutscher V1-Flugbomben in Nordfrankreich durch.

1944

13. Juni Deutschland feuert von mobilen Abschussbasen in Nordfrankreich aus fliegende V1-Bomben auf Ziele in Großbritannien ab.

1. September Eine neue Angriffswelle fliegender V1-Bomben richtet sich gegen Ziele in ganz Europa. Drei Tage später enden die V1-Angriffe über den Ärmelkanal auf Großbritannien.

8. September Zwei V2-Raketen mit Sprengköpfen werden auf Paris abgeschossen. Am Nachmittag desselben Tages trifft ein tödliches V2-Bombardement Chiswick im Westen Londons. Zwei Menschen werden getötet, viele verletzt.

1945

27. März Die letzte deutsche V2, die im Zweiten Weltkrieg auf britische Ziele abgeschossen wird, schlägt in Orpington, Kent, ein.

2. Mai Ein Erfolg für die Zukunft der amerikanischen Raumfahrt: Dr. Wernher von Braun und eine Anzahl der Raketenforscher von Peenemünde ergeben sich den US-Streitkräften. Die Gruppe wird in die USA ausgeflogen, wo von Braun die Entwicklung des amerikanischen Raketen- und Raumfahrtprogramms aufnimmt.

Erster Raketenstart auf Cape Canaveral am 24. Juli 1950 – eine Kombination von V2 und WAC-Corporal.

1947

14. Oktober In den USA durchbricht der Testpilot Charles Yeager mit einem raketengetriebenen Bell-X-1-Versuchsflugzeug als erster Mensch die Schallgrenze (Mach 1). Sein offizieller Rekord lautet Mach 1,06.

1948

11. Juni Beim ersten einer Reihe von biologischen Testflügen wird der Rhesusaffe Albert an Bord einer erbeuteten V2-Rakete vom US-Versuchsgelände White Sands in New Mexico abgeschossen. Er überlebt den 63-km-Flug jedoch nicht.

1950

24. Juli Die erste Rakete, die vom Testgelände auf Cape Canaveral in Florida abgeschossen wird, besteht aus einer V2 als erster und einer WAC-Corporal als zweiter Stufe.

1951

22. Juli Die beiden Hunde Dezik und Tsygan starten von Kapustin Yar in der UdSSR aus. Sie gehen in die Annalen als die ersten Tiere ein, die erfolgreich einen suborbitalen Raumflug überstehen.

1955

1. August In den USA wird mit Experimenten zur Erforschung der Schwerelosigkeit begonnen. Man verwendet Übungsflugzeuge vom Typ Lockheed T-33.

1956

14. März Der erste erfolgreiche Start einer Redstone (Jupiter-A)-Rakete, die der Raketenkonstrukteur Wernher von Braun und sein Team entwickelt haben, wird auf dem Testgelände von Cape Canaveral durchgeführt.

1957

4. Oktober Die Sowjetunion überrascht die Welt mit dem Start des ersten künstlichen Satelliten, *Sputnik*, in den Orbit. Damit beginnt das Raumfahrtzeitalter.

3. November Der nicht für eine Bergung vorgesehene Satellit *Sputnik II* wird von der UdSSR in den Orbit gebracht und befördert erstmals ein Lebewesen in den Weltraum: die Hündin Laika.

6. Dezember Der erste Versuch der USA, einen Satelliten in den Orbit zu schicken, misslingt; die Trägerrakete *Vanguard I* explodiert zwei Sekunden nach dem Start.

Die Hündin Laika flog mit *Sputnik 2* in den Orbit.

1958

31. Januar Wernher von Brauns Heeres-Agentur für ballistische Geschosse (ABMA) startet Amerikas ersten Satelliten, *Explorer I*, auf einer Redstone/Jupiter-C-Rakete in den Orbit. Der Satellit entdeckt den Van-Allen-Strahlungsgürtel um die Erde.

5. März *Explorer II* startet, kann den Orbit jedoch nicht erreichen.

17. März *Vanguard I* wird in den Orbit geschickt. Er sendet drei Jahre lang Daten zur Erde.

15. Mai Der 1,327 kg schwere Satellit *Sputnik III* wird von der Sowjetunion in den Orbit geschossen.

1. Oktober In den USA wird die zivile Raumfahrtagentur NASA (National Aeronautics and Space Administration) von Präsident Eisenhower eingerichtet – mit dem Auftrag, alle nichtmilitärischen Raumfahrtprojekte, auch den bemannten Raumflug, zu betreuen.

18. Dezember Die US Air Force schickt SCORE in den Orbit, den ersten Nachrichtensatelliten der Welt. Er überträgt tags darauf eine Weihnachtsbotschaft von Präsident Eisenhower an alle Amerikaner.

1959

2. Januar Die sowjetische Robotersonde *Luna 1* wird gestartet. Sie soll auf der Mondoberfläche einschlagen, verfehlt das Ziel aber um 5955 km.

17. Februar Die US Navy bringt mit Erfolg *Vanguard II* in den Orbit.

9. April Bei einer Pressepräsentation in Washington D. C. stellt die NASA die sieben Astronauten der US-Streitkräfte für das *Mercury*-Projekt vor: M. Scott Carpenter, L. Gordon Cooper, Jr., John H. Glenn, Jr., Virgil I. (Gus) Grissom, Walter M. Schirra, Jr., Alan B. Shepard, Jr., und Donald K. Slayton.

28. Mai Die beiden Affen Able und Baker werden nach ihrem ballistischen Flug an Bord einer amerikanischen Jupiter-IRBM-Rakete, mit der sie eine Rekordhöhe von 483 km erreichten, sicher aus dem Meer geborgen.

7. August Der Satellit *Explorer 6* der NASA startet von Cape Canaveral und sendet eine Woche später als erster Satellit Fernsehbilder der Erde – aus dem Weltraum gesehen.

12. September Die Sowjetunion startet die Sonde *Luna 2* zum Mond. Sie ist das erste Objekt von Menschenhand, das auf der Mondoberfläche einschlägt.

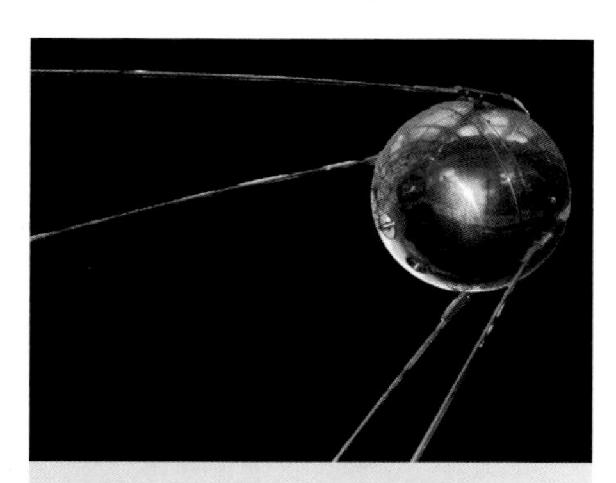

Sputnik gelangte am 4. Oktober 1957 als erster künstlicher Satellit in die Erdumlaufbahn.

Der Kosmonat Juri Gagarin reiste als erster Mensch in den Weltraum.

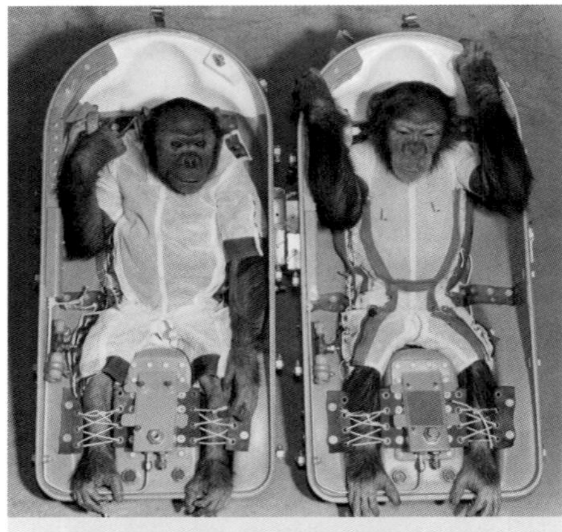

Die beiden Schimpansen Enos (links) und Ham waren Amerikas Weltraumpioniere.

4. Oktober Zum zweiten Jahrestag des ersten *Sputnik*-Starts wird *Luna 3* von der Sowjetunion auf einen Flug um den Mond geschickt. Sie sendet die ersten Bilder von der Rückseite des Mondes zur Erde.

4. Dezember Die NASA testet bei einem ballistischen Versuchsflug mit dem Affen Sam auf einer ‚Little Joe'-Starthilfsrakete erfolgreich das Ausstiegsystem der *Mercury*-Kapsel.

1960

7. März Die ersten von 20 Kosmonauten-Kandidaten nehmen in Moskau ein spezielles Training auf, um auf Raumfahrtmissionen vorbereitet zu werden.

1961

31. Januar Der Schimpanse Ham startet mit einer Mercury-Redstone (MR-2) auf eine Testmission zur Vorbereitung des ersten bemannten Raumflugs der NASA.

12. April Der sowjetische Kosmonaut Juri Gagarin reist als erster Mensch ins All. An Bord seines Raumschiffs *Wostok* umkreist er die Erde einmal. 108 Minuten nach dem Start landet sein Raumschiff sicher an einem Fallschirm.

5. Mai Amerikas erster Mann im All, Alan Shepard, startet mit der MR-3-Mission an Bord von *Freedom 7* zu einem erfolgreichen 15-minütigen Suborbitalflug.

21. Juli Der Astronaut Virgil (Gus) Grissom fliegt die zweite Suborbitalmission der NASA an Bord von *Liberty Bell 7* und wird per Hubschrauber aus dem Atlantik geborgen. Das Raumfahrzeug läuft voll und sinkt.

6. August Der 26-jährige Kosmonaut Gherman Titov verbringt als erster Mensch einen ganzen Tag im All. An Bord von *Wostok 2* umkreist er 17-mal die Erde.

29. November Der Schimpanse Enos macht bei einem Mercury-Flug zwei Erdumrundungen und ebnet den Weg für die erste bemannte Mission der USA in den Orbit.

1962

20. Februar Nach langen Verzögerungen vollendet der Astronaut John Glenn an Bord von *Friendship 7* auf dem Mercury-Atlas-Flug MA-6 drei Erdumkreisungen.

24. Mai Glenns Ersatzmann, der Pilot Scott Carpenter, umkreist ebenfalls dreimal die Erde (MA-7) und wassert seine Kapsel *Aurora 7* sicher im Meer.

23. Juli Die erste transatlantische Fernseh-Livesendung wird vom US-Nachrichtensatelliten *Telstar* übertragen.

11. August Der sowjetische Kosmonaut Andrian Nikolajew startet an Bord von *Wostok 3*. Tags darauf hebt *Wostok 4* mit Pavel Popowitsch ab. Es wird die erste Tandem-Raumfahrtmission.

11. September Die NASA stellt eine zweite Gruppe von neun Astronauten vor, darunter den zivilen Testpiloten Neil Armstrong.

3. Oktober Der Mercury-Astronaut Walter Schirra fliegt an Bord des Raumfahrzeugs *Sigma 7* bei der MA-8-Mission sechs Erdumkreisungen.

14. Dezember Fünf Monate nachdem die erste Mariner-Sonde vom Kurs abkam und verloren ging, fliegt *Mariner 2* an der Venus vorbei, scannt den Planeten mit zwei Radiometern und sendet wertvolle Daten zur Erde.

1963

15. Mai Gordon Cooper startet in *Faith 7* zur eintägigen MA-9-Mission mit 22 Erdumrundungen und bringt das Mercury-Projekt der NASA zum Abschluss.

14. Juni Der Kosmonaut Valeri Bykovski startet an Bord von *Wostok 5*. Ihm folgt zwei Tage später mit *Wostok 6* die erste Raumfahrerin der Welt, Valentina Tereschkowa; sie umkreist die Erde 48-mal. Beide Kosmonauten landen sicher mit dem Fallschirm.

Der *Mercury*-Astronaut Gordon Cooper.

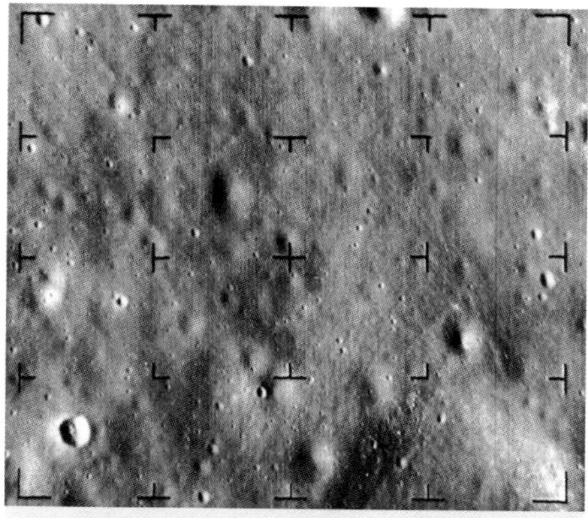

Eine der Nahaufnahmen des Mare Tranquillitatis auf dem Mond, von der Sonde *Ranger 7* kurz vor dem Aufprall fotografiert

1964

31. Juli Die amerikanische Raumsonde *Ranger 7*, die planmäßig auf den Mond stürzen soll, sendet in den letzten Sekunden ihres Fluges die ersten hochausflösenden Nahaufnahmen der Mondoberfläche zur Erde.

12. Oktober Die Sowjet-Kosmonauten Wladimir Komarow, Konstantin Feoktistow und Boris Jegorow starten – in eine *Wostok*-Kapsel gezwängt – zu einer eintägigen Mission, dem ersten Drei-Mann-Raumflug.

1965

18. März Unter dem Kommando von Pawel Beljajew an Bord von *Wostok 2* macht der Kosmonaut Alexej Leonow als erster Mensch einen Weltraumspaziergang außerhalb der Kapsel; er dauert 12 Minuten.

23. März Die Astronauten Gus Grissom und John Young fliegen drei Erdumrundungen bei der ersten bemannten Gemini-Mission. Neun weitere Missionen sollen folgen.

3. Juni Die US-Astronauten James McDivitt und Ed White starten mit der Gemini-Titan-4-Mission (GT-4). In deren Verlauf verlässt

Der Astronaut Ed White unternimmt den ersten amerikanischen Weltraumspaziergang..

White für 22 Minuten die Raumkapsel und macht als erster Amerikaner einen Weltraumspaziergang.

14. Juli Die unbemannte amerikanische Raumsonde *Mariner 4* passiert den Planeten Mars und sendet die ersten aus der Nähe aufgenommenen Bilder der Marsoberfläche zur Erde.

16. November Die UdSSR schickt *Venus 3* auf eine viermonatige Reise durch den Weltraum. Als erstes von Menschen hergestelltes Objekt stürzt die Sonde am 1. März 1966 auf den Planeten Venus.

4. Dezember *Gemini 7* mit den Astronauten Frank Borman und James Lovell hebt ab. Elf Tage später trifft sie mit der verspätet gestarteten Raumkapsel *Gemini 6* mit Walter Schirra und Tom Stafford zu Rendezvous-Manövern zusammen.

Die *Wostok*-Piloten Valentina Tereschkowa und Valeri Bykowski.

Die Astronauten Grissom, White und Chaffee kamen bei einem Brand auf der Startrampe während eines Tests zur *Apollo-1*-Mission ums Leben.

1966

3. Februar Der Sonde *Luna 9* der Sowjetunion gelingt als erstem Raumfahrzeug eine weiche Landung auf dem Mond. Sie sendet Bilddaten zur Erde.

3. April *Luna 10* umkreist als erstes Objekt von Menschenhand nicht nur den Mond, sondern überhaupt einen anderen Himmelskörper, abgesehen von der Erde.

2. Juni *Surveyor 1* landet als erstes amerikanisches Raumfahrzeug weich auf dem Mond.

1967

26. Januar Bei einem Startsimulationstest für *Apollo 1* kommen die amerikanischen Astronauten Gus Grissom, Ed White und Roger Chaffee auf der Startrampe ums Leben. In der dicht geschlossenen Kapsel war ein Brand ausgebrochen; alle Rettungsversuche kommen zu spät.

23. April Auch das sowjetische Raumfahrtprogramm wird von einer Katastrophe heimgesucht, als der Astronaut Wladimir Komarow am Ende einer von Pannen verfolgten *Sojus-1*-Mission stirbt. Sein Hauptfallschirm öffnet sich nicht, die Raumkapsel schlägt ungebremst auf den Boden auf und explodiert.

14. August Das Landemodul der sowjetischen Sonde *Venera 4* taucht in die Venus-Atmosphäre ein und liefert wichtige Daten über die Zusammensetzung des Planeten.

1968

27. März Juri Gagarin, der erste Mensch im Weltraum, kommt beim Übungsflug mit einem Militärjet vom Typ MiG-15 mit seinem Fluglehrer ums Leben.

15. September Die UdSSR schickt die Raumsonde *Zond 5* mit biologischer Fracht – darunter zwei Schildkröten – auf eine Mondumrundung: das erste Raumfahrzeug, das um den Mond fliegt und zur Erde zurückkehrt.

11. Oktober Mit dem Start von *Apollo 7* – an Bord Walter Schirra, Walter Cunningham und Donn Eisele – kehren die USA zum bemannten Raumflug zurück. Die Mission dauert elf Tage.

21. Dezember In einem mutigen Vorstoß startet die NASA *Apollo 8* zu einem Flug um den Mond und zum ersten bemannten Test einer Saturn-V-Rakete. An Heiligabend lesen die drei Astronauten Frank Borman, James Lovell und Bill Anders aus dem Buch *Genesis* der Bibel – es ist die meistbeachtete Fernsehübertragung aller Zeiten.

1969

16. Januar *Sojus 4* und *5* docken im Orbit aneinander an, zwei Männer von *Sojus 5* wechseln per Weltraumspaziergang in das andere Raumfahrzeug.

21. Mai Die *Apollo-10*-Astronauten Tom Stafford und Gene Cernan nähern sich mit dem Mondmodul *Snoopy* auf 14,4 km der Mondoberfläche; John Young bleibt im Kommandomodul *Charlie Brown* im Mondorbit.

20. Juli Die *Apollo-11*-Astronauten Neil Armstrong und Buzz Aldrin landen an Bord der Mondfähre *Eagle* auf dem Mond, während Michael Collins das Modul *Columbia* im Mondorbit hält. Vier Stunden nach der Landung setzt Armstrong als erster Mensch den Fuß auf die Mondoberfläche.

31. Juli Die US-Raumsonde *Mariner 5* überträgt hochaufgelöste Bilder der Äquatorregion des Mars zur Erde. Am 5. August wird *Mariner 7* Aufnahmen der Südhalbkugel des Planeten senden.

11. Oktober Die Sowjetunion startet innerhalb weniger Tage *Sojus 6*, *7* und *8* und hat damit sieben Mann gleichzeitig im Orbit. Die Raumfahrzeuge docken nicht aneinander an.

14. November *Apollo 12* startet mit den Astronauten Charles Conrad, Alan Bean und Dick Gordon zur zweiten erfolgreichen Mondlandung der USA.

Der *Apollo-12*-Kommandant Charles Conrad untersucht die Sonde *Surveyor 3* in der Nähe der Mondlandeeinheit *Intrepid*.

1970

13. April Eine katastrophale Explosion in einem der Sauerstofftanks von *Apollo 13* auf dem Weg zum Mond zwingt die Astronauten Jim Lovell, Fred Haise und Jack Swigert zu einer dramatischen Rückkehr.

12. September Die Sowjet-Sonde *Luna 16* bringt Bodenproben vom Mond zur Erde.

1971

19. April Die sowjetische Raumstation *Saljut 1* startet für zwei Jahre in den Orbit.

30. Mai *Mariner 9* startet und ist am 30. November die erste Sonde, die einen anderen Planeten umrundet. In zwölf Monaten kartiert sie die gesamte Marsoberfläche.

Die Besatzung von *Apollo 11*: Neil Armstrong, Michael Collins und Buzz Aldrin.

6. Juni Die Kosmonauten Dobrowolski, Patsajew und Wolkow starten zum Aufenthalt in *Saljut 1*. 23 Tage danach koppelt ihr Raumschiff *Sojus 11* von der Raumstation ab. Wegen eines defekten Ventils kommt es zu einem Druckabfall in der Kabine. Die Kosmonauten tragen keine Raumanzüge; man findet sie nach der Landung tot vor, als die Luke geöffnet wird.

17. November Wie eine Badewanne mit Deckel und acht Rädern sieht *Lunochod 1* aus, das erste ferngesteuerte Mondfahrzeug, das von der Sonde *Luna 17* auf einem anderen Himmelskörper abgesetzt wird.

15. Dezember Ein weiterer Erfolg der Sowjets: Die Sonde *Venera 7* landet als erstes Raumfahrzeug weich auf der Venus und übermittelt 23 Minuten lang wichtige Daten.

1972

19. Dezember Die dreiköpfige Besatzung der letzten bemannten Mondmission, *Apollo 17*, wassert im Pazifik. Davor war Gene Cernan der bislang letzte Mensch, der seine Stiefelabdrücke auf der Mondoberfläche hinterließ. Insgesamt waren ein Dutzend NASA-Astronauten auf dem Mond unterwegs.

1973

14. Mai *Skylab*, Amerikas erste Raumstation, startet vom Kennedy Space Center, wird aber auf dem Flug in den Orbit stark beschädigt.

25. Mai Drei Astronauten starten zur Raumstation *Skylab*. Nachdem sie wichtige Reparaturen ausgeführt haben, nehmen sie als erste von drei wissenschaftlichen Besatzungen Forschungsaufgaben an Bord des Labors im Orbit wahr.

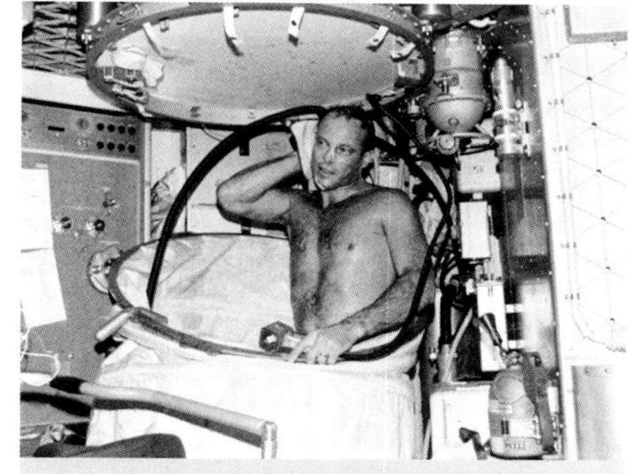

Der *Skylab*-Astronaut Jack Lousma genießt den Luxus einer Dusche an Bord des Labors im Orbit.

Der Astronaut Tom Stafford und der Kosmonaut Alexej Leonow geben sich bei der ASTP-Mission an der geöffneten Luke die Hände.

Ein Bild der Mars-Oberfläche, aufgenommen von der Sonde *Viking 2*.

1975

16. März Beim dritten und letzten Flyby am Planeten Merkur nähert sich *Mariner 10* dem Planeten auf nur 327 km.

17. Juli Beim Apollo-Sojus-Testprojekt (ASTP) dockt *Sojus 19* im All an ein *Apollo*-Raumfahrzeug an. Fünf Astronauten und Kosmonauten tauschen bei diesem historischen Treffen symbolische Geschenke und – vorübergehend – den Platz in ihren Raumschiffen.

1976

20. Juli Die US-Raumsonde *Viking 1* landet im Chryse Planitia auf dem Mars. Sie nimmt Fotos auf, sammelt Daten und sucht nach möglichen Spuren von Leben.

1977

20. August *Voyager 2* startet vom Kennedy Space Center zu einer großen, mehrere Jahre dauernden Reise zu den äußeren Planeten. Die Mission verläuft äußerst erfolgreich und liefert der Wissenschaft wichtige Daten und spektakuläre Bilder.

5. September *Voyager 1* hebt ebenfalls ab. *Voyager 1* und *2* erkunden alle äußeren Riesenplaneten unseres Sonnensystems sowie 48 ihrer Monde. Fast 30 Jahre später verlassen die beiden Sonden unser Sonnensystem, senden aber noch immer Daten zur Erde.

Voyager 2, eines der beiden Raumfahrzeuge, die die lange Reise zu den Planeten unseres Sonnensystems machten.

Der Weltraumveteran John Young bei seiner ersten Mission an Bord des Shuttles *Columbia*, STS-1.

1979

1. September *Pioneer 11* besucht als erste Raumsonde den Saturn. Die Sonde nähert sich dem Ringplaneten auf 20 800 km und macht die ersten Nahaufnahmen.

1981

12. April Exakt 20 Jahre nach dem historischen Flug von Juri Gagarin startet der Space Shuttle *Columbia* als erste wiederverwendbare Raumfähre in den Orbit. Bei dem zweitägigen Testflug sind John Young und Bob Crippen an Bord.

1982

1. März Die sowjetische Sonde *Venera 3* landet auf der Venus und sendet Daten von Bodenproben, die sie vor Ort analysiert.

19. April *Saljut 7* startet als letzte der Serie russischer Raumstationen vom sowjetischen Raumfahrtzentrum Baikonur in Kasachstan.

11. November Nach vier Testflügen startet die Raumfähre *Columbia* mit vier NASA-Astronauten zum ersten richtigen Einsatz ins All.

Eine Raumfähre startet vom Kennedy Space Center in den Himmel über Florida.

1983

4. April Eine vierköpfige Besatzung startet mit der Fähre *Challenger* zum Jungfernflug und ersten Weltraumpaziergang nach neun Jahren.

19. Juni Bei der *Challenger*-Mission STS-7 fliegt die NASA-Astronautin Sally Ride als erste Amerikanerin ins All.

10. Oktober *Venera 15* überträgt die ersten hochaufgelösten Bilder der Polarregion des Planeten Venus zur Erde.

1984

3. Februar Bei der Shuttle-Mission STS-41B unternimmt der NASA-Astronaut Bruce McCandless mithilfe eines düsengetriebenen Rucksacks den ersten freien Weltraumspaziergang vom *Challenger*-Laderaum aus.

17. Juli Swetlana Sawitskaja ist an Bord von *Sojus T-12* die zweite russische Kosmonautin und macht als erste Frau einen Weltraumspaziergang.

30. August Der Space Shuttle *Discovery* startet vom Kennedy Space Center zu seinem Jungfernflug.

5. Oktober Mit den beiden Astronautinnen Sally Ride und Kathy Sullivan an Bord startet *Challenger* zur Mission STS-41G. Kathy Sullivan unternimmt den ersten Außeneinsatz einer Amerikanerin.

1985

8. Januar Die vom japanischen Institut für Weltraum- und Raumfahrtforschung entwickelte Sonde *Sakigake* (Pionier)wird auf eine Mission zur Erforschung des Halleyschen Kometen geschickt. Sie startet vom Raumfahrtzentrum Kagoshima zum ersten Weltraumflug einer anderen Nation als der USA und der UdSSR.

18. August Japans Sonde *Suisei* (Komet) startet ebenfalls zum Halleyschen Kometen.

3. Oktober Die vierte US-Raumfähre, *Atlantis*, unternimmt ihren Jungfernflug.

1986

28. Januar Kurz nach dem Start zur zehnten Mission wird der Space Shuttle *Challenger* durch eine gewaltige Explosion zerrissen. Unter den sieben getöteten Besatzungsmitgliedern ist die Lehrerin Christa McAuliffe. Millionen von Fernsehzuschauern werden Augenzeugen der Katastrophe.

Am 3. Februar 1984 unternimmt der NASA-Astronaut Bruce McCandless bei der Mission STS-41B den ersten freien Weltraumspaziergang vom Shuttle *Challenger* aus.

Die Lehrerin Christa McAuliffe (rechts) starb bei der *Challenger*-Katastrophe. Neben ihr ihre Vertreterin Barbara Morgan.

Die Raumfähre *Challenger* zerbirst 73 Sekunden nach dem Start am 28. Januar 1986.

1987

31. Juli Der Auftrag zum Bau einer fünften US-Raumfähre als Ersatz für *Challenger* wird vergeben. Sie soll *Endeavour* heißen.

29. Dezember Der Kosmonaut Juri Romanenko kehrt nach 329 Tagen im Orbit von der Raumstation *Mir* zurück – ein neuer Rekord für Aufenthalte im Weltraum.

1988

29. September Mit dem Shuttle *Discovery* kehrt die NASA in den Weltraum zurück.

1989

4. Mai Die Venussonde *Magellan* startet aus der Ladebucht der Raumfähre *Atlantis*. Es ist seit elf Jahren die erste amerikanische Planetenmission von einem Shuttle aus.

18. Oktober Die Raumsonde *Galileo* wird im Rahmen der Mission STS-34 von der *Atlantis* aus auf die Reise zum Jupiter geschickt.

1990

24. April Der Shuttle *Discovery* startet zur Mission STS-31 und befördert in seinem Laderaum ein astronomisches Observatorium, das mächtige Hubble-Weltraumteleskop, zum späteren Einsatz im Orbit.

6. Oktober Die zweistufige Sonde *Ulysses* startet von der Raumfähre *Discovery* (STS-41) aus zur Reise zum Planeten Jupiter und weiter zu den Polregionen der Sonne.

1991

7. Februar Die Raumstation *Saljut 7* hatte in neun Jahren viele internationale Besatzungen. Sie wird aus dem Orbit geholt und verglüht beim Wiedereintritt in die Erdatmosphäre über Argentinien.

5. April Das Compton-Gammastrahlen-Observatorium der NASA wird an Bord von *Atlantis* zur Dauerbeobachtung von Gamma- und Röntgenstrahlenspektren in den Orbit gebracht.

1992

7. Mai Erster Orbitalflug des Ersatz-Shuttles *Endeavour* (STS-49).

25. September *Mars Observer* startet vom Kennedy Space Center als erste Marssonde der USA seit *Viking 2* etwa 17 Jahre zuvor.

1993

2. Dezember Die Mission STS-61 startet mit der Raumfähre *Endeavour* zur Reparatur des defekten Hauptspiegels des Hubble-Weltraumteleskops.

1994

3. Februar Bei der 60. Space-Shuttle-Mission STS-60 ist erstmals ein Russe, Sergej Krikalew, Besatzungsmitglied eines US-Raumschiffs, in diesem Fall der sechsköpfigen Crew des Shuttles *Discovery*.

12. Oktober Nachdem die Sonde *Magellan* den Planeten Venus kartiert hat, wird sie aus dem Orbit geholt und verglüht in der Venus-Atmosphäre.

1995

6. Februar Mit Eileen Collins, der ersten Pilotin eines US-Raumschiffs, gelingt es dem Shuttle *Discovery*, sich auf 11 m an die Raumstation *Mir* anzunähern und so das vollständige Andocken bei der folgenden Mission vorzubereiten.

26. Juni Die Raumfähre *Atlantis* dockt bei der Mission STS-71 an die Raumstation *Mir* an.

7. Dezember Die Raumsonde *Galileo* erreicht den Planeten Jupiter, setzt einen kleinen Satelliten im Orbit ab und schickt eine Abstiegskapsel in die Jupiteratmosphäre, die deren Zusammensetzung untersuchen und Daten liefern soll.

1996

26. September Nach Vollendung der Mission STS-76 landet *Atlantis* im Kennedy Space Center und bringt die Astronautin Shannon Lucid zur Erde zurück. 179 Tage ihres 188-Tage-Aufenthalts im All hat sie an Bord der russischen Raumstation *Mir* verbracht.

Hoch über dem Süden Australiens reparieren im Dezember 1993 zwei Astronauten das Hubble-Weltraumteleskop.

Die Internationale Raumstation *ISS* mit den ersten daran montierten Sonnensegeln.

Ein Modell der beiden Mars-Rover, später *Spirit* und *Opportunity* genannt.

1997

11. Februar Die *Discovery*-Besatzung startet zur Mission STS-82, um das Hubble-Teleskop zu warten, ein Spektroskop, eine Infrarotkamera und Sensoren zu installieren und die Isolierung zu reparieren.

23. Februar In der Raumstation *Mir* bricht ein gefährlicher Brand aus, der gerade noch gelöscht werden kann, bevor die drei Besatzungsmitglieder evakuiert werden müssen.

31. März Nachdem *Pioneer 10* wichtige Daten bis aus 10,787 Milliarden km Entfernung übertragen hat, wird der regelmäßige Kontakt zu der Raumsonde nach 25 Jahren offiziell beendet.

4. Juli *Mars Pathfinder* ist nach *Viking 2* die erste US-Sonde, die auf dem Mars landet. Sie setzt ein Forschungsfahrzeug, den kleinen Mars-Rover *Sojourner*, ab.

12. September *Mars Global Surveyor* kommt beim Roten Planeten an und sendet hochauflösende Bilder zur Erde.

15. Oktober Die Sonde *Cassini-Huygens* startet von Kennedy Space Center zum Saturn.

1998

29. Oktober 36 Jahre nach seiner MA-6-Mission startet der *Mercury*-Astronaut John Glenn an Bord des Shuttles *Discovery* in den Orbit. Mit 77 Jahren ist er der bisher älteste Mensch, der ins All fliegt.

20. November Das erste Element der Internationalen Raumstation *ISS*, das russische Modul *Zarya*, startet mit Erfolg in den Orbit.

4. Dezember Die Raumfähre *Endeavour* hebt ab, um die zweite große Komponente zur *ISS* zu bringen: Das US-Modul *Unity* koppelt im Orbit an *Zarya* an.

23. Dezember Der *NEAR*-Satellit *Shoemaker* startet, um den Asteroiden 433 Eros abzufangen und Nahaufnahmen von diesem zu machen, bevor er am 14. Februar zu einer weichen Landung auf dem Asteroiden gesteuert wird.

1999

23. Juli Der Shuttle *Columbia* startet, um das Chandra-Röntgen-Observatorium in den Orbit zu bringen.

2000

3. Januar Die Raumsonde *Galileo* fliegt bis auf 343 km an den Jupitermond Europa heran.

Die Sonde *Shoemaker* machte diese Nahaufnahme des Asteroiden 433 Eros am 16. Oktober 2000.

Am 30. Mai, passiert sie in einer Höhe von 808 km den Jupitermond Ganymed.

2001

23. März Nachdem die russische Raumstation *Mir* 15 Jahre lang die Erde umkreist und zahlreiche internationale Besatzungen beherbergt hat, wird sie aufgegeben und gezielt aus der Umlaufbahn geholt. Sie zerbirst über dem Pazifik.

28. April Der erste zahlende Weltraumtourist, der amerikanische Geschäftsmann Dennis Tito, startet an Bord von *Sojus TM-32* zu einem einwöchigen Aufenthalt in der Raumstation *ISS*. Der Spaß kostete 20 Millionen US-Dollar.

16. Oktober *Galileo* passiert in 181 km Abstand den Jupitermond Io.

2003

1. Februar Bei der Rückkehr von der reibungslos verlaufenen Mission STS-107 zerbirst die Raumfähre *Columbia* beim Landeanflug. Alle sieben Astronauten sterben.

21. September Nach einer 14-jährigen Reise wird die Raumsonde *Galileo* in die Jupiteratmosphäre gelenkt, wo sie verglüht.

15. Oktober China unternimmt als dritte Nation bemannte Raumflüge. An Bord des Raumschiffs *Shenzhou 5* fliegt der Taikonaut Yang Liwei 14-mal um die Erde.

2004

14. Januar Präsident George W. Bush kündigt im Rahmen seiner „Vision der Weltraumerkundung" neue bemannte Missionen an. Nach der Komplettierung der *ISS* im Jahr 2010 werden die Shuttle-Flüge enden. Dann sollen Orion-Raumschiffe auf Ares-Raketen starten. Die erste bemannte Mission ist für 2014 geplant.

16. Januar Die 1999 gestartete Raumsonde *Stardust* übersteht einen turbulenten Flug durch den Schweif des Kometen Wild 2 und sammelt Proben aus dessen Koma, um sie später zur Erde bringen.

21. Juni An Bord von *SpaceShipOne (SSO)* des amerikanischen Flugzeugbauers Scaled Composites unternimmt der Pilot Mike Melvill den ersten privat finanzierten suborbitalen Raumflug.

Ein Bild der Marsoberfläche, das vom Mars-Rover *Opportunity* übertragen wurde

3. August Die NASA startet die unbemannte Sonde *Messenger* zur Erforschung der Beschaffenheit des Planeten Merkur.
29. September Mike Melville landet nach einem zweiten erfolgreichen Suborbitalflug *SpaceShipOne* in der Mojave-Wüste in Kalifornien.

2005
26. Juli Start der Raumfähre *Discovery*. Zwei Jahre nach der *Columbia*-Katastrophe kehrt die NASA zum bemannten Raumflug zurück.

2006
9. September Mit der Besatzung des Space Shuttles *Atlantis* setzt die NASA den Ausbau des Raumstation *ISS* fort.
18. September Die in Iran geborene amerikanische Unternehmerin Anousheh Ansari ist die erste Weltraumtouristin und erste Muslima im Weltraum. Sie verbringt mehrere Tage in der *ISS*.

2007
22. Juni Die Raumfähre *Atlantis* setzt auf der Landebahn 22 der Edwards Air Force Base auf. Sie war 14 Tage zur Montage bei der Raumstation *ISS*.
28. Juni Die erste Ruhephase der NASA-Sonde *New Horizons* beginnt. Sie wird während ihres stabilisierten Fluges zum Pluto während der nächsten neun Jahre zumeist in diesem Schlafzustand bleiben und nur einmal jährlich zum Systemcheck „geweckt" werden.
28. Juni Der Mars-Rover *Opportunity* unternimmt einen für die Langlebigkeit des Geräts riskanten Abstieg über einen steinigen Abhang in den großen Victoria-Krater des Mars.
8. August Die Raumfähre *Endeavour* startet zur Mission STS-118 – auf einer Elf-Tage-Reise zur Internationalen Raumstation.

2011
1. Juni Die Raumfähre *Endeavour* kehrt von ihrem letzten Flug ins All zurück. Mit dem Start der *Atlantis* stellt die US-Raumfahrtbehörde NASA das Shuttle-Programm aus Kosten- und Sicherheitsgründen nach 30 Jahren ein.

Start der Sonde *New Horizons* im Januar 2006. Neun Jahre dauert der Flug zum Planeten Pluto.

AKRONYME UND ABKÜRZUNGEN

AAP Apollo Applications Program
ALSEP Apollo Lunar Surface Experiment Package
ASCAN Astronaut Candidate
ASTP Apollo Sojus Test Program
DOS (Russische Abkürzung für Langzeit-Raumstation)
EASEP Early Apollo Scientific Experiment Package
ESA European Space Agency (Europäische Weltraumorganisation)
ET External Tank (Treibstofftank)
EVA Extra Vehicular Activity (Außeneinsatz, Weltraumspaziergang)
GPS Global Positioning System
HST Hubble Space Telescope
ICBM Inter-Continental Ballistic Missile
ISS International Space Station
JSC Johnson Space Center
KSC Kennedy Space Center
LK (Lunnij Korabl; russische Abkürzung für Mondfahrzeug)
LOK (Lunnij Orbitalnij Korabl; russische Abkürzung für Mondsonde)
LRV Lunar Roving Vehicle
MESA Modular Equipment Stowage Assembly
MOL Manned Orbiting Laboratory
MOST Microvariability and Oscillations of Stars
NASA National Aeronautics and Space Administration
NEAR Near Earth Asteroid Rendezvous
SMART Small Missions for Advanced Research in Technology
SOHO Solar and Heliospheric Observatory
SRB Solid Rocket Booster
STS Space Transportation System
UTC Universal Time Coordinated
(auch GMT: Greenwich Mean Time)

SOWJETISCHE RAUMFAHRZEUGE UND RAUMFAHRTPROGRAMME

Almaz Diamant
Kristall Kristall
Kwant Quantum
Mir Friede/Welt
Priroda Natur
Saljut Salut, Feuerwerk
Sojus Union
Spektr Spektrum
Vega Wortbildung aus Venus und Gallei (= Halley)
Venera Venus
Woschod Sonnenaufgang
Wostok Osten
Zarya Morgendämmerung
Zenit Zenit

JAPANISCHE RAUMFAHRZEUGE UND RAUMFAHRTPROGRAMME

Hayabusa Falke
Hagomoro Buddhistische fließende Gewänder
Hite Ein buddhistischer Engel
Kibo Hoffnung
Nozomi Erwartung
Ohsumi Nach der Halbinsel Ohsumi
Sakigake Pionier
Suisei Komet

Glossar

Glossar

A

Abnehmender Mond
Fortschreitendes Nachlassen der Helligkeit des Mondes nach Vollmond, während der sichtbare beleuchtete Teil der Mondscheibe immer kleiner wird, bis diese bei Neumond ganz im Dunkel liegt. *Siehe auch* Sichel.

Absolute Helligkeit
1. Sterne: Die Helligkeit eines Sterns in einer Entfernung von 32,6 Lichtjahren (10 Parsec) als Wert für die tatsächliche Helligkeit zu vergleichender Sterne.
2. Sonnensystem: Die Helligkeit des Körpers des Sonnensystems in der Entfernung einer Astronomischen Einheit (AE) sowohl von der Sonne als auch von der Erde.

Absoluter Nullpunkt
Die niedrigstmögliche Temperatur eines Objekts im Universum, wenn alle seine Atome jegliche Bewegung (die Schwingung, durch die Wärme entsteht) eingestellt haben. Der absolute Nullpunkt entspricht 0° Kelvin oder –273,16° Celsius.

Absorptionslinie
Eine dunkle Linie in einem Lichtspektrum entsteht, wenn elektromagnetische Strahlung, die ein Gas durchdringt, bei einer bestimmten Wellenlänge von einem Atom absorbiert wird. Aus den Absorptionslinien im Spektrum eines Sterns kann man auf die Arten von Atomen in seiner Atmosphäre schließen.

Adaptive Optik
Eine Vorrichtung, die die Form eines Teleskopspiegels rasch verändern kann, um möglichst scharfe Bilder eines Sterns zu erhalten und Unschärfen infolge atmosphärischer Verzerrungen zu beseitigen.

Äquinoktium
Die Tagundnachtgleiche, wenn die Sonne direkt über dem Erdäquator steht, was am 21. März und 23. September der Fall ist. An diesen Tagen sind Tag und Nacht annähernd gleich lang, und die Sonne überquert den Himmelsäquator.

Äußere Planeten
Die vier Planeten Jupiter, Saturn, Uranus und Neptun – auch iovanische oder Riesenplaneten genannt. *Siehe auch* Innere Planeten.

Akkretionsscheibe
Flache Scheibe aus Materie, die schnell um einen jungen Stern oder Planeten, um ein Schwarzes Loch oder einen Röntgendoppelstern rotiert. Die Scheibe enthält Materie, die das zentrale Objekt zur Vermehrung seiner Masse anziehen kann.

Aktive Galaxien
Galaxien mit extrem hellem Kerngebiet. Die hohen Energieumsätze, die die Helligkeit einer aktiven Galaxie bewirken, entstehen vermutlich durch Anziehung von Materie einer Akkretionsscheibe in ein großes Schwarzes Loch.

Aktive Optik
Eine Vorrichtung, um während der Beobachtungen durch ein Fernrohr die richtige Form des Teleskopspiegels zu überwachen und zu bewahren.

Albedo
Bruchteil des einfallenden Lichtes, das von der Oberfläche eines Himmelskörpers, wie eines Planeten oder Mondes, reflektiert wird. Der Wert 0 besagt, dass kein Licht, der Wert 0,5, dass die Hälfte des Lichts reflektiert wird.

Antenne
Vorrichtung, um elektromagnetische Strahlungen zu senden und zu empfangen, wie etwa ein Radioteleskop oder eine Autoantenne, die Radiowellen empfängt.

Antimaterie
Materie aus Bausteinen mit gleicher Masse, aber entgegengesetzter Ladung wie normale Materie. Anstelle des Protons ist das Teilchen der Antimaterie das Antiproton, anstelle des Elektrons das Positron.

Aphel
Sonnenfernster Punkt eines Himmelskörpers auf seiner Umlaufbahn um die Sonne. *Siehe auch* Perihel (Sonnennähe).

Apochromat
Linsenfernrohr (Refraktor) mit einem System aus drei oder mehr aneinandergereihten Linsen, das die unterschiedlichen Farbanteile des Lichts im gleichen Abstand fokussiert.

Apogäum
Erdfernster Punkt eines Objekts auf seiner Umlaufbahn um die Erde. *Siehe auch* Perigäum (Erdnähe).

Asteroiden, Planetoiden
Kleinplaneten (*siehe auch dort*), kleine Himmelskörper aus festem Gestein, die die Sonne umkreisen und Durchmesser von mehreren hundert Kilometern bis zu weniger als einem Kilometer haben. Viele befinden sich im Asteroidengürtel.

Asteroidengürtel
Ein Torus (Ring in der Form eines Donuts oder Schwimmreifens) von Asteroiden zwischen den Planeten Mars und Jupiter.

Astrologie
Zukunftsvorhersagen und Charakterbestimmungen von Menschen auf der Grundlage der Positionen von Planeten oder der Sonne vor dem Hintergrund von Lichtjahre entfernten Sternen, die jeglicher Glaubwürdigkeit entbehren.

Astronomische Einheit (AE)
Englisch AU (**A**stronomical **U**nit), Längeneinheit der Astronomie. 1 AE = 149 597 870 km (mittlerer Abstand zwischen Erde und Sonne). *Siehe auch* Maße und Einheiten.

Astrophysik
Wissenschaft der physikalischen Eigenschaften und Verhaltensweisen von Galaxien, Sternen, Planeten und ähnlichen Himmelskörpern sowie interstellarer Materie und des dazwischenliegenden Raumes.

Atmosphäre
Gashülle, die die Oberfläche eines Sterns, Planeten oder Mondes umgibt und von dessen Gravitation festgehalten wird. Der Saturnmond Titan und die Erde haben beide eine Atmosphäre.

Atom
Der Grundbaustein aller Materie. Die Hauptmasse befindet sich in dem dichten Kern aus Protonen und Neutronen. Ihn umgibt eine Wolke von Elektronen.

Azimut
Der Winkel (in Grad im Uhrzeigersinn gemessen), in dem sich ein Objekt auf dem Horizontalkreis befindet. Ist ein Objekt genau im Osten, beträgt sein Azimut 90°. Zusammen mit der Höhe (*siehe dort*) kann so die Position von Objekten am sichtbaren Himmel verzeichnet werden.

Azimutale Montierung
Einfache Fernrohrmontierung, mit der die Höhe durch eine Bewegung nach oben oder unten und das Azimut durch eine Bewegung nach links oder rechts eingestellt wird.

B

Baileys Perlschnur
Eine Reihe glitzernder Lichtpunkte, die kurzzeitig am Rand des Mondes sichtbar wird, wo Mondtäler das Sonnenlicht durchscheinen lassen, bevor und nachdem der Mond die Sonne bei einer totalen Sonnenfinsternis vollständig verdeckt.

Balkenspiralen
Spiralgalaxien, deren Spiralarme an den Enden eines durch den Kern verlaufenden Balkens ansetzen.

Barnard-Objekte
E. E. Barnard veröffentlichte 1927 eine Liste von 349 dunklen Objekten oder Dunkelnebeln, die sich zumeist entlang der Milchstraße befinden. Barnard-Objekt 33 beispielsweise ist der Pferdekopf-Nebel.

Beschleunigung
1. Lineare Beschleunigung: Zunahme der Geschwindigkeit innerhalb eines Zeitabschnitts, gemessen in Metern pro Sekunde im Quadrat (m/s^2).

2. Winkelbeschleunigung: Zunahme der Winkelgeschwindigkeit innerhalb eines Zeitabschnitts bei Drehbewegungen; SI-Einheit: 1 Radiant pro Sekunde im Quadrat (1 rad/s^2).
3. Fallbeschleunigung: Zeitliche Zunahme der Geschwindigkeit eines frei fallenden Körpers in Richtung auf den Mittelpunkt eines Planeten. Auf der Erde 9,8 m/s^2.

Blauer Nachzügler
Ungewöhnlich helle blaue Sterne, die sich oft in offenen oder Kugelsternhaufen finden und eine kürzere Lebensdauer haben als die anderen Sterne des Haufens. Blaue Sterne sind Teil eines engen Doppelsternsystems, bei dem ihre Masse durch Zustrom vom Begleiter anwächst, was zu kürzerer Lebensdauer führt.

Blinkender Planet
Name des planetarischen Nebels NGC 6826. Durch ein kleines Teleskop betrachtet, sieht man um den Zentralstern einen verschwommenen Nebel, der beim direkten Blick auf den Stern verschwindet. Diese optische Täuschung erweckt einen blinkenden Eindruck.

Bolide
Ein sehr heller Meteor, der wie ein Feuerball aussieht und zu explodieren scheint.

Brauner Zwerg
Kleiner, schwacher Stern, der nur entsprechend seiner inneren Hitze leuchtet, dessen Masse aber zu gering ist, als dass in seinem Inneren Kernfusionen stattfinden könnten. Im Gegensatz zu einem normalen Stern, in dem Kernfusionen die Hitze aufrechterhalten, kann ein Brauner Zwerg die an den Raum abgegebene Hitze nicht ausgleichen.

Brechungszahl
Zahlenwert, der den Grad der Lichtbrechung als Verhältnis der Lichtgeschwindigkeit in einem Vakuum zu der in dem Medium, in das das Licht eindringt (zum Beispiel Glas), definiert.

C

Cassegrain-Reflektor
Kompaktes Reflektorteleskop, das Guillaume Cassegrain 1672 konstruierte. Der eintretende Lichtstrahl wird vom ersten, konkav gewölbten Spiegel reflektiert und auf den zweiten, konvex gewölbten Spiegel geworfen, der das Licht durch ein Loch in der Mitte des ersten Spiegels zum Okular lenkt.

Cepheiden
Eine wichtige Gruppe pulsationsveränderlicher Sterne mit einem Energieausstoß, der mit Perioden zwischen einem und 50 Tagen variiert. Aus dem Verhältnis zwischen der Periode und der absoluten Helligkeit eines Cepheiden lassen sich die Entfernungen zu diesen gut berechnen.

Chromosphäre
Die innere Schicht der Atmosphäre eines Sterns oder der Sonne zwischen der Photosphäre und der Korona. Bei der Sonne besteht sie aus Wasserstoff und Helium, ist etwa 8000 km stark und erreicht Temperaturen von bis zu 50 000° K.

D

Dioptrisches Fernrohr
Linsenfernrohr. *Siehe* Refraktor.

Dobson-Montierung
Eine einfache, leicht zu bedienende azimutale Montierung für ein Newton-Spiegelfernrohr; eine Erfindung von John Dobson von den „San Francisco Sidewalk Astronomers" aus den 1960er- Jahren.

Doppelstern
Zwei Sterne, die einander umkreisen und durch ihre gegenseitige Gravitation zusammengehalten werden. Ein Sternenpaar an der Himmelssphäre mit nur wenigen Bogensekunden Zwischenraum. Es gibt 1. optische oder scheinbare Doppelsterne, die in der Beobachtungsrichtung einander nahe zu sein scheinen, in Wirklichkeit aber durch große Distanzen voneinander getrennt sind; 2. wirkliche oder physische Doppelsterne.

Doppler-Effekt
Erhöhung und Verringerung der Wellenlänge des Lichts von einem Stern, abhängig von der Geschwindigkeit, mit der er sich der Erde nähert oder von ihr entfernt.

Dreiviertel
Eine Mond-, Merkur- oder Venusphase, in der die Scheibe mehr als zur Hälfte, aber weniger als gänzlich erleuchtet zu sehen ist.

Dunkelwolken
Dunkelnebel erscheinen als dunkle, wolkige Region vor der hell leuchtenden Milchstraße; sie bestehen aus Staub und Gas und schirmen das Licht der entfernteren Milchstraße ab.

Dunkle Energie
Diese abstoßende, also der Gravitation entgegenwirkende Kraft sorgt für die beschleunigte Ausdehnung des Universums.

Dunkle Materie
Materie unbekannter Zusammensetzung, die nicht sichtbar ist. Astronomen schließen auf ihr Vorhandensein aufgrund ihrer Gravitationswirkung auf sichtbare Materie.

Durchgang (Transit)
1. Vorübergang der Planeten Merkur und Venus – von der Erde aus gesehen – vor der Sonnenscheibe.
2. Ein Mond oder sein Schatten bewegt sich – von der Erde aus gesehen – vor dem Planeten, den er umkreist, vorbei.
3. Überschreiten des Meridians durch ein Gestirn an seinem Kulminationspunkt.

E

Eigenbewegung
Die scheinbare Winkelgeschwindigkeit eines Sterns an der Himmelssphäre, gemessen nach Bogensekunden pro Jahr.

Eintrittsöffnung
Wirksame Öffnungsweite des Hauptspiegels eines Teleskops, einer Linse (Blendenöffnung) oder einer Parabolantenne.

Eklipse
Ein Himmelskörper wird ganz oder teilweise durch einen davor durchziehenden anderen verdeckt, wie bei einer Sonnen- oder Mondfinsternis.

Ekliptik
Großkreis an der Himmelssphäre, in dem die Ebene der Erdbahn um die Sonne die Himmelssphäre schneidet. Durch den jährlichen Umlauf der Erde um die Sonne entsteht der Eindruck, als bewege sich die Sonne unter den Sternen der in der Mitte des Tierkreises liegenden Ekliptik; deshalb spricht man auch von der Ekliptik als der scheinbaren Sonnenbahn.

Elektromagnetische Strahlung
Energie, die sich in Form von Wellen mit elektrischen und magnetischen Komponenten im Raum ausbreitet. Sie kann auch als Energiepaket oder -partikel beschrieben werden.

Elektromagnetisches Spektrum
Die Gesamtheit der Wellenlängen bzw. Frequenzen der elektromagnetischen Strahlung, die von Sternen und anderen Himmelskörpern ausgesandt wird. Das Spektrum unterteilt sich in Radiowellen, Infrarotstrahlung, sichtbares Licht, Ultraviolettstrahlung, Röntgenstrahlen und Gammastrahlen.

Elliptische Galaxien
Eine Art von Galaxien in Form einer elliptischen oder ovalen Wulst von Sternen, nicht einer flachen Scheibe.

Elongation
1. Winkelmaß zwischen der Sonne und einem Planeten, gemessen in 0° bis 180° östlich oder westlich der Sonne. Eine Elongation von 180° heißt Opposition, eine von 0° Konjunktion (*siehe dort*). *Siehe auch* Größte Elongation.
2. Winkelmaß zwischen einem Mond und dem Planeten, den er umkreist.

Emissionsnebel
Eine Art von Nebel aus heißem Gas und Staub, der von sich aus leuchtet.

Ephemeriden
1. Jährliche Publikationen, wie z. B. der *Astronomische Almanach*, in denen die vorausberechneten täglichen Stellungen von Sonne, Mond, Planeten und anderen Objekten des Sonnensystems veröffentlicht werden, dazu Einzelheiten über Sterne, Eklipsen, Durchgänge etc.
2. Gestirnberechnungstafeln für Positionen eines Objekts am Nachthimmel in gleichmäßigen Zeitabständen für bestimmte Daten.

Erdnahes Objekt
Jeder Himmelskörper wie etwa ein Asteroid, der die Sonne umläuft und dabei der Umlaufbahn der Erde nahe kommt.

Eruptive Veränderliche
Veränderliche Sterne, deren Materie innerhalb eines Doppelsternsystems von einer Komponente geringerer Masse auf einen Weißen Zwerg überfließt; dies führt zu wiederholten Eruptionen.

Exzentrizität
Das geometrische Maß der Abweichung einer ovalen oder elliptischen Umlaufbahn von einer kreisförmigen. Der Wert null bezeichnet einen Kreis. Der für die Erde geltende Wert 0,017 weist auf eine geringe Abweichung von der Kreisform hin.

F

Farben-Helligkeits-Diagramm
Die Klassifizierung von Sternen gleichen Spektraltyps oder gleicher Temperatur auf der Grundlage ihrer Leuchtkraft, wodurch die Unterscheidung zwischen Überriesen, Riesen, den Sternen der Hauptreihe (Zwergen) und Unterzwergen möglich ist. *Siehe* Hertzsprung-Russell-Diagramm.

Feldstecher
Ein aus zwei kurzen, nebeneinandermontierten Prismenfernrohren – je eines für jedes Auge – bestehendes Instrument mit 7- bis 20-facher Vergrößerung.

Feuerkugel
Extrem heller Meteor (Bolide, *siehe dort*), meist mit einer Helligkeit von über -10^{m}.

Fusion
Siehe Kernfusion.

G

Galaktische Haufen
Andere Bezeichnung für offene Sternhaufen.

Galaxien
Eine große Gruppierung von langsam rotierenden Sternen, Gas und Staub, die durch Gravitation zusammenhält. Üblich sind etwa 150 Milliarden Sterne. Man unterscheidet Galaxien nach ihrer Form: Spiralgalaxien, elliptische Galaxien und linsenförmige Galaxien.

Galaxis
Bezeichnung für unsere Milchstraße – eine Spiralgalaxie mit einer Ausdehnung von etwa 100 000 Lichtjahren. Neben der Sonne und rund 5000 mit bloßem Auge sichtbaren Fixsternen enthält sie über 200 Milliarden andere Sterne.

Galileische Monde
Die vier großen Jupitermonde, die Galileo Galilei als Erster mit einem kleinen Fernrohr beobachtete: Io, Europa, Callisto und Ganymed.

„Gammaburst"
Kurzzeitig aufleuchtender Blitz von harter Gammastrahlung.

Gasplaneten, Gasriesen
Aus gasförmiger Materie bestehende Riesenplaneten wie Jupiter, Saturn, Uranus und Neptun.

Geophysik
Wissenschaft der natürlichen physikalischen Vorgänge auf der Erde.

Gezeitenarm („tidal tail")
Arm eines Materiestroms; Lichtbogen zwischen Sternen, wenn zwei oder mehr Galaxien wechselseitig aufeinander einwirken.

Gravitation
Die Anziehungskraft, die alle Massen aufeinander ausüben: die von der Erde und anderen Himmelskörpern ausgeübte Schwerkraft. Die Gravitationskraft nimmt mit der Masse der Objekte zu und mit wachsendem Abstand zwischen diesen ab.

Gravitationslinsen
Das Bild einer fernen Galaxie oder eines fernen Sterns kann durch die starke Gravitationskraft eines davor befindlichen und als lichtbrechende „Linse" wirkenden Objekts abgelenkt werden.

„Gravity assist"
Auch: Flyby, Swingby oder Schwerkraftumlenkung. Eine Raumsonde kann durch Annäherung an einen Planeten mithilfe von dessen Gravitationskraft ihre Geschwindigkeit beschleunigen. Erstmals wurde bei der Venus- und Merkur-Mission von *Mariner 10* davon Gebrauch gemacht.

Greenwich Mean Sidereal Time (GMST)
Die mittlere Greenwich-Sternzeit eines Tages liegt zwischen zwei Meridiandurchgängen des Äquinoktialpunkts. Der Sterntag dauert 23 Stunden, 56 Minuten, 4,1 Sekunden.

Greenwich Mean Time (GMT)
Weltzeit (*siehe dort*), mittlere Sonnenzeit für den Nullmeridian von Greenwich.

Gregory-Teleskop
Ein von James Gregory 1663 entworfenes Spiegelfernrohr. Das einfallende Licht wird vom Hauptspiegel (einem paraboloid geschliffenen Hohlspiegel) auf den Fangspiegel (einen ellipsoid geschliffenen Hohlspiegel) reflektiert, der das Licht durch ein Loch in der Mitte des Hauptspiegels zum Okular lenkt.

Größte Elongation
Wenn die Winkelentfernung zwischen Sonne und Merkur oder Venus am größten ist: bei Merkur zwischen 18° und 28°, bei Venus zwischen 45° und 47°. *Siehe auch* Elongation.

Große Magellansche Wolke
Eine nahe irreguläre Galaxie im Sternbild Schwertfisch (Dorado), 160 000 Lichtjahre von der Erde entfernt. Mit einer Ausdehnung von 8° ist sie die größte und hellste für das menschliche Auge erkennbare Galaxie.

Großer Roter Fleck
Ein großer Wirbelsturm in der Atmosphäre des Jupiters, der, durch ein Fernrohr von der Erde aus betrachtet, wie ein roter Fleck aussieht.

H

H-II-Region
Leuchtende Emissionsnebel (*siehe dort*) aus einfach ionisiertem gasförmigem Wasserstoff, wie der Orion-Nebel, wo neue Sterne das Wasserstoffgas ionisieren.

Habitable Zone (stellare)
Bewohnbare oder Lebenszone, auch Ökosphäre oder „Goldilocks (Blondkopf) Zone" genannt: jene Zone in der Umgebung eines Sterns, in der Temperaturen herrschen, bei denen Wasser dauerhaft in flüssiger Form auf der Oberfläche eines Planeten vorkommen kann, sodass die Voraussetzungen für Leben, wie auf der Erde, gegeben sind.

Halo
1. Galaktischer Halo: Die unser Milchstraßensystem umgebende Hülle aus Sternen, Kugelhaufen und Gasen.
2. Atmosphärischer Halo: Lichterscheinung, bei der ein Hof oder Ring aus hellen Flecken Sonne oder Mond umgibt, die durch Spiegelung oder Brechung des Lichts an Staub- oder Eispartikeln entstehen.

Haufen, galaktische, Kugel-, stellare
Siehe Sternhaufen.

Hauptreihe
Auf dem wichtigsten diagonalen Band – von unten rechts (geringe Masse, Temperatur, Leuchtkraft, lange Lebensdauer) nach oben links (große Masse, hohe Temperatur und Leuchtkraft, kurze Lebensdauer) – des Hertzsprung-Russell-Diagramms (*siehe dort*) liegen die meisten Sterne.

Hertzsprung-Russell-Diagramm (HRD)
Klassifizierungsschema für Sterne: eine grafische Darstellung des Verhältnisses zwischen Spektral-

typ (Temperatur) und der absoluten Helligkeit eines Sternes. Die Sterne sind nach genau definierten Gruppen geordnet, 90 % liegen auf der Hauptreihe. Das Diagramm ist für das Verständnis der Sternentwicklung von großem Wert.

Himmelsäquator
Die Projektion des Erdäquators auf die Himmelssphäre (*siehe dort*).

Himmelspole
Die beiden Punkte (Nord und Süd), an denen die Rotationsachse der Erde die Himmelssphäre trifft.

Himmelssphäre
Der Himmel wird hier als Innenseite einer riesigen Kugel mit der Erde im Mittelpunkt dargestellt. An dieser Innenwand lassen sich Sterne und andere Himmelsobjekte darstellen und ihre Bewegungen studieren.

Höhe
Der Winkel (im Gradmaß), in dem sich ein Objekt oberhalb des Beobachtungshorizonts befindet. 45° ist ein Ort auf halber Höhe zwischen Horizont und Zenithöhe. Zusammen mit dem Azimut (*siehe dort*) kann so die Position von Objekten am sichtbaren Himmel verzeichnet werden.

Horn
Oder: Spitze. Die Verengung an den beiden Enden der Merkur-, Venus- oder Mondsichel.

Hypernova
Ein Supernova-Typ, der um ein Vielfaches heller ist als normale Supernovae und mit „gammabursts" (*siehe dort*) in Verbindung steht.

I

IAU
Internationale Astronomische Union (*siehe dort*).

Inflationsphase
Ein frühes Stadium der Entstehung des Universums nach dem Urknall, als seine Größe in kürzester Zeit explosionsartig expandierte.

Infrarot
Unsichtbare elektromagnetische Strahlung, die als Wärme wahrgenommen werden kann und mit Wellenlängen von einem Mikrometer bis zu einem Millimeter zwischen sichtbarem Licht und Radiowellen liegt.

Innere Planeten
Die vier inneren, auch terrestrischen (erdähnlichen) und der Sonne näheren Planeten sind Merkur, Venus, Erde und Mars.

Interferometer
Methode, die durch Kombination zweier oder mehrerer kleiner Teleskope ein großes ersetzt. Der größte Abstand bestimmt die Bildschärfe. Beispiele sind die beiden Keck-Teleskope auf dem Mauna Kea auf Hawaii, das VLT in Chile und das VLA-Radioteleskop in den USA

Internationale Astronomische Union (IAU)
Die 1919 gegründete Organisation hat das Ziel, „alle Aspekte der astronomischen Wissenschaft durch internationale Zusammenarbeit zu fördern und zu wahren". Ihre rund 10 000 Mitglieder aus 48 Ländern sind Berufsastronomen, die sich unterschiedlichen Aufgaben in Forschung und Lehre widmen.

Ion
Ein Atom oder Molekül mit fehlenden oder zusätzlichen Elektronen, das daher eine positive oder negative Ladung hat.

Iovianische Planeten
Jupiterähnliche Planeten: Saturn, Uranus und Neptun.

Irreguläre Sternsysteme
Unregelmäßige Galaxien, denen die deutliche Symmetrieebene der Spiralgalaxien und elliptischen Galaxien fehlt.

K

Katadioptrisches Fernrohr
Spiegelteleskop mit einer Korrekturlinse vor dem Hauptspiegel, die für bessere Scharfeinstellung sorgt.

Keplers Gesetze der Planetenbewegung
Der Astronom Johannes Kepler entdeckte drei Gesetze, die den Umlauf der Planeten um die Sonne erklären.
1. Keplersches Gesetz: Die Bahnen der Planeten sind Ellipsen, in deren einem Brennpunkt die Sonne steht.
2. Keplersches Gesetz: Die Verbindungslinie von der Sonne zum Planeten überstreicht in gleichen Zeiten gleiche Flächen, während der Planet die Sonne umläuft.
3. Keplersches Gesetz: Die Quadrate der Umlaufzeiten der Planeten verhalten sich wie die Kuben der mittleren Entfernungen von der Sonne.

Kern
1. Atom: Der innerste Kern eines Atoms besteht aus Protonen und Neutronen, die von den Kräften der Kernbindung zusammengehalten werden.
2. Himmelskörper: Innerster, zentraler Teil eines Planeten, eines Sterns oder einer Galaxie.
3. Komet: Ein dunkler Körper aus Eis und Staub, mit meist nicht mehr als 30 km Durchmesser. Materie, die im Kern verdampft, bildet die Koma um ihn herum sowie einen langen Schweif.

Kernfusion
Ein Vorgang, der den Sternen Energie liefert, in denen sich die Kerne zweier leichter Atome zu einem schwereren Atomkern verbinden, wie etwa die Verbindung zweier Wasserstoffatome zu einem Heliumatom. Das kann nur bei extrem hohen Temperaturen und Drücken entstehen, wie sie im Innersten eines Sterns herrschen.

Kernspaltung
Ein Vorgang, bei dem ein schwerer Atomkern sich in zwei leichtere aufspaltet, wobei eine große Energiemenge, die Kernbindungsenergie, freigesetzt wird. Anwendungsbeispiele: Kernkraftwerk, Atombombe.

Kleine Magellansche Wolke
Unregelmäßig geformte Galaxie im Sternbild Tukan in etwa 190 000 Lichtjahren Entfernung und mit einer Ausdehnung am Himmel von 4° – für das menschliche Auge als Wolkenfleck erkennbar. *Siehe auch* Große Magellansche Wolke.

Kleinplaneten
Von der IAU 2006 als die Sonne umkreisende Himmelskörper definiert, die genug Masse haben, um eine annähernd runde Form anzunehmen, kein Mond eines anderen Objekts sind und nicht „die Nachbarschaft der eigenen Umlaufbahn geräumt" haben. Die drei anerkannten Kleinplaneten oder Planetoiden sind Ceres, Pluto und Eris.

Knoten
Die beiden Punkte, an denen die Umlaufbahn eines Himmelskörpers die Ekliptik, den Himmelsäquator oder eine andere Bezugsebene schneidet.

Koma
Die hell leuchtende kugelförmige Gashülle von durchschnittlich 150 000 km Durchmesser, die den Kern eines Kometen umgibt.

Komet
Kleines Himmelsobjekt aus gefrorenem Gas und Staub, das sich in elliptischen Bahnen um die Sonne bewegt. Hauptbestandteile sind Kern, Koma und Schweif. Kommt ein Komet näher an die Sonne, beginnt er zu verdampfen, wodurch der lange Schweif entsteht.

Konjunktion
Eine Konstellation, bei der der Winkel zwischen einem Planeten und der Sonne, dem Mond oder einem anderen Planeten an der Himmelssphäre am kleinsten ist, die Sonne also auf gleicher Linie mit der Erde und jenem Planeten steht. Eine übliche Konjunktion ist die zwischen Mond und Venus. Das Gegenteil ist die Opposition (*siehe dort*).

Konstellation
Eine Anordnung von Sternen, die keines der 88 Sternbilder ist, aber eine bestimmte Formation darstellt, z. B. Plejaden.

Korona
Leuchtende äußerste Schicht der Atmosphäre eines Sterns ebenso wie der Sonne, die sich Millionen von Kilometer weit in den interplanetaren Raum ausdehnt und über 10^{6}° K heiß ist.

Koronaler Massenausstoß
Bei der Sonnenaktivität kommt es zu Eruptionen von Materie aus der Korona, die mit hoher Geschwindigkeit in den Weltraum geschleudert wird.

Kosmische Hintergrundstrahlung
Ein schwaches Leuchten elektromagnetischer Strahlung erfüllt das Universum und ist mit fast gleichmäßiger Intensität über die Himmelssphäre verteilt. Die Emissionsquelle wird in Resten der Strahlung des Urknalls vermutet. Da die Strahlung im Mikrowellenbereich am stärksten ist, wird sie auch als kosmische Mikrowellen-Hintergrundstrahlung bezeichnet.

Kosmische Strahlen
Atomkerne, zumeist Protonen, bewegen sich nahezu mit Lichtgeschwindigkeit durch den Raum und treffen ständig aus allen Richtungen auf die Erdatmosphäre.

Kosmisches Netz
Der Begriff beschreibt das dreidimensionale netzartige Erscheinungsbild der Gesamtheit der im Universum verteilten Galaxien.

Kosmologie
Die Lehre von unserem Universum, seinem Ursprung, seiner Entwicklung bis heute, seiner Veränderung in der Zukunft und davon, wie sich die Materie darin verteilt.

Krater
Schüsselförmige Vertiefung in der Oberfläche eines Planeten oder Mondes, verursacht durch den Einschlag eines Asteroiden oder Meteoriten.

Kugelsternhaufen
Die kompakten, kugelförmigen Sternhaufen sind eine Ansammlung von ein paar Millionen Sternen und erscheinen im Teleskop wie ein Sandhaufen. *Siehe auch* Sternhaufen.

Kuiper-Gürtel
Eine 1992 entdeckte Zone eisiger Asteroiden, die die Sonne außerhalb der Planetenbahnen in Abständen von etwa 25 bis 1000 AE umlaufen.

L

Lambda (Dunkle Energie)
Einstein führte diese kosmologische Konstante ein, um ein stabiles Weltall zu erhalten. Als man die Expansion feststellte, hat er sie verworfen. Heute vermutet man, dass sie als Energie des Quantenvakuums für die abstoßende Wirkung verantwortlich ist.

Leuchtkraft
Die gesamte von einem Stern, einer Galaxie oder einem anderen Himmelskörper pro Sekunde ausgestrahlte Energie.

Libration
Von der Erde aus zu sehende, scheinbare Schaukelbewegungen des Mondes infolge seines ungleichen Umlaufs, wodurch man teils über den Ost- und teils über den Westrand hinausschauen kann, sodass etwa 59 % der gesamten Mondoberfläche sichtbar werden.

LINER-Galaxie
Abkürzung für *low-ionization nuclear emission line region*. Ein verbreiteter Typ Galaxie, deren Kern durch ein elektromagnetisches Spektrum mit niedrig ionisierten Emissionslinien gekennzeichnet ist.

Linsenförmige Galaxien
Galaxien mit dickem Zentrum und kleiner Scheibe, die zugleich wie eine Spiralgalaxie und eine elliptische Galaxie erscheinen.

Lokale Gruppe
54 von der Gravitation zusammengehaltene Galaxien, zu denen auch unsere Milchstraße sowie der Andromedanebel und die beiden Magellanschen Wolken gehören.

Lokaler Superhaufen
Der Lokale oder auch Virgo-Superhaufen ist ein Galaxien-Superhaufen rund um den Virgohaufen und enthält die Lokale Gruppe (*siehe dort*), zu der auch unsere Milchstraße gehört.

M

Magnestar
Ein Neutronenstern mit sehr starkem Magnetfeld – Trillionen Male stärker als das Magnetfeld der Erde.

Magnetosphäre
Ein Teilbereich der die Erde umgebenden Atmosphäre, in dem das Magnetfeld der Erde vor allem auf die Sonnenwinde wirkt.

Maksutov-Spiegelteleskop
Ein kompaktes katadioptrisches Fernrohr (*siehe dort*), das Dimitri Maksutov 1941 konstruierte. Es ähnelt dem Schmidt-Cassegrain-Teleskop.

Maser
Abkürzung für *microwave amplification by stimulated emission of radiation* (Mikrowellenverstärkung durch angeregte Strahlungsemission). Maser ist die dem Laser entsprechende Strahlungsquelle für den Mikrowellenbereich. Maser-Emission wurde bei Kometen, jungen Sternen, Pulsaren und entfernten Galaxien entdeckt.

Masse
Ein Maß für die Gesamtmenge der Materie, aus der ein Objekt besteht. Die internationale Einheit (SI) ist das Kilogramm (kg). Große Massen werden oft mit Bezug auf die Sonnenmasse angegeben.

Mehrfachsterne
Eine Gruppe von zwei oder mehr Sternen, die durch Gravitation zusammengehalten werden und einander umkreisen.

Messier-Katalog
In dem 1774 veröffentlichten Katalog von Charles Messier sind etwa 100 Nebel und Sternhaufen erfasst. Jedes Himmelsobjekt hat eine bestimmte Nummer. Berühmt ist M 42, der Orion-Nebel.

Meteor
Andere Bezeichnungen sind Sternschnuppe oder Feuerkugel. Ein am Nachthimmel sichtbarer Lichtschweif, wenn ein Meteoroid (*siehe dort*) in die obere Erdatmosphäre eintritt, sich durch die Reibung mit der Luft erhitzt und vollständig verbrennt.

Meteorit
Ein Meteor (*siehe dort*), der – nicht vollständig verbrannt – auf die Erdoberfläche stürzt.

Meteoroiden
Kleine Stücke meteoritischen Materials (Eis und Staub aus Kometenschweifen, Trümmer kollidierender Asteroide). Mehrheitlich kleine Partikel mit einer Masse von weniger als einem Gramm; es gibt aber auch Stücke von mehreren tausend Kilogramm.

Milchstraße
Der Begriff beschreibt das Aussehen unserer Galaxie am Nachthimmel als einen sich uneinheitlich über die Himmelssphäre ausbreitenden Lichtgürtel. *Siehe* Galaxien, Galaxis.

Mira
Auch Mira Ceti genannt, Stern im Sternbild Walfisch (Cetus): ein berühmter pulsierender, langperiodisch Veränderlicher, dessen Helligkeit im Lauf von 331 Tagen von Größenklasse 2 bis 10 variiert.

Molekül
Eine Anordnung unterschiedlicher Atome, deren individuelle Struktur eine Gruppierung mit unverwechselbaren chemischen Eigenschaften bildet.

Molekularwolke
Eine Art interstellarer Gaswolke, die die Bildung von Molekülen ermöglicht.

Mondfinsternis
Sie ereignet sich, wenn der Erdschatten ganz oder teilweise den Mond verdeckt.

N

Nadir
Ein Punkt direkt unter den Füßen eines Beobachters, 90° unterhalb des Horizonts: also der dem Zenit genau gegenüberliegende, nicht sichtbare Punkt der Himmelssphäre.

Nebel
Eine Wolke aus Gas und Staub, also interstellarer Materie, in einer Galaxie, die etwa als dunkler Fleck vor der leuchtenden Milchstraße

(*siehe* Dunkelwolken) – oder als heller Lichtfleck (Emissions- oder Reflexionsnebel) zu sehen ist.

Neutrino
Elementarteilchen ohne Masse und Ladung, das sich mit Lichtgeschwindigkeit bewegt und im Zentrum aller Sterne als Nebenprodukt der Kernfusion entsteht.

Neutron
Elementarteilchen ohne Ladung, das im Kern aller Atome mit Ausnahme des Wasserstoffs zu finden ist.

Neutronenstern
Stern von extrem hoher Dichte und etwa 10 km Durchmesser. Er entsteht, wenn die Kernfusion endet und die eigene Gravitation die gesamte Materie im Stern zu Neutronen komprimiert.

New General Catalog (NGC)
Der „Neue Allgemeine Katalog der Nebel und Sternhaufen" enthält etwa 15 000 Himmelsobjekte, die mit einer NGC-Nummer gekennzeichnet sind. NGC 1976 ist der Orion-Nebel (*siehe auch* Messier-Katalog).

Newton-Spiegelteleskop
Das erste, von Isaac Newton im 17. Jahrhundert gebaute Spiegelfernrohr (Reflektor).

Novae
Eine Gruppe von Sternen, deren Helligkeit plötzlich und unvorhersehbar um mehrere Größenklassen zunehmen kann.

O

Oberflächenhelligkeit
Die Helligkeit eines Objekts (etwa einer Galaxie oder eines Planeten) pro Flächeneinheit am Himmel; oft als Magnitude (Größe) pro Quadratbogensekunde ausgedrückt.

Öffnungsverhältnis
Eine für jedes Teleskop als Verhältnis zwischen Brennweite (f) und Durchmesser (d) festgelegte Größe (f/d). Der Zahlenwert wird auch Öffnungszahl genannt. So bezeichnet f/5 einen Faktor 5 (die Brennweite hat die fünffache Länge des Objektivdurchmessers). Mit Bezug auf den schwächsten Stern, den ein Teleskop erkennen kann, heißt das: Je höher die Öffnungszahl, desto schwächere Sterne können noch erkannt werden.

Örtliche Sternzeit
Ortszeit gemessen an der Umdrehung der Fixsternsphäre, entsprechend der Rektaszension jedes Himmelskörpers beim Durchgang an irgendeinem Ort auf der Erde.

Offene Sternhaufen
Unregelmäßig geformte Gruppen von einigen hundert Sternen. *Siehe* Sternhaufen.

Okular
Eine Vergrößerungslinse für die vom Hauptspiegel oder der Hauptlinse eines Fernrohrs gelieferte Abbildung. Das menschliche Auge blickt in das Okular eines Teleskops und betrachtet das vergrößerte Bild.

Opposition
Die Stellung eines Planeten oder anderen Himmelskörpers auf einer Linie mit Erde und Sonne, jedoch auf der der Sonne abgewandten Seite der Erde: Diese Gestirne stehen also auf Längenkreisen mit 180° Unterschied. Das Gegenteil ist die Konjunktion (*siehe dort*).

P

Parabolspiegel
Paraboloid geschliffener Hohlspiegel: Haupt- oder weiterer Umlenk- oder Fangspiegel eines Reflektor-Teleskops mit genau parabelförmigem Längsschnitt.

Parallaktische Montierung
Eine Fernrohrmontierung mit einer Achse (Rektaszensionsachse), die parallel zur Erdachse ausgerichtet ist, und einer zweiten Achse (Deklinationsachse) senkrecht davon.

Parallaxe
Die Position eines der Erde nahen Sterns scheint sich im Verhältnis zu entfernteren Sternen während des Umlaufs der Erde um die Sonne zu verschieben. Ursache: Der Winkel zwischen den Verbindungsgeraden zu einem Objekt von zwei verschiedenen Beobachtungsorten aus macht sich als scheinbare Verschiebung des Objekts bemerkbar. So kann die Entfernung eines Sterns mittels der Größe der Parallaxe und der Erdumlaufbahn errechnet werden. *Siehe auch* Parsec.

Penumbra (Halbschatten)
1. Hellerer Saum um den dunklen Kern (Umbra) von Sonnenflecken.
2. Hellerer Außenbereich des Schattens, der von einem – etwa durch die Sonne – beleuchteten Himmelsköper geworfen wird. *Siehe auch* Umbra.

Perigäum
Erdnächster Punkt eines Himmelskörpers auf seiner Umlaufbahn um die Erde. *Siehe auch* Apogäum (Erdferne).

Perihel
Sonnennächster Punkt eines Himmelskörpers auf seiner Umlaufbahn um die Sonne. *Siehe auch* Aphel (Sonnenferne).

Periodischer Komet
Ein Komet auf einer elliptischen Bahn, der regelmäßig in das Innere des Sonnensystems zurückkehrt. Der Halleysche Komet kommt alle 76 Jahre wieder.

Phase
1. Mondphasen: Erscheinungsbild des beleuchteten Teils der Mondscheibe, wie sie von der Erde aus zu sehen ist und sich mit dem Umlauf des Mondes um die Erde ständig verändert. Der Zyklus der Phasen beginnt bei Neumond, wenn der Mond zwischen Erde und Sonne, also in Konjunktion (*siehe dort*), steht. Während sich der Mond auf seiner Umlaufbahn zu bewegen beginnt, wird ein kleiner Teil seiner Scheibe beleuchtet und als zunehmende Sichel erkennbar. Der beleuchtete Teil nimmt weiter zu, bis ein Viertel, die Hälfte und schließlich drei Viertel der Mondscheibe beleuchtet sind. Bei Vollmond hat der Mond die Opposition (*siehe dort*) erreicht, und die Scheibe ist voll beleuchtet. Danach wird der beleuchtete Teil der Mondscheibe wieder kleiner, und über die entsprechenden Phasen der abnehmenden Mondsichel schließt sich der Zyklus zum Neumond.
2. Merkur und Venus: Wie beim Mond wechseln sich die Phasen von Merkur und Venus ab, während sie die Sonne umlaufen.

Photon
Ein sich mit Lichtgeschwindigkeit bewegendes Teilchen elektromagnetischer Strahlung. Deshalb kann ein Lichtstrahl als Photonenstrahl bezeichnet werden. Seine Stärke entspricht der Zahl der Photonen.

Photosphäre
Die sichtbare Oberfläche eines Sterns oder der Sonne.

Planet
Von der IAU 2006 als jeglicher Himmelskörper im Sonnensystem definiert, der die Sonne in einer Bahn umläuft, genügend Masse besitzt, um annähernd eine Kugelform anzunehmen, und „die Nachbarschaft seiner Umlaufbahn freigeräumt" hat. Die acht anerkannten Planeten sind Merkur, Venus, Erde, Mars, Jupiter, Saturn, Uranus und Neptun.

Planetarischer Nebel
Eine sich ausdehnende Gaswolke, die von einem sterbenden Stern hinausgeschleudert wurde und oft wie eine kreisförmige, wolkige Scheibe aussieht.

Planetarium
Ein Projektor, der einen künstlichen Nachthimmel auf die Innenseite einer Kuppel wirft und damit die Demonstration der Positionen und Bewegungen von Sternen und Himmelskörpern des Sonnensystems gestattet.

Planetenkern
Siehe Kern.

Plasma
Hoch ionisiertes Gas aus Ionen und Elektronen, das sich bei hohen Temperaturen in Sternen oder durch starkes ultraviolettes Licht von Sternen bildet. Sonne und Sterne bestehen aus Plasma.

Polarlicht (Aurora)
Eine Erscheinung von tanzenden Lichtbändern in der Erdatmosphäre, die meist innerhalb von 20° Breite von Nord- und Südpol zu sehen ist. Sie heißt im Norden *Aurora Borealis*, im Süden *Aurora Australis*.

Primärfokus
Die Ebene, in der der Hauptspiegel oder das Objektiv eines Fernrohrs das Bild entstehen lässt, wobei alle weiteren Spiegel, Linsen und sonstigen Komponenten außer Acht gelassen werden.

Proton
Elementarteilchen mit positiver Ladung, das sich im Kern aller Atome befindet.

Protuberanzen
Gaseruptionen an der sichtbaren Sonnenoberfläche, der Photosphäre, die am Rand der Sonnenscheibe als Lichtbögen erscheinen.

Pulsare
Schnell rotierende Neutronensterne (*siehe dort*), die eine regelmäßig pulsierende Strahlung aussenden. Mehrheitlich gibt es Radio-Pulsare, daneben wurde eine kleine Zahl von optischen, Röntgen- und Gammastrahlen-Pulsaren entdeckt.

Q

Quasar
Quasistellare Radioquelle: Energiereichster Typus einer aktiven Galaxie (*siehe dort*) mit sternähnlichem Aussehen im sichtbaren Bereich.

R

Radialgeschwindigkeit
Geschwindigkeit eines Sterns in Richtung der Sichtlinie des Beobachters; berechnet mithilfe des aus der Geschwindigkeit resultierenden gemessenen Doppler-Effekts.

Radioastronomie
Die Verwendung spezieller Radioempfänger und Antennen zur Untersuchung der von Himmelskörpern wie Galaxien, Planeten und Sternen ausgesandten Radiowellen.

Radiogalaxien
Galaxien, deren Radiowellen-Emission aus ihrer Mitte heraus millionenfach stärker ist als die anderer Sternsysteme.

Reflektor
Spiegelfernrohr, Spiegelteleskop (*siehe dort*). Auch: Katadioptrisches Fernrohr.

Reflexion
Licht wird reflektiert, wenn es auf eine Oberfläche trifft und diese nicht durchdringt, sondern in einem dem Einfallswinkel entsprechenden Reflexionswinkel zurückgeworfen wird.

Reflexionsnebel
Ein Nebel aus interstellarem Staub, der nur dank des Lichts von einem benachbarten Stern, das er reflektiert, sichtbar ist.

Refraktion
Lichtbrechung. Die Ablenkung von Lichtstrahlen, die von einem in ein anderes Medium eindringen, wie etwa von Luft in Glas.

Refraktor
Linsenfernrohr, Apochromat (*siehe dort*). Die Lichtbrechung durch gekrümmte Glaslinsen wird genutzt, um ein vergrößertes Bild zu erzeugen.

Revolution
Vollständiger Umlauf eines Himmelskörpers um einen anderen, beispielsweise eines Mondes um einen Planeten oder eines Planeten um die Sonne.

Ringförmige Finsternis (Ringfinsternis)
Ein Lichtring um den Rand des Mondes während einer totalen Sonnenfinsternis, wenn der Mond weit genug von der Erde entfernt ist, um kleiner als die Sonne zu erscheinen.

Rochesche Grenze
Auch: Roche-Lobe. Birnenförmiges Gebiet um einen Stern in einem Doppelsternsystem, in dem jede Masse zur Oberfläche jenes Sterns zurückgezogen würde. Wenn einer der Sterne in einem Doppelsternsystem sich zu einem Roten Riesen entwickelt, dehnt er sich über seine Roche-Grenze hinweg aus, sodass seine Materie von seinem Begleitstern angezogen werden kann.

Röntgenastronomie
Erforschung der Röntgenstrahlung, die von Galaxien, Sternen, Kometen und anderen Himmelskörpern ausgesandt wird. Röntgenteleskope werden auch außerhalb der Erdatmosphäre mithilfe von Höhenballons, Raumsonden oder Satelliten im Raum eingesetzt, weil diese die Röntgenstrahlung absorbiert.

Röntgen-Hintergrundstrahlung
Schwaches, gleichmäßiges Leuchten an der ganzen Himmelssphäre, das von Röntgenemissionen ferner aktiver Galaxien hervorgerufen wird. *Siehe auch* Kosmische Hintergrundstrahlung.

Röntgenstrahlen
Energiereiche elektromagnetische Strahlung zwischen Ultraviolett- und Gammastrahlen. Die Wellenlängen betragen zwischen 10 und 0,005 Nanometer.

Rotation
Umdrehung eines Himmelskörpers um seine Achse.

Roter Riese
Ein Stern, der oberhalb der Hauptreihe des Hertzsprung-Russell-Diagramms liegt, weil seine Oberflächentemperatur auf etwa 3000° K absank, nachdem er sich auf das mehr als Zehnfache seiner ursprünglichen Größe ausdehnte. In 5,5 Milliarden Jahren wird auch die Sonne ein Roter Riese sein.

Roter Überriese
Ein Stern, der sich nach nur wenigen Millionen Jahren von der Hauptreihe des Hertzsprung-Russell-Diagramms entfernt hat, weil seine Oberflächentemperatur auf etwa 5000° K absank, nachdem er sich auf das mehr als Hundertfache seiner ursprünglichen Größe ausdehnte. Beispiele sind Antares im Sternbild Skorpion und Betelgeuse im Sternbild Orion.

Roter Zwerg
Eine Gruppe von Sternen am unteren Ende der Hauptreihe des Hertzsprung-Russell-Diagramms; sie sind kleiner, weniger massereich und haben niedrigere Temperaturen als die Sonne.

Rotverschiebung
Die von einem Himmelskörper ausgesandte Strahlung zeigt – wegen seiner größer werdenden Entfernung von der Erde – eine Verschiebung der Spektrallinien nach dem roten Ende des Spektrums hin.
1. Sterne: Die Rotverschiebung ist ein Doppler-Effekt sich von der Erde entfernender Sterne.
2. Galaxien: Die Rotverschiebung nimmt mit der Entfernung von der Erde zu – eine Folge des Urknalls, der zur Ausdehnung des Universums führt.

Rückläufig
Wenn ein Planet oder anderer Himmelskörper die Sonne in umgekehrter Richtung umläuft als die Mehrzahl der anderen Himmelskörper. So kreist etwa der Neptun-Mond Triton im Vergleich zu den anderen Monden des Sonnensystems in gegenläufiger Richtung um seinen Planeten. Gegensatz: rechtläufig.

Rückwärtsbewegung
Die Bewegung eines Planeten oder anderen Himmelskörpers an der Himmelssphäre scheinbar rückläufig in westlicher Richtung, während sich die Sterne in östlicher Richtung über den Himmel bewegen.

S

Sarosperiode
Eine Zeitspanne von etwa 18 Jahren, in der sich eine bestimmte Abfolge von Sonnen- und Mondfinsternissen in gleicher Folge wiederholt.

Satellit
1. Natürlicher Satellit: ein Mond, der einen Planeten umkreist.
2. Künstlicher Satellit: ein von Menschen hergestellter Trabant, der mithilfe einer Rakete in eine Umlaufbahn gebracht wird.

Schmidt-Cassegrain-Teleskop
Auch: Schmidt-Spiegel. Modifiziertes Cassegrain-Fernrohr (*siehe auch* Cassegrain-Reflektor),

in dem vor dem Hauptspiegel eine Korrektionsplatte genannte Linse angebracht ist. Diese Fernrohre sind bei Amateurastronomen beliebt, haben jedoch den Nachteil eines großen Hilfsspiegels, der die Hauptöffnung behindert und so den Kontrast verringert. *Siehe auch* Maksutov-Spiegelteleskop.

Schwarzer Zwerg
Kalter, erloschener Stern, der keine Strahlung mehr aussendet, weshalb er schwarz erscheint. Er ist das Endstadium eines weißen Zwerges, der all seine Wärmeenergie in den Raum abgegeben hat.

Schwarzes Loch
Durch den Gravitationskollaps eines massereichen Sterns entsteht ein Schwarzes Loch von so extrem hoher Materiedichte, dass kein Licht mehr daraus entweichen kann, weshalb der Eindruck einer schwarzen Kugel im All entsteht.

Schwenk
Bewegung eines Fernrohrs von einem Objekt zu einem anderen.

Sicht („seeing")
Die Qualität der Beobachtungsbedingungen beim Blick durch ein Fernrohr.

SETI
Abkürzung für *Search for Extraterrestrial Intelligence*. NASA-Forschungsprogramm zur Suche nach außerirdischer Intelligenz in unserem Universum, insbesondere nach Radiosignalen, die von außerirdischen Zivilisationen stammen könnten.

Seyfert-Galaxie
Eine aktive Galaxie mit starken Emissionslinien, die 1943 von Carl Seyfert entdeckt wurde.

Sichel
Eine Merkur-, Venus- oder Mondphase mit einem sichelförmigen Erscheinungsbild.

Siderische Periode
Die siderische Umlaufzeit ist die Zeitspanne, die ein Himmelskörper zur vollständigen Umrundung eines anderen benötigt, und zwar in Bezug auf Fixsterne oder die Sonne. Die siderische Periode der Erde beträgt 365,256 Tage (was alle vier Jahre ein Schaltjahr erfordert).

Siderische Zeit
Zeitmessung des Erdumlaufs mithilfe der Rotation des Sternhimmels. *Siehe auch* Örtliche Sternzeit, Greenwich Mean Sidereal Time.

Solar
Die Sonne betreffend, auf die Sonne bezogen.

Sonne
Ein G5-Zwerg im Mittelpunkt unseres Sonnensystems.

Sonnenaktivität
Verschiedene, wechselnde Erscheinungen auf der Sonne, wie Sonnenflecken, Flares, Fackeln, Filamente und Protuberanzen, die sich auch auf die Erde auswirken. Der Sonnenfleckenzyklus hat alle elf Jahre ein Maximum.

Sonneneruption
Plötzliche Strahlungsausbrüche in der Chromosphäre der Sonne im Zusammenhang mit Sonnenflecken, Protuberanzen und Filamenten (fadenförmigen Strukturen).

Sonnenfinsternis
Die sichtbare Sonnenscheibe wird ganz oder teilweise von Mond verdeckt, wenn dieser sich genau zwischen Erde und Sonne schiebt.

Sonnenflecken
Dunkle Punkte und Flecken auf der sichtbaren Sonnenoberfläche. *Siehe auch* Sonnenaktivität.

Sonnensystem
1. Die Sonne und die gesamte Materie, die durch ihre Gravitation in einem Umlauf gehalten wird, darunter acht Planeten und ihre Monde, Klein- und Zwergplaneten, Kometen, Planetoiden, Meteoroiden und andere Himmelskörper.
2. Allgemein jedes auf einen Stern bezogene Sonnensystem im Universum.

Sonnenwende
Auch: Solstitium. Um den 21. Juni (längster Tag auf der Nordhalbkugel der Erde) und 21. Dezember (kürzester Tag auf der Nordhalbkugel) erreicht die Sonne am Himmel ihren höchsten bzw. niedrigsten Stand: die Solstitialpunkte. An diesen Umkehrpunkten setzt dann wieder die gegenläufige Bewegung ein.

Sonnenwind
Solare Korpuskelstrahlung: Ionen und andere Teilchen, die mit Geschwindigkeiten von bis zu 900 km/s nach allen Richtungen von der Sonne strömen.

Spektraltypen
Auch: Spektralklassen. Die Klassifizierung der Sterne nach ihren sichtbaren Emissionslinien, die ihre Oberflächentemperaturen oder Farben bestimmen lassen. So ergeben sich sieben Haupt-Spektralklassen (O, B, A, F, G, K und M), die jeweils in zehn numerische Klassen unterteilt sind

Spektrograf
Optisches Instrument, mit dem Licht in ein Spektrum zerlegt und dieses aufgezeichnet wird.

Spektrum
Optische Darstellung oder Diagramm, worin unterschiedlichen Stärken elektromagnetischer Strahlungen mit ihren Wellenlängen oder Frequenzen aufgefächert werden, so etwa bei der Zerlegung von Licht in Spektralfarben.

Spiegelteleskop
Ein Fernrohr, das mit der Lichtreflexion an der Oberfläche eines schalenförmig gebogenen, also konkaven (Hohl-)Spiegels ein Bild erzeugt.

Spiralgalaxie
Eine Galaxie (*siehe dort*) mit einem zentralen Kern von Sternen und davon ausgehenden Spiralarmen in rotierenden flachen Scheiben. Eine Variante sind die Balkenspiralen (*siehe dort*).

Starburstgalaxien
Gebiete mit extrem hoher Sternentstehungsrate. Explosionsartige Sternbildungen werden durch sehr heftige Ereignisse wie den Zusammenstoß mit einer anderen Galaxie ausgelöst.

Staubscheibe
Eine Scheibe aus Staubmaterial, die einen Stern umgibt und in der sich Planeten bilden können; so etwa die Staubscheiben um den Stern Beta Pictoris.

Stellar
Die Sterne betreffend, auf die Sterne bezogen, aus Sternen zusammengesetzt.

Stern
Hell leuchtende Gaskugel im All, deren Masse durch die eigene Gravitation zusammengehalten wird. Ein Stern erzeugt in seinem Innern durch die Fusion von Wasserstoff zu Helium enorme Energiemengen. *Siehe auch* Kernfusion.

Sternassoziation
Lockerer Sternhaufen; lockere Gruppierung junger Sterne von ähnlichem Spektraltyp, z. B. OB-Ansammlungen (*siehe* Spektraltypen) oder eine Gruppe von T-Tauri-Sternen, T-Assoziationen genannt.

Sternbild
Eine Gruppe von bildhaft zusammengefassten Sternen am Nachthimmel, die einem Tier, einer Person oder einem Gegenstand gleicht. Es gibt 88 solcher anerkannter Sternbilder.

Sterngruppe
Erkennbares Muster einer Sterngruppe, das eine Form bildet, aber nicht eine der 88 bekannten Sternbilder oder Konstellationen ist: so die als *Teapot* (Teekanne) bezeichnete Gruppierung im Sternbild Schütze oder die Plejaden im Sternbild Stier.

Sternhaufen
Eine Gruppe von Sternen, die durch die Gravitation zusammengehalten werden. Die verbreitetsten Typen sind offene Sternhaufen und Kugelsternhaufen (*siehe dort*).

Sternschnuppe
Volkstümliche Bezeichnung für Meteor.

Sternspuren
Gebogene Lichtbahnen oder -linien auf Fotografien des Nachthimmels. Sie entstehen bei langen Belichtungszeiten mit einer fest installierten Kamera. Infolge der Erdrotation bewegen sich die Abbildungen von Sternen scheinbar und zeichnen eine Lichtspur auf dem Foto.

Sternwolke
Hell leuchtende, aus einer großen Zahl von sehr dicht benachbarten Sternen bestehende Region am Nachthimmel.

Stratosphäre
Eine Schicht der Erdatmosphäre in 20 bis 50 km Höhe zwischen Troposhäre und Mesosphäre. Enthält die Ozonschicht.

Supernova
Gewaltige Explosion eines Sterns mit einer Masse, die etwa achtmal größer als die Sonne ist.

Supernova-Überrest
Rasch rotierender Neutronenstern (*siehe dort*); sich ausdehnende leuchtende Gaswolke nach einer Supernova-Explosion.

Synchrotronstrahlung
Elektromagnetische Strahlung, die von Hochenergie-Elektronen ausgesandt wird, die sich durch ein Magnetfeld bewegen.

Syzygie
Konjunktion und Opposition zweier Gestirne: Voll- und Neumondphasen; bzw. wenn drei Himmelskörper auf einer Geraden positioniert sind, wie etwa Sonne, Mond und Erde bei einer Sonnenfinsternis oder Sonne, Venus und Erde bei einem Durchgang.

T

Tag
Die Zeitdauer, die ein Planet für eine volle Drehung um die eigene Achse benötigt.

Tagesbogen
Die tägliche Bewegung der Himmelssphäre und der Himmelskörper von Osten nach Westen infolge der Erdumdrehung von Westen nach Osten.

Teleskop
Fernrohr. Instrument, das elektromagnetische Strahlung einfängt und das Bild eines entfernten Gegenstandes erzeugt. Die unterschiedlichsten Modelle umfassen Radio- oder Spiegelteleskope oder Refraktoren (*siehe dort*).

Terminator
Grenzlinie zwischen dem beleuchteten und dem unbeleuchteten Teil, also Tages- und Nachtseite von Erde, Mond und anderen Planeten.

Terrestrische Planeten
Die vier festen inneren, erdähnlichen und der Sonne näheren Gesteinsplaneten sind Merkur, Venus, Erde und Mars.

Tierkreiszeichen
Ekliptiksternbilder. Zwölf Tierkreissternbilder, die schon von den Astronomen der Antike so benannt wurden und den Zodiakus (*siehe dort*) in zwölf jeweils 30° große Abschnitte unterteilen. Infolge der Präzession (Verlagerung der Rotationsachse der Erde) im Laufe von ein paar tausend Jahren hat sich der Zodiakus um etwa 30° ostwärts verlagert, sodass sich die Sonne jetzt durch ein 13. Sternbild bewegt, den Ophiuchus (Schlangenträger).

Totale Finsternis
Ein Himmelskörper verdeckt und verdunkelt einen anderen, leuchtenden Himmelskörper vollständig. Bei der totalen Sonnenfinsternis verdeckt der Mond – von der Erde aus gesehen – gänzlich die Sonne. Bei der totalen Mondfinsternis schiebt sich die Erde genau zwischen Sonne und Mond und dunkelt diesen mit dem Erdschatten ab.

U

Überriese
Siehe Roter Überriese.

Ultraviolettstrahlung (UV)
Teil des Spektrums elektromagnetischer Wellen zwischen sichtbarem Licht und Röntgenstrahlen; Wellenlängen von etwa 400 bis 2 Nanometer. *Siehe auch* Elektromagnetisches Spektrum.

Umbra
1. Dunkler Kern von Sonnenflecken.
2. Dunkelster Teil eines Schattens, den ein von einer ausgedehnten Lichtquelle, wie der Sonne, beleuchteter Himmelskörper wirft (Kernschatten).

Umlaufbahn
Auch Orbit genannt. Der Weg, den ein Objekt um die Sonne, einen Planeten oder ein anderes Objekt beschreibt.

Universum
Kosmos, Weltall, Weltraum: alles in der gesamten mit Materie erfüllten Welt, das je entdeckt wurde und noch zu entdecken ist.

Urknall
Allgemein akzeptierte Theorie, die die Entstehung und Entwicklung des Weltalls erklärt. Alle Materie und alle Energie entstanden demnach aus einer gewaltigen Explosion (dem *Big Bang*) vor ca. 14 Milliarden Jahren.

V

Veränderliche (Sterne)
Sterne, deren Helligkeit im Lauf der Zeit schwankt. Es gibt folgende drei Haupttypen: Pulsationsveränderliche, Bedeckungsveränderliche und eruptive Veränderliche (*siehe dort*).

Verfinsterung
Wenn ein Himmelskörper teilweise oder ganz durch einen vor ihm liegenden verdeckt wird – wie beispielsweise ein Stern durch den Mond –, spricht man von Bedeckung, Verfinsterung oder „Okkultation". Der umgekehrte Fall heißt Durchgang oder „Transit" (*siehe dort*).

Very Long Baseline Interferometry (VLBI)
Methode der Radioastronomie, mit einem Interferometer aus zwei oder mehr Radioteleskopen im Abstand von bis zu mehreren tausend Kilometern Präzisionsmessungen vorzunehmen und Einzelheiten bis zu einer tausendstel Bogensekunde sichtbar zu machen. *Siehe auch* Interferometer.

Virgo-Superhaufen
Siehe Lokaler Superhaufen.

W

Weißer Zwerg
Stern im Endstadium seiner Entwicklung mit einer Masse, die der der Sonne entspricht. Wenn die Kernfusion im Inneren eines sonnenähnlichen Sterns endet, kollabiert er durch seine eigene Gravitation und wird ein Weißer Zwerg von der Größe der Erde.

Wellenlänge
Die Stecke vom Beginn einer einzelnen Schwingung bis zu ihrer Wiederholung. Elektromagnetische Strahlung besteht aus Sinuswellen wie die Wellen auf dem Wasser. Die Wellenlänge ist der Abstand zwischen zwei Wellenbergen oder zwei Wellentälern. Die Ausbreitungsgeschwindigkeit ergibt sich aus Wellenlänge und Frequenz der Schwingung ($\lambda \cdot f$ = Geschwindigkeit).

Weltzeit
Englisch: Universal Coordinated Time (UTC). Maßstab für die weltweite Zeitmessung, auf den sich alle Zeitzonen beziehen. Am Nullmeridian von Greenwich wird von Mitternacht an die mittlere Sonnenzeit gezählt. *Siehe auch* Greenwich Mean Time (GMT).

Wolf-Rayet-Sterne
Eine Gruppe ungewöhnlicher Sterne, die 1867 von C. J. Wolf und G. Rayet entdeckt wurden und extrem hohe Temperaturen und Leuchtkraft haben. Sie bilden die Spektralklasse W. Ihre äußeren Atmosphäreschichten stoßen fortwährend Gasblasen aus. Der Stern Gamma Velorum im Sternbild Vela (Segel des Schiffes) ist ein Wolf-Rayet-Stern.

Z

Zenit
Der Punkt an der Himmelssphäre, der sich direkt über dem Kopf des Beobachters befindet, also auf einer Höhe von 90° über dem Horizont.

Zirkumpolarstern
Ein Stern, der auf seinem täglichen Lauf immer oberhalb des lokalen Horizonts bleibt.

Zodiaklicht
Schwacher dreieckiger Lichtschein, der in tropischen Breiten nach Sonnenuntergang im Wes-

ten oder vor Sonnenaufgang im Osten sichtbar wird und durch Streuung von Sonnenlicht an kosmischen Staubpartikeln entsteht.

Zodiakus (Tierkreis)
Zone am Himmel, die entlang der Ekliptik verläuft und auf der die Sonne sich über die Himmelssphäre zu bewegen scheint. Sie erstreckt sich 10° beiderseits der Sonnenbahn. Die Zone ist von den zwölf Tierkreissternbildern besetzt.

Zunehmender Mond
Fortschreitende Steigerung der Helligkeit des Mondes nach Neumond, während der sichtbare beleuchtete Teil der Mondscheibe immer größer wird und bei Vollmond vollständig beleuchtet ist. *Siehe auch* Sichel.

Zwerg-Cepheiden
Pulsierende Veränderliche, deren Helligkeitsschwankungen innerhalb weniger Stunden erfolgen. Auch Delta-Scuti-Veränderliche genannt.

Zwergstern
Jeder Stern in der Hauptreihe des Hertzsprung-Russell-Diagramms, einschließlich der Sonne.

MASSE UND EINHEITEN

Ångström
Einheitszeichen: Å
Eine Längeneinheit, die dem 10 000-millionsten Teil eines Meters oder 10^{-10} Meter entspricht (= 0,1 Nanometer).

Astronomische Einheit
Einheitszeichen: AE
Eine Längeneinheit, die der durchschnittlichen Entfernung zwischen Erde und Sonne entspricht. 1 AE ist 149 597 870 km lang. Jupiter ist etwa 5 AE von der Sonne entfernt.

Bogenminute
Einheitszeichen: ′
Maßeinheit der Winkeleinteilung bzw. -größe. Der 60ste Teil eines Grades. 1' hat 60 Bogensekunden.

Bogensekunde
Einheitszeichen: ″
Maßeinheit der Winkelgröße. Der 3600ste Teil eines Grades und der 60ste Teil einer Bogenminute.

Deklination
Der Winkel zwischen einem Stern oder anderem Himmelskörper und dem Himmelsäquator entspricht der geografischen Breite auf der Erde. *Siehe* Rektaszension.

Erdmasse
Die Masse eines Planeten kann im Verhältnis zur Masse der Erde beziffert werden. Diese beträgt $5{,}974 \times 10^{24}$ kg. Jupiters Masse beträgt 317,8 Erdmassen, der Mond der Erde hat den 81. Teil einer Erdmasse.

Flux (Energiefluss)
Maßeinheit für die Menge der Energie von einem Stern oder anderen Himmelskörper, die auf der Erde auf einer Fläche von einem Quadratmeter in einer Sekunde ankommt.

Helligkeit
Einheitszeichen: M
Die Helligkeit der Sterne und anderer Himmelskörper dient als Maß für die Strahlung kosmischer Objekte und ihre Zuordnung zu Größenklassen. Die scheinbare Helligkeit wird von einem Beobachter auf der Erde gemessen. Die absolute Helligkeit ist die scheinbare Helligkeit eines Himmelskörpers in einer Standardentfernung von 32,6 Lichtjahren (10 Parsec) als Vergleichsgröße für die echte Helligkeit anderer Sterne. *Siehe auch* Absolute Helligkeit.

Jupitermasse
Die Masse eines Planeten kann im Verhältnis zur Masse von Jupiter beziffert werden. Diese beträgt $1{,}899 \times 10^{27}$ kg. *Siehe auch* Erdmasse.

Kelvin-Skala
Einheitszeichen: K oder °K
Temperaturskala, die beim absoluten Nullpunkt (*siehe dort*) beginnt und in der Astrophysik Verwendung findet.

Lichtjahr
Einheitszeichen: Lj
Eine Längeneinheit, die als die Strecke definiert wird, die das Licht in einem Jahr im Vakuum zurücklegt. 1 Lj = $9{,}4605 \times 10^{12}$ km = 0,3066 pc (Parsec).

Mikrometer
Einheitszeichen: µm
Eine Längeneinheit von 0,001 mm oder 10^{-6} m. Wird oft für die Angabe von Wellenlängen infraroter Strahlung verwendet.

Nanometer
Einheitszeichen: nm
Ein Längenmaß von 10^{-9} m, das oft für die Angabe von Wellenlängen des sichtbaren Lichts verwendet wird.

Parsec
Einheitszeichen: pc
Abkürzung für englisch *parallax second*, ein Längenmaß für die Entfernung von Fixsternen. 1 pc entspricht 3,26 Lichtjahren bzw. $3{,}0856776 \times 10^{16}$ m (*siehe* Lichtjahr und Helligkeit) und ist als die Entfernung definiert, von der aus die Astronomische Einheit AE unter einem Winkel von einer Bogensekunde an der Himmelssphäre erscheint.

Rektaszension
Einheitszeichen: AR
Der am Himmelsäquator gemessene Winkel, ausgehend von einem Nullpunkt bei der Stellung der Sonne zur Tagundnachtgleiche am 21. März, entspricht der geografischen Länge auf der Erde. *Siehe* Deklination.

Sonnenleuchtkraft
Einheitszeichen: L
Die Helligkeit eines Sterns wird als Bruchteil der Sonnenleuchtkraft beziffert ($3{,}826 \times 10^{26}$ J s^{-1}).

Sonnenmasse
Einheitszeichen: MSo
Die Masse eines Sterns wird im Verhältnis zur Masse der Sonne ($1{,}898 \times 10^{30}$ kg) beziffert. Beispielsweise entspricht ein Stern mit einer Masse von $7{,}8 \times 10^{30}$ kg 4,1 Sonnenmassen.

Winkel-Grad
Einheitszeichen: °
Das Maß der Winkeleinteilung bzw. -größe wurde als der 360ste Teil eines vollständigen Kreises definiert. Der volle Kreiswinkel hat 360°, und 1° hat 60 Bogenminuten oder 3600 Bogensekunden (*siehe dort*).

Register und Bildnachweis

Register

Gefettete Seitenzahlen verweisen auf Haupteinträge. *Kursivierte* Einträge verweisen auf Abbildungen.

Bild-nachweis

Der Verlag dankt den folgenden Bildarchiven und anderen Rechteinhabern für die Erlaubnis zum Abdruck der Bilder. Es wurde jeder Versuch unternommen, die Abdruckrechte einzuholen. Sollte dies in Einzelfällen nicht gelungen sein, sind wir für Hinweise seitens der Rechteinhaber sehr dankbar.

LEGENDE (o) oben, (u) unten, (l) links, (r) rechts, (M) Mitte

NASA-Einrichtungen tragen die folgenden Abkürzungen: NASA-Great Images in NASA: NASA-GRIN; NASA Goddard Space Flight Center: NASA-GSFC; NASA Jet Propulsion Laboratory: NASA-JPL; NASA Johnson Space Center; NASA-JSC; NASA Kennedy Space Center: NASA-KSC; NASA Langley Research Center: NASA-LaRC; NASA Marshall Space Flight Center: NASA-MSFC

Abkürzungen anderer Institutionen: Anglo-Australian Observatory: AAO; Association of Universities for Research in Astronomy: AURA; Chandra X-ray Observatory Center: CXC; European Space Agency: ESA; European Southern Observatory: ESO; Japan Aerospace Exploration Agency: JAXA; National Optical Astronomy Observatory: NOAO; Particle Physics and Astronomy Research Council: PPARC; Solar and Heliospheric Observatory: SOHO; Space Telescope Science Institute: STScI; Wisconsin, Indiana, Yale and NOAO Observatory: WIYN

1 T. A. Rector/University of Alaska Anchorage und WIYN/AURA/NSF; 2–3 NASA-JPL-Caltech–Viking 1/digitalisiert von Science Faction; 4–5 NASA Charles Pete Conrad; 7 Getty Images: Science Faction, NASA-ESA/digitalisiert von Science Faction; 8–9(v.l.n.r.) NASA, ESA und The Hubble Heritage Team STScI/AURA), Dank an: P. McCullough (STScI); NASA/JPL/University of Arizona; ESA/Hubble, Akira Fujii und Digitized Sky Survey; NASA, ESA und The Hubble Heritage Team STScI/AURA). Dank an: J. Gallagher (University of Wisconsin), M. Mountain (STScI) und P. Puxley (NSF); A. Schaller (STScI); Getty Images: Hulton Archive; NASA-JSC; Getty Images: Science Faction, Tony Hallas; 10–11 Getty Images: Science Faction, NASA-JPL-Caltech-Cassini/digitalisiert von Science Faction; 12(l) NASA-JPL; 12(o) NASA-JPL; 13(l) NASA-MSFC; 13(r) T. A. Rector/University of Alaska, Anchorage, und WIYN/AURA/NSF; 14 Getty Images: Science Faction, Peter Ginter; 15(M) NASA-JPL: 15(o) Getty Images: Science Faction, Louie Psihoyos; 18(ol) NASA und The Hubble Heritage Team (STScl/AURA), Dank an: Ray A. Lucas (STScl/AURA); 18(ul) NASA/CXC/M.Markevitch et al.; 19(o) NASA, ESA, S. Beckwith (STScl) und The Hubble Heritage Team; 20 NASA, ESA, M. J. Jee und H. Ford (Johns Hopkins University); 21(o) NASA, Adam Riess (STScI, Baltimore, MD)/NASA-GSFC; 21(M) Getty Images; Hulton Archive; 22–23 NASA/JPL/University of Arizona; 24(Mo) The Art Archive/Biblioteca Nazionale Marciana Venedig/Alfredo Dagli Orti; 24(u) NASA-GRIN; 25(ol) Getty Images: Stocktrek Images; 25(or) ESO; 25(u) Southwest Research Institute (Dan Durda)/Johns Hopkins University Applied Physics Laboratory (Ken Moscati); 27(u) The Art Archive: Bridgeman Art Library 26; Getty Images: Dorling Kindersley; 27(ul) NASA-JPL; 28(ul) NASA/JPL-Caltech; (28br) NASA/JPL-Caltech; 28–29(o) Getty Images: Digital Vision; 29(u) NASA/Walt Feimer; 30 Internationale Astronomische Union; 31 NASA/JPL-Caltech/R. Hurt (SSC); 32(o) The Art Archive/Nationalmuseum Beirut/Gianni Dagli Orti; 32(u) Getty Images: Purestock; 33 Getty Images: Time & Life Pictures/Getty Images; 34 NASA-ESA-SOHO/digitalisiert von Science Faction; 35(l) Getty Images: Digital Vision; 35(r) Getty Images: Time & Life Pictures/Getty Images 35(u); 36(M) Getty Images: Time & Life Pictures/Getty Images; 37(o) NASA; 37(u) Getty Images: StockTrek; Getty Images: Photodisc Green; 38(o) Getty Images: Hulton Archive; 38(M) Getty Images: Hulton Archive; 38(u) Getty Images: Hulton Archive; 39(o) Getty Images: Science Faction; 39(u) Hinode JAXA/NASA/PPARC; 40 The Art Archive/Galleria degli Uffizi Florenz/Alfredo Dagli Orti; 40 The Art Archive/Harper Collins Publishers; 41(o) NASA; 41(u) VT-2004 Programm/Heinz Kotzlowski; 42(o) NASA; 42() Getty Images: ©2006 European Space Agency; 42(u) NASA; 43 NASA-JPL; 44(l) NASA; 44(r) NASA-JPL; 44(M) NASA; 44(u) NASA; 45 Getty Images/Riser, Jim Ballard; 46(o) NASA; 46(u) NASA; 46–47(o) NASA-JPL; 47 Getty Images: Time & Life Pictures/Getty Images; 48 ESA; 49(l) The Art Archive/Glyptothek München/Dagli Orti (A); 49(r) NASA-JPL: 50(o) The Art Archive/Archäologisches Museum Aleppo, Syrien/Dagli Orti; 50(u) NASA; 51(o) NASA; 51(u) Getty Images: Time & Life Pictures/Getty Images; 52 Daten vom Team Landsat 7, NASA Goddard Space Flight Center; 53 NASA; 54(o) NASA; 54(u) NASA; 54–55(u) Terra-MODIS-Daten empfangen von Louisiana State University und bearbeitet von University of Wisconsin-Madison von Liam Gumley, Space Science and Engineering Center; 56 NASA; 57(l) NASA; 57(r) NASA; 57(u) NASA; 58(o) NASA/Apollo 16/Erik van Meijgaarden/Kipp Teague; 58(u) Getty Images: Digital Vision; 59(u) Roger Ressmeyer/Corbis; 60(o) The Art Archive/Museo Nazionale Palazzo Altemps Rom/Dagli Orti; 60(u) Steve Lee (University of Colorado), Jim Bell (Cornell University), Mike Wolff (Space Science Institute) und NASA/ESA; 61(o) NASA; 61(ul) Getty Images: Digital Vision; 61(ur) Getty Images: Science Faction; 62(ol) NASA/JPL/UA; 62(or) Getty Images: Science Faction; 62(ur) Getty Images: NASA-JPL-Caltech–Mars Global Surveyor/digitalisiert von Science Faction; 63 Getty Images: Riser; 64(o) Getty Images: Riser; 64(u) Getty Images: Riser; 65 Getty Images: Photographer's Choice; 66(o) NASA, Jet Propulsion Laboratory; 66(u) ESA/DLR/FU Berlin (G. Neukum); 67(o) Getty Images: Photodisc Green; 67(M) Getty Images: De Agostini Picture Library; 67(ul) NASA/JPL/Malin Space Science Systems; 67(ur) NASA-JPL; 68(Ml) Getty Images: Purestock; 68(Mr) Getty Images: Purestock; 68–69(u) IMP Team, JPL, NASA; 69(ol) Phil James (Univ. Toledo), Todd Clancy (Space Science Inst., Boulder, CO), Steve Lee (Univ. Colorado) und NASA/ESA; 69(or) NASA/JPL/Univ. of Arizona; 70(o) Getty Images: The Bridgeman Art Library, Gustave Moreau; 70(u) NASA und The Hubble Heritage Team (STScI/AURA) Dank an: NASA/ESA, John Clarke (University of Michigan); 71(ol) NASA; 71(u) NASA, ESA, I. de Pater und M. Wong (University of California, Berkeley); 72(o) Getty Images: Time Life Pictures; 72(ul) NASA/JPL/Space Science Institute; 72(ur) Getty Images: Time Life Pictures; 73 NASA/JPL/Space Science Institute; 74(o) Getty Images: Time Life Pictures; 74(u) Getty Images: Time Life Pictures; 75 NASA-HQ-GRIN; 76(o) Getty Images: Time Life Pictures; 76(u) Getty Images: Time Life Pictures; 77 Getty Images: Hulton Archive; 78(o) NASA-JPL; 78–79(u) NASA-JPL; 79(o) Getty Images: Stockbyte; 79(ul) Getty Images: Science Faction; 79(ur) Getty Images: Stockbyte; 80(o) The Art Archive/Collegio del Cambio Perugia/Gianni Dagli Orti; 80(u) NASA/JPL/Space Science Institute; 81(ol) NASA; 81(u) NASA-JPL; 82(o) NASA/JPL/Space Science Institute; 82(Ml) NASA/JPL/University of Arizona); 82(ul) NASA/JPL/John Hopkins University); 82–83(u) NASA/JPL/Space Science Institute); 83(o) NASA/JPL/University of Arizona); 84(o) NASA/JPL/Space Science Institute); 84(M) NASA/JPL/Space Science Institute); 84(u) NASA/JPL; 85 Getty Images: Digital Vision; 86(u) NASA, ESA und E. Karkoschka (University of Arizona); 85–86(u) NASA/JPL/Space Science Institute; 87(ol) NASA/JPL/Space Science Institute; 87(Ml) NASA/JPL/Space Science Institute; 87(ul) NASA/JPL/Space Science Institute; 87(r) NASA/JPL/Space Science Institute; 87(u) ESA/NASA/JPL/University of Arizona); 88 NASA; 89(o) NASA/JPL/University of Iowa; 89(M) NASA; 89(ul) NASA/JPL/Space Science Institute; 89(ur) ESA; 90 bpk/Kupferstichkabinett/SMB/Jörg P. Anders; 91(o) NASA; 91(Ml) NASA JPL; 91(r) Getty Images: Time & Life Pictures/Getty Images; 92 Getty Images: Science Faction, William Radcliffe; 93(ol) Getty Images: Stockbyte, Jason Reed; 93(or) NASA-JPL; 93(M) NASA-JPL; 93(u) NASA-JPL; 94(o) Getty Images: Dorling Kindersley, Demetrio Carrasco; 94(u) NASA; 95 (ol) NASA; 95(u) NASA-JPL; 96(o) Getty Images: Time & Life Pictures; 96(u) NASA; 97(o) Getty Images: NASA-JPL-Caltech–Voyager/digitalisiert von Science Faction; 98(o) The Art Archive/Musée du Vin de Bourgogne Beaune/Gianni Dagli Orti; 98(u) NASA); 99(ol) NASA; 99(u) Getty Images: Time & Life Pictures/Getty Images; 100(M) Getty Images: The Image Bank, Antonio M. Rosario; 100(u) NASA, ESA, H. Weaver (JHU/APL),

A. Stern (SwRI) und HST Pluto Companion Search Team; 100–101(u) NASA, ESA und G. Bacon (STScI); 101(o) NASA, ESA; 102–103(o) Johns Hopkins University Applied Physics Laboratory/Southwest Research Institute (JHUAPL/SwRI); 102(u) Gaspra, Ida: Galileo (NASA/JPL), Eros: NEAR Shoemaker (JHU/APL), Vesta und Mars: HST (NASA/STScI); 103(o) NASA; 103(M) NASA/JPL-Caltech; 104(l) NASA/JPL-Caltech/R. Hurt (SSC-Caltech); 104(r) NASA/JPL-Caltech/R. Hurt (SSC-Caltech); 105(o) Getty Images; 105(u) NASA/JPL-Caltech/R. Hurt (SSCCaltech); 106 Getty Images: Riser, Moritz Steiger; 107 NASA/JPL-Caltech/T. Pyle (SSC); 108(ol) NASA; 108(or) NASA; 108(u) Getty Images: Stockbyte; 109(l) NASA; 109(r) A.Ikeshita/MEF/ISAS; 109(u) Don Davis, NASA; 110(o) The Art Archive/Biblioteca Nacional Madrid/Dagli Orti; 110(u) NASA, ESA, H. Weaver (APL/JHU), M. Mutchler und Z. Levay (STScI); 111(o) NASA, NOAO, NSF, T. Rector (University of Alaska, Anchorage), Z. Levay und L. Frattare (Space Telescope Science Institute); 112(o) Fredrik; 112(u) Getty Images: Taxi, Jack Zehrt; 113(o) The Art Archive/Scrovegni Chapel Padua/Dagli Orti (A); 113(r) Lowell Observatory und National Optical Astronomy Observatories; 114 Getty Images: Photographer's Choice, Roger Ressmeyer; 115(o) NASA; 115(u) ESA; 116(o) NASA-JPL; 116(ul) ESA/MPGH/H. Uwe Keller; 116(ur) NASA/JPL/UMD; 116–117(u) ESA/AOES Medialab; 118(o) Getty Images: Time & Life Pictures/Getty Images; 118(l) Getty Images: Time & Life Pictures/Getty Images; 119 Getty Images: Science Faction, Tony Hallas; 120(o) Getty Images: StockTrek; 120(M) Lorenzo Lovato; 121(or) NASA-JPL; 121(M) Getty Images: NASA-JPL-Caltech–Mars Rover/digitalisiert von Science Faction; 121(u) Getty Images: National Geographic, Jonathan Blair, 122–123 ESA/Hubble, Akira Fujii und Digitized Sky Survey 2; 124 NASA, ESA und Jesús Maíz Apellániz (Instituto de astrofísica de Andalucía, Spanien). Dank an: Davide De Martin (ESA/Hubble); 125 NASA, ESA und The Hubble Heritage Team STScI/AURA) ESA/Hubble Collaboration; 126(l) Getty Images: Time & Life Pictures/Getty Images; 127 NASA/ESA und The Hubble Heritage Team (AURA/STScI); 128(ol) NASA, ESA und K. Luhman; 128(or) NASA/JPL-Caltech/UT Austin); 128–129(u) Getty Images: Stocktrek Images; 129(M) Getty Images: Digital Vision; 130(o) Dick Schwartz (Univ. of Missouri-St. Louis) und NASA/ESA; 130–131(u) NASA, ESA, N. Smith (University of California, Berkeley) und The Hubble Heritage Team (STScI/AURA); 131(ol) Mohammad Heydari-Malayeri (Observatoire de Paris, Frankreich), NASA/ESA; 131(r) Getty Images; 132(o) SOHO (ESA & NASA)/Steele Hill; 132(u) NASA, ESA, N. Smith (University of California, Berkeley) und The Hubble Heritage Team (STScI/AURA); 133(o) NASA/ESA und The Hubble Heritage Team STScI/AURA); 133(u) NASA, ESA und The Hubble Heritage (STScI/AURA)-ESA/Hubble Collaboration, Danksagung: R. Fesen (Dartmouth College) und J. Long (ESA/Hubble); 134(o) Röntgen: NASA/CXC/RIT/J. Kastner et al.; Optisch/IR: BD +30 & Hen 3: NASA/STScI/Univ. MD/J. P. Harrington; NGC 7027: NASA/STScI/Caltech/J. Westphal & W. Latter; Mz 3: NASA/STScI/Univ. Washington/B. Balick; 134(u) European Space Agency, NASA und Robert A. E. Fosbury (European Space Agency/Space Telescope-European Coordinating Facility, Garching); 135(o) Getty Images: NASA; 135(u) NASA/CXC/U. Amsterdam/S. Migliari et al.; 136(u) Getty Images: Stocktrek Images; 137(o) NASA/ESA und The Hubble Heritage Team (AURA/STScI); 137(u) NASA/CXC/M. Weiss); 137(r) NASA und ESA; 138 S. Points, C. Smith, R. Leiton und C. Aguilera/NOAO/AURA/NSF und Z. Levay (STScI); 139 NASA, ESA, The Hubble Heritage Team, (STScI/AURA) und A. Riess (STScI); 140(o) NASA, ESA und H. E. Bond (STScI); 141(o) NASA, ESA und H. E. Bond (STScI); 142(o) Röntgen: NASA/SAO/CXC; IR: NASA/JPL-Caltech/A. Tappe & J. Rh; 142(u) NASA/CXC/M.Weiss; 143 ESA/Hubble; 144(o) Getty Images: Stocktrek Images; 143(u) Getty Images: Stone; 145 NASA; 146(ol) Getty Images: NASA; 146(or) Röntgen: NASA/CXC/PSU/S. Park & D. Burrows; Optisch: NASA/STScI/CfA/P. Challis; 146(u) NASA/Chris Meaney; 147(o) NASA/CXC/MIT/UMass Amherst/M. D. Stage et al.; 147(u) NASA-GSFC/Los Alamos National Laboratory; 148(o) The Art Archive/Museo Archeologico Nazionale, Neapel/Alfredo Dagli Orti; 148(u) European Space Agency & NASA; 149 NASA, ESA und A. Nota (STScI/ESA); 150(o) ESA, NASA und Martino Romaniello (European Southern Observatory, Deutschland); 150(u) NASA, ESA und AURA/Caltech); 151(l) NASA, ESA und A. Schaller (für STScI); 151(r) NASA; 152(u) NASA, H. Ford (JHU), G. Illingworth (UCSC/LO), M. Clampin (STScI), G. Hartig (STScI), ACS Science Team und ESA; 152–153(o) NASA, ESA und The Hubble Heritage Team (STScI/AURA; 153(u) NASA, ESA und J. Hester (ASU); 154(l) NASA, ESA und The Hubble Heritage Team (STScI/AURA); 154–155(o) Hubble Heritage Team (AURA/STScI/NASA/ESA); 155(u) NASA, ESA, J. Hester und A. Loll (Arizona State University); 156(o) Getty Images: Time & Life Pictures/Getty Images; 156(u) Getty Images: Stocktrek Images; 157(o) Getty Images: Stocktrek Images; 157(u) NASA-JPL; 158(l) AFP/Getty Images; 158–159(u) ESO; 159(ol) Getty Images: Stocktrek Images; 159(or) NASA-JPL; 160(l) Craig Attebery – NASA; 160–161(o) Getty Images: Purestock; 161(u) Getty Images; 162(o) NASA/JPL;162(u) NASA; 163(o) Getty Images: Aurora/Getty Images; 163(u) NASA/JPL-Caltech; 164–165 NASA, ESA und The Hubble Heritage Team STScI/AURA). Dank an: J. Gallagher (University of Wisconsin), M. Mountain (STScI) und P. Puxley (NSF); 166(u) NASA, ESA und The Hubble Heritage Team (STScI/AURA); 167(o) NASA, ESA und The Hubble Heritage Team STScI/AURA); 167(u) NASA/CXC, B. McNamara (University of Waterloo und Ohio University); 168(o) The Art Archive/Museo del Prado, Madrid; 168(u) NASA/JPLCaltech/STScI; 169 NASA, ESA und The Hubble Heritage Team (STScI/AURA); 170(o) NASA, DSS-II- und GSC-II-Konsortium (mit Bildern von Palomar Observatory-STScI Digital Sky Survey des Nordhimmels, auf Grundlage von Scans des Second Palomar Sky Survey, copyright © 1993–1999 California Institute of Technology); 170(M) Bildmontage von Ingrid Kallick, Possible Designs, Madison, Wisconsin. Hintergrundzeichnung der Milchstraße von Lund Observatory. Wolkenbeobachtung: Dwingeloo Observatory (Hulsbosch & Wakker, 1988); 171(o) NASA und The Hubble Heritage Team (STScI/AURA); 171(u) NASA-GSFC; 172(u) Palomar Observatory, Caltech und STScI Digitized Sky Survey (AURA); 172–173(o) NASA, ESA und A. Schaller (für STScI); 173(ul) Tod R. Lauer/NASA/ESA; 173(ur) Mohammad Heydari-Malayeri (Observatoire de Paris) und NASA/ESA; 174(u) NASA, ESA und The Hubble Heritage Team STScI/AURA); 175(o) Getty Images: Stocktrek; 175(u) Getty Images: Photographer's Choice, Jim Ballard; 176(l) NASA/ESA; 176(r) Ray Gallagher (University of Wisconsin-Madison), Alan Watson (Lowell Observatory, Flagstaff, Arizona) und NASA/ESA; 177 NASA, ESA und The Hubble Heritage Team STScI/AURA)-ESA/Hubble Collaboration. Dank an: B. Whitmore (Space Telescope Science Institute) und James Long (ESA/Hubble); 178(o) Curt Struck und Philip Appleton (Iowa State University), Kirk Borne (Hughes STX Corporation), Ray Lucas (STScI) und NASA/ESA; 178(u) NASA, ESA, CXC und JPL-Caltech; 179(ol) NASA, ESA und The Hubble Heritage Team (AURA/STScI); 179(or) NASA, ESA und A. Zezas; 180(ol) The Art Archive; 180(or) NASA, ESA und The Hubble Heritage Team (STScI/AURA), Dank an: M. Gregg (Univ. Calif.-Davis und Inst. for Geophysics and Planetary Physics, Lawrence Livermore Natl. Lab.); 180(u) Digitized Sky Survey, Palomar Observatory, STScI; 181(o) NASA, N. Benitez (JHU), T. Broadhurst (Racah Institute of Physics/The Hebrew University), H. Ford (JHU), M. Clampin (STScI), G. Hartig (STScI), G. Illingworth (UCO/Lick Observatory), ACS Science Team und ESA; 181(u) NASA-JPL; 182(o) European Space Agency, A. Riera (Universitat Politecnica de Catalunya, Spanien) und P. Garcia-Lario (European Space Agency ISO Data Centre, Spanien); 182(u) E. J. Schreier (STScI) und NASA; 183 Dana Berry (STScI); 184(o) National Radio Astronomy Observatory/National Science Foundation; 184(u) Röntgen: NASA/CXC/MIT/UCSB/P. Ogle et al.; Optisch: NASA/STScI/A. Capetti et al.); 185 NASA, ESA, CXC, STScI und B. McNamara (University of Waterloo); 186(o) NASA, Andrew S. Wilson (University of Maryland); Patrick L. Shopbell (Caltech); Chris Simpson (Subaru Telescope); Thaisa Storchi-Bergmann und F. K. B. Barbosa (UFRGS, Brasilien); Martin J. Ward (University of Leicester, GB); 186(u) Röntgen: NASA/CXC/Univ. of Maryland/A.S. Wilson et al.; Optisch: Pal. Obs. DSS; IR: NASA/JPL-Caltech; VLA: NRA O/AU I/NSF; 187(o) European Space Agency und Wolfram Freudling (Space Telescope-European

Coordinating Facility/European Southern Observatory, Deutschland); 187(u) NASA, ESA, ESO, Frédéric Courbin (Ecole Polytechnique Federale de Lausanne) & Pierre Magain (Université de Liège); 188(l) The Art Archive/ Universitat Salamanca/Dagli Orti (A); 188(r) Professor Anthony Fairall; 189 Max-Planck-Institut für Astrophysik, Garching; 190–191 A. Schaller (STScI); 192(o) Getty Images: Hulton Archive; 192(u) NASA, ESA und The Hubble Heritage Team (STScI/AURA), Dank an: P. Knezek (WIYN); 193 NASA, ESA und S. Beckwith (STScI) und HUDF Team; 194 NASA-WMAP; 195(o) Getty Images: Time & Life Pictures/Getty Images; 195(r) NASA/JPLCaltech/GSFC/SDSS; 198(l) NASA/JPL-Caltech/ A. Kashlinsky (GSFC); 199 Getty Images: Photographer's Choice RF, Steven Hunt; 200(l) NASA und J. Blakeslee (JHU) Science Center/ DSS; 200–201(u) NASA/JPL-Caltech; 201(ol) NASA, J. English (U. Manitoba), S. Hunsberger, S. Zonak, J. Charlton, S. Gallagher (PSU) und L. Frattare (STScI) Science Credit: NASA, C. Palma, S. Zonak, S. Hunsberger, J. Charlton, S. Gallagher, P. Durrell (The Pennsylvania State University) und J. English (University of Manitoba) Heritage Team; 201(or) Getty Images: Photodisc; 202–203 Getty Images: Hulton Archive; 204(l) The Art Archive/Bibliothèque des Arts Décoratifs Paris/Gianni Dagli Orti; 204–205(o) Getty Images: National Geographic/Getty Images; 205(u) Getty Images; 206(l) Getty Images: Time & Life Pictures/Getty Images; 207(o) Getty Images: Iconica, Macduff Everton; 207(u) The Art Archive/Biblioteca Nazionale Marciana Venedig/Dagli Orti (A); 208(o) Getty Images; Hulton Archive; 208(u) The Art Archive/Gianni Dagli Orti; 209(ol) Getty Images: Hulton Archive; 209(r) The Art Archive/Biblioteca Nazionale Marciana, Venedig/Gianni Dagli Orti; 210(l) Getty Images: Hulton Archive; 211 The Art Archive/ Universitätsbibliothek Istanbul/ Gianni Dagli Orti; 212(l) The Art Archive/Museum Schloss Kronborg, Dänemark/Dagli Orti; 212(r) Getty Images: Hulton Archive; 213 The Art Archive/Arcetri Observatorium, Florenz/Dagli Orti (A); 214(o) The Art Archive/Royal Society/Eileen Tweedy; 214(u) Getty Images: Hulton Archive; 215 Getty Images: Time & Life Pictures/Getty Images; 216 Getty Images: Time & Life Pictures/Getty Images; 217(or) Menahem Kahana/AFP/Getty Images; 217(or) Getty Images: Science Faction, Peter Ginter; 217(M) Getty Images: Hulton Archive; 218(o) Getty Images: Time & Life Pictures/ Getty Images; 218(u) Getty Images: The Bridgeman Art Library, Polnische Schule; 219(o) Getty Images: Riser, Steve Allen; 219(r) Swedish Solar Telescope, Königl. Akademie der Wissenschaft, Institut für Solarphysik; 220(ol) Getty Images: Gallo Images ROOTS RF collection, Shaen Adey; 220–221(o) Getty Images; 222(l) Getty Images: Time & Life Pictures/Getty Images; 222(r) NASA/JPL; 2223 NASA/ JPL/Space Science Institute; 224(ol) NASA/Kepler Mission; 224(M) NASA-JPL; 224–225(or) NASA/ JPL-Caltech/Laboratorio de Astrofisica Espacial y Física Fundamental; 225(u) Getty Images: 1999 Joe Mc-Nally; 226–227 NASA-JSC; 228–229(oM) NASA-MSFC; 228(cl) NASA-MSFC; 28(u) NASA-MSFC; 229 Getty Images: Hulton Archive; 229(u) The Art Archive/Christies/Eileen Tweedy; 230(o) Asif Siddiqi; 230(cl) NASA-MSFC; 230(M) NASA-GFSC; 230–231(M) Getty Images: Hulton Archive; 231(o) Asif Siddiqi; 231(u) Getty Images: Hulton Archive; 232(l) Getty Images: Time & Life Pictures/Getty Images; 232(r) Getty Images: Hulton Archive; 232(u) Asif Siddiqi; 233 Getty Images: Hulton Archive; 234(l) Getty Images: Time & Life Pictures/ Getty Images; 234(r) Getty Images: Hulton Archive; 235(o) The Art Archive: Paramount/The Kobal Collection 235(ul) Getty Images: Time & Life Pictures, Howard Sochurek; 235(M) Getty Images: Time & Life Pictures/Getty Images; 236(o) Getty Images: Time & Life Pictures, Michael Rougier; 236(u) Getty Images: Hulton Archive; 236–237(o) NASA-MSFC; 237(or) NASA (GRIN): 237(u) Getty Images: Hulton Archive; 238(l) NASA; 238(o) Getty Images: Hulton Archive; 238(ur) Getty Images: Hulton Archive; 239(ol) Getty Images: Hulton Archive; 239(r) NASA; 240(l) Getty Images: Hulton Archive; 240(M) Getty Images: Hulton Archive; 240–241(u) Getty Images: AFP/Getty Images; 241(r) NASA-KSC; 241(u) NASA (GRIN); 242(l) NASA (GRIN); 242(ul) Peter Gorin; 242(ur) Getty Images: Hulton Archive; 243 Getty Images: NASA–Gemini/digitalisiert von Science Faction; 244(ol) NASA (GRIN); 244(or) Getty Images, Hulton Archive; 244(u) NASA (GRIN); 245(l) NASA (GRIN); 245(r) Getty Images: Time & Life Pictures/Getty Images; 246(ol) Getty Images: Time & Life Pictures/ Getty Images; 246(r) Getty Images: Hulton Archive; 246(u) Getty Images: Time & Life Pictures/ Getty Images; 247(o) Getty Images: Hulton Archive; 247(u) Getty Images: Time & Life Pictures/Getty Images; 247(l) NASA (GRIN); 247(r) Getty Images: Hulton Archive; 249(o) NASA-LaRC; 249(u) NASA (GRIN); 250(o) Getty Images; 250(u) Getty Images; 251(o) NASA-(GRIN); 251(u) Getty Images, Hulton Archive; 252 NASA (GRIN); 253 (l) Getty Images; 253(M) Getty Images: Hulton Archive; 253(o) NASA; 254(l) Getty Images: NASA-Apollo/digitalisiert von Science Faction; 254(u) NASA David R. Scott; 255 NASA-HQ-GRIN; 256 Getty Images: Stan Wayman; 257 © Mark Wade; 257(or) Michel Koivisto; 257(M) Asif Siddiqi; 257(u) Asif Siddiqi; 258(l) NASA; 258(r) NASA (GRIN); 259(o) NASA (GRIN); 259(ul) Getty Images: Time & Life Pictures/Getty Images; 259(ur) NASA-MSFC; 260(l) NASA-MSFC; 260(r) © Mark Wade; 260(u) Dietrich Haeseler; 261 RIA Novosti; 262 Getty Images: Photodisc, StockTrek; 263(o) Getty Images: Time & Life Pictures/Getty Images; 263(M) NASA; 264(o) NASA-MSFC; 264(l) Getty Images: Time & Life Pictures/Getty Images; 266–267 Getty Images: Hulton Archive; 267(ol) NASA; 267(or) Getty Images: Time & Life Pictures/Getty Images; 267(u) Getty Images: Hulton Archive; 267 Getty Images: Digital Vision; 268 NASA-MSFC; 269(o) NASA-HQ-GRIN; 269(u) NASA; 270(o) Getty Images; 270(u) Getty Images; 271(o) Strin-ger/AFP/ Getty Image; 271(u) Getty Images; 272(l) Getty Images; 272(r) Getty Images: Time & Life Pictures/Getty Images; 273 Getty Images: Taxi, Space Frontiers; 274(l) NASA; 274(u) NASA; 274(r) Getty Images: Photodisc, PhotoLink; 275 Getty Images: Stone, World Perspectives; 276(l) Getty Images: Stocktrek Images; 276–277 Getty Images: Photographer's Choice, Joe Drivas; 278(ol) Getty Images: Digital Vision, Steve Taylor; 278(or) NASA-(GRIN); 278(u) Getty Images; Digital Vision; 279 NASA (GRIN); 280 NASA (GRIN); 281(ol) NASA; 281(or) NASA; 281(ul) NASA; 281(Mr) Getty Images; 281(ul) Getty Images; 282(l) ESA/CNES/Arianespace–S. Corvaja über Getty Images); 282(r) Getty Images; 282–283(u) Getty Images; 283(or) Getty Images: AFP/Getty Images; 283(Mr) Getty Images: J. Huart/AFP/Getty Images; 284(l) STR/AFP/Getty Images; 284(u) Getty Images: China Photos; 284–285(o) AFP/Getty Images; 285(r) Getty Images: Chinafotopress; 286–287(o) NASA-MSFC; 286(u) Roberto Schmidt/AFP/ Getty Images; 287(u) STRDEL/ AFP/Getty Images; 287(r) Prakash Singh/AFP/Getty Images; 288 NASA-KSC; 289(o) NASA; 289(M) Getty Images: Time & Life Pictures/ Getty Images; 289(u) Getty Images: Time & Life Pictures/Getty Images; 290(l) NASA; 290(r) Getty Images: Time & Life Pictures/Getty Images; 290(u) NASA (GRIN); 291(o) NASA; 291(u) NASA; 292(l) NASA; 292(r) NASA/ESA/JHU/ R. Sankrit & W. Blair; 293(o) NASA-JSC; 293(u) NASA-MSFC; 294(o) Getty Images: Iconica, Don Klumpp; 294(u) NASA-GSFC; 295(o) Getty Images: Stone, Erik Simonsen; 295(u) European Space Agency DLR/FU Berlin (G. Neukum); 296–297 Getty Images: Science Faction, Tony Hallas; 298(o) NASA-JPL; 298(u) ©2007 Paul Downing; 299 NASA (GRIN); 300–301 iStockphoto: ©Monte Wilson; 302(l) iStockphoto: © Thomas Tuchan; 302(o) T. A.Rector (NOAO/AURA/NSF) und The Hubble Heritage Team (STScI/ AURA/NASA; 303(u) iStock: Bryan Delodder; 303(o) iStock: James Benet; 302(M) iStock: Tomasz Resiak; 303(u) Getty Images: Digital Vision, Nick Dolding; 306(o) NASA/Hubblesource; 306 ESA/© 2002 R. Gendler, Foto von R. Gendler; 308(o) Mit freundl. Gen. von History of Science Collections, University of Oklahoma Libraries; Copyright Board of Regents, University of Oklahoma; 308(u) ESO; 310(o) Mit freundl. Gen. von History of Science Collections, University of Oklahoma Libraries; Copyright Board of Regents, University of Oklahoma; 310(u) Getty Images: Purestock/ Getty Images; 312(ol) NASA/ Hubblesource; 312(u) NASA-JPL; 314(ol) Mit freundl. Gen. von History of Science Collections, University of Oklahoma Libraries; Copyright Board of Regents, University of Oklahoma; 314(M) NASA-HQ-GRIN; 314(u) David Talent/NOAO/AURA/NSF; 316(u) NASA/ESA und The Hubble Heritage Team (AURA/ STScI); 318(ol) Mit freundl. Gen. von History of Science Collections, University of Oklahoma Libraries; Copyright Board of Regents, University of Oklahoma; 318(u) Bild von Jim Misti; 320(ol) NASA/Hubblesource; 320(u) T. A. Rector und B. A. Wolpa/NOAO/AURA/NSF; 322(ol) NASA/Hubblesource; 322(l) B. Jannuzi, A. Dey, NDWFS team/NOAO/AURA/NSF; 322(u) NOAO/Bob Rickert; 324(ol) Mit freundl. Gen. von History of Science Collections, University of Oklahoma Libraries; Copyright Board of Regents, University of Oklahoma; 324(u) ESO; 326(ol) Mit freundl. Gen. von History of Science Collections, University of Oklahoma Libraries; Copyright Board of Regents, University of Oklahoma; 326(l) © 2007 Paul Downing; 326(r) T. A. Rector/University of Alaska, Anchorage, H. Schweiker/WIYN und NOAO/AURA/NSF; 328(ol) NASA/Hubblesource; 328(M) NOAO/AURA/NSF; 328(u) NOAO/AURA/NSF; 330(ol) Mit freundl. Gen. von History of Science Collections, University of Oklahoma Libraries; Copyright Board of Regents, University of Oklahoma; 330(u) NASA-GSFC; 332(ol) NASA/Hubblesource; 332(l) NASA, ESA und R. Humphreys (University of Minnesota); 332(r) Akira Fujii; 334(o) Mit freundl. Gen. von History of Science Collections, University of Oklahoma Libraries; Copyright Board of Regents, University of Oklahoma; 334(o) REU-Programm/NOAO/AURA/NSF; 334(u) ©2007 Paul Downing; 336(o) Mit freundl. Gen. von History of Science Collections, University of Oklahoma Libraries; Copyright Board of Regents, University of Oklahoma; 336(M) NASA; 336(u) NASA, The Hubble Heritage Team (AURA/STScI); 338 Nathan Smith, University of Minnesota/NOAO/AURA/NSF; 339(o) NOAO/AURA/NSF; 339(u) NASA, The Hubble Heritage Team (AURA/STScI), Dank an: S. Casertano STScI); 340(ol) NASA/Hubblesource; 340(ul) T. A. Rector/University of Alaska Anchorage und WIYN/AURA/NSF; 342(ol) Mit freundl. Gen. von History of Science Collections, University of Oklahoma Libraries; Copyright Board of Regents, University of Oklahoma; 342(M) SSRO/PROMPT und NOAO/AURA/NSF; 342(u) Eric Peng (JHU), Holland Ford (JHU/STScI), Ken Freeman (ANU), Rick White (STScI), NOAO/AURA/NSF; 344(ol) Mit freundl. Gen. von History of Science Collections, University of Oklahoma Libraries; Copyright Board of Regents, University of Oklahoma; 344(M) Gemini Observatory/Travis Rector, University of Alaska Anchorage; 344(u) WIYN/NOAO/NSF; 346(ol) Mit freundl. Gen. von History of Science Collections, University of Oklahoma Libraries; Copyright Board of Regents, University of Oklahoma; 346(l) NOAO/AURA/NSF; 346(r) NOAO/AURA/NSF; 348(ol) Mit freundl. Gen. von History of Science Collections, University of Oklahoma Libraries; Copyright Board of Regents, University of Oklahoma; 348(M) NASA/JPL-Caltech/J. Bally (Univ. of Colo.); 348(u) FORS Team, 8,2-m-VLT Antu, ESO; 350(ol) Mit freundl. Gen. von History of Science Collections, University of Oklahoma Libraries; Copyright Board of Regents, University of Oklahoma; 350(l) Röntgen: NASA/Penn State/F. Bauer et al.; Optisch: NASA/A. Wilson et al.); 350(r) Andrew S. Wilson (University of Maryland), Patrick L. Shopbell (Caltech), Chris Simpson (Subaru Telescope), Thaisa Storch; 352(ol) Mit freundl. Gen. von US Naval Observatory Library; 352(l) NASA/JPL-Caltech/SSC/Ricardo Schiavo (UVA); 352(r) ESO; 354(ol) Mit freundl. Gen. von History of Science Collections, University of Oklahoma Libraries; Copyright Board of Regents, University of Oklahoma; 354(l) NASA und The Hubble Heritage Team (AURA/STScI); 354(r) © 2007 Paul Downing; 356(ol) Mit freundl. Gen. von History of Science Collections, University of Oklahoma Libraries; Copyright Board of Regents, University of Oklahoma; 356(o) UH88/Nedachi et al.; 356(u) David Malin, UK Schmidt Telescope, AAO; 358(ol) NASA/Hubblesource; 358(M) Anja von der Linden: Bild aufgenommen von Observatorium Hoher List; 358(u) © Paul Howell; 360(ol) NASA/Hubblesource; 360(or) Mit freundl. Gen. von US Naval Observatory Library; 360(l) NASA, ESA, Z. Levay (STScI) und A. Fujii; 360(r) NASA, ESA und The Hubble Heritage Team (STScI/AURA)-ESA/Hubble Collaboration; 362(ol) Mit freundl. Gen. von History of Science Collections, University of Oklahoma Libraries; Copyright Board of Regents, University of Oklahoma; 362(u) NASA; 364(ol) Mit freundl. Gen. von US Naval Observatory Library; 364(cl) Andrew Butler, Calvin Observatory; 364(u) T. A. Rector (U. Alaska), WIYN, NOAO, AURA, NSF; 366(ol) Mit freundl. Gen. von US Naval Observatory Library; 366(u) NOAO/Hubble; 368(or) B. Brandl (Cornell & Leiden) et al., JPL, Caltech, NASA; 368(ul) Hubble Heritage Team (STScI/AURA), Y. Chu (UIUC) et al., NASA; 370(ol) Mit freundl. Gen. von US Naval Observatory Library; 370(ul) NASA, ESA und The Hubble Heritage Team (STScI/AURA) Dank an: W. Keel (University of Alabama, Tuscaloosa); 370(ur) NASA J. P. Harrington und K. J. Borkowski University of Maryland; 372(ol) Mit freundl. Gen. von History of Science Collections, University of Oklahoma Libraries; Copyright Board of Regents, University of Oklahoma; 372(ul) NASA und The Hubble Heritage Team (STScI/AURA); 374(ol) Mit freundl. Gen. von History of Science Collections, University of Oklahoma Libraries; Copyright Board of Regents, University of Oklahoma; 374(cl) Gemini Observatory/Travis Rector, University of Alaska Anchorage; 374(r) NASA, ESA und The Hubble Heritage Team (STScI/AURA); 376(ol) Mit freundl. Gen. von History of Science Collections, University of Oklahoma Libraries; Copyright Board of Regents, University of Oklahoma; 376(cl) NASA, ESA und The Hubble Heritage Team (STScI/AURA); 376(u) NASA und John Trauger (JPL); 378(ol) NASA/Hubblesource; 378(M) N. A. Sharp/NOAO/AURA/NSF; 378(u) (NASA-GSFC); 380(o) Mit freundl. Gen. von History of Science Collections, University of Oklahoma Libraries; Copyright Board of Regents, University of Oklahoma; 380(u) ESO; 382(ol) NASA/Hubblesource; 382(M) Robert Rubin und Christopher Ortiz (NASA Ames Research Center), Patrick Harrington und Nancy Jo Lame (University of Maryland), Reginald Dufour (Rice University) und NASA; 382(u) Bernard Hubl; 834(ol) Mit freundl. Gen. von History of Science Collections, University of Oklahoma Libraries; Copyright Board of Regents, University of Oklahoma; 384(u) NASA, ESA und D. Maoz (Universität Tel Aviv und Columbia University); 386(ol) Mit freundl. Gen. von History of Science Collections, University of Oklahoma Libraries; Copyright Board of Regents, University of Oklahoma; 386(l) The Two Micron All Sky Survey (2MASS) am IPAC; 386(u) NASA und The Hubble Heritage Team (STScI/AURA), Dank an: C. Conselice (U. Wisconsin/STScI); 388(ol) Mit freundl. Gen. von History of Science Collections, University of Oklahoma Libraries; Copyright Board of Regents, University of Oklahoma; 388(u) Christopher J. Picking; 390(o) Mit freundl. Gen. von History of Science Collections, University of Oklahoma Libraries; Copyright Board of Regents, University of Oklahoma; 390(u) Christopher J. Picking; 392(ol) Mit freundl. Gen. von US Naval Observatory Library; 392(M) European Space Agency und Digitized Sky Survey; 392(u) Charles Shahar; 394(ol) NASA/Hubblesource; 394(or) Mit freundl. Gen. von History of Science Collections, University of Oklahoma Libraries; Copyright Board of Regents, University of Oklahoma; 394(cl) NASA-JPL; 394(u) © 2007 Paul Downing; 396(ol) Mit freundl. Gen. von History of Science Collections, University of Oklahoma Libraries; Copyright Board of Regents, University of Oklahoma; 396(r) NOAO/AURA/NSF; 396(u) NASA und The Hubble Heritage Team (STScI/AURA, Dank an: Dr. Raghvendra Sahai (JPL) und Dr. Arsen R. Hajian (USNO); 398(ol) Mit freundl. Gen. von History of Science Collections, University of Oklahoma Libraries; Copyright Board of Regents, University of Oklahoma; 398(u) Allan Sandage, Carnegie Observatories; 400(ol) Mit freundl. Gen. von History of Science Collections, University of Oklahoma Libraries; Copyright Board of Regents, University of Oklahoma; 400(u) NASA-GSFC; 402(ol) Mit freundl. Gen. von History of Science Collections, University of Oklahoma Libraries; Copyright Board of Regents, University of Oklahoma; 402(M) Shardha Jogee (Yale)/WIYN/NOAO/NSF; 402(ul) European Space Agency, NASA und Robert A.E. Fosbury (European Space Agency/Space Telescope-European Coordinating Facility, Deutschland); 404(ol) NASA/Hubblesource; 404(M) NASA-JPL; 404(u) C.F. Claver/WIYN/NOAO/NSF; 406(l) NASA, The Hubble Heritage Team, STScI, AURA; 406(l) NASA-JPL; 408(o) Mit freundl. Gen. von History of Science Collections, University of Oklahoma Libraries; Copyright Board of Regents, University of Oklahoma; 408(u) NASA/ESA/G. Bacon (STScI); 410(ol) Mit freundl. Gen. von History of Science Collections, University of Oklahoma Libraries; Copyright Board of Regents, University of Oklahoma; 410(M) NASA-GRIN; 410(u) NASA-JPL; 412(ol) Mit freundl. Gen. von US Naval Observatory Library; 412(cl) Christopher J. Picking; 412(u) R. Sahai und J. Trauger (JPL), WFPC2, HST,

NASA; 414(ol) Mit freundl. Gen. von History of Science Collections, University of Oklahoma Libraries; Copyright Board of Regents, University of Oklahoma; 414(M) NASA-JPL; 414(u) Gemini Observatory, AURA, NSF; 416(o) NASA/Hubblesource; 416(u) Chris und Dawn Schur; 418(ol) NASA/Hubblesource; 418(l) NASA-JPL; 418(u) NASA/ESA und The Hubble Heritage Team STScI/AURA); 420(ol) NASA/Hubblesource; 420(cl) Andrea Dupree (Harvard-Smithsonian CfA), Ronald Gilliland (STScI), NASA und ESA; 420(u) K. L. Luhman (Harvard-Smithsonian Center for Astrophysics, Cambridge, Mass.); G. Schneider, E. Young, G. Rieke, A. Cotera, H. Chen, M. Rieke, R. Thompson (Steward Observatory, University of Arizona, Tucson, Arizona) und NASA/ESA; 422(ol) Mit freundl. Gen. von History of Science Collections, University of Oklahoma Libraries; Copyright Board of Regents, University of Oklahoma; 422(cl) NASA und The Hubble Heritage Team (STScI/AURA), Dank an: R. Windhorst (ASU); 422(u) Eberly College of Science; 424(ol) NASA/Hubblesource; 424(M) NASA/ESA, Jayanne English (University of Manitoba), Sally Hunsberger (Pennsylvania State University), Zolt Levay (Space Telescope Science Institute), Sarah Gallagher (Pennsylvania State University) und Jane Charlton (Pennsylvania State University); 424(u) Edward Conway, Nathan Horleston und Steve Maddox (University of Nottingham) und Nik Szymanek (University of Hertfordshire); 426(ol) NASA/Hubblesource; 426(cl) © Paul Downing; 426(u) NASA/JPL-Caltech/R. A. Gutermuth (Harvard-Smithsonian CfA); 428(o) Mit freundl. Gen. von History of Science Collections, University of Oklahoma Libraries; Copyright Board of Regents, University of Oklahoma; 428(u) Knut Olsen (CTIO) & Phillip Massey (Lowell Observatory)(NOAO/CTIO/KPNO); 430(ol) Millennium House Pty Ltd; 430(r) NASA, ESA und The Hubble Heritage Team (STScI/AURA); 430(u) NASA-GSFC; 432(ol) Mit freundl. Gen. von US Naval Observatory Library; 432(cl) NASA-GSFC, 432(u) © 2007 Paul Downing; 434(ol) Mit freundl. Gen. von History of Science Collections, University of Oklahoma Libraries; Copyright Board of Regents, University of Oklahoma; 434(cl) NASA-JPL; 434(u) NASA, ESA, P. Kalas und J. Graham (University of California, Berkeley) und M. Clampin (NASA-GSFC); 436(ol) Mit freundl. Gen. von History of Science Collections, University of Oklahoma Libraries; Copyright Board of Regents, University of Oklahoma; 436(cl) NASA-GSFC; 436(u) Gemini Observatory/Travis Rector, University of Alaska Anchorage; 438(o) Mit freundl. Gen. von History of Science Collections, University of Oklahoma Libraries; Copyright Board of Regents, University of Oklahoma; 438(u) NASA; 440(o) Mit freundl. Gen. von History of Science Collections, University of Oklahoma Libraries; Copyright Board of Regents, University of Oklahoma; 440(u) Christopher J. Picking; 442(ol) Mit freundl. Gen. von History of Science Collections, University of Oklahoma Libraries; Copyright Board of Regents, University of Oklahoma; 442(u) NOAO; 444(o) NASA/Hubblesource; 444(u) Lawrence Johnson und Kathy Ortega/Adam Block/NOAO/AURA/NSF; 446 NOAO; 447(o) NASA, H. Ford (JHU), G. Illingworth (USCS/LO), M. Clampin (STScI), G. Hartig (STScI), ACS Science Team und ESA; 447(Mr) N. A. Sharp, REU-Programm/NOAO/AURA/NSF; 448(o) NASA/Hubblesource; 448(u) NOAO/AURA/NSF; 450(l) © Paul Downing; 450–451(o) N. A. Sharp, REU-Programm/NOAO/AURA/NSF; 452(ol) Mit freundl. Gen. von History of Science Collections, University of Oklahoma Libraries; Copyright Board of Regents, University of Oklahoma; 452(M) © Paul Downing; 452(u) NASA/JPL; 454(ol) Mit freundl. Gen. von History of Science Collections, University of Oklahoma Libraries; Copyright Board of Regents, University of Oklahoma; 454(cl) N. A. Sharp, REU-Programm/NOAO/AURA/NSF; 454(u) NASA/JPL-Caltech, D. Figer (STScI/Rochester Institute of Technology), E. Churchwell (University of Wisconsin, Madison) und GLIMPSE Legacy Team; 456(ol) NASA/Hubblesource; 456(cl) Jeff Hester und Paul Scowen (Arizona State University) und NASA/ESA; 456(u) NASA/JPL; 458(ol) Mit freundl. Gen. von US Naval Observatory Library; 458(ul) S. D. van Dyk (IPAC/Caltech) et al.; 458(ur) Romano Corradi (ING); 460(ol) NASA/Hubblesource; 460(cl) NASA-JPL; 460(r) NASA-JPL; 462(ol) Mit freundl. Gen. von History of Science Collections, University of Oklahoma Libraries; Copyright Board of Regents, University of Oklahoma; 462(u) Christopher J. Picking; 464(ol) NASA/Hubblesource; 464(M) NASA/JPL; 464(u) NASA-HQ-GRIN; 466(ol) Mit freundl. Gen. von History of Science Collections, University of Oklahoma Libraries; Copyright Board of Regents, University of Oklahoma; 466(u) Christopher J. Picking; 468(ol) Mit freundl. Gen. von History of Science Collections, University of Oklahoma Libraries; Copyright Board of Regents, University of Oklahoma; 468(M) NASA/CXC/Penn State/S. Park et al.; 468(u) A. Nota (ESA/STScI) et al., ESA, NASA; 470(ol) NASA/Hubblesource; 470(M) NASA-MSFC; 470(u) NASA-JPL; 472(ol) Mit freundl. Gen. von History of Science Collections, University of Oklahoma Libraries; Copyright Board of Regents, University of Oklahoma; 472(M) Philippe Crane (European Southern Observatory) und NASA; 472(u) NASA, ESA, G. Bacon (STScI); 474(ol) Mit freundl. Gen. von History of Science Collections, University of Oklahoma Libraries; Copyright Board of Regents, University of Oklahoma; 474(cl) ESO; 474(u) NASA-GSFC; 476(ol) NASA/Hubblesource; 476(M) NASA-GSFC; 476(u) IR: NASA/JPL-Caltech/R. Kennicutt (University of Arizona) und SINGS Team Visible: Hubble Space Telescope/Hubble Heritage Team; 478(ol) Mit freundl. Gen. von History of Science Collections, University of Oklahoma Libraries; Copyright Board of Regents, University of Oklahoma; 478(cl) Christopher J. Picking; 478(u) Bildnachweis:: NASA, ESA und The Hubble Heritage Team (AURA/STScI), Dank an: J. Higdon (Cornell U.) und I. Jordan (STScI); 480(ol) Mit freundl. Gen. von US Naval Observatory Library; 480(M) NASA/JPL; 480(u) Michael Pierce, Robert Berrington (Indiana University), Nigel Sharp, Mark Hanna (NOAO)/WIYN/NSF; 508(ol) Getty Images: Photonica, Image Acquisition; 508(ul) Getty Images: Time & Life Pictures, Francis Miller; 509(or) Millennium House Pty Ltd; 509(u) Getty Images: Science Faction, Jay Pasachoff; 510(ol) Getty Images: AFP/Getty Images; 510(u) Getty Images: AFP/Getty Images; 511Getty Images: Photographer's Choice, Kevin Schafer; 512–513 NASA/JPL-Caltech/Cornell: 514 Getty Images: NASA-ESA-SOHO/digitalisiert von Science Faction; 515 Getty Images: Science Faction, William Radcliffe; 516 NASA-JPL; 517 NASA und NASA Goddard Space Flight Center Image von Reto Stöckli (Landflächen, seichtes Wasser, Wolken). Hervorhebungen von Robert Simmon (Meeresfarben, Compositing, 3D-Globen, Animation). Daten und technische Unterstützung: MODIS Land Group; MODIS Science Data Support Team; MODIS Atmosphere Group; Zusätzliche Daten der MODIS Ocean Group: USGS EROS Data Center (Topografie); USGS Terrestrial Remote Sensing Flagstaff Field Center (Antarktis); Defense Meteorological Satellite Program (Lichter der Städte); 518 Getty Images: Photographer's Choice, World Perspectives; 519 NASA, ESA, I. de Pater und M. Wong (University of California, Berkeley); 520 NASA-JPL; 521 Getty Images: Science Faction, William Radcliffe; 522 NASA; 523 NASA, ESA und G. Bacon (STScI); 539 NASA, ESA und A. Nota (ESA/STScI, STScI/AURA); 540(ol) Mit freundl. Gen von AstroInfo Services, London; 540(u) NASA; 540(or) NASA; 540(Mr) Mit freundl. Gen von AstroInfo Services, London; 541(ol) US Army; 541(or) A-4/V-2 Resource Site; 541(u) US Army; 542(ul) Chris Dubbs collection; 542(Mu) NASA; 542(or) Mit freundl. Gen von AstroInfo Services, London; 542(Mr) NASA; 543(Mo) NASA; 543(or) NASA; 543(ul) NASA; 543(ur) Mit freundl. Gen von AstroInfo Services, London; 544(ol) NASA; 544(or) NASA; 544(u) NASA; 545(M) NASA; 545(ol) NASA; 545(ul) NASA; 545(ur) NASA; 546(ol) NASA; 546(ul) NASA; 546(ur) NASA; 547(ol) NASA; 547(Mo) NASA; 547(ur) NASA; 548(ol) NASA; 548(cl) NASA-JPL; 548(Mu) NASA-JPL; 548(ur) NASA-JPL; 549(or) NASA-JPL; 550–551: Getty Images: Stockbyte, John Foxx; 562–563: NASA, ESA

Bilder am Kapitelanfang:

Seiten 22–23 Jupiter und Io
Seiten 122–123 Sternentstehungsregion in N66
Seiten 164–165 Messier 82 (M82)
Seiten 190–191 Das junge Universum
Seiten 202–203 Karte der Himmels-Hemisphären, um 1680
Seiten 226–227 Die *Atlantis* dockt an *Mir* an
Seiten 296–297 Plejaden-Sternhaufen